Einführung in die Mineralogie

(Kristallographie und Petrologie)

von

Carl W. Correns

Unter Mitwirkung von Josef Zemann (Teil I)
und Sigmund Koritnig (Mineraltabellen)

Zweite Auflage

Mit 391 Textabbildungen und einer Tafel

Springer-Verlag Berlin · Heidelberg · New York 1968

Dr. Dr. h. c. Carl W. Correns, Prof. em., Universität Göttingen

Dr. Josef Zemann, Prof., Universität Wien

Dr. Sigmund Koritnig, Prof., Universität Göttingen

ISBN 978-3-642-49432-1   ISBN 978-3-642-49711-7 (eBook)
DOI 10.1007/ 978-3-642-49711-7

Universitätsdruckerei H. Stürtz AG Würzburg

Titel-Nr. 0131

Vorwort zur zweiten Auflage

Die erste Auflage dieses Buches ist seit sieben Jahren vergriffen. Die Frage, ob eine neue Auflage gemacht werden sollte, wurde von allen Seiten bejaht. Ich möchte glauben, daß die Überlegungen, die mich 1949 zur Herausgabe bewogen haben (s. Vorwort zur 1. Auflage), auch heute noch bestehen, ja, daß eine Darstellung der unter dem Begriff „Mineralogie" zusammengefaßten Wissensgebiete gerade bei der rapiden Entwicklung dieser Gebiete besonders notwendig erscheint. Diese Erweiterung unseres Wissens hatte zur Folge, daß ich mir nicht mehr zutraute, das Gesamtgebiet neu zu bearbeiten. Prof. ZEMANN hat es freundlichst übernommen, den I., kristallographischen, Teil zu revidieren, er hat viele wichtige Verbesserungen angebracht.

Im II. Teil war die grundsätzliche Frage zu klären, ob die mit Recht immer mehr in den Vordergrund tretende physikalisch-chemische Betrachtung gesteinsbildender Vorgänge es nötig mache, auch physikalisch-chemische Grundlagen darzustellen. Ich sehe gewisse Gefahren in einer physikalisch-chemisch „autarken" Petrologie und bin, wie bei der 1. Auflage, der Meinung, daß die nötigen Kenntnisse in den Vorlesungen und Übungen über Physik, Chemie und physikalische Chemie oder mittels einschlägiger Lehrbücher erworben werden sollten. Diese Kenntnisse werden also vorausgesetzt und nur gelegentlich ins Gedächtnis zurückgerufen.

Bei der Aufnahme der neuen Ergebnisse und Probleme habe ich mich bemüht, im Sinne einer „Einführung" das herauszuarbeiten, was mir grundsätzlich wichtig erschien, nämlich das, was der Student braucht, um wissenschaftlich weiterzuarbeiten. Ich habe also nicht einfach nachgetragen, sondern manches aus der 1. Auflage ausgeschieden, um Platz für Neues zu schaffen, besonders auf dem Gebiet der leichtflüchtigen Bestandteile, der Facieslehre, der Isotopengeochemie. Der Umfang wurde nicht wesentlich vermehrt.

In den Gesteinstabellen, die für die Sedimente und metamorphen Gesteine neu verfaßt wurden, findet der Leser Einzelheiten, die im Text nicht erwähnt werden konnten, insbesondere kann er sich von der Variabilität der natürlichen Gesteine gegenüber dem für die Übersicht nötigen Schema überzeugen. Prof. KORITNIG hat dankenswerterweise wie in der 1. Auflage die Mineraltabellen bearbeitet und auf den neuesten Stand gebracht. Auch sie sind wie die Gesteinstabellen eine wichtige Ergänzung zum Text.

Prof. WEDEPOHL hat die Fahnen des 2. Teils durchgesehen. Dr. SMYKATZ-KLOSS hat die Herstellung des Registers übernommen. Beiden Herren bin ich dafür sehr zu Dank verpflichtet. Meine Frau hat mir den größten Teil der Schreibarbeiten abgenommen und die Korrekturen mitgelesen.

Göttingen, Juli 1967 CARL W. CORRENS

Vorwort zur ersten Auflage

Eine Einführung in das Gesamtgebiet der Mineralogie einschließlich der Kristall-, Gesteins- und Lagerstättenkunde zu schreiben, mag manchem heute vermessen erscheinen. Daß der Verfasser dieses Gebiet seit 22 Jahren regelmäßig in Vorlesungen und Übungen vertreten hat, ist in seinen Augen kein ausreichender Grund dafür. Die Veranlassung, sich dieser Aufgabe zu unterziehen, war vielmehr die Notwendigkeit, für die Studierenden dieses Faches und vor allem der Nachbarfächer ein handliches Buch zu schaffen. Aus diesem Grunde wurde die Umgrenzung des Stoffes so gewählt, wie der Lehrauftrag an den deutschen Universitäten lautet. Die Frage, ob diese Grenzziehung heute noch glücklich ist oder es jemals war, wird wohl verschieden beantwortet werden können. Die Grenzen zwischen naturwissenschaftlichen Disziplinen haben sich historisch entwickelt und können meines Erachtens überhaupt nur unter dem Gesichtspunkt der Zweckmäßigkeit, z.B. für den Unterricht diskutiert werden. Ein jedes Fach ist mit den Nachbarn so eng verbunden, daß die sachlichen Grenzen verschwinden, und Grenzzonen sind bekanntlich häufig besonders fruchtbare Forschungsgebiete. So ist auch in dem Gebiet der Mineralogie der Einfluß der Nachbarwissenschaften stets von großer Bedeutung gewesen, so besonders der der Mathematik und Physik auf die Kristallkunde und der der Geologie auf die Gesteinskunde. Die wechselnde Betonung der einen und der anderen Richtung in unserem Fach hat allerdings nicht immer nur fördernd gewirkt und bis in die Gegenwart Urteile hervorgerufen, wie das des berühmten Mineralogen A. G. WERNER über einen der Begründer der Kristallographie HAÜY, das der weitblickende Geologe L. VON BUCH am 17. Mai 1804 in einem Brief an D. G. L. KARSTEN wiedergibt: ,,Nein, mit WERNERs Urteil von HAÜY bin ich nicht zufrieden; er ist nicht Mineralog, sagt er.`` Demgegenüber möchte das Buch erweisen, daß die Kristallkunde, gerade auch in ihrer modernsten Entwicklung, eine unentbehrliche Voraussetzung der Gesteinskunde ist und umgekehrt die Probleme der Gesteinskunde auch für die Kristallkunde mannigfache Anregung bieten.

Andere wichtige Nachbargebiete außer den bereits erwähnten sind Chemie und physikalische Chemie, in der Sedimentpetrographie auch Biologie. So steht die Mineralogie mitten im Leben der Naturwissenschaft in steter Wechselwirkung mit ihren Nachbarn. Dabei verkenne ich durchaus nicht, daß für die Nachbarn wie auch für den Anfänger ein Eindringen in das Gebiet der Mineralogie nicht immer leicht ist. Die Unterrichtspraxis lehrt, daß mehrere Ursachen dafür vorliegen. Die Überbetonung formaler Prinzipien in der Kristallkunde und die große Zahl von Fachausdrücken sind wohl die schwersten Hindernisse. Ein gewisses Maß von Formenkunde ist meines Erachtens unentbehrlich und muß, wie etwa die Formelsprache der Chemiker, erlernt werden. Ich habe mich bemüht, hier Maß zu halten. Die Zahl der wirklich notwendigen Mineral- und Gesteinsnamen ist gering, jedenfalls sehr viel geringer als die Artnamen in den biologischen Wissenschaften. Anders steht es um die fachlichen, meist griechischen Wortneubildungen, die von manchen Autoren von altersher bis heute neu geschaffen und in späteren Veröffentlichungen als bekannt vorausgesetzt werden.

Ich habe meine Aufgabe nicht darin gesehen, diese Menge von Fachausdrücken noch weiter zu vermehren oder die bisherigen durch neue zu ersetzen, sondern versucht, wenigstens die am meisten gebrauchten zu erläutern und im übrigen möglichst die Terminologie der Nachbarfächer mit zu benutzen.

So will das Buch zu einem Verständnis der Mineralogie hinführen, aber nicht ein systematisches Lehrbuch ersetzen. Im Vordergrund stand bei der Abfassung der Wunsch, die Grundlagen für eine genetische Betrachtung der Kristalle und Gesteine zu liefern. Um Platz für die Behandlung dieser Fragen zu gewinnen, wurden die speziellen Teile in Tabellenform im Anhang gebracht, und ich möchte glauben, daß für den gewöhnlichen Studenten die 300 Minerale (522 Mineralnamen) genügen und die 93 Gesteinstypen wenigstens einen Überblick über die Mannigfaltigkeit geben werden.

Das Buch ist aus den allgemeinen Vorlesungen entstanden, die ich seit 1927 in Rostock und Göttingen gehalten habe. Ich habe im Literaturverzeichnis die Quellen für Abbildungsmaterial und für einzelne Behauptungen angegeben, aber manche Anregung mag dabei im Laufe der Jahre vergessen worden sein. Es sind auch Ergebnisse eigener Untersuchungen und Überlegungen aufgenommen worden, die in normalen Zeiten zunächst gesondert veröffentlicht worden wären. Die schematischen Figuren zu den 32 Kristallklassen sind nach NIGGLI gezeichnet, die Kristallstrukturen, wenn nicht anders angegeben, dem Strukturbericht entnommen. Den früheren und jetzigen Mitgliedern der Institute in Rostock und Göttingen habe ich für mannigfaltige Hilfe zu danken. Insbesondere wurden die Kristallbilder zum weitaus größten Teil von Herrn WALTER SCHERF neu gezeichnet, einige auch von Fräulein Dr. I. MEGGENDORFER, die auch die mikroskopischen Bilder mit dem Edingerschen Zeichenapparat, die Kugelpackungen und einige weitere Figuren gezeichnet hat. Herr Dr. K. JASMUND hat die Abb. 230, 233—235, 277 und 350 beigesteuert. Herr Dr. S. KORITNIG bearbeitete die Mineraltabellen, Fräulein Dr. P. SCHNEIDERHÖHN das Sachverzeichnis, beide haben auch Korrekturen gelesen.

Die ausländische Literatur konnte, soweit sie bis Ende 1947 erreichbar war, noch berücksichtigt werden, einzelne Hinweise wurden auch noch während der Korrekturen eingefügt.

April 1949. CARL W. CORRENS

Inhaltsverzeichnis

1. Teil. Kristallographie

2. Teil. Petrologie

3. Teil. Anhang

Erster Teil

Kristallographie

I. Kristallmathematik

1. Einleitung

Unsere Vorfahren teilten das Reich der Natur ein in das Pflanzenreich, das Tierreich und das Mineralreich. Dieses Reich der Steine ist das Forschungs- und Lehrgebiet der Mineralogie. Betrachten wir einen Stein etwas näher, so sehen wir bei einem Sandstein, daß er aus einzelnen Quarzkörnern zusammengesetzt ist, bei einem Granit können wir neben dem Quarz Feldspat und dunklen Glimmer oder auch Hornblende erkennen, aus einer Erzstufe leuchten uns Bleiglanz, Kupferkies und Zinkblende entgegen. Jedes solche selbständige Individuum eines Gesteines nennen wir Mineral. Die Minerale[1] und ihre Vorkommen sind unser Arbeitsgebiet. Es erstreckt sich also vom Einzelmineral bis auf die Mineralgesellschaften der Gesteine, zu denen in diesem Sinne auch die Erz- und Salzvorkommen sowie andere nutzbare Lagerstätten gehören.

Nicht nur im Verband, als Körner in festen Gesteinen, kommen die Minerale vor; wir finden sie auch in einzelnen Individuen, die in Hohlräumen oder nachgiebiger Umgebung die Möglichkeit hatten, sich frei zu entfalten. Dann entwickeln sie sich zu ebenflächig begrenzten Gebilden, zu Kristallen. Diese Kristalle haben seit jeher die Aufmerksamkeit nachdenklicher Naturforscher und Laien auf sich gezogen.

Während früher die ebenflächige Begrenzung den Kristall definierte und deshalb noch A. G. WERNER die Basaltsäulen wegen ihrer einigermaßen ebenflächigen Begrenzung als Kristalle ansah, beschränken wir heute den Begriff Kristall und Mineral auf *homogene* Körper, d.h. auf solche, die aus ein und derselben Substanz aufgebaut, also nicht wie die Basaltsäulen aus Feldspäten, Augiten u.a. zusammengesetzt sind. Wir wissen ferner heute, daß die äußere regelmäßige Form nicht das einzige und auch nicht das entscheidende Kennzeichen eines Kristalles ist, sondern daß die Regelmäßigkeit des inneren Aufbaues das Wesen der kristallisierten Materie ausmacht. Aus diesem Wissen ergab sich weiter die Erkenntnis, die sich erst in den letzten Jahrzehnten durchgesetzt hat, daß fast alle festen Körper aus Kristallen bestehen. Da man früher die ebenflächig begrenzten Kristalle fast ausschließlich als Naturprodukte, als Minerale, kannte, entwickelte sich die Lehre von den Kristallen als ein Zweig der Mineralogie.

Der regelmäßige innere Bau des Kristalls bedingt die Begrenzung durch ebene Flächen und läßt sich auch an anderen Erscheinungen erkennen. Zerschlagen wir z.B. ein Stück Bleiglanz oder Steinsalz, so zerfällt es immer parallel zu den Würfelflächen, Hornblende in vierseitig-prismatische Gebilde mit Prismen-

---

[1] Die Mehrzahl dieses Wortes wird nicht einheitlich gebildet, nach den lateinischen Deklinationsregeln heißt sie Mineralien. Wir fassen das Wort Mineral, das es im Lateinischen nie gegeben hat, als eingedeutschtes Wort auf und bilden infolgedessen die Mehrzahl Minerale.

winkeln von 124° und 56°. Andere Minerale, wie z. B. der Disthen, lassen sich in der einen Richtung, und zwar in der Längsrichtung der säuligen Individuen, leicht mit einer Nadel ritzen, quer dazu aber nicht. Schleift man einen Würfel aus Cordierit, einem Magnesiumaluminiumsilikat, das nach dem französischen Mineralogen CORDIER genannt ist, in bestimmter Orientierung und sieht man in den drei zueinander senkrechten Richtungen hindurch, so bemerkt man, daß die Farbe in jeder Richtung verschieden ist, nämlich blau, lila und gelb. Auch bei vielen anderen Mineralen kann man eine Richtungsabhängigkeit der Farbe feststellen. Untersuchen wir ferner die Wärmeleitfähigkeit beim Quarz, so stellen wir fest, daß sie in Richtung der Prismenkante um etwa 40% größer ist als senkrecht dazu. Sehr schön kann man diesen Unterschied beim Gips vorführen, wenn man ein Spaltblättchen mit etwas Wachs oder Paraffin überzieht und mit einer heißen Nadel Wärme zuführt. Dann bildet sich ein Schmelzwall, der nicht etwa kreisförmig ist, sondern deutlich Ellipsenform hat.

Alle diese Beobachtungen führen zu dem Ergebnis, daß die Kristalle Körper sind, in denen viele Eigenschaften, wie äußere Form, Spaltbarkeit, Farbe, Härte, Wärmeleitfähigkeit, von der Richtung abhängig sind. Diese Abhängigkeit der geometrischen und physikalischen Eigenschaften von der Richtung nennt man *Anisotropie* (griech. isos gleich, tropos Wendung, Negation an); sie ist für jeden Kristall kennzeichnend. Auch hochsymmetrische Kristalle, die für manche physikalische Vorgänge, die wir später besprechen werden, wie für den Durchgang von Licht, keine Richtungsabhängigkeit zeigen, für diese „isotrop" sind, sind für andere Beanspruchungen anisotrop, z. B. für die Festigkeit. Die Kristalle sind also erstens selbständige Individuen, d. h. sie sind einheitlich, „homogen", kein Gemenge aus Individuen, und zweitens sind sie anisotrop.

Die Erkenntnis der Richtungsabhängigkeit der Eigenschaften wurde schon vor langer Zeit dadurch zu deuten versucht, daß man sich die Kristalle aus winzig kleinen Bausteinen regelmäßig aufgebaut dachte. So erklärte bereits der Holländer CHR. HUYGENS 1678 die Spaltbarkeit, die mit der Richtung wechselnde Härte und die Doppelbrechung des Kalkspates mit einer Anordnung von sehr kleinen und daher unsichtbaren, flachen Rotationsellipsoiden. Der Schwede TORBERN BERGMANN 1773 und der Franzose RENÉ JUST HAÜY[1] 1782 schufen dann die Vorstellung von „integrierenden Molekülen", von Bausteinen, die in ihrer Gestalt den Spaltstücken entsprechen sollten. Schon 1824 kam SEEBER in Freiburg i. Br. zu ganz ähnlichen Vorstellungen über Punktanordnungen im Raum, wie wir sie heute haben. So sehen wir, daß die fundamentale Eigenschaft der Kristalle, die Ungleichwertigkeit der Richtungen, von Anfang an geradezu zwangsläufig zu einer Vorstellung von geordneten Bausteinen geführt hat.

Mathematiker, Mineralogen und Physiker haben sich mit der theoretischen Erforschung solcher regelmäßiger Anordnungen beschäftigt und bereits 1891 hat der Mineraloge VON FEDOROW in Petersburg und unabhängig davon der Mathematiker SCHÖNFLIES in Göttingen nachgewiesen, daß es 230 symmetrieverschiedene periodische Anordnungsmöglichkeiten von Punkten gibt. Solche regelmäßige räumliche Anordnungen nennt man *Raumgitter*. Seit 1912 können wir diese Raumgitter experimentell untersuchen, dank der Entdeckung der Röntgenlichtinterferenzen an Kristallen durch MAX VON LAUE. Diese Entdeckung ist von der größten Bedeutung für die Kristallkunde geworden. Wir wissen seitdem, daß die Schwerpunkte der Atome bzw. der Ionen und Moleküle der Kristalle tatsächlich regelmäßigen Punktanordnungen entsprechen und können ihre räumlichen Verhältnisse ausmessen. Die Abstände der Punkte sind von der Größenordnung

---

[1] Sprich a-ü-i.

10^{-8} cm $= 1/100\,000\,000$ cm. Wir wollen uns die Besprechung dieser Untersuchungsmethoden für ein späteres Kapitel aufsparen und uns zunächst mit den allgemeinen Verhältnissen der Raumgitter vertraut machen.

Auch ein ungeordneter Haufen von Punkten zeigt in verschiedenen Richtungen verschiedenes Verhalten, aber nur, solange wir die Bereiche weniger Punkte betrachten. Summieren wir über längere Strecken, so werden wir in einem solchen ungeordneten System in allen Richtungen gleiche Verhältnisse, z.B. gleichviel Punkte antreffen. Anders ist es in einem geordneten System. Es gibt, wie man sich leicht überzeugen kann, keine Punktanordnung im Raum mit lauter gleichen von der Richtung unabhängigen Abständen, wie sie für isotropes Verhalten gefordert werden müßte. Die Isotropie kommt also nur statistisch durch Summierung über größere Strecken zustande. Die Entfernung der Teilchen voneinander ist ja so klein, daß wir bei den gewöhnlichen Untersuchungsmethoden immer Mittelwerte über große Strecken erhalten. Isotrop ist z.B. ein Gas, in dem die Teilchen dauernd in Bewegung sind, bis zu einem gewissen Grad auch eine Flüssigkeit oder eine durch Unterkühlung erstarrte Flüssigkeit, ein Glas. Solche nicht vollständig geordnete Materie im festen Zustand wie Glas nennen wir *amorph*, weil sie keine Neigung zur Ausbildung einer eigenen Gestalt (griech. morphe) besitzt. Eine regelmäßige

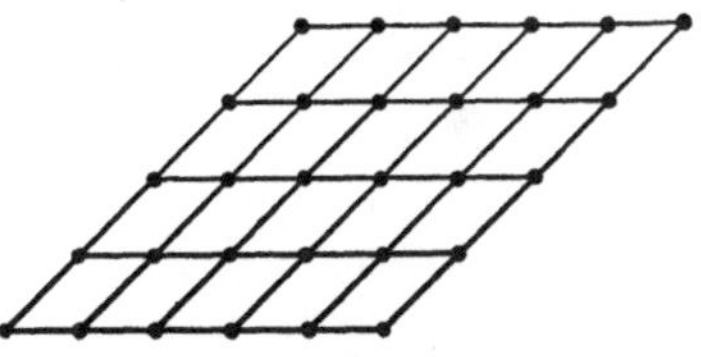

Abb. 1. Netzebene

Atomanordnung im Raum ist dagegen für Kristalle bezeichnend, durch sie wird uns die Richtungsabhängigkeit der Eigenschaften verständlich. Wir treffen z.B. in dem ebenen Gitter der Abb. 1 in parallelen Richtungen immer wieder in gleichen Abständen auf Punkte, in verschiedenen Richtungen aber sind die Abstände anders, die Anordnung ist anisotrop.

Wie steht es aber mit der Homogenität in einem solchen Gitter? Wenn wir hier nur Bereiche weniger Punkte ansehen, so ist die Struktur diskontinuierlich, nicht homogen. Betrachten wir aber größere Bereiche, so wird eine unbegrenzt ausgedehnte Punktanordnung dann homogen („reell" homogen), wenn zu jedem Punkt eine unendlich große Anzahl ihm entsprechender Punkte gehört, deren Stellung in der Anordnung die gleiche ist (BARLOW seit 1888). Solche regelmäßige Punktanordnungen können wir uns auf einer Geraden als Punktreihe markieren, wir können in der Ebene derartige Muster als Netzebenen entwerfen und schließlich sie im Raum als Raumgitter aufbauen. Die einzige Voraussetzung für die *reelle Homogenität* ist, daß die Struktur regelmäßig ist; die Strukturelemente wiederholen sich periodisch. Raumgitter entsprechen also sowohl den Eigenschaften der Anisotropie als auch denen der reellen Homogenität; die Kristalle besitzen eine entsprechende Atomanordnung.

Auch die amorphen Körper können eine Art von Homogenität besitzen; sie ist jedoch wie die Isotropie nur statistisch bedingt: im Durchschnitt sind auch die Teilchen in einem ungeordneten Haufen gleich umgeben. Die Kristalle haben im Gegensatz zu dieser statistischen eine dreidimensional-periodische Homogenität in ihren Raumgittern. Nur diejenige Materie, die solche Raumgitter besitzt, bezeichnen wir im engeren Sinne als Kristalle. Über die Abweichungen von diesem idealen Ordnungszustand in den wirklichen Kristallen wird später noch im Abschnitt „Kristallchemie" zu sprechen sein. Hier sei nur auf die sog. „flüssigen Kristalle" hingewiesen, die aus ein- und zweidimensionalperiodischen Molekülanordnungen aufgebaut sind. Sie bilden also eine Art Übergang zu den Kristallen und werden deswegen auch als *Mesophasen* (mesos, griech. der mittlere) bezeichnet. Die Abb. 2a—e zeigen an stäbchenförmigen

Teilchen Ordnungsmöglichkeiten vom völlig ungeordneten Zustand bis zum Kristall. Dabei ist vorausgesetzt, daß die Stäbchen vollkommene Zylinder sind; mit angespitzten Bleistiften würden sich weitere Anordnungsmöglichkeiten ergeben, mit Bleistiften mit einseitiger Beschriftung noch mehr.

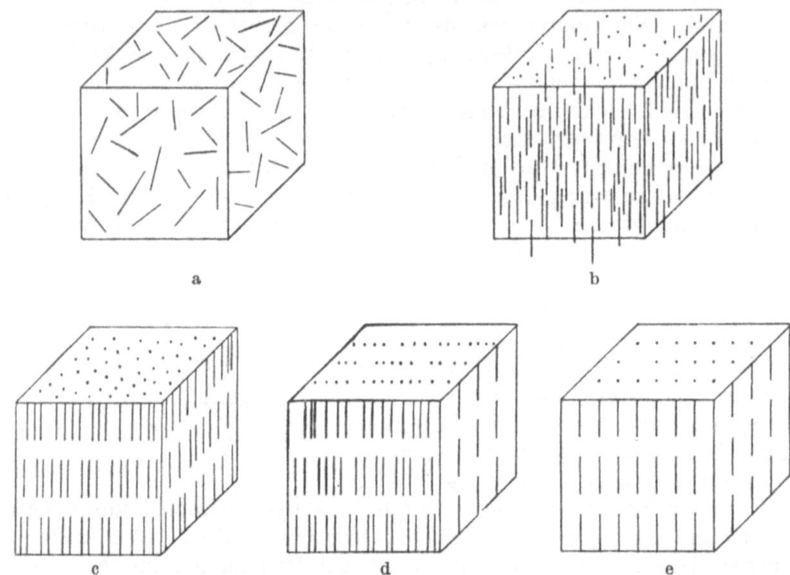

Abb. 2a—e. Verschiedene Anordnungen stäbchenförmiger Teilchen zeigen den Übergang von amorph (a) über nematische (b) (nema griech. Faden) und smektische (c, d) (smektein griech. salben) Mesophasen zum Kristall (e)

2. Hilfsmittel der Kristallbeschreibung

Das Gesetz der Winkelkonstanz. Wir beschäftigen uns im folgenden zunächst nur mit idealen Kristallen. Bevor wir die hier vorhandenen Anordnungsmöglichkeiten erörtern, müssen wir uns mit der Sprache und den einfachsten Hilfsmitteln der Kristallbeschreibung bekannt machen. Diese sind an den makroskopischen Kristallen mit ausgebildeten Flächen entwickelt worden. Diese Flächen entsprechen im Raumgitter irgendwelchen Netzebenen. Aus dieser Grundtatsache können wir den ersten und ältesten Satz der Kristallkunde ohne weiteres ableiten: Die Winkel zwischen den entsprechenden Flächen gleicher Kristallarten sind unter gleichen äußeren Bedingungen (Temperatur, Druck) immer gleich. Für uns ist es heute selbstverständlich, daß die Winkel zwischen zwei Netzebenen gleicher Raumgitter immer gleich sind, daß es für die Art der Struktur nichts ausmacht, ob wir eine Netzebene parallel mit sich selbst verschieben. Als aber der Däne NIELS STENSEN, der sich latinisiert NICOLAUS STENO nannte, 1669 fand, daß gleichartige Flächen am Bergkristall stets die gleichen Winkel einschließen, war es keine Selbstverständlichkeit sondern eine Tat, der Keim zu weiterer Erkenntnis. Das Gesetz bedeutet ja, daß es nur auf die Winkel ankommt, nicht auf die Flächengröße. Betrachtet man z.B. eine Sammlung von Bergkristallen verschiedener Herkunft, so wird man die Schwierigkeit ahnen können, die darin lag, zum erstenmal das ihnen Gemeinsame, nämlich eben die Gleichheit der Winkel zwischen entsprechenden Flächen, zu entdecken (Abb. 3a—d). Als allgemein gültiges Gesetz hat erst ROMÉ DE L'ISLE 1783 das Gesetz der Winkelkonstanz aufgestellt.

Die Winkelmessung. Durch die Winkelmessung war es möglich, aus den oft sehr verzerrten natürlichen Kristallen die Idealgestalt zu konstruieren und an ihr dann Gesetzmäßigkeiten festzustellen, die zur weiteren Entwicklung der

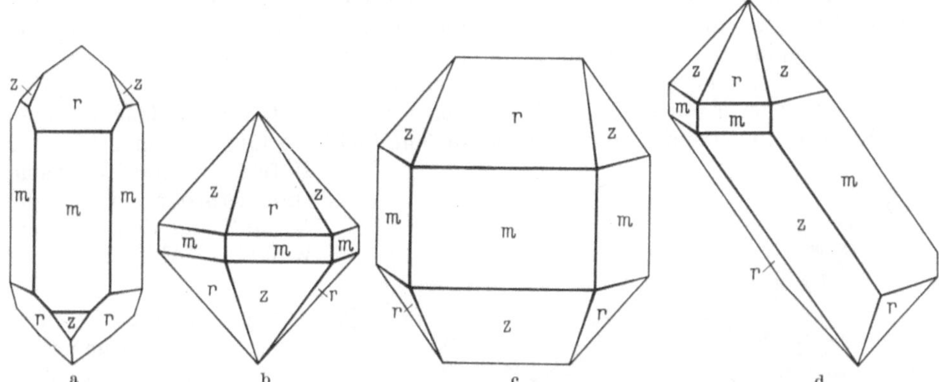

Abb. 3a—d. Entwicklung von Quarzkristallen. (a) „ideal" ausgebildeter Kristall; (b) durch gleich große Entwicklung der Flächen *r* und *z* erscheint die Symmetrie zu hoch; (c) und (d) unregelmäßig verzerrte Kristalle

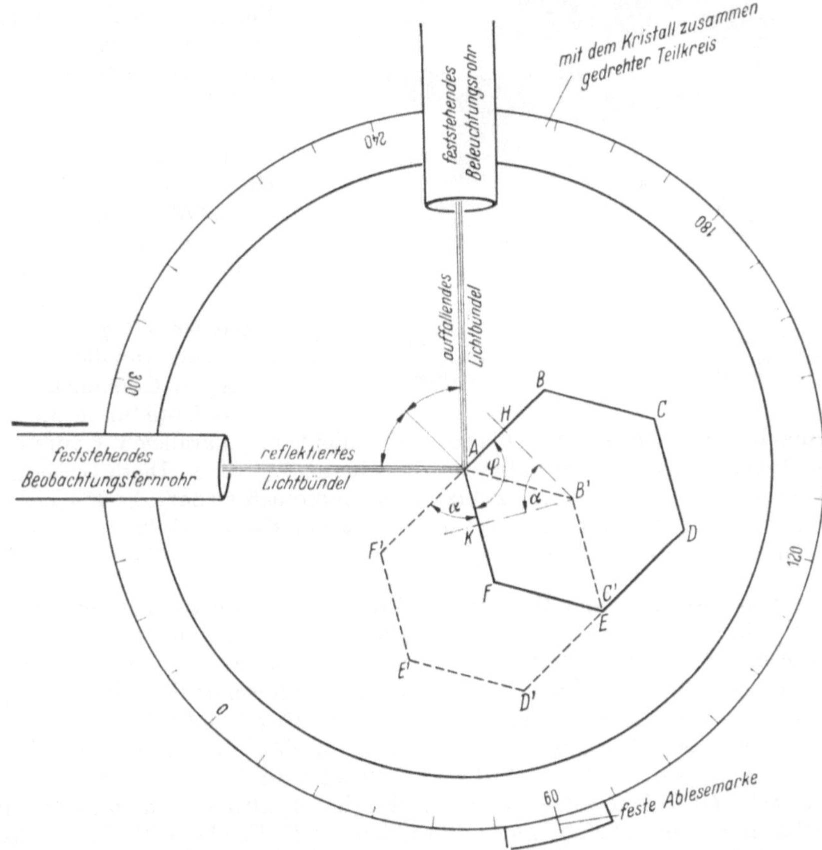

Abb. 4. Prinzip des Reflexionsgoniometers. *ABCDEF* sei der Durchschnitt durch eine regelmäßige sechsseitige Säule. Das an der Fläche *AB* gespiegelte Bündel gibt nach Drehung um den Winkel $\alpha = 60°$ in der Stellung *AB'C'D'E'F'* wieder einen Reflex im Beobachtungsfernrohr. α ist der äußere Flächenwinkel, zugleich Winkel der Flächennormalen *KB'* und *HB'*, φ der innere Flächenwinkel

Kristallkunde und schließlich zur Erkenntnis der Raumgitter geführt haben. Die Entdeckung STENSENS leitete die lange Reihe der Winkelmessungen an Kristallen ein, die bis zum heutigen Tage fortgesetzt werden, wenn sie auch in der Neuzeit an Bedeutung hinter den Röntgenmethoden zurückstehen. Zunächst benutzte man einfache Winkelmesser zum Anlegen an den Kristall. Seit dem Beginn des 19. Jahrhunderts (WOLLASTON 1809) kamen dann optische Geräte auf, *Reflexionsgoniometer*. Bei ihnen wird der Kristall so befestigt, daß eine Kante oder mehrere parallele Kanten senkrecht stehen. Beleuchtet man den Kristall mit einem Bündel von parallelem Licht, so fällt jedesmal dann ein Reflex in das Beobachtungsfernrohr, wenn der Kristall um den Flächenwinkel α (Abb. 4) gedreht wird.

Der „äußere" Flächenwinkel α, der so gemessen wird, ist gleich dem Winkel, den die Senkrechten auf die Kristallflächen, die Flächennormalen, miteinander bilden, wie aus Abb. 4 leicht zu entnehmen ist. AB und AF, nach der Drehung AB' und AF', stellen die Spur je einer Kristallfläche eines sechsseitigen Prismas dar. HB' und KB' sind die Flächennormalen. Mit dem Anlegegoniometer wird der „innere" Flächenwinkel φ gemessen, $\alpha + \varphi = 180°$. Bei dem ursprünglichen einkreisigen Goniometer muß der Kristall für die Messung

Abb. 5. Zweikreisiges Reflexionsgoniometer nach V. GOLDSCHMIDT von STOË, Heidelberg. Der eine Teilkreis steht vertikal, der andere horizontal; beide werden mit Lupen abgelesen

von Winkeln zwischen solchen Flächen, die nicht mit parallelen Kanten aneinanderstoßen, jedesmal neu aufgesetzt und justiert werden. Diese Unbequemlichkeit vermeidet das moderne zweikreisige Goniometer, das alle Flächennormalenwinkel mit einer Justierung zu ermitteln erlaubt, da zwei Teilkreise senkrecht zueinander bewegt werden können (Abb. 5).

Die Achsenabschnitte und die Indices. Wir kommen nun zur Bezeichnung der kristallographischen Flächen und Kanten. Eine Ebene bezieht man in der Kristallkunde wie in der Geometrie auf ein Achsenkreuz. Bei einem Raumgitter nimmt man dazu drei Gittergeraden. Im allgemeinen Fall schneidet die Ebene die drei Achsen in verschiedenen Entfernungen vom Mittelpunkt. Diese Achsenabschnitte einer Ebene ABC sind in der Abb. 6 durch die Strecken OA, OB, OC dargestellt. Eine andere Fläche wird andere Stücke auf den Achsen abschneiden, z. B. OA', OB', OC'. Wir setzen nun eine Fläche als Grundfläche fest, und ihre Achsenabschnitte als Maßeinheiten, z. B. wählen wir die Fläche ABC. Ihre Achsenabschnitte haben also den Wert 1. Die zweite Fläche $A'B'C'$ hat dann die Abschnitte 4, 2, 2. Man schreibt stets die nach vorn gerichtete Achse zuerst und nennt sie a-Achse, dann die von links nach rechts, die b-Achse, und zum

Schluß die von unten nach oben, die c-Achse[1]. Zur Kennzeichnung der Flächenlage genügt das Verhältnis der Achsenabschnitte. Wir dürfen also die Ebenen parallel verschieben, d.h. wir können die Achsenabschnitte teilerfremd machen, also statt 422 auch 211 schreiben.

Statt der Achsenabschnitte kann man die *Gleichung einer Ebene im Raum* zur Festlegung der Fläche benutzen:

$$A x + B y + C z = K.$$

Wir dividieren durch K und setzen:

$$\frac{A}{K} = h; \quad \frac{B}{K} = k; \quad \frac{C}{K} = l.$$

Es wird also:

$$h \cdot x + k \cdot y + l \cdot z = 1.$$

Der Schnittpunkt der Ebene ABC mit der a-Achse, der Achsenabschnitt $\overline{OA}$ hat die Koordinaten $x = \overline{OA}$, $y = 0$, $z = 0$. Also ist: $\overline{OA} \cdot h = 1$; $\overline{OA} = 1/h$.

Ebenso folgt: $\overline{OB} = 1/k$, $\overline{OC} = 1/l$, d.h. die Achsenabschnitte sind die reziproken Werte der Faktoren der Gleichung.

Eine dritte Möglichkeit, die Lage einer Fläche im Raum zu beschreiben, ist die *Angabe der Winkel*, die das Lot, das vom Ursprung eines Koordinatensystems auf die Fläche gefällt wird, mit den Koordinatenachsen bildet. Dieses Lot ist also die Flächennormale, unsere Winkelmessung mit dem Reflexionsgoniometer ergibt unmittelbar die Winkel zwischen diesen Loten. Zwischen den Winkeln ψ', ψ'', ψ''', dem Lot $\overline{OP} = d$ und den Koordinatenachsen bestehen, wie sich aus der Abb. 7 ergibt, die folgenden Beziehungen:

$$\cos \psi' = \frac{d}{\overline{OA}}; \quad \cos \psi'' = \frac{d}{\overline{OB}}; \quad \cos \psi''' = \frac{d}{\overline{OC}},$$

also

$$\cos \psi' : \cos \psi'' : \cos \psi''' = \frac{1}{\overline{OA}} : \frac{1}{\overline{OB}} : \frac{1}{\overline{OC}} = h : k : l.$$

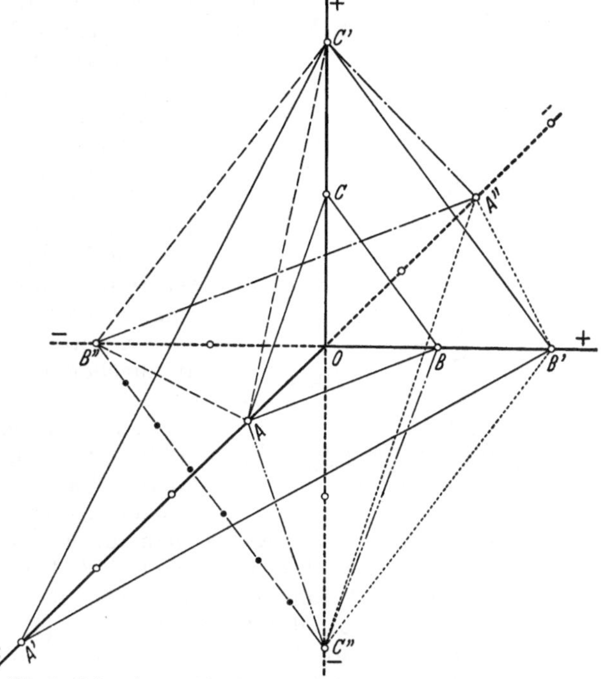

Abb. 6. Achsenkreuz mit den Achsenabschnitten verschiedener Flächen

Fläche	Achsenabschnitte			Indices		
A B C	1	1	1	1	1	1
A' B' C'	4	2	2	1	2	2
A B'' C'	1	-2	2	2	$\bar{1}$	1
A B C''	1	1	-2	2	2	$\bar{1}$
A B'' C''	1	-2	-2	2	$\bar{1}$	$\bar{1}$
A'' B' C'	-2	2	2	$\bar{1}$	1	1
A'' B'' C'	-2	-2	2	$\bar{1}$	$\bar{1}$	1
A'' B' C''	-2	2	-2	$\bar{1}$	1	$\bar{1}$
A'' B'' C''	-2	-2	-2	$\bar{1}$	$\bar{1}$	$\bar{1}$

---

[1] Daneben ist auch die Bezeichnung X-Achse, Y-Achse und Z-Achse üblich.

Diese Beziehungen werden zur Berechnung der Achsenabschnitte der Einheitsfläche benutzt. Bei rechtwinkligen Achsen ist ferner $\cos^2\psi' + \cos^2\psi'' + \cos^2\psi''' = 1$.

Bei dieser Art der Bezeichnung treten, wie bei der Gleichung der Ebene, die reziproken Werte der Achsenabschnitte auf. Deswegen benutzt man heute allgemein nach einem Vorschlag von MILLER (1839) diese reziproken Werte der Achsenabschnitte zur Kennzeichnung der Flächen. Als Maßeinheiten auf den drei Achsen werden immer die Achsenabschnitte der Einheitsfläche verwendet; durch Multiplikation mit einer geeigneten Zahl macht man h, k, l ganzzahlig und teilerfremd — diese hkl-Werte heißen die *Indices* der Fläche. Die Indices für ABC sind also $\frac{1}{1}:\frac{1}{1}:\frac{1}{1} = 111$, für $A'B'C'$ $\frac{1}{4}:\frac{1}{2}:\frac{1}{2} = 122$. Die Indices in dem bisher benutzten Oktanten erhalten positive Werte, in den anderen sieben auch negative, je nachdem auf welcher Achse die zugehörigen Abschnitte liegen, s. Abb. 6. Die Minuszeichen werden über die Indexzahlen gesetzt; so können die Indices einer Fläche z.B.

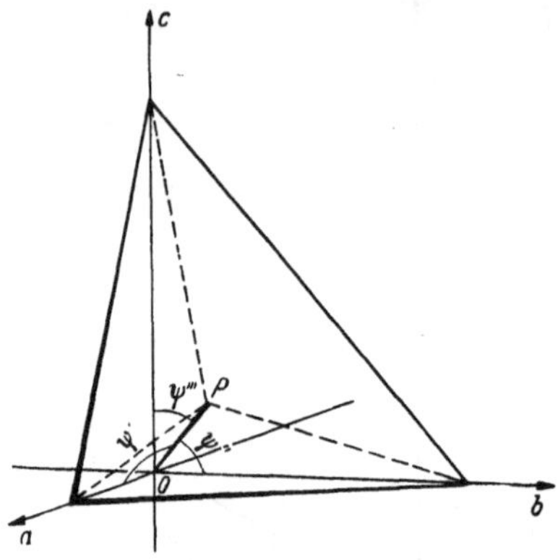

Abb. 7. Winkelbeziehung zwischen Flächennormale, Koordinatenachsen und Richtungskosinus

$(1\bar{2}\bar{2})$ — lies: eins, minus zwei, minus zwei — lauten. Flächen, die einer Achse parallel gehen, also die Achsenabschnitte ∞ haben, erhalten für diese Achse den Index 0. Kennt man die Flächenlage nicht oder nur teilweise, so nimmt man die Buchstabensymbole h, k, l zu Hilfe. Die Indices einer Fläche werden in runde Klammern gesetzt (111), die einer zusammengehörenden Flächengruppe in geschweifte Klammern, z.B. {122}. Welche Fläche als Einheitsfläche dienen soll, wird durch Probieren gefunden. Man wählt eine Fläche, durch die die Indices der anderen Flächen möglichst einfach werden. Feste Regeln für die Wahl dieser Flächen haben sich trotz verschiedener Versuche nicht eingebürgert. Wenn das Raumgitter bekannt ist, sollte man die Fläche in Übereinstimmung mit den Gitterabmessungen wählen.

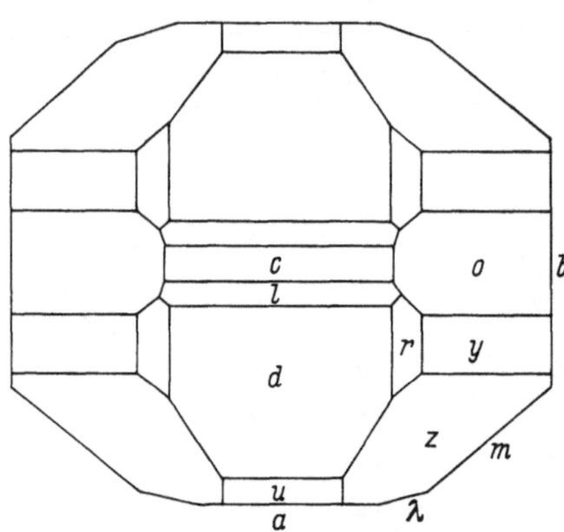

Abb. 8. Baryt, Kopfbild

Die Kristallberechnung. Wir wollen nun mit Hilfe der Kosinusbeziehung aus den Winkeln die Indices eines Kristalls berechnen und wählen dazu den in Abb. 8 in der Aufsicht (von oben) im „Kopfbild" dargestellten Kristall von Schwerspat oder Baryt, $BaSO_4$; einen Schrägriß desselben Kristalls gibt Abb. 48 auf S. 24. Wir können ihn, wie aus seiner später zu erörternden Symmetrie hervorgeht, auf ein rechtwinkliges Koordinatensystem beziehen. Als a-Achse wählen wir die Richtung der Kante zwischen den Flächen o und c, als b-Achse die Kante zwischen l und c und als c-Achse die Kante zwischen b und m und damit die Senkrechte zur Bildebene, so daß c die Indices (001) bekommt. Der Winkel zwischen den Flächen c und o beträgt $52°43'$. Dann ist also für o:

$$\psi'_o = 90°, \qquad \psi''_o = 90° - 52°43' = 37°17', \qquad \psi'''_o = 52°43'.$$

Aus dem Winkel zwischen den senkrecht zur Bildebene stehenden Flächen a und $m = 39°11'$ folgt für m:

$$\psi_m' = 39°11', \qquad \psi_m'' = 50°49', \qquad \psi_m''' = 90°,$$

ebenso für λ aus $a:\lambda = 22°10'$:

$$\psi_\lambda' = 22°10', \qquad \psi_\lambda'' = 67°50' \qquad \psi_\lambda''' = 90°,$$

für l aus $a:l = 68°4'$:

$$\psi_l' = 68°4', \qquad \psi_l'' = 90°, \qquad \psi_l''' = 21°56',$$

für d aus $c:d = 38°52'$:

$$\psi_d' = 51°8', \qquad \psi_d'' = 90°, \qquad \psi_d''' = 38°52',$$

für u aus $c:u = 58°11'$:

$$\psi_u' = 31°49', \qquad \psi_u'' = 90°, \qquad \psi_u''' = 58°11'.$$

Für die Fläche z erhalten wir aus $a:z = 45°42'$: $\quad \psi_z' = 45°42'$

und aus $c:z = 64°19'$: $\quad \psi_z''' = 64°19'$.

Aus $\cos^2 \psi' + \cos^2 \psi'' + \cos^2 \psi''' = 1$ berechnet man: $\psi_z'' = 55°17'$.

Ähnlich finden wir für r aus $c:r = 46°6'$ und $b:r = 62°55'$:

$$\psi_r' = 56°3', \qquad \psi_r'' = 62°55', \qquad \psi_r''' = 46°6'.$$

Aus $a:y = 63°59'$ und $b:y = 44°21'$ folgt ebenso:

$$\psi_y' = 63°59', \qquad \psi_y'' = 44°21', \qquad \psi_y''' = 57°1'.$$

Aus der Beziehung

$$\frac{1}{\cos \psi'} : \frac{1}{\cos \psi''} : \frac{1}{\cos \psi'''} = a:b:c$$

berechnen wir zuerst die Achsenabschnitte und zwar so, daß wir $b=1$ setzen, also das Verhältnis mit $\cos \psi''$ multiplizieren. Wir erhalten dann die in der Tabelle 1 aufgeführten Werte.

Tabelle 1

Fläche	$\dfrac{\cos \psi''}{\cos \psi'} : 1 : \dfrac{\cos \psi''}{\cos \psi'''}$	Mit z als Einheitsfläche		Mit r als Einheitsfläche		Mit y als Einheitsfläche	
		$a:b:c$	$h\,k\,l$	$a:b:c$	$h\,k\,l$	$a:b:c$	$h\,k\,l$
o	$\infty \quad : 1 : 1,3135$	$\infty : 1 : 1$	011	$\infty : 1 : 2$	021	$\infty : 1 : 1$	011
m	$0,8151 : 1 : \quad \infty$	$1 : 1 : \infty$	110	$1 : 1 : \infty$	110	$1 : 2 : \infty$	210
λ	$0,4077 : 1 : \quad \infty$	$1 : 2 : \infty$	210	$1 : 2 : \infty$	210	$1 : 4 : \infty$	410
l^*	$2,6772 : \infty : 1,0780$	$4 : \infty : 1$	104	$2 : \infty : 1$	102	$2 : \infty : 1$	102
d^*	$1,5936 : \infty : 1,2844$	$2 : \infty : 1$	102	$1 : \infty : 1$	101	$1 : \infty : 1$	101
u^*	$1,1754 : \infty : 1,8972$	$1 : \infty : 1$	101	$1 : \infty : 2$	201	$1 : \infty : 2$	201
z	$0,8153 : 1 : 1,3138$	$1 : 1 : 1$	111	$1 : 1 : 2$	221	$1 : 2 : 2$	211
r	$0,8152 : 1 : 0,6566$	$2 : 2 : 1$	112	$1 : 1 : 1$	111	$1 : 2 : 1$	212
y	$1,6303 : 1 : 1,3138$	$2 : 1 : 1$	122	$2 : 1 : 2$	121	$1 : 1 : 1$	111

* In diesen Zeilen ist wegen $\cos \psi'' = 0$ in der 2. Spalte nicht $\dfrac{\cos \psi''}{\cos \psi'} : 1 : \dfrac{\cos \psi''}{\cos \psi'''}$ eingetragen, sondern $\dfrac{1}{\cos \psi'} : \dfrac{1}{\cos \psi''} : \dfrac{1}{\cos \psi'''}$. Daher das ∞-Zeichen in der Mitte der Proportion!

Die Indices der einzelnen Flächen werden verschieden, je nachdem ob man z, r oder y als Einheitsfläche wählt. Da in allen drei Fällen die Kompliziertheit der Indices ungefähr gleich groß ist, kann man im Zweifel sein, welche der drei Flächen man am besten als Einheitsfläche wählen soll. Zur Kennzeichnung des

Schwerspats genügen die Achsenabschnitte der Einheitsfläche, bei der Wahl von z also $0,8153:1:1,3138$. Das aus den röntgenographisch ermittelten Gitterkonstanten abgeleitete Achsenverhältnis ist in der a-Achsenrichtung verdoppelt: $a_0:b_0:c_0 = 1,627:1:1,311$, es entspricht der Fläche y als der strukturell bedingten Einheitsfläche.

Das Gesetz der rationalen Indices. Wie wir in der Tabelle 1 sehen, lassen sich die abgeleiteten Achsenabschnittsverhältnisse und die Indices durch ganze Zahlen einschließlich ∞ und 0 ausdrücken. Schon HAÜY hat erkannt, daß sich immer solche Einheitsflächen finden lassen. Ein Blick auf ein Raumgitter zeigt uns heute, daß es so sein muß. Vor hundert Jahren aber war es nicht selbstverständlich; die empirische Entdeckung HAÜYs hat vielmehr erst zu der Annahme solcher Punktsysteme und schließlich zu ihrer Entdeckung geführt. Meist sind die Achsenabschnittsverhältnisse und Indices kleine ganze Zahlen, wie in der Tabelle 1.

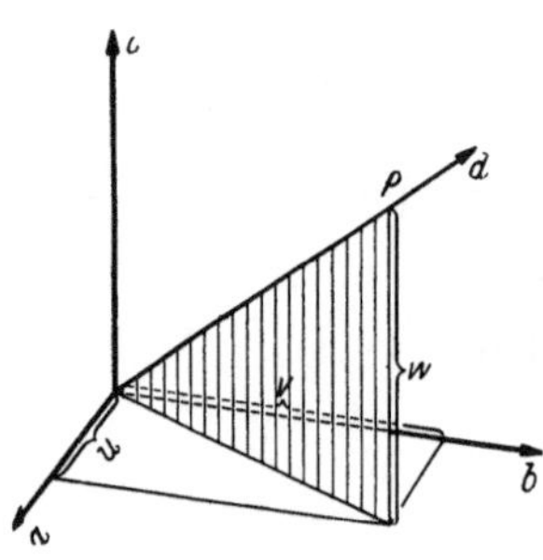

Abb. 9. Koordinaten einer Zone

Das folgt nicht ohne weiteres aus der Raumgitterstruktur. Um die Häufigkeit der kleinen Indices zu erklären, muß man die Annahme zu Hilfe nehmen, daß besonders einfache Verhältnisse auch strukturell besonders wichtig sind und als Wachstums- und Spaltflächen bevorzugt auftreten. So nahm schon BRAVAIS an, daß häufige Flächen besonders dichtbesetzte Netzebenen besitzen.

Die Zonen. Wir haben soeben die Kanten als Achsenrichtungen benutzt. Man sagt von mehreren Flächen, die untereinander parallele Kanten bilden, daß sie in einer „Zone" liegen; die Richtung der gemeinsamen Kanten ist die Zonenachse. Die Symbole der Kanten oder Zonen werden in eckige Klammern gesetzt $[uvw]$. Sie werden erhalten, indem man die Kante d durch den Anfang des Koordinatensystems gehen läßt und das Verhältnis der Koordinaten irgend eines ihrer Punkte P auf den Achsen feststellt, $u:v:w = [uvw]$, s. Abb. 9. Als Maßeinheiten auf der a-, b- und c-Achse dienen wieder die Achsenabschnitte der Einheitsfläche. Kennt man die Lage zweier Flächen, so ist damit auch ihre Schnittkante, die Zone, bestimmt. Rechnerisch lassen sich die Zonensymbole aus den Indices durch folgende Überlegung ableiten:

Die Gleichung einer Ebene mit den Achsenabschnitten $1/h$, $1/k$ und $1/l$ lautet (vgl. S. 7) $hx + ky + lz = 1$; verschiebt man die Ebene parallel zu sich selbst so, daß sie durch den Koordinatenursprung geht, so wird daraus $hx + ky + lz = 0$. Wir betrachten nun zwei Ebenen mit den Indices $h_1 k_1 l_1$ und $h_2 k_2 l_2$. Verschieben wir sie beide so, daß sie durch den Koordinatenursprung gehen, so gibt das Verhältnis der Koordinaten eines beliebigen Punktes $u\,v\,w$ der Schnittlinie das gesuchte Zonensymbol, also:

$$h_1 \cdot u + k_1 \cdot v + l_1 \cdot w = 0$$
$$h_2 \cdot u + k_2 \cdot v + l_2 \cdot w = 0.$$

Daraus folgt:

$$u:v:w = (k_1 \cdot l_2 - k_2 \cdot l_1):(l_1 \cdot h_2 - l_2 \cdot h_1):(h_1 \cdot k_2 - h_2 \cdot k_1).$$

Umgekehrt bestimmen zwei Kanten die dazwischenliegende Fläche. Die Indices der Fläche folgen aus den zwei Gleichungen derselben Fläche hkl mit verschiedenen Zonensymbolen $u_1 v_1 w_1$ und $u_2 v_2 w_2$:

$$h:k:l = (v_1 \cdot w_2 - v_2 \cdot w_1):(w_1 \cdot u_2 - w_2 \cdot u_1):(u_1 \cdot v_2 - u_2 \cdot v_1).$$

Für die Ausrechnung ist die Determinantenform bequem:

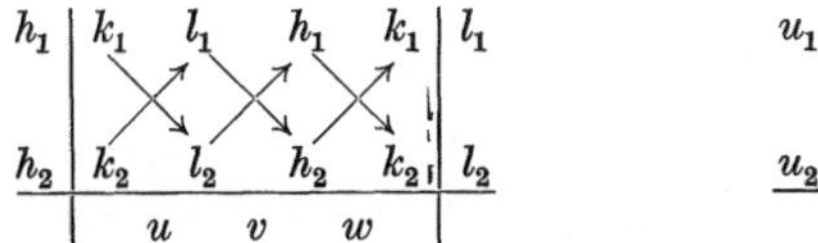 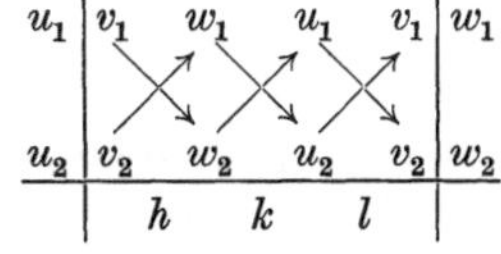

Dabei ist auf die Vorzeichen besonders zu achten. Man kann alle möglichen Flächen eines Kristalles erhalten, indem man von vier Flächen, die nicht zu dreien in einer Zone liegen dürfen, ausgeht und aus diesen zunächst die Zonenrichtungen bzw. Zonensymbole der zwischen diesen Flächen liegenden Kanten bestimmt; aus den so erhaltenen Zonenrichtungen bzw. Zonensymbolen ergeben sich neue mögliche Flächen, aus diesen wieder neue Zonen usw. Es kommen an einem Kristall ganz allgemein nur Flächen vor, die miteinander im Zonenverband liegen („Zonengesetz").

Die Achsensysteme. Die Untersuchung der Kanten, bei deren Wahl als Achsensysteme die Verhältnisse besonders einfach werden, führt zu der Erkenntnis, daß es sechs derartige Achsensysteme gibt. Angebahnt wurde diese Art der Betrachtung durch CHR. S. WEISS 1804 in einer Einlage in der deutschen Übersetzung des Werkes von HAÜY. Bei den ersten drei Achsensystemen sind die Abschnitte der Einheitsfläche auf den drei Achsen verschieden lang, und zwar bilden beim triklinen System die drei Achsen keinen, beim monoklinen zwei

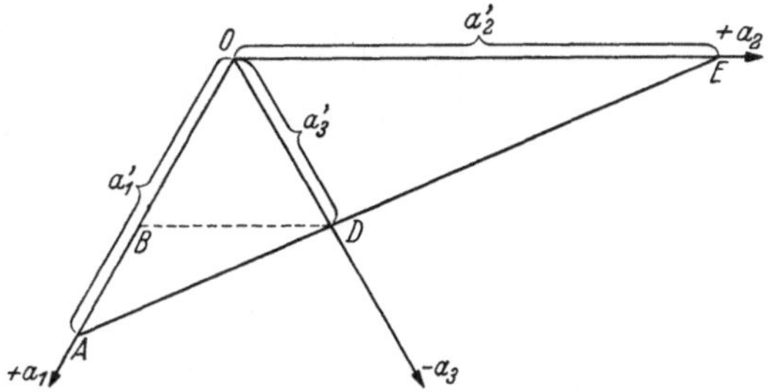

Abb. 10. Die Berechnung der Indices im hexagonalen Achsenkreuz

und beim rhombischen drei rechte Winkel miteinander. In allen drei Systemen muß zur eindeutigen Bestimmung eines Kristalls das Verhältnis der Achsenabschnitte $a:b:c$ ihrer Einheitsfläche angegeben werden. Zur Festlegung des triklinen Achsenkreuzes müssen ferner die Winkel zwischen den Achsen angegeben werden; man bezeichnet den Winkel zwischen der a- und b-Achse mit γ, den zwischen der b- und c-Achse mit α und schließlich den zwischen c- und a-Achse mit β. Das monokline Achsenkreuz orientieren wir so, daß der allgemeine Winkel zwischen der c- und der a-Achse liegt, also mit β bezeichnet wird[1]. Im tetragonalen System sind zwei Achsenabschnitte einander gleich, die Achsen bilden drei rechte Winkel, es muß nur das Verhältnis $c:a$ angegeben werden.

Das hexagonale Achsenkreuz hat eine vertikal stehende Achse (c-Achse) und senkrecht dazu drei weitere, a_1, a_2 und a_3, die sich unter 120° schneiden. Von diesen drei Achsen wird die eine, nach vorn rechts verlaufende, negativ gerechnet (s. Abb. 10). Den Achsenabschnitten auf ihr entspricht der Index i, während die beiden anderen Achsen die Indices h und k liefern. Die Reihenfolge ist — abweichend von der alphabetischen — $hkil$. Diese viergliedrigen Indices werden auch Bravaissche Indices genannt. Zur Kennzeichnung genügt dann das Verhältnis $c:a$.

Da zur Kennzeichnung einer Fläche im Raum drei Achsen genügen, kann man i aus h und k berechnen. ADE in der Abb. 10 sei die Spur einer Fläche und BD

---

[1] Diese Festsetzung ist natürlich willkürlich. In einer anderen Orientierungsmöglichkeit, die in der letzten Zeit größere Verbreitung gefunden hat, wird der allgemeine Winkel zwischen die a- und die b-Achse gelegt, er wird also γ.

parallel OE, dann ist $\overline{OA}/\overline{BA} = \overline{OE}/\overline{BD}$. Da $\overline{BD} = \overline{OD} = -\,1/i$ ist, folgt, wenn wir die Indices einsetzen:

$$\frac{1/h}{1/h + 1/i} = \frac{1/k}{-\,1/i}\,; \quad i = -\,(h + k)\,.$$

i wird hier also negativ gerechnet, ohne Strich. Manche Autoren schreiben auch $h\,k\,\overline{i}\,l$, dann ist $i = h + k$. Neuerdings wird i auch durch * ersetzt.

Im kubischen Achsensystem schließlich sind die Achsenabschnitte der Einheitsfläche einander gleich und die drei Achsen stehen senkrecht aufeinander.

Gelegentlich verwendet man noch ein weiteres Achsenkreuz, das rhomboedrische. In diesem mißt man wie im kubischen Achsenkreuz auf allen drei

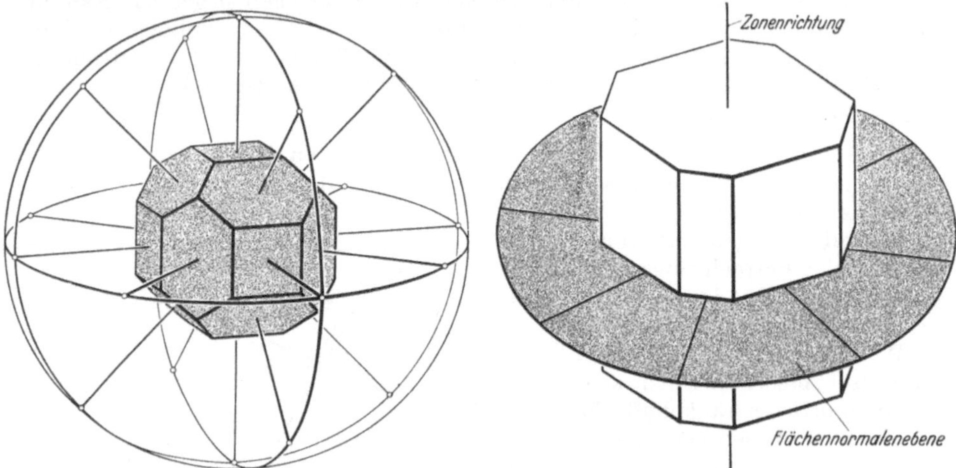

Abb. 11. Projektion eines Kristalls durch seine Flächennormalen auf eine Kugeloberfläche. Die Flächenpole sind durch größte Kreise verbunden

Abb. 12. Die Pole aller Flächen einer Zone liegen auf einem größten Kreis, die Zonenachse = Kantenrichtung steht senkrecht zu diesem Kreis

Achsen im selben Maßstab; die Winkel zwischen den Achsen sind zwar untereinander gleich, aber nicht 90° wie im kubischen Achsenkreuz, sondern sie bilden einen allgemeinen Winkel ϱ (vgl. Anhang S. 324 und Abb. 391).

Das volle Verständnis für die Wahl der verschiedenen Achsenkreuze ergibt sich erst aus dem Studium von Kapitel 4 (S. 18ff.).

Die stereographische Projektion. Wir wollen nun noch ein weiteres wichtiges Hilfsmittel zur Kristallbeschreibung kennenlernen, das uns erlaubt, aus den gemessenen Winkeln den Kristall als geometrisches Gebilde zu konstruieren, seine Winkel, Flächen und Kanten ebenso wie die Symmetrie übersichtlich darzustellen: die stereographische Projektion.

Wir denken uns um den Mittelpunkt eines kleinen Kristalls eine große Kugel beschrieben. Die Senkrechten auf die Flächen vom Kugelmittelpunkt aus, die Flächennormalen, sollen bis an die Peripherie der Kugel stoßen (Abb. 11). Dann erhalten wir auf der Kugeloberfläche ein System von Punkten, deren Verbindungslinien durch größte Kreise auf der Oberfläche der Kugel die Größen der Flächenwinkel angeben. Die Kantenausstiche müssen um 90° entfernt von dem Ausstichpunkt der Normalen derjenigen Flächen liegen, die parallel zu der Kante sind[1]. Daraus folgt, daß Flächen mit parallelen Kanten, also mit anderen Worten Flächen, die einer Zone angehören, auf Großkreisen liegen müssen, d.h. auf der Peripherie von Schnittebenen durch den Mittelpunkt der Kugel. Der

---

[1] Natürlich werden auch die Kantenrichtungen zwischen zwei Flächen parallel verschoben durch den Mittelpunkt der Kugel gelegt.

Zonenpol liegt dann 90° entfernt (Abb. 12). Wir erhalten so auf der Kugelober-
fläche ein System von Punkten und Großkreisen, das die Winkel-, Zonen- und
Symmetrieverhältnisse abzulesen gestatten. Um diese räumliche Anordnung in
eine Ebene zu projizieren, benutzen
wir die stereographische Projektion.
Wir betrachten zunächst die Nordhalbkugel und bedienen uns, um be-
quemer verständlich zu sein, der
Ausdrücke, die für die Erde gebräuchlich sind. Wir projizieren die
Orte der Nordhalbkugel auf die
Äquatorebene, indem wir sie durch
Geraden mit dem Südpol verbinden
(Abb. 13). Der Schnittpunkt mit der
Äquatorebene ist der Projektions-
punkt. Die Winkel- und Symmetrieverhältnisse bleiben so gewahrt.
Praktisch wichtig ist die Eigenschaft
der stereographischen Projektion,
daß sich Kreise auf der Kugel als
Kreise in der Projektion abbilden —
im besonderen bilden sich also die
Zonenkreise auf der Kugel als Kreise

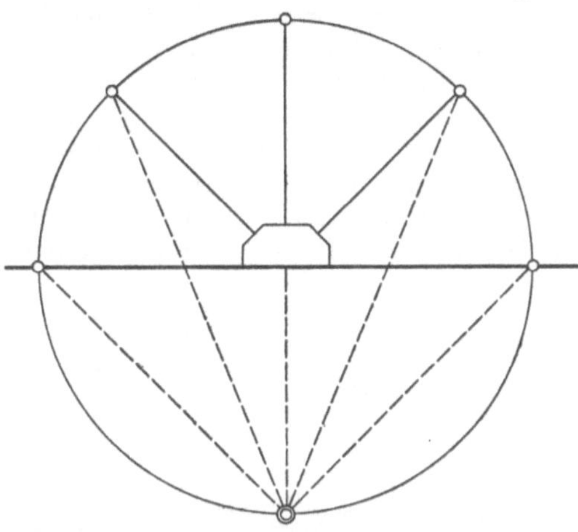

Abb. 13. Stereographische Projektion der Flächenpole auf
den Äquator als Projektionsebene durch ihre Verbindung
mit dem Südpol. Schnitt durch die Projektionskugel in
der Ebene dreier Flächennormalen

(bzw. Kreisbögen) ab. Punkte auf der Südhalbkugel werden durch Verbindung mit dem Nordpol projiziert und durch andere Zeichen dargestellt. In
den Abb. 24 ff. sind die Punkte der Nordhalbkugel als Kreuze, die der Südhalbkugel als Kreise eingetragen.

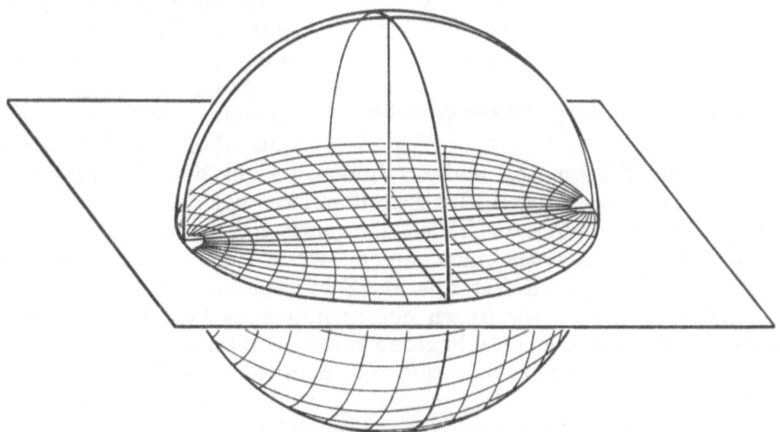

Abb. 14. Entstehung des Wulffschen Netzes

Die Handhabung der stereographischen Projektion wird sehr erleichtert durch
die Benutzung der stereographischen Projektion eines Gradnetzes. Eine Kugel
mit Längen- und Breitenkreisen wird so gedreht, daß Nordpol und Südpol in der
Projektionsebene liegen, und dann projiziert (Abb. 14). So erhält man das als
Tafel am Schluß beigegebene *Wulffsche Netz*, das herausgenommen und auf
Holz oder Karton aufgeklebt werden kann. Die Längenkreise entsprechen größten
Kreisen, auf ihnen müssen also die Zonenverbände eingetragen werden. Die

Breitenkreise sind mit Ausnahme des Äquators keine größten Kreise und dienen nur zur Abzählung der Winkelwerte. Man zeichnet auf einem Stück Pauspapier, das man über das Wulffsche Netz legt.

Wir wollen die ersten Schritte der Benutzung der stereographischen Projektion an dem schon zur Berechnung der Indices benutzten Schwerspatkristall (Abb. 8 u. Tabelle 1) zeigen (Abb. 15). Wir nehmen an, daß wir die Winkel $a:m = 39°11'$ und $c:o = 52°43'$ durch Messung am Goniometer gefunden haben. Die Flächen a und m gehören einer Zone an, deren Kreis der Äquator, also die Umrandung der Projektionsebene, ist. Wir markieren uns den Pol der Fläche a. Dann liegt der Pol der Fläche m um $39°11'$ von a entfernt auf dem Äquator. Der Pol der Fläche c fällt mit dem Zonenpol der Flächen, deren Pole auf dem Äquator liegen, zusammen, er liegt somit im Mittelpunkt des Netzes. Von ihm liegt o um $52°43'$ entfernt, und zwar in der Zone cob, die senkrecht zu ac verläuft. Wir tragen also auf der Senkrechten zu ac den Pol der Fläche o ab und markieren am Rande den Pol der Fläche b. Zeichnen wir nun die Zonen ao und mc stets als größte Kreise, so finden wir als Schnittpunkt den Pol der Fläche z, die diesen beiden Zonen zugleich angehört. Aus der Abb. 8 ist nur zu ersehen, daß z in der Zone ayo liegt; daß z auf der Zone mc liegt, könnte man jedoch durch eine Untersuchung auf dem Goniometer erfahren. Wir könnten z auch aus den bei der Berechnung S. 9 angegebenen Winkeln cz und az finden, indem wir die Winkelabstände als Kreise um c und a abtragen. Im Schnittpunkt liegt dann z, und wir können den S. 9 angegebenen Winkel ψ_z'', der dem zwischen b und z entspricht, ohne weiteres der Projektion entnehmen, indem wir ihn auf dem größten Kreis bz abmessen. Diese Zone bz liefert uns als Schnittpunkt mit der Zone ac den Pol der Fläche u. Finden wir durch eine goniometrische Untersuchung ferner, daß r auf der Zone von u nach o liegt, so finden wir im Schnitt dieser Zone mit der Zone mz den Flächenpol von r und aus dem Zonenverband weiter leicht d und y. Den Pol der Fläche l bekommen wir im Schnittpunkt der Zonen $audc$ und der Zone von y zur linken o-Fläche. Die Existenz des letzteren Zonenverbandes kann wieder nicht dem Kopfbild (Abb. 8) entnommen werden, sondern erfordert eine goniometrische Untersuchung[1]. Die Lage der Fläche λ an diesem Kristall muß durch Messung bestimmt werden.

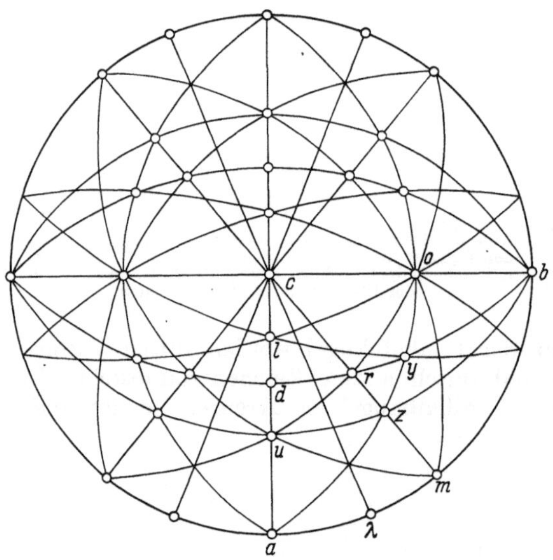

Abb. 15. Baryt. Stereographische Projektion

Die stereographische Projektion des Kristalls gibt uns also die Winkelbeziehungen und stellt den Kristall unverzerrt von Wachstumseinflüssen als Idealgebilde dar. Sie erlaubt uns deshalb auch, seine Symmetriebeziehungen zu erkennen, was am natürlichen Kristall nicht immer leicht ist.

---

[1] Man beachte, daß die Kanten zr und rl in Abb. 8 nicht parallel zueinander liegen, sonst würde es eine Zone zrl geben!

Mit Hilfe der stereographischen Projektion können wir ferner eine exakte Ansicht des Kristalls zeichnen. Wir brauchen zum Zeichnen die Kantenrichtungen und diese sind ja durch die Senkrechten zu den Zonenkreisen gegeben. So verläuft in Abb. 8 die Kante zwischen d und r parallel ac von oben nach unten und die zwischen u und a parallel cb von links nach rechts. Auf diese Weise können wir ein Kopfbild wie in Abb. 8 aus der stereographischen Projektion konstruieren. Drehen wir die ursprüngliche Polkugel, so können wir andere Ansichten des Kristalls zeichnen, z. B. wenn a im Mittelpunkt steht, eine Vorderansicht. Schließlich lassen sich auch die Achsenabschnitte und damit auch die Indices graphisch ermitteln. Außer in der eigentlichen Kristallographie ist die stereographische Projektion auch in der Kristalloptik (S. 124) und in der Gefügekunde von Nutzen; in letzterer wird jedoch überwiegend eine andere (flächentreue) Art der Kugelprojektion verwendet (S. 287).

3. Die Symmetrie der Kristalle

Einfache Symmetrieoperationen. Damit haben wir die wichtigsten Anfangsgründe der kristallographischen Kunstsprache erlernt. Wir haben uns zu diesem

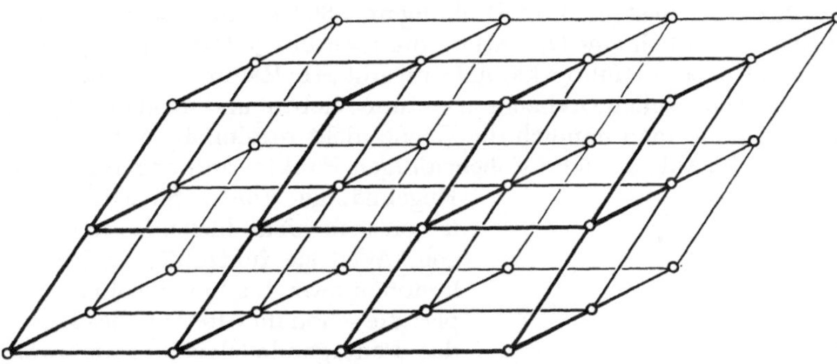

Abb. 16. Einfaches Raumgitter

Zweck damit begnügt, allein die Tatsache, daß die Kristalle aus Raumgittern bestehen, zu benutzen. Um tiefer einzudringen, müssen wir uns eine Vorstellung von den Arten dieser Raumgitter machen. Bereits auf S. 2 wurde erwähnt, daß es 230 symmetrieverschiedene Arten von dreidimensional periodischen Punktanordnungen und nur diese gibt. Um das zu verstehen, müssen wir uns damit vertraut machen, wie solche regelmäßige Punktanordnungen zustande kommen. Wir hatten bereits festgesetzt (S. 3), daß wir eine Punktanordnung dann als reell homogen betrachten wollen, wenn jeder Punkt eine unendlich große Anzahl ihm entsprechender anderer Punkte besitzt, deren Stellungen in der Anordnung die gleichen sind. Was bedeutet nun „gleiche Stellung in der Anordnung", wie können wir sie nachweisen?

Wir betrachten die einfache Netzebene der Abb. 1. Hier ist sofort klar, daß die Bedingung für jeden Punkt zutrifft, wenn wir das Gitter unendlich weit fortgesetzt denken. Wir brauchen es bloß von Punkt zu Punkt zu verschieben, dann ist die Anordnung die gleiche. Solche Parallelverschiebungen können ebenso in drei Dimensionen, also im Raumgitter (Abb. 16) ausgeführt werden, sie heißen *Translation*.

Eine andere Möglichkeit, Gitterpunkte miteinander zur Deckung zu bringen, sehen wir in der Netzebene (Abb. 17) dargestellt. Hier kann jeder Punkt außer durch Translation mit einem anderen durch Drehung um $120° = 360°/3$ zur

Deckung gebracht werden. Wir sprechen dann von einer dreizähligen Drehachse. In derselben Abbildung können die Punkte aber auch durch *Spiegel-* oder *Symmetrieebenen* zur Deckung gebracht werden. Die Symmetrieebene spielt auch in der organischen Welt eine Rolle, der Mensch besitzt ja auch eine solche, sie ist allerdings nicht exakt; die eine Körperhälfte ist immer etwas anders entwickelt als die andere. Auch bei den Kristallen ist oft durch äußere Einflüsse die Symmetrie nicht sogleich zu erkennen. Sie läßt sich aber, wenn man nur die Winkelverhältnisse und nicht die Flächengrößen betrachtet, leicht, z. B. durch Eintragen in die stereographische Projektion, auffinden.

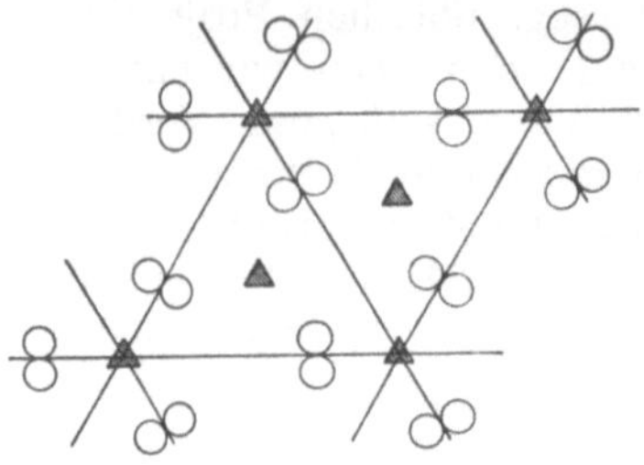

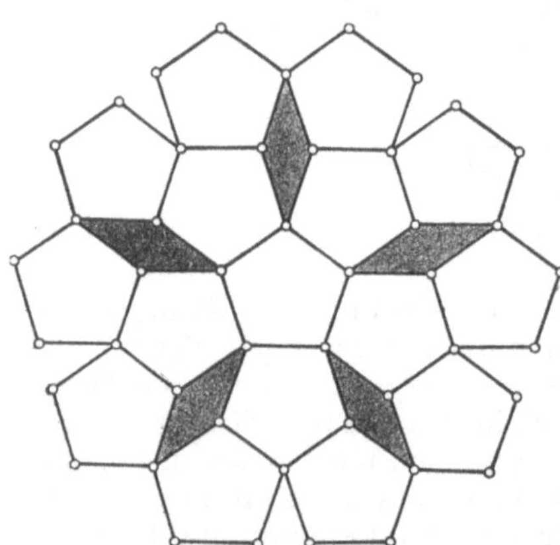

Abb. 17. Periodisches Muster mit dreizähligen Symmetrieachsen und Symmetrieebenen

Bewegungen, durch welche Punkte zur Deckung gebracht werden können, nennen wir Symmetrieoperationen. Als solche haben wir eben die Translation, die Symmetrieebene und eine dreizählige Drehachse kennengelernt. *Drehachsen* finden wir bei Kristallen noch andersartige. Wir sehen von der einzähligen Drehachse ab, die ein System durch Drehung um 360° in sich selbst überführt; denn das ist selbstverständlich eine Operation, die man mit jedem beliebigen ganz unsymmetrischen Körper ausführen kann. Dann gibt es in Raumgittern nur noch zwei-, drei-, vier- und sechszählige Drehachsen — fünf-, sieben- und mehrzählige scheiden aus. Mit ihnen kann man nämlich die Ebene nicht regelmäßig aufteilen, wie ein Versuch mit fünf- (Abb. 18) oder siebenzähligen Punktanordnungen leicht ergibt.

Regelmäßige Fünf-, Sieben- usw. Ecke lassen sich nicht lückenlos aneinanderfügen. Weil sie fünfzählige Achsen haben, kommen zwei der fünf regelmäßigen Körper, die schon im Altertum bekannt waren, das Pentagondodekaeder, ein Zwölfflächner, der durch regelmäßige Fünfecke begrenzt ist, und das Ikosaeder, ein Zwanzigflächner mit Begrenzung durch gleichseitige Dreiecke, als Kristallformen nicht vor. In der organischen Natur kommt jedoch fünfzählige Symmetrie vor, z. B. bei der Rosenblüte und den Seesternen.

Ein weiteres Symmetrieelement ist die *Inversion*, die bedeutet, daß zu jedem Punkt ein gleichwertiger Gegenpunkt vorhanden ist. Bei Kristallen nennt man die Inversion auch Symmetriezentrum.

Abb. 18. Durch Aneinanderfügen von regelmäßigen Fünfecken läßt sich die Ebene nicht lückenlos aufteilen

Gekoppelte Symmetrieoperationen. Dreht man einen außerhalb einer Achse liegenden Punkt um 180°, läßt ihn aber nicht an der erreichten Stelle realisieren, sondern invertiert unmittelbar nach der Drehung an einem Punkt in der Drehachse, dreht wieder um 180° und invertiert usw., so erhält man dieselbe Wiederholung wie durch eine Symmetrieebene senkrecht zur Drehrichtung. Koppelt man analog eine dreizählige Achse mit einer Inversion, so erhält man dieselbe Verteilung wie bei gleichzeitiger Anwesenheit einer dreizähligen Achse und eines Symmetriezentrums. Bei Koppelung einer sechszähligen Achse mit der oben beschriebenen Inversion erhält man eine Symmetrie, welche man ebenso durch eine dreizählige Achse und eine darauf senkrecht stehende Symmetrieebene beschreiben kann. Wichtig für uns ist, daß man bei Drehung um 90° und unmittelbar anschließender Inversion usw. eine Punktverteilung erhält, welche man nicht durch andere Symmetrieelemente beschreiben kann (Abb. 19). Wir treffen dieses gekoppelte Symmetrieelement, die *vierzählige* (Dreh-) *Inversionsachse*, auch

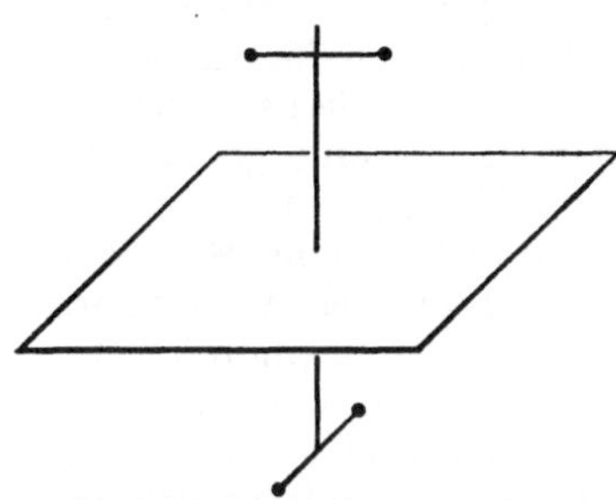

Abb. 19. Vierzählige Inversionsachse

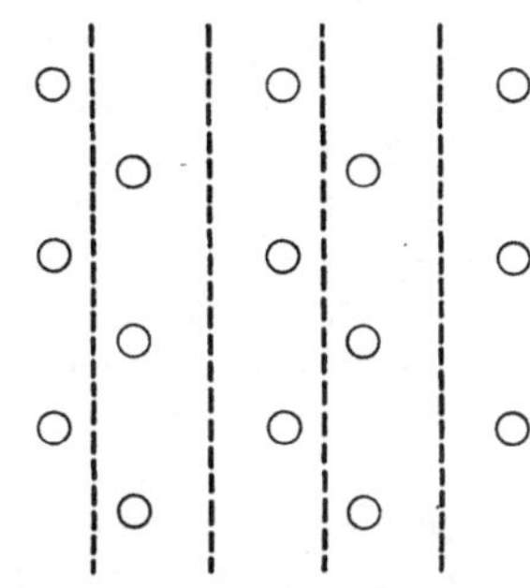

Abb. 20. Periodisches Muster mit Gleitspiegelebenen

bei einigen Kristallen. Man kann übrigens die Symmetrie der vierzähligen Inversionsachse noch durch ein anderes gekoppeltes Symmetrieelement erreichen; nämlich dadurch, daß man um 90° dreht und anschließend an einer Ebene senkrecht zur Drehachse spiegelt usw. *(Drehspiegelachse)*. Wir wollen uns dem verbreiteteren Gebrauch anschließen und die Inversionsachse verwenden. Aus formalen Gründen führt man auch die einzählige Inversionsachse ein; sie ist selbstverständlich mit dem Symmetriezentrum identisch.

Koppelt man die Symmetrieebene mit Translationen, so entsteht die *Gleitspiegelebene* (Abb. 20). Die Koppelung von Drehachsen mit Translationen ergibt *Schraubenachsen*, von denen die drei vierzähligen in den Abb. 21—23 dargestellt sind. Es läßt sich leicht finden, daß es nur eine zweizählige, zwei dreizählige, kurz $(n-1)$ $n$zählige Schraubenachsen gibt.

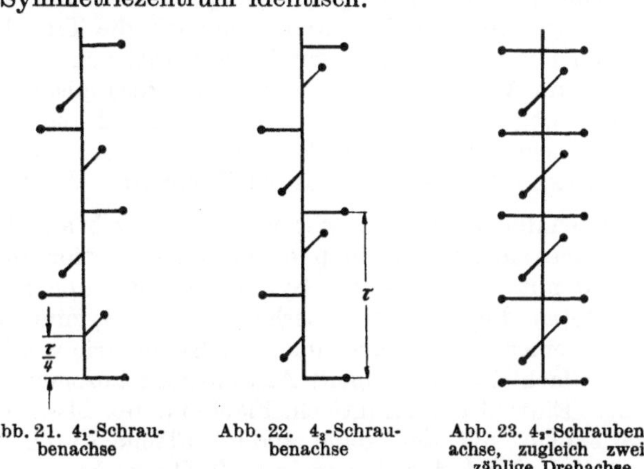

Abb. 21. 4₁-Schraubenachse

Abb. 22. 4₂-Schraubenachse

Abb. 23. 4₃-Schraubenachse, zugleich zweizählige Drehachse

Abb. 21—23. Die drei vierzähligen Schraubenachsen

Insgesamt haben wir folgende Symmetriearten (Tabelle 2):

Tabelle 2. *Symmetriearten*

1. Spiegelebene		9. Translation	
2. zweizählige		10. Gleitspiegelebene	
3. dreizählige		11. zweizählige	
4. vierzählige	Drehachse	12. zwei verschiedene dreizählige	Schraubenachsen
5. sechszählige		13. drei verschiedene vierzählige	
6. Symmetriezentrum		14. fünf verschiedene sechszählige	
7. vierzählige	Inversionsachse		
8. sechszählige			

Damit haben wir alle Symmetriearten, die mit einem Raumgitter verträglich sind, aufgezählt. Wenden wir sie allein und in Kombination an, so erhalten wir die 230 Möglichkeiten ihrer Anordnung, eben die Raumgruppen.

Für die Symmetrieelemente werden meist folgende Symbole verwandt. Für die ein-, zwei-, drei-, vier- und sechszählige Symmetrieachse die Zeichen 1, 2, 3, 4 und 6; für die entsprechenden Inversionsachsen die Zeichen $\bar{1}$, $\bar{2}$, $\bar{3}$, $\bar{4}$ und $\bar{6}$ (lies „eins quer", „zwei quer" usw.). Wir werden später allen Symbolen von gewöhnlichen Symmetrieachsen begegnen; von den Zeichen für Inversionsachsen jedoch nur $\bar{1}$, $\bar{3}$, $\bar{4}$ und $\bar{6}$. Die Schraubenachsen werden je nach der Zähligkeit der Achse und dem Translationsbetrag, der mit der Drehung gekoppelt ist, mit 2_1, 3_1, 3_2, 4_1, 4_2, 4_3, 6_1, 6_2, 6_3, 6_4 und 6_5 bezeichnet. Man spricht z.B. das Symbol 6_2 „sechs zwei". Den Schraubenachsen begegnet man nicht bei der Makrosymmetrie der Kristalle sondern nur bei ihrem atomaren Aufbau. Eine Symmetrieebene wird mit m bezeichnet (nach dem französischen Ausdruck „miroir", bzw. dem englischen „mirror"), eine Gleitspiegelebene — der wir ebenso wie den Schraubenachsen nur bei der Feinstruktur begegnen — je nach ihrer Translationsrichtung mit a, b, c, n oder d; a, b, c bedeuten Gleitspiegelebenen mit Translationsbeträgen $\frac{a}{2}$, $\frac{b}{2}$, bzw. $\frac{c}{2}$, n eine Gleitspiegelebene mit einem Translationsbetrag von der Hälfte einer Diagonale, d eine mit einem Translationsbetrag von einem Viertel einer Diagonale. Als Symbol für ein Symmetriezentrum wird das für die einzählige Inversionsachse, also $\bar{1}$ genommen.

4. Die 32 Kristallklassen

Wenn wir von allen Symmetrieoperationen nur diejenigen gelten lassen, die im (Schein-)Kontinuum gelten, wenn wir die Translation und die durch Kombination mit ihr entstandenen Deckoperationen, also alle diejenigen, bei denen es sich um Verschiebungen von submikroskopischer Größenordnung (10^{-8} cm) handelt, weglassen (Fälle 9—14 der Tabelle 2), so vermindert sich die Zahl der Symmetriegruppen sehr stark, nämlich auf 32. Das sind die 32 Kristallklassen, die HESSEL 1830 erstmalig aus der Symmetrie ableitete.

Die triklinen Klassen. Wir wollen sie auch auf diesem Wege kennenlernen; wir bauen sie im folgenden durch Kombination der Symmetrieelemente, beginnend mit der geringsten Symmetrie auf. Die niedrigstsymmetrische Klasse ist offenbar diejenige, die überhaupt keine Symmetrie besitzt. Die Kanten und Flächen eines solchen Kristalls ohne Symmetrie werden auf ein triklines (griech. tris dreifach, klinein neigen) Achsenkreuz bezogen. Die Kristallflächen heißen Pedien, Einzahl Pedion (griech. Fläche) (Abb. 24a). Wir nennen in allen Klassen jede Fläche, mit der keine andere Fläche durch Symmetrie verbunden ist, ein Pedion. Nach dem Beispiel von P. GROTH benennen wir die Klassen nach den allgemeinen Formen, d. h. nach derjenigen Flächenkombination, die für die Symmetrie der Klasse charakteristisch ist. In der stereographischen Projektion bedeutet dies, daß der oder die Projektionspunkte eine beliebige Lage haben, also z.B. nicht auf Symmetrieelementen liegen. Nach diesem Grundsatz wird die erste Klasse die *pediale* genannt. Sie erhält das Symbol 1, was besagen soll, daß sie nur eine einzählige Drehachse hat, die ja immer vorhanden ist (Abb. 24). In der Natur kommen solche asymmetrischen Kristalle als das seltene Mineral Strontiohilgardit $(Sr,Ca)_2B_5O_8(OH)_2Cl$ vor; unter den Laboratoriumsprodukten ist Calciumthiosulfat, $CaS_2O_3 \cdot 6H_2O$, ein Beispiel.

Als nächste Klasse nehmen wir die Kristalle, die ein Symmetriezentrum besitzen. Hier gehört also zu einer Fläche stets eine gleichwertige Gegenfläche und zwar ist das bei allen möglichen Lagen der Fall. Solche gegenüberliegenden Flächenpaare werden Pinakoide genannt (griech. pinakion Tafel) (Abb. 25). Die Klasse heißt die *pinakoidale* und hat das Symbol $\bar{1}$ (Abb. 26). In ihr kristallisiert neben vielen anderen Mineralen die große Gruppe der Plagioklase oder Kalknatronfeldspäte, der Mischkristalle zwischen $NaAlSi_3O_8$ (Albit) und $CaAl_2Si_2O_8$ (Anorthit). Sie sind mit etwa 40% an der Zusammensetzung der Erdrinde beteiligt. Abb. 27 zeigt einen Anorthitkristall mit den konventionellen Symbolen der Flächen. Auch die eine Art des Kalifeldspats $KAlSi_3O_8$, der Mikroklin, zeigt die Merkmale dieser Klasse. Hellgrün gefärbte Stücke werden als Halbedelstein geschliffen und Amazonit genannt. Ferner gehört der Disthen $Al_2O[SiO_4]$ hierher.

Die beiden Klassen 1 und $\bar{1}$ werden als triklines System zusammengefaßt.

Die monoklinen Klassen. Die dritte Klasse besitzt eine Symmetrieebene.

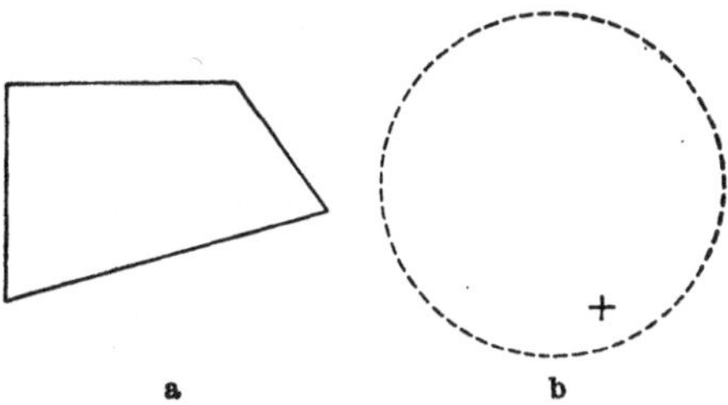

Abb. 24a u. b. (a) Pedion. (b) Stereographische Projektion der pedialen Klasse 1

Eine Fläche, die senkrecht zur Spiegelebene steht, bleibt ein Pedion, eine Fläche parallel zur Spiegelebene wird zum Pinakoid, alle anderen Flächenlagen ergeben dachförmige Flächenpaare, die Domen (griech. doma Dach) genannt werden (Abb. 28). Die Flächen in dieser Klasse werden auf ein monoklines Achsensystem bezogen, die geneigte Achse liegt in der Symmetrieebene. Mit der Symmetrie eines solchen Achsensystems ist die Symmetrie dieser und der beiden folgenden Klassen verträglich, deswegen faßt man diese drei Klassen als monoklines System zusammen. Man stellt die Kristalle meist so auf, daß die Symmetrieebene senkrecht auf den Betrachter zu

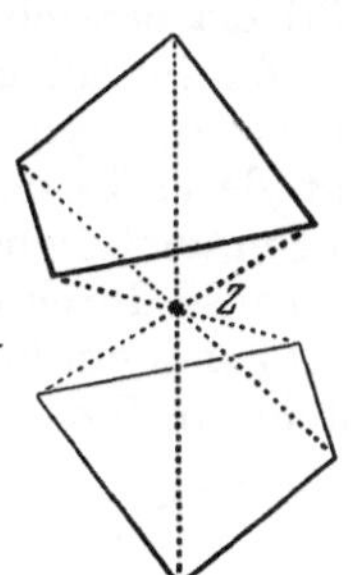

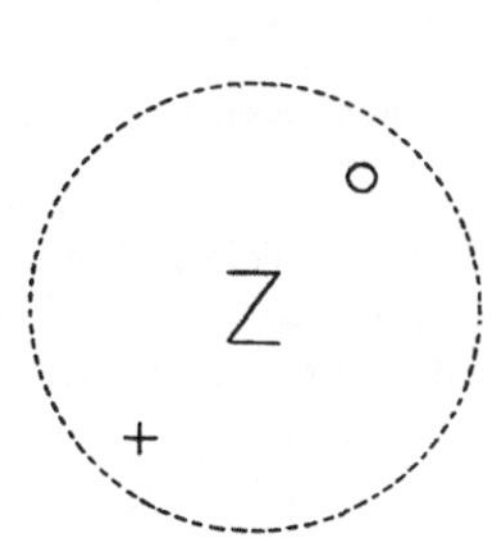

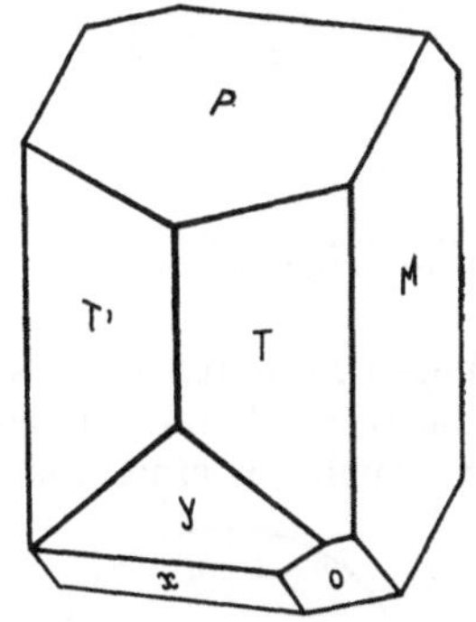

Abb. 25. Pinakoid mit eingezeichnetem Symmetriezentrum

Abb. 26. Stereographische Projektion der pinakoidalen Klasse $\bar{1}$

Abb. 27. Anorthit. $P(001)$, $M(010)$, $T'(1\bar{1}0)$, $T(110)$, $x(10\bar{1})$, $y(20\bar{1})$, $o(11\bar{1})$

verläuft und die a-Achse von hinten nach vorn geneigt ist (Abb. 29). Die Klasse mit einer Symmetrieebene hat das Symbol m, sie heißt die *domatische*. Beispiele sind selten; der Klinoedrit $Ca_2Zn_2(OH)_2Si_2O_7 \cdot H_2O$ gehört hierher.

Kristalle mit einer zweizähligen Achse bilden die nächste Klasse mit dem Symbol 2 (Abb. 30). Flächen, die senkrecht zur Drehachse liegen, bleiben wieder Pedien, solche parallel dazu werden Pinakoide. Die anderen Flächenpaare heißen Sphenoide wegen der keilförmigen Gestalt (griech. sphen Keil) (Abb. 31). Wir nennen diese Klasse die *sphenoidische* Klasse. In ihr kristallisieren z.B. Rohr(Kandis-) Zucker (Abb. 32), sowie der Milch- und Traubenzucker, die Weinsäure und viele andere organische Stoffe.

Nun wollen wir die bisher benutzten drei Symmetrieelemente zusammen verwenden und zwar je zwei verschiedene miteinander kombinieren. Das ist in

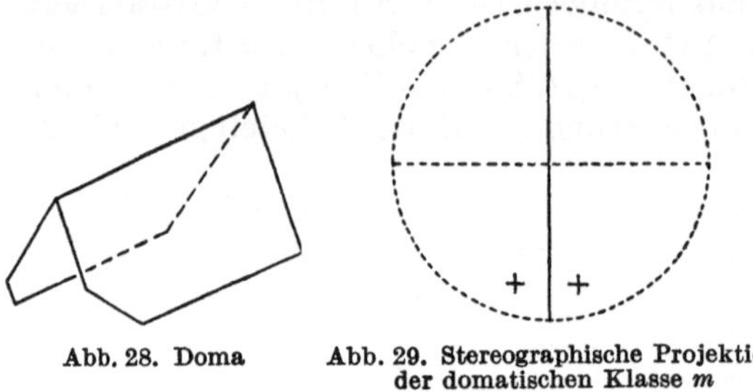

Abb. 28. Doma

Abb. 29. Stereographische Projektion der domatischen Klasse m

Abb. 33a—c geschehen; in (a) ist eine Symmetrieebene mit einer senkrecht darauf stehenden zweizähligen Achse, in (b) eine Symmetrieebene mit einem Symmetriezentrum und in (c) ein Symmetriezentrum mit einer zweizähligen Achse kombiniert.

Wie wir sehen, kommt stets dieselbe Flächenanordnung und damit die gleiche Symmetrie heraus, gleichgültig, welche beiden Elemente wir zusammenbringen, und wenn wir sie alle drei zusammenbauen, ändert sich auch nichts mehr. So sehen wir schon an diesem Beispiel, daß ein und dieselbe Anordnung auf verschiedenen Wegen zustande kommen kann.

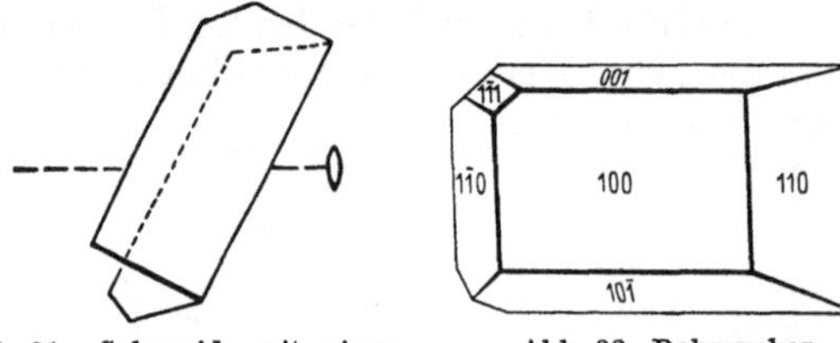

Abb. 30a u. b. Symmetrieelement (a) und stereographische Projektion (b) der sphenoidischen Klasse 2

In dieser Klasse gehören im allgemeinen Fall vier Flächen symmetriegebunden zusammen und bilden eine Form, die man als Prisma bezeichnet (Abb. 34a—c). Zu einer Fläche, welche senkrecht zur Symmetrieebene liegt (deren Flächenpol also in die Symmetrieebene

Abb. 31. Sphenoid mit eingezeichneter zweizähliger Achse

Abb. 32. Rohrzucker

zu liegen kommt), entsteht durch die zweizählige Achse und ebenso durch das Symmetriezentrum eine parallele Gegenfläche — als Form entsteht somit ein Pinakoid. Auch aus einer Fläche parallel zur Symmetrieebene entsteht ein Pinakoid.

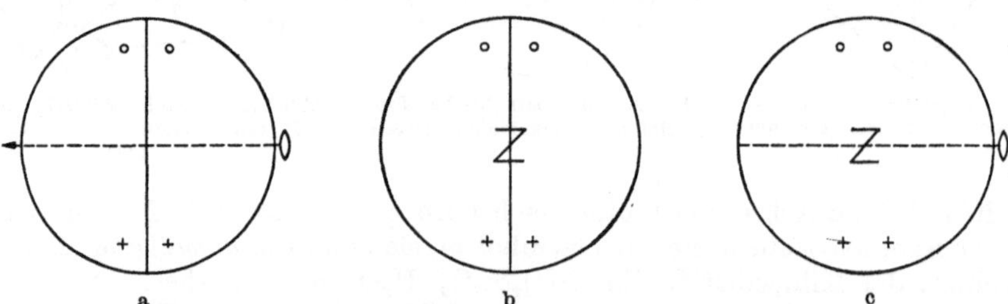

a

b

c

Abb. 33a—c. Die Kombination je zweier verschiedener der bisher benutzten Symmetrieelemente ergibt stets die Symmetrie der prismatischen Klasse 2/m. (a) Symmetrieebene mit zweizähliger Achse. (b) Symmetrieebene mit Symmetriezentrum. (c) Zweizählige Achse mit Symmetriezentrum

Die Klasse heißt die *prismatische* und erhält das Symbol 2/m (Abb. 35). In ihr kristallisieren viele wichtige Minerale, z.B. der Gips, $CaSO_4 \cdot 2\,H_2O$ (Abb. 36), die Glimmer, z.B. Muskovit $KAl_2(OH)_2[AlSi_3O_{10}]$, und die Pyroxene, z.B. Diopsid, $CaMg[Si_2O_6]$. Besonders wichtig ist der Kalifeldspat, $K[AlSi_3O_8]$, der übrigens meist auch etwas Na enthält. Er gehört in seiner „Hochtemperaturmodifikation", welche man *Sanidin* nennt, jedenfalls hierher. Der Sanidin tritt in Ergußgesteinen, z. B. im Trachyt auf und ist häufig tafelig nach (010) entwickelt. Nach seiner

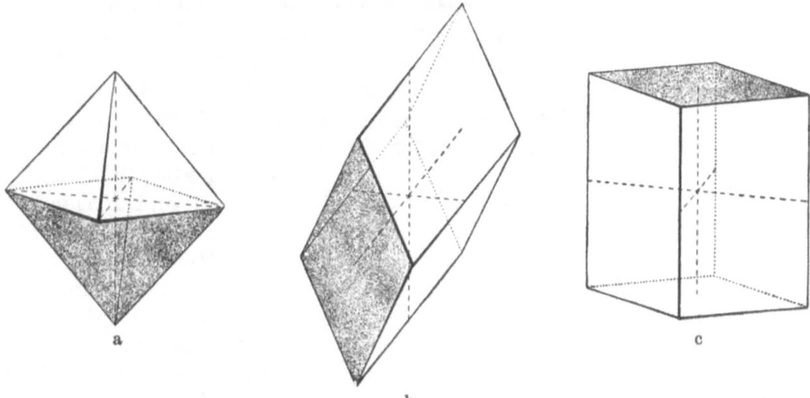

Abb. 34a—c. Prismen der Klasse 2/m. (a) {hkl} Man sieht in den Hohlraum hinein, den die beiden hinten unten gelegenen Prismenflächen bilden; (b) {0kl}; (c) {hk0}

Morphologie ist auch der gemeine Kalifeldspat oder *Orthoklas* monoklin prismatisch (vgl. jedoch S. 65). Er findet sich in Tiefengesteinen oder in Verbindung mit diesen. Die Formen P {001} und M{010} sind an seinen Kristallen groß entwickelt; dazu treten T{110} und y{20$\bar{1}$} (Abb. 37). In Klüften und Gängen tritt der *Adular* auf, als Halbedelstein auch Mondstein genannt, bei dem die Formen T und x {10$\bar{1}$} häufig stark vorwiegen; seine Kristalle sehen dadurch manchmal einem Rhomboeder (s. S. 25) ähnlich (Abb. 38).

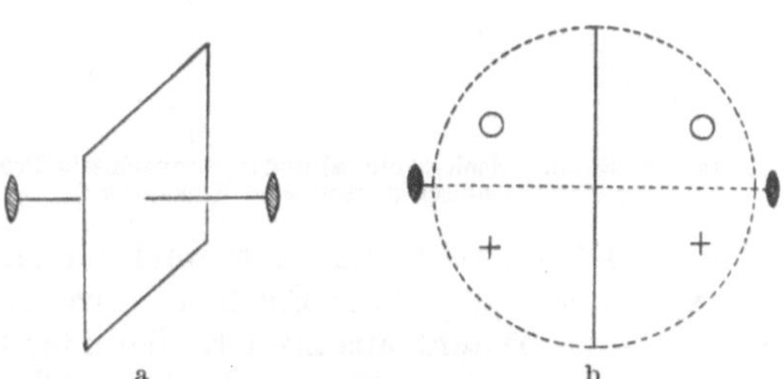

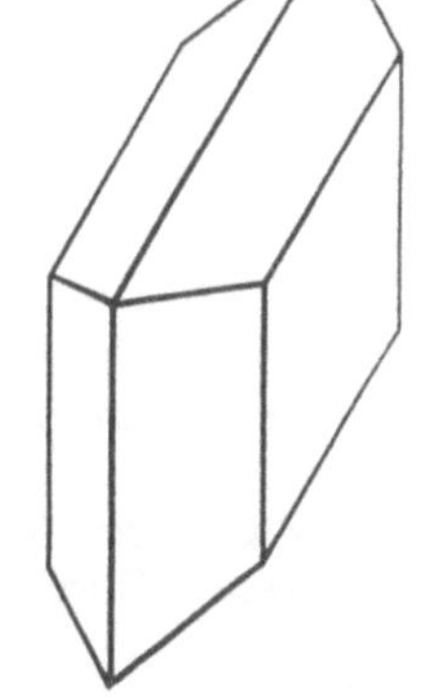

Abb. 35a u. b. Symmetrieelemente (a) und stereographische Projektion (b) der Klasse 2/m			Abb. 36. Gips. {010}, {110}, {111}

Die rhombischen Klassen. Bleiben wir zunächst bei den bisherigen Symmetrieelementen und kombinieren gleiche miteinander. Werden zwei Spiegelebenen senkrecht miteinander gekreuzt, so entsteht dadurch eine zweizählige Achse, die in der Schnittgeraden der beiden Spiegelebenen liegt. Die vier Flächen allgemeiner Lage bilden zusammen eine Pyramide (Abb. 39). Der Querschnitt der Pyramide ergibt einen Rhombus, daher hat das System, in dem diese und die beiden nächsten Klassen zusammengefaßt werden, die Bezeichnung „rhombisch" erhalten[1]. Der Name der Klasse lautet deshalb *rhombisch-pyramidal*, Symbol $mm2$ (oder auch nur mm) (Abb. 40).

---

[1] Um sprachlich eine Verwechslung mit den rhomboedrischen Kristallen auszuschließen, werden neuerdings die hierher gehörigen Kristalle auch öfter als *orthorhombisch* bezeichnet.

Die drei rhombischen Klassen werden auf ein rechtwinkliges Achsenkreuz bezogen, das allein mit den bei ihnen vorhandenen Symmetrieelementen verträglich ist. In der Klasse $mm2$ liegen zwei Achsen des Achsenkreuzes, die a- und b-Achse, in den Symmetrieebenen, die c-Achse fällt mit der zweizähligen Achse zusammen. Sie ist *polar*, d.h. einseitig, die Flächen der Oberseite brauchen keine entsprechenden Flächen auf der Unterseite zu haben. Außer Pyramiden können zwei Pinakoide, zwei Pedia [(001) u. (00$\bar{1}$)], Domen und Prismen auftreten. Das Kieselzinkerzt auch Hemimorphit genanne (griech. hemi halb, morph· Gestalt) $Zn_4(OH)_2Si_2O_7 \cdot r\, H_2O$ kristallisiert in dieser Klasse und zeigt meist eine klar dieser Klasse zugehörige Ausbildung (Abb. 41).

Bauen wir zwei zweizählige Achsen so zusammen, daß sie aufeinander senkrecht stehen, so tritt eine dritte Achse, die auf den andern beiden senkrecht steht, hinzu. Die drei zweizähligen Achsen sind zweiseitig, Richtung und Gegen-

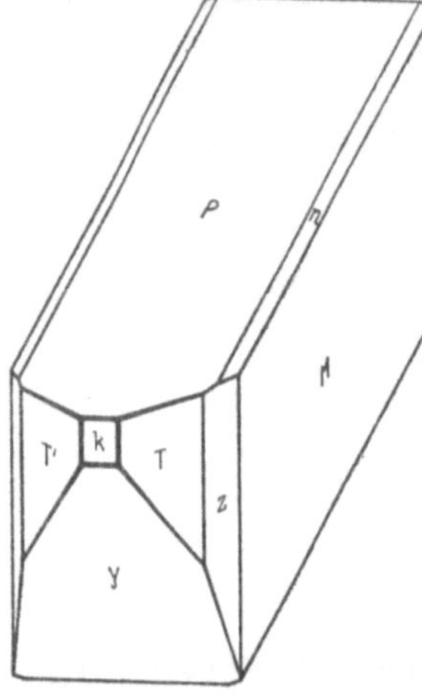

Abb. 37. Orthoklas. P(001), M(010), k(100), T(110), $T'(1\bar{1}0)$, y(20$\bar{1}$), z(130), n(021)

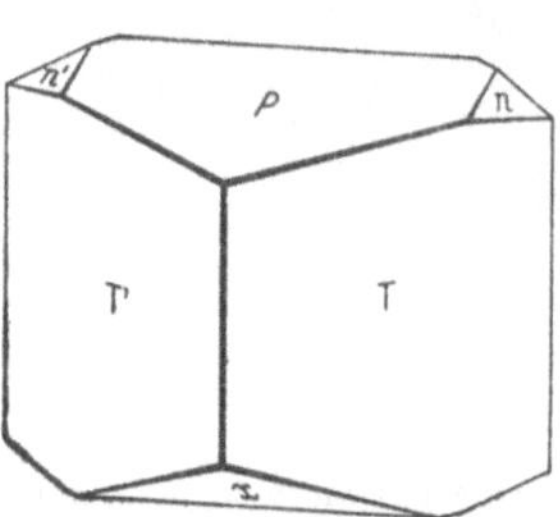

Abb. 38. Adular. P(001), x(10$\bar{1}$), T(110), $T'(1\bar{1}0)$, n(021), $n'(0\bar{2}1)$

richtung sind gleich. Bei dieser neuen Klasse tritt zum erstenmal ein allseitig geschlossener Körper auf. Er ist von den vier $\{hkl\}$-Flächen begrenzt und

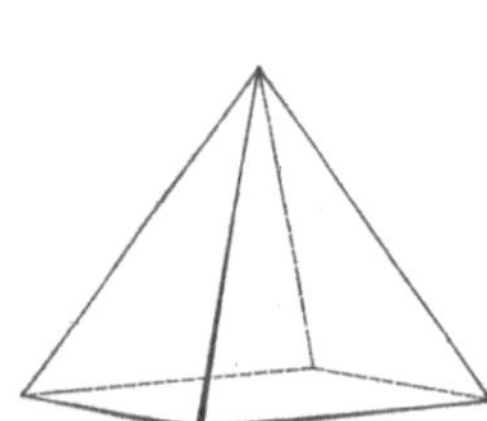

Abb. 39. Rhombische Pyramide

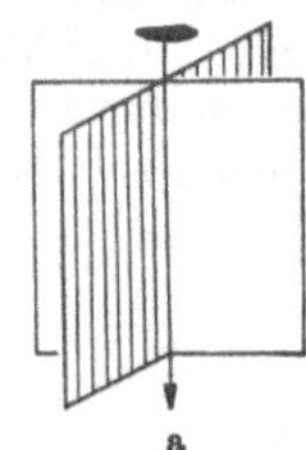

Abb. 40a u. b. Symmetrieelemente (a) und stereographische Projektion (b) der rhombisch-pyramidalen Klasse $mm2$

besteht aus zwei Keilen oder Sphenoiden, die symmetriegemäß ineinander geschoben sind (Abb. 42). Er wird Disphenoid und die Klasse die *rhombisch-disphenoidische* genannt, Symbol 222 (Abb. 43). Die zweizähligen Achsen sind die Achsen des rhombischen Achsenkreuzes. Das Disphenoid kann als ein verzerrtes Tetraeder aufgefaßt werden; mit höherer, vierzähliger Symmetrie kommt es als tetragonales Disphenoid noch einmal vor (vgl. S. 36). Das reguläre Tetraeder selbst hat eine noch höhere Symmetrie. Außer

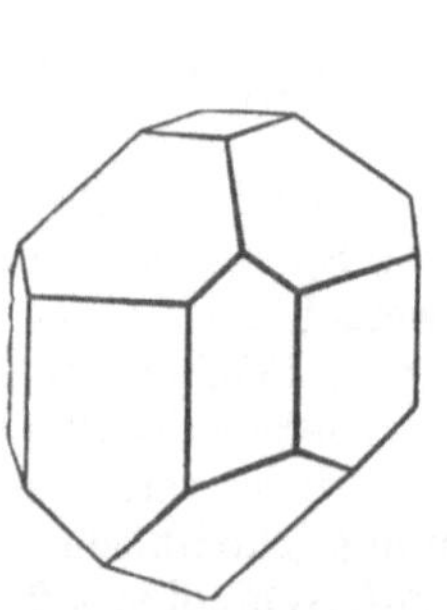

Abb. 41. Kieselzinkerz. $\{100\}$, $\{010\}$, $\{001\}$, $\{110\}$, $\{301\}$, $\{031\}$, $\{12\bar{1}\}$

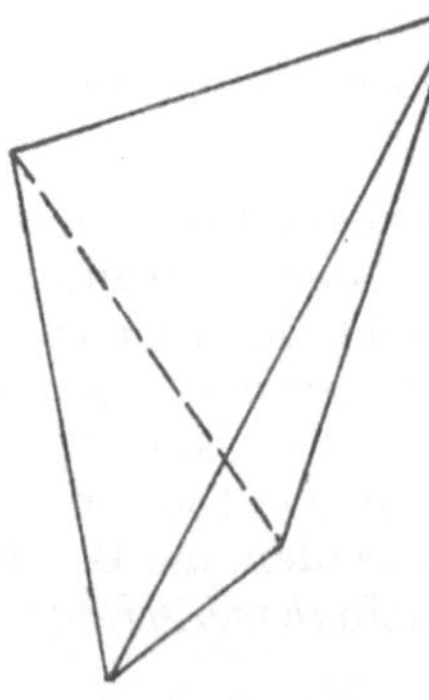

Abb. 42. Rhombisches Disphenoid

den Disphenoiden gibt es noch Prismen und drei Pinakoide. In der Klasse 222 kristallisieren das Bittersalz $MgSO_4 \cdot 7H_2O$ (Abb. 44) und viele organische Verbindungen.

Wir sind in dieser Kristallklasse im rhombischen Disphenoid zum erstenmal einer *geschlossenen Form* begegnet; damit ist es möglich, daß ein Kristall in dieser Klasse (und in vielen, die wir noch zu besprechen haben) aus einer einzigen *einfachen Form* besteht. In den vorhergehenden Klassen sind alle einfachen Formen *offene Formen*, d.h. sie bilden keinen geschlossenen Körper, und damit muß der Kristall zwangsläufig aus einer Kombination verschiedener Formen bestehen. Solche *Kombinationen* verschiedener einfacher Formen sind an Kristallen unabhängig von der Kristallklasse sehr häufig, ja die Regel, wie die Abbildungen zu diesem Kapitel zeigen.

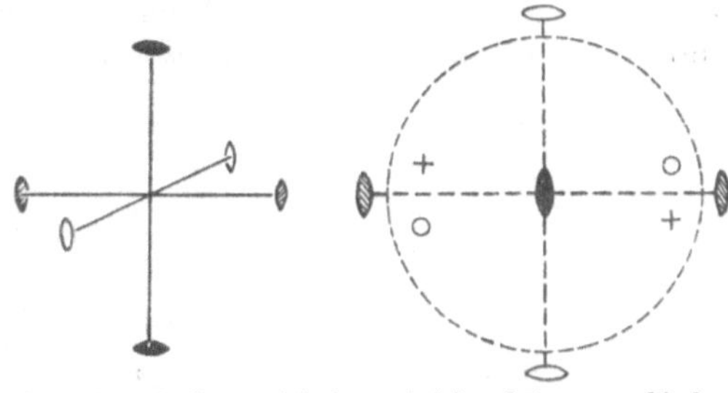

Abb. 43a u. b. Symmetrieelemente (a) und stereographische Projektion (b) der rhombisch-disphenoidischen Klasse 222

Kombinieren wir zwei aufeinander senkrecht stehende 2-zählige Achsen mit einem Symmetriezentrum oder zwei aufeinander senkrecht stehende Symmetrieebenen mit einer senkrecht zu einer von ihnen stehenden zweizähligen Achse, bzw. einer auf beiden ursprünglichen Symmetrieebenen senkrecht stehenden weiteren Symmetrieebene, so erhalten wir immer die in der Abb. 45 dargestellte Symmetrie.[1] Die horizontale Symmetrieebene ist hier durch den stark ausgezogenen Kreis dargestellt. Die allgemeine Form, die wir erhalten, wenn der Projektionspunkt eine allgemeine, nicht irgendwie bevorzugte Lage hat, also nicht auf einer

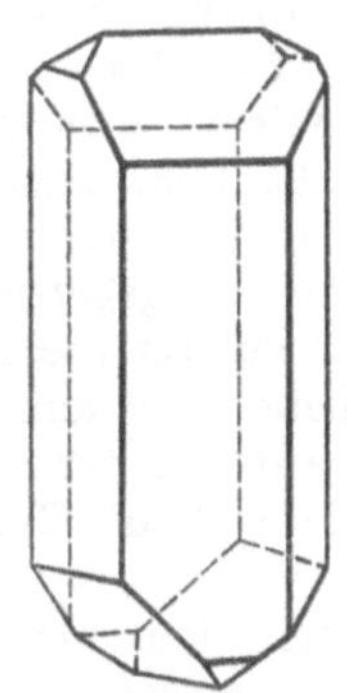

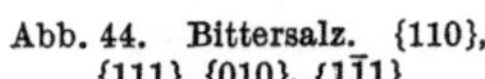

Abb. 44. Bittersalz. {110}, {111}, {010}, {1$\bar{1}$1}

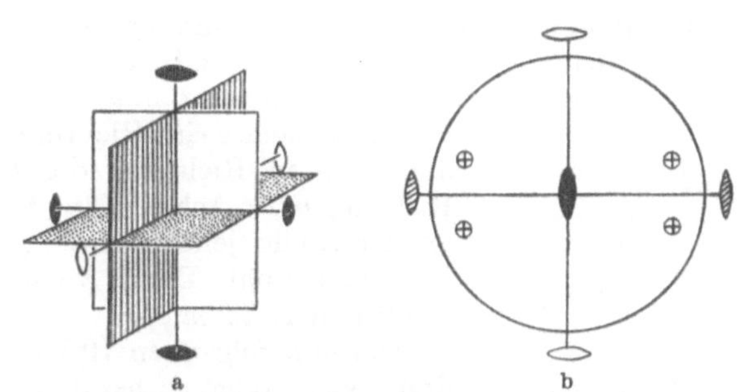

Abb. 45a u. b. Symmetrieelemente (a) und stereographische Projektion (b) der rhombisch-dipyramidalen Klasse mmm

Symmetrieebene oder Achse liegt, ist, wie die Abb. 46 zeigt, ein geschlossener Körper aus acht Flächen, und zwar eine Doppel- oder Dipyramide. Die Klasse heißt deshalb die *rhombisch-dipyramidale*, sie trägt das Symbol $2/m\,2/m\,2/m$ oder abgekürzt mmm. Außer den Dipyramiden treten als Formen, die zwei Achsen parallel sind, die Pinakoide {100}, {010} und {001} auf. Einer Achse parallel (Projektionspunkte auf den Spuren der Symmetrieebenen) sind die Prismen {$0kl$}, {$h0l$} und {$hk0$}. In dieser Klasse kristallisieren viele und häufige Minerale, z.B. der Schwefel (Abb. 47), die wasserfreien Erdalkalisulfate Anhydrit $CaSO_4$, Coelestin $SrSO_4$, Schwerspat (Baryt) $BaSO_4$ (Abb. 8 und 48) und Anglesit $PbSO_4$, die Carbonate Aragonit $CaCO_3$, Strontianit $SrCO_3$, Witherit $BaCO_3$ und Cerussit

PbCO$_3$, ferner der Olivin (Mg,Fe)$_2$[SiO$_4$], die Edelsteine Topas Al$_2$F$_2$[SiO$_4$] (Abb. 49) und Chrysoberyll Al$_2$BeO$_4$, sowie viele im Laboratorium hergestellte chemische Verbindungen.

Die Bedeutung der Symbole. Diese acht Kristallklassen werden, wie wir bereits erwähnten, nach den Achsensystemen in drei Kristallsysteme aufgeteilt: in das trikline System mit den beiden Klassen 1 und $\bar{1}$, das monokline mit m, 2 und 2/m und das rhombische mit mm2, 222 und mmm.

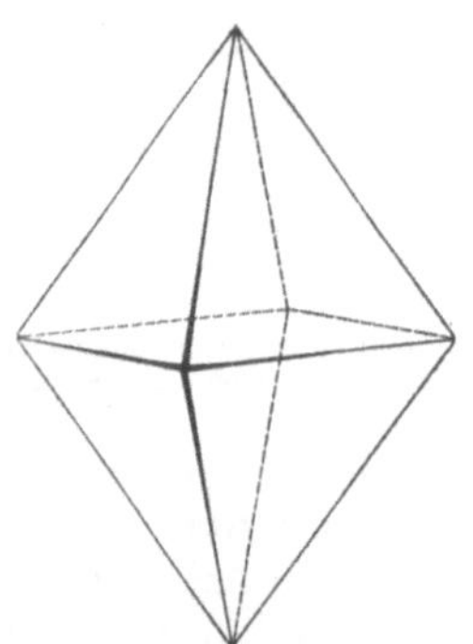

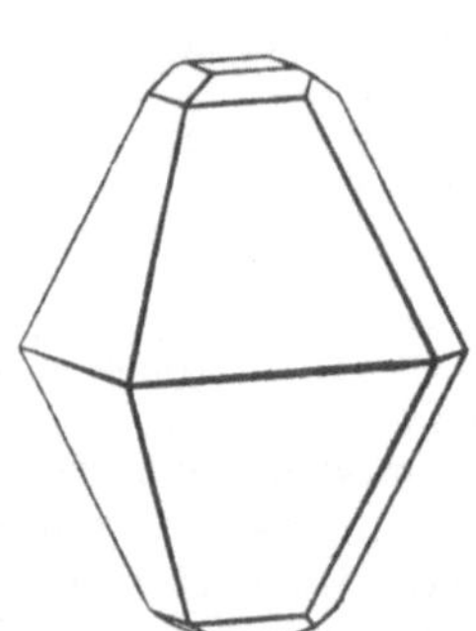

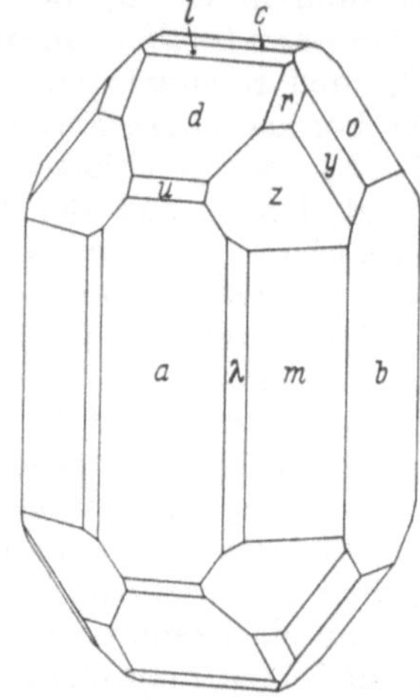

Abb. 46. Rhombische Dipyramide   Abb. 47. Schwefel. {111}, {001}, {011}, {113}   Abb. 48. Baryt-Schrägriß. Zur Indizierung vgl. Tabelle 1 (S. 9)

Davon bedürfen die Symbole 1, $\bar{1}$, 2 und m keiner weiteren Erklärung; sie geben das einzige Symmetrieelement der entsprechenden Klasse an (vgl. S. 18). Das Symbol der Kristallklasse monoklin-prismatisch, 2/m (sprich: ,,zwei über m") bedeutet, daß eine zweizählige Achse senkrecht auf einer Symmetrieebene steht. Eine völlig analoge Bedeutung haben z.B. die Symbole 4/m oder 6/m, denen wir später begegnen werden. Bei den rhombischen Klassen wird als erstes die Symmetrieachse in Richtung der a-Achse angegeben, dann die in Richtung der b-Achse und zuletzt die in Richtung der c-Achse. Eine Symmetrieebene wird immer an der Stelle jener Achse geschrieben, auf welcher sie senkrecht steht. Damit versteht man die Symbole 222, mm2 und 2/m 2/m 2/m.

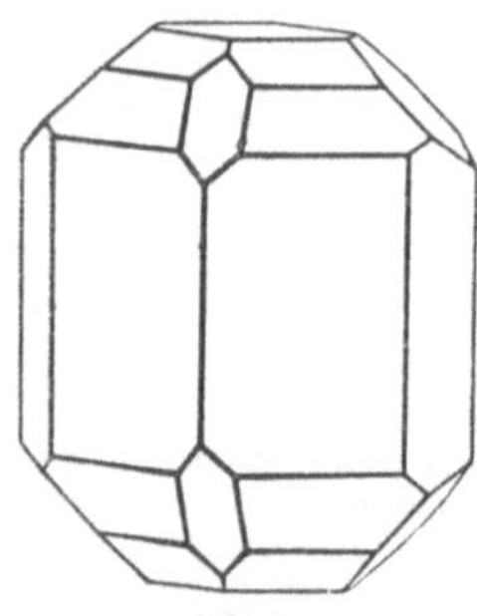

Abb. 49. Topas. {110}, {120}, {111}, {112}, {001}, {101}, {011}

Die nun folgenden 19 Klassen enthalten eine einzige drei-, vier- oder sechszählige Achse; man spricht hier auch von *wirteligen Kristallen*. In ihrem Symbol kommt an erster Stelle die Symmetrieachse in Richtung der *Wirtelachse* oder *Hauptachse*, welche man vertikal stellt. Dann folgt die Symmetrieachse in Richtung der horizontalen kristallographischen Achsen *(Nebenachsen)*, welche nun symmetriegebunden gleichwertig sind. An letzter Stelle endlich folgt das Zeichen für Symmetrieachsen in Richtung der Winkelhalbierenden zwischen den Nebenachsen (sie heißen *Zwischenachsen*). Eine Symmetrieebene wird wie im rhombischen System an der Stelle jener Achse geschrieben, auf welcher sie senkrecht steht.

Die Symbole für die Kristallklassen, welche wir verwenden, gehen auf C. HERMANN und CH. MAUGUIN zurück. Sie werden deshalb auch *Hermann-Mauguinsche Symbole* genannt.

Die wirteligen Kristallklassen werden in das trigonale, das tetragonale und das hexagonale System aufgeteilt, je nachdem ob die Hauptachse drei-, vier- oder sechszählig ist. Wir wollen sie nicht mit der gleichen Ausführlichkeit behandeln, wie die ersten acht, sondern nur diejenigen eingehender besprechen, in denen wichtige Minerale kristallisieren und verweisen im übrigen auf die Abbildungen und die Übersicht im Anhang S. 314.

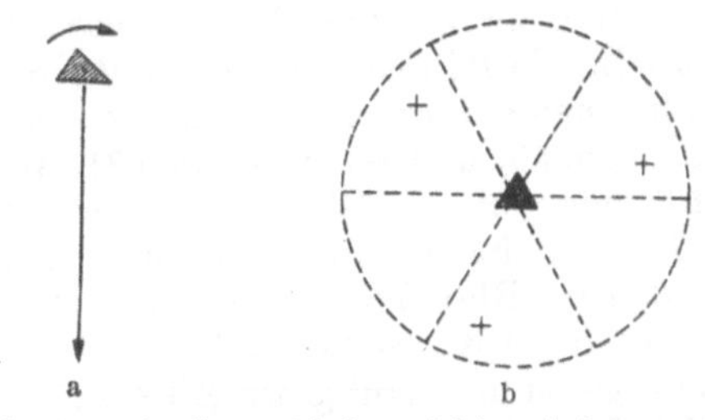

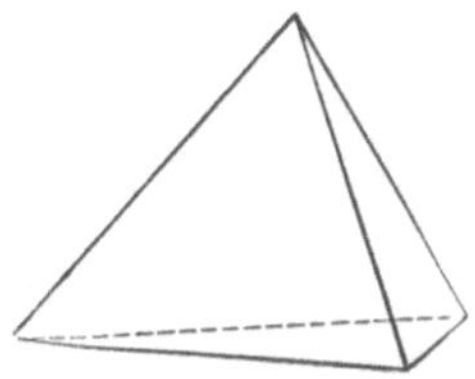

Abb. 50a u. b. Symmetrieelement (a) und stereographische Projektion (b) der trigonal-pyramidalen Klasse 3

Abb. 51. Trigonale Pyramide

Die trigonalen Klassen. Wir beginnen mit jener Klasse, welche als einziges Symmetrieelement eine dreizählige Achse besitzt (Abb. 50); in ihr bildet die Flächenform allgemeiner Lage eine trigonale Pyramide (Abb. 51). Die Klasse heißt *trigonal-pyramidal* und hat das Symbol 3. Vertreter ist z.B. Nickelsulfit, $NiSO_3 \cdot 6 H_2O$.

Fügen wir ein Symmetriezentrum hinzu, so entstehen sechs Flächen in allgemeiner Lage, drei Projektionspunkte liegen auf der Oberseite und drei um 60° verdreht auf der Unterseite (Abb. 52). Das Symbol der Klasse ist $\bar{3}$; die Flächenverteilung entspricht nämlich einer dreizähligen Inversionsachse (vgl. S. 16).

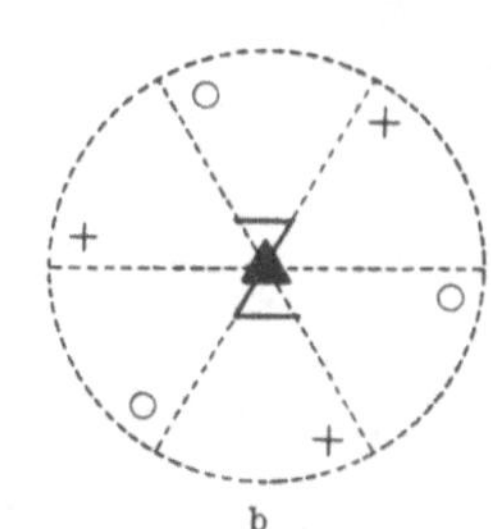

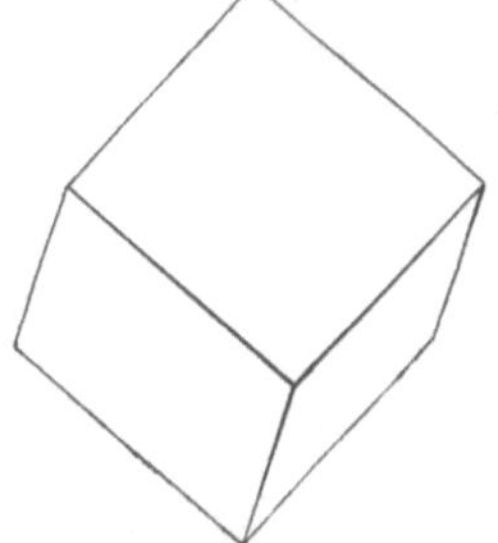

Abb. 52a u. b. Symmetrieelemente (a) und stereographische Projektion (b) der rhomboedrischen Klasse $\bar{3}$

Abb. 53. Positives Rhomboeder

Die allgemeine Form ist ein Rhomboeder, daher heißt die Klasse die *rhomboedrische*. Wenn eine Rhomboederfläche vorn oben auf den Beschauer zu liegt, der Projektionspunkt also in dem vorderen Sechstel der stereographischen Projektion liegt, nennt man das Rhomboeder positiv (Abb. 53). Liegt die Fläche vorn unten, so gehört sie zu einem negativen Rhomboeder. Ein Rhomboeder hat, wenn wir es als eine geometrische Figur betrachten, eine höhere Symmetrie als $\bar{3}$, z.B. drei Symmetrieebenen. In der jetzt zu besprechenden Kristallklasse $\bar{3}$ besitzt das Rhomboeder als physikalischer Körper diese Symmetrieebenen nicht. Das kann man z. B. an den Ätzfiguren erkennen (Abb. 54), das sind Flächen höherer Indices, also allgemeiner Lage, die, wie wir später S. 163 sehen werden, bei der Auflösung von Kristallen auftreten. Dieses Verfahren ist für die Zuordnung der Kristalle zu den Klassen sehr wichtig. So kann man z. B. den Kalkspat mit seiner höheren Symmetrie von dem Mineral Dolomit, $CaMg(CO_3)_2$, unterscheiden, das in 3 kristallisiert und nach dem französischen Mineralogen DEODAT DE DOLOMIEU (1750—1801) benannt ist, nicht etwa nach dem Gebirgszug der Alpen; dieser heißt vielmehr nach dem Mineral. Auch der Phenakit, $Be_2[SiO_4]$, der Willemit, $Zn_2[SiO_4]$, und der Ilmenit, $FeTiO_3$, gehören in diese Klasse.

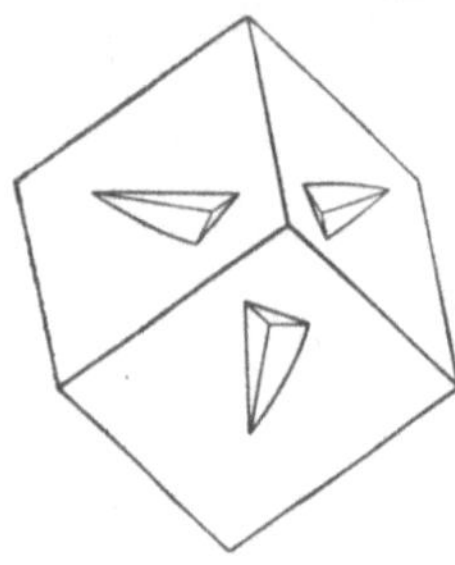

Abb. 54. Rhomboeder des Dolomits mit Ätzfiguren. (Man beachte, daß in dieser Abbildung die dreizählige Achse *nicht* von oben nach unten verläuft, sondern etwa in der Mitte des Bildes aussticht)

Eine zweizählige Achse senkrecht zu der dreizähligen muß noch zwei weitere zweizählige Achsen hervorrufen (Abb. 55). Es entsteht die *trigonal-trapezoedrische* Klasse, Symbol 32. Die allgemeine Form heißt Trapezoeder, und zwar gibt es linke (Abb. 56) und rechte (Abb. 57). Wieder finden wir drei Flächen auf der Ober- und drei auf der Unterseite, aber diesmal sind sie nicht um 60° gegeneinander versetzt, wie beim Rhomboeder, sondern um einen beliebigen Winkel. In dieser Klasse kristallisiert der Quarz, SiO_2, eines der wichtigsten und häufigsten Minerale, dessen Anteil an der Erdrinde etwa 12% beträgt. Betrachten wir zunächst die in dieser Klasse möglichen Formen. Flächen, deren Projektionspunkte auf dem Schnittpunkt einer zweizähligen Achse mit dem Äquator liegen, bilden eine dreiflächige offene Form, ein trigonales Prisma. Liegt eine Fläche davon rechts vorne, $(11\bar{2}0)$, so heißt das trigonale

Prisma ein rechtes, das andere — von dem eine Fläche die Indices $(2\bar{1}\bar{1}0)$ hat — ist dann das linke. Rücken wir einen Projektionspunkt dieses Prismas vom Rand weg auf der Verbindungslinie zum Mittelpunkt auf diesen zu, so wird er zum Projektionspunkt einer trigonalen Dipyramide, von der man ebenfalls rechte und linke unterscheidet. Legen wir den Projektionspunkt auf der Peripherie etwas neben die zweizählige Achse, so erhalten wir ditrigonale Prismen, und zwar wieder rechte und linke. Machen wir den Abstand zwischen den beiden Punkten gleich 60°, so

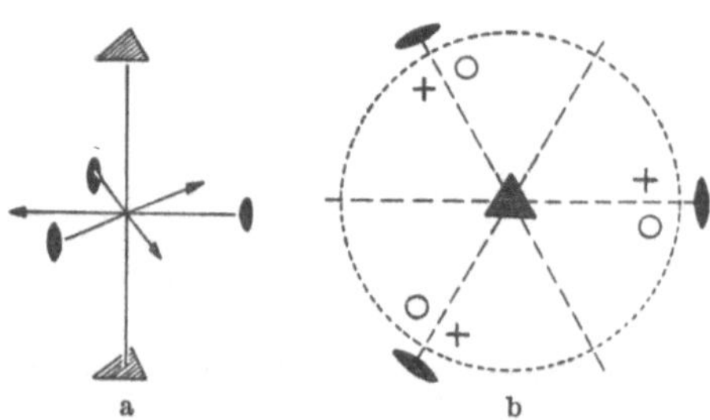

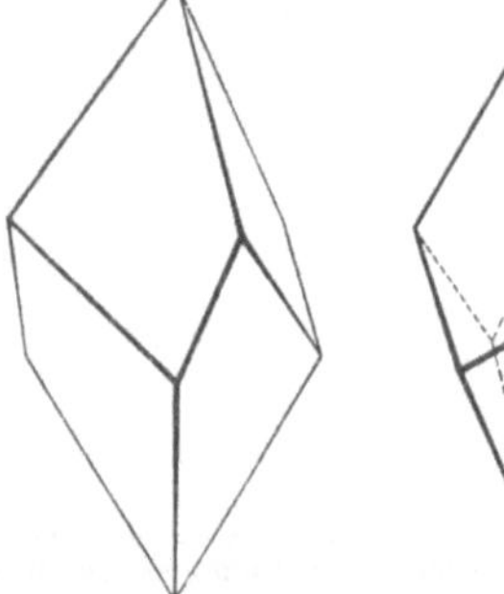

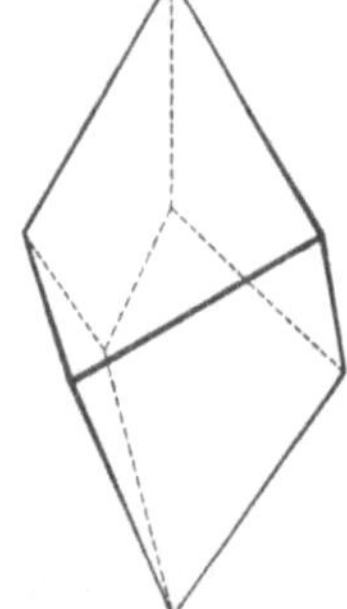

Abb. 55a u. b. Symmetrieelemente (a) und stereographische Projektion (b) der trigonal-trapezoedrischen Klasse 32

Abb. 56. Linkes trigonales Trapezoeder

Abb. 57. Rechtes trigonales Trapezoeder

entsteht ein regelmäßiges „hexagonales" Prisma. Es wird meist so genannt, obwohl die sechs Flächen nicht durch einen sechszähligen Rhythmus verknüpft sind. Wir erhalten die eine Fläche aus der benachbarten durch Drehen um die zweizählige Achse. Es ist also eigentlich ebensogut eine Kombination aus einem positiven und einem negativen trigonalen Prisma gleicher Größe. Wenn wir den Projektionspunkt von dieser Randlage aus ins Innere auf der Verbindungslinie zum Mittelpunkt bewegen, so entstehen positive und negative Rhomboeder. Bei den Trapezoedern werden rechte und linke, positive und negative unterschieden. Die Fläche, deren Projektionspunkt in der Mitte liegt, bildet mit der parallelen Gegenfläche ein Pinakoid {0001}.

Bei Quarz (Abb. 58) finden wir von diesen Formen das hexagonale Prisma m {10$\bar{1}$0}, das positive Rhomboeder r {10$\bar{1}$1} und das negative z oder r' {01$\bar{1}$1}, die trigonalen Dipyramiden s {11$\bar{2}$1} und s' {2$\bar{1}\bar{1}$1} (in Abb. 59 mit s_r und s_l bezeichnet) und das Trapezoeder x {51$\bar{6}$1} häufiger ausgebildet. Abb. 59 gibt die

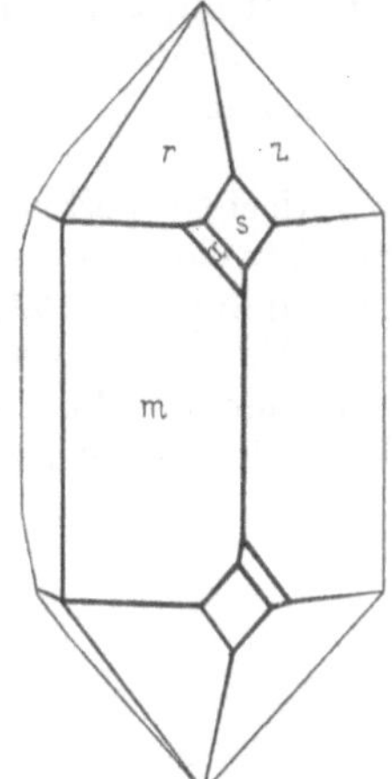

Abb. 58. Rechts-Quarz. m(10$\bar{1}$0), r(10$\bar{1}$1), z(01$\bar{1}$1), s(11$\bar{2}$1), x(51$\bar{6}$1)

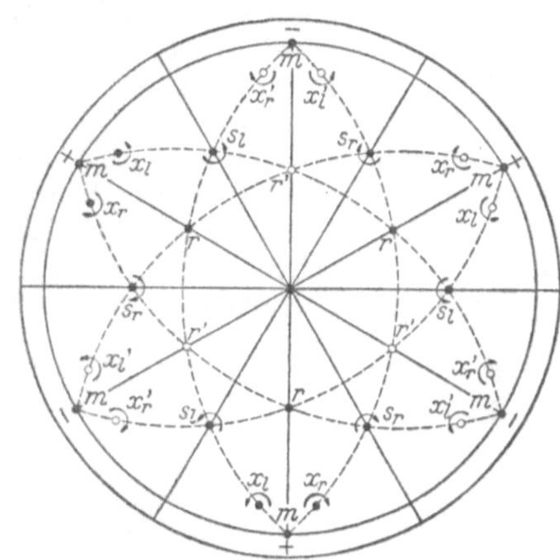

Abb. 59. Stereographische Projektion der häufigen Flächen des Quarzes. ● Positive, ○ negative, ⌐ rechte, ⌐ linke Formen. Es sind Flächenpole der Nordhalbkugel dargestellt

Lage dieser Punkte in der stereographischen Projektion und die Einteilung in positive und negative, rechte und linke Formen. Sind die Flächen der beiden Rhomboeder gleich groß ausgebildet, so entsteht der Eindruck einer sechszähligen Pyramide. Ein genaueres Studium der Flächenausbildung zeigt meistens, daß je drei Flächen abwechselnd zusammengehören. Steile Rhomboeder, also solche, deren Projektionspunkte nahe der Peripherie liegen, bewirken die häufige horizontale Streifung der Prismenflächen. Ein Rhomboeder, dessen Projektionspunkt auf die Peripherie rückt, würde ein hexagonales Prisma werden. Die verschiedenartige Ausbildung der positiven und negativen Rhomboederflächen kann auf Wachstums- oder Auflösungserscheinungen beruhen. Letztere können beim Quarz z.B. durch Ätzkali (Abb. 60) oder auch durch Flußsäure künstlich hervorgerufen werden. Sie

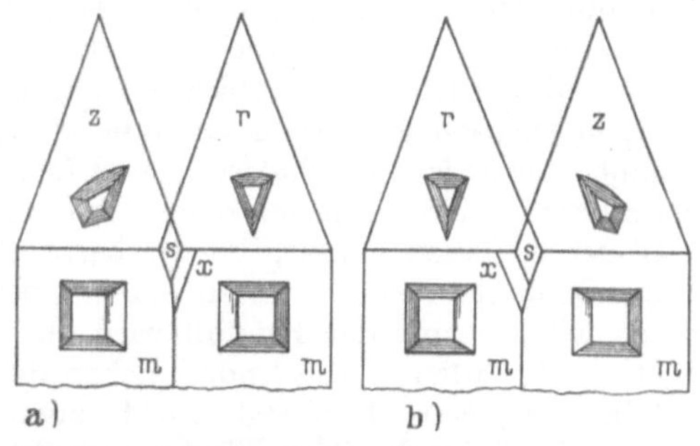

Abb. 60a u. b. Unterschied der Ätzfiguren bei (a) Links-Quarz und (b) Rechts-Quarz. Ätzmittel ist in beiden Fällen Alkalikarbonat. (Nach LIEBISCH)

zeigen auch, daß zwei benachbarte Flächen des „hexagonalen" Prismas nicht durch eine sechszählige Achse ineinander übergeführt werden. Die Ätzfiguren sind auch technisch wichtig, weil man mit ihrer Hilfe schon äußerlich an einem Kristall feststellen kann, ob er einheitlich ist oder aus Verwachsungen mehrerer Individuen besteht. Solche Verwachsungen, Zwillinge genannt, werden später S. 86ff. besprochen.

Wie schon früher bemerkt wurde, gibt es in dieser Klasse linke und rechte Formen. Die Eigenschaft einer Substanz, rechte und linke Kristalle zu bilden, nennt man *Enantiomorphie* (griech. entgegengesetzt gestaltet). Sie hängt mit der Symmetrie zusammen und tritt nur in jenen Kristallklassen auf, die weder ein Symmetriezentrum noch eine Symmetrieebene besitzen. Beim Quarz sind die Si- und O-Teilchen schraubenförmig angeordnet, und zwar hat der Rechtsquarz linksgewundene Schraubenachsen, der Linksquarz rechte. Die zweizähligen Achsen sind polar, d.h. Richtung und Gegenrichtung sind nicht gleich. Mit der Symmetrie hängen auch zwei weitere Eigenschaften des Quarzes zusammen, die optische Aktivität (S. 130) und das piezoelektrische Verhalten (S. 106), die beide später besprochen werden.

Der Quarz ist in guten Kristallen wegen seines piezoelektrischen Verhaltens (Schwingquarze) und wegen seiner guten Durchlässigkeit im Ultraviolett (Quarzspektrograph) ein wichtiger Rohstoff. Kleinere Kristalle dienen zur Herstellung von Quarzglas. Wasserklare Stücke heißen Bergkristall. Als Halbedelstein findet der violette Amethyst Verwendung, von dem man früher annahm, daß er vor der Trunkenheit schütze. Man leitete das wahrscheinlich vorgriechische

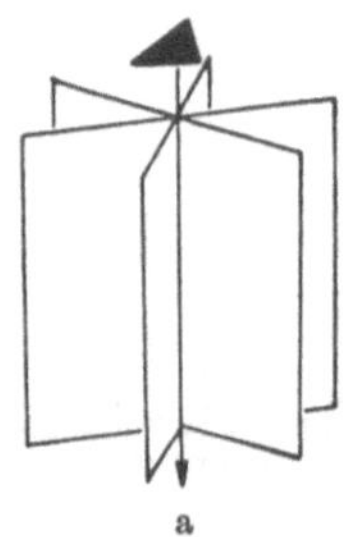
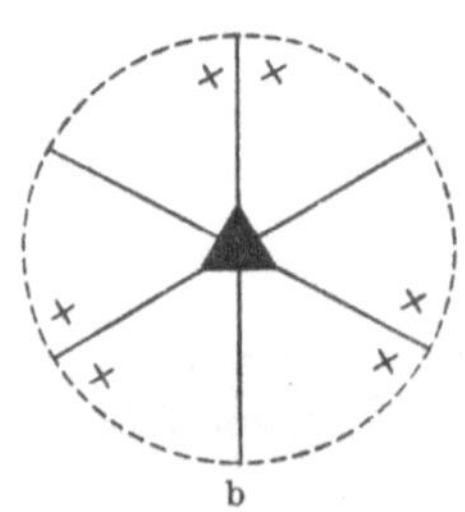

a   b

Abb. 61a u. b. Symmetrieelemente (a) und stereographische Projektion (b) der ditrigonal-pyramidalen Klasse 3 *m*

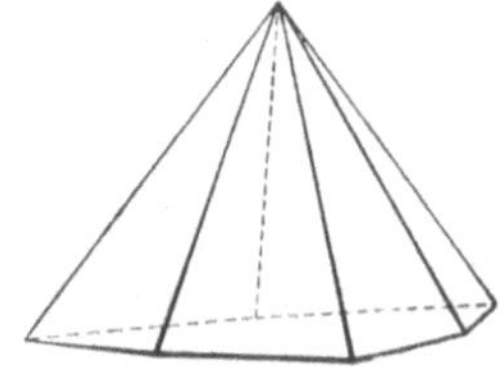

Abb. 62. Ditrigonale Pyramide

Wort vom griechischen methyein, sich betrinken, und dem verneinenden *a* ab. Madeiratopas und Quarztopas (richtiger Topasquarz) sind Namen für gelbe bis gelbbraune (Madeirawein) farbige Quarze, die meist durch Erhitzen von Amethysten oder dunkelfarbigen Rauchquarzen hergestellt werden. Chalzedon ist Quarz, der nach den Richtungen senkrecht zur dreizähligen Achse [1Ī.0] oder [11.0] faserig gewachsen ist. Auch Quarzfasern $\parallel$ *c* kommen vor, sie werden Quarzin genannt. Achat ist aus Chalzedon und feinkristallinem Quarz aufgebaut. Außer Quarz kristallisiert noch der Zinnober HgS in der Klasse 32.

In der nächsten Klasse, die wir besprechen wollen, ist die dreizählige Achse polar. Dementsprechend treten bei Temperaturänderung längs der Achse elektrische Effekte auf: der Kristall wird an dem einen Ende positiv, am anderen negativ aufgeladen — die Enden ziehen dann leichte Teilchen an. Dieser *pyroelektrische Effekt* (vgl. S. 106) wurde zuerst an dem Mineral Turmalin, einem Natriumaluminiumborfluorsilikat, entdeckt; daher auch seine holländische Bezeichnung Aschentrekker. Außerdem zeigen die Kristalle parallel zur dreizähligen Achse *Piezoelektrizität* (vgl. S. 106). Wir erhalten die Klasse des Turmalins, wenn wir eine dreizählige Achse mit einer Symmetrieebene so kombinieren, daß dieAchse in der Ebene liegt (Abb. 61). Es entstehen drei Symmetrieebenen, die sich unter 60° schneiden. Die allgemeine Form ist eine ditrigonale Pyramide (Abb. 62). Die Klasse heißt danach die *ditrigonal-pyramidale* und hat das Symbol 3 *m*.

Treten, wie es beim Turmalin meistens der Fall ist, mehrere ditrigonale Prismen auf, so nähert sich der Querschnitt einem Dreieck mit konvex gekrümmten Seiten. Die polare dreizählige Achse macht sich in der Formenausbildung des Turmalins an beidseitig ausgebildeten Kristallen bemerkbar (Abb. 63). Auch die Rotgültigerze Ag_3AsS_3 (lichtes) und Ag_3SbS_3 (dunkles) gehören in diese Klasse.

Durch Hinzufügen von zweizähligen Achsen winkelhalbierend zu den Symmetrieebenen der Klasse $3m$ erhalten wir die *ditrigonal-skalenoedrische* Klasse $\bar{3}2/m$ oder $\bar{3}m$ (Abb. 64). In dieser Klasse kristallisiert das häufige und formenreiche Mineral Kalkspat, $CaCO_3$. Das Skalenoeder, dem die

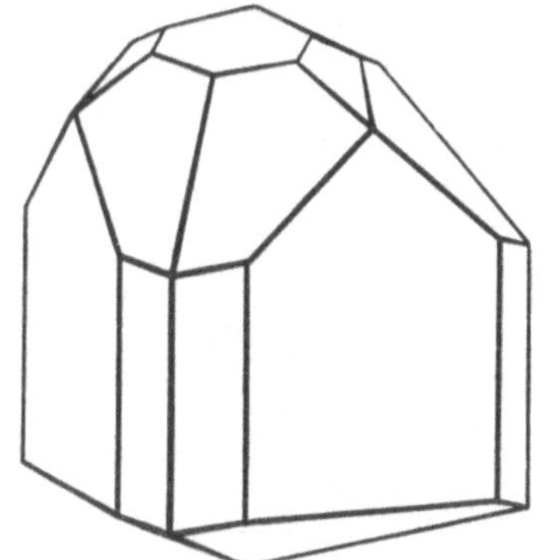

Abb. 63. Turmalin. Kombination von $\{10\bar{1}0\}$, $\{10\bar{1}1\}$, $\{11\bar{2}0\}$, $\{02\bar{2}1\}$, $\{32\bar{5}1\}$

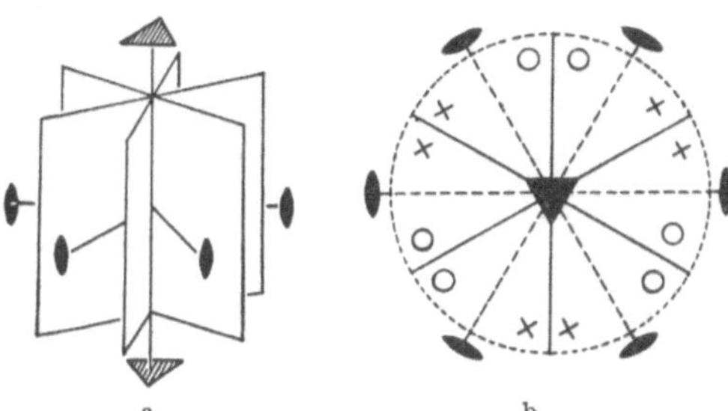

Abb. 64a u. b. Symmetrieelemente (a) und stereographische Projektion (b) der ditrigonal-skalenoedrischen Klasse $\bar{3}m$

Klasse ihren Namen verdankt, ist eine geschlossene Form, bei der je sechs Flächen auf der Ober- und Unterseite zu zweien paarweise zusammenliegen (Abb. 65). Weitere häufige Formen und Kombinationen sind in den Abb. 66—71 dargestellt.

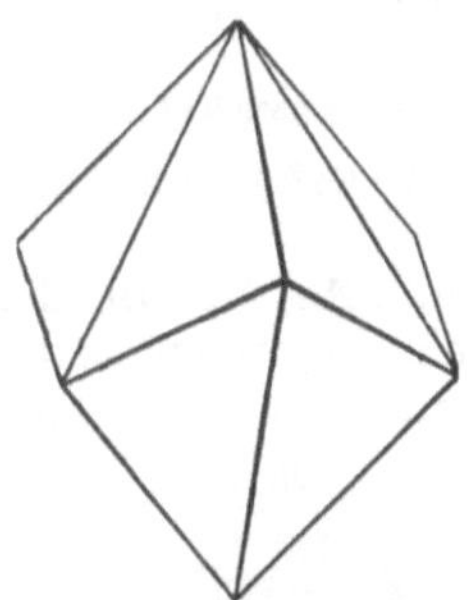

Abb. 65. Skalenoeder $\{21\bar{3}1\}$, weit verbreitet (Typ III KALBS)

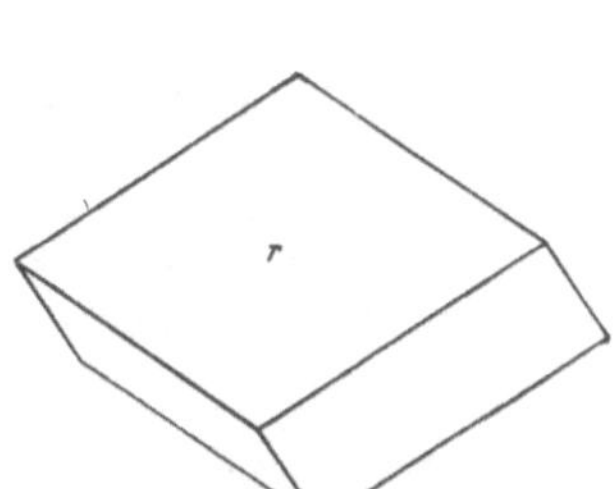

Abb. 66. Grundrhomboeder r, weit verbreitet (Typ II KALBS)

Abb. 67. Steiles Rhomboeder M, weit verbreitet

Während in den Beispielen der Abb. 65—67 der Kristall nur eine einfache Form zeigt, bestehen die Kalkspäte der Abb. 68—71 aus Kombinationen mehrerer Formen. Vielfach bezeichnet man die Gesamtheit der an einem speziellen Kristallindividuum vorkommenden kristallographischen Formen als seine *Tracht*; als *Habitus* bezeichnet man dann

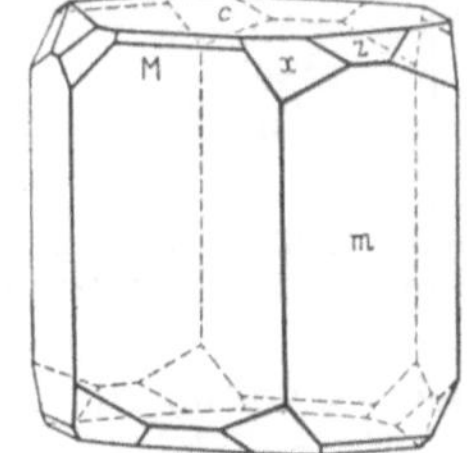

Abb. 69. Von St. Andreasberg nach SANSONI

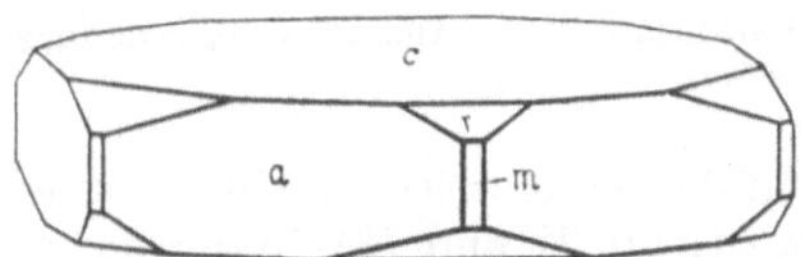

Abb. 68. Aus dem Maderanertal nach NIGGLI, KÖNIGSBERGER, PARKER

meist das allgemeine Erscheinungsbild des Kristalls — so ist der Habitus des Kalkspats von Abb. 68 tafelig, von Abb. 69 gedrungen säulig, von Abb. 70 und 71

säulig bis nadelig. Den Habitus von Kristallen, deren Dimensionen nach
allen Richtungen ungefähr gleich sind, bezeichnet man als isometrisch.

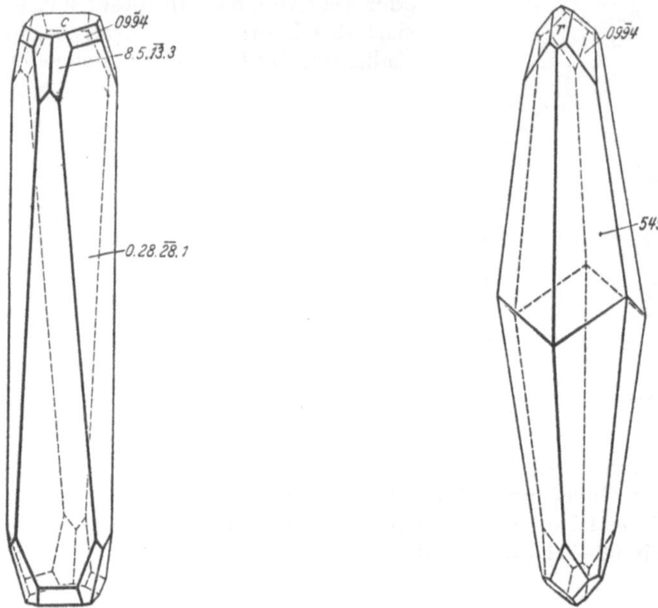

Abb. 70. Von St. Andreasberg nach THÜRLING   Abb. 71. Von St. Andreasberg nach THÜRLING

Abb. 65—71. Formen des Kalkspates. $c\{0001\}$, $r\{10\bar{1}1\}$, $a\{11\bar{2}0\}$, $m\{10\bar{1}0\}$, $M\{40\bar{4}1\}$, $z\{08\bar{8}7\}$, $x\{832\bar{4}0\,21\}$

In der Kristallklasse $\bar{3}2/m$ kristallisieren auch die Elemente As, Sb, Bi, der
Korund Al_2O_3 und der Eisenglanz Fe_2O_3. Beim Korund unterscheidet man nach der
Farbe den blauen Saphir und den roten Rubin. Feinkörniger Korund heißt Schmirgel.

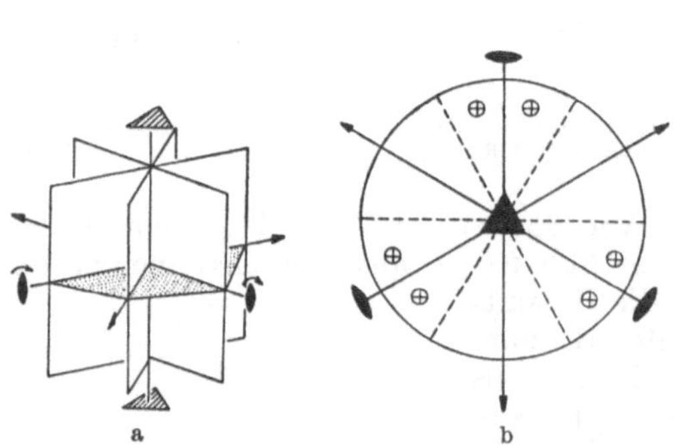

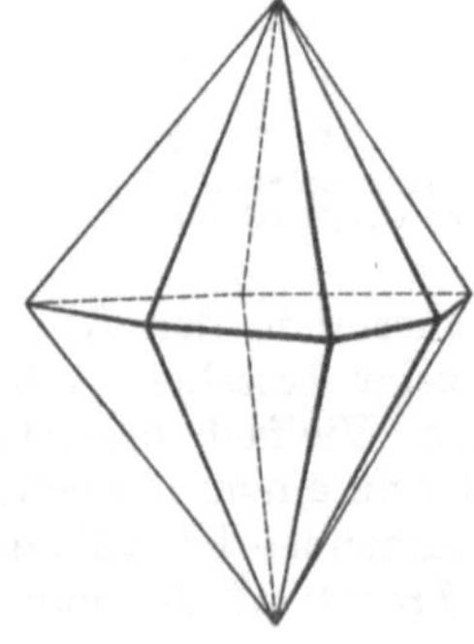

Abb. 72a u. b. Symmetrieelemente (a) und stereographische   Abb. 73. Ditrigonale Dipyramide
Projektion (b) der ditrigonal dipyramidalen Klasse $\bar{6}m2$

Nehmen wir zu $3m$ oder 32 eine horizontale Symmetrieebene hinzu, so erhalten
wir die *ditrigonal-dipyramidale* Klasse $\bar{6}m2$ (Abb. 72 und 73), in der nur das sehr
seltene Mineral Benitoit, $BaTi[Si_3O_9]$ kristallisiert. Die Theorie der Kristallklassen lehrt, daß auch die Kombination einer dreizähligen Achse mit einer
senkrecht darauf stehenden Symmetrieebene bei Kristallen möglich sein muß.
Die entsprechende Kristallklasse heißt *trigonal-dipyramidal*, ihr Symbol ist $\bar{6}$
(Abb. 74 u. 75); es ist jedoch bis jetzt kein Vertreter dafür bekannt.

Die Symbole der beiden letzten Klassen werden in der von uns gewählten Nomenklatur unter Verwendung einer sechszähligen Inversionsachse beschrieben; deshalb zählt man sie auch häufig nicht zu den trigonalen Kristallen sondern zu den hexagonalen. Wenn wir uns jedoch daran erinnern, daß eine $\bar{6}$-Achse dasselbe bedeutet wie $3/m$, und wenn wir bei der Einreihung der morphologisch klar hervortretenden dreizähligen Symmetrie genügen wollen, so werden wir sie zu den trigonalen Kristallen stellen. Es sei jedoch darauf hingewiesen, daß man sie aus einer Reihe von Gründen auch zu den hexagonalen Kristallen

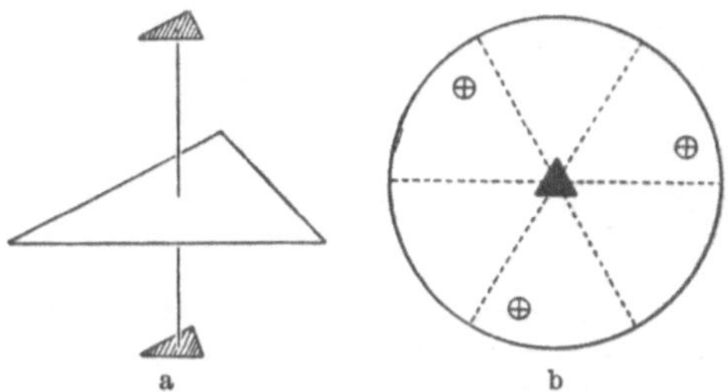

Abb. 74a u. b. Symmetrieelemente (a) und stereographische Projektion (b) der trigonal-dipyramidalen Klasse $\bar{6}$

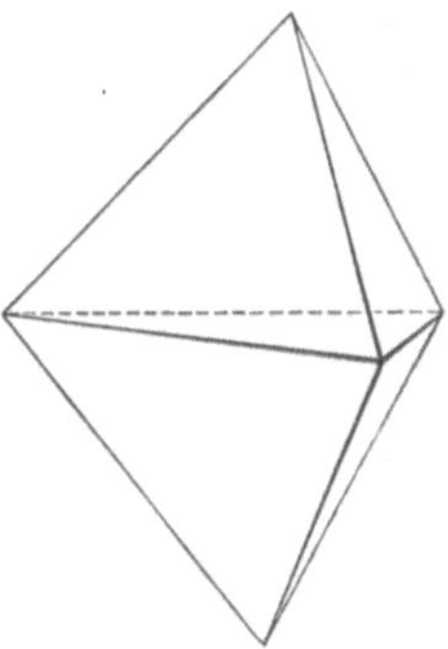

Abb. 75. Trigonale Dipyramide

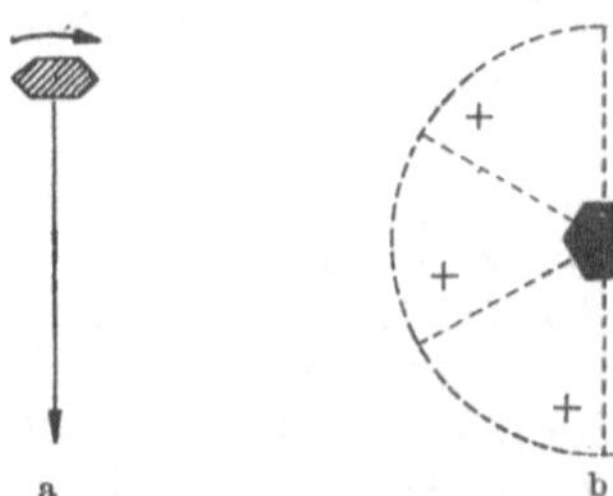

Abb. 76a u. b. Symmetrieelement (a) und stereographische Projektion (b) der hexagonal-pyramidalen Klasse 6

Abb. 77. Hexagonale Pyramide

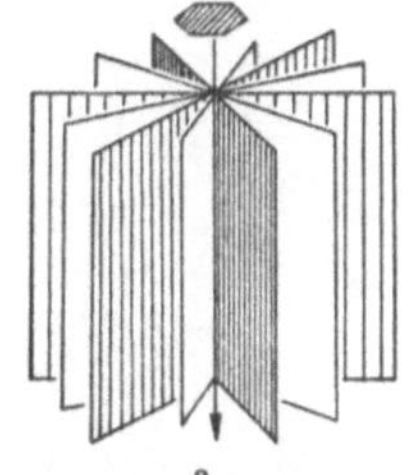

Abb. 78a u. b. Symmetrieelemente (a) und stereographische Projektion (b) der dihexagonal-pyramidalen Klasse $6mm$

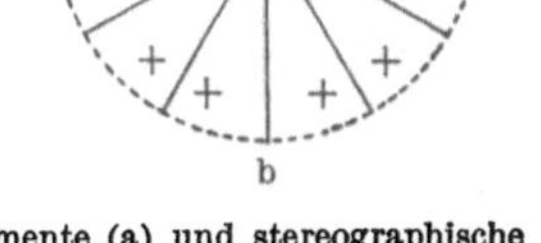

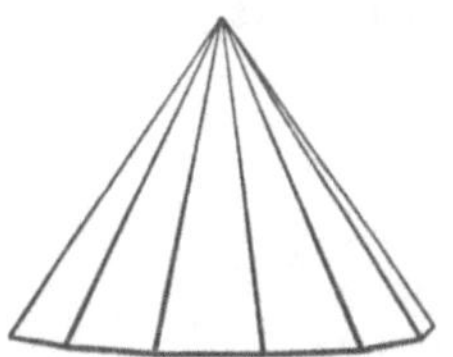

Abb. 79. Dihexagonale Pyramide

stellen kann. Mit dieser Bemerkung sei die Besprechung der trigonalen Kristalle abgeschlossen und wir können zu denen mit einer sechszähligen Achse übergehen.

Die hexagonalen Klassen. Die einfachste hexagonale Klasse ist die *hexagonal-pyramidale* Klasse 6 (Abb. 76 und 77), die nur eine sechszählige Achse hat. In ihr kristallisiert der Nephelin, $NaAlSiO_4$, ein häufiger Bestandteil basaltischer Gesteine; in diesem ist übrigens meist ein Viertel des Natriums durch Kalium ersetzt.

Fügen wir zunächst eine Symmetrieebene parallel der sechszähligen Drehachse hinzu, so erhalten wir im ganzen sechs Symmetrieebenen, die sich unter

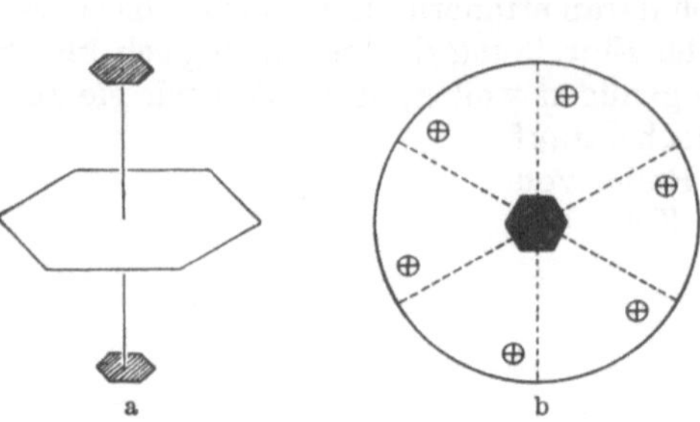

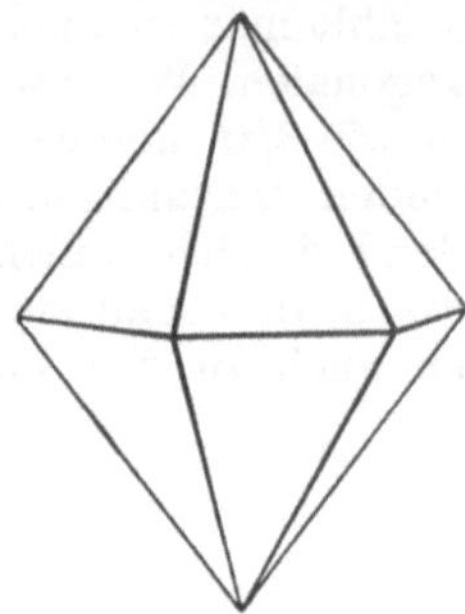

Abb. 80a u. b.   Symmetrieelemente (a) und stereographische
Projektion (b) der hexagonal-dipyramidalen Klasse 6/m

Abb. 81. Hexagonale Dipyramide

30° schneiden.   Die Klasse heißt die *dihexagonal-pyramidale* Klasse 6mm
(Abb. 78 und 79). In ihr kristallisiert die eine Art des ZnS, der Wurtzit.

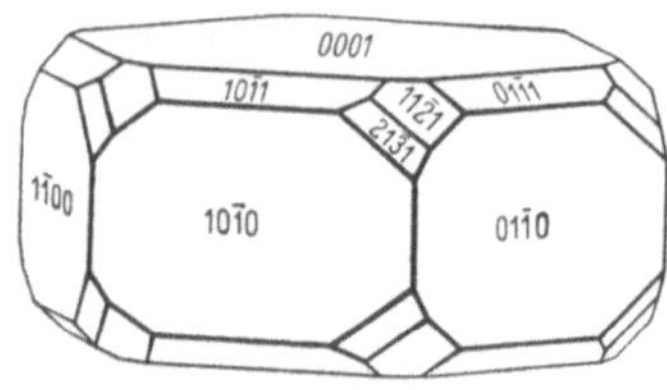

Abb. 82. Apatit

Wenn wir eine horizontale Symmetrieebene mit
der sechszähligen Achse kombinieren, erhalten wir
die *hexagonal-dipyramidale* Klasse 6/m (Abb. 80
und 81), in der das wichtigste Phosphat, der
Apatit, $Ca_5(F, Cl, OH) [PO_4]_3$ (Abb. 82), kristallisiert.

Durch Kombination einer zweizähligen Achse
senkrecht zu der sechszähligen entsteht die *hexa-
gonal-trapezoedrische* Klasse 622 (Abb. 83). Das
hexagonale Trapezoeder entspricht dem trigonalen, hat aber 2×6 Flächen statt
2×3. Wieder treten rechte (Abb. 84) und linke (Abb. 85) Formen auf. In dieser
Klasse kristallisiert nach den meisten bisherigen Angaben der Hochquarz, die
SiO_2-Modifikation, die zwischen 575° und 870° C stabil ist. Beim Abkühlen
entstehen aus dem Hochquarz mehrere
Individuen von „Tiefquarz", ohne daß der
ursprüngliche Kristall seinen Zusammenhang verliert (Zwillingsbildung s. S. 86ff.,
vgl. auch S. 54).

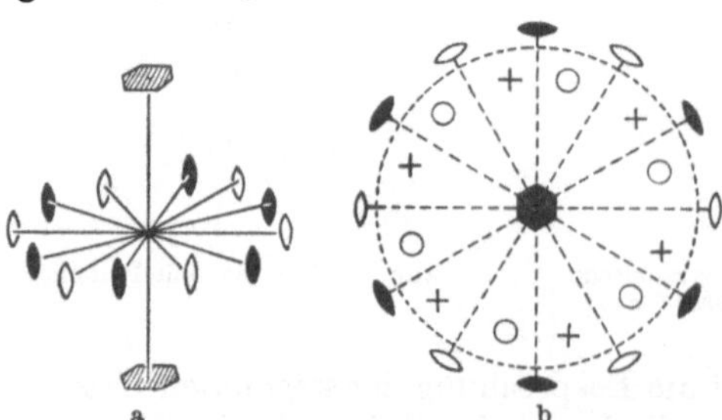

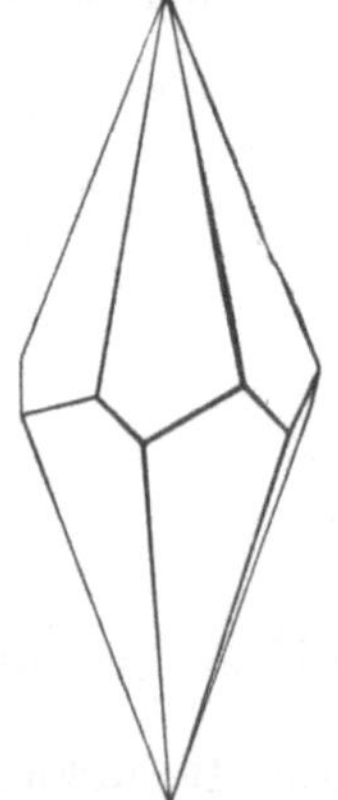

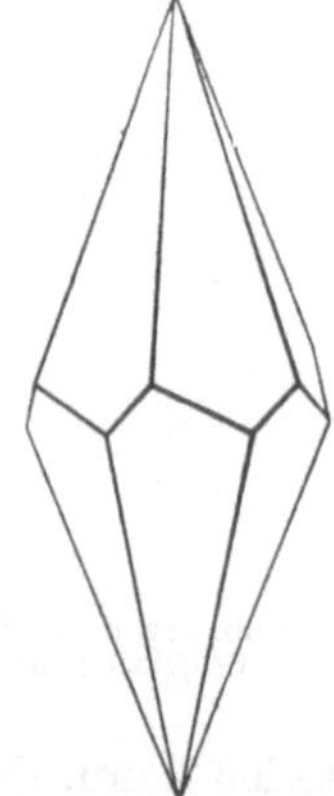

Abb. 83a u. b.   Symmetrieelemente (a) und stereographische Projektion (b) der hexagonal-trapezoedrischen
Klasse 622

Abb. 84. Rechtes hexa-
gonales Trapezoeder

Abb. 85. Linkes hexa-
gonales Trapezoeder

Nehmen wir nun ein Symmetriezentrum zu dieser letzten Klasse oder auch
zur Klasse 6mm hinzu, so entsteht die höchste Symmetrie des hexagonalen
Systems, die *dihexagonal-dipyramidale* Klasse 6/m 2/m 2/m, abgekürzt 6/m mm

(Abb. 86 und 87). In ihr kristallisiert der Beryll, $Be_3Al_2[Si_6O_{18}]$ (Abb. 88), als blaugrüner Edelstein Aquamarin, als grüner Smaragd genannt. Der Beryll ist vor allem in der grünen Abart seit dem Altertum hochgeschätzt. Im Mittelalter wurden Beryllplatten in den Gucklöchern von Heiligenschreinen verwendet, so soll das Wort Brille entstanden sein.

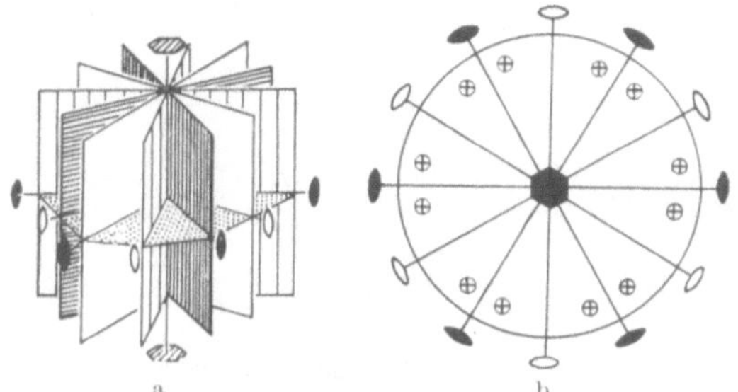
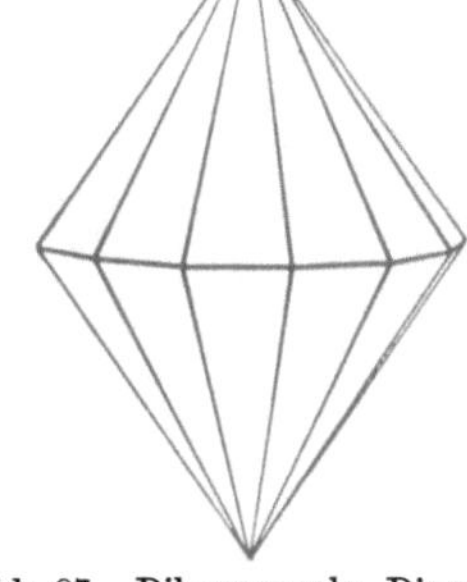

Abb. 86a u. b. Symmetrieelemente (a) und stereographische Projektion (b) der dihexagonal-dipyramidalen Klasse 6/m mm

Abb. 87. Dihexagonale Dipyramide

Die in dieser Klasse auftretenden Formen sind in der stereographischen Projektion Abb. 89 eingetragen und numeriert: 1. Pinakoid {0001}; 2. hexagonales Prisma I. Stellung {10$\bar{1}$0}; 3. hexagonales Prisma II. Stellung {11$\bar{2}$0}; 4. dihexagonales Prisma {hki0}; 5. hexagonale Dipyramide I. Stellung {$h0\bar{h}l$}; 6. hexagonale Dipyramide II. Stellung {$hh\overline{2h}l$}; 7. dihexagonale Dipyramide {$hkil$}.

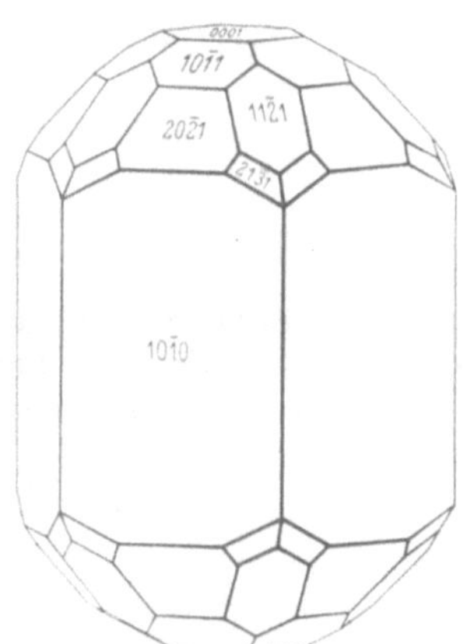

Abb. 88. Beryll

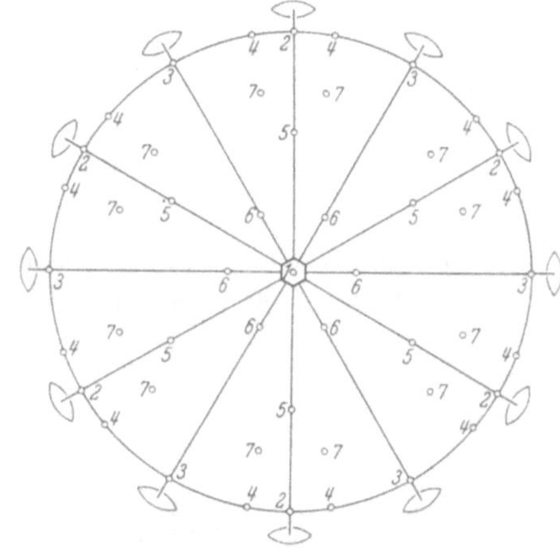

Abb. 89. Stereographische Projektion der Flächenarten der Klasse 6/m mm. 1. {0001}, 2. {10$\bar{1}$0}, 3. {11$\bar{2}$0}, 4. {hki0} 5. {$h0\bar{h}l$}, 6. {$hh\overline{2h}l$}, 7. {$hkil$}

Eine andere Art der Aufteilung der letzten zwölf Klassen trennt vom *hexagonalen System* mit den Klassen 6, 6/m, 622, 6mm, 6/m mm, $\bar{6}$ und $\bar{6}$m2 als *trigonal-rhomboedrisches System* die Klassen 3, $\bar{3}$, 32, 3m und $\bar{3}$2/m ab, wobei im trigonal-rhomboedrischen System das hexagonale *oder* das rhomboedrische Achsenkreuz (s. S. 44) benützt wird. In allen diesen zwölf Klassen genügt bei Beziehung auf ein hexagonales Achsenkreuz die Angabe von $a:c$, bei der auf ein rhomboedrisches Achsenkreuz die Angabe des Winkels, den die drei Achsen miteinander bilden.

Die tetragonalen Klassen. Die nächsten sieben Klassen sind durch eine vierzählige Symmetrieachse ausgezeichnet und werden als tetragonales System zusammengefaßt. Eine vierzählige Achse allein ist das Kennzeichen der *tetragonal-pyramidalen* Klasse 4 (Abb. 90 u. 91), in der vielleicht der Wulfenit, $Pb[MoO_4]$, kristallisiert.

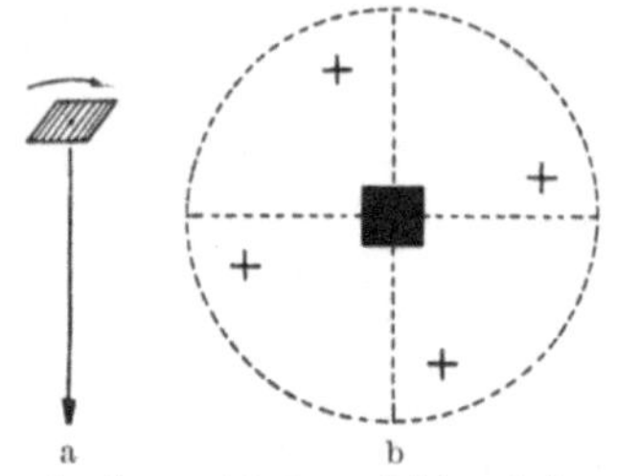

Abb. 90a u. b. Symmetrieelement (a) und stereographische Projektion (b) der tetragonal-pyramidalen Klasse 4

Abb. 91. Tetragonale Pyramide

Kommt eine waagrechte Symmetrieebene dazu, so entsteht die *tetragonal-dipyramidale* Klasse $4/m$ (Abb. 92), deren Vertreter im Mineralreich der Scheelit, $Ca[WO_4]$, (Abb. 93) ist.

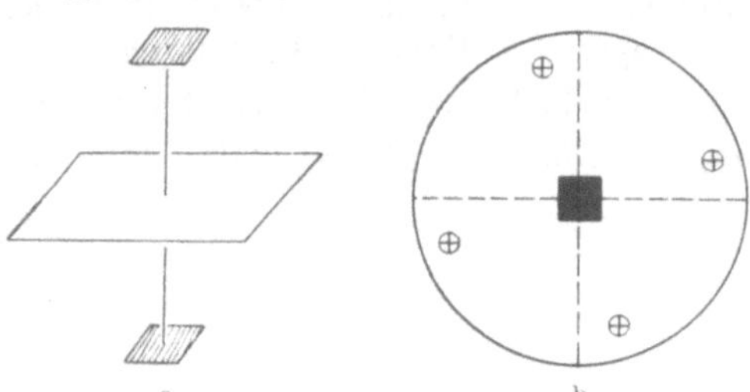
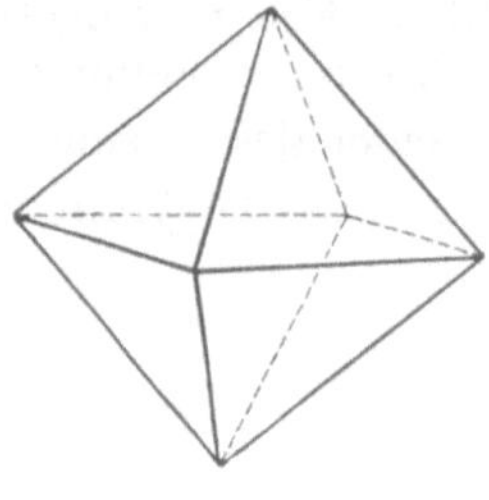

Abb. 92a u. b. Symmetrieelemente (a) und stereographische Projektion (b) der tetragonal-dipyramidalen Klasse $4/m$

Abb. 93. Scheelit, tetragonale Dipyramide

Steht die Spiegelebene vertikal, so erscheint sie entsprechend der vierzähligen Symmetrie wieder nach 90°; es ergeben sich jedoch zwangsläufig zwischen diesen beiden Symmetrieebenen zwei weitere. Die Klasse heißt die *ditetragonal-*

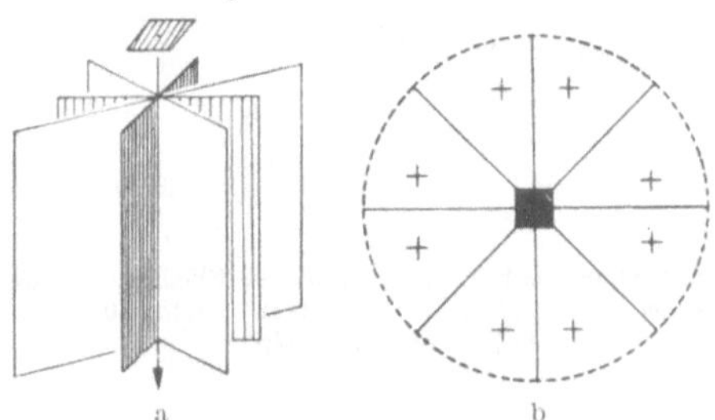
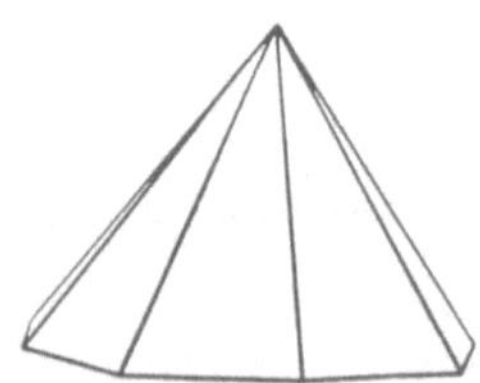

Abb. 94a u. b. Symmetrieelemente (a) und stereographische Projektion (b) der ditetragonal-pyramidalen Klasse $4mm$

Abb. 95. Ditetragonale Pyramide

pyramidale Klasse $4mm$ (Abb. 94 und 95). Hier kehren also Flächenpaare im tetragonalen Rhythmus wieder. Ein Beispiel für diese Klasse ist das Laboratoriumsprodukt $AgF \cdot H_2O$.

Kombinieren wir die tetragonale Drehachse mit einer zweizähligen Achse unter rechtem Winkel, so wird diese noch einmal um 90° gedreht auftreten.

Betrachtet man die entstehende Symmetrie, so erkennt man, daß noch zwei weitere zweizählige Achsen entstanden sind, die die Winkel zwischen den ersten halbieren (Abb. 96). Die allgemeine Form heißt Trapezoeder. Auch hier gibt es linke (Abb. 97) und rechte (Abb. 98). Die Klasse heißt nach ihnen *tetragonal-trapezoedrisch* und führt das Symbol 422. In ihr kristallisiert das $NiSO_4 \cdot 6 H_2O$·

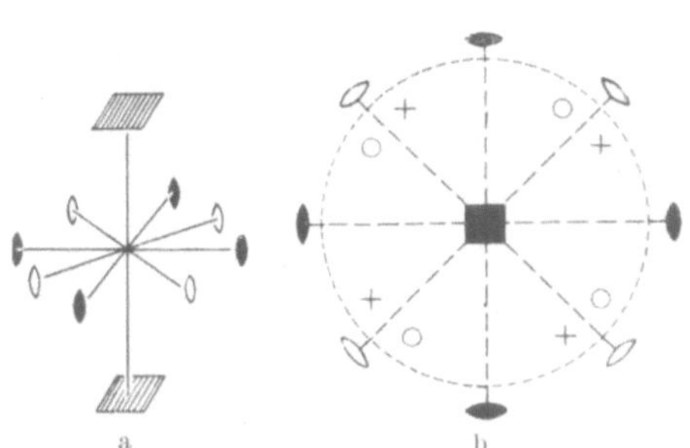 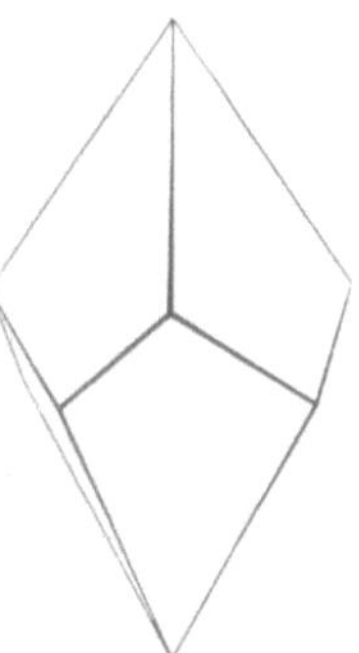 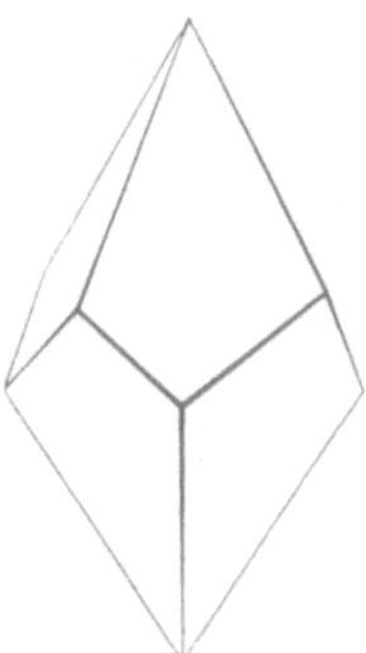

Abb. 96a u. b. Symmetrieelemente (a) und stereographische Projektion (b) der tetragonal-trapezoedrischen Klasse 422

Abb. 97. Linkes tetragonales Trapezoeder

Abb. 98. Rechtes tetragonales Trapezoeder

Fügen wir zu den Klassen 422 oder $4mm$ ein Symmetriezentrum oder zur Klasse $4/m$ eine horizontale zweizählige Achse hinzu, so entstehen weitere Symmetrieelemente und es ergibt sich die höchstsymmetrische tetragonale Klasse $4/m\ 2/m\ 2/m$ oder $4/mmm$, die *ditetragonal-dipyramidale* Klasse (Abb. 99). Die allgemeine Form ist die ditetragonale Dipyramide (Abb. 100) $\{hkl\}$, die acht paarweise zusammenliegende Flächen auf der Oberseite und anschließend auf der Unterseite besitzt. Außer ihr finden wir in dieser Klasse die folgenden, in

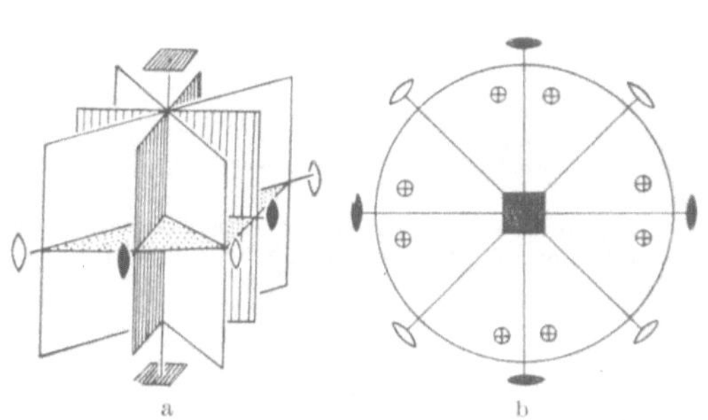 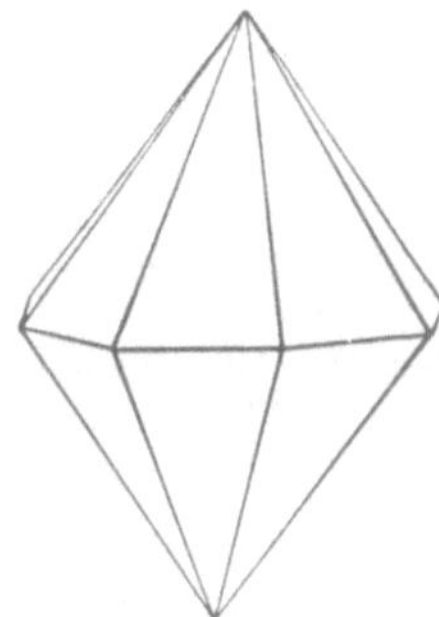

Abb. 99a u. b. Symmetrieelemente (a) und stereographische Projektion (b) der ditetragonal-dipyramidalen Klasse $4/m\ mm$

Abb. 100. Ditetragonale Dipyramide

Abb. 101 in der stereographischen Projektion dargestellten Formen: das Pinakoid $\{001\}$; die Prismen I. $\{110\}$ und II. Stellung $\{100\}$; ditetragonale Prismen $\{hk0\}$; tetragonale Pyramiden I. $\{hhl\}$ und II. Stellung $\{h0l\}$. Als Vertreter sei das häufige Mineral Zirkon, $Zr[SiO_4]$, erwähnt, das auch als Edelstein, besonders in der durch Erwärmen aus braunen Steinen (Hyazinthen) hergestellten blauen Abart, geschätzt ist (Abb. 102). Andere wichtige Minerale sind Vesuvian, $Ca_{10}(Mg,\ Fe)_2Al_4(OH)_4[SiO_4]_5[Si_2O_7]_2$ (Abb. 103), Rutil und Anatas (beide TiO_2), sowie Zinnstein, SnO_2.

Bei der Besprechung des tetragonalen Systems müssen wir noch zwei Klassen erwähnen, die durch tetragonale Inversionsachsen ausgezeichnet sind. Eine solche

Achse (Abb. 104) allein führt zu einer geschlossenen Form von vier Flächen, dem tetragonalen Disphenoid (Abb. 105), nach dem auch die Klasse die *tetragonal-disphenoidische* heißt; Symbol ist $\bar{4}$. Ein Vertreter ist das sehr seltene Mineral Cahnit, $Ca_2B(OH)_4[AsO_4]$.

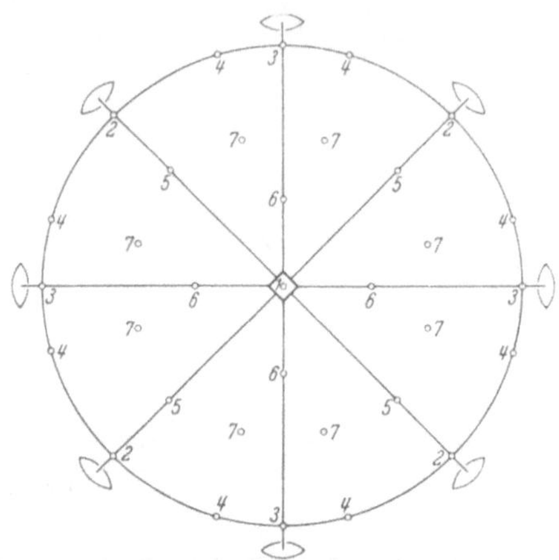

Abb. 101. Stereographische Projektion der Flächenarten der Klasse $4/m\,mm$. 1. {001}, 2. {110}, 3. {100}, 4. {$hk0$}, 5. {hhl}, 6. {$h0l$}, 7. {hkl}

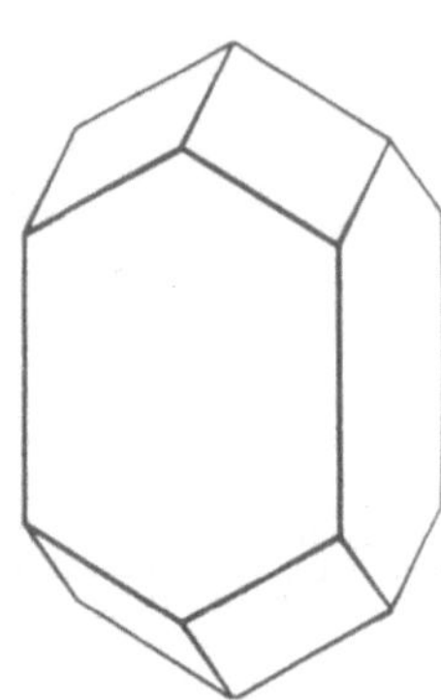

Abb. 102. Zirkon {100}, {111}

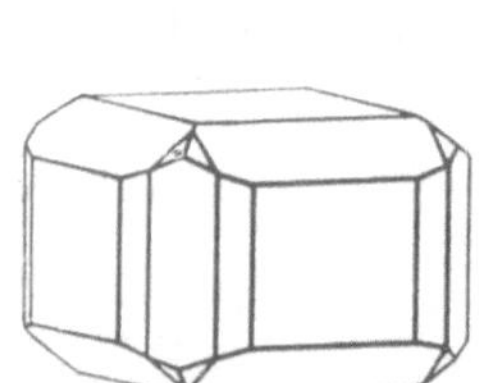

Abb. 103. Vesuvian {110}, {100}, {001}, {111}, {210}, {132}

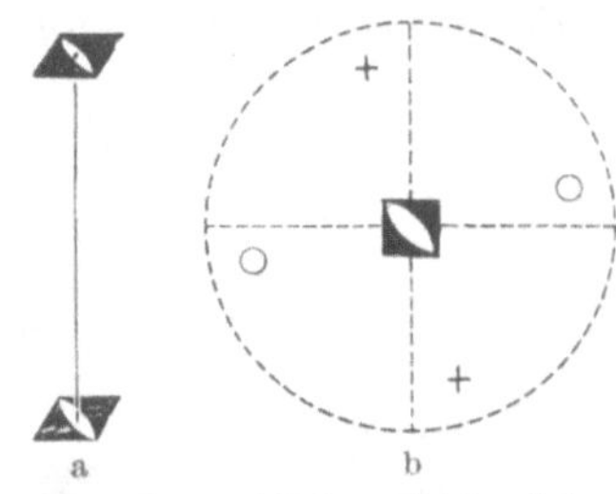

Abb. 104a u. b. Symmetrieelement (a) und stereographische Projektion (b) der tetragonal-disphenoidischen Klasse $\bar{4}$

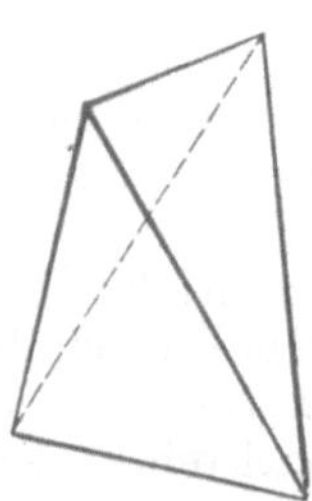

Abb. 105. Tetragonales Disphenoid

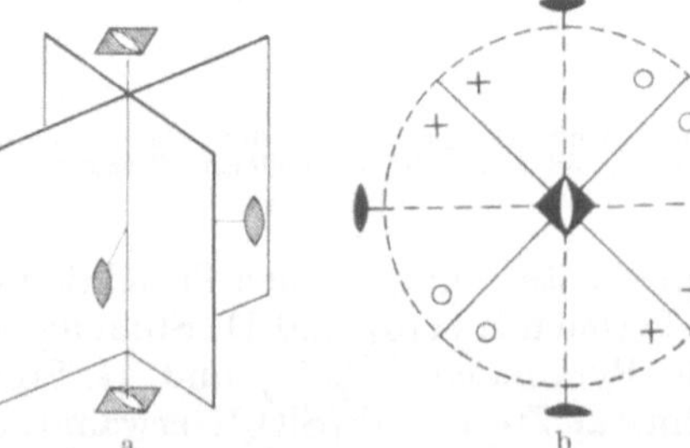

Abb. 106a u. b. Symmetrieelemente (a) und stereographische Projektion (b) der tetragonal-skalenoedrischen Klasse $\bar{4}2m$

Fügt man zu der tetragonalen Inversionsachse senkrecht eine zweizählige Achse oder eine in ihr liegende Symmetrieebene hinzu, so entstehen jedesmal zwei aufeinander senkrecht stehende Spiegelebenen in der Drehspiegelachse und zwei zweizählige Drehachsen senkrecht zu ihr, die zugleich winkelhalbierend zu den Symmetrieebenen liegen (Abb. 106). Die allgemeine Form ist ein Skalenoeder; in diesem wiederholt sich die Flächenkombination der Oberseite um 90° verdreht auf der Unterseite. Wie bei den Rhomboedern werden positive (Abb. 107) und negative Skalenoeder (Abb. 108) unterschieden. In dieser *tetragonal-skalenoedrischen* Klasse $42m$ finden wir auch Disphenoide $\{hhl\}$, (in der Abb. 109 $\{111\}$ und $\{332\}$) neben Prismen I. $\{110\}$ und II. $\{100\}$ Stellung, Dipyramiden II. Stellung $\{h0l\}$ und dem Pinakoid $\{001\}$. Die Klasse ist im Mineralreich z.B. durch den Kupferkies $CuFeS_2$ (Abb. 109), das häufigste Kupfermineral, vertreten.

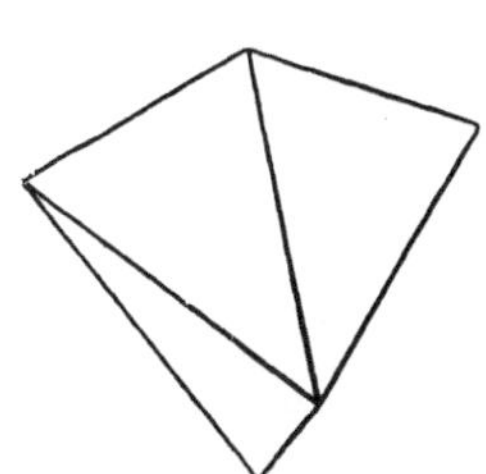 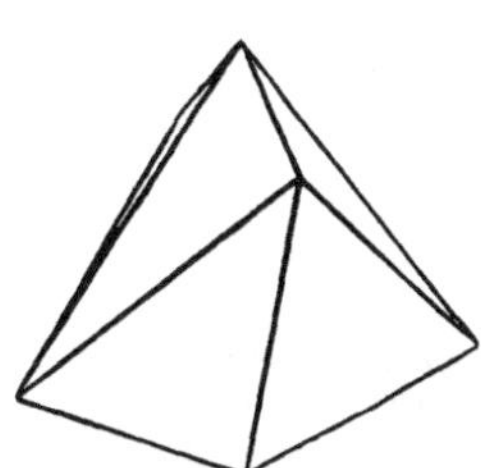 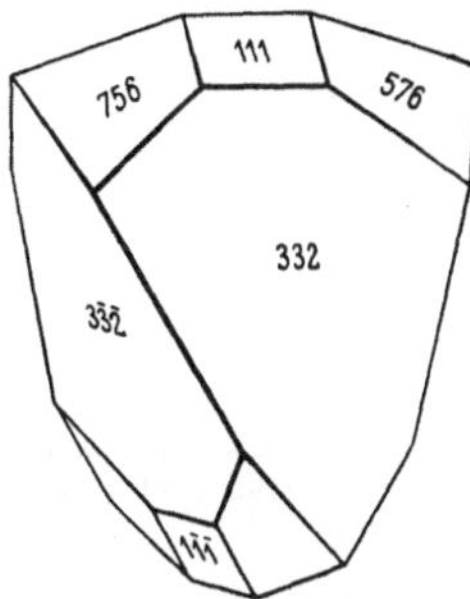

Abb. 107. Positives tetragonales Skalenoeder   Abb. 108. Negatives tetragonales Skalenoeder   Abb. 109. Kupferkies

Die kubischen Klassen. Mit den bisher aufgeführten Klassen sind die Kombinationen von zweizähligen Drehachsen und Spiegelebenen mit je einer drei-, vier- oder sechszähligen Drehachse erschöpft. Wenn wir nun versuchen, mehrere höherzählige Achsen miteinander zu kombinieren, so merken wir, daß das nur möglich ist, wenn wir vier dreizählige Achsen in den Richtungen der Raumdiagonalen eines Würfels unterbringen. Ferner wollen wir beachten, daß an einem Würfel senkrecht zu jeder Würfelfläche eine vierzählige Achse verläuft — da jede dieser Achsen jeweils durch zwei Würfelflächen geht, im ganzen also drei. Mit diesen Anordnungen wollen wir uns jetzt beschäftigen. Nach dem lateinischen Wort für Würfel werden die uns noch fehlenden fünf Klassen als kubisches System zusammengefaßt. Auch die Namen regulär und tesseral (griech. tessera Würfel) sind im Gebrauch. Wir beziehen die hierhergehörenden Kristalle auf ein rechtwinkliges Achsenkreuz. Die Einheitsfläche schneidet auf allen drei Achsen gleiche Abschnitte ab, so daß für die Metrik keine weiteren Angaben, als daß der Kristall kubisch kristallisiert, notwendig sind.

Das Hermann-Mauguinsche Symbol für kubische Kristalle wird folgendermaßen gebildet: An die erste Stelle kommt die Art der Symmetrieachse in Richtung der Würfelkanten (es braucht dies nicht unbedingt eine vierzählige Achse zu sein, wie wir gleich sehen werden), an zweiter Stelle die Art der Symmetrieachse in Richtung der Raumdiagonalen des Würfels (3 oder 3) und an dritter Stelle die Achsen in Richtung der Flächendiagonalen. Für die Symmetrieebenen gilt dasselbe wie bei den früher behandelten Kristallklassen. Wir erkennen aus dem Hermann-Mauguinschen Symbol sofort, daß es sich um einen kubischen Kristall handelt, wenn an der zweiten Stelle 3 oder 3 steht.

Die niedrigste derartige Symmetrie entsteht, wenn nur die vier dreizähligen Achsen als Raumdiagonalen im Würfel angeordnet angenommen werden. Durch diese Kombination von dreizähligen Achsen entstehen winkelhalbierend zu ihnen drei zweizählige Achsen in den Kantenrichtungen des Würfels, aber *nicht* vierzählige Achsen, wie wir sie am Würfel als geometrischem Körper selbst finden;

Spiegelebenen oder ein Symmetriezentrum entstehen nicht (Abb. 110). Ein Projektionspunkt in allgemeiner Lage kommt an 2 × 3 Stellen auf der Oberseite und an 2 × 3 Stellen auf der Unterseite vor; der zugehörende Körper ist ein Dodekaeder [dodeka griech. zwölf, hedra (Sitz-) Fläche], und zwar ein Pentagondodekaeder (pentagon griech. Fünfeck) (Abb. 111). Zum Unterschied von anderen Pentagondodekaedern heißt es das tetraedrische, weil je drei Fünfecke auf die

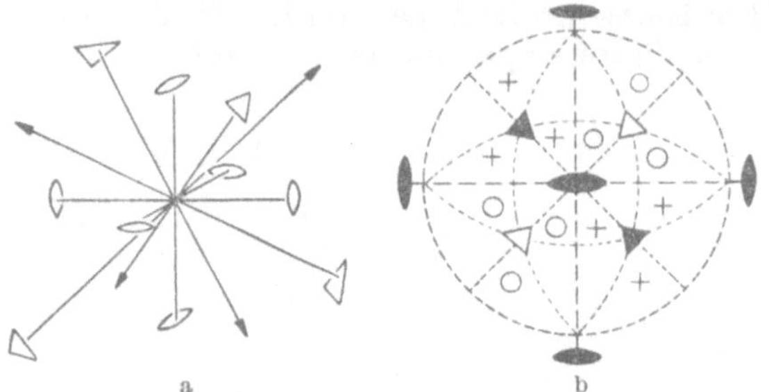
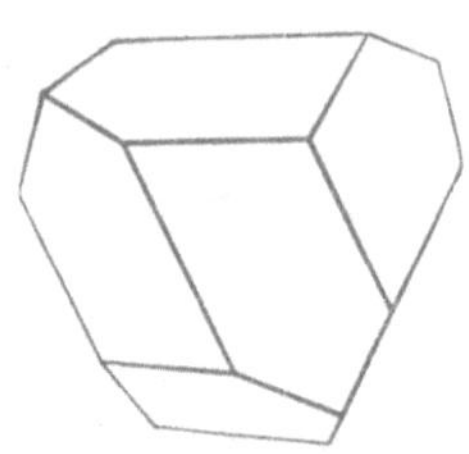

Abb. 110a u. b. Symmetrieelemente (a) und stereographische Projektion (b) der tetraedrisch-pentagondodekaedrischen Klasse 23

Abb. 111. Tetraedrisches Pentagondodekaeder oder Tetartoeder

Flächen eines Tetraeders aufgesetzt erscheinen, oder anders ausgedrückt, in der Projektion um die Tetraederpunkte herum angeordnet sind (vgl. S. 42). Das Symbol für diese *tetraedrisch-pentagondodekaedrische* oder *tetartoedrische* Klasse ist 23. In sie gehört das sehr selten in gut ausgebildeten Kristallen vorkommende Mineral Ullmanit (NiSbS) und das Natriumchlorat und -bromat, die optisch aktiv und piezoelektrisch sind (vgl. S. 131 u. 106).

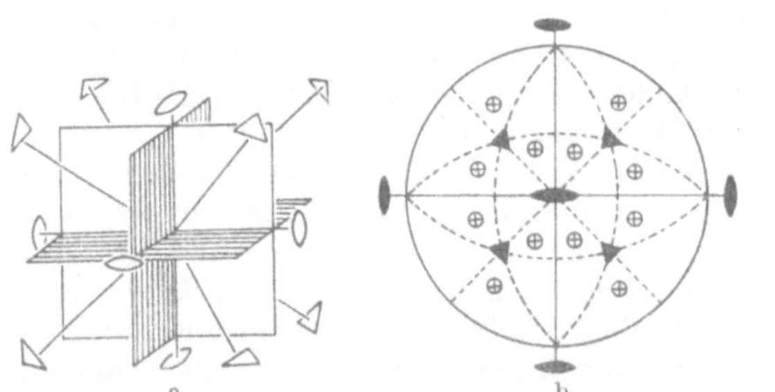
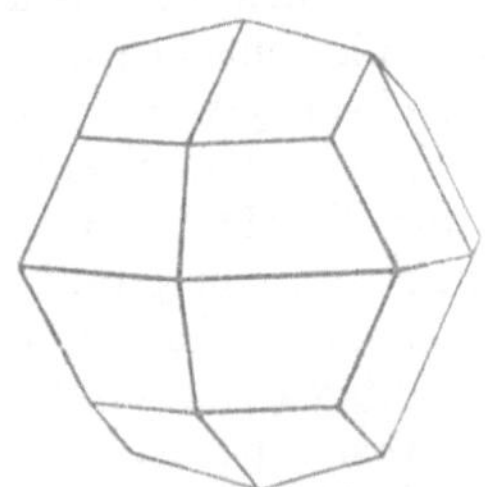

Abb. 112a u. b. Symmetrieelemente (a) und stereographische Projektion (b) der disdodekaedrischen Klasse $m\,3$

Abb. 113. Disdodekaeder

Nimmt man eine horizontale Symmetrieebene dazu, so wird die Flächenzahl verdoppelt, die Flächen erscheinen auf der Ober- und Unterseite. Zusätzlich treten noch zwei weitere, mit der ersten gleichwertige Spiegelebenen (links-rechts und hinten-vorne) auf, die dreizähligen Achsen werden dreizählige Inversionsachsen, außerdem entsteht natürlich ein Symmetriezentrum (Abb. 112). Die Form allgemeiner Lage wird Disdodekaeder genannt (früher sprachlich falsch Dyakisdodekaeder, dis griech. zweifach) (Abb. 113). Die Klasse $2/m\,3$ oder gekürzt $m\,3$ heißt nach ihm die *disdodekaedrische.* In ihr kristallisiert eines der häufigsten Minerale, der Pyrit, FeS_2, dem schon 1725 Henckel eine Monographie, die Pyritologie, widmete. Wegen des Formenreichtums des Pyrits und seiner leichten Zugänglichkeit wollen wir die möglichen Formen kurz angeben (Abb. 114). Beim Disdodekaeder $\{hkl\}$ liegen immer drei unregelmäßig viereckige Flächen nm die dreizählige Achse herum. Je nachdem, in welchem Vierundzwanzigstel der Projektion man anfängt, erhält man positive und negative Formen (7$^+$ und 7$^-$). Bei der Flächenlage 6 erhalten wir auch 24 Flächen; diese sind Deltoide, d.h. Vierecke, die als einziges Symmetrieelement eine Spiegelebene haben, deshalb heißt der Körper Deltoidikositetraeder (Abb. 138) (ikosi griech. zwanzig, tetra

vier) — er stellt die Form $\{hhl\}$ mit $h<l$ dar. Auch bei der Flächenlage 5 haben wir 24 Flächen, jetzt sind diese aber gleichschenklige Dreiecke. Der daraus gebildete Körper heißt Trisoktaeder, $\{hhl\}$ mit $h>l$ (Abb. 136). Punkte auf der Symmetrieebene (4) werden nur zwölfmal wiederholt, der zugehörige Körper wird von Fünfecken gebildet und heißt Pentagondodekaeder $\{hk0\}$ (Abb. 131). Die Fünfecke sind nicht regelmäßig, sonst hätte der Körper fünfzählige Achsen! Auch beim Pentagondodekaeder unterscheidet man positive (4$^+$) und negative (4$^-$) Formen. Legt man den darstellenden Punkt einer Kristallfläche winkelhalbierend zu den zweizähligen Achsen, so erhält man einen Zwölfflächner (3), der von Rhomben begrenzt ist, das Rhombendodekaeder $\{110\}$ (Abb. 130).

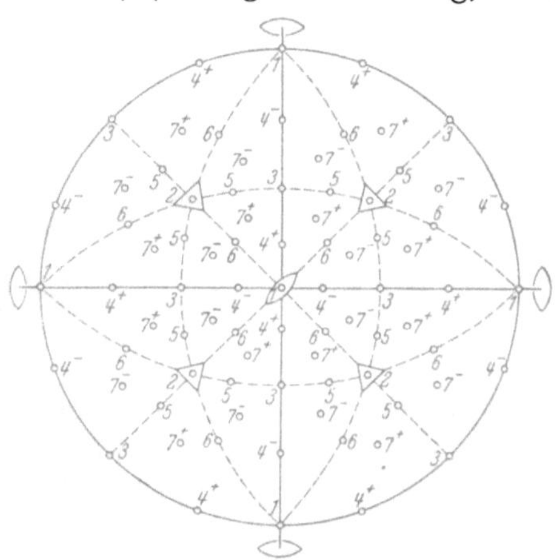

Abb. 114. Die in der Klasse $m\,3$ auftretenden Formen eingezeichnet in der stereographischen Projektion. 1. $\{100\}$, 2. $\{111\}$, 3. $\{110\}$, 4. $\{hk0\}$, 5. $\{hhl\}$, $h>l$, 6. $\{hhl\}$, $h<l$, 7. $\{hkl\}$. —— Symmetrieebenen und -achsen; ---- Zonen

Die Lage auf dem Ausstichpunkt der dreizähligen Achse entspricht dem Oktaeder $\{111\}$ (2) (Abb. 134), auf dem der zweizähligen Achsen dem Würfel $\{100\}$ (1).

Beim Pyrit sind Kombinationen von $\{100\}$, $\{110\}$, $\{111\}$, $\{hk0\}$ besonders häufig. Nicht selten findet man Würfel, deren Flächen gestreift sind in der Art der Abb. 115. Die Streifung zeigt an, daß diesen Kristallen die vierzähligen Achsen ebenso wie die diagonalen Symmetrieebenen fehlen, die in höher symmetrischen Klassen auftreten. Die Streifung entspricht den Richtungen der horizontalen und vertikalen Kanten des Pentagondodekaeders; sie beruht auf alternierendem Wachstum nach $\{100\}$ und $\{hk0\}$, meist $\{210\}$, Abb. 116.

Die Kombination des Pentagondodekaeders $\{210\}$ mit dem Oktaeder (Abb. 117) gibt, wenn die Flächen beider Körper das richtige Größenverhältnis haben, den in Abb. 118 dargestell-

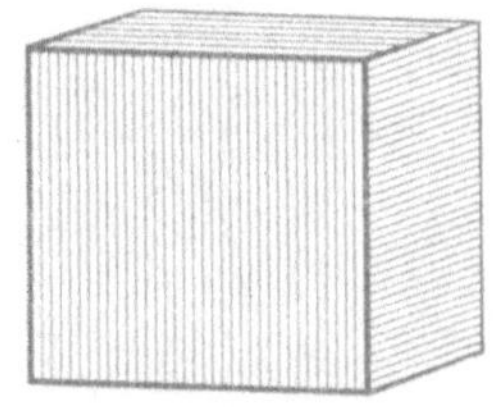

Abb. 115. Pyritwürfel mit gestreiften Flächen

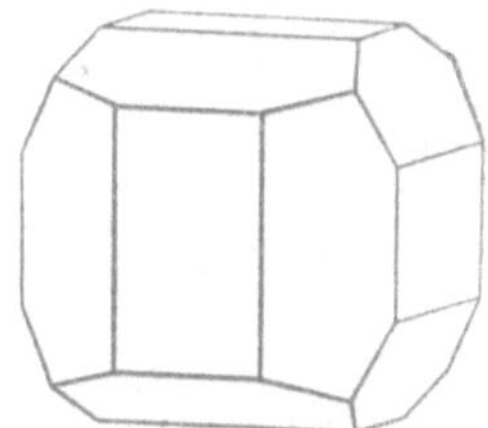

Abb. 116. Pyrit $\{100\}$ und $\{hk0\}$

ten 20-Flächner, der dem Ikosaeder, dem regelmäßigen Körper mit fünfzähligen Achsen, ähnlich sieht. Die zwölf Pentagondodekaederflächen sind aber keine gleichseitigen sondern nur gleichschenklige Dreiecke und erscheinen häufig matt, durch feine Streifung nach $\{421\}$, während die gleichseitigen Dreiecke der Oktaederflächen blank sind.

Fügen wir zu den Symmetrieelementen der Klasse 23 nicht wie im vorigen Beispiel eine horizontale Symmetrieebene hinzu, sondern eine zweizählige Achse winkelhalbierend zu den kristallographischen Achsen, so tritt sie symmetriegebunden insgesamt sechsmal auf. Die in der Klasse 23 parallel zum Achsenkreuz liegenden zweizähligen Achsen werden hier vierzählig (Abb. 119). Die allgemeine Form ist wieder ein 24-Flächner, das von Fünfecken begrenzte Pentagonikositetraeder oder Gyroeder (Abb. 120), nach dem die Klasse *pentagonikositetraedrisch* oder *gyroedrisch* heißt. Das Symbol ist 432 oder 43. Die Formen sind sonst die gleichen wie bei der Klasse $m3$, nur $\{hk0\}$ ist jetzt auch ein 24-Flächner, der Pyramidenwürfel oder das Tetrakishexaeder (Abb. 132).

Nach der äußeren Kristallgestalt gehören manche Kristalle von Salmiak, NH_4Cl hierher. Nach seiner Atomanordnung ist das β-Mangan, welches zwischen 150° und 850° C stabil ist, ein Beispiel für diese Klasse.

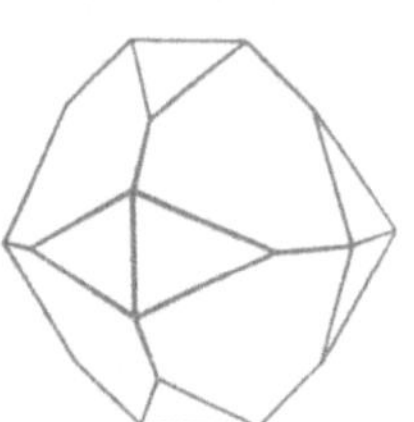
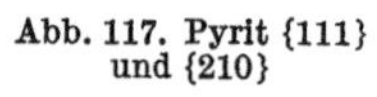

Abb. 117. Pyrit $\{111\}$ und $\{210\}$

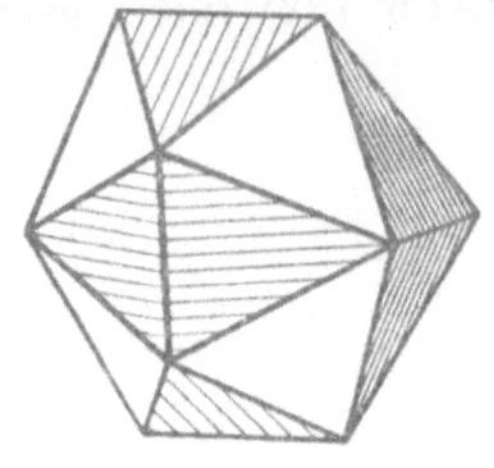

Abb. 118. Pyrit, Pseudoikosaeder durch Kombination von $\{111\}$ und $\{210\}$. Die Pentagondodekaeder-Flächen gerieft

Wird eine Symmetrieebene in der Klasse 23 diagonal eingebaut, so tritt auch sie sechsmal auf. Die vierzähligen Achsen werden vierzählige Inversionsachsen (Abb. 121). Die allgemeine Form, nach der die Klasse benannt wird, ist das

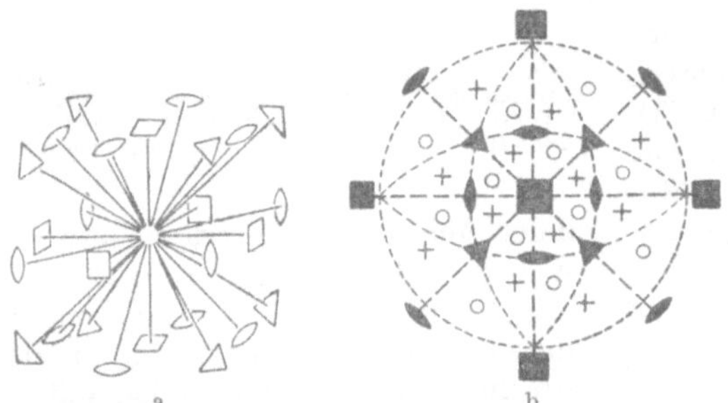

Abb. 119a u. b. Symmetrieelemente (a) und stereographische Projektion (b) der pentagonikositetraedrischen Klasse 432

Abb. 120. Pentagonikositetraeder oder Gyroeder

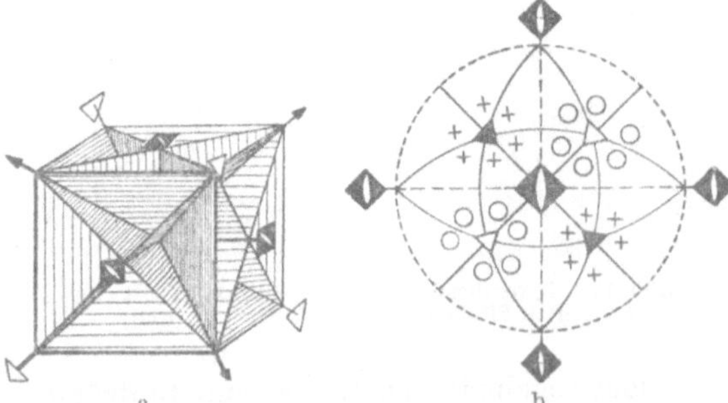

Abb. 121a u. b. Symmetrieelemente (a) und stereographische Projektion (b) der hexakistetraedrischen Klasse $4\bar{3}m$

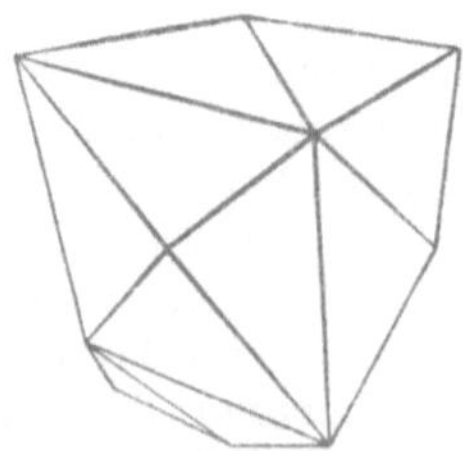

Abb. 122. Hexakistetraeder

Hexakistetraeder (Abb. 122), danach heißt sie die *hexakistetraedrische* Klasse, das Symbol ist $\bar{4}3m$. $\{111\}$ ist hier Tetraeder (Abb. 133), $\{hhl\}$ mit $h>l$ das Deltoiddodekaeder (Abb. 135) und $\{hhl\}$ mit $h<l$ das Tristetraeder (Abb. 137). Die Zinkblende, ZnS (Abb. 123), ein häufiges und für die Zinkversorgung sehr wichtiges Mineral, gehört hierher.

Das Hinzufügen eines Symmetriezentrums zu $\bar{4}3m$ oder 432 sowie das Hinzufügen einer diagonalen Symmetrieebene zu $m3$ ergibt die höchste Kristallsymmetrie, die man durch Kombination von Symmetrieelementen bei Kristallen überhaupt erreichen kann (Abb. 124), die Klasse, die durch den 48-Flächner, das Hexakisoktaeder (Abb. 125), repräsentiert wird und das Symbol $4/m\,\bar{3}\,2/m$ oder $m3m$ führt; sie heißt *hexakisoktaedrisch*. In dieser Klasse kristallisieren viele Metalle, wie Gold, Silber und Kupfer und viele wichtige Minerale. Als

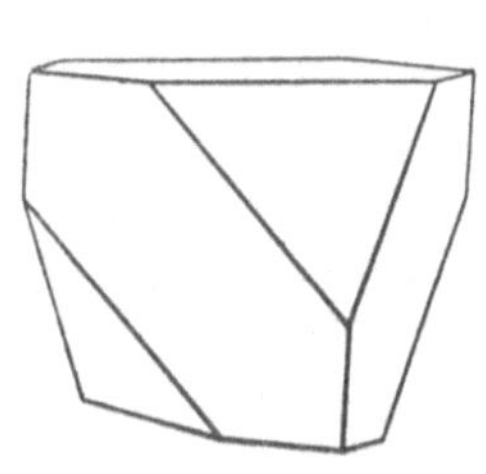

Abb. 123. Zinkblende {111}, {100}

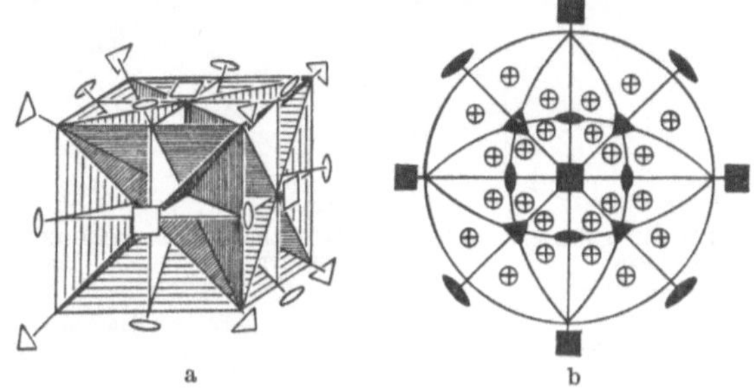

a   b

Abb. 124a u. b. Symmetrieelemente (a) und stereographische Projektion (b) der hexakisoktaedrischen Klasse $m3m$

Beispiel nennen wir den Magnetit, Fe_3O_4, der Oktaeder und auch Rhombendodekaeder bildet, und den Bleiglanz PbS, der in Würfeln meist mit Rhombendodekaeder und Oktaeder auftritt (Abb. 126). Am Flußspat, CaF_2, der meist in Würfeln kristallisiert und stets nach dem Oktaeder spaltet, kann man zuweilen das Hexakisoktaeder an den Würfelecken beobachten (Abb. 127).

Abb. 125. Hexakisoktaeder

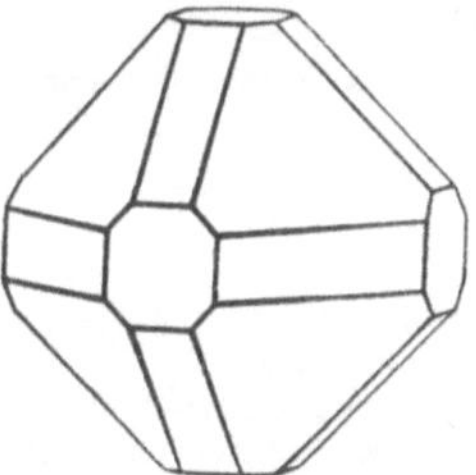

Abb. 126. Bleiglanz {100}, {110}, {111}

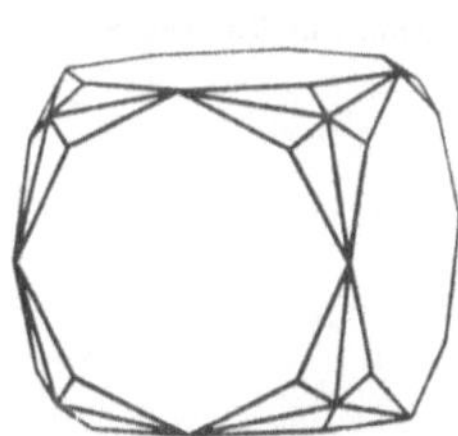

Abb. 127. Flußspat, {100} mit $\{hkl\}$

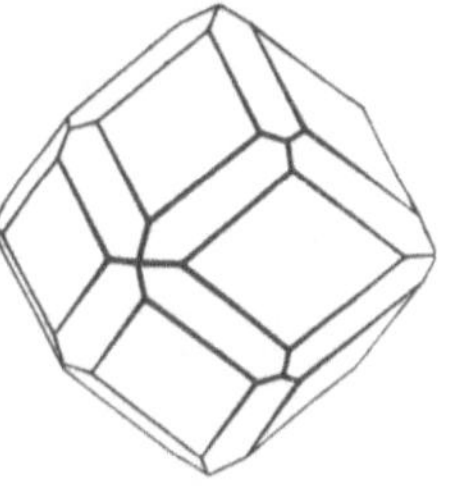

Abb. 128. Granat {110}, und {112}

Der Granat $(Mg, Fe^{+2}, Mn^{+2}, Ca)_3\,(Al, Fe^{+3}, Cr^{+3})_2\,[SiO_4]_3$ zeigt häufig das Rhombendodekaeder, das man deshalb auch Granatoeder genannt hat, und daneben auch das Deltoidikositetraeder (Abb. 128). Auch der Diamant gehört wahrscheinlich in diese Klasse. Der Leucit, $K[AlSi_2O_6]$ kristallisiert meist mit {112} als trachtbestimmender Form; aus diesem Grunde heißt dieses Deltoidikositetraeder auch Leucitoeder.

In der Übersicht (Abb. 129—138) ist für alle Formen des kubischen Systems, mit Ausnahme der allgemeinen $\{hkl\}$, angegeben, in welchen der fünf Klassen sie auftreten.

Andere Symbole und Namen für die 32 Kristallklassen. Neben den hier verwandten Hermann-Mauguinschen Symbolen ist auch noch eine andere Symbolik im Gebrauch, die auf SCHOENFLIES zurückgeht. Wir wollen sie jedoch hier nicht weiter behandeln, da heute meist die Hermann-Mauguinschen Symbole benützt werden. Da sie aber zum Verständnis der Literatur notwendig ist, so verweisen wir besonders auf Tabelle 2 im Anhang A, in welche auch die Schoenfliesschen Symbole aufgenommen sind.

Bei der Namengebung für die 32 Kristallklassen haben wir uns der Flächenform allgemeiner Lage bedient, wie dies GROTH vorgeschlagen hat. Es sind

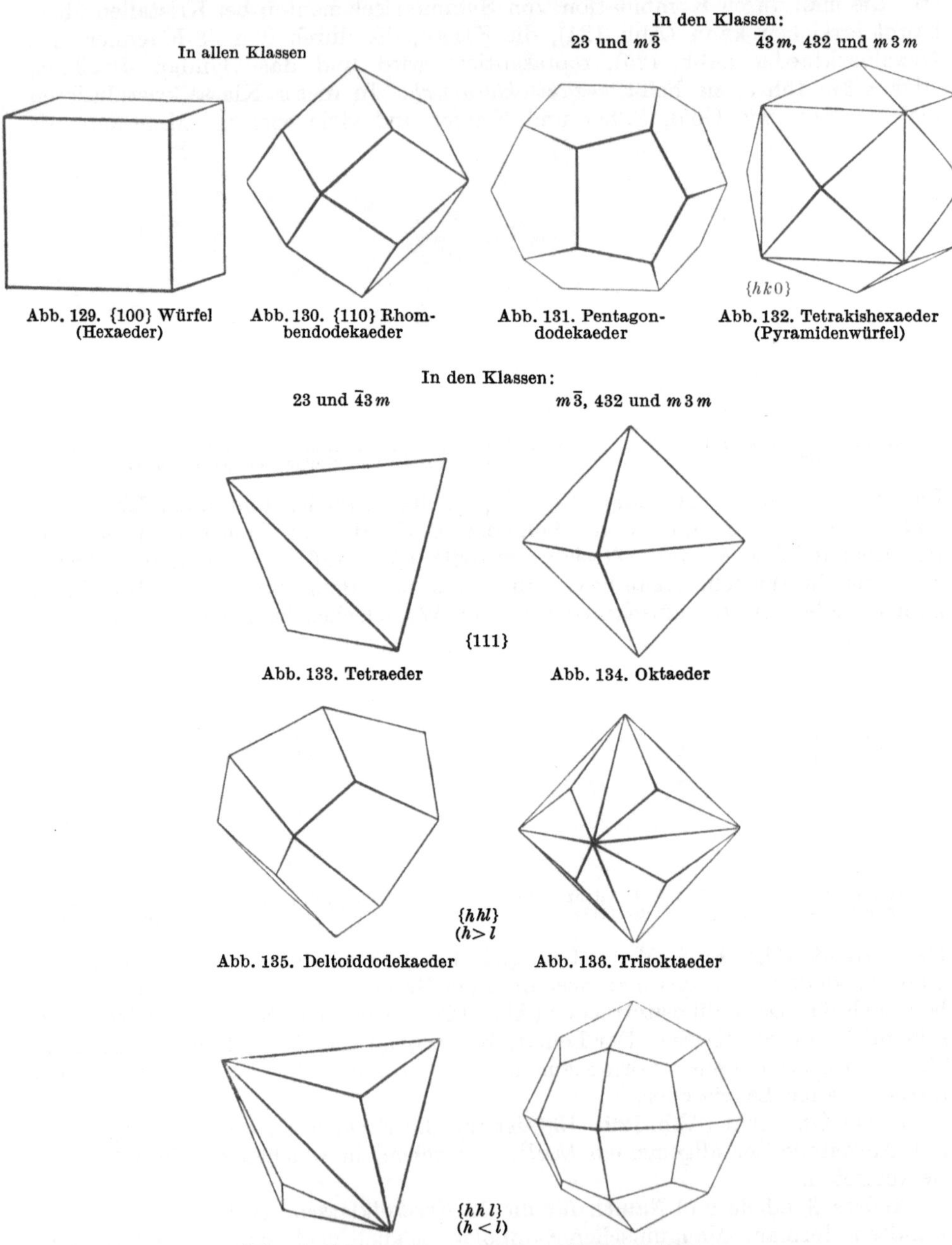

Abb. 129. {100} Würfel (Hexaeder)

Abb. 130. {110} Rhombendodekaeder

Abb. 131. Pentagondodekaeder

Abb. 132. Tetrakishexaeder (Pyramidenwürfel)

Abb. 133. Tetraeder

Abb. 134. Oktaeder

Abb. 135. Deltoiddodekaeder

Abb. 136. Trisoktaeder

Abb. 137. Tristetraeder

Abb. 138. Deltoidikositetraeder

Abb. 129—138. Übersicht über das Vorkommen der speziellen Formen im kubischen System

jedoch auch noch andere Namen im Gebrauch, deren Ableitung im Grunde darauf
beruht, daß man in jedem Kristallsystem von der höchstsymmetrischen Klasse

ausgeht und einzelne Symmetrieelemente, bzw. Symmetrieelementgruppen wegfallen läßt — dadurch verringert sich die Zahl der Flächen allgemeiner Lage. Die höchstsymmetrische Klasse wird dabei die *holoedrische* genannt. Bezüglich Einzelheiten sei wieder auf den Anhang A verwiesen, und zwar auf Tabelle 2.

Wir haben mit diesen Betrachtungen die kristallographische Formenlehre abgeschlossen, ein Gebiet, das dem Anfänger besondere Schwierigkeiten zu machen pflegt. Bei vielen Menschen ist das *Raumvorstellungsvermögen* nur schwach entwickelt. Wer sich aber mit der Architektur der festen Stoffe, mit der Kristallbaukunde, beschäftigen will, muß das Raumvorstellungsvermögen schulen. Das geschieht durch Übung, vor allem an kleinen Kristallmodellen.

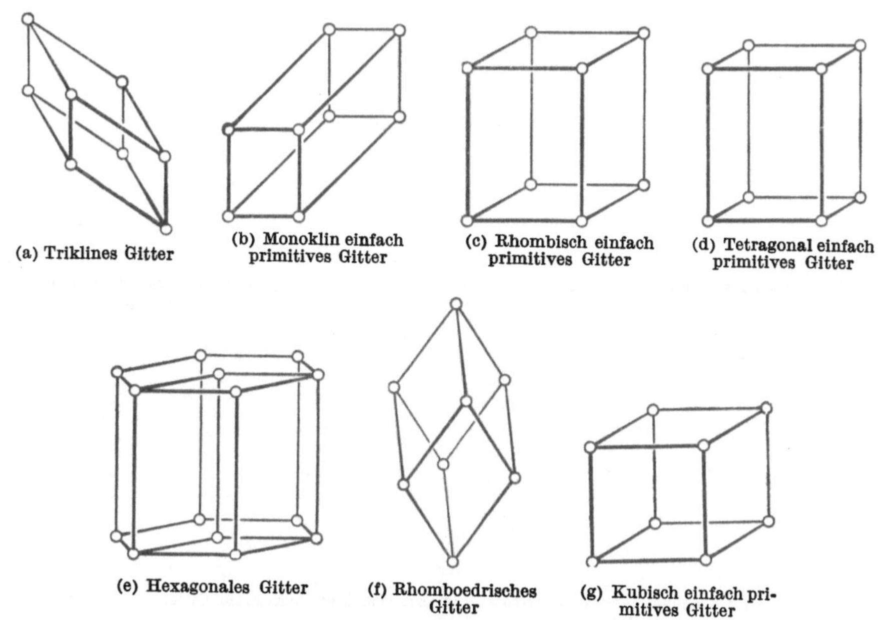

(a) Triklines Gitter

(b) Monoklin einfach primitives Gitter

(c) Rhombisch einfach primitives Gitter

(d) Tetragonal einfach primitives Gitter

(e) Hexagonales Gitter

(f) Rhomboedrisches Gitter

(g) Kubisch einfach primitives Gitter

Abb. 139a—g. Die sieben einfach primitiven Translationsgitter

Das sog. Klötzchenpraktikum hat darin seinen Sinn, daß man lernt, Symmetrieelemente zu finden und zusammengehörende Flächen zu erkennen. Über diese Schulung hinaus ist aber die Kenntnis der 32 Kristallklassen und der bei ihnen vorkommenden Formen die Grundlage für die Beschreibung der Minerale, für die Untersuchung des Wachstums, der physikalischen Vorgänge, wie z.B. des mechanischen und optischen Verhaltens.

5. Die Raumgitter

Die 14 Translationsgitter. Der nächstliegende Weg zum Aufbau einer periodischen Punktanordnung im Raum ist der, daß man von einem Punkt ausgeht und daraus durch Translationen in drei Richtungen (die natürlich nicht in einer Ebene liegen dürfen) und Wiederholung des Verfahrens an den neu entstandenen Punkten ein einfaches Gitter herstellt (vgl. Abb. 16). Ein solches Gitter besteht gleichsam aus aneinandergestellten Parallelepipeden, an deren Ecken Punkte sitzen; ein solches Parallelepiped heißt auch *Elementarepiped* oder *Elementarzelle*. Die Größen der drei Translationen und die Größen der Winkel zwischen ihnen können die verschiedensten Werte annehmen. Eine sorgfältige Untersuchung ergibt jedoch, daß man auf diese Weise nur 14 symmetrieverschiedene Punktanordnungen erhalten kann. Für sieben von ihnen (vgl. Abb. 139a—g) enthält diejenige Elementarzelle, deren Kanten man auch zweckmäßig zum Aufbau des Gitters verwendet, nur an den Ecken Punkte. Da jeder Punkt jeweils zu sechs an einer Ecke zusammenstoßenden Elementarzellen gehört, so enthält jedes Elementarepiped nur einen Punkt; man sagt, das Gitter ist „einfach primitiv". Man kann jedoch auch Translationsgitter aufbauen, in welchen man bei Wahl einer Elementarzelle von üblicher Form bemerkt, daß in ihr mehr als ein Punkt vorkommt (Abb. 140); man sagt deshalb, diese Gitter seien „mehrfach

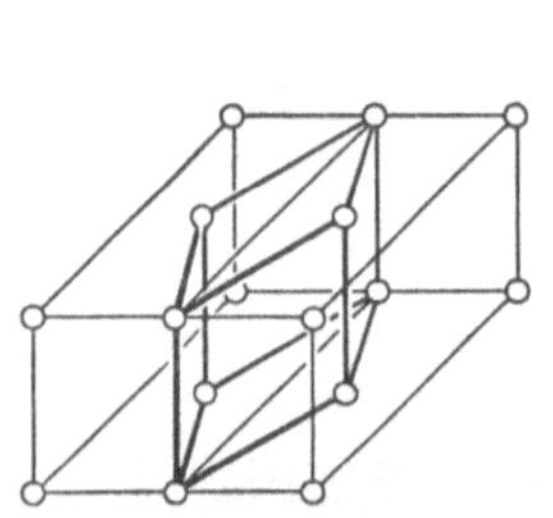

(a) Monoklin einseitig flächenzentriertes Gitter

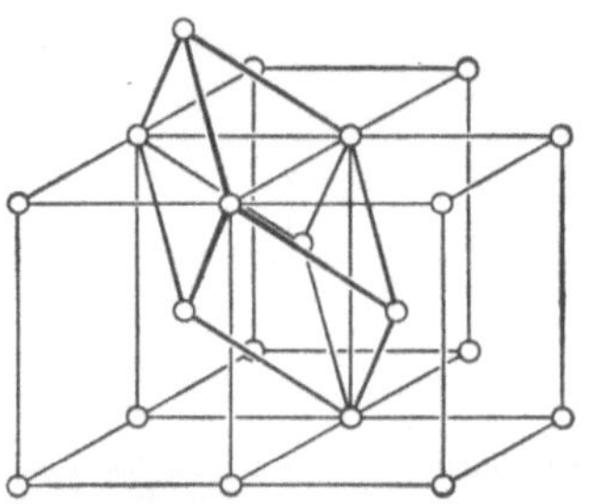

(b) Rhombisch innenzentriertes Gitter

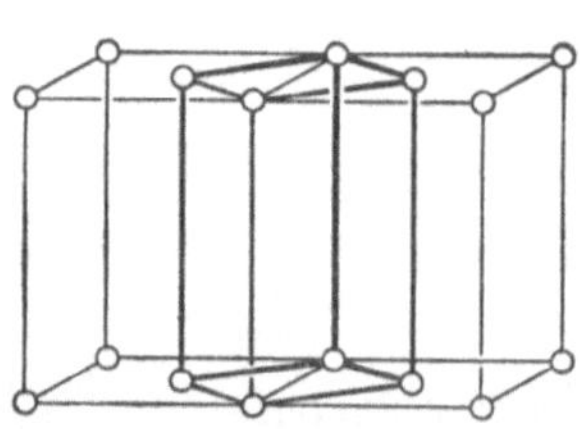

(c) Rhombisch einseitig flächenzentriertes Gitter

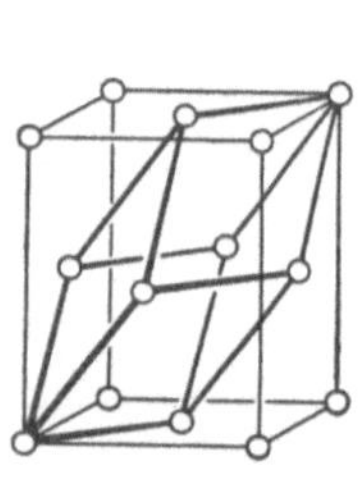

(d) Rhombisch all-
seitig flächenzen-
triertes Gitter

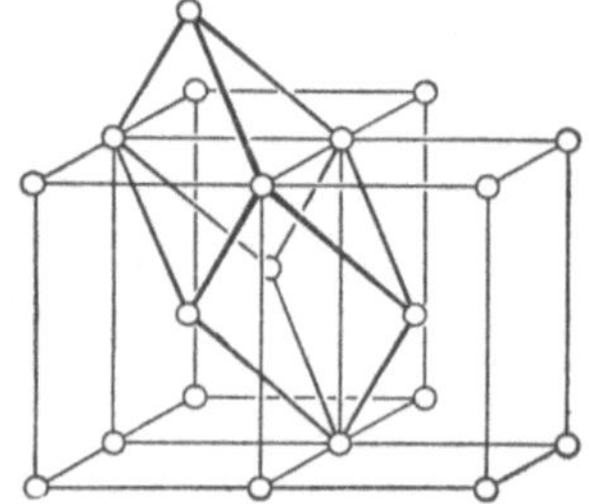

(e) Tetragonal innenzentriertes
Gitter

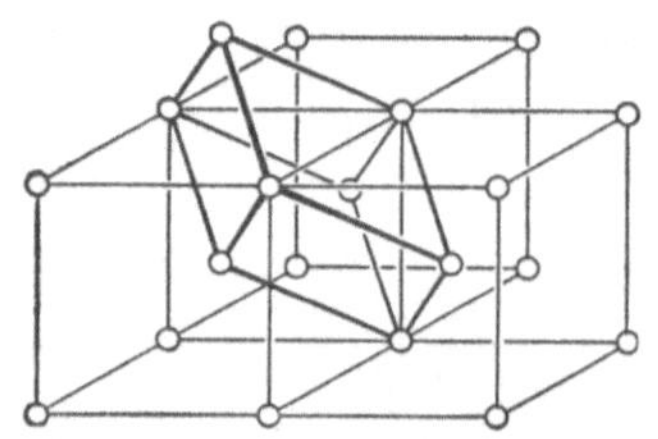

(f) Kubisch innenzentriertes Gitter

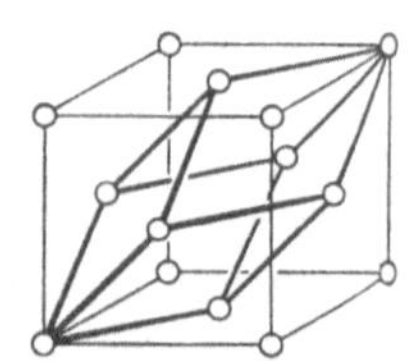

(g) Kubisch flächenzen-
triertes Gitter

Abb. 140a—g. Die sieben mehrfach primitiven Translationsgitter

primitiv". Im einzelnen kennt man Translationsgitter, in denen die konventionelle Elementarzelle zwei Punkte enthält und die folglich „doppelt primitiv" heißen (Abb. 140a—c, e und f), ferner noch solche, in welchen sie vier Punkte enthält — dann heißen sie „vierfach primitiv" (Abb. 140d und g).

Die Translationsgitter werden nach dem Achsenkreuz, in welchem man sie beschreibt, in das trikline, die monoklinen, rhombischen und tetragonalen, das hexagonale, das rhomboedrische und die kubischen eingeteilt. Bei den mehrfach primitiven gibt man an, ob ihre konventionelle Elementarzelle innenzentriert, einseitig flächenzentriert oder allseitig flächenzentriert ist. Um Unklarheiten zu vermeiden sei betont, daß man auch diejenigen Translationsgitter, welche man üblicherweise als mehrfach primitiv beschreibt, durch die drei Translationen einer primitiven Elementarzelle darstellen kann; die geometrische Gestalt dieser Zelle hat dann aber eine andere Gestalt, als dem Achsenkreuz entspricht. In Abb. 140 ist immer auch angegeben, wie man die Punktanordnung durch einfache Translationen erhält. Das rhomboedrische Gitter kann man auch durch Ineinanderstellung von hexagonalen Gittern erreichen und umgekehrt; man muß dann jedoch dreifach primitive Gitter verwenden. — Diese

Gitter heißen auch Bravais-Gitter, nach dem Franzosen BRAVAIS, der sie 1850 veröffentlichte. Der Deutsche FRANKENHEIM hatte sich seit 1835 mit diesen Gittern befaßt, die vollständige Ableitung aber erst 1855 veröffentlicht.

Der Weg zu den 230 Raumgruppen. Diese Gitter waren also historisch die ersten Raumgitter. Schon aus ihrer Zahl sieht man, daß sie nicht die Symmetrie aller 32 Kristallklassen erklären können — sie repräsentieren vielmehr die sieben Klassen I, $2/m$, mmm, $4/mmm$, $3\,2/m$, $6/mmm$ und $m3m$.

Um periodische Punktanordnungen im Raum aufzubauen, welche sowohl diesen wie auch den niedriger symmetrischen Kristallklassen entsprechen, darf man nicht nur Translationen kugelsymmetrischer Punkte zur Erzeugung von Wiederholungen verwenden. Man untersucht dazu die geometrischen Möglichkeiten für periodische „räumliche Muster", das sind die dreidimensionalen Analoga der uns allen geläufigen periodischen zweidimensionalen Muster (z.B. auf Tapeten oder Stoffen). Als Symmetrieelemente treten nun einerseits alle

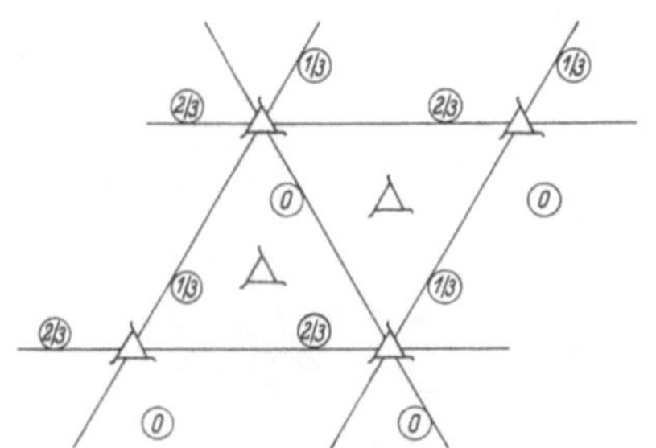

Abb. 141. Symmetrieelemente einer Raumgruppe die nur dreizählige Schraubenachsen besitzt

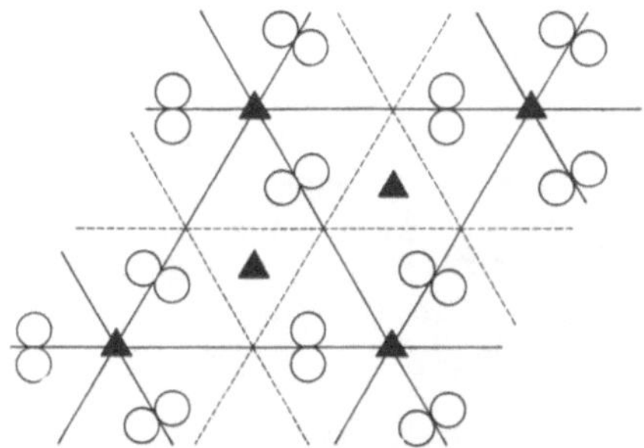

Abb. 142. Symmetrieelemente einer Raumgruppe mit dreizähligen Achsen, Symmetrieebenen und Gleitspiegelebenen

diejenigen auf, welche wir aus der Makrosymmetrie der Kristalle schon kennen, ferner aber auch Schraubenachsen, Gleitspiegelebenen (vgl. S. 17) und die Translation. Ebenso wie man von den Symmetrieelementen des Makrokristalls nur eine endliche Anzahl von Kombinationen kennt (nämlich die 32 Kristallklassen), so kennt man auch nur eine endliche Anzahl von Symmetriemöglichkeiten für räumliche Muster, nämlich 230, welche man die *Raumgruppen* nennt. Diese umfassen nun die Symmetrien aller Kristallklassen. Meist entsprechen sogar einer Kristallklasse mehrere Raumgruppen, was man jedoch makroskopisch nicht bemerkt, da die Translationsbeträge der Schraubenachsen und Gleitspiegelebenen so klein sind (Größenordnung: einige Å), daß sie makroskopisch wie gewöhnliche Achsen bzw. Symmetrieebenen wirken.

Zwei Beispiele für Raumgruppen sind in Abb. 141 und Abb. 142 gegeben. In Abb. 141 treten nur dreizählige Schraubenachsen auf, in Abb. 142 dreizählige Achsen, Symmetrieebenen und Gleitspiegelebenen. Teilchen, die auf einem Symmetriezentrum, einer Symmetrieachse oder einer Symmetrieebene liegen, müssen deren Symmetrie genügen; Teilchen, die zwischen den Symmetrieelementen oder auf einer Schraubenachse bzw. Gleitspiegelebene liegen, brauchen keine eigene Symmetrie zu haben. Es ist durchaus möglich, aus ganz unsymmetrischen Teilchen hochsymmetrische Anordnungen aufzubauen. Die experimentelle Untersuchung der Kristalle mit Röntgenstrahlen, über die später berichtet wird, hat jedoch ergeben, daß die Gitterbestandteile der Kristalle zumindest sehr häufig hohe eigene Symmetrie besitzen.

Während das Studium der Symmetrie von periodischen dreidimensionalen Anordnungen erst neueren Datums ist (die erste Ableitung der 230 Raumgruppen

haben FEDOROW 1890 und SCHOENFLIES 1891 gegeben), hat sich der Mensch, seit
dem wir Zeugnisse von ihm haben, mit den zweidimensionalen Anordnungen
beschäftigt, indem er *Ornamente* entworfen hat. Auch die Symmetrie dieser
Anordnungen kann systematisch erfaßt werden, und zwar gibt es nur 17 ebene
Gruppen. Zwei Beispiele von altägyptischen Ornamenten mit Erläuterungen
(Abb. 143 und 144) sollen zeigen, wie streng die geometrischen Anforderungen
erfüllt sind und wie groß die Abwechslung ist. Übrigens ist auch für Kristalle die
Flächensymmetrie wichtig. Sowohl die Symmetrie der unverletzten Fläche, wie

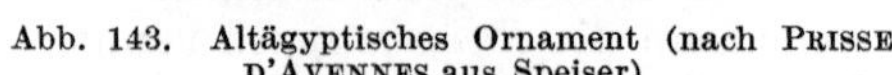

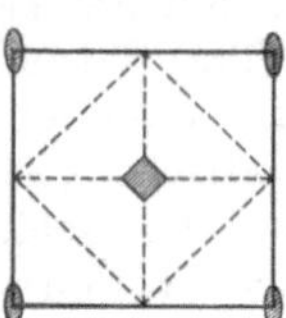

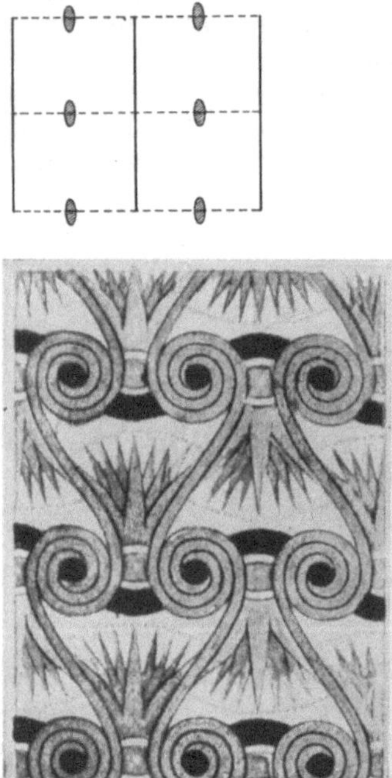

Abb. 143. Altägyptisches Ornament (nach PRISSE   Abb. 144. Altägyptisches Ornament (nach PRISSE
          D'AVENNES aus Speiser)   D'AVENNES aus Speiser)

besonders die durch Ätzfiguren sichtbar gemachte, werden, wie wir bereits am
Beispiel des Dolomites und Quarzes gesehen haben, zur Erkennung der Kristallklassen benutzt.

Die Symmetriegerüste der 230 Raumgruppen sind in Nachschlagewerken
aufgezeichnet. Eine Tabelle ist im Anhang (S. 326 ff.) beigegeben. Wir wollen uns
hier nicht mit ihnen befassen, wir wollen nur noch die Beschreibung der Raumgitter kennenlernen.

Die Beschreibung der Raumgitter. Dazu betrachten wir die 230 Raumgruppen
als Erweiterung der 14 Bravais-Gitter und zwar so, als ob aus einem Gitterpunkt
eine Gruppe von Punkten geworden wäre, oder, was dasselbe ist, als ineinandergestellte Bravais-Gitter. Wollen wir ein solches Raumgitter beschreiben, so
brauchen wir erstens die Angabe, nach welchem Prinzip die Translation wiederholt wird, also die Angabe der Elementarzelle (d.h. deren Gitterdimensionen a_0,
b_0, c_0, deren Winkel α, β, γ und deren Translationsgruppe) und zweitens das Muster,
das an Stelle des Bravais-Punktes tritt, die Basis. Es muß angegeben werden,
wie viele Atome in der Elementarzelle stecken und wie sie angeordnet sind; z. B.

durch Angabe ihrer Koordinaten im Achsensystem der Zelle. Wie bei den Indices der Flächen schreibt man den Abstand nach vorn zuerst, dann den auf der Links-Rechts-Achse und zuletzt den auf der vertikalen. So genügt zur Beschreibung des kubisch raumzentrierten Gitters die Angabe der Translationsgruppe. Es kann aber auch als zwei kubisch primitive Gitter beschrieben werden, deren Anfangspunkte die Koordinaten 000 und $\frac{1}{2}, \frac{1}{2}, \frac{1}{2}$ besitzen. Will man das kubisch flächenzentrierte Gitter durch kubisch primitive Gitter beschreiben, so braucht man eine Basis von vier Punkten: 000, $0\frac{1}{2}\frac{1}{2}$, $\frac{1}{2}0\frac{1}{2}$, $\frac{1}{2}\frac{1}{2}0$. Das NaCl-Gitter ist eine Ineinanderstellung von zwei kubisch flächenzentrierten Gittern mit den Anfangspunkten für Na 000 und Cl $\frac{1}{2}\frac{1}{2}\frac{1}{2}$. Auf kubisch primitive Gitter bezogen sind die Punktlagen (vgl. Abb. 146, S. 48):

$$\text{Na } 0,0,0; \quad \tfrac{1}{2}, \tfrac{1}{2}, 0; \quad \tfrac{1}{2}, 0, \tfrac{1}{2}; \quad 0, \tfrac{1}{2}, \tfrac{1}{2};$$
$$\text{Cl } \tfrac{1}{2}, \tfrac{1}{2}, \tfrac{1}{2}; \quad 0, 0, \tfrac{1}{2}; \quad 0, \tfrac{1}{2}, 0; \quad \tfrac{1}{2}, 0, 0.$$

II. Kristallchemie

1. Ionenbindung

Die Ionenradien. Unsere bisherigen Betrachtungen haben uns gezeigt, welche Symmetrien in Punktsystemen möglich sind und wie sie mit den Kristallformen zusammenhängen. Wir kennen damit den geometrischen Rahmen, in den die gesamte Kristallwelt eingeordnet werden kann. Wir wollen nun weiter fragen, welche Zusammenhänge zwischen der Art der Teilchen — also den Atomen, Ionen oder Molekülen — und ihrer Anordnung in der Kristallstruktur bestehen, warum also z.B. von den drei Kristallarten BN, ZnS und NaCl jede einen eigenen Gittertyp besitzt (ja sogar in einer anderen Klasse kristallisiert). Diese Frage hat Chemiker und Mineralogen seit mehr als hundert Jahren beschäftigt. Man hat zunächst versucht, durch Sammeln von Daten über möglichst viele Kristallarten allgemeine Gesetzmäßigkeiten zu finden. Diese Periode fand einen gewissen Abschluß, als P. von GROTH 1919 sein vielbändiges Werk „Chemische Kristallographie", dessen erster Band 1906 erschienen war, zu Ende brachte. Dieses Handbuch ist auch heute noch — besonders auf dem Gebiet der organischen Kristalle — ein wichtiges Nachschlagewerk; denn in ihm ist alles aufgezählt, was bis dahin über die Kristallformen der Elemente und ihrer Verbindungen bekannt war. Es gelang aber auf diesem Wege nicht, das ungeheure Material unter eine leitende Idee zu ordnen. Diese Idee entstand um 1920, als die ersten Kristallstrukturen experimentell bestimmt waren. Von verschiedenen Seiten, besonders von V. M. GOLDSCHMIDT und H. G. GRIMM, wurde versucht, die räumliche Anordnung der Teilchen durch ihre Raumbeanspruchung zu erklären. Man erkannte, daß es auf die Größenverhältnisse der Bausteine ankommt, und stützte sich nicht auf zufällig zusammengekommenes Beobachtungsmaterial, sondern experimentierte systematisch. Man baute im Kristall selber um, indem man bald den einen, bald den anderen Baustein ersetzte — ein äußerst fruchtbares Verfahren. Es lag nahe, die Atome und Ionen zunächst als kugelförmig anzunehmen und ihre *Wirkungsradien* zu berechnen. Bei Gittern, die nur aus einem Element bestehen, ist es ohne weiteres möglich, den Atomradius zu berechnen, wenn man die Anordnung kennt und die Annahme macht, daß die Atomkugeln sich soweit als möglich berühren. Schwieriger ist es, in Kristallen, die aus mehreren chemischen Elementen aufgebaut sind, die Wirkungsradien zu finden. Ein dauerhafter Erfolg trat erst ein, als 1922 WASASTJERNA die Ionenradien von O^{2-} und F^- aus refraktometrischen Daten mit 1,32 Å und 1,33 Å berechnet hatte. Diese Daten wurden

alsbald von V. M. GOLDSCHMIDT benutzt, um die Ionenradien vieler anderer
Elemente empirisch abzuleiten. Sobald z. B. der Radius des Sauerstoffs bekannt
war, konnten aus den Strukturen der Oxide die Radien der Metallionen abgeleitet
werden. 1927 hat PAULING die Ionenradien auf wellenmechanischer Grundlage
berechnet. Beide Ionenradiensysteme zeigen in den meisten Fällen eine gute
Übereinstimmung. In der Tabelle A 7, S. 322 im Anhang sind diese Ionenradien
GOLDSCHMIDTs sowie die Atomradien eingetragen. Mit steigender Ordnungszahl
nehmen die Atom- und Ionenradien in den Horizontalreihen des periodischen
Systems ab[1], in den Vertikalreihen dagegen zu. So entnimmt man Tabelle A 7,
daß der Ionenradius in der Horizontalreihe vom Na^+ zum S^{6+} von 0,98 Å auf
0,34 Å absinkt, jedoch vom Li^+ zum Cs^+ von 0,78 Å auf 1,65 Å ansteigt. Mit
zunehmender positiver Ladung eines Ions nimmt der Radius ab; so beträgt
er für das zweifach positiv geladene Mangan 0,91 Å, für das vierfach positiv
geladene 0,70 Å und für das siebenfach positiv geladene nur 0,52 Å. Negative
Ladung vergrößert den Radius, da ja hier zu der ursprünglichen Schale Elektronen hinzukommen. Die chemische Bindung durch elektrostatische Kräfte
nennt man *ionar* oder *heteropolar*.

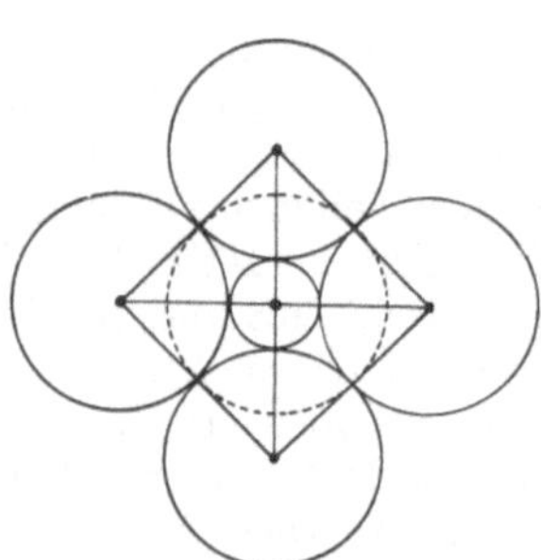

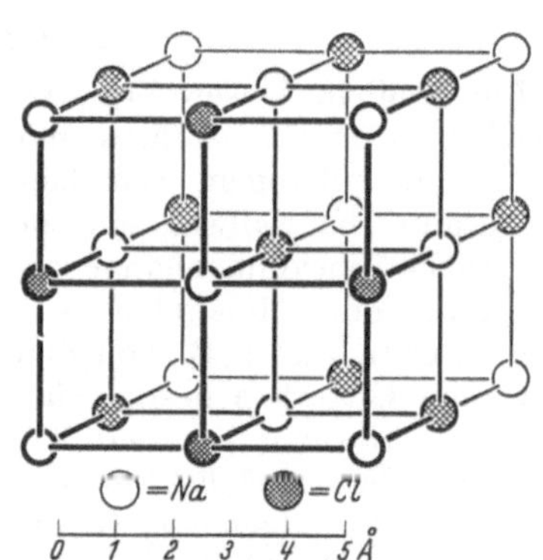

Abb. 145. Querschnitt durch die oktaedrische 6-Ko-
ordination. Über und unter dem gestrichelten Kreis
liegt je eine weitere Kugel

Abb. 146. NaCl-Gitter. Jedes Ion der einen Sorte ist
von sechs der anderen in oktaedrischer Lage
umgeben

Radienquotient und Koordinationszahl. Mit Hilfe dieser primitiven Vorstellung der kugelförmigen Ionen kann man erstaunlich viele Erscheinungen
in der Kristallwelt verständlich machen. Wir beginnen mit der Frage, wie sich
solche entgegengesetzt geladene Kugeln gruppieren, wenn wir annehmen, daß
sie starr sind und daß ihre Anordnung dann die energetisch günstigste ist, wenn
sich jedes Ion mit einer möglichst großen Zahl von Nachbarionen umgibt.
Auf diese Weise wird der mittlere Abstand entgegengesetzt geladener Ionen
möglichst klein. Welche Anordnungen möglich sind, hängt dann ab vom Größenverhältnis und vom Mengenverhältnis der Ionenarten. Das Größenverhältnis
zweier Ionen nennen wir den Radienquotienten R_A/R_B, wobei als B das größere
Ion angenommen wird. Häufig faßt man chemische Verbindungen mit dem
gleichen Mengenverhältnis der Atomarten zu einem *Verbindungstyp* zusammen.
So gehören die Substanzen NaCl, CsCl, MgO, ZnS, AsS usw. zum Verbindungstyp
AB, die Verbindungen CaF_2, FeS_2, SiO_2, H_2O usw. zum Typ AB_2, die Substanzen
$CaCO_3$, $PbCO_3$, $CaTiO_3$, $MgSiO_3$ zum Typ ABC_3.
    Bei einem bestimmten Radienquotienten können wir um eine Kugel von A
sechs Kugeln von B anordnen, wie es Abb. 145 im Querschnitt zeigt. Die Mittel-

---

[1] Dabei ist immer der Ionenradius für die höchstmögliche Wertigkeit zu nehmen, also z. B.
für Schwefel S^{6+} und nicht etwa S^{2-}!

punkte der B-Kugeln liegen dann an den Ecken eines Oktaeders; alle B-Kugeln berühren sowohl ihre nächsten B-Nachbarn als auch A; das *Koordinationspolyeder* um die A-Kugeln ist ein Oktaeder. Allgemein versteht man unter einem Koordinationspolyeder jenes Polyeder, welches entsteht, wenn man die Schwerpunkte der Koordinationsnachbarn miteinander verbindet. Ein Beispiel für eine Struktur mit oktaedrischer Koordination bietet das NaCl (Abb. 146). Für die Radien gilt dann:

$$R_A + R_B = R_B \cdot \sqrt{2}$$

$$\frac{R_A}{R_B} = \sqrt{2} - 1 \approx 0{,}41 .$$

Schrumpft A bei gleichbleibender Größe von B, so kann es nicht mehr von sechs Kugeln berührt werden; eine andere Anordnung wird energetisch günstiger, nämlich die von vier B um A, bei der die B-Kugelmittelpunkte an den Ecken eines Tetraeders liegen. Als Idealwert für den Radienquotienten erhält man $R_A/R_B = \sqrt{\frac{3}{2}} - 1 \approx 0{,}22$. Wird umgekehrt A größer, so bleiben die sechs Kugeln mit ihm in Berührung, verlieren aber den Kontakt untereinander. Wird der

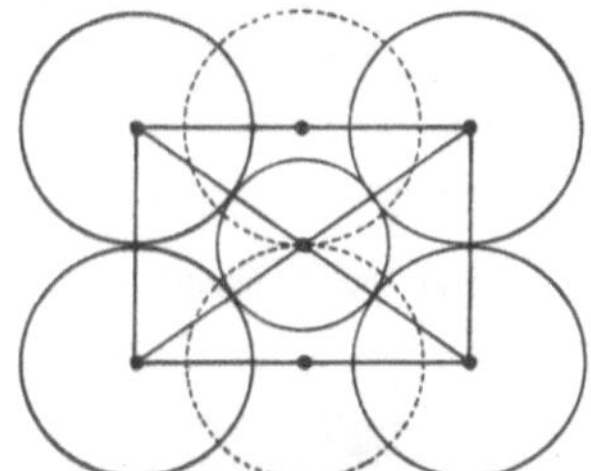

Abb. 147. Zentraler Schnitt durch die würfelige 8-Koordination parallel {110}. Über und unter den gestrichelten Kreisen liegen weitere Kugeln. In dem eingezeichneten Rechteck verhält sich die kürzere Seite zur Diagonale wie $1 : \sqrt{3}$

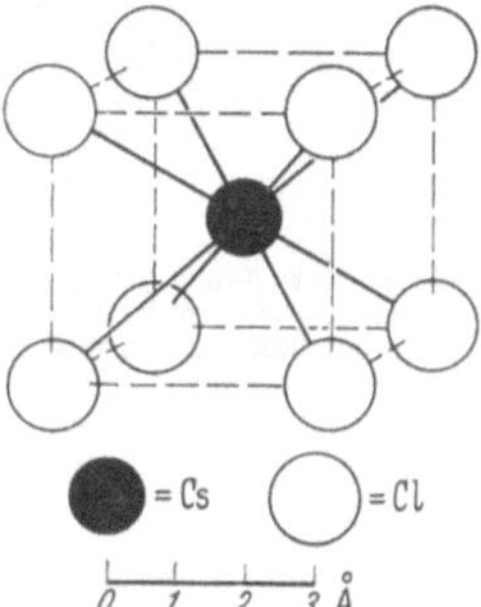

Abb. 148. Struktur von CsCl

Radius von A so groß, daß acht Kugeln um A herum Platz haben, so entsteht die würfelige 8-Koordination. Der Radienquotient in der neu auftretenden Koordination ist, wie man aus Abb. 147 leicht ableitet

$$\frac{R_A}{R_B} = \sqrt{3} - 1 \approx 0{,}73 .$$

Abb. 148 zeigt als Vertreter für diese Koordination das CsCl-Gitter. Oktaedrische Koordination findet man im NaCl-Gitter (Abb. 146), tetraedrische Viererumgebung im Zinkblendegitter (Abb. 149). Letzteres ist jedoch kein reines Ionengitter (s. S. 72) und gehört deshalb, streng genommen, nicht hierher. Ein sehr ähnlicher Gittertyp, der ebenfalls Viererumgebung besitzt, ist der des Wurtzits (Abb. 150). Wurtzit ist auch Zinksulfid, kristallisiert aber nicht wie die Zinkblende kubisch, sondern dihexagonal-pyramidal[1]. Im Zinkblendegitter bilden die Zn-Atome und die S-Atome je ein kubisch flächenzentriertes Gitter, im Wurtzitgitter je zwei hexagonale Gitter. In diesen beiden Strukturtypen kristallisieren überhaupt keine reinen Ionengitter; am ehesten wäre wohl das BeO, das Wurtzitstruktur besitzt, als Vertreter der Viererumgebung bei Ionengittern zu nennen.

---

[1] Neben dem Wurtzit gibt es noch mehrere andere Atomanordnungen für ZnS; diese unterscheiden sich jedoch von Wurtzit energetisch nur geringfügig — namentlich ist in allen das Zink tetraedrisch von vier Schwefelatomen umgeben und umgekehrt.

Wir stellen uns also vor, daß die Gruppierung der Ionen umeinander solchen einfachen geometrischen Gesetzmäßigkeiten gehorcht. Das Größenverhältnis bestimmt die Anzahl der Nachbarn, also die *Koordinationszahl.* Die Grenzwerte der Radienquotienten, die wir eben abgeleitet haben, gelten natürlich nicht nur

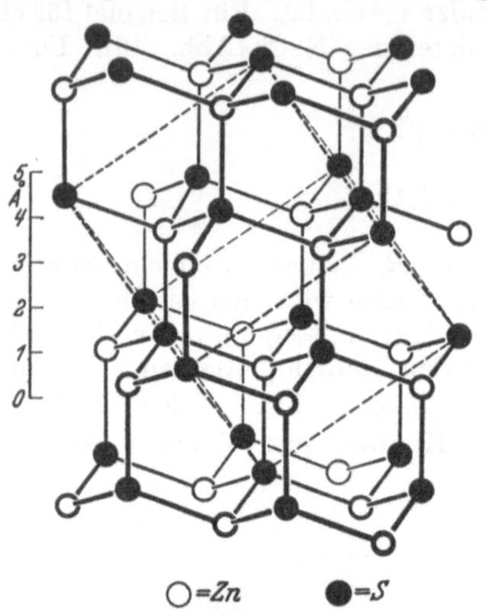

Abb. 149. Zinkblendegitter. Jedes Ion der einen Sorte ist von vier der anderen tetraedrisch umgeben. Die kubische Elementarzelle ist mit einer 3zähligen Achse senkrecht gestellt

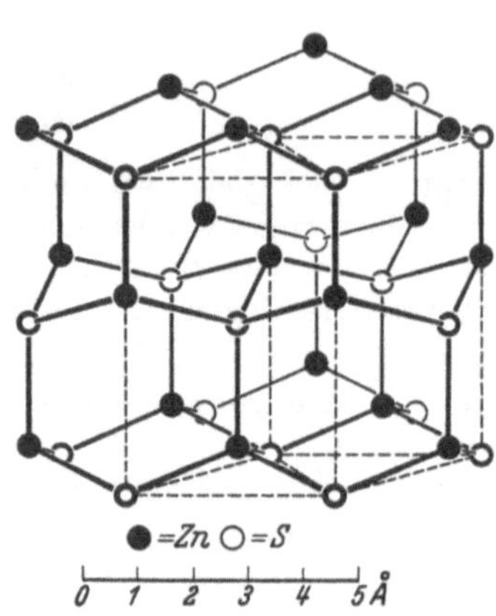

Abb. 150. Wurtzitgitter

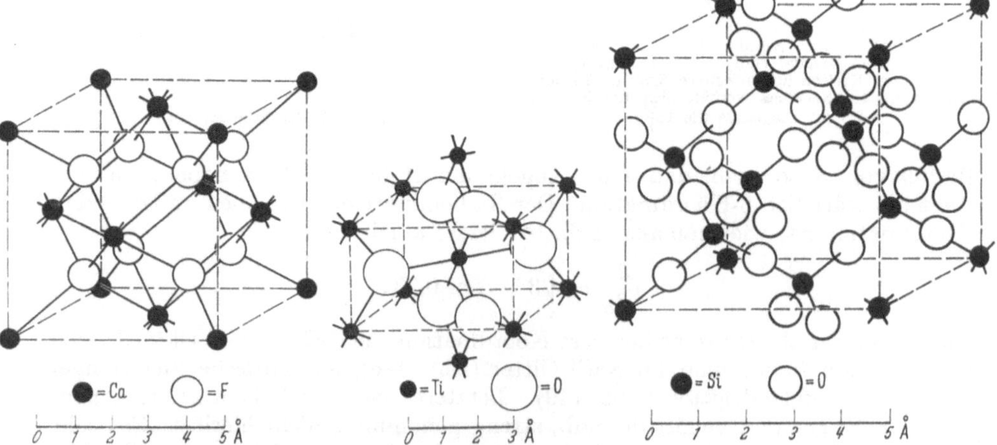

Abb. 151. Kristallstruktur von Flußspat, CaF$_2$. Jedes Ca^{2+}-Ion ist von acht F$^-$-Ionen, jedes F$^-$-Ion von vier Ca^{2+}-Ionen umgeben

Abb. 152. Kristallstruktur von Rutil, TiO$_2$

Abb. 153. Struktur von Hoch-Cristobalit, SiO$_2$

für den Verbindungstyp AB, sondern allgemein. Bei Verbindungen vom Typ AB_2 hat jedes A-Ion doppelt soviele Nachbarn wie jedes B-Ion. Umgeben also acht B ein A, so liegen vier A um ein B; A ist dann würfelig umgeben und B tetraedrisch wie im Flußspatgitter (Abb. 151). Ist in einer Kristallstruktur vom Formeltyp AB_2 das Ion A oktaedrisch von sechs B-Ionen umgeben, so muß jedes Ion B drei Nachbarn der Ionensorte A haben. Man könnte meinen, daß das in idealer Weise so zu verwirklichen sei, daß immer drei Oktaeder an einem B-Ion zusammenhingen und drei A-Ionen um das B-Ion ein gleichseitiges Dreieck bilden. Tatsächlich ist jedoch eine solche „ideale" Anordnung nicht zu verwirklichen. Dementsprechend sind die Koordinationsverhältnisse in den hierher gehörigen Gittertypen immer etwas verzerrt, so in den drei TiO_2-Modifikationen Rutil (Abb. 152), Anatas und Brookit. Der Zinnstein, SnO_2, hat denselben Gittertyp wie der Rutil.

Wichtige Vertreter für AB_2-Verbindungen mit tetraedrischer 4-Koordination um die A- und 2-Koordination um die B-Atome sind die SiO_2-Modifikationen Quarz, Tridymit, Cristobalit, Coesit und der bisher nur synthetisch bekannte Keatit. In ihnen sind SiO_4-Tetraeder so über Ecken verbunden, daß jeder Sauerstoff zu zwei SiO_4-Tetraedern gehört. Die Verknüpfung erfolgt jedoch nur über Ecken — die Tetraeder haben keine Kanten gemeinsam! Die genannten SiO_2-Modifikationen unterscheiden sich nur in der Geometrie der SiO_2-Gerüste; das Verknüpfungsprinzip ist bei allen gleich* (siehe auch die Gerüstsilikate S. 64). Als Beispiel ist der Hoch-Cristobalit in Abb. 153 dargestellt. Auch der Cuprit, Cu_2O, gehört hierher. Seine Kristallstruktur läßt sich auch als Ineinanderstellung eines körperzentrierten O- und eines flächenzentrierten Cu-Gitters beschreiben. Eine Übersicht über die theoretischen Koordinationsverhältnisse bei den Verbindungen AB und AB_2 gibt die folgende Tabelle 3:

Tabelle 3. *Koordinationsverhältnisse und Grenzwerte der Radienquotienten*

Anordnung von B um A	Grenzwert	Verbindung AB		Verbindung AB_2	
		Koord.-Zahl	Beispiel	Koord.-Zahlen	Beispiel
Tetraeder	0,22	4	ZnS	4 und 2	SiO_2
Oktaeder	0,41	6	NaCl	6 und 3	TiO_2
Würfel	0,73	8	CsCl	8 und 4	CaF_2

Abweichungen von der Theorie. Versuchen wir nun, diese Vorstellung zu prüfen, indem wir die röntgenographisch gefundenen Gittertypen einfacher Verbindungen nach steigendem Radius des Kations und Anions anordnen, wie es in der Tabelle 4 für die Alkalihalogenide geschehen ist! Man sieht, daß von einer strengen Gesetzmäßigkeit keine Rede sein kann.

Tabelle 4. *Die Koordinationsverhältnisse der Alkalihalogenide*

	Li^+ 0,78	Na^+ 0,98	K^+ 1,33	Rb^+ 1,49		Cs^+ 1,65	
F^- 1,33 . .	6	6	6	6		6	
Cl^- 1,81 . .	6	6	6	8[1]	6	8	6[2]
Br^- 1,96 . .	6	6	6	6		8	
J^- 2,20 . .	6	6	6	6	8[3]	8	
$R_A/R_B < 0,41$		R_A/R_B zw. 0,41 und 0,73				$R_A/R_B > 0,73$	

[1] Bei tiefen Temperaturen ($-190°$ C). [2] Bei Temperaturen über $445°$ C. [3] Bei hohen Drucken (4500 kg/cm²; $25°$ C).

---

* Der erst vor kurzem synthetisierte und auch als Mineral gefundene Stishovit, der unter sehr hohem Druck entsteht (über ungefähr 120000 Atm) ist eine Kristallart des SiO_2, in welcher das Silicium nicht von vier, sondern oktaedrisch von sechs Sauerstoffen umgeben ist. Seine Struktur entspricht dem Rutil.

Auch bei anderen Verbindungen, z.B. mit zweiwertigen Kationen, deren Koordinationsverhältnisse für einfache Verbindungen in der Tabelle 5 und 6 dargestellt sind, stimmt die Regel nicht streng. Die Gründe sind verschiedener

Tabelle 5. *Die Koordinationsverhältnisse zweiwertiger Kationen. Formeltyp AB*

	Be^{2+} 0,34	Mg^{2+} 0,78	Zn^{2+} 0,83	Cd^{2+} 1,03	Ca^{2+} 1,06	Hg^{2+} 1,12	Sr^{2+} 1,27	Pb^{2+} 1,32	Ba^{2+} 1,43	Ra^{2+} 1,52	
O^{2-} 1,32	4′	6	4′	6	6	A	6	A	6		
S^{2-} 1,74	4	6	4; 4′	4; 4′	6	A; 4	6	6	6		$R_A/R_B > 0,73$
Se^{2-} 1,91	4	6	4	4; 4′	6	4	6	6	6		
Te^{2-} 2,03	4	4′	4	4	6	4	6	6	6		

$R_A/R_B < 0,41$ R_A/R_B zwischen 0,41 und 0,73

Tabelle 6. *Die Koordinationsverhältnisse zweiwertiger Kationen. Formeltyp AB_2*

	Be^{2+} 0,34	Mg^{2+} 0,78	Zn^{2+} 0,83	Cd^{2+} 1,03	Ca^{2+} 1,06	Hg^{2+} 1,12	Sr^{2+} 1,27	Pb^{2+} 1,32	Ba^{2+} 1,43	Ra^{2+} 1,52	
$2F^-$ 1,33	4	6	6	8	8	8	8	A; 8*	8	8	
$2Cl^-$ 1,81	4	6s	4	6s	6de	②	8	A	A		$R_A/R_B > 0,73$
$2Br$ 1,96		6s	4	6s	6de	②	A	A	A		
$2J^-$ 2,20		6s	4	6s	6s	4s		6s	A		

$R_A/R_B < 0,41$ R_A/R_B zwischen 0,41 und 0,73

4′ Wurtzittyp; s Schichtgitter; ② Molekülgitter; A besonderer Typ; 6de verzerrter Rutiltyp; * nur bei höheren Temperaturen.

Art. Erstens gelten die zur Rechnung verwendeten und in Tabelle 4, 5 und 6 enthaltenen Ionenradien nur für 6-Koordination. Bei den Alkalihalogeniden wird z. B. bei 8-Koordination der Wirkungsradius der Ionen um 3 % größer. Zweitens fällt in der Tabelle 6 auf, daß bei gewissen Metallen (z.B. Zn und Hg) und manchen Anionen die Abweichungen besonders stark sind. Hier macht sich der Einfluß anderer Bindungsarten geltend, auf den später noch näher eingegangen wird. Im allgemeinen nimmt jedoch bei gleichbleibendem Anion die Koordinationszahl um das Kation mit steigendem Wirkungsradius des Kations zu.

Die Paulingschen Regeln. Im Vorhergehenden haben wir nur die Radienquotienten, also das Größenverhältnis starrer Ionenkugeln zum Verständnis verschiedener Strukturtypen benutzt. Das ist natürlich ein sehr grobes Vorgehen. Die saubere Betrachtungsweise für Kristalle mit elektrostatischer Bindung ist die, daß man nach der Energie fragt, welche beim Zusammentritt der Ionen zum Kristall frei wird. Von allen geometrischen Möglichkeiten wird sich (zumindest bei tiefen Temperaturen, d.h. solchen, bei welchen die Schwingungen und sonstigen Bewegungen im Kristall vernachlässigt werden können) jene realisieren, für welche der größte Energiebetrag frei wird, welche also am stabilsten ist. Man kann diese freiwerdende Energie berechnen (elektrostatische Gitterenergie, vgl. S. 154), was aber meist mühsam ist. Vielfach kann man sich mit den *Paulingschen Regeln* (PAULING 1929) behelfen, welche qualitative Forderungen für elektrostatisch gebundene Atomanordnungen mit günstigen Energieverhältnissen enthalten. Ihrer Wichtigkeit wegen sollen sie hier angegeben werden:

1. Um jedes Kation bildet sich ein Koordinationspolyeder aus Anionen, wobei der Kation-Anion-Abstand durch die Radiensumme und die Koordinationszahl um das Kation durch den Radienquotienten bestimmt werden.

2. In einer stabilen Koordinationsstruktur ist die Gesamtstärke der Bindungen, welche ein Anion von allen benachbarten Kationen erreichen, gleich der Ladung dieses Anions.

3. Gemeinsame Kanten oder gar Flächen zwischen zwei Koordinationspolyedern verringern in Koordinationsstrukturen die Stabilität; dieser Effekt ist groß für Kationen hoher Ladung und kleiner Koordinationszahl, und er ist besonders groß, wenn sich der Radienquotient der unteren Stabilitätsgrenze des Polyeders nähert.

4. In einem Kristall, der verschiedene Kationen enthält, streben jene mit hoher Ladung und kleiner Koordinationszahl danach, keine Elemente der Koordinationspolyeder gemeinsam zu haben.

5. Die Anzahl der wesentlich verschiedenen Arten von Bausteinen in einem Kristall strebt danach kein zu sein (Sparsamkeitsregel).

Die 1. Paulingsche Regel behandelt die Strukturen vom selben Gesichtspunkt, wie wir das oben getan haben. Die Regeln 2 bis 4 geben darüber hinaus qualitative Forderungen für energetisch günstige Verknüpfungen solcher Polyeder. — Zur Regel 2 ist noch zu erläutern, was man unter der „Stärke der Bindung“ zwischen Kation und Anion hier verstehen soll. Sie ist gleichzusetzen der Ladung des Kations dividiert durch die Anzahl der Nachbarn im Koordinationspolyeder. Am Beispiel der Flußspatstruktur (vgl. Abb. 151) wollen wir uns das an einem speziellen Fall klar machen. Im CaF_2 ist jedes Ca^{2+} von acht Fluorionen umgeben; die Bindungsstärke ist folglich $\frac{2}{8} = \frac{1}{4}$. Da jedes Fluorion von vier Ca^{2+} umgeben ist, so treffen hier $4 \times \frac{1}{4}$ Bindungsstärken zusammen, was gleich der Ladung des F^- ist.

Polymorphie. Da sich die Schwingung der Gitterbestandteile mit der Temperatur ändert, braucht eine Ionenanordnung, welche bei tiefen Temperaturen thermodynamisch am günstigsten ist, dies bei höheren Temperaturen nicht mehr

Tabelle 7. *Gittertypen der Borate, Carbonate und Nitrate*

Formel	R-Kation	Formel	R-Kation	Formel	R-Kation	Gittertyp
ScBO$_3$ InBO$_3$ YBO$_3$	0,83 0,92 1,06	MgCO$_3$ FeCO$_3$ ZnCO$_3$ MnCO$_3$ CdCO$_3$ CaCO$_3$	0,78 0,83 0,83 0,91 1,03 1,06	LiNO$_3$ NaNO$_3$ KNO$_3$	0,78 0,98 1,33	Kalkspat
LaBO$_3$	1,22	CaCO$_3$ SrCO$_3$ PbCO$_3$ BaCO$_3$	1,06 1,27 1,32 1,43	KNO$_3$	1,33	Aragonit

zu sein. So geht z.B. das CsCl, welches in Übereinstimmung mit seinem Radienquotientenverhältnis von 0,91 bei Zimmertemperatur eine Struktur mit 8-Koordination besitzt, bei ungefähr 460°C in die Atomanordnung vom NaCl-Typ, also mit oktaedrischer 6-Koordination, über. Sehr deutlich zeigen die Nitrate, Carbonate und Borate, die in der Tabelle 7 zusammengestellt sind, die Erscheinung, daß bei Zunahme des Ionenradius des Kations ein Strukturwechsel eintritt und daß am Übergang bei einer Verbindung beide Gittertypen möglich sind. Man nennt diesen Strukturwechsel bei einer chemischen Verbindung *Polymorphie* und die verschiedenen Gittertypen *Modifikationen*.

Das Kalkspatgitter wird am einfachsten beschrieben als ein deformiertes NaCl-Gitter, dessen eine Raumdiagonale (dreizählige Achse!) senkrecht gestellt ist und dessen Cl-Ionen durch die dreieckigen Gruppen CO_3 ersetzt sind, so daß deren Ebene senkrecht zur dreizähligen Achse steht. Das Aragonitgitter ist ebenso aus dem später zu besprechenden NiAs-Gitter (S. 78) abzuleiten. Im Kalkspatgitter sind die Ca^{2+} von sechs Sauerstoffatomen umgeben, im Aragonitgitter jedoch von neun.

Polymorphie bedeutet also, daß bei gleichem chemischen Bestand in Abhängigkeit von äußeren Bedingungen wie Druck und Temperatur verschiedene

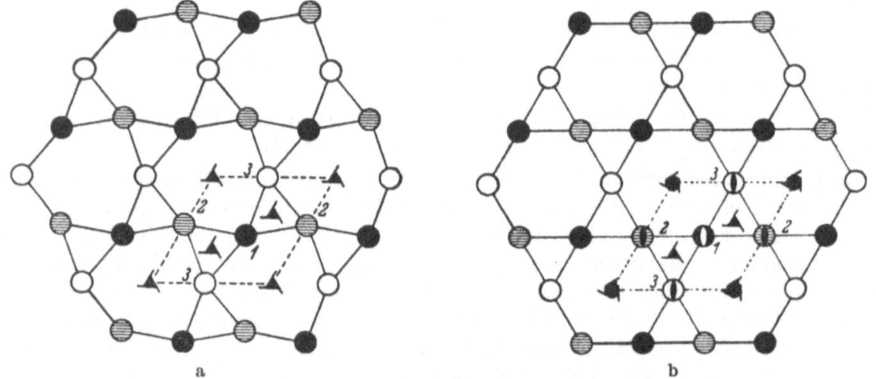

Abb. 154a u. b. Projektion der Si-Atome in der Struktur des Quarzes (a) unterhalb (b) oberhalb 575° C. Die verschieden dargestellten Atome (weiß, schraffiert, schwarz) unterscheiden sich in ihrer Höhe um je etwa 1,80 Å. (Aus STRUNZ)

Strukturen auftreten können. Je nach der Stärke der geometrischen Verschiedenheit kann man unterscheiden: *Polytypie*, bei der verschiedene Gittertypen wie oben auftreten, und *Polysyngonie*, bei der nur geringfügige Änderungen im Gitter genügen, wie z.B. beim Übergang von Hoch- zu Tiefquarz (Abb. 154)[1]. Die dritte und „schwächste" Unterabteilung, bei der der Gittertyp völlig erhalten bleibt, die Gitter sich aber noch physikalisch unterscheiden lassen, heißt *Polytropie*. Der Unterschied im physikalischen Verhalten kann daher rühren, daß chemisch stark gebundene Komplexe im Gitter oberhalb einer gewissen Temperatur zu rotieren beginnen (oder sich zumindest über mehrere Orientierungen statistisch verteilen) wie die NO_3-Gruppen in $NaNO_3$ bei 280°C (Abb. 155), oder daß Gitterbestandteile ihre Plätze vertauschen, ohne daß sich der Bautyp ändert. Auf solche Fälle wird später (S. 169) noch hingewiesen werden. Je nach dem Grad der Änderung des Gitterbaues wird bei solchen Umwandlungen der Zusammenhalt des Kristalls bewahrt oder aufgegeben. So kann man an kleinen Kristallen von $K_2Cr_2O_7$ im Polarisationsmikroskop beobachten, wie der ganze Kristall beim Erwärmen auf 237°C in das neue Gitter umklappt, auch wenn er dabei in einige Bruchstücke zerspringt. Bei KNO_3 andererseits geht beim Erwärmen auf 128°C das Aragonitgitter in das Kalkspatgitter über und zerfällt dabei. Diese Umwandlung erfolgt sowohl beim Erwärmen wie beim Abkühlen, sie ist *reversibel* oder *enantio-*

---

[1] Nach jüngsten Untersuchungen von ARNOLD unterscheidet sich der Hochquarz vom Tiefquarz dadurch, daß er aus kleinsten Bereichen der Atomanordnung des Tiefquarzes besteht, die nach dem Dauphinéer-Gesetz (s. S. 88) verzwillingt sind.

trop (enantioi griech. entgegen, tropos Wendung). Bei $CaCO_3$ kennt man bei Atmosphärendruck nur die Umwandlung Aragonit →Kalkspat, welche bei ungefähr 400° C erfolgt. Zur Umwandlung Kalkspat →Aragonit benötigt man höhere Drucke (ungefähr 3000 Atm.); auf einfache Weise kann man sie erreichen, indem man Calcit-Pulver kräftig und andauernd in der Reibschale reibt (BURNS u. BREDIG; DACHILLE u. ROY). Eine Umwandlung im festen Zustand erfolgt in der Regel so, daß einzelne Keime der neuen Modifikation entstehen, die sich dann ausbreiten (Reaktion im festen Zustand). Weiteres über Einfluß von Druck und Temperatur auf das Auftreten von Gittertypen wird später bei der Besprechung der Einstoffsysteme (S. 167) mitgeteilt. Bei polymorphen Stoffen wird häufig die bei gewöhnlichen Bedingungen stabile Phase als α-Modifikation bezeichnet, die bei höherer Temperatur stabile als β-Modifikation; dann folgt die γ-Modifikation usw.

Da jedoch die Bezeichnung nicht völlig einheitlich ist, verwendet man bei Substanzen mit zwei Modifikationen in verschiedenen Temperaturbereichen zweckmäßig die Ausdrücke Hoch- bzw. Tieftemperaturmodifikation.

Isomorphie. Die Tabelle 7 zeigt auch, daß je sechs und vier Carbonate den gleichen Gittertyp haben. Die Erscheinung, daß chemisch verschiedene Substanzen den gleichen Gittertyp besitzen können, wurde ebenso wie die Polymorphie

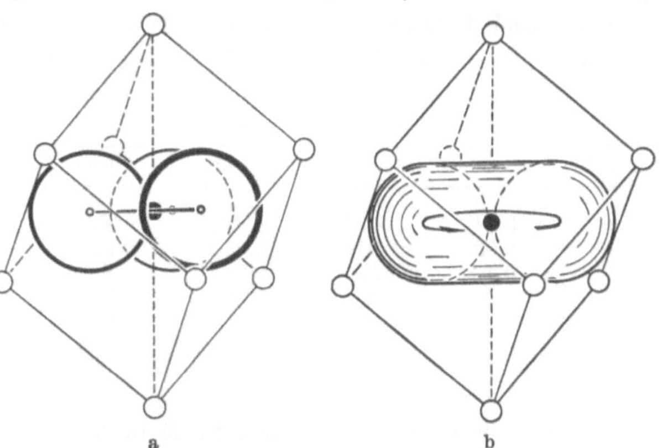

Abb. 155a u. b. (a) Ausschnitt aus dem Gitter des $NaNO_3$ bei 25° C. Die NO_3-Gruppe sitzt im Inneren des Rhomboeders. (b) Derselbe Ausschnitt bei 280° C. Die Nitratgruppe rotiert um das N-Atom. (Nach BARTH)

am Anfang des 19. Jahrhunderts von MITSCHERLICH entdeckt. Er nannte sie auf Vorschlag von BERZELIUS *Isomorphie.* Dieser Begriff konnte bis zur Einführung der röntgenographischen Strukturuntersuchung nur auf der Ähnlichkeit der äußeren, im wesentlichen durch Winkelmessung zu ermittelnden Gestalt beruhen. Die Bestimmung der Kristallstrukturen hat in vielen Fällen die so gewonnenen Anschauungen bestätigt, in anderen Fällen nicht. So wurden früher Zirkon $ZrSiO_4$ und Rutil TiO_2 von GROTH für isomorph gehalten. In der Tat haben bei entsprechender Wahl der Aufstellung beide Kristallarten eine recht ähnliche Metrik, aber die Strukturen sind verschieden. Während im Rutilgitter, wie wir oben S. 51 sahen, jedes Ti von sechs O und jedes O von drei Ti umgeben ist, hat beim Zirkon das Si vier und das Zr acht O als nächste Nachbarn.

Als besonders sicheres Kennzeichen der Isomorphie hat man früher die Mischbarkeit im festen Zustand angesehen. Man sprach auch von Impfisomorphie, wenn eine Kristallart auf einer anderen weiterwächst und weitete so den Begriff immer mehr aus. Heute ist man zu der Einsicht gekommen, daß auch bei verschiedener Struktur Mischbarkeit vorkommen kann und trennt die Begriffe. Gleicher Strukturtypus heißt *Isotypie,* ähnlicher *Homöotypie,* verschiedener *Heterotypie.* Unter Mischbarkeit im festen Zustand versteht man zweckmäßigerweise dasselbe wie unter Mischbarkeit im flüssigen, nämlich eine völlig regellose Verteilung der beiden Bestandteile. Wir werden auf die Mischbarkeit weiter unten noch ausführlicher zu sprechen kommen (S. 80 und 177). Bei der Mischbarkeit im festen Zustand unterscheidet man, wie bei Flüssigkeiten, vollkommene und unvollkommene und, unabhängig von der Güte der Mischbarkeit nur bei Kristallen, *isomorphe Mischbarkeit* bei isotypen Strukturen, *homöomorphe* bei ähnlichen und *heteromorphe* bei unähnlichen Strukturen. Ein Beispiel für letztere ist die vollständige Mischbarkeit von $MgCl_2$ und LiCl (vgl. S. 81).

Die Vorstellung der starren Ionenkugeln ermöglicht uns auch das Verständnis für die Bildung von *Mischkristallen*. Während es für das Auftreten von Isotypie genügt, daß die Radienquotienten gleich sind, verlangt Mischbarkeit annähernd gleich große Absolutwerte der Ionenradien. Der Einbau fremder Ionen kann nur erfolgen, wenn diese einigermaßen in das Gitter passen. Der Spielraum hängt von der Temperatur und dem Gittertyp ab.

Tarnen und Abfangen. Der Einbau fremder Ionen in Kristalle spielt in der Geochemie eine große Rolle. Manche Elemente, wie z. B. das Gallium, kommen

<table>
<tr><td colspan="4" align="center">Tabelle 8. Tarnung</td></tr>
<tr><td>Element</td><td>Ionenradius</td><td>Element</td><td>Ionenradius</td></tr>
<tr><td>Ge^{4+}</td><td>0,44</td><td>Si^{4+}</td><td>0,39</td></tr>
<tr><td>Ga^{3+}</td><td>0,63</td><td>Al^{3+}</td><td>0,57</td></tr>
<tr><td>Ni^{2+}</td><td>0,78</td><td>Mg^{2+}</td><td>0,78</td></tr>
<tr><td>Hf^{4+}</td><td>0,87</td><td>Zr^{4+}</td><td>0,86</td></tr>
</table>

<table>
<tr><td colspan="4" align="center">Tabelle 9. Abfangen</td></tr>
<tr><td>Element</td><td>Ionenradius</td><td>Element</td><td>Ionenradius</td></tr>
<tr><td>Ti^{4+}</td><td>0,64</td><td>Nb^{5+}</td><td>0,64</td></tr>
<tr><td>Ce^{3+}</td><td>1,18</td><td>Th^{4+}</td><td>1,10</td></tr>
<tr><td>Fe^{2+}</td><td>0,83</td><td>Sc^{3+}</td><td>0,83</td></tr>
<tr><td>Na^+</td><td>0,98</td><td>Ca^{2+}</td><td>1,06</td></tr>
<tr><td>Ca^{2+}</td><td>1,06</td><td>Y^{3+}</td><td>1,06</td></tr>
<tr><td>K^+</td><td>1,33</td><td>Sr^{2+}
Ba^{2+}</td><td>1,27
1,43</td></tr>
</table>

nur extrem selten in einem eigenen Mineral vor, sondern sind fast stets in andere eingebaut. Handelt es sich um Ersatz eines gleichwertigen Ions, so bezeichnet man das als „Tarnung". Die Tabelle 8 bringt einige Beispiele.

Wird ein niedrigerwertiges Ion ersetzt, so spricht man vom „Abfangen" des höherwertigen Ions im Gitter des niedrigerwertigen. So baut der Monazit, $CePO_4$, das vierwertige Thorium an Stelle des dreiwertigen Cers ein. Der Ladungsausgleich kann z.B. dadurch erzielt werden, daß ebensoviel Cer durch das zweiwertige Calcium ersetzt wird, aber auch dadurch, daß ein Teil der $[PO_4]^{3-}$-Gruppen durch $[SiO_4]^{4-}$-Gruppen ersetzt wird. Einige Beispiele von Paaren von Elementen mit gleichen oder ähnlichen Ionenradien bei verschiedener Wertigkeit sind in der Tabelle 9 zusammengestellt.

Auf Tarnung und Abfangen kommen wir später bei der Besprechung der Mehrstoffsysteme (S. 178) noch einmal zurück, es mag aber schon hier darauf hingewiesen werden, daß neben den geometrischen auch chemische Voraussetzungen für den Einbau erfüllt sein müssen.

2. Übergänge zu anderen Bindungsarten

Polarisation, Schichtgitter. So tragfähig die Vorstellung der starren Ionenkugeln für viele Zwecke auch ist, so hat sie doch auch ihre Grenzen. Bereits bei der Besprechung der Koordinationszahlen wurde darauf hingewiesen, daß sich andere als ionare Bindungsarten geltend machen können. Wenn wir z.B. in der in Tabelle 6 erwähnten Reihe der Erdalkalihalogenide bei dem im CaF_2-Gittertypus kristallisierenden CdF_2 mit $R_A/R_B = 0,77$ das Anion durch J ersetzen, so erhalten wir $R_A/R_B = 0,47$; wir sollten also statt Achterumgebung Sechserumgebung erwarten. Tatsächlich hat das Cadmium in CdJ_2 auch eine oktaedrische Sechskoordination. Dennoch kristallisiert diese Verbindung aber nicht etwa im

Rutiltyp, sondern in einer Atomanordnung, wie sie in Abb. 156 dargestellt ist, einem typischen *Schichtgitter*. Man schließt aus dieser Anordnung, daß die J-Ionen keine starren Kugeln sondern deformiert sind. Diese Erscheinung bezeichnet man als *Polarisation*; es handelt sich dabei nicht etwa um eine Annahme, die in der Kristallchemie eingeführt wurde, um Abweichungen zu erklären; sie ist bereits viel früher in Flüssigkeiten aufgefunden worden. Polarisation bedeutet, daß in einem Ion der Schwerpunkt der positiven Ladung gegenüber dem der negativen verschoben ist. Die Größe der Polarisierbarkeit kann aus den Spektren oder auch aus der Lichtbrechung berechnet werden. Sie nimmt mit dem Ionenradius zu; bei zusammengesetzten Ionen ist sie besonders stark. So bildet $Cd(OH)_2$ Schichtgitter desselben Typs wie CdJ_2, obwohl der „Ionenradius" des $(OH)^-$ gleich dem des F^- ist. Man kann sich das so erklären, daß ein kleines Kation, wie z.B. das Cd^{2+}, wenn es in die Nähe eines großen Anions, z.B. J^- mit nur schwach gebundenen Außenelektronen, gebracht wird, die Elektronenwolke des großen Anions in Richtung auf sich zu deformiert. Wenn die Elektronen so stark abgelenkt werden, daß sie zu beiden Ionen, also auch noch zum Kation gehören, dann liegt nicht mehr Ionenbindung sondern homöopolare Bindung vor (Abb. 157).

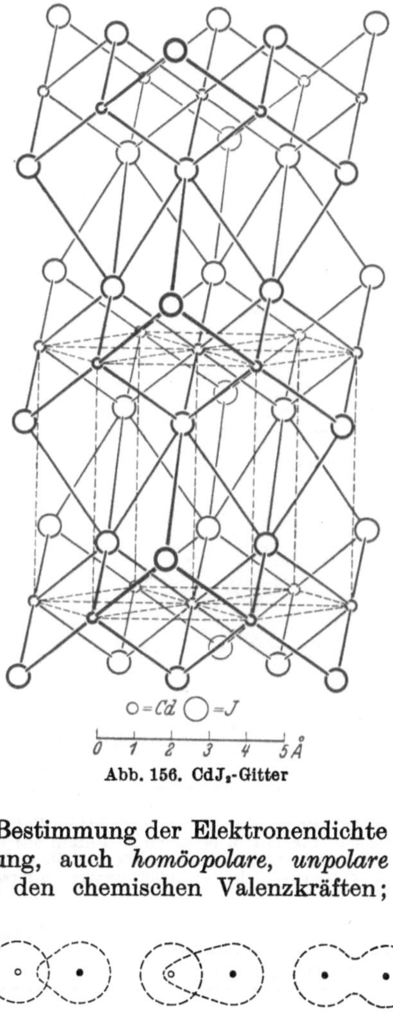

Die ionare, auch heteropolare oder polare Bindung beruht auf der elektrostatischen Anziehung entgegengesetzt geladener Ionen, also auf Coulombschen Kräften. Bei reiner Ionenbindung sinkt die Elektronendichte zwischen zwei entgegengesetzt geladenen Ionen auf Null. Das konnte z.B. beim NaCl auch experimentell durch röntgenographische Bestimmung der Elektronendichte gezeigt werden (Abb. 158). Die Valenzbindung, auch *homöopolare*, *unpolare* oder *kovalente* Bindung genannt, beruht auf den chemischen Valenzkräften; die Atome haben Elektronen gemeinsam.

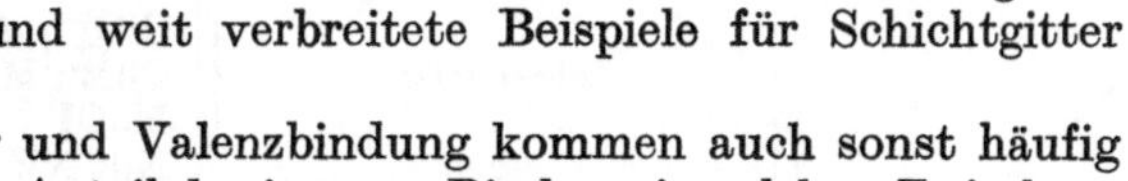

Abb. 156. CdJ₂-Gitter

Die Schichtgitter stellen also eine Art Übergang von den Ionengittern zu den homöopolaren Gittern dar. In solchen Schichtgittern ist der

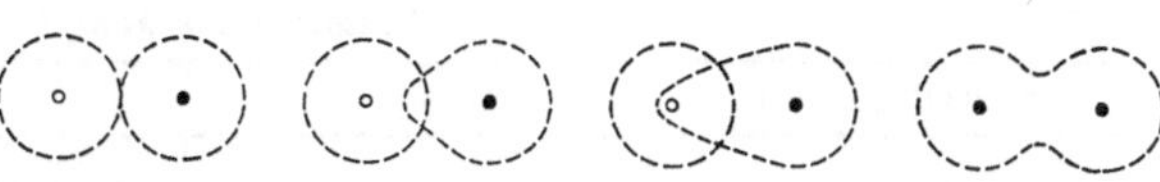

Abb. 157. Übergang von Ionenbindung zu Valenzbindung durch Polarisation. (Nach K. FAJANS aus HEDVALL)

mechanische Zusammenhang zwischen den Teilchen innerhalb der Schichtebene wesentlich stärker als zwischen den Schichten. Sie lassen sich entlang der Schichten spalten. Typische und weit verbreitete Beispiele für Schichtgitter sind die Glimmer.

Übergänge zwischen ionarer und Valenzbindung kommen auch sonst häufig vor. PAULING hat versucht, den Anteil der ionaren Bindung in solchen Zwischenstadien abzuschätzen. Tabelle 10 gibt einige für Minerale besonders wichtige Werte.

Komplexe Ionen. Besonders häufig sind die Zwischenstadien zwischen ionarer und kovalenter Bindung bei den komplexen Ionen, in denen die Einzelbestandteile meist vorwiegend valenzmäßig aneinander gebunden sind, während das Radikal als solches mit den Kationen ionar verknüpft ist. Über die Gestalt dieser komplexen Ionen finden sich in Tabelle 10 einige Angaben.

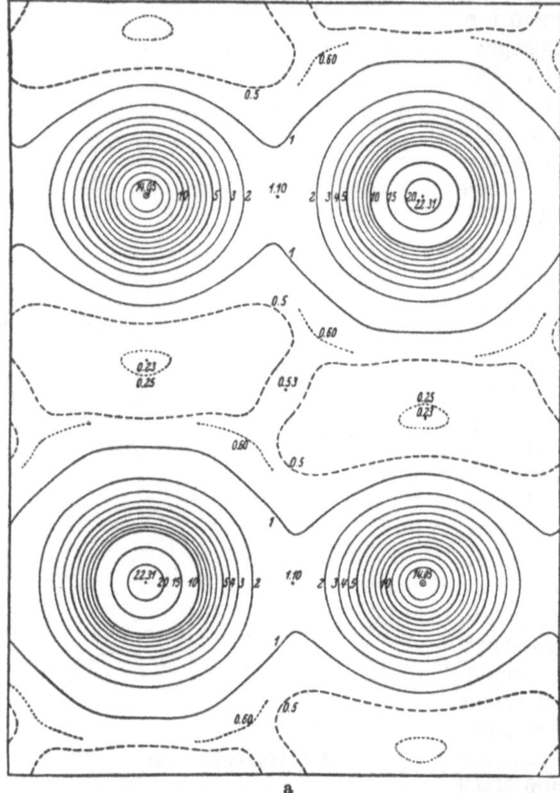

Tabelle 10. *Prozentanteil der ionaren Bindung* (nach PAULING)

	F	O	Cl	Br	J
Al, Be	79	63	44	35	22
Si	70	50	30		

Ebenso wie alle Carbonate und Nitrate die ebene CO_3^{2-} bzw. NO_3^--Gruppe enthalten, findet man in allen Sulfaten die SO_4^{2-}-Gruppe. In dieser sitzen vier Sauerstoffe an den Ecken eines Tetraeders und der Schwefel in dessen Schwerpunkt; der Abstand S-O beträgt etwa $1{,}48 \pm 0{,}02$ Å.

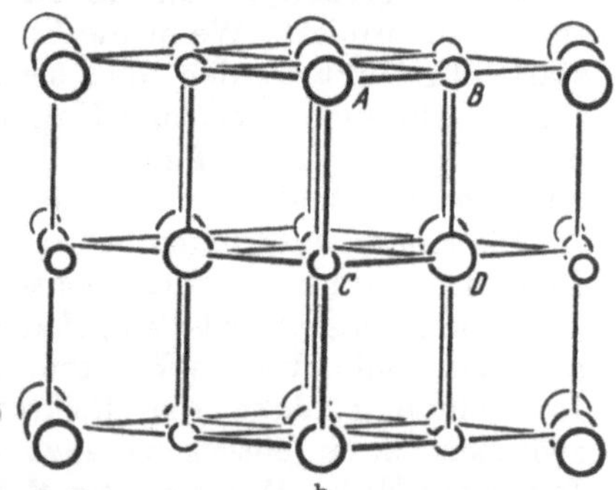

Abb. 158 a und b. (a) Elektronendichte im NaCl projiziert nach [110] bei 100° C (aus BRILL, GRIMM, HERMANN, PETERS). Die Ziffern bedeuten die Anzahl der Elektronen pro Quadrat-Ångström in der Projektion. (b) NaCl-Gitter beinahe parallel [110] projiziert. Die mit A und D bezeichneten Atome entsprechen Cl⁻, die mit B und C bezeichneten Na⁺; in (a) haben erstere an ihrem Maximum eine Elektronendichte von 22,31 e.Å⁻², letztere 14,05 e.Å⁻²

Tabelle 11. *Gestalten von komplexen Anionen*

Formeltyp	Gestalt	Beispiele
BX	linear	O_2^{2-}; CN^-;
B_3, BX_2, BXY . {	linear gewinkelt	N_3^-; CNO^-; CNS^- ClO_2^-; NO_2^-
BX_3 . . . . . {	eben trigonal-pyramidal	CO_3^{2-}; NO_3^- [1] PO_3^{3-}; SO_3^{2-}; ClO_3^-
BX_4 . . . . . . {	tetraedrisch eben	SiO_4^{4-}; AlO_4^{5-}; AsO_4^{3-}; PO_4^{3-}; SO_4^{2-}; BeF_4^{2-}; ClO_4^-; MnO_4^-; BF_4^- MoO_4^{2-}; WO_4^{2-}; JO_4^- $Ni(CN)_4^{2-}$; $PtCl_4^{2-}$; $CuCl_4^{2-}$
BX_6	oktaedrisch	SiF_6^{2-}; $TiCl_6^{2-}$; $PtCl_6^{2-}$; $PbCl_6^{2-}$

[1] Nach neuesten Untersuchungen ist im $Ba[NO_3]_2$ die $[NO_3]^-$-Gruppe flach pyramidal

Unter den sulfatischen Mineralen hat die Struktur des Schwerspates, $BaSO_4$, eine gewisse Ähnlichkeit zu der von NaCl, wobei an Stelle der Na^+-Ionen die Ba^{2+}-Ionen treten und an Stelle der Cl^- die Sulfatgruppen. Es ist also jedes Bariumion von sechs SO_4^{2-}-Ionen mit ungefähr gleichen Abständen umgeben. Die Koordinationszahl der Sauerstoffe um Barium ist jedoch zwölf! Das Mineral Cölestin, $SrSO_4$, ist zum Schwerspat isotyp; der Anhydrit, $CaSO_4$, kristallisiert jedoch in einem anderen Strukturtyp.

Kristallchemische Formeln. Wir haben schon im Vorhergehenden die Bedeutung der Koordinationszahl für den Aufbau der Kristalle betont. Es ist folglich für kristallchemische Diskussionen zweckmäßig, die Koordinationszahlen und andere wesentliche Züge der Struktur in eine *kristallchemische Formel* einzubeziehen, dabei werden wir den Vorschlägen von MACHATSCHKI folgen. Man schreibt dann zu jedem Element rechts oben die Anzahl der Nachbarn in eine eckige Klammer; ferner setzt man vor die Formel $\overset{3}{\infty}$, $\overset{2}{\infty}$ oder $\overset{1}{\infty}$, je nachdem, ob es sich um eine dreidimensionale Verknüpfung oder eine Schicht- bzw. Kettenstruktur handelt — an das Ende der Formel kommt noch abgekürzt das Kristallsystem. Einige Beispiele schon besprochener Strukturen mögen das verdeutlichen. Im Natriumchlorid z.B. ist jedes Na^+ von sechs Cl^- und jedes Cl^- von sechs Na^+ oktaedrisch umgeben; die Verknüpfung erfolgt nach allen drei Dimensionen des Raumes gleichartig, das Kristallsystem ist kubisch — die kristallchemische Formel lautet folglich

$$\overset{3}{\infty}\ Na^{[6]}\,Cl^{[6]}\,k.$$

Die folgenden Strukturformeln sind damit sofort klar verständlich: $\overset{3}{\infty}\,Zn^{[4]}S^{[4]}k$ (Zinkblende), $\overset{3}{\infty}\,Zn^{[4]}S^{[4]}h$ (Wurtzit), $\overset{3}{\infty}\,Cs^{[8]}Cl^{[8]}k$ (Cäsiumchlorid), $\overset{3}{\infty}\,Ti^{[6]}O_2^{[3]}t$ (Rutil), $\overset{3}{\infty}\,Si^{[4]}O_2^{[2]}trig$ (Quarz), $\overset{2}{\infty}\,Cd^{[6]}Cl_2^{[3]}h$ (Cadmiumchlorid). Im folgenden wird zur Vereinfachung $\overset{3}{\infty}$ immer ausgelassen, der Verband also nur hervorgehoben, wenn es sich um ein Schicht- oder ein Kettengitter handelt. Ferner werden wir häufig nur die Koordinationszahlen um die Kationen angeben.

Die Silikatstrukturen. Bei den Silikaten hat erst die Strukturforschung Ordnung in die außerordentliche Fülle von Erfahrungstatsachen gebracht. Alle silikatischen Minerale enthalten SiO_4-Tetraeder, in welchen der Abstand Si-O um $1,63 \pm 0,03$ Å liegt. Die SiO_4-Gruppe ist vierfach negativ geladen; innerhalb der Gruppe wird die Si-O-Bindung (s. Tabelle 10) zu etwa 50% ionar angenommen. Bei Mineralen kommt es nur ausnahmsweise vor, daß ein Sauerstoff des SiO_4^{4-}-Tetraeders durch eine Hydroxylgruppe ersetzt wird; ein Beispiel dafür ist das seltene Mineral Afwillit, $Ca_3^{[7]}[Si^{[4]}O_3(OH)]_2 \cdot 2H_2O\,m$.

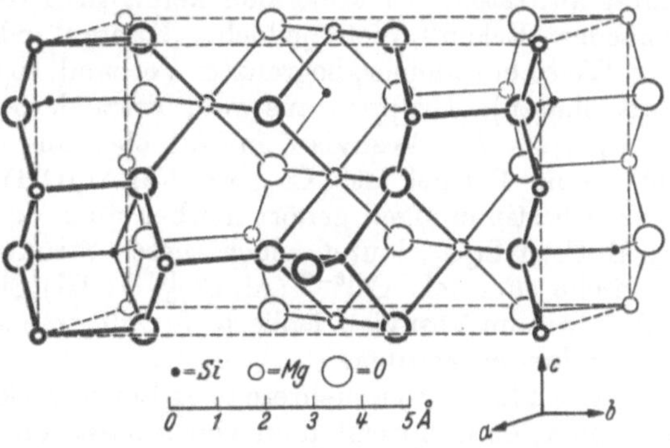

Abb. 159. Olivingitter als Beispiel einer Inselstruktur

Die Silikate unterscheiden sich nun durch die Art, in der diese Tetraeder miteinander verknüpft sind. Sind die Tetraeder selbständig und durch Kationen miteinander verbunden, wie im Zirkon durch Zr^{4+}, so spricht man von *Inselsilikaten* (Nesosilikaten). Eine solche Struktur hat auch der Olivin, die Mischkristallreihe zwischen $Mg_2^{[6]}[SiO_4]rh$ und $Fe_2^{[6]}[SiO_4]rh$ (Abb. 159). Auch die

Gruppe der Granate, die fast immer Mischkristalle der folgenden Endglieder sind, gehören hierher:

$$\begin{array}{ll}
\text{Pyrop} & Mg_3^{[8]}Al_2^{[6]}[SiO_4]_3\,k \\
\text{Almandin} & Fe_3^{[8]}Al_2^{[6]}[SiO_4]_3\,k \\
\text{Spessartin} & Mn_3^{[8]}Al_2^{[6]}[SiO_4]_3\,k \\
\text{Grossular} & Ca_3^{[8]}Al_2^{[6]}[SiO_4]_3\,k \\
\text{Andradit} & Ca_3^{[8]}Fe_2^{[6]}[SiO_4]_3\,k \\
\text{Uwarowit} & Ca_3^{[8]}Cr_2^{[6]}[SiO_4]_3\,k
\end{array}$$

Der Melanit ist ein Ti-haltiger Granat, der dem Andradit nahe steht; wahrscheinlich ersetzt das Ti^{4+} das Fe^{3+} unter gleichzeitigem Ladungsausgleich, z.B. durch teilweisen Ersatz des Ca^{2+} durch Na^+.

Von den drei Modifikationen des Al_2SiO_5 sind der Disthen und der Andalusit ganz klar Inselsilikate. In beiden sind zwei Arten von Al^{3+}-Ionen vorhanden; die eine Hälfte ist von sechs O oktaedrisch umgeben, die zweite hat im Disthen ebenfalls 6-, im Andalusit jedoch 5-Koordination. Damit lautet die Strukturformel für den Disthen $Al_2^{[6]}O[SiO_4]\,trkl$ und für den Andalusit $Al^{[6]}Al^{[5]}O[SiO_4]\,rh$. Es sei hier bemerkt, daß eine Fünfkoordination um Al^{3+} sehr selten ist. In der Atomanordnung der dritten Modifikation von Al_2SiO_5, dem Sillimanit, ist wieder die Hälfte des Aluminiums von sechs Sauerstoffen umgeben, die zweite Hälfte hat aber eine tetraedrische 4-Koordination wie das Silicium. Es sind jedoch die Si und Al nicht statistisch über die Tetraederlücken verteilt, sondern sauber geordnet. Die kristallchemische Formel für dieses Mineral lautet bei Betonung des gemeinsamen Tetraederverbandes für Si und Al:

$$\overset{1}{\infty}\,Al^{[6]}[Al^{[4]}Si^{[4]}O_5]\,rh, \quad \text{sonst} \quad Al^{[6]}Al^{[4]}O[SiO_4\,r]\,h.$$

Weitere Inselsilikate sind der Topas, $Al_2^{[6]}F_2[SiO_4]\,rh$, der Titanit, $Ca^{[7]}Ti^{[6]}O[SiO_4]\,m$ und der Staurolith, der wahrscheinlich monoklin, wenn auch mit nur sehr geringen Abweichungen von rhombischer Symmetrie, kristallisiert und dessen Struktur, welche zu der von Disthen in naher Verwandtschaft steht, etwa folgender Formel entspricht: $Fe_2^{2+\,[4]}Al_9^{[6]}O_7(OH)[SiO_4]_4\,m$.

$[SiO_4]^{4-}$-Tetraeder können in Silikaten aber auch über Sauerstoffatome verknüpft auftreten. In Mineralen kennt man dabei nur eine Verknüpfung über Tetraeder-„Ecken", nicht jedoch -„Kanten" oder gar -„Flächen". Entsteht auf diese Weise ein kleiner, begrenzter Verband, so spricht man von *Gruppensilikaten* (Sorosilikaten). Gruppen aus zwei Tetraedern charakterisieren den Thortveitit, $Sc_2[Si_2O_7]\,m$. Der Vesuvian enthält ebenfalls solche Gruppen und freie Tetraeder; seine Formel ist: $Ca_{10}(Mg, Fe)_2Al_4(OH)_4[SiO_4]_5[Si_2O_7]_2\,t$. Nach neueren Strukturbestimmungen gehört hierher auch der Epidot, dessen Pauschalformel $Ca_2(Al, Fe)_3HSi_3O_{13}$ lautet; nach diesen Strukturbestimmungen ist die kristallchemische Formel $Ca_2^{[6-8]}(Al, Fe)_3^{[6]}O(OH)[SiO_4][Si_2O_7]\,m$ zu schreiben, da ähnlich wie im Vesuvian isolierte SiO_4-Tetraeder und Si_2O_7-Gruppen nebeneinander gefunden wurden.

Öfter schließen sich mehrere über Ecken verknüpfte Silikattetraeder zu Ringen zusammen; dann spricht man von *Ringsilikaten* (Cyclosilikaten). Ringe aus drei SiO_4-Tetraedern findet man im Benitoit, $Ba^{[6-12]}Ti^{[6]}[Si_3O_9]\,trig$.

Der Beryll, $Al_2^{[6]}Be_3^{[4]}[Si_6O_{18}]\,h$ (Abb. 160) wird aus Gruppen von sechs Tetraedern, die ebenfalls ringförmig aneinandergelagert sind, gebildet. Da jedes SiO_4-Tetraeder mit zwei benachbarten je einen Sauerstoff gemeinsam hat, erhält man für die sechs Silicium zusammen nicht $6 \times 4 = 24$, sondern nur 18 Sauerstoffe. Auch in dem verbreiteten Bormineral Turmalin, dessen chemische Zusammensetzung recht komplex ist, bilden Si_6O_{18}-Ringe das charakteristische Baumotiv. Seine Formel lautet $(Ca, Na)(Al, Mg, Fe^{2+}, Fe^{3+}, Mn, Li, Cr^{3+}, \ldots)_9^{[6]}[B^{[3]}O_3]_3[Si_6O_{18}](OH,$

F)$_4$*trig.* — Der Cordierit enthält ebenfalls 6-Ringe; ihre Tetraederlücken sind aber nur zu zwei Dritteln durch Si besetzt, der Rest durch Al. Seine kristallchemische Formel ist bei Betonung dieser Ringe (Mg, Fe^{2+})$_2^{[6]}$Al$_2^{[4]}$Si$^{[4]}$[Si$_4$Al$_2$O$_{18}$]rh, sonst (Mg, Fe^{2+})$_2^{[6]}$[Si$_5$Al$_4$O$_{18}$]rh, was zeigt, daß man ihn auch gut zu den Gerüstsilikaten (S. 64) stellen könnte. In einigen seltenen Mineralen findet man auch (Si, Al)$_{12}$O$_{30}$-Gruppen, die dadurch entstehen, daß zwei Si$_6$O$_{18}$-Ringe sich über sechs Sauerstoffe zu einem Doppelring zusammenschließen.

Als nächstes betrachten wir Silikate mit Verknüpfungen von Tetraedern zu praktisch unendlich langen Ketten und Bändern: *Ketten-* und *Bändersilikate* (Inosilikate). *Ketten* entstehen, wenn von den in einer Linie aufeinanderfolgenden Tetraedern jedes mit dem vorhergehenden und mit dem folgenden einen Sauerstoff gemeinsam hat und diese Ketten ins Unendliche fortgesetzt werden. Bei der in Abb. 161 gezeichneten Kette beträgt der röntgenographisch gemessene Abstand von einem Silicium zum übernächsten $5 \cdot 10^{-7}$ mm, in einem Bruchstück von 1 mm Länge sind also 4000000 Tetraeder enthalten. Das Verhältnis Si:O nähert sich mit wachsender Kettenlänge sehr rasch dem Werte 1:3, wie man leicht einsieht, wenn man eine solche Kette abzählt. Solche $\overset{1}{\infty}$ [SiO$_3$]$^{2-}$-Ketten enthalten vor allem die Minerale der Pyroxengruppe. Bei dem hierher gehörenden Diopsid, CaMg[Si$_2$O$_6$], z. B. werden die Ketten durch Ca^{2+}-Ionen und Mg^{2+}-Ionen miteinander verbunden.

Man unterscheidet hier:

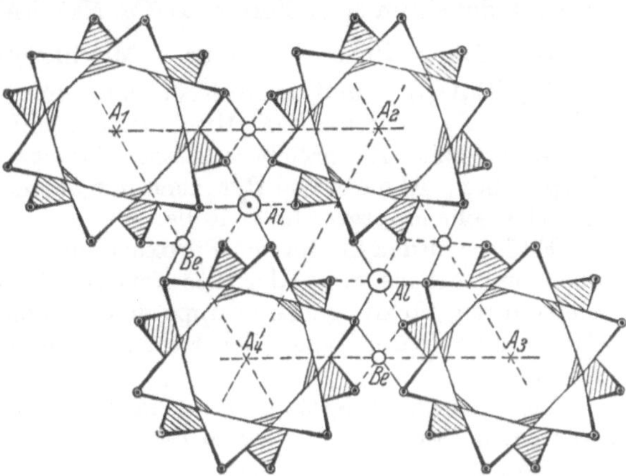

Abb. 160. Beryll. Struktur mit [Si$_6$O$_{18}$]$^{12-}$-Ringen

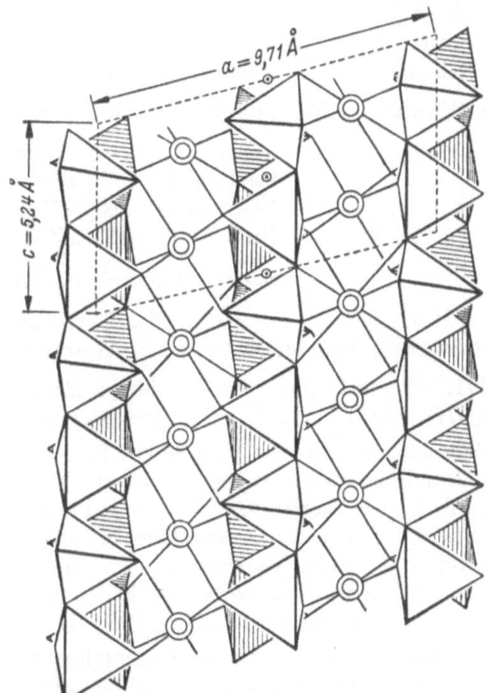

Abb. 161. Diopsid. Projektion nach [010]. Leere und schraffierte Tetraeder im Abstand $b/2$ übereinander (nach SCHIEBOLD)

I. Monokline Pyroxene mit keinem oder sehr wenig Al in den Tetraedern:

Diopsid	$\overset{1}{\infty}$ Ca$^{[8]}$ Mg$^{[6]}$ [Si$_2$O$_6$] m
Hedenbergit	$\overset{1}{\infty}$ Ca$^{[8]}$ Fe$^{[6]}$ [Si$_2$O$_6$] m
Jadeit	$\overset{1}{\infty}$ Na$^{[8]}$ Al$^{[6]}$ [Si$_2$O$_6$] m
Ägirin	$\overset{1}{\infty}$ Na$^{[8]}$ Fe$^{[6]}$ [Si$_2$O$_6$] m
Klinoenstatit	$\overset{1}{\infty}$ Mg$_2^{[6]}$ [Si$_2$O$_6$] m
Spodumen	$\overset{1}{\infty}$ Li$^{[6]}$ Al$^{[6]}$ [Si$_2$O$_6$] m

II. Augite. In ihnen wird das Si in den Tetraederketten bis zu einem Viertel durch Al vertreten. Es handelt sich um ebenfalls monoklin kristallisierende Mischkristalle der allgemeinen Formel $\overset{1}{\infty}$ (Ca, Na)$^{[8]}$(Al, Fe, Mg, Ti, . . .)$^{[6]}$[(Si, Al)$_2$O$_6$]m.

III. Rhombische Pyroxene: Mischkristalle zwischen dem Enstatit, $\overset{1}{\infty}$ Mg$_2^{[6]}$[Si$_2$O$_6$]rh, und einem hypothetischen Endglied Fe$_2$[Si$_2$O$_6$] („Ferrosilit"). Als Minerale verbreitet sind Mischkristalle mit etwa 20 Mol-% Fe$_2$[Si$_2$O$_6$] — sie heißen Bronzit. Eisenreichere Glieder (bis etwa 50 Mol-% Fe$_2$[Si$_2$O$_6$]) nennt man Hypersthen. Rhombische Pyroxene mit einem noch höheren Eisengehalt spielen nur eine sehr untergeordnete Rolle.

Früher wurden die Namen Pyroxene und Augite gleichbedeutend für die ganze eben besprochene Mineralgruppe verwendet. In neuerer Zeit setzt sich immer mehr durch, für die ganze Gruppe den Namen Pyroxene zu gebrauchen und als Augite eine Gruppe spezieller Pyroxene zu bezeichnen, wie wir es oben getan haben.

Legt man zwei Ketten so aneinander, daß die eine in jedem zweiten Tetraeder einen Sauerstoff mit jedem zweiten Tetraeder der anderen Kette gemeinsam hat, so entstehen *Bänder*, wie sie für die weit verbreitete Gruppe der Amphibole bezeichnend sind. Das Verhältnis Si:O ist 4:11; die Formel für das Band lautet folglich $\overset{1}{\infty}$ [Si$_4$O$_{11}$]$^{6-}$. Auf jede dieser Silikateinheiten enthalten die Amphibole ferner eine Hydroxyl-Gruppe, die auch durch F$^-$ ersetzt werden kann. Man unterscheidet nach Symmetrie, verknüpfenden Kationen und Al-Ersatz für Si:

I. Monokline Amphibole mit keinem oder wenig Al in den Tetraedern:

Tremolit	$\overset{1}{\infty}$ Ca$_2^{[8]}$Mg$_5^{[6]}$(OH)$_2$[Si$_8$O$_{22}$]m
Strahlstein	$\overset{1}{\infty}$ Ca$_2^{[8]}$(Mg, Fe)$_5^{[6]}$(OH)$_2$[Si$_8$O$_{22}$]m
Glaukophan	$\overset{1}{\infty}$ Na$_2^{[8]}$Mg$_3^{[6]}$Al$_2^{[6]}$(OH)$_2$[Si$_8$O$_{22}$]m
Riebeckit	$\overset{1}{\infty}$ Na$_2^{[8]}$Fe$_3^{2+[6]}$Fe$_2^{3+[6]}$(OH)$_2$[Si$_8$O$_{22}$]m
Cummingtonit	$\overset{1}{\infty}$ (Mg, Fe)$_7^{[6]}$(OH)$_2$[Si$_8$O$_{22}$]m

II. Hornblenden: monokline Mischkristalle der Amphibolgruppe, in denen meist jedes vierte Tetraeder statt Si ein Al enthält.

III. Rhombische Amphibole: Mischkristalle der beiden Endglieder Mg$_7$(OH)$_2$[Si$_8$O$_{22}$] und Fe$_7$(OH)$_2$[Si$_8$O$_{22}$]; sie werden Anthophyllit genannt.

Ähnlich wie bei den Pyroxenen ist hier zu bemerken, daß früher Amphibol und Hornblende synonym verwandt wurden. Heute verwendet man meist Amphibol als Oberbegriff und Hornblende in der oben angegebenen engeren Bedeutung. Die eigentlichen Hornblenden enthalten gar nicht selten mehr als zwei Ionen der Größenklasse von Na$^+$ und Ca^{2+} pro Formeleinheit; diese „überschüssigen" Kationen, wobei auch oft Kaliumionen auftreten, sitzen in Lücken der Atomanordnung von Ca$_2$Mg$_5$(OH)$_2$[Si$_8$O$_{22}$].

Pyroxene und Amphibole unterscheiden sich schon makroskopisch deutlich durch ihre verschiedene Spaltbarkeit. Diese erfolgt in beiden Mineralgruppen parallel {110}, doch ist der Winkel (110)—(1$\bar{1}$0) bei Pyroxenen und Amphibolen stark verschieden; ferner ist die Spaltbarkeit der Amphibole deutlich besser als die der Pyroxene. Abb. 162 gibt im Schnitt senkrecht [001] den Zusammenhang mit der Struktur.

Ein weiteres Beispiel für ein Kettensilikat ist der Wollastonit, $\overset{1}{\infty}$ Ca$_2^{[6]}$ Ca$^{[7]}$[Si$_3$O$_9$]$trkl$. Die $\overset{1}{\infty}$ [SiO$_3$]$^{2-}$-Ketten haben in diesem Mineral aber eine deutlich andere Gestalt als bei den Pyroxenen; erst das vierte Tetraeder hat dieselbe Orientierung wie jenes, von welchem man bei der Zählung ausgeht. Dementsprechend hat die

Gitterkonstante in der Kettenrichtung ungefähr den anderthalbfachen Wert wie bei den Pyroxenen. Der Wollastonit kommt besonders in kontaktmetamorphen Kalken vor (vgl. S. 270).

Fügt man in einer Ebene Kette an Kette in unendlicher Wiederholung, so erhält man *Blattsilikate* (Phyllosilikate). Diese zweidimensional aneinandergereihten Sechserringe sind die Baugrundlage für viele häufige Silikate. Das Verhältnis Si:O ist nunmehr 2:5, jedes SiO_4-Tetraeder ist über drei Sauerstoffe mit benachbarten Tetraedern verknüpft.

Die wichtigsten Vertreter der Blättersilikate in der Natur sind die im weiteren Sinn Glimmer-artigen Minerale. Ihr wesentliches Strukturelement sind pseudohexagonale $\overset{2}{\infty}[Si_2O_5]^{2-}$-Schichten, welche auf jede dieser Silikateinheiten noch ein OH^- oder ein F^- enthalten. Zwei große Gruppen sind zu unterscheiden. Bei der einen werden je zwei $\overset{2}{\infty}\{OH[Si_2O_5]\}^{3-}$-

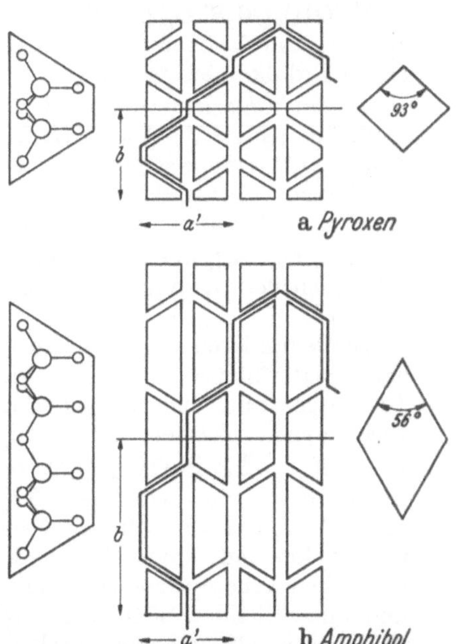

Abb. 162. Abhängigkeit der Spaltbarkeit der Pyroxene und Amphibole von der Struktur. Querschnitte senkrecht zur c-Achse (aus WARREN). Nach den hier eingezeichneten Trennbahnen würden bei der Spaltung die Koordinationspolyeder der 6-koordinierten Kationen geteilt werden; es ist jedoch keineswegs sicher, daß die Spaltung so verläuft

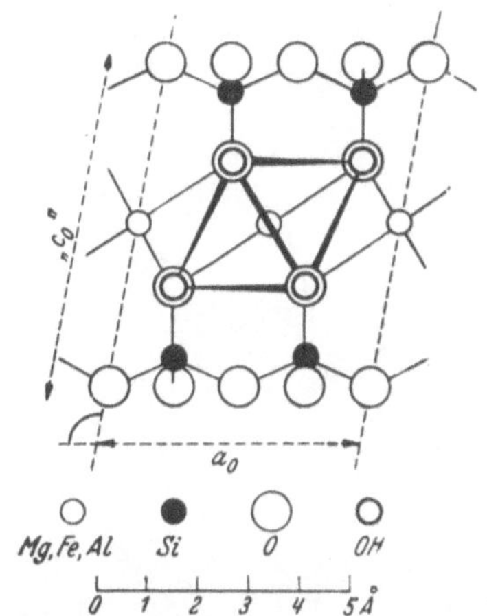

Abb. 163. Pyrophyllitschicht. Der Montmorillonit ist aus solchen Schichtpaketen aufgebaut, die in Richtung der c-Achse ohne kristallographische Orientierung aufeinanderfolgen. Der Abstand der Mittelpunkte der Pakete beträgt je nach dem Wassergehalt etwa 10 Å—20 Å

Schichten durch eine Schicht oktaedrisch koordinierter Kationen zusammengehalten. Beim Pyrophyllit $\overset{2}{\infty}Al_2^{[6]}(OH)_2[Si_4O_{10}]m$ besteht diese Zwischenschicht aus Al-Ionen, die von vier O und zwei OH koordiniert sind (Abb. 163). Durch Zwischenlagerung von Wasser zwischen solche Schichtpakete aus drei Lagen entsteht das wichtige Tonmineral Montmorillonit, auf dessen Struktur noch S. 85 eingegangen wird. Treten im Pyrophyllitgitter drei Mg^{2+} an Stelle von zwei Al^{3+}, so erhalten wir das Gitter des Talks, $\overset{2}{\infty}Mg_3^{[6]}(OH)_2[Si_4O_{10}]m$.

Wird in den Tetraedernetzebenen ein Viertel der Si durch Al ersetzt, so sind die Schichtpakete $Al_2(OH)_2[AlSi_3O_{10}]$ einfach negativ geladen; sie werden in dem Tonerdeglimmer Muskovit (Abb. 164) durch K^+-Ionen zusammengehalten, im Paragonit durch Na^+. Im Phlogopit treten in den Oktaederlagen drei Mg^{2+} an Stelle von zwei Al^{3+}. In dem dunkel gefärbten Biotit ist ein Teil des Mg durch Fe ersetzt. Das OH wird in natürlichen Kristallen zum Teil durch F vertreten.

Die Formel des Biotits lautet somit im wesentlichen $\overset{2}{\infty}K(Mg, Fe)_3^{[6]}(OH, F)_2$-$[Si_3AlO_{10}]m$. Synthetisch gelingt es leicht, reinen Fluorphlogopit aus der Schmelze darzustellen. Man kann die Glimmer, wie HENDRICKS gezeigt hat, als Verwachsungen von einer oder mehreren Lagen eines Schichtpaketes auffassen, die in verschiedener aber gesetzmäßiger Weise gegeneinander gedreht oder verschoben übereinander gelagert sind. Es können sogar in einem Individuum mehrere Aufbaumotive verwirklicht sein. Die Glimmer sind elastisch biegsam.

Die Chlorite und die Sprödglimmer hingegen werden beim Biegen plastisch deformiert. Ein Beispiel für die *Sprödglimmer* ist der Margarit, $CaAl_2(OH)_2[Al_2Si_2O_{10}]$, bei dem zwei Si durch Al und das Alkali durch Erdalkali ersetzt sind.

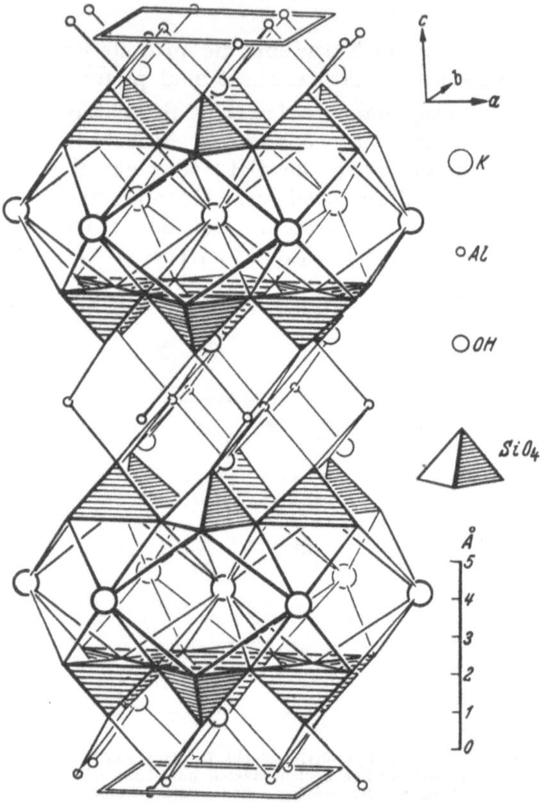

In den *Chloriten* werden Biotit-ähnliche $\{(Mg, Al, Fe)_3^{[6]}(OH)_2[(Si, Al)_4^{[4]}O_{10}]\}^{x-}$-Doppelschichten, die als Ganzes elektrisch negativ aufgeladen sind, durch Brucit-ähnliche $\overset{2}{\infty}(Mg, Fe, Al)_3^{[6]}(OH)_6^{x+}$-Schichten mit positiver Ladung zusammengehalten.

Bei der anderen wichtigen Gruppe der Blattsilikate ist nur eine Tetraeder- und eine Oktaederlage vorhanden. Hierher gehört der Kaolinit, $\overset{2}{\infty}Al_2^{[6]}(OH)_4[Si_2O_5]\,trkl$ (Abb. 165), ein wichtiges Tonmineral. Die recht seltenen Minerale Dickit und Nakrit haben dieselbe chemische Formel wie Kaolinit und unterscheiden sich strukturell von diesem Mineral nur durch die Art der Übereinanderstapelung der $\overset{2}{\infty}Al_2^{[6]}(OH)_4[Si_2O_5]$-Schichten.

Abb. 164. Muskovitgitter, $\overset{2}{\infty}K^{[6+6]}Al_2^{[6]}(OH)_2[AlSi_3O_{10}]\,m$

Die *Serpentine* entsprechen ziemlich genau der Formel $\overset{2}{\infty}Mg_3^{[6]}(OH)_2[Si_2O_5]$ mit teilweisem Ersatz von Mg^{2+} durch Fe^{2+}; sie haben Kaolinit-ähnlichen Aufbau. Ihre Verwandtschaft zum Kaolinit ist ähnlich wie die des Talks zum Pyrophyllit. Da jedoch die „Magnesiumhydroxid-Schicht" nicht genau auf die Si_2O_5-Schicht paßt — sie ist etwas zu groß —, so kommt es zu Deformationen, und zwar entweder zu einer Röllchenbildung, dann spricht man von Faserserpentin oder Chrysotil, oder zu einer Wellpappe-ähnlichen Anordnung, dann spricht man von Blätterserpentin oder Antigorit. Die Atomanordnung im Chrysotil ist nicht dreidimensional periodisch und entspricht damit nicht einer Kristallstruktur. Bei den Antigoriten sind gut geordnete Kriställchen extrem selten, meist ist das Gitter stark gestört.

Wenn schließlich jedes Silikattetraeder mit vier benachbarten Tetraedern je einen Sauerstoff gemeinsam hat, so entstehen die *Gerüstsilikate* (Tektosilikate). Das Verhältnis (Si, Al):O wird nun 1:2. Die wichtigsten Vertreter dafür sind die *Feldspäte*, die man grob einteilen kann in die *Kalifeldspäte*

$\overset{3}{\infty}$ K[Al$^{[4]}$Si$_3^{[4]}$O$_8$] und die Mischkristallreihe der *Plagioklase* mit den Endgliedern Albit $\overset{3}{\infty}$ Na[Al$^{[4]}$Si$_3^{[4]}$O$_8$] und Anorthit $\overset{3}{\infty}$ Ca[Al$_2^{[4]}$Si$_2^{[4]}$O$_8$].

Bei den Kalifeldspäten haben wir nach Struktur und Optik zwei Modifikationen auseinander zu halten: den monoklinen Sanidin (Abb. 166) und den triklinen, jedoch

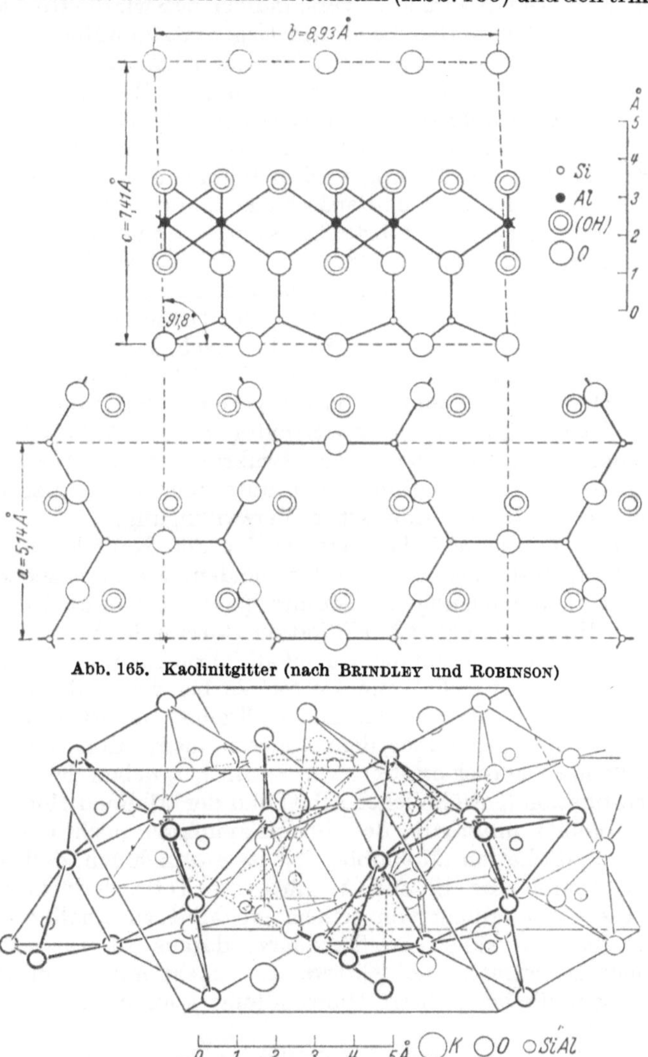

Abb. 165. Kaolinitgitter (nach BRINDLEY und ROBINSON)

Abb. 166. Sanidingitter, Gerüststruktur

ausgeprägt pseudomonoklinen Mikroklin. Die beiden Arten des KAlSi$_3$O$_8$ unterscheiden sich in ihrem Aufbau im wesentlichen nur dadurch, daß im Sanidin die Si- und Al-Atome statistisch über die Mittelpunkte der Tetraeder des Gerüstes verteilt sind, während sie im Mikroklin geordnet sind; mit dieser Ordnung ist die Symmetrieverminderung von monoklin zu triklin verbunden. Der Sanidin ist die Hochtemperatur-Modifikation (sein Stabilitätsgebiet liegt über etwa 700° C), der Mikroklin die Tieftemperatur-Modifikation (er ist bei normaler Temperatur stabil). Der Übergang zwischen den beiden Modifikationen erfolgt jedoch keineswegs bei einer genau bestimmbaren Temperatur und so leicht, wie wir dies beim Quarz kennengelernt haben;

er erfolgt vielmehr äußerst zögernd, was jedoch nicht verwunderlich ist, da dabei ein viel stärkerer Umbau der Struktur notwendig ist als zwischen Hoch- und Tiefquarz. Um vom Sanidin zum Mikroklin zu kommen (oder umgekehrt) müssen nämlich Si- und Al-Atome im Gerüst ihren Platz wechseln können, wozu eine hohe Anregungsenergie benötigt wird. Damit wird auch verständlich, daß wir die Hochtemperatur-Modifikation der Kalifeldspäte, den Sanidin, im Gegensatz zum Hochquarz durchaus in jetzt vorliegenden Gesteinen antreffen, z.B. in den Trachyten, wo die Kristalle zu rasch abgekühlt wurden, als daß es zur Umwandlung in Mikroklin hätte kommen können. Wo wir Mikroklin antreffen, ist er meist fein polysynthetisch verzwillingt, und zwar wie die Plagioklase sowohl nach dem „Albit"- wie nach dem „Periklin"-Gesetz (s. S. 86 und 87). Zur Erklärung wird man annehmen, daß die Kristalle zunächst monoklin entstanden sind und später eine Umwandlung stattfand, die zu dieser feinen „Mikroklingitterung" führte. Das sagt jedoch nicht unbedingt, daß der Feldspat in seinem Stabilitätsgebiet, also über vielleicht 700° C entstanden ist; er kann unter Umständen auch bei tieferer Temperatur instabil gewachsen sein — das ist für genetische Schlußfolgerungen wichtig. Der Orthoklas ist ein optisch und morphologisch monokliner, aber vom Sanidin nach Formenentwicklung und optischen Konstanten deutlich verschiedener Kalifeldspat der Tiefengesteine. Röntgenographische Untersuchungen haben gezeigt, daß ihm nicht dieselbe prinzipielle Bedeutung zukommt wie dem Sanidin und dem Mikroklin; es handelt sich beim Orthoklas vom Standpunkt der Struktur aus um Übergangszustände zwischen diesen beiden Modifikationen mit mittleren Ordnungszuständen von Si und Al und auch submikroskopischer Verzwillingung.

Auch bei den *Plagioklasen* haben wir wie bei den Kalifeldspäten zwischen Hoch- und Tieftemperaturgliedern zu unterscheiden, wie man zuerst aus sorgfältigen optischen Untersuchungen erkannte (z.B. A. KOEHLER). Auch hier haben wir in der Hochtemperatur-Modifikation statistische Verteilung zwischen Si und Al im Gerüst, in der Tieftemperatur-Modifikation geordnete. Im einzelnen sind die Verhältnisse hier noch komplizierter als bei den Kalifeldspäten. Das rührt z.B. davon her, daß in der „Mischkristallreihe" der Plagioklase das eine Endglied (der Anorthit) gegenüber dem anderen (dem Albit) eine Gitterkonstante verdoppelt hat. Ferner existiert von $NaAlSi_3O_8$ neben der triklinen Tieftemperatur-Modifikation (gewöhnlicher Albit) und der triklinen Hochtemperatur-Modifikation (Analbit) unterhalb des Schmelzpunktes noch eine monokline Hochtemperatur-Modifikation (Monalbit). Es ist anzunehmen, daß im Monalbit ebenso wie im Analbit die Si und Al über die Tetraederlücken statistisch verteilt sind. Die Umwandlung von reinem Monalbit zu Analbit erfolgt ähnlich leicht wie die von Hoch- zu Tiefquarz; daraus ist zu schließen, daß sie nur mit einer Deformation des Gitters, aber nicht mit einem Umbau verbunden ist. Wegen dieser leichten Umwandlung kommt (K-freier) Monalbit nicht als Mineral vor.

Die Mischkristallbildung zwischen Kalifeldspat und Anorthit ist beschränkt und für die Mineralogie ohne große Bedeutung. Hingegen kann der Kalifeldspat größere Mengen Albitsubstanz in sein Gitter aufnehmen. Zwischen Sanidin und Monalbit besteht (bei hohen Temperaturen) sogar eine lückenlose Mischkristallreihe. Kühlen Glieder dieser Reihe, deren Zusammensetzung den Endgliedern nicht zu nahe ist, langsam ab, so tritt im festen Zustand Entmischung zu einer Natrium-reichen und einer Kalium-reichen Komponente auf; solche entmischten Kalium-Natriumfeldspäte heißen *Perthite*. Es ist üblich von Perthit schlechtweg zu sprechen, wenn in einem Individuum mit überwiegend Kalifeldspat ein entmischter Natrium-Feldspat untergeordnet auftritt („Albit-Spindeln"); im entgegengesetzten Fall spricht man von Anti-Perthit.

Auch bei den Plagioklasen haben wir in der Tieftemperatur-Reihe keineswegs unbeschränkte Mischbarkeit. Es können unter geeigneten Umständen (z.B. genügend langsame Abkühlung) Entmischungen auftreten. Diese führen hier allerdings nicht — wie im System Natronfeldspat-Kalifeldspat — nur zur Ausscheidung von Feldspäten, die den Endgliedern nahe stehen, sondern auch von anderen, offenbar besonders stabilen Gliedern. Ein Beispiel bieten die Plagioklase mit etwa 5—20% Anorthit. Man kennt von ihnen „Tieftemperatur-Kristalle", die sich bei der röntgenographischen Untersuchung als entmischt erweisen; die eine Komponente ist praktisch reiner Albit, die andere ein Plagioklas mit etwa 25% Anorthit. Die Entmischung ist immer extrem fein und verursacht häufig ein irisierendes Farbenspiel; man nennt diese Plagioklase *Peristerite*.

Das hier gegebene Bild der Feldspäte ist noch in vielen Punkten zu ergänzen. Es soll jedoch einen ersten Eindruck von der Fülle der vorliegenden Probleme geben. Daß die Feldspäte durch die räumliche Verknüpfung von SiO_4- und AlO_4-Tetraedern über Ecken ihre wesentlichen strukturellen Züge erhalten, wurde zuerst von F. Machatschki auf Grund allgemeiner Aufbauprinzipe der Silikate erkannt; wichtige Beiträge lieferte dann Barth. Die erste Strukturbestimmung eines Gliedes dieser Mineralfamilie, des Sanidins, gelang W. H. Taylor 1933. Mit Ordnungs-Unordnungsfragen bei den Feldspäten, die von großer Bedeutung sind, hat sich neben anderen in den letzten Jahren F. Laves mit seinen Mitarbeitern beschäftigt; ihm sind wir hier in vielen Punkten gefolgt.

Zu den Gerüstsilikaten gehören auch die *Feldspatvertreter*, die an Stelle von — oder häufig zusammen mit — Feldspäten in Alkali- und Tonerde-reichen Erstarrungsgesteinen auftreten. Die wichtigsten von ihnen sind der morphologisch kubische Leucit, $\overset{3}{\infty}K[AlSi_2O_6]$ und der hexagonal-pyramidale Nephelin $\overset{3}{\infty}Na[AlSiO_4]h$, in welchem häufig ein Viertel des Natriums durch Kalium vertreten wird, wobei die Na^+-Ionen und die K^+-Ionen nicht statistisch verteilt sondern geordnet in den Hohlräumen des $\overset{3}{\infty}[AlSiO_4]^-$-Gerüstes liegen. Die genauere Formel dieser Nepheline lautet deshalb $\overset{3}{\infty}Na_3K[Si_4Al_4O_{16}]h$.

Weitere Vertreter für Gerüstsilikate sind der Pollucit, $Cs[AlSi_2O_6]\cdot H_2O\,k$, ein seltenes Cäsiumsilikat, und die *Zeolithe*, sperrig gebaute Alumosilikate, in deren Hohlräumen neben Alkali- und Erdalkali-Ionen auch locker gebundenes Wasser sitzt (vgl. S. 70). Einfache Beispiele für Zeolithe sind die in der Natur nicht seltenen Minerale Analcim, $\overset{3}{\infty}Na[AlSi_2O_6]\cdot H_2O\,k$ und Natrolith, $\overset{3}{\infty}Na_2[Al_2Si_3O_{10}]\cdot 2H_2O\,rh$.

Raumgerüste aus SiO_4-Tetraedern haben auch die SiO_2-Modifikationen selbst, also die Quarz-, Tridymit- und Cristobalitarten, der Keatit und die Hochdruckmodifikation Coesit. Die Existenzbereiche von Quarz, Tridymit, Cristobalit und Coesit werden später behandelt werden (vgl. S. 169). Die Höchstdruck-Modifikation von SiO_2, der Stishovit, hat kein $\overset{3}{\infty}[Si^{[4]}O_2]$-Gerüst, sondern Rutil-Typ (vgl. S. 51).

Ein schönes Beispiel dafür, daß der Formeltyp $[(Si, Al)^{[4]}O_2]^{x-}$ nicht unbedingt eine dreidimensional unbegrenzte Gerüststruktur bedeuten muß, stellt die hexagonale Modifikation von $Ca[Al_2^{[4]}Si_2^{[4]}O_8]$ dar. Diese Phase hat die gleiche chemische Formel wie der Anorthit; die Strukturbestimmung hat gezeigt, daß sowohl Si wie Al tetraedrisch von vier Sauerstoffen umgeben sind und diese sich über Ecken verknüpfen. Dennoch gehört die Struktur nicht zu den dreidimensionalen Gerüstsilikaten, sondern ist wie die Glimmer aus Schichten aufgebaut. Legt man über eine Si_2O_5-Schicht mit den freien Sauerstoffen nach oben eine zweite so, daß die freien Sauerstoffe nach unten zeigen und verknüpft man die beiden Schichten über diese Sauerstoffe, so erhält man eine zweidimensional unendliche Doppelschicht $\overset{2}{\infty}[Si^{[4]}O_2]$. Die hexagonale Modifikation von $Ca[Al_2Si_2O_8]$ enthält solche Doppelschichten als wesentliches Bauelement, nur daß die Hälfte der Siliciumatome durch Aluminium ersetzt ist; zum Ladungsausgleich treten Ca^{2+}-Ionen zwischen diese Schichten.

Modellstrukturen. Wie wir mehrfach gesehen haben, kann man in Silikaten in der Regel einen Teil des Si durch Al ersetzen, wenn man durch einen entsprechenden Ersatz bei den Kationen dafür sorgt, daß die Elektroneutralität gewahrt wird. Es gibt nun auch zu Silikaten isotype Verbindungen, in denen alles Si durch Al oder ein anderes Element, besonders durch P und As, ersetzt ist. So hat der Xenotim, $Y^{[8]}[PO_4]$, Zirkonstruktur, der Triphylin, $Li(Fe, Mn)PO_4$, Olivinstruktur, der Berzeliit, $NaCa_2Mg_2[AsO_4]_3$, Granatstruktur und der Berlinit, $AlPO_4$, sowie die Verbindung $AlAsO_4$ Quarzstruktur. Zu den Granaten kennt man synthetische isotype Aluminium- und Eisenverbindungen, z.B. $Y_3^{[8]}Al_2^{[6]}[AlO_4]_3k$ und $Y_3^{[8]}Fe_2^{[6]}[FeO_4]_3k$. Die Möglichkeit gleicher oder sehr ähnlicher Gittertypen bei Verbindungen, die aus ganz verschiedenen chemischen Elementen aufgebaut sind, läßt sich dazu benutzen, Modellstrukturen zu bauen. So kann Li_2BeF_4 als Modell für Zn_2SiO_4, den Willemit, dienen. Die Tabelle 12 zeigt, daß

Tabelle 12. *Beispiel einer Modellstruktur* (nach V. M. GOLDSCHMIDT)

	Zn_2SiO_4	Li_2BeF_4
Ionenradien in Å	Zn^{2+} 0,83 Si^{4+} 0,39 O^{2-} 1,32	Li^{1+} 0,78 Be^{2+} 0,34 F^{1-} 1,33
Gitterdimensionen der rhomboedrischen Elementarzelle	8,63 Å 107° 45′	8,15 Å 107° 40′
Symmetrie	rhomboedrisch	
Habitus	prismatisch	
Spaltbarkeit: 10$\bar{1}$0 0001	} beobachtet	gut deutlich
Doppelbrechung Brechungszahl	+ ziemlich schwach ($\sim$0,02) $\sim$1,7	+ sehr schwach ($\sim$0,006) $\sim$1,3
Härte	5,5	3,8
Schmelzpunkt °C	1509,5	$\sim$470
Löslichkeit in Wasser	unlöslich	leicht löslich

die Gitterabmessungen wirklich ähnlich sind. Diejenigen physikalischen Eigenschaften des Fluoroberyllats, die von der Ladung der Gitterbestandteile abhängen, wie Schmelzpunkt, Optik, Härte sind entsprechend den niedrigeren Ladungen abgeschwächt. Solche Modelle können für viele, auch für technische Zwecke nützlich sein, z.B. um Analogieschlüsse zu ziehen auf Verbindungen, die sehr hohe Schmelzpunkte haben, wie das in der Zementforschung bereits versucht wurde. Wir wollen an dieser Stelle nicht weiter auf die Zusammenhänge zwischen Kristallbau und physikalischen Eigenschaften eingehen, das wird an den betreffenden Stellen im kristallphysikalischen Teil geschehen.

Hydroxyleinbau. Es soll im Anschluß an die Silikate noch auf die Hydroxyl- und Wassergehalte der Kristalle eingegangen werden. Hydroxylhaltige Schichten spielen bei vielen Silikaten eine wichtige Rolle. Wir haben ferner schon bei der Besprechung des CdJ_2-Gitters auf die starke Polarisierbarkeit des (OH)-Ions hingewiesen, die bei den meisten Hydroxiden, wie beim $Ca(OH)_2$, zur Bildung von Schichtgittern führt. $Ca(OH)_2$ hat eine analoge Schichtstruktur wie CdJ_2 (s. Abb. 156), wobei die Sauerstoffatome die Lagen der Jodatome in CdJ_2 ein-

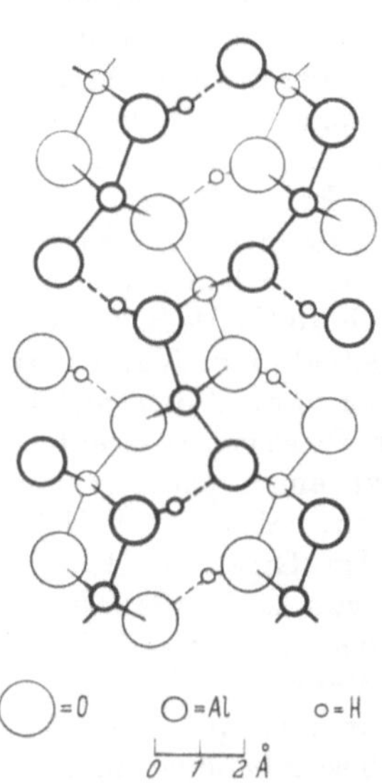

Abb. 167. Atomanordnung in Diaspor. Die schwach und die stark gezeichneten Atome befinden sich jeweils in einer Ebene; der Höhenabstand zwischen diesen Ebenen beträgt 1,42 Å

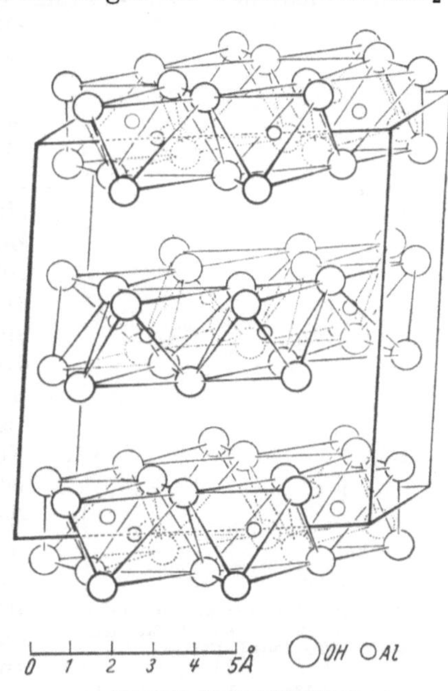

Abb. 168. Hydrargillitgitter

nehmen. Die Wasserstoffatome sind, wie man aus Beugungsversuchen mit Neutronen weiß (vgl. S. 148), nur 0,96 Å vom Kern der Sauerstoffe entfernt und so angeordnet, daß sie im Gitter von den Calciumionen möglichst weit entfernt sind. Dadurch wird jeder Sauerstoff verzerrt tetraedrisch von drei Calciumionen aus der „Kationenschicht" des CdJ_2-Typs an drei Ecken und einem Wasserstoffatom an der vierten Ecke umgeben. Den gleichen, oder zumindest einen sehr ähnlichen Aufbau besitzen die Gitter vieler Hydroxide von zweiwertigen Elementen wie $Mn(OH)_2$, $Co(OH)_2$, $Mg(OH)_2$ (Brucit) usw. Der Wasserstoff kann in Kristallstrukturen bewirken, daß sich Sauerstoffe näher kommen als dies sonst üblich ist. Ein Beispiel dafür findet man im Diaspor, $Al^{[6]}O(OH)rh$ (Abb. 167), in welchem ein Abstand zwischen zwei Sauerstoffen, zwischen denen sehr nahe der Verbindungslinie (aber nicht in der Mitte!) ein Wasserstoff sitzt, nur 2,65 Å mißt (man vergleiche dazu etwa den O—O-Abstand in MgO: 2,98 Å); eine solche OH—O-Anordnung heißt *Wasserstoffbrücke*. Ein typisches Schichtgitter besitzt neben den oben erwähnten Hydroxiden auch der Hydrargillit, $Al^{[6]}(OH)_3m$ (Abb. 168), ein verbreiteter Bestandteil der Bauxite. Das Nadeleisenerz oder Goethit, α—FeO(OH) ist zu Diaspor isotyp. Der seltenere Rubinglimmer oder Lepidokrokit, γ-FeO(OH), hat eine andere rhombische Struktur.

Wassereinbau. In diesen Kristallen handelt es sich also um Hydroxide oder um Substanzen, die Hydroxylgruppen enthalten, und es wäre z.B. falsch, die Formel des Diaspors $Al_2O_3 \cdot H_2O$ zu schreiben. Wir kennen jedoch auch verbreitet Kristalle, welche Wassermoleküle enthalten. Dabei können wir zwei beträchtlich verschiedene Gruppen unterscheiden.

In der einen kann das Wasser nicht ausgetrieben werden, ohne daß das Kristallgitter zerfällt, was an einem Trübwerden schon makroskopisch kenntlich ist. Hierher gehören alle jene Verbindungen, welche man landläufig als wasserhaltige Salze bezeichnet, z.B. Kupfervitriol, $CuSO_4 \cdot 5H_2O$ oder Soda, $Na_2CO_3 \cdot 10H_2O$; man spricht in diesem Zusammenhang von *Kristallwasser*. Vielfach ist

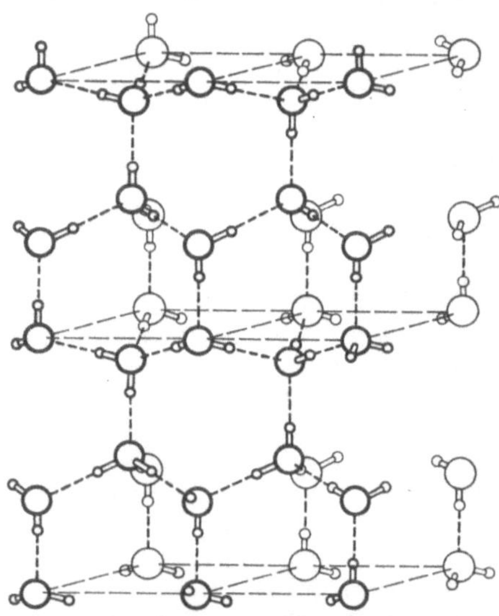

Abb. 169. Anordnung der H_2O-Moleküle in Eis. Der Abstand zwischen den Sauerstoffatomen beträgt 2,76 Å (aus PAULING)

alles, oder doch ein großer Teil des Kristallwassers besonders stark an die Kationen gebunden, dieses heißt *Kationenwasser*. Ein Beispiel dafür liefert der Bischofit, $MgCl_2 \cdot 6H_2O$, in welchem die sechs Wassermoleküle mit dem Magnesiumion einen oktaedrischen Komplex bilden — seine kristallchemische Formel schreibt man deshalb $[Mg^{[6]}(H_2O)_6]Cl_2\,m$. In dem eben erwähnten Kupfervitriol sind nur vier der fünf Wassermoleküle Kationenwasser. Diese vier Wasser bilden mit dem Kupfer einen planar quadratischen Komplex; also $[Cu^{[4]}(H_2O)_4]SO_4 \cdot H_2O$ *trkl*. Im Gips, $CaSO_4 \cdot 2H_2O$, ist jedes Ca^{2+} von sechs Sauerstoffen der Sulfatgruppen und zwei Wassermolekülen koordiniert. Die Atomanordnung bildet sehr ausgeprägt Schichten parallel (010); diese Ebene ist auch vollkommene Spaltfläche. Den einzelnen zweidimensional unendlichen Schichten kommt dieselbe Formel zu wie dem ganzen Mineral, also $CaSO_4 \cdot 2H_2O$. Der Zusammenhalt der Schichten erfolgt durch Wasserstoffbrücken.

In der anderen Gruppe von wasserhaltigen Kristallen kann das Wasser ausgetrieben werden, ohne daß das Gitter zusammenbricht; solche Kristalle heißen *Zeolithe*. In ihnen ist das Wasser nur lose an die Wände von Kanälen von (fast ausnahmslos silikatischen) Gerüststrukturen gebunden. Man kann aus Zeolithen das Wasser durch Erhitzen entfernen; man kann es auch durch andere Moleküle ersetzen, welche in die Lücken passen (Alkohol, Ammoniak, Quecksilber), ohne daß sich die Atomanordnung im Gerüst wesentlich ändert. Manche Zeolithe sind wegen dieser Eigenschaft sogar technisch als „Molekularsiebe" von Interesse. Neben Wasser sitzen in den Kanälen der Zeolithe noch locker gebundene Ionen, meist Alkaliionen oder Ca^{2+}; auch diese können gegen andere Ionen ausgetauscht werden (Ionenaustauscher). Zwei Beispiele haben wir schon auf S. 67 kennengelernt.

In diesem Zusammenhang seien auch dem *Eis* einige Worte gewidmet. Seine Struktur ist in Abb. 169 dargestellt. Die geometrische Anordnung der Sauerstoffe können wir so beschreiben, daß wir sagen, daß in einem Gitter vom Wurtzit-Typ (Abb. 150) sowohl die Lagen der Zink- wie der Schwefelatome von Sauerstoff besetzt sind. Eine geometrische Verwandtschaft besteht auch zur Struktur von Tridymit. Setzen wir nämlich im Eis an die Lagen der Sauerstoffe Silicium und an die Stelle der Wasserstoffe Sauerstoffe — die wir zugleich auf die Mitte der Verbindungslinie von zwei Si rücken müssen —, so kommen wir von der Eisstruktur zum idealen Tridymit-Typ. Das Eis bildet ein Molekülgitter mit denselben H_2O-Molekülen wie sie im Wasser oder im Wasserdampf auftreten; der O—H-Abstand beträgt wie in der Hydroxylgruppe etwas weniger als 1,0 Å, der Winkel H—O—H ist nahe dem Tetraederwinkel (nämlich 104°). Während die Anordnung der Sauerstoffe streng periodisch ist, gilt dies nicht für die Wasserstoffatome, da die H_2O-Moleküle über verschiedene Möglichkeiten hin unregelmäßig orientiert sind — stets liegen die H-Atome jedoch auf (oder nahe) den Verbindungslinien zwischen den Sauerstoffatomen, wie dies in Abb. 169 dargestellt ist.

3. Valenzbindung

Bei den bisherigen Beispielen handelt es sich meist um ionare oder vorwiegend ionare Bindung. Wir haben aber wiederholt darauf hingewiesen, daß diese Bindungsart nicht immer rein auftritt, sondern daß es Übergänge vor allem zur Valenzbindung gibt; man spricht mit gleichem Sinn auch von *kovalenter* oder *homöopolarer* Bindung. Diese Bindungsart ist am reinsten beim Diamanten $\overset{3}{\infty} C^{[4]} k$ ausgebildet. Die Struktur ist die des Zinkblendegitters, in dem sowohl die Zn- wie die S-Plätze von gleichartigen C-Atomen eingenommen werden, jedes C-Atom ist also tetraedrisch von vier anderen umgeben; zugleich ist die Gitterkonstante a_0 von 5,40 Å (bei ZnS) auf 3,57 Å zu verklei-

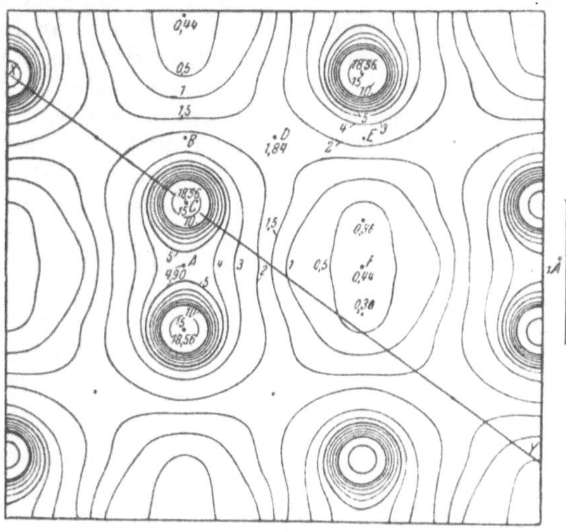

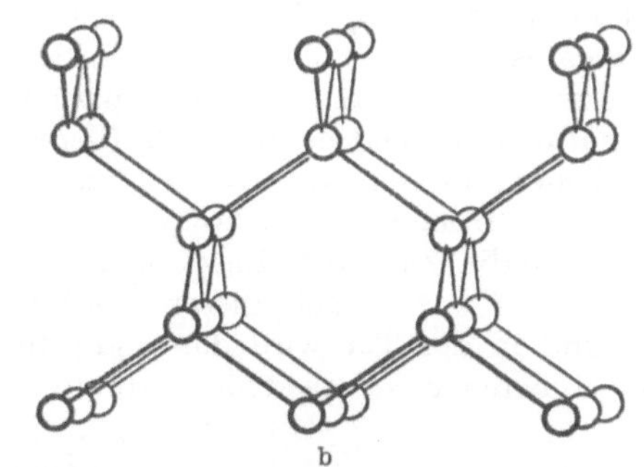

b

Abb. 170a u. b. (a) Elektronendichte des Diamants in e.Å⁻² projiziert parallel [110] entsprechend einer Temperatur von 5000° (aus BRILL, GRIMM, HERMANN, PETERS). (b) Diamantgitter in Parallelprojektion nahe [110]

nern. Die Abb. 170a zeigt, daß die Elektronendichte zwischen den in gebuckelten sechszähligen Ringen angeordneten C-Atomen groß ist. Sie sinkt in dieser Abbildung von dem mit C bezeichneten Atom auf der Verbindungslinie zu dem darunter liegenden Atom nicht so tief ab (nämlich auf 4,90 e.Å⁻² im Punkt A) wie auf den Verbindungslinien zu den Atomen rechts oben und links oben (1,84 e.Å⁻² im Punkt D); das ist aber ein Effekt der Projektion, wie aus Abb. 170b ohne weiteres hervorgeht. In den Hohlräumen sinkt die Elektronendichte praktisch auf Null. Man findet diese Struktur und Bindung auch bei den anderen Elementen der vierten Reihe des periodischen Systems: Si, Ge, Sn (,,graues Zinn"). Stets werden die vier Valenzelektronen in den vier Richtungen des Tetraeders so mit den Nachbarn geteilt, daß auf jedes Atom zwei Elektronen kommen. Es ist aber nicht notwendig, daß gleichviel Bindungselektronen von beiden Atomen herrühren. Es genügt, daß beide zusammen vier liefern. Ein Beispiel ist die schon S. 49 erwähnte Struktur der Zinkblende ZnS, bei der die Lagen der Atome des Diamantgitters zur Hälfte von Zn und von S eingenommen werden, so daß jedes S von vier Zn und jedes Zn von vier S umgeben ist. Weitere Beispiele sind CuBr, ZnSe, GaAs, AgJ, CdTe, InSb. Dabei macht sich bei manchen dieser Verbindungen der Einfluß metallischer Bindung geltend, andere wie die Zinkblende (s. S. 49) bilden Übergänge zur Ionenbindung.

Auf den Anteil valenzmäßiger Bindung am Zusammenhalt der komplexen Ionen ist bereits S. 58 hingewiesen worden. Besonders wichtig ist die valenzmäßige Bindung in der *organischen Chemie*, denn sie ist es, die den Zusammenhang innerhalb der Moleküle bewirkt. Gerade in der neuesten Zeit sind auf diesem Gebiet durch Strukturforschung mit Hilfe der Röntgenstrahlen sehr schöne Erfolge erzielt worden, auf die jedoch hier nicht näher eingegangen werden kann. Neben der genauen Festlegung von interatomaren Abständen und Winkeln, deren Kenntnis bei der Diskussion von Bindungsfragen in der organischen Chemie ebenso wichtig ist wie in der anorganischen, wird die Kristallstrukturanalyse auch zunehmend wichtig für die Konstitutionsaufklärung organischer Moleküle. Selbst die Bestimmung der Atomanordnung in den extrem komplizierten kristallisierten Eiweißen ist schon weitgehend gelungen.

4. Zwischenmolekulare Bindung

Zwischen den Molekülen wirken Kräfte, die man nach den van der Waalsschen Kräften, die zwischen den Molekülen in Flüssigkeiten auftreten, benennt. Man spricht dann von *van der Waalsscher* oder auch von *zwischenmolekularer Bindung*.

Anorganische Molekülgitter mit zwischenmolekularer Bindung zeigen Elemente der VI. und VII. Reihe des periodischen Systems. Für die Strukturen dieser halb- und nichtmetallischen Elemente wurde die Regel aufgestellt, daß jedes Element in seinem Gitter so viele Nachbarn als nächste Umgebung hat, wie ihm Elektronen an der Achterschale der äußeren Elektronenhülle fehlen. Nennen wir die Zahl der Elektronen n, so ergibt sich die Formel: Zahl der Nachbarn $= 8 - n$. Nach dieser „Oktett-Regel" soll J nur einen Nachbarn haben, und in der Tat wird das Jodgitter aus J_2-Molekülen gebildet. Deuten wir die äußeren acht Elektronen durch Punkte an, so erhalten wir das Bild:

$$:\overset{..}{\underset{..}{J}}:\overset{..}{\underset{..}{J}}:$$

Jedes Jodatom ist dann von einer Achterschale wie ein Edelgas umgeben. Es handelt sich also um Jodmoleküle, die in sich Valenzbindung haben. Diese Moleküle werden durch zwischenmolekulare Kräfte in einem Gitter zusammengehalten.

Beim Selen und Tellur, denen zwei Elektronen an der Achterschale fehlen, ergibt sich eine praktisch unendliche Kette:

$$\ldots \overset{..}{\underset{..}{Se}}:\overset{..}{\underset{..}{Se}}:\overset{..}{\underset{..}{Se}}:\overset{..}{\underset{..}{Se}}:\overset{..}{\underset{..}{Se}}\ldots,$$

bei der jedes Se-Atom mit zwei anderen je ein Elektronenpaar gemeinsam hat: $\frac{1}{\infty} Se^{[2]} h$. Beim rhombischen Schwefel sind Ketten aus acht Gliedern zu gebuckelten S_8-Ringen zusammengeschlossen. Bei As mit drei fehlenden Elektronen tritt eine Blattstruktur auf. Das Gitter kann auch als eine einfach kubische Struktur beschrieben werden, die nach der einen Raumdiagonale lagenweise etwas auseinandergezogen ist. Von den sechs Nachbarn eines Atoms sind drei stärker gebunden und bilden dadurch Schichten senkrecht zur dreizähligen Achse, also nach (0001); die kristallchemische Formel lautet $\overset{2}{\infty}$ As[3]h. Den gleichen Strukturtyp finden wir weniger deutlich ausgeprägt auch bei Antimon und Wismut. Bei vier fehlenden Elektronen bekommen wir Raumgerüste mit Viererumgebung, wie beim Diamant, die dann nur durch Valenzbindung zusammengehalten werden. Ebenso haben wir diese Bindung innerhalb der vorher besprochenen Zweiergruppen, Ketten, Ringe und Bänder. Diese Gebilde selbst werden durch zwischenmolekulare Kräfte zusammengehalten, die bei Se, Te, As, Sb, Bi Übergänge zur metallischen Bindung zeigen.

5. Metallische Bindung

Reine Metalle. Damit kommen wir zu einer weiteren Bindungsart, der *metallischen*. Wie schon aus der elektrischen Leitfähigkeit der Metalle geschlossen wurde (RIECKE 1898), befinden sich in den Metallkristallen zwischen den positiven Metallionen Elektronen, die man im wesentlichen als frei beweglich ansehen kann, weshalb man früher auch von einer Art Elektronengas gesprochen hat. Die Elektronendichtebestimmung hat diese Annahme am Magnesium bestätigt. Obwohl die Metalle als Minerale nur eine untergeordnete Rolle spielen, wollen wir wegen ihrer großen Bedeutung für das Wesen der Kristalle kurz auf die Typen der Metallgitter eingehen. Wir denken zurück an die Koordinationsstrukturen der heteropolaren Verbindungen vom Typus AB. Dort war die größte Koordinationszahl acht, nämlich im Cäsiumchlorid. Eine höhere gegenseitige Koordination ist im Verbindungstyp AB geometrisch unmöglich. Ist der Kristall jedoch nur aus einem Element aufgebaut, so kann eine 12-Koordination erreicht werden. Die Kristallstrukturen mit 12-Koordination entsprechen dichtesten Kugelpackungen. In der Ebene gibt es nur eine dichteste Kugelpackung, bei ihr wird immer eine Kugel von sechs anderen berührt. Um *dichteste Kugelpackungen* im Raum zu erhalten, legen wir solche dichteste ebene Kugelpackungen so übereinander, daß die Kugeln der folgenden Lage immer in den Einsenkungen der vorhergehenden liegen. Dann haben wir bei der dritten Lage zwei Möglichkeiten. Wir können sie entweder in solche Einsenkungen legen, daß ihre Kugeln über denen der ersten Packung liegen, oder in die anderen Einsenkungen. Wenn die Kugeln erst in der vierten Lage (Abb. 171) wieder über denen der ersten liegen, so nennt man eine solche Packung *kubisch dichteste Kugelpackung*. Sie entspricht einem kubisch flächenzentrierten Gitter (Abb. 140g, S. 44), das bei unserem Verfahren des Aufbaus mit einer Raumdiagonale senkrecht steht. Abb. 172 zeigt die dichteste ebene Kugellage in der

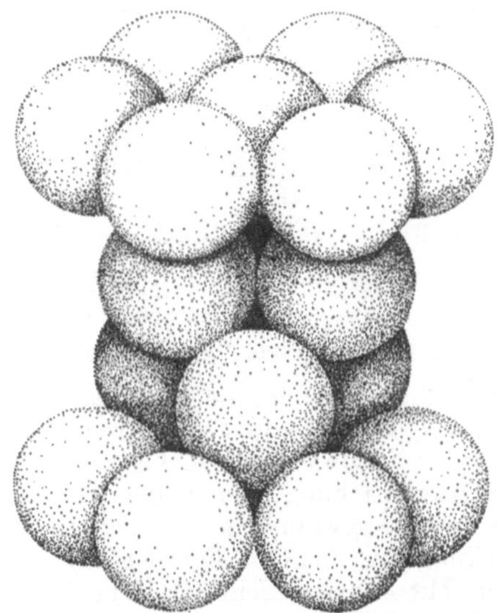

Abb. 171. Kubisch dichteste Kugelpackung, aufgebaut aus ebenen dichtesten Kugellagen, die als Oktaederebenen, also in Richtung einer Raumdiagonale des Würfels aufeinanderfolgen

Oktaederfläche. In der kubischen Dichtestpackung ist das Koordinationspolyeder um jedes Atom ein Kubooktaeder (Abb. 173).

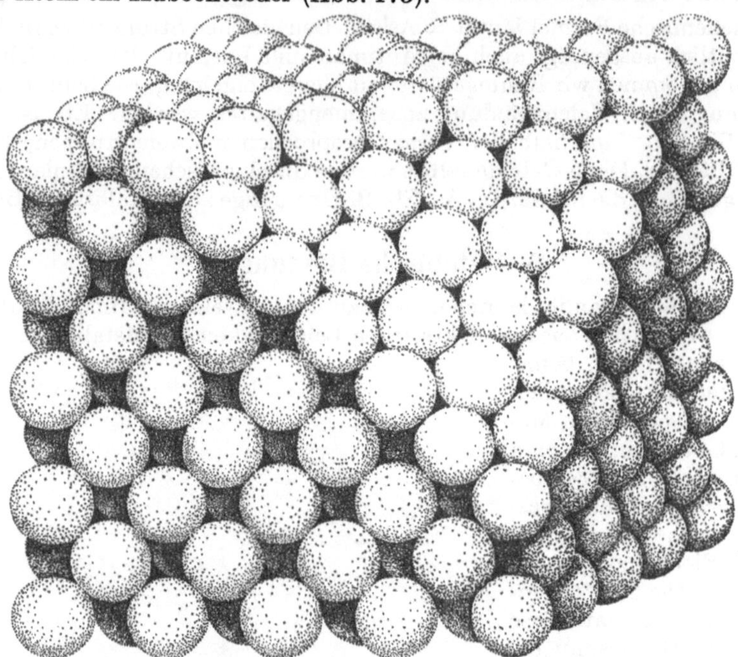

Abb. 172. Kubisch dichteste Kugelpackung als kubisch flächenzentriertes Gitter aufgestellt

Die Anordnung, bei der die dritte Lage über der ersten liegt, heißt *hexagonale dichteste Kugelpackung* (Abb. 174). Durch andere Wiederholungen dichtester ebener Kugelpackungen kann man beliebig viele dichteste Kugelpackungen erzeugen. Die kubische und die gewöhnliche hexagonale Kugelpackung sind bei den Metallen weit verbreitet. Mit kubisch dichtester Kugelpackung kristallisieren:

Ag, Al, Au, αCa, αCe, αCo, Cu, γFe, Ir, βLa, αNi, Pb, Pd, βPr, Pt, αRh, βSc, Sr, Th, αTl, Yb.

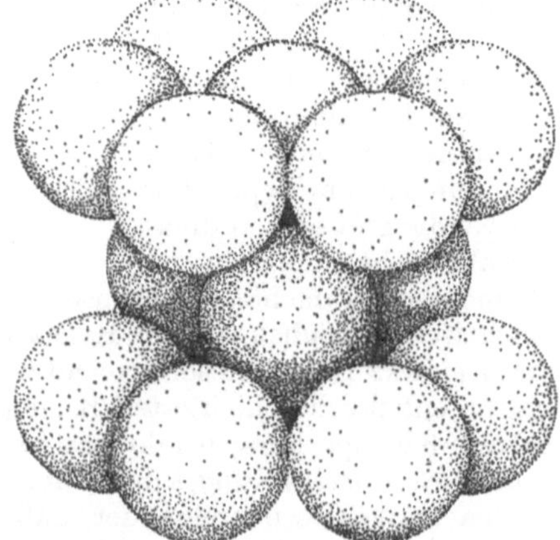

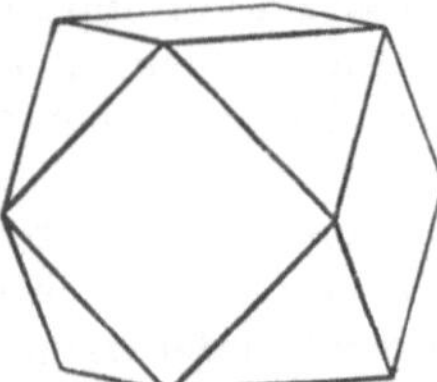

Abb. 173. Kubooktaeder   Abb. 174. Hexagonal dichteste Kugelpackung

Die hexagonale dichteste Kugelpackung kann auch als zwei ineinandergestellte hexagonale Gitter (Abb. 139e, S. 43) mit dem Achsenverhältnis $c_0:a_0 \sim 1{,}63$ beschrieben werden, wobei das eine in 0 0 0, das andere in $^1/_3 \, ^2/_3 \, ^1/_2$ beginnt. In dieser Anordnung kristallisieren:

Be, βCa, Cd, βCe, βCo, Cp, βCr, Dy, Er, Gd, Hf, Ho, αLa, Mg, Nd, βNi, Os, αPr, Re, Ru, αSc, Tb, Tc, αTi, βTl, Tm, Y, Zn, αZr.

Fast der ganze Rest der Metalle kristallisiert im kubisch raumzentrierten Gitter (Abb. 140f, S. 44) mit der Koordinationszahl 8:

Ba, αCr, Cs, Eu, αFe, K, Li, Mo, Na, Nb, Rb, βRh, Ta, βTi, V, W, βZr.

Die *Raumerfüllung* ist bei den dichtesten Kugelpackungen 74,1 % ; im kubisch raumzentrierten Gitter ist sie etwas schlechter, aber immer noch besser als in der einfachen kubischen Atomanordnung (vgl. Tabelle 13).

Tabelle 13. *Raumerfüllung von Kugelpackungen*

Anordnung	Kürzester Punktabstand (a = Gitterkonstante)	Raumerfüllung in %	Koordinationszahl
Kubisch dichtest	$\dfrac{a}{2}\sqrt{2}$	74,1	12
Hexagonal dichtest	$a\,(c:a = 1{,}633)$		
Kubisch raumzentriert	$\dfrac{a}{2}\sqrt{3}$	68,1	8
Einfach kubisch	a	52,4	6

Der Vergleich der Tabelle mit den Gittern der Metalle ergibt, daß offensichtlich die Tendenz vorhanden ist, möglichst hochsymmetrische Gitter zu bauen und den Raum möglichst gut auszufüllen.

Legierungen. Ähnliche Bestrebungen herrschen auch bei den technisch so wichtigen Legierungen. Schmelzen wir zwei Metalle zusammen, so kann erstens der Fall eintreten, daß die beiden Metalle sich im festen Zustand nicht mischen; es scheiden sich von beiden Bestandteilen reine Kristalle ab (s. S. 172). Es kann aber auch der Fall eintreten, daß sich aus der Schmelze nicht die ursprünglichen Metalle ausscheiden, sondern Legierungen. Hierbei gibt es zwei Möglichkeiten. Die eine ist, daß sich *Mischkristalle* bilden. Diese werden wir erwarten, wenn die Atomradien genügend ähnlich sind und ähnliche Bindungsverhältnisse herrschen. Mischkristalle haben eine willkürliche und nicht konstante chemische Zusammensetzung, die Partner sind im Gitter statistisch verteilt. Echte Mischkristalle finden wir z.B. beim Zusammenschmelzen von Gold und Silber. In der Natur ist Gold übrigens stets silberhaltig — bei 25 und mehr Prozent Silber spricht man von Elektrum. Die andere Möglichkeit der Änderung der Bestandteile ist, daß sich eine *Verbindung* zwischen den Partnern bildet. Das ist bei heteropolaren Kristallen wie den Salzen ein ganz klarer Begriff, weil hier jeder Verbindung eine bestimmte stöchiometrische Zusammensetzung entspricht. Bei Metallverbindungen gibt es nun in einem gewissen Sinn Übergänge zwischen Verbindung und Mischkristall, da die auftretenden Kristalle oft keine genau definierte chemische Formel haben, sondern in ihrer Zusammensetzung variieren, eine *Phasenbreite* zeigen.

Wir wollen mit Laves bei metallischen Systemen immer dann von Mischkristallen sprechen, wenn einer der Partner den oder die anderen in sein Gitter aufnimmt und von Verbindung, wenn ein neues Gitter gebildet wird. Das ist also eine kristallographische und keine chemische Definition der Verbindung. Oft gilt der Verbindungszustand nur für einen bestimmten Temperaturbereich. Gold und Kupfer z.B. verhalten sich nur bei hoher Temperatur in allen Mischungsverhältnissen als echte Mischkristalle mit statistischer Verteilung der Atome auf das kubisch flächenzentrierte Gitter. Bei rascher Abkühlung bleibt diese Anordnung erhalten. Kühlt man sehr langsam ab, so ordnen sich jedoch bei der Zusammensetzung $AuCu_3$ die Atome so, daß die Würfelecken mit Au, die Flächenmitten mit Cu besetzt sind; eine *Überstruktur* wird gebildet. $AuCu_3$ ist eine Verbindung und verhält sich auch elektrisch und mechanisch wesentlich anders als die rasch gekühlten Mischkristalle. Beim Erwärmen, d.h. Zuführen von Energie, geht der energetisch günstige Zustand verloren, ein ungeordneter, der Mischkristall tritt auf. Ein solches Verhalten ist bei intermetallischen Phasen häufig; bei Ionen- und Valenzverbindungen hingegen bleibt die Ordnung in der Struktur in der Regel bis zum Schmelzpunkt erhalten.

Die Regel von HUME-ROTHERY. Wir wollen nun zwei besonders wichtige Gesetzmäßigkeiten der Verbindungsbildungen in metallischen Systemen erwähnen. Die eine ist die Regel von HUME-ROTHERY. Der Gittertyp hängt nach ihr davon ab, wie das Verhältnis der Zahl der Valenzelektronen zur Zahl der Atome ist. Dabei muß für die Metalle der VIII. Gruppe des periodischen Systems als Zahl der Valenzelektronen Null angenommen werden. Es treten drei Strukturtypen auf, die in der Tabelle 14 mit einigen Beispielen angeführt sind.

Tabelle 14. HUME-ROTHERY-*Verbindungen*

Gittertyp	Kubisch raumzentriert	Hexagonal dichteste Kugelpackung	Kubisch, 52 Atome in der Zelle
Metallkundliche Bezeichnung:	β-Phase	ε-Phase	γ-Phase
Valenzelektronen: Atome	3:2	7:4	21:13
Beispiele	$CuZn$ $CuBe$ $AgMg$ $NiAl$ Cu_3Al Cu_5Sn	$CuZn_3$ Cu_3Sn Au_3Sn Ag_5Al_3	Cu_5Zn_8 Cu_9Al_4 $Cu_{31}Sn_8$ Fe_5Zn_{21} Ni_5Cd_{21}

Die Regel von HUME-ROTHERY gilt nicht ohne Ausnahme, auch ist sie theoretisch noch nicht befriedigend geklärt.

Die Gitter mit Diamantstruktur können übrigens rein formal als ein Spezialfall dieser Regel aufgefaßt werden, das Verhältnis Valenzelektronen:Atome ist dann 4:1.

Die Lavesphasen. Während es bei den oben erwähnten Verbindungen auf die Zahl der Valenzelektronen ankommt, wird die andere Gruppe ausschließlich durch geometrische Verhältnisse bedingt. Es handelt sich um Verbindungen vom Typ AB_2, die als „Lavesphasen" bezeichnet werden. Mehr als 60 derartige Verbindungen sind bereits bekannt. Drei Typen lassen sich bei ihnen unterscheiden: $MgCu_2$-, $MgZn_2$- und $MgNi_2$-Struktur. Von diesen möge das $MgCu_2$ näher besprochen werden (vgl. Abb. 175). Die Struktur zeigt Eigenheiten, welche bei elektrostatischer Bindung zwischen den Atomen aus energetischen Gründen nicht auftreten könnten. Es sind nämlich zwar die Mg-Atome von 12 Cu-Atomen umgeben (vier Mg-Atome folgen in einem nur um 4% größerem Abstand!), die Struktur ist aber so aufgebaut, daß jedes Cu-Atom als nächste Nachbarn wieder Cu-Atome hat, und zwar sechs — weitere sechs ungleichartige Nachbarn (Mg-Atome) findet man erst in einem um 17% größeren Abstand. Die Entfernung Cu-Cu ist in $MgCu_2$ mit 2,49 Å recht ähnlich der im elementaren Kupfer (2,55 Å), auch der Mg-Mg-Abstand ist von dem im metallischen Mg nicht sehr verschieden. Die geometrische Anordnung der Cu-Atome ist wie im elementaren Kupfer, nur daß gleichsam ein Teil der Cu-Atome fehlt. Die Struktur hat noch eine weitere bemerkenswerte geometrische Eigenschaft: Denkt man sie sich aus Kugeln aufgebaut, die so groß sind, daß sie sich gegenseitig berühren, so erhält man zwei getrennte Kugelverbände, nämlich einen von einander berührenden Cu-Kugeln und einen zweiten von einander berührenden Mg-Kugeln; die Cu- und die Mg-Kugeln berühren also immer nur gleichartige Kugeln und nicht die andere Sorte! Die Strukturformel lautet $\overset{3}{\infty}Mg^{[12\,Cu\,+\,4\,Mg]}Cu_2^{[6\,Cu\,+\,6\,Mg]}k$; das Koordinationspolyeder um die Cu-Atome ist ein Ikosaeder (vgl. Abb. 118, S. 40), dessen Ecken zur einen Hälfte mit Cu, zur anderen mit Mg besetzt sind. Der Typ tritt in intermetallischen AB_2-Verbindungen mit einem Verhältnis der metallischen Radien $R_A/R_B \approx 1,20$ häufig auf. — Ähnlich wie beim MgCu$_2$ Beziehungen zur kubischen Dichtestpackung bestehen (in der Cu-Anordnung), so bestehen bei MgZn$_2$ analoge Beziehungen zu einer hexagonalen Dichtestpackung; hier besetzen die Zn-Atome einen Teil dieser Atomanordnung. MgNi$_2$ stellt eine Art Mischtyp zwischen MgCu$_2$ und MgZn$_2$ dar.

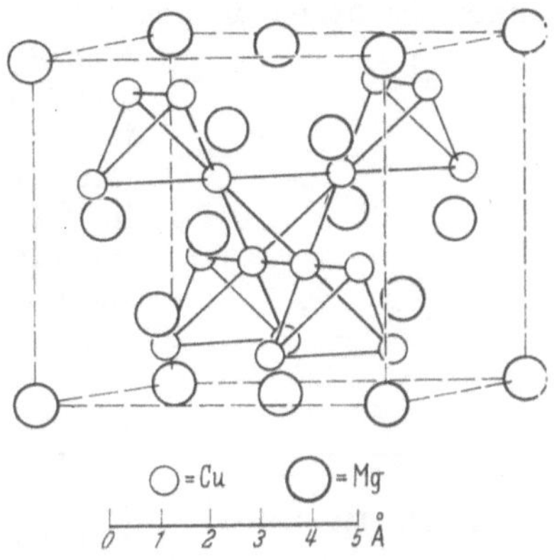

Abb. 175. Struktur von MgCu$_2$. Für die Cu-Atome ist der Verband hervorgehoben, der entsteht, wenn sich „Cu-Kugeln" gegenseitig berühren. Berühren sich die „Mg-Kugeln", so bilden sie für sich die Atomanordnung der Diamantstruktur

Übergänge zu anderen Bindungsarten. Ebenso wie es Übergänge zwischen ionarer und Valenzbindung gibt, so gibt es auch Übergänge zwischen metallischer und ionarer bzw. Valenzbindung. Wenn Metalle der ersten drei Gruppen des periodischen Systems mit solchen aus der IV. bis VII. Gruppe Verbindungen bilden, zeigen sie trotz metallischen Aussehens Übergänge zu ionarer Bindung, z. B. sind diese Verbindungen in flüssigem Ammoniak löslich und besitzen in dieser Lösung eine merkliche elektrische Leitfähigkeit. Sie verhalten sich in Ammoniak also wie gewöhnliche Salze in Wasser. Beispiele sind Mg$_2$Sn und Mg$_2$Pb, die im Flußspatgitter kristallisieren, also auch in der Struktur den Ionenverbindungen ähnlich sind.

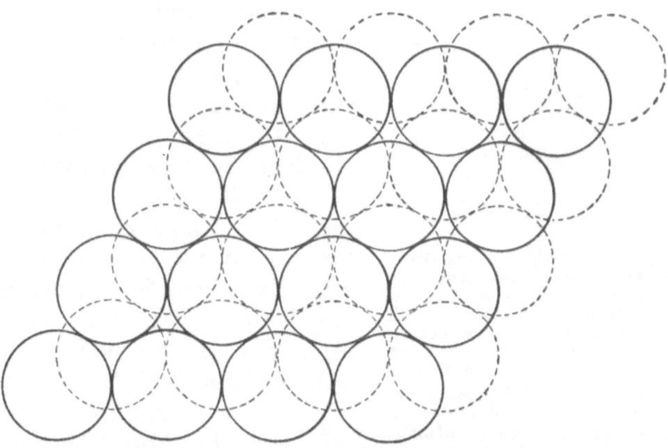

Abb. 176. Zwei Schichten einer dichtesten Kugelpackung. Lücken mit oktaedrischer und tetraedrischer Umgebung

Ein Strukturtyp, der sich bei reinen Ionengittern nicht findet, ist der des NiAs, des Rotnickelkieses. Man kann diese Struktur am einfachsten beschreiben als eine hexagonal dichteste Kugelpackung von As-Atomen, in der die Ni-Atome in Zwischenräume eingelagert sind. In einer dichtesten Kugelpackung gibt es zwei Arten von Lücken, solche mit oktaedrischer und solche mit tetraedrischer Umgebung, wie aus Abb. 176 unmittelbar zu entnehmen ist. Die Zahl der oktaedrischen Lücken ist gleich der

Zahl der Kugeln, die der tetraedrischen doppelt so groß. Im NiAs werden alle Oktaederlücken der hexagonalen Dichtestpackung aus As-Atomen durch Ni-Atome besetzt. Während in einer kubisch dichtesten Kugelpackung die Schwerpunkte der Atome in den Oktaederlücken, für sich allein betrachtet, wieder so angeordnet sind wie die Atome in einer kubischen Dichtestpackung, liegen sie in der Struktur des NiAs in Ketten in Richtung der hexagonalen Achse (Abb. 177). Man kann sich vorstellen, daß gerade in dieser Kettenrichtung zwischen den Ni-Atomen metallische Bindung vorhanden ist, während der Zusammenhang zwischen den As- und Ni-Atomen vorwiegend auf Valenzbindung beruhen dürfte.

Diese Art der Unterbringung der Ni-Atome in den Lücken der Kugelpackung hilft uns eine Erscheinung zu verstehen, die vor allem bei dem sehr ähnlich kristallisierenden Magnetkies, FeS, den analytischen Chemikern und Mineralogen viel Kopfzerbrechen gemacht hat. In diesem Mineral ist nämlich das stöchiometrische Verhältnis Fe:S nicht genau 1:1. Deshalb findet man in älteren Mineralogiebüchern Angaben wie $Fe_{10}S_{11}$ u. a. Man hat dann geglaubt, daß überschüssiger Schwefel eingelagert werden könne (bis 6%), aber die röntgenographische Untersuchung hat einwandfrei ergeben, daß ein Unterschuß von Fe auftritt. Die S-Kugelpackung bleibt eben stabil, auch wenn nicht alle oktaedrischen Lücken mit Fe besetzt sind. Das stöchiometrische FeS ist bei Zimmertemperatur gegenüber dem NiAs-Typ leicht deformiert und besitzt eine größere Elementarzelle. Auch bei Eisensulfiden der Zusammensetzung $Fe_{1-x}S$ (x geht bis etwa 0,15) kennt man durch regelmäßige Anordnung der Eisenatome und der Lücken Überstrukturen zum idealen NiAs-Gitter.

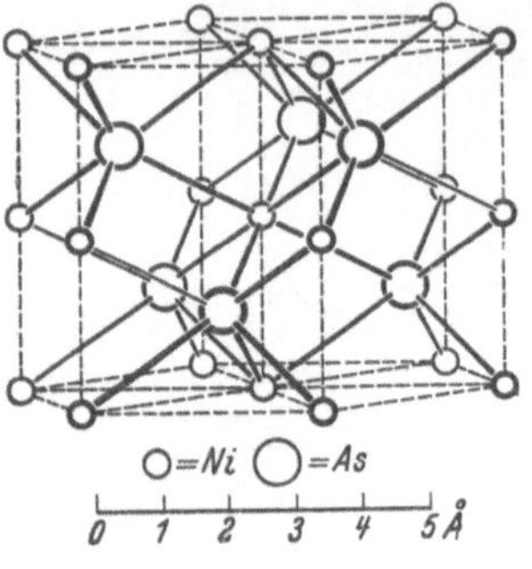

Abb. 177. NiAs-Struktur

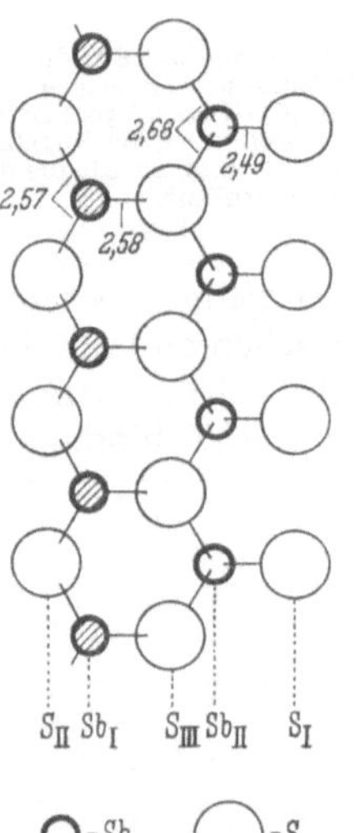

Abb. 178. $\frac{1}{\infty}Sb_2^{[3]}S_3$-Doppelkette aus Antimonit. Schematisch. Die schraffierten Sb-Atome liegen über, die nicht schraffierten unter der Zeichenebene, in welcher die S-Atome zu denken sind. In Wirklichkeit stehen die Ebenen der beiden $\frac{1}{\infty}Sb^{[3]}S_3$-Ketten, aus welchen wir uns die Doppelkette aufgebaut denken können, ungefähr senkrecht aufeinander

Eine weitere wichtige Sulfidstruktur ist die des Antimonits, Sb_2S_3. Sie ist sehr viel komplizierter als jene des Nickelarsenides. Wir können ihre Aufbauprinzipien am besten übersehen, wenn wir zunächst nur diejenigen Sb-S-Abstände betrachten, die kleiner als 2,70 Å sind. Dann ist jedes Sb pyramidal von drei Schwefelatomen umgeben, wobei der durchschnittliche S-Sb-S-Winkel~90° beträgt. Die SbS₃-Pyramiden verknüpfen sich zu $\frac{1}{\infty}[Sb_2^{[3]}S_3]$-Bändern, wie dies in Abb. 178 dargestellt ist. Zwei solcher Bänder liegen in der Struktur derart zueinander, daß jeweils ein S_I der einen Kette zwei Sb_{II} der zweiten Kette auf einen Abstand von 2,82 Å nahe kommt, was nicht viel mehr als der größte Abstand innerhalb der Doppelkette (2,68 Å) ist und sicher eine schwache chemische Bindung anzeigt. Man kann also unter Hervorhebung dieser weiteren Bindungen auch sagen, daß Vierfachbänder in der Struktur auftreten, wobei die eine Hälfte der Antimonatome eine pyramidale Dreikoordination aus Schwefel besitzt, die andere Hälfte jedoch eine [3+2]-Koordination. Das Antimon mit [3+2]-Koordination sitzt in erster Annäherung in der Mitte der Basis einer quadratischen

Pyramide aus Schwefelatomen. Die kristallchemische Formel lautet dann: $\overset{1}{\infty}$ Sb$^{[3]}$Sb$^{[3+2]}$S$_3$ rh.

Molybdänglanz, $\overset{2}{\infty}$Mo$^{[6]}$S$_2$ h, kristallisiert in einer typischen Schichtstruktur mit Valenzbindung innerhalb der Schichten. Das Koordinationspolyeder um Mo ist jedoch kein Oktaeder, wie wir es bisher bei 6-Koordination immer angetroffen haben, sondern ein trigonales Prisma.

Die Pyritstruktur Fe$^{[6]}$[S$_2$]k kann man geometrisch aus der Steinsalzstruktur dadurch ableiten, daß man an Stelle der Natriumionen Fe-Atome und an Stelle der Chlorionen hantelförmige S$_2$-Gruppen einbaut. Dadurch werden die gewöhnlichen Symmetrieebenen des NaCl-Typs zerstört und es bleiben nur Gleitspiegelebenen parallel zu den Würfelflächen erhalten. Morphologisch wirken sich diese natürlich wie gewöhnliche Symmetrieebenen aus. Die Bindung ist vorwiegend valenzmäßig mit einem deutlichen metallischen Beitrag.

6. Übersicht über die Bindungsarten

Zusammenfassend wollen wir uns noch einmal klar machen, daß es in Kristallen nicht nur die reinen Bindungsarten ionar, kovalent, zwischenmolekular und metallisch gibt, sondern — wie wir gesehen haben — auch die mannigfachsten Abweichungen, und zwar in zweierlei Hinsicht.

Einmal gibt es Übergänge zwischen den Hauptbindungstypen selbst. Solche finden wir z.B. zwischen ionar und kovalent in der Si-O-Bindung der Silikate oder wohl auch in der Zn-S-Bindung in der Zinkblende. Übergänge zwischen metallischer und kovalenter oder ionogener Bindung liegen z.B. in NiAs, Rotnickelkies, oder in PbS, Bleiglanz, vor. Die Kristallstruktur von PbS entspricht dem NaCl, aber schon das metallische Aussehen zeigt, daß die Bindung nicht rein ionar sein kann.

Neben diesen Übergängen im Bindungstyp gibt es in Kristallen auch verbreitet das Bestehen verschiedener Bindungsarten an verschiedenen Stellen der Atomanordnung nebeneinander. Ein übersichtliches Beispiel dafür stellt der rhombische Schwefel dar; innerhalb der S$_8$-Ringe haben wir kovalente Bindung, zwischen diesen Ringen van der Waalssche Bindung. In den Silikaten finden wir innerhalb der Silicium-Sauerstoffverbände einen Übergang zwischen ionarer und kovalenter Bindung; zwischen diesen Silikatverbänden und den verknüpfenden Kationen haben wir zumindest in vielen Fällen (Na$^+$, K$^+$, Mg^{2+}, Ca^{2+}, Ba^{2+}, aber auch noch eine Reihe weiterer Elemente) weitgehend elektrostatische Bindung. Im Pyrit, FeS$_2$, müssen wir aus dem S-S-Abstand innerhalb der S$_2$-Gruppe, welcher praktisch genau so groß ist wie im S$_8$-Molekül (nämlich etwa 2,1 Å) schließen, daß diese Bindung kovalent ist; wegen der elektrischen Leitfähigkeit muß jedoch im Gitter sonst zumindest teilweise metallische Bindung vorliegen.

Die Probleme der chemischen Bindung sind von einer vollständigen Lösung noch weit entfernt. Die übliche Strukturbestimmung ergibt ja leider nur interatomare Abstände und sagt zunächst über den Bindungstyp nichts aus. Die Kopplung der kristallstrukturellen Ergebnisse mit anderen Methoden (elektrische Leitfähigkeit, Absorptionsspektren, magnetische Messungen usw.) ist hier von größter Wichtigkeit.

7. Beschreibung von Kristallstrukturen als Kugelpackungen

Wir haben bei der Besprechung der Metallstrukturen und des NiAs-Typs von einer besonderen Darstellungsart Gebrauch gemacht, nämlich der der Kugelpackungen. Sie kann auch für eine Reihe anderer Strukturtypen mit Vorteil verwendet werden, besonders wenn man eine gewisse Aufweitung und Deformation zuläßt. So kann man den NaCl-Typ als kubisch-dichteste Kugelpackung beschreiben, in der alle *oktaedrischen Lücken* besetzt sind. Im „Idealfall" müssen sich sowohl die A-Ionen (-Atome) mit den B-Ionen (-Atomen) berühren als auch die B-Ionen (-Atome) untereinander; der Radienquotient R_A/R_B muß also genau 0,41 sein. Im Natriumchlorid selbst ist der Radienquotient 0,54, die Packung der Cl⁻-Ionen ist gegenüber dem Idealfall aufgeweitet. Zu diesem Typ gehören neben einer Reihe von Halogeniden, Oxiden und Sulfiden (NaBr, MgO, MgS usw.) auch z. B. TiC, TiN, ZrC und ZrN, in denen N bzw. C in die Oktaederlücken der kubischen Dichtestpackung aus Ti bzw. Zr eingelagert ist. Ist nur die Hälfte der Oktaederlücken besetzt, und zwar in Schichten parallel zu einer Oktaederfläche, so erhält man den $MgCl_2$-Typ; die „kubische Dichtestpackung" der Anionen ist in diesem Typ leicht rhomboedrisch verzerrt. Analog entsteht aus der hexagonalen Dichtestpackung der CdJ_2-Typ. Es kommt auch vor, daß nur ein Viertel der Oktaederlücken besetzt ist, so z. B. bei Mn_4N und Fe_4N.

Rein formal kann man den CaF_2-Typ so beschreiben, daß man sagt, die Ca^{2+}-Ionen bilden ein kubisch flächenzentriertes Gitter, dem ja die kubische Dichtestpackung entspricht, und die F⁻-Ionen sitzen in den *tetraedrischen Lücken*. Dabei ist jedoch zu beachten, daß sich die Ca^{2+}-Ionen keineswegs berühren, da die F⁻-Ionen viel zu groß sind, um in die Lücken einer aus ihnen gebauten Dichtestpackung zu passen. Viel besser paßt diese Beschreibung für das Li_2O, welches analog dem CaF_2 kristallisiert, nur daß gleichsam Kationen und Anionen ihre Plätze vertauscht haben („Antifluorit-Typ", Strukturformel $Li_2^{[4]}O^{[8]}k$); die kleinen Li⁺-Ionen sitzen in den Tetraederlücken einer kubischen Dichtestpackung aus O^{2-}-Ionen. Ist in einer kubischen Dichtestpackung nur die Hälfte der tetraedrischen Lücken besetzt unter Beibehaltung möglichst hoher Symmetrie, so entsteht der Zinkblende-Typ. Um Mißverständnisse zu vermeiden, sei ausdrücklich darauf hingewiesen, daß diese Anordnung bei gleich großen sich berührenden Kugeln keine dichteste Kugelpackung ist, sondern eine recht lockere. Der hexagonalen Kugelpackung mit Auffüllung der Hälfte der Tetraederlücken entspricht das Wurtzitgitter.

Lagern wir nun in *beide Lückenarten* der kubischen Kugelpackung Kationen ein, so erhalten wir den Spinelltyp, $Mg^{[4]}Al_2^{[6]}O_4 k$. Hier ist ein Achtel der tetraedrischen Lücken, was also einem Viertel der Sauerstoffionen entspräche, mit Mg^{2+} und die Hälfte der oktaedrischen mit Al^{3+} besetzt. Das ist insofern merkwürdig, als die kleineren Al-Ionen in den oktaedrischen und die größeren Mg-Ionen in den tetraedrischen Lücken sitzen.

Den Olivin, $(Mg, Fe)_2^{[6]}[SiO_4]rh$, kann man in erster Näherung als etwas deformierte und aufgeweitete hexagonale dichteste Kugelpackung von Sauerstoffen auffassen, bei der die dichtesten ebenen Kugelpackungen in der Ebene (010) liegen. Die Si-Atome befinden sich in tetraedrischen Lücken, die also zu einem Achtel besetzt sind, und die Mg- bzw. Fe-Ionen besetzen die Hälfte der oktaedrischen Lücken.

8. Abweichungen vom Idealkristall

Fehlordnung. Während die geometrische Theorie der 230 Raumgruppen den Kristall als ein vollkommen geordnetes Gebilde darstellt, hat bereits die bisherige Besprechung der wirklich vorkommenden Strukturen gezeigt, daß dieses Idealbild nicht ganz zutrifft.

Bei den Mischkristallen haben wir gefordert, daß eine statistische Verteilung der Komponenten bestehe; das bedeutet bereits Unordnung. Das Beispiel des FeS zeigt eine weitere Art fehlender Ordnung, nämlich unvollständige Besetzung gleichwertiger Gitterpunkte; die vorhandenen Fe-Atome wiederholen sich im atomaren Bereich nicht streng periodisch. Bei den Spinellen hat sich gezeigt, daß es außer dem oben erwähnten Normaltyp auch noch eine zweite Art der Verteilung der Kationen gibt, die z. B. beim $MgGa_2O_4$ aufgefunden wurde. In diesem Spinell sitzt die Hälfte der Ga^{3+}-Ionen in den tetraedrischen, der Rest sowie die Mg^{2+}-Ionen in den oktaedrischen Lücken, und zwar sind die beiden Ionenarten nicht an bestimmte Plätze gebunden sondern statistisch verteilt; die kristallchemische Formel lautet folglich $\overset{3}{\infty} Ga^{[4]}(Ga, Mg)_2^{[6]}O_4 k$. Dieselbe Erscheinung finden wir beim Magnetit $Fe^{3+[4]}(Fe^{3+}, Fe^{2+})_2^{[6]}O_4 k$. Die Spinelle bilden Mischkristalle mit der γ-Modifikation des Al_2O_3. Diese besitzt ebenfalls eine kubisch dichteste Kugelpackung wie der Spinell; die Elementarzelle enthält 32 O-Ionen. Beim γ-Al_2O_3 sind nun an Stelle der beim Spinell pro Elementarzelle vorhandenen 24 Kationenplätze (der 16 Al + 8 Mg) $21\frac{1}{3}$ Al in die oktaedrischen und tetraedrischen Lücken eingelagert, d.h. in drei Elementarzellen sind von 72 Plätzen 64 mit Al-Ionen besetzt, und zwar wieder rein statistisch, ohne geometrische Ordnung. Die Mischbarkeit zwischen γ-Al_2O_3 und $MgAl_2O_4$ ist nun leicht verständlich.

Die bereits S. 56 erwähnten Mischkristalle des $MgCl_2$ mit LiCl können als dichteste kubische Chlorionen-Packung aufgefaßt werden. In der $MgCl_2$-Struktur ist die Hälfte der oktaedrischen Lücken unbesetzt, durch Hinzufügen (Addition)

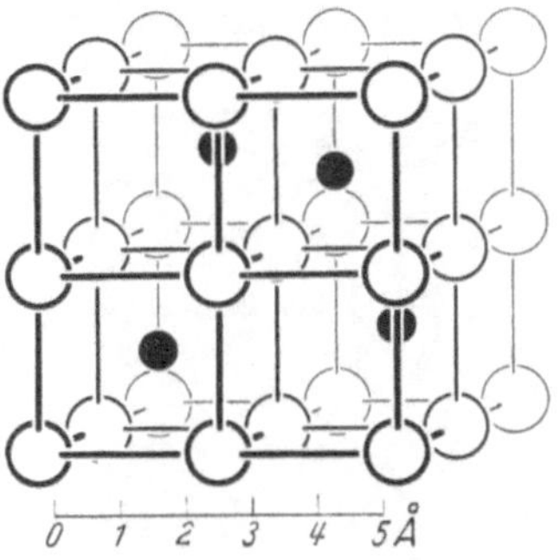

Abb. 179. Flußspatgitter unter Hervorhebung der primitiv kubischen Anordnung der F^--Ionen

von zwei Li an Stelle eines Mg entstehen Mischkristalle, bis schließlich der Kristall der Formel LiCl entspricht. Umgekehrt kann aus LiCl (bzw. Li_2Cl_2) durch Wegnehmen (Subtraktion) zweier Li und Ersatz durch ein Mg der $MgCl_2$-Kristall entstehen.

Auch in Strukturen, in denen nicht ein Teil der Atome eine dichteste Kugelpackung bildet, können solche Vorgänge stattfinden. Als Beispiel betrachten wir die Mischkristalle zwischen CaF_2 und YF_3. Die Flußspatstruktur läßt sich auch als einfach kubische Anordnung von F-Ionen auffassen, bei der in der Mitte eines jeden zweiten F-Würfels ein Ca-Ion sitzt (Abb. 179). Wird das Ca^{2+} durch Y^{3+} ersetzt, so tritt zusätzlich F in die leeren „F^--Würfel".

Wie diese Beispiele zeigen, kann man die Kristalle mit Unordnungserscheinungen klassifizieren in solche mit ungeordneter statistischer Verteilung von Bestandteilen auf eine Punktlage, *Substitutionskristalle*, und in solche mit ungeordneten Lücken. Beide Arten können sich überlagern und die Art der Lückenbildung kann noch weiter unterteilt werden, insbesondere hat man Addition $MgCl_2 \rightarrow Li_2Cl_2$ und Subtraktion $Li_2Cl_2 \rightarrow MgCl_2$ unterschieden.

Eine andere Art der Betrachtung ist durch SCHOTTKY und WAGNER eingeführt worden, die zeigen konnten, daß auch Kristalle mit einer klaren stöchiometrischen Formel bei allen Temperaturen über dem absoluten Nullpunkt *Fehlstellen* aufweisen müssen, deren Zahl bei Temperaturerhöhung zunimmt, bei Temperaturerniedrigung kleiner wird. Auch hier werden Substitution, Addition und Subtraktion unterschieden. Diese Fehlordnung genügt, um optische und elektrische Vorgänge und zum Teil die Reaktionen im festen Zustand zu erklären. Als Anhaltspunkt für die möglichen Schwankungen mag dienen, daß nach MOTT und GURNEY aus Messungen der elektrischen

Leitfähigkeit geschlossen werden kann, daß beim AgCl bei 250° C 0,02% der Ionen auf Zwischengitterplätzen sind, bei 350° C 0,1%. Die Fehlordnung von SCHOTTKY-WAGNER ist zum Teil mit den oben erwähnten Fehlordnungen identisch, zum Teil handelt es sich bei letzteren um Fehlordnungen, die beim absoluten Nullpunkt nicht stabil sind.

Das Gebiet der Fehlordnung im Kristall ist in der letzten Zeit intensiv erforscht worden. Die bereits vorhandenen Ergebnisse beweisen, daß auch der Prototyp des Regelmäßigen, der Kristall, Übergänge zu nur statistischer Ordnung zeigt. Die Bedingung des reell homogenen Diskontinuums ist nicht streng, sondern im Bereich atomarer Größenordnung nur im Durchschnitt, d.h. statistisch erfüllt.

Gesetzmäßige Verwachsungen. Weitere Abweichungen vom idealen Bau entstehen durch das Zusammenwachsen mehrerer Kristallindividuen. Bei einem

a   b   c

Abb. 180a—c. Verteilung von weißen und schwarzen Quadraten. (a) Statistisch; (b) Abweichung von der statistischen Verteilung gegen eine Schachbrett-Musterung; (c) Abweichung gegen Abtrennung größerer weißer und schwarzer Bereiche (aus LAVES)

Mischkristall stellen wir die Bedingung, daß die Verteilung der Atome, Ionen und Moleküle eine statistische sein soll, d.h. daß keine Bevorzugung irgendwelcher Lagen stattfindet und auch keine größeren Zusammenballungen des einen oder anderen Endgliedes, als sie der zufälligen Verteilung entsprechen, vorkommen. Außer solchen echten Mischkristallen gibt es nun sicher auch Fälle, in denen sich die Komponenten zu größeren Komplexen, also zu einer Art winzigster Kriställchen, zusammengefunden haben. Abb. 180a zeigt eine statistische Verteilung von 50% schwarzen und weißen Quadraten, wie man sie z.B. durch Auswürfeln erhalten würde; Abb. 180b zeigt eine Verteilung, die gegenüber der statistischen in Richtung auf ein geordnetes Schachbrettmuster abweicht — in Abb. 180c geht die Abweichung in Richtung auf eine Trennung größerer weißer bzw. schwarzer Bereiche.

Die Einlagerungen können sich von statistischer Verteilung bis zu Verwachsungen erstrecken, die mit bloßem Auge sichtbar sind. Auch hier kann das Beispiel der Kugelpackungen die verschiedenen Möglichkeiten anschaulich machen. In einer kubisch dichtesten Kugelpackung von Sauerstoff mögen die Lücken in der oben (S. 81) beschriebenen Weise mit Al-Ionen besetzt sein; dann erhalten wir die Struktur des γ-Al_2O_3. Ersetzen wir nun einen Teil der Al^{3+}-Ionen durch $1^1/_2$mal so viele Mg^{2+}-Ionen, so haben wir damit Mischkristalle zwischen γ-Al_2O_3 und $MgAl_2O_4$ gebildet. Man hat solche Mischkristalle, bei denen die chemischen Formeln oder die Bautypen der Endglieder nicht übereinstimmen, anomale Mischkristalle genannt. Der Name ist unglücklich gewählt, weil sich darunter eine ganze Reihe von verschiedenen Erscheinungen verbergen. Sind in dem eben erwähnten Beispiel die Ionen in den tetraedrischen und in den oktaedrischen Lücken statistisch verteilt, so wäre trotz des verschiedenen Formeltyps der Endglieder von einem einheitlichen Mischkristall zu reden. Wenn sich aber größere Bereiche ausbilden, die einem

der Endglieder entsprechen, so haben wir Einlagerungen der einen Kristallart in die andere (vgl. auch Abb. 180c). Häufig werden die Einlagerungen zum Wirtkristall kristallographisch orientiert sein. Die Einlagerungen können durch Entmischung im festen Zustand entstehen, wie das bei dem oben erwähnten Beispiel ohne weiteres einleuchtet; es ist aber durchaus nicht nötig, daß sie so entstehen.

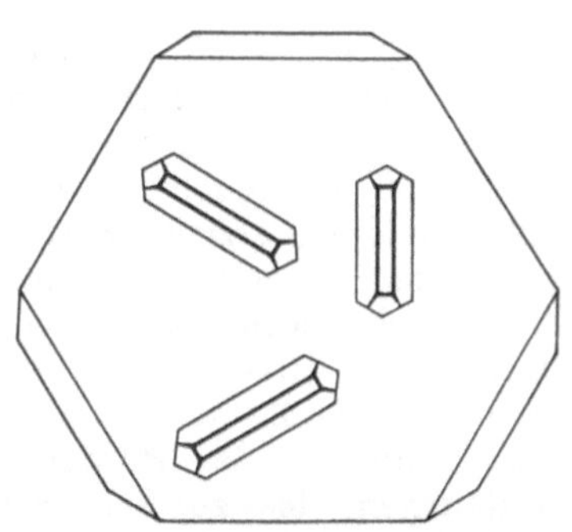

Abb. 181. Verwachsung von Rutil mit Eisenglanz (nach Seifert)

Abb. 182. Aufwachsung von Kaliumjodid auf Muskovit

Schon lange ist der Fall bekannt, daß zwei verschiedenartige Kristalle in gesetzmäßiger Anordnung miteinander verwachsen. Verbreitet im Mineralreich sind z.B. die Verwachsungen von Rutil mit Eisenglanz (Abb. 181). Schöne Verwachsungen kann man leicht experimentell erzeugen, indem man einen Tropfen wäßriger Kaliumjodidlösung auf einem frischen Glimmer-(Muskovit-)Spaltstück eintrocknen läßt (Abb. 182). Die Oktaederfläche des kubischen KJ und damit auch die Netzebene besitzt ja trigonale Symmetrie, die Glimmerspaltebene pseudohexagonale. Da zudem die Abstände einigermaßen passen, wachsen die KJ-Kristalle mit einer Oktaederfläche orientiert auf dem Glimmer auf. So erhalten wir Gebilde, die in der Aufsicht von Dreiecken begrenzt sind. Die Kanten dieser Dreiecke liegen bei allen Kristallen parallel, sie beweisen die orientierte, gesetzmäßige Verwachsung.

Auch unorientierte Einlagerungen kommen sehr häufig vor. Hier bestimmt das Verhältnis der Grenzflächenspannungen (s. auch S. 224), ob der Fremdkörper eingeschlossen oder beiseitegeschoben wird („Selbstreinigungsvermögen"). Solche Fremdkörper, seien es nun andere Kristalle, Flüssigkeitstropfen oder

6*

Gasblasen, bezeichnet man als *Einschlüsse*; auch sie kommen wahrscheinlich bis hinab zu submikroskopischer Größe vor.

Baufehler. Abgesehen von den bereits besprochenen Fehlordnungserscheinungen führt eine Reihe von Beobachtungen zu der weitergehenden Annahme, daß die natürlichen und mindestens viele künstliche Kristalle Baufehler aufweisen. Den Kristallographen war schon lange die *Parkettierung* von Kristallflächen bekannt (Abb. 183), die manchmal mit bloßem Auge zu erkennen ist, öfters bei goniometrischen Messungen sich durch ein verwaschenes oder vielfaches Signal bemerkbar macht. Auf Sprünge und Risse in der Kristalloberfläche führte schon BECKE die Bildung von Ätzfiguren zurück. Schon ein Jahr nach seiner Entdeckung der Röntgenlichtinterferenzen hat v. LAUE die Vermutung ausgesprochen, daß der von ihm und TANK untersuchte Flußspatkristall „ein Konglomerat vieler nicht mit der nötigen Genauigkeit zusammengesetzter Stücke" sei. Von dem ganz anderen Gebiet der Festigkeitsuntersuchung her hat W. VOIGT bereits 1919 auf die Wichtigkeit thermischer und mechanischer Inhomogenitäten hingewiesen und GRIFFITH hat ab 1920 die Abweichung der experimentellen Festigkeitseigenschaften von den theoretisch zu erwartenden durch äußere oder innere Sprünge zu erklären versucht. Gerade auf dem Gebiet der Festigkeit ist die Frage der Baufehler vielfach, so besonders von SMEKAL, behandelt worden, ohne daß eine Einigung erzielt worden wäre. Soviel scheint sicher zu sein, daß es außer den durch mechanische Einwirkung entstandenen Rissen noch den

Abb. 183. Flußspat mit parkettierter Oberfläche

Aufbau der Kristalle aus Subindividuen geben kann. Die Größe dieser Bauteile schwankt zwischen den von DARWIN aus der Reflexion des Röntgenlichts mit 10^{-4} bis 10^{-7} cm erschlossenen Mosaikteilchen, bis zu den mit bloßem Auge erkennbaren Parkettierungen. Diese Subindividuen sind nur um geringe Beträge gegeneinander verdreht, ohne daß dabei eine bestimmte Drehungsrichtung eingehalten werden braucht. Das treffendste Bild ist wohl das der Zweige eines Baumes, die ganz dicht aneinander gefügt sind (*Verzweigungs-* oder *Lineagestruktur* BUERGERs). Der Vergleich hinkt insofern, als man sich nicht etwa vorstellen darf, daß der Durchmesser der Blöcke wie der der Zweige eines Baumes in einer Richtung hin abnimmt; die Zu- und Abnahme der Größe der Blöcke ist unregelmäßig. Der Zusammenhalt eines solchen verzweigten Kristalls ist so fest, daß beim Spalten des Kristalls nicht einzelne Blöcke herausbrechen, sondern eine annähernd glatte Fläche entsteht, auf der man bei genügend großer Dimension der Bauteile diese durch Einspiegeln oder durch Interferenzerscheinungen sichtbar machen kann. Die Baufehler sind auf manche Festigkeitseigenschaften (s. S. 96 und 99) und auch auf Reaktionen im festen Zustand von großem Einfluß.

Solche Abweichungen vom idealen Kristall werden beim natürlichen Wachstum mit seinen vielen Zufälligkeiten leicht entstehen (s. S. 157 ff.). Im Laboratorium ist es möglich, grobe Abweichungen durch geeignete Versuchsbedingungen zu unterdrücken. Wieweit das innerhalb der submikroskopischen Dimensionen möglich ist, wieweit also überhaupt Baufehler notwendigerweise auftreten, ist noch umstritten. Es ist bei der Diskussion dieser Fragen auch zu bedenken, daß ein Teil der Erscheinungen, die man Baufehlern zugeschrieben hat, auf die oben erwähnten Fehlordnungserscheinungen zurückgeführt werden kann. Bei besonders sorgfältiger Ausschaltung aller Fehlerquellen scheint es möglich zu sein, Kristalle zu erhalten, die von Baufehlern mindestens sehr weitgehend frei sind. Aber auch wenn dies möglich sein sollte, muß man sich klar vor Augen halten, daß weder die natürlichen noch die große Mehrzahl der künstlichen Kristalle ohne Baufehler sind. Dazu kommen die mannigfachen Fehlordnungserscheinungen. Die Vorstellungen, die im ersten Kapitel entwickelt wurden, waren also nur Hilfsmittel, die mathematischen Beziehungen herauszuarbeiten. Bei jeder Anwendung müssen wir uns überlegen, wie weit wir idealisieren dürfen. Wegen dieser Abweichungen vom *Idealkristall* spricht man häufig vom *Realkristall*. Es scheint jedoch wichtig, Fehlordnung und Baufehler soweit als möglich auseinanderzuhalten.

Die Unordnung kann noch größer werden und Übergänge zu den S. 3 erwähnten *Mesophasen* zeigen. Bei Schichtkristallen kann es nämlich vorkommen, daß die Schichten mehr oder weniger ungeordnet übereinander gelagert sind. So sind bei dem wichtigen Tonmineral Montmorillonit die in Abb. 163, S. 63, dargestellten Schichtpakete ungeordnet übereinander geschichtet, so daß also nur die Netzebenen einander parallel, die einzelnen Netzebenen aber gegen ihre Nachbarn beliebig verdreht sind. Die Abstände der Mitten der Schichtpakete ändern sich mit zunehmendem Wassergehalt von etwa 10 bis 20 Å. Organische Flüssigkeiten können noch größere Abstände hervorrufen. Diese „innere" Oberfläche bewirkt ein besonders gutes Adsorptionsvermögen des Minerals. Auch in der Kaolinit-Gruppe gibt es Vertreter mit Unordnungen in der Stapelfolge; man spricht dann auch von „Fireclay"-Mineralen.

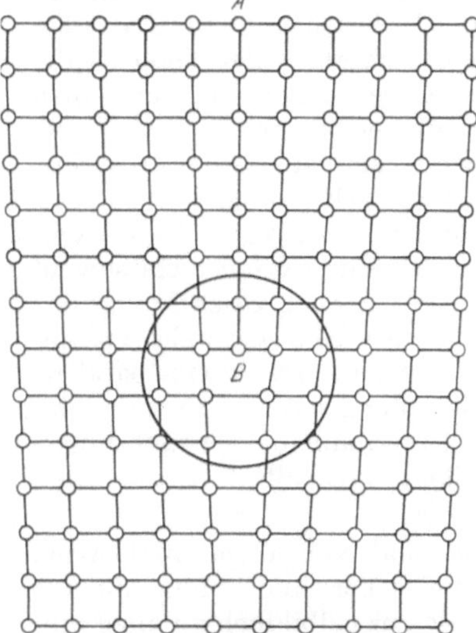

Abb. 184. Stufenversetzung. Das durch einen Kreis begrenzte Gebiet ist besonders stark gestört. Die Versetzungslinie verläuft senkrecht zur Zeichenebene

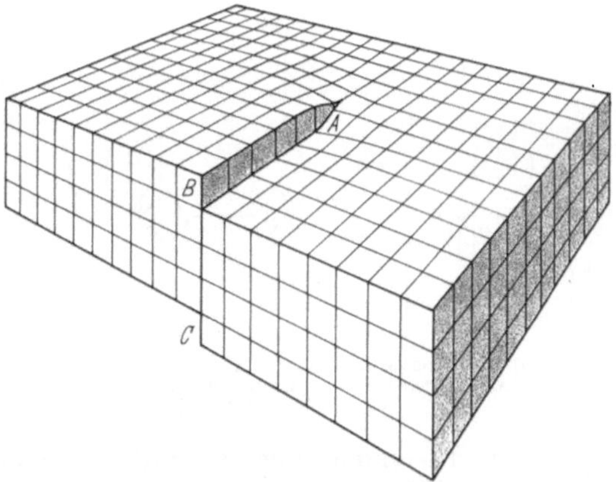

Abb. 185. Schraubenversetzung. Die Versetzungslinie sticht bei A aus. In einiger Entfernung von der Versetzungslinie. etwa bei B—C ist das Gitter praktisch ungestört (aus READ)

Versetzungen. Als sehr wichtig für das Verständnis mancher kristallphysikalischer Probleme (z. B. plastische Deformation, S. 90ff. und Kristallwachstum, S. 149ff.) haben sich in den letzten Jahren Abweichungen vom idealen Kristallbau erwiesen, die man *Versetzungen* nennt. In Abb. 184 ist dafür ein besonders einfaches, wenn auch rein theoretisches Beispiel gegeben. Es handle sich um ein primitiv kubisches Gitter, die Ebene der Zeichnung sei (001) — die Atome auf den Netzebenen über und unter der Zeichenebene sollen immer genau über und unter den gezeichneten Punkten liegen. Man sieht, daß in der oberen Hälfte der Zeichnung eine Netzebene eingeschoben ist, die im Kristall bei B endet. Um B ist das Gitter stark gestört und die Störung um B setzt sich senkrecht (001) gleichartig nach oben und unten fort. Man spricht hier von einer *Versetzungslinie* — diese ist keine Linie im mathematischen Sinn, sondern stellt den Verlauf der Orte größter Gitterstörung dar. Die eben besprochene Art von Versetzung nennt man *Stufenversetzung*.

Neben den Stufenversetzungen spielen die *Schraubenversetzungen* eine große Rolle. Bei dieser Art von Versetzung sind die Netzebenen so deformiert, daß sie wendeltreppenförmig um eine Versetzungslinie gewunden sind (Abb. 185). Die Ganghöhe der Windungen beträgt manchmal nur einen oder wenige Translationsabstände (also wenige bis etwa 20 Å), bisweilen jedoch bis zu mehreren hundert Ångström.

Stufenversetzungen und Schraubenversetzungen stellen besonders übersichtliche Fälle dar, bei ihnen ist die Versetzungslinie eine Gerade. Es gibt jedoch auch weit verbreitet Versetzungen, bei welchen die Versetzungslinie gekrümmt ist und welche komplizierter zu beschreiben sind. Ganz allgemein stellen die Versetzungslinien besonders energiereiche Bereiche im Kristall dar.

Zwillingsbildung. Bei den Baufehlern nehmen wir an, daß das Wachstum in fast parallelen Bereichen erfolgt, deren Winkelabweichung vom idealen, ungestörten Gitter nur sehr gering ist. Wir kennen aber noch eine andere Art der Verwachsung von Kristallen desselben Stoffes. Bei dieser ist die gegenseitige Lage der einzelnen Kristallbereiche zwar stark verschieden, sie ist aber durch kristallographisch orientierte Symmetrieelemente geregelt. Diese Symmetrieelemente dürfen nicht sowohl nach Art wie nach Orientierung mit solchen des Einzelkristalls zusammenfallen, da sonst nur eine parallele Wiederholung entstehen würde. Solche gesetzmäßige Verwachsungen derselben Kristallart nennt man *Zwillinge*.

Es sind vor allem zwei Arten symmetrischer Anordnung, die wir beobachten. Im ersten Falle liegen die Einzelkristalle spiegelbildlich zu einer einfachen Kristallfläche, der *Zwillingsebene*. Oft ist diese Fläche auch zugleich Verwachsungsfläche, wie bei dem Albitzwilling der Abb. 186 [Zwillingsebene (010)]. Zwillinge nach dem Albit-Gesetz sind nicht nur beim Albit selbst, sondern auch bei allen anderen Plagioklasen ungemein verbreitet; Plagioklase aus Gesteinen sind fast ausnahmslos nach diesem Gesetz verzwillingt. Im Gegensatz zu diesem Beispiel kennen wir auch Ebenen-Zwillinge, bei denen die Zwillingsebene nicht zugleich Verwachsungsfläche ist, sondern letztere eine ganz unregelmäßige, gebogene und geknickte Fläche. Die aneinandergrenzenden beiden Kristalle können sogar einander durchdringen, wie bei dem in Abb. 187 dargestellten Quarzzwilling.

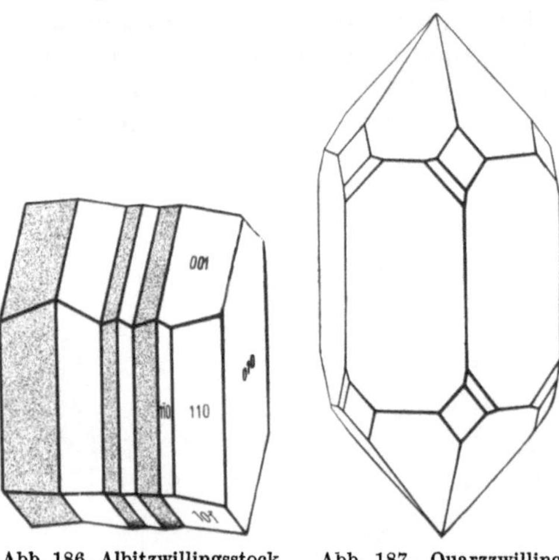

Abb. 186. Albitzwillingsstock (nach RAAZ-TERTSCH)

Abb. 187. Quarzzwilling nach dem Brasilianergesetz, idealisiert

Zwillingsebene ist hier eine Fläche der Form $\{11\bar{2}0\}$; das rechte und das linke Trapezoeder liegen symmetrisch zu dieser Ebene (Brasilianer Gesetz). In Praxis sind die Brasilianer Zwillinge des Quarzes nur äußerst selten an der morphologischen Formenentwicklung zu erkennen; vielmehr wechseln häufig die Einzelbereiche in Schichten ab, wie man aus optischen Untersuchungen weiß. Man beachte, daß bei Brasilianer-Zwillingen Rechts- und Links-Quarz miteinander abwechselt (vgl. S. 27).

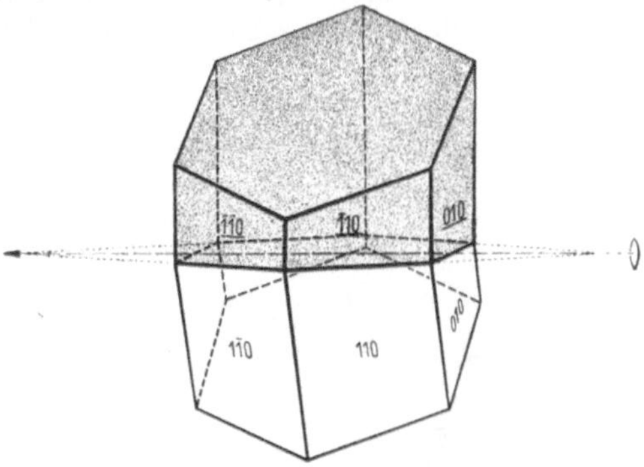

Im zweiten Falle liegen die Einzelkristalle um eine einfache rationale Kantenrichtung, die *Zwillingsachse*, um 180° gegeneinander gedreht. Ein Beispiel bietet wieder der Albit mit dem Periklingesetz (Abb. 188); Zwillingsachse ist [010], Verwachsungsebene der sog. „rhombische Schnitt". Dieser ist eine Ebene, deren Lage nicht rationalen Indices entspricht, sondern vielmehr durch die Metrik des Kristalls und die Lage der Zwillingsachse bestimmt wird. Wie das Albit-Gesetz, so ist auch das Periklin-Gesetz bei allen Plagioklasen sehr verbreitet. Da die Lage des

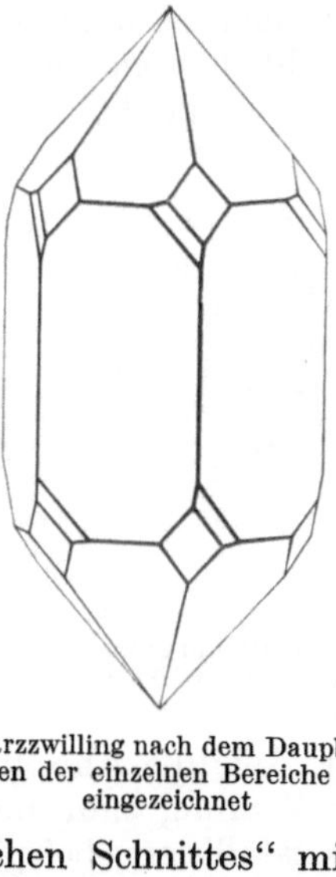

Abb. 188. Periklinzwilling

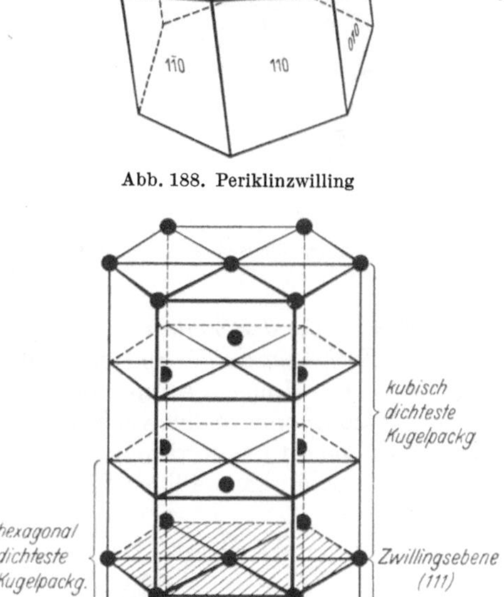

Abb. 189. Quarzzwilling nach dem Dauphinéer-Gesetz. Die Grenzen der einzelnen Bereiche sind nicht eingezeichnet

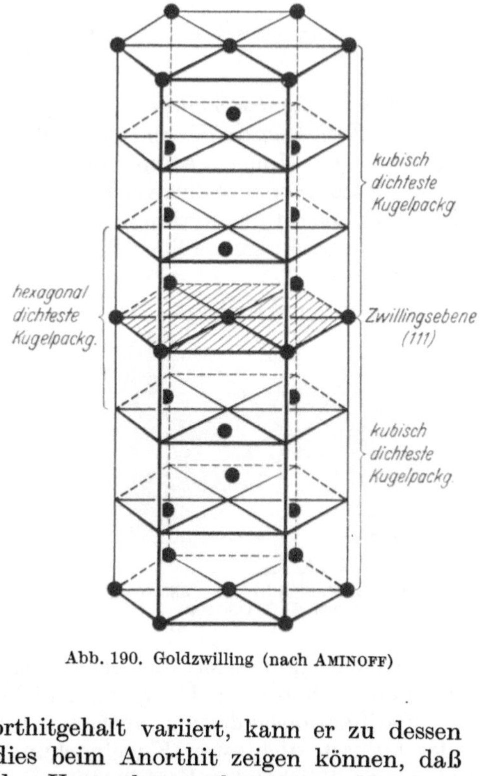

Abb. 190. Goldzwilling (nach AMINOFF)

„rhombischen Schnittes" mit dem Anorthitgehalt variiert, kann er zu dessen Bestimmung dienen. MÜGGE hat überdies beim Anorthit zeigen können, daß man aus der Abweichung der Lage der Verwachsungsebene von der theoretisch aus den Achsenverhältnissen berechneten auf die Bildungstemperatur eines solchen Minerals schließen kann, sie also als „geologisches Thermometer" verwenden kann. Ursache dafür ist, daß sich das Achsenverhältnis des Kristalls mit der Temperatur ändert und damit die Lage des „rhombischen Schnittes". Diese wird jedoch bei der Entstehungstemperatur des Zwillings festgelegt und kann sich dann nicht mehr ändern. Beim Quarz gibt es häufig Durchdringungszwillinge, in denen die Zwillingsachse mit [00.1] zusammenfällt (Dauphinéer-Gesetz, Abb. 189). Diese Zwillinge haben bei idealer Ausbildung die morphologische Symmetrie 622, wie man sie dem Hochquarz zuschreibt (vgl. S. 32). Damit steht in Einklang, daß sich in Abb. 189 die rechten Trapezoederflächen nach 60° wiederholen (und nicht wie im Tiefquarz nach 120°).

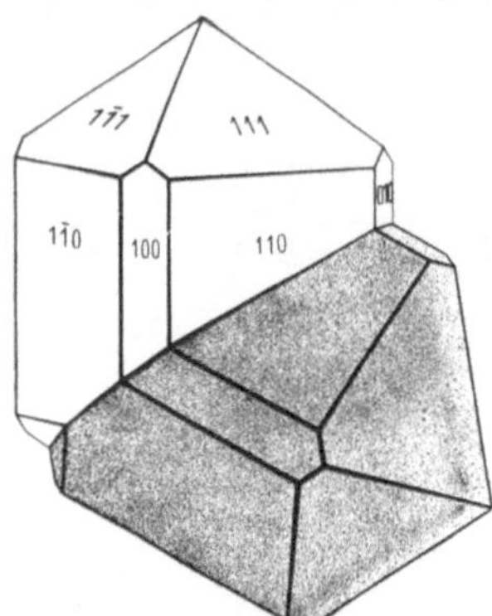
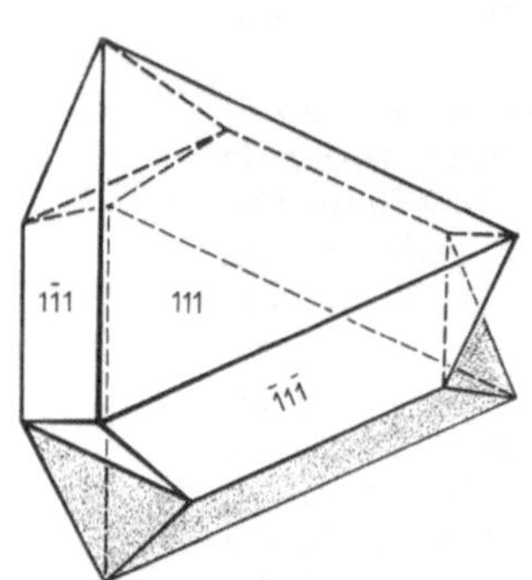
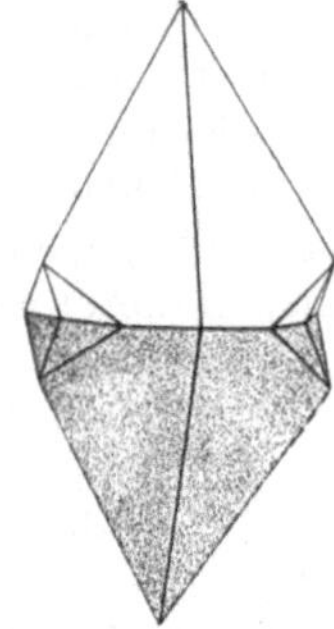

Abb. 191. Zwilling des Zinnsteins (Graupe)   Abb. 192. Spinellzwilling nach (111) (nach RAAZ-TERTSCH)   Abb. 193. Kalkspatzwilling nach (0001)

Die *Entstehung der Zwillinge* erfolgt im wesentlichen nach zwei Mechanismen. Bei den *Wachstumszwillingen* darf man sich wahrscheinlich vorstellen, daß einige Teilchen (Ionen, Atome oder Moleküle) den bisherigen Aufbau nicht mehr fortsetzen, sondern eine verwandte Struktur weiterbauen, so daß an der Übergangsstelle eine Atomanordnung entsteht, die zwar nicht dem energetisch günstigsten Fall, dem regelmäßigen Weiterbilden des Gitters, entspricht, aber immer-

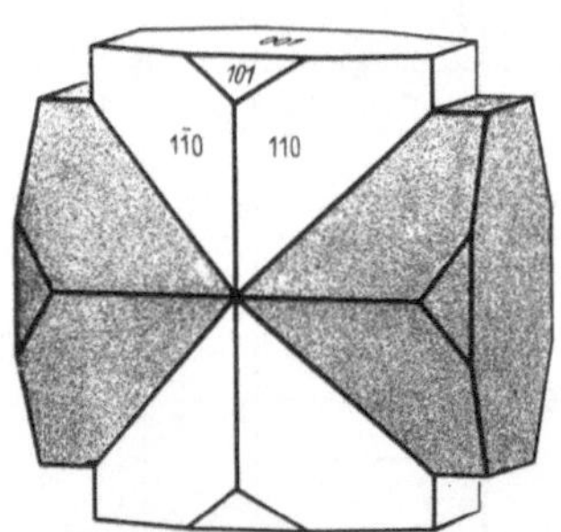
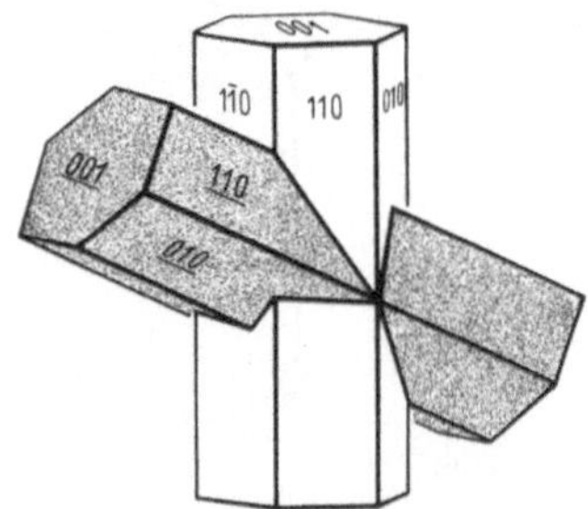

Abb. 194. Staurolithzwilling nach (032) (nach RAAZ-TERTSCH)   Abb. 195. Staurolithzwilling nach (232) (nach RAAZ-TERTSCH)

hin dem nächst günstigen und geometrisch möglichen. Wie die Abb. 190 zeigt, kann man auch oft die Übergangsschicht von einem Zwilling zum andern als eine Modifikationsänderung auffassen. Das Gold kristallisiert beispielsweise in der kubisch dichtesten Kugelpackung; die Übergangslage hat die Struktur der hexagonal dichtesten Kugelpackung, die dann wieder in die kubisch dichteste übergeht. Bereits 1911 hatte MÜGGE die Übergangsschicht von einem Zwillingsindividuum zum anderen als ein dünnes Plättchen einer anderen Modifikation aufgefaßt.

Von der Entstehung der Wachstumszwillinge ist meist sauber abzutrennen die Entstehung der *polysynthetischen Zwillinge*. In diesen treten sehr kleine (häufig mikroskopische) Zwillingslamellen in vielfacher Wiederholung auf. Sie entstehen verbreitet beim Übergang einer höhersymmetrischen Modifikation in eine niedriger symmetrische, wenn die beiden Modifikationen strukturell nur wenig verschieden sind; häufig etwa bei der Abkühlung eines Kristalls einer Hochtemperaturmodifikation. Wir haben polysynthetische Verzwillingung schon beim Mikroklin (S. 66) kennengelernt. Auch die Plagioklase sind in der Regel

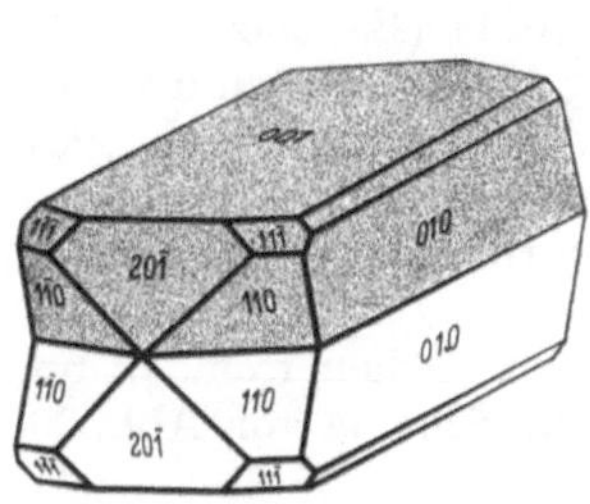

Abb. 196. Manebacher Zwilling des Orthoklases (nach RAAZ-TERTSCH)

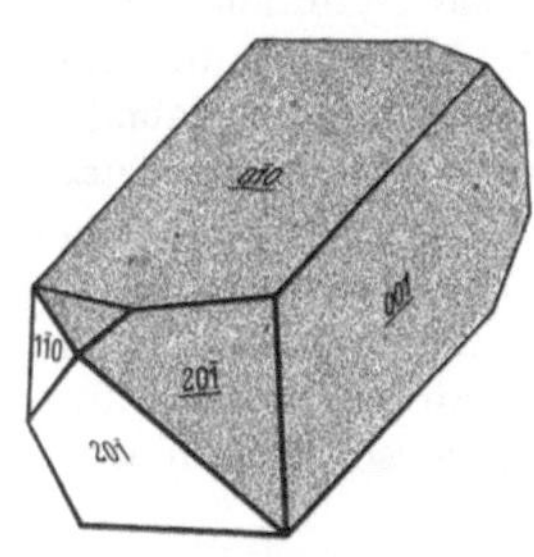

Abb. 197. Bavenoer Zwilling des Orthoklases (nach RAAZ-TERTSCH)

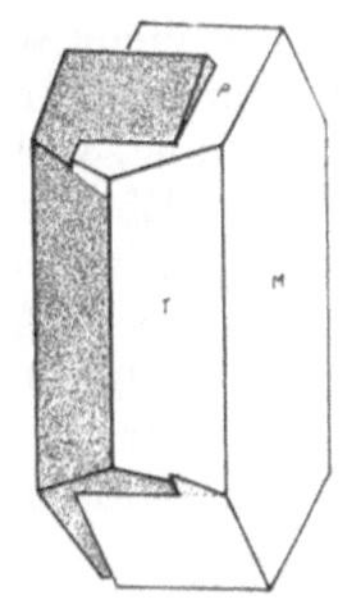

Abb. 198. Karlsbader Zwilling des Orthoklases

polysynthetisch nach dem Albit- und Periklin-Gesetz verzwillingt. Über die Entstehung polysynthetischer Zwillinge durch mechanische Deformation vgl. S. 90.

Zwillinge kommen in der Natur häufig vor. Für manche Minerale sind sie besonders charakteristisch, neben den Feldspäten und dem Quarz z.B. für den Zinnstein, dessen Zwillinge, die Zinngraupen, schon die Bergleute des Mittelalters als Kennzeichen benutzten (Abb. 191) — Zwillingsebene ist (101). Andere Beispiele sind die Zwillinge nach der Oktaederfläche bei den in der Klasse $m3m$ kristallisierenden Spinellen (Abb. 192) und die verbreiteten Zwillinge des Gipses nach (100). Beim Pyrit treten Durchkreuzungszwillinge mit einer Rhomben-

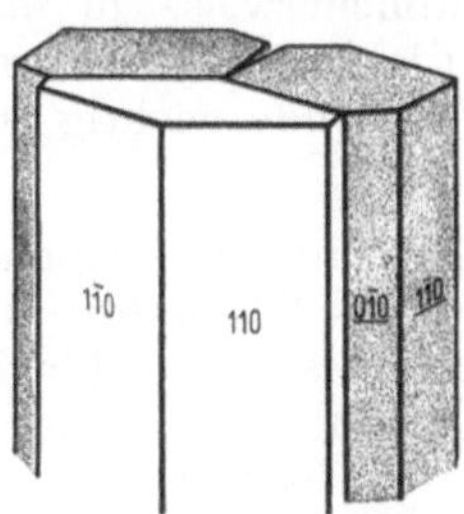

Abb. 199.
Aragonitdrilling (nach RAAZ-TERTSCH)

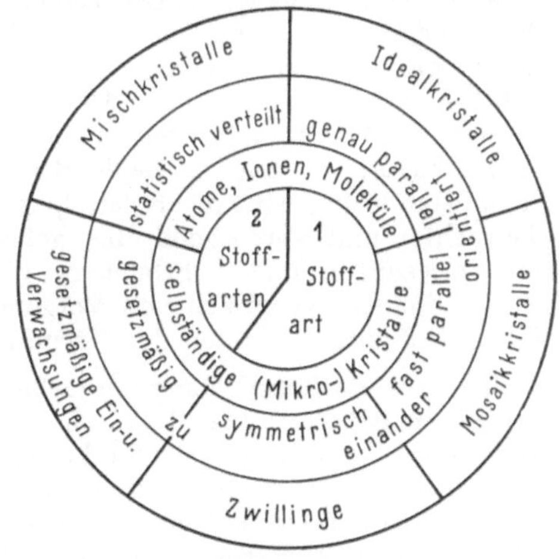

Abb. 200.
Schema der Anlagerungsarten in kristallinen Stoffen

dodekaederfläche als Zwillingsebene auf; parallel {110} verlaufen in $2/m\bar{3}$, der Kristallklasse des Pyrits, im Gegensatz zur höchstsymmetrischen kubischen Klasse keine Symmetrieebenen, so daß diese Richtung als Zwillingsebene wirken kann. Kalkspat bildet Zwillinge nach der Basis (0001) Abb. 193 und nach dem Rhomboeder (01$\bar{1}$2). Berühmt sind auch die kreuzförmigen Zwillinge des morphologisch in der Klasse $2/m\,2/m\,2/m$ kristallisierenden Stauroliths [Abb. 194 nach (032), Abb. 195 nach (232)], die in früheren Zeiten

Anlaß zu Sagen über seine Entstehung gegeben haben. Allerdings ist die wahre Symmetrie von Staurolith nach neueren Arbeiten nur monoklin, wenn auch ausgeprägt pseudorhombisch, so daß die Zwillinge in Wirklichkeit komplizierter sind. Wichtig zu diagnostischen Zwecken sind die Zwillinge der Feldspäte, von denen wir die der Plagioklase nach dem Periklin- und Albitgesetz bereits oben erwähnt haben (Abb. 188 und 186). Beim Orthoklas, der nach seiner Makrosymmetrie in Klasse 2/m kristallisiert, kann die (010)-Fläche keine Zwillingsebene mehr sein, weil sie Symmetrieebene ist. Wir finden hier die Fläche (001) (Manebacher Gesetz, Abb. 196) und die Fläche (021) (Bavenoer Gesetz, Abb. 197) als Zwillingsebenen. Der Karlsbader Zwilling (Abb. 198) kann sowohl nach dem Ebenengesetz nach (100) wie nach dem Achsengesetz nach [001] gedeutet werden. Nicht selten zeigen Zwillingsbildungen eine Scheinsymmetrie. So ist z.B. der in Abb. 199 dargestellte Drillingsstock des rhombischen Aragonits, der nach (110) verzwillingt ist, fast hexagonal.

Fassen wir diese verschiedenen Anlagerungsvorgänge zwischen fremden und eigenen Individuen zusammen, so können wir sie in dem Schema von Abb. 200 darstellen.

III. Kristallphysik
1. Plastische Verformung

Allgemeines. Zwillinge können nun nicht nur durch Wachstum entstehen, sondern auch durch mechanische Verformung des Kristalls. Wir begeben uns damit auf das Gebiet der Kristallphysik, eines Grenzgebiets zwischen der Physik, der Kristallkunde und der Mineralogie im engeren Sinne. Wie in jedem Grenzgebiet, so gibt es auch hier viele Überschneidungen. Das ist nur gut und fruchtbar. Der Forscher, der von der reinen Physik herkommt, ist gewohnt, die Vorgänge möglichst stark zu vereinfachen, um die grundlegenden Gesetzmäßigkeiten möglichst klar herauszuarbeiten. Dem Mineralogen andererseits, der mit den natürlichen Kristallen zu tun hat, steht die große Mannigfaltigkeit, wie sie die Natur uns bietet, vor Augen. Beide Behandlungsweisen müssen sich ergänzen. In dieser Einführung wird die Kristallphysik vom Standpunkt des Mineralogen aus betrachtet und vorwiegend das gebracht, was üblicherweise in physikalischen Vorlesungen und Lehrbüchern nicht im Vordergrund des Interesses steht, aber für das Verstehen von Vorgängen in der Erdrinde wichtig ist oder als Hilfsmittel zum Erkennen der Kristallarten dient.

Mechanische Zwillingsbildung (einfache Schiebung). Spannt man einen Kalkspatkristall in Richtung [12.0] zwischen die Backen eines Schraubstockes ein und drückt ihn vorsichtig, so entstehen Zwillinge oder meistens Viellinge nach (01$\bar{1}$2). Drückt man vorsichtig mit einem Messer auf die Kante [$\bar{1}$2.1] eines Spaltrhomboeders, so kann man leicht einen Teil des Kristalls abschieben, ohne daß der Zusammenhang gestört wird (Abb. 201); dabei ist der Keilwinkel der Schneide ohne Einfluß auf die Größe des Öffnungswinkels der entstehenden Einkerbung. Die Ebene, in der die Gleitung erfolgt, heißt die *Gleitebene*, die Richtung der Verschiebung *Gleitrichtung*. Beide sind unabhängig von der Richtung der Beanspruchung und besitzen einfache Indices. Charakteristisch für diese Art der Verformung ist, daß der Betrag der Verschiebung proportional zum Abstand von der Zwillingsebene ist.

Solche Verformungen nennt man *einfache Schiebungen*. Sie treten auch bei isotropen Körpern bei einer bestimmten Art der Beanspruchung auf und sind deshalb für Vorgänge der Gesteinsumwandlung wichtig; denn manche Gesteine kann man in einiger Annäherung als isotrop ansehen. Betrachten wir eine Kugel, die durch Scherung so verformt wird, daß sie in ein dreiachsiges Ellipsoid[1] von gleichem Volumen übergeht. In diesem dreiachsigen Ellipsoid liegt eine Achse in der Richtung (c), sie wird kleiner als der Kugelradius, die zweite (a) wird größer, die mittlere (b) bleibt gleich groß; sie steht in der Abb. 202 senkrecht zur Zeichenebene. Die beiden anderen Ellipsoidachsen a und c liegen in

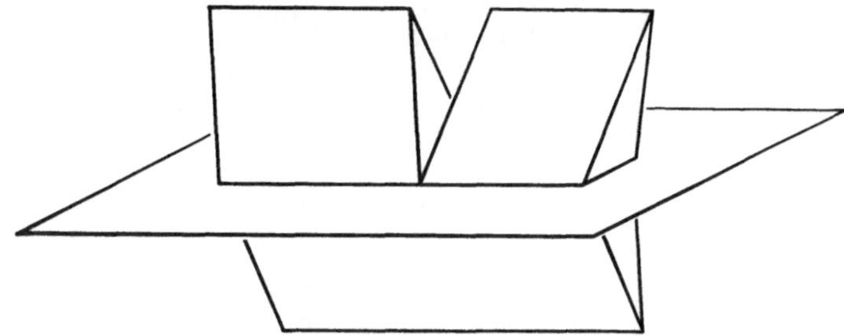

Abb. 201. Druckzwilling des Kalkspats. Die eingezeichnete Ebene entspricht (01$\bar{1}$2)

der Zeichenebene; die Schiebung erfolgt von links nach rechts. Wegen der Bedingung der Volumgleichheit und der Konstanz von b ist $r^2 = a \cdot c$. Zur Beschreibung der Schiebungsvorgänge werden folgende Bezeichnungen verwendet. Jedes dreiachsige Ellipsoid hat zwei zentrale Kreisschnitte. Der eine ist die Gleitebene oder der erste Kreisschnitt k_1. Senkrecht auf ihm und parallel der Schiebungsrichtung η_1 steht die Ebene der Schiebung, in unserer Abbildung die Zeichenebene. Mit ihr schneidet sich der zweite Kreisschnitt k_2 in der Linie η_2, welche die Richtung angibt, die von allen möglichen Richtungen bei der Verformung am stärksten aus der Ausgangslage herausgedreht wurde, nämlich um den Winkel $(180° - 2\psi)$; η_1 und η_2 liegen symmetrisch zu a, der längsten Achse des Deformationsellipsoids. Der Betrag der Schiebung S wird gemessen durch den Weg, den ein Punkt im Abstand eins von der Ebene k_1 zurücklegt. Zwischen ihm und dem Winkel ψ zwischen den beiden Kreisschnittebenen besteht die Beziehung tg $\psi = 2/S$.

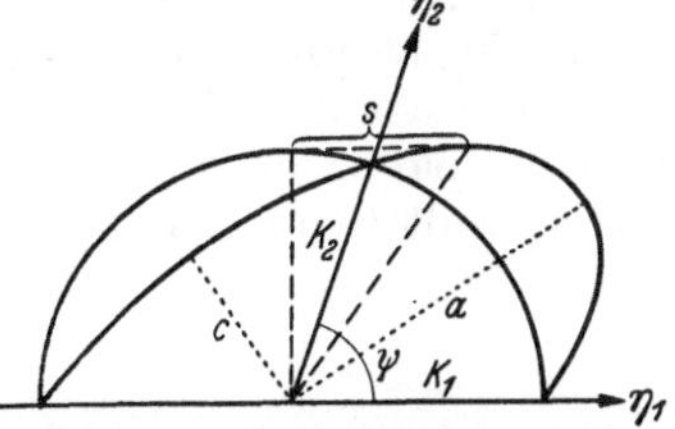

Abb. 202. Einfache Schiebung. Schnitt durch Kugel und Deformationsellipsoid. k_1 Spur der Gleitebene des ersten Kreisschnittes, η_1 Gleitrichtung; k_2 Spur des zweiten Kreisschnittes, η_2 Richtung der größten Winkeländerung; s Betrag der Schiebung

In isotropem Material nehmen die Kreisschnitte je nach den Druckverhältnissen verschiedene Lagen ein und das Ausmaß der Verformung (der Betrag S der Schiebung) ändert sich mit der Größe der mechanischen Beanspruchung. Bei Kristallen hingegen sind bestimmte Gleitebenen im Gitter vorhanden, nur entlang diesen Ebenen erfolgt die Verformung; ferner hängt hier S nicht vom angewandten Druck ab — sobald dieser nur groß genug ist, daß der Deformationsmechanismus in Gang kommt, stellt sich immer dasselbe S ein. In Tabelle 15

---

[1] Ein dreiachsiges Ellipsoid ist ein geschlossener Körper, der mit jeder beliebig orientierten Ebene zum Schnitt gebracht als Schnittfigur eine Ellipse ergibt — in zwei speziellen Lagen entarten die Schnittellipsen zu Kreisen. Es hat dieselbe Symmetrie wie die rhombisch dipyramidale Kristallklasse (s. S. 23). In den Richtungen seiner 2-zähligen Achsen liegen die drei „Hauptachsen", von denen eine dem kleinsten, eine andere dem größten zentralen Durchmesser entspricht. Die Gleichung eines dreiachsigen Ellipsoides, dessen Hauptachsen a, b und c mit den Koordinatenachsen eines gewöhnlichen Achsenkreuzes zusammenfallen, lautet
$$\left(\frac{x}{a}\right)^2 + \left(\frac{y}{b}\right)^2 + \left(\frac{z}{c}\right)^2 = 1.$$

Tabelle 15. *Einige Beispiele für einfache Schiebungen*

Kristall	Kristallklasse	Erste Kreisschnittebene k_1	Zweite Kreisschnittebene k_2	Betrag der Schiebung S
α-Eisen	$m3m$ (kubisch raumzentriert)	(112)	$(11\bar{2})$	0,707
Zink	$6/mmm$ (hex. Dichtestpackung)	$(10\bar{1}2)$	$(10\bar{1}2)$	0,143
Arsen		$(01\bar{1}2)$	$(0\bar{1}11)$	0,256
Antimon	$\bar{3}\,2/m$	$(01\bar{1}2)$	$(0\bar{1}11)$	0,146
Wismut		$(01\bar{1}2)$	$(0\bar{1}11)$	0,118
Rutil TiO_2	$4/mmm$	$\left\{\begin{array}{l}(101)\\(101)\end{array}\right.$	$\left\{\begin{array}{l}(\bar{1}01)\\(\bar{3}01)\end{array}\right.$	$\left\{\begin{array}{l}0,908\\0,190\end{array}\right.$
Dolomit $CaMg(CO_3)_2$	$\bar{3}$	$(02\bar{2}1)$	$(0\bar{1}11)$	0,588
Calcit $CaCO_3$.		$(01\bar{1}2)$	$(0\bar{1}11)$	0,694
Natronsalpeter $NaNO_3$ . . .	$\bar{3}\,2/m$	$(01\bar{1}2)$	$(0\bar{1}11)$	0,753
Hämatit Fe_2O_3		$\left\{\begin{array}{l}(0001)\\(10\bar{1}1)\end{array}\right.$	$\left\{\begin{array}{l}(02\bar{2}1)\\(\bar{1}012)\end{array}\right.$	$\left\{\begin{array}{l}0,634\\0,205\end{array}\right.$
Aragonit $CaCO_3$				0,130
Kalisalpeter KNO_3	mmm	(110)	$(1\bar{3}0)$	0,041
Carnallit $MgCl_2 \cdot KCl \cdot 6\,H_2O$.				0,048
Anhydrit $CaSO_4$		(101)	$(\bar{1}01)$	0,228

sind k_1, k_2 und S für einige Metalle und Minerale angeführt. Den auch für diagnostische Zwecke wichtigen Unterschied zwischen der Lage der Gleitebenen beim Kalkspat $(01\bar{1}2)$ und beim Dolomit $(02\bar{2}1)$ illustrieren Abb. 203 und 204. Die Spuren der Zwillingslamellen auf einer Fläche des Spaltrhomboeders gehen beim Kalkspat (Abb. 203) den Kanten und der längeren Flächendiagonale parallel, beim Dolomit (Abb. 204) hingegen zu den beiden Flächendiagonalen.

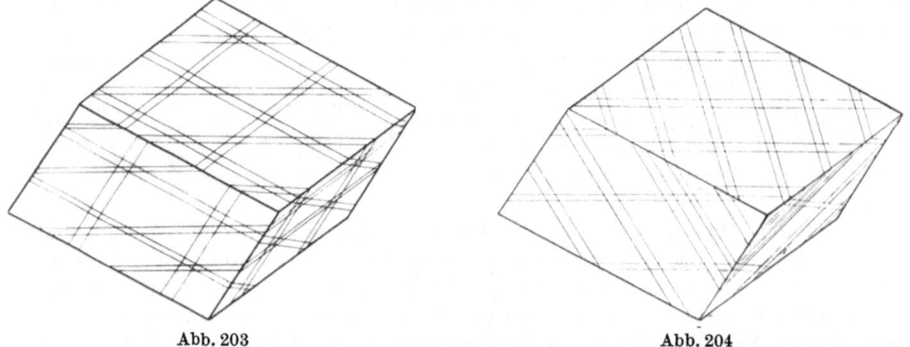

<table>
<tr><td align="center">Abb. 203</td><td align="center">Abb. 204</td></tr>
</table>

Abb. 203. Lage der Druckzwillingslamellen bei Kalkspat. Die Spuren der Zwillingslamellen parallel zu den Rhomboederkanten treten morphologisch nicht hervor, sie sind jedoch unter dem Polarisationsmikroskop zu beobachten

Abb. 204. Lage der Druckzwillingslamellen bei Dolomit

Die Entstehung der Druckzwillinge wird man sich ähnlich denken dürfen wie die der durch Wachstum entstandenen Zwillingskristalle. Unter dem äußeren Zwang ordnet sich das Gitter um; es entsteht an der Übergangsstelle eine andere Modifikation oder überhaupt ein anderer Ordnungszustand des Gitters.

Translationen. Die Druckzwillingsbildung ist die eine Möglichkeit der plastischen Verformung für Kristalle. Die andere ist die, daß die Gleitung ähnlich erfolgt wie die von Kartenblättern in einem Kartenstoß. Man spricht dann von mechanischen Translationen.

Es verschieben sich Teile eines Kristalls gegeneinander in einer kristallographisch definierten Ebene, der *Translationsebene*. Innerhalb dieser Ebene ist die Gleitrichtung ferner nicht beliebig, sondern die Bewegung erfolgt nur in speziellen kristallographisch definierten Richtungen, den *Translationsrichtungen*. Der Betrag der Translation hängt nicht nur von den mechanischen Eigenschaften des Kristalls, sondern ebenso von der Größe der Beanspruchung ab. Erfolgt eine Translation nur nach einer einzigen Translationsebene, so ist der Weg, den ein beliebiger Punkt des Kristalls zurücklegt, im Gegensatz zur einfachen Schiebung nicht proportional dem Abstand von der Gleitebene. Es entstehen keine Zwillinge,

sondern die beiden Teile des Kristalls bleiben immer zueinander parallel. In der Regel wird nicht nur eine einzige Gleitebene angeregt, sondern mehrere parallele, so daß sich mehr oder weniger dicke Kristallamellen gegenseitig verschieben. Mechanische Deformation durch Translation ist noch häufiger als durch einfache Schiebung. Man kann sich ihre Entstehung an der Translation beim Steinsalzgitter veranschaulichen. Die Abb. 205 gibt die Ansicht eines Steinsalzgitters mit der Rhombendodekaederebene (110) als Translationsebene. Schiebt man einen Teil des Kristalls in der Pfeilrichtung [1$\bar{1}$0] am anderen vorbei, so liegt immer ein Cl⁻-Ion gegenüber einem Na⁺-Ion. Es blei-

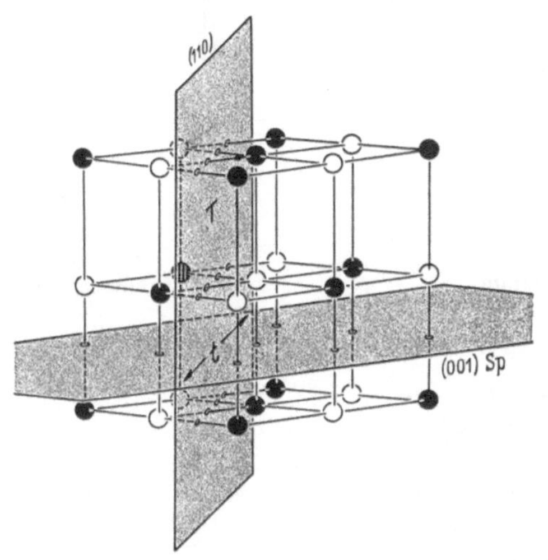

Abb. 205. Translation und Spaltung im Steinsalzkristall

ben also immer positive und negative Ionen einander gegenüber, der Zusammenhalt des Gitters bleibt gewahrt. Versucht man dagegen den Kristall senkrecht dazu zu verformen, also mit Translationsrichtung [001], so spaltet er, denn jetzt treffen beim Verformen gleichgeladene Ionen zusammen. Im NaCl kann auch (001) Translationsebene sein, wenn die Gleitrichtung eine Würfelflächendiagonale in (001) ist. Auch (111) kann als Gleitfläche auftreten. Immer ist aber die Gleitrichtung so, daß Na⁺-Ionen auf Cl⁻-Ionen ,,gleiten''. Für den tatsächlichen atomaren Mechanismus von Translationen spielt die Wanderung von Versetzungen (vgl. S. 85) durch den Kristall eine große Rolle.

Hinreichend dünne Steinsalzkristalle (von 2—4 mm Dicke) kann man leicht *biegen*. Dabei gleiten wie beim Biegen eines Papierstoßes einzelne Schichten aufeinander. Eine geringe Erwärmung durch heißes Wasser genügt, um den Kristall dafür genügend plastisch zu machen; außerdem löst das Wasser vorhandene Kerbrisse ab, so daß nicht so leicht Bruch eintritt. Die leichte Verformbarkeit des Steinsalzes hat große Bedeutung für die Ausbildung der norddeutschen Salzlagerstätten; sie sind durch relativ geringen Gebirgsdruck in Falten hochgepreßt worden. Die Translationen spielen auch bei der Verformung der Metalle eine sehr große Rolle. Beim *Walzen* eines Bleches z.B. werden die einzelnen Kristalle, die das Blech aufbauen, nach solchen Gleitungen oder bei denjenigen Kristallen, bei denen einfache Schiebungen vorkommen, nach diesen verformt. Auch das Gletschereis *fließt* langsam zu Tal, weil unter dem Druck des darüberliegenden Eises die Eiskörner deformiert werden; Translationsebene in den hexagonalen Eiskristallen ist (0001). Beim Disthen und besonders deutlich beim $BaBr_2 \cdot 2H_2O$ ist die Gleitrichtung einseitig, die Bewegung erfolgt also nur in einer Richtung und nicht in der Gegenrichtung. Wir wollen nur diese Beispiele erwähnen; die Tabelle 16 gibt eine Übersicht über die Translationen

Tabelle 16. *Einige Beispiele für Translationen*

Substanz	Kristallklasse	Translations-ebene T	Translations-richtung t
Aluminium Kupfer Silber Gold	$m\,3\,m$ (kubisch flächenzentriert)	$(111)d$	$[10\bar{1}]d$
α-Eisen	$m\,3\,m$ (kubisch raum-zentriert)	$(101)d$ (112) (123)	$[11\bar{1}]d$
Diamant	$m\,3\,m$	$(111)d_2$ [1]	$[10\bar{1}]d$
Magnesium Zink Cadmium	$6/mmm$ (hexagonale Dichtestpackung)	$(0001)d$	$[11\bar{2}0]d$
Steinsalz, NaCl	$m\,3\,m$ (NaCl-Typ)	$(001)d_1$ $(110)d_2$ $(111)d_3$	$[1\bar{1}0]d$
Sylvin, KCl Periklas, MgO		$(110)d_2$	
Bleiglanz, PbS		$(001)d$	$[110]d$
Eis I, H_2O	$6/mmm$ [2]	(0001)	
Dolomit, $CaMg(CO_3)_2$	$\bar{3}$	(0001)	$[1\bar{2}10]$
Aragonit, $CaCO_3$		(010)	$[100]$
Anhydrit, $CaSO_4$		(001)	$[010]$
Baryt, $BaSO_4$	mmm	(001) (011) (102) (010)	$[100]$ u. $[010]$ $[0\bar{1}1]$ $[010]$ $[100]$
Antimonglanz, Sb_2S_3		(010)	$[001]$
Glimmergruppe		(001)	$[110]$
Gips, $CaSO_4 \cdot 2H_2O$	$2/m$	(010)	$[001]$
$KClO_3$; $BaBr_2 \cdot 2H_2O$		(001) (100)	$[100]$ $[001]$ ein-seitig
Disthen, $Al_2O(SiO_4)$	$\bar{1}$	(100)	$[001]$

[1] Dichtest besetzte Netzebene ist (110), aber das Schichtpaket von zwei (111)-Ebenen ist dichter besetzt, s. Abb. 210.

[2] Bei statistischer Verteilung der Orientierung der H_2O-Moleküle (vgl. S. 70).

bei einigen Metallen und Mineralen. Wichtig ist, daß bei den meisten einfachen Strukturen die Gleitebenen dichtest besetzte Gitterebenen sind und die Gleitrichtungen dicht besetzte Gittergeraden. Sie sind in der Tabelle 16 mit d bezeichnet. Sind mehrere Gleitebenen oder -richtungen vorhanden, so sind sie mit abnehmender Besetzungsdichte mit d_1, d_2 usw. bezeichnet. Bei einfachen Ionengittern sind die Geraden meist mit gleichartigen Ionen besetzt, wie oben beim Steinsalz. Bei komplizierten Gittern verlieren diese Aussagen ihre Eindeutigkeit, weil verschieden dicht besetzte Gittergeraden in parallelen Richtungen vorkommen können.

Zur Theorie der plastischen Verformung. Untersucht man die Beanspruchungen, die zur plastischen Deformation führen, etwa indem man einen Metallkristall mit Translationen in einem Zugversuch dehnt und die Spannung als Ordinate gegen den Betrag der Dehnung als Abszisse aufträgt, so erhält man eine Kurve der Art, wie sie in Abb. 206 dargestellt ist. Bei niederen Spannungen

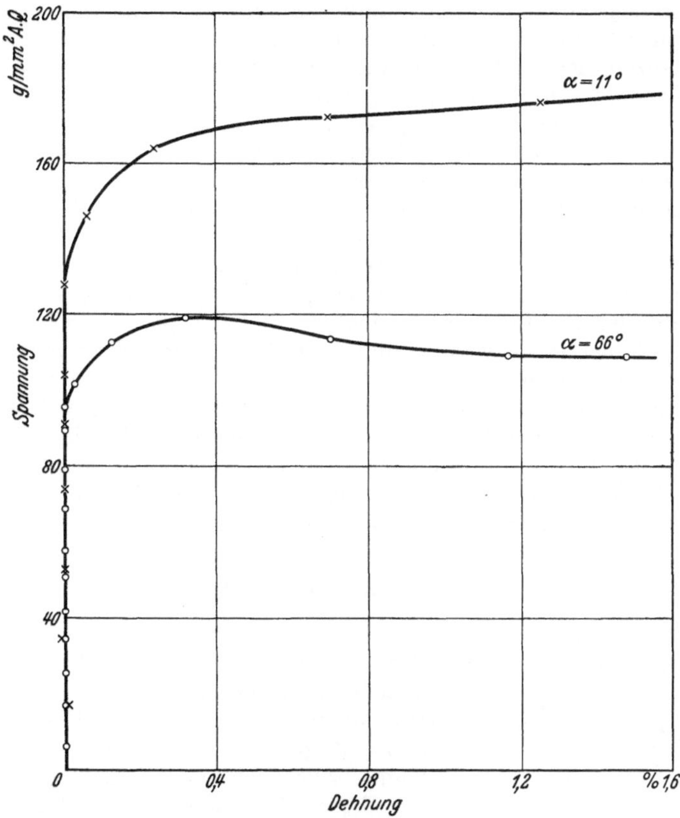

Abb. 206. Anfangsteile der Dehnungskurven zweier Cadmiumkristalle (aus SCHMID-BOAS). α ist der Winkel zwischen Translationsebene und Zugrichtung bei Beginn des Versuchs; AQ der Ausgangsquerschnitt

ist die Deformation sehr gering, bis bei einer bestimmten Spannung eine sehr starke plastische Verformung einsetzt (Schubspannungsgesetz). Diese kritische Spannung heißt *Streckgrenze des Kristalls*. Sie ist, wie Abb. 206 zeigt, von der Orientierung des Kristalls, d.h. von der Lage der Translationen zur Zugrichtung, stark abhängig. Bei Ionenkristallen ist der Betrag der Dehnung stets sehr viel geringer als bei den Cadmiumkristallen.

Die experimentell festgestellten Werte für die kritische Spannung sind nun alle weit niedriger als die aus den Gitterkräften berechneten. Das kommt zum Teil daher, daß diese Werte nach der Theorie nur für den absoluten Nullpunkt gelten. Bei höheren Temperaturen können, wie R. BECKER und OROWAN gezeigt haben, lokal im Gitter energiereichere Stellen auftreten, die bewirken, daß die zusätzlichen Schubspannungen, die zur Verformung notwendig sind, niedriger sind als die beim absoluten Nullpunkt erforderlichen. Das ist eine ähnliche Erscheinung wie die Fehlordnung von SCHOTTKY-WAGNER (S. 82). Diese Erklärung genügt aber nicht; denn auch bei sehr tiefen Temperaturen sind die Unterschiede zwischen der berechneten Spannung und der beobachteten immer noch erheblich. Man muß deshalb annehmen, daß außerdem noch Baufehler die Verformung beeinflussen. Ein fehlgebauter Kristall besitzt an den Grenzen der Mosaikblöcke oder -zweige, wenn wir Verzweigungsstruktur nach BUERGER annehmen, Spannungen. Man kann sich nun nach einem Vorschlag von TAYLOR vorstellen, daß beim Einsetzen einer äußeren Schubspannung solche lokalen Spannungen Sprünge einzelner Atome über die Potentialschwellen auslösen. Die Versetzungen (vgl. S. 85) pflanzen sich im Gitter von Atom zu Atom fort wie eine Art Kettenreaktion. Es genügt ein relativ geringer Anstoß, 0,01 bis 0,001 der aus den Gitterkräften berechneten Spannung, dann wandert die Versetzung durch das Korn, bis der Vorgang an einem Hindernis (Fremdatom, Einschluß, andere Baufehler, Grenze des Mosaikblockes) zum Stillstand kommt.

Die Baufehler, namentlich die Versetzungen, sind auch sehr wichtig zur Erklärung der Erscheinung der *Verfestigung*, die besonders bei der Metallbearbeitung eine wichtige Rolle spielt. Während beim Beginn der Verformung die Schubspannung kleiner ist als theoretisch gefordert, steigt sie im Laufe der Verformung an; der Kristall wird verfestigt. Bei der plastischen Verformung geraten die Baufehler in Bewegung und beeinflussen einander; dadurch steigt schließlich — wie man im Rahmen detaillierterer Modellbetrachtungen verständlich machen kann — die Festigkeit an! Führt man anschließend Energie durch Erwärmen zu, so sinkt die Festigkeit wieder, da sich teilweise der alte Zustand einstellt. Die Verformung bei tiefer Temperatur nennt man auch Kaltreckung, die bei höherer Warmreckung. Wir werden bei der Besprechung der Gesteinsumwandlung (S. 292) auf ähnliche Vorgänge bei Gesteinen treffen.

2. Festigkeitseigenschaften

Spaltbarkeit. An das plastische Verhalten der Kristalle wollen wir nun die Behandlung der Vorgänge anschließen, die unter Aufgabe des Zusammenhaltes vor sich gehen, bei denen also die Festigkeitsgrenze überschritten wird. Die Feststellung der Druck-, Zug- und Biegefestigkeit ist ja für die Technik sehr wichtig. Bei den Kristallen sind auch diese Festigkeitseigenschaften von der Richtung abhängig. Bei vielen Kristallen erfolgt die Aufgabe des Zusammenhangs beim Zerbrechen nach bestimmten glatten Flächen, nach den Spaltebenen. Die Lage der Spaltebenen an Kristallen entspricht immer Flächen mit kleinen rationalen Indices. Selbstverständlich gehorcht die Spaltbarkeit der Symmetrie; spaltet ein kubischer Kristall nach (100), so spaltet er ebenso gut nach (010) und (001).

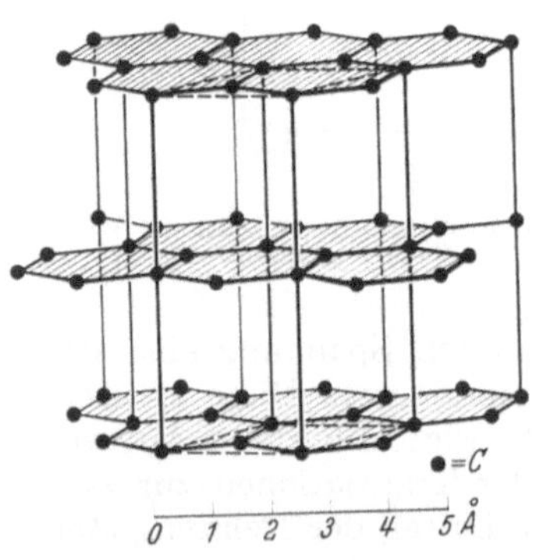

Abb. 207. Gitter des Graphits. Der Abstand zweier benachbarter C-Atome in einer Schicht beträgt 1,42 Å, der Abstand zwischen den Schichten hingegen 3,40 Å

Ein allgemein bekanntes Beispiel für Spaltbarkeit ist der Glimmer, dessen technische Verwendung darauf beruht, daß man sehr dünne Spaltblättchen von ihm herstellen kann. Gittermäßig können wir uns das leicht erklären, wenn wir bedenken, daß der Glimmer der Typus eines Schichtgitters ist. Bei einem Schichtgitter ist der Zusammenhang innerhalb der Schichten stark, z. B. durch Valenzbindung, und zwischen den Schichten gering, z. B. durch zwischenmolekulare Bindung. Es ist ohne weiteres einzusehen, daß hier eine gute Spaltbarkeit auftreten muß. Zu solchen Schichtgittern gehört auch der Graphit, $\overset{2}{\infty} C^{[3]}h$ (Abb. 207), dessen technische Verwendung auf der guten Spaltbarkeit beruht. Daß der Bleistift auf dem Papier schreibt, kommt eben

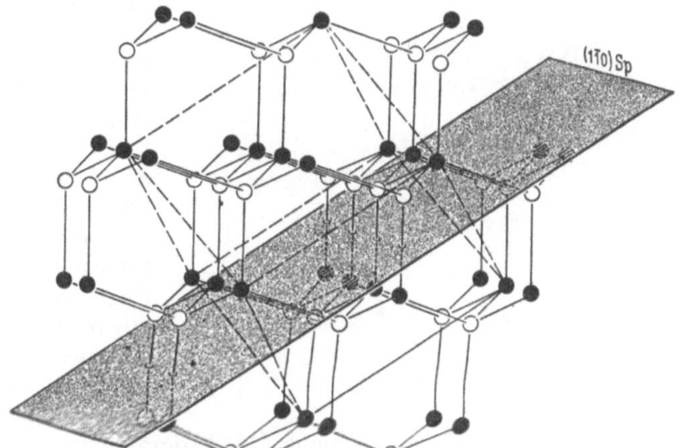

Abb. 208. Zinkblendegitter mit Spaltebene

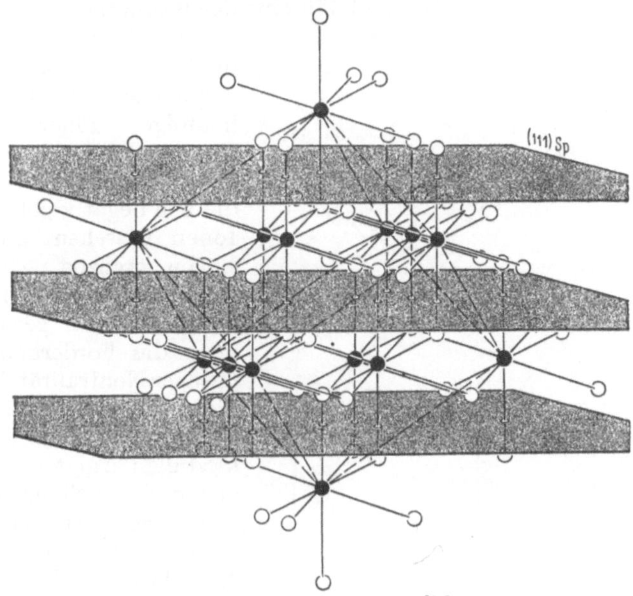

Abb. 209. Flußspatgitter mit Spaltebenen

daher, daß aus dem Graphitaggregat einzelne Schichtpakete leicht abreißen und an den Rauhigkeiten des Papiers hängen bleiben. Auch die Verwendung des Talks als Puder beruht auf der Bindung der Feuchtigkeit an der sehr großen Oberfläche, die durch die feine Zerteilung in winzige Blättchen bedingt ist.

Bei Ionenkristallen, wie dem Steinsalz, kann man, wie bereits bei der Besprechung der Translationen (Abb. 205) erwähnt wurde, nach J. STARK die Spaltbarkeit so erklären, daß positiv geladene Ionen bei der Verformung entlang der Spaltebene wieder auf positiv geladene treffen und dadurch der Zusammenhang, der im wesentlichen durch die elektrostatische Anziehung bedingt ist,

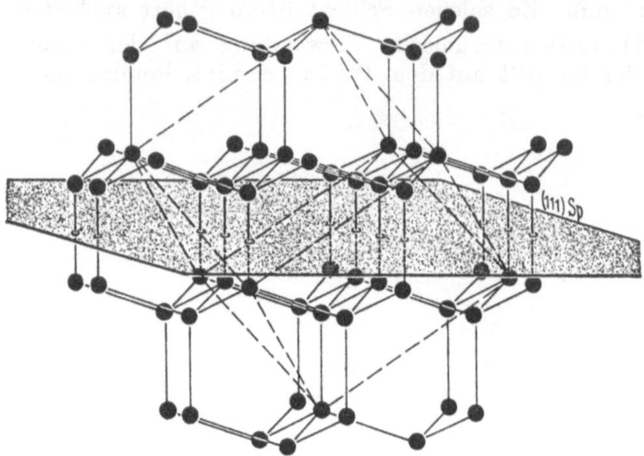

Abb. 210. Diamantgitter mit Spaltebene

gestört wird. Ob jedoch der Spaltungsmechanismus tatsächlich nach diesem Modell erfolgt, ist keineswegs sicher. Es ist aber Erfahrungstatsache, daß Ionenkristalle fast ausnahmslos so spalten, daß die entstehenden Teile elektrisch neutral sind. Man überzeugt sich leicht, daß das z. B. für Steinsalz mit seiner Spaltbarkeit nach {100} gilt oder für Zinkblende, welche vollkommen nach {110} spaltet (Abb. 208). Zur Erklärung der vollkommenen Spaltbarkeit des Flußspates nach {111}, dem Oktaeder, ziehen wir Abb. 209 heran. Sie gibt nochmals die Atomanordnung von CaF_2; diesmal wurde jedoch im Gegensatz zu Abb. 151 und 179 eine der Raumdiagonalen des Würfels senkrecht gestellt. Man erkennt deutlich, daß parallel zur Oktaederebene Schichten in der Reihenfolge Fluor-Calcium-Fluor, Fluor-Calcium-Fluor usw. aufeinanderfolgen, daß also Lagen, die aus negativ geladenen Fluor-Ionen bestehen, an ebensolche Lagen grenzen. Zwischen zwei solchen Lagen ist der Zusammenhang nur sehr gering. Daß jedoch die Forderung nach elektrischer Neutralität der Spaltteile nicht die volle Lösung des Problems der Spaltbarkeit bei Ionenkristallen bringt, ersieht man daraus, daß bei Steinsalz auch eine Trennung nach {110} elektrisch neutrale Teile entstehen ließe; NaCl besitzt jedoch keine Spaltbarkeit nach dem Rhombendodekaeder. Analoges gilt für die Rhombendodekaederflächen beim Flußspat. Beim Diamantgitter erfolgt die Spaltbarkeit

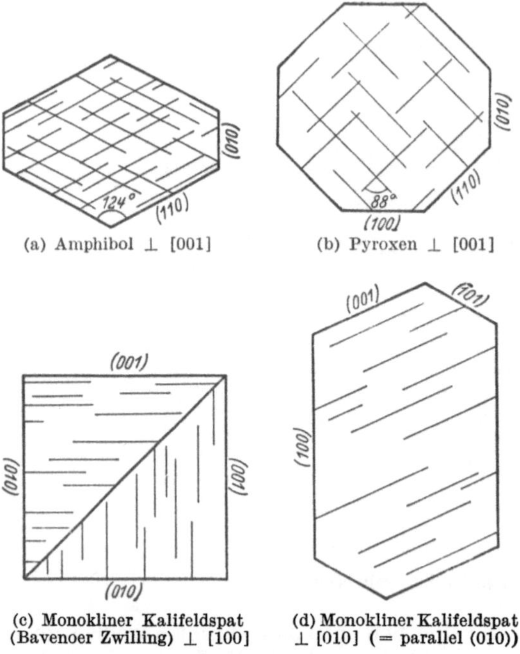

Abb. 211a—d. Spaltrisse in Kristallquerschnitten

nicht wie beim Zinkblendegitter nach {110} sondern nach {111}. Bei diesem reinen Valenzgitter ist nur das Minimum der Bindungskräfte maßgebend (Abb. 210). Die Spaltebenen fallen mit jenen Ebenen zusammen, durch welche die kleinste Zahl von Bindungen pro Flächeneinheit hindurchtritt.

Die Spaltbarkeit ist ferner ein wichtiges diagnostisches Hilfsmittel zur Bestimmung der Minerale, das sich auch bei der mikroskopischen Untersuchung als nützlich erweist. In Abb. 211a—d sind für einige Kristalle die Spaltrisse eingetragen. Bei manchen Kristallarten ist die Spaltbarkeit schlecht ausgebildet, so z. B. beim Quarz. Zerschlägt man einen Quarzkristall mit dem Hammer, so bilden sich in der Regel keinerlei Spaltflächen aus, sondern der Bruch erfolgt muschelig, wie bei einem Stück Glas. Sorgfältige statistische Untersuchungen durch v. ENGELHARDT haben aber auch hier ergeben, daß bestimmte Richtungen beim Zerbrechen bevorzugt sind, wie das ja auch grundsätzlich bei einem Kristall zu erwarten ist. Diese Richtungen ändern sich beim Quarz mit der Temperatur. Bei Zimmertemperatur liegen die Bruchflächen zum Teil in der Nähe des Rhomboeders r, 45°—65° zur c-Achse geneigt, zum Teil sind es steilere Flächen mit 70°—75° zur c-Achse (s. auch S. 27).

Druck-, Zug- und Biegefestigkeit. Auch die Druck-, Zug- und Biegefestigkeit läßt eine Richtungsabhängigkeit erkennen, wie Tabelle 17 zeigt.

Tabelle 17. *Festigkeitsverhältnisse des Quarzes* (nach BERNDT aus NIGGLI)

	$\parallel c$		$\perp c$	
	Mittel kg/cm²	Maximum kg/cm²	Mittel kg/cm²	Maximum kg/cm²
Druckfestigkeit	25000	28000	22800	27400
Zugfestigkeit	1160	1210	850	930
Biegefestigkeit	1400	1790	920	1180

Die Zugfestigkeit läßt sich bei einfachen Gittern, wie bei dem des Steinsalzes, aus der Gitterenergie (S. 154) berechnen. Die theoretischen Werte liegen mit 20000 kg/cm² weit oberhalb der beobachteten, die 20—200 kg/cm² betragen. Dieser Befund hat in den letzten 30 Jahren zu sehr lebhaften Erörterungen geführt. Sicher ist, daß Baufehler der Kristalle die geringe Festigkeit bedingen. Die Frage, ob es mechanische Verletzungen, Kerben oder ob es Baufehler sind, ist noch nicht immer entschieden, wahrscheinlich wirken vielfach beide mit. Durch Ablösen des Kristalls während oder unmittelbar vor dem Zugversuch wird die Festigkeit — auf den Querschnitt bezogen — erhöht, und sehr dünne Stäbchen haben die theoretische Festigkeit, wie Abb. 212 zeigt.

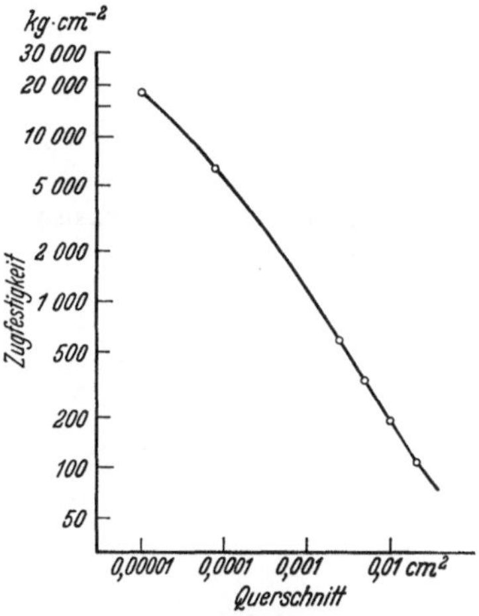

Härte. Während wir uns bei der bisherigen Besprechung von Festigkeitseigenschaften auf dem Gebiet klar festgelegter Eigenschaften befanden, ist das technisch so wichtige und infolgedessen oft behandelte Gebiet der Härte eines Kristalls eine durchaus nicht einheitliche Angelegenheit. Der Metallograph mißt die Härte mit Hilfe des Eindruckes einer Kugel oder einer Pyramide auf einer ebenen Fläche. Dabei wird im wesentlichen eine plastische Verformung erzielt.

Abb. 212. Zugfestigkeit von Steinsalzkristallen, deren Oberflächenschicht abgelöst ist, in Abhängigkeit vom Querschnitt (nach STRANSKI)

Die Mineralogen andererseits benützen, insbesondere seit MOHS (1812), eine feststehende *Härteskala*, die so aufgebaut ist, daß ein Mineral das vorhergehende ritzt. Diese Härteskala (Tabelle 18) ist für das Bestimmen der Minerale recht wertvoll. Da die Edelsteine stets durch eine große Härte ausgezeichnet sind, kann sie für ihre Erkennung nützlich sein. So unterscheidet man z.B. echte Edelsteine von Glasimitationen dadurch leicht, daß man mit ihnen Quarz ritzen kann.

Tabelle 18. *Ritz- und Schleifhärte*

Mineral	Ritzhärte nach Mohs		Schleifhärte nach Rosiwal
Talk.	1	} mit Fingernagel ritzbar	0,033
Steinsalz.	2	} mit Messer ritzbar	1,25
Kalkspat.	3		4,5
Flußspat.	4		5
Apatit.	5		6,5
Orthoklas	6		37
Quarz.	7		120
Topas.	8	} ritzen Fensterglas	175
Korund.	9		1000
Diamant	10		140000

Beim Ritzen handelt es sich um das Eindringen der Spitze eines Kristalls oder Kristallaggregates in die Fläche eines Kristalls. Dabei wird plastisch leicht verformbares Material deformiert werden, sprödes aber zerbrechen.

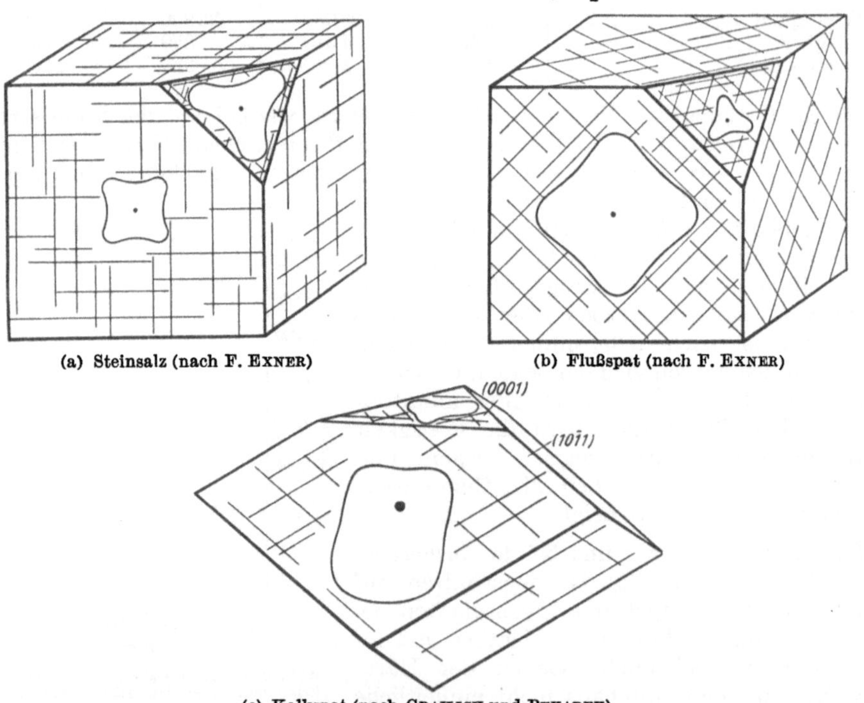

(a) Steinsalz (nach F. Exner)　　　　(b) Flußspat (nach F. Exner)

(c) Kalkspat (nach Grailich und Pekarek)

Abb. 213a—c. Abhängigkeit der Ritzhärte von der Richtung der Spaltbarkeit

Verformung und Bruch können auch aufeinanderfolgen. Die *Ritzhärte* ist nicht nur auf verschiedenen Kristallflächen verschieden, sie ist auch auf ein und derselben Fläche von der Richtung abhängig. Dabei macht sich bei spröden Kristallen der Einfluß der Spaltbarkeit oft deutlich bemerkbar, wie bei den in

Abb. 213a—c wiedergegebenen Versuchsergebnissen. Man kann die Ritzhärte mit einer einfachen Vorrichtung messen (SEEBECK 1833), bei der ein Kristall auf einem kleinen Wagen so montiert ist, daß die zu untersuchende Fläche horizontal liegt. Auf der Fläche steht eine belastete Spitze. Der Wagen mit dem Kristall wird über eine Rolle durch Gewichte unter der Spitze weggezogen. Als Härtewert wird das Belastungsgewicht genommen, bei dem die Spitze eben noch ritzt. Solche relative Härtewerte sind in Abb. 213a—c auf den

Tabelle 19. *Abhängigkeit der Ritzhärte vom Abstand Kation-Anion*

	LiF	NaF	LiCl	LiBr	NaCl	NaBr	KCl	KJ
Abstand (Å) . . .	2,02	2,31	2,57	2,75	2,81	2,98	3,14	3,53
Ritzhärte	3,3	3,2	3	2,5	2,5	2,4	2,3	2,2

Tabelle 20. *Abhängigkeit der Ritzhärte von der Wertigkeit bei demselben Strukturtyp (Zinkblende-Typ) und gleichem Abstand*

	CuCl	ZnS	GaP	Si-Si	CuJ	ZnTe	GaSb
Wertigkeit . .	1	2	3	4	1	2	3
Abstand (Å). .	2,34	2,35	2,35	2,35	2,62	2,64	2,64
Härte	2,5	4	5	7	2,4	3	4,5

Tabelle 21. *Abhängigkeit der Ritzhärte vom Strukturtyp, wenn Abstand und Wertigkeit gleich sind*

Strukturtyp	Steinsalz	Zinkblende	Wurtzit	Wertigkeit
Substanz	NaF	CuCl		
Abstand (Å) . . .	2,31	2,34		1
Härte	3,2	2,5		
Substanz	NaCl		AgJ	
Abstand (Å) . . .	2,81		2,81	1
Härte	2,5		1,5	
Substanz	CaO	BeTe		
Abstand (Å) . . .	2,4	2,43		2
Härte	4,5	3,8		
Substanz	BaO		CdTe	
Abstand (Å) . . .	2,77		2,80	2
Härte	3,3		2,8	

Kristallflächen eingetragen und durch geschlossene Kurven verbunden. Die Abhängigkeit der Ritzhärte von der Spaltbarkeit weist bereits auf den Zusammenhang zwischen Härte und Struktur hin. Ganz allgemein wird man vermuten dürfen, daß die Ritzhärte vom Strukturtyp abhängt und um so größer ist, je enger die Gitterbausteine beieinanderliegen und je höher deren Ladung ist. Die Erfahrung bestätigt diese Annahme, wie V. M. GOLDSCHMIDT zeigen konnte. Wir betrachten zunächst die Abhängigkeit der Härte der Alkalihalogenide, die im NaCl-Typ kristallisieren, vom Ionenabstand (Tabelle 19).

Wir sehen hier bei gleicher Wertigkeit und gleichem Strukturtyp deutlich die Abnahme der Härte mit zunehmendem Abstand der Bausteine. Ändern wir die Wertigkeit bei demselben Strukturtyp und bei gleichem Abstand, so nimmt die Härte mit zunehmender Ladung der Bausteine zu (Tabelle 20).

Schließlich wollen wir noch verschiedene Strukturtypen betrachten bei gleichem Abstand und gleicher Wertigkeit (Tabelle 21).

In den Substanzpaaren mit gleicher Wertigkeit und (nahezu) gleichem interatomaren Abstand zwischen Metall und Nichtmetall ist immer der Vertreter des Zinkblende- (bzw. Wurtzit-)Typs weicher als jener des NaCl-Typs.

Die Ritzhärte eines Minerals ist natürlich auch von der Temperatur abhängig. Die Angaben der Tabellen 19—21 beziehen sich auf Zimmertemperatur. Eis hat in der Nähe des Schmelzpunktes die Ritzhärte $1^1/_2$—2; bei — 44° C wurde in Grönland seine Härte zu 4 bestimmt, bei der Temperatur des Kohlensäureschnees (minus 78,5°C) ist sie sogar 6.

Schleiffestigkeit. Eine dritte Art der Härte ist die *Schleifhärte*, die man besser Schleiffestigkeit nennen sollte (v. ENGELHARDT). Schleift man verschiedene Minerale unter völlig gleichbleibenden Bedingungen, so erhält man je nach der Härte verschiedene Gewichtsverluste; relative Werte der Schleifhärte sind in der Tabelle 18 für die Minerale der Härteskala neben den Ritzhärtewerten eingetragen. Die Schleiffestigkeit ist ebenfalls eine Maßzahl für komplizierte Vorgänge. Die Schmirgel- oder Siliciumcarbidkörner, die man als Schleifmittel zu benutzen pflegt, bewirken teilweise eine plastische Verformung, vor allem aber dringen sie in die Oberfläche des Kristalls ein und reißen Stücke heraus. Da dabei Arbeit gegen die Grenzflächenspannung geleistet wird, ist die Schleiffestigkeit auch von der Schleifflüssigkeit abhängig, so ist z.B. die Schleifhärte von Quarz in Oktylalkohol nur halb so groß wie in Wasser. Man kann die Schleiffestigkeit dazu benutzen, um relative Grenzflächenenergien zu messen.

Schlag- und Druckfiguren. Eine Erscheinung, die auf plastischer Verformung und anschließend auf Überschreitung der Festigkeitsgrenze beruht, ist das Auftreten von Schlagfiguren. Treibt man eine Nadel mit einem kurzen Schlag in eine Würfelfläche von Steinsalz, so reißt diese nach den Flächendiagonalen auf und erhält eine Streifung nach den Würfelkanten (Abb. 214). Sowohl die Risse als auch die Streifung rühren von Translationen nach Flächen des Rhombendodekaeders her.

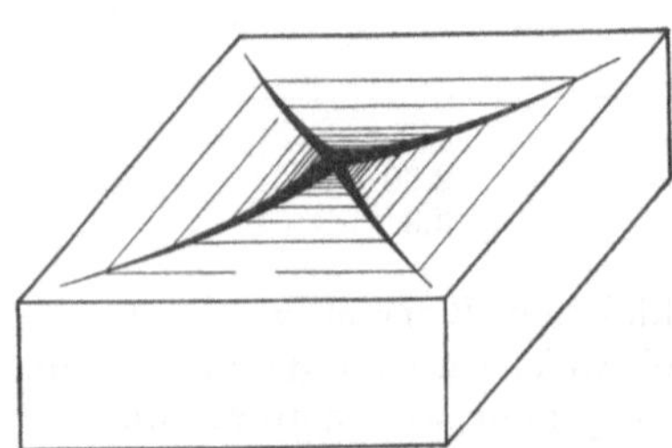

Abb. 214. Schlagfigur auf Steinsalz

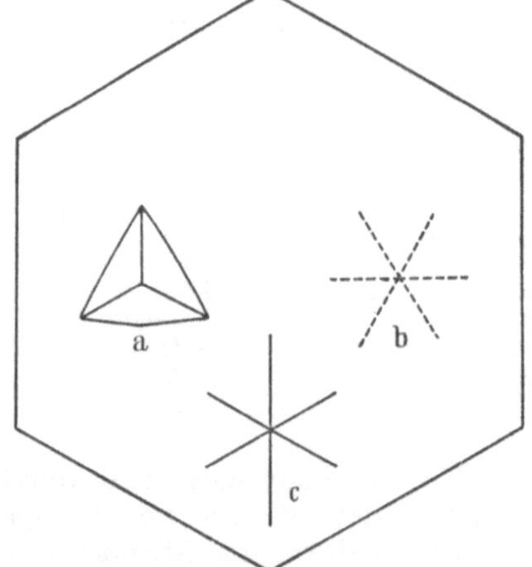

Abb. 215. (a) Biegefigur; (b) Druckfigur;
(c) Schlagfigur auf Glimmer

Komplizierter sind die Verhältnisse beim Glimmer. Drückt man mit einem gut gerundeten Glasstab von etwa 3 mm Durchmesser auf ein Glimmerblättchen, das sich auf einer nachgiebigen Unterlage befindet, so entsteht zuerst die Biegefigur (Abb. 215a), ein dreistrahliger Stern in einer nahezu dreieckigen Umrandung, die meist die monokline Symmetrie des Glimmers erkennen läßt. Drückt man stärker, so entsteht ein nicht immer sehr deutlich ausgebildeter sechsstrahliger Stern, die Druckfigur (Abb. 215b). Die Ränder der Biegefigur entsprechen annähernd den Richtungen der Strahlen der Druckfigur und hängen vermutlich mit Translationen zusammen. Die Risse der Biegefigur entsprechen denen der Schlagfigur und sind wahrscheinlich Spaltrisse. Während Biege- und Druckfigur nur bei großen Glimmerblättchen erzeugt werden können, läßt sich die Schlagfigur mit Hilfe eines kleinen Apparates, einer in einer Fassung geführten Nadel, noch bei Glimmerblättchen von wenigen Millimetern Durchmesser erzeugen. Es entsteht der in Abb. 215c dargestellte sechsstrahlige Stern, der den pseudohexagonalen Bau des Glimmers erkennen läßt. Die Risse gehen den Kanten, die die Spaltebene {001} mit dem Prisma {110} und dem Pinakoid {010} bildet, parallel. Der Riß parallel {010} ist meist etwas länger ausgebildet; er heißt Leitstrahl. Der Leitstrahl geht der kristallographischen a-Achse parallel. Er dient dazu, die kristallographische Orientierung des Glimmers auch dann festzustellen, wenn außer der Spaltfläche keine Kristallflächen vorhanden sind, wie das meistens der Fall ist.

3. Das elastische Verhalten

Freie thermische Dilatation. Wir wollen nun noch einiges über physikalische Erscheinungen an Kristallen mitteilen, die zwar wieder mit Gestaltsänderungen verknüpft sind, bei denen sich aber die Gestalt nicht wie etwa bei der plastischen Deformation für dauernd ändert, sondern bei denen der Kristall zu seiner ursprünglichen Gestalt zurückkehrt, sobald er wieder in dieselben Verhältnisse wie zu Beginn des Versuches gebracht wird. Ein besonders einfaches Beispiel dafür ist die freie thermische Dilatation, die man beobachtet, wenn ein Kristall allseitig gleichmäßig erwärmt oder abgekühlt wird. Während eine Kugel aus einem amorphen Körper sich beim Erwärmen ausdehnt, aber

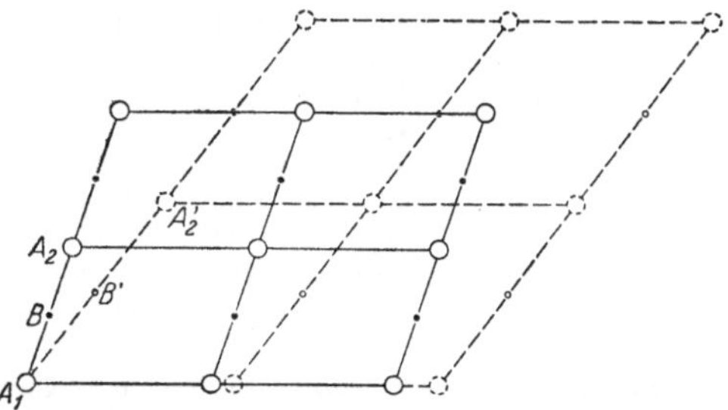

Abb. 216. Homogene Deformation einer Netzebene

eine Kugel bleibt, ist die Ausdehnung beim Kristall von der Richtung abhängig; aus der Kugel entsteht im allgemeinen Falle ein dreiachsiges Ellipsoid. Dabei bleibt die Symmetrie des Raumgitters erhalten, Punktreihen bleiben Punktreihen, und wenn sie einander parallel waren, so bleiben sie es. Nur die Abstände der Punkte und die Winkel zwischen den Punktreihen ändern sich (Abb. 216). Man nennt geometrisch diese Art der Deformation eine *homogene Deformation*.

Bei der homogenen Verformung eines triklinen Kristalls finden wir keine Beziehung zwischen den drei Achsen des aus der Kugel entstandenen Ellipsoids und den kristallographischen Achsen. Im monoklinen System muß wegen der Erhaltung der Symmetrie bei der homogenen Deformation eine der drei Symmetrieachsen des Ellipsoids mit der zweizähligen Achse des Kristalls bzw. mit der Senkrechten auf seine Symmetrieebene zusammenfallen, also bei unserer Aufstellung der monoklinen Kristalle mit der b-Achse des Achsenkreuzes (vgl. S. 11 u. 19). Es läßt sich aber nicht voraussagen, welche von den drei Achsen dies sein wird, und wie die Orientierung der beiden anderen Achsen innerhalb der ac-Ebene liegt. Im rhombischen System fallen die drei Ellipsoidachsen mit den drei kristallographischen Achsen zusammen; wir haben also nur noch sechs mögliche Orientierungen des Ellipsoids zu den kristallographischen Elementen. In den wirteligen Kristallen, also den trigonalen, tetragonalen und hexagonalen (vgl. S. 11 u. 25) müssen aus Symmetriegründen zwei der drei Hauptachsen des Ellipsoids gleich lang werden; damit wird aus dem dreiachsigen Ellipsoid ein *Rotationsellipsoid*. Dieses hat seinen Namen daher, daß man es sich durch die Rotation einer Ellipse um eine ihrer Hauptachsen entstanden denken kann. Im kubischen System schließlich haben wir so hohe Symmetrie, daß aus dem dreiachsigen Ellipsoid eine Kugel werden muß. Somit verhält sich bei homogener Deformation ein kubischer Kristall wie ein isotroper Körper.

In den Tab. 22 u. 23 sind einige Zahlenwerte für die Veränderung von Kristallen bei der Erwärmung gegeben. λ_1, λ_2 und λ_3 sind die Ausdehnungskoeffizienten

Tabelle 22. *Lineare Ausdehnungskoeffizienten (λ) und Zuwachskoeffizienten (α) für rhombische und wirtelige Kristalle*

Rhombische Kristalle	$\lambda_1 \cdot 10^6$	$\alpha_1 \cdot 10^8$	$\lambda_2 \cdot 10^6$	$\alpha_2 \cdot 10^8$	$\lambda_3 \cdot 10^6$	$\alpha_3 \cdot 10^8$	
Aragonit	9,90	0,64	15,72	3,68	33,25	3,36	
Topas	4,23	1,42	3,47	1,68	5,19	1,82	

Wirtelige Kristalle	$\lambda_1 \cdot 10^6$	$\alpha_1 \cdot 10^8$	$\lambda_2 \cdot 10^6$	$\alpha_2 \cdot 10^8$	Kubische Kristalle	$\lambda \cdot 10^6$	$\alpha \cdot 10^8$
Quarz	6,99	2,04	13,24	2,38	Diamant . . .	0,6	1,44
Kalkspat . . .	25,57	1,60	—5,7	0,83	Steinsalz . . .	38,59	4,48
Beryll	—1,52	1,14	0,84	1,32	Sylvin	35,97	5,14
Brucit, $Mg(OH)_2$	44,7		11,0		Flußspat . . .	17,96	3,82
$Ca(OH)_2$	33,4		9,8		Kupfer . . .	16,17	1,82
AgJ	—2,26	—4,26	—0,10	1,38			
Sb	17,3	1,34	8,3	—0,94			
Bi	15,37	3,1	10,84	2,08			
Mg	27		24				

Tabelle 23. *Einige (unvollständige) Angaben über Ausdehnungskoeffizienten niedrig symmetrischer Minerale*

		$\lambda \cdot 10^6$			$\lambda \cdot 10^6$
Anorthit.	⊥ (001)	6,0	Diopsid	⊥ (100)	6,6
	⊥ (010)	1,6		⊥ (010)	15,5
Glimmer (Phlogopit) . .	⊥ (001)	14,9			

in Richtung der Ellipsoidachsen; sie geben die relative Längenzunahme bei einer Temperaturerhöhung um 1°C an. Eine Steinsalzkugel von 1 cm Radius vergrößert diesen also bei einer Erwärmung um 1° um $38{,}59 \cdot 10^{-6}$ cm oder $0{,}386\ \mu$. λ_1 liegt in den Systemen mit Rotationsellipsoid parallel der Drehachse, λ_2 senkrecht dazu. Da die Ausdehnungskoeffizienten sich mit der Temperatur ändern, müssen noch Zuwachskoeffizienten α_1, α_2 und α_3 angegeben werden. Wenn λ_1^0 der Ausdehnungskoeffizient bei 0° ist, so ist bei $t°$: $\lambda_1^t = \lambda_1^0 + \alpha_1 \cdot t$. Wie in der Tabelle durch ein Minuszeichen angedeutet ist, gibt es auch Kristalle, die sich bei Erwärmen in allen Richtungen oder einer Hauptrichtung zusammenziehen. Wo kein Minuszeichen in der Tabelle steht, handelt es sich um Ausdehnung. Die Wärmeausdehnung eines Kristalls hängt mit seiner Struktur zusammen. Schichtgitter haben in der Schicht den kleineren Ausdehnungskoeffizienten, senkrecht zu ihr den größeren [$Ca(OH)_2$, $Mg(OH)_2$]. Dichteste Kugelpackungen wie Mg oder nahezu dichteste wie Topas (Sauerstoffionenpackung) zeigen geringe Richtungsabhängigkeit. Eine eingehendere Diskussion der Strukturabhängigkeit, z.B. des Verhaltens des Kalkspats, der sich in der Richtung der *c*-Achse stark ausdehnt, senkrecht dazu aber zusammenzieht, steht noch aus. Die nach Kristallart und Richtung verschiedene Wärmeausdehnung der einzelnen Mineralkörner eines Gesteins ist wichtig für die mechanische Verwitterung (s. S. 222).

Wenn wir einen Kristall auf dem Goniometer erwärmen, so beobachten wir, daß sich die Winkel zwischen den Flächen ändern. Aus solchen Winkeländerungen kann man das Achsenverhältnis des Deformationsellipsoids berechnen. Die Erkenntnis, daß die Kristallwinkel von der Temperatur abhängig sind, verdankt man E. MITSCHERLICH (1823). Außer den *linearen Ausdehnungskoeffizienten* verwendet man auch die „kubischen", besser *räumlichen*, den Zuwachs α des Volumens V_0 beim Erwärmen um 1°C zum Volumen V_1.

$$V_1 = V_0 \,(1 + \alpha).$$

Allseitige Kompression. Ebenso wie man durch allseitiges Erwärmen und Abkühlen einen Kristall zur Ausdehnung und zur Zusammenziehung veranlassen kann, kann man ihn auch durch allseitigen Druck zusammenpressen. Wir finden dieselben Verhältnisse wie bei der freien thermischen Dilatation; im kubischen System bleibt eine Kugel erhalten, in den wirteligen Klassen wird sie zu einem Rotationsellipsoid und in den restlichen zu einem dreiachsigen. Die Lagen der Ellipsoide unterscheiden sich nur bei triklinen und monoklinen Kristallen, die Abmessungen auch bei allen anderen von denen der thermischen Dilatation. Es kann also nur bei kubischen Kristallen die thermische Ausdehnung durch allseitigen Druck kompensiert werden. Auch das Maß der Zusammendrückbarkeit wird analog dem der thermischen Ausdehnung durch Koeffizienten ausgedrückt. Wenn wir mit V_p das Volumen eines Kristalls unter dem Druck P, mit V_{p+1} das Volumen unter dem Druck $P+1$ bezeichnen, so lautet die Gleichung für die Volumenabnahme je Einheit des Druckes, also für den „kubischen" oder räumlichen Kompressibilitätskoeffizienten k:

$$V_{p+1} = V_p \,(1 - k); \qquad k = \frac{V_p - V_{p+1}}{V_p}.$$

Die Tabelle 24 gibt einen Überblick über einige Werte von k.

Tabelle 24. *Einige Beispiele räumlicher Kompressibilitätskoeffizienten $k \cdot 10^6$ bei 0—30° C*

Li	8,6	Graphit	$< 3,0$	Feldspäte	1,1—1,8
Na	14,2	Quarz	2,62	Kalkspat	1,36
K	23,2	Granat	0,59	Aragonit	1,50
Rb	32,8	Olivin (Fayalit)	0,87	Pyrit	0,70
Cs	36,4	Augite	$\sim 1,0$	Markasit	0,79
Au	0,577	Hornblenden	$\sim 1,3$	Zinkblende	1,26
Cu	0,719	Glimmer	2,2	Wurtzit	1,31
Diamant	0,16				

Die Kompressibilität geht bei den Alkalimetallen offensichtlich dem Atomvolumen parallel. Bei den Silikaten haben die Inselsilikate die niedrigsten Werte, Raumgerüste und Schichtgitter wie die Glimmer höhere. Bei polymorphen Substanzen sollte man erwarten, daß die weniger dichte Modifikation stärker zusammendrückbar ist; bei Kalkspat, $D = 2,71$ und Aragonit, $D = 2,95\,\mathrm{g}\cdot\mathrm{cm}^{-3}$, ist es aber umgekehrt.

Der Zusammenhang zwischen Ionenradius, Strukturtyp und Kompressibilität wird besonders deutlich bei den Alkalihalogeniden der Tabelle 25. Die Salze mit Steinsalzstruktur zeigen die Abhängigkeit vom Ionenradius. Die Werte für CsCl, CsBr und CsJ sind mit den anderen Werten der Tabelle nicht unmittelbar vergleichbar, da diese drei Halogenide im CsCl-Typ und nicht im NaCl-Typ kristallisieren.

Die Abhängigkeit vom Gitterbau zeigt sich besonders deutlich bei der *linearen Kompressibilität*, über die bisher nur wenige Werte an Mineralen ermittelt sind, die in Tabelle 26 mit einigen Werten von Metallen und Verbindungen zusammengestellt sind. Wie bei der Wärmeausdehnung ist die Bezugsfläche bei wirteligen Kristallen ein Rotationsellipsoid, bei den triklinen, monoklinen und rhombischen ein dreiachsiges Ellipsoid.

Die linearen Kompressibilitätskoeffizienten sind entweder direkt gemessen oder aus den Elastizitätskonstanten berechnet. Die Buchstaben der Tabelle haben die analoge Bedeutung wie bei der thermischen Ausdehnung, also wenn p der Druckwert ist:

$$k = k_0 + \alpha \cdot p.$$

k_1 gibt wieder die Werte parallel, k_2 die senkrecht zur Drehachse an. Be und Mg mit hexagonal dichtester Kugelpackung zeigen praktisch keine Richtungsabhängigkeit, beim Zink, das mit $c:a = 1,86$ schon einen Übergang zum Schichtgitter bildet, tritt sie deutlich auf und ist bei den Schichtgittern Bi und Sb sehr ausgeprägt. $NaNO_3$ ist entsprechend seinem Bau senkrecht zu den ebenen NO_3-Gruppen viel leichter zusammendrückbar als in der Richtung dieser Ebenen.

Tabelle 25
Räumliche Kompressibilitätskoeffizienten $k \cdot 10^6$ der Alkalihalogenide bei 30° C

	F	Cl	Br	J
Li . .	1,50	3,34	4,23	5,89
Na . .	2,07	4,182	4,98	6,936
K . .	3,25	5,53	6,56	8,37
Rb . .		6,52	7,78	9,39
Cs . .	4,155	5,829	6,918	8,403

Tabelle 26. *Lineare Kompressibilitätskoeffizienten für einige wirtelige Kristalle (meist bei 0—12000 kg/cm²)*

	$k_1 \cdot 10^6$	$\alpha_1 \cdot 10^{12}$	$k_2 \cdot 10^6$	$\alpha_2 \cdot 10^{12}$
Be	0,220	— 0,70	0,282	— 1,67
Mg	0,9842	— 6,51	0,9845	— 9,19
Zn	0,35	— 7,68	0,157	— 0,75
Sb	1,648	— 20,5	0,5256	— 4,56
Bi	1,592	— 11,1	0,6620	— 4,30
$NaNO_3$ . . .	2,436	— 23,5	0,709	— 5,88
Calcit, $CaCO_3$	0,882		0,273	
Quarz, SiO_2 .	0,718		0,995	
Rutil, TiO_2 .	0,105		0,190	

Pyroelektrizität. Bei homogener Deformation tritt bei Kristallen mit einer polaren Hauptachse die Erscheinung der Pyroelektrizität (pyr griech. Feuer) auf. Beim Erwärmen oder Abkühlen eines solchen Kristalls wird von den beiden Enden dieser Achse das eine positiv, das andere negativ geladen. Als typisches Beispiel ist schon auf S. 28 der Turmalin erwähnt worden, an dem diese Erscheinung seit langem (LINNÉ 1747, AEPINUS 1756) bekannt ist. Zum Nachweis benutzt man meist die Eigenschaft, daß die elektrisch geladenen Enden entgegengesetzt geladene Teilchen anziehen. Man bestäubt z. B. einen sich abkühlenden Kristall mit einem Gemisch von Schwefel und Mennige, das durch ein feines Baumwollsieb geladen wird; das gelbe Schwefelpulver wird durch die Reibung negativ, das rote Mennigepulver positiv geladen. Das bewirkt, daß durch die elektrostatische Anziehung das eine Ende des Kristalls rot, das andere hingegen gelb bestäubt wird. Man kann aber auch die zwischen den beiden Enden auftretende Spannung mit einem Meßinstrument leicht messen. Der Effekt ist auf die Klassen 1, 2, m, $mm2$, 4, $4mm$, 3, $3m$, 6, $6mm$ beschränkt. Das Auftreten der Pyroelektrizität kann dazu benutzt werden, um für Kristalle mit mangelhafter morphologischer Formenentwicklung die Zugehörigkeit zu diesen Klassen festzustellen. Man muß bei den Schlußfolgerungen aber sehr vorsichtig sein.

Piezoelektrizität. Wird die Erwärmung nämlich nicht sehr sorgfältig allseitig vorgenommen, so treten Spannungen auf, die ebenfalls elektrische Aufladung bewirken können. Man kann sie auch durch Druck in einer polaren Richtung, die nicht mit einer polaren Achse zusammenzufallen braucht, erzeugen. Diese Erscheinung wird Piezoelektrizität (piezein griech. drücken) genannt. Sie wurde 1880 von den Brüdern J. und P. CURIE entdeckt. M. G. LIPP-MANN folgerte schon im nächsten Jahr, daß umgekehrt durch Anlegen elektrischer Spannung Zusammenziehen bzw. Ausdehnen des Kristalls eintreten müsse. Diese Eigenschaft mancher Kristalle hat große technische Bedeutung erlangt. Sie ist nicht auf dieselben Klassen wie die Pyroelektrizität beschränkt, sondern kann in allen Klassen, in denen polare Richtungen möglich sind, d.h. in denen ohne Symmetriezentrum, auftreten; nur die Klasse 432 hat bereits so hohe Symmetrie, daß trotz des Fehlens des Symmetriezentrums keine piezoelektrischen Erscheinungen auftreten können, wie bereits W. VOIGT nachgewiesen hat. Zu den pyroelektrischen Klassen kommen also noch 222, $\bar{4}$, $\bar{4}2m$, 422, 32, 622, 6, $\bar{6}m2$, 23 und $\bar{4}3m$ dazu.

Der Quarz ist die technisch wichtigste piezoelektrische Kristallart. Er zeigt den Effekt in Richtung seiner polaren zweizähligen Achsen. Da natürlich auch die Atomanordnung in seiner Kristallstruktur nach diesen Richtungen polar ist, kann man sich vorstellen, daß beim Zusammendrücken in dieser Richtung auf der einen Seite ein Überwiegen positiver, auf der anderen negativer Ladung auftritt. Bei Rechts-Links-Zwillingen tritt natürlich die Erscheinung nicht auf. „Schwingquarze" werden zur Steuerung von Radiosendern, als Zeit- und Druckmesser, und zur Erzeugung und zum Empfang von Schallwellen besonders hoher Frequenzen benutzt. Es sei daran erinnert, daß ein echter pyroelektrischer Effekt in der Kristallklasse des Quarzes nicht auftreten kann. Piezoelektrische Untersuchungen sind ganz allgemein wichtig zur Feststellung, ob ein Kristall ein Symmetriezentrum hat oder nicht.

Zur Theorie der einseitigen Beanspruchung. Die Theorie der einseitigen Beanspruchung ist wesentlich komplizierter als die der allseitigen Deformation. Wir betrachten als Beispiel einen Kristallstab, der gedehnt wird. Die elastische Längenänderung ist proportional der Spannung, z.B. dem angehängten Gewicht (Hookesches Gesetz).

$$\frac{\varDelta l}{l} = \alpha S.$$

Hier ist $\varDelta l$ die Längenänderung und l die Gesamtlänge des Kristallstabes, S die Zugspannung (Kraft je Flächeneinheit). α ist ein Proportionalitätsfaktor, er wird als Dehnungskoeffizient, sein reziproker Wert $1/\alpha = E$ als Elastizitätsmodul bezeichnet. Bei einem Kristall sind nun die Elastizitätsmoduln ebenfalls von der Richtung abhängig. Zur Beschreibung der elastischen Verhältnisse in einem Kristall braucht man sechs Gleichungen, die im allgemeinen Fall des triklinen Kristalls und bei Zentralkräften zwischen den Ionen bzw. Atomen der Struktur 21 Konstanten enthalten. Je höher die Symmetrie wird, um so mehr vereinfachen sich die Gleichungen. Im kubischen System sind nur noch drei Konstanten notwendig.

4. Kristalloptik des sichtbaren Lichts

Einleitung. Das für den Mineralogen weitaus wichtigste Gebiet der Kristallphysik ist das der Optik, sowohl in dem Wellenlängenbereich, für den das menschliche Auge empfindlich ist, dem des „gewöhnlichen" Lichts, wie in dem des Röntgenlichts. Die Erscheinungen im gewöhnlichen Licht werden unter dem Gesichtspunkt des Kontinuums behandelt, weil sie so viel einfacher darzustellen sind; ihre Theorie ist aber auch für Gitter entwickelt. Wir dürfen das Kontinuum benutzen, weil die Wellenlängen des gewöhnlichen Lichts sehr groß sind gegenüber den Gitterabständen in Kristallen, z.B. betragen die Wellenlängen des roten Lichts $6400{-}7500 \cdot 10^{-8}$ cm und der Abstand zweier C-Atommittelpunkte im Diamantgitter $1,54 \cdot 10^{-8}$ cm. Gehen wir aber zur Röntgenoptik über, so sind die Wellenlängen von derselben Größenordnung wie die Gitterabstände, z.B. für CuKα-Strahlung $1,54 \cdot 10^{-8}$ cm. Hier müssen wir die Materie als Diskontinuum betrachten. Beide Optikarten sind heute unentbehrliches Rüstzeug des Mineralogen. Jeder, der wie der Chemiker im Laboratorium erzeugte Kristalle, oder wie der Geologe und Bodenkundler Minerale sicher bestimmen oder als Gesteinskundler das Gefüge von Gesteinen erforschen will, muß die Grundlagen der beiden Optikarten beherrschen. Darüber hinaus benutzen sie andere Wissenschaften, besonders die Metallkunde, die Strukturlehre, und haben sie durch eigene Arbeiten gefördert.

a) Einfachbrechende Substanzen

Lichtbrechung. Wir beginnen mit dem gewöhnlichen Licht und betrachten zunächst die Lichtbrechung. In *optisch isotropen*, schwach absorbierenden Medien, wie Gasen, Flüssigkeiten, Gläsern und auch in kubischen Kristallen, wie Steinsalz, Zinkblende, Diamant gilt das schon in der Schule gelernte einfache Brechungsgesetz von SNELLIUS, nach dem die Fortpflanzungsgeschwindigkeit eines Lichtbündels in einem Medium A beim Übergang in ein zweites B sich wie der Sinus des Eintrittswinkels α in A zu dem Sinus des Austrittswinkels β in B verhält.

$$\frac{\text{Lichtgeschwindigkeit in } A}{\text{Lichtgeschwindigkeit in } B} = \frac{\sin \alpha}{\sin \beta}.$$

Die reziproken Werte der Lichtgeschwindigkeiten bezogen auf die Lichtgeschwindigkeit im Vakuum als Maßeinheit nennt man *Brechungsindices*, *Brechungsquotienten* oder *Brechungszahlen* n_A und n_B, also

$$\frac{\sin \alpha}{\sin \beta} = \frac{n_B}{n_A}.$$

Wir werden übrigens an Stelle der im Experiment stets auftretenden Lichtbündel ihre Achsen, also Strahlen, darstellen. Für den gewöhnlichen Fall, daß die Lichtbrechung gegen Luft untersucht wird, ist n_A nahezu gleich eins ($n_{\text{Luft}} = 1,0003$); damit ergibt $\frac{\sin \alpha}{\sin \beta}$ sofort den Brechungsindex der Substanz B.

Totalreflexion. Tritt umgekehrt aus B, dem Medium mit dem höheren Brechungsindex, Licht nach A aus und läßt man dabei den Winkel β größer und größer werden, so erreicht man je nach der Größe von n_B früher oder später einen Wert von β, bei dem kein Licht mehr nach A austreten kann. Man nennt diesen Wert von β den *Grenzwinkel der Totalreflexion*. Der Erscheinung der Totalreflexion verdankt der Diamant einen wesentlichen Teil seiner Lichtfülle. Bei dem hohen Brechungsindex von 2,4 wird bei geeigneter Schliffform, dem *Brillantschliff*, sehr viel Licht an der Unterseite totalreflektiert, weil es schon bei relativ kleinem Einfallswinkel nicht in Luft austreten kann (Abb. 217). Deshalb erscheinen die Flächen des Unterteils metallisch glänzend, wie versilbert.

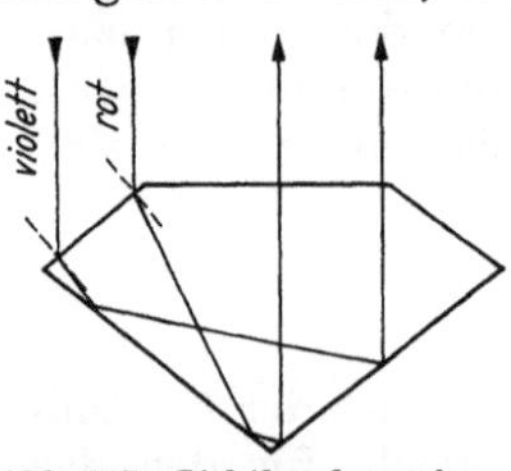

Abb. 217. Lichtbrechung im Diamanten (Brillantschliff)

Reflexion. Zu diesem innerhalb des Diamanten reflektierten Lichts kommt dann noch das an der Oberfläche reflektierte Licht. Beides zusammen erzeugt die „Brillanz" des kunstgerecht geschliffenen Diamanten. Der Anteil des an der Oberfläche reflektierten Lichts ist nämlich bei farblosen oder schwach gefärbten Substanzen, d.h. also solchen, die nur schwach absorbieren, um so größer, je größer die Brechungszahl der reflektierenden Substanz ist. Einige Zahlen gibt die Tabelle 27.

Für senkrechten Einfall gilt bei schwacher Absorption die Formel

$$R = \frac{(n-1)^2}{(n+1)^2},$$

in der R das *Reflexionsvermögen*, d.h. den Anteil der reflektierten Strahlung bedeutet. Für schrägen Einfall gilt eine kompliziertere Formel.

Tabelle 27. *Reflektiertes Licht in Prozent des einfallenden Lichtes*

Einfallswinkel α	0°	70°
Diamant $(n_D = 2,42)$ . .	17	27
Grossular $(n_D = 1,75)$ . .	$7^1/_2$	21
Glas $(n_D = 1,50)$ . .	4	17
Wasser $(n_D = 1,33)$ . .	2	13

Glanz. Beim Mineralbestimmen verwendet man den Glanz als ein wichtiges Merkmal. Er hängt an glatten ebenen Flächen vom Reflexionsvermögen ab. Man unterscheidet Minerale mit *Diamantglanz*, das sind also solche mit hoher Brechungszahl, und solche mit *Glasglanz*. Minerale, die das sichtbare Licht stark absorbieren, reflektieren es viel stärker als der Diamant: sie haben *Metallglanz*. So beträgt für Silber bei senkrechtem Einfall die Intensität des reflektierten Lichts 95% des einfallenden. Außer von der Brechungszahl und dem Absorptionsvermögen ist der Glanzeindruck auch von der Struktur der Oberfläche abhängig, so beim *Fettglanz, Perlmutterglanz* und *Seidenglanz*.

Strichfarbe. Außer dem Glanz wird auch der Strich der Minerale zum Bestimmen benutzt. Man erzeugt durch Reiben auf einer unglasierten Porzellanplatte ein feines Mineralpulver, das bei farblosen Mineralen wegen des zerstreuten Lichts weiß ist und bei farbigen, besonders metallglänzenden, deshalb noch Farben erkennen läßt, weil kleine Teilchen in dünner Schicht auf der weißen Unterlage noch Licht für die Wellenlängen durchlassen, die nicht allzu stark absorbiert werden.

Dispersion. Kehren wir zum Diamanten zurück, so bemerken wir an ihm noch eine weitere Eigenschaft, die ihn als Edelstein besonders beliebt macht: sein Farbenspiel. Es beruht darauf, daß die Brechungszahl für die verschiedenen Wellenlängen verschieden ist. Der Unterschied zwischen der Brechungszahl für die Wellenlänge $\lambda = 0,397\,\mu$ und der für $\lambda = 0,760\,\mu$ beträgt beim Diamant 0,0628; das ist etwa das Fünffache wie bei Wasser und das Dreifache wie bei gewöhnlichem Glas. Besonders stark macht sich der Unterschied beim Austritt von Licht aus dem Diamanten in Luft bemerkbar, am stärksten bei dem in der Abb. 218a dargestellten Fall, in dem das violette Licht ($\lambda = 0,397\,\mu$) praktisch streifend, das rote ($\lambda = 0,760\,\mu$) unter 13° austritt; der Einfallswinkel beträgt hier 24°.

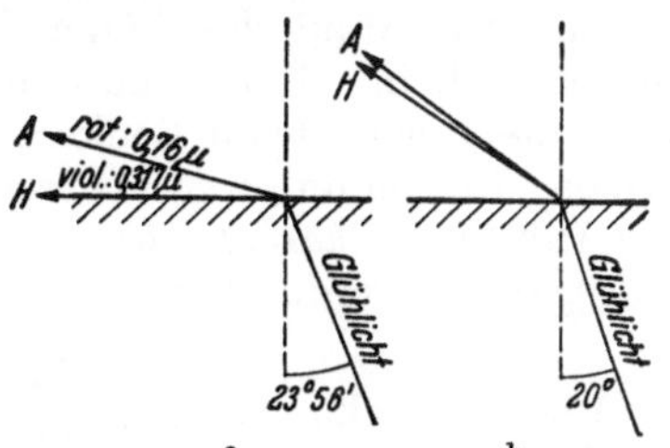

Abb. 218a u. b. Dispersion beim Austritt von Glühlicht aus dem Diamanten in Luft. (a) Bei einem Einfallswinkel von 24°; (b) bei einem Einfallswinkel von 20°

Bei einer Verkleinerung des Einfallswinkels auf 20° (Abb. 218b) ist die Divergenz der beiden Strahlen nur mehr 2°13'. Farbenspiel und Brillanz bedingen zusammen das „Feuer" des Brillanten.

Bestimmung der Brechungszahl mit der Einbettungsmethode. Die Bestimmung der Brechungszahl mit der Prismenmethode und durch Totalreflexion soll hier nicht besprochen werden, man findet sie in jedem Physikbuch. Ebenso kann nicht auf die verschiedenen Methoden eingegangen werden, Licht bestimmter Wellenlängen zu erzeugen. Es soll hier nur auf eine Methode der Bestimmung der Brechungszahl hingewiesen werden, die sich beim mikroskopischen Arbeiten als besonders bequem und ausreichend genau eingebürgert hat, die Einbettungsmethode.

Bettet man ein Stück eines durchsichtigen, einfach brechenden Kristalls oder von Glas in eine Flüssigkeit von demselben Brechungsindex ein, so kann man es im monochromatischen Licht nicht von seiner Umgebung unterscheiden, wenn seine Oberflächen ganz sauber sind. Im Glühlicht werden im allgemeinen die Brechungszahlen für die verschiedenen Wellenlängen nie genau übereinstimmen, das Objekt erscheint mit farbigen Rändern. Sind die Brechungsindices von Objekt und Einbettungsmittel sehr verschieden, so sieht das Korn erhaben aus, es zeigt *Relief*. Das kommt daher, daß die Rauhigkeiten an der Oberfläche

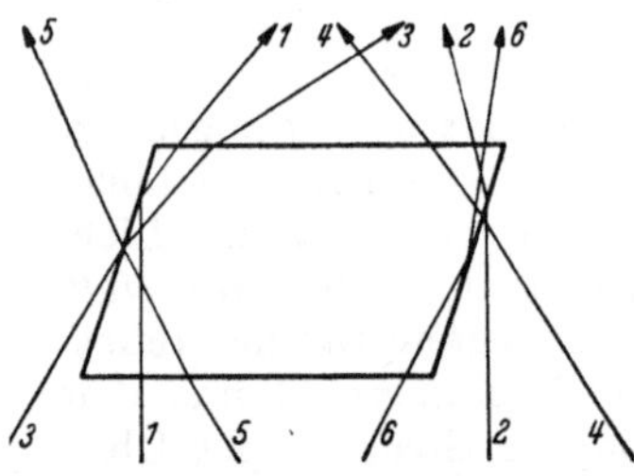

Abb. 219. Brechungsverhältnisse eines Flußspatspaltstückes in Wasser. *1, 2* Beleuchtung des ganzen Stückes mit parallelem Bündel; *3, 4* Beleuchtung des ganzen Stückes mit konvergentem Bündel; *1, 3, 5* Beleuchtung der linken, *2, 4, 6* bzw. rechten Kante mit konvergentem Bündel

das Licht zerstreuen. Ferner erscheint ein solches Korn unter dem Miksoskop hell gesäumt, falls Objekt und Einbettungsmittel verschiedene Brechungsindices haben und die Beleuchtungsblende nicht zu stark geöffnet ist. Hebt man den Tubus, so beobachtet man, daß die helle Linie in das höher brechende Medium wandert. Diese Linie heißt nach ihrem Entdecker *Beckesche Linie*. Sie gibt uns ein sehr bequemes Mittel an die Hand, um zu entscheiden, ob das Korn höher oder niedriger lichtbrechend ist als die Umgebung. Man kann das Verfahren auch bei doppelbrechenden Kristallen verwenden (vgl. S. 118). Zur Erklärung der Beckeschen Linie betrachten wir Abb. 219. Sowohl bei senkrechtem als auch bei einseitig schiefem oder kegelförmigem Lichteinfall wird das Licht weit überwiegend in den höher brechenden Kristall hineingebrochen. Zum Teil tritt Totalreflexion ein, jedoch ist sie durchaus nicht Bedingung, ebensowenig wie die Forderung, daß die Grenzfläche vertikal stehen muß. Die vollständige Erklärung des Phänomens würde auch die Berücksichtigung von Beugungserscheinungen verlangen. Sowohl bei Beugung als auch bei Brechung ergibt sich eine Aufhellung am inneren Rand des höher lichtbrechenden Mediums durch konvergierende Strahlen. Beim Heben muß deshalb der Anschein entstehen, als wandere die Linie ins Innere, beim Senken, als ob sie nach außen ginge. — Eine besonders genaue Bestimmung von Brechungsindices nach der Einbettungsmethode ist mit Hilfe des *Phasenkontrastverfahrens* möglich, auf das jedoch hier nicht weiter eingegangen werden kann.

b) Doppelbrechende Substanzen

Die Entdeckung der Doppelbrechung. Wir haben bisher nur von einfach brechenden oder optisch isotropen Substanzen gesprochen. Die Mehrzahl der Kristalle verhält sich anders, sie zeigt Doppelbrechung. Diese wurde zum ersten Male von ERASMUS BARTHOLINUS, dem Sproß einer dänischen Gelehrtenfamilie, beobachtet. Seine Veröffentlichung stammt aus dem Jahre 1669, dem gleichen Jahr, in dem sein Landsmann STENO das Gesetz der Winkelkonstanz veröffentlichte. Die ersten Sätze seiner Abhandlung sind so charakteristisch für die echte Freude des Naturforschers an einer neuen Beobachtung, daß sie in der Übersetzung von MIELEITNER hier angeführt werden sollen:

„Hochgerühmt ist bei allen Menschen der Diamant und mannigfach sind die Freuden, die dergleichen Schätze, wie edles Gestein und Perlen, gewähren, aber sie dienen doch nur zum Prunk und zum Schmuck von Finger und Hals; wer dagegen die Kenntnis seltsamer Erscheinungen dem Vergnügen vorzieht, der wird, wie ich hoffe, keine geringere Freude haben an einem neuartigen Körper, nämlich einem durchsichtigen Kristall, der vor kurzem aus Island zu uns gebracht wurde und vielleicht zu den größten Wundern gehört, welche die Natur hervorgebracht hat."

Er beschreibt zunächst ein Spaltrhomboeder des Kalkspats. Betrachten auch wir ein solches Stück und lassen wir ein schmales Lichtbündel darauf fallen, so bemerken wir, daß es im Kristall in zwei Bündel aufgespalten wird. Eine plausible Erklärung für diese Erscheinung gab schon 1679 CHRISTIAN HUYGENS mit der Annahme, daß sich zwei Lichtwellen im Kristall fortpflanzen. HUYGENS dachte an longitudinale Wellen und konnte so nur einen Teil der beobachteten Erscheinungen erklären. Seine Wellentheorie setzte sich deswegen nicht durch gegenüber der Newtonschen Korpuskulartheorie. Die vollständige Erklärung auf Grund der Wellentheorie kam erst, als im Jahre 1808 MALUS durch ein Kalkspatrhomboeder ein offenes Fenster im Luxemburgischen Palais in Paris betrachtete und dabei feststellte, daß die beiden Bilder beim Drehen des Kristalls in ihrer Helligkeit wechselten. Er schloß daraus, daß die Lichtkorpuskeln irgendwie einseitig, polar, seien und nannte die Erscheinung Polarisation. Die Beobachtung von MALUS führte den Engländer YOUNG (zuerst in einem Brief an ARAGO 1817) dazu, die Wellentheorie des Lichts mit Hilfe von transversalen Wellen zu begründen. Es können nämlich sowohl longitudinale wie transversale Wellen Interferenzerscheinungen zeigen; nur letztere aber können senkrecht zur Fortpflanzungsrichtung eine Vorzugsrichtung aufweisen, polarisiert sein. *Polarisation* bedeutet dann, daß aus einem Gewirr von transversalen Wellen, die in den verschiedensten Richtungen schwingen, diejenigen „herausgesiebt" werden, die nur in einer Richtung schwingen. Wir haben also in Kristallen zwei Erscheinungen, die wir in amorphen Körpern, wie z.B. einer Flüssigkeit oder einem Glas, normalerweise nicht haben: erstens Doppelbrechung und zweitens Polarisation.

Die Wellennormalen. Bei doppelbrechenden Kristallen gilt das Brechungsgesetz von SNELLIUS nicht, wenn wir die Lichtbündel betrachten. Ein auf die Fläche eines solchen Kristalls einfallendes Lichtbündel wird im allgemeinen in zwei Bündel zerlegt, für welche $\dfrac{\sin \alpha}{\sin \beta} = \dfrac{c_A}{c_B} =$ const. nicht mehr gilt; ja, es brauchen die beiden gebrochenen Bündel nicht einmal mehr in der Einfallsebene zu liegen. Das Brechungsgesetz von SNELLIUS gilt jedoch auch hier, falls wir nicht die Fortpflanzungsgeschwindigkeit in Richtung der Lichtbündel betrachten, sondern die der Wellennormalen. Diese beiden Richtungen fallen nämlich zwar in einem isotropen Körper zusammen, aber nicht im allgemeinen Fall in einem Kristall. Es gilt jedoch für die Fortpflanzungsgeschwindigkeit der Wellennormalen auch in einem anisotropen Medium $\dfrac{\sin \alpha}{\sin \beta} = \dfrac{(c_A)_w}{(c_B)_w}$. Da in diesem Falle die Fortpflanzungsgeschwindigkeit der Wellennormale im Kristall $(c_B)_w$ von der Richtung abhängt, so ist $\dfrac{\sin \alpha}{\sin \beta}$ keine Konstante mehr.

In einem optisch isotropen Medium kann man die Brechungsverhältnisse aus der Vorstellung der Huygensschen Elementarwellen verstehen, wie dies aus dem Physikunterricht bekannt ist. Bei einem doppelbrechenden Kristall hat man an Stelle der kugelförmigen Elementarwelle eine kompliziertere Figur zu verwenden, deren Gestalt unter anderem von der Symmetrie des Kristalls abhängt. Für Kalkspat z.B. besteht sie aus einer Kugel und einem abgeplatteten Rotationsellipsoid (d.i. eine Ellipse, die um die kürzere Achse rotiert), welche sich in zwei Punkten berühren — die Verbindungslinie dieser beiden Punkte fällt mit der Richtung der dreizähligen Achse zusammen. In Abb. 220 sind die Brechungsverhältnisse an der Grenze Luft gegen Kalkspat dargestellt. Bei niedriger symmetrischen Kristallen (rhombisch, monoklin, triklin) hat die Fläche eine ziemlich komplizierte Gestalt; mathematisch läßt sie sich durch eine Glei-

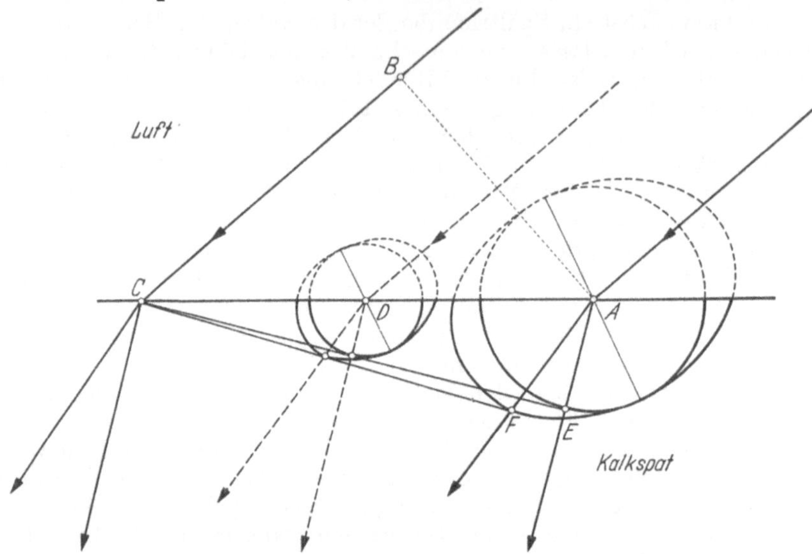

Abb. 220. Brechung von monochromatischem Licht an der Grenzfläche Luft—Kalkspat. Eine Wellenfront des von rechts oben einfallenden Lichts trifft bei A früher auf die Oberfläche des Kalkspats auf als bei C, da bis dorthin noch die Strecke $\overline{BC}$ durchlaufen werden muß. Die Zeichnung stellt schematisch die Verhältnisse in dem Augenblick dar, als die Wellenfront bei C eintrifft. Von A hat sich inzwischen die im Text erläuterte doppelschalige Elementarwelle ausgebildet — ihre Rotationsachse fällt mit [00.1] zusammen. Sie hat natürlich nur innerhalb des Kristalls Bedeutung; die gestrichelte Ergänzung in Luft dient nur der Verdeutlichung ihrer Gestalt. Zwischen A und B gehen von jedem Punkt solche Elementarwellen aus; sie werden gegen B aber immer kleiner, da sie ja immer weniger Zeit zu ihrer Ausbreitung hatten — als Beispiel ist die Elementarwelle vom Punkt D aus gezeichnet. Als Richtung der Wellenfronten im Kristall erhält man als Einhüllende der Elementarwellen die Wellenfronten $\overline{CE}$ („o. Welle", S. 114) und $\overline{CF}$ („ao. Welle", S. 114); die Fortpflanzungsrichtungen der Wellen stehen darauf senkrecht. Die Fortpflanzungsrichtungen der zugehörigen Strahlen sind jedoch AE und AF

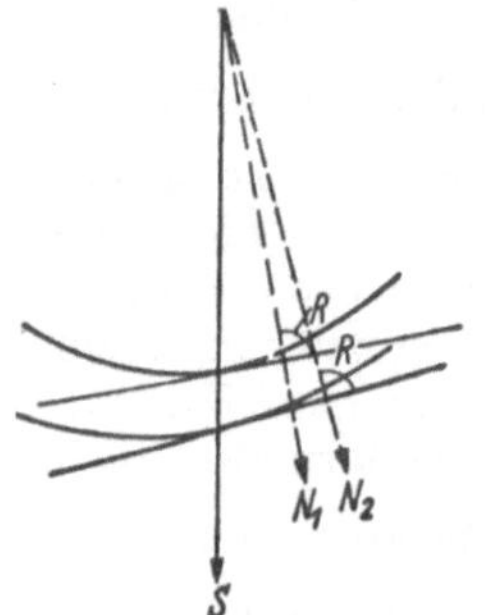

Abb. 221. Die beiden zu einer Strahlenrichtung gehörenden Wellennormalen

Abb. 222. Die beiden zu einer Wellennormalen gehörenden Strahlenrichtungen

chung vierten Grades darstellen. Sie ist immer „zweischalig", und damit gehören zu einer Strahlenrichtung zwei Wellenfronten und umgekehrt (Abb. 221 u. 222).

Die Beherrschung der optischen Vorgänge in Kristallen wird einfacher, wenn wir an Stelle der Strahlenrichtungen die Richtungen der Wellennormalen betrachten. Wir können damit auch alle für uns wichtigen Erscheinungen beschreiben; unter Fortpflanzungsrichtung wird deshalb im folgenden stets die Fortpflanzungsgeschwindigkeit der Wellennormalen verstanden, ebenso bezieht sich die Brechungszahl auf diese.

Die Indikatrix. Das Licht ist in den beiden Wellen, die sich in unserem Kalkspat fortpflanzen, nicht in der gleichen Richtung polarisiert. Die Schwingungsrichtung liegt in der einen Welle senkrecht zu der der anderen und beide Schwingungsrichtungen stehen senkrecht auf der Wellennormalen. So ist es in allen doppelbrechenden Kristallen. Das ist ein weiterer Vorteil bei Benutzung der Wellennormalen. Um das Verhalten des Lichts in solchen Kristallen zu beschreiben, wollen wir auf den Schwingungsrichtungen die Brechungszahlen der zugehörenden Welle abtragen. Wir haben dann sozusagen ein rhombisches Achsenkreuz, dessen eine Achse die Wellennormale ist, während die beiden anderen die Schwingungsrichtungen und die Brechungszahlen beider Wellen angeben. Verlegen wir nun das Achsenkreuz in den Mittelpunkt eines beliebigen, z.B. triklinen durchsichtigen Kristalls, und geben der Wellennormalen alle möglichen Richtungen, so beschreiben die Endpunkte der Brechungszahlachsen ein dreiachsiges Ellipsoid, also einen Körper, wie wir ihn schon auf S. 91 bei

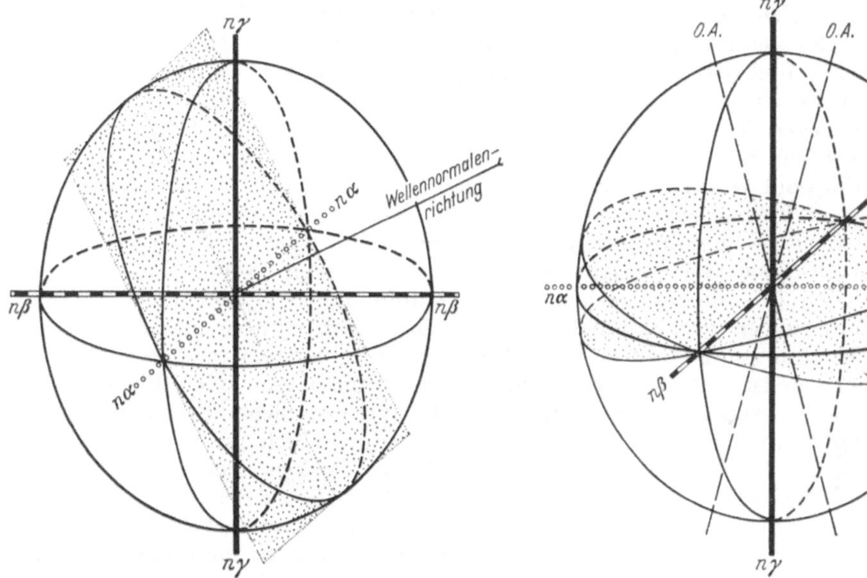

<table>
<tr><td>Abb. 223. Indexellipsoid mit einer Schnittebene</td><td>Abb. 224. Indexellipsoid mit Kreisschnitten und den beiden optischen Achsen O A</td></tr>
</table>

der mechanischen Deformation einer Kugel und auf S. 103 bei der freien thermischen Dilatation kennengelernt haben. Er wird in der Optik *Indikatrix* oder *Indexellipsoid* genannt (Brechungs„index"!) (Abb. 223). Die Schnittfigur einer Ebene mit dem Indexellipsoid ist im allgemeinen eine Ellipse. Denken wir uns jetzt aus dem Kristall, in dessen Innern die Oberfläche des Ellipsoids markiert ist, senkrecht zur Wellennormalen eine Platte herausgeschnitten, so geben die Längen der Halbmesser der Schnittellipse die Brechungszahlen der beiden Wellen und die Richtungen der Halbmesser ihre Schwingungsrichtungen an.

Das Ellipsoid hat drei *Hauptschnitte*, die zugleich seine Symmetrieebenen sind. In ihnen liegen die größte, die kleinste und eine mittlere Achse. Mit n_α bezeichnen wir stets die kürzeste Achse, die also der kleinsten Brechungszahl entspricht, mit n_γ die größte, n_β ist dann die mittlere[1]. Liegt also die Wellennormale in Richtung der n_γ-Achse, so bekommen wir eine Schnittellipse, die n_α und n_β als Brechungszahlen enthält, $n_\beta - n_\alpha$ ist das *Maß der Doppelbrechung* in dieser Platte. Neigen wir jetzt die Wellennormalenrichtung in der Ebene, die n_γ und n_α enthält, auf die n_α-Linie zu, Abb. 224, so erhalten wir zunächst Ellipsen als

---

[1] Die Hauptbrechungsindices n_α, n_β und n_γ werden in der Literatur auch mit α, β und γ oder mit n_x, n_y und n_z bezeichnet.

Schnitte, deren einer Durchmesser wieder durch n_β gegeben ist; der andere ist jetzt aber größer als n_α und nimmt mit zunehmender Neigung immer mehr zu, bis er schließlich an einer Stelle den Wert von n_β erreicht. Wir haben als Schnittfigur dann nicht mehr eine Ellipse, sondern einen Kreis mit dem Radius n_β. Einen ebensolchen Kreis als Schnittfigur würden wir erhalten, wenn wir unsere Wellennormalenrichtung nach der entgegengesetzten Seite wieder in der $n_\gamma - n_\alpha$-Ebene geneigt hätten (Abb. 224). Ein Kreis als Schnittfigur bedeutet, daß die beiden Wellen die gleiche Brechungszahl besitzen. In der Richtung senkrecht zu diesen Schnitten haben wir also keine Doppelbrechung; der Kristall verhält sich wie ein isotroper Körper, keine Schwingungsrichtung ist vor der anderen ausgezeichnet. Man nennt daher diese beiden Richtungen die Richtungen der *optischen Achsen* und bezeichnet solche Kristalle als *optisch zweiachsig*. Der Name „optische Achse" ist insofern recht unglücklich, als der Anfänger immer aufpassen muß, zwischen optischer Achse und Ellipsoidachse zu unterscheiden. Dazu kommt noch die Gefahr der Verwechslung mit kristallographischen Achsen.

Die *Orientierung des Indexellipsoids* zu den kristallographischen Achsen muß ebenso wie bei dem auf S. 103 bei der Besprechung der thermischen Dilatation erwähnten Ellipsoid von der Symmetrie des Kristalls abhängen. Das dreiachsige Ellipsoid (vgl. S. 91) hat selbst die Symmetrie der Klasse mmm: drei aufeinander senkrecht stehende Symmetrieebenen und in deren Schnittlinien drei zweizählige Achsen. Im triklinen System läßt sich nicht voraussehen, welche Lage das Ellipsoid zu den kristallographischen Achsen einnimmt. Bei jeder Lage wird es den Anforderungen der Symmetrie, die ja in diesem System maximal ein Symmetriezentrum ist, gerecht werden. Im monoklinen System muß entweder die zweizählige Achse mit einer Ellipsoidachse zusammenfallen oder die Symmetrieebene des Kristalls mit einer des Ellipsoids. Wie man sich leicht überlegen kann, ist innerhalb dieser Bedingungen noch eine unendlich große Zahl von Ellipsoidlagen im Kristall möglich. Im rhombischen System aber gibt es nur noch sechs Möglichkeiten der Orientierung des Ellipsoids zu den kristallographischen Achsen: die Ellipsoidachsen müssen mit diesen zusammenfallen. Außer der Lage des Ellipsoids zu den kristallographischen Elementen muß auch noch berücksichtigt werden, daß sich die Form der Indikatrix und damit auch der Winkel der optischen Achse sowohl mit der Wellenlänge als auch mit der Temperatur ändert. Im einfarbigen, z.B. roten Licht, wird also der Achsenwinkel einen anderen Wert haben als im blauen. Im trigonalen, tetragonalen und hexagonalen System wird das dreiachsige Indexelliposid zum Rotationsellipsoid. Damit gibt es nicht mehr zwei Kreisschnitte, sondern nur mehr einen — die Kristalle sind. *optisch einachsig*, d.h. es herrscht nur in einer Richtung Isotropie. Die Richtung der optischen Achse fällt mit der Wirtelachse des Kristalls zusammen. Im kubischen System schließlich wird die Bezugsfläche eine Kugel, wir haben also nur eine Brechungszahl und keine ausgezeichnete Schwingungsrichtung.

Bei einachsigen Kristallen bezeichnet man die Hauptbrechungsindices mit ω und ε, den griechischen Anfangsbuchstaben der lateinischen Ausdrücke für *ordentliche* (ordinarius) und *außerordentliche* (extraordinarius) *Welle*. Zum Verständnis dieser Bezeichnungsweise betrachten wir nochmals ein schmales Lichtbündel, das schräg auf die Rhomboederfläche $(10\bar{1}1)$ eines Kalkspat-Kristalls auffällt. Die Doppelbrechung bewirkt, daß der einfallende Strahl im Kristall in zwei Strahlen aufgespalten wird (vgl. Abb. 220). Drehen wir nun den Kristall um die Flächennormale auf $(10\bar{1}1)$, so reagiert einer der beiden Strahlen im Kristall auf diese Drehung in seiner Fortpflanzungsrichtung ebenso wenig wie dies in einem optisch isotropen Körper der Fall wäre; diesen Strahl (und die zugehörige

Wellenrichtung) nennt man folglich „ordentlich". Die Fortpflanzungsrichtung des anderen Strahles hingegen ändert sich mit der angegebenen Drehung des Kristalls, und zwar wandert sie mit fortschreitender Drehung um die Richtung des ordentlichen Strahles her-
um; diesen Strahl (und die zugehörige Wellenrichtung) nennt man deshalb „außerordentlich". Bei optisch einachsigen Kristallen bleibt eine Brechungszahl immer gleich, eben die der ordentlichen Welle. Die Indikatrix ist ein Rotationsellipsoid und hat unendlich viele Symmetrieebenen, die durch die Drehachse gehen. Jede solche Ebene wird in der Physik *Kristallhauptschnitt* genannt. In den Kristallhauptschnitten haben wir sowohl ω als auch ε als Brechungszahlen. Nach der Form des Rotationsellipsoids können wir bei den einachsigen Kristallen zwei Arten unterscheiden. Bei der einen Art ist die Drehachse länger als der Durchmesser des Kreises (Abb. 225), d. h. die Brechungszahl ist größer, wenn die Lichtwelle in Richtung der optischen Achse schwingt, als wenn sie senkrecht dazu schwingt $(\varepsilon - \omega > 0)$. Solche Kristalle werden *optisch positiv* genannt (Beispiele: Quarz, Rutil usw.). Kristalle, deren Indikatrix eine Rotationsachse hat, die kürzer als der Durchmesser des Kreises ist (Abb. 226), heißen *optisch negativ* $(\varepsilon - \omega < 0$; Beispiele: Calcit, Apatit usw.).

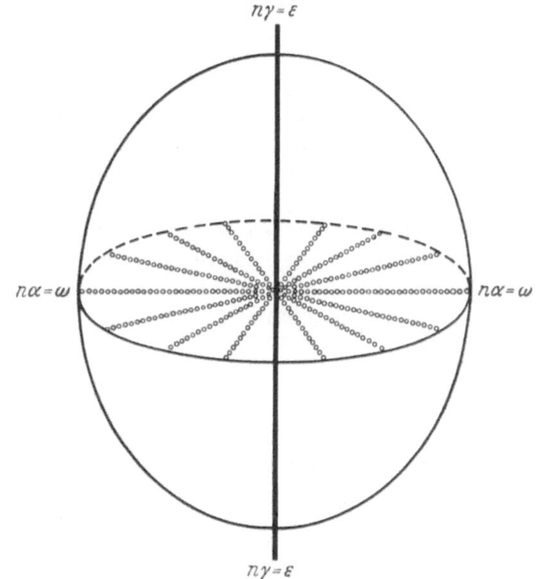

Abb. 225. Indexellipsoid optisch einachsig positiver Kristalle

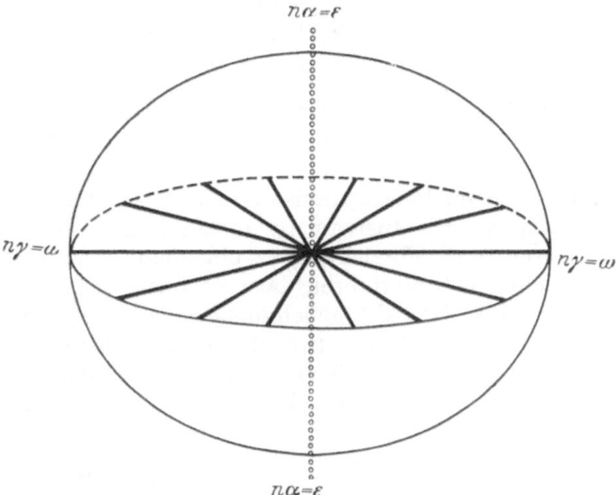

Abb. 226. Indexellipsoid optisch einachsig negativer Kristalle

Auch bei den zweiachsigen Kristallen unterscheidet man zwischen optisch positiv und negativ; ist der Winkel der optischen Achsen um n_γ kleiner als 90°, so heißt der Kristall optisch positiv, ist er größer, so heißt er optisch negativ. Von demjenigen Brechungsindex, der im spitzen Winkel der optischen Achsen liegt, sagt man, er bilde die *spitze Bisektrix* — von dem, der in ihrem stumpfen Winkel liegt, er bilde die *stumpfe Bisektrix*. Nach der eben gegebenen Definition für optisch zweiachsig positive Kristalle ist bei diesen also n_γ spitze Bisektrix(und damit n_α stumpfe Bisektrix). Bei negativen Kristallen ist es umgekehrt: n_α ist spitze Bisektrix (und n_γ stumpfe). Der Winkel zwischen den Richtungen der optischen Achsen heißt *Achsenwinkel*. Er wird meist bei zweiachsig positiven Kristallen über n_γ gemessen, bei zweiachsig negativen Kristallen über n_α, so daß er kleiner als (oder maximal gleich) 90° ist — allgemein wird er mit 2 V bezeichnet. Ist der Achsenwinkel zufällig genau 90°, so heißt der zweiachsige Kristall *optisch neutral*. Die n_β-Achse der Indikatrix heißt auch *optische Normale*. Läßt man in einem positiven Indexellipsoid, wie dem der Abb. 225, den Achsenwinkel kleiner und kleiner werden, so nähert sich das dreiachsige Ellipsoid immer mehr einem positiv einachsigen, die beiden Kreisschnittebenen nähern sich immer mehr der Kreisschnittebene des Rotationsellipsoids. Kleinerwerden des Achsenwinkels um n_α nähert die Indikatrix einem negativen Rotationsellipsoid, dessen Drehachse n_α ist.

Der *Winkel der optischen Achsen* ist ein wichtiges Bestimmungsstück, er ist gegen Veränderungen des Indexellipsoids empfindlicher als die Hauptbrechungszahlen. Er wird mit 2 V bezeichnet und steht zu den drei Hauptbrechungszahlen n_α, n_β, n_γ in den folgenden Beziehungen:

$$\mathrm{tg}\, V = \frac{n_\gamma}{n_\alpha} \sqrt{\frac{n_\beta^2 - n_\alpha^2}{n_\gamma^2 - n_\beta^2}}\,.$$

Für kleine Doppelbrechung kann man setzen:

$$\mathrm{tg}\, V \sim \sqrt{\frac{n_\beta - n_\alpha}{n_\gamma - n_\beta}}\,.$$

In beiden Fällen wird der Achsenwinkel um n_γ berechnet. Wenn $(n_\gamma - n_\beta) > (n_\beta - n_\alpha)$, so ist $V < 45°$, der Kristall also positiv, bei $(n_\gamma - n_\beta) < (n_\beta - n_\alpha)$ negativ.

Die optischen Achsen liegen immer in der Ebene durch n_α und n_γ, diese Ebene wird deshalb auch *Achsenebene* genannt.

Die Polarisatoren. Wir haben bisher die Kristalloptik nur theoretisch behandelt und müssen nun noch einen Blick auf die Erscheinungen werfen. Dabei wollen wir uns auf das beschränken, was für die optische Untersuchung von Kristallen im Polarisationsmikroskop wichtig ist.

Ein solches Instrument unterscheidet sich vom gewöhnlichen Mikroskop dadurch, daß Vorrichtungen eingebaut sind, die polarisiertes Licht erzeugen. Das einfachste Verfahren dazu ist das *durch Spiegelung*, z. B. an einer Glasplatte. So war bei MALUS' Versuch das gespiegelte Licht polarisiert. 1815 zeigte BREWSTER, daß die Polarisation dann am vollständigsten ist, wenn der reflektierte und der gebrochene Strahl senkrecht aufeinander stehen. Es gilt dann für den Einfallswinkel α und die Brechungszahl n der spiegelnden Substanz:

$$\frac{\sin \alpha}{\sin (90° - \alpha)} = \mathrm{tg}\, \alpha = n\,.$$

Im reflektierten Bündel steht die Schwingungsrichtung senkrecht auf der Einfallsebene, im gebrochenen liegt sie jedoch in der Einfallsebene (Abb. 227). Glasplattensätze als Polarisatoren werden in den Nörrenbergschen Polarisationsapparaten benutzt, sie waren früher die einzigen Polarisatoren für Lichtbündel mit großem Durchmesser.

Eine zweite Art, polarisiertes Licht zu erzeugen, beruht darauf, in doppelbrechenden Kristallen das eine der beiden Bündel auszuschalten. Das kann *durch Absorption* geschehen. Die beiden Wellen werden nämlich nicht nur verschieden stark gebrochen, sondern auch verschieden stark absorbiert. Wird nun in einer Kristallplatte von genügender Dicke die eine Welle im ganzen sichtbaren Gebiet durchgelassen und von der anderen nur Wellenlängen außerhalb des sichtbaren Gebiets, z.B. solche, die kleiner sind als die des violetten Lichts, so kann man einen solchen Kristall als Polarisator für sichtbares Licht benutzen.

Bei vielen Turmalinen wird so der ordentliche Strahl ganz verschluckt, der außerordentliche geht etwas geschwächt hindurch, d. h. eine Platte aus Turmalin, parallel der dreizähligen Achse geschnitten, läßt nur das Licht des außerordentlichen Strahls hindurch. Seine Schwingungsrichtung liegt entsprechend den allgemeinen optischen Eigenschaften von optisch einachsigen Kristallen parallel der Drehachse des Rotationsellipsoids, d.h. der dreizähligen Achse. Solche Turmalinplatten wurden früher auch wirklich als Polarisatoren ver-

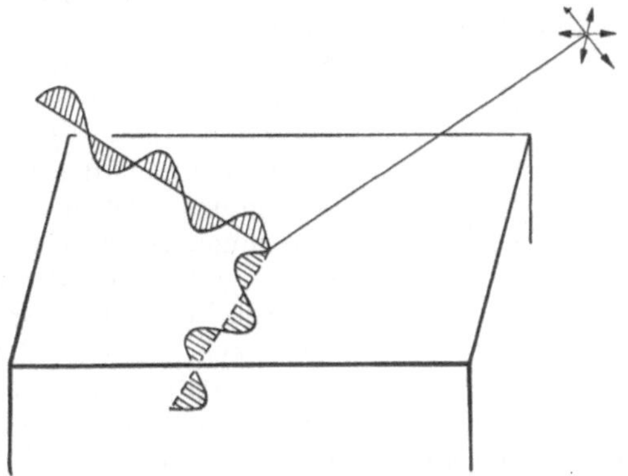

Abb. 227. Polarisation des Lichts durch Reflexion und Brechung an einem isotropen Medium

wendet. Man kann aber mit ihnen nur kleine Bündel erzeugen, da es keine brauchbaren großen Turmalinkristalle gibt, und außerdem ist der außerordentliche Strahl stets gefärbt. Es wäre vielleicht möglich, Turmaline zu finden, bei denen die Schwächung des außerordentlichen Strahls sehr gering ist. Diese würden aber dann nicht etwa farblos aussehen, weil ja für den Gesamteindruck das Absorptionsverhalten beider Wellen maßgebend ist. Viel günstiger als beim Turmalin liegen die Verhältnisse beim schwefelsauren Jodchinin, das nach seinem Entdecker HERAPATH (1852) Herapathit heißt. Von dieser Substanz hat man gelernt, Kristalle von mehreren Zentimetern Größe in dünnen Platten herzustellen. Heute werden Polarisatorfolien mit so guten optischen Eigenschaften hergestellt, daß sie in den mineralogischen Mikroskopen die früher

üblichen Kalkspatpolarisatoren, die wir anschließend besprechen werden, weitgehend verdrängt haben.

Die dritte Art, polarisiertes Licht zu erzeugen, beruht wieder darauf, daß man einen doppelbrechenden Kristall benützt und das eine Lichtbündel aus

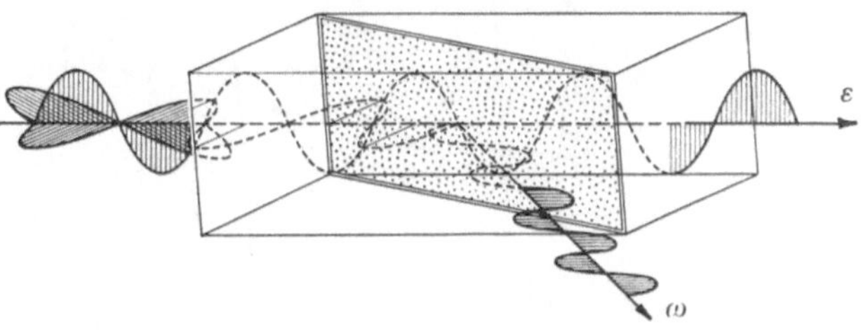

Abb. 228. Schema des Strahlengangs im Nicolschen Prisma

dem Strahlengang entfernt. Das kann auch durch *Totalreflexion* geschehen. Man benutzt dazu Kalkspat, bei dem für Na-Licht die Brechungszahl der ordentlichen Welle $\omega = 1{,}658$ und die Hauptbrechungszahl der außerordentlichen Welle $\varepsilon = 1{,}486$ ist. Man schneidet ein Prisma so heraus, daß das Bündel der außerordentlichen Welle die Brechungszahl $\varepsilon' = 1{,}54$ erhält. Dann schneidet man das Prisma auf einer schrägen Fläche auseinander und kittet die beiden Hälften mit Kanadabalsam (Brechungszahl $\sim 1{,}54$) wieder aneinander. Die Schräge der Fläche wird so gewählt, daß das ordentliche Bündel, dessen Brechungszahl ω immer gleich $1{,}658$ ist, beim Übergang vom Kalkspat in Kanadabalsam totalreflektiert wird (Abb. 228). Diese Art von Polarisatoren

wurde 1828 von NICOL zuerst beschrieben. Man benutzt heute meist andere
Schnittlagen und andere Kittmittel. Das Prinzip ist jedoch das gleiche geblieben.

Eine doppelbrechende Platte im parallelen und polarisierten Lichtbündel. Wir
wollen jetzt eine Platte, die in beliebiger Richtung aus einem Kristall herausgeschnitten ist und mit polarisiertem Licht durchleuchtet wird, betrachten. Die
Schnittellipse mit der Indikatrix gibt uns die Schwingungsrichtungen der beiden Wellen und deren Brechungszahlen
n_α' und n_γ' ($n_\alpha' < n_\gamma'$). Wenn wir also die Brechungszahlen
der Platte nach der Beckeschen Lichtlinienmethode (S. 110)
bestimmen wollen, so müssen wir zunächst n_α' mit der
Schwingungsrichtung unseres Polarisators parallel stellen,
dann geht durch die Platte nur Licht mit dieser Schwingungsrichtung und dem Brechungsindex n_α' hindurch. Nachher machen wir es ebenso mit n_γ'. Zur Vorführung eignen
sich Nadeln von Aragonit, die nach der c-Achse gestreckt
sind (n_α parallel $c = 1{,}530$, n_β parallel $a = 1{,}682$, n_γ parallel
$b = 1{,}686$) in Kanadabalsam ($n \sim 1{,}54$) eingebettet. Wir
sehen dann, daß in der einen Richtung der Aragonit
wesentlich höher-brechend ist als der Kanadabalsam, in der
anderen ein wenig niedriger. Mit der Beckeschen Linie kann
man auch die Unterschiede der Lichtbrechung von zwei

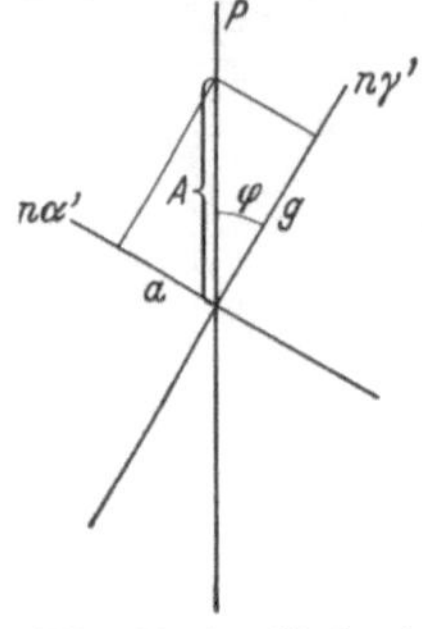

Abb. 229. Amplituden in
einer doppelbrechenden
Platte, die mit polarisiertem Licht der Schwin-
gungsrichtung P mit der
Amplitude A beleuchtet
wird

aneinandergrenzenden doppelbrechenden Mineralkörnern, z. B. Quarz und
Feldspat, bestimmen, wenn man die Lage der Schnittellipsen in diesen beiden
Körnern berücksichtigt.

Eine weitere, für die Mineraldiagnose sehr wichtige Erscheinung können
wir ebenfalls bei der Benutzung des Polarisators erkennen, den *Pleochroismus*.

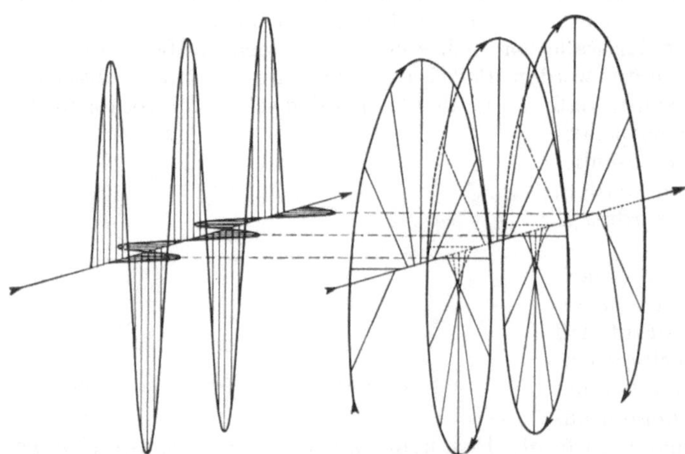

Abb. 230. Zusammensetzung zweier zueinander senkrecht schwingender Transversalwellen ungleicher Amplitude
mit $\lambda/4$ Gangunterschied (aus POHL)

Man versteht darunter die schon früher (S. 116) erwähnte Eigenschaft der doppelbrechenden Kristalle, die beiden Wellen verschieden stark zu absorbieren. Alle
doppelbrechenden Kristalle sind auch pleochroitisch, aber nicht für alle liegen die
Unterschiede in dem schmalen Spektralgebiet, für das unser Auge empfindlich
ist. Ein besonders schönes Beispiel ist der bereits in der Einleitung erwähnte
Cordierit. Betrachten wir einen Cordieritwürfel, der nach den Hauptschnitten

des Indexellipsoids geschnitten ist, und stellen nacheinander die drei Hauptschwingungsrichtungen parallel der des Polarisators, so sehen wir bei n_α gelbe, bei n_γ blaue und n_β grünliche Farbtöne. Andere Minerale mit starkem Pleochroismus sind Turmalin, Biotit, Hornblende und Epidot.

Wir haben bisher nur die beiden Fälle berücksichtigt, daß eine der beiden Schwingungsrichtungen in der Platte der des Polarisators parallel liegt. Nun wollen wir eine beliebige Drehung der Platte gegenüber der Schwingungsrichtung des Polarisators zulassen. Ist A die Amplitude der durch den Polarisator

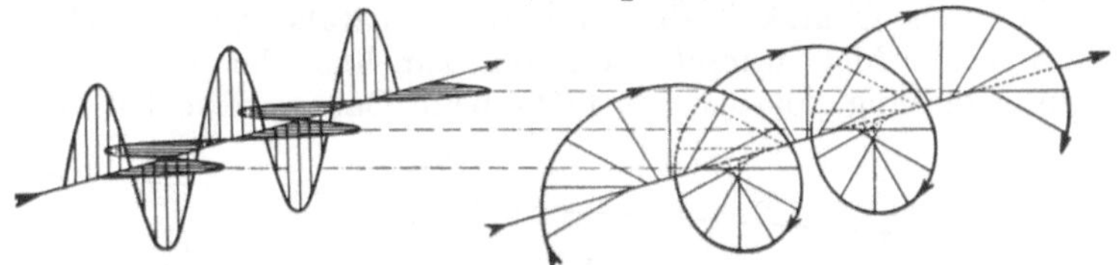

Abb. 231. Zusammensetzung zweier zueinander senkrecht schwingender Transversalwellen gleicher Amplitude mit $\lambda/4$ Gangunterschied (aus POHL)

hindurchgehenden Welle und bildet die n_γ'-Richtung mit der Schwingungsrichtung den Winkel φ, so sind die Amplituden g und a der beiden Wellen in der Kristallplatte: $g = A \cdot \cos\varphi$ und $a = A \cdot \sin\varphi$ (Abb. 229). Man sieht sofort, daß für $\varphi = 0°$ $g = A$ und $a = 0$ ist und für $\varphi = 90°$ $a = A$ und $g = 0$ ist. Zwischen diesen beiden Extremen mit geradlinig polarisierter Schwingung setzen sich die beiden Wellen bei Phasenverschiebung zu *elliptisch polarisierten Schwingungen* zusammen. Die Zusammensetzung zweier senkrecht zueinander schwingenden Wellen von $\lambda/4$ Gangunterschied bei ungleicher Amplitude zu elliptisch polarisiertem Licht zeigt Abb. 230, bei gleicher Amplitude erhält man zirkular polarisiertes Licht (Abb. 231). Der Polarisationszustand des Lichts nach Durchgang durch Polarisator und Kristallplatte hängt also von deren Orientierung zum Polarisator ab. Außerdem ist die Doppelbrechung zu berücksichtigen; sie ist gleich der Differenz der beiden Achsen der Schnittellipse der Indikatrix $n_\gamma' - n_\alpha'$. Je dicker ferner die

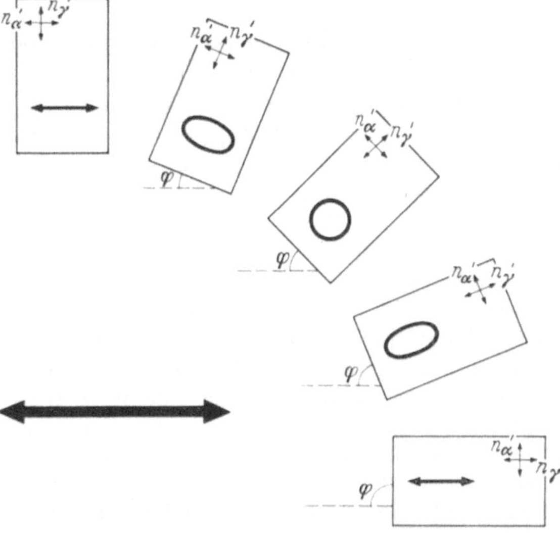

Abb. 232. Polarisationszustand von linear polarisiertem Licht nach Durchgang durch eine Kristallplatte, die einen Gangunterschied von $\lambda/4$ erzeugt. Die Orientierung der Platte zur Schwingungsrichtung des einfallenden Lichts variiert entsprechend φ. Der starke Doppelpfeil gibt die Schwingungsrichtung des einfallenden Lichts

Platte ist, um so größer ist der Wegunterschied der beiden Wellen. Man bezeichnet das Produkt aus der Dicke d der Platte und ihrer Doppelbrechung $d(n_\gamma' - n_\alpha')$ als *Gangunterschied*.

Betrachten wir zunächst eine parallelflächige Kristallplatte im polarisierten Licht, z. B. ein Glimmerspaltblättchen, mit dem Gangunterschied $\lambda/4$ (Abb. 232), dann bekommen wir beim Drehen zwischen $\varphi = 0°$ und $\varphi = 45°$ elliptisch polarisiertes Licht, bei $\varphi = 45°$ zirkular polarisiertes und zwischen $45° - 90°$ wieder elliptisch polarisiertes. Bei 90° entartet die Ellipse zur Geraden; es kommt dann kein Licht, das in der n'_α-Richtung schwingt, durch die Platte, sondern nur das, das in der n'_γ-Richtung schwingt, die dann ja parallel der Schwingungsrichtung des Polarisators steht. Bei diesem Versuch haben wir also durch Drehen der Platte die Größen der Amplituden geändert, aber den Gangunterschied konstant gehalten. Bei $\varphi = 45°$ ist die Größe der Amplituden in beiden Wellen gleich, und wir wollen jetzt einmal bei dieser Einstellung den Gangunterschied dadurch verändern, daß wir einen Kristallkeil über den Polarisator schieben, z.B. wie in der Abb. 233 einen Quarzkeil, dessen Schneide parallel zur optischen Achse liegt. Der Gangunterschied nimmt dann mit zunehmender Dicke des Keiles zu. Wir finden geradlinig polarisiertes Licht beim Gangunterschied von 0, $\lambda/2$,

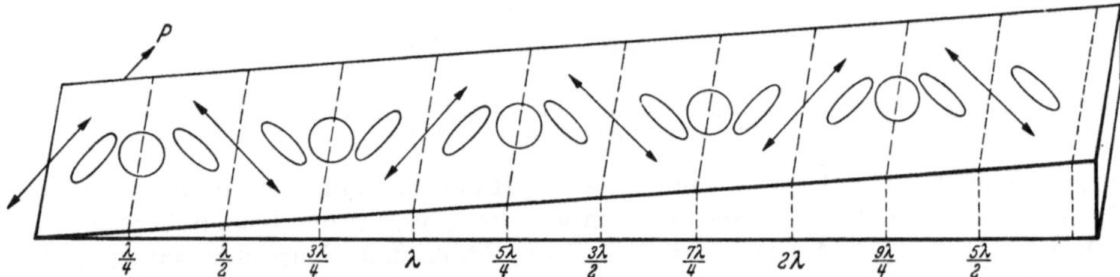

Abb. 233. Schwingungen in einem Quarzkeil im polarisierten monochromatischen Licht. Bei Gleichheit des Maßstabes mit Abb. 234 entsprechen die hier dargestellten Verhältnisse rotem Licht mit $\lambda \sim 656\ m\mu$

$2\lambda/2$, $3\lambda/2$, $4\lambda/2$ usw., und zwar schwingt es bei den ungeraden Vielfachen von $\lambda/2$ senkrecht zum Polarisator, bei den geraden in seiner Richtung.

Eine doppelbrechende Platte zwischen gekreuzten Polarisatoren. Denken wir uns nun einen zweiten Polarisator, einen „Analysator", über der Kristallplatte so eingeschaltet, daß seine Schwingungsrichtung senkrecht zu der des Polarisators steht, und beobachten wir im monochromatischen Licht, so werden wir im ersten Falle (Abb. 232), bei dem wir eine Kristallplatte mit konstantem Gangunterschied gedreht haben, bei $\varphi = 0°, 90°, 180°$ usw. Dunkelheit antreffen. Die Platte wird also bei der vollen Umdrehung viermal dunkel und dazwischen hell. Das Maximum der Helligkeit tritt bei $\varphi = 45°, 135°, 225°$ usw. auf. Im zweiten Falle, dem des Keils, den wir in der 45°-Stellung einschieben, werden wir an den Stellen, wo der Gangunterschied 0, λ, 2λ usw. ist, Dunkelheit antreffen, weil das Licht, das aus dem Keil austritt, senkrecht zur Schwingungsrichtung des Analysators schwingt. Bei $\lambda/2$, $3\lambda/2$, $5\lambda/2$ usw. jedoch werden wir ein Maximum an Helligkeit finden; hier fällt die Schwingungsrichtung der Platte mit der des Analysators zusammen. Diese Beobachtungen werden in der grundlegenden auf FRESNEL zurückgehenden Formel beschrieben:

$$A = A_0 \cdot \sin 2\varphi \cdot \sin \pi\,\frac{d\,(n'_\gamma - n'_\alpha)}{\lambda_0}.$$

A ist die aus dem Analysator austretende Amplitude, A_0 die aus dem Polarisator austretende, φ der Drehwinkel, wie wir ihn oben benutzt haben, d die Dicke der Platte, $n'_\gamma - n'_\alpha$ die Differenz der Brechungszahlen, λ_0 die Wellenlänge im Vakuum (praktisch gleich der in Luft), π bedeutet 180°. Die Formel wird meist in quadrierter Form geschrieben, da die Intensität des Lichts proportional dem Quadrat der Amplitude ist. Man sieht aus der Formel sofort, daß für $\varphi = 90°$, $2\varphi = 180°$ usw. die Amplitude A gleich Null wird und ebenso für $d\,(n'_\gamma - n'_\alpha) = \lambda$, 2λ, 3λ usw. Bei $\varphi = 45°, 135°$ usw. erreicht der Betrag von $\sin 2\varphi$ den Maximalwert von 1.

Beleuchten wir den Keil mit Glühlicht, so liegen die Helligkeits- und Dunkel-heitsmaxima für die verschiedenen Wellenlängen verschieden, wie in Abb. 234 für blaues, grünes und rotes Licht dargestellt ist. Durch das Ausfallen von Wellenlängen infolge von *Interferenz* kommen bunte Farben zustande, die den Farben dünner Blättchen entsprechen und wie diese nach *Ordnungen* ein-geteilt werden. In der Abb. 235 sind die Farben verschiedener Minerale bei Beobachtung im Glühlicht in ihrer Abhängigkeit von d und $(n_\gamma - n_\alpha)$ aufgeführt. Die Werte für die Doppelbrechung der Minerale beziehen sich auf $\varepsilon - \omega$ (ein-achsige Kristalle) und $n_\gamma - n_\alpha$ (zweiachsige Kristalle) für Natriumlicht ($\lambda = 589 m\mu$). Wir können mit Hilfe der Tafel (Abb. 235) aus der Farbe einer Kristallplatte

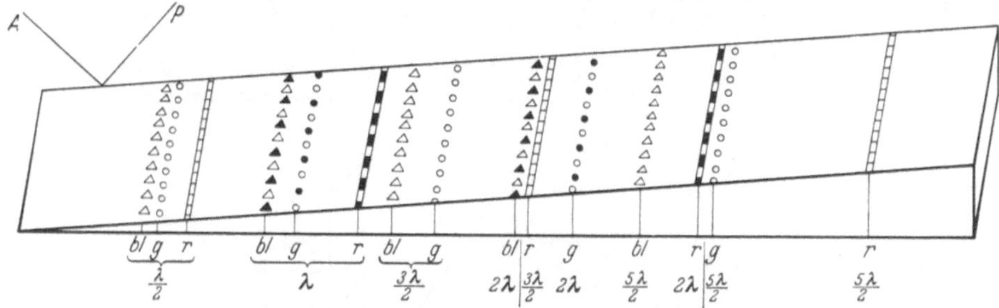

Abb. 234. Quarzkeil im Glühlicht zwischen gekreuzten Polarisatoren

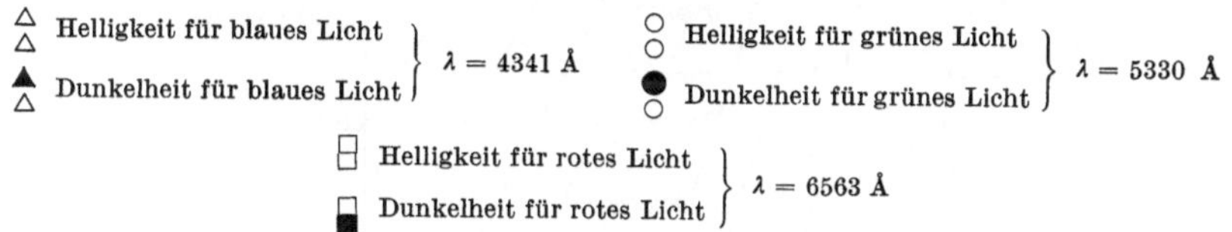

zwischen gekreuzten Polarisatoren in der 45°-Stellung die Höhe des Gang-unterschiedes angeben. Kennen wir die Doppelbrechung des Minerals in der Durchstrahlungsrichtung, so können wir aus der Farbe die Dicke des Präparates ermitteln. Das wird beim Herstellen von Dünnschliffen benutzt; man schleift sie so dünn, daß die Quarze maximal, d.h. in Schnitten parallel zur optischen Achse, das Weiß erster Ordnung zeigen. Dann sind sie etwa 30 μ dick. Umge-kehrt kann man in einem Dünnschliff, dessen Dicke man kennt, z.B. aus der maximalen Interferenzfarbe der Quarze, die Doppelbrechung der Minerale aus der Interferenzfarbe abschätzen. Das ist ein sehr wichtiges diagnostisches Hilfs-mittel in der Gesteinskunde.

Auch die Festlegung der Schwingungsrichtungen von n'_α und n'_γ im Mineral-korn ist für die Diagnostizierung wichtig. Man braucht dazu nur das Präparat zwischen gekreuzten Polarisatoren solange auf dem Mikroskoptisch zu drehen, bis völlige Dunkelheit eintritt; dann stimmen die Schwingungsrichtungen im Korn mit denen vom Polarisator und Analysator überein. Die mineralogischen Mikroskope sind mit einem Fadenkreuzokular ausgestattet, welches diese Rich-tungen sofort anzeigt. Da die Schwingungsrichtungen von n'_α und n'_γ durch Drehung in die Dunkelstellung gefunden werden, nennt man sie auch *Aus-löschungsrichtungen*. Mit einem Spaltblättchen von Anhydrit, der nach (100), (010) und (001) spaltet und daher senkrecht zur Spaltebene stets Spaltrisse mit gerader Auslöschung zeigt, kann man kontrollieren, ob die Schwingungsrichtungen der Polarisatoren parallel zu den Fäden im Okular sind. Alle Kristalle, deren Indikatrix ein Rotationsellipsoid ist, also alle wirteligen Kristalle, zeigen auf den Prismenflächen eine Auslöschung parallel zur Hauptachse; man sagt, sie zeigen

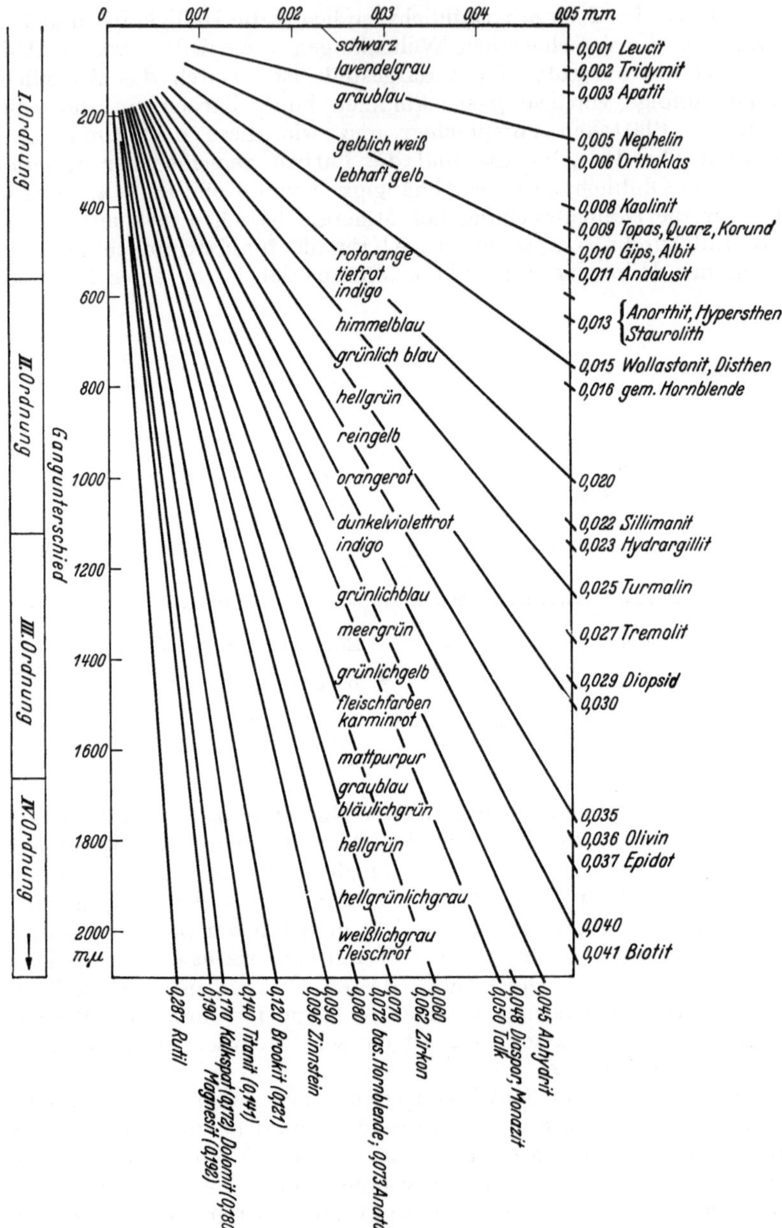

Abb. 235. Interferenzfarben der Minerale für maximale Doppelbrechung in Abhängigkeit von der Plattendicke

zu dieser Richtung *gerade Auslöschung*. Beispiele bieten nach [00.1] gestreckte Quarzkriställchen oder Nädelchen von Apatit. Gerade Auslöschung in bezug auf Zonenrichtungen oder Spuren von Spaltflächen kann auch bei optisch zweiachsigen Kristallen vorkommen. So löschen Plättchen nach $P\{001\}$ des monoklinen Sanidins parallel zu den Spaltrissen nach $M\{010\}$ aus — man beobachtet also gerade Auslöschung. Spaltblättchen von Pyroxenen nach deren Spaltebenen

{110} zeigen hingegen *schiefe Auslöschung* gegen [001]. Es ist wichtig, daß man bei Angaben über die Auslöschungsrichtungen auch immer die Bezugsrichtungen angibt.

Von großer Wichtigkeit ist es ferner, im Präparat zu ermitteln, in welcher Richtung die Welle mit der größeren Brechungszahl schwingt. Dazu bringt man den Kristall in die 45°-Stellung zwischen gekreuzte Polarisatoren und legt eine zweite doppelbrechende Platte darüber (selbstverständlich noch unterhalb des Analysators), in der die Richtung von n_α'' und n_γ'' bekannt ist. Fällt n_γ' in dem Präparat mit n_γ'' in der Testplatte zusammen, so wird der Gangunterschied vergrößert, die Interferenzfarben verschieben sich in Richtung der höheren Ordnung und das Präparat erscheint gleichsam dicker. Fällt n_γ' mit n_α'' zusammen, so erscheint das Präparat dünner, niedrigere Interferenzfarben treten auf. Als besonders zweckmäßig hat sich erwiesen, ein Spaltblättchen von Gips, das die Farbe des Rot erster Ordnung (Gangunterschied 550 mµ) zeigt, zu benutzen. Ein solches *Gipsblättchen* vom Rot erster Ordnung bewirkt bei sehr kleinen Gangunterschieden im Präparat entweder bei Addition das Blau der zweiten Ordnung, oder bei Subtraktion das Gelb der ersten Ordnung, also einen sehr auffälligen Farbumschlag. Bei Kristallen, die eine hohe Doppelbrechung besitzen, benutzt man einen *Quarzkeil.* Bei Subtraktion kann man dann Dunkelheit erreichen, die Doppelbrechung kompensieren, wenn Präparat und Testplatte denselben Gangunterschied hervorrufen. Mit einem geeichten Quarzkeil kann man die Höhe der Doppelbrechung messen, wenn man die Dicke des Präparates kennt. Man benutzt heute fast ausschließlich zur Messung der Doppelbrechung *Drehkompensatoren.* Der übersichtlichste davon ist jener nach BEREK. Er besteht im wesentlichen aus einer senkrecht zur optischen Achse geschliffenen planparallelen Platte aus Kalkspat. Diese kann durch einen Schlitz zwischen Objektiv und Analysator in den Tubus des Polarisationsmikroskopes eingeschoben werden, und zwar liegt die Einschubrichtung winkelhalbierend zu den Schwingungsrichtungen der Polarisatoren. Die Kalkspatplatte ist ferner um eine Achse in der Einschubrichtung drehbar; die Drehachse enthält die Ebene der Platte. Dadurch kann man die Platte sowohl senkrecht zur Tubusachse stellen (dann erzeugt sie keinen Gangunterschied, weil der Kalkspat in Richtung der optischen Achse einfachbrechend ist), als auch durch Neigung der Platte zunehmende Gangunterschiede erzeugen. In Subtraktionsstellung kann man so die Doppelbrechung des Präparates kompensieren. Die Größe des dazu notwendigen Drehwinkels steht in einem eindeutigen Zusammenhang zum Gangunterschied.

Die Lage der Schwingungsrichtungen in einer doppelbrechenden Platte ist durch die Hauptachsen der Schnittellipse gegeben, die die Ebene senkrecht zur Wellennormalen mit der Indikatrix bildet. Ist die Indikatrix bekannt, so kann man mit Hilfe der stereographischen Projektion sehr einfach die Schwingungsrichtungen zu einer bestimmten Wellennormalen konstruieren. Das Verfahren stammt schon von FRESNEL.

Als Beispiel wollen wir für einen Plagioklas mit ungefähr 72% Anorthit die Auslöschungsschiefe auf der Fläche $P(001)$ gegen die Spaltrisse nach $M(010)$ ermitteln (Abb. 236). Wir legen den Pol von $P(001)$ in die Mitte einer stereographischen Projektion und tragen die Flächenpole von $M(010)$ sowie die Richtungen der beiden optischen Achsen A_1 und A_2 entsprechend den Meßwerten ein. Der Pol des Großkreises durch A_1 und A_2 gibt die Schwingungsrichtung von n_β, die Winkelhalbierenden zwischen den optischen Achsen geben die Schwingungsrichtungen von n_α und n_γ. Da unser Mineral optisch positiv ist, so ist n_γ spitze Bisektrix. Nach der Konstruktion von FRESNEL findet man die Schwingungsrichtungen der Wellen, die sich senkrecht P fortpflanzen, dadurch, daß man

P mit A_1 und A_2 verbindet — die Winkelhalbierenden zu diesen Großkreisen in P liefern die gesuchten Schwingungsrichtungen. Dabei liegt n_γ' in jenem Sektor der Projektion, in dem auch n_γ liegt, und n_α' in dem, der auch n_α enthält. Wir tragen nun die Spur der Kante zwischen P (001) und M (010), d.h. die Spur der Spalt-risse nach M auf P als Senkrechte auf die Zone $M—P$ auf. Der Winkel, den diese Richtung mit der Schwingungsrichtung von n_α' bildet, ist die gesuchte Auslöschungs-schiefe.

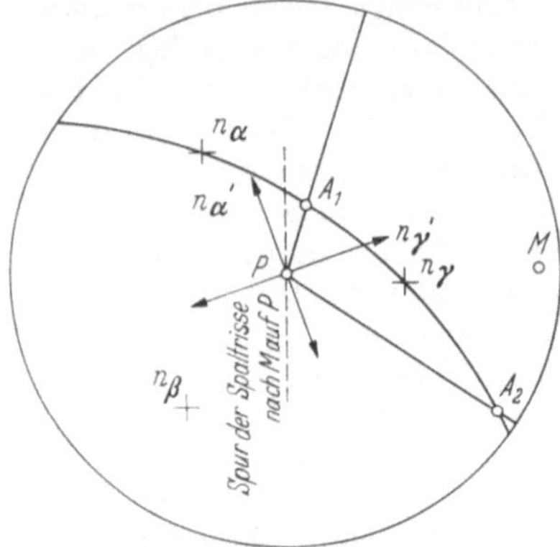

Abb. 236. Fresnelsche Konstruktion der Schwingungsrichtungen in der stereographischen Projektion

Die Betrachtung von Präparaten im parallelen polarisierten Licht, also nur mit dem Polarisator, wird manchmal fälschlich, besonders bei Mikrophotographien als „Polarisatoren parallel" oder „Nicols parallel" bezeichnet. Zwei Polarisatoren mit parallelen Schwingungsrichtungen werden bei kristalloptischen Untersuchungen nicht, oder nur in den seltensten Ausnahmefällen verwendet. Durch den zweiten Analysator werden die beiden Wellen, die durch die Kristallplatte hindurchgehen, zwar auch bei dieser Anordnung wie bei gekreuzten Polarisatoren zur Interferenz gezwungen; man erhält jedoch andere Interferenzfarben, die zu denen bei gekreuzten Polarisatoren komplementär sind, d.h. sich mit ihnen zu Weiß ergänzen.

Abb. 237. Universaldrehtisch der Firma Zeiss

Der Drehtisch. Zwischen gekreuzten Polarisatoren im gewöhnlichen Mikroskop können wir schon eine Reihe wichtiger Hinweise auf die Lage der Indikatrix im Kristall bekommen. Sehr viel mehr erhalten wir bei der Benutzung eines

Drehtisches. Nachdem schon vorher Drehvorrichtungen unter dem Mikroskop verwendet worden waren, besonders von C. KLEIN, hat v. FEDOROW, den wir schon bei den 230 Raumgruppen kennengelernt haben, bereits 1891 den ersten Drehtisch, der für Dünnschliffe geeignet war, beschrieben. Aber erst in der neueren Zeit hat sich die Verwendung der Drehtische allgemein durchgesetzt. Mit solchen Drehtischen (Abb. 237), wie sie von verschiedenen Firmen hergestellt werden, kann man das Präparat um 3—5 Achsen meßbar drehen und dadurch die Hauptschnitte des Indexellipsoids senkrecht zur Mikroskopachse stellen. Man kann auch die Lagen der optischen Achsen bestimmen, indem man die Richtungen der Isotropie sucht, und bei zweiachsigen Kristallen durch Drehen den Achsenwinkel messen. Man kann in einem Gesteinsschliff die Richtungen der optischen Achsen, z.B. der Quarze, bestimmen und ihre Lage zu Gesteinsflächen, z.B. der Schieferungsfläche, ermitteln. Solche Messungen sind besonders für das Studium der Gefügeregelung der Gesteine wichtig.

Das Konoskop. Ein anderes Verfahren zur Untersuchung der optischen Eigenschaften einer Kristallplatte in verschiedenen Richtungen liefert die *konoskopische Methode*. Man läßt dazu ein möglichst stark konvergentes Bündel von linear polarisiertem Licht auf die Platte fallen, d.h. man benutzt einen starken Kondensor im Beleuchtungsapparat. Man muß dann auch eine starke Linse im Objektiv verwenden. Die kegelförmig durch die Kristallplatte hindurchgehenden Lichtwellen interferieren ähnlich wie in einem Keil. Man betrachtet das Interferenzbild, das in der oberen Brennfläche entsteht, durch den Analysator. Dazu braucht man nur das Okular des Mikroskops herauszunehmen; um störendes Seitenlicht zu vermeiden, kann man noch auf das Tubusende eine Lochblende auflegen. Bei vielen Mikroskopen ist auch eine Hilfslinse angebracht, die in den Tubus eingeschoben werden kann (Bertrandsche oder Amicische Linse). Sie bildet mit dem Okular ein kleines Mikroskop, durch das das Interferenzbild

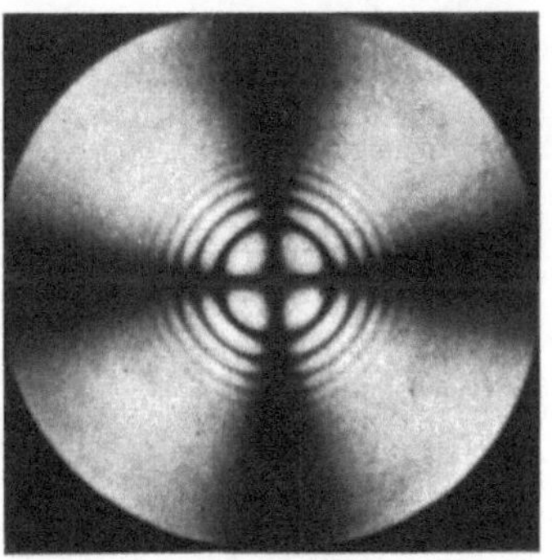

Abb. 238. Konoskopisches Bild einer Kalkspatplatte parallel (0001) in monochromatischem Licht. Die Schwingungsrichtungen von Polarisator und Analysator verlaufen links-rechts, bzw. obenunten (aus LIEBISCH)

mit schwacher Vergrößerung betrachtet werden kann. Verändert man das Polarisationsmikroskop in dieser Art, so nennt man es Konoskop (konos griech. Kegel). Um ein häufig auftretendes Mißverständnis zu vermeiden, sei darauf hingewiesen, daß der Strahlengang des Konoskops derselbe ist wie im gewöhnlichen Mikroskop (Orthoskop) bei gleicher Vergrößerung. Der Unterschied liegt nur darin, daß das eine Mal das Interferenzbild der Strahlen, das andere Mal die Abbildung des Präparates betrachtet wird.

Beleuchten wir in der eben beschriebenen Anordnung eine Platte von einem *optisch einachsigen Kristall, senkrecht zur Drehachse* geschnitten, mit einem monochromatischen Lichtkegel, so wird in den Richtungen mit einem Gangunterschied $\Gamma = \lambda/2$, $3\lambda/2$, $5\lambda/2$ usw. maximale Helligkeit herrschen. Diese Richtungen liegen auf koaxialen Kegelmänteln — in der Brennfläche des Objektivs sind die Figuren gleichen Gangunterschiedes konzentrische Kreise. Zwischen den hellen Kreisen ist bei $\Gamma = 0$, λ, 2λ usw. Dunkelheit. Je dicker die Platte und je größer die Doppelbrechung ist, um so näher liegen die Kreise beieinander. In diesem System konzentrischer Kreise schwingt ε' immer radial, ω hingegen tangential. Wo die beiden Schwingungsrichtungen mit denen der gekreuzten

Polarisatoren zusammenfallen, herrscht Dunkelheit (Analogie zur Auslöschungs-
stellung beim orthoskopischen Arbeiten, vgl. S. 121). Die Interferenzfigur zeigt
infolgedessen im monochromatischen Licht helle und dunkle Ringe und ein
dunkles Kreuz, dessen Balken parallel zu den Schwingungsrichtungen der Polarisatoren liegen; die Balken des Kreuzes sind innen schmal und scharf, nach außen
werden sie breiter und verwaschener (Abb. 238). Die Balken des Kreuzes werden
auch *Isogyren* genannt. Im Glühlicht bleibt das dunkle Kreuz, aber die Ringe
werden bunt wie ein Quarzkeil. Dreht man das Präparat um die Mikroskopachse, so ändert sich das Bild nicht.

Mit Hilfe einer Testplatte kann man leicht feststellen, ob ω oder ε' die größere
Brechungszahl hat. Man braucht nur ein Gipsblättchen vom Rot erster Ordnung
zwischen Präparat und Analysator so einzuschieben, daß seine Schwingungsrichtungen winkelhalbierend zu denen der Polarisatoren liegen. Dann wird bei
einem positiven Kristall in den beiden diagonal gegenüberliegenden Quadranten,

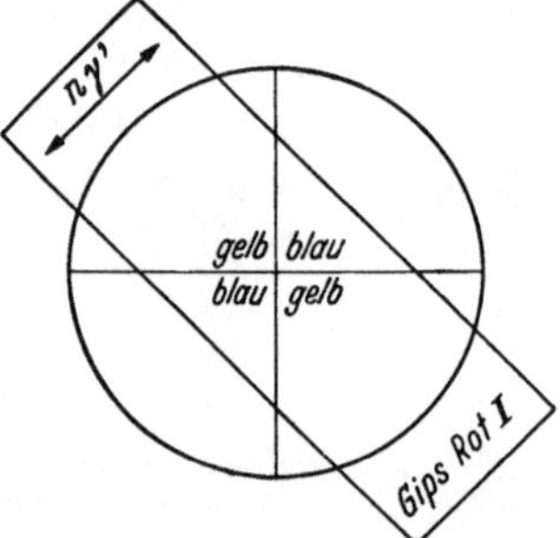

Abb. 239. Farbverteilung im Achsenbild eines optisch
einachsig positiven Kristalls beim Einschalten des
Gipsblättchens vom Rot I. Ordnung

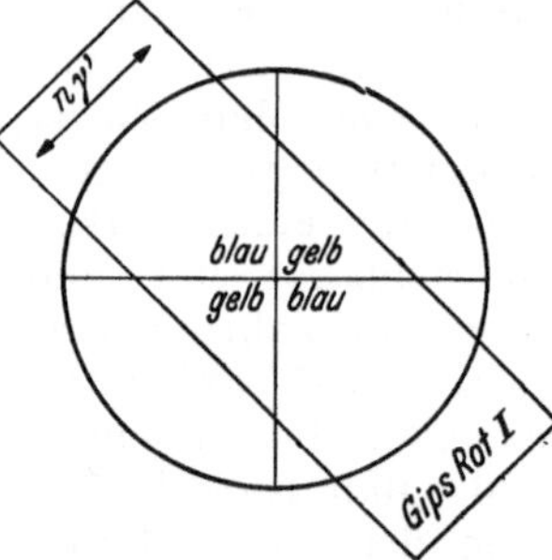

Abb. 240. Farbverteilung im Achsenbild eines optisch
einachsig negativen Kristalls beim Einschalten des
Gipsblättchens vom Rot I. Ordnung

in denen n'_γ des Gipses mit ε' des Präparates zusammenfällt, Erhöhung der
Interferenzfarbe, also nahe am Mittelpunkt blaue Farbe auftreten. In den
beiden anderen Quadranten beobachtet man dort gelbe Farbtöne (Abb. 239).
Bei optisch negativen Kristallen ist es gerade umgekehrt (Abb. 240).

Ist die Kristallplatte *nicht senkrecht zur optischen Achse* geschnitten, so sieht
man bei kleinen Neigungswinkeln das Kreuz gegen den Rand verschoben, bei
größeren wandert nur noch jeweils ein Balken beim Drehen durch das Gesichts-
feld. Schnitte parallel der Achse zeigen ein verwaschenes dunkles Kreuz, das
sich beim Drehen des Präparates sehr rasch öffnet. Hier haben wir sozusagen
schon ein zweiachsiges Achsenbild (s. unten) mit einem Achsenwinkel von 180°.

Bei *zweiachsigen Kristallen* mit kleinem Achsenwinkel sieht man in Platten,
die senkrecht zur spitzen Bisektrix geschnitten sind, um die Ausstichspunkte der
beiden optischen Achsen Kurven gleicher Interferenzfarben, *isochromatische
Kurven.* Sie ähneln nahe den Achsen konzentrischen Kreisen, gehen aber mit
steigender Interferenzfarbe zunächst in eiförmige Kurven, bei einer speziellen
Interferenzfarbe[1] in eine 8-förmige Kurve (Lemniskate) über, wobei der
Kreuzungspunkt der Acht in den Ausstichspunkt der spitzen Bisektrix zu liegen
kommt; bei noch höheren Interferenzfarben nehmen die isochromatischen Kurven
die Form einer Biskotte (Löffelbiskuit) an. Abb. 241 gibt die Kurven gleichen
Gangunterschiedes im Raum für monochromatisches Licht. Das Isogyren-Kreuz,
das nicht eingetragen ist, erscheint nur, wenn n_β parallel einer der Schwingungsrichtungen der Polarisatoren liegt *(Normalstellung).* Im Gegensatz zu optisch

---

[1] Diese hängt von den optischen Konstanten des Kristalls und der Dicke der Platte ab.

einachsigen Kristallen sind jedoch die beiden Arme des Kreuzes nicht gleich. Derjenige, welcher der Schwingungsrichtung n_β entspricht, ist breiter, der andere schmäler und zudem an den Ausstichspunkten der optischen Achsen eingeschnürt. Dreht man aus der Normalstellung heraus, so öffnet sich das Kreuz zu zwei Hyperbelästen; diese schließen sich wieder zu einem Kreuz, wenn der Betrag der Drehung 90° erreicht hat. Die gegenseitige Entfernung der beiden Achsen läßt sich mit einem Okularmikrometer messen; daraus kann man mit Hilfe der Apertur, die als Apparatkonstante (MALLARDsche Konstante) an einem

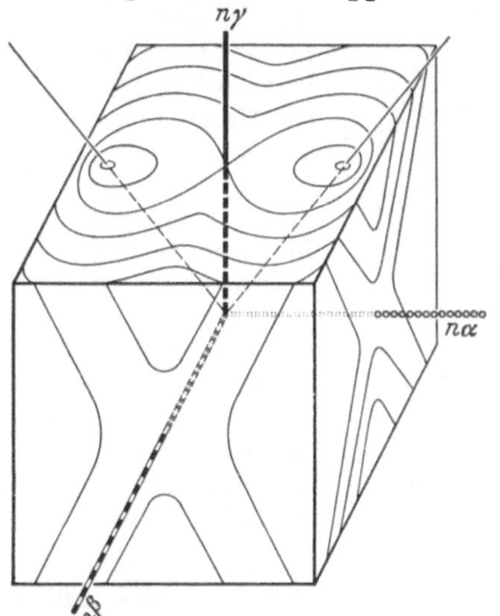

Abb. 241. Kurven gleichen Gangunterschiedes eines optisch zweiachsigen Kristalls im konoskopischen Strahlengang zwischen gekreuzten Polarisatoren im monochromatischen Licht

Abb. 242. Abhängigkeit der Krümmung des Balkens vom Achsenwinkel in Schnitten senkrecht zu einer Achse bei $n = 1,60$ (nach WRIGHT)

Testobjekt von bekanntem Achsenwinkel ermittelt wird, den Achsenwinkel $2E$ in Luft berechnen. Der Achsenwinkel im Kristall $2V$ wird dann nach der Formel

$$\sin V = \frac{\sin E}{n_\beta}$$

gefunden. In Schnitten senkrecht zu einer optischen Achse kann man aus der Krümmung des Balkens auf den Achsenwinkel schließen, wie Abb. 242 zeigt.

Ob ein optisch zweiachsiger Kristall positiv oder negativ ist, kann man ähnlich wie bei einachsigen Kristallen mit Hilfe einer Testplatte ermitteln. Man überlegt sich dazu, wie die Schnittellipsen der Indikatrix in der Platte liegen. Für Schnitte senkrecht zur spitzen Bisektrix sollen die Abb. 243 und 244 diese Überlegungen unterstützen.

Die Unterscheidung optisch einachsiger und zweiachsiger Kristalle ist auch bei konoskopischer Betrachtung in Schnitten, die stark schräg zu den Bisektrices und den optischen Achsen liegen, nicht immer einfach. Als besonders nützlich hat sich die Kombination des Konoskops mit dem Drehtisch erwiesen (H. SCHUMANN 1937).

Wie schon auf S. 114 erwähnt wurde, gilt jede Indikatrix nur für eine bestimmte Wellenlänge und Temperatur. Die Abhängigkeit des Achsenwinkels und damit der Gestalt des Indexellipsoids von der Wellenlänge läßt sich besonders gut an dem extremen Fall des rhombisch kristallisierenden Minerals Brookit

(TiO$_2$) demonstrieren, das häufig in dünnen Blättchen nach (100) vorkommt. Legt man einen solchen Kristall unter das Konoskop und beleuchtet nacheinander mit blauem und rotem Licht, so beobachtet man, daß die Achsenebene im roten Licht senkrecht zu der im blauen Licht steht. Abb. 245 zeigt, daß der Brookit bei $\lambda \sim 0,55\ \mu$ „einachsig" ist. Die verschiedene Lage der Achsen in Abhängigkeit von der Wellenlänge ist diagnostisch wichtig, wenn auch der

Effekt meist sehr viel kleiner ist als in unserem Beispiel. Die *Dispersion des Achsenwinkels* wird in den Tabellen des Anhangs B angegeben; $r > v$ heißt, daß der Achsenwinkel für rotes Licht größer als für violettes ist — in diesem Falle sind die Isogyren (bezogen auf die spitze Mittellinie) außen blau und innen rot gesäumt als Komplementärfarben zu den Verhältnissen bei den optischen Achsen.

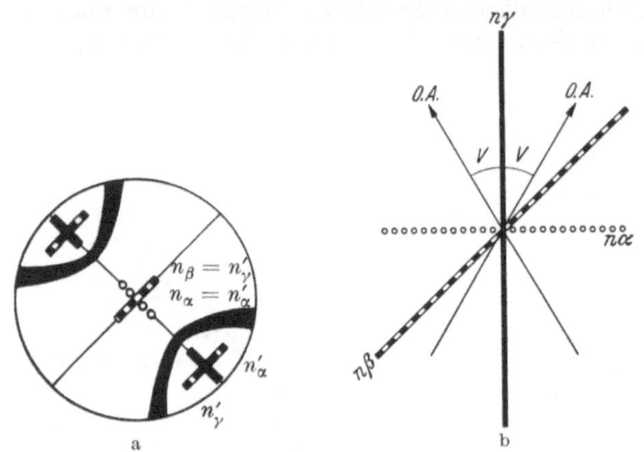

Abb. 243 a u. b. Optisch zweiachsig positiver Kristall. (a) Lage der Schwingungsrichtungen im Achsenbild; (b) Lage des Achsenwinkels im Indexellipsoid

Die Änderung des Achsenwinkels mit der Temperatur ist beim Gips schon von MITSCHERLICH 1826 studiert worden. Bei Zimmertemperatur fällt die Achsenebene mit der Symmetrieebene des monoklinen Kristalls zusammen. Beim Erwärmen wird der Achsenwinkel immer kleiner

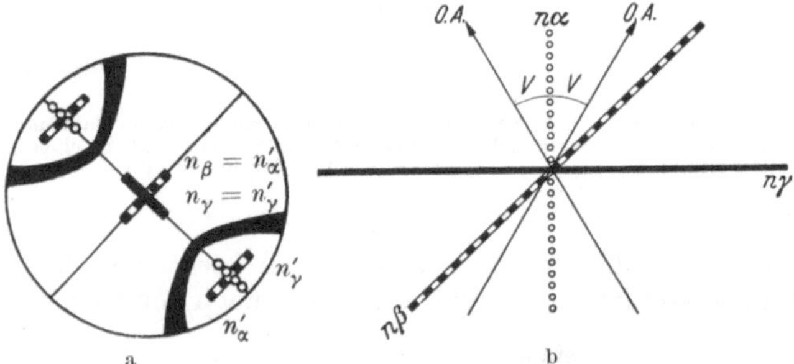

Abb. 244 a u. b. Optisch zweiachsig negativer Kristall. (a) Lage der Schwingungsrichtungen im Achsenbild; (b) Lage des Achsenwinkels im Indexellipsoid

und wird bei 90°—91°C für die Wellenlängen des sichtbaren Lichts Null. Für Na-Licht ($\lambda = 0,589$ mμ) schließen sich die Balken der Isogyren bei 90,9°C (TUTTON 1913); für diese spezielle Wellenlänge und Temperatur verhält sich der Gips also wie ein optisch einachsiger Kristall. Bei weiterem Erwärmen öffnet sich der Achsenwinkel wieder, aber nun liegt die Achsenebene senkrecht zur Symmetrieebene.

Spannungsdoppelbrechung. Auch isotrope Körper können Doppelbrechung zeigen, wenn sie mechanisch beansprucht sind. Das kann man leicht an einem Glasstab zeigen, den man zwischen gekreuzten Polarisatoren ein wenig biegt. Beim Nachlassen des Druckes geht die Doppelbrechung zurück. Man benutzt diese Erscheinung, um an Modellen von Werkstücken aus durchsichtigen isotropen Stoffen wie Glas oder Kunstharz die Spannungsverteilung bei mechanischer Beanspruchung zu untersuchen. Linsen in Mikroskopobjektiven sind manchmal so fest eingespannt, daß sie doppelbrechend und damit für Arbeiten im polarisierten Licht unbrauchbar sind. Auch bei zu rasch abgekühltem Glas treten Spannungen auf, die Doppelbrechung hervorrufen. Bei der Doppelbrechung, die Diamanten häufig zeigen, handelt es sich vielleicht um eine solche Spannungsdoppelbrechung. Auch Gallerten, z.B. von $SiO_2 \cdot xH_2O$ zeigen beim Eintrocknen Spannungsdoppelbrechung.

Kristalle, deren optisches Verhalten nicht mit ihrer Symmetrie übereinstimmt, werden *optisch anomal* genannt. Manchmal werden auch Kristalle, wie Leucit und Boracit, hierzu gerechnet, die Zwillingsaggregate einer doppelbrechenden Modifikation in der äußeren Form des bei höherer Temperatur beständigen kubischen Kristalls sind. Andere Minerale zeigen Anomalien, die durch die Einlagerung einer Mischkristallkomponente bedingt sein können. Beim kubisch kristallisierenden

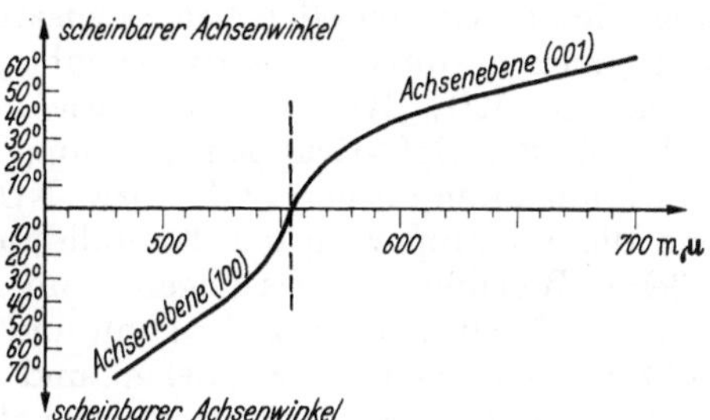

Abb. 245. Änderung der Größe des Achsenwinkels und der Lage der Achsenebene in Abhängigkeit von der Wellenlänge bei Brookit (nach Meßwerten von ARNOLD). Die spitze Mittellinie n_y liegt in [010]

Alaun kann man Doppelbrechung durch Beimengungen, z. B. von Chromalaun zu Kalialaun, beim Wachstum experimentell hervorrufen. Ob es sich dabei stets um Spannungserscheinungen handelt, ist nicht ganz sicher; es könnte sein, daß auch Einlagerungen, soweit sie regelmäßig angeordnet sind, Formdoppelbrechung hervorrufen.

Formdoppelbrechung. Isotrope Teilchen von zylindrischer oder scheibenförmiger Gestalt, deren Dicke und Abstände klein im Verhältnis zur Lichtwellenlänge sind, können nämlich allein durch ihre Anordnung Doppelbrechung hervorrufen. Ein Aggregat von parallel gerichteten isotropen Stäbchen verhält sich wie ein optisch positiver einachsiger Kristall, eine parallele Aufschichtung von Scheibchen wie ein optisch negativer. Die Stärke der Doppelbrechung hängt dabei von dem Unterschied zwischen der Brechungszahl der Stäbchen und der des umhüllenden Mediums ab, kann also durch Änderung der Einbettungsflüssigkeit verändert werden. Bezeichnen wir mit n_1 und n_2 die Brechungszahlen von Teilchen und umhüllendem Medium, mit m_1 und m_2 ihre relativen Volumina ($m_1 + m_2 = 1$), so folgt für Stäbchendoppelbrechung:

$$\varepsilon^2 = m_1\, n_1^2 + m_2\, n_2^2$$

$$\omega^2 = n_2^2\, \frac{(m_1 + 1)\, n_1^2 + m_2\, n_2^2}{(m_1 + 1)\, n_2^2 + m_2\, n_1^2}$$

$$\varepsilon^2 - \omega^2 = \frac{m_1\, m_2\, (n_1^2 - n_2^2)^2}{(m_1 + 1)\, n_2^2 + m_2\, n_1^2}$$

und für Scheibchen:

$$\varepsilon^2 = \frac{n_1^2 \cdot n_2^2}{m_1\, n_2^2 + m_2\, n_1^2}$$

$$\omega^2 = m_1\, n_1^2 + m_2\, n_2^2$$

$$\varepsilon^2 - \omega^2 = -\, \frac{m_1\, m_2\, (n_1^2 - n_2^2)^2}{m_1\, n_2^2 + m_2\, n_1^2}\,.$$

Bei doppelbrechenden Stäbchen oder Scheibchen überlagert sich ihre Eigendoppelbrechung über die Formdoppelbrechung. Das ist für manche Mineralaggregate wichtig. So zeigen die Chalcedone, die aus Quarzfasern aufgebaut sind, welche senkrecht zur c-Achse gewachsen sind und bei denen folglich in der Längsrichtung der Fasern die Welle mit dem kleineren Brechungsindex schwingt, wegen der positiven Formdoppelbrechung eine niedrigere Doppelbrechung als der Quarz.

Kristallstruktur und Doppelbrechung. Man kann die Erscheinung der Formdoppelbrechung als eine rohe Faustregel auch auf die Kristalle selbst anwenden, soweit sie aus Ketten oder Netzen zusammengesetzt sind. So sind Schichtgitter im allgemeinen optisch negativ; es gibt jedoch auch Ausnahmen, z.B. $Mg(OH)_2$ (Brucit), $Al(OH)_3$ (Hydrargillit) sowie manche Chlorite, bei denen anscheinend die Dipole der OH^--Gruppen die Doppelbrechung bestimmen. Carbonate und Nitrate mit ihren ebenen CO_3^{2-}- bzw. NO_3^{1-}-Gruppen sind dann optisch negativ, wenn diese Gruppen in der Kristallstruktur parallel zueinander liegen — die größeren Brechungsindices liegen dann in der Ebene der Komplexe; Beispiele dafür sind Calcit, Magnesit, Aragonit und andere. Von den Kristallen mit Kettenstruktur sind viele, z.B. Selen und Zinnober (HgS), welcher schraubige $\cdots$—Hg—S—Hg—S—$\cdots$-Ketten parallel zur dreizähligen Achse enthält, und die meisten Pyroxene (vor allem die Fe-armen Glieder) optisch positiv. Ebenso etwa das Kalomel, in welchem gestreckte Cl—Hg—Hg—Cl-Moleküle immer streng parallel zur vierzähligen Hauptachse der Kristalle liegen. Kristalle, die in mehr als zwei verschiedenen Richtungen dicht gepackt sind, sollten keine oder nur schwache Doppelbrechung aufweisen. Eine sehr auffällige Ausnahme sind die Verbindungen, die Titan (z.B. Rutil, Titanit) und Eisen enthalten (Hämatit, im Gegensatz zu Korund). Als grobe allgemeine Regel gilt, daß sich Licht, welches in Richtung besonders dichter Bausteinfolge (und damit starker chemischer Bindung) schwingt, besonders langsam fortpflanzt; die zugehörige Welle hat also einen großen Brechungsquotienten. Es ist durchaus möglich, die Doppelbrechung zu berechnen, wie vor allem P. P. EWALD, M. BORN und W. L. BRAGG gezeigt haben. Solche Rechnungen sind jedoch mathematisch nicht einfach; sie würden über den Rahmen dieser Einführung hinausgehen.

c) Optisch aktive Kristalle

Eine weitere Komplikation der optischen Verhältnisse tritt dadurch auf, daß in gewissen Kristallen — ebenso wie in manchen Flüssigkeiten — die Schwingungsrichtung des linear polarisierten Lichts um einen gewissen Betrag gedreht wird, der der Dicke der Schicht proportional ist. Der Drehwinkel α wächst gleichmäßig mit zunehmender Plattendicke d; $\alpha = \text{konst} \cdot d$. Die Erscheinung wird auch optische Aktivität genannt. Sie tritt unter anderem bei dem so häufigen Mineral Quarz auf; in ihm bestimmt man als Konstante für Natrium-Licht $\alpha = 21°45'/\text{mm}$. Zur Erklärung der Drehung kann man heranziehen, daß jede linear polarisierte Schwingung als Überlagerung von zwei zirkular polarisierten Schwingungen entgegengesetzten Drehsinns aufgefaßt werden kann. Bei den optisch aktiven Substanzen sind nun die Brechungszahlen und damit die Fortpflanzungsgeschwindigkeiten dieser beiden zirkular polarisierten Wellen verschieden, sie zeigen also eine Art Doppelbrechung. Dadurch wird die resultierende Schwingungsebene gedreht.

Diese Doppelbrechung ist am besten zu beobachten in der Richtung der Isotropie, also beim Quarz in der Richtung der c-Achse, beim kubischen $NaClO_3$ in allen Richtungen und beim monoklinen Rohrzucker in den Richtungen der beiden optischen Achsen. In Richtungen, die von den Achsen abweichen, sind die beiden Wellen elliptisch polarisiert mit entgegengesetzter Schwingungsrichtung. Da der Betrag der Drehung beim Quarz in der Richtung der c-Achse für Na-Licht $21°45'$ je Millimeter beträgt, kann sie in Gesteinsdünnschliffen, die etwa $\frac{1}{30}$ mm dick sind, nicht beobachtet werden.

Zirkularpolarisation kann in 15 der 32 Kristallklassen beobachtet werden. Eine Voraussetzung für ihr Auftreten ist, daß der Kristall kein Symmetriezentrum besitzen darf; für eine Aufzählung der Klassen, in der sie vorkommt, s. Tabelle 6 im Anhang A. Wir wollen noch darauf hinweisen, daß es durchaus möglich ist, daß von einer Substanz die Kristalle Zirkularpolarisation zeigen, die wäßrige Lösung aber nicht; ein Beispiel dafür ist das $NaClO_3$.

d) Stark absorbierende Kristalle

Beobachtungsmethoden. Wesentlich komplizierter als bei Kristallen, die im sichtbaren Licht durchsichtig sind, liegen die Verhältnisse bei den stark absorbierenden Mineralen, wie sie die meisten Erze darstellen. Diese auch in dünnen

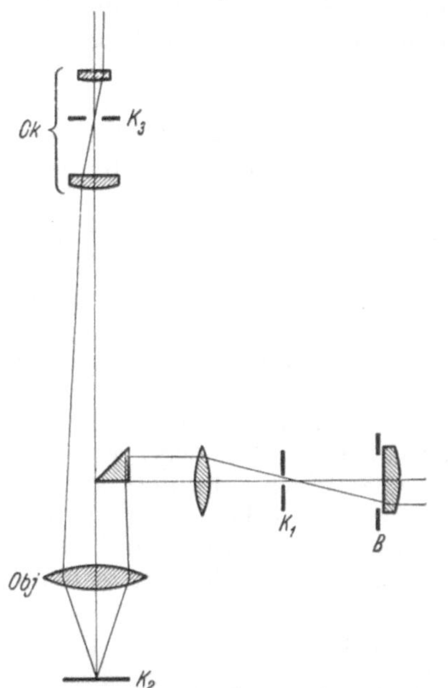

Abb. 246. Schematischer Strahlengang im Opakilluminator mit Prisma (nach SCHNEIDERHÖHN-RAMDOHR). *B* Aperturblende; K_1 Gesichtsfeldblende; K_2 Objekt, auf dem die Blende K_1 abgebildet wird; K_3 Okularblende; *Ok* Okular; *Obj* Objektiv

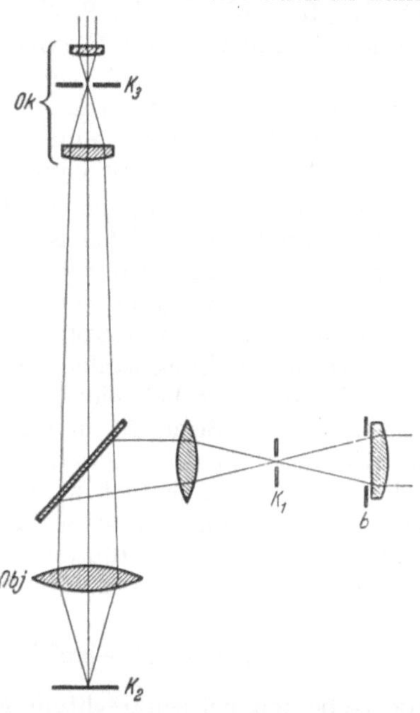

Abb. 247. Schematischer Strahlengang im Opakilluminator mit Glasblättchen (nach SCHNEIDERHÖHN-RAMDOHR). *B* Aperturblende; K_1 Gesichtsfeldblende; K_2 Objekt, auf dem die Blende K_1 abgebildet wird; K_3 Okularblende; *Ok* Okular; *Obj* Objektiv

Schichten undurchsichtigen opaken Erze werden im Mikroskop im auffallenden Licht betrachtet, indem man ein kleines spiegelndes Prisma in den Strahlengang bringt, das das Objekt senkrecht beleuchtet (Abb. 246). Bei der Untersuchung feiner Strukturen bei starker Vergrößerung verwendet man statt des Prismas ein Glasblättchen (Abb. 247). Das Instrument wird *Opakilluminator* genannt; es wird am Mikroskoptubus angebracht. Da die Beleuchtung durch den Opakilluminator und den Tubus erfolgt, verwendet man oft Mikroskope, bei denen die Einstellung auf das Präparat nicht durch Heben und Senken des Tubus sondern des Objekttisches erfolgt, sog. Erzmikroskope. Die *Erzmikroskopie* hat in den letzten 40 Jahren einen großen Aufschwung genommen. Sie beruht zu einem großen Teil auf Erfahrungen über das Aussehen der Minerale und ihr Verhalten beim Schleifen und Ätzen; in Zukunft wird jedoch die quantitative Messung des Reflexionsvermögens wahrscheinlich ein objektiveres Arbeiten ermöglichen.

Theorie. Eine Bestimmung optischer Konstanten wie bei durchsichtigen Kristallen ist aus dem Grunde noch in den Anfängen, weil bei stark absorbierenden Körpern die Verhältnisse sehr kompliziert sind. Neben dem Brechungsindex spielt nun der *Absorptionskoeffizient* eine wesentliche Rolle. Betrachten wir die Amplitude A_0 des einfallenden Lichts von der Wellenlänge λ_0 im Vakuum und die Amplitude A des Lichts, das eine Strecke d im Kristall zurückgelegt hat, so besteht folgende Beziehung:

$$A = A_0 \cdot e^{-2\pi k \frac{d}{\lambda_0}}.$$

k ist eine Konstante und heißt Absorptionskoeffizient. Zuweilen verwendet man auch den Absorptionsindex $\varkappa$, der sich auf λ_1, die Wellenlänge im Kristall, bezieht. Häufig wird auch das Produkt aus $\varkappa$ und der Brechungszahl n angegeben. Ersetzt man nämlich in der Formel k/λ_0 durch $\varkappa/\lambda_1$, so folgt, da $\lambda_0/\lambda_1 = n$ ist: $n\varkappa = k$.

An Stelle der Indikatrix erhalten wir als Bezugsfläche durch die Mitwirkung des Absorptionskoeffizienten eine allgemeine Fläche zweiter Ordnung, deren Radienvektoren komplexe Brechungsindices sind, also Zahlen, die aus reellen Zahlen und imaginären zusammengesetzt sind, $n' = n - i \cdot k \,(i = \sqrt{-1})$. Wir können also nicht mehr mit anschaulichen Körpern wie Ellipsoiden arbeiten, sondern müssen die Erscheinungen lediglich durch Rechnungen ermitteln.

Die triklinen, monoklinen und rhombischen Kristalle haben drei Hauptbrechungszahlen und drei Hauptabsorptionskoeffizienten, deren Richtungen mit denen der Hauptbrechungszahlen im allgemeinen nicht zusammenfallen. In den wirteligen Klassen, die bei schwach absorbierenden Kristallen optisch einachsig sind, ist sowohl die Bezugsfläche der Brechungszahlen als auch die der Absorptionskoeffizienten ein Rotationsellipsoid, beide haben die Drehachse gemeinsam. Im kubischen System endlich sind beide Flächen Kugeln. Es muß aber ausdrücklich darauf hingewiesen werden, daß auch im kubischen System das Brechungsgesetz von SNELLIUS nur gilt, wenn das Licht senkrecht einfällt. Der Brechungsindex n_i ist vom Einfallswinkel i in Luft nach folgender Beziehung abhängig:

$$n_i^2 = \tfrac{1}{2}\left(n^2 - k^2 + \sin^2 i + \sqrt{4n^2 k^2 + (n^2 - k^2 - \sin^2 i)^2}\right).$$

Für die Reflexion bei senkrechtem Einfall gilt für das Reflexionsvermögen R, den Anteil des reflektierten Lichts (BEER 1854):

$$R = \frac{(n-1)^2 + (nk)^2}{(n+1)^2 + (nk)^2}.$$

Diese Andeutung der Theorie stark absorbierender Kristalle muß hier genügen.

e) Fluoreszenz und Verfärbungshöfe

Wir wollen zum Abschluß der Optik im sichtbaren Gebiet noch einen Blick auf die Erscheinungen der *Fluoreszenz* werfen, weil sie für die Mineraldiagnose bereits eine gewisse Bedeutung hat und noch wichtiger zu werden verspricht. Unter Fluoreszenz versteht man die Erscheinung, daß eine Substanz bei Bestrahlung mit kurzwelligem Licht solches längerer Wellenlänge emittiert. Man benutzt zum Nachweis ultraviolettes Licht, das z.B. durch eine Quecksilberquarzglaslampe erzeugt und durch ein nur für ultraviolettes Licht durchlässiges Filter gesiebt ist; es genügt auch eine gewöhnliche Bogenlampe mit einem solchen Filter. Im durchfallenden Licht ist Quarzoptik notwendig. Die Fluoreszenz der Minerale wird meistens von Beimengungen hervorgerufen, die sehr gering sein können, z.B. Eintritt kleiner Mengen Seltener Erden für Ca^{2+} in Flußspat oder von Mn^{2+} für Ca^{2+} in Kalkspat. Ihr Nachweis kann für Fundortsbestimmung und geochemische Fragen wichtig sein. Fluoreszierende Stoffe lassen sich in Gemengen noch in starker Verdünnung nachweisen; so kann man z.B. noch $0,00026$ cm³ Erdöl in 1 cm³ Sand nachweisen.

Eine interessante Erscheinung sind die *Verfärbungshöfe*, die häufig in Biotit, seltener in Hornblende, Cordierit, Turmalin, Flußspat, Spinell und Granat auftreten. Um Einschlüsse von radioaktiven Mineralen, wie Zirkon, Monazit, Orthit, haben sich dunkle Schalen, im Querschnitt Scheiben, manchmal auch deutliche Ringe (Flußspat von Wölsendorf) gebildet. Die Verfärbung des ursprünglichen Minerals geschieht durch die α-Teilchen des Einschlusses. Aus dem Durchmesser der Ringe kann man auf die Reichweite der α-Strahlen und damit auf das strahlende Element schließen, aus der Stärke der Verfärbung auf die Dauer der Einwirkung, also auf das Alter des Minerals. Die Verfärbungshöfe zeigen bei optisch anisotropen Mineralen öfters die Erscheinung des Pleochroismus — man spricht dann von *pleochroitischen Höfen*. Sehr deutlich sind sie um Zirkon-Einschlüsse in Cordierit zu sehen; der im Dünnschliff farblose Cordierit ist um die Zirkon-Einschlüsse in kräftig gelben Tönen pleochroitisch.

5. Röntgenoptik

Einleitung. Wir haben uns bisher nur mit dem kleinen Bereich von Wellenlängen beschäftigt, für die unser Auge empfindlich ist. Abb. 248 gibt uns eine Übersicht über das Gesamtgebiet der Optik. Wir können hier auf die Erscheinungen

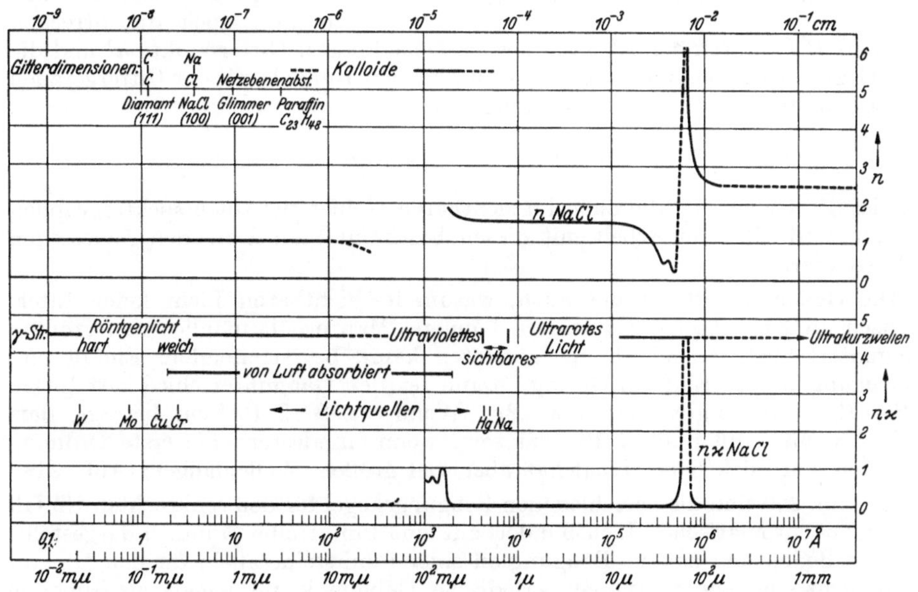

Abb. 248. Übersicht über das Gesamtgebiet der Optik. (Die Kurven von n und $n\varkappa$ aus POHL)

im ultraroten und ultravioletten Gebiet nicht eingehen, weil sie zur Zeit für den Mineralogen noch verhältnismäßig wenig Bedeutung haben. Vor allem Absorptionsmessungen im ultraroten Gebiet werden jedoch zunehmend wichtig, da sie z.B. über die Bindung des Wasserstoffs in Kristallen Auskunft geben können. Wir wollen aber hier nur noch auf das Gebiet sehr kurzer Wellenlängen, das Röntgenlicht, ausführlicher eingehen, weil es von grundsätzlicher Bedeutung ist, sowohl für die Ermittlung der Kristallstrukturen als auch für die Diagnose von Mineralen, besonders von sehr feinkörnigen. Auch für Gefügeuntersuchungen benützt man es öfter.

Die Laue-Gleichungen. Die Röntgenlichtinterferenzen an Kristallen wurden im Jahre 1912 von v. LAUE entdeckt; damit wurde nicht nur der Nachweis der Wellennatur des Röntgenlichts und der Existenz der Atome erbracht, sondern auch das große und seitdem blühende Gebiet der Kristallstrukturforschung eröffnet. Auf die Erzeugung des Röntgenlichts können wir ebensowenig eingehen wie auf die des sichtbaren Lichts. Näheres findet sich in den Lehrbüchern der Physik. Um die Interferenzerscheinungen des Röntgenlichts in Kristallen zu verstehen, betrachten wir zunächst den Fall, daß ein monochromatisches Lichtbündel auf ein *lineares Punktgitter* auffällt und an den einzelnen Gitterpunkten gestreut wird (Abb. 249). Der Gangunterschied für eine beliebige Rich-

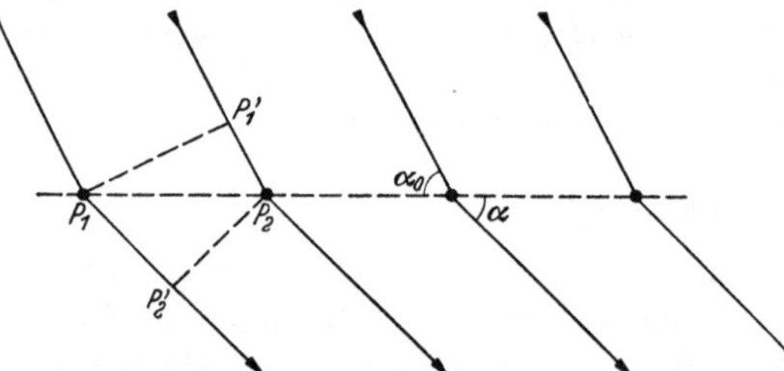

Abb. 249. Beugung an einer Punktreihe

tung ist $P_1 P_2' - P_1' P_2$. Er muß ganze Vielfache h_1 der Wellenlänge betragen, also gleich $h_1 \cdot \lambda$ sein, wenn sich in der ausgewählten Richtung die einzelnen Wellen addieren sollen. Die Zahl h_1 gibt also an, ob es sich um die nullte, erste, zweite, dritte usw. Ordnung der Beugung handelt. Drücken wir nun noch die Strecken $P_1 P_2'$ und $P_1' P_2$ durch den Abstand zweier benachbarter Gitterpunkte a[1] und die Winkel α des abgebeugten und α_0 des einfallenden Bündels mit der Gittergeraden aus, so erhalten wir die Grundgleichung:

$$a (\cos \alpha - \cos \alpha_0) = h_1 \lambda.$$

Dies ist die Gleichung, die auch im sichtbaren Gebiet für Gitterspektrographen benutzt wird. Bei der Arbeit mit diesen bestimmt man λ aus den gemessenen anderen Werten.

Die Gleichung erklärt uns auch, warum im sichtbaren Licht keine Interferenzen an Kristallgittern auftreten können. Man erhält nämlich den größten Gangunterschied, der überhaupt auftreten kann, bei streifendem Einfall und Abbeugung in die Einfallsrichtung. Dann ist der Gangunterschied fast gleich $2 (P_1 - P_2) = 2a$; es gilt also: $h_1 \cdot \lambda \leq 2a$. Wenn a z.B. $2 \cdot 10^{-8}$ cm beträgt, darf auch λ nicht größer als $4 \cdot 10^{-8}$ cm sein, wenn mindestens die erste Ordnung auftreten soll; sichtbares Licht hat aber viel größere Wellenlängen (Abb. 248).

In Abb. 250 sind die verschiedenen Beugungskegel für den senkrechten Einfall eines monochromatischen Lichtbündels auf eine Punktreihe räumlich dargestellt. Größere Bedeutung hat die Beugung an einer Punktreihe allein für den Mineralogen nicht, da eindimensional periodische Gebilde kaum jemals als Minerale auftreten (in gewisser Annäherung allenfalls bei den Asbesten).

Als nächstes betrachten wir zwei lineare Punktgitter, die sich unter einem beliebigen Winkel, z.B. 70°, schneiden. Bestrahlen wir sie monochromatisch senkrecht zu der durch sie bestimmten Ebene, so erhalten wir auf einem Auffang-

---

[1] Wir wollen in diesem Kapitel für Identitätsabstände (Gitterkonstanten) zur Vereinfachung des Formelbildes nicht die Bezeichnung a_0, b_0 und c_0, sondern a, b und c benützen.

schirm, der senkrecht zur Einstrahlungsrichtung steht, ein Bild wie Abb. 251, also zwei Systeme von Hyperbelscharen, die als Schnittfiguren der Beugungskegel mit dem Auffangschirm entstehen. Kreuzen wir nicht nur zwei lineare Punktgitter, sondern entwickeln wir aus diesen durch parallele Aneinanderlagerung nach und nach ein *Kreuzgitter*, so wird die Intensität an den Kreuzungspunkten der Abb. 251 immer stärker gegenüber jener der Kurvenstücke. Solche *Kreuzgitterspektren* kann man mit Elektronenstrahlen an dünnen Glimmerplatten erhalten.

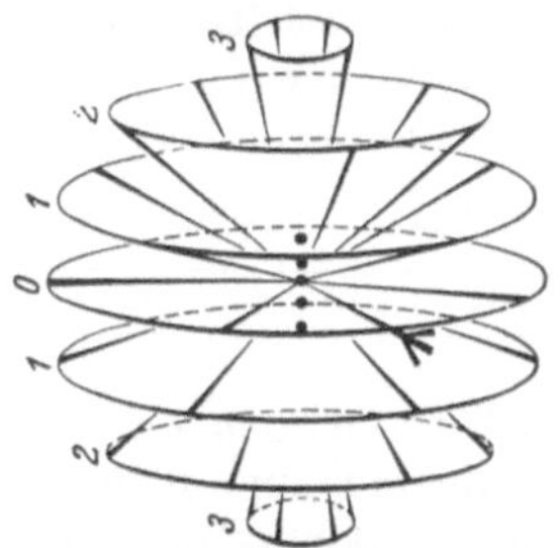

Abb. 250. Beugungskegel an einer Punktreihe (nach BIJVOET)

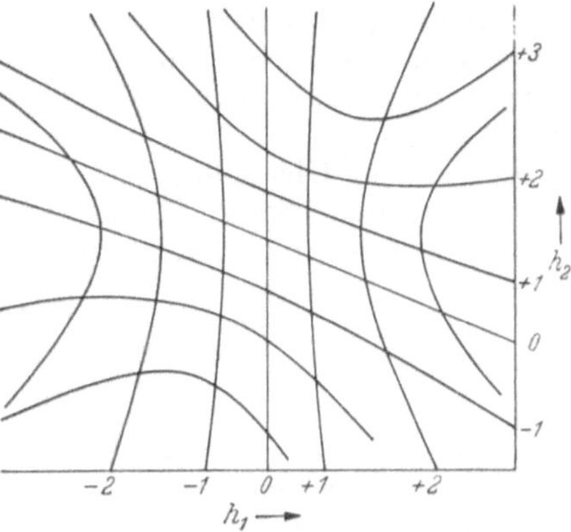

Abb. 251. Kreuzgitterspektren (nach EWALD)

Als letzten Schritt legen wir nun einzelne Kreuzgitter-Ebenen so übereinander, daß ein *Raumgitter* entsteht. Fällt die Stapelungsrichtung mit der Richtung des Lichtbündels in unserem Beugungsversuch zusammen, so ergeben die Punktreihen, die in dieser Richtung liegen, Interferenzkegel, welche einen Beobachtungsschirm, der senkrecht zur Einstrahlungsrichtung steht, in konzentrischen

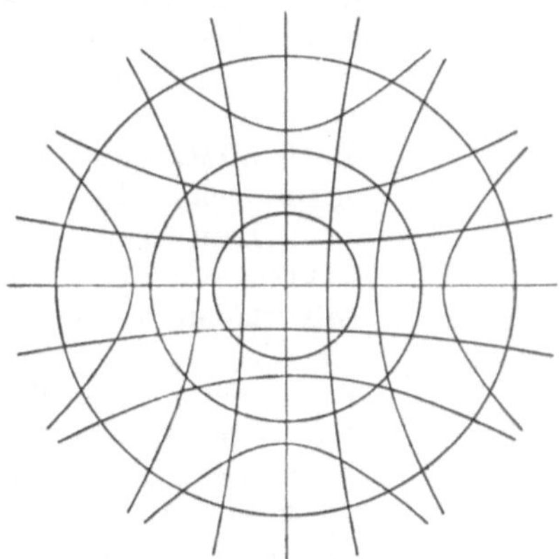

Abb. 252. Beugungserscheinungen an einem Raumgitter (nach EWALD)

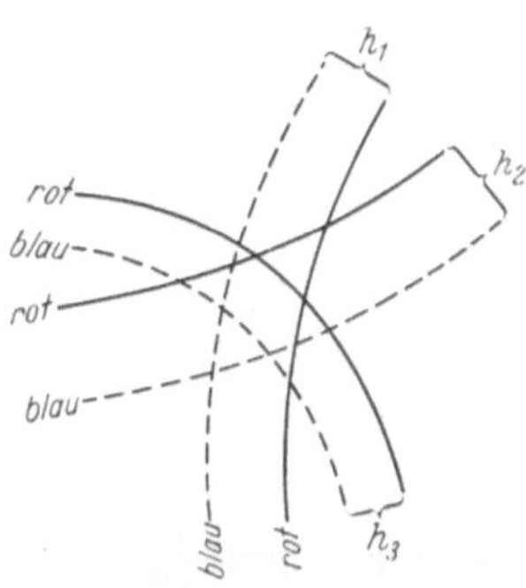

Abb. 253. Schnittpunkt der drei Beugungskegel der Abb. 252 für eine Wellenlänge polychromatischen Lichts. Für gelbes Licht schneiden sich die drei Kurvensysteme in einem Punkt (nach EWALD)

Kreisen schneiden — die beiden ursprünglichen Punktreihen erzeugen wieder zwei Systeme von Hyperbeln (Abb. 252). Wir entnehmen Abb. 252, daß sich die drei Kurvensysteme nicht zu dreien in Punkten schneiden. Dementsprechend ergibt ein dreidimensional periodisches Muster, eine Kristallstruktur, bei monochromatischer Durchstrahlung nur gelegentlich in einer Richtung Beugung, nämlich dann, wenn es sich gerade — gleichsam „zufällig" — ergibt, daß es in Abb. 252 zu dreifachen Schnittpunkten der Beugungsfiguren kommt.

Wir haben zwei Methoden, um mit Sicherheit die Beugungsbedingungen eines Raumgitters zu erfüllen: 1. Wir machen einen Versuch wie bisher, verwenden aber statt des monochromatischen Röntgenlichtes polychromatisches (oder auch „weißes"[1]) Röntgenlicht; dann erhält man für spezielle Wellenlängen dreifache Schnittpunkte in der Beugungsfigur, wie dies in Abb. 253 für ein Beispiel aus dem Bereich des sichtbaren Lichts dargestellt ist. 2. Wir verwenden monochromatisches Röntgenlicht, bewegen aber den Kristall; in speziellen Stellungen erhält man abgebeugte Bündel von Röntgenlicht.

Mathematisch erhält man die Abbeugungsrichtungen aus den Beugungsbedingungen.

Von diesen Laue-Gleichungen ist die erste oben schon abgeleitet, die folgenden zwei findet man ebenso für die beiden anderen Richtungen des Raumes; b, β, β_0, c, γ, γ_0 haben die a, α, α_0 entsprechende Bedeutung.

$$\left.\begin{aligned} a\,(\cos\alpha - \cos\alpha_0) &= h_1\,\lambda \\ b\,(\cos\beta - \cos\beta_0) &= h_2\,\lambda \\ c\,(\cos\gamma - \cos\gamma_0) &= h_3\,\lambda. \end{aligned}\right\} \tag{1}$$

Die Gitterabstände a, b, c sind Kristallkonstanten; werden nun noch λ sowie α_0, β_0 und γ_0 festgelegt, so werden für ganzzahlige h_1, h_2, h_3 im allgemeinen α, β und γ nicht den drei Gleichungen genügen, es werden also keine Intensitätsmaxima auftreten. Erst wenn λ variiert wird, kann dies der Fall sein. v. LAUE verwandte in seinen ersten Versuchen Röntgenlicht mit einem breiten Wellenlängenbereich, so daß auch bei stillstehendem Kristall Interferenzflecke entstanden. Abb. 262 auf S. 146 zeigt eine solche *Laue-Aufnahme*.

Die Braggsche Gleichung. Statt Licht mit vielen verschiedenen Wellenlängen zu verwenden, kann man bei monochromatischem Licht die Einfallsrichtung, also α_0, β_0 und γ_0 variieren; das wurde schon oben angegeben. Mit diesem Verfahren ermittelten W. H. BRAGG und W. L. BRAGG schon bald nach der Laueschen Entdeckung die ersten Kristallstrukturen. Sie zeigten, daß man die Röntgeninterferenzen auch als Reflexionen an den Netzebenen des Kristalls deuten kann. Wenn d der Netzebenenabstand und ϑ der Winkel zwischen

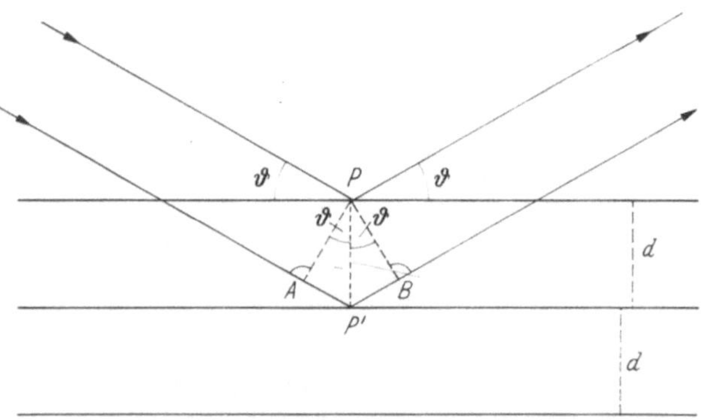

Abb. 254. Ableitung der Braggschen Gleichung. Man beachte, daß gilt
$\overline{AP'} = \overline{P'B} = d \cdot \sin\vartheta$

den Netzebenen und dem Röntgenlichtbündel, das Komplement des Einfallswinkels ist, so ist der Gangunterschied $\Gamma = 2\,d \cdot \sin\vartheta$, wie aus Abb. 254 ohne weiteres hervorgeht. Damit durch Interferenz Verstärkung eintritt, ist es erforderlich, daß der Gangunterschied ein ganzes Vielfaches der Wellenlänge wird:

$$n\,\lambda = 2\,d \cdot \sin\vartheta. \tag{2}$$

Auch aus dieser *Braggschen Gleichung* geht hervor, daß entweder λ oder ϑ variiert werden muß, wenn Interferenz eintreten soll. Man nennt in Analogie

---

[1] In Anlehnung an das sichtbare weiße Licht, das polychromatisch ist.

zur Optik im sichtbaren Gebiet ϑ häufig den *Glanzwinkel*. Denken wir uns nämlich einen Kristall dem Röntgenlichtbündel einer bestimmten Wellenlänge ausgesetzt, und zwar zunächst mit einer Netzebene beinahe parallel zu dem Bündel, so findet keine Reflexion statt. Drehen wir den Kristall um eine Richtung senkrecht zur Einfallsebene, so wird der erste Reflex auftreten, sobald die Braggsche Gleichung für den Wert von $n = 1$ erfüllt ist. Beim weiteren Drehen erlischt der Reflex, bis wir insgesamt um einen Winkel gedreht haben, dessen Sinus den doppelten Wert hat wie der Sinus des Winkels bei dem ersten Reflex. Ein weiterer Reflex folgt bei $\sin \vartheta = 3 \cdot \dfrac{\lambda}{2\,d}$ usw.

Überführung der Braggschen in die Lauesche Ableitung. Um die beiden Arten der Darstellung in Übereinstimmung zu bringen, drücken wir in der Braggschen Gleichung den Netzebenenabstand d durch die Gitterkonstante a und die kristallographischen (Millerschen) Indices der reflektierenden Fläche aus. In einem kubischen Gitter, das wir als einfachsten Fall allein behandeln wollen, ist:

$$d = \frac{a}{\sqrt{h^2 + k^2 + l^2}}, \qquad \text{also} \qquad \sin \vartheta = \frac{n \cdot \lambda}{2\,a} \sqrt{h^2 + k^2 + l^2},$$

quadriert:

$$\sin^2 \vartheta = \frac{\lambda^2}{4\,a^2} \left[(n\,h)^2 + (n\,k)^2 + (n\,l)^2 \right] \quad \text{„quadratische Form".} \tag{3}$$

Aus den Laue-Gleichungen erhalten wir ebenfalls für ein kubisches Gitter beim Quadrieren unter Berücksichtigung, daß $a = b = c$ und $\cos^2\alpha + \cos^2\beta + \cos^2\gamma = 1$ ist:

$$2 - 2\,(\cos\alpha \cdot \cos\alpha_0 + \cos\beta \cdot \cos\beta_0 + \cos\gamma \cdot \cos\gamma_0) = \frac{\lambda^2}{a^2} \cdot (h_1^2 + h_2^2 + h_3^2).$$

An Stelle der Klammer auf der linken Seite können wir nach einem Satz der analytischen Geometrie $\cos \chi$ schreiben; χ ist dann der Winkel zwischen einfallendem und abgebeugtem Bündel. Schließlich kann man setzen:

$$1 - \cos \chi = 2 \sin^2 \frac{\chi}{2}.$$

So erhalten wir:

$$\sin^2 \frac{\chi}{2} = \frac{\lambda^2}{4\,a^2} \,(h_1^2 + h_2^2 + h_3^2). \tag{4}$$

Diese Gleichung erlaubt uns, χ zu λ und zu der Abbeugungsordnung h_1, h_2, h_3 in Verbindung zu setzen. Vergleichen wir nun Gl. (3) und (4), so sehen wir, daß $\chi = 2\vartheta$ ist. Das ist auch aus der Abb. 254 zu entnehmen, wenn wir den reflektierten Strahl nach unten verlängern. Die Laue-Indices sind also gleich dem Produkt aus den Millerschen, die ja teilerfremd sind, und der Abbeugungsordnung n der Braggschen Formel. Also ist:

$$h_1 = n\,h; \; h_2 = n\,k; \; h_3 = n\,l.$$

In der Strukturforschung meint man immer die Laueschen Indices oder die erweiterten Millerschen, auch wenn man nur h, k, l schreibt. Darauf muß der Anfänger besonders achtgeben. Die Abb. 255 soll diese Zusammenhänge noch auf andere Weise klarmachen: In dem Querschnitt durch ein Raumgitter sind $2\,a$ und $3\,b$ die Achsenabschnitte der Spur einer Makroebene zwischen p und q, ihre Millerschen Indices also $h = 3$ und $k = 2$. Im Raumgitter liegen aber zwischen den Punkten auf den Koordinatenachsen noch weitere, mit Punkten besetzte zur Ebene $(h\,k\,l)$ parallele Ebenen, die nach der Braggschen Formel reflektieren. Man sieht in der Figur, daß diese Netzebenen die x-Achse in Intervallen von $a/3$ $(=a/h)$ und die y-Achse in Intervallen von $b/2$ $(=b/k)$ schneiden.

Die Pulveraufnahme. Wir wollen nun überlegen, wie man die Interferenzen zur Strukturbestimmung benutzen kann. Von den zahlreichen röntgenographischen Aufnahmeverfahren sollen hier nur zwei sehr übersichtliche näher besprochen werden, nämlich die Pulveraufnahme (auch Debye-Scherrer-Aufnahme genannt) und die Drehkristallaufnahme. Beim Pulveraufnahmeverfahren setzt man dem Röntgenlicht einer bestimmten Wellenlänge sehr viele, sehr kleine Kriställchen aus. Diese Kriställchen werden alle möglichen Einfallswinkel darbieten, darunter auch die Glanzwinkel ϑ, die ihren Netzebenenabständen entsprechen.

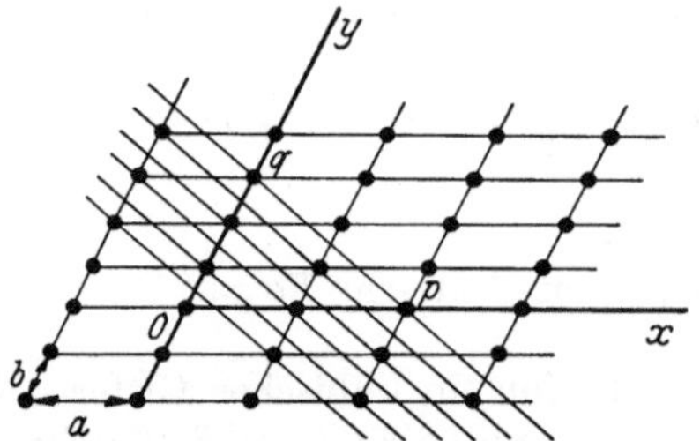

Abb. 255. Querschnitt durch ein Raumgitter, Achsenabschnitte der Ebene $pq:Op=2a$; $Op=3b$, $h=3$; $k=2$. Die benachbarten Ebenenscharen folgen im Abstande a/h und b/k (nach BIJVOET)

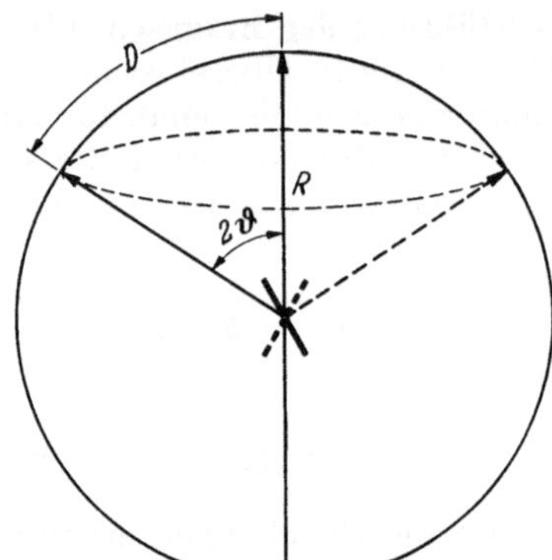

Abb. 256. Entstehung eines Pulverdiagramms

Jede solche Reflexion wird nicht nur einmal vorkommen, sondern bei hinreichend feinem Pulver sehr oft, die reflektierten Röntgenbündel werden einen Kegel bilden. Man kann sich das leicht vorstellen, wenn man eine Netzebene spiegelnd denkt und dann den Kristall um das einfallende Bündel als Achse rotieren läßt. Abb. 256 soll dies für eine Netzebene veranschaulichen. Für die anderen Netzebenen des Raumgitters treten dann ebenfalls Kegel auf, desgleichen die zweiter und höherer Ordnung. Auf einer Platte, die senkrecht zum Bündel in einiger Entfernung vom Präparat aufgestellt ist, erhält man eine Schar von konzentrischen Kreisen. Meist verwendet man zur Aufnahme einen zylindrisch gebogenen Film. In der Achse des Zylinders befindet sich das Präparat, z. B. in einem Röhrchen aus röntgendurchlässigem Glas. Die Beugungskegel des senkrecht zur Achse einfallenden Bündels zeichnen auf dem Film Kurven vierten Grades auf; diese Kurven sehen auf den meist verwendeten schmalen Filmstreifen Kreisbögen ähnlich. Die Anordnung des Films rings um das Präparat hat den Vorteil, daß alle, auch die nach hinten abgebeugten Bündel registriert werden. Das ungebeugt durchgehende Bündel heißt *Primärstrahl*. Um die Winkel ϑ zu bestimmen, mißt man auf dem Film die Abstände $2D$ je zweier zusammengehörender Kurven. D dividiert durch den Kameraradius R ergibt (Abb. 256) den Winkel 2ϑ im Bogenmaß. In Graden also:

$$\frac{D}{R}\cdot\frac{360}{2\pi}=2\,\vartheta\,.$$

Häufig benutzt man eine Kamera mit einem Durchmesser, bei dem die D-Werte in Millimeter gleich den ϑ-Werten in Graden sind. Wenn $D=\vartheta$ gesetzt wird, folgt

$$360/2\pi=2R=57{,}3\ \text{mm}\,.$$

Um nun aus den so gemessenen ϑ-Werten die Abmessungen des Raumgitters, die *Gitterkonstanten*, zu erhalten, müssen wir wie oben die Netzebenenabstände der Braggschen Gleichung mit den Indices dieser Ebenen in Verbindung bringen. Wir betrachten hier den allgemeineren Fall, daß der Kristall auf ein Achsenkreuz mit aufeinander senkrechten Achsen bezogen werden kann, also zum kubischen, tetragonalen oder rhombischen System gehört. Für den Netzebenenabstand d_{hkl} der Ebene hkl eines rhombischen Kristalls mit den Gitterkonstanten a, b und c gilt dann:

$$d_{hkl} = \frac{1}{\sqrt{\left(\frac{h}{a}\right)^2 + \left(\frac{k}{b}\right)^2 + \left(\frac{l}{c}\right)^2}}.$$

gemeinsamer Faktor: $k = 18{,}6 \cdot 10^{-3}$

$2\Theta = 2D$ in mm	$10^3 \cdot \sin^2\Theta$	$\frac{10^3 \cdot \sin^2\Theta}{18{,}6} = \Sigma(h^2+k^2+l^2)$	hkl
27,1	55	3	111
31,5	74	4	200
45,4	149	8	220
53,7	204	11	311
56,6	225	12	222
66,2	298	16	400
73,1	355	19	331
75,4	374	20	420
84,0	448	24	422
90,4	503	27	{333, 511}
101,3	598	32	440
107,9	654	35	531
110,3	673	36	{600, 442}
119,6	747	40	620
127,1	802	43	533
130,0	821	44	622

Abb. 257. **Auswertung einer Pulveraufnahme von NaCl** (Θ steht hier an Stelle von ϑ und k an Stelle von m)

Führt man diesen Wert für d in die Braggsche Gleichung ein und quadriert, so erhält man:

$$\sin^2\vartheta = \frac{\lambda^2}{4}\left(\frac{n^2h^2}{a^2} + \frac{n^2k^2}{b^2} + \frac{n^2l^2}{c^2}\right).$$

Für das kubische System ist $a = b = c$; so erhalten wir die Gl. (4) von S. 137 in etwas anderer Bezeichnungsweise

$$\sin^2\vartheta = \frac{\lambda^2}{4a^2}(n^2h^2 + n^2k^2 + n^2l^2).$$

Setzen wir noch $\lambda^2/4a^2 = m$, so folgt:

$$\sin^2\vartheta = m\,(n^2h^2 + n^2k^2 + n^2l^2).$$

Man ermittelt nun die $\sin^2\vartheta$-Werte der Linien und sucht ihren gemeinsamen Faktor m. Im Restfaktor müssen die Indices in quadratischer Form oder deren Vielfache als Summe stecken, z.B. $1^2 + 2^2 + 3^2 = 14$. In der Abb. 257 ist dies Verfahren an einer Pulveraufnahme von NaCl erläutert. Aus $m = 0{,}01865$ folgt für CuKα-Strahlung mit $\lambda = 1{,}54$ Å der Wert von $a = 5{,}64$ Å.

Anwendung der Pulveraufnahmen. Dieses Verfahren ist für kubische Kristalle leicht durchzuführen und auch bei hexagonalen und tetragonalen noch möglich, wenn auch schwieriger. Bei niedriger Symmetrie ist die Indizierung der Linien häufig praktisch unmöglich. Aber auch bei solchen Kristallen bietet das Verfahren den Vorteil, daß man aus den $\sin\vartheta$-Werten leicht die Netzebenenabstände d ermitteln kann $\left(d = \frac{\lambda}{2\sin\vartheta}\right)$. Durch Vergleich mit den Pulveraufnahmen bekannter Minerale und auch künstlicher Kristalle kann man unbekannte *identifizieren*, auch wenn sie so feinkörnig sind, daß mikroskopische Methoden versagen. Auf diese Weise war es z.B. möglich, über die sehr feinkörnigen Mineralbestandteile der Tone und Böden Aufschluß zu erhalten. Auch bei der Mineralsynthese wendet man die Röntgendiagnostik mit Vorteil an, eben weil man schon sehr feinkörnige Reaktionsprodukte bestimmen kann. Mit Hilfe der Pulvermethode kann man nun auch unterscheiden zwischen mechanischen Gemengen, chemischen Verbindungen und Mischkristallen. Mechanische Gemenge ergeben übereinander die Diagramme der verschiedenen Komponenten, so wie z.B. die oben erwähnten Tone. Liegt aber eine chemische Verbindung vor, so entsteht ein Diagramm, das einem einzigen Gitter zugeordnet werden kann und das von den Diagrammen der Ausgangssubstanzen verschieden ist. Bei Mischkristallen schließlich bekommt man das Diagramm eines Gitters, dessen d-Werte zwischen denen der beiden Endglieder liegen.

Eine weitere sehr wichtige Erkenntnis brachte das Pulververfahren schon unmittelbar nach seiner Einführung durch DEBYE und SCHERRER 1917, nämlich die, daß *Kolloide* aus Kristallen bestehen können. Man findet zwar immer noch zuweilen die frühere Gleichsetzung von kolloid mit amorph, die Pulveraufnahmen haben aber längst entschieden, daß es sowohl amorphe als auch kristalline Kolloide gibt. Im Mineralreich sind fast alle Kolloide kristallin; auch die sog. Gele wie die Glasköpfe sind aus Kristallen aufgebaut. Die wichtigsten Ausnahmen sind die vulkanischen Gläser und die Kieselgele; die letzteren sind allerdings häufig in der heute als Opal vorliegenden Form mehr oder weniger in feinstkörnigen und vielfach schlecht geordneten Cristobalit umgewandelt. Ein amorpher Körper, ein Gas, eine Flüssigkeit oder Glas, geben nur einen oder ganz wenige verwaschene Ringe, wenn man sie mit Röntgenlicht in derselben Weise wie bei einer Pulveraufnahme durchleuchtet. Man kann sich das aus dem Verhalten von Kristallpulvern etwa so erklären: Werden in einem Pulver die Teilchen immer kleiner, so werden die Interferenzlinien immer breiter und verwaschener und das Interferenzbild mit Röntgenstrahlen nähert sich immer mehr dem eines amorphen Körpers.

Aus der Linienverbreiterung kann man ganz allgemein die *Teilchengröße* berechnen. Für sehr dünne Präparate und ein paralleles Bündel gilt die folgende Näherungsformel:

$$A \sim \frac{\lambda}{\beta \cdot \cos \vartheta},$$

in der β die Halbwertsbreite im Bogenmaß bedeutet, also die Breite der Linie zwischen den Stellen rechts und links, an denen die Intensität die Hälfte der Maximalintensität beträgt, und A die Kantenlänge des würfelförmigen Pulverteilchens.

Die Registrierung der gebeugten Strahlung bei Pulveraufnahmen (und auch bei Einkristall-Aufnahmen) erfolgt keineswegs immer mit der hier behandelten photographischen Methode, sondern auch häufig und in zunehmendem Maße mit einem *Zählrohr*.

Faserdiagramme. Ist die Substanz nicht genügend fein gepulvert, so lösen sich die „Kreis"bögen in Fleckenreihen auf. Man kann mit einfachen geometrischen Überlegungen die Orientierung der Kriställchen (auch *Kristallite* genannt) ermitteln. Abb. 258 gibt dazu die Erläuterungen. ε sei der Winkel, den die Mittellinie der photographischen Platte mit der Verbindungslinie Interferenzfleck—Plattenmitte bildet, δ der Winkel, den die Flächennormale der reflektierenden Netzebene mit der Faserrichtung bildet; dann ist $\cos \varepsilon = \dfrac{\cos \delta}{\cos \vartheta}$.

Welche Netzebenen passen, findet man am einfachsten mit Hilfe der stereographischen Projektion.

Wenn nun die Teilchen auch noch gegeneinander orientiert sind, wie z.B. die Kriställchen in bearbeiteten, vor allem gewalzten Metallen, dann sind die

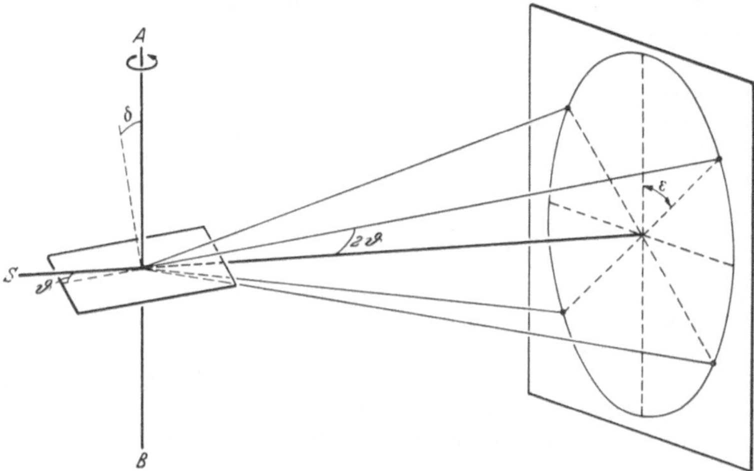

Abb. 258. Bestimmung der Kristallitorientierung

Interferenzflecke nicht regellos innerhalb der Schwärzungsbögen der Pulveraufnahme verteilt, sondern um gewisse Lagen gehäuft. Ähnlich liegen die Verhältnisse in eingeregelten Gesteinen, z.B. den kristallinen Schiefern. Wir kennen in der Natur auch Mineralaggregate, in denen eine einzelne Zonenrichtung (Gittergerade) in allen Kristalliten mehr oder weniger parallel liegt. Ein Beispiel dafür ist der Chalcedon, eine subparallele Verwachsung von Quarzkriställchen, die nach [11.0] faserig gewachsen sind; Abb. 259 zeigt das Röntgendiagramm eines solchen Kristallaggregates, ein *Faserdiagramm*. Faserdiagramme ergeben auch tierische und pflanzliche Fasern, gedehnter Kautschuk usw.

Bei allen Pulveraufnahmen ist darauf zu achten, daß man eine geeignete Wellenlänge benutzt, d.h. eine solche, durch die das Untersuchungsobjekt

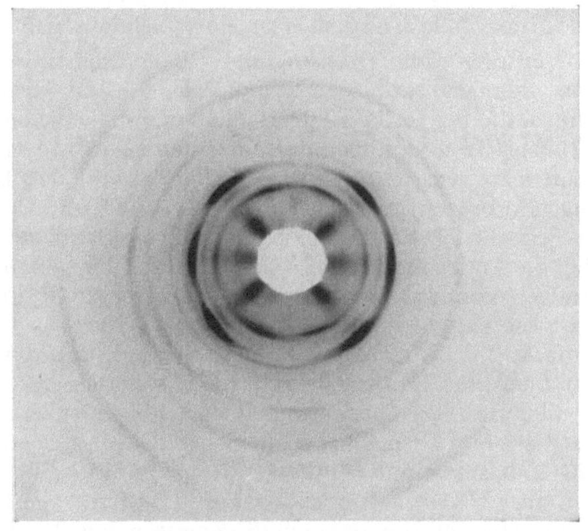

Abb. 259. Faserdiagramm eines Chalcedons von Olomuczan. Faser senkrecht zum Röntgenlichtbündel, Kupfer-Kα-Strahlung

nicht zu Eigenstrahlung angeregt wird, da man sonst eine starke Schwärzung des Untergrundes erhält. Für die Belichtungszeit ist ferner wichtig, daß das Streuvermögen der Atome proportional der Zahl ihrer Elektronen ist.

So ist das Pulververfahren von vielseitiger Anwendung, besonders auch in der Gesteinskunde.

Strukturbestimmung. Um eine vollständige Strukturbestimmung durchzuführen, muß man zunächst die *Größe* und *Gestalt der Elementarzelle* bestimmen. Dazu kann man sowohl das Drehkristallverfahren als auch bei kubischen und wirteligen Kristallen das Pulververfahren anwenden. Wir betrachten zunächst das letztere. So hatten wir beim NaCl (s. S. 139 und Abb. 257) aus der quadratischen Form die Konstante $m = \lambda^2/4a^2 = 0{,}0186$ gefunden. Daraus ergab sich mit $\lambda = 1{,}54$ Å, $a = 5{,}64$ Å.

Um zu berechnen, wie viele Formeleinheiten in der Elementarzelle enthalten sind, gehen wir am besten wie folgt vor. Grundgedanke ist, daß die Masse der Elementarzelle gleich einem Vielfachen der absoluten Masse der chemischen Formeleinheit sein muß, also:

$$V \cdot \varrho = \mathrm{MG} \cdot 1{,}660_8 \cdot 10^{-24} \cdot Z .$$

$V = $ Volumen der Elementarzelle in cm³,
$\varrho = $ Dichte des Kristalls in g/cm³,
$\mathrm{MG} = $ Molekulargewicht (im chemischen Sinn),
$1{,}660_8 \cdot 10^{-24} = $ Faktor, um aus dem Molekulargewicht eines Stoffes die absolute
Masse der Formeleinheit zu berechnen,
$Z = $ Anzahl der Formeleinheiten in der Elementarzelle.

Für NaCl gilt: $V = a^3 = (5{,}64 \cdot 10^{-8})^3$ cm³ oder $5{,}64^3 \cdot 10^{-24}$ cm³, $\varrho = 2{,}16$ g/cm³, $\mathrm{MG} = 58{,}45$; damit berechnet man Z zu

$$Z = \frac{5{,}64^3 \cdot 10^{-24} \cdot 2{,}16}{58{,}45 \cdot 1{,}660_8 \cdot 10^{-24}} \approx 4 .$$

In der Zelle sind also vier Formeleinheiten NaCl enthalten.

Für den weiteren Gang der Strukturbestimmung benützen wir nun einerseits die makroskopische Symmetrie, d.h. die Kristallklasse und andererseits die Intensität der Reflexe. Diese hängt von verschiedenen Umständen ab. So ist z.B. das Streuvermögen der einzelnen Elemente sehr verschieden. Als Faustregel kann man sich merken, daß es der Anzahl der Elektronen im Atom oder Ion ungefähr proportional ist: z.B. ist es für K^+ und Cl^- etwa gleich groß, für Na^+ und Cl^- jedoch deutlich verschieden. Für die Strukturbestimmung besonders wichtig sind die Änderungen der Intensitäten der einzelnen Reflexe, die durch Interferenz erfolgen können. Betrachten wir zunächst die CsCl-Struktur. Wir können sie als zwei *kubisch primitive Gitter*, jedes nur aus Cs^+- und Cl^--Ionen bestehend, auffassen, die so ineinander gestellt sind, daß das eine gegenüber dem anderen um die halbe Raumdiagonale oder, was dasselbe ist, um je eine halbe Zellkante in allen drei Achsenrichtungen verschoben ist. Lassen wir das kubisch primitive Cs^+-Gitter im Ursprung der Elementarzelle beginnen, so beginnt das (natürlich ebenfalls kubisch primitive) Cl^--Gitter im Punkt $\frac{1}{2}\,\frac{1}{2}\,\frac{1}{2}$. Der Gangunterschied zwischen den am „Cs-Gitter" und den am „Cl-Gitter" gestreuten Wellen der Indizierung hkl ergibt sich (im Bogenmaß gemessen) zu $2\pi \cdot \frac{1}{2} \cdot (h + k + l)$. Wenn der in der Klammer stehende Wert eine gerade Zahl ist, tritt Addition der Amplituden der beiden Wellen auf, wenn er ungerade ist, Subtraktion. Da die Schwingungsamplitude der am Cs-Gitter gestreuten Röntgenstrahlen nicht gleich der am Cl-Gitter gestreuten ist, werden wir bei gerader Summe große Amplituden, bei ungerader Summe kleine Amplituden finden. Bezeichnen wir die Amplitude der in einem Cs-Teilchen gestreuten Welle mit f_{Cs}, die andere mit f_{Cl}, so gilt für die resultierende Amplitude S:

$$S = f_{Cs} + f_{Cl} \quad \text{für } h + k + l = 2n \text{ (gerade)}$$

und

$$S = f_{Cs} - f_{Cl} \quad \text{für } h + k + l = 2n + 1 \text{ (ungerade)}.$$

S wird als *Strukturfaktor* bezeichnet.

Den Strukturtyp des Wolframs, also das *kubisch raumzentrierte Gitter*, können wir als CsCl-Struktur auffassen, in welcher sowohl die Lagen der Cäsiumionen wie die der Chlorionen durch Wolfram besetzt sind (natürlich unter Änderung der Gitterkonstanten); die Atome auf den beiden Punktlagen des CsCl-Gitters streuen damit in dieser Struktur mit gleichem Streuvermögen. Damit haben wir bei gerader Indexsumme die Amplitude $2f_W$ und bei ungerader die Amplitude Null.

Das *kubisch flächenzentrierte Gitter* denken wir uns aus vier kubisch primitiven Gittern zusammengesetzt. Nehmen wir eines als Grundgitter, so sind die drei anderen durch Verschiebung um je eine halbe Flächendiagonale aus ihm abzuleiten. Wenn wir die zum ersten Gitter gehörende Phase zu 0 annehmen, so erhalten wir analog wie beim raumzentrierten Gitter für die anderen drei Gitter die Phasendifferenzen (wieder im Bogenmaß):

$$2\pi \cdot \tfrac{1}{2} \cdot (h + k); \quad 2\pi \cdot \tfrac{1}{2} \cdot (k + l); \quad 2\pi \cdot \tfrac{1}{2} (l + h).$$

Es setzen sich also vier Wellen mit diesen Phasen und gleicher Amplitude zusammen. Wenn die drei Indices hkl entweder alle gerade oder alle ungerade sind, so erhält man für jede der vier Phasen ein ganzes Vielfaches von 2π, dann findet also Verstärkung statt. Wenn aber die Indices „gemischt" sind, also z.B. 120, dann sind zwei der Phasendifferenzen ein gerades Vielfaches von 2π und zwei ein ungerades; wir finden in diesem Falle Auslöschung. Wir können also schreiben:

$$S = 0 \quad \text{für } h, k, l \text{ gemischt,}$$

$$S = 4A \quad \text{für } h, k, l \text{ alle gerade oder alle ungerade.}$$

Das Fehlen der Reflexe mit gemischten Indices können wir z.B. auf den Pulveraufnahmen aller kubisch flächenzentriert kristallisierenden Metalle beobachten.

Wir wollen nun noch einen etwas komplizierteren Fall betrachten, die *Natriumchlorid-Struktur*. Wir wollen sie so beschreiben, daß die Na^+-Ionen kubisch-flächenzentrierte Gitter bilden, die Cl^--Ionen ebenfalls, und daß diese beiden Translationsgitter um eine halbe Raumdiagonale, also wie bei einem raumzentrierten Gitter, gegeneinander verschoben sind. Da es sich um flächenzentrierte Teilgitter handelt, fehlen die Reflexe der gemischten Indices. Bei den übrigen (mit hkl ungemischt) müssen wir die Interferenzverhältnisse des raumzentrierten Gitters berücksichtigen. Wir haben also Verstärkung bei gerader Indexsumme und Abschwächung bei ungerader. Betrachten wir daraufhin unsere Steinsalzaufnahme (Abb. 257), so können wir aus ihr die Tabelle 28 ableiten. Es fehlen die Reflexe mit gemischten Indices.

In der Tabelle 28 ist in einer Spalte die *Häufigkeitszahl* aufgeführt. Damit hat es folgende Bewandtnis: In jedem Körnchen des Pulvers eines Kristalls der Klasse $m3m$ haben wir drei Richtungen von Würfelnetzebenen, vier Richtungen von Oktaederebenen, sechs Richtungen von Rhombendodekaederebenen, zwölf Richtungen von Ikositetraederebenen usw.; da jede hkl-Netzebene natürlich sowohl der Fläche (hkl) wie der Fläche $(\bar{h}\bar{k}\bar{l})$ einer Form parallel ist, so ist die Häufigkeitszahl einer hkl-Netzebene halb so groß wie die Flächenzahl der entsprechenden (holoedrischen) kristallographischen Form. Die Intensität eines Reflexes in einer Pulveraufnahme ist proportional der Häufigkeitszahl seiner Netzebene. Die beiden Effekte, der Strukturfaktor und die Häufigkeitszahl, überlagern sich. Außerdem nehmen die Intensitäten vom Durchstoßpunkt des Primärstrahls nach außen bis zu $\vartheta \approx 50°$ ab und dann wieder zu. Über die beiden diskontinuierlichen Intensitätsfaktoren, Häufigkeitszahl und Strukturfaktor, überlagern sich nämlich noch *kontinuierliche Faktoren*, die also mit der Änderung von ϑ die Intensität beeinflussen. Das sind außer dem oben bereits erwähnten *Atomfaktor*,

Tabelle 28. *Zusammenhang zwischen Intensität, Indices und Häufigkeitszahl auf einer Pulveraufnahme von NaCl*

Beobachtete Intensität	Häufigkeits-zahl	Indices	Bemerkungen
schwach	4	111	geschwächt
sehr stark	3	200	verstärkt
sehr stark	6	220	verstärkt
sehr schwach	12	311	geschwächt trotz hoher Häufigkeitszahl
sehr stark	4	222	verstärkt
stark	3	400	verstärkt, kleine Häufigkeitszahl
sehr schwach	12	331	geschwächt wie 311
sehr stark	12	420	} verstärkt, hohe Häufigkeitszahl
sehr stark	12	422	

der *Polarisations-*, der *Lorentz-* und der *Temperaturfaktor*. Sie müssen bei einer genaueren Deutung der Intensitäten berücksichtigt werden, aber ihre Besprechung würde hier zu weit führen. Ferner sind noch *geometrische Faktoren* und die *Absorption* zu berücksichtigen.

Wir haben oben gesehen, daß bei einer innenzentrierten Translationsgruppe (Struktur des Wolframs) alle Reflexe mit $h + k + l = 2n + 1$ ausgelöscht sind, bei einer allseits flächenzentrierten Translationsgruppe dagegen alle Reflexe mit „gemischten" Indices. Man bezeichnet solche mathematisch gesetzmäßige Auslöschungen als *systematische Auslöschungen*. Sie geben uns nicht nur Hinweise auf Translationsgruppen (vgl. S. 43), sondern auch auf manche Symmetrieelemente der Raumgruppen (Gleitspiegelebenen, Schraubenachsen). Deshalb sind die systematischen Auslöschungen von großer Wichtigkeit in der Röntgenstrukturanalyse.

Drehkristallverfahren. Nur bei sehr hoch symmetrischen Kristallen kann man die Indizierung so durchführen, wie wir es beim Steinsalz getan haben. Für die anderen verwendet man Drehkristallverfahren. Im Prinzip kann man dazu dieselbe Aufnahmevorrichtung benutzen wie für die Pulveraufnahme. Man muß nur das Röhrchen mit dem Kristallpulver durch einen Kristall ersetzen, der nun um eine Zonenachse gedreht wird. Alle Netzebenen, die in der Drehachse liegen, werden beim Drehen nach und nach unter dem Glanzwinkel getroffen werden und einen Reflexionspunkt auf dem Film ergeben, wobei die Punkte auf der Schnittlinie zwischen der Senkrechten auf die Drehachse durch den Kristall und dem (zylindrischen, koaxialen) Film liegen. Wenn die Zonenachse die c-Achse ist, dann wissen wir nun schon, daß wir auf dem Film auf dieser Linie die Reflexe von Ebenen haben, deren letzter Millerscher Index Null ist. Diese Schnittlinie nennt man *Äquator*. Die $hk1$-Reflexe bilden ebenfalls eine Reihe von Punkten, die in einem bestimmten Abstand parallel zum Äquator verläuft; man nennt sie die 1. Schichtlinie. Analog liegen die $hk2$-Reflexe auf der 2. Schichtlinie usw. Aus dem Abstand der *Schichtlinien* vom Äquator kann man den Identitätsabstand in der Drehrichtung ermitteln. Abb. 260 gibt ein Schema der Drehkristallmethode. In Abb. 261 ist das Drehdiagramm eines um [001] gedrehten

Granats wiedergegeben. Man sieht außer dem Äquator mehrere Schichtlinien. Um den Identitätsabstand a in der Drehrichtung zu finden, benutzt man die folgenden Gleichungen, in denen außer dem Abstand p der jeweiligen Schichtlinien vom Äquator der Schichtlinienwinkel μ, die Ordnungszahl (Index) der Schichtlinie h und der Kameraradius R auftreten:

$$\operatorname{tg}\mu = \frac{p}{R}; \qquad a = \frac{h\lambda}{\sin\mu}.$$

Ein Beispiel der Berechnung, dessen Meßdaten dem Original der Abb. 261 entnommen sind, bringt Tabelle 29. Die benutzte Wellenlänge λ war 1,539 Å.

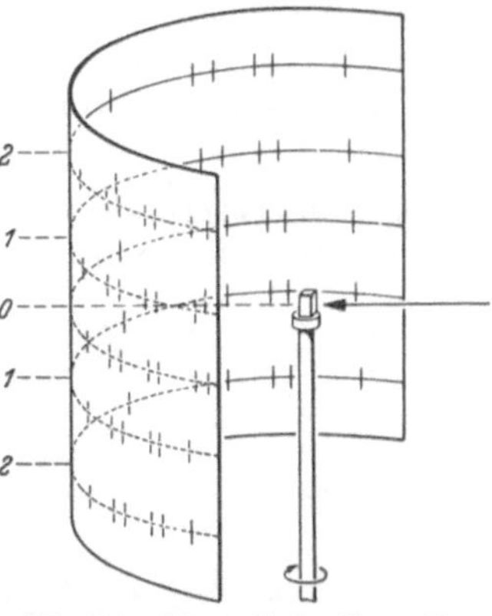

Abb. 260. Schematische Darstellung einer Drehkristallaufnahme

Tabelle 29. *Beispiel für die Berechnung einer Gitterkonstanten aus einer Drehkristallaufnahme*
(Synthetischer Pyrop, $Mg_3Al_2(SiO_4)_3$ um [001])

Ordnungszahl h der Schichtlinie	p (mm)	$\operatorname{tg}\mu$	$\sin\mu$	$a = \dfrac{h\cdot\lambda}{\sin\mu}$
1	3,8	0,1326	0,1316	11,72 Å
2	7,9	0,2757	0,2658	11,60 Å
3	12,5	0,4363	0,3998	11,57 Å
4	18,1	0,6318	0,5340	11,55 Å
5	25,8	0,9005	0,6691	11,52 Å

Dreht man nacheinander um die drei kristallographischen Achsen, so erhält man die Abmessungen des Elementarkörpers. Diese Werte können dann z.B. mit Hilfe von geeichten Pulveraufnahmen genauer bestimmt werden.

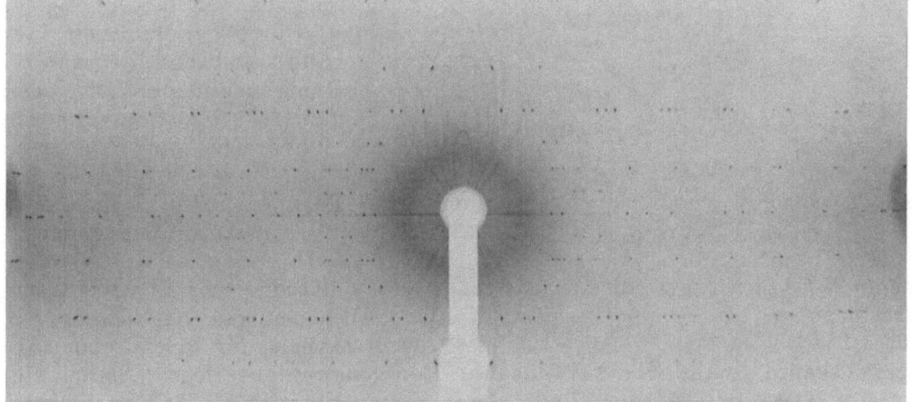

Abb. 261. Drehkristallaufnahme von Pyrop, $Mg_3Al_2(SiO_4)_3$, um die Zone [001] (verkleinert)

Bei den Pulver- und auch bei den Drehkristallaufnahmen fallen eine Reihe von Interferenzen verschiedener Netzebenen zusammen, weil sie gleichen Glanzwinkel haben, so daß eine eindeutige Entscheidung, welche hkl-Reflexe auftreten, nicht immer möglich ist. Für die Auswertung müssen wir dies aber wissen, wie wir es bei einfachen Fällen S. 142 beim Strukturfaktor besprochen haben. Aus diesem Grunde benutzt man heute *Röntgengoniometer*, bei denen nicht nur der Kristall gedreht, sondern gleichzeitig der Film in einer bestimmten Richtung weiterbewegt wird. Dadurch erreicht man, daß das Diagramm so auseinandergezogen wird, daß jedem Reflex nur eine hkl-Ebene entspricht und daß das entstehende Muster sehr leicht ausgewertet werden kann. Besonders wichtig sind die Röntgengoniometerverfahren mit senkrechtem oder schrägem

Einfall des Röntgenlichtbündels von WEISSENBERG, BUERGER, MENZER. Ein
weiteres Eingehen würde zu weit führen.

In diesem Zusammenhang soll nur noch darauf hingewiesen werden, daß die
rein röntgenographische Ermittlung komplizierter Strukturen beträchtliche
Schwierigkeiten bietet; eine hoch entwickelte Arbeitsmethodik (vgl. S. 147) und
der Gebrauch elektronischer Rechenmaschinen helfen jedoch, diese zu über-
winden. Die Genauigkeit, mit der man die Atomlagen in der Struktur lokalisieren
kann, ist heute oft so groß, daß man die interatomaren Abstände auf $\pm 0{,}01$ bis
$0{,}02$ Å kennt.

Das Laue-Verfahren. Bei einem weiteren Verfahren, welches ursprünglich
v. LAUE anwandte, wird eine Kristallplatte mit Röntgenlicht verschiedener
Wellenlängen durchstrahlt. Es
entsteht dann ein Muster von
Interferenzflecken (Abb. 262),
so wie es auf S. 136 bereits
erörtert wurde. Die Laue-
Aufnahme gibt ein Bild der
Symmetrie des Kristalls in
der Durchstrahlungsrichtung;
dazu wird sie auch heute noch
benützt — zur Kristallstruk-
turbestimmung sind Auf-
nahmeverfahren mit mono-
chromatischer Röntgenstrahlung sehr viel besser geeignet.

Unter gewöhnlichen Ver-
hältnissen beobachtet man bei
Röntgenaufnahmen allgemein,
daß das Reflexionsvermögen
an Vorder- und Hinterseite
einer Netzebene gleich ist (G.
FRIEDEL 1913). Man kann
also durch die Röntgeninterferenzen nicht unterscheiden,

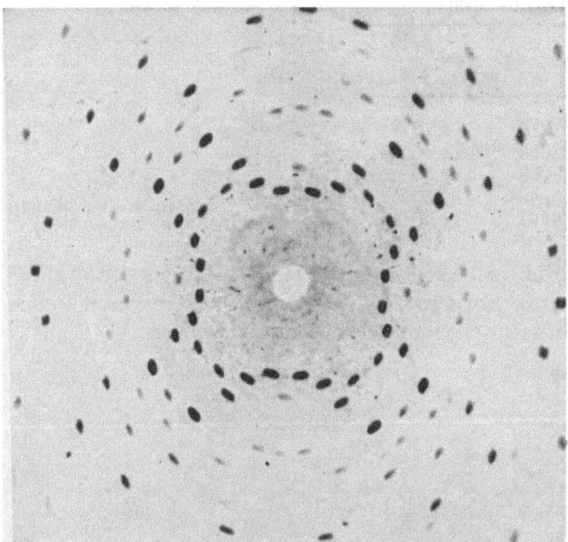

Abb. 262. Laue-Aufnahme von Granat in Richtung [001]. Man
beachte, daß im allgemeinen jeder Interferenzfleck von einer
anderen Wellenlänge herrührt

ob eine Kristallrichtung polar ist oder nicht, das heißt der Kristall verhält sich
so, als ob er ein Symmetriezentrum hätte. Abweichungen von diesem Verhalten beobachtet man, wenn der Kristall Atome enthält, für welche eine „Ab-
sorptionskante" nahe der verwendeten Röntgenstrahlung liegt. Dann kann
man bei Kristallen mit enantiomorphen Formen auch tatsächlich bestimmen,
wie die Atomanordnung bei der Rechts- und bei der Linksform ist. Damit kann
man z.B. beweisen, daß der (morphologisch definierte) Rechts-Quarz linksgewundene Schraubenachsen enthält (vgl. S. 28).

Das reziproke Gitter. In der Röntgenkristallographie ist es häufig zweckmäßig,
aus dem direkten Gitter des Kristalls ein Hilfsgitter abzuleiten, bei welchem die
Achsen in Richtung der Flächennormalen der Elementarzelle des direkten
Gitters liegen und in welchem der Identitätsabstand auf diesen Achsen der
reziproke Wert zum jeweiligen Netzebenenabstand ist. Dieses Hilfsgitter heißt
reziprokes Gitter (Abb. 263). Das reziproke Gitter wird vor allem deshalb ausgedehnt verwendet, weil man mit seiner Hilfe die Abbeugungsverhältnisse bei
Einkristallaufnahmen leicht übersehen kann. Das ist in Abb. 264 für einen
zweidimensionalen Fall dargestellt. Man erkennt, daß sich die Netzebene gerade

dann in Reflexionsstellung befindet, wenn der entsprechende Punkt des reziproken Gitters (dessen Ursprung in 000 liegt!) auf dem Kreis mit Radius $\frac{1}{\lambda}$ liegt (Ausbreitungskreis). Im dreidimensionalen Fall haben wir nicht einen „Ausbreitungskreis" sondern die entsprechende *Ewaldsche Ausbreitungskugel* zu benützen, für welche der Radius wie beim „Ausbreitungskreis" in Abb. 264 gleich $\frac{1}{\lambda}$ ist.

Folgen in einem Kristall in einer Richtung die Netzebenen bei gleichbleibendem Netzebenenabstand nicht regelmäßig aufeinander (eindimensionale Fehlordnung), so sind die Punkte des reziproken Gitters senkrecht zur

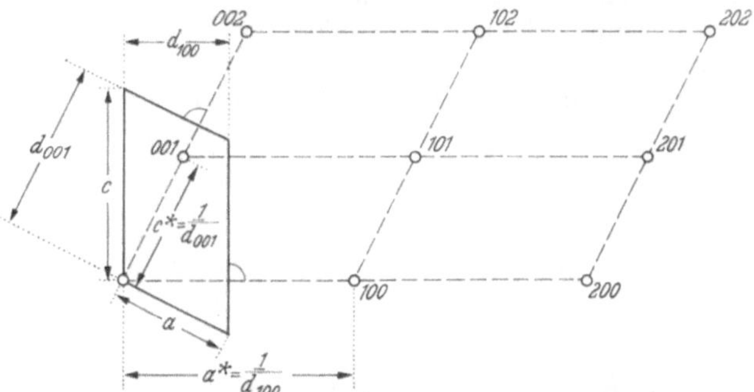

Abb. 263. Zusammenhang zwischen der Elementarzelle des Gitters (voll ausgezogen) und dem reziproken Gitter (gestrichelt). Das reziproke Gitter ist nach allen Richtungen fortgesetzt zu denken

Ebene mit Unordnung zum Teil ausgelängt — manchmal bis zu einem kontinuierlichen Übergang von einem Punkt des idealen reziproken Gitters zum nächsten („Gitterstäbe").

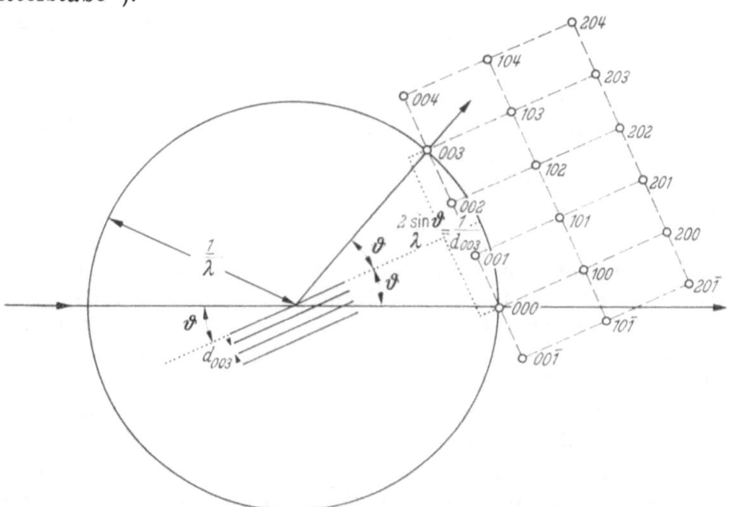

Abb. 264. Zusammenhang zwischen Braggschem Gesetz und Auffindung der Abbeugungsrichtung mit Hilfe des reziproken Gitters

Fourier-Synthese. Die bisher (S. 142) besprochene Bestimmung von Kristallstrukturen beruht auf dem Ausschlußverfahren. Nachdem Abmessungen und Symmetrie der Elementarzelle bestimmt sind und man berechnet hat, wie viele Formeleinheiten in dieser Zelle enthalten sind, probiert man, welche Atomanordnung mit den gefundenen Symmetrie- und Intensitätsverhältnissen verträglich ist. Ein wichtiges Hilfsmittel der modernen Strukturbestimmung ist die Fourier-Synthese, die ihren Namen von der Zerlegung einer periodischen Funktion nach Fourier-Reihen hat. Man hat gelernt, mit ihrer Hilfe auch komplizierte Strukturen zu bestimmen und zwar mit einer viel größeren Genauigkeit, als es bei der früher üblichen und oben kurz beschriebenen Methode möglich war. Ferner kann man unter Anwendung spezieller und sehr sorgfältiger Meßmethoden die Elektronendichte an jedem Punkt des Kristalls ermitteln (vgl. Abb. 158a und 170a).

Elektronenbeugung. Ein weiteres wichtiges Verfahren ist schließlich die Benutzung der Elektronenstrahlen zu Beugungsbildern. Wir wissen ja seit DE BROGLIE 1924 aus der Theorie und seit DAVISSON und GERMER 1927 aus dem Experiment, daß auch Elektronenstrahlen wie Lichtwellen abgebeugt werden können. Elektronen mit der Masse m und der Geschwindigkeit v entsprechen Wellen der Wellenlänge $\lambda = \dfrac{h}{m \cdot v}$; h ist die Plancksche Konstante. Drückt man v durch die Potentialdifferenz in Volt aus, die das Elektron durchläuft, so erhält man die Gleichung

$$\lambda = \sqrt{\frac{150}{\mathrm{V}}}\ \text{Å}.$$

Bei 63 V würde man also Wellen von der gleichen Länge wie die oben erwähnte (S. 139) Kupfer-Kα-Strahlung erhalten. Meist werden sehr viel schnellere Elektronen verwendet.

Die Beugung der Elektronenstrahlen unterscheidet sich grundsätzlich dadurch von der des Röntgenlichts, daß die Elektronenstrahlen nicht nur durch die Elektronenhülle sondern auch vom Kern beeinflußt werden. Die Intensität der Abbeugung ist etwa 10^8mal größer als die der Röntgenstrahlung, aber auch die Absorption ist sehr viel größer. Es werden nur sehr dünne Schichten durchstrahlt.

Neutronenbeugung. Bewegte Neutronen werden ebenso wie andere Elementarteilchen an Kristallgittern gebeugt. Die Neutronen, welche ein Atommeiler liefert, haben nicht alle dieselbe Geschwindigkeit, ihre Wellenlänge erstreckt sich damit über einen größeren Bereich. Bei „thermischen Neutronen", das sind solche, welche durch zahlreiche Zusammenstöße mit ihrer Umgebung im thermischen Gleichgewicht stehen, liegt jedoch die häufigste Geschwindigkeit so, daß sie etwa einer Wellenlänge von 1,3 Å entspricht, d.h. wir finden im „kontinuierlichen Spektrum" der Wellenlängen der Neutronen gerade in jenem Bereich ein Maximum, welches für Strukturuntersuchungen günstig ist. Zum Vergleich sei daran erinnert, daß die bei Strukturuntersuchungen am häufigsten verwendete Cu K$_\alpha$-Strahlung eine Wellenlänge von 1,54 Å hat. Durch Reflexion an einem Kristall und Ausblenden eines schmalen Bündels kann man „monochromatische Neutronen" erhalten und diese dann zu Beugungsversuchen benützen.

Für den Mineralogen ist besonders wichtig, daß man durch Strukturuntersuchungen mit Neutronen die Lage der Wasserstoffatome in Kristallen genau bestimmen kann, was mit Röntgenstrahlen wegen des geringen Streuvermögens nur dann möglich ist, wenn die anderen Atome in der Verbindung keine zu hohe Ordnungszahl haben (bis vielleicht 20), und auch in diesen günstigen Fällen kann der Wasserstoff nur ziemlich ungenau lokalisiert werden. Für die Kristallchemie der Hydroxide, der OH-haltigen Salze und der Salzhydrate ist die Kenntnis der Lage der Wasserstoffatome natürlich von grundsätzlicher Wichtigkeit.

Elektronenmikroskopie. Auf die Elektronenmikroskopie kann hier nur hingewiesen werden. Sie bietet ein wertvolles Hilfsmittel, um sehr feinkörnige Minerale, wie sie z.B. bei den Tonmineralen vorkommen, in ihrer Gestalt zu erkennen. Man kann auch von demselben Präparat, das man elektronenmikroskopisch betrachtet hat, eine Elektronenbeugungsaufnahme in demselben Instrument machen, damit die Gitterkonstanten bestimmen und sie ähnlich wie bei einer Pulveraufnahme auswerten. In Mineralgemengen kann man jedoch zur Zeit die einzelnen Minerale noch nicht so untersuchen.

IV. Kristallwachstum und -auflösung

1. Geometrische Beziehungen

Einleitung. Wir haben im Vorstehenden eine Reihe von physikalischen Eigenschaften der Kristalle behandelt und haben im letzten Kapitel gesehen, wie mit Hilfe der Röntgenoptik der atomare Aufbau der Kristalle bestimmt werden kann. Die empfindlichsten Äußerungen des Kristallbaues bleiben aber noch zu besprechen: die Erscheinungen des Wachstums und der Auflösung. Das Vorkommen natürlicher, ebenflächig begrenzter Körper war ja der Ausgangspunkt der Kristallographie, und die Entstehung solcher Körper zu erklären ist seitdem eines der wichtigsten Probleme geblieben. Trotz der vielen Arbeit, die darauf verwendet worden ist, ist gerade hier noch vieles ungewiß.

Verschiebungsgeschwindigkeiten. Man kann das Problem von verschiedenen Seiten anfassen. Wir wollen zunächst die geometrische Seite betrachten. Wie kommt es z.B., daß bei ein und derselben kubischen Kristallart manchmal Würfel, manchmal Rhombendodekaeder und manchmal Oktaeder auftreten?

Nach dem Gesetz der Winkelkonstanz können wir die Flächen eines Kristalls parallel zu sich selbst verschieben. Wir machen nun die Annahme, daß der Kristall durch eine solche Parallelverschiebung seiner Flächen wachse und daß jede Form eine bestimmte, von ihrer Größe und Umgrenzung unabhängige Verschiebungsgeschwindigkeit habe, die also abgesehen von der Struktur nur noch von den äußeren Bedingungen abhänge. Solche Geschwindigkeiten kann man an wachsenden Kristallen im Laboratorium messen; so fand SPANGENBERG bei Kalialaun bei 30°C und 0,5% Übersättigung folgende Werte (s. Tabelle 30).

Tabelle 30. *Relative Verschiebungsgeschwindigkeiten beim Wachstum von Kalialaun*

Form	{111}	{110}	{001}	{221}	{112}	{012}
Verschiebungsgeschwindigkeit . . .	1	4,8	5,3	9,5	11,0	27,0

Will man die Entwicklung aller möglichen Flächen in Konkurrenz zueinander studieren, so benutzt man als Ausgangskörper eine Kugel, die man aus einem Kristall gearbeitet hat. Man beobachtet bei einem Wachstumsexperiment dann, daß bestimmte Stellen der Kugel sich zu ebenen Flächen ausbilden, andere zunächst gewölbt bleiben oder rauh werden, bis auch diese Stellen allmählich von den zuerst erschienenen Flächen aus überwachsen werden. Eine einfache geometrische Überlegung zeigt, daß diejenigen Flächen übrigbleiben werden, die die geringsten Verschiebungsgeschwindigkeiten haben. In Abb. 265 sind als Beispiel die Verhältnisse beim Alaun in einem Schnitt parallel (1$\bar{1}$0) dargestellt. Für das Anfangsstadium wurden die *hhl*-Flächen aus Tabelle 30 tangential an eine Kugel gelegt. Es sind einige Wachstumsstadien nach immer gleichen Zeitintervallen gezeichnet, wobei die Verschiebungsgeschwindigkeiten den Angaben von Tabelle 30 entsprechen. Bereits nach der ersten Etappe sind die Flächen (112) und (221) nicht mehr vorhanden; ihre Verschiebungsgeschwindigkeit ist so groß, daß sie weit außerhalb des Kristalls liegen würden. Beim zweiten Stadium ist auch (110) verschwunden. Die Fläche (001) wird immer kleiner;

sie würde aber erst bei Stadium 6, welches aber in der Zeichnung nicht mehr eingetragen ist, verschwunden sein.

Ob eine Fläche beim Wachstum erhalten bleibt oder verschwindet, hängt von dem Verhältnis ihrer Verschiebungsgeschwindigkeit zu der anderer Flächen ab. Wir betrachten dazu als besonders einfaches Beispiel das Wachstum eines Kristalls mit Rhombendodekaeder und Würfel. In der Abb. 266a ist das Verhältnis der Verschiebungsgeschwindigkeiten: $v\{011\} : v\{001\} = 2$; die Fläche (011) verschwindet nach und nach. Die *Gratbahnen*, die in der Abbildung gestrichelt dargestellt sind, konvergieren. In der Abb. 266b divergieren sie; beide Flächenarten bleiben bei weiterem Wachstum bestehen und vergrößern sich. Das Verhältnis der Verschiebungsgeschwindigkeiten ist: $v\{011\} : v\{001\} = 1{,}2$. Es ist leicht einzusehen, daß der Fall mit parallelen Gratbahnen in unserem Beispiel dann eintreten muß, wenn $v\{011\} : v\{001\} = \sqrt{2}$ ist — es bleibt

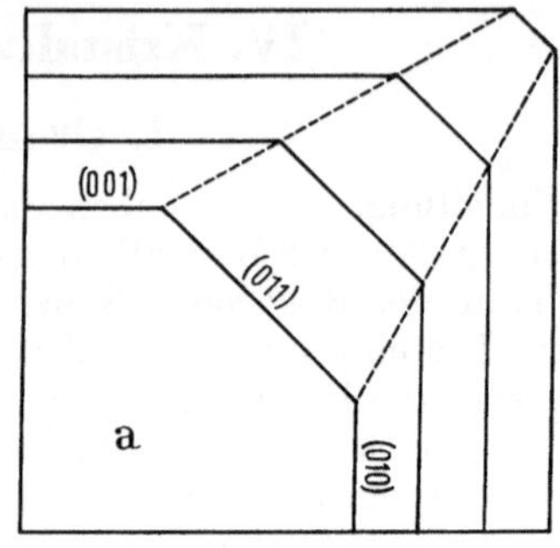

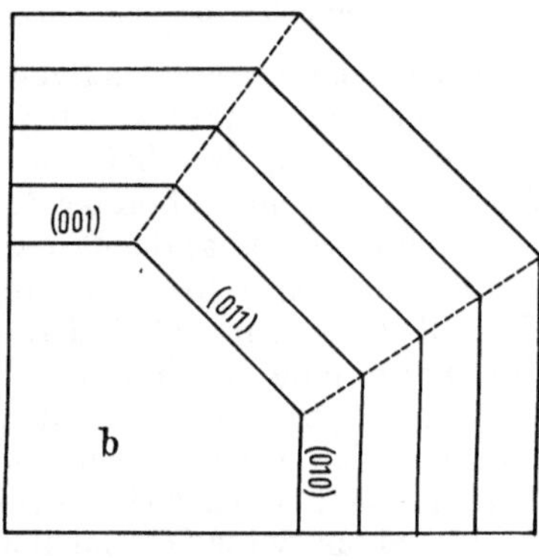

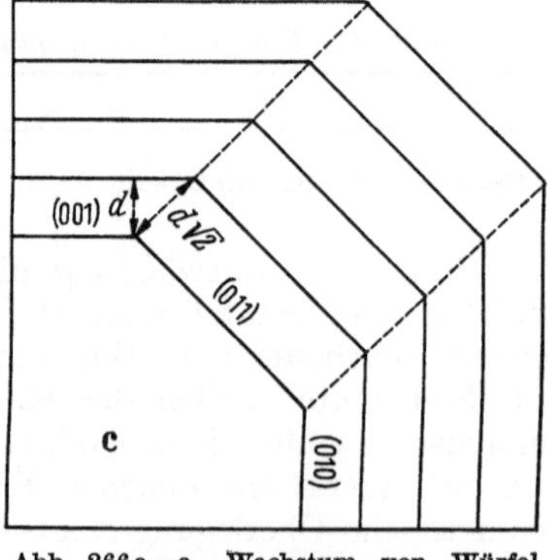

Abb. 266a—c. Wachstum von Würfel und Rhombendodekaeder. Zentraler Schnitt || (100)
(a) $v_{(011)} : v_{(001)} = 2$. (b) $v_{(011)} : v_{(001)} = 1{,}2$. (c) $v_{(011)} : v_{(001)} = \sqrt{2}$

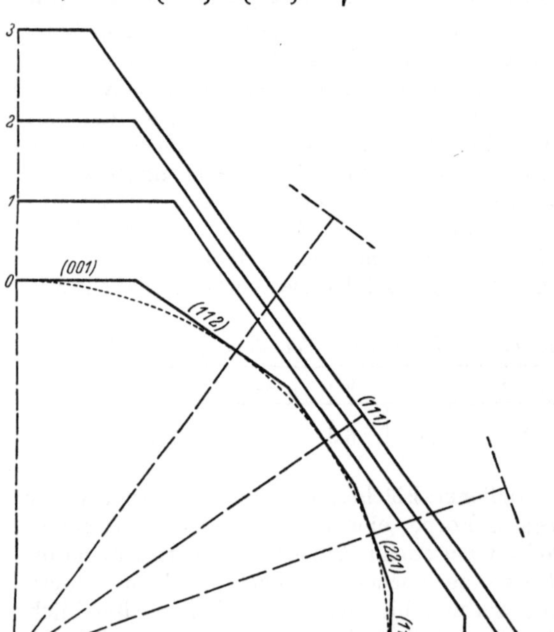

Abb. 265. Schema des Wachstums einer Kugel aus Kalialaun. Zentraler Schnitt || (1$\bar{1}$0). *0—3* Wachstumsstadien

dann die Größe von (011) beim Wachstum konstant. Dieser Fall ist in Abb. 266 c dargestellt.

Abhängigkeit von äußeren Umständen. Als Endkörper des Wachstums einer Kugel bleiben also bestimmte Formen übrig, deren Verschiebungsgeschwindigkeiten klein sind. Diese Gesetzmäßigkeit hilft die verschiedenen Erscheinungsformen der Kristalle erklären, wenn man die zusätzliche Annahme macht, daß die Verschiebungsgeschwindigkeiten von den äußeren Umständen, besonders der Größe der Unterkühlung oder Übersättigung, von Lösungsgenossen, vielleicht auch Temperatur und Druck, abhängen. Ein Beispiel, das den *Temperatureinfluß* zeigt, ist nach EAKLE das Kaliumjodat. Es kristallisiert monoklin, bildet aber pseudokubische Formen. Zwischen 10° und 20° C wächst es in „Würfeln", bei zunehmender Temperatur tritt das „Rhombendodekaeder" auf, das bei 70° allein vorhanden ist. Wie weit der Grad der Übersättigung an dem Effekt beteiligt ist, bleibt noch zu untersuchen.

$NaClO_3$ wächst in reinen Lösungen bei Zimmertemperatur als Würfel. Fügt man aber der Lösung SO_4^{2-}-Ionen, etwa durch Zugabe von Na_2SO_4 zu, so entstehen Tetraeder. Noch wirksamere *Lösungsgenossen* sind $S_2O_3^{2-}$-Ionen, die bereits bei einem Verhältnis $ClO_3^- : S_2O_3^{2-} = 1000$ den Würfel als Wachstumsform zum Verschwinden bringen (BUCKLEY). Ein anderes, seit langem bekanntes Beispiel für die Wirksamkeit eines Lösungsgenossen ist die Trachtbeeinflussung von NaCl durch Harnstoff, $CO(NH_2)_2$. Während nämlich Steinsalz aus seiner wäßrigen Lösung beim Eindunsten an der Luft — also bei nicht allzu großer Übersättigung — in der Form {100} ohne irgendwelche andere Formen kristallisiert, bewirkt ein Harnstoffzusatz zur Lösung, daß nun auch das Oktaeder erscheint, und zwar bei kleinen Harnstoffmengen in Kombination mit dem Würfel, bei größeren allein. Ähnlich trachtbeeinflussend wirkt ein Zusatz von $CdCl_2$ oder $PbCl_2$. Eine sehr große Zahl anderer anorganischer oder organischer Stoffe beeinflußt hingegen die Tracht von NaCl nicht oder nur sehr schwach. Es handelt sich also um eine sehr spezifische und bis jetzt kaum voraussagbare Eigenschaft einzelner Stoffe.

Faserwachstum. Geometrische Überlegungen führen auch zu einer Erklärung des Faserwachstums. Wir müssen dabei unterscheiden zwischen Mineralen, die auf Grund ihrer Struktur faserig wachsen, wie z. B. die Ketten- und Bändersilikate, und Mineralen, deren Faserwachstum durch äußere Umstände erzwungen ist, wie z. B. manchmal bei Quarz und Kalkspat. Nur mit solchen Fällen wollen wir uns im folgenden beschäftigen. Denken wir uns auf einer ebenen Unterlage viele kleine Kriställchen in beliebiger Lage dicht nebeneinander. Diese Keime sollen gleichzeitig zu wachsen anfangen, indem die Stoffzufuhr von oben her erfolge. In Abb. 267 ist ein Ausschnitt aus einem solchen Kristallrasen, wie er durch die Seitenwände eines Rohres im Experiment leicht zu erzeugen ist, dargestellt. Von den sechs Keimen sind im Wachstumsstadium I bereits die Keime 2 und 3 ganz, 6 fast ganz ausgeschaltet. Im Stadium II fehlt 6 völlig und die Kristalle 1 und 5 haben an Bedeutung verloren. Im Stadium III fehlt auch 1, und 5 ist beinahe verschwunden; der am günstigsten liegende Keim 4 hat sich immer mehr durchgesetzt und wächst schließlich allein weiter. Es findet also eine *Keimauslese* statt. Außer auf die Ausgangslage des Keimes kommt es auf die Verschiebungsgeschwindigkeiten seiner Flächen

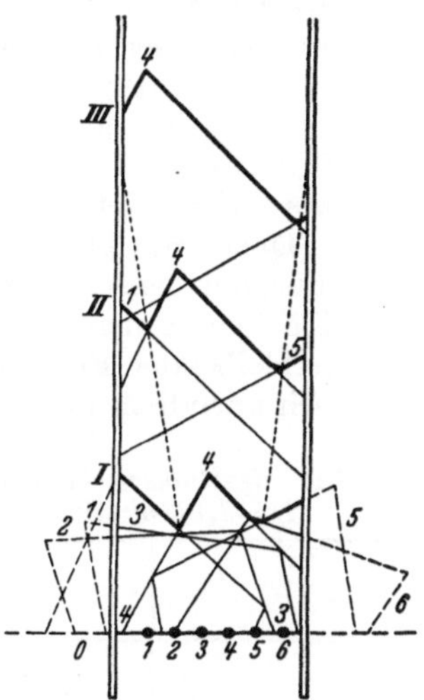

Abb. 267. Faserwachstum (nach GROSS und MÖLLER). *1, 2, 3* ... Keime; *I, II, III* Wachstumsstadien

an, und zwar werden sich bei dieser Konkurrenz diejenigen Keime durchsetzen, bei denen die größte Verschiebungsgeschwindigkeit senkrecht zur Unterlage steht. Die seitliche Begrenzung solcher Fasern ist keine Kristallfläche; sie entsteht durch das Zusammenstoßen zweier Wachstumsrichtungen und ist nur in dem Falle, daß Temperatur und Konzentration sich während des Wachstums nicht ändern, eben.

Besonders ausgeprägt finden wir das Faserwachstum dort, wo von einem Zentrum aus Kristalle nach allen Seiten wachsen. Das kann man zweidimensional leicht demonstrieren, indem man eine unterkühlte Schmelze z.B. von Salol (Salicylsäurephenylester) mit einem Keimhaufen impft. Im Raume können so kugelige, radialfaserige Kristallaggregate, *Sphärolithe*, entstehen. Es kommt auch der Fall vor, daß die Keime nicht im Mittelpunkt der Kugel sitzen, sondern an der Oberfläche eines Hohlraumes und nach dem Zentrum hin wachsen. In allen diesen Fällen wird man als Wachstumsrichtung eine Richtung schnellster Verschiebungsgeschwindigkeit erhalten.

Auflösung. Analoge geometrische Gesetzmäßigkeiten wie für das Wachstum gelten auch für die Auflösung. Dabei hat man jedoch darauf zu achten, daß der reziproke Fall zum gewöhnlichen Kristallwachstum (Verschiebung der Grenzfläche Kristall-Lösung von einem Ursprungspunkt nach außen) die Auflösung eines Kristalls von innen her ist — auch dabei verschiebt sich die Grenzfläche zwischen flüssiger und fester Phase nach außen. Man kann diese Verhältnisse dadurch erreichen, daß man einen Kristall anbohrt und durch den Bohrkanal von innen anlöst. Haben wir am Beginn eine kleine *Hohlkugel* (etwa in einem Alaunkristall), so können wir zur Erläuterung nochmals Abb. 265 benützen. Es müssen beim Fortschreiten der Auflösung wieder die Flächen mit der kleinsten Verschiebungsgeschwindigkeit übrigbleiben. Damit entsteht ein ebenflächig begrenzter Raum, der einem normalen Kristall in der Gestalt gleicht, ein sog. „negativer Kristall". Solche negative Kristalle kommen in Mineralen öfter vor. Bei ihrer künstlichen Erzeugung kann man beobachten, daß ihre Gestalt durch Lösungsgenossen ebenso beeinflußt wird, wie wir dies früher beim gewöhnlichen Kristallwachstum kennengelernt haben. Da hier aber naturgemäß kein Einbau des Lösungsgenossen in den Kristall möglich ist, so haben wir damit einen eindeutigen Beweis der Beeinflussung von Verschiebungsgeschwindigkeiten von Kristallflächen ohne jede Möglichkeit eines Einbaues des Lösungsgenossen in das Gitter (FRIEDEL).

Anders verhält sich eine *Vollkugel*, die von außen aufgelöst wird. Dabei sollten sich die Flächen mit größter Verschiebungsgeschwindigkeit durchsetzen und zum Schluß übrigbleiben. Es ist jedoch folgendes zu bedenken. Es gibt nur relativ wenige Flächen geringer Verschiebungsgeschwindigkeit, nämlich die beim Wachstum übrigbleibenden Flächen mit niedrigen Indizes. Ihnen stehen auf einer Kugel theoretisch unendlich viele Flächen mit großer Auflösungsgeschwindigkeit gegen-

Tabelle 31. *Reaktionsgeschwindigkeiten von Flußspatplatten verschiedener Richtung mit HCl* $(D = 1,108\ g/cm^3;\ 96°\ C)$ *und konz. sied. Na_2CO_3-Lösung; μ in der Minute*

	Platte parallel				
	{100}	{110}	{111}	{210}	{311}
HCl	2,51	11,18	6,67	12,59	6,85
Na_2CO_3-Lösung . .	8,00	3,5	6,0	7,5	12,5

über, von denen praktisch sehr viele auch beim Auflösen realisiert werden. So viele Flächen nebeneinander erscheinen dann als krumme Flächen, und in der Tat erhält man beim Auflösen der Kugel solche Lösungsformen.

Analog verhält sich ein Kristall auch beim Abbau durch eine chemische Reaktion; wieder sind die Verschiebungsgeschwindigkeiten für die verschiedenen

Flächenlagen ungleich. Auch ihr Verhältnis zueinander hängt vom Lösungs- bzw. Reaktionsmittel ab. Sehr instruktiv dafür sind Versuche, die BECKE schon 1885 an verschieden orientierten Platten von Flußspat durch Behandeln mit heißer Salzsäure bzw. Sodalösung durchgeführt hat; die Ergebnisse sind in Tabelle 31 zusammengestellt.

2. Gittermäßige Betrachtungen

Die Anlagerungsenergie von Ionenkristallen. Wir haben bisher das Wachstum rein geometrisch behandelt auf Grund der Annahme, daß die Verschiebungsgeschwindigkeiten der verschiedenen Formen eines Kristalls verschieden sind. Vor dem Aufblühen der Strukturkristallographie hat man sich bemüht, diese Verschiedenheiten auf die Oberflächenspannungen der Kristallflächen zurückzuführen. Man weiß heute, daß diese sich nur bei sehr kleinen Kriställchen bemerkbar machen.

Eine weitgehende Klärung der Begriffe brachten die Berechnungen der Anlagerungsenergie einzelner Gitterbausteine durch W. KOSSEL seit 1927 und I. N. STRANSKI seit 1928. Wir wollen zunächst das Wachstum eines Ionenkristalls vom NaCl-Typ behandeln, und zwar in erster Annäherung allein auf Grund der *elektrostatischen* (Coulombschen) *Kräfte* die Anlagerung einzelner Ionen. Das ist ja der primäre Vorgang; die Verschiebungs-

Abb. 268. Anlagerung eines Ions an eine Kette

geschwindigkeiten der Flächen resultieren erst durch die Summation über eine große Zahl solcher Einzelschritte. Wir betrachten zunächst ein eindimensionales Gitter, also eine Ionenkette aus positiven und negativen Ionen (Abb. 268). Die Arbeit, die aufgewendet werden muß, um ein Ion mit der Ladung $+e$ von einem Ion $-e$ im Abstand r zu trennen, ist e^2/r; umgekehrt gewinnt man diese Arbeit, wenn man das Ion mit $+e$ auf den Abstand r an das Ion $-e$ heranbringt. Das sich anlagernde Ion, von dem wir z.B. annehmen, daß es die Ladung $+e$ besitzt, wird von dem im Abstand r befindlichen negativen Nachbarn mit der Ladung $-e$ angezogen, vom zweiten (positiven) im Abstand $2r$ abgestoßen, vom nächsten (negativen) im Abstand $3r$ angezogen usw. Insgesamt ergibt sich die Anlagerungsarbeit:

$$A_e' = \Phi' \frac{e^2}{r} = \frac{e^2}{r}\left(1 - \frac{1}{2} + \frac{1}{3} - \frac{1}{4} \pm \cdots\right) = \frac{e^2}{r} \cdot \ln 2 = 0{,}6932 \cdot \frac{e^2}{r}.$$

Bei der Anlagerung an eine Netzebene (Abb. 269) erhalten wir:

$$A_e'' = \Phi'' \frac{e^2}{r} = \frac{e^2}{r}\left[\left(1 - \frac{2}{\sqrt{2}} + \frac{2}{\sqrt{5}} - \frac{2}{\sqrt{10}} \pm \cdots\right) - \frac{1}{2} + \frac{2}{\sqrt{5}} - \frac{2}{\sqrt{8}} \pm \cdots\right] = 0{,}1144 \cdot \frac{e^2}{r}.$$

Die genauere mathematische Behandlung der Summe zeigt, daß man nur sehr wenige parallel zur Begrenzung [100] verlaufende Ionenketten berücksichtigen muß; die weiter innen liegenden beeinflussen die Anlagerungsenergie nicht mehr merklich.

Eine weitere wichtige Anlagerungsarbeit ist jene, die frei wird, wenn ein Ion weit entfernt vom Rand auf eine Würfelfläche so angelagert wird, daß es an eine Position des Weiterbaus der Struktur zu liegen kommt (Abb. 270, *1*). Sie läßt sich analog den beiden anderen Arbeiten errechnen zu $A_e''' = \Phi''' \frac{e^2}{r} = 0{,}0662 \frac{e^2}{r}$.

Für die gesamte Anlagerungsarbeit an der Stelle 3 in Abb. 270 ergibt sich dann, weil sich elektrostatische Kräfte einfach überlagern:

$$A_e = \frac{e^2}{r} (0{,}6932 + 0{,}1144 + 0{,}0662) = 0{,}8738 \, \frac{e^2}{r}.$$

Die Gitterenergie von Ionenkristallen. Aus diesem Wert läßt sich die Gitterenergie A_Φ des Steinsalzes berechnen, d.h. die Energie (bzw. Arbeit), die frei wird,
wenn ein Mol des Kristalls gebildet wird. Ein Steinsalzwürfel, der einem Mol NaCl

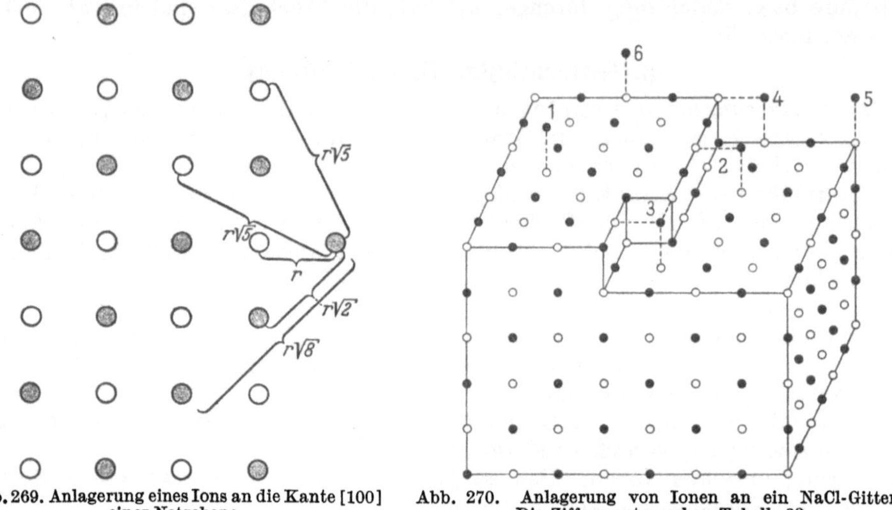

Abb. 269. Anlagerung eines Ions an die Kante [100]
einer Netzebene   Abb. 270.   Anlagerung von Ionen an ein NaCl-Gitter.
Die Ziffern entsprechen Tabelle 33

entspricht, hat eine Kantenlänge von 3,0 cm oder von rund 10^8 Na-Cl-Abständen.
Deshalb überwiegt beim Aufbau die Anzahl der Anlagerungen vom Typ 3 der
Abb. 270 so stark über alle anderen, daß man die Arbeit, die beim Aufbau frei
wird, folgendermaßen schreiben kann:

$$A_\Phi = 2 \cdot N_L \cdot A_e = N_L \cdot 1{,}7476 \cdot \frac{e^2}{r}\,.$$

N_L ist die Loschmidtsche Zahl $(6{,}02 \cdot 10^{23})$; der Faktor 2 rührt daher, daß bei der
Anlagerung einer Formeleinheit NaCl die Arbeit $2 \cdot A_e$ frei wird, da ja ein Na$^+$-Ion
und ein Cl$^-$-Ion angelagert werden. 1,7476 heißt nach
ihrem ersten Berechner die *Madelungsche Zahl*. Sie gilt
für alle Kristalle vom Steinsalztyp. Für Gitter mit
höherwertigen Ionen muß noch deren Wertigkeit z
berücksichtigt werden. Allgemein gilt dann, wenn wir
die Madelungsche Zahl mit α bezeichnen:

$$A_\Phi = N_L \cdot \alpha \cdot \frac{z^2 \cdot e^2}{r}\,.$$

In der Tabelle 32 sind einige Werte von α angegeben.

Diese Berechnung der elektrostatischen Gitterenergie
ist, wie bereits betont, nur eine erste Annäherung, sie
kann wesentlich verbessert werden durch Berücksichtigung der van der Waalsschen Anziehung ($A_{\mathrm{v.\,d.\,w.}}$) und

Tabelle 32.
*Madelungsche Zahl eini-
ger Strukturtypen*

Strukturtyp	α
CsCl . . .	1,7627
NaCl . . .	1,7476
Zinkblende	1,6381
Wurtzit . .	1,6413
Flußspat .	5,0388
Rutil . . .	4,82
Anatas . .	4,80
Cuprit . . .	4,4425

der Abstoßung der Ionen. Die Anziehung der beiden entgegengesetzt geladenen
Ionen geht ja nicht bis zu beliebig kleinen Abständen; sie findet vielmehr ein
Ende etwa in der Entfernung, die wir als Summe der Ionenradien in der Kristallchemie benutzt haben. Man muß also noch ein Abstoßungsglied in die Gleichung
einführen, das derart gebaut ist, daß bei einem bestimmten Abstand rasch sehr
große abstoßende Werte auftreten. Es ergibt sich dann:

$$A_{\Phi_g} = A_\Phi + A_{\mathrm{v.\,d.\,w.}} - N_L \frac{b}{r^m}\,.$$

Man hat zur Ermittlung von m die Kompressibilität benutzt; die dazu und zur Ermittlung von $A_{\mathrm{v.d.w.}}$ nötige Rechnung geht über den Rahmen dieser Einführung hinaus.

Wachstum beim NaCl. Für die Anwendung auf das Kristallwachstum genügt die erste Annäherung, da es uns nur auf die Reihenfolge der Schritte ankommt. Es ist einleuchtend, daß der wachsende Kristall die Ionen an solchen Stellen anlagert, an denen möglichst viel Energie frei wird. Da in der Anlagerungsenergie der Faktor e^2/r bei allen Anlagerungsmöglichkeiten gleich bleibt, wollen wir nur den veränderlichen Teil betrachten, der in den Gleichungen mit Φ bezeichnet wurde. Im oberen Teil der Tabelle 33 sind solche Φ-Werte für sechs verschiedene Stellen am Kristall entsprechend Abb. 270 angegeben.

Aus diesen Werten folgt, daß am energetisch günstigsten die Anlagerung an der Stelle 3 ist, d.h. der Kristall

Tabelle 33. *Φ-Werte der Anlagerungsenergien für Ionen im NaCl-Typ an einem Kristall mit {100} als einziger Form*

Lage des Bausteins	Art der Summenbildung der Φ-Werte	Resultierender Φ-Wert	
1	Φ'''	0,0662	
2	$\Phi'' + \Phi'''$	0,1806	
3	$\Phi' + \Phi'' + \Phi'''$	0,8738	Anlagerung Abb. 270
4	$\frac{1}{2}\Phi' + \Phi'' + \frac{1}{2}\Phi'''$	0,4941	
5	$\frac{1}{4}\Phi' + \frac{1}{2}\Phi'' + \frac{1}{4}\Phi'''$	0,2470	
6	$\frac{1}{2}\Phi'' + \frac{1}{2}\Phi'''$	0,0903	
7	$\frac{3}{2}\Phi' + \Phi'' + \frac{1}{2}\Phi'''$	1,1872	
8	$\frac{7}{4}\Phi' + \Phi'' + \frac{1}{4}\Phi'''$	1,3440	Ablösung Abb. 272
9	$2\Phi' + \Phi'' + \Phi'''$	1,5669	
10	$2\Phi' + \frac{3}{2}\Phi'' + \frac{1}{2}\Phi'''$	1,5910	
11	$2\Phi' + 2\Phi'' + \Phi'''$	1,6814	

wird angefangene Ketten weiter bauen. Man nennt das auch „Anlagerung am halben Kristall". Sind die Ketten bis zur Begrenzung des Kristalls ausgebaut, so ist der nächst vorteilhafte Schritt, eine neue Kette von der Kante aus anzufangen, Lage 4. Es wird also zunächst ein Wachstum in der begonnenen *Würfelnetzebene* stattfinden. Erst wenn der Bau der Netzebene abgeschlossen ist, hat eine neue Netzebene Aussicht auf Verwirklichung. Die energetisch günstigste Lage für einen Beginn ist die Ecke mit der Lage 5; unwahrscheinlich sind Anlagerungen bei 6 und 1. Die Lagen 7—10 der Tabelle kommen für das Wachstum nicht in Betracht.

Diese Theorie erklärt also die Ausbildung der Hauptwachstumsform des Steinsalzes {100}. Aber wie steht es mit anderen Formen, z.B. mit {110} und {111}? In der *Rhombendodekaedernetzebene* kann man zwar auch Ketten von Na^+- und Cl^--Ionen herausgreifen; diese liegen aber so nebeneinander, daß jedesmal ein Na^+ der einen Kette zwei Na^+-Ionen der benachbarten Ketten als Nachbarn hat; es bestehen deshalb senkrecht zu den NaCl-Ketten Na^+-Ketten und Cl^--Ketten. Die Anlagerungsenergie an die freie NaCl-Kette

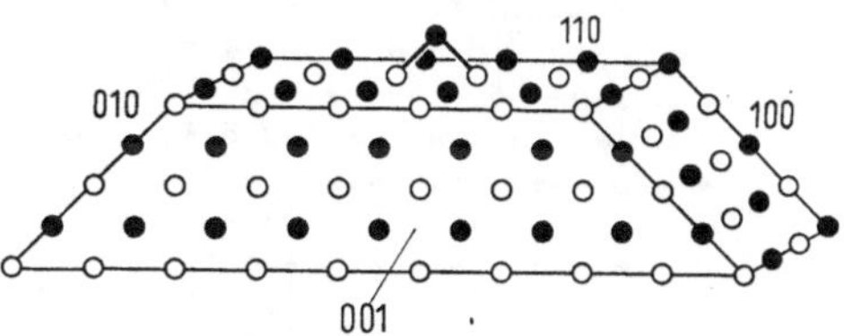

Abb. 271. Anlagerung eines Ions auf eine atomar glatte Rhombendodekaederfläche von NaCl

parallel [100], Φ'_{110}, ist natürlich wieder 0,6932, aber die an die Kante [001] einer Netzebene (110) ist negativ: $\Phi'_{110} = -0,0270$. Für die Auflagerung auf eine vollständige {110}-Fläche des Kristalls erhält man $\Phi''_{110} = 0,2077$. Das rührt daher, daß, wie Abb. 271 zeigt, das auf diese Ebene auftreffende Ion zwei nächste anziehende Nachbarn findet, statt wie bei {100} nur einen. Die angefangenen Ketten auf der Rhombendodekaederfläche werden also schnell weiterwachsen; da $\Phi'_{110} + \Phi''_{110} = 0,9009$ ist, sogar rascher als auf der Würfelfläche. Auch die Anlagerung eines Ions auf einer {110}-Fläche ist energetisch viel günstiger als die auf einer Würfelfläche. Aber die seitliche Vervollständigung der Flächen wird schwierig. Die Ketten werden sich in Abständen voneinander bilden. Die Rhombendodekaederfläche hat also eine größere Verschiebungsgeschwindigkeit als die Würfelfläche; sie neigt aber zur Treppenbildung in Richtung der in ihr liegenden Würfelkante. In der Tat zeigen die Rhombendodekaederflächen bei Kugelwachstumsversuchen eine Streifung in diesen Richtungen. Die *Oktaedernetzebene*, die beim NaCl-Typ nur gleichartige Ionen enthalten würde, wenn sie atomar möglichst glatt gebaut wäre, besteht nach ähnlichen Überlegungen als Wachstumsform aus treppenförmigen Gebilden; ihre Verschiebungsgeschwindigkeit ist sehr groß. Während wir nach dem bisher Gebrachten gut verstehen, daß an NaCl-Kristallen der Würfel die bei weitem wichtigste Wachstumsform ist, kann die Entwicklung der wichtigsten Formen bei CsCl und CaF_2 auf diese Weise bisher nicht befriedigend erklärt werden.

Die bisherige Theorie erklärt uns aber bereits einige wichtige Tatsachen. Denken wir an das Kugelwachstum. Wir sahen bei der geometrischen Betrachtung, wie sich einzelne Flächen auf der Kugel allmählich durchsetzen. Wir wissen jetzt, daß von den unendlich vielen Flächenlagen, die die Steinsalzkugel dem Wachstum bietet, die Würfelflächen sich seitwärts verbreitern werden, indem alle Zonen der Würfelkanten rasch weiterwachsen. Sie bieten ja den maximalen Energiegewinn beim Anlagern. Die so entstehenden Flächen nehmen aber nur sehr langsam an Dicke zu. Die Rhombendodekaeder- und Oktaederflächen jedoch wachsen als Treppenflächen rasch. Die Zwischengebiete werden rauh, weil auf ihnen unregelmäßiges Wachstum stattfindet.

Das Wachstum von Kristallen mit anderer als ionarer Bindung bietet gegenüber dem oben Gebrachten nicht viel prinzipiell Neues. Natürlich sind wegen der anderen Bindung die Anlagerungsenergien andere als bei ionarer Bindung. Es können also z.B. in einem Kristall vom Formeltyp AB mit Steinsalzstruktur sowohl die absoluten Anlagerungsenergien als auch ihr Verhältnis für verschiedene Lagen zueinander andere Werte als im NaCl annehmen und damit können andere Formen energetisch günstig werden. Da man jedoch die Berechnung der Anlagerungsenergien für metallische und kovalente Bindung weniger beherrscht als für ionare Bindung, wollen wir auf Einzelheiten nicht eingehen.

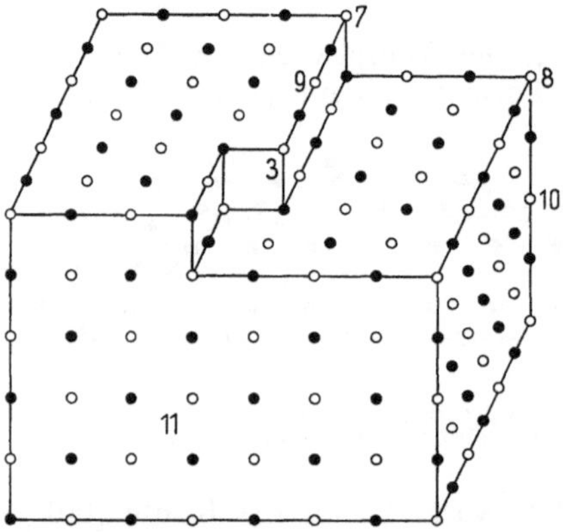

Auflösung beim NaCl. Beim Auflösen werden entsprechend diejenigen Ionen abgebaut, deren Abtrennung am wenigsten Energie erfordert. Wir betrachten einen würfeligen Kristall mit einer nur teilweise ausgebauten (001)-Netzebene (Abb. 272). Tritt Auflösung ein, so wird sie (entsprechend den Anlagerungsenergien 3 und 7—11 in Tabelle 33) an der Stelle 3 beginnen. Sobald die Ionenkette parallel [100] vollständig weggelöst ist, beginnt der weitere Abbau der (001)-Netzebene an der Stelle 7. Ist die aufgelagerte Netzebene völlig abgebaut, so erfordert das Ion bei 8 den geringsten Energieaufwand.

Abb. 272. Abtrennung von Ionen aus dem NaCl-Gitter. Die Ziffern entsprechen Tabelle 33

Ein würfeliger Steinsalzkristall ohne Spalten und Risse wird sich also so auflösen, daß zunächst parallel der Würfelfläche abgebaut wird, dann wird an einer Ecke 8 ein Ion frei werden usw. Sind Spalten vorhanden, so werden die dort austretenden Ketten abgebaut.

Beim Auflösen einer Vollkugel werden wieder die Ketten abgebaut, diese sind aber nichts anderes als die Zonen der Würfelkanten. Dabei brauchen durchaus nicht Flächen mit einfachen Indizes zu entstehen, es werden vielmehr runde Flächen mit Krümmung parallel den drei Würfelzonen entstehen. Die *Krümmung* kommt dadurch zustande, daß lauter kleine Flächenstücke mit zu- oder abnehmender Neigung aneinandergrenzen. Beim Wachstum breiten sich durch das Kettenwachstum die {100}-Flächen seitlich aus und werden wegen ihrer kleinen Verschiebungsgeschwindigkeit morphologisch wichtig; bei der Auflösung werden durch den Kettenabbau in der Zonenrichtung gekrümmte Flächen geschaffen. Beim Steinsalz werden diese als Pyramidenwürfelflächen beschrieben; das sind Flächen, die aus Ketten in den Zonenrichtungen des Würfels aufgebaut sind. Diese Bedeutung der Zonen ist nicht etwa auf den Steinsalzkristall beschränkt; wir dürfen sie verallgemeinern, nachdem zahlreiche Studien über die Tracht der Kristalle gezeigt haben, daß die Bedeutung der Richtungen gegenüber den Flächen nicht vernachlässigt werden darf.

Unsere bisherige Behandlung des Kristallwachstums war in zweierlei Hinsicht stark vereinfacht. Wir haben nämlich erstens vorausgesetzt, daß der Kristall völlig ideal gebaut ist; zweitens haben wir für die sich anlagernde Materie angenommen, daß sie in der Form isolierter Ionen auf die Oberfläche auftrifft. Wir wollen die Auswirkungen der Abweichungen von unserem bisherigen Bild nacheinander behandeln.

Das Wachstum eines Realkristalls. Am Beispiel der {100}-Flächen des Steinsalzes haben wir gesehen, daß hier die Anlagerungsenergie an eine vollständige Fläche beträchtlich kleiner ist als die zum Vervollständigen einer schon begonnenen atomaren Schicht. Anders ausgedrückt heißt das, daß zur seitlichen Ausbreitung einer begonnenen Schicht auf der Fläche eine wesentlich kleinere Übersättigung notwendig ist als zum Beginn einer neuen Schicht. Deswegen sollte man ein makroskopisches Wachstum erst von einer gewissen Übersättigung ab erwarten (nach der theoretischen Behandlung der Kristallisation aus der Dampfphase bei größenordnungsmäßig 50%), was den Beobachtungen beträchtlich widerspricht. Einen Ausweg aus diesem Widerspruch findet man, indem man nicht das Wachstum eines Idealkristalls, sondern das eines Real-Kristalls mit seinen Baufehlern betrachtet.

Als besonders wirkungsvoll erweisen sich dabei Schraubenversetzungen, die auf der betrachteten Fläche austreten (vgl. Abb. 185). Darauf

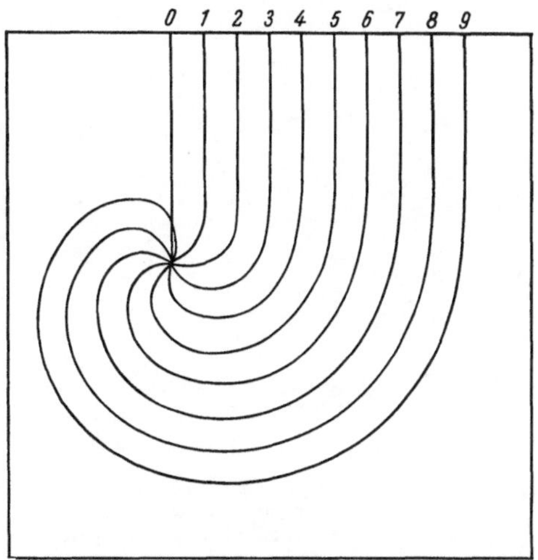

Abb. 273. Entstehung einer Wachstumsspirale in verschiedenen Entwicklungsstadien (*0—9*). Am Beginn ist der Teil links der Stufe höher als der rechte; dadurch windet sich die Spirale (von oben gesehen) im Uhrzeigersinn hoch

haben zuerst Burton, Cabrera und Frank 1949 hingewiesen. Wir nehmen an, daß zunächst vom Austrittspunkt der Versetzung bis zur Begrenzung des Kristalls eine gerade Stufe verlaufen möge (z. B. in Richtung [100] von NaCl). Durch die

Stoffanlagerung an dieser Kante nimmt die Stufe nach und nach die Gestalt einer
Spirale an (Abb. 273). Solche *Wachstumsspiralen* sind auf kristallographischen
Flächen wiederholt beobachtet worden. Wenn ihre Stufenhöhe nur wenige Ång-

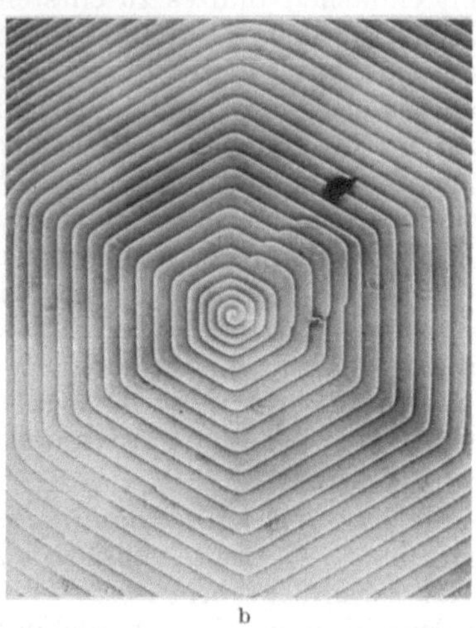

Abb. 274a u. b. Runde (a) und Polygon-artige (b) Wachstumsspiralen auf (0001) von SiC (nach VERMA).
(a) Vergrößerung: ×175; (b) Vergrößerung: ×60

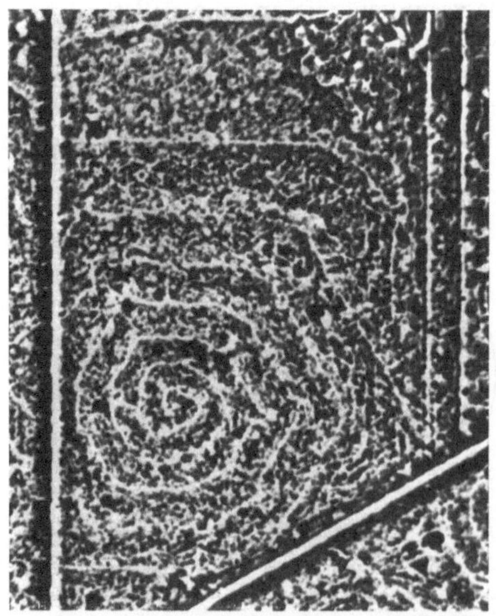

Abb. 275. Polygon-artige Wachstumsspirale auf der
Tetraederfläche einer Zinkblende (nach VERMA).
Vergrößerung: ×350

ström beträgt, dann erfordert ihre Auffindung eine besondere Arbeitstechnik,
auf die hier nicht eingegangen werden
kann. Wir wollen uns jedoch merken,
daß auf Prismen-Flächen von Beryll
Wachstumsspiralen mit einer Stufenhöhe von nur $8{,}5 \pm 1{,}0$ Å beschrieben
worden sind — diese Größe entspricht
gut de mentsprechenden Netzebenenabstand in der Struktur. Stufenhöhen
von Wachstumsspiralen können aber
auch beträchtlich größer sein als die
zugehörigen Netzebenenabstände und
können einige hundert Ångström erreichen. Abb. 274 gibt zwei Beispiele
für Wachstumsspiralen auf (0001) von
Siliciumcarbid, SiC, Abb. 275 eine
Wachstumsspirale auf (111) von Zinkblende. Wächst ein Kristall durch
Stoffanlagerung an Wachstumsspiralen,
so kann sich die Fläche beliebig weit
parallel zu sich selbst verschieben, ohne
daß eine Stoffanlagerung auf eine abge-
schlossene Fläche stattfinden müßte. Anstatt daß sich eine völlig ebene Schicht
bis zum Rande des Kristalls ausbreitet, dann die nächste usw., haben wir hier
nicht völlig ebene, sondern wendeltreppenartig gebogene Schichten, wobei die
Achse der Wendeltreppe der Schraubenversetzung entspricht.

Anlagerung fremder Stoffe. Bisher haben wir bei der Behandlung des Kristallwachstums angenommen, daß einzelne Ionen auf dem Kristall auftreffen. Das ist schon beim Kristallwachstum aus der Gasphase nur sehr beschränkt wahr. Um so größer werden die Abweichungen bei der mineralogisch so wichtigen Kristallisation aus Lösungen. Beim Wachstum aus einer wäßrigen Lösung z.B. sind die Ionen stets in größerem oder kleinerem Ausmaß hydratisiert und müssen bei der Kristallisation eines wasserfreien Salzes beim Wachstum von ihrer Hydrathülle frei werden. Außerdem treffen auf die Kristalloberfläche in großem Ausmaß Wassermoleküle auf. Befinden sich in der Lösung weitere Stoffe, sog. Lösungsgenossen (vgl. S. 151), so treffen auch diese auf die Kristalloberfläche auf.

Betrachten wir als übersichtliches Beispiel zunächst wieder das NaCl (Abb. 270 und Tabelle 33), so wird sich ein fremdes Ion wie ein eigenes bevorzugt an den Stellen größter Anlagerungsenergie, also an den Lagen 3, 4, 5 und 2 festsetzen. Es werden folglich die einspringenden Ecken und die Stufen von nicht ausgebauten Flächen sowie die Ecken eines vollständigen Kristalls bevorzugt; das sind bei Ionenkristallen die *aktiven Stellen*. Dann folgt erst die Anlagerung an den Kanten eines ausgebauten Kristalls und zuletzt die Anlagerung auf einer Fläche.

Durch Anlagerung radioaktiver Ionen kann man die Adsorption und den Einbau von Ionen experimentell verfolgen (O. HAHN). Der durch seine radioaktive Strahlung „sich selbst photographierende Kristall" zeigt die Fremdionen an Ecken und Kanten.

Dipole werden ebenfalls an Ionengitter gebunden, jedoch spielen hier die Ecken und Kanten keine so große Rolle wie bei der Adsorption von Ionen. Da die elektrostatische Anziehung einer in sich abgesättigten Fläche eines Ionenkristalls, wie z. B. {100} von NaCl, sehr rasch mit der Entfernung abfällt, so wird Adsorption besonders bei kleinen Dipol-Molekülen wie Wasser und Ammoniak auftreten. Die Spaltfläche eines Kristalls überzieht sich rasch mit einer Wasserschicht. Große organische Moleküle werden vor allem dann adsorbiert, wenn sie endständig eine Gruppe mit einem Dipol-Moment, z.B. eine Hydroxylgruppe enthalten.

Die adsorbierten Ionen brauchen nicht so fest zu sitzen, daß sie eingebaut werden. Haben sie auf gewissen Flächen eine größere Verweilzeit als auf anderen, so wird dadurch eine Änderung der Verschiebungsgeschwindigkeiten der Flächen und damit eine Trachtänderung des Kristalls bewirkt. So haben wir auch die Wirksamkeit der Lösungsgenossen zu verstehen, die wir schon auf S. 151 behandelt haben.

Wachstumsakzessorien. Am Beispiel der Wachstumsspiralen haben wir gesehen, daß eine Kristallfläche keineswegs atomar glatt sein muß. Es ist wichtig, daß die verschiedensten Erscheinungen dieser Art häufig so groß sind, daß man sie mit der Lupe oder sogar mit dem freien Auge sehen kann. Nur die Wachstumsspiralen sind wohl immer unter dieser Größenordnung. So ist z.B. der Quarz auf dem Prisma {10$\bar{1}$0} häufig durch eine Riefung horizontal gestreift; auf den Rhomboeder-Flächen hingegen beobachtet man öfter sehr flache Erhebungen mit gerundeten Flächen.

In der theoretischen Einteilung der Abweichungen einer Kristallfläche von der Ideallage sollte man zwei Fälle scharf trennen:

1. Es liegt ein weitgehend (oder im Grenzfall völlig) ideal gebauter Kristall vor. Dennoch können Flächen ausgebildet werden, die dem Gesetz der kleinen rationalen Indices widersprechen; sie liegen jedoch gewöhnlich sehr nahe zu einer niedrig indizierten Fläche und werden deshalb *Vicinalflächen* (vicinus lat. Nachbar)

genannt. Abb. 276 gibt dafür ein Beispiel; auf eine Würfelfläche des kubischen Minerals Analcim ist eine sehr flache achtseitige Pyramide $\{hkl\}$ aufgesetzt. Wie man sich den Bau einer zur Würfelfläche nur schwach geneigten $0\,kl$-Fläche vorstellen könnte, zeigt für das Steinsalz die Abb. 277. Wenn in nahe benachbarten Bereichen die „Indices" der Vizinalflächen wechseln, so kommt es zu gerundeten Flächen. Häufig sieht man (wie auf Abb. 276) eine Streifung, die allerdings wesentlich größeren Stufenhöhen als nur einem Netzebenenabstand in der Struktur entspricht.

2. Abweichungen von ebenen Flächen können auch dadurch verursacht sein, daß der betrachtete „Kristall" im strengen Sinn gar nicht einheitlich ist, sondern z. B. aus etwas gegeneinander verkanteten Blöcken aufgebaut ist. So entstehen die *parkettierten Flächen*, die wir schon bei den Baufehlern (S. 84) besprochen haben, und wofür Abb. 183 ein charakteristisches Beispiel gibt. Auch die Wachstumsspiralen gehören in diese Abteilung der Wachstumsakzessorien.

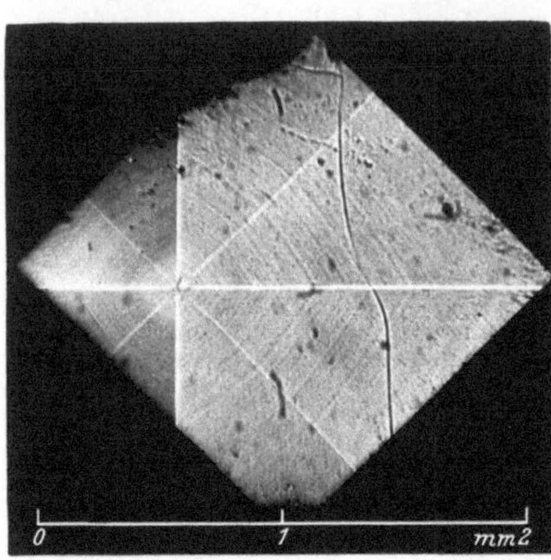

Abb. 276. $\{hkl\}$-Vicinalflächen auf einer Würfelfläche von Analcim. Die „Spitze" der Vicinal-Pyramide liegt seitlich zum Mittelpunkt der Würfelfläche. (Aus KALB)

Abb. 277. Scheinfläche aus weiten Treppenstufen, sehr kleiner Neigungswinkel

Kristallwachstum, das nicht zu konvexen Polyedern führt. Gehen wir vom Kristallwachstum, wie wir es bisher behandelt haben, zu dem bei großer Übersättigung bzw. Unterkühlung über, so kommen wir zu beträchtlich anderen Verhältnissen. Dann spielt nämlich die seitliche Ausbreitungsgeschwindigkeit der Flächen gegenüber der Stoffanlagerung an den Flächen selbst keine so große Rolle mehr, und es kann durch rasche Stoffanlagerung an den Stellen hoher Verschiebungsgeschwindigkeiten zu Ausbildungsformen kommen, die vom üblichen Aussehen eines Kristalls (nämlich eines konvexen Polyeders) radikal abweichen. Ein allgemein bekanntes Beispiel dafür stellen die Kristallisationsprodukte des H_2O in der Form der Schneesterne dar; Abb. 278 gibt aus der großen Gestaltenfülle ein Beispiel. Solche Wachstumsformen, bei denen wir an Stelle eines vollständigen Kristalls ein verzweigtes „Skelett" von kristallographisch orientierten Nädelchen vorliegen haben, nennt man *Dendriten* (dendron griech. Baum).

Es ist aber keineswegs so, daß man von allen Substanzen je nach Variation der Kristallisationsbedingungen leicht nach Wunsch polyedrische Kristalle oder Dendriten erzeugen kann. Neben dem Eis neigen z.B. das Ammoniumchlorid, NH_4Cl, das analog dem $CsCl$ kristallisiert, und viele Metalle stark zu dendritischen Wachstumsformen.

Die einzelnen Ästchen der Dendriten erweisen sich bei genauerer Untersuchung als von runder Begrenzung (Abb. 279). Nach Abklingen des ursprünglich raschen Wachstums entstehen jedoch nach und nach ebene Flächen; der Dendrit kann langsam zu einem gewöhnlichen Kristall auswachsen. Da die feinen Nädelchen jedoch leicht deformierbar sind, kann es bei der Vervollständigung von Dendriten zur Bildung von Kristallen mit parkettierten Flächen kommen (vgl. S. 84). Damit soll jedoch nicht gesagt werden, daß jeder parkettierte Kristall unbedingt nach diesem Mechanismus gebildet worden sein muß.

Abb. 278. ,,Schneestern" als Beispiel für dendritisches Wachstum ($\times 30$) (nach NAKAYA)

Wir kennen dendritische Bildungen auch bei den ,,negativen Kristallen" (vgl. S. 152). Ihre Entstehung kann man gut an großen Eiskristallen demonstrieren. Solche kann man einerseits künstlich herstellen, andererseits entstehen sie auch in der Natur, wenn größere Wasserflächen ruhig zufrieren. Dabei entstehen zunächst an der kältesten Stelle, also an der Wasseroberfläche, Keime mit meist (0001) parallel zur Grenzfläche Wasser—Luft. Diese wachsen nach der Tiefe weiter, so daß die aus einem solchen Teich oder See gebrochenen Eisplatten parallel zur Basis orientiert sind. Konzentriert man das Licht einer Bogenlampe mittels einer Linse auf ein kleines Gebiet im Innern einer solchen Platte, so entstehen — ausgehend

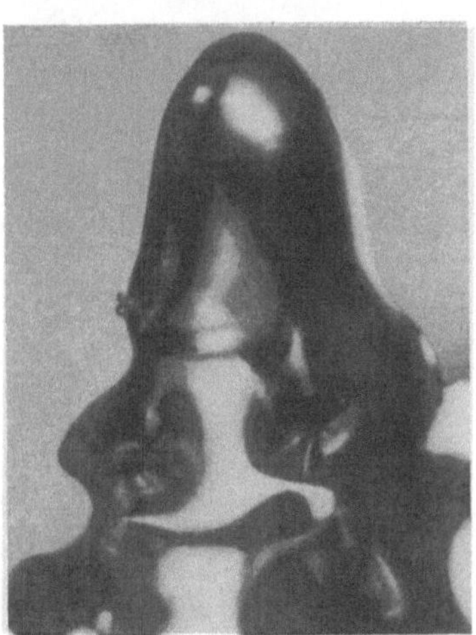

Abb. 279. Spitze eines Dendriten von Kupfer ($\times 350$) (nach GRAF)

von kleinen Einschlüssen, Wasserbläschen usw. — mit Wasser gefüllte Hohlräume. Diese haben, wie schon TYNDALL zeigte und wofür Abb. 280 ein Beispiel gibt, die Gestalt von Schneesternen und Eisblumen, also von dendritischen Wachstumsformen des Eises.

Im Anschluß an die Dendriten wollen wir die *Haarkristalle, Faserkristalle* und *Kristallbärte* (engl. *whiskers*) besprechen. Es werden darunter nicht ganz einheitliche Erscheinungen zusammengefaßt, von denen einige den Mineralogen schon lange bekannt sind. Im letzten Jahrzehnt hat eine sehr intensive experimentelle und theoretische Bearbeitung dieses Gebietes eingesetzt.

Mit den Dendriten haben diese Wachstumserscheinungen gemein, daß es sich um langfaserige Gebilde handelt; im Gegensatz zu den Dendriten sind sie jedoch im typischen Falle unverzweigt. Meist sind sie gerade, mit einer Hauptgitterrichtung als Faserrichtung; manchmal besitzen sie jedoch Knicke oder sind gebogen — ja sogar Korkenzieher-artige Formen kennt man. Ihre Dicke schwankt zwischen einigen Hundertstel μ und etwa 50 μ; die Länge kann einige Zentimeter erreichen. Von Interesse ist, daß die Festigkeit von Haarkristallen der theoretischen Festigkeit nahe kommen kann. Daraus muß man schließen, daß sie keine Baufehler enthalten oder nur so wenige (etwa eine einzige Schraubenversetzung), daß dadurch die Festigkeit nicht merklich erniedrigt wird. Charakteristischerweise treten die höchsten Festigkeitswerte bei den dünnsten Fäden auf (vgl. S. 99).

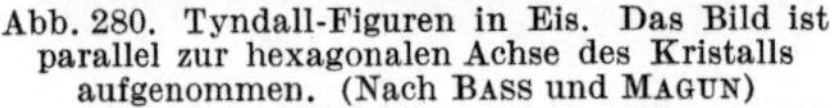

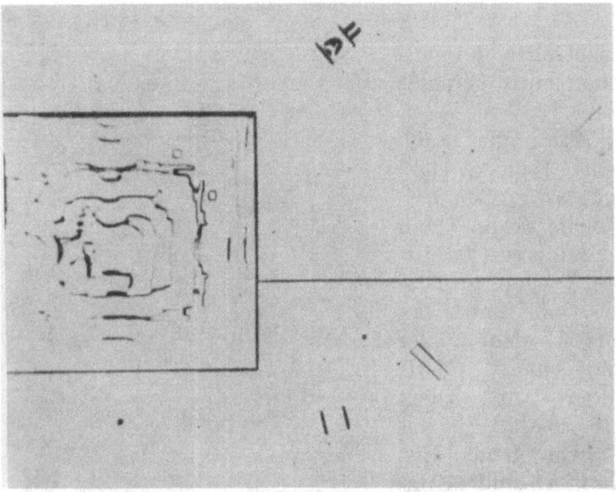

Abb. 280. Tyndall-Figuren in Eis. Das Bild ist parallel zur hexagonalen Achse des Kristalls aufgenommen. (Nach BASS und MAGUN)

Faseriges Wachstum kann unter den verschiedensten Bedingungen auftreten: bei der Kristallbildung aus der Lösung, aus dem Dampf und im festen Zustand. So können bei der gewöhnlichen langsamen Kristallisation von NaCl oder KCl gelegentlich aus den Würfeln dünne gerade Fäden herauswachsen (Abb. 281). Besonders verbreitet unter den Mineralen sind faserig ausgebildete Kristalle bei der Umbildung von Salzhydraten an der Atmosphäre oder bei der

Abb. 281. „Whisker" von NaCl, der auf einen Steinsalzwürfel (links) in wäßriger Lösung gewachsen ist; er erscheint als dünner, links-rechts verlaufender Strich ($\times$ 50) (nach EVANS)

Kristallisation aus einer porösen Unterlage („Salzausblühungen"). Aber auch sonst kommen solche Ausbildungen in der Natur vor, z. B. beim Silber („Haarsilber") oder bei den Amphibolen. Letztere kennen wir feinstnadelig etwa aus alpinen Klüften („Byssolith") oder als Amphibol-Asbest, der sogar zu groben Geweben versponnen werden kann. Bei den Amphibolen kennen wir alle Übergänge von extrem-nadeligen Kristallfasern bis zu ungefähr isometrischen Kristallen.

Als *Whisker im eigentlichen Sinn* bezeichnet man Faserkristalle, die aus einer festen Unterlage, z. B. aus Zinnüberzügen auf Eisenblech ohne den Weg über eine fluide Phase herauswachsen. Sie wachsen von ihrer Basis her und sind damit natürlich an Diffusions-Vorgänge in der Unterlage gebunden; Schraubenversetzungen spielen bei ihrer Entstehung wohl sicher eine große Rolle.

Nicht verwechseln mit den hier behandelten Erscheinungen darf man das Faserwachstum durch Keimauslese, das wir schon auf S. 151 besprochen haben.

Der Abbau eines Realkristalls. Auch die Auflösung oder ganz allgemein der Abbau eines Realkristalls ist von den Verhältnissen am Idealkristall wesentlich verschieden. Das Auflösen eines Steinsalzwürfels sollte nach den Ausführungen auf S. 156 zunächst — solange nämlich noch Stufen vorhanden sind — zur Ausbildung ebener {100}-Flächen und dann von den Ecken beginnend zu gerundeten

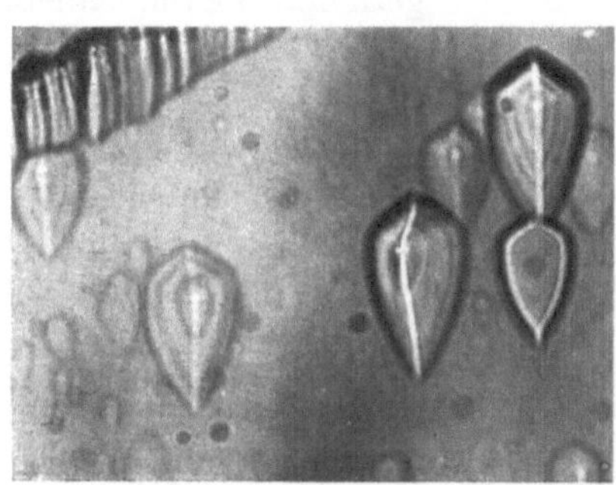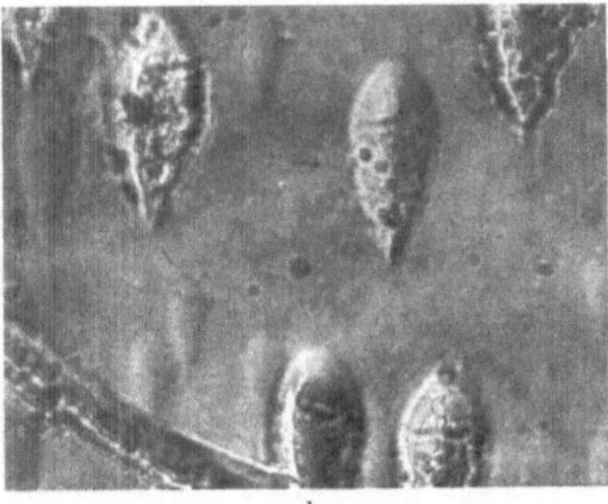

Abb. 282a u. b. Ätzfiguren auf Rhomboeder-Spaltflächen von Kalkspat (a) mit Zitronensäure und (b) mit Natronlauge als Ätzmittel. Vergrößerung: ×200. (Nach PATEL und GOSWAMI)

Formen führen. Ganz besonders ungünstig ist nach unseren bisherigen Vorstellungen die Entfernung eines Ions vom Inneren einer glatten Würfelfläche (Lage 11 in Abb. 272 und Tabelle 33); man sollte also nicht erwarten, daß die Auflösung von solchen Stellen aus beginnt.

Gerade das Gegenteil beobachtet man aber, wenn man Flächen eines Kristalls langsam anlöst, also anätzt und unter dem Mikroskop beobachtet. Man sieht dann nämlich, daß die Auflösung von einzelnen Punkten der Fläche aus beginnt und sich dort kleine Grübchen, sog. *Ätzfiguren* ausbilden. Ihr Aussehen hängt von den Ätzbedingungen, namentlich vom Ätzmittel ab; ihre Symmetrie jedoch entspricht — wenn wir von Sonderfällen, wie der Verwendung optisch aktiver Ätzmittel absehen — immer der Symmetrie der Fläche. Zwei Beispiele dafür sind in Abb. 282 gegeben; es handelt sich um Ätzfiguren auf der Rhomboederfläche von Kalkspat. Man beachte, daß in beiden Fällen die Symmetrieebene der Fläche von oben nach unten verläuft. Die Ätzfiguren stellen deshalb ein Mittel zur Erkennung der Kristallklasse dar, worauf wir ja schon auf S. 25 hingewiesen haben.

Wir haben nun zu fragen, warum solche Ätzgrübchen entstehen. Die Antwort findet man wieder im Realbau der Kristalle. Eine Fläche ist eben nicht über tausende von Identitätsabständen hinweg ideal gebaut, sondern es treten die mannigfachsten Baufehler auf. Schon frühzeitig erklärte man das Auftreten von Ätzfiguren durch Lösung von Sprüngen her (Abb. 283). Es kommen jedoch auch andere Arten der Abweichung vom Idealkristall in Frage, etwa Fremdeinschlüsse oder Versetzungen.

Deformiert man z.B. Kristalle von LiF, so zeigen sie wie das Steinsalz eine Translation nach {110}-Ebenen (vgl. S. 93). Dabei wird in den Bewegungsebenen die Anzahl der Versetzungen stark erhöht. Dementsprechend ordnen sich auf angeätzten {100}-Spaltflächen von mechanisch beanspruchten LiF-Kristallen

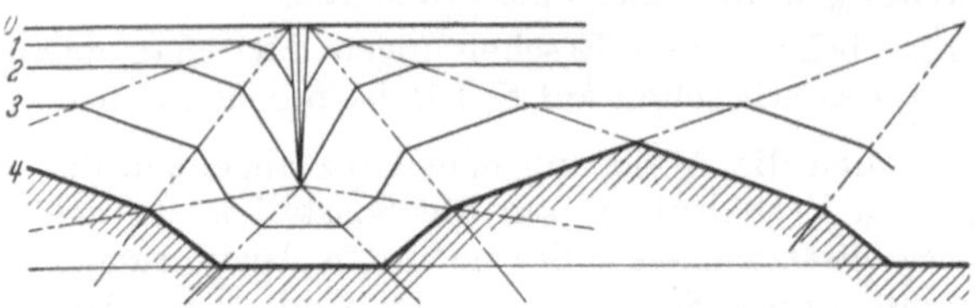

die Ätzfiguren auf Geraden an, die den Durchdringungsgeraden der Würfelfläche mit Rhombendodekaederebenen entsprechen (Abb. 284).

Abb. 283. Entstehung von Ätzfiguren (nach R. Gross).
0—4 Auflösungsstadien; —·— Gratbahnen

Durch Ausweitung können sich übrigens benachbarte Ätzgrübchen überlagern und es kann schließlich auch zur Ausbildung von Ätzhügeln kommen; zur Illustration kann wieder Abb. 283 dienen.

Ausblick. Die von Kossel und Stranski aufgestellte Theorie des Kristallwachstums kann, wie wir gesehen haben, eine Reihe von Erscheinungen deuten und für andere wenigstens die Richtung der Lösung angeben. Daß sie nicht voll befriedigt, hat verschiedene Ursachen. So beinhalten die Anlagerungsenergien chemische Kräfte, deren Berechnung — vom Grenzfall der ionaren Bindung abgesehen — heute noch kaum möglich ist; ferner gilt sie für die Anlagerung einzelner isolierter Bausteine, was eine radikale Vereinfachung gegenüber den Verhältnissen in der Natur darstellt. Sehr entscheidend ist außerdem, daß sie sich nur mit dem Wachstum eines Idealkristalles beschäftigt, während auch die Baufehler eine entscheidende Rolle spielen. Wir dürfen uns also bei aller Würdigung ihres grundsätzlichen Wertes nicht wundern, daß sie allein nicht alle Probleme der Kristallmorphologie zu lösen imstande ist.

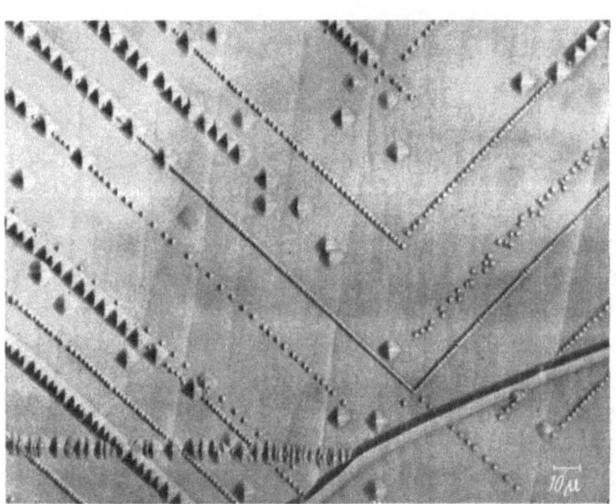

Abb. 284. Ätzfiguren auf (100) von LiF (×350). Man beachte die Anordnung längs Geraden, welche die Schnittlinien der Bewegungsebenen {110} mit der Würfelfläche darstellen. (Nach Gillman und Johnston)

Die Morphologie eines Kristalls hängt von seiner Struktur und von den Bildungsbedingungen ab. Der Einfluß der Struktur macht sich in der Kossel-Stranskischen Theorie in den Anlagerungsenergien, die ja von der Atomanordnung und den Bindungskräften abhängen, geltend. Andere Forscher haben den Zusammenhang zwischen Struktur und Morphologie vom Standpunkt der Gittergeometrie (Bravais; Donnay u. Harker) zu lösen versucht oder mit mehr formalen Bindungsprinzipien (Hartman u. Perdok). Die Erfüllung des Wunschtraumes der Mineralogen, nämlich aus der Morphologie eines Minerals auf seine Bildungsbedingungen rückschließen zu können, liegt wegen der Mannigfaltigkeit der Trachtbeeinflussungen leider noch in weiter Ferne.

Die intensiven experimentellen und theoretischen Arbeiten der letzten Jahrzehnte — denken wir nur daran, daß man heute schon große Quarzkristalle und selbst Diamanten industriell erzeugen kann — lassen auch auf diesem Gebiet der Mineralogie für die Zukunft weitere Fortschritte erwarten. Ein großes und schönes, wenn auch schwieriges Forschungsgebiet liegt hier noch weitgehend offen vor uns.

Zweiter Teil

Petrologie

V. Einige physikalisch-chemische Grundlagen

1. Keimbildung und Keimwachstum

Feststellung des Schmelzpunktes. Wir haben im letzten Kapitel die Fragen des Kristallwachstums vom geometrischen und gittermäßigen Standpunkt aus erörtert und müssen nun noch einen Blick werfen auf die Frage, wann sich der Kristall aus der Schmelze ausscheidet. Die naheliegende Antwort ist, daß dies geschieht, wenn die Flüssigkeit ein klein wenig unter die bei dem herrschenden Druck geltende Schmelztemperatur, den Schmelzpunkt, abgekühlt wird. Um die genaue Lage des Schmelzpunktes in den Fällen zu ermitteln, in denen dies nicht durch direktes Beobachten des Schmelzens möglich ist, benutzt man die Erscheinung, daß bei der Kristallisation Wärme frei wird, die Schmelzwärme. Läßt man eine Schmelze, z.B. eines Metalls, langsam abkühlen und trägt man ihre Temperatur und die zugehörende Zeit in ein Koordinatensystem ein, so beobachtet man, daß trotz der Abkühlung eine bestimmte Temperatur, eben die Schmelztemperatur, eine Zeitlang konstant bleibt, weil durch die freiwerdende *Schmelzwärme*, auch Kristallisationswärme genannt, die Abkühlung kompensiert wird. Erst wenn die ganze Schmelze kristallisiert ist, sinkt die Temperatur wieder. Umgekehrt stellt man beim Erwärmen von Kristallen fest, daß bei der Schmelztemperatur wegen des Verbrauchs der Schmelzwärme der Temperaturanstieg aufhört, bis alles flüssig ist. Ebenso kann der Siedepunkt durch das Auftreten der Verdampfungswärme gefunden werden, auch Modifikationsänderungen machen sich durch das Freiwerden der Umwandlungswärme bemerkbar. Ein anderes Verfahren besteht darin, eine Schmelze bei verschiedenen Temperaturen in der Umgebung des Schmelzpunktes rasch abzukühlen und optisch oder röntgenographisch zu untersuchen, ob sich Kristalle gebildet haben. Dieses *„statische" Verfahren* wird besonders bei komplizierten Systemen angewendet.

Unterkühlung. Bei Silikaten tritt die Umwandlung flüssig-fest sowohl in der Natur als auch im Laboratorium manchmal nicht durch Ausbildung von Kristallen auf, sondern die Schmelze erstarrt zu einem Glas. Ein definierter Schmelzpunkt fehlt, man findet nur ein Temperaturgebiet, in dem Erweichung eintritt, das Erweichungsintervall. Solche „unterkühlten" Schmelzen haben also keine Kristallstruktur, sondern einen niedrigen Grad von Ordnung ihrer Moleküle. Die Unterkühlung einer Schmelze tritt nur dann ein, wenn sie nicht mit einem bereits ausgeschiedenen oder gleichartigen Kristall, einem *Keim*, in Berührung ist. Oft wirken auch ähnlich gebaute fremde Kristalle auslösend auf die Kristallisation. Wir nennen sie *„Kerne"*. Ein gutes Beispiel für die Wirkung der Keime bietet eine Schmelze von Natriumacetat, $NaC_2H_3O_2 \cdot 3\,H_2O$. Sie läßt sich leicht vom Schmelzpunkt bei 58,2° C auf Zimmertemperatur abkühlen, ohne daß Kristallisation eintritt, besonders wenn man dem käuflichen Salz ein wenig Wasser zufügt. Wirft man dann ein Kriställchen des Salzes in die unterkühlte Schmelze, so kann man sowohl das Auskristallisieren als auch das Freiwerden der Kristallisationswärme z. B. mit einem Thermoelement beobachten.

Keimbildungshäufigkeit. Kommt es ohne Zusatz von Keimen oder Kernen zur Kristallisation, so beobachtet man, daß sich zuerst einzelne Keime spontan bilden, von denen aus die Kristallisation erfolgt. Die Bildungsgeschwindigkeit dieser Keime ist dicht unterhalb des Schmelzpunktes sehr gering. Sehr kleine Kriställchen haben nämlich einen niedrigeren Schmelzpunkt als große, mit bloßem Auge sichtbare; das läßt sich auch theoretisch aus der Grenzflächenspannung ableiten. Sie werden also erst bei Temperaturen unterhalb des Schmelzpunktes beständig sein. Solche kleinen Kriställchen haben auch eine größere Löslichkeit, d. h. sie werden z. B. in einer wäßrigen Lösung noch aufgelöst, die für große Kristalle schon gesättigt ist. Dieser Umstand spielt bei der später zu besprechenden Umbildung der Gesteine eine wichtige Rolle. Aus unserer Schmelze werden sich also erst bei einiger Unterkühlung Keime ausscheiden, wenn solche nicht von vornherein vorhanden waren. Bei stärkerer Unterkühlung nimmt die Keimbildungshäufigkeit zunächst zu. Man kann sich das so vorstellen, daß die Wärmebewegung zunächst nur selten das Zusammentreten von Teilchen zu Kriställchen erlaubt. Mit sinkender Temperatur wird die Wahrscheinlichkeit dazu größer, in der Kurve *KH* der Abb. 285 tritt ein Maximum auf. Die Keimbildungshäufigkeit, *KH*, sinkt bei starker Unterkühlung auf Null herab, weil nunmehr die Zähigkeit oder Viscosität der Schmelze so groß geworden ist, daß die Ionen oder Moleküle nicht mehr zu Keimen zusammenkommen können.

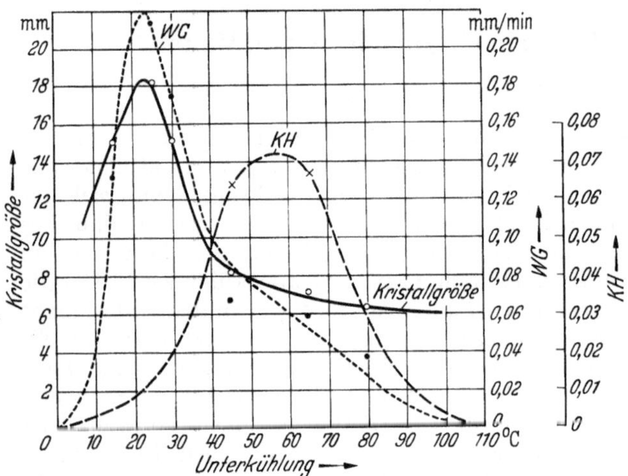

Abb. 285. *KH* Keimbildungshäufigkeit; *WG* Wachstumsgeschwindigkeit der Prismenflächen des Nephelins bei zunehmender Unterkühlung in der Schmelze (nach H. G. F. WINKLER)

Auch die Wachstumsgeschwindigkeit (Abb. 285 *WG*) der einzelnen Keime beginnt mit kleinen Werten unterhalb des Schmelzpunktes. Sie steigt wie die Keimhäufigkeit an, weil mit der Unterkühlung, d. h. mit der Abnahme der Wärmebewegung, die Anlagerungsgeschwindigkeit zunimmt. Erst wenn mit sinkender Temperatur die Viscosität der Schmelze zunimmt, nimmt die Wachstumsgeschwindigkeit ab.

Wie wir bereits bei der Besprechung der geometrischen Beziehungen gesehen haben, ist es unstatthaft, von einer Wachstumsgeschwindigkeit schlechthin zu sprechen, es handelt sich stets um die Verschiebungsgeschwindigkeiten einzelner Flächen, die einzeln untersucht werden müssen. Aus der Keimbildungshäufigkeit und der Wachstumsgeschwindigkeit läßt sich die Kristallgröße in Abhängigkeit von der Unterkühlung berechnen. H. G. WINKLER hat die Abkühlungsverhältnisse in Ganggesteinen mit der Größe von Einsprenglingen in Beziehung bringen können (s. Abb. 285).

Soll Glas entstehen, so muß das Intervall, in dem Keimbildungshäufigkeit und Wachstumsgeschwindigkeit groß sind, rasch durchschritten werden.

2. Einstoffsysteme

Phasen. Wir können den Kristall und seine Schmelze auch noch von einem anderen Gesichtspunkt aus betrachten: Kristall und Schmelze bestehen aus demselben Stoff, man sagt, sie bilden ein Einstoffsystem. Kristall und Schmelze unterscheiden sich durch die Anordnung ihrer Bausteine. Im festen Zustand sind diese, wie wir wissen, in großer Ausdehnung streng regelmäßig angeordnet, im flüssigen ist der Ordnungsgrad niedriger, er erstreckt sich auch über kleinere Bereiche. Häufig wird in diesem Zusammenhang auch der Begriff „Phase" gebraucht. Mit Phase bezeichnet man die durch Grenzflächen getrennten Bezirke von einheitlicher Beschaffenheit, wie z.B. gasförmig, flüssig, fest. Im festen Zustand gibt es mehrere Phasen, wenn chemisch verschiedene Kristalle auftreten oder wenn ein Stoff in verschiedenen Baumustern vorkommt.

Gleichgewicht. Kristall und Schmelze am Schmelzpunkt werden als im „Gleichgewicht" angesehen. Das Bild ist von der Waage genommen, eine kleine Temperaturerhöhung bewirkt, daß der Stoff vollständig geschmolzen ist, eine Erniedrigung, daß er völlig erstarrt. Das Gleichgewicht wird zuweilen in der Natur nicht erreicht, wie wir soeben bei der Besprechung der Unterkühlung gesehen haben. Es gilt ferner nur für einen bestimmten Druck und in aller Strenge nur für Kristalle oberhalb einer bestimmten Größe. Unter Druck soll hier immer allseitiger Druck verstanden werden. Spricht man vom Schmelzpunkt ohne nähere Angabe, so meint man den bei Atmosphärendruck und den von Kristallen, deren Größe über $\frac{1}{1000}$ mm $= 1\ \mu$ liegt.

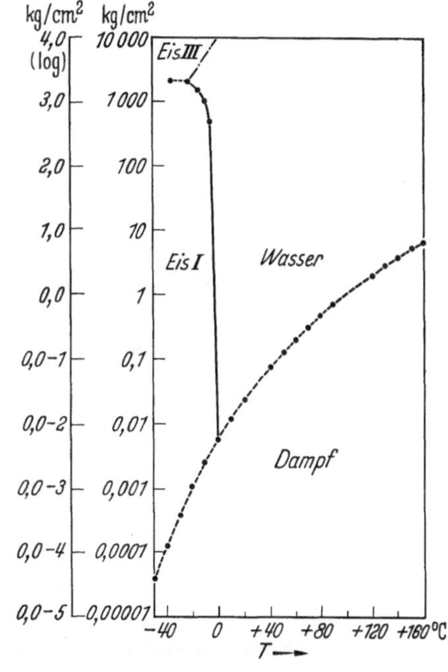

Abb. 286. Vollständiges Druck-Temperatur-Diagramm des H₂O

Das System H₂O. Die Abb. 286 gibt das Verhalten des Wassers bei verschiedenen Drucken und Temperaturen wieder. Wir sehen drei Kurven von einem Punkt, dem Tripelpunkt, ausstrahlen. Die beiden gestrichelten Kurven begrenzen das gasförmige Gebiet, links ist das Gebiet des Eises, zwischen Eis und Gas das des flüssigen Wassers. Die Grenzkurve zwischen Eis und Gas heißt die Sublimationskurve, bei Drucken und Temperaturen, die auf dieser Kurve liegen, sind Eis und Gas im Gleichgewicht, bei solchen, die auf der Grenzkurve zwischen Wasser und Gas liegen, siedet das Wasser. Diese Siedekurve endet bei 374° C und 225 kg/cm² Druck, dem kritischen Punkt (s. S. 207). Die ausgezogene Kurve gibt das Gleichgewicht zwischen Eis und Wasser, die Schmelzkurve, wieder.

Im allgemeinen wird der Schmelzpunkt durch Erhöhung des Druckes erhöht, eine seltene, aber für die Vorgänge in der Gesteinswelt wichtige Ausnahme bildet das Eis. Sein Schmelzpunkt wird durch Druck erniedrigt. Tragen wir die experimentell ermittelten Schmelztemperaturen auf der Abszisse und die zugehörigen Drucke auf der Ordinate auf, so erhalten wir die in Abb. 287 dargestellte Linie. Eis und Wasser sind also im Gleichgewicht bei $-4,1°$ C und $500\,\mathrm{kg/cm^2}$ oder bei $-8,7°$ und $1000\,\mathrm{kg/cm^2}$ usw. Das Eis hat ein kleineres spezifisches Gewicht als das Wasser, deshalb schwimmen Eisberge auf dem Wasser. Wasser, das gefriert, dehnt sich also aus und sprengt dabei das Gefäß, in dem es sich befindet, wenn die Wände den Druck, der bei der gerade herrschenden Temperatur dem Gleichgewicht entspricht, nicht aushalten. Ist das Gefäß fester, so kann das Wasser nicht gefrieren. Die Sprengwirkung des Eises spielt bei der Verwitterung der Gesteine eine wichtige Rolle. Wie das Schaubild Abb. 286 zeigt, ist der höchste auftretende Druck $2200\,\mathrm{kg/cm^2}$, er entspricht einer Temperatur von $-22°$. Sinkt die Temperatur noch weiter und steigt der Druck, so ändert sich das Gittermuster des Eises, wir erhalten eine andere „Modifikation" des Eises, das Eis I geht in das Eis III über. Hier haben wir also den Fall, daß an Stelle der bisherigen eine neue feste Phase oder Modifikation auftritt.

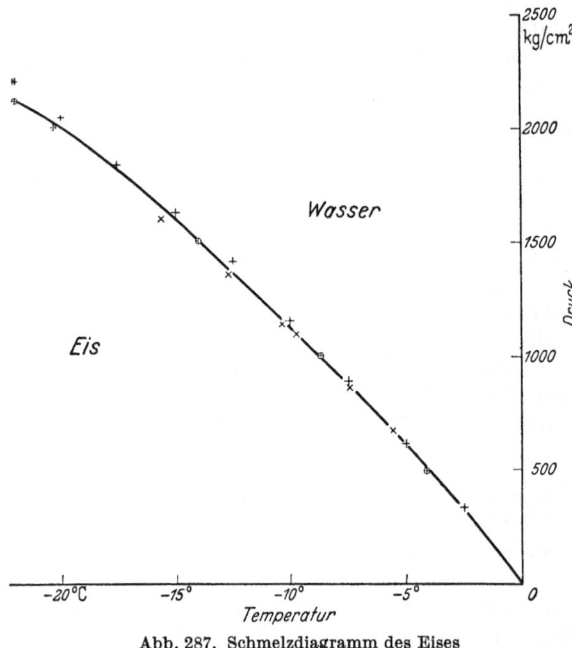

Abb. 287. Schmelzdiagramm des Eises

Polymorphie. Modifikationsänderungen sind außerordentlich häufig, man nennt diese Erscheinung Polymorphie. Sie wurde 1821 von EILHARD MITSCHERLICH in Berlin zuerst richtig erkannt. Schon 1788 hatte der Berliner Mineralchemiker KLAPROTH bemerkt, daß Kalkspat die gleiche chemische Zusammensetzung — $CaCO_3$ — hat wie Aragonit, obwohl der eine ditrigonal-skalenoedrisch, der andere rhombisch-dipyramidal kristallisiert. Der Befund KLAPROTHs verstieß gegen die allgemein angenommene Definition der „Mineralspezies" HAÜYS, nach der jeder chemischen Substanz nur eine Grundgestalt zukommen könne. Ein eifriges Analysieren setzte ein, allerhand Beimengungen, wie MgO, FeO, MnO, wurden im Kalkspat gefunden und verdächtigt, die Ursache des abweichenden Baues zu sein, bis STROHMEYER 1813 in Göttingen in seinen Aragoniten stets das von KLAPROTH 1793 entdeckte Strontium fand, das die anderen Analytiker übersehen hatten. Weitere Analytiker bestätigten meist seine Angaben, so schien die geringe Strontiumbeimischung die Ursache des vom Kalkspat abweichenden Kristallbaues zu sein und die Entscheidung sich der alten Auffassung der Mineralart zuzuneigen, als nach 8 Jahren MITSCHERLICH durch das Experiment bewies, daß $Na_2HPO_4 \cdot H_2O$ und auch das Element Schwefel in zweifacher

Gestalt auftreten. Eine Fülle von Entdeckungen folgten und heute ist die Zahl
der Beobachtungen kaum mehr übersehbar.

Die Abhängigkeit der polymorphen Umwandlungen vom Gitterbau ist bereits
im Kapitel Kristallchemie S. 53—55 ausführlich erläutert worden. Wir haben
dort gesehen, daß bei den Carbonaten, Nitraten und Boraten das Gitter mit
kleinen Kationen in trigonalem Muster stabil ist, mit großen im rhombischen. Bei
$CaCO_3$ und KNO_3 ist die Kationengröße gerade so, daß bei Atmosphärendruck bei
tiefen Temperaturen die rhombische, bei hohen die trigonale stabil ist. Bei hohen
Drucken kann andererseits der trigonale Kalkspat in den rhombischen Aragonit
übergeführt werden. Beispiele für andere Arten von Polymorphie sind am angegebenen Ort besprochen.

Vom Standpunkt der *Gleichgewichtslehre* können zwei Modifikationen ebenso
wie Kristall und Schmelze bei gegebenem Druck nur bei einer bestimmten Tempe-

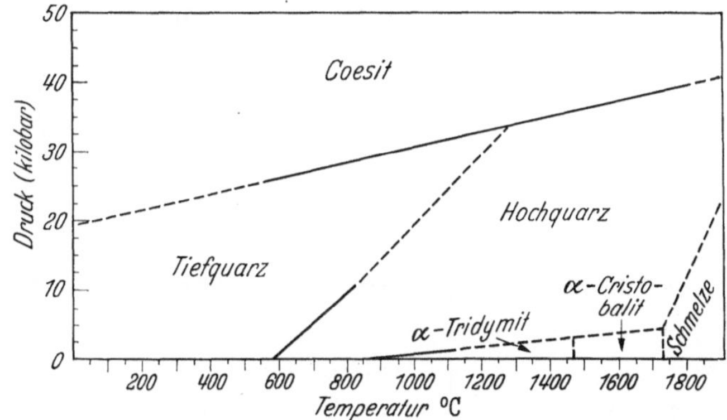

Abb. 288. Druck-Temperatur-Diagramm des wasserfreien Systems SiO_2 (nach BOYD u. ENGLAND)

ratur miteinander im Gleichgewicht sein, so Eis I und III bei $2200 \, kg/cm^2$ und
$-22°$ C. Im Druck-Temperaturschaubild werden sie durch eine Grenzlinie
analog der Schmelzkurve getrennt. In dem einen Feld bildet sich die eine Modifikation, sie ist hier „stabil", im Nachbarfeld ist es die andere. Wie unterkühlte
Schmelzen, kommen auch Modifikationen in Temperatur-Druckbereichen vor,
in denen sie nicht stabil sind. Solche *metastabilen* Modifikationen können außerordentlich haltbar sein, noch beständiger, als es die unterkühlte Schmelze Glas ist.

Fassen wir an Hand der Schaubilder des Systems H_2O (Abb. 286) noch
einmal zusammen: Benutzt man Druck und Temperatur als Koordinaten,
so geben Linien die Grenzen von zwei Zuständen (Phasen). Wir haben oben
links das Feld des Eis III, darunter an der linken Seite das des Eis I, von ihm
durch die Schmelzkurve getrennt rechts das Feld des Wassers und unten das
Feld des gasförmigen Zustandes. Es wird nach oben gegen Eis I durch die
Sublimationskurve, gegen das Wasser durch die Siedekurve begrenzt. Punkte,
in denen drei Kurven zusammenstoßen, wie hier Schmelz-, Siede- und Sublimationskurve, werden als *Tripelpunkte* bezeichnet. Wir haben also die vier Zu-
standsgebiete gasförmig, flüssig, Eis I und Eis III. Auf die anderen Eismodifika-
tionen soll hier nicht eingegangen werden.

Das System SiO_2. Wir wollen nun noch ein weiteres Einstoffsystem behandeln,
das in Abb. 288 schematisch dargestellte System SiO_2. Bei der Temperatur und
dem Druck der Erdoberfläche ist der Tiefquarz stabil, bei $575°$ C geht er in den
Hochquarz über, bei $870°$ C erscheint der Tridymit, bei $1470°$ C der Cristobalit.

Dabei ist zu bemerken, daß die Umwandlung Tiefquarz—Hochquarz beim Erhitzen ohne Verzögerung erfolgt. Man kann dies dadurch so erklären, daß nur geringfügige Änderungen im Gitter für diese Umwandlung erforderlich sind (s. S. 54). Bei der Umwandlung von Hochquarz in Tridymit muß das Gitter weitgehend umgebaut werden. Man kann die Umwandlung in Schmelzen von LiCl oder Na_2WO_4 erhalten. Dann wird etwas Alkali in das Tridymitgitter eingebaut. Die Kieselschmelze kann leicht unterkühlt werden, man erhält ein Glas, das technische Bedeutung für Laboratoriumsgeräte hat wegen seiner Unempfindlichkeit

Tabelle 34. *Die natürlichen Modifikationen von SiO_2 und ihre Eigenschaften*

Stabile Instabile Modifikation	Kristall- klasse	Dichte	Brechungszahl für Natriumlicht
Bei Atmosphärendruck Quarz	32	2,651	ω 1,5442 ε 1,5533
↓575° Hochquarz	622	2,518 bei 600° C	ω 1,5328 ε 1,5404 bei 580° C
↓870° Hochtridymit	$6/mmm$	2,3	
↓ (Tief)-Tridymit	mmm	2,26	n_α 1,469 n_β 1,469 n_γ 1,473
↓1470° Hochcristobalit	$m3m$		
↓270—280° (Tief)-Cristobalit	422	2,32	ω 1,487 ε 1,484
↓1713° ↓Schmelze Kieselglas		2,203	1,4558
Hochdruckmodifikationen Coesit	$2/m$	3,01	n_α 1,593 n_γ 1,597
Stishovit	$4mmm$	4,28	ε 1,826 ω 1,799

gegen Temperaturwechsel und Säuren. Es wird ferner für Lichtquellen, die ultraviolettes Licht geben, verwendet, weil es für dieses Strahlengebiet gut durchlässig ist. Auch Tridymit und Cristobalit können unterkühlt werden. Die Tieftemperaturmodifikationen von Tridymit und Cristobalit können auch bei niederen Temperaturen entstehen. So gibt es alle Übergänge von dem amorphen Kieselgel über schlecht kristallisierten α-Cristobalit in Opalen bis zu β-Cristobalit. Im Laboratorium hat man auch noch weitere SiO_2-Modifikationen hergestellt, so bei hohen Drucken den Coesit und bei noch höheren den Stishovit (Tab. 34). Beide sind auch in der Natur gefunden worden, dort, wo hohe Temperaturen und Drucke beim Aufschlag von Meteoriten auf quarzhaltige Gesteine einwirkten, in dem Meteorit-Krater von Arizona und im Nördlinger Ries.

Quarze, die oberhalb 575° gebildet wurden, liegen also nach dem Erkalten als Tiefquarz vor. Da nun der Hochquarz eine höhere, hexagonale Symmetrie als der trigonale Tiefquarz besitzt, zerfällt er beim Abkühlen nach dem Dauphinéer-Gesetz (S. 88), bei dem die dreizählige Achse zugleich eine zweizählige, also sechszählig ist, in Zwillinge von Tiefquarz. Aus der Lage der Zwillingsgrenzen zu den Kristallflächen kann man unter günstigen Umständen, wie O. MÜGGE 1907 gezeigt hat, entscheiden, ob es sich um durch Aufbau, also unterhalb 575°, entstandene, oder um durch Zerfall aus Hochquarzen gebildete Zwillinge handelt. Überquert die Zwillingsgrenze, die man meist erst durch Ätzen sichtbar machen muß, die Trapezoeder- und Bipyramidenflächen, so ist der Kristall oberhalb 575° entstanden. Bei gewachsenen Zwillingen jedoch werden Zwillingsgrenzen und Flächen einander entsprechen. Unverzwillingte Quarz-

kristalle sind natürlich unter 575° gebildet. So kann der Quarz als „*geologisches Thermometer*" verwendet werden und über die Bildungstemperatur eines Gesteines Auskunft geben. Diese Umwandlungstemperatur ändert sich mit dem Druck, wie die Abb. 288 zeigt. Wird dies nicht berücksichtigt, so zeigt das „Thermometer" zu tiefe Temperaturen an.

Das Kohlenstoffsystem. Als drittes Beispiel eines Einstoffsystems wollen wir das Kohlenstoffsystem betrachten. Es ist allgemein bekannt, daß es beim Kohlenstoff zwei Modifikationen, den Graphit und den Diamanten, gibt. Seit einigen Jahren ist es gelungen, dieses System nicht nur theoretisch zu berechnen, sondern den Diamanten auch experimentell, und zwar in seinem Stabilitätsbereich mit Hilfe von Katalysatoren zu er-

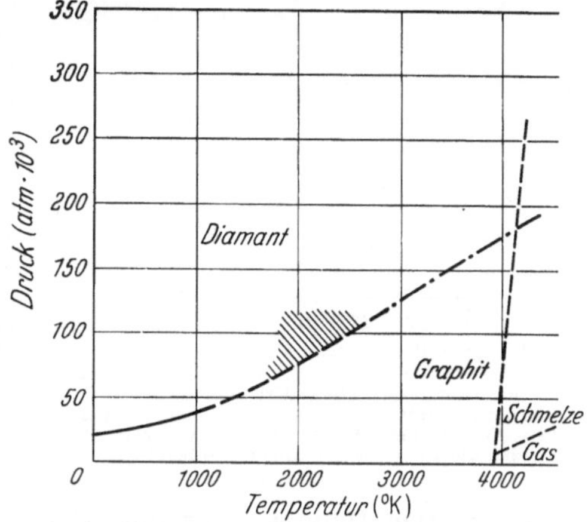

Abb. 289. Phasen-Diagramm des Kohlenstoffs.
(nach BOWENKERK et. al. 1959)

——— thermodynamisch berechnet;

– – – – experimentell ermittelt;

–·–·– extrapoliert;

Gebiet, in dem Diamant experimentell erzeugt wurde

zeugen. Das schraffierte Gebiet in Abb. 289 gibt einen Bereich wieder, in dem der Diamant hergestellt werden konnte. Die Umwandlungskurve Diamant—Graphit ist flach nach links geneigt, während die Umwandlungskurve Graphit—Schmelze, die Schmelzkurve, steil verläuft. Das Diagramm zeigt, daß der Diamant bei den Drucken und Temperaturen der Erdoberfläche instabil ist. Man hat Diamanten in Meteoriten gefunden (Arizona-Krater), also unter Umständen, bei denen die Drucke und Temperaturen der Abb. 289 realisiert sein könnten. Schwieriger ist es, die Vorkommen von Diamant in Vulkanschloten mit Hilfe des Diagramms zu erklären.

3. Zweistoffsysteme

Das System KNO₃—H₂O. Wir haben bisher nur einen Stoff für sich betrachtet. Wie ändern sich nun die Verhältnisse, wenn wir zwei Stoffe haben, wenn also z. B. KNO₃ aus wäßriger Lösung kristallisiert? Beim eigentlichen Wachstumsvorgang scheint sich nichts Grundlegendes zu ändern, die Anlagerung der Ionen erfolgt ebenso wie aus der Schmelze. Es ist jedoch zu bedenken, daß Unterschiede dadurch auftreten können, daß eben außer den eigenen Ionen des Stoffes noch die Wassermoleküle anwesend sind, die sehr wohl auf die Art der Flächenausbildung Einfluß haben, also die Tracht der Kristalle beeinflussen können.

Beim KNO_3 ist unterhalb 127,8° die rhombische Modifikation stabil, sie sollte sich bei Zimmertemperatur aus wäßriger Lösung ausscheiden. Läßt man jedoch einen Tropfen konzentrierter KNO_3-Lösung unter dem Mikroskop eintrocknen, so beobachtet man zuerst die Bildung von Rhomboedern, also trigonalen Kristallen, die erst oberhalb 127,8° stabil sein sollten. Es tritt also zuerst der instabile Gittertyp auf, eine Erscheinung, die auch bei anderen Substanzen beobachtet wurde und noch nicht recht geklärt ist, sie wird als „Ostwaldsche Stufenregel" bezeichnet. Nach den Rhomboedern scheiden sich, meist vom Rande ausgehend, rhombische Nadeln aus (Abb. 290). Wenn diese Nadeln bei ihrem Wachstum in die Nähe eines Rhomboeders kommen, so wird dieses aufgelöst, in der Abbildung oben links. Stößt eine Nadel auf ein Rhomboeder, so zerfällt es in ein rhombisches Aggregat (Mitte rechts). Hier kann man also die Instabilität der trigonalen Modifikation direkt beobachten.

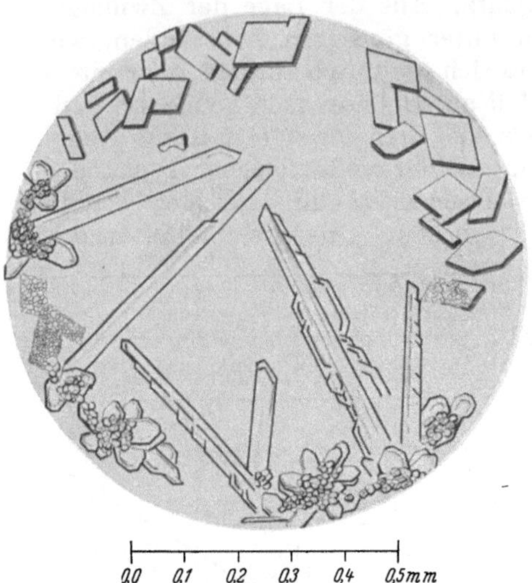

Abb. 290. Kristallisation von KNO_3 beim Verdunsten eines Tropfens unter dem Mikroskop. Die zuerst gebildeten rhomboedrischen Kristalle wandeln sich bei Berührung mit den später entstehenden rhombischen Nadeln um (Mitte rechts). In ihrer Nähe werden die Rhomboeder aufgelöst (oben links)

Das System Diopsid—Anorthit. Für Gleichgewichtsbetrachtungen im Zweistoffsystem müssen wir bedenken, daß wir jetzt drei Veränderliche haben, die Temperatur, den Druck und die Konzentration der beiden Bestandteile. Wir

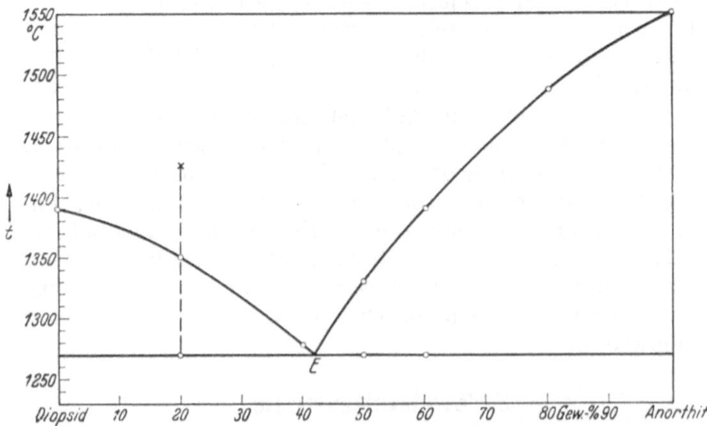

Abb. 291. Das Zweistoffsystem Diopsid—Anorthit (nach BOWEN). Die Kreise stellen Beobachtungspunkte dar

müssen also eigentlich unsere Schaubilder in einem dreidimensionalen Koordinatensystem zeichnen. Für gewöhnlich begnügt man sich mit einem zweidimensionalen, in dem man den Druck als konstant annimmt. Gerade für die Gesteinsbildung kann aber der Einfluß des Druckes wichtig sein, wir wollen deshalb später ihn auch in unsere Betrachtungen mit einschließen. Zunächst nehmen wir ihn als konstant an. Gewöhnlich trägt man in den Diagrammen von links nach rechts die Konzentration auf (Abb. 291). Beim linken Eckpunkt, Diopsid, sind 100% des reinen Stoffes $CaMg[SiO_3]_2$ vorhanden, am rechten 100% Anorthit, $Ca[Al_2Si_2O_8]$. Als Höhe wird die Temperatur gewählt. Wenn wir annehmen, daß unser Schaubild bei 1 Atm. gelten soll, so können wir auf den Temperaturlinien die Schmelzpunkte von Diopsid mit 1390° C und von Anorthit mit 1550° C eintragen. Durch Beimengungen werden die Schmelz- oder Gefriertemperaturen erniedrigt, bei kleinen Beimengungen proportional der Zahl der zugesetzten Mole (Gesetz von RAOULT-VAN T'HOFF), die Kurven senken sich nach der Mitte und treffen sich in einem Punkt. Das Lot auf die Grundlinie gibt die Zusammensetzung, die den niedrigsten Schmelzpunkt hat, in unserem Falle 1270° C bei 42% Anorthit. Der Punkt wird der *eutektische* (von griech. eu gut und tektein schmelzen) genannt, bei Systemen mit Wasser auch kryohydratischer (kryos, griech. Frost) Punkt. In einem solchen Diagramm ist also oberhalb der Schmelzkurven der Bereich der Schmelze. Auf der Kurve sind Schmelze und Kristall im Gleichgewicht, und zwar auf der Diopsidseite Diopsidkristalle, auf der anderen Anorthit. Wenn wir eine Schmelze von der Zusammensetzung (x) und der Temperatur 1439° abkühlen, so ändert sich zunächst nichts, bis die Schmelzkurve bei der Temperatur 1350° erreicht ist, jetzt scheiden sich Diopsidkristalle aus, die Schmelze wird dadurch immer reicher an Anorthit. Sie bleibt im Gleichgewicht mit den Diopsidkristallen und ändert ihre Zusammensetzung entlang der Kurve, bis sie bei 1270° C bei der eutektischen Zusammensetzung angelangt ist, jetzt scheiden sich gemeinsam Diopsid und Anorthit aus der Lösung aus, bis alles verbraucht ist. Die Zusam-

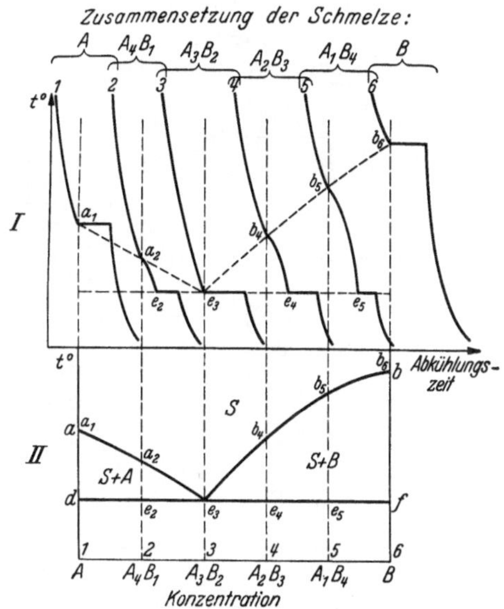

Abb. 292. Ermittlung des Schmelzdiagramms aus Abkühlungskurven (nach VOGEL). a_1, a_2... Haltepunkte der A-reichen Schmelze; b_1, b_2... der B-reichen; e_1, e_2... des Eutektikums

mensetzung der gesamten festen Masse aus Diopsid und Anorthit entspricht der Zusammensetzung der ursprünglichen Schmelze. Das Analoge hätten wir erlebt, wenn wir von einer anorthitreichen Schmelze ausgegangen wären, dann hätte sich zuerst Anorthit ausgeschieden und am eutektischen Punkt wieder Diopsid und Anorthit.

In solchen Systemen erfolgt die Ermittlung der Kurven mit Hilfe der Haltekurven von Schmelzen verschiedener Zusammensetzung, Abb. 292.

Die Strukturen. Die Strukturen, die bei der Erstarrung solcher Zweistoffsysteme auftreten, sind sehr lehrreich. Diese einfachen Verhältnisse können als Modelle für die viel komplizierteren magmatischen Gesteine dienen. Wenn eine Schmelze nicht gerade die eutektische Zusammensetzung besitzt, werden sich zunächst Einzelkristalle desjenigen Bestandteils ausscheiden, auf dessen Seite die Zusammensetzung der Schmelze liegt. Wir finden also relativ große Kristalle der einen Art in einer feinkörnigen Grundmasse der beiden Komponenten. Diese Kristalle entsprechen manchen Einsprenglingen der magmatischen Gesteine. Das Beispiel zeigt ferner, daß die Kristallisationsfolge nichts mit dem Schmelzpunkt des Einzelminerals zu tun hat, ein Mineral mit hohem Schmelzpunkt wie der Anorthit kann bei tieferer Temperatur und später ausgeschieden worden sein als sein tieferschmelzender Begleiter, der Diopsid. Die Bildungstemperatur eines Minerals hängt also auch von der Zusammensetzung der Schmelze ab.

Bei eutektischer Zusammensetzung beobachtet man bei Metallen häufig Strukturen, die mit denen der sog. *Schriftgranite* eine gewisse Ähnlichkeit haben. Diese zeigen im Kalifeldspat Querschnitte von Quarz, die an hebräische Schriftzeichen erinnern (Abb. 293). Es ist aber umstritten, ob es Schriftgranite gibt, die als Eutektika erstarrt sind, keineswegs sind etwa alle derartigen Strukturen so zu erklären.

Der Einfluß des Druckes. Wir wollen nun auch noch den Druck in das Diagramm eintragen, indem wir nach der Gleichung von CLAUSIUS-CLAPEYRON die Erhöhung des Schmelzpunktes mit dem Druck berechnen, da Beobachtungen über den Einfluß des Druckes auf solche Silikatsysteme nicht immer vorliegen. Die Gleichung lautet

$$\frac{dT}{dp} = \frac{T(v_{fe} - v_{fl})}{Q}.$$

p ist der Druck, T die absolute Temperatur des Schmelzpunktes (also °C $+ 273°$), v_{fl} das spezifische Volumen der Schmelze und v_{fe} das des Kristalls, Q die Schmelzwärme (positiv für zugeführte Wärme). Wir finden für Diopsid 19° Schmelzpunkterhöhung für je 1000 kg/cm² Druckzunahme, für Anorthit nur 4°. Die experimentelle Bestimmung durch YODER 1952 ergab für Diopsid und für den Bereich der Abb. 294 etwa 13° C für 1000 kg/cm². Der eutektische Punkt wird im Raumdiagramm (Abb. 294) zur Linie, diese steigt mit zunehmendem Druck an und bewegt sich gleichzeitig — etwas übertrieben gezeichnet — auf die Komponente zu, bei der der Schmelzpunkt mit der Druckzunahme langsamer ansteigt. Die Schmelzkurven der Abb. 291 werden zu schwachgewölbten Schmelzflächen, die bisherigen Flächen zu Räumen. Wir betrachten jetzt zwei Schmelzen von gleicher Zusammensetzung und Temperatur, die eine, Punkt 1, bei hohem Druck, also hinten im Diagramm, und die andere, Punkt 1′, bei niederem Druck, also vorn. Befinden wir uns in der Nähe des Eutektikums, so kann es wegen der schiefen Lage der eutektischen Linie vorkommen, daß beim Abkühlen ohne Druckänderung (isobar) aus gleichartigen Schmelzen bei hohem Druck, Punkt 1, der eine Bestandteil, Diopsid, bei niederem der andere, Anorthit, auskristallisiert. Ein in der Tiefe unter Druck erstarrtes Gestein kann also andere Einsprenglinge führen, als ein an der Oberfläche erstarrtes. Kühlen wir die Schmelze unter hohem Druck ab bis zur Ausscheidung von Kristallen der einen Art und nehmen dann den Druck weg, wie das etwa bei plötzlichem Ausfluß von Lava im Anschluß an eine Explosion vorkommen kann, so wird die Linie 2 ··· 2′, die der Druckentlastung bei unveränderter Temperatur (isotherm) entspricht, die Schmelzfläche durchstoßen, die schon ausgeschiedenen Kristalle werden wieder aufgelöst. Kühlen wir dann bei niederem Druck ab, so kann es sich ereignen, daß wir auf der anderen Seite der eutektischen Linie

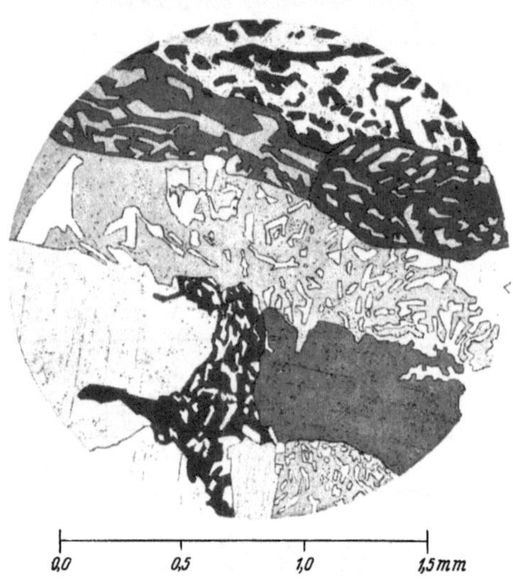

Abb. 293. Schriftgranit, Geröll im Kulm, Schloß Waldeck, Edertalsperre, zwischen gekreuzten Nicols. Eckige Querschnitte von Quarz in Orthoklas

sind, wie in unserer Abbildung, so daß sich nun Kristalle der anderen Art ausscheiden.

Auch das schon erstarrte Gestein kann bei Druckentlastung, Linie 3—3', z.B. durch Aufreißen einer Spalte wieder flüssig werden. Da die Schmelze leichter

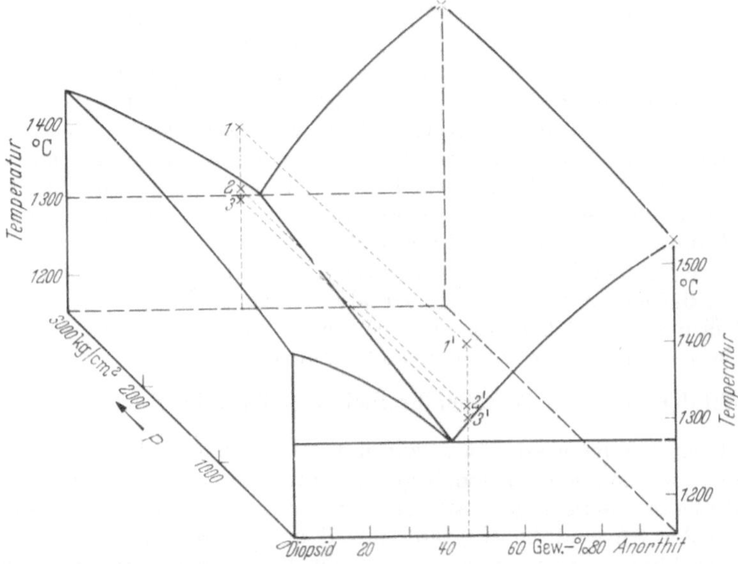

Abb. 294. Druck-, Temperatur- und Konzentrationsdiagramm des Systems Diopsid—Anorthit

ist als das erstarrte Gestein, kann sie in der Spalte aufsteigen. So können basaltische Schmelzen aus der Tiefe bis zur Oberfläche gelangen.

Die vorher gebildeten Einsprenglinge werden in beiden Fällen nicht immer vollständig aufgelöst, sie können als korrodierte Reste erhalten bleiben.

In manchen Eruptivgesteinen beobachten wir Quarzeinsprenglinge, die Auflösungsspuren zeigen wie in dem Rhyolith der Abb. 295. Wie vom Quarz kennt man auch vom Olivin solche „korrodierte" Einsprenglinge. Unser einfaches Modell führt uns vor Augen, wie solche Erscheinungen zustande kommen können. Dabei müssen wir uns bewußt sein, daß auch andere Möglichkeiten der Erklärung gefunden werden können (z.B. S. 177 und 187).

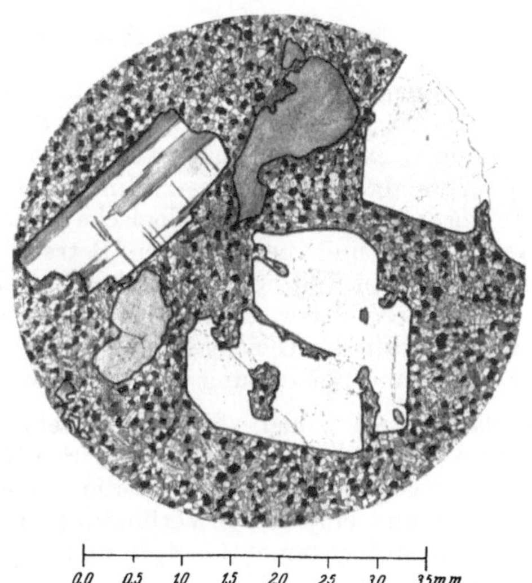

Abb. 295. Rhyolith, Colmitz, Sachsen, zwischen gekreuzten Nicols. Große korrodierte Quarze und ein Feldspat mit Zwillingslamellen in feinkörniger Grundmasse aus Quarz, Feldspat und Glimmer

Das Phasengesetz von Gibbs. Unsere bisherigen Kenntnisse über die Gleichgewichte und die Bereiche der einzelnen Phasen fassen wir zusammen in dem Phasengesetz von Gibbs (1876). Die einzelnen Phasen des Einstoffsystems H_2O,

Dampf, Wasser, Eis I und III, waren im Schaubild in Flächen (zweidimensional) dargestellt, wir können innerhalb dieser Flächen Druck und Temperatur beliebig wählen. Man nennt das auch: wir haben zwei Freiheiten. Wasser im Gleichgewicht mit Dampf oder Eis I oder III, sowie Eis I und III, also zwei Phasen im Gleichgewicht, sind als Linien (eindimensional) dargestellt. Wenn wir den Druck beliebig wählen, können wir über die Temperatur nicht mehr verfügen, wir haben nur noch eine Freiheit. Wenn wir schließlich drei Phasen, Dampf, Wasser und Eis I, oder Wasser, Eis I und Eis III zusammen im Gleichgewicht haben wollen, so ist das im Diagramm in einem Punkt (nulldimensional) der Fall, dann sind sowohl Druck als auch Temperatur festgelegt, wir haben keine Freiheit mehr. Treten mehrere Stoffe auf, z.B. Diopsid und Anorthit, so kommt als weitere Freiheit die Konzentration hinzu. So haben wir in der Schmelze bei Temperaturen oberhalb der Schmelzfläche drei Freiheiten, im Diagramm (Abb. 294) ist das ein Raum. Im Gleichgewicht mit einer Sorte Kristalle hatten wir zwei Freiheiten, eine Schmelzfläche, und mit zwei Kristallarten eine Linie, die eutektische Linie. Bei einem Stoff haben wir also bei einer Phase zwei Freiheiten, bei zwei Phasen eine und bei drei null, bei zwei Stoffen jedesmal eine Freiheit mehr. Wir können unsere Erfahrungen so formulieren:

$$\text{Zahl der Phasen} + \text{Zahl der Freiheiten} = \text{Zahl der Stoffe} + 2.$$

Während wir bereits wissen, was wir unter Phasen (S. 167) und Freiheiten zu verstehen haben, müssen wir den Begriff „Stoff" in unserer Formel noch etwas genauer definieren. Man sagt statt Stoff besser „unabhängiger Bestandteil" und muß bei der Anwendung sorgsam darauf achten, nur die Bestandteile zu zählen, die unabhängig von anderen aus einer Phase in die andere übergehen können. In Buchstaben lautet dann das Phasengesetz

$$P + F = B + 2.$$

In Gesteinen werden wir oft die Konzentration, also die Zahl der unabhängigen Bestandteile, als gegeben betrachten dürfen, während Druck und Temperatur in weiten Grenzen schwanken. Dann haben wir also zwei Freiheiten und $P = B$, es können stets soviel Phasen (Mineralarten) auftreten als unabhängige Bestandteile vorhanden sind (Mineralogische Phasenregel von V. M. GOLDSCHMIDT).

Alle diese und die folgenden Betrachtungen gelten nur für Gleichgewichte. In der Gesteinswelt wird man damit rechnen müssen, daß die Gleichgewichte nicht stets erreicht wurden. Wir können aber diese Ungleichgewichte erst erkennen, wenn wir die Gleichgewichte verstehen, schon aus diesem Grunde müssen wir in unserer Behandlung der Gleichgewichte fortfahren.

Das System Leucit—SiO_2. Wir kehren zu unserem einfachen eutektischen System, wie wir es in Abb. 291 auf S. 172 besprochen haben, zurück und fragen uns, was geschieht, wenn etwa die beiden Bestandteile A und B miteinander reagieren und eine dritte Verbindung A_2B bilden. In diesem Falle haben wir zwei Zweistoffsysteme $A—A_2B$ und $A_2B—B$, die wir einfach nebeneinander setzen.

Etwas komplizierter wird die Angelegenheit, wenn A_2B, wie das häufig vorkommt, vor dem Erreichen des Schmelzpunktes zersetzt wird. Wir wählen als Beispiel das System Leucit ($K[AlSi_2O_6]$)—SiO_2, in dem als Verbindung $K[AlSi_3O_8]$, der Kalifeldspat, auftritt. Wie das Diagramm (Abb. 296) zeigt, schmilzt der Kalifeldspat unter Zersetzung (inkongruent) bei 1170°. Wird eine Schmelze von der Zusammensetzung des Kalifeldspats abgekühlt, so scheiden sich von der Temperatur an, die dem Auftreffen auf die Schmelzkurve entspricht,

Leucitkristalle aus. Diese Leucitausscheidung geht bis zu 1170°, von hier an bildet sich Kalifeldspat und die schon gebildeten Leucitkristalle reagieren mit der Schmelze, sie werden aufgelöst, falls man der Schmelze soviel Zeit läßt, daß sich das Gleichgewicht einstellen kann. Beim weiteren Abkühlen gelangt die Zusammensetzung der Schmelze an den eutektischen Punkt und nun scheiden sich Kalifeldspat und Tridymit aus, der beim Abkühlen sich in Quarz umwandelt. Bei Schmelzen, deren Zusammensetzung zwischen $K[AlSi_2O_6]$ und $K[AlSi_3O_8]$ liegt, kommt es nicht zur Tridymitbildung, weil das verfügbare SiO_2 vorher aufgebraucht ist, und der zuerst gebildete Leucit verschwindet nicht mehr ganz, sondern nur so weit, als es dem Verhältnis Leucit: Kalifeldspat in der Schmelze entspricht. Auch hier werden also zunächst gebildete Leucitkristalle wieder aufgelöst; ganz allgemein können in Systemen mit einem inkongruenten Schmelzpunkt, auch ohne die S. 175 besprochenen Druckschwankungen, einfach beim Abkühlen Auflösungserscheinungen an Kristallen auftreten. Wir sehen ferner aus dem Diagramm, daß Quarz und Leucit nicht zusammen vorkommen können, wenigstens wenn das Gleichgewicht erreicht wird.

Dieses inkongruente Schmelzen kann man nach BRAITSCH sehr schön an dem Salz Hydrohalit

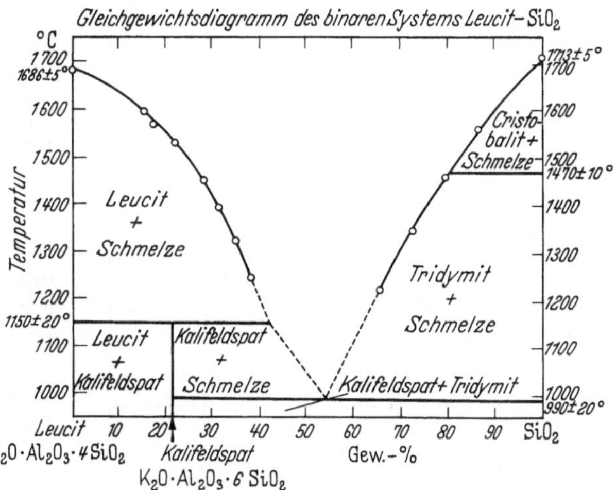

Abb. 296. Das System $K[AlSi_2O_6]$—SiO_2

$NaCl \cdot H_2O$ demonstrieren. Aus einer bei 30° C gesättigten NaCl-Lösung kristallisieren bei etwa $-10°$ C bis 2 mm große monokline (pseudohexagonale) Kristalle aus. Bei Zimmertemperatur kann man in der Mikroprojektion erkennen, wie die doppelbrechenden Hydrohalitkristalle zersetzt werden und nun Steinsalzkristalle sich ausscheiden.

Systeme mit Mischkristallbildung. Eine weitere Komplikation tritt ein, wenn die beiden Stoffe miteinander Mischkristalle bilden, wie im System Anorthit, $Ca[Al_2Si_2O_8]$ — Albit, $Na[AlSi_3O_8]$, dessen Mischkristalle Plagioklase heißen. Die beiden Stoffe sind für diese Phasenbetrachtung hinreichend mischbar (s. aber S. 65), ihr Zustandsdiagramm ist in Abb. 297 wiedergegeben. Wir sehen, daß zwei Kurven die beiden Schmelzpunkte verbinden. Die obere begrenzt die Schmelze nach unten, sie heißt *Liquiduskurve*, die andere, die die festen Phasen nach oben begrenzt, *Soliduskurve*. Wir verfolgen wieder das Schicksal einer Schmelze, z.B. von der Zusammensetzung 50%, beim Abkühlen. Wenn die Liquiduskurve erreicht wird, fängt eine feste Phase an, sich auszuscheiden. Die Zusammensetzung der sich ausscheidenden Mischkristalle finden wir, wenn wir im Auftreffpunkt eine Gerade parallel zur Grundlinie ziehen. Der Punkt, in dem sie die Soliduskurve schneidet, gibt die Zusammensetzung des Mischkristalls. Die Schmelze ändert sich beim weiteren Abkühlen entlang der Liquiduskurve, die Mischkristalle entlang der Soliduskurve, bis auf dieser der Punkt erreicht ist, der der ursprünglichen Zusammensetzung der Schmelze entspricht. Dann ist die Schmelze völlig erstarrt, und wenn wir die Abkühlung so langsam vorgenommen haben, daß die Gleichgewichte sich dauernd einstellen konnten, so haben die Mischkristalle immer mit der Schmelze reagiert und besitzen zum Schluß genau die Zusammensetzung der ursprünglichen Schmelze. Wenn aber die Abkühlung so rasch erfolgt, daß die zuerst gebildeten Mischkristalle nicht mit der Schmelze reagieren konnten, dann finden wir Kristalle, deren Kern aus den zuerst gebildeten, anorthitreichen Mischkristallen besteht, und deren äußere Schichten anorthitärmer als die Ausgangsschmelze werden.

Die kontinuierlichen Mischkristalle werden mit eigenen Namen bezeichnet, wobei die Abgrenzung bei verschiedenen Autoren nicht übereinstimmt. Wir verwenden hier folgende Einteilung (s. Anh. S. 396):

Albit . . . .   0— 10% Anorthit
Oligoklas . . . 10— 30%   „
Andesin . . . 30— 50%   „
Labradorit . . 50— 70%   „
Bytownit . . . 70— 90%   „
Anorthit . . . 90—100%   „

In Systemen, in denen die Schmelzkurven ähnlich wie in unserem Beispiel verlaufen, kann der Kern reicher an dem höher schmelzenden Stoff sein. Hierher gehört z. B. auch das Olivinsystem Mg_2SiO_4—Fe_2SiO_4. Hier liegt der Schmelzpunkt des Mg_2SiO_4 höher, die natürlichen Olivinkristalle zeigen öfters Schichten, die nach außen eisenreicher werden.

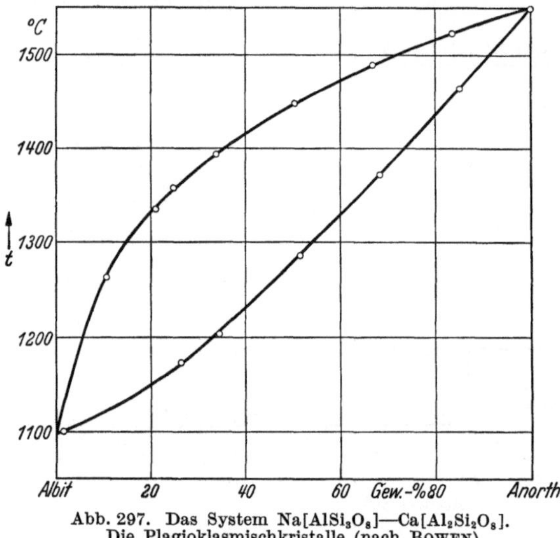

Abb. 297. Das System Na[AlSi₃O₈]—Ca[Al₂Si₂O₈].
Die Plagioklasmischkristalle (nach BOWEN)

Erwärmen wir einen festen Mischkristall, so verlaufen die Vorgänge umgekehrt wie beim Abkühlen der Schmelze, d. h. es bildet sich zunächst albitreiche Schmelze, die entlang der Liquiduskurve bei weiterem Erwärmen immer anorthitreicher wird, bis sie die Zusammensetzung des ursprünglichen Mischkristalls hat. Dieser selbst ändert seine Zusammensetzung entsprechend auf der Soliduskurve. Wird das Gleichgewicht nicht erreicht, so erhalten wir beim Erwärmen Kristalle mit albitreichem Kern und anorthitreicher Hülle, umgekehrt wie beim Auskristallisieren.

Ganz allgemein bezeichnet man auch in Mehrstoffsystemen die Kurve, bei der beim Abkühlen alles erstarrt ist, und beim Erwärmen das Schmelzen beginnt, als Soliduskurve, und die Grenze zwischen Schmelze und beginnender Kristallausscheidung als Liquiduskurve.

Das „Abfangen". Die Erscheinung, daß, wie bei den Plagioklasen, in Mischkristallen bevorzugt höherwertige Ionen „abgefangen" werden, spielt in der Geochemie eine wichtige Rolle. Wenn man unter diesem Abfangen versteht, daß mehr von dem höherwertigen Ion in den Mischkristall eingeht als der Zusammensetzung der Schmelze entspricht, so ist ein solches Abfangen an zwei Bedingungen geknüpft. Erstens müssen die Schmelzkurven, wie bei unserem Plagioklasbeispiel, vom Schmelzpunkt der höher schmelzenden Verbindung, die auch die mit dem höherwertigen Ion ist, kontinuierlich bis zum Schmelzpunkt des anderen Partners abfallen. Notwendig ist ferner, daß sich das Gleichgewicht nicht einstellt, sei es, daß die Abkühlung so rasch erfolgt, daß die zuerst gebildeten Kristalle nicht reagieren, oder sei es, daß diese durch Absinken in einem großen Schmelzherd ihrer Umgebung entzogen werden. Schließlich muß bei der Einlagerung des höherwertigen Ions ein Ladungsausgleich stattfinden. So wird bei den Plagioklasen, wenn das zweiwertige Ca-Ion an Stelle des einwertigen Na-Ions eingelagert wird, ein vierwertiges Si-Ion durch ein dreiwertiges Al-Ion ersetzt. Der Ausgleich kann auch dadurch erfolgen, daß Gitterstellen unbesetzt bleiben, wie im Falle $LiCl-MgCl_2$ (S. 81).

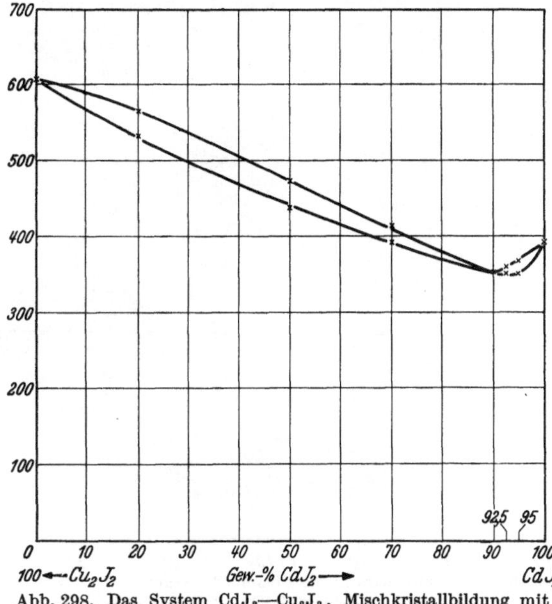

Abb. 298. Das System CdJ_2—Cu_2J_2. Mischkristallbildung mit Minimum (nach HERZ und BULLA)

Trägt man die Menge Fremdion im Kristall gegen die Menge Fremdion in der Schmelze oder Lösung auf, so erhält man bei geringen Mengen des Fremdions bei solchen Mischkristallsystemen eine annähernd gerade Linie, die Aufnahme des Fremdions gehorcht dem Verteilungssatz von NERNST, d. h. bei so geringen Mengen ist die Menge Fremdion im Kristall proportional zu der in der Lösung oder Schmelze.

Die Liquidus- und Soliduskurve können auch ein Minimum aufweisen, wie in dem System Cu_2J_2—CdJ_2, das in Abb. 298 dargestellt ist. Dann wird auf der CdJ_2-Seite das Cd abgefangen, auf der Cu_2J_2-Seite aber das Cu, also das niedriger wertige Ion. Diese letztere Art des Einbaus wird Admission genannt.

Der Einbau von Fremdionen in ein Gitter hängt ferner sehr wesentlich von der *Größe der Ionenradien* ab, wie wir bereits S. 56 gesehen haben. Nur Bausteine, die in ihrer Größe in den Verband passen, können aufgenommen werden. Das „Passen" ist natürlich ein relativer Begriff. Er hängt von dem Gittertyp und vor allem von der Temperatur ab. Je höher die Temperatur ist, um so leichter kann das Gitter

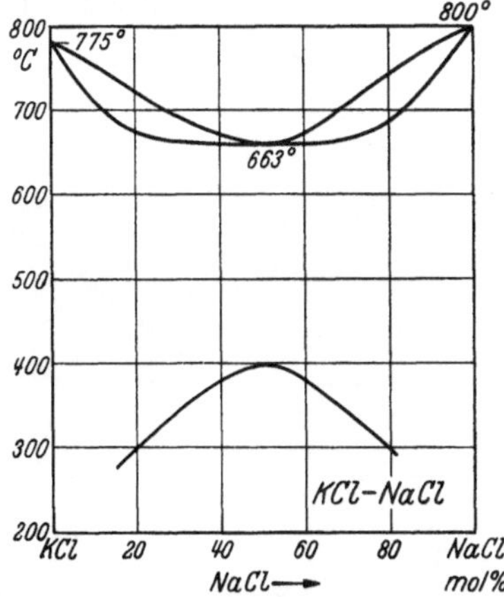

Abb. 299. Das System NaCl—KCl (aus D'ANS-LAX)

einen etwas zu großen oder zu kleinen Bestandteil vertragen. Es ist ferner einleuchtend, daß weniger passende Bausteine nur in geringer Anzahl untergebracht werden können; in diesem Falle haben wir beschränkte oder unvollständige Mischbarkeit. Ein lehrreiches Diagramm für solche Verhältnisse liefert das System NaCl—KCl (Abb. 299). Beim Abkühlen aus der Schmelze erhält man in allen Verhältnissen Mischkristalle, und zwar bilden Solidus- und Liquiduskurve ein Minimum bei 663°. Aus KCl-reichen Schmelzen scheiden sich also zunächst KCl-reiche Mischkristalle aus, entsprechend ist es auf der NaCl-Seite.

12*

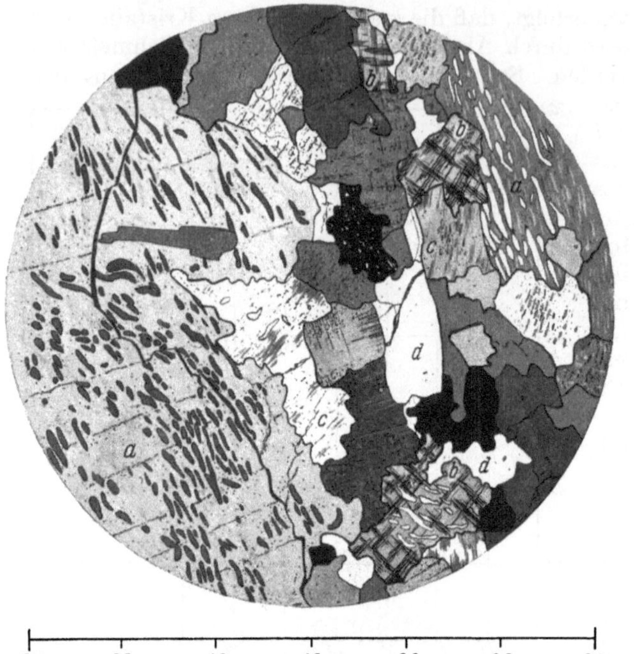

0,0   0,5   1,0   1,5   2,0   2,5   3,0 mm

Abb. 300. Hypersthengranit, Stalheim, Norwegen, zwischen gekreuzten Nicols. *a* Perthitische Verwachsung von Orthoklas und Albit; *b* Mikroklin mit deutlicher Vergitterung der Zwillingslamellen, zum Teil mit Albiteinlagerungen; *c* Orthoklas mit Albit und Zwillingslamellen; *d* Quarz, klar, hell und dunkel

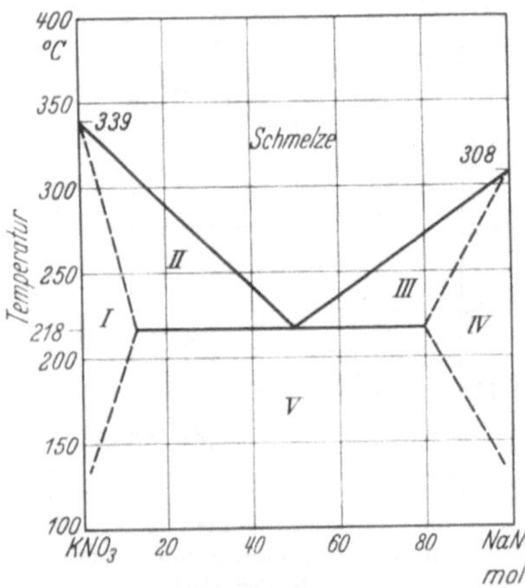

Abb. 301. Das System KNO₃—NaNO₃ (nach D'ANS-LAX). I vollständig erstarrte homogene K-reiche Mischkristalle; II K-reiche Mischkristalle und Schmelze; III Na-reiche Mischkristalle und Schmelze; IV vollständig erstarrte homogene Na-reiche Mischkristalle; V vollständig erstarrte heterogene Gemische von K- und Na-reichen Mischkristallen

Wieder wird, wenn das Gleichgewicht erreicht wird, der endgültige Mischkristall der Zusammensetzung der Schmelze entsprechen. Beim weiteren Abkühlen der Mischkristalle mittlerer Zusammensetzung kann man dann beobachten, daß sie sich entmischen, daß also im festen Zustand eine Umlagerung vor sich geht. Es erscheinen Lamellen von NaCl in KCl-Kristallen. Die untere Kurve der Abb. 299 gibt die Temperaturen an, bei denen die Entmischung erfolgt. Die entstehenden Lamellensysteme haben eine Ähnlichkeit mit den Lamellensystemen, die bei manchen Feldspäten beobachtet werden können, die als Perthite bezeichnet werden (Abb. 300). Auch hier handelt es sich um Entmischungen von K- und Na-Verbindungen, nämlich $K[AlSi_3O_8]$ (Orthoklas) und $Na[AlSi_3O_8]$ (Albit). K hat den Ionenradius 1,33 Å, Na nur 0,98 Å. Offensichtlich passen die Ionen des einen bei niederen Temperaturen nicht mehr in das Gitter des anderen.

Das wird noch weiter erhärtet durch das System KNO_3—$NaNO_3$ (Abb. 301). Man kann sich vorstellen, daß in dem NaCl—KCl-Diagramm (Abb. 299) die Mischungslücke entsprechend den niederen Schmelzpunkten der Nitrate bereits die Liquidus- und Soliduskurven schneidet. Die maximal möglichen Mischkristalle sind durch die punktierten Linien dargestellt. Im Eutektikum scheiden sich also Gemische der beiden maximal möglichen Mischkristalle aus. Mit abnehmender Temperatur geht auch hier die Mischkristallbildung zurück, die Grenzlinien nähern sich den reinen Substanzen.

Der Ausdruck „Liquidus Kurve" wird häufig allgemein für die Schmelzkurve gebraucht, auch wenn keine Mischkristalle gebildet werden. Als Soliduskurve ist dann in Abb. 291 die horizontale Linie zu bezeichnen. In Systemen mit Mischungslücken, wie in Abb. 301, ist der Linienzug zwischen Schmelze und den Feldern II und III als Liquiduskurve, der entlang den Grenzen zwischen I und II, II und V, III und V und III und IV als Soliduskurve zu bezeichnen.

4. Dreistoffsysteme

Das Konzentrationsdreieck. Wir wollen damit die Besprechung der Zweistoffsysteme abschließen und uns den Dreistoffsystemen zuwenden. Wir müssen also jetzt drei Bestandteile, dazu Druck und Temperatur, berücksichtigen. Die Konzentration der drei Bestandteile können wir in einer ebenen Darstellung bringen, wenn wir ihre Summe gleich 100 setzen und ihre Prozentanteile verwenden. Zur Darstellung benutzen wir ein gleichseitiges Dreieck (Abb. 302). An

einer Ecke ist die Konzentration eines Bestandteiles = 100 %, die der beiden anderen 0 %. Sind von A 33 % gegeben, so ist der geometrische Ort für 33 % A die Parallele zu der A gegenüberliegenden Dreieckseite BC im Abstande von 33. Ebenso liegt 16 % B auf der Parallelen zu AC im Abstande 16. Durch den Schnittpunkt dieser beiden Linien ist bereits die Konzentration des Dreistoffsystems eindeutig bestimmt, die Parallele zu AB im Abstand 51 muß durch den Schnittpunkt gehen, wenn wir richtig gezeichnet haben. Die Dreieckseiten entsprechen den Zweistoffsystemen, und wir brauchen nun nur die Konzentrations-Temperaturdiagramme

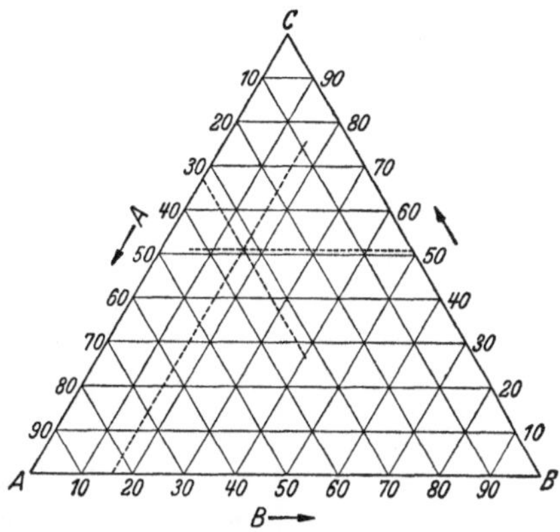

Abb. 302. Konzentrationsdreieck

über diesen Seiten aufzurichten, um ein räumliches Modell unseres Dreistoffsystems in Form eines dreiseitigen Prismas zu bekommen. Den Druck allerdings können wir so nicht berücksichtigen. Wie sieht nun die Oberfläche unseres Prismas aus? Das hängt ganz von der Art der Systeme ab. Wenn wir drei einfach-eutektische Zweistoff- oder „binäre" Systeme der Art der Abb. 291, S. 172, aneinanderfügen, so bekommen wir im Innern einen *ternären eutektischen Punkt*, zu dem von den binären eutektischen Punkten eutektische Linien hinführen.

Das System Anorthit—Albit—Diopsid. Wir betrachten hier nur das in Abb. 303 dargestellte System Albit—Anorthit—Diopsid, von dem wir zwei Teilsysteme bereits früher behandelt haben. Das dritte System, Albit—Diopsid, hat ein Eutektikum sehr nahe dem Albit-Schmelzpunkt ohne Mischkristalle. In diesem Dreistoffsystem haben wir kein ternäres Eutektikum, nur eine eutektische Linie. Um nun diese räumliche Darstellung einfach, genau und ausmeßbar in die Ebene zu bringen, verfährt man ebenso wie der Kartograph bei der Darstellung eines Gebirges, man zeichnet Höhenschichtlinien des Temperaturgebirges, also Isothermen, in das Dreieck ein, wie in Abb. 303 angedeutet. In der Abb. 304 ist das System auf diese Weise maßstäblich dargestellt. Wir haben also in dem Dreieck zwei Dinge übereinander: die Konzentration und die Morphologie der Ausscheidungsflächen und -linien. Wir betrachten zunächst eine Schmelze mit der Zusammensetzung 50 % Diopsid, 25 % Albit und 25 % Anorthit. Sinkt die Temperatur dieser Schmelze bis auf 1275°, so beginnen Kristalle von Diopsid sich auszuscheiden. Die Flüssigkeit wird an Diopsid ärmer, ihre Konzentration bewegt sich bei weiterer Abkühlung auf der Verbindungsgeraden zwischen dem Projektionspunkt und der Diopsidecke, der *Kristallisationsbahn*, auf die eutektische

Linie zu, die sie bei 1235° trifft. Nun scheiden sich auch Plagioklase aus, und zwar Mischkristalle, die, wie im Zweistoffsystem, anorthitreicher sind als es der Schmelze entspricht. Ihre Zusammensetzung können wir in Abb. 297 ermitteln, die Ausscheidung auf der Soliduskurve wird durch den Diopsid nicht verändert. Bei weiterer Abkühlung verändert die Schmelze ihre Zusammensetzung entlang der eutektischen Linie. Um für einen Punkt der eutektischen Linie die Zusammensetzung der Mischkristalle zu ermitteln, müssen wir seine Verbindungsgerade mit der Diopsidecke bis zum Schnitt mit der Plagioklasseite verlängern und in Abb. 297 den zu diesem Punkt der Liquiduskurve gehörenden Punkt der Soliduskurve ablesen. So finden wir, daß die Kristallisation auf der eutektischen Linie bei etwa 1200° endet, weil nun die Mischkristalle die Zusammensetzung der Schmelze von 50% haben. Voraussetzung ist, daß sich die Mischkristallgleichgewichte eingestellt haben. Das wird bei sehr langsamer Abkühlung der Fall sein. Erfolgt die Abkühlung rascher, so daß die Gleichgewichte nicht eintreten, oder werden die erstgebildeten Mischkristalle der Schmelze entzogen, dann muß die Ausscheidung von Diopsid und Plagioklas über 1200° hinaus weitergehen, weil ja die Schmelze albitreicher als im Gleichgewichtsfall wird, da kein Anorthit aus dem Wiederauflösen der ersten Mischkristalle zur Verfügung steht. Schließlich wird die Flüssigkeit eine Zusammensetzung erreichen, bei der neben Diopsid Plagioklase, die viel reicher an Albit sind als die zu dem Gleichgewicht gehörenden, ausgeschieden werden.

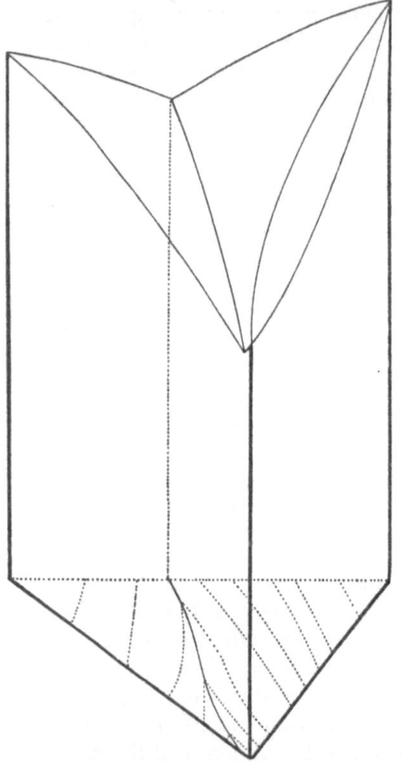

Abb. 303. Das System Albit—Diopsid—Anorthit im Raum

Wir wollen das Verfahren der Konstruktion der Kristallisationsbahnen noch an einem etwas komplizierteren Fall an Hand der Abb. 305 erörtern. Kühlen wir eine Schmelze, deren darstellender Punkt 1 auf dem Plagioklasfeld liegt, ab, so finden wir die Zusammensetzung der Plagioklase, die sich beim Auftreffen auf die Liquidusfläche ausscheiden, ähnlich wie oben. Wir ziehen die Gerade durch den Punkt 1 und die Diopsidecke, ihr Schnittpunkt L_1 mit der Plagioklasseite gibt uns — rein geometrisch — das Verhältnis Albit:Anorthit in der Schmelze. In der Abb. 297 ermitteln wir das dazugehörige Verhältnis auf der Soliduskurve und tragen diesen Punkt auf der Plagioklasseite ein, S_1. Um die Kristallisationsbahn bis zur eutektischen Linie zu konstruieren, die jetzt nicht, wie im ersten Beispiel, eine gerade sondern eine gekrümmte Linie ist, nehmen wir nun einen Punkt S_2 auf der Plagioklasseite an und die aus Abb. 297 ermittelte dazugehörige Zusammensetzung der Schmelze L_2. Die Verbindungslinien Diopsidecke—L_2 und 1—S_2 schneiden sich in dem zugehörigen Punkt 2 der Kristallisationsbahn. Durch Wiederholung dieses Verfahrens mit S_3, L_3, S_4, L_4 usw. kann die Kristallisationsbahn mit beliebiger Genauigkeit konstruiert werden. Ist die eutektische Linie erreicht, so hört die Kristallisation auf, wenn der Punkt 6 erreicht ist, dessen

Verbindungslinie mit der Diopsidecke die Plagioklasseite in dem Punkt L_6 schneidet, dessen Soliduspunkt dem ursprünglichen Verhältnis Albit—Anorthit in der Schmelze entspricht, der also mit L_1 zusammenfällt.

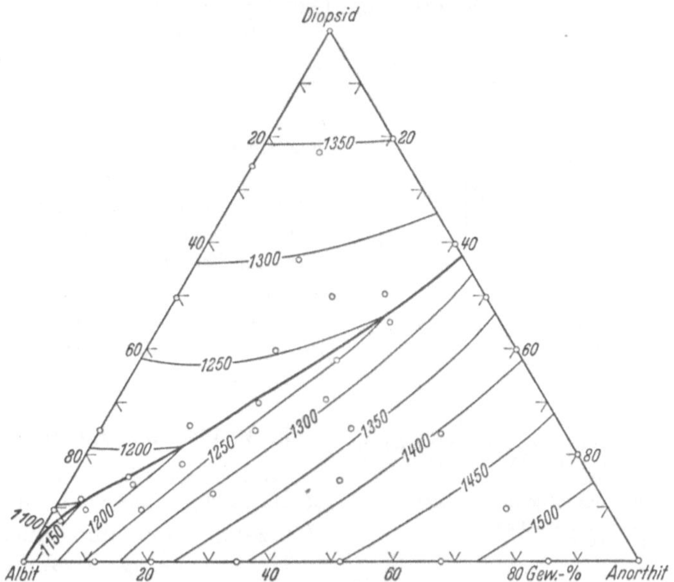

Abb. 304. Das System Albit—Diopsid—Anorthit projiziert auf das Grunddreieck (nach BOWEN). Die Kreise stellen Beobachtungspunkte dar

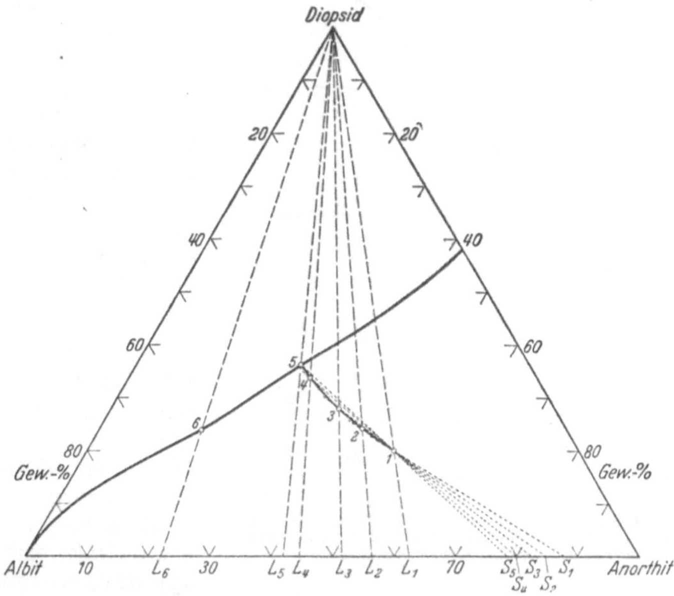

Abb. 305. Konstruktion der Kristallisationsbahnen im System Albit—Diopsid—Anorthit

Auch diese Konstruktion gilt nur unter der Voraussetzung, daß sich die Gleichgewichte stets einstellen. Ist das nicht der Fall, wird also Anorthit dem System entzogen, so verhält es sich wie eines, das reicher an Albit ist. Gerade diese

Ungleichgewichte sind für die Gesteinsbildung, wie wir noch sehen werden, besonders wichtig.

Diese wenigen Beispiele müssen hier genügen, sie sollen zeigen, welche große Bedeutung die Lehre von den heterogenen Gleichgewichten — wie dieses Kapitel der physikalischen Chemie genannt wird — für die Mineralogie besitzt. Eine Vertiefung der Kenntnisse auf diesem Gebiet ist jedem angehenden Fachmineralogen dringend anzuraten. Die Diagramme sind ja nur übersichtliche Zusammenfassungen von Beobachtungstatsachen, aber die Art der Zusammenfassung, und umgekehrt die Deutung des Diagramms, erfordert eine gewisse Vertrautheit mit der Mannigfaltigkeit der Erscheinungen.

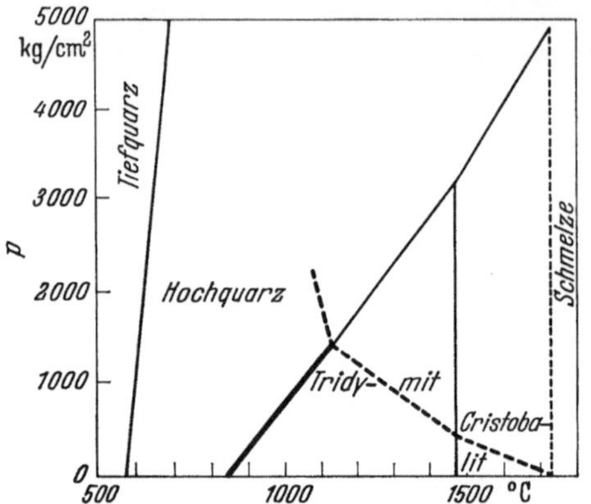

Abb. 306. Schematisches Druck-Temperatur-Diagramm für das System SiO_2—H_2O (nach TUTTLE und BOWEN 1958).

———— Schmelzkurve des wasserfreien Systems;

- - - - - Schmelzkurve in Abhängigkeit vom Wasserdampfdruck

5. Wasserhaltige Schmelzen

Wir haben bisher nur „trockene" Systeme betrachtet. In dem letzten Jahrzehnt sind nun auch wasserhaltige Systeme bei hohen Temperaturen und Drucken erforscht worden. Wir haben allen Anlaß anzunehmen, daß bei der Entstehung magmatischer Gesteine Wasser eine Rolle gespielt hat (s. S. 204 ff). Deswegen soll im folgenden an 4 Beispielen der Einfluß des Wassers auf die Ausscheidung gesteinsbildender Minerale aufgezeigt werden.

Das Zweistoffsystem SiO_2—H_2O. Abb. 306 zeigt, wie die Schmelzkurve mit steigendem Wasserdampfdruck erniedrigt wird. Das Cristobalitfeld verschwindet bei etwa 450 kg/cm², das Tridymitfeld bei 1400 kg/cm².

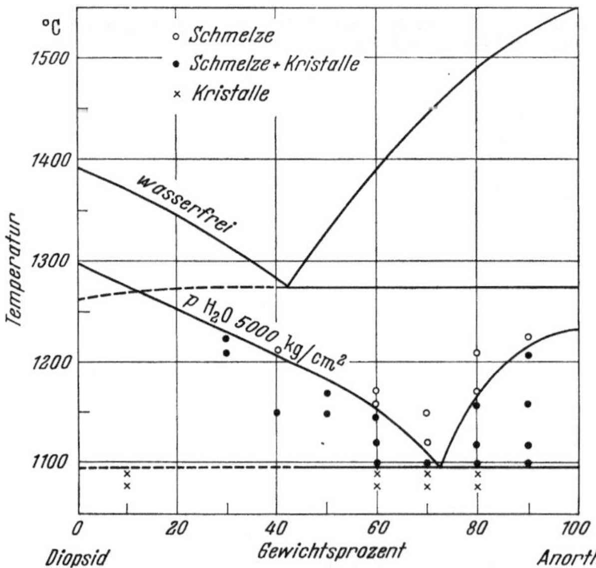

Abb. 307. Vergleich der Schmelzkurven des Systems Diopsid—Anorthit im trockenen System und bei einem Wasserdampfdruck von 5000 bar (nach YODER in ROY und TUTTLE 1956)

Das System Diopsid—Anorthit—H_2O. Eine Erniedrigung der Schmelztemperaturen beobachten wir auch bei den anderen wasserhaltigen Systemen. Sie ist in dem System Diopsid—Anorthit beträchtlich. Da es sich um ein Dreistoffsystem handelt, ist in dem zweidimensionalen Diagramm (Abb. 307) nur ein bestimmter Wasserdampfdruck von 5000 kg/cm² dargestellt worden. Die Schmelzkurven bei kleineren Wasserdampfdrucken liegen zwischen denen bei 5000 und 0 kg/cm².

Das Diagramm zeigt uns in Verbindung mit der Abb. 294, daß schon in einem System, in dem nur zwei Minerale auftreten, die Bildungstemperaturen dieser Minerale erstens von der Konzentration an Diopsid- und Anorthitsubstanz, zweitens vom Gesamtdruck und drittens vom Wasserdampfdruck abhängen.

Das System Albit—Anorthit—H_2O. Als weiteres Beispiel bringt Abb. 308 das Plagioklasdiagramm in Abhängigkeit vom H_2O-Druck. Aus ihm geht hervor, daß Albit unter 5000 kg/cm² Wasserdampfdruck bereits bei etwa 750° schmilzt.

Das Alkalifeldspatsystem. Auf S. 177 hatten wir gesehen, daß in der trockenen Schmelze der Kalifeldspat bei 1170° C inkongruent schmilzt. Die Abb. 309 zeigt in ihrem linken Teil das trockene System. Es unterscheidet sich von dem einfachen trockenen System NaCl—KCl der Abb. 299, S. 179 dadurch, daß außer den Feldspatmischkristallen auch noch die Leucitphase auftritt. Bei 1000 kg/cm² H_2O-Druck im mittleren Diagramm wird das Leucitfeld kleiner und bei 5000 kg je cm² H_2O-Druck im rechten Diagramm ist es verschwunden. Dieses Diagramm entspricht in seiner

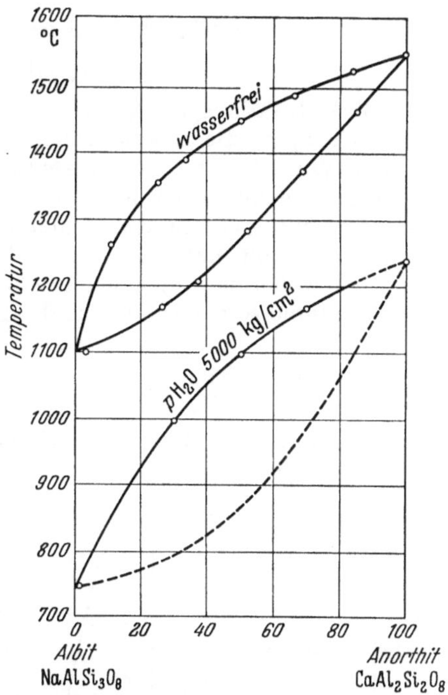

Abb. 308. Vergleich der Schmelzkurven im System Albit—Anorthit im trockenen System und bei 5000 bar Wasserdampfdruck (nach YODER, STEWART und SMITH 1956)

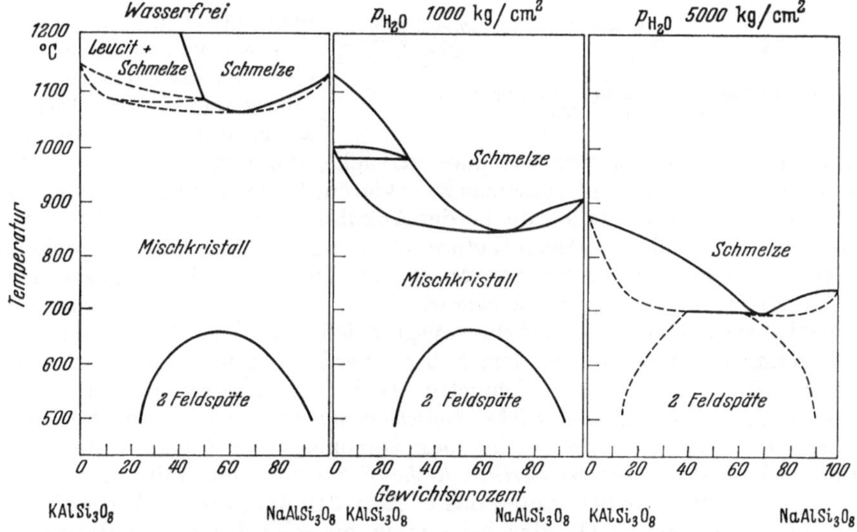

Abb. 309 Das System Kalifeldspat—Natronfeldspat bei verschiedenen Wasserdampfdrucken. (Links und Mitte nach BOWEN und TUTTLE 1950, rechts nach YODER, STEWART und SMITH 1956)

Form der Abb. 301, dem trockenen System KNO_3—$NaNO_3$. Bei hohen Wasserdampfdrucken kann sich also Kalifeldspat direkt aus der Schmelze bilden.

Man beachte, daß mit zunehmendem Wasserdampfdruck eine Phase, Leucit, verschwindet, und daß kein Wasser oder OH-Ion in die Minerale eingebaut wird.

VI. Die magmatische Gesteinsbildung
1. Die Differentiation

Das Reaktionsprinzip. Die Gesteine der Erdrinde teilt man gewöhnlich in drei Gruppen: die magmatischen Gesteine, die aus einem Schmelzfluß erstarrten, die Sedimente, die aus Verwitterungsprodukten mechanisch oder chemisch-biologisch gebildet wurden, und die durch Umwandlungsvorgänge aus den beiden erstgenannten entstandenen metamorphen Gesteine. Die Grenze zwischen magmatischen und metamorphen Gesteinen ist nicht scharf.

Wir wollen im folgenden alle die Gesteine als magmatisch bezeichnen, die aus einer Schmelze entstanden sind, unabhängig davon, wie diese Schmelze gebildet wurde. Auch dann bleiben bei manchen Gesteinen noch Zweifel, ob sie sich aus einer echten Schmelze, d.h. aus einer, bei der einmal alles im flüssigen Zustand war, ausgeschieden haben, oder ob es sich um Teilschmelzen oder um Umwandlungsprodukte unter dem Einfluß von Gasen und Flüssigkeiten handelt. Diese Vorgänge werden im Teil IX bei der Metamorphose besprochen werden.

Die wohl auffälligste Erscheinung bei den aus dem Schmelzfluß entstandenen magmatischen Gesteinen ist, daß wir von hellen quarzreichen leichten Gesteinen alle Übergänge bis zu kieselsäurearmen dunklen schweren Gesteinen haben.

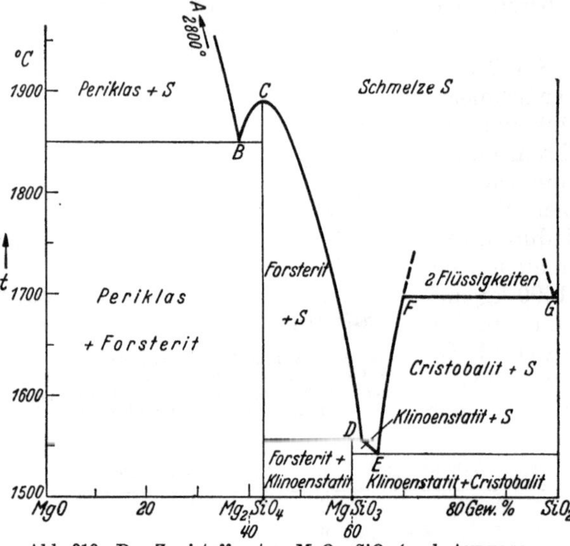

Abb. 310. Das Zweistoffsystem MgO—SiO₂ (nach ANDERSON, BOWEN und GREIG)

Immer wieder hat man versucht, diese Mannigfaltigkeit durch Veränderung eines einzigen Urmagmas zu erklären. In der Tat kann man sich eine Reihe von Vorgängen vorstellen, die bei der Abkühlung von Schmelzen je nach den Umständen zu verschiedenartigen Endprodukten führen. Eine dieser Möglichkeiten beruht auf der oben (S. 178) erwähnten Mischkristallbildung im Plagioklassystem bei unvollständiger Einstellung des Gleichgewichts. Wir nehmen an, daß aus einem Magma zunächst anorthitreiche Plagioklase ausgeschieden werden. Diese sind schwerer als die Schmelze, sie sinken in dem Schmelzherd unter und entziehen sich der Reaktion mit der umgebenden Schmelze. Dadurch wird diese reicher an Albit. Wir bekommen eine *kontinuierliche Ausscheidungsfolge*, etwa vom Bytownit in der Tiefe des Schmelzherdes an, bis zum Oligoklas oder Albit im oberen Teil.

Eine andere, aber *diskontinuierliche Reihe* tritt in Systemen mit inkongruentem Schmelzpunkt auf. Wir betrachten das in Abb. 310 dargestellte Zweistoffsystem MgO—SiO₂. Zwischen SiO₂, das bei den in unserem Diagramm dargestellten Temperaturen als Cristobalit auftritt, und Mg₂SiO₄, dem Forsterit, der uns als Endglied der Olivinmischkristallreihe ebenfalls bekannt ist, gibt es die Verbindung MgSiO₃, den Enstatit[1], der einem Diopsid entspricht, dessen Ca durch Mg ersetzt

---

[1] In den experimentellen Schmelzen tritt eine monokline Modifikation, der Klinoenstatit, auf. Der Einfachheit halber ist im folgenden immer von dem natürlichen Mineral Enstatit die Rede.

ist und mit diesem als Repräsentant der großen Familie der Pyroxene gelten kann. Dieser Enstatit schmilzt inkongruent unter Zersetzung in Forsterit und SiO_2 bei 1557°. Aus einer Schmelze mit 60% SiO_2 scheidet sich beim Abkühlen zunächst Forsterit aus, wenn die Schmelzkurve erreicht wird. Sinkt die Temperatur noch weiter, dann wird Punkt D erreicht. Bei dieser Temperatur sind Forsterit und Schmelze nicht mehr im Gleichgewicht, es reagieren die bereits gebildeten Forsteritkristalle mit der Schmelze unter Bildung von festem Enstatit. Die Forsteritkristalle werden also resorbiert. Ein Teil der Auflösungserscheinungen, die an magmatischen Olivinen beobachtet werden, mag auf solche Vorgänge zurückzuführen sein. Würden die Forsteritkristalle der Schmelze entzogen z.B. durch Absinken, so würde es zur Enstatitbildung kommen, bis sich bei E Enstatit und Cristobalit zusammen ausscheiden würden.

Eine solche Umwandlung der Minerale durch Abkühlung ergibt die diskontinuierliche Reihe Forsterit—Enstatit. Setzen wir statt Forsterit allgemein Olivin und statt Enstatit Pyroxen, und ergänzen diese Reihe durch Hornblende und Biotit und die beiden Reihen gemeinsam durch Quarz, Kalifeldspat und H_2O-reiche Lösungen, auf die später (S. 204 ff) eingegangen wird, auf Grund von Naturbeobachtungen, so erhalten wir ein Schema der Reihenfolge der Ausscheidungen eines Magmas. Es entspricht der beobachteten Kristallisationsfolge in den einzelnen Gesteinen.

Die kontinuierliche Plagioklasreihe wird aus Gerüstsilikaten gebildet. In der diskontinuierlichen Olivin-Biotit-Reihe ändert sich die Kristallstruktur von den Inselsilikaten mit selbständigen $[SiO_4]$ Tetraedern über die Ketten- und Bänderstrukturen zu den Blattstrukturen. Die Bindungsenergie nimmt in dieser Reihenfolge zu. Die beiden Reihen geben uns bereits die Zusammensetzung der wichtigsten gesteinsbildenden Minerale in den Eruptivgesteinen, wie das folgende Schema zeigt.

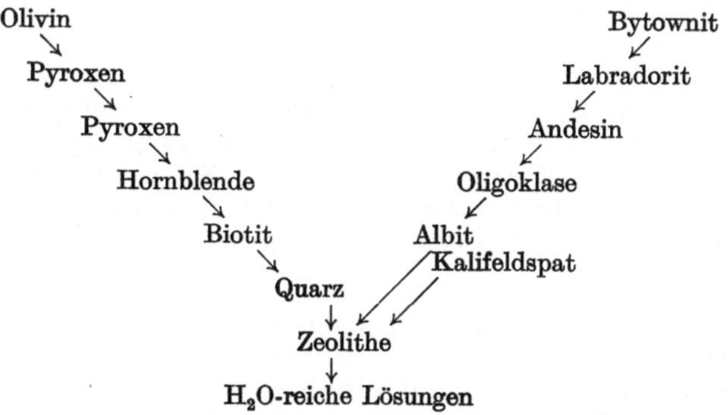

Ordnen wir die beiden Reihen so an, daß die schweren Minerale der linken Reihe unten und die leichten oben stehen und fügen wir die entsprechenden Schmelzen, „Magmen", dazwischen ein, so zeigt uns das folgende Schema, wie durch Absinken und Aufsteigen der Minerale in der Schmelze aus einem basischen Gestein saure Gesteine entstehen könnten. Aus einem Magma von der Zusammensetzung Anorthit und Olivin würden zunächst Bytownit und Olivin auskristallisieren. Wenn diese Kristalle der Reaktion entzogen würden, so würden Labradorit und Pyroxen folgen und ein Gestein bilden, das einem Gabbro entspräche. Werden auch diese weggenommen, so folgen Hornblende und Andesin, dem Diorit entsprechend usw. Dabei ist noch zu bemerken, daß die basischen Gesteine wasserarm sind. Im Laufe der Differentiation kommt man nach dieser Vorstellung zu wasserreicheren Schmelzen und schließlich zu den wäßrigen Restlösungen. In

der Natur beobachtet man nicht selten Gesteine, die nicht in dieses einfache
Schema passen, so führen viele Basalte Olivin und Pyroxen und Andesin.

Wie wir oben erörtert haben, finden in den beiden hier als Modell betrachteten Zweistoffsystemen Reaktionen des erstausgeschiedenen Minerals mit
der Schmelze statt. Man nennt deshalb die hier für die Differentiation angestellten Betrachtungen, die man N. L. BOWEN verdankt, das *Reaktionsprinzip*.
Es gestattet, die Variabilität der Eruptivgesteinsmagmen weitgehend zu erklären.
Das Absinken oder Aufsteigen von Mineralen in der Schmelze in Verbindung

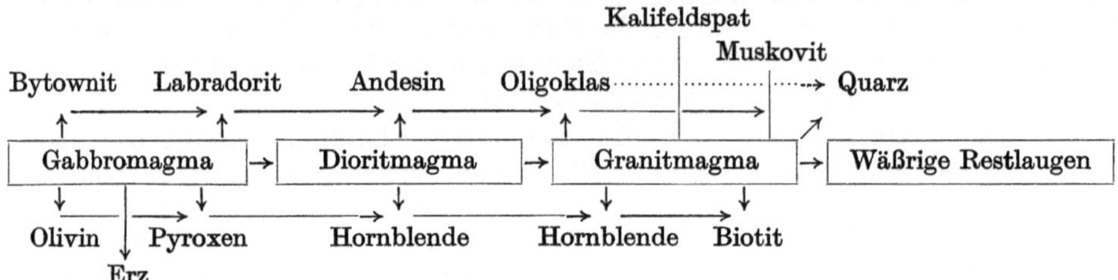

mit Reaktionen ist eine der Möglichkeiten, die Variabilität der Eruptivgesteine
zu erklären. So zeigt z. B. der etwa 300 m mächtige Lagergang des „Palisade
Diabas" (Basalt) in der Nähe von New York eine Anreicherung von etwa 20 % Olivin
in einer schmalen Zone 15—20 m über dem unteren Kontakt. Die säulenförmige
Absonderung setzt ungestört durch diese Zone hindurch. FR. WALKER hat
wahrscheinlich gemacht, daß die Olivinkristalle aus der Schmelze abgesunken sind.

Die Differentiation ist von der Herkunft der Schmelze unabhängig, sie gilt
also auch für Schmelzen, die durch metamorphe Vorgänge entstehen.

Abquetschung. Das „Wegnehmen" aus der Schmelze braucht nicht nur durch
Absinken der schweren Bestandteile — „gravitativ" — erfolgt zu sein, es kann
auch durch Abquetschen der Schmelze von den bereits ausgeschiedenen Kristallen geschehen, wenn eine Schmelze, die nur zum Teil kristallisiert ist, unter
einseitigen Druck gerät. Dann kann ähnlich wie in einer Fruchtpresse der „Saft"
von den „Kernen" abgepreßt werden. Derartige Vorgänge können bei gebirgsbildenden, orogenetischen Bewegungen auftreten. Sie werden z. B. für einige
Anorthosite, Gesteine, die fast nur aus Kalknatronfeldspat bestehen, angenommen, spielen aber vielleicht auch ganz allgemein bei Magmen in Faltengebirgen
eine Rolle.

Die Assimilation. Ein weiteres Prinzip, das zur Erklärung der Differentiation
besonders von DALY herangezogen wurde, ist das der Assimilation, der Aufnahme
fremder Gesteine durch ein Magma auf seinem Wege von der Tiefe nach der Erdoberfläche. In der Tat finden sich nicht selten Einschlüsse von anderen Eruptivgesteinen und von Sedimenten in magmatischen Gesteinen, die deutliche Spuren
einer Umwandlung oder Auflösung zeigen. Wir wollen wieder ganz einfache
Verhältnisse als Modell betrachten und wählen dazu wieder die beiden Zweistoffsysteme, die wir zur Ableitung der beiden Reihen benutzt haben. Wir fügen zu
einer Plagioklasschmelze (Abb. 297) von der Zusammensetzung 50 % Albit, die
gerade die Liquiduskurve bei 1450°C erreicht hat, einen *Plagioklaskristall mit
10 % Albit* hinzu, der die gleiche Temperatur haben soll. Wir nehmen keine höhere
Temperatur an, weil ein Magma, das in der Erdrinde aufsteigt, im allgemeinen
nur wenig überhitzt sein wird, d. h. seine Temperatur wird nur wenig über derjenigen liegen, bei der sich die ersten Kristalle auszuscheiden anfangen. Wir
wissen ja auch aus Naturbeobachtungen, daß in diesen Magmen zuweilen bereits

die Ausscheidung von Kristallen begonnen hat, also die Schmelzkurve erreicht
war. Wir sind deshalb berechtigt, in unserem Modell anzunehmen, daß die
Schmelze gerade die Temperatur von 1450°C hat. Bei dieser Temperatur ist
ein Mischkristall mit 20% Albit im Gleichgewicht mit der Schmelze. Der zu-
gefügte Kristall mit 10% Albit entspricht einer früheren Ausscheidung. Er muß
umgewandelt werden in einen mit 20% Albit, wenn das Gleichgewicht aufrecht-
erhalten bleiben soll. Der Einschluß reagiert also mit der Schmelze, diese bleibt
auf ihrem Platz auf der Schmelzkurve oder -fläche und der weitere Ablauf wird
nicht beeinflußt. Bei der Umwandlung wird etwas Reaktionswärme frei, denn
die Reaktion ist exotherm, weil sie eine Gleichgewichtsreaktion ist, die mit abnehmender Temperatur eintritt. Wird diese Wärme nicht abgeführt, so steigt
die Temperatur ein wenig. Fügen wir einen kalten Kristall der Schmelze zu, so
bewirkt das zunächst ein Abkühlen der Schmelze und damit ein Tieferlegen des
Ausgangspunktes. An der Art des Ablaufs ändert sich nichts. In beiden Fällen
geht trotz der Zugabe die Ausscheidungsfolge weiter, wie ohne Zugabe, nur
wird der Endpunkt bei einem der Zugabe entsprechenden höheren Anorthitgehalt
erreicht. Die Umwandlung des Einschlusses entspricht also völlig der Umwandlung der erstausgeschiedenen Feldspäte, wenn sie mit der Schmelze im Gleichgewicht bleiben.

Wenn wir aber einen *Plagioklaskristall mit 80% Albit* zufügen, so kann er
bei 1450° überhaupt nicht im festen Zustand existieren. Fügen wir ihn kälter
zu, so wird die Schmelze zunächst abgekühlt, und so scheiden sich die zugehörigen
20% Albit enthaltenden Feldspäte aus, falls die Schmelze nicht überhitzt ist.
In beiden Fällen wird der Einsprengling aufgeschmolzen und im flüssigen Zustand
der Schmelze einverleibt. Die Schmelze wird durch ihn albitreicher und wird erst
bei einem späteren Zeitpunkt, also mit albitreicherem Endglied, erstarren. Der
Ablauf wird in der Pfeilrichtung des Schemas S. 187 weitergetrieben. Ein solches
Aufschmelzen findet also nur statt, wenn der Einschluß albitreicher als die
Schmelze ist.

Dasselbe Verhalten können wir auch an dem System Forsterit—SiO_2 beobachten. Wenn wir zu einer Schmelze, aus der sich Enstatit ausscheiden würde,
Forsterit zufügen, dann reagiert dieser Forsterit je nach Menge zum Teil oder
vollständig mit der Schmelze und wird in Enstatit umgewandelt. Fügen wir einer
Schmelze, aus der sich Forsterit ausscheiden würde, Enstatit zu, so wird dieser
aufgeschmolzen.

Man kann also ganz allgemein sagen, das Reaktionsprinzip gibt uns auch
Auskunft über das *Verhalten der Einschlüsse*. Einschlüsse von Gesteinen, die
einer älteren Ausscheidung entsprechen, reagieren unter Freiwerden von Reaktionswärme, ohne daß sich die Abfolge ändert. Sie werden in der Schmelze aufgelöst. Einschlüsse, die einer späteren Ausscheidung entsprechen, werden unter
Abkühlung aufgeschmolzen. Die Abfolge verschiebt sich in Richtung auf die
Mineralkombination einer späteren Ausscheidung. Diese Betrachtung gilt streng
genommen nur für Eruptivgesteinseinschlüsse. Sie kann aber auch auf Sedimente
sinngemäß angewendet werden. So zeigen z. B. Sandstein- oder Quarziteinschlüsse
in Basalten häufig Reaktionsränder von Pyroxen und Glas (Abb. 311). Durch das
Hinzufügen des Quarzes verschiebt sich die Ausscheidungsfolge von Olivin-
Pyroxen in Richtung Pyroxen. Durch die örtliche Abkühlung entsteht Glas.
Für solche Aufschmelzungen ist nötig, daß der Wärmeinhalt der Schmelze groß
genug ist, um ein Abkühlen der Schmelze zu verhindern. Weil der Wärmeinhalt
der Schmelze nahe der Erdoberfläche nur gering ist, zeigen Einschlüsse aus der
Erdkruste meist nur geringfügige Einwirkung wie in Abb. 311. Geochemische
Untersuchungen haben ferner gezeigt, daß Ca- und Mg-reiche Gesteine, wie z. B.

die Melilithite, nicht durch Assimilation von Kalken oder Dolomiten entstanden sein können, weil sie z. B. hohe Ni- und Cr-Gehalte aufweisen, die nicht aus Sedimenten stammen können (WEDEPOHL 1963). Aus diesen Gründen müssen wir annehmen, daß die Assimilation von Sedimenten durch Magmen in der Nähe der Erdoberfläche eine geringere Rolle für die Veränderung des Ca-, Mg-, SiO_2- und Al_2O_3-Gehaltes der Eruptivgesteine spielt als früher angenommen wurde. Wichtiger erscheint die Aufnahme von Wasser aus Tonen in die Schmelze.

Entmischung im flüssigen Zustand. Man hat auch noch an andere Möglichkeiten der Differentiation gedacht, so an die Entmischung von Silikatmagmen im flüssigen Zustand. So zeigt z. B. das Diagramm (Abb. 310) in seinem rechten Teil eine solche Entmischung. Zwischen der SiO_2-Ordinate und der gestrichelten Linie haben wir eine Schmelze, die aus SiO_2 und etwas MgO besteht. Gehen wir waagerecht weiter nach links, so hört bei der Konzentration, die dem Treffpunkt mit dieser gestrichelten Linie entspricht, die Mischbarkeit auf. Jenseits der Linie haben wir zwei Schmelzen. Die Konzentration der einen entspricht dem Schnittpunkte der waagerechten mit der einen gestrichelten Linie, die der anderen dem mit der gegenüberliegenden. Das Mengenverhältnis der beiden Schmelzen ist natürlich so, daß es der Konzentration der ursprünglichen Schmelze

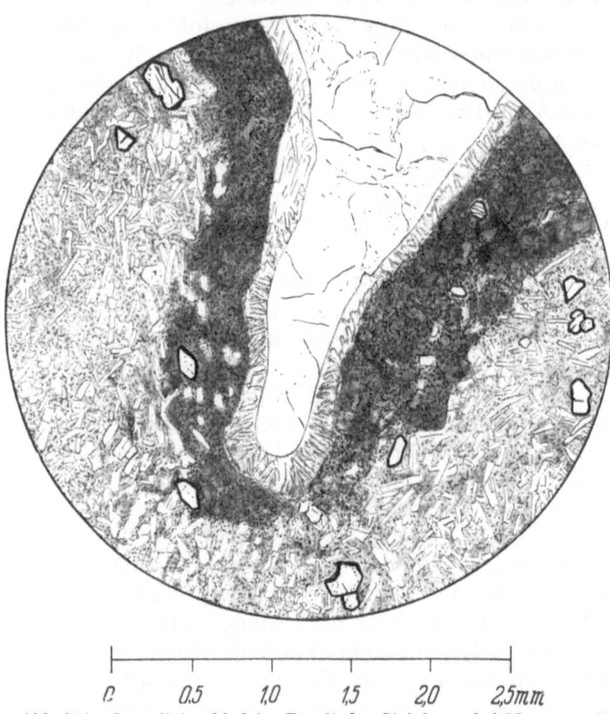

Abb. 311. Quarziteinschluß im Basalt des Steinbergs bei Meensen, südwestlich Göttingen. Um den Einschluß glasiger Reaktionssaum mit Pyroxennadeln, dann Übergang zum normalen Basalt mit Feldspatleisten und Augiteinsprenglingen (stark umrandet) in feinkristalliner Grundmasse

entspricht, wie sie durch den Projektionspunkt auf der Abszisse angegeben ist. Eine solche Entmischung im flüssigen Zustand ist eine weitere Möglichkeit, die Mannigfaltigkeit der magmatischen Gesteine zu erklären. Allerdings haben die experimentellen Untersuchungen gezeigt, daß Entmischungen in natürlichen Silikatschmelzen kaum eine Rolle spielen können. Auch der Einfluß des Wassergehaltes der Schmelze scheint nach bisherigen Erfahrungen die Entmischung nicht zu ermöglichen.

In dem *System Sulfid-Silikat* kann jedoch die Entmischung im flüssigen Zustand für die Mineralbildung eine Rolle spielen. Das Sulfid, das in diesen Schmelzen häufig vorkommt, ist der Magnetkies, $Fe_{1-x}S$. Seine Schmelze ist viel schwerer als die Silikatschmelzen und sinkt ab. Als Modell für diese Vorgänge können wir das System Methylalkohol-Hexan benutzen. Wir färben 4 cm³ Methylalkohol mit einem Körnchen Methylorange und geben 6 cm³ Hexan hinzu, das farblos bleibt. Bei Zimmertemperatur mischen sich die beiden Flüssigkeiten nicht, erst bei etwa 50°C tritt vollständige Mischung ein, die ganze Flüssigkeit ist gleichmäßig orange gefärbt. Beim Abkühlen scheiden sich zunächst feine Tröpfchen von Methylalkohol im Hexan aus, die wegen ihres höheren spezifischen Gewichtes (Methylalkohol 0,79, Hexan 0,66) absinken. Schließlich sammelt sich unten der orange gefärbte Methylalkohol. Würden wir das System im Stadium der Tröpfchenbildung einfrieren lassen, so würden wir ein Analogon zu dem Vorkommen von Magnetkiestropfen und -schlieren in manchen Gabbrogesteinen haben. Eine vollständige Entmischung in großem Maßstabe wird bei der Bildung der berühmten Lagerstätte von Sudbury in Kanada (Abb. 312) an-

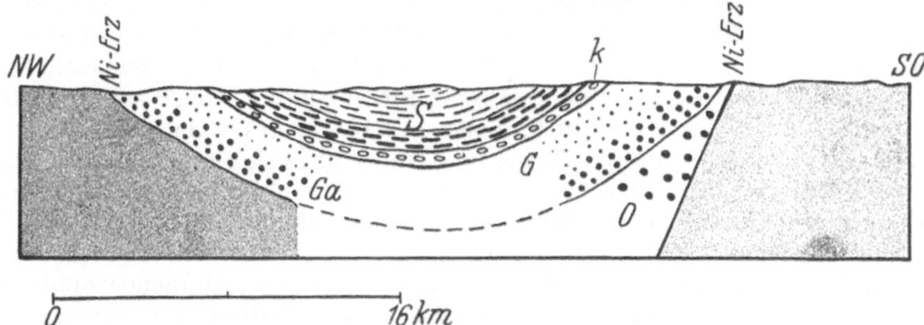

Abb. 312. Profil des Intrusivlagers von Sudbury, Kanada (schematisiert nach COLEMAN [s. DALY]). *S* jüngere Sedimente; *k* Konglomerate; *G* Granit; *Ga* Gabbro (Norit); *O* älterer Gabbro (Norit)

genommen, allerdings nicht ohne Widerspruch. Diese Lagerstätte ist durch die Mitausscheidung des Pentlandits (Fe, Ni)S die wichtigste Nickellagerstätte der Erde, mit 2,5—3% Nickel im Roherz und einer Jahresproduktion von etwa 100000 t Ni im Jahre 1938. Ähnliche, aber viel kleinere Lagerstätten sind nicht selten (z.B. Sohland a.d. Spree, Horbach im Schwarzwald, Petsamo in Nordfinnland). In Sudbury gewinnt man auch Platin, das mit nur 0,2 g in der Tonne dem Roherz beigemengt ist, (1954:10 T), ein gutes Beispiel für die große wirtschaftliche Bedeutung auch sehr geringfügiger Beimengungen. Der mittlere Gehalt der Eruptivgesteine wird mit 0,005, der der ultrabasischen Gesteine mit 0,02 g/T angegeben. Es hat also im Erz bereits eine Anreicherung stattgefunden. Auch für Silikat- und oxydische Eisenschmelzen hat man Entmischung angenommen, das Vorkommen von Magnetitsubstanz in Tröpfchenform spricht dafür, auch wenn es nur selten beobachtet wird. Vielleicht sind die großen Magnetit-Eisenglanzlagerstätten Nordschwedens durch Entmischung entstanden. Auch für die Entstehung von Carbonatschmelzen, wie sie bei Vulkaneruptionen in Tanganyika beobachtet wurden, könnte Entmischung im flüssigen Zustand in Frage kommen, die experimentell im System Albit—Na_2CO_3 festgestellt wurden.

2. Übersicht über die Eruptivgesteine

Einteilungsarten. Die Veränderungen, die eine Schmelze durch Entmischung im flüssigen Zustand oder durch Zumischung fremder Gesteine oder schließlich durch Absinken oder Abquetschen der zuerst ausgeschiedenen Kristalle erfahren kann, genügen zwar einigermaßen, um sich vorzustellen, wie die Mannigfaltigkeit der magmatischen Gesteine im engeren Sinne, die man auch Eruptivgesteine nennt, entstanden sein könnte, die Vorgänge selbst sind aber noch nicht hinreichend erforscht, um eine allgemeine genetische Systematik auf ihnen aufbauen zu können. Für die Systematik der magmatischen Gesteine müssen deshalb andere Gesichtspunkte verwendet werden. Von drei Seiten hat man Einteilungen versucht, von der chemischen Zusammensetzung aus, durch den Mineralbestand und auf Grund der Lagerungsverhältnisse. Auch das erdgeschichtliche Alter hat man in wenig glücklicher Weise mit herangezogen. Chemismus und Mineralbestand müssen in einem engen Zusammenhang stehen, aber die Beispiele von Zwei- und Dreistoffsystemen haben uns gerade gezeigt, daß sich selbst bei so einfachen Verhältnissen je nach den Erstarrungsbedingungen verschiedene Minerale aus gleichartigen Schmelzen bilden können. Es sei nur als ein Beispiel an das Diagramm (Abb. 294) erinnert. Für das Verständnis der Gesteine sind aber die Erstarrungsbedingungen außerordentlich wichtig, eine rein chemische Klassifikation würde gerade die genetisch wichtigsten Daten unterdrücken.

Die Ermittlung des Mineralbestandes erfolgt meist durch mikroskopische Untersuchung von *Dünnschliffen*, Gesteinsblättchen, die auf etwa 0,03 mm Dicke abgeschliffen und mit Kanadabalsam ($n = 1,537 \pm 0,003$) oder Kollolith ($n = 1,533 \pm 0,003$) auf einen Objektträger gekittet sind. Solche Dünnschliffe wurden erstmals 1851 von SORBY in England und 1852 von OSCHATZ in Deutschland hergestellt. Die Mineralbestimmung im Dünnschliff erfordert die Hilfsmittel der Kristalloptik (III. 5). Diese ist deshalb gerade von Mineralogen in ihren Anwendungen stets besonders gepflegt worden. Ohne Beherrschung der kristalloptischen Methoden ist eine gute petrographische Arbeit nicht möglich. Bei feinkörnigen Gesteinen und in besonderen Fällen wendet man röntgenographische Methoden, besonders die Pulveraufnahmen an. Das Studium der Minerale in den Gesteinen mit allen Hilfsmitteln, besonders mit denen der Kristalloptik und Röntgenographie, gehört deshalb zu den wichtigen Aufgaben des Mineralogen.

Strukturen. Genetisch wichtig ist ferner außer dem Mineralbestand die Anordnung der Gemengteile, das Gefüge. Diese sind schon immer von den Gesteinskundlern sorgfältig untersucht und besprochen worden. Man unterscheidet in Deutschland zwischen Struktur und Textur. Unter *Struktur* versteht man die Art des Aufbaues aus den einzelnen Bestandteilen, den Bauverband, unter *Textur* das Gefüge höherer Ordnung, die räumliche Anordnung gleichwertiger Gefügegruppen. Ein Bauwerk aus Ziegeln würde also „Ziegelstruktur", eines aus Feldsteinen, eine „Feldsteinstruktur" haben, aber eine gotische oder romanische „Textur". Leider braucht man im Ausland diese Ausdrücke in anderem Sinn. In den angelsächsischen Ländern wird das, was wir Struktur nennen, meist „texture" genannt, und was wir Textur nennen „fabric". „Structure" entspricht einer noch höheren Gefügeordnung, die wir *Absonderung* nennen und zu der die Säulenbildung der Basalte, Kluftbildungen und anderes gehören. Wegen dieser Verschiedenheiten des Sprachgebrauchs ist es oft zweckmäßig, den übergeordneten Ausdruck Gefüge zu benutzen.

Die Struktur ist ein Ausdruck der Art des Zusammentretens der Minerale, also des Verfestigungsvorganges aus dem Magma, sie enthält die Reihenfolge der Ausscheidungen, Wiederauflösungsvorgänge und anderes mehr. Sie zeigt uns z. B. an, ob ein Gestein *glasig* erstarrte, was vor allem von der Abkühlungsgeschwindigkeit (s. S. 166), aber auch etwas von der chemischen Zusammensetzung abhängt. Gesteine, die wenig Kieselsäure enthalten, erstarren seltener zu Glas als die kieselsäurereichen. Wir finden alle Übergänge von glasigen („hyalinen") Gesteinen zu voll- („holo-")kristallinen. In vorwiegend glasig erstarrten Gesteinen ist die Kristallisation zuweilen in radialstrahligen Aggregaten „Sphärolithen" erfolgt. Manchmal bilden sich auch nur Haare, „Trichite".

Eine andere wichtige Strukturerscheinung ist die *Gestalt der Minerale*. Frei in der Schmelze wachsende Kristalle haben Eigengestalt, sind „idiomorph". Bereits ausgeschiedene Kristalle verhindern die später wachsenden an der Entwicklung der Eigengestalt, so daß sie nur teilweise eigengestaltig „hypidiomorph" oder ganz ohne Eigengestalt „allotrio-" oder „xenomorph" sind. Fehlt die Eigengestalt, weil alle Komponenten gleichzeitig erstarren, so spricht man von „panidiomorph". Ein Sonderfall ist die schriftgranitische Verwachsung, die auch mikropegmatitisch, granophyrisch, pegmatophyrisch, graphisch und mikrographisch genannt wird. DRESCHER-KADEN nennt Kalifeldspat-Quarz-Systeme, bei denen der Quarz teilweise ebenflächig begrenzt ist, Schriftgranite, wenn dies nicht der Fall ist, Granophyre; Plagioklas-Kalifeldspat-Quarzsysteme bezeichnet er als Myrmekite. Auf ihre Ähnlichkeit mit eutektischen Strukturen wurde bereits oben (S. 174) hingewiesen. Ähnliche Strukturen können auch durch Verdrängungserscheinungen, auf die später bei der Beprechung der Metamorphose eingegangen wird, entstanden sein.

Besonders wichtig für die Genetik ist schließlich die *relative Größe* der Bestandteile. Bei gleichmäßiger, sehr langsamer Abkühlung, wie sie besonders bei Magmen eintritt, die in großer Tiefe erstarren, können die einzelnen Kristalle alle zu etwa gleicher Größe wachsen, die Diffusion bringt genug Stoff mit der Zeit heran, um eine gleichkörnige Struktur entstehen zu lassen. Ein Beispiel ist in Abb. 313 dargestellt.

Bei anderen Gesteinen können wir das Erstarren z.B. von Lavaströmen an Vulkanen beobachten. Schmelzen, die so wie diese plötzlich an die Erdoberfläche befördert und dabei rasch abgekühlt werden, erstarren glasig oder fein kristallin. Diese Strukturen sind also kennzeichnend für Erguß- oder Oberflächengesteine. Wenn die Schmelze langsam abgekühlt wird,

Abb. 313. Gleichmäßig körnige Struktur. Granit, La Ginnea, Genua. zwischen gekreuzten Nicols. *a* Orthoklas: große leicht getrübte Kristalle mit Andeutung von Spaltbarkeit; *b* Plagioklas: große Kristalle mit schmalen Zwillingslamellen und ein zonar gebauter Kristall; *c* Quarz: klar, als Zwickel zwischen Feldspäten; *d* Glimmer: kleine Kristalle mit deutlicher Spaltbarkeit, einer davon ist von dem zonaren Plagioklas umwachsen

so können die erstausgeschiedenen Kristalle zunächst weiterwachsen, bis ein Stadium erreicht wird, in dem die ganze Schmelze erstarrt, z.B. in dem als Modell dienenden Zweistoffsystem bis zum Eutektikum (Abb. 291, S. 172). Es mag auch vorkommen, daß eine solche Schmelze aus der Tiefe, in der sie langsam abkühlte, rasch an die Oberfläche befördert und abgekühlt wird. In beiden Fällen entstehen Einsprenglinge (engl.: phenocrysts) in einer feinkörnigen Grundmasse. Diese Struktur heißt porphyrisch (Abb. 295, S. 175). Das Wort Porphyr (griech. purpur) bedeutete ursprünglich ein rotes Gestein, das diese Struktur zeigte und wandelte erst im Laufe der Zeit seine Bedeutung von der Farbbezeichnung zur Struktur. Porphyrische Strukturen finden wir besonders bei Ganggesteinen, d.h. bei Schmelzen, die zwischen kaltes Nebengestein gepreßt wurden, und auch bei manchen Ergußgesteinen. Wie bereits auf S. 175 erwähnt, können die Einsprenglinge Zeichen von Auflösungsspuren zeigen. Eine weitere Art der Struktur kann dadurch entstehen, daß sich zuerst relativ kleine Kristalle einer Art ausscheiden, die von größeren, später gebildeten, einer anderen Art umschlossen werden: poikilitische Struktur (poikilos, griech. bunt). In metamorphen Gesteinen nennt man solche Strukturen poikiloblastisch. Ein bei kieselsäurearmen Magmen häufiger Spezialfall ist die ophitische Struktur

(griech. ophis, Schlange), bei der tafelförmige Plagioklase, die im Dünnschliff
als Leisten erscheinen, in großen Augitkristallen liegen. Sind die Zwischenräume
zwischen Feldspat„leisten" von selbständigen Mineralkörnern gebildet, z. B. von
Augiten oder Olivinen, so spricht man von intergranularer Struktur. Inter-
sertal (lat. intersertus, dazwischengefügt) schließlich nennt man eine Struktur,
wenn zwischen den Leisten feinkörnige oder glasige Grundmasse liegt. Meist
beobachtet man Übergänge zwischen intersertaler oder ophitischer Struktur,
wie sie in Abb. 314 dargestellt sind.

Texturen. Während die Strukturen ein Ausdruck der physikalischen und
chemischen Bedingungen der Erstarrung sind, geben uns die Texturen Hinweise
auf das mechanische Verhalten der Schmelzen. Richtungslose Texturen zeigen

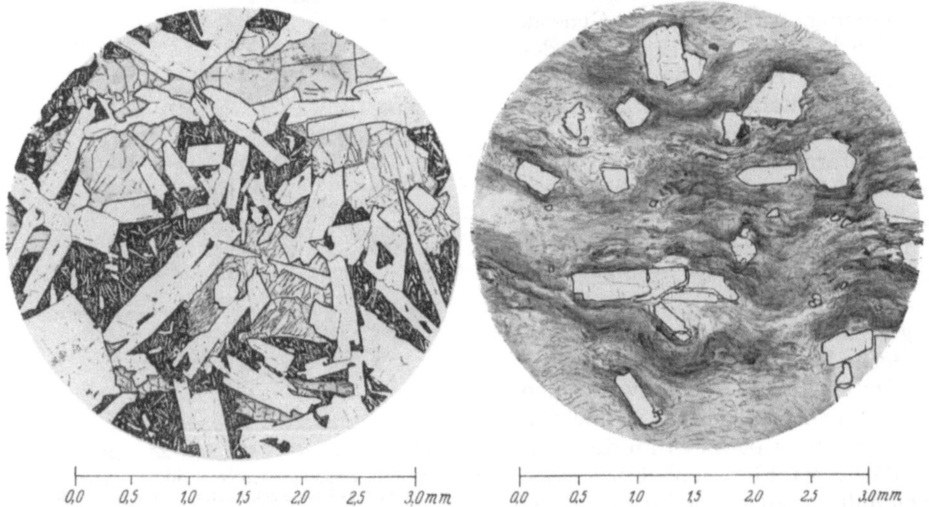

Abb. 314. Pyroxenandesit, Sababurg, Reinhardtswald
nördlich Kassel. Plagioklas (weiß) zum Teil leisten-
förmig in rhomb. Pyroxen (grau mit Spaltrissen),
beide in feinkristalliner Grundmasse

Abb. 315. Fließtextur. Rhyolith, Grantola bei Luino,
Lago Maggiore. In glasiger Grundmasse Einsprenglinge
von Sanidin

an, daß die Schmelze während und nach der Erstarrung nicht bewegt worden
ist. Fließ- („fluidal") Texturen lassen Bewegungen erkennen (Abb. 315) und
unter Umständen sogar rekonstruieren, z. B. durch Ausmessen von in der Fließrichtung eingeordneten blättchenförmigen Kristallen (Sanidinen!). Solche Fließ-
texturen dürfen nicht zu der Annahme verleiten, daß Kristalle abgesunken oder
aufgestiegen seien.

Andere gerichtete Texturen entstehen unter dem Einfluß von Kräften, die
nach der Erstarrung auf das Gestein wirken, sie werden bei der Besprechung
der Gesteinsumbildung (IX. 3) erwähnt.

Geologische Einteilungen. Versuchen wir nun auf Grund unserer bisherigen
Kenntnisse eine Klassifikation der magmatischen Gesteine, so stoßen wir auf
mannigfache Schwierigkeiten. Schon früh hat man die meist auch in der Struktur
ausgeprägten Unterschiede im Erstarrungsort verwendet. In größeren Erdtiefen,
„abyssisch", gebildete Gesteine heißen *Tiefengesteine* oder auch Plutonite. Die
in geringerer Tiefe, „hypabyssisch", zwischen anderen Gesteinen erstarrten
Schmelzen nennt man *Ganggesteine* und die an der Oberfläche ausgetretenen
Effusive oder *Ergußgesteine*. Die Unterscheidung ist also eine geologische und
nicht immer mit Sicherheit durchzuführen. Insbesondere muß es alle Übergänge

von Tiefen- zu Gang- und von diesen zu Ergußgesteinen geben, so daß die Gruppe der Ganggesteine, die ja eine Übergangsgruppe ist, auch manchmal weggelassen wird. Jedoch haben sich die Bezeichnungen so eingebürgert, daß wir sie hier beibehalten wollen.

Eine weitere geologische Unterscheidung ist fast nur in Deutschland noch im Gebrauch, nämlich die Einteilung der Ergußgesteine in „alte" und „junge". Meist wird die Grenze mit dem Ende des Palaeozoikums gezogen, nur bei den basaltischen Gesteinen hat man für die im älteren Palaeozoikum den Namen Diabas, für die im obersten, dem Perm, auftretenden noch den besonderen Namen „Melaphyr" in Gebrauch. Dieser Name sollte aufgegeben werden. Die Bezeichnung Diabas wird im angelsächsischen Sprachgebiet für grobkörnige Basalte gleichbedeutend mit Dolerit gebraucht, die als Ganggesteine auftreten. Die alten Ergußgesteine haben mancherorts im Laufe der Erdgeschichte Umwandlungen erlitten, sind also schwach metamorph, „anchimetamorph". Es ist zu empfehlen, daß auch in Deutschland, wie sonst fast überall, die bisherigen Namen für die „alten" Ergußgesteine auf diese anchimetamorphen Gesteine beschränkt werden. Ein unveränderter palaeozoischer Basalt, wie er zwar nicht in Deutschland, aber z.B. in Skandinavien auftritt, sollte also auch Basalt genannt werden.

Bei den Ganggesteinen unterscheidet man herkömmlicherweise zwei Arten. Die eine Gruppe enthält Gesteine, die die gleiche Zusammensetzung wie ein beobachtetes oder angenommenes Muttergestein haben, sie unterscheiden sich nur in der Struktur von ihm. Diese Gesteine werden Porphyre genannt, wenn sie vorwiegend Kalifeldspat, und Porphyrite, wenn sie Plagioklas enthalten. Den Namen des Muttergesteins setzt man davor, also Granitporphyr, Dioritporphyrit usw. Der Name Porphyr ist, wie S. 193 erwähnt, ein Strukturbegriff. Der Name Porphyrit gilt vorwiegend für anchimetamorphe Ergußgesteine. Besser sollte man den richtigen Gesteinsnamen, z.B. Rhyolith verwenden. Andere Ganggesteine zeigen einen anderen Bestand als das vermutete Muttergestein. Sind die hellen Gemengteile angereichert, so spricht man von *Apliten*, wiegen die dunklen vor, so nennt man das Gestein *Lamprophyr*. Diese Gruppe nennt man auch diaschiste, gespaltene Gänge, ihr steht die erste Gruppe als ungespaltene, aschiste Gänge gegenüber. Heute wird die Aufspaltungstheorie, die in diesen Wörtern zum Ausdruck kommt, nicht mehr anerkannt, und die Aplite und Lamprophyre als Gesteine angesehen, die verschiedener Herkunft sein können.

Einteilung nach dem Mineralbestand. Die weitere Unterteilung kann man im Anschluß an JOHANNSEN, NIGGLI und TRÖGER nach dem Mineralbestand vornehmen, indem zunächst für die Tiefengesteine die Mengenverhältnisse der hellen Bestandteile, d.h. im wesentlichen Quarz, Feldspäte und Feldspatvertreter, benutzt werden. Als Feldspatvertreter oder Feldspatoide, abgekürzt „Foide", bezeichnet man Leucit $K[AlSi_2O_6]$, Nephelin $Na_3K[AlSiO_4]_4$, sowie die selteneren Analcim $Na[AlSi_2O_6] \cdot H_2O$, Nosean, Sodalith, Hauyn und Cancrinit. Die Formeln der letzten vier Minerale lassen sich nach folgendem Schema leicht merken: auf 6 „Nephelinmoleküle" $NaAlSiO_4$ kommen beim Nosean 1 Na_2SO, beim Sodalith 2 $NaCl_2$, beim Hauyn 1 $CaSO_4$ und beim Cancrinit 1 $CaCO_3$. In diesen Mineralen finden mancherlei Substitutionen statt. Die genauen Formeln sind in den Mineraltabellen S. 396 und S. 398 aufgeführt. Alle diese Gerüstsilikate haben weniger SiO_2 als die Feldspate, sie können im Gleichgewicht nicht gleichzeitig mit Quarz vorkommen, wie z.B. aus dem Diagramm (Abb. 296, S. 177) für Leucit hervorgeht. Durch diesen Umstand ist es möglich, die Gesteine in zwei aneinanderstoßenden Konzentrationsdreiecken einzutragen (Abb. 316). Das obere hat als Spitze 100% Quarz und als Basis Alkalifeldspat und Plagioklas

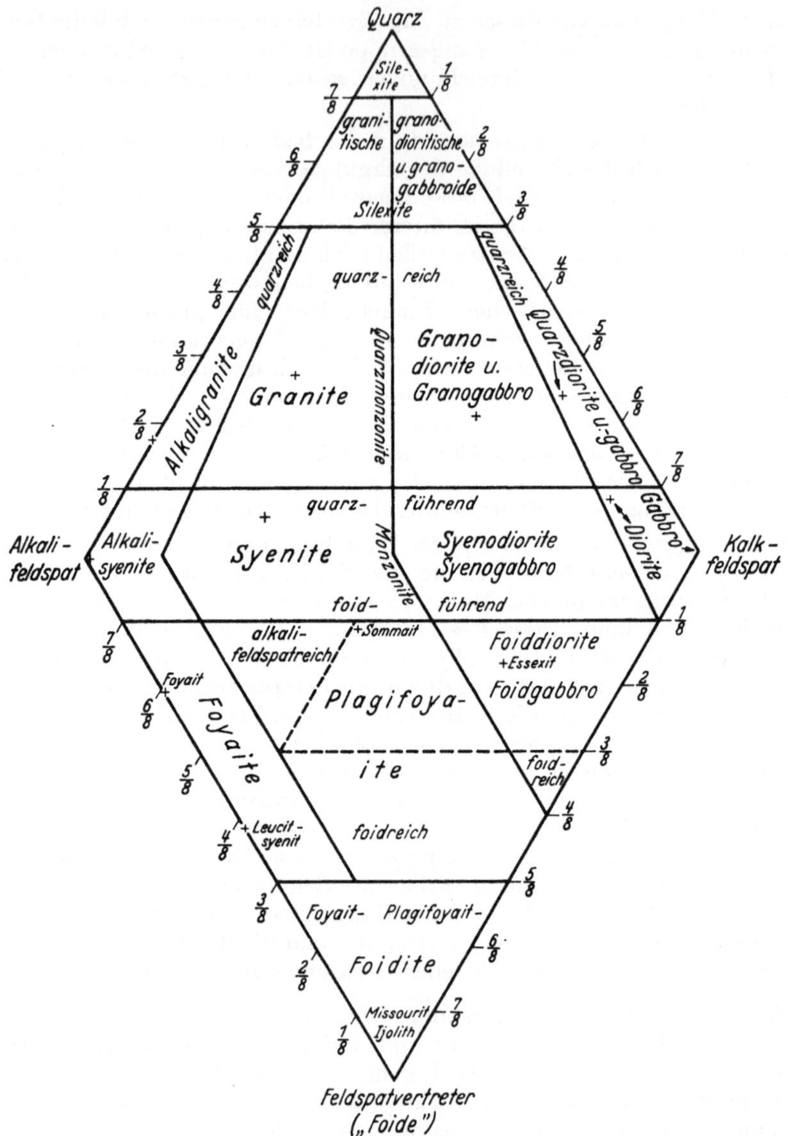

Abb. 316. Einteilung der Tiefengesteine mit mehr als ¹/₄ hellen Gemengteilen in der Dreiecksprojektion (nach NIGGLI)

bis Anorthit, die zugleich die Basis für das zweite Dreieck bilden, dessen freie Ecke 100% Foide darstellt. Die Projektion ermöglicht eine quantitative Aufteilung der Gesteine nach ihrem Gehalt an hellen Gemengteilen. Von typischen Gesteinen sind die Projektionspunkte eingetragen, die dazugehörigen Angaben sind im Anhang S. 407 ff. zusammengestellt. Die dunklen Gemengteile, im wesentlichen Biotit, Hornblende, Pyroxen und Olivin, fehlen in dieser Darstellung. Sie sind in der Übersichtstabelle 35 mit berücksichtigt. Hier sind die Namen der Alkaligesteine umrahmt, die Schriftgröße soll einen Hinweis auf die Häufigkeit der Gesteine geben (s. auch S. 201, Tabelle 41).

Tabelle 35. *Übersicht der häufigen Typen magmatischer Gesteine*

<table>
<tr>
<td rowspan="2"></td>
<td colspan="2">SiO₂ im Überschuß,
Quarz führend</td>
<td colspan="3">an SiO₂ gesättigt, meist ohne Quarz</td>
<td colspan="4">an SiO₂ untersättigt</td>
</tr>
<tr>
<td>75 69</td>
<td>67 60</td>
<td>62 58</td>
<td>56</td>
<td>50 46</td>
<td>55</td>
<td>44 41</td>
<td>53</td>
<td>40 30</td>
</tr>
<tr>
<td>% SiO₂ im Durch-
schnitt</td>
<td colspan="2">Quarz und vorwiegend
Kalifeldspat | Plagioklas</td>
<td>vorw. Alkali-
feldspäte</td>
<td>Feldspäte
vorw. Plagioklas
Ab < 50</td>
<td>An < 50</td>
<td>Feldspatvertreter
mit
Feldspat</td>
<td>ohne
Feldspat</td>
<td colspan="2">vorwiegend mono-
mineralische
Gemengteile</td>
</tr>
<tr>
<td>helle Gemengteile</td>
<td colspan="5">Biotit, Hornblende, Pyroxene
                z.T. Olivin</td>
<td colspan="2">z.T. Olivin</td>
<td>helle</td>
<td>dunkle</td>
</tr>
<tr>
<td>dunkle Gemengteile</td>
<td>**Granit**
Alkaligranit</td>
<td>**Granodiorit**</td>
<td>Syenit
Natron-
syenit</td>
<td>Diorit</td>
<td>Gabbro
Norit</td>
<td>Nephelin-
syenit
Essexit</td>
<td></td>
<td>Anorthosit
(Plagioklas)</td>
<td>Peridotit
(Olivin
Pyroxene)
Dunit
(Olivin)</td>
</tr>
<tr>
<td>**Tiefengesteine**

(Plutonite)</td>
<td colspan="2">Quarzdiorit
Tonalit
Adamellit</td>
<td colspan="2">Monzonit</td>
<td></td>
<td></td>
<td></td>
<td></td>
<td></td>
</tr>
<tr>
<td>**Ergußgesteine**
(Vulkanite)</td>
<td>Rhyodazit
Rhyolith</td>
<td>Dazit</td>
<td>Trachyt
mit Sanidin</td>
<td>Andesit</td>
<td>**Basalt**
Alkaliolivin-
basalt
und
tholeiitischer
Basalt</td>
<td>Phonolith
Nephelin-
tephrit *
Nephelin-
basanit *
Limburgit
mit Glas</td>
<td>Nephelinit
Leucitit
Melilithit</td>
<td></td>
<td>Kimberlit
Pikrit
(Olivin, Augit,
Übergang zu
Basalt)</td>
</tr>
<tr>
<td>anchimetamorph</td>
<td>Quarz-
porphyr</td>
<td>Quarz-
porphyrit
Quarz-
keratophyr</td>
<td colspan="2">Latit
Trachyandesit
Keratophyr
mit Albit</td>
<td></td>
<td></td>
<td></td>
<td></td>
<td></td>
</tr>
<tr>
<td> </td>
<td></td>
<td></td>
<td>Porphyrit</td>
<td></td>
<td>Diabas</td>
<td></td>
<td></td>
<td></td>
<td></td>
</tr>
<tr>
<td>**Gläser**</td>
<td colspan="4">Obsidian
Pechstein (>3 % H₂O)</td>
<td colspan="5">Sideromelan
Palagonit mit H₂O</td>
</tr>
<tr>
<td>**Gänge**</td>
<td colspan="9">Aplite und Lamprophyre
Kersantit (K)   Camptonit (Na)   Monchiquit (Na)</td>
</tr>
</table>

* oder entsprechend Leucitgesteine.

Zur Benennung ist noch folgendes nachzutragen: Gesteine, die vorwiegend helle Gemengteile führen, heißen leukokrat (griech. leukos, weiß), solche mit vorwiegend dunklen werden melanokrat (griech. melas, schwarz) genannt. Zuweilen wird auch der Farbindex verwendet, der angibt wieviel Prozent dunkelgefärbte Minerale (einschl. Olivin) im Gestein vorhanden sind. Häufig unterscheidet man auch ,,saure'', d.h. kieselsäurereiche Gesteine, die meist hell, und ,,basische'', die meist dunkel gefärbt sind. In der Tabelle 35 sind einzelne typische Gesteine aufgeführt und für diese ist der SiO_2-Gehalt nach der Analysensammlung von TRÖGER angegeben. In dem Anhang findet man die zugehörigen Analysen und den Mineralbestand aufgeführt.

Die Verteilung der Gesteinsarten auf der Erde ist nicht gleichmäßig. HARKER 1896 und BECKE 1903 haben darauf aufmerksam gemacht, daß alkalische Gesteine in der Umrandung des Atlantischen Ozeans, Kalkalkaligesteine in der des Pazifischen auftreten. Später hat NIGGLI die Alkaligesteine aufgespalten in Gesteine mit Natronvormacht, die den *atlantischen* Gesteinen BECKEs entsprechen und in Gesteine mit Kalivormacht, die im Mittelmeer, besonders in Mittelitalien, auftreten und die er *mediterran* nannte. Die Benennung der Alkali- und Kalkalkaligesteine bei den verschiedenen Autoren schwankt etwas. Die folgende Tabelle 36 (nach BARTH) gibt einige Beispiele.

Tabelle 36. *Verschiedene Bezeichnungen von Gesteinsstämmen*

HARKER, BECKE	Verschiedene deutsche und englische Verfasser		TYRRELL	PEACOCK	NIGGLI
pazifisch	subalkalisch	calc-alkalic	calcic	$\dfrac{calcic}{calc\text{-}alkalic}$	Kalk-Alkalireihe = pazifisch
atlantisch	alkalisch	alkalic	alkalic	$\dfrac{alkali\text{-}calcic}{alkalic}$	Natronreihe = atlantisch Kalireihe = mediterran

Heute unterscheidet man meist tholeiitische und Olivin-Alkalibasaltstämme. YODER und TILLEY geben folgende Klassifikation auf Grund des normativen Mineralbestandes, dessen Berechnung auf S. 199 erläutert wird.

Tholeiite, übersättigt an SiO_2: Quarz + Hypersthen,
Tholeiite, gesättigt an SiO_2: Hypersthen.
Olivin-Tholeiite untersättigt an SiO_2: Hypersthen + Olivin.

Olivinbasalt: Olivin,
Alkalibasalt: Olivin + Nephelin.

Im modalen (s. S. 200) Mineralbestand haben die Olivin-Alkalibasalttypen gewöhnlich nur einen diopsidischen Pyroxen (Augit), während die tholeiitischen Typen zusätzlich pigeonitische und eventuell Ortho-Pyroxene führen.

Chemische Einteilungen. Die Einteilung in atlantische oder Natrongesteine, mediterrane oder Kaligesteine und pazifische oder Kalkalkaligesteine ist eine chemische. Die Einordnung in solche ,,Gesteinsprovinzen'' erfolgt auf Grund der chemischen Analyse des Gesteins. Wenn man die Analysen (s. Anhang) vergleicht, so ist es schwierig, die Zusammenhänge zu überschauen. Man berechnet deshalb aus den Gewichtsprozenten der Analyse Molekularquotienten, indem die Gewichtsprozente durch die Molekulargewichte dividiert und mit 1000 multipliziert werden. Diese Molekularquotienten oder Molekularzahlen werden nach verschiedenen Vorschlägen zusammengefaßt, damit die gegenseitigen Abhängigkeiten sich graphisch darstellen lassen. In Deutschland wird meist die

Darstellung von NIGGLI benutzt, für die im folgenden ein Beispiel der Berechnung gegeben wird. Die Molekularzahlen von Al_2O_3, FeO einschließlich Fe_2O_3 in FeO umgerechnet $+$ MgO $+$ MnO, CaO $+$ BaO $+$ SrO und von $K_2O + Na_2O + Li_2O$ werden auf 100 umgerechnet. Wir erhalten so die vier Gruppen $al + fm + c + alk = 100$. SiO_2 und nach Bedarf auch TiO_2, P_2O_5 usw. werden im Verhältnis umgerechnet. Mol.-Zahl Al_2O_3:Mol.-Zahl $SiO_2 = al:si$. Schließlich wird noch aus den Molekularzahlen der Anteil des K_2O und MgO berechnet:

$$k = \frac{K_2O}{K_2O + Na_2O + Li_2O}\; ; \qquad mg = \frac{MgO}{FeO + MnO + MgO}\,.$$

Als Beispiel dieser Berechnungsart diene der von H. NIEMANN untersuchte Granit des Wurmbergs bei Braunlage (Tab. 37).

Hat man eine große Zahl von Analysen zu vergleichen, so verwendet man meist Diagramme, in denen die al, fm, c, alk, k, mg-Werte gegen die si-Werte aufgetragen sind. Als Beispiel sind in der Abb. 317 Werte für die Tiefengesteine der Tabelle 35 (ohne Syenite) (s. auch Anhang) eingetragen. Man sieht sehr deutlich das Absinken von fm und c und das Ansteigen von al und alk mit zunehmendem si. Diese Art der chemischen Betrachtung hat ihre Grenzen, es muß ausdrücklich davor gewarnt werden, aus solchen Beziehungen zuviel herauszulesen. Es stellt sich leicht ein billiges schematisches Arbeiten ein, das dem natürlichen Verhalten nicht Rechnung trägt, zumal da oft auf geringfügige Abweichungen, die durch örtliche Bedingungen, wenn nicht gar durch Schwankungen in der Analysentechnik hervorgerufen sein können, zuviel Gewicht gelegt wird.

Tabelle 37. *Berechnung der Niggliwerte des Granits vom Wurmberg b. Braunlage, Harz.* (An. H. NIEMANN 1958)

	Gew.-%	Mol.-Zahl · 1000		Kennzahlen
SiO_2	73,34		1221	$si =$ 413
TiO_2	0,13		1,6	$ti =$ 0,5
P_2O_5	0,12		0,85	$p =$ 0,3
			130,7	$al =$ 44,2
Al_2O_3	13,32			
Fe_2O_3	1,11	als FeO 13,9		
FeO	1,14	15,9		
MnO	0,017	0,2	36,2	$fm =$ 12,2
MgO	0,25	6,2		
CaO	1,24		22,1	$c =$ 7,5
Na_2O	3,05	49,2		
K_2O	5,42	57,5	106,7	$alk =$ 36,1
			295,7	100,0
S	0,1			
H_2O^+	0,82			$k =$ 0,54
H_2O^-	0,16			$mg =$ 0,17
	100,21			$c/fm =$ 0,61
Korr. f.				
S/O	—0,03			
	100,18			
Dichte	2,62			

Eine andere Art der Berechnung von Analysen wird vor allem in USA angewandt. Man berechnet aus der Analyse mit Hilfe der Molekularzahlen Standard- oder Normminerale. Die Methode wird nach ihren Begründern, CROSS, IDDINGS, PIRSSON und WASHINGTON meist CIPW-Norm genannt. Die Normminerale sind in Tabelle 38 aufgeführt. Die Berechnung ist einfach, wenn SiO_2 im Überschuß vorhanden ist und ist aus Tabelle 39 zu ersehen. Eine ausführliche Darstellung findet sich bei A. HOLMES.

Für das gewählte Beispiel des Wurmberggranits ist, wie Tabelle 40 zeigt, die Übereinstimmung mit der optischen Bestimmung der Minerale durch H. NIEMANN recht gut für Feldspäte und Quarz. Man sieht auch sogleich einen schweren Nachteil dieser Norm, daß nämlich die Glimmer nicht berücksichtigt werden. So sind die Normminerale auch nur eine Darstellungsart der Analyse, bestenfalls der Ausdruck dessen, was aus dem Magma hätte auskristallisieren können. Statt dieses „*normativen*" Mineralbestandes wird neuerdings meistens der „*modale*" angegeben, der auf Grund der quantitativen optischen Untersuchung ermittelt ist. Wenn irgend möglich, sollte dieser optisch quantitativ festgestellte Befund angegeben werden.

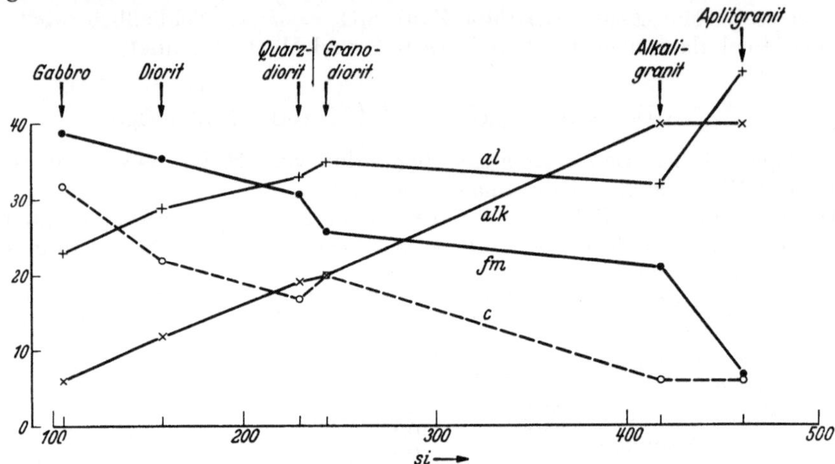

Abb. 317. Differentiationsdiagramm der Tiefengesteine der Tabelle 35

Tabelle 38. *Normminerale (CIPW) und ihre Abkürzung*

Quarz	q	Wollastonit		wo	Magnetit	mt
Korund	c	Enstatit	Diopsid di	en	Hämatit	hm
Kalifeldspat	or	Ferrosilit		fs	Ilmenit	il
Albit	ab	Forsterit	Olivin ol	fo	Apatit	ap
Anorthit	an	Fayalit		fa	Pyrit	pr
Leucit	le	Acmit		ac	Calcit	cc
Nephelin	ne					
Kaliophilit	kp					

Tabelle 39. *Berechnung der CIPW-Norm für den Wurmberggranit*

	SiO_2 1221	TiO_2 1,6	P_2O_5 0,85	Al_2O_3 130,7	Fe_2O_3 6,9	FeO 15,9	MnO 0,2	MgO 6,2	CaO 22,1	Na_2O 49,2	K_2O 57,2	S 3,1	Mol-zahl	Gew.-%
Quarz . . .	530												530	31,8
Orthoklas . .	345			57,5							57,5		57,2	31,9
Albit	295,2			49,2						49,2			49,2	25,8
Anorthit. . .	38,6			19,3					19,3				19,3	5,4
Korund . . .				4,7									4,7	0,5
Hypersthen {	6,2							6,2					6,2	} 1,2
{	6,0					5,8	0,2						6,0	
Magnetit . .					6,9	6,9							6,9	1,6
Ilmenit . . .		1,6				1,6							1,6	0,2
Apatit . . .			0,85						2,8				0,85	0,3
Pyrit						1,6						3,1	3,1	0,4

$$99,1$$
$$\left.\begin{array}{l} H_2O^+ \\ H_2O^- \end{array}\right\} 1,0$$
$$\overline{100,1}$$

Häufigkeiten der Eruptivgesteinstypen. Die Tabelle 41 gibt eine Übersicht über den Anteil der häufigsten Eruptivgesteine. Nach allen Abschätzungen sind Granit, Granodiorit und Quarzdiorit mit Abstand am häufigsten. Diese Tiefengesteine nehmen etwa 80% des Volumens ein. Die Ergußgesteine sind nicht etwa in der Tabelle ausgelassen worden, sie machen insgesamt nach WEDEPOHL auch bei Berücksichtigung der ausgedehnten Deckenergüsse höchstens nur 1—2% des Gesamtvolumens aus. Innerhalb der Ergußgesteine schätzt DALY das Raumverhältnis Basalt: Andesit: Rhyolith auf 50:10:1.

Das Überwiegen der granitischen Gesteine hat zu der Vorstellung geführt, daß sie in der Kruste entstanden sind durch Vorgänge, die im Abschnitt Metamorphose behandelt werden, wie z. B. durch vollkommenes oder teilweises Aufschmelzen von Sedimenten. Aber gerade wenn wir diese Annahme machen, ist nicht ohne weiteres einzusehen, warum wir in der Kruste so sehr wenig von ihren Ergußgesteinsäquivalenten, den Rhyolithen finden und 50mal mehr Basalte.

Bei der teilweisen Aufschmelzung von Sedimenten müssen wir einen relativ hohen Betrag von leichtflüchtigen Bestandteilen, besonders Wasser und Kohlensäure, erwarten. In dem Kapitel über die leichtflüchtigen Bestandteile wird gezeigt werden, daß die granitischen Schmelzen wegen dieses Wassergehaltes nur selten an die Erdoberfläche gelangen können. Die Basalte stammen, wie heute allgemein angenommen wird, nicht aus der Erdkruste, sondern aus tieferen Schichten, dem Mantel (s. S. 308).

Tabelle 40. *Beobachtete und aus der chemischen Analyse berechnete Mineralzusammensetzung des Wurmberggranits* (nach H. NIEMANN 1958) *verglichen mit der CIWP-Norm*

	Beobachtete Vol.-%	Berechnete Vol.-%	Nach CIWP berechnete Norm Gew.-%
Kalifeldspat	33,6	33,2	32,0
Plagioklas (15% An)	31,5	31,4	31,2
Quarz	30,4	32,0	31,8
Biotit u. Chlorit . .	3,6	2,5	—*
Erz	0,7	0,5	1,8
Übergemengteile . .	0,3	0,4	0,4

* 1,2% Hypersthen!

Tabelle 41. *Häufigkeit der Eruptivgesteine in der oberen Erdkruste in Vol.-%* (nach K. H. WEDEPOHL)

	Nordam. Kordilleren u. Appalachen (n. DALY 1933)	Nordam. Kordilleren (n. MOORE 1959)	Kanad. Schild (n. GROUT 1936)	Durchschn. (n. geochem. Überleg. v. K. H. WEDEPOHL,
Granit . .	55	35	(<50)	45
Granodiorit	29	19	(<25)	} 35
Quarzdiorit	} 5	34		
Diorit		2		5
Gabbro u. a.	7	11	11	15
Ultrabas . .	0,5			0,5

3. Häufigkeit der chemischen Elemente

Übersicht. Wir haben bis jetzt nur wenige Elemente und eine kleine Anzahl von aus ihnen aufgebauten Mineralen behandelt. Wir müssen noch einen Blick auf das Vorkommen der anderen Elemente in den magmatischen Gesteinen werfen. Die Ermittlung der Häufigkeit der Elemente (einschließlich ihrer Isotope) und der Art ihrer Verteilung in der Erdrinde wird als „Geochemie" im engeren Sinne bezeichnet. Im weiteren Sinne ist die gesamte Lehre von dem Entstehen und Vergehen der Minerale und Gesteine „Geochemie".

Die bisher erwähnten Elemente sind, wie die Tabelle 42 zeigt, wirklich die häufigsten in den magmatischen Gesteinen. Sie stehen in der ersten Spalte und machen zusammen fast 99% aus.

Diese acht Elemente bauen eine beschränkte Zahl von Mineralen auf, die die magmatischen Gesteine zusammensetzen. WEDEPOHL hat aus den Daten von LARSEN über die Häufigkeit der Minerale in den verschiedenen Gesteinstypen und aus der in Tabelle 41 von ihm geschätzten Häufigkeit dieser Typen in der Tabelle 43 berechnet, wie der durchschnittliche Aufbau der Eruptivgesteine aus Mineralen aussieht.

Tabelle 42. *Häufigkeit der Elemente in den magmatischen Gesteinen der oberen Erdkruste in ppm = g/t (nach* WEDEPOHL)

> 10 000 Gew.-%		10 000—100		100—10		10—1		1—0,1		0,1—0,001	
O	47,25	Ti	4700	V	95	B	9	J	0,5	Se	0,09
Si	30,54	P	810	Ce	75	Gd	8,8	Tm	0,3	Hg	0,08
Al	7,83	F	720	Cr	70	Sm	8,6	Bi	0,2	In	0,07
Fe	3,54	H	700	Zn	60	Pr	7,6	Sb	0,2	Ag	0,06
Ca	2,87	Mn	690	Ni	44	Dy	6,1	Cd	0,1	(Ar	0,04)
K	2,82	Ba	590	La	44	U	3,5			Pd	0,01
Na	2,45	C	320	Y	34	Ta	3,4		1,3	(Pt	0,005)
Mg	1,39	Cl	320	Cu	30	Yb	3,4			Au	0,004
	98,69	S	310	Nd	30	Er	3,4			(He	0,003)
		Sr	290	Li	30	Hf	3			(Te	0,002)
		Zr	160	N	20	Sn	3			(Re	0,001)
		Rb	120	Nb	20	Br	2,9			(Ir	0,001)
			9730	Ga	17	Cs	2,7			(Rh	0,001)
				Pb	15	Be	2			(Os	0,001)
				Sc	14	Ho	1,8			(Ru	0,001)
				Co	12	As	1,7				0,369
				Th	11	Eu	1,4				
					621	Tb	1,4				
						W	1,3				
						Tl	1,3				
						Ge	1,3				
						Lu	1,1				
						Mo	1				
							79,7				

98,69 % Spalte 1
1,043 % Spalte 2—6

99,733 %

Tabelle 43. *Mittlere Mineralzusammensetzung der Eruptivgesteine* (nach WEDEPOHL)

	%		%		%
Plagioklas . .	42	Pyroxen . . .	4	Olivin	1,5
Kalifeldspat .	22	Biotit . . .	4	Titanminerale	1
Quarz . . .	18	Magnetit . .	2	Apatit . . .	0,5
Amphibol . .	5				

Die in Spalte 2—6 der Tabelle 42 aufgeführten Elemente kommen entweder in selbständigen Mineralen als *Nebengemengteile* vor oder sind im Gitter anderer Minerale eingebaut. Für die häufigsten Minerale hat WEDEPOHL die geschätzten Durchschnittskonzentrationen der im Gitter eingebauten Elemente mit Ausnahme der normalerweise in der Formel aufgeführten angegeben (Tabelle 44).

Wir entnehmen den Tabellen 42 und 44, daß manche Elemente, die uns aus dem täglichen Leben vertraut sind, nur in sehr geringem Anteil vorkommen, wie Kupfer, Zinn, Blei oder daß ihre Menge sogar unter 1 g in der Tonne (< 0,0001 %) liegt, wie Silber und Gold. Diese so seltenen Elemente kommen nur an gewissen Stellen der Erdrinde in „Lagerstätten" vor, wo sie durch Prozesse angereichert sind, die wir im großen ganzen, wenn auch nicht immer vollständig, verstehen. Über diese Lagerstätten wird später berichtet. Andererseits sind Elemente relativ häufig, wie das Titan, von denen es der Laie nicht vermutet.

Tabelle 44. *Geschätzte Durchschnittskonzentration an Elementen in den wichtigsten gesteinsbildenden Mineralen* (aus WEDEPOHL)

	x %	0,x %	0,0x %	0,00x %	0,000x %
Plagioklas .	K	Sr	Ba, Rb, Ti, Mn	Ga, V, Zn, Ni	Pb, Cu, Li, Cr, Co, B
Kalifeldspat	Na	Ca, Ba, Sr	Rb, Ti	Pb, Li, Ga, Mn	B, Zn, V, Cr, Ni, Co
Quarz . . .				Al, Ti, Fe, Mg, Ca	Na, Ga, Li, Ni, B, Zn, Ge, Mn
Amphibol .		Ti, F, K, Mn, Cl, Rb	Zn, Cr, V, Sr, Ni	Ba, Cu, Co, Ga, Pb	Li, B
Pyroxen . .	Al	Ti, Na, Mn, K	Cr, V, Ni, Cl, Sr	Cu, Co, Zn, Li, Rb	Ba, Pb, Ga, B
Biotit . . .	Ti, F	Ca, Na, Ba, Mn, Rb	Cl, Cn, V, Cr, Li, Ni	Cu, Sr, Co, Pb, Ga	B
Magnetit .	Ti, Al	Mg, Mn, V	Cr, Zn, Cu	Ni, Co	Pb, Mo
Olivin . . .		Ni, Cr, Ti, Ca	Mn, Co	Zn, V, Cu, Sc	Rb, B, Ge, Sr, As, Ga, Pb

Titan. Die verschiedenen Möglichkeiten, wie die Elemente in magmatischen Gesteinen vorkommen können, sollen am Beispiel des Titans erläutert werden. Das verbreitetste Titanmineral ist der *Ilmenit*, $FeTiO_3$, der besonders in basischen Eruptivgesteinen vorkommt und zuweilen ähnlich wie der *Magnetit* als selbständiges Gestein aus dem Magma abgespalten wird. Auch der Magnetit selbst enthält Titan. Er ist als Nebengemengteil sehr verbreitet und fehlt nur in manchen sauren Graniten und glasreichen Ergußgesteinen. Bei hohen Temperaturen kann der Magnetit beträchtliche Mengen Titan aufnehmen, er bildet Mischkristalle mit dem *Ulvöspinell* Fe_2TiO_4. Beim Abkühlen tritt Entmischung ein. Findet gleichzeitig Oxydation statt, so scheiden sich meist nach {111} Täfelchen von Ilmenit aus (Abb. 318). Das Titanmineral Rutil kommt in Biotiten und Pyroxenen in Form von kleinen Leisten vor, die bei der Verwitterung dieser Minerale in die Sedimente gelangen

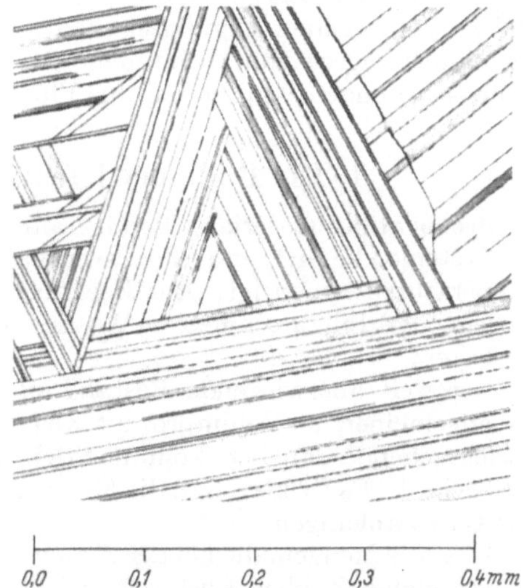

Abb. 318. Titanomagnetit, grobe Entmischungslamellen von Ilmenit (dunkelgrau) nach {111} in Magnetit (hellgrau) (nach SCHNEIDERHÖHN-RAMDOHR)

können. Es handelt sich auch hier um Entmischungserscheinungen. Auch Quarze enthalten zuweilen Rutileinschlüsse (Blauquarz). Wie weit es sich hier um Entmischung handelt, ist noch unsicher, in manchen Fällen liegen sicher fremde Einschlüsse vor.

In sauren und schwach basischen Gesteinen, besonders in Syeniten, tritt als Ti-Mineral der *Titanit* auf, ein Inselsilikat der Formel $CaTi[O|SiO_4]$, in sehr basischen der *Perowskit* $CaTiO_3$. In nephelin- und leucitführenden Ergußgesteinen kommt ferner *Melanit* vor, ein Kalkeisengranat $Ca_3Fe_2(SiO_4)_3$, der bis 25% TiO_2 enthält. Das Titan vertritt hier wahrscheinlich das Eisen. Außer in diesen Nebengemengteilen findet sich Ti in Pyroxenen, Biotiten, Hornblenden und Olivinen im Gitter eingebaut (s. Tabelle 44). Manche Augite können bis 5% TiO_2 enthalten, sie werden dann Titanaugite genannt.

Phosphor. Ein anderes wichtiges Element ist der Phosphor. Er kommt praktisch nur in dem Nebengemengteil *Apatit* $Ca_5(F, Cl, OH)(PO_4)_3$ vor. In magmatischen Gesteinen enthalten die Apatite F und in geringerer Menge besonders in basischen Gesteinen auch Cl, die hydroxidreichsten sind auf die Sedimente beschränkt. Apatit ist die Hauptquelle der Phosphorsäure im Haushalt der Natur. Der Gehalt an Phosphor wie auch an Titan nimmt mit abnehmendem SiO_2-Gehalt, besonders bei den Alkaligesteinen, zu. Als magmatische Abspaltung (Absinken?) kommt Apatit in großer Menge nur an einer Stelle, in der Chibina Tundra auf der Kola-Halbinsel, vor. *Monazit* $CePO_4$ (mit Gehalt von Th und seltenen Erden) findet sich zuweilen in Graniten, noch seltener der *Xenotim* YPO_4.

Zirkon. Weit verbreitet in Graniten, Syeniten, Quarzporphyren, Trachyten ist der Zirkon, das Inselsilikat $ZrSiO_4$, weitaus das wichtigste Zirkonmineral.

Schwefel ist in allen Eruptivgesteinen als *Pyrit* FeS_2 verbreitet, daneben kommt auch *Magnetkies* FeS in basischen Gesteinen, besonders denen der Gabbrofamilie, häufig vor. Auch *Kupferkies* $FeCuS_2$ ist nicht selten. Auf ihn ist der Gehalt der magmatischen Gesteine an Kupfer zurückzuführen. Neben diesen Sulfiden kommen auch sulfathaltige Silikate vor, der *Nosean* $6 (Na[AlSiO_4]) \cdot Na_2SO_4$ und der *Hauyn* $6 (Na[AlSiO_4]) \cdot CaSO_4$, die fast nur in jungen nephelin- und leucitführenden Ergußgesteinen auftreten. Besonders häufig ist Hauyn in der Mühlsteinlava von Niedermendig. In anderen Gesteinen stammt das in der Analyse gefundene Sulfat-Ion aus Flüssigkeiteinschlüssen (s. unten, S. 205).

4. Die Rolle der leichtflüchtigen Bestandteile

Beobachtungsmaterial. Bereits auf S. 184 ist gezeigt worden, daß Wasser die Systeme, die SiO_2 und Silikate enthalten, verändert, insbesondere die Schmelztemperaturen erniedrigt. Aus Beobachtungen an Vulkanen weiß man schon seit langem, daß Silikatschmelzen Wasser und andere „leichtflüchtige" Bestandteile enthalten.

Der weit überwiegende Bestandteil dieser Gase ist Wasserdampf, er macht im allgemeinen 90 Volumprozent aus. Von den anderen Gasen ist CO_2 meist vorherrschend, daneben kommt Stickstoff vor. Ferner wurden H_2, H_2S, SO_2 beobachtet. Es ist klar, daß die Mengen dieser letzteren Gase von der Temperatur des Gases abhängen.

Über die Mengen, die bei der *Entgasung von Magmen* in Umlauf gesetzt werden, mögen einige Zahlen Auskunft geben, die in Alaska im Gebiet des Vulkans Katmai ermittelt wurden. Dort strömten im „Tal der 10000 Dämpfe" 1919 aus einem magmatischen Herd von rhyolithischer Zusammensetzung aus geringer Tiefe in einem Gebiet von nur 77 km² jährlich:

$$480 \cdot 10^6 \text{ Tonnen } H_2O$$
$$1{,}25 \cdot 10^6 \text{ Tonnen } HCl$$
$$0{,}2 \cdot 10^6 \text{ Tonnen } HF$$
$$0{,}3 \cdot 10^6 \text{ Tonnen } H_2S.$$

Auch Entgasungsversuche an Gesteinen haben Gase ergeben. Der größte Teil dieser Gase ist in Flüssigkeitseinschlüssen vorhanden. So fand z.B. Goguel in den Mineralen von sieben Graniten folgende Werte in mm³/g bei 0° und 760 Torr

in Quarzen	10—1400	H_2O
in Feldspäten	10—6100	H_2O
in Biotiten	600—4300	H_2O.

Dieses Wasser ist als solches auch in den Biotiten vorhanden, nicht etwa aus dem OH entstanden.

Das System Salz—Wasser. Seit man sich über die vulkanischen Erscheinungen Gedanken gemacht hat, wurde diesen „leichtflüchtigen" Bestandteilen immer wieder eine wesentliche Rolle bei der Mineralbildung zugeschrieben, aber erst durch die Entwicklung der physikalischen Chemie ist ein tieferes Verständnis möglich geworden. P. Niggli hat bereits 1920 die Zusammenhänge aufgezeigt und weitgehend geklärt. Aber erst in den letzten 25 Jahren ist es möglich geworden, diese Vorgänge experimentell zu untersuchen. Wir wollen die Erörterung der etwas komplizierten Verhältnisse mit einem einfachen Beispiel beginnen. Als solches soll uns das System Salz—Wasser dienen, wobei wir zunächst keine weiteren Aussagen machen wollen, als daß es ein einfaches eutektisches System bilden soll. Ein solches Zweistoffsystem kann natürlich ein Vielstoffsystem nicht ersetzen, aber es kann doch für vieles Grundsätzliche als Modell dienen. Die Salzschmelze und das Wasser sollen unbeschränkt mischbar sein. Wir betrachten zunächst ein System, dessen beide Stoffe nicht sehr verschiedene Siedepunkte haben, in einem isobaren Schnitt. Es verhält sich an der Phasengrenze flüssig—dampfförmig ganz ähnlich wie ein im festen Zustand vollständig mischbares System an der Grenze flüssig—fest, wie es in der Abb. 297

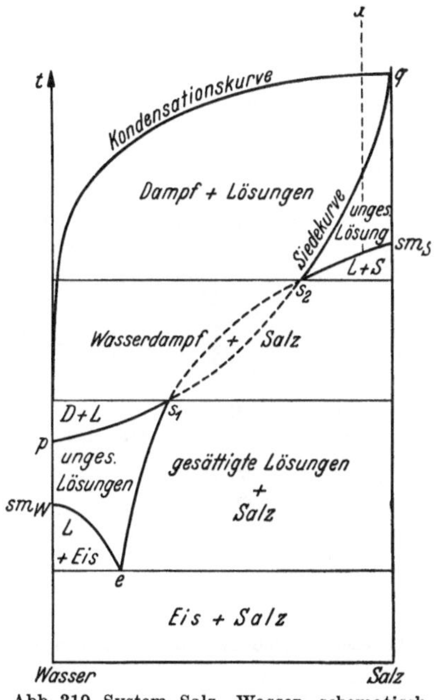

Abb. 319. System Salz—Wasser, schematisch, bei Atmosphärendruck

(S. 178) dargestellt ist. Es gibt zwei Dampfdruckkurven, von denen die eine den Beginn, die andere das Ende der Kondensation aus dem Dampfzustand in den flüssigen bezeichnet. Die erste, die Kondensationskurve, entspricht im System fest—flüssig der Liquidus-, die zweite, die Siedekurve, der Soliduskurve. Mit Dampf bezeichnen wir ein Gas, das im Gleichgewicht mit der kondensierten, also mit einer flüssigen oder festen Phase ist. Der Laie denkt bei Dampf an das sichtbare Gemisch aus kondensierten Wassertröpfchen und Luft, das in dem Raum zwischen den beiden Kurven auftritt. Der Techniker nennt das Gemisch „Naßdampf" und das Gas „überhitzten Dampf".

Wir gehen nun zu einem Salz—Wasser-System über, bei dem der Kochpunkt des Salzes um etwa 1000° höher als der des Wassers liegen möge. Der Druck möge eine Atmosphäre betragen. Die Dampfdruckkurven der Mischung steigen von der niederen zur höheren Siedetemperatur hin an, wie es auch die Schmelzkurven im System Albit—Anorthit (Abb. 297) nach dem höheren Schmelzpunkt hin tun. Bei so großen Unterschieden kann der Fall eintreten, daß die Siedekurve den Teil der Schmelzkurve, der vom Eutektikum zum Schmelzpunkt des höher schmelzenden Bestandteiles führt, zweimal schneidet. Es entsteht ein Diagramm, wie es in Abb. 319 dargestellt ist. In dieser ist e—s_1—s_2—sm_s die Löslichkeitskurve des Salzes in Wasser, sie kann ebensogut als Schmelzkurve aufgefaßt werden. Bei s_1 wird sie von der Siedekurve geschnitten, weiter oberhalb gibt es nur Dampf und Salz. Erst bei der Temperatur, die s_2 entspricht, tritt wieder Kondensation ein. Umgekehrt wird beim Abkühlen Sieden eintreten, sobald der Punkt s_2 erreicht ist. Man nennt dieses Sieden beim Abkühlen „*retrogrades*" *Sieden*.

Betrachten wir nun eine Schmelze mit wenig Wassergehalt (x), so werden wir beim Abkühlen zwischen s_2 und sm_s auf die Schmelzkurve stoßen; Kristalle des

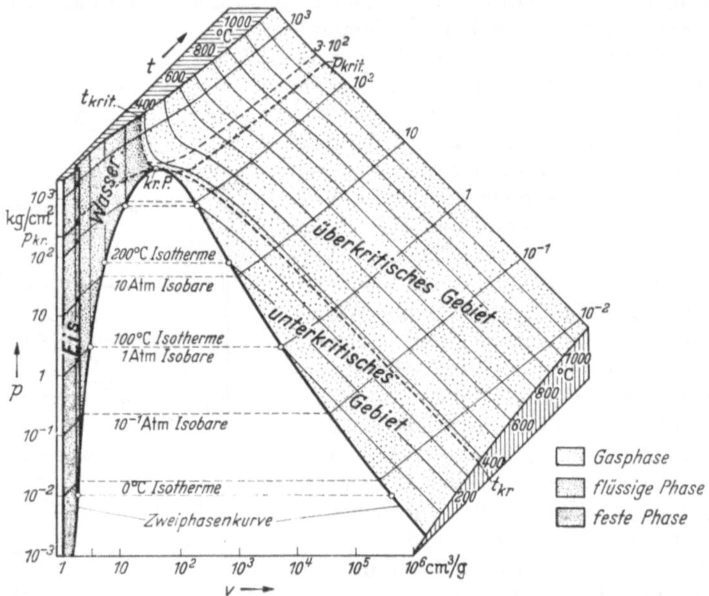

Abb. 320. Zustandsfläche des Einstoffsystems H_2O, gezeichnet nach Werten von KENNEDY von K. JASMUND 1952

Salzes scheiden sich aus. Auch in einem Vielstoffsystem können sich die schwerflüchtigen Bestandteile gerade so ausscheiden, als ob kein Wasser da wäre. Die Schmelze wird mit zunehmender Abkühlung immer reicher an Wasser, allgemein an den leichtflüchtigen Bestandteilen. Das ist wieder in mehrfacher Hinsicht recht wichtig. Je mehr Wasser oder andere leichtflüchtige Bestandteile vorhanden sind, um so mehr können sie in Minerale eingebaut werden. Ferner wird die Zähigkeit, die in trockenen Schmelzen bei der Abkühlung zunimmt, bei Anwesenheit leichtflüchtiger Bestandteile abnehmen, sie machen die Schmelze leichter beweglich. Wenn der Druck beim zweiten Siedepunkt nicht ausreicht, das Wasser in Lösung zu halten, wie das hier in unserem Diagramm angenommen ist, tritt Sieden ein. Dieses retrograde Sieden bei Atmosphärendruck kann man leicht demonstrieren, wenn man in eine KNO_3-Schmelze Wasserdampf einleitet und dann abkühlt, denn das System KNO_3—H_2O entspricht bei Atmosphärendruck dem Schema der Abb. 319. Bei Silikatsystemen, z.B. dem System Albit — Wasser, tritt das retrograde Sieden erst bei wesentlich höheren Drucken auf.

Die überkritischen Erscheinungen. Bisher haben wir in unserem Salz-Wassersystem den Druck nicht berücksichtigt. Wir haben schon auf S. 167 gesehen, wie sich das Einstoffsystem Wasser im PT-Diagramm verhält. Für das folgende ist es wichtig, auch das dort nicht behandelte überkritische Gebiet zu betrachten. Es ist in Abb. 320 eingetragen. In diesem Raumdiagramm ist die Zustandsfläche des Wassers eingetragen, so daß man das spezifische Volumen in Abhängigkeit von Druck und Temperatur ablesen kann. Die Werte für Druck und spezifisches Volumen, cm^3/g, sind im logarithmischen Maßstab aufgetragen. Links tritt bei Temperaturen unter $0°$ Eis auf, es folgt nach rechts das Gebiet, in dem H_2O flüssig ist, und dann das des gasförmigen Zustandes. Das weißgelassene Gebiet wird von der Zweiphasenlinie umschlossen. Auf der Zweiphasenlinie gehören zu je einem Wertepaar von T und P zwei spezifische Volumen, eines für Wasser und eines für gasgesättigten Dampf. Wenn

wir z. B. auf der 200°-Isotherme rechts unten bei niederem Druck beginnen und den Druck erhöhen, bis die Isotherme die Zweiphasenlinie schneidet, so besteht bei diesem Druck die flüssige Phase neben der Gasphase. Ebenso ist es bei der 300°-Isotherme. Aber die 400°-Isotherme schneidet die Zweiphasenlinie nicht mehr, weil diese am kritischen Punkt bei der kritischen Temperatur $374°$ C, t_{kv}, und dem dazu gehörenden kritischen Druck 225 kg/cm^3 ihr Ende gefunden hat. Oberhalb der kritischen Temperatur gibt es keinen Unterschied zwischen Gas und Flüssigkeit, man spricht dann vom fluiden Zustand. Die wichtige Frage ist nun, ob H_2O im überkritischen Zustand gelöste Substanz transportieren kann. Es zeigt sich, daß die Löslichkeit im fluiden Zustand von der Dichte abhängt, und zwar ist der Logarithmus der Löslichkeit L dem Logarithmus der Gesamtdichte ϱ proportional. Trägt man also $\log L$ gegen $\log \varrho$ auf, so erhält man eine gerade Linie. Der Proportionalitätsfaktor ändert sich mit der Substanz, bei ein und derselben Substanz z. B. SiO_2 auch mit der Assoziationszahl: $Si(OH)_4$, $Si_2O(OH)_6$ und $SiO(OH)_2$ (GLEMSER). Die Tabelle 45 gibt nach MOREY einige Werte für 500° C und 1000 kg/cm^2 Druck.

Tabelle 45. *Löslichkeiten einiger Oxide, Sulfate, sowie von $CaCO_3$ und ZnS in g/T* (nach MOREY 1957)

Bei 500° C und 1000 kg/cm² H₂O-Druck				Zusätzlich mit 7% CO₂
CaSO₄	20	UO₂	0,2	
BaSO₄	40	Al₂O₃	1,8	
PbSO₄	110	SnO₂	3,0	50
Na₂SO₄	4300	NiO	20	43
CaCO₃	120	Fe₂O₃	90	230
ZnS	204	BeO	120	
		SiO₂	2600	19000

Das vollständige Diagramm. Um nun zu Zweistoffsystemen zurückzukehren, wollen wir ein räumliches Diagramm benutzen, wie es in Abb. 321 für die zwei Komponenten A und B, die größenordnungsmäßig gleiche Schmelz- und Siedepunkte haben, skizziert ist. Im Vordergrund sehen wir die P-T-Ebene des Stoffes B, also ein Einstoffsystem mit den vom Tripelpunkt O_B ausgehenden drei Zweiphasenkurven: der Sublimationskurve b—O_B (fest/Dampf), der Schmelzkurve r—O_B (fest/flüssig) und der Dampfdruckkurve O_B—K_B (flüssig/Dampf), die am kritischen Punkt K_B endet. Auf der Hinterwand sehen wir das Einstoffsystem A mit a, O_A, K_A aufgezeichnet. Zwischen beiden ist nun das Verhalten der Mischungen aufgetragen. Wir sehen in dem „isothermen" Schnitt, der das Diagramm links begrenzt, die Druckabhängigkeit des Systems bei konstanter und sehr niedriger Temperatur (für die Gesteinskunde ohne Bedeutung). Oben ist das Diagramm bei hohem Druck willkürlich isobar abgeschnitten, und wir sehen in der Schnittfläche unser bekanntes Zweistoffsystem mit Eutektikum, begrenzt durch A—B—r—e—q. Vom eutektischen Punkt e geht im Raum die punktierte eutektische Linie zum Endpunkt E, bei dem die feste, flüssige und Dampfphase im Gleichgewicht sind. Rechts liegt die Verbindungslinie K_A—K_B, die kritische (oder „Faltenpunkts-") Kurve. K_A—K_B—O_B—O_A ist keine Fläche, also nicht zweidimensional, sondern ein Kissen, wie der senkrecht schraffierte Kurventeil andeuten soll. Die obere, innere Fläche dieses Kissens ist die Siedefläche, die untere, äußere die Kondensationsfläche. In dem Diagramm sind einige Schnitte durch Gebiete, in denen zwei Phasen auftreten, durch Schraffuren angedeutet.

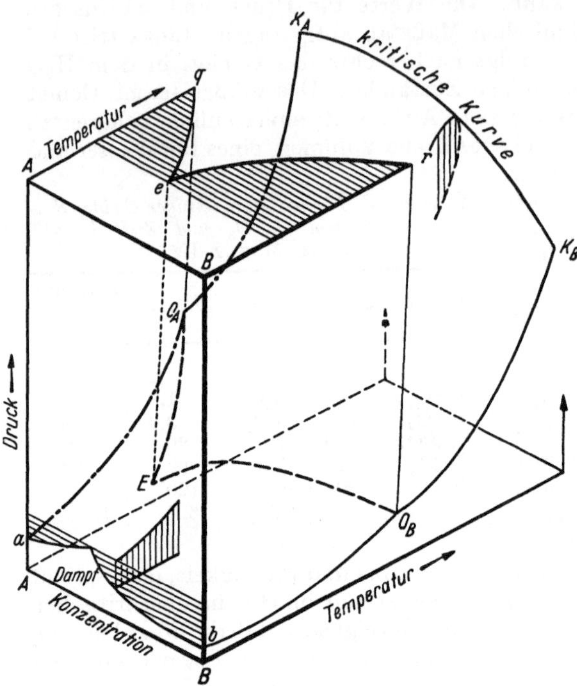

Abb. 321. Druck-Temperatur-Diagramm, Salz—Wasser (vereinfacht, nach ROOZEBOOM)

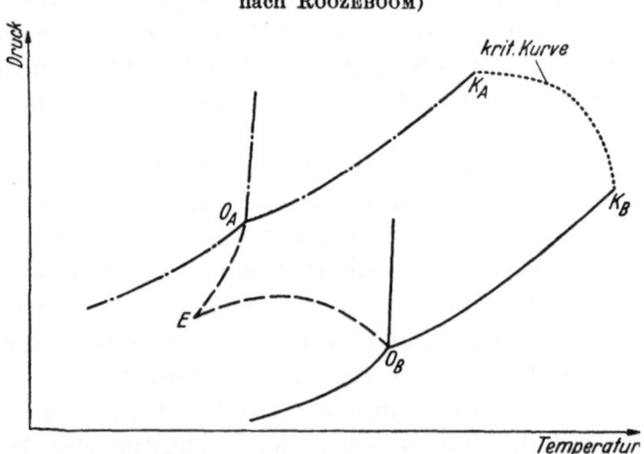

Abb. 322. Projektion eines Zweistoffsystems A—B auf die p-t-Ebene des Systems B. Schmelzpunkt $A \sim B$

Besonders wichtig ist für uns die Dreiphasenlinie $O_B - E - O_A$, längs der die drei Phasen, fest, flüssig und dampfförmig, im Gleichgewicht sind. Sie begrenzt die Schmelzflächen $E - O_B - r - e$ und $E - O_A - q - e$ nach unten. Die Zweiphasenflächen, die im Innern des Diagramms auftreten, sind, um die Übersicht nicht zu erschweren, nicht besonders bezeichnet.

Legen wir einen isobaren Schnitt etwa durch die Mitte des Diagramms, so erhalten wir ein Zweistoffsystem mit Eutektikum und darüber die Siede- und Kondensationskurve, wie wir es bei Beginn unserer Betrachtungen (S. 205) uns vorgestellt haben. Liegen die Siedepunkte der beiden Komponenten sehr verschieden, so wird die Schmelzfläche die Siedefläche zweimal schneiden, und wir erhalten einen isobaren Schnitt, wie er der Abb. 319 entspricht, mit erstem und zweitem Siedepunkt.

Wir können auch das Gesamtsystem auf eine Ebene projizieren, z. B. auf die p-t-Ebene der einen reinen Substanz. Dem Raumdiagramm der Abb. 321 entspricht dann die Projektion der Abb. 322. Um ein System mit sehr verschiedenen Siedepunkten darzustellen, sind in Abb. 323 die Beobachtungen von GORANSON über das System Albit —

Wasser auf einer gestrichelten Linie eingetragen. Die Linien der reinen Systeme sind ausgezogen, die übrigen Linien geben mögliche Ergänzungen.

Bei einem solchen Diagramm erhebt sich nun die Frage, ob die kritische Kurve stets oberhalb der Dreiphasenlinie bleibt, wie in Systemen mit ungefähr gleichen Dampfdrucken, oder ob bei Gegenwart von leichtflüchtigen Bestandteilen, insbesondere Wasser, die beiden Kurven sich schneiden, wie die untere Kurve in Abb. 323 es darstellt. In Alkalisilikat-Wassersystemen wird die kritische Kurve nicht geschnitten, aber beim System SiO_2—H_2O ist es der Fall, und man wird annehmen dürfen, daß es in manchen Silikat-Wassersystemen der Fall ist. Das bedeutet, daß zwischen den Schnittstellen P und Q Ausscheidung aus dem überkritischen Zustand erfolgt.

Einfluß der leichtflüchtigen Bestandteile auf den Magmenaufstieg. Bereits auf S. 184 u. 185 haben wir gesehen, welchen Einfluß Wasser auf verschiedene Ein- und Zweistoffsysteme hat. Bei allen diesen Versuchen ist stets der auf das System ausgeübte Druck gleich dem Dampfdruck (Partialdruck) des H_2O. Ein wichtiges Ergebnis dieser Experimente ist, daß durch das Wasser die Schmelztemperaturen erniedrigt werden. Das ist auch bei Graniten festgestellt worden.

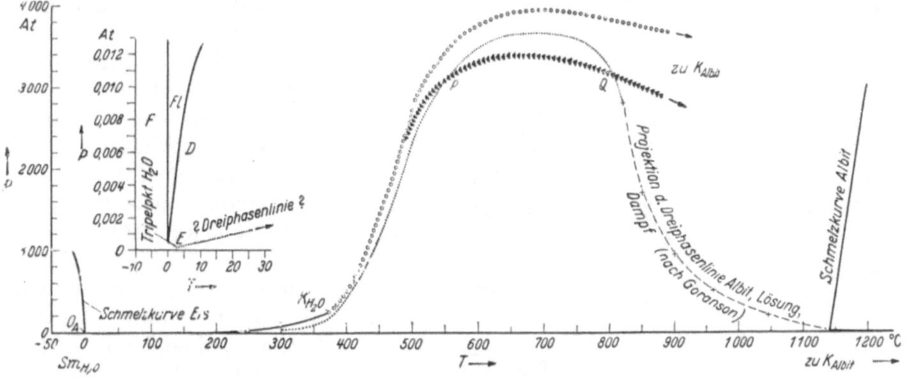

Abb. 323. Projektion des Systems Albit—Wasser auf die p-t-Ebene des Albits nach den Untersuchungen von
GORANSON

Trockener Granit beginnt an der Erdoberfläche bei etwa 960° zu schmelzen. In 15 km Tiefe, was etwa einem Druck von 4000 kg/cm² entspricht und gleichem Wasserdampfdruck, beginnt er bei 650° zu schmelzen; er enthält dann etwa 9% Wasser gelöst. Unterhalb 650° ist er fest. In 6 km Tiefe, bei einem Druck von 1600 kg/cm², erstarrt er bei 700° C. Eine granitische Schmelze, die in der Erdrinde aufsteigt, wird also schon in relativ geringen Erdtiefen erstarren und nicht an die Oberfläche gelangen, wenn sie nicht von vornherein über 960° heiß ist. Basalte hingegen haben von vornherein geringe Wassergehalte, ihre Erstarrungstemperatur liegt viel höher, bei etwa 1090° C, und steigt mit zunehmendem Druck ein wenig an. H. G. F. WINKLER erklärt durch diese Verhältnisse, daß nur wenig granitische Ergußgesteine, z.B. Rhyolithe, auftreten, die dazu gehörenden Tiefengesteine, die Granite, aber sehr häufig sind, s. S. 201. Der Wassergehalt granitischer Schmelzen rührt wahrscheinlich daher, daß sie mindestens zum größten Teil aus Sedimenten durch Metamorphose hervorgegangen sind, worauf später (s. S. 267ff.) eingegangen wird. Die Basalte hingegen stammen aus tieferen Erdschichten, nicht aus der Erdkruste, sondern aus dem Erdmantel (s. S. 308).

Wir wollen nun das Verhalten des H_2O in einer Silikatschmelze betrachten, die sich in einem ringsum abgeschlossenen Raum, einer „Magmakammer" befindet. Zunächst müssen wir zwischen dem Wassergehalt der Schmelze und dem Partialdruck des Wassers unterscheiden. Unter Partialdruck verstehen wir den Wasserdampfdruck, den wir messen würden, wenn wir in die Schmelze an verschiedenen Stellen einen geeigneten Apparat einführen könnten. Von außen wird der allseitige Druck auf das Schmelzreservoir durch die überlagernden Gesteinsmassen ausgeübt. Die Abb. 324 gibt die Verhältnisse in einer solchen Schmelze bei der konstanten Temperatur von 1000° C in Abhängigkeit vom

Außendruck wieder. Die Werte sind einer Arbeit von GORANSON über Albit-Wasser-Schmelzen, die sich sehr ähnlich einer granitischen Schmelze verhalten, nach KENNEDY (1955), dem wir in diesem Abschnitt folgen, entnommen. Die nach rechts abfallende Kurve gibt die Wassergehalte der Schmelze an, wenn der H_2O-Druck gleich dem Außendruck ist. Sie gibt den Maximalgehalt von Wasser in der Schmelze bei den verschiedenen Drucken an. Ein solches System kann nicht stabil sein. Der H_2O-Druck = Außendruck steigt sehr schnell mit zunehmender Tiefe, H_2O würde gegen das Druckgefälle diffundieren, dabei würde der H_2O-Druck größer als der Außendruck werden, die Kammer würde explodieren. Die nach links abfallenden Kurven geben an, wieviel Wasser in der Schmelze gelöst ist, wenn die Partialdrucke des H_2O 500—3500 kg/cm² betragen. Sie enden auf der Sättigungskurve. Nehmen wir als Beispiel eine Magmakammer, die sich von 7,2 km bis 10,6 km Tiefe erstreckt. Der Außendruck bei 7,2 km beträgt 2000 kg/cm². Wenn das Magma an dieser Stelle mit Wasser gesättigt ist, so enthält es 7,5% Wasser. Am Boden der Magmakammer in 10,6 km Tiefe beträgt der Außendruck 3000 kg/cm². Bei diesem Druck kann die Schmelze nur 3,3% Wasser enthalten. Das Wasser wandert also entgegen

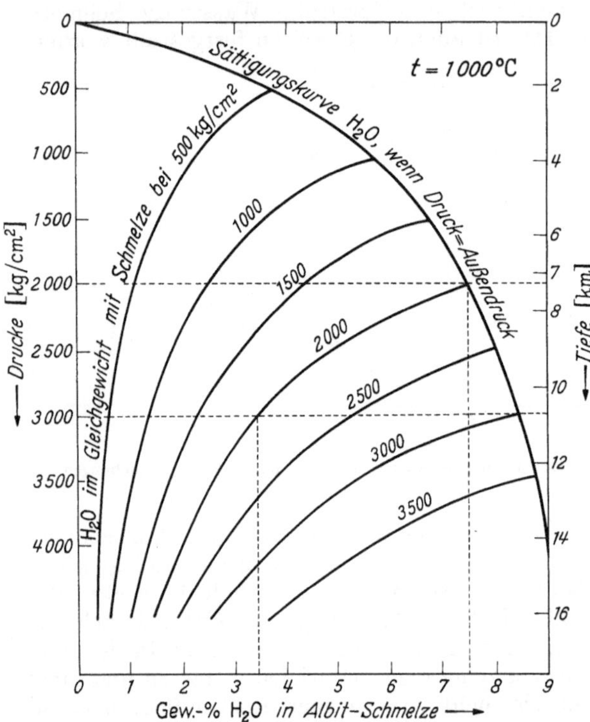

Abb. 324. Gleichgewichtsverteilung von Wasser in einer Albitschmelze im Schwerefeld der Erde (nach GORANSON und KENNEDY 1955)

dem Außendruck. Es reichert sich in den oberen Teilen einer Schmelzkammer an. Das Wasser wird sozusagen ausgequetscht, was man mit seinem großen Molekularvolumen erklären kann.

Ein solches Magmareservoir wird nun sicherlich nicht in allen Teilen gleiche Temperatur haben, an den Rändern und vor allem am Dach wird es abgekühlt werden. Je kühler eine Schmelze ist, um so mehr Wasser kann sie aufnehmen. Bei konstantem Außendruck steigt der Wassergehalt für je 100° C Temperaturabnahme um etwa 0,5 Gewichtsprozent. Das Wasser wandert also an die kühleren Stellen. Das bedeutet erstens, daß die Randpartien und insbesondere das Dach eine niedrigere Erstarrungstemperatur haben als der Kern, und zweitens, daß sie an leichtflüchtigen Bestandteilen angereichert werden. An großen Granitkörpern kann man häufig beobachten, daß die Randpartien gröber kristallisiert, z.T. prophyrisch sind und reicher an mineralführenden Hohlräumen. Man spricht dann von miarolithischer Entwicklung.

Die Anreicherung des H_2O in den Teilen eines Magmareservoirs, die nahe der Erdoberfläche liegen, kann zu Explosionen führen, wenn der Wasserdampfdruck größer wird als der auf der Schmelze lastende Druck. Das wird der Fall sein, wenn mehr Wasser vorhanden ist, als die Schmelze aufnehmen kann, oder wegen der Löslichkeitsabnahme bei fallender Temperatur, die dem retrograden Sieden (Abb. 319, S. 205) entspricht. GORANSON hat ausgerechnet, daß eine Albit-

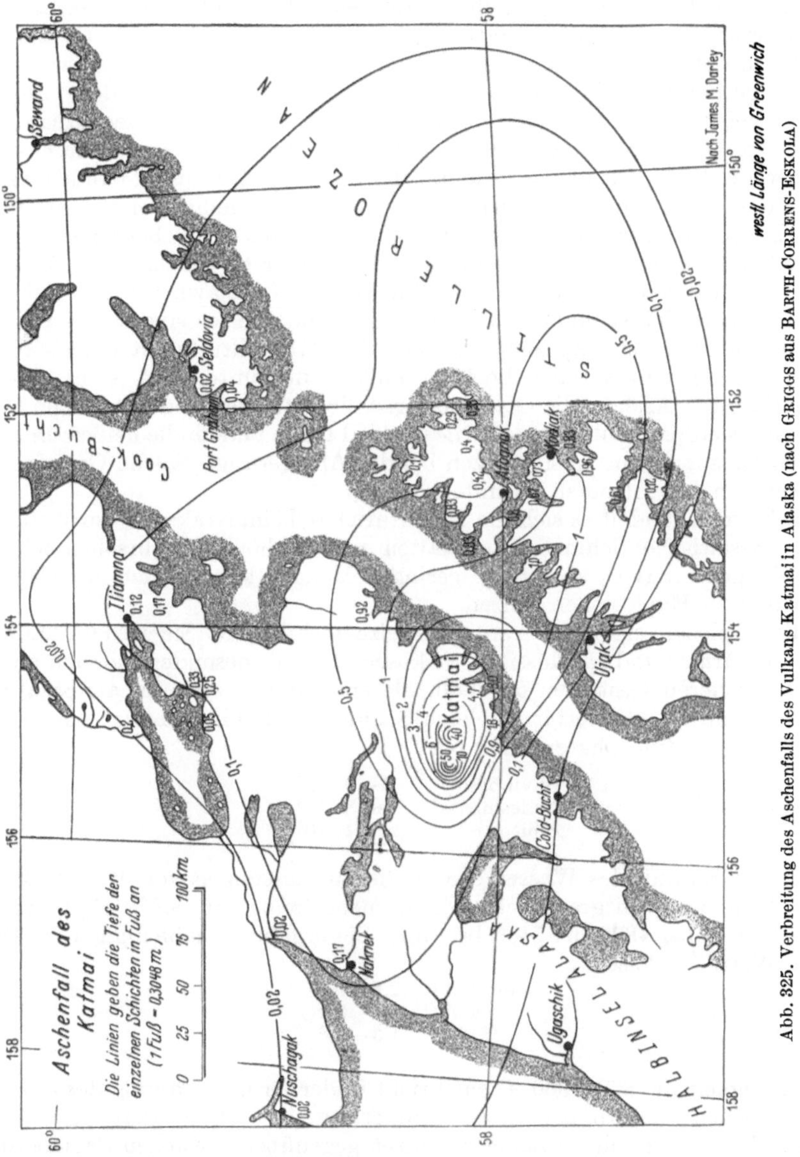

Abb. 325. Verbreitung des Aschenfalls des Vulkans Katmai in Alaska (nach GRIGGS aus BARTH-CORRENS-ESKOLA)

schmelze, die 4,2% H_2O enthält, sich bei 1100° C unter einem Druck von 606 kg/ cm² im Gleichgewicht befindet, was etwa dem Druck von $2^1/_4$ km Gestein entspricht. Dieser Druck reicht also aus, das Wasser in der Lösung zu halten. Nach Abkühlen auf 819° findet man 56% des Systems als Albitkristalle, die Restschmelze enthält 9,5% Wasser. Der Druck ist jetzt auf 3000 kg/cm² gestiegen. Es wären jetzt 13 km Gestein notwendig, um das Wasser in der Schmelze zu halten. Der Gesteinsdruck reicht also nicht aus, es wird eine Vulkanexplosion entstehen.

Wir wissen von dem Vulkan Krakatau in Niederländisch-Indien, daß bei der Explosion im Jahre 1883 18 km³ Gestein bewegt wurden, die Staubwolke 27—30 km Höhe erreichte und der Aschenfall 827 000 km² bedeckte. Bei der oben erwähnten Katmaiexplosion 1912 wurden 21 km³ bewegt. Die Aschenverbreitung ist in Abb. 325 dargestellt. Man sieht, daß vulkanische Aschenlagen noch sehr weit vom Explosionskrater auftreten können. Die äußerste Linie der Abbildung bedeutet noch eine 6 mm dicke Aschenschicht. Aschenbestandteile können in geringer Menge überall auf der Erde sedimentiert werden. Sie sind besonders wichtig für die Ablagerungen in landfernen Gebieten der Ozeane, wie im pazifischen Ozean, d. h. in Gebieten, in die durch Wassertransport vom Festland nur sehr wenig Sediment gelangen kann. Bei diesen Aschentuffen handelt es sich entweder um Material des explodierten Magmas, das zu mehr oder weniger feinen eckigen Trümmern zerplatzt ist, oder um zertrümmertes Nebengestein. Glastuffe entstehen, wenn die Schmelze in der Luft erstarrt. Glasbrocken, die dabei ihren Gasgehalt verloren haben, sind die Bimssteine. Häufig wird sich die Schmelze bereits unterhalb der Liquidustemperatur befinden, d. h. es sind schon Kristalle ausgeschieden. Bei der Explosion können dann Kristalltuffe entstehen. Neuerdings werden alle vulkanischen Lockerprodukte auch unter dem Namen *Tephra* zusammengefaßt. Aschen, die Glas und Kristalle enthalten und mit heißen Gasen ausgeworfen werden, können *Ignimbrite* (welded tuffs) bilden, die heißen und noch bildsamen Glaspartikeln verschmelzen bei der Ablagerung. Solche Gesteine sind oft schwer von Lavaströmen zu unterscheiden.

Beim Katmai handelt es sich um rhyolithisches, beim Krakatau um dazitisches Magma. Basaltische Schmelzen enthalten primär höchst wahrscheinlich sehr geringe Mengen an H_2O, aber diese geringen Mengen können sich am Dach anreichern und zu Explosionen führen.

Ist die Explosion erfolgt, so kann Schmelze nachfließen. Sie wird im Laufe der Eruption gasärmer und zähflüssiger, viskoser. Das ist besonders bei den an H_2O und SiO_2 reicheren Gesteinen der Fall, die entgast viel viskoser als basaltische Schmelzen sind. Die Werte für trockene Schmelzen sind in Poise ($g \cdot cm^{-1} \cdot sec^{-1}$) bei 1150° C und Atmosphärendruck bei

Olivinbasalt	$\sim 9 \cdot 12^2$
Andesinbasalt	$\sim 8 \cdot 10^4$
Albit	$1 \cdot 10^8$.

Über den Einfluß des Wassergehaltes liegen Messungen von BURNHAM 1963 an einer Schmelze von granitischer Zusammensetzung mit 8,8 % H_2O zwischen 700 und 900° C bei 4800 bis 7400 bar vor. Sie ergaben unabhängig vom Druck folgende Werte in Poise

bei 900° C	$2,8 \cdot 10^4$
800° C	$1,3 \cdot 10^5$
700° C	$1,3—10^6$.

Die Zähigkeit bei 800—900° C entspricht in der Größenordnung der Zähigkeit von technischen Gläsern bei diesen Temperaturen. Der Wassergehalt bewirkt eine Erniedrigung um einige Zehnerpotenzen gegenüber trockenen Schmelzen.

Die heißen, wasserarmen und relativ dünnflüssigen Basalte können aus langgestreckten Spalten ausgedehnte Deckenergüsse liefern. Basalte bedecken im Paranabecken in Brasilien 750 000 km², die Dekkanbasalte in Indien 650 000 km² und die Karroobasalte Südafrikas 50 000 km². Die heutige Förderung an Lava wird auf zwischen 0,3 und 1 km³ ($1—3 \cdot 10^9$ t) im Jahr geschätzt.

Dabei sind die submarinen Ergüsse nicht eingerechnet, über die man noch wenig weiß. Nach den experimentellen Untersuchungen von YODER und TILLEY ist der Kristallisationsverlauf der gleiche wie bei terrestren Basalten, es bilden sich also keine wasserhaltigen oder an Na angereicherte Minerale. Nur an der rasch abgekühlten Oberfläche entsteht wasserhaltiges Glas, Palagonit, wie es Verfasser 1930 an einem Basalt aus 2000 m Meerestiefe beobachtete. Im Palagonit können auch Zeolithe vorkommen.

Die bei Vulkanen zu beobachtenden Entgasungen und ihre Produkte werden auf S. 220 besprochen.

Differentiation durch leichtflüchtige Bestandteile. Wir haben im vorhergehenden nur den Einfluß des Wassers behandelt. Es wandert aber nicht allein, sondern enthält gelöste Bestandteile. So hat MOREY am System H_2O—Na_2O—SiO_2 gezeigt, daß fluides H_2O bei 4000° C und 2250 kg/cm² 8,1% Na_2O und 11,3% SiO_2 enthält. Im Gegensatz dazu ist die Löslichkeit von Alkalialuminiumsilikaten sehr viel geringer. Man wird mit G. KENNEDY annehmen dürfen, daß mit dem in einer Magmakammer wandernden Wasser Alkalisilikate transportiert werden können. Dieser Transport kann nur durch Diffusion, also sehr langsam, erfolgen.

Wenn die Alkalisilikate sich im Laufe der Zeit im Dach der Magmakammer anreichern, so werden sie in granitischen Schmelzen den Schmelzpunkt erheblich erniedrigen, wie Abb. 326 zeigt.

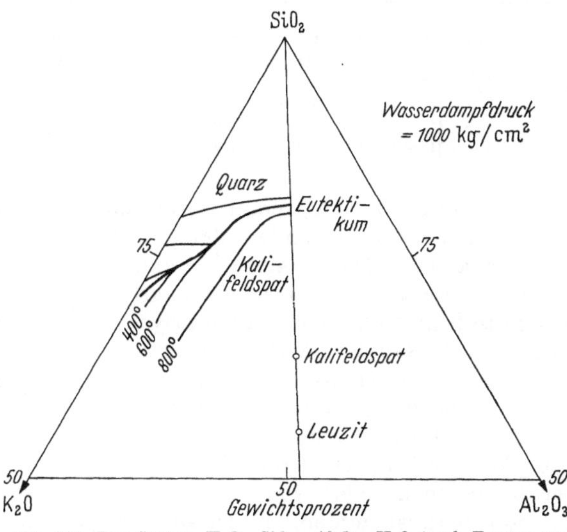

Abb. 326. Das System K_2O—SiO_2—Al_2O_3—H_2O (nach TUTTLE und BOWEN aus KRAUSKOPF)

Sie gibt das Dreistoffsystem SiO_2—K_2O—Al_2O_3 in derselben Art wieder wie sie bei Abb. 304, S. 183 erläutert ist, bei einem Außendruck = Wasserdampfdruck = 1000 kg/cm². Von den Isothermen sind nur einige eingezeichnet, die die eutektische Linie begleiten. Man sieht, daß die eutektische Temperatur von über 800° bis unter 400° erniedrigt wird, wenn der K_2O-Gehalt zunimmt. Es entstehen Schmelzen, die reich an Alkali und leichtflüchtigen Bestandteilen, bes. Wasser sind. Gesteine, die wahrscheinlich aus solchen Schmelzen gebildet wurden, heißen Pegmatite und werden S. 215 besprochen.

Außer Alkalisilikat können auch andere Substanzen im überkritischen Wasser gelöst sein, wie wir bereits auf S. 207, Tabelle 45 gesehen haben. Werden diese Lösungen durch Auskristallisieren der Schmelze frei, so können sie in poröses Nebengestein eindringen oder in Spalten bis zur Erdoberfläche aufsteigen und dabei vom fluiden Zustand in heiße wäßrige Lösungen übergehen. Man kann also eine kontinuierliche Entwicklung von einem Magmaherd über Pegmatite bis zu den Absätzen heißer wäßriger Lösungen annehmen. Das bedeutet natürlich nicht, daß alle Bestandteile heißer Lösungen aus Magmaherden stammen müssen. Auf ihrem Wege durch die überlagernden Gesteine werden Wasser und wohl auch andere Stoffe aus der Umgebung aufgenommen. Man hat heute in der Isotopenanalyse ein Mittel, solche Vorgänge zu studieren. So hat die Untersuchung von heißen Quellen in Gebieten mit jungem Vulkanismus in Nordamerika auf das Verhältnis von H^1 zu H^2 und von O^{16} zu O^{18} es wahrscheinlich gemacht, daß der primäre Wassergehalt unter der Fehlergrenze der Methode $\leq 5\%$ ist, d.h., daß nur sehr wenig Wasser aus dem Magma stammen kann.

Die Frage, wie Sulfide in solchen heißen Lösungen transportiert worden sind, ist noch nicht befriedigend gelöst. Die Löslichkeit der Sulfide im Wasser ist nämlich außerordentlich gering. Die Werte in der Tabelle 46 sind von ELLIS aus thermodynamischen Daten berechnet worden (Näheres s. KRAUSKOPF 1961). Bei $p_H = 3$ erhöht sich die Löslichkeit bei Ag_2S und Cu_2S um den Faktor 100, die der anderen Sulfide um den Faktor 1000. Aber auch das ist, außer beim MnS, noch viel zu wenig, um Transport und Absatz in solchen Lösungen zu erklären, und auch eine Temperatursteigerung bis auf 300° C gibt noch keine ausreichenden Mengen. Während bei Ag_2S, Cu_2S, PbS und ZnS die Löslichkeit bei Temperaturerhöhung steigt, fällt sie bei FeS und MnS.

Tabelle 46. *Berechnete Löslichkeiten von Schwermetallsulfiden in Wasser in g/T* (umgerechnet aus KRAUSKOPF nach ELLIS)

	25° C	100° C	200° C	300° C
Ag_2S	$1,4 \cdot 10^{-9}$	$5,7 \cdot 10^{-7}$	$9,9 \cdot 10^{-5}$	$2,5 \cdot 10^{-3}$
Cu_2S	$2,1 \cdot 10^{-9}$	$1,7 \cdot 10^{-7}$	$8,0 \cdot 10^{-6}$	$1,6 \cdot 10^{-4}$
PbS	$7,9 \cdot 10^{-6}$	$1,1 \cdot 10^{-4}$	$1,7 \cdot 10^{-3}$	$2,4 \cdot 10^{-2}$
ZnS	$8,8 \cdot 10^{-5}$	$2,3 \cdot 10^{-4}$	$7,8 \cdot 10^{-4}$	$9,7 \cdot 10^{-4}$
FeS	$1,9 \cdot 10^{-1}$	$1 \quad \cdot 10^{-1}$	$8,8 \cdot 10^{-2}$	$8,8 \cdot 10^{-2}$
MnS	$1 \quad \cdot 10^{-2}$	$1,7 \cdot 10^{1}$	$5,2$	$8,7 \cdot 10^{-1}$

Eine Möglichkeit der Löslichkeitserhöhung ist die Bildung von Komplexen. So konnte BARNES zeigen, daß im System ZnS—H_2O—NaOH bei einer Ionenstärke von 10,3 molar, einem p_H von 8,2 bei 25° C und bei 6 kg/cm² Druck 2,7 g/L ZnS als $ZnHS_2^-$-Ionen gelöst wird. Das ist mehr als das 10fache des von MOREY (Tabelle 45) gefundenen Wertes in reinem Wasser. Auch bei anderen Sulfiden, wie z. B. bei denen des Quecksilbers und Silbers wurde die Erhöhung der Löslichkeit bei ähnlicher Komplexbildung beobachtet. In allen diesen Fällen muß aber das p_H mehr oder weniger stark alkalisch sein, damit genügend hohe Löslichkeiten herauskommen. Es ist sehr fraglich, ob die notwendigen hohen H_2S-Partialdrucke vorgelegen haben. Die Frage, wie die sulfidischen Erze in wäßrigen Lösungen transportiert werden, bedarf also noch weiterer experimenteller Anstrengungen.

Übersicht über die magmatische Mineralbildung. Die leichtflüchtigen Bestandteile, insbesondere das Wasser, sind also bei der magmatischen Gesteinsbildung von zweifacher Bedeutung. Sie beeinflussen erstens den Aufstieg der Schmelzen in der Erdrinde und können explosive Eruptionen bewirken. Zweitens können sich aus ihnen Lagerstätten bilden, die reich an solchen Mineralen sind, die den Eruptivgesteinen fehlen.

Auf Grund der bisherigen Ausführungen wollen wir die Vorgänge der magmatischen Gesteinsbildung folgendermaßen gliedern:

1. Vorgänge in der Silikatschmelze: Differentiation, Bildung der Tiefengesteine bei hohem, der Ergußgesteine bei niederem Druck.

2. Vorgänge in den Restlösungen: Pneumato-hydatogene Mineralbildungen: Pegmatite bei hohem Druck, hydrothermale Lagerstätten und exhalative Mineralbildungen bei niederen Drucken.

In der Systematik der Erzlagerstätten wird meist zwischen die pegmatitischen und die hydrothermalen Vorgänge noch ein pneumatolytisches Stadium eingeschaltet. Das Wort pneumatolytisch wurde 1851 von R. BUNSEN geprägt (pneuma, griech. Gas und lyein, lösen). Er bezeichnete damit Lösungs- und Umsetzungsvorgänge an Gasquellen an der Erdoberfläche. Heute denkt man bei der

Verwendung des Wortes an die Wirkung von Gasen in der Tiefe unter überkritischen Bedingungen und an die dabei gebildeten Minerale.

Diese Stadien sind durch alle Übergänge miteinander verbunden. Versucht man eine Gliederung nach der Herdtiefe, so kann man mit zunehmender Annäherung an die Erdoberfläche tiefplutonisch-plutonisch-subvulkanisch-vulkanisch unterscheiden. Das pegmatitische und pneumatolytische Stadium ist im allgemeinen auf plutonische Herde beschränkt. Grundsätzlich sind aber die Entgasungen subvulkanischer und vulkanischer Magmen nichts anderes, nur die Drucke sind niedriger und die Wege kürzer. Auch die Weglänge hat man zur Einteilung benutzt: intramagmatisch, perimagmatisch, apomagmatisch, telemagmatisch. Mit kryptomagmatisch bezeichnet man Lagerstätten, deren Zusammenhang mit einem Magma nicht nachgewiesen werden kann. Weiter hat man auch den Bildungsort der Lagerstätte, also nicht des liefernden Herdes, mit abyssisch-hypabyssisch-epikrustal-subaquatisch-aërisch-subaërisch bezeichnet. Und schließlich hat man auch die Bildungstemperatur mit hoch-, mittel- und niederthermal zur Einteilung verwendet. Diese fünf Prinzipien sind nicht gleichwertig und ihre Koordinierung muß von Fall zu Fall festgestellt werden, wenn auch gewisse Parallelen häufig vorhanden sind.

5. Die pneumato-hydatogenen Mineralbildungen

Pegmatite. Wir wollen uns im folgenden an die oben an erster Stelle aufgeführte Einteilung halten und beginnen mit den pegmatitischen Minerallagerstätten. Sie sind also Ausscheidungen aus silikatreichen wäßrigen Lösungen bei hohen Temperaturen und Drucken. Die magmennächsten Glieder dieser Gruppe enthalten deshalb Feldspat, Quarz und Glimmer. Feldspat und Glimmer nehmen mit abnehmender Temperatur, was im allgemeinen auch größere Entfernung vom Magma bedeutet, ab, während der Quarz bis in die hydrothermalen Gänge mit niedriger Temperatur Hauptmineral sein kann. Die Bildungstemperatur der Pegmatite darf man als in der Temperaturspanne zwischen der Erstarrungstemperatur des Magmas und etwa 350° liegend annehmen.

Die Pegmatite (pegma griech. das Gefügte) füllen Spalten, die im magmatischen Muttergestein selbst oder im benachbarten Nebengestein aufgerissen sind, aus. Solche Spaltenfüllungen werden allgemein „Gänge" genannt. Häufig sind die Pegmatite durch sehr große Kristalle ausgezeichnet, Glimmer und Feldspäte von 1 m Durchmesser kommen öfters vor, Berylle von mehreren Metern Länge sind beobachtet worden. Gerade der Riesenwuchs wird für Ausscheidung aus dem überkritischen Zustand angeführt, weil in ihm die Beweglichkeit der Ionen wegen der hohen Temperatur annähernd so groß wie in einem Gas ist und andererseits ihre räumliche Packung sich schon der Dichte der Flüssigkeit nähert. Dies gilt, wie wir S. 207 gesehen haben, nur für einen bestimmten Teil des p-v-t-Diagramms.

Neben den Elementen des Magmas finden wir in verschiedenen Pegmatiten die Elemente Lithium, Beryllium, Bor, Zirkonium, Hafnium, Molybdän, Tantal, Thorium, Uran und die seltenen Erden gegenüber dem Granit angereichert. Fluor, Zinn, Wolfram, Kupfer und Gold kommen sowohl in diesem als auch im pneumatolytischen und hydrothermalen Stadium vor. Es kann hier nicht die Fülle der Mineralgesellschaften, die in den Pegmatiten auftreten, behandelt werden, nur einzelne Typen sollen herausgegriffen werden.

Feldspatpegmatite sind wohl am verbreitetsten. Der Feldspat ist überwiegend Kalifeldspat, seltener Albit, daneben viel Quarz. Im frischen und im zersetzten Zustand als Kaolin dienen diese Pegmatite als Rohstoffe für die keramische Industrie. Tritt Glimmer reichlich auf, so ist es meistens Muskovit oder Phlogopit, die beide von der Elektroindustrie, besonders als Kondensatorenmaterial, begehrt sind. Biotitpegmatite sind selten. Die Edelsteine Beryll, in der blauen bis blaugrünen Varietät Aquamarin genannt, Topas und Turmalin, kommen meist mit Feldspat und Quarz zusammen vor.

Zirkonat-, Titanat- und Phosphatpegmatite sind viel seltener, sie bilden eine Fundgrube für den Mineralsammler, mannigfaltige Minerale sind aus ihnen

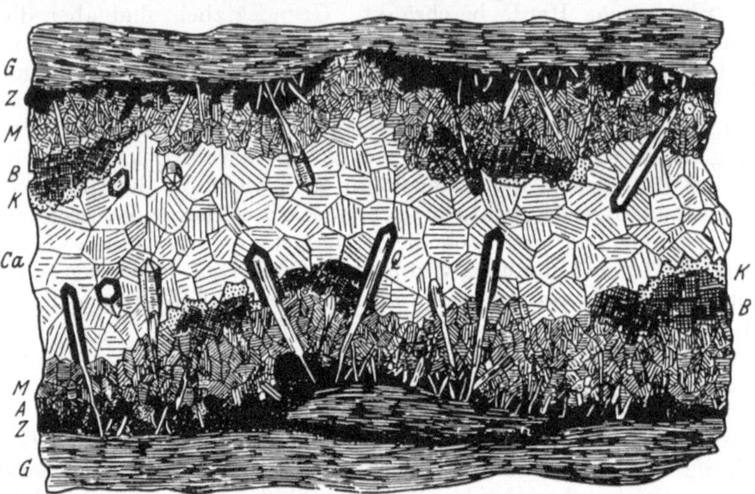

Abb. 327. Ausscheidungsfolge in einem symmetrischen Gang der Himmelsfürst-Fundgrube zu Brand bei Freiberg i. Sachsen. *G* Nebengestein, sericitisierter Gneiß. Auf Säulenquarz *Q* und silberreicher Zinkblende *Z* nebst Arsenkies *A* folgen Manganspat ($MnCO_3$) *M* mit der Hauptmasse des Quarzes — Bleiglanz *B* — Kupferkies *K* und Kalkspat Ca (aus W. MAUCHER)

beschrieben. Sie treten meist im Gefolge von Syeniten auf. Wir erwähnen den Monazit $CePO_4$, der neben seltenen Erden auch das Thoritmolekül $ThSiO_4$ eingebaut enthält, den Euxenit, ein Niobat der seltenen Erden und den Tantalit, ein Eisentantalatniobat.

Die *Zinnstein-Wolframpegmatite* sind bereits Übergänge zu den „pneumatolytischen Gängen". Zinnstein und Wolframit sind die wichtigsten Erze. Wolfram ist heute ein sehr wichtiger Zusatz zum Stahl, auch die Glühlampendrähte bestehen aus ihm. Das Hartmetall Widia ist Wolframcarbid. Im Mittelalter war Wolfram weniger angesehen, die Bergleute glaubten, daß es das gute Zinnerz auffresse, und gaben ihm daher den Namen. Diese Pegmatite führen auch Lithiumglimmer (Lepidolith, Zinnwaldit), aus dem das Element Lithium gewonnen wird.

Unter die pneumatolytischen Lagerstätten rechnet man außer manchen Zinnstein-Wolframitgängen auch die *Molybdänglanzgänge*, die meist noch Quarz und zuweilen Wismuterze führen. 93% der Weltproduktion des als Stahlveredler wichtigen Metalls Molybdän wird von den hierher gehörenden Gängen der ClimaxMine, Col. USA., erzeugt.

Hydrothermale Lagerstätten, Erzgänge. Lagerstätten aus hydrothermalen Lösungen können in verschiedenen Formen auftreten. Solche heißen Lösungen können an Spalten aufsteigen und Niederschläge bilden, die Gänge genannt werden. Sie können das Nebengestein der Spalten imprägnieren, mit ihm reagieren und es verdrängen. Solche Lagerstätten, bei denen die Erzbildung später als die Bildung des Nebengesteins erfolgte, nennt man *epigenetisch*. Als *syngenetisch* werden Lagerstätten bezeichnet, bei denen die Ablagerung des Materials zur Erzbildung zur selben Zeit wie die übrigen Bestandteile des Gesteins erfolgte, wie z.B. die sedimentären Eisenerzlagerstätten (s. S. 250).

Im folgenden werden zunächst nur die Gänge behandelt. Den Übergang von den pneumatolytischen zu den hydrothermalen Lagerstätten bilden die *Gold-Turmalin-Quarz-* und *Turmalin-Kupfer-Quarzgänge*. Diese sind die eigentlichen „Erzlagerstätten" der Bergleute, während die Pegmatite meist erst in der neuesten Zeit genutzt werden. In den hydrothermalen Gängen finden wir Gold, Silber, Kupfer, Blei und Zinn, die bis in die Neuzeit die „Metalle" schlechthin waren. Ihre technisch genutzten Minerale, insbesondere die sulfidischen, nannte man Erze, ein Ehrentitel, der z.B. noch heute den Eisenmineralen nicht von allen Bergleuten zugestanden wird. Für die Geschichte der Mineralogie und Geologie sind diese Erzgänge von größter Bedeutung gewesen. Freiberg in Sachsen, wo diese Gänge frühzeitig eingehend studiert wurden, war besonders seit Abraham Gottlob Werner (1749—1817) eine Pflegstätte dieser Wissenschaften. Hier entwickelte sich die systematische und beschreibende Mineralogie, eine Grundlage für die genetische, und damit in der damaligen Zeit nötig und gut. Auch die Anfänge der Genetik fanden dort in Breithaupt schon früh einen Förderer. Seine Paragenesis der Minerale war im Jahre 1849 eine Leistung, weil hier nicht das Einzelmineral, sondern die Mineralgesellschaft im Vordergrund stand. Die sorgfältige Beschreibung der Mineralfolge in den Gängen ist eine wesentliche Grundlage der Deutung ihrer Entstehung. In dem Gangstück der Abb. 327 ist eine Spalte von den beiden Wänden her ausgefüllt. Zuerst haben sich Quarz, Zinkblende und Arsenkies ausgeschieden, dann folgten die anderen Minerale, während der Quarz weiterwuchs.

So außerordentlich viel über die Vorkommen dieser Gesteinsgruppe geschrieben und auch spekuliert worden ist, so wenig ist bereits durch exakte experimentelle und theoretische Untersuchungen zum Verständnis beigetragen. Infolgedessen müssen wir auch die *Einteilung* rein beschreibend nach dem Mineralbestand vornehmen. Mit Schneiderhöhn unterscheiden wir folgende Mineralgesellschaften, die mit dem alten Ausdruck „Formation" bezeichnet werden:

I. Gold- und Goldsilberformation.
II. Kupfer- und Kiesformation.
III. Blei-Silber-Zink-Formation.
IV. Silber-Kobalt-Nickel-Wismut-Uran-Formation.
V. Zinn-Silber-Wismut-Wolfram-Formation.
VI. Antimon-Quecksilber-Arsen-Selen-Formation.
VII. Oxydische Eisen-Mangan-Magnesium-Formation.
VIII. Erzfreie Formation.

In I und II kommen Gold, Silber und Kupfer gediegen vor. Im übrigen finden wir bis VI Sulfide. Die Mineralgesellschaften der verschiedenen Formationen sind in der Tabelle 47 dargestellt. Plutonische Lagerstätten zu I besitzen wir in Deutschland im Fichtelgebirge und in Österreich in den Hohen Tauern, letztere hatten im Mittelalter große Bedeutung. Zu den subvulkanischen Lagerstätten zu I gehören die siebenbürgischen Golderze. Zu II sind die riesigen Schwefelkieslagerstätten im südlichen Spanien und Portugal (Huelva) und kleine Vorkommen im Rheinischen Schiefergebirge, besonders in der Umrandung des Siegerlandes und bei Kupferberg in Schlesien zu erwähnen. Zur Gruppe III gehören die schon erwähnten Gänge von Freiberg in Sachsen, kleinere Vorkommen im Schwarzwald, im Rheinischen Schiefergebirge, an der unteren Lahn, die altberühmten Vorkommen im Harz bei Clausthal, Lauterberg und im Ostharz. Von der Formation IV ist das Silbervorkommen Kongsberg in Schweden, die Gänge von St. Andreasberg im Harz, von Wittichen im Schwarzwald, von Schneeberg und St. Joachimstal im Erzgebirge zu erwähnen. Die V. Gruppe ist vor allem in Bolivien (Potosi) vertreten, zu VI. gehören die großen Quecksilberlagerstätten von Idria (Krain) und Almaden (Spanien) und die kleinen von

Tabelle 47. *Häufigkeit wichtiger Minerale in hydrothermalen Gängen* (nach SCHNEIDERHÖHN)

	Mineral		Gold–Silber- plutonisch	Gold–Silber- subvulkanisch	Kupfer- und Kies-	Blei– Silber–Zink-	Silber– Kobalt– Nickel– Wismut– Uran-	Zinn–Silber– Wolfram– Wismut-	Antimon Quecksilber– Arsen–Selen-	oxydische und erzfreie
Ele-mente	Arsen					□	■	□		
	Wismut						■	■		
	Kupfer				■					
	Silber			■			■			
	Gold		■							
Sulfide	Silberglanz	Ag_2S	□	■			■	□		
	Kupferglanz	Cu_2S		■	■		□			□
	Zinkblende	ZnS	□	■	■	■	■	□	□	□
	Kupferkies	$CuFeS_2$	■	■	■	□	□	□		□
	Zinnkies	Cu_2FeSnS_4		□		□		■		
	Fahlerz	$(Cu, Ag, Fe, Zn, Hg)_3$ $(Sb, As)S_{3-4}$	■	■	□	■	□	■		□
	Enargit	Cu_3AsS_4		■	■		■	■		
	Bleiglanz	PbS	□	■	■	■	■	■		
	Zinnober	HgS			□				■	
	Antimonglanz	Sb_2S_3	■	□					■	
	Wismutglanz	Bi_2S_3	□					■		
	Pyrit	FeS_2	■	■	■	■	■	■	□	□
	Arsenkies	$FeAsS$	■	□	□	□	■	□		

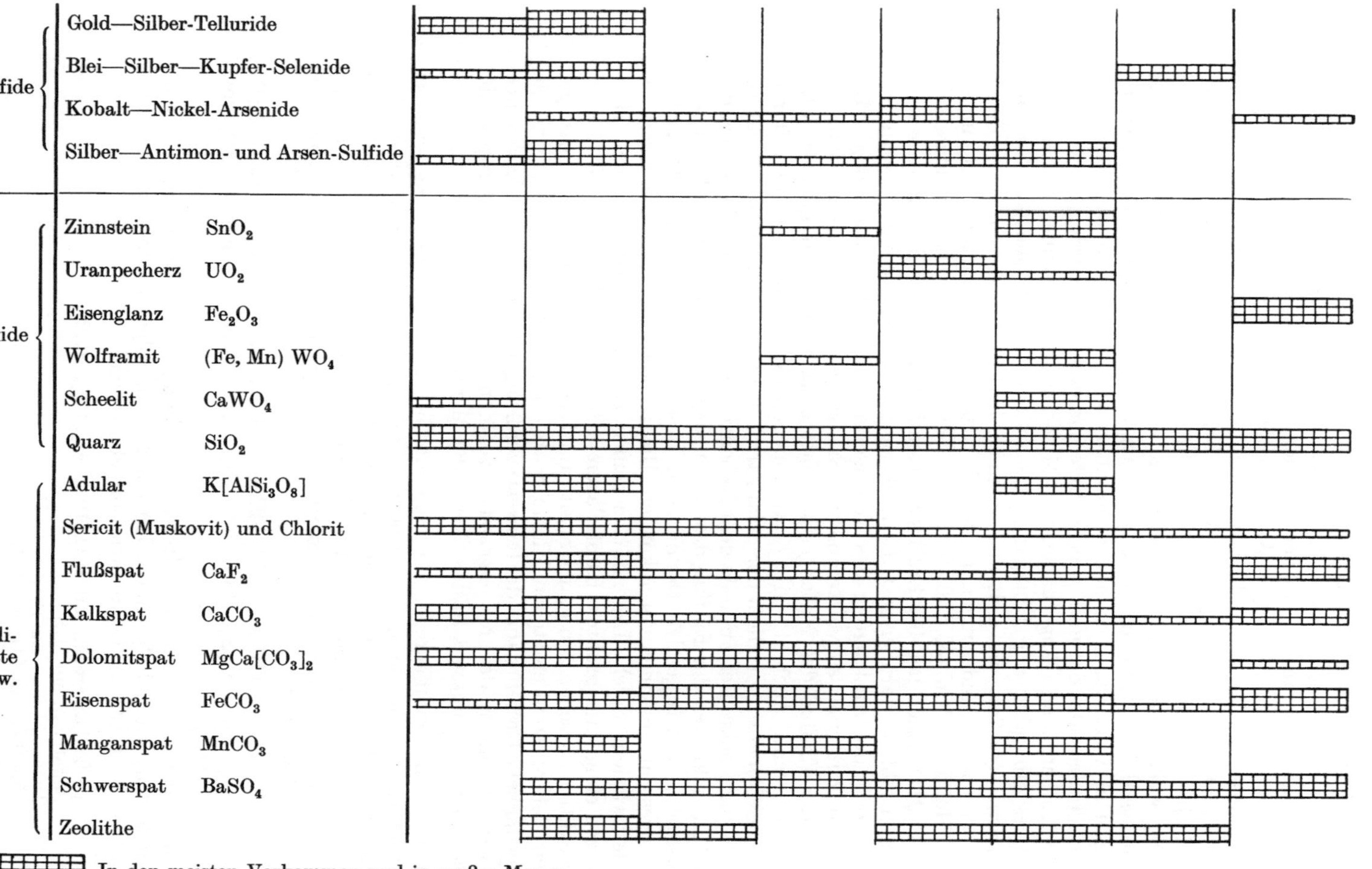

Sulfide
Gold—Silber-Telluride
Blei—Silber—Kupfer-Selenide
Kobalt—Nickel-Arsenide
Silber—Antimon- und Arsen-Sulfide
Oxide
Zinnstein SnO_2
Uranpecherz UO_2
Eisenglanz Fe_2O_3
Wolframit $(Fe, Mn) WO_4$
Scheelit $CaWO_4$
Quarz SiO_2
Silikate usw.
Adular $K[AlSi_3O_8]$
Sericit (Muskovit) und Chlorit
Flußspat CaF_2
Kalkspat $CaCO_3$
Dolomitspat $MgCa[CO_3]_2$
Eisenspat $FeCO_3$
Manganspat $MnCO_3$
Schwerspat $BaSO_4$
Zeolithe
In den meisten Vorkommen und in großer Menge.
In den meisten Vorkommen aber in geringer Menge, oder in wenigen Vorkommen aber in großer Menge.
Selten und in geringer Menge.

Landsberg bei Obermoschel in der Pfalz. Zu der VII. Gruppe sind die Spateisengänge des Siegerlandes und kleinere Eisenglanzgänge im Schwarzwald und Thüringer Wald zu erwähnen. In der erzfreien Formation schließlich haben die Flußspatgänge im Harz, Thüringer Wald, Vogtland und in der Oberpfalz Bedeutung, besonders für die Herstellung von Flußsäure; Schwerspatgänge werden im Harz bei Bad Lauterberg, an der Werra bei Albungen, im Thüringer Wald, an der Dill, im Schwarzwald und Spessart abgebaut. Der Schwerspat dient zur Herstellung weißer Farbe, zum Beschweren von Geweben und Papieren und als Baumaterial für Strahlenschutz. Zwischen den erzfreien und erzführenden Gängen gibt es Übergänge, es hängt offenbar weitgehend von den Ausscheidungsbedingungen ab, ob und welche Erze ausgeschieden werden.

Die hydrothermalen Gänge haben ihre Minerale im allgemeinen in der Tiefe abgesetzt, es gibt aber alle Übergänge bis zu den heißen Quellen. Man hat früher *juvenile Quellen*, die sich aus Magmen herleiten und *vadose*, in denen Regenwasser nach Wanderungen in der Erdkruste wieder zutage tritt, unterschieden. Heute weiß man, daß der Anteil von „vadosem" Wasser stets sehr groß ist (S. 214). Auch bei den Erzlagerstätten hat man vor allem in den achtziger Jahren lebhaft darüber gestritten, ob sie dem Magma ihren Mineralinhalt verdanken oder der Auslaugung des Nebengesteins, der „*Lateralsekretion*". Der Streit endete mit einer so vollkommenen Niederlage der Lateralsekretionisten, daß heute der Einfluß des Nebengesteins fast ganz außer Acht gelassen wird. Sicher mit Unrecht. Auch hier gibt es wohl mehrere Wege, die nach Rom führen, und manches Mineral, vor allem der „Gangart", wie der Bergmann die Nichterze bezeichnet, mag seine Bestandteile dem Nebengestein verdanken. So ist bei den alpinen Mineralklüften der Einfluß des Nebengesteins nachgewiesen. Umgekehrt beeinflussen die aufsteigenden Dämpfe und Lösungen magmatischen Ursprungs das Nebengestein: In seinen Poren können Minerale, darunter wertvolle Erze, ausgeschieden werden. Solche Lagerstätten heißen *Imprägnationslagerstätten*. Hierher gehören einige der größten Kupferlagerstätten, wie Bingham (USA). Auch durch Reaktion zwischen den in der Spalte aufsteigenden Dämpfen und Lösungen und dem Nebengestein entstehen Mineralneubildungen, darunter auch Erze, die das ursprüngliche Gestein ganz oder teilweise verdrängen, *Verdrängungslagerstätten*. Diese Veränderungen des Nebengesteins gehören in die letzte Gruppe der gesteinsbildenden Vorgänge, in das Gebiet der Metamorphose.

Exhalative Mineralbildungen. An die hydrothermale Mineralbildung schließen sich als letzte Gruppe der magmatischen Abfolge ohne scharfe Grenze die Exhalationslagerstätten an, die Entgasungsprodukte der Vulkane. Die aus ihnen ausströmenden Gase scheiden bei der Abkühlung und bei der Reaktion mit der Atmosphäre eine Fülle von Mineralen aus, von denen einige mit ihrer chemischen Formel aufgeführt seien:

$NaCl$, KCl, NH_4Cl, $CaCl_2$, $PbCl_2$, $2KCl \cdot PbCl_2$, $MnCl_2$, $FeCl_2$, NaF, MgF_2, Fe_5N_2, S, Se_xS_y, AsS, As_2S_3, PbS, CuS, HgS, ZnS, FeS, NiS, FeS_2, MgO, PbO, CuO, Fe_2O_3, $B(OH)_3$.

Auch in der näheren und weiteren Umgebung von erloschenen Vulkanen treten heiße Quellen und Gasemanationen auf, die in folgender Liste mit von oben nach unten abnehmender Temperatur aufgeführt sind:

Heiße Fumarolen, mit H_2O, HCl, SO_2, CO_2, H_2, N_2
Solfataren, mit H_2S
Dampfquellen, nur H_2O
Mofetten, mit CO_2 und H_2O
Geysire
Thermalquellen, Säuerlinge, Mineralquellen, Schwefelquellen mit H_2S.

Über diese postvulkanischen Erscheinungen gibt es eine sehr umfangreiche Literatur, insbesondere über die Thermalquellen, die medizinisch genutzt werden. Als Beispiel seien die Solfataren in dem Gebiet von Lardarello in der Toskana nach RITTMANN angeführt. Hier entströmen in einem Gebiet von etwa 200 km² aus mehr als hundert Bohrlöchern jährlich $26 \cdot 10^6$ t Dampf mit Temperaturen bis 250° C und Drucken bis 25 kg/cm². Sie liefern etwa $2 \cdot 10^9$ Kilowatt Energie. Die mittlere Zusammensetzung der Dämpfe ist:

H_2O 955,52 ⁰/₀₀
CO_2 42,65 ⁰/₀₀
H_2S 0,88 ⁰/₀₀
H_2BO_3 0,30 ⁰/₀₀
NH_3 0,30 ⁰/₀₀
CH_4 0,15 ⁰/₀₀
H_2 0,04 ⁰/₀₀

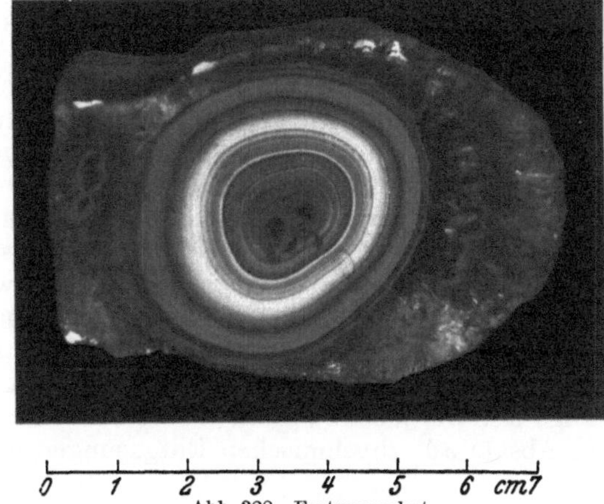

Abb. 328. Festungsachat

Geochemisch wichtig ist der hohe Borgehalt, der früher auch technisch genutzt wurde.

Im vulkanischen Gestein selbst werden *Blasenräume*, die bei der Entgasung entstanden, mit verschiedenen Mineralen wie z. B. Kalkspat, der Chalcedon genannten faserigen Varietät des Quarzes, oder *Zeolithen* ausgefüllt. Diese Zeolithe sind wasserhaltige Gerüstsilikate mit einem weitmaschigen Gitterbau, in dem das Wasser so locker gebunden ist, daß es sich beim Erhitzen leicht entfernen läßt, ohne daß sich das Gitter wesentlich ändert. In einer an Wasserdampf gesättigten Atmosphäre wird wieder Wasser aufgenommen. Man kann das Wasser auch durch verschiedene andere Gase (H_2S, CS_2, CCl_4) ersetzen. Einige typische Vertreter sind: Chabasit (Ca, Na_2, K_2) $[Al_2Si_4O_{12}] \cdot 6 H_2O$, Heulandit $Ca[Al_2Si_6O_{16}] \cdot 5 H_2O$, Desmin $Ca[Al_2Si_7O_{18}] \cdot 7 H_2O$, Natrolith $Na_2[Al_2Si_3 O_{10}] \cdot 2 H_2O$ und Skolezit $Ca[Al_2Si_3O_{10}] \cdot 2 H_2O$. Die beiden letztgenannten bilden Mischkristalle. Die Na-reichen heißen Natrolith, die mittleren Mesolith und die Ca-reichen Skolezit.

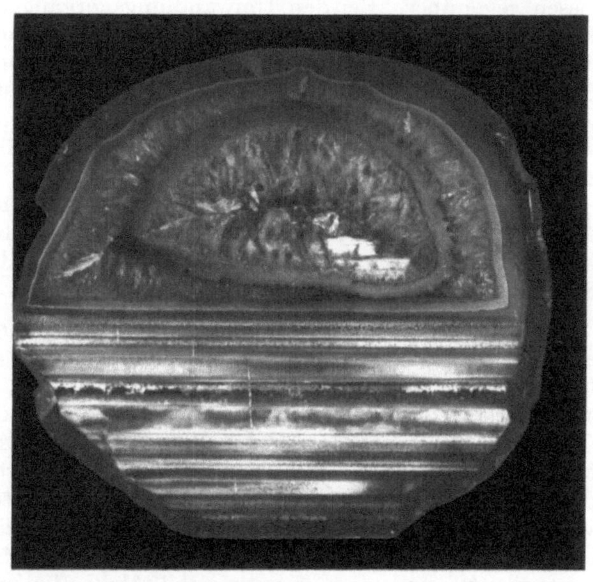

Abb. 329. Uruguayachat

Über die Bildungstemperatur dieser Blasenfüllungen können die *Achate* einige Hinweise geben. Sie bestehen aus Bändern von farbigem, meist faserigem oder feinkristallinem Quarz mit etwas Opal und enthalten im Innersten häufig größere Quarzkristalle. Sie kommen in den Hohlräumen von basaltischen Gesteinen, z.B. der sog. Melaphyre von Idar-Oberstein und in Südbrasilien-Uruguay vor. Ein sehr häufiger Typ, der Festungsachat, zeigt konzentrische Bänderung (Abb. 328). Das führt NACKEN darauf zurück, daß die Kieselsäure oberhalb der kritischen Temperatur des Wassers, also aus der fluiden Phase, ringsum gleichmäßig abgesetzt wird. Dieser Typus soll deshalb etwas oberhalb 375° gebildet worden sein, die kritische Temperatur wird durch geringe Zusätze von SiO_2 nur unwesentlich heraufgesetzt. Da die Quarze im Innern Tiefquarze sind, muß die Bildung dieser Achate unterhalb von 575° C stattgefunden haben. Ein anderer Typ, der Uruguayachat (Abb. 329) besitzt außer der konzentrischen Bänderung am Rande im Innern ebene Schichten. Dies spricht dafür, daß diese sich aus wäßriger Lösung unter dem Einfluß der Schwerkraft abgesetzt hatten, daß also während der Achatbildung die Temperatur unter 375° gesunken war.

Die Bänderung der Achate wird meist durch rhythmische Ausfällung aus in die SiO_2-Masse hineindiffundierenden Lösungen nach Art der LIESEGANGschen Ringe erklärt, jedoch sprechen manche Beobachtungen dafür, daß es sich auch um Absatz aus rhythmischen Entgasungen handeln kann.

VII. Verwitterung und Mineralbildung im Boden
1. Die mechanische Verwitterung

Der magmatischen Gesteinsbildung steht die Gesteinsbildung durch Umwandlung vorhandener Gesteine und aus dem Wiederaufbau von Umwandlungserzeugnissen gegenüber. Bei den Umwandlungsvorgängen nennt man die, die an der Erdoberfläche vor sich gehen und durch Einwirkungen von der Erdoberfläche her bedingt sind, Verwitterung. Die Verwitterungsprodukte bilden am Ort ihrer Bildung die Böden, nach Transport die Sedimentgesteine. Veränderungen bereits vorhandener Gesteine, die im Innern der Erde erfolgen oder an der Erdoberfläche von magmatischen Einflüssen bewirkt werden, faßt man als Metamorphose zusammen.

Die Verwitterungsvorgänge teilt man ein in mechanische und chemische. Auf drei Wegen wird in der Hauptsache der mechanische Zerfall der Gesteine herbeigeführt, durch die Temperaturverwitterung, die Frostverwitterung und die Salzsprengung.

Die Temperaturverwitterung tritt ein, wenn ein Gestein an der Oberfläche erwärmt und wieder abgekühlt wird. Bei der Erwärmung dehnt sich die Oberfläche stärker aus als die darunterliegenden Teile, bei der Abkühlung zieht sie sich stärker zusammen. Durch die so entstehenden Spannungen zerfällt die Oberfläche je nach Gesteinsbeschaffenheit und Art der Einwirkung teils in körnigen Grus, teils in größere oder kleinere Scherben. Über das Maß der Ausdehnung beim Erwärmen haben wir von den meisten Kristallen genaue Zahlenwerte, von Gesteinen nur altes, wohl weniger zuverlässiges Material. Die Drucke, die bei der Ausdehnung auftreten, lassen sich für Minerale aus dem Ausdehnungskoeffizienten und dem Kompressibilitätskoeffizienten berechnen und ergeben für Quarz bei 40° Temperaturerhöhung 545 kg/cm². Für Gesteine sind leider die Kompressibilitätskoeffizienten nicht an den gleichen Stücken ermittelt wie die Ausdehnungskoeffizienten, so daß Rechnungen keinen Sinn haben. Es fehlt noch an voll beweiskräftigen experimentellen Untersuchungen dieser Verwitterungsart.

Die Frostsprengung. Etwas besser bekannt ist die Frostsprengung. Sie beruht darauf, daß das Wasser einer der außerordentlich seltenen Stoffe ist, die sich beim Übergang vom flüssigen zum festen Zustand, also beim Gefrieren, ausdehnen. Dabei kann ein Gefäß, das das Wasser einschließt, gesprengt werden. Der Druck, der beim Gefrieren auftritt, kann im Drucktemperaturdiagramm des Einstoffsystems H_2O an der Schmelzkurve des Eises ohne weiteres abgelesen werden (Abb. 286, 287, S. 167, 168). Er steigt bis 2200 kg/cm² bei $- 22°$ C. Wenn wir den Druck noch weiter erhöhen oder die Temperatur weiter senken, so kommen wir in das Gebiet einer anderen Eisart, die ein geringeres Volumen als Wasser hat. 2200 kg/cm² ist also der Höchstdruck, der bei der Eissprengung überhaupt auftreten kann. Für ihre Wirkung ist außerdem notwendig, daß die Poren so gebaut sind, daß das auskristallisierende Eis seine Sprengwirkung entfalten kann und nicht einfach ins Freie hinauswächst, daß sie also z.B. Flaschenform besitzen. Ferner müssen die Poren zu mehr als 90% gefüllt sein, weil das Volumen des Wassers 90% des Volumens des Eises beträgt. Ein Einfluß der Abkühlungsgeschwindigkeit, der öfters angegeben wird, könnte darauf beruhen, daß die Abkühlung von dem Flaschenhals ausgehen muß, damit sich zunächst ein Pfropfen bildet, der den flüssigen Rest abtrennt. Bei raschem Temperaturabfall werden diese äußeren Öffnungen der Poren zuerst abgekühlt werden und Eiskristalle bilden, die als Keime für unterkühltes Wasser im Innern wirken können. Auch in anderen, z.B. zylindrischen Poren kann das Eis sprengend wirken, wenn sich von der Oberfläche her ein Pfropfen bildet, dessen Verwachsung mit den Wänden eine größere Festigkeit besitzt als die Wand.

Die Salzsprengung. Ähnliche Bedingungen gelten auch für zwei der drei verschiedenen Vorgänge, die unter dem Namen Salzsprengung zusammengefaßt werden. Die eine Art der Salzsprengung beruht darauf, daß eine *übersättigte Lösung*, deren Volumen kleiner ist als die Summe der Volumina der gesättigten Lösung und der bei Aufhebung der Übersättigung ausgeschiedenen Kristalle, sprengend wirkt, wenn wie bei der Frostsprengung die Gesteinspore kein Ausweichen gestattet, z.B. wenn von außen wachsende Keime den Eingang verstopfen. Bei Alaunlösung wurde der Druck aus der Kompressibilität des Wassers auf 130 kg/cm² berechnet.

Eine andere Art der Salzsprengung besteht darin, daß wasserfreie Salze Kristallwasser aufnehmen. Durch *Hydratbildung* entstehen bei der Umwandlung $CaSO_4 \rightarrow CaSO_4 \cdot 2\,H_2O$ etwa 1100 kg/cm², bei $Na_2SO_4 \rightarrow Na_2SO_4 \cdot 10\,H_2O$ etwa 250 kg/cm² und bei $Na_2CO_3 \rightarrow Na_2CO_3 \cdot 10\,H_2O$ etwa 300 kg/cm². An und für sich findet bei der Hydratbildung eine Volumverminderung statt, wie man leicht ausrechnen kann. Sprengwirkung kann also nur da eintreten, wo das Wasser auf einem Wege Zutritt zu dem Salz hat, den die Salzkristalle nicht benutzen können, z.B. durch feinporige Schichten hindurch.

Eine dritte Möglichkeit ist die, daß der *wachsende Kristall* einen Druck auf seine Umgebung ausübt. Der maximale Druck ist in diesem Falle durch die Übersättigung gegeben. Der Kristall besitzt unter Druck eine erhöhte Löslichkeit, je größer die Übersättigung ist, mit um so größeren Drucken kann er im Gleichgewicht sein. Dabei gilt die Formel:

$$P = \frac{R \cdot T}{v} \cdot \ln \frac{c}{c_s}.$$

P ist der Überdruck in Atmosphären, R die Gaskonstante $= 0{,}08203$ l atm/Grad, T die absolute Temperatur, v das Molvolumen der Substanz im Kristall, c_s die Sättigungskonzentration ohne Druckeinwirkung, d.h. die Gleichgewichtskonzentration der Lösung mit einem Kristall, c die Konzentration, bei der die Lösung und der Kristall beim Drucke P im Gleichgewicht sind. So wurde in 1,75fach übersättigter Alaunlösung für Glas und (111) Alaun 40 kg/cm² als Wachstumsdruck gemessen. Der Kristall kann aber nur dann einen Druck ausüben, wenn die Grenzflächenspannungen zwischen Kristall, fester Umgebung und Mutterlauge solche Werte haben, daß die Mutterlauge zwischen Kristall und Umgebung eindringen kann. Wenn Alaunwürfel mit Glas verwendet wurden oder Glimmerplatten statt Glas, trat kein Wachstumsdruck auf. Die Druckwirkung wachsender Kristalle besteht also, sie wird jedoch häufig weit überschätzt, z.B. wenn angenommen wird, daß Spalten, wie wir sie bei den hydrothermalen Mineralbildungen kennengelernt haben, durch den Wachstumsdruck erweitert sein sollen.

Alle drei Arten der Salzsprengung werden bei der Abkühlung in Erscheinung treten. Übersättigungswirkung wird außerdem durch Wasserentzug, also durch Trockenheit, Hydrationssprengung durch Wechsel von Trockenheit mit Feuchtigkeit unterstützt. Da auch in Trockengebieten Feuchtigkeitszunahme durch Nebel häufig vorkommt, kann man die Salzsprengung als eine Verwitterungsform in Trockengebieten ansehen. Frostverwitterung hingegen ist an einen häufigen Wechsel zwischen Gefrieren und Auftauen gebunden, je größer die Zahl der „Frostwechseltage" ist, um so intensiver ist die Frostwirkung. Temperaturverwitterung ist besonders häufig aus Wüsten beschrieben worden, auf die sie aber keineswegs beschränkt ist.

2. Die chemische Verwitterung

Lösung. Die mechanische Verwitterung ist von größter Bedeutung für die chemische Verwitterung, weil sie die Gesteine zerkleinert und damit den chemischen Angriff sehr wesentlich unterstützt. Wo der Angriff der mechanischen Verwitterung verhindert wird, wie z.B. durch Glattschleifen der Oberfläche, wie bei den vom Gletscher der Eiszeit glatt geschliffenen Rundhöckern in Skandinavien, ist die chemische Verwitterung seit dem Rückzug des Eises äußerst gering, selbst wenn diese Flächen von Moos und Heide besiedelt worden sind.

Der einfachste chemische Angriff, die Lösung in Wasser, findet in der Natur nur bei wenigen Gesteinen und Mineralen statt, da NaCl, KCl und andere leichtlösliche Salze nur in sehr trockenen Gebieten längere Zeit bestehen können. In feuchteren Gebieten findet einfache Lösung nur bei Gips und Anhydrit statt.

Komplizierter ist der Verlauf der Auflösung der Carbonate. Hier spielt die im Wasser gelöste Kohlensäure die entscheidende Rolle, wie weiter unten bei der Besprechung der Kalkbildung ausführlich dargelegt wird. An dieser Stelle soll uns genügen, daß die Löslichkeit des $CaCO_3$ mit dem Kohlensäuregehalt des Wassers stark ansteigt. Da mit steigender Temperatur die Aufnahmefähigkeit des Wassers für Kohlensäure abnimmt, wird die Löslichkeit des $CaCO_3$ durch Temperaturerhöhung erniedrigt.

Silikatverwitterung. Das Kernproblem der Verwitterung ist die Verwitterung der Silikate, da diese mehr als $^3/_4$ der Erdrinde zusammensetzen. 66 Gew.-% der Erdrinde sind Feldspäte (22% Kalifeldspat und 42% Plagioklase, s. Tabelle 43, S. 202). Wir betrachten deshalb als Modell der Silikatverwitterung den Zerfall von *Feldspat*. Seit langem ist bekannt, daß das Alkali der Feldspäte, also das Kalium und Natrium, leicht in Lösung geht. Man braucht nur etwas Kalifeldspatpulver in Wasser zu bringen und dieses mit einem geeigneten Indicator, z.B. Bromthymolblau, zu versehen, dann kann man sehr bald feststellen, daß die Lösung alkalische Reaktion zeigt. Weniger klar war bis vor kurzem das Verhalten des Aluminiums und Siliciums. Hier standen sich zwei Auffassungen gegenüber. Die ältere nahm einen hydrolytischen Zerfall des Feldspates an, durch den sich kolloidale Kieselsäure und ebensolches Aluminiumhydroxid bilde, die später unter Bildung von Aluminiumsilikaten reagieren sollten. Nachdem man mit Hilfe der Röntgenstrahlen nachgewiesen hatte, daß die Kristalle aus Raumgittern bestehen, lag eine zweite Auffassung nahe, nach der das Feldspatgitter nach dem Ausbau der Alkali- und eines Teils der SiO_2-Ionen in das Gitter des Kaolinits ($Al_2[(OH)_4 / Si_2O_5]$) umklappen sollte. Neuere experimentelle Untersuchungen haben nun aber gezeigt, daß beide Ansichten falsch sind, daß sich der Feldspat in Ionen auflöst, daß also auch die Kieselsäure und das Aluminium mindestens zunächst in echter Lösung weggeführt werden. Der Feldspat wird also unter normalen Bedingungen allmählich vollständig aufgelöst und seine Bestandteile bleiben zunächst in Lösung. Bei dieser Auflösung bildet sich auf dem Feldspat eine sehr dünne Rinde, die im wesentlichen Al_2O_3 und SiO_2 enthält, und zwar stets mehr als $5\ SiO_2$ auf $1\ Al_2O_3$. Die Auflösung des Kerns erfolgt durch diese Schicht hindurch, gleichzeitig wird aber auch die Schicht abgebaut, so daß ihre Dicke während des Abbaus des Feldspates nicht zunimmt. Die Dicke konnte zu etwa $\frac{3}{100000}$ mm berechnet werden. Ähnlich verhält sich der *Leucit*, der ja auch ein Gerüstsilikat ist.

Beim *Muskovit* ist die Abbaugeschwindigkeit der Komponenten so verschieden, daß Restschichten entstehen, dabei ist hier, entsprechend dem Schichtgitterbau, die Auswanderungsgeschwindigkeit des K-Ions relativ sehr viel größer als im Feldspat. Bei dem Inselsilikat *Olivin* ist die Abbaugeschwindigkeit der Komponenten annähernd gleich groß, d.h. es löst sich auf wie NaCl in Wasser. Es muß noch darauf hingewiesen werden, daß dies experimentell festgestellte Verhalten der Silikate nur für sehr verdünnte wäßrige Lösungen und Temperaturen zwischen 20 und 40° C gilt und in offenen Systemen. Bei der Einwirkung konzentrierter Salzlösungen und in ganz oder nahezu geschlossenen Systemen, sowie bei höheren Temperaturen können Pseudomorphosen, z.B. von Kaolinit nach Feldspat entstehen. Der Mechanismus der Pseudomorphosenbildung wird später S. 284 erläutert.

3. Das Verhalten von Si, Al, Fe im Boden

Was geschieht nun mit den in Lösung gegangenen Ionen? Sie verhalten sich ganz verschieden. Wir wollen hier zunächst nur ihr Schicksal unmittelbar nach der Verwitterung betrachten, wie es vor allem in den Böden eine Rolle spielt.

Am stabilsten sind in der Lösung die Alkalien, etwas weniger die Erdalkalien, sie werden im wesentlichen abtransportiert. Alkalichloride und Sulfate können in trockenen Gebieten auch im Boden bleiben und in ihm wandern, ebenso die Calciumsalze, Gips $CaSO_4 \cdot 2\ H_2O$ und Kalkspat. Silicium, Aluminium und Eisen werden dagegen zum größten Teil bald wieder ausgeschieden, meist schon im Boden. Es bilden sich aus ihnen schon während der Verwitterung neue Minerale, Vorgänge, die für die Bodenbildung sehr wichtig sind.

Kolloide. Diese Neubildungen haben meist eine sehr geringe Korngröße, sie gehören in den Bereich der Kolloide, deren Erforschung ein Teilgebiet der physikalischen Chemie, die Kolloidchemie, betreibt. Sie behandelt das Übergangsgebiet von der grobkörnigen Materie zu den Ionen und Molekülen (Abb. 330), d.h. sie beschäftigt sich mit Teilchen von 10^{-5}—10^{-7} cm Durchmesser.

Kolloidale Teilchen können fest, flüssig oder gasförmig sein. Die festen Teilchen sind, soweit sie anorganischer Herkunft sind, teils kristallin, teils amorph. Kolloidal bedeutet also heute nur noch eine Größenbezeichnung. Das muß ganz besonders betont werden, weil man im Anfang der Kolloidchemie glaubte, daß alle Kolloide amorph seien, so wie der Leim (griech. kollos), der ihnen den Namen gibt, und weil durch die auch heute noch anzutreffende Verwechslung von kolloidal und amorph auch in der mineralogischen Literatur Verwirrung angerichtet wurde. Schon 1917 zeigte SCHERRER durch die Untersuchung im Röntgenlicht, daß die Teilchen in kolloidalen Goldlösungen kristallisiert sind. Gerade in der Mineralogie haben wir es meist mit festen, kristallinen Kolloiden zu tun.

Eine der wenigen Ausnahmen ist das System SiO_2—H_2O. Bei der Verwitterung entsteht zunächst eine echte Kieselsäure. Diese Kieselsäure geht, wenn die

	Teilchendurchmesser →		
	10^{-3} 10^{-4}	10^{-5} 10^{-6}	10^{-7} 10^{-8} cm
Name	Suspensionen Emulsionen	Sole	molekulare oder ionare Lösungen
zurück-gehalten durch:	harte Filter	Dialysiermembranen Ultrafilter	semipermeable Wände
sedimen-tieren	von selbst	flocken aus	sind stabil

Abb. 330. Die Größenordnungen im Bereich der Kolloide

Löslichkeit überschritten wird, in den ,,Sol"zustand über. Abb. 331 gibt die *Löslichkeiten* im System SiO_2-Gel—Wasser und Al-Hydroxid — Wasser in Abhängigkeit von der Wasserstoffionenkonzentration, ausgedrückt durch die p_H-Zahl. Als p_H-Zahl gibt man den Wert des Exponenten der Wasserstoffionenkonzentration mit umgekehrtem Vorzeichen an. In reinem Wasser ist das Ionenprodukt gerechnet in Grammionen im Liter:

$$[H^·] \cdot (OH') = 10^{-14}.$$

Ist von beiden Ionen gleichviel da, so ist die $H^·$-Konzentration $= 10^{-7}$, $p_H = 7$. Sind mehr Wasserstoffionen vorhanden, die Lösung also sauer, so wird der p_H-Wert niedriger, z.B. $[H^·] = 10^{-3}$, $[OH'] = 10^{-11}$, $p_H = 3$; umgekehrt steigt der p_H-Wert in alkalischer Lösung $[H^·] = 10^{-12}$, $[OH'] = 10^{-2}$, $p_H = 12$. Zu beachten ist, daß die p_H-Werte Exponenten sind, daß z.B. zwischen p_H 3 und 4 die Wasserstoffionenkonzentration sich verzehnfacht!

Die Überschreitung der Löslichkeit kann bei SiO_2-Lösungen durch Verdunsten des Wassers oder Abnahme der Alkalität der Lösung erfolgen. Es sind dann nicht mehr Ionen in der Lösung, sondern submikroskopische Tröpfchen von wasserhaltigem

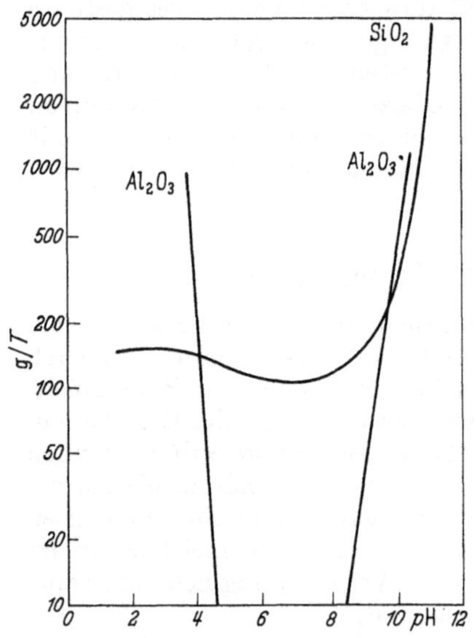

Abb. 331. Löslichkeiten von SiO_2-Gel und Al-Hydroxid in Abhängigkeit von der Wasserstoffionenkonzentration

SiO_2. Sole, die solche gequollenen hydratisierten Teilchen haben, heißen hydro- oder allgemein *lyophile Sole* (griech.: wasser- bzw. lösungsfreundlich). In der Abb. 331 ist die Löslichkeit für solche gelförmige wasserhaltige SiO_2 angegeben, die Löslichkeit von Quarz beträgt etwa $^1/_{10}$.

Im Gegensatz zu den hydrophilen Kieselsäuresolen stehen die *hydro-* bzw. *lyophoben Sole*, deren Teilchen meist kristallin sind. Einen Übergang zwischen beiden Solarten bilden die Sole, die in den Systemen Al_2O_3—H_2O und Fe_2O_3—H_2O auftreten. Bei ihnen gibt es Sole und Gele mit röntgenographisch nachweisbar kristallinen Teilchen, aber auch solche mit amorphen.

Die hydrophoben Sole sind in Lösung wesentlich weniger beständig als die hydrophilen, sie werden durch Ionen, die man der Lösung zusetzt, zum Absitzen gebracht, sie koagulieren. Die Teilchen des Sols sind elektrisch, und zwar gleichartig, geladen, sie stoßen sich gegenseitig ab. Die zugegebenen Ionen entladen die Teilchen, die sich dann zu Flocken aneinanderlegen, deshalb wird der Vorgang Ausflockung genannt. Das Produkt wird Koagel genannt. Auch die hydrophilen Sole gehen aus dem Zustand der feinen Verteilung in der Flüssigkeit in gröbere Zusammenballungen über, in die *Gele*. Jedoch ist der Einfluß von Salzen bei ihnen lange nicht so stark wie bei den hydrophoben. Das Flockungsvermögen hängt hier vom Hydratationsgrad ab, d.h. je weniger Wasser die Teilchen aufgenommen haben, um so ähnlicher sind sie hydrophoben Teilchen. Im System SiO_2—H_2O ist die Quellung in schwach alkalischer Lösung am geringsten. Ein SiO_2-Sol kann in diesem Zustand durch hinreichend große Salzmengen, z.B. 10 Millimol i. L. = 0,164 g $Ca(NO_3)_2$ ausgeflockt werden.

Das Verhalten des Siliciums. Im Boden kann die gelöste Kieselsäure wieder ausgeschieden werden, dadurch, daß erstens Pflanzen, wie z.B. Diatomeen, Gräser, Equiseten (Schachtelhalme), sie aufnehmen, oder zweitens durch Verdunsten, oder drittens durch Ansäuern einer alkalischen Lösung ($p_H > 8,5$) z.B. durch Kohlensäure, die aus der Verwesung organischer Substanz stammt. Alkalisilikatlösungen werden ebenfalls durch Kohlensäure zersetzt. Es bildet sich eine wasserhaltige Gallerte von SiO_2, ein Gel. Aus ihm entsteht zunächst mehr oder weniger gut geordneter Tiefcristobalit und später faseriger (Chalcedon, Quarzin) oder körniger Quarz. Die zunächst amorphen SiO_2—H_2O-Teilchen im Gel sind weniger stabil als der Tiefcristobalit und dieser weniger als der Quarz. Die Substanzen vom amorphen Zustand an bis zum Tiefcristobalit nennt man *Opal*. Die als Schmuckstein geschätzte Varietät Edelopal verdankt ihr Farbenspiel ihrem Aufbau aus einer regelmäßigen Kugelpackung von SiO_2-Kügelchen. Der Durchmesser der Kügelchen ist bei verschiedenen Opalen etwas verschieden, liegt aber im Bereich der Wellenlänge des sichtbaren Lichts. Deshalb treten an den Schichten Interferenzen auf, die nach der Braggschen Gleichung (S. 136) berechnet werden können. Andere SiO_2-Gelausscheidungen zeigen eine warzig-traubignierige Struktur. Ähnliche Bildungen kommen bei vielen Mineralen in der Natur vor, besonders Hydroxiden. Es muß aber mit Nachdruck darauf hingewiesen werden, daß es nicht statthaft ist, aus solchen Strukturen den Schluß zu ziehen, daß es sich um ursprünglich kolloidale Bildungen handele. So können z.B. Kalkkrusten, die sicher aus echter Lösung abgesetzt wurden, sehr ähnliche Strukturen zeigen.

Umfangreiche Ausscheidungen von SiO_2 finden wir z.B. in Wüstengebieten, wo das kapillar aufsteigende Wasser die gelöste Kieselsäure an der Oberfläche als Kieselkruste oder schon etwas darunter zwischen den Sandkörnern als Einkieselung ausscheidet.

Die gelöste Kieselsäure kann auch mit anderen Mineralen, z.B. Kalk, unter Bildung von Quarz reagieren, es entstehen Verkieselungen, die denen metamorphen Ursprungs (s. S. 281) ähnlich sein können.

Das Verhalten des Aluminiums. Wesentlich anders ist das Verhalten des Systems Al_2O_3—H_2O (Abb. 331). Aluminium bleibt in saurer Lösung ($p_H < 4$) wie in alkalischer ($p_H > 9$, nach anderen Angaben > 10) gelöst, fällt aber in der Nähe des Neutralpunktes als Aluminiumhydroxid aus. Dieses wird sich also erstens bilden beim Verdunsten der Lösung, zweitens wenn eine alkalische Lösung sauer wird, drittens wenn eine saure Lösung alkalisch wird. Als Säurequelle kommt zunächst wieder die Kohlensäure in Betracht, außer ihr wirken wohl auch gelegentlich noch andere Säuren. Alkalisch oder neutral kann eine saure Lösung werden, wenn sie ihre Säure verliert, z. B. die Kohlensäure durch Erwärmen oder durch Neutralisation, wenn sie auf Kalk trifft. Das Ausfällen des Al-Hydroxids spielt eine wichtige Rolle bei der Bildung der Aluminiumerze, der Bauxite, die nach einem in Südfrankreich gelegenen Vorkommen Les Baux benannt sind, (s. auch S. 229 ff.).

Bildung von Aluminiumsilikaten. Kieselsäure und Aluminium können sich nicht nur für sich allein ausscheiden, sie bilden auch zusammen Verbindungen, Aluminiumsilikate, deren Gitter S. 63, 64 behandelt sind. Solche Verbindungen sind z. B. *Kaolinit* $[Al_2(OH)_4Si_2O_5]$ und *Halloysit* $[Al_2(OH)_4Si_2O_5] \cdot (2\,H_2O)$, ferner *Montmorillonit* $[Al_2[(OH)_2Si_4O_{10}] \cdot n\,H_2O]$, der in größeren Mengen meist in Verbindung mit zersetzten vulkanischen Tuffen vorkommt. Vorwiegend aus ihm bestehende Gesteine heißen Bentonite, vorwiegend aus Kaolinit bestehende Kaoline. Vielleicht bildet sich auch schon bei den Temperaturen der Erdoberfläche Glimmer, ähnlich dem Muskovit $(KAl_2[OH,F]_2\,AlSi_3O_{10}])$. Wie diese Reaktionen im einzelnen erfolgen, wissen wir noch nicht. Die Synthesen im Laboratorium sind bei Temperaturen über 100 ° C und aus Gelen von Kieselsäure und Al-Hydroxid erfolgt. Es ist aber sehr wahrscheinlich, daß der Aufbau der Kristallgitter im Boden direkt aus der sehr verdünnten echten Lösung erfolgt; das erfordert auf alle Fälle einen viel geringeren Aufwand an Energie, als wenn die Ausgangssubstanzen bereits im kolloidalen Zustand vorliegen. Es ist nach allem, was wir über das Kristallwachstum wissen, äußerst unwahrscheinlich, daß sich kolloidale Teilchen direkt zu einem Kristallgitter zusammenfügen können. Die Bildung der Aluminiumsilikate hängt natürlich von ihrer eigenen Löslichkeit ab, aber doch auch insofern von der der Komponenten, als dort, wo relativ viel Al und wenig Si zur Verfügung steht, sich kaolinitische Silikate $(Al_2O_3:SiO_2 = 1:2)$ bilden werden. Das ist z. B. gemäß Abb. 331 in Böden mit p_H-Werten < 4 der Fall. Im alkalischen Bereich, $p_H > 8,5$, ist viel mehr Si in Lösung, hier sind die Bildungsbedingungen für montmorillonitische Silikate $(Al_2O_3:SiO_2 = 1:3$ bis $4)$ günstiger. Auch bei der hydrothermalen Synthese nach NOLL und auch in Böden beobachtet man diese Abhängigkeit.

Je nach den Reaktionsbedingungen, je nach den klimatischen und örtlichen Verhältnissen wird also das Schicksal der beiden Elemente Silicium und Aluminium verschieden sein.

Das Verhalten des Eisens. Das Eisenion unterscheidet sich vom Aluminiumion dadurch, daß es in zwei Oxydationsstufen, als Fe^{2+} und Fe^{3+}, auftritt. Über die Löslichkeit des Eisens in Abhängigkeit vom Sauerstoffgehalt der Lösung, allgemein vom Redoxpotential, wird auf S. 249 bei der Besprechung der sedimentären Eisenerze berichtet. Hier genügt festzustellen, daß in Gegenwart von Sauerstoff Eisen praktisch unlöslich ist, es kann nur in kolloidaler Form als Ferrihydroxid-Sol transportiert werden.

Bei Abwesenheit von Sauerstoff ist Eisen als zweiwertiges Ion im Gleichgewicht mit Kohlensäure wie das Calciumion existenz- und transportfähig (s. Abb. 350, S. 249). Es wird in derselben Weise wie das Ca-Ion durch Kohlensäureentzug ausgeschieden, es bildet sich Eisencarbonat $(FeCO_3)$. Oft wird Transport durch „Humussäuren" angenommen. Diese sind aber wohl nur ein Zeichen dafür, daß das Redoxpotential niedrig, also Transport als Carbonat möglich ist. Sobald Sauerstoff hinzutritt, fällt ein Hydroxid $FeOOH$ aus.

Beim Eisen müssen wir noch eine Eigenschaft hydrophober Sole erwähnen. Sie können vor dem Ausflocken geschützt werden durch einen Überzug aus einem hydrophilen Sol. Kolloide, die solche schützende Wirkung haben, heißen *Schutz-*

kolloide. Wegen einer immer wieder in der mineralogischen Literatur auftauchenden Verwechslung mag ausdrücklich darauf hingewiesen werden, daß das Schutzkolloid nur vor dem Ausflocken schützt, nicht vor dem Aufgelöstwerden, da ja die Lösung durch die hydrophile Hülle hindurch erfolgen würde.

Ein großer Teil des Eisens mag als solche geschützte Sole transportiert werden und weit ins Meer hinaus gelangen, bevor die Hülle zerstört oder sonst unwirksam geworden ist und das Eisenhydroxid ausfällt.

Wir unterscheiden bei den Eisenhydroxiden zwei Minerale, das *Nadeleisenerz* oder α-FeOOH, das weitaus das häufigere ist, und das γ-FeOOH, den *Rubin-glimmer.* Wie schon der Name sagt, ist das letztere blättchenförmig ausgebildet und das andere meist faserig. Der Name Goethit bezog sich zunächst auf γ-FeOOH und wird in der neueren Zeit meistens auf α-FeOOH bezogen. Das Hydroxid geht unter Wasserabgabe über in Fe_2O_3, von dem es ebenfalls wieder eine α-Form, *Hämatit,* wenn gut kristallisiert auch Eisenglanz genannt,

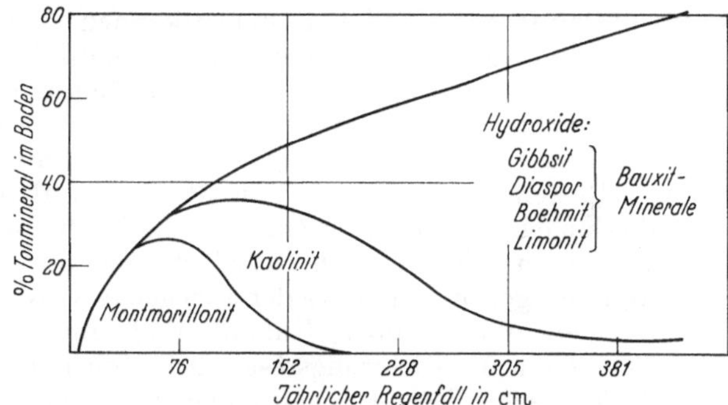

Abb. 332. Entwicklung der Tonminerale in Böden von Hawaii unter dauernd humidem Klima. (Nach SHERMAN 1952)

und eine γ-Form, *Maghemit,* gibt. Maghemit entsteht meist durch Oxydation von Fe_3O_4, dem *Magnetit.* Dieser kann sich auch direkt bilden, auch kann das Hydroxid unter Umständen direkt in ihn übergehen.

Bodenprofile. Wenn man Bodenprofile untersucht, so muß man eine Vielfalt von Faktoren berücksichtigen. Was an Mineralen aufgelöst und neu gebildet wird, hängt ab von dem Muttergestein, vom Klima, von der topographischen Lage, von den in und auf dem Boden lebenden Organismen und von der Zeit, während der diese Faktoren wirken. Dabei ist zu bedenken, daß sich die Folgen von Klimaschwankungen der Vergangenheit übereinanderlagern können. Diesen Vorgängen widmet sich eine eigene Wissenschaft, die Bodenkunde. Hier kann nur in Abb. 332 ein Beispiel gebracht werden, bei dem das Muttergestein die Basalte von Hawaii sind. Das Klima ist warm und dauernd feucht, aber die Regenmenge verschieden groß. Bei geringer Regenmenge wird als Tonmineral Montmorillonit gebildet, mit zunehmender Regenmenge Kaolinit und schließlich Hydroxide des Al und Fe. Bei geringen Wassermengen wird die Bodenlösung alkalisch, es entsteht Montmorillonit, mit zunehmender Verdünnung macht sich der Einfluß der Kohlensäure bemerkbar, die Lösung wird neutral bis schwach sauer, Kaolinit entsteht. Bei weiterem Auswaschen wird auch der Kaolinit aufgelöst und die Al-Hydroxide bleiben übrig.

In einem Klima, in dem Regen- und Trockenzeiten abwechseln, wird der Boden nicht nur von oben nach unten ausgewaschen, wie in unserem Beispiel, in den Trockenzeiten steigt das Wasser im Boden auf und auch dabei kann Mineralbildung stattfinden.

Die Verwitterungsneubildungen können alle Übergänge von röntgenamorphen bis zu mehr oder weniger gut kristallisierten Mineralen aufweisen. Vorwiegend handelt es sich um Schichtkristalle, wie die Al- und Fe-Hydroxide, die Montmorillonite und Kaolinite.

Böden, die reich an Hydroxiden sind, werden häufig als „*Laterite*" bezeichnet, die Definition ist jedoch umstritten.

Zu den Verwitterungsbildungen gehören auch die *Bauxite*, die im wesentlichen aus Hydroxiden des Aluminiums bestehen. In tertiären und jüngeren Bauxiten herrscht meist Gibbsit (Hydrargillit), $\gamma Al(OH)_3$, vor, in mesozoischen Böhmit, $\gamma AlOOH$, und in palaeozoischen Diaspor, $\alpha AlOOH$, jedoch gibt es viele Übergänge und manche Ausnahmen. Die Bauxite sind die Rohstoffe für die Aluminiumgewinnung.

Auf Kalken sind zuweilen in Vertiefungen und Klüften wohl als Reste lateritischer Verwitterung Bohnerze erhalten geblieben, die zu etwa $^2/_3$ aus Nadeleisenerz und zu $^1/_3$ aus Kaolinit bestehen können.

Wir finden also in den Böden an anorganischen Bestandteilen die nicht verwitterten Überreste der Verwitterung, die Neubildungen und schließlich noch zirkulierende echte und kolloidale Lösungen. Dazu kommt die organische Komponente, die zum Teil aus Lebewesen, zum Teil aus ihren mehr oder weniger zersetzten Resten, dem Humus, besteht. Unter den Verwitterungsresten und den Neubildungen spielen die *Blättersilikate* eine besonders wichtige Rolle in den Böden, weil sie mit ihrer großen Oberfläche Ionen absorbieren können, die dann im „Austausch" gegen andere wieder abgegeben werden können. Es handelt sich dabei besonders um Glimmer, Kaolinit und Montmorillonit. Der Glimmer ist wohl meistens ein Verwitterungsrest. Der Montmorillonit hat die Eigenschaft, auch zwischen seine Blätter Ionen einlagern zu können und besitzt damit eine besonders große Oberfläche.

4. Die Verwitterung der Erzlagerstätten

Eisenhaltige Erze. Diese bisherigen Ausführungen gelten für Verwitterungsvorgänge auf „normalen", d.h. den weit verbreiteten Gesteinen. Andere Bedingungen herrschen bei einigen besonderen Fällen. Wir wollen nur noch die Erzlagerstätten wegen ihrer technischen Bedeutung erwähnen. Sie enthalten meist eisenhaltige Sulfide in großer Menge, die bei ihrer Zersetzung Eisenhydroxide bilden.

Der Bergmann spricht deshalb vom „eisernen Hut" der Lagerstätten. Als Beispiel der Hydroxidbildung betrachten wir den Zerfall des FeS_2, das als Pyrit ziemlich stabil ist, als Markasit leicht an feuchter Luft zerfällt nach folgendem Reaktionsschema:

$$4\,FeS_2 + 4\,H_2O + 14\,O_2 = 4\,FeSO_4 + 4\,H_2SO_4$$
$$4\,FeSO_4 + 2\,H_2SO_4 + O_2 = 2\,Fe_2(SO_4)_3 + 2\,H_2O$$
$$2\,Fe_2(SO_4)_3 + 8\,H_2O = 4\,FeOOH + 6\,H_2SO_4$$
$$\text{Gesamtumsatz:}\quad 4\,FeS_2 + 10\,H_2O + 15\,O_2 = 4\,FeOOH + 8\,H_2SO_4.$$

Es entsteht also als Zwischenprodukt Eisen(II)- und Eisen(III)-sulfat. Das ist wichtig, weil Gold, das im Pyrit vorkommen kann, in Gegenwart von Eisen III-sulfat etwas löslich ist und so transportiert werden kann. Insgesamt werden auf ein Mol Schwefelkies zwei Mol Schwefelsäure frei. Diese Schwefelsäure kann mit anderen Mineralen, z.B. mit Kalk unter Bildung von Gips, reagieren. Besonders wichtig ist die Zufuhr von Sauerstoff, insgesamt 15 Mol O_2 auf 4 Mol Schwefelkies. Es handelt sich also um eine Oxydation, und die Lagerstätten, die aus der Verwitterung der Sulfide unter dem Einfluß des Sauerstoffes der Luft hervorgehen, heißen deshalb *Oxydationslagerstätten*.

Auch Magnetit Fe_3O_4 oxydiert leicht zu Fe_2O_3, meist bildet sich das $\alpha\text{-}Fe_2O_3$, der Eisenglanz. Die äußere Form der Magnetite kann erhalten bleiben, man spricht dann von Pseudomorphosen (pseudos, griech. falsch) von Eisenglanz nach

Magnetit. Solche Aggregate von Eisenglanz in Magnetitform heißen auch *Martit*. Zuweilen erfolgt die Oxydation unter Beibehaltung des Gittertyps. Das entstehende γ-Fe_2O_3 ist ebenso wie der Magnetit stark magnetisch und heißt *Maghemit*. Wie wir S. 81 erwähnt haben, können wir das Magnetitgitter als eine kubisch dichteste Kugelpackung von Sauerstoff auffassen. Bei der Oxydation zu Maghemit ändert diese sich nicht, aber Fe-Ionen wandern in die Außenschicht, die durch den hinzutretenden Sauerstoff gebildet wird, $4\,Fe_3O_4 + O_2 = 6\,Fe_2O_3$. Es entstehen Fehlstellen im ursprünglichen Fe-Gitter. Dabei entstehen übrigens meist keine Pseudomorphosen, sondern feinkörnige Aggregate.

Blei- und Kupfererze. Während die Eisensulfide Hydroxide bilden, weil die Sulfate nicht stabil sind, bildet Blei das schwerlösliche Sulfat Anglesit ($PbSO_4$), das unter dem Einfluß der Kohlensäure in das Carbonat Cerussit übergehen kann. Die Kupfererze bilden basische Carbonate wie den grünen Malachit $Cu_2(OH)_2CO_3$ und den blauen Azurit $Cu_3(OH)_2[CO_3]_2$.

Zementationszone. Die bei der Verwitterung der Erzlagerstätten entstehenden Lösungen können in tieferen Schichten, die frei von Sauerstoff sind, mit noch unzersetzten Sulfiden reagieren. Dabei bilden sich auf Kosten der unedleren Metalle, z.B. des Eisens, Sulfide der edleren Metalle, z.B. des Kupfers und Silbers, wie Kupferglanz Cu_2S, Bornit Cu_5FeS_4, Silberglanz Ag_2S. Diese Anreicherungszone heißt auch „Zementationszone".

VIII. Die sedimentäre Gesteinsbildung
1. Die klastischen Sedimente

Einteilung. Unter Sedimenten verstehen wir nach Transport abgelagerte Erzeugnisse mechanischer und chemischer Verwitterung der Gesteine. Die Transportmittel sind Wasser, Wind und Eis und in seltenen Fällen Organismen. Die Ablagerung erfolgt auf Grund der Schwerkraft durch Absetzen, durch Ausflocken und durch chemische Ausscheidung entweder über Organismen oder direkt. Danach gehören also die Salzlagerstätten zu den Sedimenten, denn sie sind umgelagerte Produkte der chemischen Verwitterung, nicht aber die Tuffe, denn sie sind zwar nach Transport sedimentiert, aber keine Verwitterungsprodukte.

Durch die chemische Verwitterung findet Neubildung von Mineralen statt, von denen die Hydroxide und die Aluminiumsilikate die wichtigsten

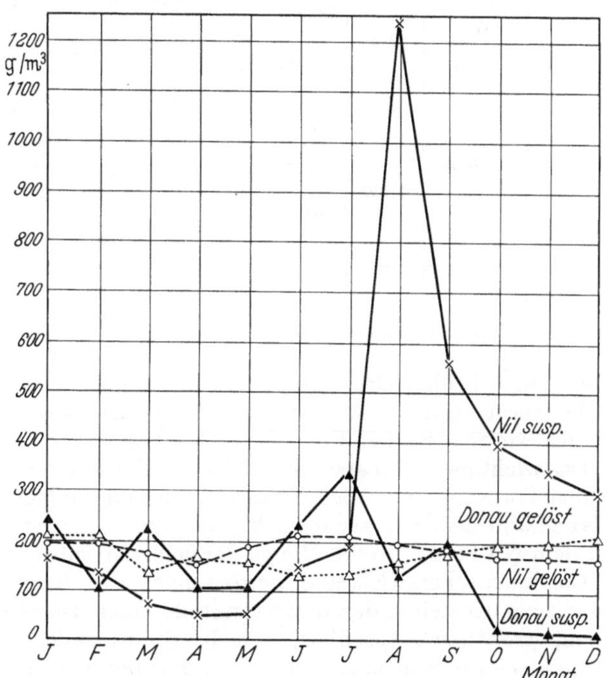

Abb. 333. Transport von suspendiertem und gelöstem Material in der Donau und im Nil in Abhängigkeit von der Jahreszeit. (Nach Angaben von PENCK)

232 Die sedimentäre Gesteinsbildung

sind. Außerdem bleiben Minerale unangegriffen, sei es, daß sie sehr schwer löslich sind wie der Quarz, sei es, daß Abtransport einsetzt, bevor die chemische Verwitterung zu Ende geführt ist. Als Material für die Sedimentbildung haben wir also neben den Verwitterungsneubildungen diese Verwitterungsreste und die in Lösung befindlichen Ionen. Die Verwitterungsreste bauen im wesentlichen die Sandsteine auf, die Neubildungen zusammen mit den feinkörnigen Verwitterungsresten die

Durchmesser	unsere Einteilung		Holmes mm	Cayeux mm	Wentworth	Durchmesser messer
0,2μ	pe-	Kolloid-	Clay	Poussières	Clay	mm
	li-	Fein-Ton		et		$\frac{1}{2048}$ $\frac{1}{1024}$
2μ	tisch	Grob-		Boues		$\frac{1}{512}$ $\frac{1}{256}$
0,02mm			—0,01— fine Silt		Silt	$\frac{1}{128}$ $\frac{1}{64}$
	psam-	Fein-	—0,05— coarse —0,1— fine	—0,05—		$\frac{1}{32}$ $\frac{1}{16}$
0,2mm	mi-	—Sand	—0,25— medium —0,5— coarse Sand	Sables	very fine $\frac{1}{8}$ fine $\frac{1}{4}$	
	tisch	Grob-	—1,0— very coarse		Sand medium $\frac{1}{2}$ coarse 1 very coarse	
2mm			Gravel	—5—	Granule 2	
	pse-	Fein-	—100—	Graviers	Pebble 4 8 16 32	
2cm		—Kies	Pebble	—50— Galets	Cobble 64 128	
20cm	phi-	Grob-		Blocs	Boulder 256 512 1024	
	tisch	Blöcke				

Abb. 334. Übersicht über die Einteilung klastischer Sedimente nach der Korngröße in verschiedenen Ländern

Tone. Diese beiden Gruppen werden zusammen mit Ablagerungen von Geröllen als klastische (griech. klazein, zertrümmern) Gesteine bezeichnet. Aus echter Lösung werden Kalke, Phosphate, Kieselgesteine und die Salze aufgebaut.

Das wichtigste Transportmittel ist das Flußwasser. Abb. 333 gibt zwei Beispiele für den Transport in großen Flüssen. Während die Menge des suspendierten Materials im Laufe des Jahres sehr stark schwanken kann, ist sowohl in der Donau bei Wien und dem Nil bei Kairo die Menge der gelösten Substanz bemerkenswert konstant.

Die klastischen Gesteine werden nach der Korngröße eingeteilt, und zwar nennen wir Gesteine, deren Bestandteile einen Durchmesser von mehr als 2 mm haben, *psephitisch* (psephos, griech. Stein), solche zwischen 2 und 0,02 mm *psammitisch* (psammos, griech. Sand) und unter 0,02 mm *pelitisch* (griech. pelos, Ton). Die Abb. 334 gibt unsere Einteilung neben einer englischen (HOLMES), einer amerikanischen (WENTWORTH) und einer französischen (CAYEUX).

Die Kornverteilung. Die Transport- und Absatzbedingungen sind im allgemeinen derart, daß ein solches Sediment Teilchen der verschiedenen Korngrößenklassen aufweist. Diese Korngrößenverteilung wird durch Sieben oder bei kleineren Teilchen durch Schlämmen ermittelt. Zweckmäßigerweise bildet man dabei Korngrößengruppen, die in sich gleichwertig sind. Beim Sieben eines gut sortierten Kieses kann man die gewöhnliche Zahlenreihe nehmen, also z. B. die Gruppen 1—2, 2—3, 3—4 mm usw. Meistens muß jedoch ein so großer Spielraum untersucht werden, daß es zweckmäßig ist, eine logarithmische Einteilung zu nehmen. In Amerika benutzt man dazu eine logarithmische Skala mit der

Tabelle 48. *Korngrößenbenennung nach* v. ENGELHARDT u. a.

<table>
<tr>
<td colspan="2">Ton</td>
<td colspan="4">Sand</td>
<td colspan="4">Kies</td>
<td rowspan="4">Block-
werk</td>
</tr>
<tr>
<td></td>
<td colspan="2">Silt</td>
<td colspan="2">Mittelsand</td>
<td colspan="2">Grand</td>
<td colspan="2">Mittelkies</td>
<td></td>
</tr>
<tr>
<td>Feinton</td>
<td>Grobton (Schluff)</td>
<td colspan="2">Feinsand</td>
<td colspan="2">Grobsand</td>
<td colspan="2">Feinkies</td>
<td colspan="2">Grobkies</td>
</tr>
<tr>
<td></td>
<td></td>
<td>Staub-
sand</td>
<td>Fein-
Mittel-
sand</td>
<td>Grob-
Mittel-
sand</td>
<td>Kies-
sand</td>
<td>Klein-
kies</td>
<td>Fein-
Mittel-
kies</td>
<td>Grob-
Mittel-
kies</td>
<td>Block-
kies</td>
</tr>
</table>

0,002   0,02   0,063   0,2   0,63   2,0   6,3   20   63   200 mm Durchmesser

(Benennung nach DIN 4022:)

<table>
<tr>
<td rowspan="2">Ton</td>
<td>Fein-</td><td>Mittel-</td><td>Grob-</td>
<td>Fein-</td><td>Mittel-</td><td>Grob-</td>
<td>Fein-</td><td>Mittel-</td><td>Grob-</td>
<td rowspan="2">Steine</td>
</tr>
<tr>
<td colspan="3">Schluff</td>
<td colspan="3">Sand</td>
<td colspan="3">Kies</td>
</tr>
</table>

Basis 2, also $\frac{1}{16}-\frac{1}{8}$, $\frac{1}{8}-\frac{1}{4}$, $\frac{1}{4}-\frac{1}{2}$, $\frac{1}{2}-1$, 1—2, 2—4, 4—8, 8—16 usw. In Deutschland verwendet man eine Teilung mit der Basis 10 (Briggsche Logarithmen), also z. B. 0,002—0,02, 0,02—0,2, 0,2—2, 2—20, 20—200 mm usw. Will man diese letztere Einteilung noch unterteilen, so ist es sinnvoll und zweckmäßig, auch die Unterabteilung dekadisch-logarithmisch zu machen, so daß gleiche Intervalle entstehen, also 0,02—0,063, 0,063—0,2, 0,2—0,63, 0,63—2 usw., bezogen auf den Durchmesser. In welche dieser Unterabteilungen ein Sediment gehört, sollte durch Sieben oder Schlämmen genau ermittelt werden. Ohne solche Hilfsmittel können die Sande, Kiese und Blöcke mit bloßem Auge oder der Lupe annähernd eingeteilt werden. Als Namen werden die in der Tabelle 48 aufgeführten vorgeschlagen.

Darstellung der Kornverteilung. Bei der zeichnerischen Darstellung der Sieb- und Schlämmergebnisse sind zwei Verfahren gebräuchlich. Das eine ist die *Verteilungskurve*. Man trägt als Abszisse die Korngrößengruppe auf und als Ordinate die Mengen. Die Rechtecke, die man über dem gewählten Kornspielraum aufträgt, müssen in ihrer Fläche die durch Sieben oder Schlämmen ermittelten Mengen wiedergeben, nur dann gibt die durch Ausgleichung der Rechtecke erhaltene Kurve die Kornverteilung richtig wieder (Abb. 335). Man sieht ohne weiteres den Vorteil, den eine Korngruppeneinteilung, die gleichmäßige Abstände auf der Abszisse hat, bietet. Bei ungleichmäßigen Abständen ist eine Rechnung notwendig, um die Ordinate zu ermitteln.

Während die Verteilungskurve ein anschauliches Bild der Änderung der Menge mit der Korngröße gibt, gehört bei der zweiten Art der Darstellung, der *Summenlinie*, etwas Nachdenken dazu, die Korngrößenverteilung zu erkennen. Abb. 336 stellt schematisch sechs verschiedene Möglichkeiten dar.

Die Kornverteilung der Sedimente ist von den Transport- und Absatzbedingungen abhängig, aber diese Abhängigkeit ist meist so komplex, daß es nicht

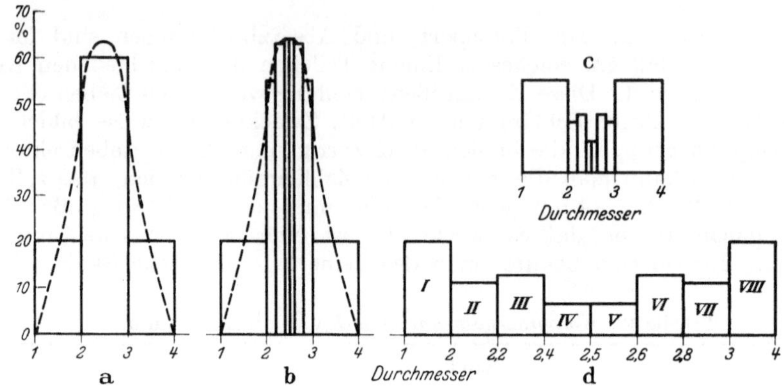

Abb. 335 a—d. Falsche und richtige Darstellung der Verteilungskurve (aus BARTH-CORRENS-ESKOLA)

a Drei gleichwertige Korngrößengruppen:

$$\begin{aligned} 1{-}2 &= 20\% \\ 2{-}3 &= 60\% \\ 3{-}4 &= 20\% \\ \hline &\ \ 100\% \end{aligned}$$

b Die mittlere Korngrößengruppe aufgeteilt. Die Korngrößengruppen für flächentreue Darstellung umgerechnet:

Fraktion	Grundfläche	$\times$	Höhe %	= Menge
I 1—2	1,0 $\times$ 20			20
II 2—2,2	0,2 $\times$ 55			11
III 2,2—2,4	0,2 $\times$ 63			12,6
IV 2,4—2,5	0,1 $\times$ 64			6,4
V 2,5—2,6	0,1 $\times$ 64			6,4
VI 2,6—2,8	0,2 $\times$ 63			12,6
VII 2,8—3	0,2 $\times$ 55			11
VIII 3 —4	1,0 $\times$ 20			20
				100

(IV–VII zusammen 60)

c Diagramm mit falscher Höhe und richtiger Basis. d Diagramm mit falscher Höhe und falscher Basis

möglich ist, aus der Korngrößenverteilung sichere Schlüsse auf die *Transport-* und *Absatzbedingungen* zu ziehen. Man kann wohl sagen, daß im allgemeinen Sande, die am Strand von den Wellen abgelagert werden, besonders gut sortiert, d.h.

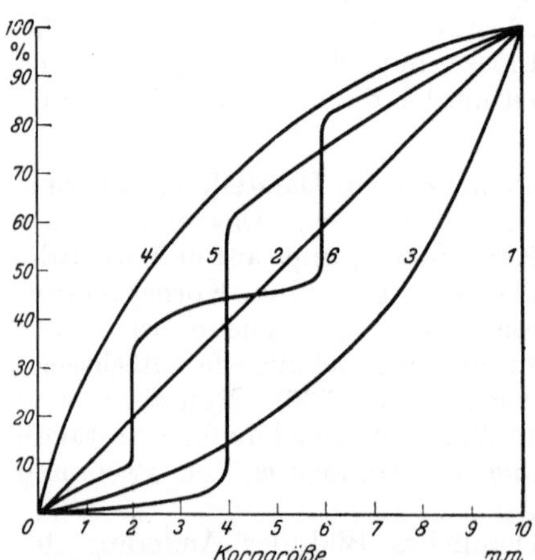

Abb. 336. Schematische Darstellung von Summenlinien (aus BARTH-CORRENS-ESKOLA). *1* nur Korngröße von 10 mm; *2* alle Korngrößen gleichmäßig vertreten; *3* wenig feines, viel grobes Material; *4* viel feines, wenig grobes Material; *5* Maximum bei der Korngröße von 4 mm; *6* Maximum bei 2 und 6 mm, Minimum bei 4 mm

aus einer oder wenigen beieinander liegenden Korngrößengruppen aufgebaut sind. Aber auch Flußsande und vom Winde bewegte Dünensande können ähnliche Korngrößenverteilung haben (Abb. 337). Die vom Eise abgelagerten Geschiebemergel haben meist eine sehr breite Korngrößenverteilung, sie sind besonders schlecht sortiert (Abb. 338). Transport und Ablagerung machen sich ferner in der *Korngestalt* und dem *Abrundungsgrad* bemerkbar.

Zur Kennzeichnung der klastischen Sedimente kann man den *mittleren Durchmesser* Md benutzen. Er gibt diejenige Korngröße an, bei der 50% der Körner größer oder kleiner sind. Häufig wird auch der *Sortierungsgrad* $So = \sqrt{\dfrac{Q_3}{Q_1}}$ angegeben. Die Viertelgewichtsdurchmesser Q_1 und Q_3 sind diejenigen unterhalb deren 25% und

75% der Probe liegen. Man ermittelt sie ebenso wie Md am einfachsten aus der Summenlinie. Je besser das Sediment sortiert ist, um so näher liegen Q_1 und Q_3 beieinander, um so näher liegen die Werte für So an 1. Werte bis 1,5 bezeichnen gut, Werte über 2 schlecht sortierte Sedimente.

Psephite. Man benutzt den Abrundungsgrad auch zur systematischen Einteilung der psephitischen Gesteine: Lockere Sedimente mit gerundeten Bestandteilen, Geröllen, werden

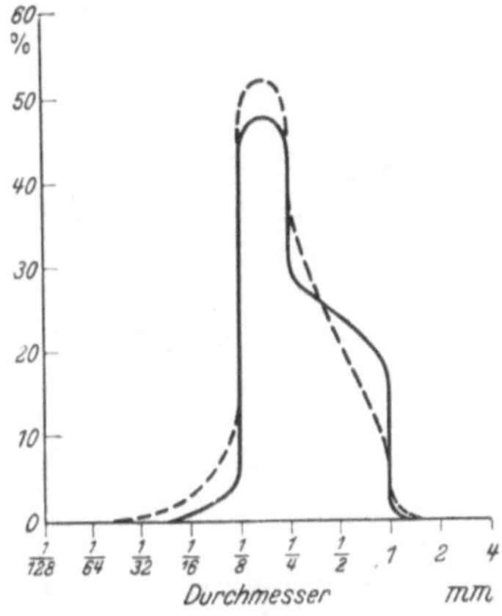

Abb. 337. Korngrößenverteilung eines Flußsandes ——— und eines Dünensandes — — — (aus BARTH-CORRENS-ESKOLA)

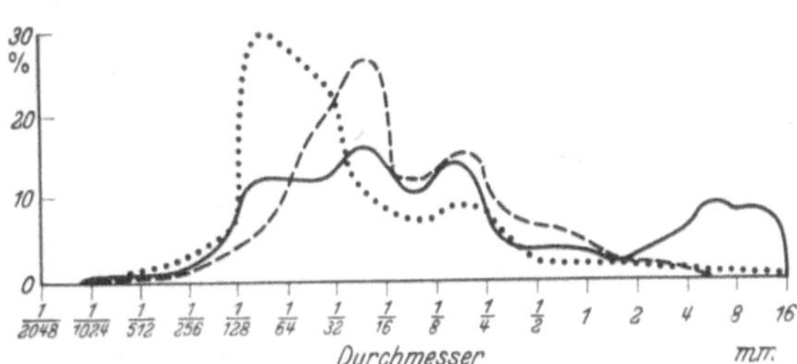

Abb. 338. Korngrößenverteilung von Geschiebemergeln (aus BARTH-CORRENS-ESKOLA)

als *Schotter*, solche mit eckigen Brocken als *Schutt* bezeichnet. Die entsprechenden verfestigten Gesteine heißen *Konglomerate* und *Breccien*.

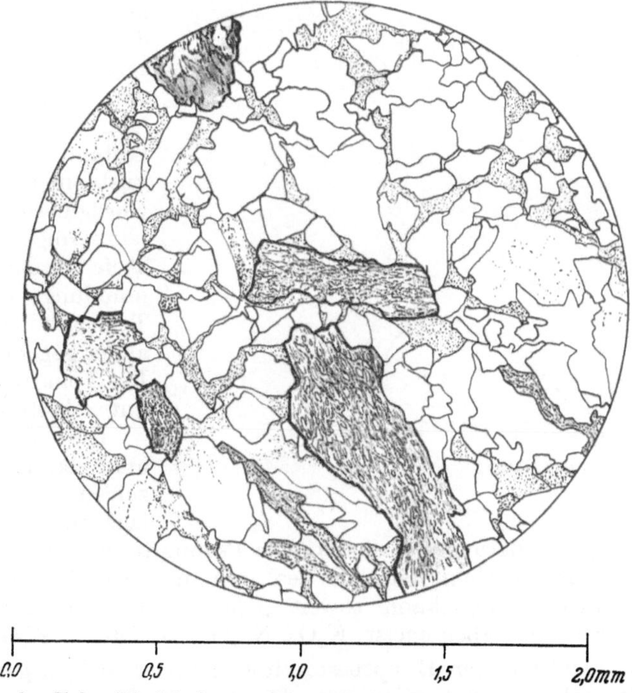

Abb. 339. Grauwacke, Kulm, Ederbringhausen, Eder. Quarze: dünn umrandet. Glimmer: desgleichen mit Spaltrissen. Glimmerhaltige Zwischenmasse: punktiert. Gesteinsstücke, selbst aus Quarz und Glimmer bestehend: dick umrandet

Psammite. Bei den feiner körnigen, den Sanden und Sandsteinen, unterscheidet man nicht nach der Korngestalt, sondern nach der Zusammensetzung und dem Zwischenmittel. Feldspat- und chloritreiche Sandsteine mit Gesteinsresten heißen *Grauwacken* (Abb. 339), Sandsteine mit viel Feldspäten *Arkosen*, mit viel Kalk *Kalksandsteine*. Als Kitt zwischen den Körnern kann ebenfalls Kalk auftreten, *kalkige Sandsteine*, oder Kieselsubstanz, *kieselige Sandsteine*. Sind die ursprünglichen Quarzkörner durch Quarz verkittet, so spricht man von *Quarziten*. Tritt Ton als Zwischenmasse auf, so entstehen *tonige Sandsteine*.

Gesteinsreste sind meist grobkörniger als 2 mm, soweit sie nicht aus sehr feinkörnigem Material bestehen, zwischen 2 und 0,02 mm herrschen Quarz und Feldspat vor, unter 0,02 mm die Tonminerale, wie die Abb. 340 und 341 zeigen. In ihnen sind die Korngrößenverteilung und der Mineralbestand eines groben küstennahen Sandes aus Nordamerika und eines feinkörnigen aus 150 m Tiefe vor der Amazonasmündung, der zu den Tonen hinüberleitet, einander gegenübergestellt. Die Tone werden weiter unten besprochen.

Die Durchschnittsanalysen der Tabelle 49 zeigen, daß bei der Ablagerung der klastischen Sedimente eine Stoffsonderung stattfindet. Die Psammite sind im Durchschnitt reicher an SiO_2. Zu beachten ist, daß es sich um Durchschnittsanalysen handelt, die Stoffsonderung kann soweit gehen, daß reine Quarzgesteine entstehen. Grauwacken haben meist $K_2O < Na_2O$, Sandsteine $K_2O > Na_2O$.

Leitminerale. Außer diesen Hauptbestandteilen finden sich in geringer Zahl noch andere Minerale in den Sanden vor. Die Untersuchung dieser selteneren Bestandteile hat in den letzten Jahrzehnten große Bedeutung erlangt. Man kann

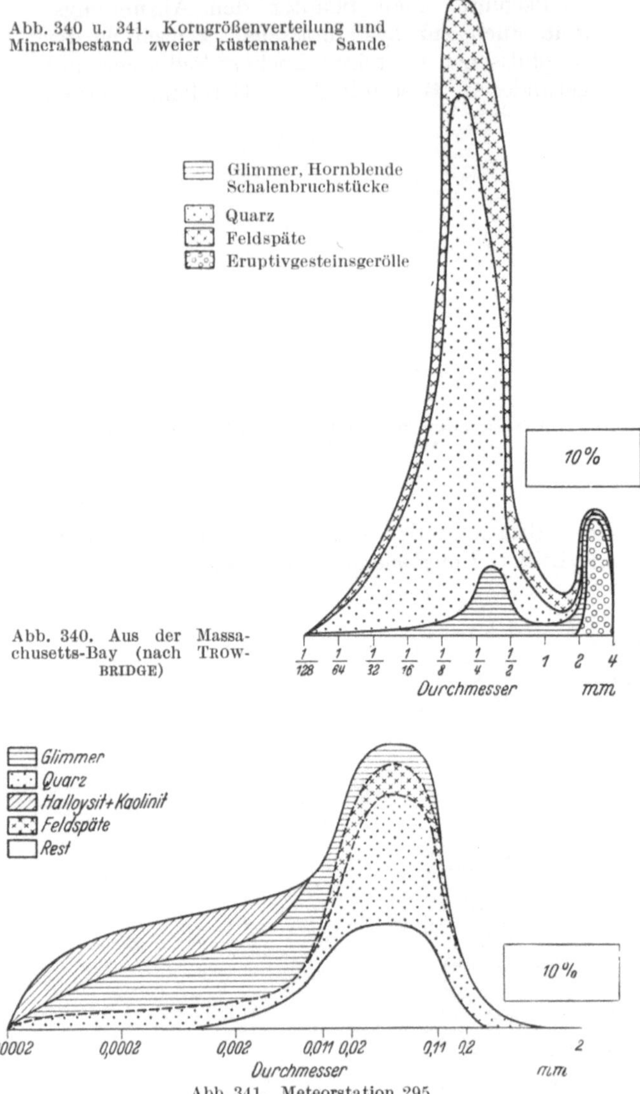

mit ihrer Hilfe in sehr vielen Fällen Schichten identifizieren, insbesondere in Bohrungen, wo ja so wenig Material zur Verfügung steht, daß charakteristische Versteinerungen, „Leitfossilien", oft fehlen. Man beschränkt sich in der Praxis meistens darauf, solche Minerale zu untersuchen, die eine höhere Dichte als 2,9 besitzen, also durch eine schwere Flüssigkeit, wie z.B. Bromoform, von den Leichtmineralen abgetrennt werden können. Es muß mit allem Nachdruck darauf hingewiesen werden, daß auch zur Bestimmung solcher *Schwerminerale* saubere mineralogische, insbesondere kristalloptische Arbeit nötig ist, es können sonst recht erhebliche Fehler entstehen. Aus Mangel an mineralogischen Kenntnissen hat man sich vielfach darauf beschränkt, nur leicht kenntliche Schwerminerale, Rutil, Zirkon, Granat, Turmalin zu zählen und versucht mit Hilfe der Statistik Ergebnisse zu erlangen. Es ist vorteilhafter, mehr Wert auf die Beobachtung der einzelnen Minerale zu legen. Die Unterscheidung zwischen gelbem und rotem Granat und abgerollten und nicht abgerollten Zirkonen in Abhängigkeit von der Korngröße haben sich z.B. bei Untersuchungen im norddeutschen Rhät als sehr nützlich erwiesen.

Die im fossilen Sediment vorkommende Mineralgesellschaft braucht nicht immer die ursprüngliche zu sein. Bei den mannigfaltigen Vorgängen, die sich nach der Sedimentation und vor der eigentlichen Metamorphose im Sediment abspielen und unter der Bezeichnung Diagenese zusammengefaßt werden, können Minerale aufgelöst oder auch neugebildet werden. Wie weit ein Mineral „stabil" ist, hängt von der Art dieser Beanspruchungen ab.

Tabelle 49. *Durchschnittliche chemische Zusammensetzung von Tonen und Sanden*

	Tone und Tonschiefer (Durchschnitt von 277 Proben nach WEDEPOHL)	Sande und Sandsteine (Durchschnitt von 253 Proben nach CLARKE)
SiO_2	58,9	78,7
TiO_2	0,77	0,25
Al_2O_3	16,7	4,8
Fe_2O_3	2,8	1,1
FeO	3,7	0,3
MnO	0,1	0,01
MgO	2,6	1,2
CaO	2,2	5,5
Na_2O	1,6	0,5
K_2O	3,6	1,3
H_2O^+	} 5,0	1,3
H_2O^-		0,3
P_2O_5	0,16	0,04
CO_2	1,3	5,0

Es ist überhaupt fraglich, ob gerade die Schwerminerale immer die richtigen Kennzeichen eines Sedimentes sind. Man muß vielmehr nach geeigneten „Leitmineralen" suchen. Die Verfolgung des Vorkommens von „Wüstenquarz", der durch seine Rundung und Häutchen von Eisenoxid kenntlich ist, ergab im Kap Verden-Becken, daß auch während der letzten Eiszeit Wüstenstaub dort ins Meer geweht wurde. Die auf der Meteorexpedition gesammelten Sedimente des Golfs von Guinea, deren Mineralbestand im wesentlichen von V. LEINZ untersucht wurde, bieten ein besonders schönes Beispiel für die Abhängigkeit der Leitminerale von der *Strömung*. Da nur der Mechanismus der Bildung der Mineralgesellschaften gezeigt werden soll, ist es ohne Belang, daß die Sedimente zum Teil in der Tiefsee liegen. Wie Abb. 342 zeigt, führt der von Westen kommende starke Guineastrom, der mit mehr als 0,5 m/sec fließt, eine charakteristische Mineralgesellschaft von splittrigem Augit (A), Mikroklin (M), Turmalin (T), Zirkon (Z) und gerundeten Quarzkörnern (Q), die vom nahegelegenen Festland stammen und durch die zur Küste parallele Strömung verbreitet werden. Von Süden bringt der Südäquatorialstrom jungvulkanisches Material, nämlich Glas (G) und eigengestaltige Augite (I), die von den vorwiegend basaltischen Gesteinen der Inselkette Fernando Po — Principé — São Thomé — Anno Bom — St. Helena stammen. Er führt auch splitterigen Quarz (S) mit sich, der von der Festlandsküste im Süden stammt und in kleinen Splittern als das häufigste Mineral allein in so weiter Entfernung noch nachweisbar ist. Die anderen und gröberen Körner sind unterwegs liegengeblieben. Wie das Beispiel der Augite und Quarze zeigt, ist es not-

wendig, die Korngestalt besonders zu beachten. Wichtig ist ferner, daß infolge
der Strömung noch an der Nordostspitze der Insel Fernando Po in zwei Sanden

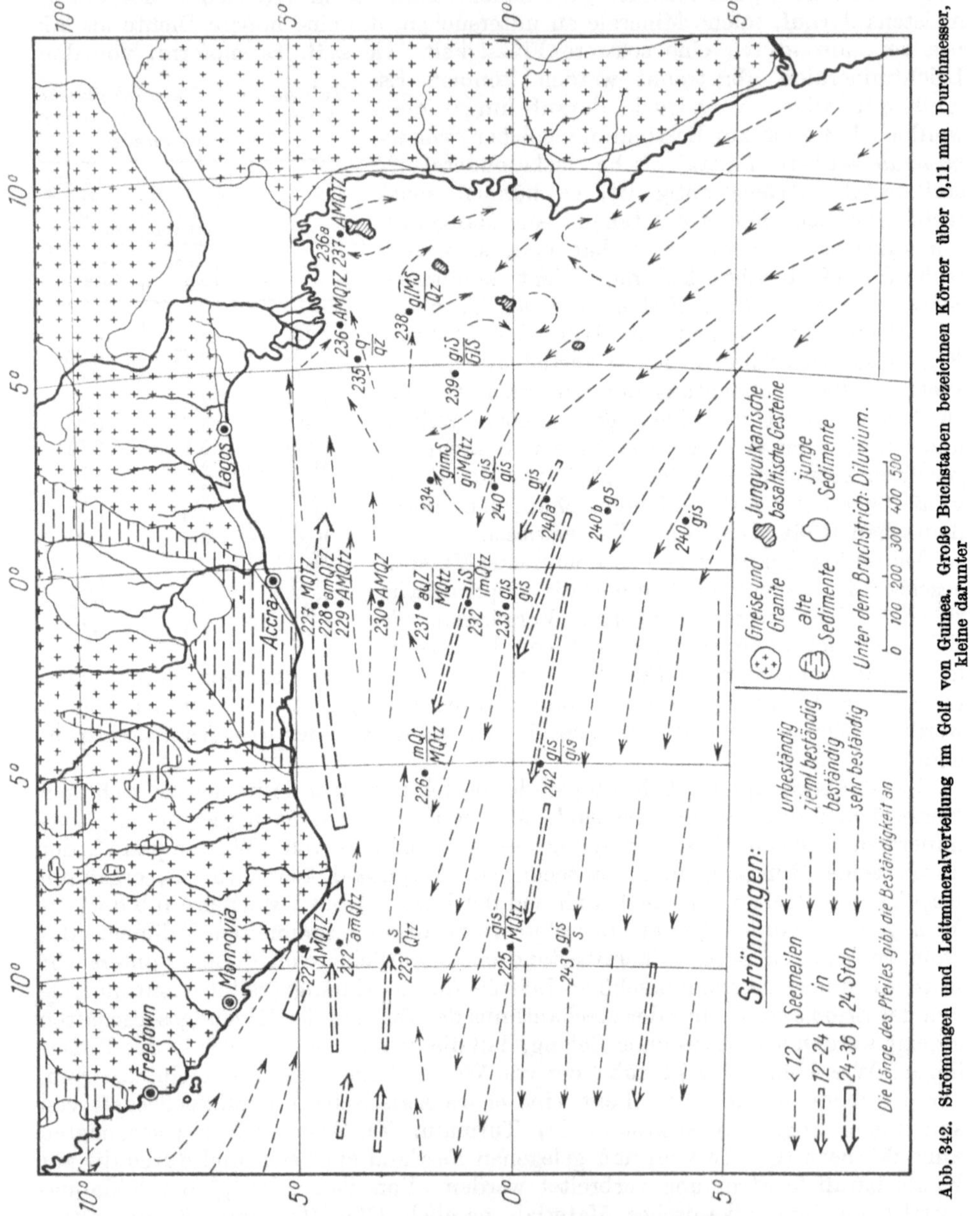

Abb. 342. Strömungen und Leitmineralverteilung im Golf von Guinea. Große Buchstaben bezeichnen Körner über 0,11 mm Durchmesser, kleine darunter

nur Minerale von der 100 km entfernten Nordküste, aber nicht solche von der
Insel gefunden werden.

Die Abbildung zeigt auch, daß man mit der Altersgleichstellung von Schichten
gleicher Mineralführung recht vorsichtig sein muß. Die Buchstaben unter dem
Bruchstrich beziehen sich auf Sedimente, die nachweislich während der letzten
Vereisung gebildet worden sind. Nach dem gewöhnlich bei Bohrungen angewen-

deten Schlußverfahren würde man annehmen, daß die diluviale Probe der Station 225 altersgleich mit der vom heutigen Meeresboden der Station 222 ist und auch bei der diluvialen Probe der Station 232 würde dieser Fehlschluß naheliegen.

Seifenbildung. Eine natürliche Anreicherung von schweren Mineralen kann sowohl im fließenden Wasser der Bäche und Flüsse als auch am Meeresstrand auftreten. Am Strand geschieht sie dadurch, daß die ankommende Welle die Körner in der Schwebe mitbringt, die abziehende rollt die unterdes abgesetzten am Boden. In der Abb. 343 sind in der oberen Reihe (a) je ein Korn aus Gold ($d = 19{,}3$), aus „Erz" ($d = 5$), aus Granat ($d = 4$) und aus Quarz ($d = 2{,}65$) abgebildet, die gleiche Sinkgeschwindigkeit haben, in der unteren (b) dieselben Substanzen mit gleicher Rollgeschwindigkeit. Wenn das Quarzkorn gerade noch abrollt, so werden von den schweren Körnern nur kleinere als die in der Schwebe zugeführten mit abrollen. Es werden um so kleinere Körner noch liegenbleiben, je größer der Dichteunter-

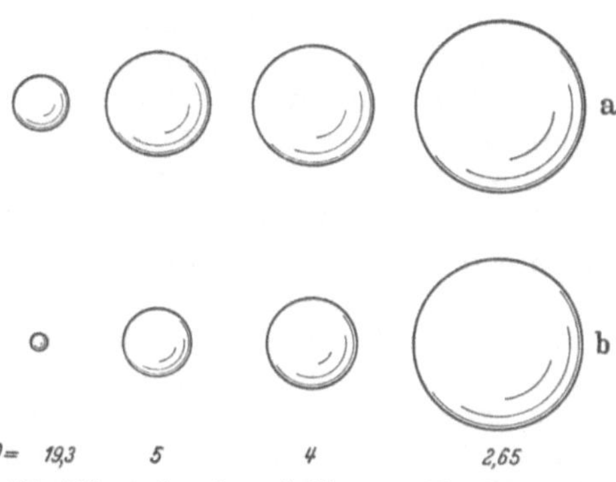

Abb. 343 a u. b. Querschnitte von Kugeln verschiedener Dichte und gleicher Sink- (a) und Roll- (b) Geschwindigkeit

schied ist. Gleiche Sinkgeschwindigkeit besteht beim Absinken nach der Formel von STOKES, wenn $\dfrac{r_1}{r_2} = \dfrac{\sqrt{d_2-1}}{\sqrt{d_1-1}}$ ist (für genaue Berechnungen bei Körnern $>0{,}05$ mm Durchmesser muß eine kompliziertere Formel von OSÉEN benutzt werden). r_1, r_2 sind die Radien, d_1, d_2 die Dichten der gleichfallenden Kugeln. Die Rollgeschwindigkeit folgt der Formel von NEWTON, aus der sich $\dfrac{r_1}{r_2} = \dfrac{d_2-1}{d_1-1}$ ergibt. In Flüssen sind es wohl vor allem die Wirbel, in denen die Zufuhr aus der Schwebe durch Absinken, die Abfuhr der Körner jedoch durch Rollen erfolgt, die zur Anreicherung führen. So sind die „Seifen"lagerstätten entstanden, aus denen Gold und Platin, Edelsteine, wie der Diamant und Topas, und Erze, wie der Zinnstein, gewonnen werden. Hier findet also eine geochemisch wichtige Stoffsonderung statt, die auch in fossilen Sedimenten eine Rolle spielen kann.

Pelite. Während die Psammite im wesentlichen aus groben Verwitterungsresten aufgebaut sind, treffen wir in den Peliten oder Tonen feinkörnige Reste und Verwitterungsneubildungen an. Unter dem Namen Ton hat man in der Chemie und *Keramik* meist etwas anderes verstanden als in der Petrographie. Die Rohstoffe für die Feinkeramik sind meist Gesteine, Kaoline, die überwiegend aus dem Tonmineral Kaolinit bestehen und entweder metamorph-hydrothermal oder als Verwitterungslagerstätten entstanden sind oder aus solchen mit kurzem Transport umgelagert wurden. Dieser Tonbegriff wurde dann vielfach auch auf echte Sedimente übertragen, wie sie in der Grobkeramik und besonders in der Ziegelindustrie verwendet werden. Bei diesen *Tonsedimenten* handelt es sich aber um die feinstkörnigen Absätze aus Gewässern. Die grobkörnigen liefern die Psammite, die feineren die Pelite. Wo die Grenze liegt, ist umstritten (s. Abb. 330). Die Eigenschaften der Gesteine ändern sich kontinuierlich mit der Korngröße und nicht sprunghaft, die Grenzziehung ist also stets willkürlich. Wir halten uns hier an den Sprachgebrauch, der unter Ziegeleitonen nicht selten Gesteine umfaßt, deren Hauptmenge zwischen 2 und 20 µ Durchmesser liegt, und ziehen die Grenze bei 20 µ.

Als *Absatz feinster Trübe* enthalten die Tone erstens solche Verwitterungsreste, die lange in Schwebe bleiben, entweder, weil sie sehr klein sind, oder weil sie blättchenförmige Gestalt haben, zweitens Verwitterungsneubildungen, die meist blättchenförmig oder von sehr geringer Korngröße sind. Drittens finden sich oft in beträchtlicher Menge Reste von Organismen, sowohl Kalk- und Kieselgerüste, wie auch mehr oder weniger zersetzte organische Substanz. Eine vierte Gruppe von Bestandteilen sind schließlich die Neubildungen im Sediment, wie FeS_2, Glaukonit und auch Carbonate.

Werden Tonminerale ins Meer verfrachtet, so ist der Weg zum Meeresboden bei den verschiedenen Tonmineralen verschieden. Illite und Kaolinite werden rasch abgesetzt, Montmorillonite nur sehr langsam.

Während man früher annahm, daß die Tone aus Kaolinit bestünden, weiß man heute, daß die Hauptgemengteile der sedimentären Tone unvollständige Glimmer sind, d.h. solche, bei denen ein Teil des Kaliums fehlt und vielleicht durch H_3O^+ ersetzt ist. Die „Unvollständigkeit" kann so weit gehen, daß Wechsellagerungsminerale entstehen, die z.B. abwechselnd aus Glimmer- und Montmorillonitlagen bestehen. Die ganze Gruppe wird häufig unter dem Namen Illite zusammengefaßt. Diese Minerale sind wohl meistens Verwitterungsreste. Altersbestimmungen nach der Kalium-Argon-Methode haben gezeigt, daß diese Minerale in jungen Sedimenten ein viel höheres Alter haben als das Sediment. Sie stammen im wesentlichen aus älteren Sedimenten, die ja den größten Teil der Erdoberfläche bedecken. In alten Sedimenten findet man auch Glimmer, die jünger als das Sediment sind, denn bei der Diagenese können Glimmer neugebildet werden oder auch auf Kosten kleinerer Glimmerteilchen wachsen. Neugebildete Chlorite finden sich vor allem in Tonen, die aus eindunstendem Meerwasser abgesetzt wurden. Auch die bei der Bodenbildung erwähnten Verwitterungsneubildungen brauchen nicht stets eingeschwemmt zu sein, sie können sich auch im Sediment bilden.

Verfestigte Tone heißen je nach dem Grad der Umwandlung *Schiefertone, Tonschiefer*. Nichtspaltende „*Tonsteine*" sind durch ein Bindemittel, meist Carbonat, verhärtet. Die Aufklärung der Mineralzusammensetzung der Tone ist wegen der Kleinheit der Teilchen mikroskopisch nur sehr beschränkt möglich, sie ist im wesentlichen röntgenographisch erfolgt. Versuche, durch chemische Analysen oder Teilanalysen (Salzsäureauszug usw.) allein zum Ziel zu kommen, sind bei derartigen Gemengen grundsätzlich zum Scheitern verurteilt.

Das Gefüge. Nachdem wir so das Material der klastischen Sedimente kennengelernt haben, wollen wir noch einen Blick auf ihr Gefüge werfen. Eine sehr wichtige Gefügeeigenschaft haben wir bereits zur Systematik der klastischen Sedimente benutzt, die Kornverteilung. Die auffallendste Gefügeeigenschaft der Sedimente ist jedoch die *Schichtung*, sie ist so bezeichnend für sie, daß man die Sedimente auch Schichtgesteine nennt. Die Schichtung ist ein Ausdruck von Schwankungen in der Materialzufuhr, irgendetwas hat sich zwischen der ersten und der zweiten Schicht geändert. Abb. 333, S. 231 veranschaulicht die Schwankungen, die jahreszeitlich im Suspensionsgehalt von Flüssen auftreten können. Schichtung kann z.B. auch dadurch hervorgerufen werden, daß sich nur ein ganz dünnes Tonhäutchen in einer regenreicheren Zeit zwischen zwei äußerlich gleichartigen Kalkbänken abgesetzt hat, die in trockeneren Zeiten gebildet wurden. In Seen, die von Gletscherbächen gespeist werden, ist im Sommer der Zufluß an Trübe groß, die groben Teilchen setzen sich ab, während die feinen zum Teil erst im Laufe des Winters, wenn die Materialzufuhr und die Wasserbewegung aufgehört haben, abgesetzt werden, es entstehen die *Bändertone*. Schichten in Ablagerungen von Gletscherseen der letzten Eiszeit, auch „Warven" genannt, werden dazu benutzt, die Zahl der Jahre zu bestimmen, die seit dem Rückzug des Gletschers vergangen sind. Aschenausbrüche von Vulkanen, Niveau- und Klimaänderungen und Änderungen in den Wachstumsbedingungen der Organismen können ebenfalls Schichtung bedingen. Gerade im Problem der Schichtung berühren sich also Gesteinskunde und Erdgeschichte besonders eng.

In Sedimenten, die aus strömendem Medium, aus Wind, Wasser oder Eis abgelagert wurden, macht sich oft die *Strömungsrichtung* bemerkbar. Im Gletscher werden längliche Geschiebe mit der Längsachse in die Strömungsrichtung eingeregelt und behalten diese Richtung auch in der Grundmoräne nach dem Abschmelzen des Eises. In rasch strömendem Wasser werden flache Gerölle dachziegelartig angeordnet, so daß sie schräg aufwärts in die Strömungsrichtung zeigen. In schwächer strömendem Wasser werden leichte langgestreckte Gegenstände, Tangfetzen, Tierreste wie Graptolithen oder Pteropodenschalen, in der Strömungsrichtung angeordnet. In bewegtem wie in ruhigem Wasser setzen sich plattige Gebilde parallel zum Boden ab, Glimmerblättchen (Abb. 344), Muschelschalen u. a. Solche Glimmerblättchen können zu einer Teilbarkeit des verfestigten Gesteins parallel der Blättchenebene führen. Man hat dieser Erscheinung den irreführenden Namen Primärschieferung gegeben. Besser ist es, den Ausdruck Schieferung den durch spätere Umwandlung gebildeten Gefügen vorzubehalten.

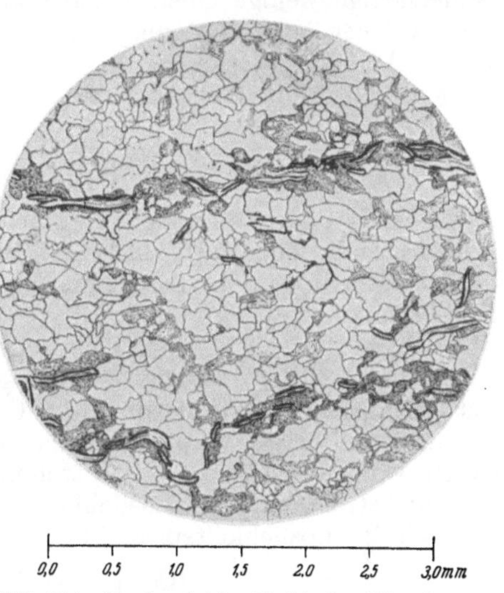

Abb. 344. Buntsandstein, Karlshafen (Weser). Quarz und etwas Feldspat: dünn umrandet. Glimmer: dick umrandet. Feinkörnige Zwischenmasse aus Glimmer mit etwas Quarz: punktiert

Gerät feiner Schlamm ins Gleiten und wird mit dem überstehenden Wasser gemischt, so treten *Suspensionsströme* auf (*turbidity currents*). Die Suspension hat eine höhere Dichte als das reine Wasser, bis 1,2 wurde beobachtet, und kann

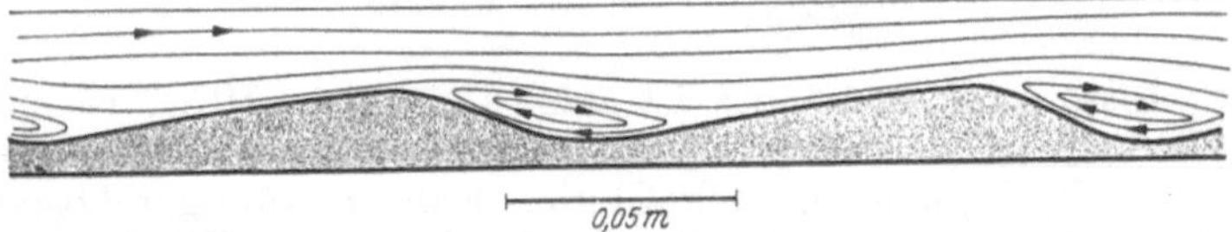

Abb. 345. Strömungsverlauf bei Strömungsrippeln (nach TWENHOFEL aus BARTH-CORRENS-ESKOLA)

deshalb auch gröberes Material weithin befördern. Das aus solchen Suspensionsströmen abgesetzte Material zeigt dann „gradierte" Schichtung, unten gröberes Material, darüber feineres.

Sowohl durch Strömung von Wasser und Wind als auch durch Wellengang kann die Sedimentoberfläche wellig ausgebildet werden. Aus der Form dieser *Rippelmarken*, die eine Wellenlänge von Zentimetern bis zu Hunderten von Metern haben können (Dünen), kann auf die Entstehungsursache geschlossen werden. Strömungsrippeln sind einseitig gebaut (Abb. 345), durch das Hin und

Her der Wellenbewegung erzeugte Oszillationsrippeln symmetrisch (Abb. 346). Wechselt die Strömungsrichtung, so entstehen übereinander Rippeln, die entsprechend den verschiedenen Richtungen gerichtet sind. Das Sediment zeigt im Querschnitt dann *Kreuzschichtung*; diese kann auch sonst bei Strömungswechsel, z. B. in Deltaablagerungen, vorkommen.

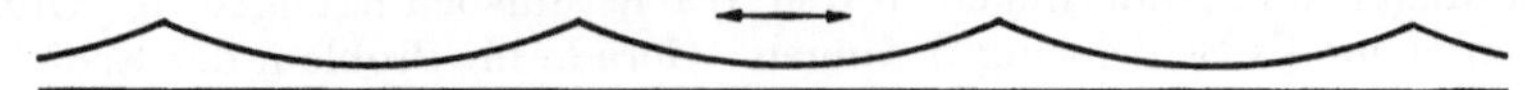

Abb. 346. Form von Oszillationsrippelmarken (nach TWENHOFEL aus BARTH-CORRENS-ESKOLA)

Andersartige wellige Oberflächen können durch Abrutschen von Sedimentpaketen auf geneigter Grundlage entstehen. Solche *subaquatische Rutschungen* sind eine Art von Faltungen, die den durch Gebirgsbildung hervorgerufenen Faltungen recht ähnlich sehen können.

2. Die Kalke und Dolomite

Die Löslichkeitsverhältnisse des Calciumcarbonats. Die Erscheinungen der Schichtung sind nicht auf klastische Sedimente beschränkt, wir beobachten sie auch an Sedimenten, die chemisch oder biogen entstanden sind, z. B. an Kalkschlämmen.

Die Kalke sind nächst den klastischen Sedimenten am verbreitetsten. Für das Verständnis ihrer Bildungsbedingungen ist es notwendig, daß wir uns zunächst die Löslichkeitsverhältnisse des Calciumcarbonats klarmachen. Meistens findet man die Angabe, daß der Kalk als „Bicarbonat" löslich sei. Das führt leicht zu Mißverständnissen. Wir wollen lieber die Wechselwirkung der Ionen in Lösung betrachten. Die Löslichkeit des Calciumcarbonats in reinem Wasser wird durch das Löslichkeitsprodukt

$$[\text{Ca}^{\cdot\cdot}] \cdot [\text{CO}_3''] = L \ (\sim 10^{-8}) \tag{1}$$

ausgedrückt. In der Natur ist aber immer Kohlensäure vorhanden und diese ist nach der Gleichung

$$\frac{[\text{H}^{\cdot}][\text{HCO}_3']}{[\text{H}_2\text{CO}_3]} = K_1 (\sim 10^{-6}) \tag{2}$$

dissoziiert. Man bezeichnet diese Gleichung als erste Dissoziationsstufe der Kohlensäure. Die HCO_3'-Ionen können wieder aufgespalten werden nach der Gleichung

$$\frac{[\text{H}^{\cdot}][\text{CO}_3'']}{[\text{HCO}_3']} = K_2 (\sim 10^{-10}). \tag{3}$$

Diese zweite Dissoziationskonstante ist sehr klein, d.h. HCO_3' ist nur wenig dissoziiert. Befinden sich $\text{H}^{\cdot}$-Ionen in der Lösung und gleichzeitig CO_3''-Ionen, so streben sie nach Vereinigung nach Gl. (3). Kalk in wäßriger Lösung liefert $\text{Ca}^{\cdot\cdot}$- und CO_3''-Ionen, wenn auch sehr wenig; fügen wir $\text{H}^{\cdot}$-Ionen hinzu, so werden die CO_3''-Ionen durch sie verbraucht, das Gleichgewicht Gl. (1) wird gestört und es geht so $\text{Ca}^{\cdot\cdot}$ in Lösung, bis die Gleichgewichte der drei Gleichungen erfüllt sind. Nehmen wir umgekehrt $\text{H}^{\cdot}$-Ionen aus der Lösung heraus, so muß CaCO_3 ausfallen, denn nun sind ja zuviel CO_3''-Ionen in der Lösung. Wir finden also bei Zufügung von *Kohlensäure*, auch von Säure allgemein, eine Auflösung von Kalk, bei Verringerung des Säuregrades ein Ausfällen. Da in der Natur nur die Kohlensäure eine Rolle spielt, ist die Konzentration der freien Kohlensäure in der Lösung der wichtigste Faktor für die Kalkbildung. Die Löslichkeit der gasförmigen Kohlensäure hängt sehr weitgehend von der Temperatur ab. Sie fällt bei dem Intervall von 0° bis 20° C auf die Hälfte. Der Temperatureinfluß ist deshalb ganz besonders wichtig. Er spielt aber selbstverständlich nur dort eine Rolle, wo eine Gasphase auftreten kann und wo die Lösung in Berührung mit einer solchen steht. Durch Druck wird die Löslichkeit der Kohlensäure wie die aller Gase erhöht. Dieser Effekt kommt vielleicht bei manchen Quellen, bei denen eine Druckabnahme auftritt, in Frage, nicht aber etwa auf dem Meeresboden, wo zwar der erhöhte Druck herrscht, aber eine so starke Zufuhr von gasförmiger Kohlensäure, daß die Sättigungsgrenze erreicht worden wäre, bisher nicht nachgewiesen werden konnte.

Auch bei gleichbleibender Konzentration der Kohlensäure ändert die *Temperatur* die Gleichgewichte, und zwar nimmt die Löslichkeit des Calciumcarbonats — Gl. (1) — mit steigender Temperatur ab. Ferner ändern sich die Gln. (2) und (3), und zwar wächst K_2 rascher als K_1. Die Temperaturerhöhung wirkt also auch hier erniedrigend auf die Löslichkeit. Auch der *Druck* ändert die Dissoziation der Kohlensäure und erhöht die Lösungsfähigkeit des Wassers für Calciumcarbonat (bei gleichbleibendem CO_2-Gehalt).

Schließlich ist noch der *Salzgehalt* zu besprechen. Fügt man zu einer Lösung von $CaCO_3$ in reinem Wasser, die sich im Gleichgewicht befindet, bei gleichen äußeren Bedingungen Ca^{2+} oder CO^{3-}-Ionen hinzu, so muß $CaCO_3$ ausfallen, da L konstant bleibt. Die Löslichkeit wird herabgesetzt. Fremdionen erhöhen die Löslichkeit. Dabei ändert sich die Konstante L. Außerdem spielen wahrscheinlich Komplexbildungen eine Rolle. Im Endergebnis weicht die Löslichkeit des Kalkes im Meerwasser nicht sehr von der in reinem Wasser ab, wie Abb. 347 zeigt. *Aragonit* statt Kalkspat als Bodenkörper

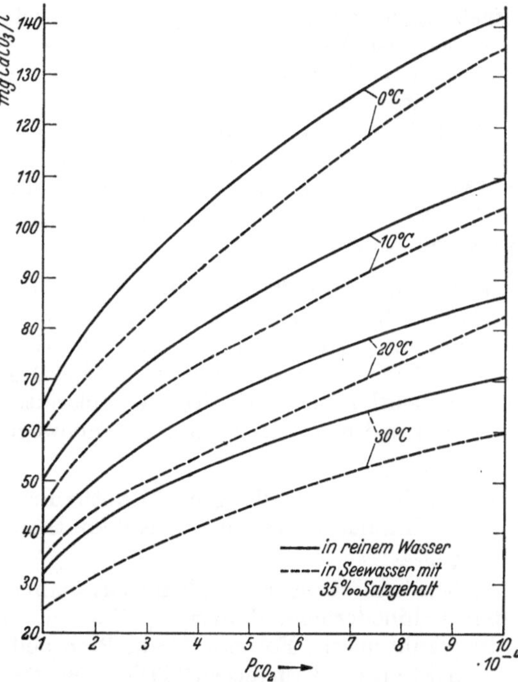

Abb. 347. Löslichkeit von Kalkspat in reinem Wasser und in Meerwasser in Abhängigkeit von CO_2-Druck und Temperatur (nach WATTENBERG)

besitzt eine größere Löslichkeit. Das Löslichkeitsprodukt für Calcit in Meerwasser bei 25° und 1 atm ist $4,5 \cdot 10^{-9}$, für Aragonit $7,1 \cdot 10^{-9}$ (BERNER 1965).

Terrestre Kalkbildung. In den Landwässern wird der Einfluß von Fremdionen nur eine untergeordnete Rolle spielen. *Oberflächenkalke*, wie sie besonders aus Südafrika beschrieben worden sind, entstehen dort, wo das Wasser kapillar im Boden aufsteigt und an der Oberfläche verdunstet. In niederschlagsreicheren Gebieten lösen kohlensäurehaltige Wässer Kalk im Innern der Gebirge bei niederen Temperaturen auf und scheiden ihn, wenn sie an der Oberfläche austreten, in der Wärme als *Quelltuff* wieder aus. Dabei können auch Pflanzen eine Rolle spielen, indem sie dem Wasser Kohlensäure entziehen. In Binnenseen finden wir ebenfalls Kalkausscheidungen, die *Seekreide* genannt werden. Hier kann sowohl die Abnahme der Löslichkeit des Calciumcarbonats durch Freiwerden von Kohlensäure infolge von Temperaturerhöhung als auch Kohlensäureentzug durch Assimilation grüner Pflanzen eine Rolle spielen. Man hat berechnet, daß ein mit der Pflanze Potamogeton lucens bewachsener Seeboden jährlich ungefähr 5 g/cm² Kalk bilden kann.

Marine, anorganische Kalkbildung und Auflösung. Von größerer Bedeutung ist die marine Kalkbildung. Wir wissen heute, vor allem durch die Untersuchungen von H. WATTENBERG, daß das Oberflächenwasser der Ozeane mindestens gesättigt und in den tropischen Gebieten stets übersättigt ist. Die Übersättigung wird nur sehr schwer aufgehoben und nur durch $CaCO_3$-Keime, nicht etwa durch Quarz und auch nicht durch Kalkschalen von Tieren. Nur wo diese von der Brandung zerrieben und dadurch von ihren organischen Hüllen befreit werden, wirken sie als Keime. Wir werden also anorganische Kalkausfällung im wesentlichen nur *in flachen Meeren* erwarten dürfen. Dort würden bei vollständiger Aufhebung der Übersättigung etwa 80 g Calciumcarbonat aus einem Kubikmeter Seewasser ausfallen. Da durch die Meeresströmungen immer neues übersättigtes Meerwasser herbeigeführt würde, könnten Kalkablagerungen von erheblicher Mächtigkeit entstehen.

Die tieferen Schichten des Ozeans sind zu einem großen Teil untersättigt, weil bei der viel niedrigeren Temperatur, dem höheren Druck und der Zufuhr von CO_2 durch Verwesung organischer Substanz die Übersättigung des absinkenden Wassers aufgehoben wird. So kann in der Tiefsee an vielen Stellen *Auflösung* von Kalk stattfinden.

Marine biochemische Kalkbildung. Außer auf anorganischem Wege wird nun der Kalk auch auf biochemischem Wege gebildet. Eine große Anzahl von Organismen baut ihre Schalen oder Gerüste aus Kalk auf. Wir können dafür etwa folgendes Schema aufstellen, wobei wir die Organismen nach ihrer Lebensart einteilen in benthonische (festsitzende), planktonische (schwimmende, ohne Eigen. bewegung) und nektonische (mit Eigenbewegung):

1. Pflanzen:
a) benthonische Kalkalgen: Lithothamnien, Halimeda u. a.,
b) planktonische Kalkalgen: Kokkolithophoriden.
2. Tiere:
a) benthonisch: Korallen, Kalkschwämme, Foraminiferen, Bryozoen, Brachiopoden, Echinodermen, Mollusken, Würmer, Crustaceen,
  b) planktonisch: Foraminiferen, Pteropoden,
  c) nektonisch: Crustaceen (Trilobiten, Ostrakoden).

Außerdem können, wie auf dem Land, grüne Pflanzen durch Entzug der CO_2 durch Assimilation zur Kalkbildung beitragen, und schließlich sind die *Bakterien* zu erwähnen, bei deren Tätigkeit wohl weniger eine spezifische Kalkbildung anzunehmen ist, als ein Verbrauch der H-Ionen durch NH_3-Produktion. Auf Einzelheiten kann hier nicht eingegangen werden.

Über die Areale, die heute von Kalksedimenten eingenommen werden, gibt die Tabelle 50 Anhaltspunkte. Im einzelnen ist dazu zu bemerken, daß *Globigerinenschlamm* im wesentlichen aus Foraminiferen gebildet wird, die namengebende Art Globigerina braucht durchaus nicht vorzuherrschen. Abb. 348 gibt einen Schliff durch einen solchen Schlamm. Werden die Kalkschalen aufgelöst, so bleibt nur die tonige Komponente erhalten, es entsteht der *„rote Ton"*. Er enthält also die tonigen ins Meer hinausgeschwemmten Verwitterungsreste und -neubildungen, durch Wind verfrachtetes zum Teil vulkanisches Material und Neubildungen im Sediment. Seine meist braune Farbe verdankt er der durch den Sauerstoffgehalt des Tiefenwassers bedingten Oxydationsstufe der Eisenkolloide.

Tabelle 50. *Verbreitung der Meeressedimente und der von ihnen bedeckten Fläche* (nach den Ergebnissen der „Challenger"-Expedition nach T. W. Vaughan 1924, aus Wattenberg 1933)

Name des Sediments	Bedeckte Fläche in km²	Prozentuale Bedeckung	
		der Erdoberfläche	des Meeresbodens
Globigerinenschlamm	128 000 000	25,2	37,4
Pteropodenschlamm	1 040 000	0,2	0,3
Diatomeenschlamm	28 200 000	5,5	8,2
Radiolarienschlamm	5 930 000	1,1	1,6
Roter Ton	133 000 000	26,2	38,8
Kalksande	6 620 000	1,3	1,9
Vulkanische Sande	1 550 000	0,3	0,43
Grüner Sand und Schlick . . .	2 200 000	0,4	0,6
Roter Schlick	259 000	0,05	0,07
Blauer Schlick	37 500 000	7,3	10,8
Zusammen	—	67,55	100,0

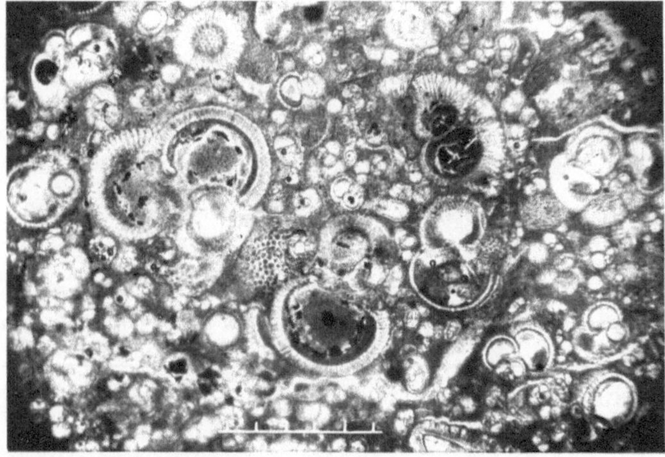

Abb. 348. Globigerinenschlamm der Meteorstation 286. Sedimentoberfläche senkrecht zum Maßstab. Entfernung zweier Teilstriche 0,1 mm (aus Barth-Correns-Eskola)

Auch in *Flachseesedimenten* können die Foraminiferen großen Anteil haben, wie Tabelle 51 zeigt. Die Kalkalgen, die hier schon eine wesentliche Rolle spielen, haben auch am Aufbau der *Korallenriffe* großen Anteil, wie Tabelle 52 zeigt. Der Anteil der Kalkalgen wird andererseits überschätzt, weil sie meist zerbrechlicher sind als Korallen.

An vielen Stellen der Erde findet Kalksedimentation in ganz flachem Wasser statt, stets in Verbindung mit einer reichen Entwicklung von kalkbildenden Organismen. Abb. 349 gibt einen schematischen Querschnitt durch eine Plattform der Bahamas im südlichen Nordamerika. Im ganz flachen Wasser scheidet sich Kalkschlamm aus, dem zahlreiche Kotbällchen der dort lebenden Fauna bis zu etwa 40% beigemengt sein können, an den riffähnlichen Rändern herrscht starke Turbulenz, hier bilden sich um Kalkkeime herum aus dem übersättigten Meerwasser *Oolithe* mit Körnern von kugelähnlicher Gestalt. Ein Oolithkorn, *Ooid* genannt, bleibt so lange in Schwebe, bis es zu einer solchen Größe angewachsen ist, daß es von den Wasserwirbeln nicht mehr in Schwebe gehalten werden kann. Die Oolithe machen hier bis zu 70% des Sedimentes aus. Die Entstehung der Kalkklumpen („grapestones") ist noch ungeklärt. Ihr Anteil in dem eingezeichneten Gebiet

Tabelle 51.
Anteil verschiedener kalkbildender Organismen an der Zusammensetzung einiger Flachseesedimente

Korngrößen-klasse, Durchmesser in mm		81	70	64	94	66
	Tiefe in m	81	70	64	94	66
	Kalkgehalt %	88	80	87	65	86
20—2	Anteil der Korngrößenklasse am Gesamtsediment%	9,3	21,5	55,1	5,6	14,4
	Kalkalgen %	75	76,2	++	47,4	++
	Korallen %	—	7,1	+	10,5	++
2—0,2	Anteil der Korngrößenklasse am Gesamtsediment%	89,2	62,7	19,0	71,6	83,8
	Foraminiferen %	11,3	5	25	41,8	11,8
	Kalkalgen %	51,3	} 64	} 75	14,9	} 87
	sonst. biog. Material %	} 29,6			11,4	
	Mineralkörner %	7,8 [1]	31 [2]	—	2,9 [3]	1,2
Ort		2° 34,9′ S 39° 17,7′ W	8° 5,3′ S 34° 34,9′ W	Südspitze Insel Sal Kap Verden	4° 54,8′ N 9° 28,1′ W	4° 30′ N 1° 0,4′ W

++ viel; + wenig.

[1] Darunter: 59% Quarz, 19% Plagioklas, 10% Orthoklas.
[2] Vorwiegend Quarz.
[3] Davon 52,5% Glaukonit.

Tabelle 52. *Zusammensetzung des gehobenen Mailupe-Riffes östlich Honolulu, Hawaii* (nach POLLOCK, aus CORRENS)

Festsitzende ästige Korallenstöcke	22%	Daraus Gesamtwerte:	
Lithothamnienkrusten, die sie überziehen .	30%		
Lithothamnienknollen	14%	Korallen	24%
Sand zwischen den Knollen	17%	Lithothamnien allein	44%
Umgeschwemmte Korallenbruchstücke . .	2%	Sand, Korallen- und . .	
Unbestimmbares Material	15%	Lithothamnienstücke usw. . .	32%
	100%		100%

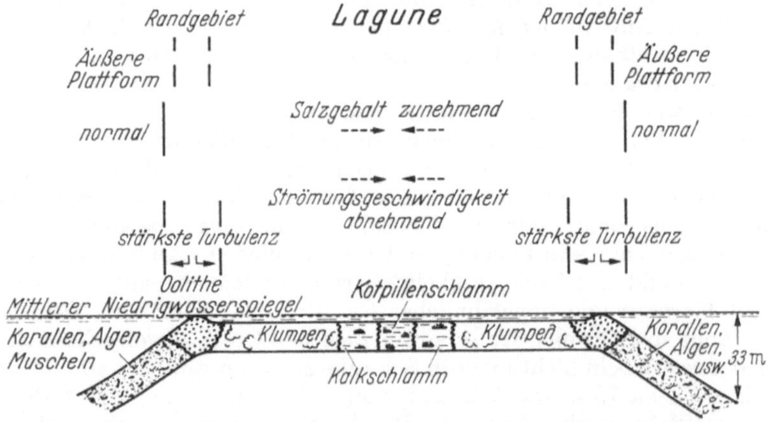

Abb. 349. Schematischer Querschnitt durch eine Plattform der Bahamas (nach PURDY)

kann bis 35% betragen. Am Außenrand findet man Algen, Korallen und Muscheln. Der feine Kalkschlamm besteht an manchen Stellen aus Aragonitnädelchen. Ob es sich dabei um anorganische Ausfällung oder um zermahlene Reste der häufigen Kalkalge Halimeda handelt, ist umstritten. Außerdem findet sich, besonders als Aufbereitungsprodukt von Riffen, ein schlecht kristallisierter Mg-reicher Calcit. Tabelle 53 zeigt den Aragonit- und Mg-Gehalt der Hartteile von Meeresorganismen. In tieferem Wasser findet man Calcit, der nur wenig Mg ins Gitter aufgenommen hat.

Tabelle 53. *Magnesiumcarbonatgehalt von Meeresorganismen in Abhängigkeit vom Aragonitgehalt* (überwiegend nach CHAVE)

		Aragonit-Gehalt	$MgCO_3$-Gehalt
Algen	Kokkolithen	0	?
	Lithothamnium etc.	0	7,7—28,7
	Halimeda	100	~1
Protozoen	plankt. Foraminiferen	0	2—15,9
	Ceratobuliminida	100	?
Cölenteraten	Kalkschwämme	0	5,5—14,1
	Madreporaria	100	0,1—0,8
	Alcyonaria	0	6,1—13,9
Anneliden	Serpula	0—99	6,4—16,5*
Echinodermen	Seeigel	0	4,5—12
	Seesterne	0	8,6—16,2
	Schlangensterne	0	9,2—15,8
	Seelilien	0	7,9—15,9
Bryozoen	Schizoporella	58—78	>4*
Brachiopoden		0	<4?
Muscheln	Ostrea, Pecten, Anomya	0	1,3—2,8
	Chama, Arca	100	0,1
	Spondylus	25—100	0,2*
	Lima	80	0,3
Schnecken	Crepidula, Strombus Patella, Terebra	} 100	0,1—0,3
	Nerita	15—70	0,71—1,55*
Kephalopoden	Argonauta	0	7
	Nautilus, Spirula	100	0,05; 0,35
Arthropoden	Decapoden	0	5,2—10,8
	Ostracoden	0	2—10,2
	Entenmuscheln	0	1,35—4,6

* im Calcitteil.

Am leichtesten löslich ist der Mg-reiche Calcit wegen seines gestörten Gitters, dann folgt der Aragonit und als schwerstlösliches Mineral der Mg-arme Calcit. Fällt ein solcher Kalkschlamm trocken, weil das Meerwasser sich zurückzieht, so wird durch das Regenwasser der Mg-reiche Calcit und auch Aragonit aufgelöst und Mg-armer Calcit gebildet, der als Zement ausgeschieden wird. Aragonit-Oolithe können durch Umwachsung mit diesem Zement als Hohlformen erhalten bleiben, die später ausgefüllt werden. Wird dieser schnell erhärtete Kalk erneut von Wasser bedeckt, so kann er von den Wellen aufgearbeitet und ins neue Sediment als Gerölle eingebettet werden.

Bei ständig von Wasser bedecktem Sediment tritt erst nach weiterer Sedimentbedeckung eine diagenetische Umbildung (s. S. 268) ein, bei der Pseudomorphosen von Mg-armem Calcit nach Mg-reichem entstehen.

Im Gegensatz zu früheren Ansichten wissen wir heute, daß es außer dem Doppelsalz Dolomit auch Mischkristalle von Calcit mit wenig Mg und von Magnesit mit wenig Ca gibt. In Organismen findet man auch einen wenig geordneten Mg-reichen Calcit (Tabelle 53), während Aragonit nur wenig Mg aufnehmen kann. Strontium wird von beiden Modifikationen aufgenommen, in Calcitskelettteilen $\sim$ 2000 g/T, in Aragoniten $\sim$ 3000 g/T.

Dolomitbildung. Das alte Rätsel, wie sich Dolomit bildet, ist heute seiner Lösung näher gerückt. Wir wissen aus Naturbeobachtungen, daß Dolomit schon sehr kurz nach oder vielleicht sogar schon bei der Ablagerung aus dem Meerwasser gebildet werden kann, insbesondere in Lagunen, in denen eine hohe Salzkonzentration herrscht. Sehr hohe örtliche Salzkonzentrationen können auch bei dem oben erwähnten Trockenfallen auftreten, wenn das Porenwasser verdunstet. Auch hierbei kann Dolomit gebildet werden.

Auch die experimentelle Erforschung der Dolomitfrage hat Fortschritte gemacht. Tabelle 54 gibt die Löslichkeitsverhältnisse von Calcit und Dolomit bei Zimmertemperatur in Abhängigkeit vom Salzgehalt. Beide Minerale haben ein Löslichkeitsmaximum bei mittlerem Salzgehalt. Weitere Untersuchungen im Mehrstoffsystem Na, Ca, Mg, Cl, SO_4, CO_3, H_2O stützen die oben angegebenen Beobachtungen weiter.

Tabelle 54. *Löslichkeit von Kalkspat und Dolomit im Meerwasser von 25° C auf Grund der Daten von I. R. KRAMER 1959, berechnet von E. USDOWSKI 1964*

Salzgehalt °/₀₀	Kalkspat mg $CaCO_3$ / 1000 g H_2O	Dolomit mg $CaCO_3$ / 1000 g H_2O	Dolomit mg $MgCO_3$ / 1000 g H_2O	Dolomit mg $CaMg(CO_3)_2$ / 1000 g H_2O
60	10,3	3,7	3,1	6,8
45	10,5	4,5	3,8	8,3
35	6,6	3,1	2,6	5,1

Außer diesem gleichzeitig oder sehr bald nach der Ablagerung gebildeten Dolomiten gibt es noch solche, die durch spätere Dolomitisierung entstanden sind.

Unter *Dedolomitisierung* versteht man Vorgänge, bei denen das Gleichgewicht in umgekehrter Richtung wie bei der Dolomitisierung verschoben ist, d.h. die zur Auflösung des Dolomits und zur Ausscheidung von Calcit führen.

Nomenklatur. Zwischen Kalken und Tonen gibt es alle Übergänge. Das folgende Schema soll als Anhaltspunkt für die Benennung solcher Gesteine dienen

95	85	75	65	% Kalk	35	25	15	5
Hochprozentiger Kalkstein	Mergeliger Kalk	Mergelkalk	Kalkmergel	Mergel	Tonmergel	Mergelton	Mergeliger Ton	Hochprozentiger Ton (Kaolin)

5	15	25	35	65	75	85	95

% „Ton" (= Nichtcarbonat)

10	25	30	40	75	90

Weißkalk	Wasserkalk	Zementkalk	Romankalk	Portlandzement	Ziegelton	Feuerfester Ton

90	75	70	60	25	10

% $CaCO_3$

und auf ihre technische Verwendung hinweisen. Es ist aus einem Schema von LUFTSCHITZ mit einigen sprachlichen Änderungen übernommen.

3. Eisen- und Manganlagerstätten

Terrestre Eisenerzbildung. Im Gegensatz zum Calcium und Magnesium kann Eisen nur unter besonderen Bedingungen *als Carbonat* transportiert werden. Voraussetzung ist dabei stets, daß kein Sauerstoff in der Lösung vorhanden ist. Das Eisencarbonat ist weniger löslich als das Calciumcarbonat, wie Abb. 350 zeigt, immerhin können beträchtliche Mengen auf diesem Wege verfrachtet werden. Quellen und Bäche, die solches Eisencarbonat führen, finden sich vor allem in Moorgebieten. Das Eisen kann auch aus ihnen unter denselben Umständen wie der Kalk, d. h. beim Entweichen von Kohlensäure, z. B. durch Temperaturerhöhung, als Eisencarbonat ausgeschieden werden. Solche Lagerstätten sind in Moorgebieten bekannt und heißen *Weißeisenerz*. Auch fossil kommen solche Lagerstätten in Verbindung mit Kohlenflözen vor und werden dann mit dem irreführenden Namen *Toneisenstein* bezeichnet.

Häufiger wird der Fall eintreten, daß das eisencarbonatführende Wasser Sauerstoff aufnimmt. Dabei fällt dann *Eisenhydroxid* aus. Auch Bakterien spielen bei dem Ausfällen eine Rolle. Sie machen sich die 58 Kcal nutzbar, die bei dem Zerfall von 4 Mol $FeCO_3$ zu $Fe(OH)_3$ frei werden. Eisenerzbildungen dieser Art in Binnenseen heißen dann See-Erze oder, wenn die Seen später verlandet sind, Raseneisenerze. Zuweilen findet man am Beginn der Eisenerzbildung Eisenphosphat, Vivianit $Fe_3^{2+}[PO_4]_2 \cdot 8\,H_2O$, als schwerstlösliche Verbindung, dann carbonatisches Erz, Weißeisenerz, und darüber hydroxidisches Brauneisenerz (Abb. 351).

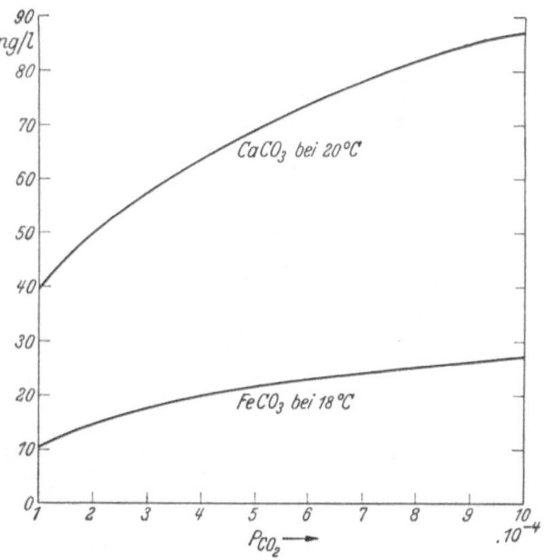

Abb. 350. Löslichkeit von $FeCO_3$ und Kalkspat in Abhängigkeit vom CO_2-Druck

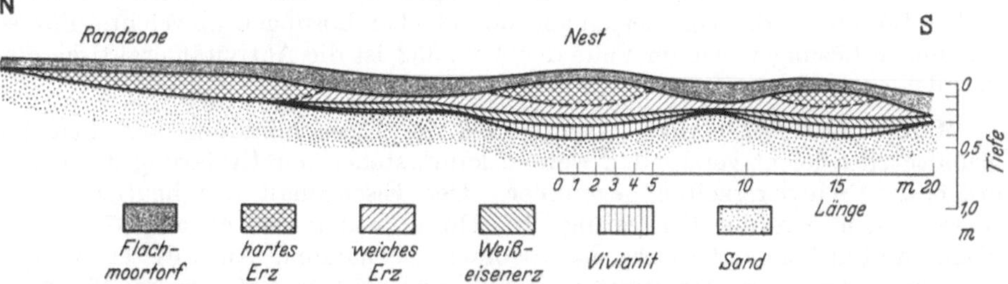

Abb. 351. Querschnitt durch ein Lager von Raseneisenerz (nach BANDEL aus BARTH-CORRENS-ESKOLA)

Das Redoxpotential. Eine reduzierende Umgebung wird dort zu finden sein, wo organische Substanz im Überschuß vorhanden ist, so daß durch ihre Oxydation aller Sauerstoff verbraucht wird. Da man heute unter Oxydation und Reduktion nicht nur Sauerstoffaufnahme und -abgabe versteht, sondern unter Oxydation Erhöhung der positiven und Erniedrigung der negativen Wertigkeit, d.h. Abgabe von Elektronen, und unter Reduktion die Umkehrung, also Aufnahme von Elektronen versteht, benutzt man das Redoxpotential Eh, um Oxydations- und Reduktionsfähigkeit eines Mediums quantitativ zu bestimmen. Es gibt in Volt die Menge Elektronen an, die in dem Medium zur Reduktion zur Verfügung stehen.

Wird ein Platinblech in eine Lösung mit gleicher Ionenkonzentration an Fe^{2+} und Fe^{3+} eingetaucht, so kann man sich vorstellen, daß die Fe^{2+}-Ionen Elektronen an das Platin abgeben, es negativ aufladen möchten, die Fe^{3+}-Ionen möchten Elektronen aufnehmen, das Blech also positiv aufladen. Die tatsächliche Aufladung des Platinblechs zeigt an, welcher der beiden Vorgänge überwiegt. Je negativer das Redoxpotential ist, desto stärker ist die Reduktionskraft der niedriger oxydierten Substanz. In wässerigen Lösungen, mit denen wir es ja bei den Sedimenten immer zu tun haben,

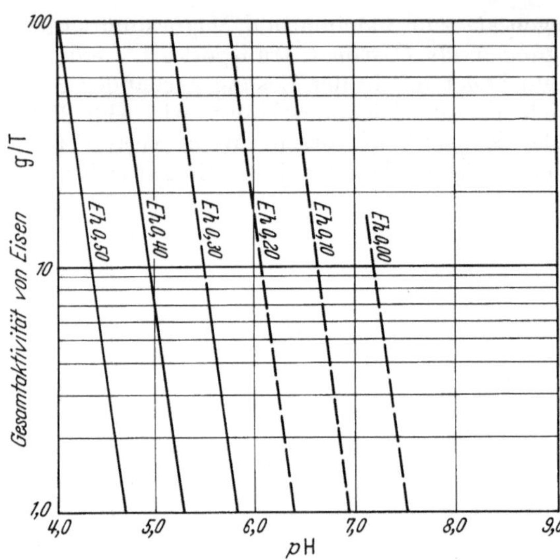

Abb. 352. Gesamtaktivität des Eisens in Lösung in Abhängigkeit von Eh und p_H

muß ferner stets das p_H, d.h. die zur Verfügung stehenden H^+- und OH^--Ionen, berücksichtigt werden. So verschiebt sich das berechnete Gleichgewicht zwischen den Fe^{2+}- und Fe^{3+}-Hydroxiden:

$$Fe(OH)_2 + H_2O = Fe(OH)_3 + H^+ + e$$

gemäß folgender Gleichung:

$$Eh = 0{,}271 - 0{,}059 \times p_H.$$

Es liegt also im sauren Gebiet bei positivem Eh und im alkalischen bei negativem,

Die in der Natur beobachteten p_H-Werte liegen vorwiegend zwischen 4 und 9. die Eh-Werte zwischen $+0{,}6$ und $-0{,}5$ Volt. Abb. 352 gibt die Gesamtmenge des gelösten Eisens in Abhängigkeit von p_H und Eh. Unter Aktivität versteht man bei thermodynamischen Betrachtungen die Konzentrationsangabe der realen Lösungen, die von derjenigen der idealen Lösungen abweicht. Für sehr verdünnte Lösungen wie im Falle der Abb. 352 ist die Aktivität praktisch gleich der idealen Löslichkeit.

Marine Eisenerzbildung. Während so die Eisenerzbildung auf dem Land grundsätzlich leicht verstanden werden kann, stehen der Erklärung der marinen erhebliche Schwierigkeiten gegenüber. Der Eisengehalt des heutigen Ozeanwassers ist außerordentlich gering. In echter Lösung sind etwa 6—7 mg in der Tonne und in kolloidaler etwa das 1000fache vorhanden. Auch dieser Wert liegt noch weit unter dem der reinsten Quarzsande, die etwa 50 g in der Tonne enthalten. Andererseits wissen wir aber, daß in der geologischen Vergangenheit große Mengen von Eisenerzen marin gebildet worden sind. So vor allem die Minetteerze in Lothringen und die Doggererze in Süddeutschland. Solange Sauerstoff im Meerwasser vorhanden ist, kann praktisch kein Eisen in echter

Lösung vorhanden sein. Die erwähnten Eisenerze führen aber zahlreiche Reste von Lebewesen, die beweisen, daß die Erze in einem sauerstoffhaltigen Medium gebildet worden sind, das diesen Tieren das Leben ermöglichte. Es bleibt also nur übrig anzunehmen, daß das Eisen als Hydroxidsol zugeführt und in der

betreffenden Meeresgegend ausgeflockt worden ist. Die Flocken haben sich dann häufig an im Wasser suspendierte Mineralteilchen angesetzt. Durch weiteres Ansetzen von Flocken sind dann konzentrische Schalen entstanden. Wenn die Gebilde so schwer waren, daß sie nicht mehr im Wasser schweben konnten, sanken sie ab und wuchsen nicht mehr weiter. Die so entstehenden Gebilde nennt man Ooide und die daraus gebildeten Gesteine Oolithe (Abb. 353). Dabei ist es grundsätzlich gleichgültig, wie groß der ursprüngliche Keim war. Bei dieser Oolithbildung kann im turbulenten Meerwasser anderes mitzugeführtes Material, das nicht anlagerungsfähig ist, also z. B. die Tonminerale, durch Strömungen abtransportiert und dadurch das Erz angereichert werden. Da die heutigen Flüsse nur sehr geringe Eisenmengen führen (~ 1 mg/Liter), müssen auf dem Fest-

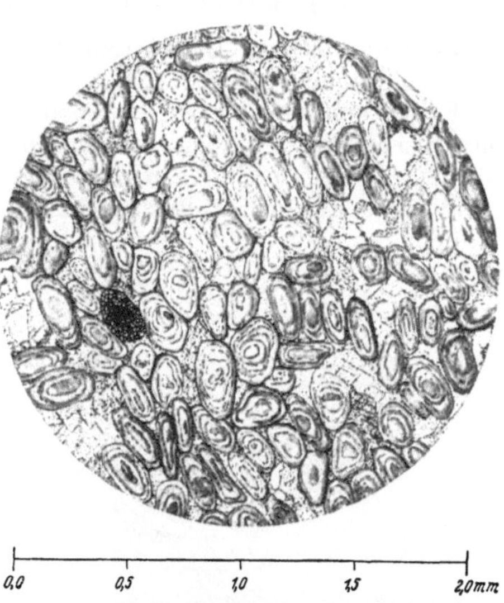

Abb. 353. Eisenoolith (Minette) Fentschtal, Lothringen. Das schwarze Gebilde ist ein abgerolltes Stück einer vererzten Seeigelplatte. In der Grundmasse Kalkspat, punktiert mit Spaltrissen, und Quarz

land, das als Liefergebiet gedient hat, besondere Verwitterungsverhältnisse geherrscht haben, in einer Art, wie wir sie mindestens in großem Maßstabe in der heutigen Zeit nirgends auf der Erde beobachten können.

Man hat auch daran gedacht, daß in Meereszonen mit negativem Redoxpotential und viel CO_2 das Eisen aus normalen Sedimenten ausgelaugt, als Fe^{2+} transportiert und an anderer Stelle je nach p_H und Eh entweder als Carbonat oder Sulfid oder Fe^{3+}-Hydroxid gefällt werden könnte. Solche Vorgänge sind durchaus möglich. Um jedoch ausgedehnte Eisenerzlager zu bilden, würden sie Bedingungen erfordern, die nur sehr schwierig mit den durch Dichteunterschiede, Erdrotation und Winde hervorgerufenen Zirkulationssystemen im Meer in Einklang zu bringen sind. Eine solche Annahme würde ferner bedeuten, daß sehr weite Gebiete von normalen Sedimenten ausgelaugt werden müßten. Tone und Tonschiefer enthalten im Durchschnitt (Tabelle 49) 6,5%, Sande und Sandsteine 1,4% $Fe_2O_3 + FeO$.

Die Bildung großer Eisenerzlager hat auch in der Erdgeschichte nicht zu allen Zeiten stattgefunden, sondern nur in einzelnen Perioden. Krustenbildungen um Mineralkörner, die den Oolithen ähnlich sehen, können wahrscheinlich auch nach der Ablagerung auf oder in dem Schlamm als Konkretionen (s. S. 286) entstehen. Überhaupt muß man gerade bei den Eisenerzen besonders vorsichtig mit der Deutung sein, weil im Sediment nach der Ablagerung noch mannigfaltige Umlagerungen, chemische Reaktionen und Stoffwanderungen eingetreten sein können. So kristallisiert das kolloidale Eisenhydroxid im Laufe der Zeit zu Nadeleisenerz um und nimmt dabei etwas mitausgeflocktes Aluminiumhydroxid ins Gitter auf. Bei stärkerer Umwandlung gibt das Hydroxid sein Wasser ab und wird zu Fe_2O_3 oder Fe_3O_4, oder es reagiert mit Kieselgel, das mit ihm zusammen als Sol transportiert und ausgeflockt wurde, zu Silikaten. Diese haben zum Teil Glimmerstruktur, ähnlich dem Glaukonit (s. unten), zum Teil sind es Chlorite $(Mg, Fe, Al)_3(OH)_2[(Si,Al)_4O_{10}]$ mit Übergängen bis zum Cronstedtit $(Fe^{\cdot\cdot\cdot}, Fe^{\cdot\cdot})_6(OH)_8[(Si, Fe^{\cdot\cdot\cdot})_4O_{10}]$, der Kaolinitstruktur besitzt. Die Bildung dieser Minerale gehört bereits in das Kapitel über die Gesteinsumwandlung.

Glaukonitbildung. In Küstengebieten, Lagunen und ähnlichen Becken kann wohl auch einmal primäre carbonatische Erzbildung vorkommen, häufiger wird das $FeCO_3$ erst bei der Diagenese im Sediment entstanden sein. Die Existenz eines Eisensilikates jedoch, das sich im Meerwasser in Lösung befindet, ist nicht möglich. Trotzdem finden wir am Meeresboden das Eisensilikat Glaukonit, das die mittlere Zusammensetzung $(K, Na, Ca_{0,5})_{0,84} \cdot (Fe^{II}_{0,19}, Mg_{0,4}) \cdot (Al_{0,47}, Fe^{III}_{0,97})_2$ $(OH)_2[(Al_{0,35}, Si_{3,65})O_{10}]$ hat. Er bildet sich bereits am Meeresboden, kann also eine sehr frühdiagenetische Bildung sein. Nicht selten findet man mit Glaukonit gefüllte Foraminiferenschalen (Abb. 354). Die vielen Analysen von Glaukonit sind nicht leicht auf eine einleuchtende Formel zu bringen. Das mag damit zusammenhängen, daß bereits am Meeresboden nach der Bildung Veränderungen auftreten, besonders aber in den Tagesaufschlüssen, denen bisher die Proben meist entnommen wurden. YODER und EUGSTER haben den Versuch unternommen, die Glaukonite als Mischkristalle zwischen Seladonit $KFe^{3+}MgSi_4O_{10}(OH)_2$, Muskovit $KAl_2Si_4O_{10}(OH)_2$ und Pyrophyllit $Al_2Si_4O_{10}(OH)_2$ zu deuten. Der fast immer vorhandene Gehalt an zweiwertigem

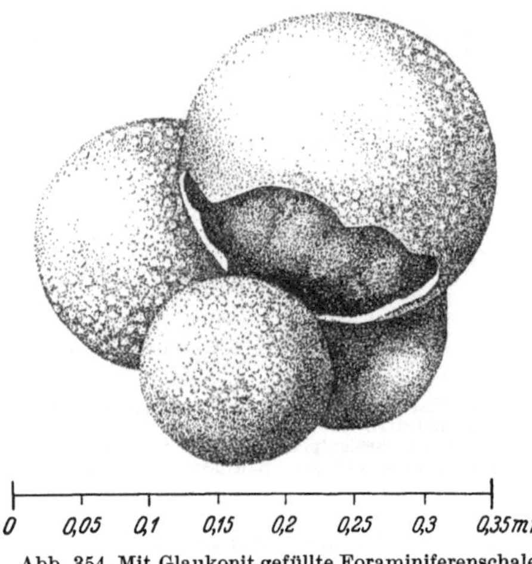

Abb. 354. Mit Glaukonit gefüllte Foraminiferenschale, Meteorstation 276

Eisen kann dadurch gedeutet werden, daß Fe^{2+} an Stelle des Mg eingebaut ist. Es ist aber auch möglich, daß unter dem Namen Glaukonit verschiedenartige Minerale zusammengefaßt werden, die nur zum Teil in das oben angeführte System fallen, zum Teil sich von Biotiten ableiten. Auch aus Montmorilloniten könnte Glaukonit entstanden sein. Glaukonite mit zweiwertigem Eisen müssen bei entsprechendem Eh gebildet sein. In Tagesaufschlüssen kann ein Teil des zweiwertigen Eisens bereits oxydiert sein.

Da das Meerwasser im wesentlichen eine NaCl-Lösung ist, ist es überhaupt verwunderlich, daß sich aus ihm ein Kaliumsilikat ausscheidet. Manche Beobachtungen deuten darauf hin, daß der Bildungsort des Glaukonits nicht das freie Meerwasser, sondern vielleicht der Darmtraktus von Meerestieren ist, in dem ja das mit den Pflanzen aufgenommene Kalium ausgeschieden wird und im übrigen auch ein reduzierendes Medium vorhanden ist, wie es für die Einlagerung zweiwertigen Eisens erforderlich ist.

Sulfidbildung. Reduzierende Umgebung kann sowohl im Meerwasser als auch im Sediment vorkommen. Im Wasser tritt sie in Meeresteilen auf, die vom Weltmeer abgetrennt sind, so daß sie an den Tiefenströmungen nicht teilhaben. Hier kann sich in den tieferen Wasserschichten Schwefelwasserstoff bilden. An den Oberflächenschichten solcher Meeresteile finden wir ein reiches Tier- und Pflanzenleben. Bei der Zersetzung der absinkenden Leichen wird in den tieferen Wasserschichten der Sauerstoff durch Bakterien verbraucht, die die organischen

Stoffe zu CO_2 oxydieren. Wenn kein Sauerstoff von der Oberfläche, die ja im Gleichgewicht mit dem Sauerstoff der Luft steht, durch absinkende Strömungen zugeführt wird, so erfolgt die weitere Zersetzung der organischen Substanz durch anaerobe Bakterien, die Schwefelwasserstoff bilden, sei es, daß sie ihn aus dem Eiweiß abspalten, sei es, daß sie den Sauerstoff der Sulfationen des Meerwassers zur Oxydation kohlenstoffhaltiger Substanz benutzen, deren Vorhandensein also auch für die Wirkung dieser Bakterien Voraussetzung ist. Tabelle 55 zeigt einen charakteristischen Schnitt durch das Schwarze Meer, in dessen oberen Wasserschichten der Sauerstoff allmählich abnimmt bis etwa 150 m Tiefe. Dann tritt H_2S auf und nimmt mit der Tiefe zu.

Die Voraussetzung für schwefelwasserstoffhaltiges Wasser ist also eine gut mit Sauerstoff durchlüftete, mit reichem Tierleben ausgestattete Oberflächenschicht. Das Eisen, das durch diese Schicht hindurch nicht als Ion, sondern nur als Eisenhydroxid zugeführt werden kann, bildet mit dem Schwefelwasserstoff Sulfid, und zwar scheint sich sofort FeS_2 zu bilden. Magnetkies kommt zwar auch in Sedimenten vor, aber nur als Seltenheit. Solche unter Mitwirkung verfaulender organischer Substanz gebildeten Schlamme heißen Faulschlamme oder Sapropelite (griech. sapros faulend). Im Schwarzen Meer beträgt die Menge FeS_2 im Sediment bis zu 2,5 %.

Tabelle 55. *Redox-Potentiale, Sauerstoff- und Schwefelwasserstoff-Konzentrationen und das Verhältnis $SO_4^=/Cl^-$ im Schwarzen Meer* (nach RICHARDS 1965, SKOPINTSEV 1957 und SKOPINTSEV et al. 1958)

Meerestiefe in m	Redox-Potential Eh, Millivolt	Sauerstoff-Konzentration ml/Liter	Schwefelwasserstoff Konzentration ml-Liter	$SO_4^=/Cl^-$
0	395	5,60		0,1408
25	408	7,06		—
50	404	6,35		0,1418
100	340	1,08		0,1408
150	−26	0,25	0,02	0,1402
200	−88	0,08	0,67	0,1400
300	−139	0	1,74	0,1394
500	−170	0	3,60	0,1387
750	−152	0	5,29	0,1377
1000	−144	0	6,15	0,1380
1500	−129	0	7,34	0,1378
1750				0,1378
2000				0,1361

Mit dem Schwarzen Meer hat schon POMPECKJ das Meer des Posidonienschiefers im Lias ε Deutschlands verglichen, später auch das Meer, aus dem im unteren Zechstein der *Kupferschiefer* abgesetzt wurde. Er enthält stellenweise bis zu 3,6 % Kupfer, bis 4,1 % Zn, bis 2,6 % Pb und bis 0,9 % Ag. Diese Elemente sind an Sulfide gebunden. Nach neueren Untersuchungen WEDEPOHLs müssen diese Sulfide bei bakterieller H_2S-Produktion schon aus normalem heutigen Meerwasser s. Tabelle 63, S. 265 ausfallen, jedoch in so geringer Menge, daß auch ein Strömungsmechanismus, der von Zeit zu Zeit frisches Wasser zuführt, nicht ausreicht, um die Gehalte im Sediment zu erklären. Man muß mit Zufuhr vom Festland rechnen. Es konnte gezeigt werden, daß bereits in den das Kupferschiefermeer umgebenden Landablagerungen des Rotliegenden unter hohem Eh eine Anreicherung stattfand, die beim Übergang zu niedrigerem Eh mobilisiert werden konnte. Die Gehalte an V bis 0,5 %, Cr bis 0,03 %, Ni bis 0,12 %, Co bis 0,04 %, Mo bis 0,15 % sind den Kohlenstoffgehalten proportional, also wohl an die organische Substanz im Sediment gebunden.

Sulfidschlämme haben neben dem Gehalt an Ton stets einen solchen an organischer Substanz, der darauf hinweist, daß ein Überfluß an ihr vorhanden war, wie das zur Erzeugung von Schwefelwasserstoff notwendig ist. Es ist sehr schwierig, sich einen Mechanismus vorzustellen, der *reine Sulfidablagerungen*, wie sie etwa die Erzlagerstätte des Rammelsberges bei Goslar am Harz darstellt,

in einem Meeresbecken liefert, wenn man nicht seine Zuflucht zum direkten
Zuströmen von schwermetallhaltigen Wässern relativ hoher Konzentration, z. B.
aus vulkanischen Exhalationen auf sehr begrenztem Raum nehmen will. Dann
hätte man eine Art gemischter vulkanisch-sedimentärer Lagerstätte. Messungen
der stabilen Schwefelisotope machen es wahrscheinlich, daß neben der H_2S-Zufuhr
auch anaerobe Bakterien tätig waren.

Sulfidhaltige Sedimente können auch unter sauerstoffhaltigem Bodenwasser
entstehen, wenn sich Schwefelwasserstoff im Sediment bildet. Dieses ist ja im
Gegensatz zum Wasser praktisch unbeweglich, Sauerstoff kann nur durch Strömung in seinen Poren oder durch Diffusion, also sehr langsam, zugeführt werden.
Ist innerhalb eines Sediments die Einbettungsgeschwindigkeit größer als die der
Oxydation der organischen Substanz, dann kommt es im Boden zur Aufzehrung
des Sauerstoffs und H_2S-Bildung. So ist bei den weit verbreiteten rezenten
„*Blauschlicken*" der oberste Zentimeter meist oxydiert und braun gefärbt, die
darunter liegenden Schichten FeS_2-haltig und durch organische Substanz dunkelgrau gefärbt. Tonige, an organischen Stoffen reiche Sedimente sind wahrscheinlich die Muttergesteine des *Erdöls*. Die organische Substanz wandelt sich bei
Druck- und Temperaturerhöhung im Sediment um und wandert in poröse Gesteine (Speichergesteine) aus.

Manganerzlagerstätten. Wesentlich weniger als über die Eisenerzbildungen
ist über die des Mangans bekannt. Auch das Mangan kommt wie das Eisen in
einer zweiwertigen und in höherwertigen Stufen vor. Zweiwertiges Mangan
findet sich in den Sedimenten als *Carbonat*, und zwar als Mischkristallkomponente
in Kalkspat und Dolomit. Das dreiwertige Mangan findet sich zuweilen als
Manganit, $MnO(OH)$, das niedriger symmetrisch als das Nadeleisenerz ist, aber
ähnliche Gitterkonstanten besitzt, und in dem seltenen *Hausmannit*, Mn_3O_4,
der spinellähnliche Struktur hat.

Das vierwertige Manganoxid MnO_2 tritt in einer Vielfalt von Erscheinungen
auf. Es wird in gut kristallisierter Form als Polianit bezeichnet, der ein tetragonales Gitter ähnlich dem Rutil besitzt. Als Pyrolusit βMnO_2 werden sehr
feinkörnige Pseudomorphosen nach $MnO(OH)$ bezeichnet. Unter Braunstein
faßt man technisch für Batterien benutzte Manganoxide der Zusammensetzung
$MnO_{1,7}$—MnO_2 zusammen. Psilomelan ist ein mineralogischer Sammelbegriff
für Manganerze der Zusammensetzung $(Ba, H_2O) Mn_5O_{10}$; Kryptomelan,
$K_{\leq 2}Mn_8O_{16}$, hat die Struktur von αMnO_2 und enthält meist Kalium. In Sedi-
mentgesteinen kommt auch das Silikat Braunit $Mn^{2+}Mn_6^{3+}|O_8|[SiO_4]$ vor.

Die Manganverbindungen sind leichter löslich als die entsprechenden Eisenverbindungen. Unter natürlichen Eh- und p_H-Bedingungen wird Fe^{2+} leichter
oxydiert als Mn^{2+}. Deshalb können bei der Sedimentation Mangan und Eisen
mehr oder weniger gut getrennt werden. Dieser Umstand spielt bei der Erzbildung sowohl auf dem Lande bei den Raseneisenerzen wie im Meere eine Rolle.
So finden wir Mangananreicherungen, die stets auch etwas Eisen enthalten, in
der Tiefsee in Form von unregelmäßigen Knollen stellenweise in so großer Menge,
daß man an ihre Gewinnung als Erz denkt. Das Mangan stammt vielleicht zum
Teil aus aufgelösten Foraminiferenschalen, die bis zu 0,02% MnO enthalten
können, in der Hauptsache wohl aus der submarinen Verwitterung von vulkani-
schem Material.

Das Mangan ist ein biologisch wichtiges Element, das für die Photosynthese
notwendig ist. Pflanzen können Mangan in der Größenordnung 0,1 g/kg Trockensubstanz enthalten.

4. Phosphatlagerstätten

Ein Element von besonders großer biologischer Bedeutung ist der Phosphor, der mit dem Stickstoff zu denjenigen Elementen gehört, die die Produktion an Organismen auf dem Lande und in dem Meere regeln. Dementsprechend schwankt der Gehalt des *Meerwassers* je nach der Besiedlung mit Organismen zwischen 1 und 60 mg P im Mittel in der Tonne. Noch mehr als bei den bisher besprochenen Elementen hängt der Umlauf des Phosphors von den Organismen ab. Durch die Verwitterung des Apatits der Eruptivgesteine wird Phosphorsäure in Lösung gebracht, die *Pflanzen* nehmen sie auf. Als mittleren Wert für den Phosphorgehalt der organischen Substanz kann man etwa 0,6% P in der Trockensubstanz annehmen. Von den Pflanzen nehmen die *Tiere* die Phosphorsäure auf, und es ist allbekannt, daß die Wirbeltiere in ihren Knochen Phosphorsäure enthalten. Die Beträge schwanken um 14,7% P. Es handelt sich meistens um Phosphate mit Apatitstruktur, die an Stelle des Fluor- oder Chlorions (OH) eingelagert haben (Hydroxylapatit). Mit der Verdauung wird regelmäßig Phosphorsäure ausgeschieden, beim Menschen etwa 2,6 g P täglich. So sind Knochenanhäufungen und Ausscheidungen von Tieren wichtige Quellen für die Phosphorsäure, fossile Kotballen (*Koprolithen*) sind zuweilen in Sedimenten angereichert, *Guano* entsteht durch die Reaktion des flüssigen Vogelkots mit Kalken. Der Phosphorgehalt der sedimentären *Eisenlager* beruht zu einem Teil auf dem Ausfällen von Phosphorsäure durch das Eisenhydroxid, zum anderen auf der Einbettung organischer Substanz, insbesondere Knochenresten. Auch die Wirbellosen können beträchtliche Mengen von Phosphorsäure enthalten, wie die Tabelle 56 zeigt.

Tabelle 56. *P-Gehalt in der Skelettsubstanz Wirbelloser in Prozent*

Foraminiferen	0—Spuren	Anneliden	
Kieselschwämme	0	Serpula	Spuren
Kalkschwämme	0,34	Hyalinoecia	9,05
Korallen		Onuphis	9,43
Madreporide	0,0—Spuren	Bryozoen	Spuren—0,26
Alcyonarier	Spuren—1,30	Brachiopoden	
Echinodermen		mit Kalkschalen	Spuren—0,11
Krinoiden	Spuren—0,19	mit Hornschalen, Lin-	
Seeigel	Spuren—0,28	gula usw.	14,94—18,34
Seesterne	Spuren—0,11	Muscheln	Spuren—0,07
Schlangensterne	Spuren—0,14	Gastropoden	Spuren—0,17
Holothurien	Spuren—1,38	Kephalopoden	Spuren
		Krustazeen	
		Balaniden	0,0 —0,15
		Krebse	0,82—3,39
		Kalkalgen	0,0 —0,08

Bei der Wiederausscheidung der Phosphorsäure in Sedimenten und ihrer Umlagerung entstehen Phosphate, denen man mannigfaltige Namen gegeben hat. Meist werden sie als *Phosphorite* zusammengefaßt. Sie besitzen alle Apatitstruktur, sie können aber außer F, Cl und OH auch CO_3-Ionen enthalten. Nach den bisher vorliegenden Löslichkeitsdaten sollten diese Phosphate auch direkt aus dem Meerwasser bei einem $p_H < 8$ ausfallen können.

5. Kieselgesteine

Auch die Kieselsäure ist bei ihrem Umlauf in der Erdrinde weitgehend an die Organismen gebunden. Die Flüsse, die heute in die Meere münden, enthalten SiO_2 in echter Lösung, ihr SiO_2-Gehalt (s. Tabelle 58, S. 258) liegt weit unter der

Löslichkeit (s. Abb. 331) für amorphes SiO_2. Auch im Meerwasser wird die Sättigung nicht erreicht. Es findet also kein „Ausflocken" oder Ausfällen der SiO_2 statt. Gewiß kann durch Adsorption etwas SiO_2 ins Sediment gelangen, aber der weitaus größte Teil wird vielmehr durch Organismen aus dem Meerwasser aufgenommen und als Gerüstsubstanz verwendet. Diese besteht aus Opal. Die wichtigste Gruppe von solchen Lebewesen sind die Kieselalgen, die Diatomeen, die auch auf dem Lande die Kieselsäure der Gewässer und der Bodenlösungen zum Schalenaufbau benutzen. So finden wir auch in Süßwasserseen ihre Schalen

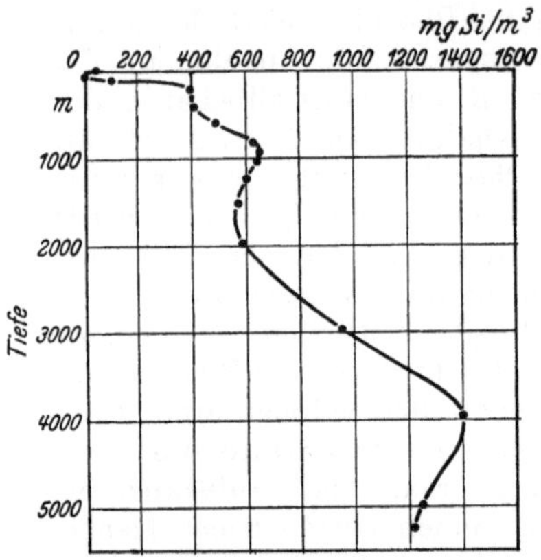

Abb. 355. Vertikale Verteilung von gelöster Kieselsäure (mgSi/m³) im westafrikanischen Küstengebiet (nach WATTENBERG aus BARTH-CORRENS-ESKOLA)

als Sediment wieder, die *Kieselgur*. Im Meer ist ihre Entwicklung hauptsächlich an die nährstoffreichen Gewässer der hohen Breiten geknüpft. Hier finden wir dann auch als Sediment *Diatomeen-Schlicke*. In den niederen Breiten, also in den wärmeren Meeresteilen überwiegen als Kieselorganismen die *Radiolarien* und *Silicoflagellaten*. Alle drei Gruppen leben planktonisch, nach dem Tode sinken die Gehäuse auf den Meeresboden herab.

Auf dem Wege bis zum Meeresboden wird etwas Kieselsäure gelöst, wie in Abb. 355 deutlich aus der Verteilung der gelösten Kieselsäure im Meerwasser zu erkennen ist. Wir müssen auch damit rechnen, daß in Sedimenten, vor allem in solchen, die reich an organischer Substanz sind und ein hohes p_H entwickeln können, die *Kieselschalen* wieder *aufgelöst* werden. Es ist deshalb kein Wunder, daß aus der geologischen Vergangenheit nur in seltenen Fällen die dünnen Schälchen der Diatomeen überliefert sind, während grobschalige Radiolarien oft noch in Silur- und Kulmgesteinen prächtig erhalten blieben, wie in dem *Radiolarit* der Abb. 356. Es ist aber ein Trugschluß, wenn man daraus ableitet, daß diese Sedimente Tiefseeablagerungen sein müssen, weil sie nur grobe Schalen enthalten. Dies bedeutet nur, daß die feinen Schalen aufgelöst worden sind, sagt aber nichts darüber, ob die Auflösung beim Absinken in die Tiefsee oder hinterher im Sediment erfolgte. Es ist ferner darauf hinzuweisen, daß der Kieselgehalt von Sedimenten häufig von Diatomeen und anderen Kieselschalen stammen kann, auch wenn diese nicht mehr nachzuweisen sind, weil die Kieselsäure umgelagert ist. In der Tabelle 57 sind einige Beobachtungen an Grundproben der Meteorexpedition mitgeteilt, die zeigen, daß sowohl kalkigen wie tonigen, noch unveränderten

Tabelle 57. *Zusammensetzung einiger an Kieselorganismen reicher Tiefseesedimente der Meteorexpedition*

Stations-Nr.	Meerestiefe in m	Tiefe im Boden in cm	% Kieselorganismen	% CaCO₃	% Ton und Sonstiges	Alter
242 u	5156	68,5—70	61,4	4,1	34,5	glazial
238 u	2787	78,5—80	31,4	17,7	50,9	glazial
247 o	5171	0—2,5	29,3	20,5	50,2	rezent
228 o	2822	0—1,5	24,0	5,4	70,6 .	rezent
225 u	5164	44—45	17,2	57,2	25,6	glazial
230 o	5024	0—2	16,1	1,1	82,8	rezent
241 u	4075	89,5—91	14,9	74,4	10,7	?
233 o	5010	52,5—54	13,7	14,6	69,7	glazial
247 u	5171	30,5—32	13,3	46,3	40,4	glazial ?

Sedimenten recht beträchtliche Mengen organogener Kieselsäure beigemengt sein können. Im Laufe der Diagenese kann eine Stoffsonderung zwischen Kalk und Kiesel stattfinden. Man findet in Kalken nicht selten Knollen von SiO_2, die meist als Hornsteine bezeichnet werden. Auch in Tonen kann SiO_2 wandern und Kieselgallen liefern.

Abb. 356. Angeätzter Radiolarit des Kulm (aus SCHWARZ, Naturmuseum Senckenberg-Archiv Nr. 2033, aus BARTH-CORRENS-ESKOLA)

Auch am Boden festsitzende Tiere, wie die *Kieselschwämme*, können beträchtliche Mengen von Kieselsäure in das Sediment liefern. Kieselschwämme sind wohl sicherlich die Lieferanten der Kieselsäure für die in der oberen Kreide so verbreiteten Feuersteine. Dabei ist aber immer im Auge zu behalten, daß nicht nur die Schwämme selbst bereits am Meeresboden aufgelöst werden konnten, sondern auch die Kieselsäure im frischen Sediment wanderte und daß schließlich auch noch solche Wanderungen und Wiederausscheidungen von Kieselsäure viel später, z.B. nach dem Aufreißen von Spalten in der Kreide, stattgefunden haben.

Schichtige Kieselgesteine werden *Lydite* genannt, der Schichtverband *Kieselschiefer*. Knollige Kieselausscheidungen, im wesentlichen diagenetischen Ursprungs (S. 281), heißen *Hornsteine*, in der Kreide *Feuersteine*.

6. Salzlagerstätten

Die Herkunft der Ionen. Wir wollen nun die durch die Verwitterung in Lösung gebrachten und länger darin verbleibenden transportierten Ionen betrachten. Es handelt sich bei den *Cationen* in erster Linie um die Alkalien, die an der Erdoberfläche keine schwerlöslichen Verbindungen bilden, und die Erdalkalien, von deren Salzen zwar die Karbonate schwerlöslich sind, aber, wie wir bereits sahen, bei Anwesenheit von Kohlensäure leicht in Lösung transportiert werden können. Als *Anionen* stehen ihnen eben diese Kohlensäure, ferner das SO_4- und Cl-Ion gegenüber. Wie der Vergleich der Zusammensetzung der Eruptivgesteine

(Tabelle 42) mit den Flußwässern der Tabelle 58 ergibt, können nur die Kationen, aber nicht die Anionen aus den Eruptivgesteinen stammen. Die Tabelle zeigt sehr deutlich, daß SiO_2, Al_2O_3 und Fe_2O_3 als Ionen nur in sehr geringem Maße transportiert werden. Diese Oxide setzen im wesentlichen die Verwitterungsneubildungen zusammen und haben deshalb nur geringen Anteil an den Ionen des

Tabelle 58. *Vergleich von Fluß- und Meerwasser in g/T Wasser*
Die „korr." Werte sind erhalten durch Abzug des vom Regen mitgebrachten Salzes. (Im wesentlichen nach CONWAY 1942).

	Flußwasser aus Eruptivgesteins-Gebieten		Flußwasser aus Sediment-Gebieten		Mittlere Zusammensetzung der Flußwässer		Meerwasser
	beobachtet	korrigiert	beobachtet	korrigiert	beobachtet	korrigiert	
Ca	6,8	5,8	37,5	37,5	29,8	29,6	410
Na	4,9	2,8	9,6	4,1	8,4	3,8	10470
Mg	1,2	0,9	6,3	5,6	5,0	4,4	1280
K	1,9	1,6	3,5	3,3	3,1	2,9	380
CO_3	15,5	15,5	63,1	63,1	51,2	51,2	138
SO_4	4,8	0,5	22,0	22,0	17,7	16,6	2650
Cl	3,2	0,2	10,1	0,0	8,3	0,0	18970
SiO_2	10,3	10,3	19,4	19,4	17,1	17,1	6
Andere Bestandteile	1,4	1,4	7,1	7,1	5,7	5,7	92
Gesamtsalzgehalt .	50	39	179	162	146	131	34396

Flußwassers. Bei den Alkalien und den alkalischen Erden sind Abweichungen vorhanden, die besonders beim Ca beträchtlich sind. Sie rühren daher, daß etwa 75% der Erdoberfläche von Sedimenten und nur 25 von Eruptiven bedeckt sind. Wenn auch die Kalke unter den Sedimenten mengenmäßig nur einen bescheidenen Raum einnehmen, so machen sie sich doch wegen ihrer leichten Löslichkeit im Flußwasser besonders bemerkbar. Solche Gründe sind aber für den gewaltigen Unterschied bei den Anionen nicht vorhanden. Ihr Überschuß im Flußwasser rührt daher, daß sie von den leichtflüchtigen Bestandteilen stammen, sie sind Entgasungsprodukte des Magmas. Ein wesentlicher Teil des Cl′ der Flüsse stammt auch aus dem Meerwasser; feine Tröpfchen, die von den Wellen erzeugt werden, werden vom Wind weit über das Land verfrachtet und gelangen mit dem Regen in die Flüsse. Dieses „zyklische Salz" ist in Tabelle 58 bei den korrigierten Werten von den Flußwasserwerten abgezogen nach Schätzungen von CONWAY. CO_2 wird von den Tieren und den Pflanzen bei der Atmung produziert, von den grünen Pflanzen bei der Assimilation verbraucht. NO_3 ist organischen Ursprungs.

Terrestre Salzbildung. Die im Flußwasser gelösten Ionen finden wir in den Gewässern des Festlandes, sie werden je nach den örtlichen Verhältnissen in verschiedenen Mengenverhältnissen auftreten. Enden Flüsse in Sammelbecken auf dem Lande, die keinen Abfluß ins Weltmeer haben und verdunsten, so scheiden sich Salze aus. Je nach dem Einzugsgebiet finden wir Carbonat-, Sulfat- und Chloridablagerungen. Tabelle 59 gibt einige wenige Analysen aus der bunten Mannigfaltigkeit dieser festländischen Salzablagerungen. Als Minerale tritt als Carbonat neben *Soda* ($Na_2CO_3 \cdot 10\ H_2O$) vor allem *Trona* ($Na_2CO_3 \cdot NaHCO_3 \cdot 2\ H_2O$) auf. Als Sulfat findet man *Glaubersalz* ($Na_2SO_4 \cdot 10\ H_2O$) und *Thenardit* (Na_2SO_4). Unter den Boraten sei neben *Borax* ($Na_2B_4O_7 \cdot 10\ H_2O$) das als Rohstoff zur Zeit wichtigste, der *Kernit* ($Na_2B_4O_7 \cdot 4\ H_2O$) erwähnt. Neben Herkunftsunterschieden können in den terrestren Salzablagerungen auch klimatische

Unterschiede zu verschiedenen Salzbildungen führen. Carbonate können schon bei niederen Temperaturen ausgeschieden werden, Sulfate erst bei etwas höheren, die Bildung der leichtlöslichen Chloride erfordert die höchsten Temperaturen.

Tabelle 59. *Einige Salzablagerungen des Festlandes* (nach CLARKE)

	1	2	3	4	5	6
Na	39,15	31,16	15,27	31,03	34,71	36,26
K	0,62	12,98				0,73
Mg			9,75	0,07	1,50	
Ca			1,31	0,16		
CO_3	41,15	38,08		0,16		5,13
SO_4	11,83	11,98	72,96	64,84	4,66	18,29
Cl	2,10	6,41	0,45	0,17	54,47	36,65
B_4O_7 . . .	3,2					0,77
SiO_2 . . .	1,96					2,18
Fe_2O_3 . . .				0,11		
H_2O . . .					4,66	
Rückstand .				3,46		

1 Nordarm Old Walker See, Nevada.
2 Alkalikruste Westminster, Orange, Kalifornien.
3 Perth-See, Nevada.
4 Vom Boden des Altai-Sees, Sibirien.
5 Salzsee, 7 Meilen östlich der Zandiaberge, New Mexiko.
6 5 Meilen westlich von Black Rock, Nevada.

Der Salzgehalt des Meerwassers. Während auf dem Festland die Zusammensetzung der Salze sehr stark von den örtlichen Bedingungen abhängt, ist das Weltmeer sehr gleichmäßig zusammengesetzt. Zwar schwankt die Konzentration der Gesamtsalzmenge ziemlich, im Oberflächenwasser der Tropen finden wir 3,8, in dem der Arktis 3,4, in der westlichen Ostsee 1,5%, aber das Verhältnis der einzelnen Ionen zueinander ist sehr konstant. Die Hauptbestandteile des Meerwassers sind in Tabelle 60 zusammengestellt.

Die Minerale der marinen Salzlagerstätten. Wird ein Teil des Weltmeeres abgeschnürt und eingedampft, so kommt es zur Bildung

Tabelle 60. *Hauptbestandteile des Meerwassers bei $35^0/_{00}$ Salzgehalt*

Kationen	g/kg	Anionen	g/kg
Natrium . .	10,75	Chlor . .	19,345
Kalium . .	0,39	Brom	0,065
Magnesium .	1,295	SO_4 . . .	2,701
Calcium . .	0,416	HCO_3 . .	0,145
Strontium .	0,008	BO_3 . . .	0,027

von Salzlagerstätten. Wir haben in Deutschland große und gut erforschte derartige marine Salzbildungen. Sie stammen aus der Zeit des Zechsteins. Beim Eindampfen einer Salzlösung wie des Meerwassers wird sich zunächst das Calciumcarbonat ausscheiden, für das ja schon das warme Oberflächenwasser der Tropen übersättigt ist. Wieweit dabei auch Dolomit primär entsteht, ist noch ungewiß. Quantitativ macht die Ausscheidung des Carbonats nicht viel aus, aus einem Meer von 3000 m Tiefe würde sich beim Verdunsten eine Schicht von Kalkspat von 16 cm Dicke bilden. Auf die Carbonate folgt die Ausscheidung von Salzen des SO_4'' und Cl'-Ions. Einige der hier auftretenden Minerale sind in der Tabelle 61 verzeichnet, und zwar sind die häufigen Salze in Kursiv hervorgehoben.

Das System $CaSO_4$ —H_2O. Um die Bildungsbedingungen dieser Salze zu verstehen, wollen wir uns zunächst an die Vorgänge bei der Ausscheidung eines Salzes aus seiner Lösung erinnern. Wir zeichnen wieder ein Zweistoffsytem Salz—H_2O, begnügen uns aber jetzt mit der H_2O-Ecke, da die Vorgänge bei hohen Temperaturen hier außer Betracht bleiben. Ebenso brauchen wir die Vorgänge unterhalb 0° C nicht. Wir betrachten das System $CaSO_4$—H_2O, weil diese Sulfate sich nach den Carbonaten der Erdalkalien ausscheiden. In der Abb. 357 sind die Löslichkeitsverhältnisse dargestellt. Als Abszisse sind die Gewichts-

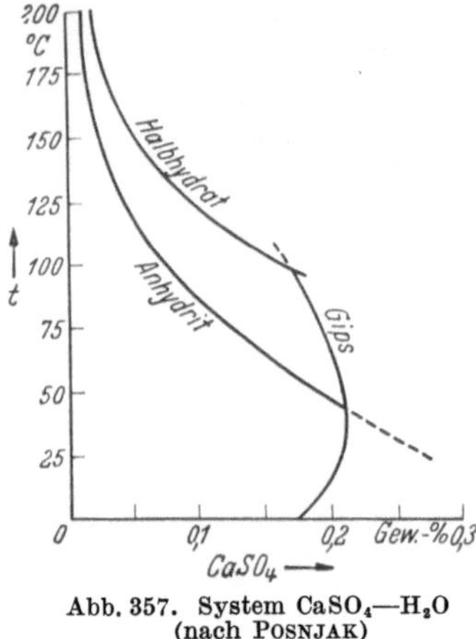

Abb. 357. System $CaSO_4$—H_2O
(nach POSNJAK)

Tabelle 61. *Einige Minerale der Salzlagerstätten*

Name	Formel	Symbol
Chloride:		
Steinsalz	$NaCl$	n
Sylvin	KCl	sy
Bischofit . . .	$MgCl_2 \cdot 6\ H_2O$	bi
Carnallit	$KMgCl_3 \cdot 6\ H_2O$	c
Sulfate:		
Anhydrit . . .	$CaSO_4$	
Gips	$CaSO_4 \cdot 2\ H_2O$	
Kieserit	$MgSO_4 \cdot H_2O$	ks
Leonhardtit . .	$MgSO_4 \cdot 4\ H_2O$	lh
Pentahydrit . .	$MgSO_4 \cdot 5\ H_2O$	5 h
Hexahydrit. . .	$MgSO_4 \cdot 6\ H_2O$	hx
Epsomit	$MgSO_4 \cdot 7\ H_2O$	e
Polyhalit . . .	$Ca_2K_2Mg(SO_4)_4 \cdot 2\ H_2O$	
Blödit	$Na_2Mg(SO_4)_2 \cdot 4\ H_2O$	bl
Löweit	$3[Na_{12}Mg_7(SO_4)_{13}] \cdot 15\ H_2O$	lö
Vanthoffit . . .	$Na_6Mg(SO_4)_4$	vh
Leonit	$K_2Mg(SO_4)_2 \cdot 4\ H_2O$	le
Langbeinit . . .	$K_2Mg_2(SO_4)_3$	lg
Chlorit und Sulfat:		
Kainit	$K_4Mg_4Cl_4(SO_4)_4 \cdot 11\ H_2O$	k

prozente $CaSO_4$ im Wasser, als Ordinate ist die Temperatur aufgetragen. Bei niederen Temperaturen haben wir *Gips* $CaSO_4 \cdot 2\ H_2O$ als Bodenkörper. Bei 42° schneidet die Löslichkeitskurve für Anhydrit die Gipskurve. Oberhalb dieser Temperatur ist also *Anhydrit* der stabile Bodenkörper. Aus der wäßrigen Lösung scheidet sich aber auch oberhalb 42° kein Anhydrit aus, als metastabile Bildung kommt vielmehr Gips noch bis 97° C vor, er geht dann in das *Halbhydrat* $CaSO_4 \cdot \frac{1}{2}\ H_2O$, als natürliches Vorkommen Bassanit genannt, über, den Stuckgips, den man auch durch vorsichtiges Erwärmen („Brennen") des Gipses auf 120—130° C erhält, und der sehr leicht das Kristallwasser wieder aufnimmt, zu Gips abbindet. Auch aus dem Meerwasser bildet sich beim Eindampfen z.B. in Salzgärten stets Gips.

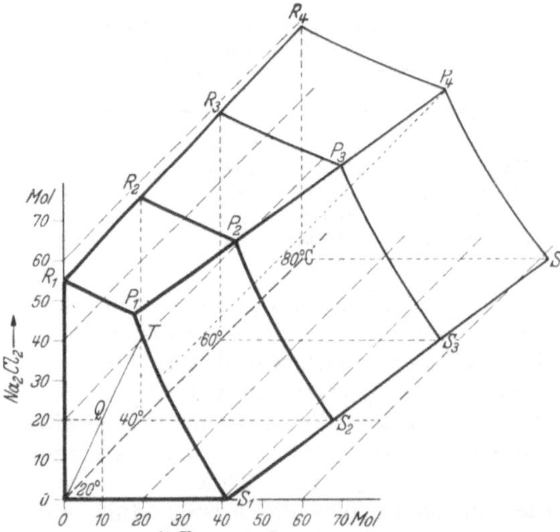

Abb. 358. Sättigungsdiagramm NaCl-KCl in Wasser von 20 bis 80° C, Mole Salz in 1000 Molen Wasser (nach D'ANS aus BARTH-CORRENS-ESKOLA)

In den deutschen Salzlagerstätten findet man jedoch über den Carbonaten mächtige *Anhydritlager*. Wahrscheinlich sind sie erst nach der Ablagerung unter dem Einfluß höherer Temperatur, höheren Druckes und zirkulierender Salzlösungen aus Gips entstanden. Für diese

Annahme scheint auch ihr Gefüge und das Vorkommen von Pseudomorphosen von Anhydrit nach Gips zu sprechen. In Aufschlüssen über Tage ist der Anhydrit unter dem Einfluß der Oberflächenwasser ganz oder teilweise in Gips umgewandelt.

Zwei Salze in wäßriger Lösung. Wenn wir nun zwei Salze in wäßriger Lösung betrachten, so können wir drei Fälle unterscheiden. Wenn die beiden Salze *ein Ion gemeinsam* haben, so wird die Löslichkeit gegenseitig vermindert, falls keine Verbindungen auftreten. Abb. 358 gibt die Abhängigkeit der gegenseitigen Löslichkeitsverhältnisse von KCl und NaCl von der Temperatur in einem Raumdiagramm wieder. Von links nach rechts sind Mol K_2Cl_2 in 1000 Molen H_2O aufgetragen, von unten nach oben die Mole Na_2Cl_2 und von vorn nach hinten die

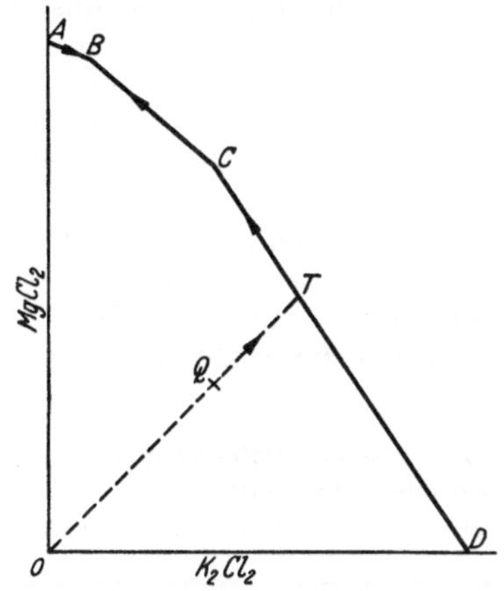

Abb. 359. Sättigung MgCl₂—KCl, schematisch (aus BARTH-CORRENS-ESKOLA)

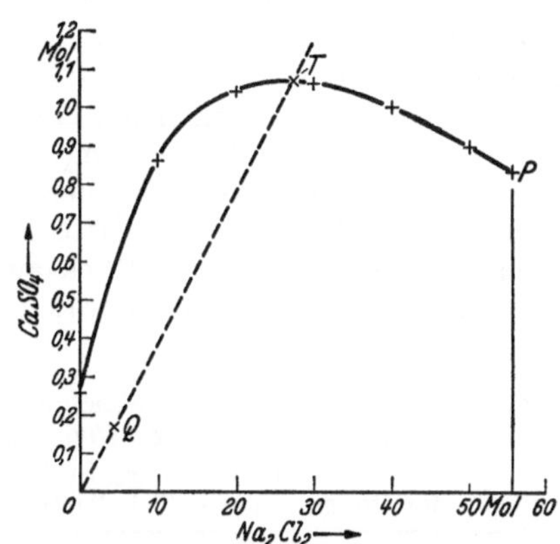

Abb. 360. Sättigungsdiagramm NaCl—CaSO₄ für 25° C, Mole Salz in 1000 Molen H₂O (nach D'ANS aus BARTH-CORRENS-ESKOLA)

Temperatur von 20—80° C. Die Grundfläche gibt also in der Kurve S_1—S_4 die Löslichkeit von KCl in Wasser, die linke Seitenfläche in der Kurve R_1—R_4 die von NaCl wieder. Wie man sieht, ändert sich die Löslichkeit des NaCl mit der Temperatur nur wenig, die des KCl viel stärker. Die Fläche S_1P_1—S_4P_4 gibt an, wieviel KCl und NaCl mit KCl als Bodenkörper in Lösung sein kann, die Fläche R_1P_1—R_4P_4 dasselbe für NaCl als Bodenkörper. Sowohl mit NaCl wie mit KCl als Bodenkörper ist nur eine Lösung im Gleichgewicht, die der Schnittlinie der beiden Flächen, der Linie P_1—P_4 entspricht. Verdunstet eine Lösung von der Zusammensetzung Q (10 Mole K_2Cl_2, 20 Mole Na_2Cl_2 in 1000 Molen H_2O) bei 20° C, so wird sie beim Punkt T die Kurve P_1S_1 schneiden. Bei weiterem Wasserentzug durch Verdunsten scheidet sich KCl als Bodenkörper aus, die Lösung wird an KCl ärmer, bis die Konzentration P_1 erreicht ist, dann fällt sowohl KCl wie NaCl aus. Eine bei P_4 an KCl und NaCl gesättigte Lösung scheidet beim Abkühlen entlang der punktierten Linie also KCl allein aus. So werden technisch die beiden Salze voneinander getrennt.

Der zweite Fall ist, daß die beiden gleichionigen Salze eine *Verbindung* bilden, wie z.B. MgCl₂ und KCl den Carnallit, $MgCl_2 \cdot KCl \cdot 6\,H_2O$ (nach einem Berghauptmann v. CARNALL genannt). Abb. 359 gibt einen schematischen Schnitt für 25° C durch ein der Abb. 358 analoges Raumdiagramm des Systems MgCl₂—KCl. Wieder betrachten wir eine untersättigte Lösung beim Punkte Q und lassen sie eindampfen. Vom Punkte T an scheidet sich KCl als Bodenkörper aus, bis zum Punkte C, an dem das Doppelsalz ausfällt. Jetzt sind KCl und Carnallit im Gleichgewicht. In der Lösung ist aber noch zu viel MgCl₂, dieses reagiert mit dem KCl des Bodenkörpers zu Carnallit, bis die Lösung die Zusammensetzung des Punktes B hat. Jetzt sind $MgCl_2 \cdot 6\,H_2O$ (Bischofit) und Carnallit als Bodenkörper im Gleichgewicht und scheiden sich beide aus.

Der dritte Fall ist der, daß die beiden Salze *keine Ionen gemeinsam* haben. Dann wird die Löslichkeit gegenseitig erhöht. So wird die Löslichkeit des $CaSO_4$ in Wasser durch NaCl-Zusatz sehr erhöht (Abb. 360), die des NaCl durch $CaSO_4$ nur sehr wenig. Beim Eindunsten einer Lösung, die beiden Salzen entsprechend Punkt Q enthält, scheidet sich zunächst Gips aus, bis Punkt P erreicht ist, erst dann beginnt die NaCl-Ausscheidung. Diese Löslichkeitserhöhung kann man zur Auflösung von Gips- und Anhydritgesteinen benutzen.

Die Ausscheidungsfolge der Meerwasserlösung. Wenn Meerwasser verdunstet, scheiden sich zunächst Kalk und vielleicht auch Dolomit als die schwerstlöslichen Komponenten aus. Erst wenn 70% des Meerwassers verdunstet ist, beginnt die Ausscheidung von Gips, bei 89,1% die von Steinsalz, und Carnallit scheidet sich erst aus, wenn 99,2% verdunstet sind. Wir können im folgenden die vielen Möglichkeiten der Salzausscheidung aus dem Meerwasser nicht im einzelnen weiter erörtern. Es ist das große Verdienst des Physiko-Chemikers VAN'THOFF, die Löslichkeitsverhältnisse für diese Salze weitgehend geklärt zu haben. Wir wollen im folgenden nur einen Blick auf die Bildung der Kalisalze werfen und nehmen an, daß sich Kalk, Gips, Steinsalz und auch der Polyhalit bereits aus-

Tabelle 62. *Theoretische Primärausscheidung aus normalem Meerwasser bei statischer Eindunstung ohne Reaktion in den Umwandlungspunkten* (aus BRAITSCH)

Mächtigkeiten bezogen auf 100 m Steinsalzschicht A. Zusammensetzung in Gew.-%. Abkürzungen der Bodenkörper s. Tabelle 61.

Schicht	Stabile Gleichgewichte			Metastabile Gleichgewichte	
	15° C	25° C	35° C	15° C	25° C
B_1	20 m 33 n 67 e	6,3 m 72 n 28 bl	8,7 m 74 n 26 bl	20 m 33 n 67 e	6,3 m 72 n 28 bl
B_2		4,5 m 20 n 80 e			5,8 m 24 n 76 e
C_1	3,4 m 32 n 52 e 16 sy	6,3 m 29 n 30 e 41 k	8,5 m 11 n 89 k	8,2 m 30 n 53 e 17 sy	4,5 m 33 n 47 e 20 le
C_2	5 m 33 n 67 k	5,7 m 21 n 3 hx 76 k	3,2 m 14 n 1 k 85 ks		3,0 m 22 n 58 e 20 sy
C_3		1,7 m 11 n 4 ks 85 k			
D_1	2,9 m 21 n 79 c	3,6 m 12 n 40 ks 48 c	4,5 m 12 n 29 ks 59 c	10,3 m 17 n 23 e 60 c	0,65 m 7 n 38 e 55 c
D_2	3,3 m 10 n 29 e 61 c			0,5 m 18 n 39 hx 43 c	14,5 m 7 n 35 hx 58 c
D_3	3,1 m 18 n 30 ks 52 c			0,8 m 17 n 37 5H 46 c	1,95 m 9 n 53 5h 38 c
D_4				0,4 m 24 n 32 lh 44 c	1,3 m 9 n 62 lh 29 c
E	33,5 m 0,5 n 1 ks 2,5 c 96 bi	38 m 0,5 n 1 ks 0,5 c 98 bi	39 m 0,5 n 0,25 ks 0,25 c 99 bi	34,2 m 0,5 n 4,5 lh 3 c 92 bi	34 m 0,5 n 5 lh 0,5 c 94 bi

geschieden haben. Das ist nicht in streng voneinander getrennten Schichten
erfolgt, vielmehr können z.B. Lagen mit vorwiegend Anhydrit mit an Steinsalz
reichen Lagen abwechseln.

Die vorstehende Tabelle 62 von O. BRAITSCH bringt die theoretische Ausscheidungsfolge unter verschiedenen Bedingungen, bezogen auf 100 m Steinsalz, das
in der nicht aufgeführten vorangehenden Ausscheidungsfolge A gebildet wurde.
Die Buchstaben bezeichnen die in Tabelle 61 aufgeführten Salze. Auf A folgt
die Serie B in der neben Steinsalz (n) noch Epsomit (e) und Blödit (bl) ausgeschieden werden. In der Serie C treffen wir je nach den Bedingungen neben
Steinsalz und Epsomit auch Sylvin (sy), Kainit (k) und Leonit (le), usw. Bei der
Berechnung dieser Tabelle ist in den linken drei Spalten angenommen, daß
stabile Gleichgewichte bei 15, 25 oder 35° C erreicht wurden, die beiden rechten
Spalten enthalten die Ausscheidungen in dem Fall der metastabilen Gleich-

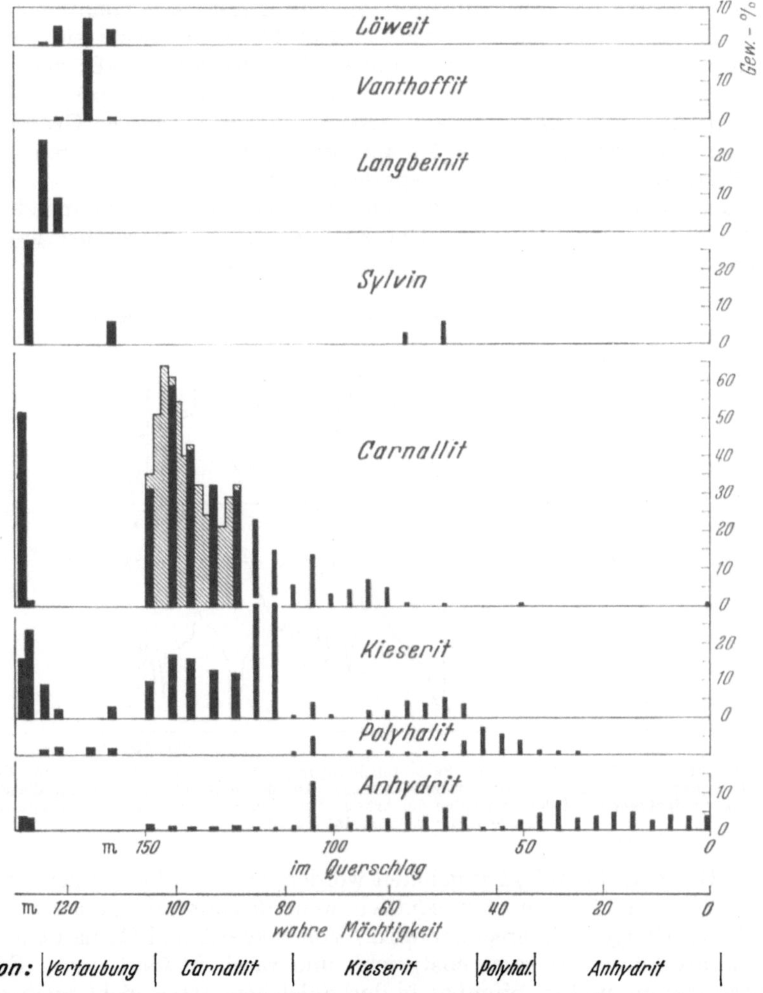

Abb. 361. Zusammensetzung der Salze des Zechstein 2, Berlepsch-Schacht von Neustaßfurt, nach RIEDEL (1912).
Schraffierte Carnallit-Gehalte nach BOEKE (1908). NaCl = Rest bis 100%, nicht dargestellt (ferner Ton- usw.
Verunreinigungen). Bei 150 m des Querschlages befindet sich eine Überschiebung. Die Gesteine rechts davon
sind primär, die Gesteine links davon durch Lösungsmetamorphose umgewandelt (aus BRAITSCH)

gewichte für 15 und 25° C. Wir haben in dieser Tabelle also zwei Variationen, Temperatur und Ausscheidung stabil-metastabil.

Wie sieht nun eine in der Natur vorkommende Salzfolge aus? In Abb. 361 ist eine solche dargestellt. Das Profil beginnt rechts bei 0 m. Ein Vergleich mit Tabelle 62 zeigt, daß die Übereinstimmung zwischen Berechnung und Beobachtung recht schlecht ist, selbst wenn wir ganz absehen von der Salzfolge links von m 150 des Querschlags, wo eine Verwerfung auftritt. Man hat die Salzfolge auch für höhere Temperaturen bis 83° C berechnet und etwas bessere Übereinstimmung erzielt, aber so hohe Temperaturen dürfen wir nicht annehmen, die höchsten marinen Wassertemperaturen kennen wir aus dem Persischen Golf mit 36° C. Aus dem Kieserit-Carnallit-Verhältnis kann man auf Temperaturen um 40° C schließen.

Erklärung der Abweichungen. Wenn die Temperaturen zur Erklärung nicht ausreichen, woher kommen dann die Abweichungen zwischen Laboratoriumsergebnis und Natur? Die Zusammensetzung des Meerwassers könnte eine andere gewesen sein. Es scheint sicher zu sein, daß in Teilen des Zechsteinmeeres eine Verarmung an $MgSO_4$ eingetreten ist. Für solches Meerwasser läßt sich ebenfalls die Salzfolge berechnen. Sie gibt in den erwähnten Teilgebieten bessere Übereinstimmung als die aus normalem Meerwasser. Ein sehr wichtiger Grund für die beobachteten Abweichungen ist die Metamorphose. Die Salze reagieren schon bei mäßigen Temperaturerhöhungen wie später S. 270 gezeigt wird.

Aber auch wenn man mit Hilfe der Metamorphose alle vorkommenden Salze erklärt und damit eine qualitative Übereinstimmung herbeigeführt hat, bleibt immer noch eine sehr große *Unstimmigkeit in der Quantität.*

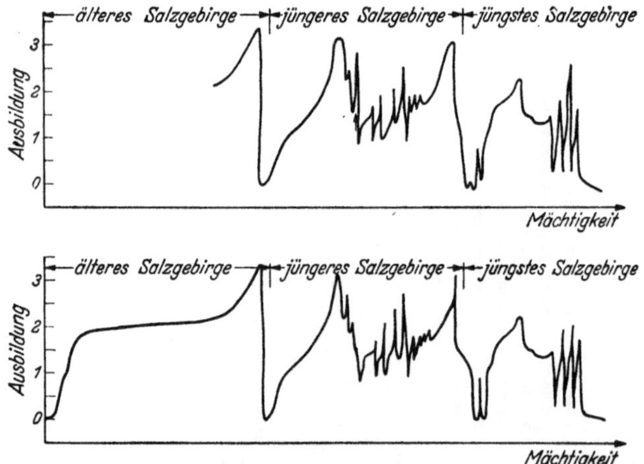

Abb. 362. Schematisches Bild des Ganges der Salzabscheidung in „Hansa-Silberberg" (oben) und „Bergmannssegen" (unten) (nach LOTZE aus BARTH-CORRENS-ESKOLA). Auf der horizontalen Achse ist die Reihenfolge der Ausscheidung aufgetragen, auf der vertikalen die Art der Ausbildung: *0* bedeutet nichtsalzige Sedimente; *1* Anhydrit; *2* Steinsalz; *3* Kalisalz

Es ist z. B. viel mehr Anhydrit gebildet worden, als dem Meerwasser entspricht, und dieser Wert erhöht sich noch wesentlich, wenn das unter dem älteren Steinsalz liegende Anhydritlager mitgerechnet wird. Von Kieserit und Carnallit jedoch ist weniger da, als dem Meerwasser enstpricht, und Bischofit fehlt ganz. Er ist die letzte Ausscheidung und ist offenbar in den Salzlagerstätten nicht mehr gebildet worden. Die große Mächtigkeit des Anhydrits deutet darauf hin, daß beim Beginn des Eindampfens immer wieder frisches Meerwasser zugeflossen ist, und auch später müssen wir mit solchen Verdünnungen rechnen. Sie bewirkten, daß die Salze, die sich aus den konzentrierten Lösungen ausscheiden, weniger mächtig sind.

Für diese Annahme spricht, daß die Salzfolge sich wiederholt, an manchen Stellen verdreifacht. Das kann nur durch Zufluß von neuem Meerwasser geschehen sein. Sehr schön ist der Rhythmus der Salzabscheidung an den beiden Profilen zu sehen, die in Abb. 362 dargestellt sind.

7. Seltenere Elemente in den biogenen und chemischen Sedimenten

Wir haben bisher nur einige besonders häufige Elemente bei der Sedimentation verfolgt, wir wollen nun noch einen Blick auf die selteneren werfen. Ihre Mengen im Meerwasser sind in der Tabelle **63** eingetragen.

Tabelle 63. *Gehalt des Meerwassers an Nebenbestandteilen in Milligramm/Tonne*

Sr	8000	Mn	3—5	La	0,3
B	4800	Zr	4	Ag	0,3
Si	3000	U	3	Ne	0,3
F	1300	As	3	Sn	0,18
N	300	V	2	Cd	0,11
Li	180	Cu	1—2	W	0,1
Rb	120	Al	1	Se	0,1
P	70	Ti	1	Ge	< 0,1
J	30	Th	0,7	Cr	0,05
Mo	13	Cs	0,6	He	0,05
Ba	13	Co	0,5—0,04	Sc	0,04
Zn	10	Sb	0,5	Hg	0,03
Fe	6—7	Ce	0,4	Tl	< 0,01
Ni	5	Y	0,3	Au	0,009

Ähnlich wie bei den Eruptivgesteinen finden wir hier auch relativ hohe Werte bei für sehr selten gehaltenen Elementen und sehr niedrige bei solchen, die für häufig gelten. Es kann hier nur auf einige wenige Elemente hingewiesen werden. Das *Brom* ist im Meerwasser so stark angereichert (Tabelle 60), daß es in USA aus dem Meerwasser gewonnen wird. Bei der Bildung der Salzlagerstätten wird es in den Chloriden isomorph eingebaut. Sein Verhalten bei der Kristallisation von Salzlösungen wurde bereits 1908 von BOEKE untersucht und wurde in den letzten 25 Jahren zu einem viel benutzten Indikator für genetische und stratigraphische Zwecke. In den übrigen Sedimenten hängt der Bromgehalt von der Herkunft und dem Schicksal der organischen Substanz ab. Algen enthalten bis 0,12%, die Korallengattung Gorgonidae bis 0,26% Br in der Trockensubstanz.

Auch das *Jod* ist in Organismen angereichert. Laminaria-Algen können bis zu 1,7% J in der Trockensubstanz enthalten. Aus solchen Algen wurde es auch früher gewonnen. In den Salzen ist es im Anhydrit, Polyhalit, im Liniensalz, wie die Wechsellagerung von Anhydrit mit Steinsalz genannt wird, und im Salzton vorhanden (bis 20 mg/t). Der Umlauf des Jods in der Erdoberfläche ist wegen seines medizinischen Interesses besonders gut erforscht. Es ist in den obersten Bodenschichten angereichert (600—8000 g/t). Regenwasser enthält 0,2—5 mg/t, Flußwasser etwa ebensoviel. Durch das Regenwasser ist das Jod auch in die Salpeterlagerstätten an der chilenischen Küste gelangt, wo es zu Jodat oxydiert und damit dem atmosphärischen Kreislauf entzogen wurde.

Fluor ist in Sedimenten entweder in den Glimmern oder in Phosphaten gebunden.

Auch das *Bor*, das wie das Brom im Meerwasser angereichert ist (Tabelle 60), steckt bei den Tonen in den Glimmern, das Borsilikat Turmalin spielt nur eine sehr untergeordnete Rolle. In den Salzlagerstätten treten mehrere Bormulerale auf, von denen der Borazit (Mg, Fe, Mn)$_3$ClB$_7$O$_{13}$ das häufigste ist.

Von den selteneren Kationen ist *Strontium* im Meerwasser bei weitem das häufigste. Trotzdem findet man es in marinen Ablagerungen selten in selbständigen Mineralen. Das kommt daher, daß es in Calciumverbindungen eingebaut, „getarnt" wird. Im Aragonit wurde bis 4,7%, im Kalkspat bis 0,14, im Anhydrit bis 0,69 und in primärem Gips bis 0,33% SrO festgestellt. Bei der Umkristallisation von Carbonaten und Sulfaten kann Sr frei werden und mit SO$_4$ Ionen auch in Kalken Coelestin bilden.

Rubidium wird in den Salzlagerstätten im Carnallit und in geringer Masse in Sylvin eingebaut.

Von den übrigen Elementen besitzt der *Stickstoff* besonderes Interesse. Mit 78,08 Vol.-% ist er der Hauptbestandteil der Luft, wohl ein Entgasungsprodukt eines sehr frühen Stadiums der Erde. Durch die Tätigkeit von Bakterien und in geringerem Maße auch durch elektrische Entladungen in der Luft wird er als Nitrat und Nitrit gebunden. Die Organismen brauchen den Stickstoff hauptsächlich zum Aufbau des Eiweiß. Nach dem Tode zerfällt dieses. Im Meer gilt für diesen Zerfall etwa folgendes Schema: Eiweiß (Protein) → Aminosäuren → Harnstoff → Ammoniak → Nitrit → Nitrat. Der Gehalt im Oberflächenwasser schwankt sehr stark, je nach den biologischen Bedingungen. In den Salzlagerstätten wurde nur Ammonium, das im Carnallit bis 16,9 g/t ausmachen kann, nachgewiesen, offenbar reichte in der konzentrierten Salzlauge der Sauerstoff zur Oxydation nicht aus.

Auf dem Festland kommt Nitrat an vielen Orten in kleinen Mengen als *Salpeter*, NaNO$_3$, vor, das aus dem Zerfall organischer Substanz unter Bakterienwirkung entstanden ist. Bedeutende Ausdehnungen haben die chilenischen Lagerstätten, für deren Entstehung man an vulkanische Exhalationen, an vom Winde verwehte Meerwassertröpfchen, an Zerfall stickstoffhaltiger organischer Substanz und sogar an elektrische Entladungen in der Luft gedacht hat, ohne daß eine Klärung bisher zustande gekommen ist.

8. Das Gefüge der biogenen und chemischen Sedimente

Diese chemischen und chemisch-biogenen Absatzgesteine sind meistens ebenso wie die klastischen geschichtet. Auch diese *Schichtung* beruht auf einem Wechsel der Sedimentationsbedingungen. Bei rein chemischer Sedimentation treten z.B. in den Salzlagerstätten „Jahresringe", dünne Anhydritbänkchen im Steinsalz auf, die wahrscheinlich durch periodische Zufuhr von CaSO$_4$, z.B. durch Einströmen von Meerwasser, entstanden sind. Ähnlich könnten anorganogen gebildete Kalkbänkchen in Tonschichten gebildet werden. Bei biologischen Sedimenten kann der Wechsel auf Änderungen in den Lebensbedingungen der Organismen, z.B. durch Klimaänderung, beruhen. So können klastische und kalkige oder kieselige Ablagerungen einander ablösen. Organogene *Anlagerungsgefüge* können durch Umkrustungen durch kalkbildende Organismen, besonders Algen, entstehen. Auf die Ooidbildung wurde bereits bei den Kalken und den Eisenerzen hingewiesen. Makroskopisch den „echten" Ooiden sehr ähnlich und grundsätzlich von gleicher Entstehungsart sind die „Pseudo-Ooide", bei denen noch erkennbare kleine Gesteinsbrocken von meist dünnen Krusten umkleidet sind. Außer Kalkspat sind auch Aragonit, Dolomit, Siderit, Baryt, Phosphorit, Opal und Chalcedon in Form von Ooiden beschrieben worden. Ooidähnliche Gebilde können sicher auch nach der Sedimentation im Schlamm als Konkretionen gebildet werden. Wir kommen damit zu den schon mehrfach erwähnten Umbildungen der Gesteine, zu der Metamorphose (griech. meta = um, morphe = Gestalt).

IX. Die metamorphe Gesteinsbildung
1. Die Arten der Metamorphose

Als Metamorphose fassen wir alle die Veränderungen zusammen, die die Gesteine unter wenigstens teilweiser Erhaltung des festen Zustandes durch Einwirkungen erleiden, die nicht an der Erdoberfläche stattfinden. Wir schließen also die Verwitterungsvorgänge einerseits und die völlige Wiederaufschmelzung andererseits aus. Solche Umwandlungen können allein schon durch Änderung von Druck und Temperatur erfolgen. Dazu genügt bereits der Belastungsdruck durch die Überlagerung mit später gebildeten Gesteinen. Dabei nimmt unter normalen Verhältnissen die Temperatur für je 100 m um 3° zu (geothermische Tiefenstufe), der allseitige, „lithostatische" Druck in den oberen Schichten um etwa 27 kg/cm². Umwandlungsvorgänge unter solchen Bedingungen heißen *Belastungsmetamorphose* oder *Versenkungsmetamorphose*.

Die geothermische Tiefenstufe ist örtlich verschieden und nimmt außerdem mit zunehmender Tiefe im allgemeinen ab, und zwar unter Kontinenten stärker als unter Ozeanen. Dafür gibt es theoretisch verschiedene Möglichkeiten. Abb. 363 zeigt eine dieser Temperaturverteilungen nach MacDonald (1964), bei deren Berechnung ein Urangehalt des Erdmantels von 3,3 · 10⁻⁶% angenommen wurde. Der Druck unter den Kontinenten ist nach Bullen links eingetragen.

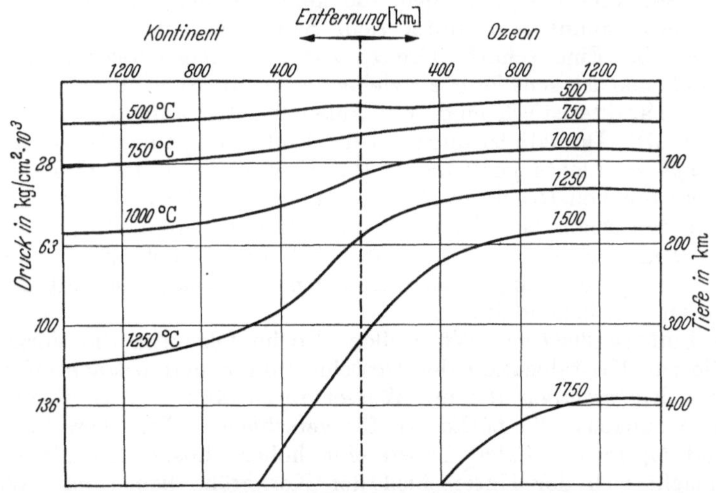

Abb. 363. Temperatur- und Druckverteilung in der Erde bis 500 km Tiefe (nach MacDonald, 1964)

In der Nähe von Magmen steigt die Temperatur wesentlich schneller an. Ist die Wirkung der Temperaturerhöhung lokal, so spricht man von *Kontaktmetamorphose*. Hier haben wir also steile Temperaturgradienten und meist geringe Belastungsdrucke. Über weite Areale sich erstreckende Umwandlung heißt *Regionalmetamorphose*. Für sie sind flachere Temperaturgradienten und höhere Belastungsdrucke charakteristisch. Die Versenkung in größere Tiefen ist häufig mit gebirgsbildenden Vorgängen verknüpft. Bei der Gebirgsbildung werden die Gesteine in ihrem Gefüge durchbewegt und plastisch verformt. Deshalb findet man bei der Regionalmetamorphose meist verformte Gesteine, die man früher als *kristalline Schiefer* bezeichnete.

Für die Erörterung der Vorgänge, die die Metamorphose bewirken, wollen wir unterscheiden zwischen Umwandlungen, die mit Bewegungen der festen

Teile verknüpft sind, und denen, die ohne solche erfolgen. Wir beginnen
mit den Umwandlungsvorgängen ohne Bewegung der Gesteine, den statischen,
bei denen nur *Umkristallisation* stattfindet. Bleiben dabei die ursprünglichen
Minerale (Phasen) erhalten, so sprechen wir von *isophaser* Umkristallisation,
reagieren sie miteinander unter Bildung neuer Phasen, so ist das eine *allophase*
Umkristallisation. Bei beiden Arten bleibt der chemische Bestand der gleiche,
sie sind *isochemisch*. Bei Stoffzufuhr wird die Umwandlung *allochemisch* genannt.
In dieser Reihenfolge werden wir die Umkristallisation behandeln und dann die
mechanische Verformung und schließlich das Zusammenspiel von beiden besprechen.

2. Chemische Vorgänge bei der Metamorphose

a) Isochemische Metamorphose

α) Die Grundlagen

Die Diagenese. Die Umwandlung der Gesteine beginnt bei den Sedimenten
unmittelbar nach der Ablagerung. Die Verfestigung eines lockeren Kalkschlamms
zu einem festen Kalkstein ist bereits ein Vorgang, der sich von denen der eigentlichen Metamorphose nicht grundsätzlich unterscheidet. Ein solcher Kalkstein
gilt aber im Sprachgebrauch nicht als metamorph, sondern als Sedimentgestein.
Die Vorgänge, die die Sedimente verfestigen und z.B. zur Bildung von Konkretionen führen, kurz alle Vorgänge, die keine „hohen“ Temperaturen oder
Drucke erfordern, trennt man unter dem Sammelbegriff *Diagenese* von der
Metamorphose ab. Eine scharfe Grenze zwischen diagenetischen und meta-
morphen Vorgängen ist schwierig zu ziehen, weil Minerale, die für eine solche
Grenzziehung charakteristisch sind, nur äußerst selten aufzufinden sind (siehe
Zeolithfacies S.278). Deshalb ist auch mit der Einführung eines Zwischenbegriffs,
Anchimetamorphose, nichts gewonnen. Die Umwandlung der Gesteine hängt
außerdem nicht nur von Druck und Temperatur ab, sondern auch vom Material.
Salze z.B. werden schon bei viel niedrigeren Temperaturen weitgehend umgewandelt. Da es uns hier darauf ankommt, das Grundsätzliche herauszuarbeiten,
wollen wir, um Wiederholungen zu vermeiden, die Diagenese mit der Metamorphose zusammen behandeln.

Isophase Umkristallisation. Wir wollen also im folgenden die Vorgänge be-
sprechen, die zur Kristallisation der Gesteine führen und betrachten zunächst
einen lockeren *Kalkschlamm*, der mit Wasser durchtränkt ist. In einem solchen
Gemenge wird zunächst die *Löslichkeit* für verschiedene Teile verschieden sein.
Aragonit und Mg-reicher Calcit haben eine höhere Löslichkeit als Kalkspat,
außerdem macht sich der Unterschied der Korngröße bemerkbar. Wenn die
Porenlösung für sehr kleine Teilchen gesättigt ist, ist sie für grobe übersättigt.
Die groben wachsen auf Kosten der kleinen.

Wenn die kleinen Teilchen verbraucht sind, kann eine weitere Ausscheidung
von Kalk und damit eine weitere Verkittung der Zwischenräume erfolgen, wenn
Konzentrationsänderungen in der Porenlösung eintreten. Wir haben S. 243 gesehen,
daß Temperaturerhöhung und Druckentlastung zur Ausscheidung von Kalk, Temperaturerniedrigung und Druckerhöhung zu seiner Auflösung führen. Solche Veränderungen können durch geologische Ereignisse, z.B. Herausheben aus dem Wasser
oder Versenken in größere Tiefe, Aufreißen von Spalten u.a., herbeigeführt werden.
Bei der Auflösung werden außerdem kleine Kalkteilchen rein geometrisch rascher
verschwinden als große. Dieser Vorgang sowie die höhere Löslichkeit sehr kleiner
Teilchen führen also zu einer Kornvergröberung. Das wird durch die Beobachtung
bestätigt, daß auch in stark umkristallisierten Kalken die groben Schalen von
Fossilien noch erhalten sind, während die kleinen aufgelöst sind.

Durch diese Vorgänge sackt das lockere Sediment zusammen, die in Lösung befindliche Menge Kalk reicht aber wohl meist nicht aus, um einen Kalkschlamm mit z. B. 50% Porenvolumen in einen dichten Kalkstein zu verwandeln. Dies bewirkt ein dritter Einfluß auf die Umkristallisation, der *einseitige Druck*. Ein poröses Gestein wird durch die Überschichtung mit später gebildeten Sedimenten zusammengedrückt. Dabei wird es zahlreiche Kristalle oder Kristallaggregate bilden, die dem Gefüge seinen Halt geben und nun unter einseitigem Druck stehen. Andere Kristalle werden allseitig vom Porenwasser umgeben sein und deshalb nur dem hydrostatischen Druck ausgesetzt sein. Ein Kristall, der unter einseitigem Überdruck, der auch häufig mit dem englischen Ausdruck „*Stress*" bezeichnet wird, steht, ist löslicher als einer ohne diesen. Kristalle, die nicht unter Überdruck stehen, müssen also auf Kosten der gedrückten wachsen. Das gilt auch für größere Hohlräume, in denen Minerale ausgeschieden werden können, die im Nebengestein gelöst wurden. Dieses Prinzip ist an den Namen des Göttinger Physikers RIECKE geknüpft. Es gilt dieselbe Formel wie beim Wachstum unter einseitigem Druck (s. S. 223).

Durch die Umkristallisation des Kalkes, also durch eine isophase Metamorphose, wird aus dem Lockerprodukt schon bei niederen Temperaturen und Drucken allmählich ein festes Gestein. Bei weiteren Temperaturerhöhungen, etwa in der Nachbarschaft eines magmatischen Gesteins, geht die Kornvergrößerung weiter, es entsteht als Kontaktprodukt der *Marmor*, der seinen groben Kalkspäten den durchscheinenden „warmen" Ton verdankt.

Ähnlich wie reiner Kalk verhalten sich Kalksandsteine. In reinen Quarzsandsteinen wird Quarz ausgeschieden, der um die Sandkörner orientiert weiterwächst, es entstehen *Quarzite*. Bei den sog. Tertiärquarziten ist die verkittende Kieselsäure von außen zugeführt. Wenn die Kieselsäure wie in diesem Falle nur als Zwischenmasse ausgeschieden wird, spricht man von *Einkieselung*. In anderen Fällen kann das SiO_2 von der Drucklösung stammen. Das tonige Zwischenmittel anderer Sandsteine ist meist keine diagenetische Neubildung, sondern nur feinkörniges, mechanisch bei der Sedimentation eingeschwemmtes Material. Unter dem Druck der darüberliegenden Gesteine können solche Sande auch eine gewisse Festigkeit erlangen wie die Pillen, die der Apotheker zusammenpreßt.

In den organischen *Kieselsedimenten* kommen zu den Lösungs- und Wiederablagerungserscheinungen noch kolloidchemische Vorgänge hinzu. Die Kieselsäure kann nicht nur in echte Lösung gehen, die wasserarmen Gele, aus denen die organischen Kieselskelette bestehen, können auch peptisiert, d. h. in den Solzustand übergeführt werden. Das ist besonders in schwach alkalischer Lösung der Fall, wie sie bei der Zersetzung organischer Substanz ohne Sauerstoff durch NH_3-Bildung entstehen kann.

Allophase Umkristallisation. Wir haben bisher nur Ausscheidungs- und Auflösungsvorgänge betrachtet. Temperatur- und Druckerhöhung können aber auch die sedimentär ausgeschiedenen Minerale veranlassen, miteinander zu reagieren. Solche allophase Metamorphose finden wir schon bei recht geringen Temperaturerhöhungen in den Salzlagerstätten.

Als ein Modell, das als Vorlesungsversuch geeignet ist, benutzen wir die Umsetzung

$$NaClO_3 + KCl \rightarrow NaCl + KClO_3,$$

die in wäßriger Lösung bei Zimmertemperatur (20°C) immer nach rechts verläuft. Es ist klar, daß sie immer nach der Seite verläuft, auf der die geringere Löslichkeit vorhanden ist. Das Produkt der Löslichkeitsprodukte der linken Seite ist also größer als das der rechten. Man kann diese Reaktion bequem auf einem Objektträger verfolgen, auf dem man zu einigen Kriställchen von KCl und $NaClO_3$ etwas Wasser zugibt. Die neu entstehenden rhomboederähnlichen monoklinen Kristalle von $KClO_3$ sind sofort an der Doppelbrechung zu erkennen.

Die Löslichkeitsverhältnisse und damit die Richtung der Reaktion sind von der Temperatur abhängig. So kann z.B. eine solche Umsetzung unterhalb einer gewissen Temperatur nach links, oberhalb nach rechts verlaufen. So verläuft die Reaktion:

$$2 \text{ Kainit} \quad + \quad \text{Carnallit} \xrightarrow{>76°} 2 \text{ Kieserit} \quad + 3 \text{ Sylvin} + \text{Lösung}$$
$$2(KCl \cdot MgSO_4) \cdot 2{,}75\ H_2O + KCl \cdot MgCl_2 \cdot 6\ H_2O \rightarrow 2(MgSO_4 \cdot H_2O) + 3\ KCl + MgCl_2 + 9{,}5\ H_2O$$

oberhalb 76° nach rechts, unterhalb nach links. Um ein Gemisch von Kainit und Carnallit durch Überdeckung mit Sediment in die hinreichende Tiefe zu bringen, würde bei normaler geothermer Tiefenstufe und einer mittleren Jahrestemperatur von 10°C eine Versenkung in etwa 2200 m Tiefe genügen. Dabei ist der Einfluß der Druckerhöhung unberücksichtigt geblieben. Wird nach der Umwandlung die Lösung abgepreßt, so bleibt die Mineralgesellschaft der höheren Temperatur bestehen, auch wenn später bei einer Heraushebung des Gesteins die Temperatur wieder sinkt. Bleiben die Salze in Berührung mit der Lösung, so wird natürlich bei Abkühlung die Reaktion wieder nach links verlaufen. Solche Reaktionen demonstrieren auch, daß die aus alter Zeit übernommene Vorstellung, im Experiment könne man die lange Zeit, die der Natur für Umsetzungen zur Verfügung steht, durch Temperaturerhöhung ersetzen, falsch ist.

Das Wollastonitdiagramm. Auch Silikate können bereits bei niederen Temperaturen entstehen, z.B. kleine Kristalle von Albit und Kalifeldspat in Kalken und Mergeln, wie in denen des Muschelkalks in Mitteldeutschland. Die beiden Minerale unterscheiden sich übrigens durch ihre Optik (Achsenwinkel) von den bei höherer Temperatur gebildeten. Meist erfordert jedoch die Neubildung von Silikaten sehr viel höhere Temperaturen.

Eine Reihe von Reaktionen, die für isochemische Umkristallisation von Silikatgesteinen von Bedeutung sind, sind in den letzten 20 Jahren experimentell untersucht worden, seitdem Apparate geschaffen wurden, die hohe Drucke und hohe Temperaturen aushalten. Wir wollen ein Beispiel behandeln, das bereits 1912 von V. M. GOLDSCHMIDT mit Hilfe einer Näherungsformel des Nernstschen Wärmesatzes berechnet wurde, die Reaktion:

$$\text{Calcit} + \text{Quarz} \rightleftharpoons \text{Wollastonit} + \text{Kohlendioxid}$$
$$CaCO_3 + SiO_2 \rightleftharpoons CaSiO_3 \quad + CO_2$$

Trotz scheinbarer Einfachheit zeigt dieses Beispiel, wie vielerlei bei solchen Reaktionen zu beachten ist.

Abb. 364 zeigt in Kurve 1 die 1912 berechnete Gleichgewichtskurve. Kurve 2 ist 1956 von HARKER und TUTTLE experimentell ermittelt worden. Eine auf Grund neuerer thermodynamischer Daten 1950 von DANIELSSON berechnete Kurve 3 liegt etwa ebenso weit links von der experimentellen Kurve, wie die von GOLDSCHMIDT rechts liegt. Diese drei Kurven geben einen Eindruck von dem Spielraum zwischen Berechnungen und Experiment.

Was sagt nun eine solche Kurve (2) aus? Wir erinnern uns an das Phasengesetz (S. 243): $P + F = B + 2$. Wir haben in dem System vier Phasen, drei feste: Quarz, Calcit und Wollastonit, sowie ein Gas: CO_2, und drei unabhängige Bestandteile: CaO, SiO_2 und CO_2, also einen Freiheitsgrad. Wählen wir eine Temperatur, bei der alle vier Phasen vorhanden sein sollen, so ist der Druck festgelegt und umgekehrt. Dies stellt die Kurve dar. Man nennt sie deshalb auch „univariant". Für alle Temperaturen und Drucke, die nicht voneinander abhängen, die also nicht auf der Kurve liegen, haben wir zwei Freiheiten, die Kurve trennt zwei „divariante" Felder, in denen drei Phasen stabil sind. Auf der linken

Seite, bei niederen Temperaturen und Drucken, haben wir stets Quarz und Calcit und außerdem eine der beiden anderen Phasen, entweder Wollastonit oder CO_2. Auf der rechten Seite treten stets Wollastonit und CO_2 und entweder Quarz oder Calcit auf. Wenn wir also in einem Gestein Quarz und Calcit finden, so wurde die Kurve nicht überschritten, wohl aber wenn wir Wollastonit mit Quarz oder mit Calcit finden, dann ist das Gestein bei Temperaturen und Drucken rechts von der Kurve gebildet.

Bei unseren bisherigen Betrachtungen wurde vorausgesetzt, daß der CO_2-Druck gleich dem äußeren Druck des Systems ist. Das ist auch bei vielen anderen experimentell untersuchten Reaktionen der Fall. Die Kurven 1—3 gelten also nur im geschlossenen System. Wenn in einem offenen System alles CO_2 entweichen kann, gilt Kurve 4, die BARTH nach der erweiterten Gleichung von CLAUSIUS-CLAPEYRON (s. S. 174) berechnet hat. Zwischen den beiden Extremen gibt es sicherlich in der Natur Übergänge. BARTH vermutet, daß die Wollastonitbildung meistens in einem Gebiet etwas rechts der Kurve 4 erfolgt ist. Außerdem wird man in manchen Fällen damit rechnen müssen, daß auch H_2O im System vorhanden ist. Dann spielt auch das Verhältnis $H_2O : CO_2$ eine Rolle. Auch in diesem Fall liegen die Gleichgewichtskurven zwischen den Kurven 2 und 4 (GREENWOOD, 1962). Zu beachten ist ferner, daß Verunreinigungen z.B. Mg- oder Fe-Gehalte bewirken können, daß das System nicht mehr univariant ist, d.h. daß es mehr als einen Freiheitsgrad besitzt.

Wir stellen in unserem Diagramm fest, daß die Reaktion, wenn wir uns bei konstanter Temperatur in Richtung

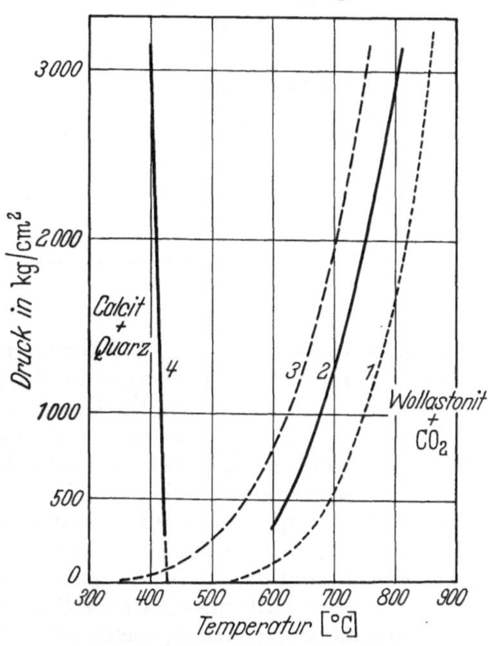

Abb. 364. Temperatur-Druck-Kurven der Wollastonitreaktion

höheren Druckes bewegen, so verläuft, daß das Volumen des Systems kleiner wird, in unserem Fall verschwindet das Gas. Umgekehrt wird bei Druckabnahme Volumzunahme begünstigt. Diese Gesetzmäßigkeit wird „*Volumregel*" genannt. Halten wir den Druck konstant, so bildet sich bei Temperaturerhöhung das System, bei dessen Bildung Wärme aufgenommen wird, bei Temperaturerniedrigung das, bei dem Wärme frei wird; *Temperaturregel*. Ändern sich Druck und Temperatur, so muß man mit dem *Nernstschen Wärmesatz* rechnen. Um die chemischen Verhältnisse darzustellen, benutzt man gleichseitige Dreiecke wie das der Abb. 365, in die man die Molprozente der Bestandteile einträgt. Auf der gestrichelten Linie liegt die Zusammensetzung des Ausgangsgesteins. Wird ein solches mit der Zusammensetzung a unter Druck erhitzt, so verschiebt sich die Zusammensetzung nach a', es entsteht Wollastonit und Quarz und CO_2. Ein Gemisch mit der Zusammensetzung b trifft bei der Umwandlung auf die Verbindungslinie Wollastonit—Calcit, es entsteht Wollastonit $+$ Calcit $+ CO_2$. Allein bei der Zusammensetzung c entsteht nur Wollastonit und CO_2. Solche Diagramme lassen also durch die ausgezogenen Geraden erkennen, welche Minerale bei einem Metamorphosevorgang zusammen vorkommen können.

Reaktionen im festen Zustand. Wir stellen uns solche Umwandlungen im allgemeinen so vor, daß eine Schmelze auftritt oder daß die im Gestein vorhandene Bergfeuchtigkeit, Wasser oder Wasserdampf, mitwirken, daß also die Umwandlungen über die flüssige oder Gas-Phase erfolgen, bis allmählich das ganze Gestein umgewandelt ist; dabei wird in jedem Augenblick nur ein kleiner Bruchteil des Gesteins reagieren. Diese Mitwirkung einer Flüssigkeit ist durchaus nicht

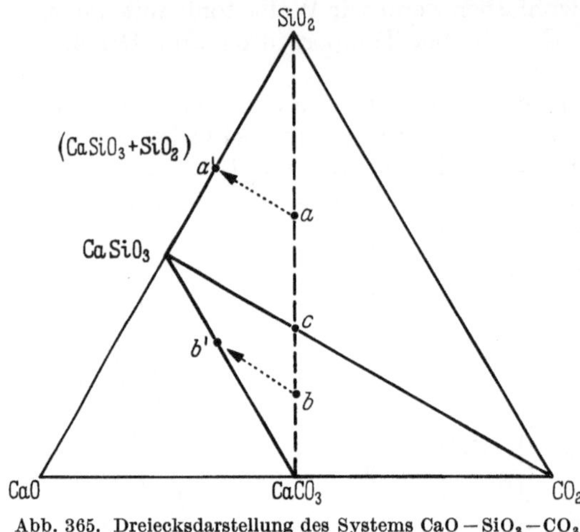

Abb. 365. Dreiecksdarstellung des Systems CaO — SiO₂ — CO₂

Tabelle 64. *Maximale Dicke von Diffusionsschichten im festen Zustand* (Na_2CO_3 + Metakaolin, nach JAGITSCH, 1949)

Temperatur in °C	Schichtdicke nach 10^8 Jahren
700	1000 cm
600	60 cm
500	1,8 cm

notwendig. Wir wissen heute, daß auch ohne sie Kristalle im festen Zustand miteinander reagieren können. So beweisen z. B. die S. 177 erwähnten Entmischungen beim Abkühlen solche Reaktionen. Die Geschwindigkeit dieser Umwandlungen im festen Zustand hängt außer von der Temperatur sehr stark von der Güte des Kristallbaues ab. Je mehr Fehler (s. S. 84) das Gitter hat, um so rascher geht die Reaktion im festen Zustand vor sich. Diese Baufehler können auch durch mechanische Beanspruchung hervorgerufen werden, in deformierten Gesteinen werden also die Komponenten leichter im festen Zustande reagieren als in unbeanspruchten. Die Bedeutung der Umwandlung im festen Zustand darf aber auch nicht überschätzt werden. Sie geht nur oberhalb eines gewissen Schwellenwertes der Temperatur vor sich, und auch dann ist die Reaktionsgeschwindigkeit noch sehr gering. Ein Beispiel gibt die von JAGITSCH (1949) untersuchte Reaktion von Soda mit Metakaolinit, Tabelle 64. Es ist also sehr unwahrscheinlich, daß größere Gesteinskomplexe durch Reaktion im festen Zustand durchwandert werden können. Noch viel unwahrscheinlicher ist es, daß ausgedehnte Schichtverbände in der Erdrinde im festen Zustand durchwandert werden können.

Porenfilme und Porenschmelzen. In unverfestigten Sedimenten ist ein großes Porenvolumen vorhanden, mit zunehmender Verfestigung und Setzung durch Belastungsdruck nimmt es ab, aber auch in äußerlich trocken erscheinenden Gesteinen kann ein wenn auch sehr dünner Porenfilm vorhanden sein, in dem Ionen durch Diffusion wandern können. Bei steigender Temperatur kann immer mehr gelöste Substanz aufgenommen werden, es kann zu Teilschmelzen kommen, die unter Umständen auch abwandern können.

β) Die Faciesgliederung

Die Zonengliederungen. Die Umwandlungen in einem isochemischen System hängen von der Temperatur und dem Druck ab, dem sie ausgesetzt wurden. So unterschied BECKE (1903) zwischen Gesteinen nahe der Erdoberfläche mit geringfügigen Umwandlungen und solchen in der Tiefe mit starken. Als charakteristische *„typomorphe“ Minerale* gibt er für die tiefere Zone an: Pyroxen,

Granat, Biotit, kalkreiche Plagioklase, Orthoklas, Sillimanit, Cordierit, Olivin; für die obere: Zoisit-Epidotgruppe, Muskovit, Chlorit, Albit, Antigorit, Chloritoid. Später hat GRUBENMANN noch eine mittlere Stufe eingeschaltet, und diese Gliederung nach *Epi-*, *Meso-* und *Katagesteinen* wird auch heute im deutschen Sprachgebiet viel verwendet.

BARROW (1893) und nach ihm TILLEY haben in Schottland eine andersartige Zonengliederung durchgeführt. Zur Kennzeichnung der Umwandlung von Tonschiefern benutzen sie „*Indexminerale*". Ihre Gliederung beginnt mit der Chloritzone mit dem Indexmineral Chlorit als der niedrigsten Stufe der Metamorphose. Mit zunehmender Umwandlung folgt dann die Biotit-, Almandin-, Staurolith- und Disthenzone. Die Metamorphose erreicht ihren höchsten Grad mit der Sillimanitzone. In anderen Ausgangsgesteinen erscheinen dann andere Indexminerale. Man kann so die Mineralgesellschaften gleicher Entstehungsbedingungen zusammenfassen.

Die Definition der Mineralfacies. Eine weitere Art der Zusammenfassung von metamorphen Gesteinen hat ESKOLA (1915) gegeben. Er geht davon aus, daß bei gleicher chemischer Pauschalzusammensetzung im Gleichgewicht — wie aus dem Phasengesetz (s. S. 176) hervorgeht — der gleiche Mineralbestand entstehen muß. Ändert sich die chemische Zusammensetzung, so ändert sich gesetzmäßig auch der Mineralbestand. Solche Mineralgesellschaften benennt ESKOLA mit dem Ausdruck „Facies", der in der Geologie seit langem (GRESSLY, 1838) für Ausbildung von Gesteinen und Fossilgesellschaften gebräuchlich ist. Seine Definition der Mineralfacies (1939) lautet: „Zu einer bestimmten Facies werden die Gesteine zusammengefügt, welche bei identischer Pauschalzusammensetzung einen identischen Mineralbestand aufweisen, aber deren Mineralbestand bei wechselnder Pauschalzusammensetzung gemäß bestimmten Regeln variiert. Die Bedeutung des Prinzips gründet sich also auf die Erfahrungstatsache, daß die Mineralparagenesen der metamorphen Gesteine den Gesetzen der chemischen Gleichgewichtslehre in vielen Fällen gehorchen, aber die Definition der Facies enthält keine Annahme, daß chemisches Gleichgewicht herrscht." ESKOLA hat also später den Ausgangspunkt, die Gleichgewichtseinstellung, verlassen.

Der Faciesbegriff ist seitdem mehrfach diskutiert und verschieden ausgelegt worden. Die neueste Definition haben FYFE und TURNER (1966) gegeben: „Eine metamorphe Facies ist eine Reihe von metamorphen Mineralgesellschaften, die in Raum und Zeit wiederholt miteinander verknüpft sind, so daß eine konstante und somit vorhersagbare Übereinstimmung zwischen dem Mineralbestand eines jeden Gesteins und seiner chemischen Pauschzusammensetzung besteht." Sie geben dazu noch einige Erläuterungen. Nach dem Vorgang von ESKOLA werden die Faciesnamen nach charakteristischen Gesteinen, z. B. Grünschieferfacies, gebildet. Unter einem solchen Namen werden aber verschiedene Gesteine zusammengefaßt, je nach dem Ausgangsgestein. Wollte man die Faciesgliederung zur Klassifikation metamorpher Gesteine benutzen, müßte man außerordentlich viele Unterabteilungen machen. Bei der Klassifikation der metamorphen Gesteine sollten neben Chemismus Mineralbestand und Gefüge berücksichtigt werden. Die voraussagbare Mineralzusammensetzung ist dahingehend einzuschränken, daß ein gewisser Spielraum bleibt. „Chemische Pauschzusammensetzung" bezieht sich auf das metamorph vorliegende Gestein und nicht auf das Ursprungsgestein. Der Faciesbegriff sagt also nichts aus über den Ursprung und eventuelle Metasomatose. Diese müssen aus dem Chemismus, dem Gefüge und den Feldbeobachtungen erschlossen werden. Der Faciesbegriff setzt nicht voraus, daß die Mineralgesellschaft stets im Gleichgewicht steht, er soll nur bedeuten, daß innerhalb gewisser geologischer Bedingungen dieselben Mineralumwandlungen bei gleichem Chemismus erfolgen. Dazu ist zu bemerken, daß metastabile Phasen, wie sie bei Carbonaten und Sulfaten (Aragonit, Diamant, Gips) außerhalb der Stabilitätsbereiche in der Natur häufig auftreten, bei Silikatbildung im allgemeinen nicht angenommen werden. Sie treten aber bei der retrograden Metamorphose (s. S. 280) auf. Man muß ferner im Auge behalten, daß im Experiment nur eine beschränkte Zahl von Komponenten berücksichtigt werden kann.

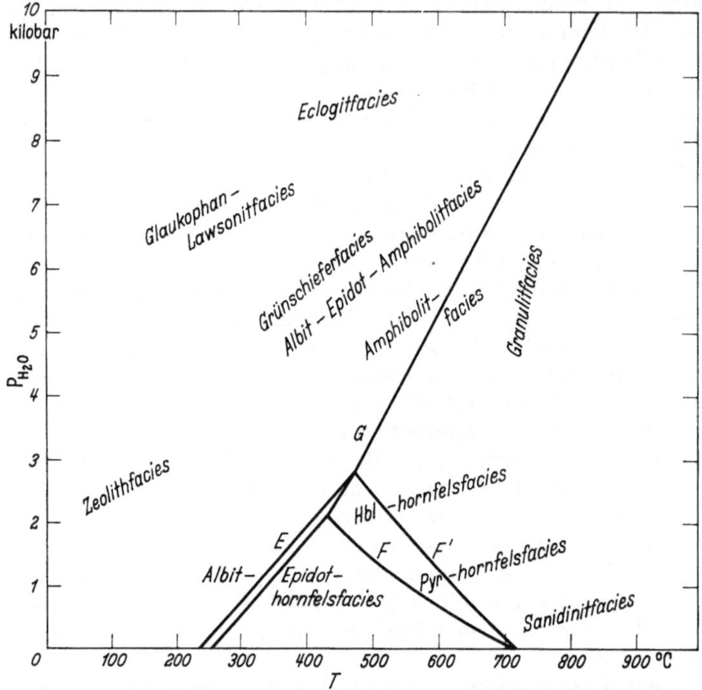

Abb. 366. Übersicht über die ungefähre Lage der metamorphen Facies im P-T-Diagramm (aus FYFE und TURNER, 1966). Die eingezeichneten Linien stellen nach Berechnungen von FYFE die Phasengrenzen Disthen—Andalusit (E), Andalusit—Sillimanit mit Fehlergrenzen (F, F'), Disthen—Sillimanit (G) dar

Durch weitere Komponenten kann die Gleichgewichtslage verändert werden (s. S. 271). Aus diesen Einschränkungen folgt auch, daß es kontinuierliche Übergänge zwischen den Facies gibt. Univariante Gleichgewichtskurven sind nur mit Vorsicht zu verwenden. Deshalb sind keine Faciesgrenzen eingetragen in Abb. 366, die einen Überblick über den gesamten Faciesbereich gibt. Die Linien im Diagramm geben die berechneten Gleichgewichte zwischen Disthen links, Andalusit unten und Sillimanit rechts mit den Fehlergrenzen an. Im gleichen Maßstab sind in Abb. 367 diese und einige andere wichtige Gleichgewichte aufgeführt. Bei dieser Gelegenheit sei nochmals darauf hingewiesen (s.a. S. 271), daß bei den Druckbedingungen auch die Partialdrucke von Gasen wie H_2O und CO_2 berücksichtigt werden müssen. In Abb. 366 und 367 sind sie gleich dem Gesteinsdruck gesetzt.

Die Berechnung der ACF und $A'KF$-Diagramme. Zur Darstellung der Mineralgesellschaften der verschiedenen Facies benutzt man meist Dreiecksdarstellungen nach Art der Abb. 365. Da in einem Dreieck nur drei Komponenten dargestellt werden können, muß man bei den meisten in der Natur vorkommenden

Gesteinen stark vereinfachen. Bei dem seit ESKOLAS Vorschlag meist benutzten ACF-Diagramm läßt man die Komponente SiO_2 weg, weil in vielen Gesteinen SiO_2 im Überschuß vorhanden ist, auch die Akzessorien, H_2O und CO_2 bleiben unberücksichtigt. Die Molekularzahlen (s.S. 198) von $Al_2O_3 + Fe_2O_3$ werden zusammengefaßt,

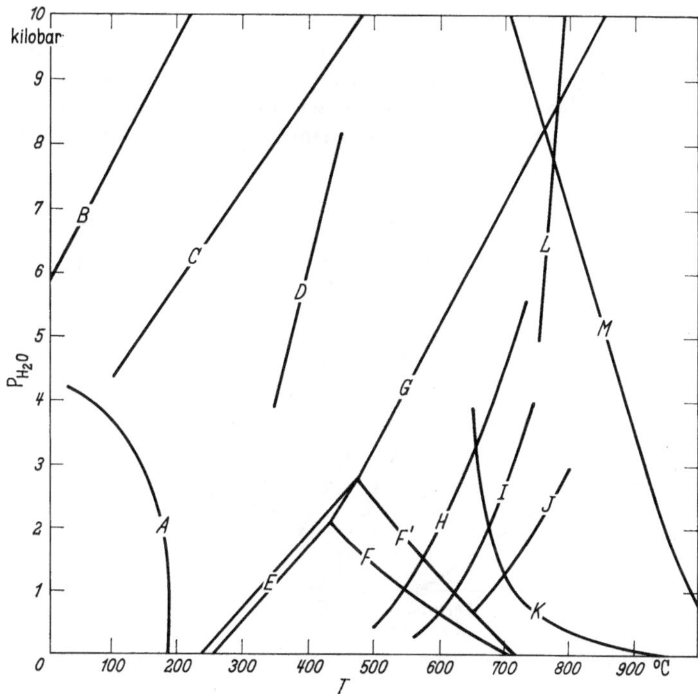

Abb. 367. Phasengrenzen für einige metamorphe Reaktionen, von links nach rechts mit zunehmender Entropie (aus FYFE und TURNER, 1966)

A. Analcim + Quarz→Albit + Wasser (CAMPBELL und FYFE, 1965)
B. Jadeit + Quarz→Albit
C. Aragonit→Calcit } CRAWFORD und FYFE, 1965)
D. Lawsonit→Anorthit + H_2O
$E-G$. Siehe Abb. 366
H. Muskovit + Quarz→Sillimanit (oder Andalusit) + K-Feldspat + H_2O (EVANS, 1965)
I. Muskovit→K-Feldspat + Korund + H_2O (EVANS, 1965)
J. Calcit + Quarz→Wollastonit + CO_2 ($P = P_{CO_2}$) (HARKER und TUTTLE, 1956)
K. Schmelzkurve von Granit (TUTTLE und BOWEN, 1958)
L. Schmelzkurve von Muskovit, $P = P_{Total}$ (SEGNIT und KENNEDY, 1961)
M. Schmelzkurve von Basalt (YODER und TILLEY, 1962)

nachdem das an Na oder K gebundene Al und Fe abgezogen ist, $Al_2O_3 + Fe_2O_3 -$ $[Na_2O + K_2O] = A$-Wert. Von CaO wird das in Apatit gebundene CaO abgezogen: C-Wert. Die Werte für MgO $+$ MnO $+$ FeO abzüglich der Mengen für Biotit werden als F-Wert zusammengefaßt und $A + C + F$ auf 100 umgerechnet.

In einem weiteren Dreieck $A'KF$ kann man auch den Gehalt an K_2O sichtbar machen, man läßt dafür den Wert für CaO weg. Der A'-Wert braucht bei dieser Darstellung nicht identisch mit dem A-Wert des ACF-Diagramms zu sein. Man kann nämlich diese Berechnungen nur durchführen, wenn man die Mengenverhältnisse der Minerale kennt. Ist Muskovit ($Al_2O_3 : K_2O = 3:1$) vorhanden, und das ist häufig der Fall, so zieht man beim ACF-Diagramm zusätzlich die zweifache Menge des im Muskovit vorhandenen K_2O ab, weil vorher schon nach der Grundregel für 1 K_2O je 1 Al_2O_3 abgezogen war. Beim $A'KF$-Diagramm wird dagegen nur 1 K_2O abgezogen und außerdem CaO. Auch beim CaO sollte nur der Wert abgezogen werden, der der Zusammensetzung des oder der vorhandenen Ca-Minerale entspricht, also bei Anorthit (CaO : Al_2O_3 = 1) alles CaO, bei Grossular $^1/_3$ CaO usw. Man muß also den quantitativen Mineralgehalt kennen, um die Diagramme zu zeichnen, und darf nicht die Werte von Pauschanalysen eintragen. Für die detaillierte Rechenvorschrift muß auf die Spezialliteratur, z.B. WINKLER 1965, verwiesen werden.

Die Facieseinteilung der metamorphen Gesteine ist im Laufe der letzten beiden Jahrzehnte weit ausgebaut und verfeinert worden, sowohl von seiten der im Gelände und am Mikroskop Arbeitenden wie auch durch die experimentellen Arbeiten im Laboratorium. Die Übereinstimmung beider Arbeitsrichtungen

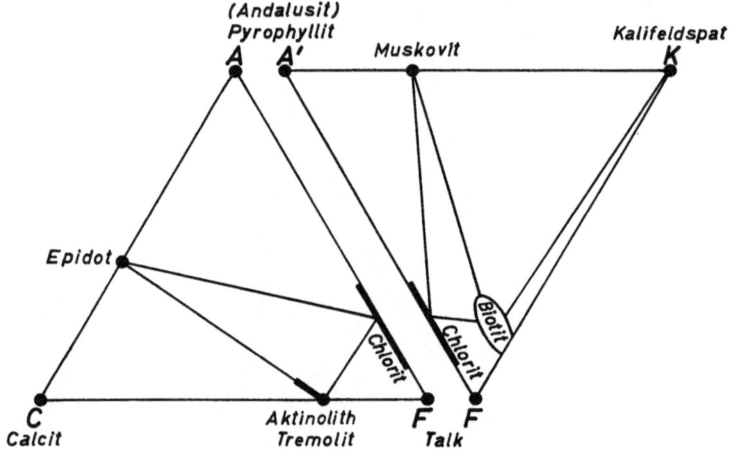

Abb. 368. *ACF-* und *A'KF*-Diagramm der Albit-Epidot-Hornfelsfacies (aus WINKLER, 1965)

herbeizuführen, ist ein wichtiges Forschungsziel. Hier kann nur eine sehr kurze Einführung in die Facieslehre gegeben werden.

Die Facies der Kontaktmetamorphose. Bei der Kontaktmetamorphose ist, wie bereits erwähnt, der Belastungsdruck gering. Mit steigender Temperatur unterscheidet man die Albit-Epidot-Hornfels-, die Hornblende-Hornfels- und die Pyroxen-Hornfelsfacies. Der Ausdruck „Hornfels" rührt daher, daß die umgewandelten Gesteine häufig an dünnen Kanten durchscheinend sind wie Horn. Er ist auch in den angelsächsischen Sprachgebrauch übergegangen.

Die Mineralkombination der *Albit-Epidot-Hornfelsfacies* ist in der Abb. 368 dargestellt. Mischkristalle sind als verstärkte Linien oder als umrandete Flächen eingetragen.

Charakteristische Mineralkombinationen sind Epidot + Calcit, Tremolit + Calcit, Epidot + Albit (nicht im Diagramm), Chlorit, Muskovit. Pyrophyllit ist bisher nicht in kontaktmetamorphen Gesteinen gefunden worden. Er könnte auf Grund der Reaktion

$$\text{Kaolinit} + 2 \text{ Quarz} \rightleftharpoons \text{Pyrophyllit} \qquad + H_2O$$
$$Al_2(OH)_4[Si_2O_5] + 2 SiO_2 \rightleftharpoons Al_2(OH)_2[Si_4O_{10}] + H_2O$$

erwartet werden. Sein Fehlen könnte darauf beruhen, daß in sehr vielen sedimentären Tonen so viel Kalcium vorhanden ist, daß Muskovit entsteht. Bei höheren Temperaturen wird aus Muskovit + Quarz $\rightleftharpoons$ Kalifeldspat + Andalusit + H_2O gebildet. Andalusit kann bereits in der Albit-Epidot-Hornfelsfacies auftreten, bei höheren Temperaturen tritt Sillimanit an seine Stelle.

In der *Hornblende-Hornfelsfacies* finden wir an Stelle von Chlorit Hornblende, Antophyllit, statt Albit Plagioklas. Epidot fehlt, Granate der Zusammensetzung Grossular—Andradit treten auf, sowie Diopsid, die Kombinationen Muskovit + Andalusit und Muskovit + Cordierit.

In der *Pyroxenhornfelsfacies*, deren Mineralkombinationen in der Abb. 369 dargestellt sind, tritt an Stelle von Hornblende Enstatit bzw. Hypersthen. Charakteristisch ist, daß nun Muskovit durch Orthoklas + Sillimanit ersetzt ist, auch Andalusit kommt noch vor. Cordierit + Orthoklas sind ebenfalls kritische Kombinationen.

Schon vor der Einführung der Facieslehre hat V. M. GOLDSCHMIDT (1911) im Oslogebiet zehn Klassen von Hornfels aufgestellt, die mit von 1—10 zunehmendem

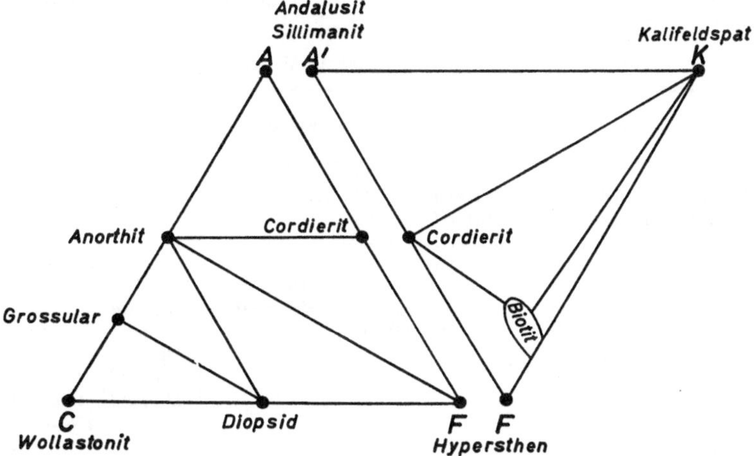

Abb. 369. *ACF-A'KF*-Diagramm der Pyroxen-Hornfelsfacies (aus WINKLER, 1965)

Kalkgehalt besonders schön die damit parallel gehende Veränderung der Mineralkombinationen zeigen. Die Minerale sind in der Tabelle 65 aufgeführt, mit Ausnahme von Quarz und Orthoklas, die in allen Klassen vorkommen. Bei der Namengebung (Mineralnamen in Kursiv) läßt man auch noch den Biotit weg und nennt z. B. Kl. 7 einen Plagioklas-Diopsidhornfels.

Die kursiv gedruckten Minerale sind (mit Ausnahme des Vesuvian) in der Abb. 369 links enthalten: Klasse 1: Linie Andalusit + Cordierit, Klasse 2: Dreieck Andalusit + Plagioklas + Cordierit, usw. Wenn man von dem Albit in Klasse 1 absieht, der aus der Analyse berechnet wurde und besser durch Plagioklas zu ersetzen wäre, gehören die Goldschmidtschen Klassen der Pyroxen-Hornfelsfacies an, da auch Hornblenden in den Gesteinen nicht vorkommen. Die Goldschmidtsche Gliederung kann so als ein Beispiel der Untergliederung einer Facies nach den Ausgangsgesteinen gelten.

Die *Sanidinitfacies* ist selten, sie kommt in Einschlüssen in Laven und Gängen vor und nahe der Erdoberfläche dicht am Kontakt. Kritisches Mineral ist Sanidin, daneben wird Tridymit, Mullit, Monticellit, Melilith und Larnit [β Ca$_2$SiO$_4$] und manchmal auch Glas gefunden.

Die Facies der Regionalmetamorphose. Wir fassen hier alle die Umwandlungen zusammen, die isochemisch über weite Areale verlaufen. Man hat versucht, Belastungs- oder „Versenkungsmetamorphose", bei der die Temperaturzunahme geringer und langsamer ist, von der eigentlichen Regionalmetamorphose abzutrennen. Es ist aber umstritten, ob eine sichere Trennung zur Zeit

durchzuführen ist. Auf der anderen Seite gibt es auch Übergänge zur Kontaktmetamorphose, bei der der Temperaturanstieg rascher erfolgt, und zu der später
S. 296 zu behandelnden Granitbildung.

Zur Belastungsmetamorphose gehört sicherlich die Diagenese. Bei ihr werden
bereits Mineralneubildungen beobachtet, wie z. B. die Bildung von Alkalifeldspat und von Chlorit. Unvollständige Glimmer, Illite, können zu Muskovit
ausgebildet werden. Eine für die Diagenese charakteristische Mineralgesellschaft
ist bisher nicht bekannt.

Die Zeolithfacies, die niedrigste Stufe der regionalen metamorphen Facies,
hat ihren Namen von dem Vorkommen des Zeoliths Laumontit. Zeolithe finden
sich als Neubildungen in manchen Sedimenten als sicher diagenetische Neubildungen. So wird der Zeolith Philippsit in Tiefseesedimenten gefunden bei

Tabelle 65. *Hornfelsklassen (nach* V. M. GOLDSCHMIDT*)*

Ur-sprungs-gestein	Klasse	Mineralbestand							
Ton	1	*Andalusit*	Albit	*Cordierit*	Biotit				
	2	*Andalusit*	*Plagioklas*	*Cordierit*	Biotit				
	3		*Plagioklas*	*Cordierit*	Biotit				
	4		*Plagioklas*	*Cordierit*	Biotit	*Hypersthen*			
	5		*Plagioklas*		Biotit	*Hypersthen*			
	6		*Plagioklas*		Biotit	*Hypersthen*	*Diopsid*		
	7		*Plagioklas*		(Biotit)		*Diopsid*		
Mergel	8		*Plagioklas*				*Diopsid*	*Grossular*	
	9		(Albit)				*Diopsid*	*Grossular*	
	10						*Diopsid*	Grossular	Wollastonit

Vesuvian

einer Bildungstemperatur von wenigen Grad C über 0. Heulandit kommt in
der Oberkreide von Hannover vor usw. Man läßt also die Metamorphose mit
dem Auftreten von Laumontit $Ca[AlSi_2O_6]_2 \cdot 4H_2O$ beginnen. Zusammen mit
Laumontit kommt auch Prehnit $Ca_2[Al(OH)_2AlSi_3O_{10}]$ vor. In einer „Subfacies" mit etwas höheren Temperaturen und Drucken tritt an Stelle von Laumontit
Pumpellyit $Ca_4(Mg, Fe'', Mn)(Al, Fe''', Ti)_5[O(OH)_3(SiO_4)_2(Si_2O_7)_2] \cdot H_2O$ auf.

Analcimbildung gehört noch zur Diagenese, seine Umwandlung in Albit im
System

$$\text{Analcim} + \text{Quarz} \rightleftharpoons \text{Albit} + H_2O$$

ist in Abb. 367 als Kurve A dargestellt.

Nach den bisherigen Befunden sieht es so aus, als ob die Zeolithfacies an die
Anwesenheit von vulkanischen Lockerprodukten, insbesondere von Glas, im
Sediment gebunden ist. Das erklärt auch, warum sie so selten ist. In den meisten
Vorkommen gehen Sedimente, in denen nur diagenetische Umwandlung fest-
zustellen ist, gleich in die nächst höheren Stufen der Regionalmetamorphose
über, in die Grünschieferfacies bzw. in die Glaukophanschieferfacies.

Die Glaukophan-Lawsonitfacies soll die Weiterentwicklung der Zeolithfacies
bei hohen Drucken und Temperaturen darstellen. WINKLER (1965) unterscheidet
zwei Subfacies.

a) Lawsonit—Glaukophanfacies
b) Lawsonit—Albitfacies.

Der Na-Amphibol Glaukophan ist nach ihm nicht charakteristisch, er kommt auch in einer Hochdruck—Grünschieferfacies vor. Wie Abb. 366, S. 274 zeigt, ist zu erwarten, daß es zwischen der Glaukophanfacies und der Grünschieferfacies Übergänge gibt. Charakteristisch ist das Mineral Lawsonit $CaAl_2$ $[(OH)_2/Si_2O_7] \cdot H_2O$. Bemerkenswert ist ferner, daß in dieser Facies stellenweise Aragonit, an anderen Orten Calcit gefunden wurde. Daraus wurde der Schluß gezogen, daß Aragonit sich hier in seinem Stabilitätsbereich befindet und T und P um die Phasengrenze Calcit—Aragonit geschwankt haben, die von 100°C und 7000 kg/cm^2 nach 500°C und 12000 kg/cm^2 verläuft, Kurve C, Abb. 367. Aragonit kann allerdings außerhalb seines Stabilitätsbereiches gebildet werden, z. B. in rezenten Sedimenten, und sich in diesen auch über geologische Zeiträume halten.

Bei etwas höheren Temperaturen und gleichen oder niedrigeren Drucken folgt als nächste die *Grünschieferfacies*. Sie ist im Gegensatz zu den vorhergehenden Facies außerordentlich weit verbreitet. Es können drei Subfacies unterschieden werden:

a) Quarz—Albit—Muskovit—Chlorit,
b) Quarz—Albit—Epidot—Biotit,
c) Quarz—Albit—Epidot—Almandin.

Weitere charakteristische Minerale sind Stilpnomelan oder Chloritoid. In der niedrigst temperierten Subfacies a kann im manganreichen Sediment der Mn-Granat, Spessartin, gebildet werden. Die Subfacies c entspricht dem höchsttemperierten Teil der Epidot-Amphibolitfacies ESKOLAs.

Die bei höheren Temperaturen folgende *Almandin-Amphibolitfacies* wird in folgende Subfacies aufgegliedert:

a) Staurolith—Almandin,
b) Disthen—Almandin—Muskovit,
c) Sillimanit—Almandin—Muskovit,
d) Sillimanit—Almandin—Orthoklas.

1966 haben FYFE und TURNER die *Albit-Epidot-Amphibolitfacies* und die *Amphibolitfacies* ESKOLAs wieder eingeführt. Mit den modernen Untersuchungsmethoden kann Aktinolith, der zur Grünschieferfacies gehört, von Hornblende unterschieden werden, die erst in der Albit—Epidot—Amphibolitfacies auftritt. Da Amphibolite ohne Almandin weit verbreitet sind, haben sie den Almandin aus dem Faciesnamen weggelassen.

Bei der *Granulitfacies* können als Subfacies unterschieden werden:

a) Hornblende—Granulit
b) Pyroxen—Granulit

Unter Granulit wird hier ein Gestein verstanden, das neben Quarz und Feldspat Pyrop-Almandin-Granat führt. Der Pyroxen ist meist Hypersthen.

Die *Eclogitfacies* ist definiert durch die Mineralgesellschaft Omphacit (ein grüner eisenhaltiger Pyroxen) und Granat (Mischkristall Pyrop—Almandin—Grossular), die die Eclogite fast ausschließlich zusammensetzen. Manchmal kommt auch etwas Disthen und Enstatit, sowie Rutil vor. Die Entstehung der Eclogite ist umstritten, sicherlich sind sie bei hohen Drucken gebildet. DieEclogitfacies besteht also im Gegensatz zu den anderen Facies im wesentlichen aus nur einer Mineralkombination. Die an der Erdoberfläche vorkommenden Eclogitgesteine sind trotzdem wohl nicht immer von gleicher Entstehung. Da die Eclogite ungefähr die Zusammensetzung von Gabbro haben, wird häufig angenommen, daß der Erdmantel aus Eclogiten besteht, bei Druckentlastung würden dann aus den Eclogiten Basaltschmelzen entstehen können. Für das Vorhandensein von Eclogit im Erdmantel spricht auch das Vorkommen von Eclogiteinschlüssen in den

Kimberliten, von denen man annimmt, daß sie aus großen Tiefen stammen, weil sie Diamanten enthalten. In normalen Basalten sind Eclogiteinschlüsse äußerst selten, im Gegensatz zu den weit verbreiteten Olivingesteinseinschlüssen.

γ) Retrograde Metamorphose

Wenn die Gesteine an die *P-T*-Bedingungen angepaßt werden, wie dies die Voraussetzung der Facieseinteilung ist, so erhebt sich die Frage, warum wir dann überhaupt Kenntnis von Gesteinen haben, die bei hohen Temperaturen und Drucken gebildet wurden, warum diese Gesteine nicht an die *P-T*-Bedingungen der Erdoberfläche angepaßt sind. Ein Grund dafür ist, daß ganz allgemein Reaktionen bei steigenden Temperaturen sehr viel rascher verlaufen als bei Abkühlung. Ein weiterer Grund ist, daß die Reaktionen bei der Metamorphose unter Mitwirken leichtflüchtiger Bestandteile, vor allem von Wasser, erfolgen. Diese gehen meist bei hohen Temperaturen dem Gestein verloren. Wo sie neu zugeführt wurden, beobachtet man die Rückwandlung von Gesteinen in niedrigerere Facies. Man spricht dann von rückschreitender, *retrograder Metamorphose* (HARKER) oder *Diaphthorese* (BECKE) (griech. diaphtherein zerstören) und nennt solche Gesteine *Diaphthorite*. Mechanische Beanspruchung erleichtert nicht nur die Umkristallisation bei steigender, sondern auch bei fallender Temperatur, so können Glimmerschiefer durch Mylonitisierung phyllitähnlich werden (*Phyllonite*).

Aus diesen Überlegungen folgt, daß auch dann, wenn ein Gestein im Ablauf seiner Geschichte mehrere Faciesstufen durchlaufen hat, diejenige, die den höchsten Temperaturen entspricht, erhalten bleiben wird, wenn keine Zufuhr der leichtflüchtigen Bestandteile, besonders von Wasser und CO_2, eingetreten war. Wieweit dies der Fall war, ist nicht immer leicht zu erkennen, es muß aber damit gerechnet werden, daß die retrograde Metamorphose nicht auf isochemische Vorgänge beschränkt ist.

b) Allochemische Umkristallisation. Metasomatose

Allgemeines. Bisher haben wir Vorgänge behandelt, bei denen die chemische Pauschalzusammensetzung des Gesteins erhalten geblieben ist. Wir sind zwar strenggenommen nicht ganz konsequent gewesen, indem wir darauf hingewiesen haben, daß leichtflüchtige Bestandteile, besonders CO_2 und H_2O, entstehen, die in vielen Fällen aus dem betrachteten Gesteinskomplex entweichen. Diese heißen Gase und Lösungen können gelöste Ionen mit sich führen und Mineralneubildungen auf ihrem Wege bewirken. Dringen sie an Spalten auf, so bilden sie Gänge, wie sie schon S. 215ff. behandelt wurden. Man muß aber auch damit rechnen, daß sie ganze Gesteinspartien umwandeln können. Diese Möglichkeit wird bei Silkiatgesteinen im Augenblick aber vielleicht zu wenig beachtet. Bei der Deutung der Erzlagerstätten spielt sie seit jeher eine Rolle. Man unterscheidet *Imprägnationslagerstätten*, bei denen neues Material in den Porenräumen ausgeschieden wurde und metasomatische oder *Verdrängungslagerstätten*, bei denen das ursprüngliche Gestein verdrängt wurde.

Je durchlässiger ein Gestein ist, um so leichter kann es von Lösungen durchdrungen werden. So finden wir bei der Diagenese nicht selten metasomatische Erscheinungen. Besonders häufig sind Dolomitbildung und Verkieselungen.

Dolomitbildung. Wir haben oben (S. 248) gesehen, daß keine primäre Dolomitbildung im normalen Meerwasser stattfindet. Untersuchungen der Lösungsgleichgewichte der Ca- und Mg-Carbonate, -Sulfate und -Chloride (USDOWSKI, 1966) zeigen, daß Ca-Carbonat nicht mit Meerwasser im Gleichgewicht ist, sondern sich in Ca-Mg-Carbonat umwandeln muß, wenn es hiermit in Berührung kommt. Aus reaktionskinetischen Gründen erfolgt ein Umsatz aber erst mit verändertem, durch Verdunstung vorkonzentriertem Meerwasser. Ferner muß diese Lösung auf Grund der kleinen Reaktionsgeschwindigkeit lange genug mit dem Ca-Carbonat in Berührung bleiben. Der hierbei ablaufende Vorgang läßt sich schematisch mit der experimentell bestätigten Reaktion in Wasser:

$$4\,CaCO_3 + MgCl_2 + MgSO_4 \rightleftharpoons 2\,CaMg(CO_3)_2 + CaCl_2 + CaSO_4$$

verfolgen. Mit dieser Beziehung und der ebenfalls experimentell durchgeführten
. Reaktion

$$2\,CaMg(CO_3)_2 + MgCl_2 + MgSO_4 \rightleftharpoons 4\,MgCO_3 + CaCl_2 + CaSO_4$$

ist es möglich, die in rezenten dolomitischen Sedimenten vorkommenden Mineralvergesellschaftungen genetisch zu interpretieren. Man muß hierfür an Stelle der Formeleinheiten die Minerale Aragonit, Mg-Calcit, Calcit, Protodolomit

(schlecht geordneter Dolomit), Dolomit, Hydromagnesit, Magnesit, Gips und Anhydrit einsetzen. Von diesen Mineralen sind Aragonit, Mg-Calcit, Protodolomit und Hydromagnesit nicht beständig. Sie wandeln sich im Laufe der Zeit in die stabilen Festkörper Calcit, Dolomit und Magnesit um. Wir haben also eine Art metasomatischer Einwirkung bereits durch das Meerwasser und sind berechtigt anzunehmen, daß solche Vorgänge auch in der geologischen Vergangenheit wirksam waren. Außer diesen frühdiagenetisch gebildeten Dolomiten gibt es aber auch die Umwandlung von festen Kalksteinen, lange Zeit nach ihrer Ablagerung unter der Einwirkung von in der Erdkruste zirkulierenden Wässern. Die Analysen solcher Lösungen zeigen, daß sie so zusammengesetzt sind, daß sie mit Dolomit im Gleichgewicht sein können.

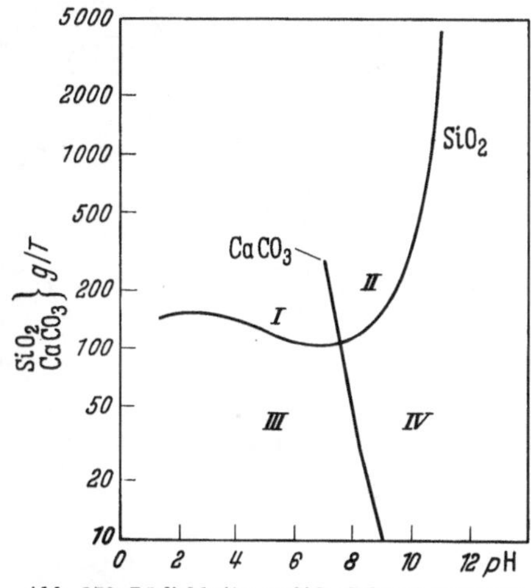

Abb. 370. Löslichkeit von SiO_2-Gel und Kalkspat in Wasser

Treffen diese Lösungen auf Kalke, muß nach dem Schema der ersten Gleichung eine Reaktion unter Bildung von Dolomit eintreten. Dolomit kann aber auch nach der zweiten Beziehung durch die Reaktion von Porenlösungen mit Magnesitgesteinen entstehen. Dieser Vorgang ist jedoch wesentlich seltener als die Dolomitisierung von Kalksteinen, da Kalke sehr viel häufiger sind als Magnesite.

Verkieselung.. Eine weitere häufige Erscheinung, die Verkieselung, beginnt sicher schon frühdiagenetisch. Bereits vom heutigen Boden des Pazifischen Ozeans sind Verkieselungen beschrieben.

Die Abb. 370 zeigt die Löslichkeitsverhältnisse von SiO_2-Gel und $CaCO_3$ in Abhängigkeit vom p_H. Sie kann als Schema für die Vorgänge der Verkieselung und der Verdrängung von Kalk durch SiO_2 gelten. Als Beispiel betrachten wir eine Lösung, die nur geringe Gehalte an SiO_2 und $CaCO_3$ und ein p_H von $\sim$6,5 besitzt. Sie soll einen Kalk, der SiO_2 z.B. in Form von Organismenresten enthält, durchwandern. Zunächst werden SiO_2 und $CaCO_3$ gelöst, dann aber, wenn Feld I erreicht wird, wird SiO_2 ausgeschieden, Kalk jedoch weiter gelöst. Eine andere Lösung mit $p_H \sim$8,5 schneidet die Löslichkeitskurve des $CaCO_3$ unterhalb der des SiO_2, hier wird SiO_2 weiter aufgelöst, während Kalk ausfällt. Man kann leicht ableiten, was geschieht, wenn Lösungen, die bereits an SiO_2 oder an $CaCO_3$ gesättigt sind, wirksam werden. Beide Vorgänge sind beobachtet worden.

Besonders große Verbreitung hat die Verdrängung von Kalk durch Kieselsäure, die Verkieselung. Abb. 371 zeigt ein Beispiel. Sie kann auch durch Lösungen erfolgen, die von außen in das Gestein eindringen. Man kann sich den Vorgang auch an schematischen Formeln veranschaulichen:

1. $Na_2SiO_3 + [CaCO_3] + 2\ H_2CO_3 + H_2O \leftarrow 2\ NaOH + Ca(HCO_3)_2 + [SiO_2]$: $[SiO_2]$ wird aufgelöst, Kalk ausgeschieden.

2. $Na_2SiO_3 + [CaCO_3] + 4\ H_2CO_3 \rightarrow 2\ NaHCO_3 + Ca(HCO_3)_2 + [SiO_2] + H_2O + H_2CO_3$: $[CaCO_3]$ wird aufgelöst, $[SiO_2]$ ausgeschieden.

Außerdem muß man damit rechnen, daß kolloidale SiO_2-Lösungen zirkulieren und an alkalisch wirkenden Stellen ausgefällt werden. Reines SiO_2-Sol

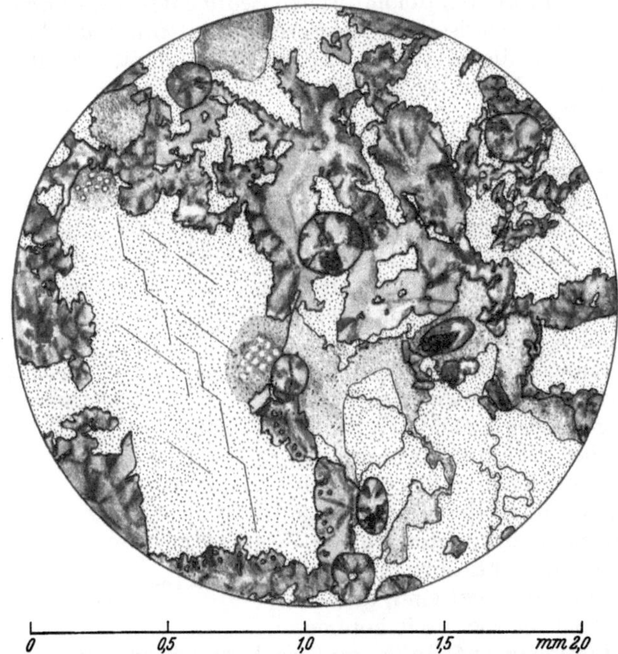

Abb. 371. Verkieselung im Kohlenkalk von Velbert nördlich Wuppertal. Nicols gekreuzt. Kalkspat punktiert, Chalcedon grau, faserig. In der Mitte ein Echinodermenrest

hat ein Maximum der Empfindlichkeit gegen Ausflocken durch Kationen im schwach alkalischen Gebiet. Durch solches Ausflocken sind wohl die Kieselringe zu erklären, die L. v. Buch schon 1831 beschrieben hat.

Kaolinisierung. Verwitterungsvorgänge und hydrothermale Metasomatosen führen zur Kaolinisierung, die man sich nach der folgenden Formel vorstellen kann:

$$2\ KAlSi_3O_8 + 2\ H_2O = Al_2(OH)_4[Si_2O_5] + K_2O + 4\ SiO_2.$$
Kalifeldspat   Kaolinit

Bei dem Umsatz werden wohl stets Säuren, mindestens Kohlensäure, beteiligt sein. Während bei den sehr verdünnten Lösungen, die bei der Verwitterung auftreten, die Ionen abgeführt werden und erst außerhalb des Feldspats reagieren, kann bei den höheren Konzentrationen und in mehr oder weniger geschlossenen Systemen die Reaktion im Innern des Feldspatkristalls vor sich gehen. Es entstehen Pseudomorphosen in der Art, wie es auf S. 284 gezeigt wird.

Sericitisierung. Wahrscheinlich bei höheren Temperaturen und im saueren Gebiet verläuft die Sericitisierung nach dem Schema:

$$3 \, KAlSi_3O_8 + 2 \, H^+ = KAl_2(OH)_2 \, [Si_3AlO_{10}] + 2 \, K^+ + 6 \, SiO_2$$

Kalifeldspat $\qquad\qquad\qquad$ Muskovit

Mit Sericit bezeichnet man feinschuppigen Muskovit.

Daß die Sericitisierung häufig ein komplexerer Vorgang ist, bei dem Kalium zugeführt wurde, zeigt sich darin, daß sericitisierte Plagioklase nicht etwa den Natronglimmer Paragonit, sondern den Kaliglimmer enthalten, und zwar viel mehr, als aus dem ursprünglich im Plagioklas vorhandenen Kali gebildet werden kann (PILLER, 1951). Bei der Sericitisierung bleibt noch freies SiO_2 übrig, das als neugebildeter Quarz im Gestein oder in seiner Umgebung auftreten kann.

Serpentinisierung. Auch die Serpentinisierung dürfte zu den Wassermetasomatosen gehören. Bei ihr entsteht aus magnesiumhaltigen Silikaten durch Wegführung des Eisens und wohl auch eines Teiles des Magnesiums das Silikat Serpentin:

$$5 \, Mg_2[SiO_4] + 4 \, H_2O \rightarrow 2 \, Mg_3(OH)_4[Si_2O_5] + 4 \, MgO + SiO_2$$

700 g Forsterit $\qquad\quad$ 552 g Serpentin $\qquad$ weggeführt
218 cm³ $\qquad\qquad\quad$ 220 cm³

Diese Serpentinisierung kann wahrscheinlich in olivinreichen, peridotitischen Magmen auch als *Autometamorphose*, als Umsetzung der wäßrigen Restlösung mit den Olivinen bei der Abkühlung erfolgen.

Das Reaktionsschema wurde gewählt, weil häufig SiO_2-Ausscheidungen in Serpentingesteinen beobachtet werden. Außerdem findet bei dem hier angenommenen Vorgang keine wesentliche Volumänderung statt.

Serpentin kann weiter mit Kohlensäure zu Talk und Magnesit reagieren nach dem Schema:

$$Mg_6(OH)_8[Si_4O_{10}] + 3 \, CO_2 \rightarrow Mg_3(OH)_2[Si_4O_{10}) + 3 \, Mg_2CO_3 + 3 \, H_2O$$

Serpentin $\qquad\qquad\qquad\quad$ Talk $\qquad\qquad$ Magnesit
220 cm³ $\qquad\qquad\qquad\quad$ 140 cm³ $\qquad\quad$ 84 cm³

Talk kann auf noch nicht bekanntem Wege schon diagenetisch in Gipsgesteinen gebildet werden und außerdem bei der Metamorphose aus Quarz, Dolomit und Wasser.

Skarn. Eine wichtige metasomatische Bildung bei hohen Temperaturen ist die Erzbildung in Kalkgesteinen, wie sie vor allem in Schweden und Finnland beobachtet wurde und seitdem mit dem schwedischen Bergmannsausdruck Skarn (Lichtschnuppe) benannt wird. Die wichtigsten Minerale sind Andradit, Hedenbergit-Diopsid und eisenreiche Hornblende, auch eisenärmere Silikate, wie Tremolit-Actinolith und Vesuvian kommen vor. Magnetit oder Hämatit zusammen mit Quarz und sulfidische Erze wie Bleiglanz, Zinkblende, Kupferkies können abbauwürdig sein. Die Entstehung ist umstritten. So nimmt MAGNUSSON (1966) sedimentäre Eisenerze zusammen mit Kalken und Dolomiten als Ausgangsprodukt an, das metamorph verändert wurde. Das häufige Vorkommen von Flußspat könnte auf Gastransport deuten. Fluorgehalte bis zu 12100 ppm und Cl-Gehalte bis 500 ppm werden angegeben.

Hydrothermale Erzmetasomatose ist häufig beschrieben. Wir wollen hier nur ein Beispiel betrachten, weil es eine Vorstellung davon gibt, welche Mengen umgesetzt wurden. In eine Kalksteinplatte von $2,8 \cdot 10^5$ m² Ausdehnung und 18,3 m Dicke wurden in Ophir Hill (Utah) nach GILLULY (1932) zugeführt: $270 \cdot 10^6$ kg Al_2O_3, $160 \cdot 10^6$ kg K_2O, $10 \cdot 10^6$ kg Na_2O, $900 \cdot 10^6$ kg SiO_2, $9 \cdot 10^6$ kg P_2O_5, $3 \cdot 10^6$ kg F und $797 \cdot 10^6$ kg CuS, FeS_2, PbS, ZnS.

Greisen. Auch bei der Zinnerzbildung finden wir Umwandlung und Imprägnation des Nebengesteins, die man mit dem Namen Greisen bezeichnet. Dabei kommen meist auch Topas- und Turmalinbildung vor. Als Reaktion wird meistens angenommen

$$SnF_4 + 2H_2O = SnO_2 + 4HF.$$

Alkalimetasomatose. Häufig werden bei der Metamorphose Wanderungen der Alkalien beobachtet, z. B. Ersatz von Mikroklin durch Albit, Albit und Kalifeldspatneubildungen in Schiefern, Umwandlung von Hornblende in Biotit usw. Die Frage ist, auf welche Entfernungen hin solche Wanderungen von Alkalien erfolgen. In manchen Fällen zeigt sich, daß nur ein Austausch innerhalb eines beschränkten Gesteinskomplexes erfolgt ist, in anderen jedoch ist Zufuhr von außen erfolgt, so bei der Kontaktmetamorphose granitischer und syenitischer Tiefengesteine. Auch am Kontakt von basaltischen Gesteinen sind albitisierte Tonschiefer als *Adinole* beschrieben worden. Fleckige Kontaktgesteine heißen *Spilosite* (griech. spilos Fleck), gebänderte *Desmosite* (griech. desmos Band).

Eine große Rolle spielt die Frage der Alkalimetasomatose bei der Theorie der Granitbildung (s. S. 296).

c) Das Gefüge der umkristallisierten Gesteine

Pseudomorphosen. Wie kann man nun solche Umwandlungen feststellen? Man muß dabei wie ein Detektiv vorgehen und alle Indizien auswerten. Besonders wichtig sind Pseudomorphosen. Das sind Gebilde, bei denen die äußere Form dem ursprünglichen Kristall entspricht, der Inhalt aber eine Neubildung ist. So findet man z. B. zusammen mit Greisen Kristalle, die in der Form von Feldspat aus Topas bestehen. Den Vorgang der Pseudomorphosenbildung kann man sich am besten klarmachen, wenn man in eine Silbernitratlösung einen Spaltwürfel von Steinsalz legt. Wenn die Konzentration der Silbernitratlösung groß genug, > 3 mol/L, ist, dann bildet sich sofort eine dünne Schicht von winzigen Kriställchen von AgCl. Durch diese Schicht diffundieren die Silberionen nach innen in den Würfel, die Natriumionen nach außen. Die Bildung von AgCl geht an der inneren Grenze der AgCl-Schicht weiter, und man erhält eine genaue Nachbildung des Spaltwürfels aus feinkörnigem Silberchlorid. Ist die Konzentration nicht groß genug, so entstehen kissenförmige Bildungen auf den Kristallflächen. Unterhalb 0,5 mol/L bilden sich viele winzige AgCl-Kriställchen am Boden des Gefäßes.

Ein Beispiel für Pseudomorphosen im Gestein gibt Abb. 372. Hier sind die Pseudomorphosen mechanisch deformiert.

Relikte. Außer solchen Pseudomorphosen geben uns die Überbleibsel, die Relikte, die wichtigsten Hinweise. Es kann sich dabei um *einzelne Minerale* handeln, die der Auflösung entgangen sind, sei es, daß der metasomatische Vorgang unterbrochen wurde, wie das z. B. bei Verkieselungen häufig zu sehen ist (Abb. 371), sei es, daß das Mineral von der Lösung nicht angegriffen wurde, wie der Quarz der Abb. 372, oder daß sich um das Mineral ein Reaktionsrand gebildet hat, der das Relikt vor weiterer Umwandlung schützte. Es kann aber auch das ursprüngliche *Gefüge* noch erkennbar sein. Wir kommen damit zu dem für die metamorphen Gesteine ganz besonders wichtigen Kapitel des Gefüges. Wenn ein ehemaliger Bänderton umkristallisiert, so kann man häufig trotz völliger Umwandlung noch die Ursprungsbänderung erkennen (Abb. 373), auch wenn eine sehr starke Umkristallisation stattgefunden hat. Wir können aus dem Befund auf einen ursprünglichen Bänderton schließen, wie er besonders in glazialen Seen entsteht (S. 241).

Blastische Strukturen. Die neugebildete Struktur — im Gegensatz zu der ursprünglichen Textur — ist in ihrer Entstehung grundsätzlich verschieden von der eines Erstarrungsgesteins, in dem die einzelnen Komponenten aus ihrer Schmelze nacheinander oder miteinander auskristallisieren. Hier ist ja ein festes

Gestein umgewandelt. Bleibt der Strukturtypus des Ursprungsgesteins erhalten, so bezeichnet man die neue Struktur mit dem ursprünglichen Strukturausdruck und setzt das Wort blasto (griech. blastein = sprossen) davor. Ein umkristallisiertes Konglomeratgefüge heißt also *blastopsephtitisch*, ein ehemaliger Sandstein *blastopsammitisch*, ein ehemaliger Porphyr *blastoporphyrisch*.

Die idioblastische Reihe. Ist die alte Struktur nicht mehr erkennbar, so nennt man gleichmäßig körnige Strukturen *granoblastisch*. Auch hier gibt es, wie bei den Eruptivgesteinen, Minerale, die Eigengestalt zeigen, und solche, die

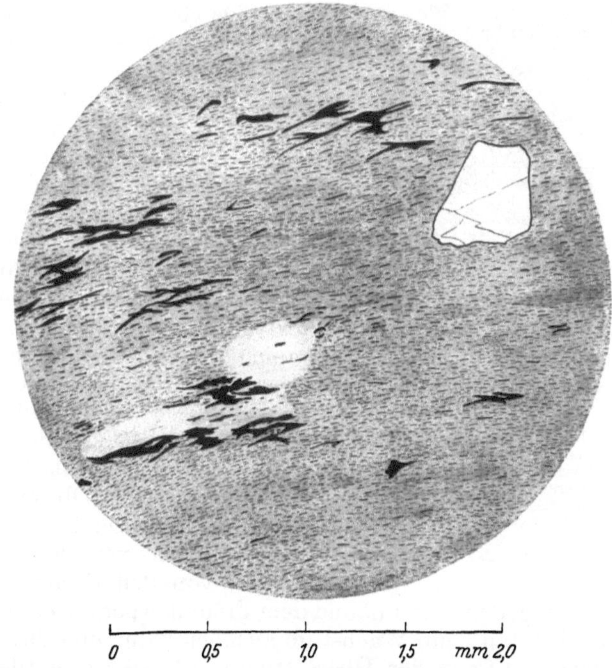

Abb. 372. Gestreckte Pseudomorphosen von Sericit nach Feldspat (hellgrau) und Relikt eines Quarzeinsprenglings (weiß) in sericitisiertem und geschiefertem Quarzporphyr. Grundmasse Sericit (dunkelgrau) und Erz (schwarz). Guinda, Minas Geraes

es nicht tun. BECKE hat die folgende „*idioblastische*" Reihe aufgestellt, in der die zuerst genannten häufig ihre eigene Kristallform zeigen, während die zuletzt genannten dieses nur sehr selten oder überhaupt nicht tun. Sie lautet:

Titanit, Rutil, Magnetit, Hämatit, Ilmenit, Granat, Turmalin, Staurolith, Disthen,
    Epidot, Zoisit,
    Augit, Hornblende,
    Breunnerit [$(Mg, Fe)CO_3$], Dolomit, Albit,
    Glimmer, Chlorit,
    Calcit,
    Quarz, Plagioklas,
    Orthoklas, Mikroklin.

Es handelt sich nicht, wie bei den magmatischen Gesteinen, um Altersunterschiede, sondern um die Fähigkeit, sich gegen die Nachbarn durchzusetzen. Man spricht deshalb häufig von einer „Kristallisationskraft" oder besser von „*Formenergie*". Eine wirkliche Erklärung für diese Erscheinung ist noch nicht gefunden.

Man kann nur feststellen, daß die Oxyde an der Spitze stehen und daneben Inselsilikate. Diese sind ja besonders dicht gepackte Minerale. Es folgen dann die Ketten und Bänder, dann die Blattspalter, und zum Schluß folgen die Gerüstsilikate mit ihrem relativ lockeren Gitterbau. Dabei ist zu bemerken, daß Albit nur in einzelnen besonderen Fällen vor die Glimmer zu stellen ist. Wahrscheinlich spielen Grenzflächenkräfte bei dieser Formenergie eine wesentliche Rolle.

Porphyroblasten. Nicht selten beobachtet man in umgewandelten Gesteinen auch die Neubildung einzelner größerer Kristalle, die man Porphyroblasten nennt. Diese Kristalle sind meist durch die feinkörnige Grundmasse hindurchgewachsen, wie in der Abb. 374. Bereits bei der Diagenese kommen solche Bildungen vor. Pyrite in Tonen und Tonschiefern erreichen Durchmesser von 1 cm, Quarzkristalle in Gipsen mehrere cm Länge. Auch Zinkblende und Bleiglanz kommen als diagenetische Porphyroblasten vor. Hierher gehört auch der „kristallisierte" Sandstein, bei dem oft recht große einheitliche Kalkspatkristalle durch einen Sand hindurchgewachsen sind, auch Schwerspat-, Gips- und Anhydritkristalle kommen so vor. In noch plastischen Tonen bildet sich durch die Reaktion der bei der Verwitterung des Schwefelkieses entstehenden Schwefelsäure mit dem Calciumcarbonat Gips, und diese „Porphyroblasten" haben meist keine Einschlüsse. Ob ein Kristall beim Wachstum durch seine Umgebung hindurchwächst oder sie vor sich herschiebt, hängt einerseits von den Grenzflächenspannungen

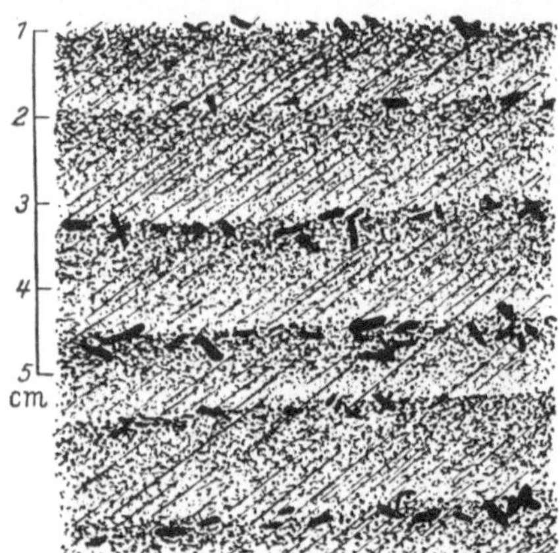

Abb. 373. Relikte Bänderung in Staurolithglimmerschiefer. Suistamo, Ostfinnland. Die Staurolithporphyroblasten treten besonders in den tonigeren, dunkleren Teilen des ehemaligen Bändertons auf. Die schräg von links unten nach rechts oben verlaufende Schieferung hat die Bänderung nicht verwischt (aus BARTH-CORRENS-ESKOLA)

zwischen der Lösung, dem Kristall und dem Fremdkörper ab, andererseits von dem Druck, den der Kristall beim Wachstum ausüben kann, und dieser wiederum, wie oben S. 223 dargelegt, von der Übersättigung. In den eigentlich metamorphen Gesteinen reicht der Druck wohl nie aus, die Umgebung beiseite zu schieben.

Konkretionen. Die einzelnen Kristalle verdanken ihr Wachstum einem Konzentrationsgefälle im Gestein. In einer übersättigten Porenlösung diffundieren die Ionen zu einem Keim hin, so daß er wächst, zuweilen kann man einen hellgefärbten Hof um solche Kristalle beobachten. Nicht selten findet man im Stadium der Diagenese, daß an einer Stelle mehrere Keime vorhanden sind, zu denen ein solches Konzentrationsgefälle besteht. Es entstehen Konkretionen (lat. concrescere zusammenwachsen). Dabei braucht nicht die ganze Lösung übersättigt zu sein. Wenn z.B. an einer Stelle im Sediment eingebettete organische Substanz allmählich weiter zerfällt und CO_2 bildet, so wird hier Kalk in Lösung gehen können. An anderer Stelle mag durch anaeroben Zerfall von Eiweiß NH_3 produziert werden und Kalk ausfallen. Enthält der Kalk auch SiO_2, z.B. als Opal (Diatomeen, Schwammnadeln usw.), so wird dieses an der alkalischen Stelle aufgelöst und an der sauren ausgefällt werden (s. Abb. 370, S. 281). Durch solche Konzentrationsverschiebungen der Porenlösung können in diesem Falle *Kieselausscheidungen* entstehen. Dabei können auch Verkieselungen vorkommen (s. S. 281). Auch die Fleckenbildung in diagenetisch und in eigentlich metamorph veränderten Gesteinen gehört hierher. Bei den Gesteinen der Kontakthöfe spricht man dann von *Knoten-*, *Flecken-* und *Fruchtschiefern*.

3. Die Verformung der Gesteine

Das Gefüge deformierter Gesteine. Bisher haben wir nur Gefügeeigenschaften betrachtet, die bei der Umkristallisation entstehen, und haben die mechanische Verformung beiseite gelassen. Wir wollen ihre Besprechung mit den durch sie bedingten Gefügeeigenschaften beginnen. Besonders auffällig ist die Schieferung, auf die auch der früher oft gebrauchte Ausdruck „kristalline Schiefer" zurückgeht. Es gibt auch metamorphe klastische Sedimente, die keine Schieferung zeigen, z. B. in der Glaukophan-Lawsonitfacies. In den Schiefern beobachten wir, daß Glimmerblättchen und stengelige Kristalle, z. B. von Hornblende, in parallelen Ebenen liegen und eine Ablösung nach diesen Ebenen bedingen. Während die Orientierung dieser Kristalle in die Augen fallend und schon lange bekannt ist, ist man erst in den letzten Jahrzehnten darauf aufmerksam geworden, daß auch Gesteine, denen man solche Orientierung ihrer Bestandteile nicht ansieht, diese trotzdem zeigen können. So hat man feststellen können, daß ein scheinbar regellos kristallisierter Granit, wenn man Platten in bestimmten Richtungen untersuchte, bis zu 15 % Unterschied in der Druckfestigkeit zeigte, bei einem Marmor waren es 27 %. Auch die Durchsichtigkeit der Oberflächenschicht des Marmors, die ihm den warmen lebendigen Ton gibt, kann deutlich von der Orientierung abhängen.

Abb. 374. Porphyroblasten im Granat-Sericit-Schiefer. Geröll aus dem Mareiter Bach bei Bozen. In feinkörniger Grundmasse aus Quarz, Sericit und kohliger Substanz liegen zwei große Granat- (hell) und ein Glimmerkristall (dunkel), die die Grundmasse mit ihrer Schieferung einschließen

Die Beschreibung der Regelung. Wie kann man nun feststellen, wie die Bausteine eines Gesteins orientiert sind? Dazu dient vor allem die mikroskopische Untersuchung, die uns gestattet, die Lage der Indikatrix der Minerale zu bestimmen, oder die röntgenographische, die Gitterbezugsrichtungen ergibt. Die Lage solcher Richtungen, z. B. der optischen Achsen von Kalkspat oder Quarz, trägt man dann in eine flächentreue Azimutalprojektion ein, die ähnlich wie die stereographische Projektion angewendet wird und sich von ihr nur dadurch unterscheidet, daß sie flächentreu statt winkeltreu ist. Sie dient also nicht zur Winkelmessung, man will vielmehr mit dem Eintragen der Achsenpole die statistische Häufigkeit feststellen, und dazu muß man die Areale vergleichen. Wenn man solche Messungen dann zu den geographischen Koordinaten des Fundpunktes und zu anderen Gefügeeigenschaften, Schieferung, Striemung usw., des Gesteins in Beziehung setzt, kann man sich ein Bild von dem Bewegungsvorgang verschaffen. Abb. 375 zeigt die Lagenkugel mit den Polen von Quarzachsen und daneben die dazugehörige Projektion. Man kann diese lesen wie eine Landkarte mit Höhenschichten. Das Maximum der Quarzachsen liegt in der Mitte der Projektion und fällt nach den Seiten hin ab. Ein solches Gefüge hat eine axiale Symmetrie, die Lage der Quarzkristalle pendelt um die vertikale Achse der Kugel. Abb. 376 zeigt in der gleichen Art der Darstellung

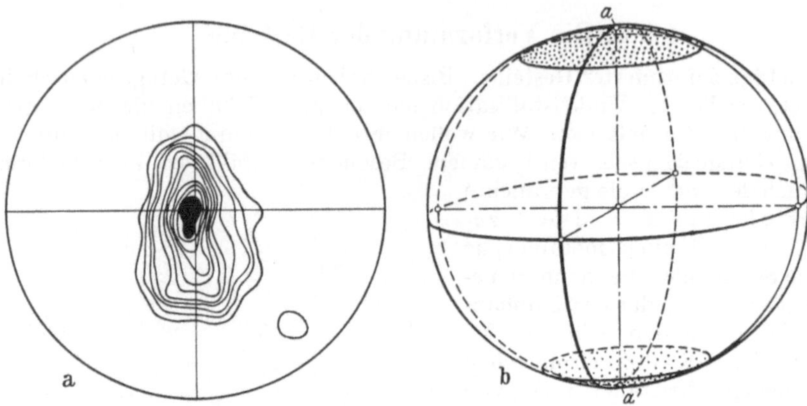

Abb. 375a u. b. Gefüge mit axialer Symmetrie (aus BLISS-KNOPF). a Diagramm. 138 Quarzachsen, Meli-
bokusgranit, nach SANDER. Die Schichtlinienabstände entsprechen von innen nach außen den Mengen in
Prozent: >18—16—14—12—10—8—6—4—2—1—0,5—0. b Schematische   Darstellung   der   Lagen   der
Quarzachsen auf der Lagenkugel. a ist die Projektion der Achsen um a auf die Äquatorebene.

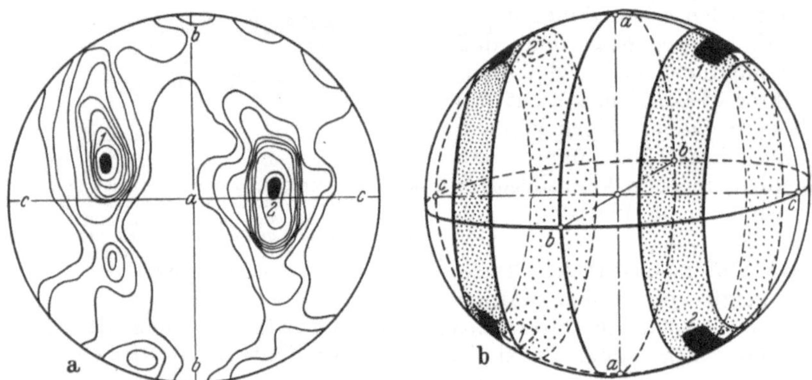

Abb. 376a u. b. Gefüge rhombischer Symmetrie (aus BLISS-KNOPF). a Diagramm. 380 Quarzachsen, Granulit,
Rochsburg bei Penig, nach SANDER. Intervalle in Prozent: >10—8—6—5—4—3—2—1—0,5 —0.
b Schematische Darstellung der Lagenkugel zu a.

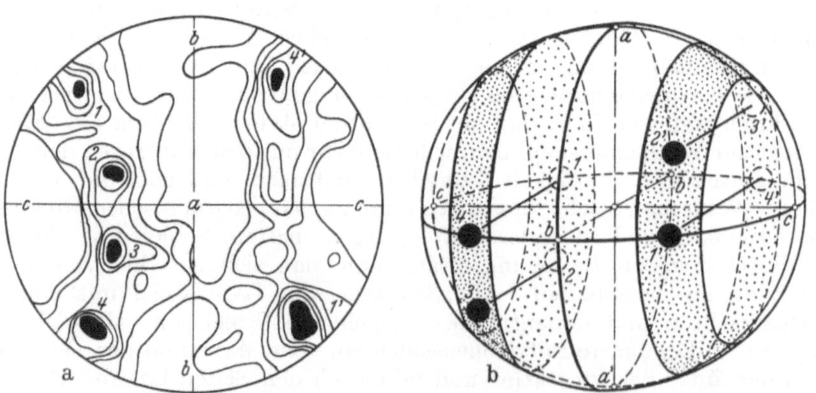

Abb. 377a u. b. Gefüge mit monokliner Symmetrie (aus BLISS-KNOPF). a Diagramm. 248 Quarzachsen
Granulit, Hartmannsdorf i. Sa., nach SANDER. Intervalle in Prozent: >5—4—3—2—1—0 5—0.
b Schematische Darstellung der Lagenkugel zu a.

ein rhombisches Gefüge, d.h. ein Gefüge, das drei Symmetrieebenen hat. Wie man sieht, ist die Genauigkeit der rhombischen Einpassung nicht sehr groß. Das Maximum 1 müßte eigentlich auf der Linie $c-a$ liegen. Ein Diagramm mit monokliner Symmetrie zeigt die nächste Abb. 377. Während auf der linken Seite die Symmetrie relativ gut gewahrt ist, entspricht das Maximum 1' dem von 4' nicht quantitativ. Ein triklines Diagramm schließlich ist in der Abb. 378 dargestellt.

Laminare Bewegungen. Das Studium solcher Gefüge ist für tektonische Fragen sehr wichtig geworden, und von ihm ausgehend hat sich die Erkenntnis immer mehr Bahn gebrochen, wie wichtig eine Gefügelehre überhaupt ist, eine Gefügelehre, die sich nicht nur auf alle Gesteinsarten, sondern überhaupt auf

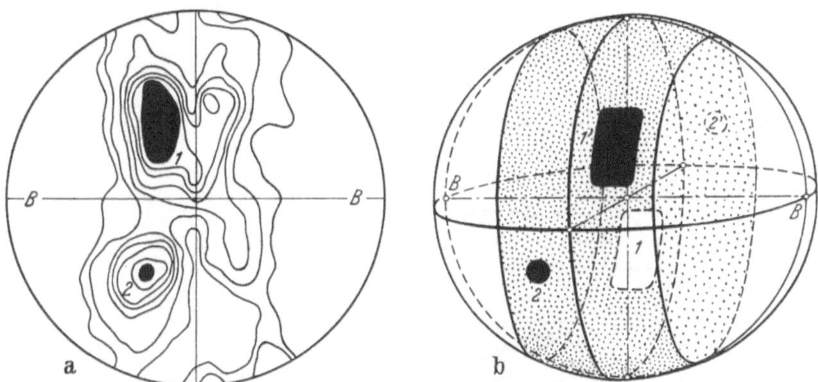

Abb. 378a u. b. Gefüge mit trikliner Symmetrie (aus BLISS-KNOPF). a Diagramm. > 500 Quarzachsen, Griffelgneiss, Niederlautstein i. Sa., nach SANDER. Intervalle in Prozent: Maximum 1 (12−6); Maximum 2 (8−6)−5−4−3−2−1−0,5−0. b Schematische Darstellung der Lagenkugel zu a

alle Gebiete der Natur erstreckt. Als Pioniere auf diesem Gebiet sind BR. SANDER und WALTER SCHMIDT zu nennen. Wir beschränken uns an dieser Stelle auf die Deformationsgefüge der Gesteine und fragen uns, wie solche regelmäßigen Anordnungen zustande kommen können. Wir können uns dazu vorstellen, daß das Gestein zum Fließen gebracht wird. Bei der großen Zähigkeit, die ein solcher Gesteinsfluß haben wird, wird es sich fast immer um laminares Fließen handeln. Je höher die Temperatur ist, um so plastischer wird das Gestein sein, bis schließlich so viel Schmelze vorhanden ist, daß das Material wie eine Flüssigkeit fließt. Bei der eigentlichen Metamorphose handelt es sich aber um Bewegung im festen Zustand. Da treten häufig Gleitflächen in Funktion, die im Gestein schon vorgebildet sind wie z.B. Schichtflächen oder durch Metamorphose entstandene Schieferungsflächen. Das Fließen wird also dadurch ermöglicht, daß das Gestein aus Lamellen besteht, die „laminar" übereinandergleiten. Die Dicke dieser Lamellen kann sehr verschieden sein, von mikroskopischem Ausmaß bis zu meterdicken Bänken, die man *Gleitbretter* nennt. Wir haben dann einen Verformungsvorgang, der formell der Translation in Kristallgittern entspricht, Verformung nach vorgebildeten Ebenen.

Homogene und nicht homogene Verformung. Wir nennen eine Verformung homogen oder affin, wenn der Schub das Gestein so verändert, daß aus Kugeln Ellipsoide, im Querschnitt aus Kreisen Ellipsen werden und gerade Linien gerade bleiben, nur ihre Lage ändern, so wie die Zeichnung auf dem Kartenstoß der Abb. 379 in die der Abb. 380 übergeht. Eine ursprünglich senkrechte Linie nähert sich um so mehr der horizontalen, je stärker die Verformung wird, damit das Einordnen der Minerale in die Gleitebene darstellend.

Abb. 381 zeigt eine nicht homogene oder nicht affine Verformung, bei der aus Geraden gekrümmte Kurven werden und auch der Kreis zu einer unregelmäßigen Form wird. Durch solche nicht homogene Verformung können Faltenbilder entstehen, indem eine Zeichnung, die quer zu den Lamellen verläuft, zu einer gebogenen Linie verschoben wird. Solche Faltenbilder werden auch „unechte" Falten genannt, im Gegensatz zu den echten Falten, die durch Biegung entstehen.

Einfache Schiebung. Ein besonderer Fall einer homogenen und affinen Verformung ist die einfache Schiebung (reine Schiebung, HELMHOLTZ), die bei den Kristallen gleich der Druckzwillingsbildung ist (s. S. 91). Betrachten wir die

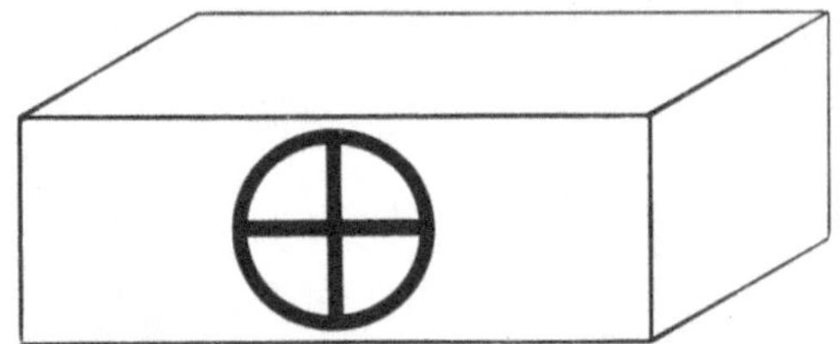

Abb. 379. Kartenstoß vor der Verformung

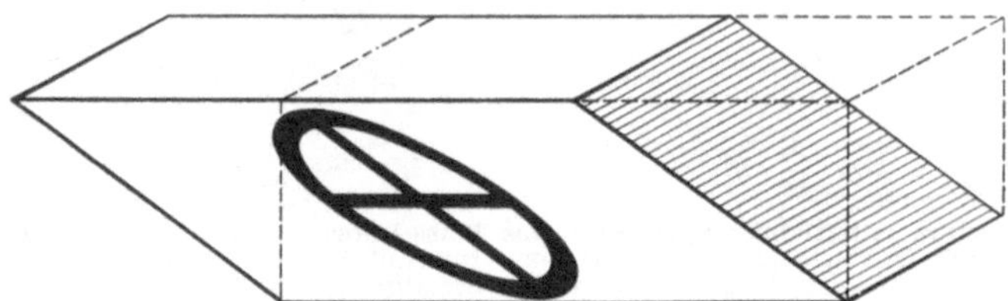

Abb. 380. Kartenstoß nach homogener Verformung

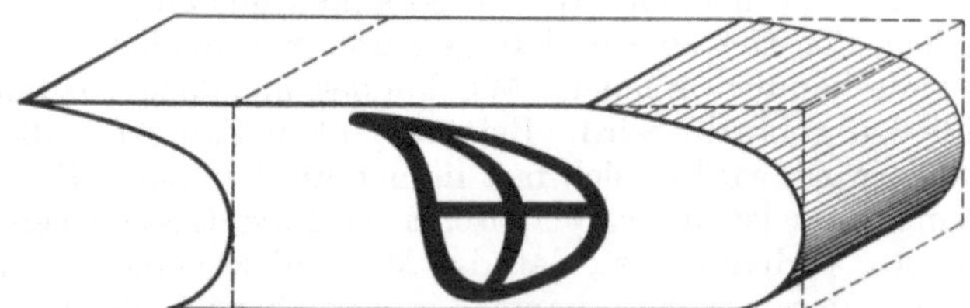

Abb. 381. Kartenstoß nach nicht homogener Verformung

Deformation eines Würfels, der eine Kugel umschließt und unter einseitigem Druck von oben, also in Richtung der c-Achse, zusammengedrückt wird. Dabei soll die b-Achse unverändert bleiben, die c-Achse in dem Maße verkürzt und die a-Achse so ausgedehnt werden, daß das Volumen des Körpers sich nicht ändert. Aus dem Würfel wird ein Parallelepiped, aus der Kugel ein dreiachsiges Ellipsoid (Abb. 382). Jedes Ellipsoid hat, wie bereits mehrfach erwähnt wurde, zwei Schnittebenen, die Kreise sind, ihre Spuren sind in der Abbildung die Verbindung der Schnittpunkte an Kugel und Ellipse. Der Unterschied zwischen Kristall und einem isotropen Körper, als welchen wir manche Gesteine auffassen können, ist nun der, daß beim Kristall die Lage der Gleitflächen durch den Gitterbau gegeben ist, im isotropen Körper aber ihre Lage vom Druck abhängt. Sie bilden einen um so kleineren Winkel mit der Horizontalen, je stärker das Gestein plastisch deformiert wird. Bei plastischer Verformung spielen diese

Ebenen nur eine geometrische Rolle. Wird aber die Festigkeit überschritten, so treten sie als Sprünge auf. Man spricht dann von *Scherrissen* oder *Diagonalklüften*.

Geht die plastische Verformung so weit, daß die Kreisschnittebenen mit der Horizontalebene zusammenfallen, so spricht man von *Plättung*.

Die Entstehung der Regelung. Wir wollen nun die Verformung im Kornverband des Gesteins betrachten. Bei den beiden Arten der Verformung kann zweierlei geschehen. Die Kristallkörner können in sich nach Translationen oder nach einfachen Schiebungen deformiert werden, oder sie können, wenn sie nicht kugelig, sondern z. B. Stengel oder Blättchen sind, von der Strömung erfaßt und in sie eingeordnet werden. Werden die Körner selbst verformt, so spricht man von *intragranularer Verformung*, während das Eindrehen der ganzen Körner als *intergranulare Verformung* und beide Arten zusammen als „Regelung" bezeichnet werden.

Wenn ein solcher Gesteinsfluß zwischen festen Ufern fließt, so werden wir eine monokline Anordnung der in die Fließrichtung eingeordneten Teilchen bekommen. Wenn er unregelmäßig umgrenzt ist, so wird die Einregelung triklin sein. Bei der oben erwähnten Plättung erhalten wir ein rhombisches Gefüge.

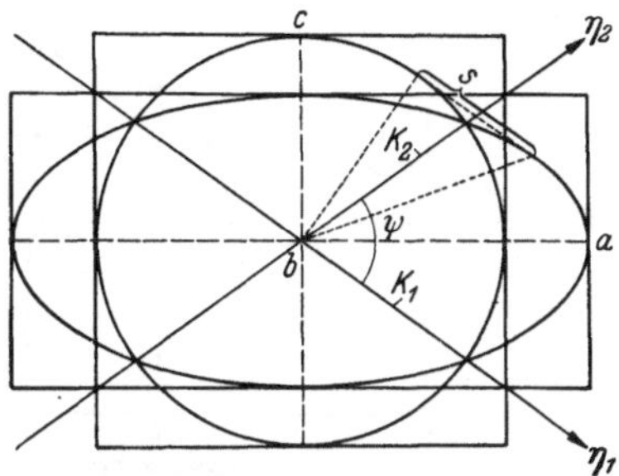

Abb. 382. Verformungsellipsoid bei einfacher Schiebung. k_1 Spur der Gleitebene des ersten Kreisschnittes; η_1 Gleitrichtung; K_2 Spur des zweiten Kreisschnittes; η_2 Richtung der größten Winkeländerung; s Betrag der Schiebung

Die Art, wie die einzelnen Körner des Gesteins deformiert werden, hängt von ihrem Gitterbau ab. Beim *Kalkspat* erfolgt die Regelung durch einfache Schiebung nach (10$\bar{1}$1) und (01$\bar{1}$2). Der *Glimmer* wird nach der Basis (001) durch Translation geregelt. Für die Eigenschaften weiterer Minerale s. Tabelle 15 und 16, S. 92 und 94.

Beim *Quarz* kommen mehrere Arten von Regelungen vor. In Myloniten und Harnischen (s. S. 292) liegt die *c*-Achse in der Bewegungsrichtung. Auch andere Regelungen sind beobachtet worden, z. B. so, als ob eine Rhomboederfläche als Gleitfläche gewirkt hätte. Trotz vieler experimenteller Anstrengungen wissen wir aber bis jetzt noch nicht, wie die Einregelung der Quarze vor sich geht.

Wir haben bisher nur einfache und affine (homogene) Deformationen betrachtet. Durch Zusammenwirken von laminarer Verformung und einfacher Schiebung entsteht die *schiefe Pressung*, die man wieder in ihre Einzelkomponenten zerlegen kann.

Die *nicht homogene Verformung* schließlich, die also z. B. dem Verbiegen eines Kartenstoßes entspricht (Abb. 381), kommt in der Natur ebenfalls häufig vor. Ist die Verformung durch senkrechten Überdruck, wie in Abb. 382, nicht homogen, so kann die *b*-Achse, die bei homogener Verformung in ihrer Größe erhalten blieb, auch gedehnt werden. Im Extremfall wird die Dehnung sowohl nach der *a*- als auch nach der *b*-Achse gleich groß werden können, der Körper zerfließt plastisch zu einem Kreis, diese Plättung ergibt ein axiales Diagramm.

Bei diesen Deformationen bezieht man sich meistens auf ein *Achsenkreuz*, das dem kristallographischen Achsenkreuz mit den Achsen *a*, *b*, *c* entspricht, und man bezeichnet dann auch die Flächen mit den entsprechenden Indizes. In der Abb. 382 ist das kristallographische Achsenkreuz gegenüber der in der

Kristallographie üblichen Aufstellung um 90° gedreht, so daß also die *a*-Achse von links nach rechts verläuft. Das ist in dieser Abbildung geschehen, weil bei der homogenen Verformung die *b*-Achse konstant bleibt.

Deformation mit Bruchbildung. Wird bei der Deformation die Festigkeit überschritten, so zerbrechen die Gesteine. Wir erhalten ein Druck-Verkürzungsdiagramm, das ähnlich aussieht wie das auf S. 95, Abb. 206, mitgeteilte Zug-Dehnungsdiagramm. In der Abb. 383 sind Versuche von Griggs an Solnhofener Plattenkalk, einem sehr gleichmäßig feinkörnigen Gestein, aufgezeichnet. Bei hohem allseitigen Druck — die Werte sind an die Kurven geschrieben — nimmt die Verkürzung bei steigendem Überdruck (Ordinate!) nur langsam zu, um dann in plastisches Fließen überzugehen, bei dem geringe Überdruckerhöhung bereits starke Formänderung bewirkt. Je geringer der allseitige Druck ist, um so früher wird die Bruchgrenze erreicht. Das Diagramm zeigt, daß es eines

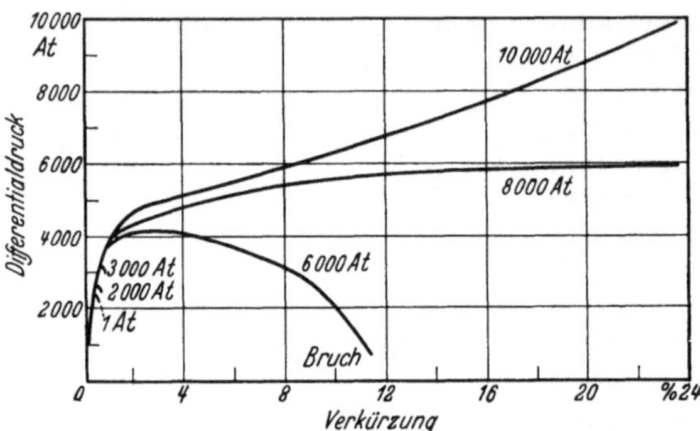

Abb. 383. Deformation von Solnhofener Plattenkalk unter verschiedenen Drucken bei 25° C (nach Griggs 1936)

allseitigen Druckes von 8000 Atm. bedarf, wie er in Erdtiefen von 30 km herrscht, um den Kalk plastisch deformierbar zu machen. Neuere Versuche von Heard (1960) zeigen, daß bereits bei 7500 Atm., also in etwa 28 km Tiefe, bei Zimmertemperatur Verformung einsetzt. Temperaturerhöhung vermindert bei gleicher Beanspruchung die Festigkeit, bei höheren Temperaturen tritt also Verformung schon bei geringeren Drucken auf. Dagegen erhöht Porenflüssigkeit die Sprödigkeit, sie vermindert also die Verformbarkeit.

Beim Zerbrechen der Gesteine treten Risse oder Sprünge auf, die Klüfte genannt werden. Man unterscheidet *Scherklüfte*, die den schon S. 291 erwähnten Diagonalklüften entsprechen, und *Zerrklüfte*, die senkrecht zur Zugrichtung stehen. Auf die Bedeutung der Klüfte hat besonders H. Cloos hingewiesen und sie für geologisch-tektonische Probleme nutzbar gemacht.

Ist die mechanische Beanspruchung noch stärker, so wird das Gestein in sehr viele kleine Bruchstücke zerlegt, man spricht von *Kataklase* und kataklastischer Struktur. Diese Zerlegung kann so weit gehen, daß das Gestein zermahlen wird, es entstehen *Mylonite*. Die Korngröße der kataklastischen Produkte schwankt zwischen mehreren Zentimetern und kolloidalen Dimensionen. In Abb. 384 ist der Beginn der kataklastischen Zerlegung der Quarze deutlich zu erkennen. An Scherklüften findet man häufig sehr dünne Mylonitschichten, die *Harnische* genannt werden. Bei Myloniten mit groben Korngrößen spricht man auch von *Reibungsbreccien*. Bei der Zertrümmerung kann durch die Reibung so viel Wärme erzeugt werden, daß das Gestein zum Schmelzen kommt. Solche Gesteine nennt man *Pseudotachylite* wegen der Ähnlichkeit der glasig-geschmolzenen Gesteine mit Basaltgläsern, den Tachyliten. Besser ist wohl, von *Schmelzmyloniten* zu sprechen.

Das Zusammenwirken von Verformung und Umkristallisation. Wir müssen nun noch das Zusammenspiel von Deformation und Umkristallisation betrachten. Schon der Name kristalline Schiefer, mit dem man häufig derartige metamorphe Gesteine bezeichnet, deutet die Rolle an, die sowohl die Umkristallisation wie auch die Verformung spielen. Eine Gefügeregelung kann auch dadurch entstehen, daß nach dem S. 269 erwähnten *Rieckeschen Prinzip* ein Korn, das unter einseitigem Überdruck steht, aufgelöst wird, und früher hat man die Schieferung allein auf diesem Wege erklären wollen. Ob allerdings ein und derselbe Kristall dabei in der Richtung senkrecht zum Druck weiterwächst, ist bisher nicht bewiesen, wohl aber können nicht gedrückte Minerale im Druckschatten auf Kosten der gedrückten wachsen und dadurch ein Gefüge senkrecht zum Druck erzeugen. Dieser Vorgang kann also auch bei der Deformierung der Gesteine mitwirken. Meistens wird aber die Schieferung auf die oben besprochenen mechanischen Deformationen zurückzuführen sein.

Die Gleitflächen des Gesteins werden ferner für die in ihm zirkulierenden Lösungen besonders gute Bahnen bilden, auf denen dann sowohl Lösungsvorgänge wie auch Neubildungen aus diesen Lösungen erfolgen können. SANDER hat auf diese Wirkung der „*Wegsamkeit*" besonders hingewiesen. Schieferung kann bereits bei der Diagenese entstehen. Während der Diagenese bilden sich auch durch Lösung entlang Schicht- oder Spaltenfugen die *Drucksuturen* oder *Stylolithen*, deren Zacken durch unterschiedlichen Widerstand gegen die Auflösung hervorgebracht werden.

Beim Rieckeschen Prinzip tritt während der Deformation Umkristallisation

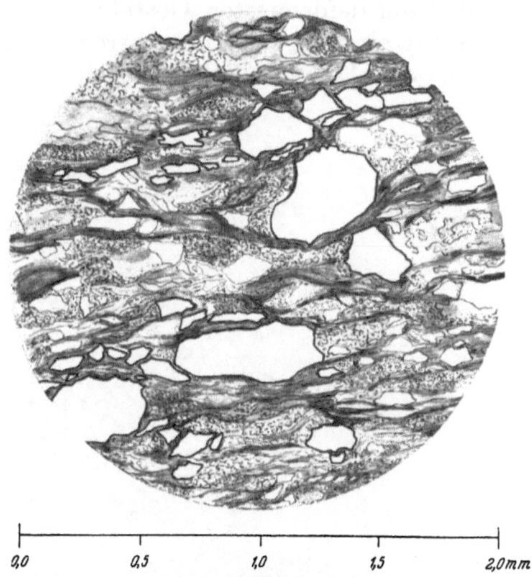

Abb. 384. Beginnende Mylonitisierung in einem tonigen Sandstein der Macahubas-Serie, Minas Geraes. Zerbrochene große Quarzkörner in einer Grundmasse von Ton und Kalkspat (punktiert)

ein, bei dem Prinzip der Wegsamkeit kann die Neubildung auch nach ihr eintreten. Ist zuerst eine Deformation und dann eine Umkristallisation erfolgt, so spricht man von einer *präkristallinen Deformation*. Sind Deformation und Umkristallisation gleichzeitig, so nennt man das *para-* oder *synkristalline Deformation*, und wenn die Deformation nach der Umkristallisation eintritt, so heißt dieser Fall *postkristalline Deformation*. Bezieht man die Vorgänge auf die Kristallisation, so unterscheidet man prä-, para- (oder syn-) und posttektonische Kristallisation. Anstelle von „tektonisch" wird auch „kinematisch" verwendet. In der Metallkunde würde man postkristalline Deformation Kaltreckung nennen. Wir wissen aus der Metallkunde, daß bei der Kaltreckung eine Verfestigung eintritt, und daß überhaupt für die Kaltreckung wesentlich höhere Energiebeträge nötig sind als für die Warmreckung. Die Warmreckung entspricht dem Fall der Deformation mit gleichzeitiger Umkristallisation, der parakristallinen Deformation. Bei der Kaltreckung treten während der Deformation Gitterstörungen auf, die die Verfestigung bewirken. Bei einem Kaltrecken mit nachfolgendem Anlassen, das einer präkristallinen Deformation entspricht, dienen diese Gitterstörungen als Keime für die Umkristallisation. Unter solchen Umständen können dann auch Porphyroblasten entstehen. Wachsen sie, solange die Durchbewegung noch andauert, so werden die wachsenden Kristalle gedreht und nehmen so verschieden orientierte Teile der Grundmasse in sich auf. Einen gedrehten Granat zeigt die Abb. 385. Man kann aus ihnen den Betrag der Scherung l/d, um den ein Fließen stattgefunden hat, errechnen. Bezeichnet man ähnlich wie bei der Translation den Betrag der Verschiebung l auf den Querschnitt d bezogen mit $s = l/d$, so

findet man nach Mügge in dem Gestein, aus dem die obige Abbildung stammt,
bei einigen Granaten, die um 90° gedreht sind, $s = 1,57$ und bei anderen den
doppelten Wert. In einem Schichtpaket von 100 m Dicke wäre also ein Punkt
der Oberseite um 157 bzw. 314 m gegenüber dem ursprünglich auf der Unterseite darunterliegenden verschoben.

Streß- und Antistreßminerale. Die Art, wie die verschiedenen Minerale nun
auf die Deformation reagieren, ist verschieden. Einige Minerale treten nie in
mechanisch deformierten Gesteinen auf. Man hat sie nach dem englischen Ausdruck für einseitigen Druck, Stress, *Antistreßminerale* genannt (Harker). Hierher gehören: Leucit, Nephelin, Sodalith, Cancrinit, Skapolith, Andalusit, Cordierit.

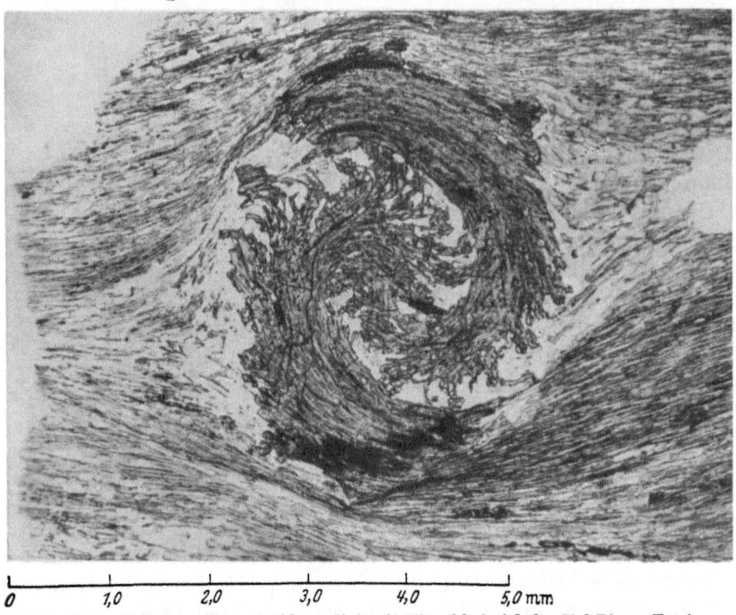

Abb. 385. Gedrehter Granat (Almandin) mit Einschlußwirbeln, Val Piora, Tessin

Andererseits findet man gewisse Minerale vorwiegend in deformierten Gesteinen,
die *Streßminerale*. Hierher gehören: Disthen, Chloritoid, Staurolith, Glimmer,
Talk, Chlorit, manche Amphibole, Epidot, Zoisit. Während die Antistreßminerale
niemals in mechanisch deformierten Gesteinen vorkommen, kommen die Streßminerale auch in nicht deformierten Mineralgesellschaften vor, so z.B. die Glimmer, Disthen und Staurolith.

Worauf der Unterschied zwischen Streß- und Antistreßmineralen beruht,
ist noch nicht geklärt. Man kann nur feststellen, daß Blatt- und Kettensilikate
nicht als Antistreßminerale auftreten. Bei beiden Gruppen treten Inselsilikate
auf. Zwar sind die wichtigsten Antistreßminerale Gerüstsilikate, es kommen
aber auch andere Gerüstsilikate unter Streßbedingungen häufig vor, wie Albit
und Mikroklin.

Einseitiger Druck, Streß wie er bei der Deformation auftritt, erhöht die
Reaktionsgeschwindigkeit, führt aber nicht zu Änderungen in dem durch hydrostatischen Druck P und Temperatur T gegebenen Stabilitätsbereich. So kann
Aragonit durch Mahlen in einem Mörser in den bei Zimmertemperatur stabilen
Calcit umgewandelt werden. Da manche metastabilen Minerale sich auch in
geologischen Zeiträumen nicht in die stabile Modifikation umwandeln (z.B.
Diamant, Aragonit), könnte Streß als Katalysator der Umwandlung wirksam sein.

Man hat auch *Plus- und Minusminerale* unterschieden, je nachdem, ob die
Summe der Molekularvolumina der Oxide größer oder kleiner als das Mole-
kularvolumen des Minerals ist. Die Plusminerale entsprechen bei geeigneter
Berechnung den Antistreßmineralen, die Minusminerale den Streßmineralen.

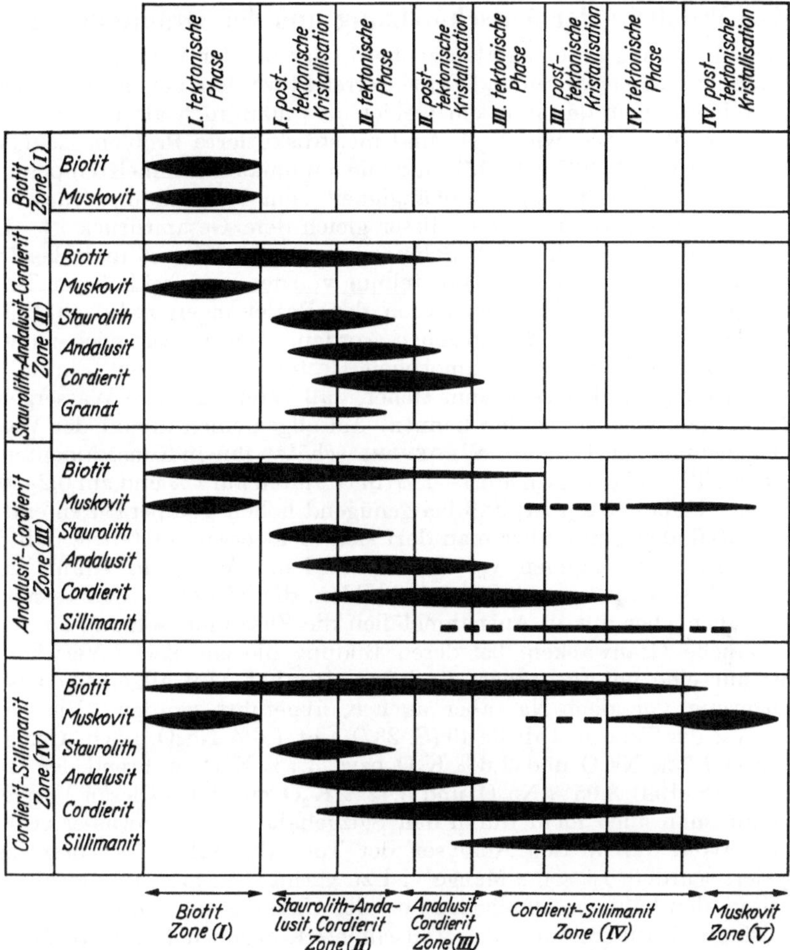

Abb. 386. Beziehung zwischen mehreren Phasen der Tektonik und der Kristallisation im Bosostgebiet (vereinfacht nach Zwart, 1962). Die schwarzen Figuren geben an, wann das betreffende Mineral gewachsen ist.

Jedoch haben derartige Überlegungen heute im Zeitalter der Kristallstrukturen
ihre Bedeutung verloren, da wir wissen, daß diese Minerale ja nicht aus den
Oxiden aufgebaut sind.

Polymetamorphe Gesteine. Bisher haben wir die Vorgänge der Metamorphose
so dargestellt, als ob nur einmal eine Kristallisation erfolge und nur eine tektonische Phase vorkäme. Sehr häufig überlagern sich aber mehrere dieser Phasen
im Laufe der Erdgeschichte. Ein Hilfsmittel, solche Überlagerungen zu erkennen,
ist z. B. die Untersuchung der Wachstums- und Bewegungsvorgänge von Porphyroblasten (s. S. 286). So hat Zwart im Bosost-Gebiet der zentralen Pyrenäen
die in Abb. 386 dargestellte Aufgliederung der metamorphen Vorgänge vornehmen können. Zunächst fand progressive Metamorphose unter relativ niedrigem

hydrostatischen Druck und einem vermuteten geothermalen Gradienten von 15°C pro 100 m statt. Es handelt sich also um eine Zwischenstufe zwischen Regional- und Kontaktmetamorphose. Zum Schluß tritt noch eine retrograde Umwandlung auf, die Staurolithe sind in Pseudomorphosen von Muskovit umgewandelt.

4. Die Probleme der Aufschmelzung und der Granitbildung

Bei der Annäherung an einen Magmenherd oder bei der Versenkung in große Erdtiefen können Temperaturen und Drucke erreicht werden, bei denen Schmelzen auftreten. Wir kommen damit in ein Gebiet, das man auch als Ultrametamorphose bezeichnet hat. Das wichtigste und meistdiskutierte Problem ist das der Granitbildung. In Abb. 367 (S. 275) sind die minimalen Schmelztemperaturen für Granit (K) und Basalt (M) in Abhängigkeit vom Wasserdampfdruck eingetragen unter der Voraussetzung, daß dieser gleich dem Gesamtdruck ist. Diese Kurven dürfen also nicht als „die" Schmelzkurven von Granit und Basalt betrachtet werden, aber sie geben eine Vorstellung von dem, was bei höheren Temperaturen zu erwarten ist. Eine Diskussion der Beziehungen zwischen Wassergehalt und Druck ist auf S. 210 gegeben worden. Wir wissen noch zu wenig über den Wasserhaushalt der metamorphen Gesteine, um seinen Einfluß hier besprechen zu können, aber es scheint sicher, daß bereits geringe Wassergehalte für die Reaktionen wichtig werden können. Im allgemeinen nimmt der Wassergehalt mit zunehmender Tiefe ab. WEDEPOHL schätzt ihn in Tonsedimenten auf $> 5\%$ H_2O, in Sillimanitgneissen auf $1-2\%$, in Graniten auf 1% und auf $0,2-0,6\%$ in Granuliten. Unbestritten ist, daß bei genügend hohen Temperaturen ein Aufschmelzen stattfinden kann, aber man darf sich nicht etwa vorstellen, daß dann einfach Sedimente in Magmen verwandelt werden. Wenn ein Granit aufgeschmolzen wird, so kann er eine Schmelze bilden, die wieder zu Granit erstarrt. Sedimente haben aber nur in Ausnahmefällen die Zusammensetzung eines Granits, wie manche Grauwacken, bei deren Bildung die chemische Verwitterung keine oder nur eine untergeordnete Rolle gespielt hat. Im allgemeinen ist bei der Verwitterung vor allem Na, aber auch K abgeführt worden. Die Durchschnittsanalyse der Tone in Tabelle 49 (S. 237) gibt $1,6\%$ Na_2O, nach Abzug von CO_2 und H_2O $1,7\%$ Na_2O und $3,6\%$ K_2O bzw. $3,7\%$ K_2O, während der Granit in Tabelle 37 (S. 199) $3,05\%$ Na_2O und $5,42\%$ K_2O enthält. Diesen Mangel an Alkalien kann man auch nicht durch den Salzgehalt von Porenwasser erklären. Abgesehen davon, daß in den Analysen der Tone die Salze des Porenwassers mit analysiert wurden, ist seine Menge viel zu gering. Es gibt aber zwei andere Möglichkeiten, den höheren Alkaligehalt bei der Ultrametamorphose zu erklären. Ein Weg ist durch die Bildung von Teilschmelzen gegeben (selektive Mobilisation). Wenn ein Gestein erwärmt wird, so wird nicht gleich alles zugleich schmelzen. Wir betrachten als Modell das einfache Zweistoffsystem Abb. 291 auf S. 172. Erwärmt man ein Gemisch von Diopsid und Anorthit, so entsteht zunächst bei der Temperatur des Eutektikums eine Schmelze, die die Zusammensetzung des eutektischen Punktes hat. In ihr schwimmen, je nachdem, ob die Ausgangszusammensetzung rechts oder links vom Eutektikum lag, Diopsid oder Anorthit-Kristalle, bis auch diese geschmolzen sind, wenn die Schmelzkurve erreicht ist. Bei Mischkristallen, wie denen der Plagioklase, wird beim Erwärmen zunächst die Soliduskurve erreicht. Kommt es zum Gleichgewicht, so bilden sich zunächst albitreichere Schmelze und anorthitreichere Mischkristalle, bis bei steigender Temperatur diejenige Zusammensetzung der Schmelze erreicht ist, die der ursprünglichen entspricht. Enthalten die Sedimente Wasser, so werden die Schmelzkurven des Systems erniedrigt (s. Abb. 307 und 308, S. 184 und 185). Es entstehen also beim Aufschmelzen eines festen Gesteins zunächst stets Teilschmelzen, auch *Porenschmelzen* genannt, und diese können Adern im Gestein bilden. Solche Adern heißen *Venite*, weil sie — ähnlich wie die Venen im menschlichen Körper — Material aus dem Gestein aufgenommen haben. Die Teilschmelze kann auch durch Bewegungen während der Gebirgsbildung abgequetscht werden und als eine Art Magma an anderer Stelle wieder auskristallisieren, eine Möglichkeit, auf die vor allem ESKOLA hingewiesen hat. Solche Teilschmelzen, auch *Mobilisate* genannt, werden alkalireich sein, weil das Alkali die Schmelztemperaturen herabsetzt und beim Erreichen der eutektischen Temperatur zunächst aus einem Gestein mit wenig Alkali die Schmelzen an den niedriger schmelzenden Stoffen angereichert werden. Diese Überlegung gilt zunächst nur für alkalireiche Ausgangsgesteine. Bei recht vielen Graniten liegt ein ternäres Eutektikum vor, wie TUTTLE und BOWEN (1958) gezeigt haben. Das kann so gedeutet werden, daß sie aus Teilschmelzen entstanden sind, während bei der Differentiation eines basischen Magmas dieses Eutektikum nicht notwendig ist.

Betrachtet man einen größeren Gesteinsverband normaler Sedimente, so müssen beim Aufschmelzen neben den alkalireichen Schmelzen alkaliarme Rückstände auftreten. Als solche werden Gesteine der Pyroxen-Granulitfacies angesprochen, insbesondere solche, die Hypersthen, Granat, Spinell neben Plagioklas, Kalifeldspat und Quarz führen. Aus Gesteinen der Amphibolitfacies könnten durch Teilaufschmelzungen einerseits granitische und andererseits granulitische Gesteine entstehen. Während die Ausscheidung der dunklen Gemengteile in Magmen gemäß dem Schema auf S. 187 in der Pfeilrichtung erfolgt, verläuft sie in der Granulitfacies bei der Metamorphose in der umgekehrten Richtung: Biotit→ Hornblende→ Pyroxen.

Eine zweite vieldiskutierte Möglichkeit ist die Zufuhr insbesondere von Alkalien, also metasomatische Vorgänge. Von relativ kurzer Reichweite, bis etwa 100 m, sind Zonen der Bildung großer Kalifeldspäte rings um Granitkontakte wohlbekannt. Plagioklasbildung scheint im tiefen Grundgebirge nicht an Zufuhr gebunden zu sein, wohl aber in höheren Stockwerken. So berichtet z.B. MISCH (1949) aus dem nordwestlichen Yünnan (China), daß mesozoische Sedimente durch Neubildung von Plagioklas, Kalifeldspat, Quarz, Biotit, Hornblende in granodioritische Gesteine unter niedrigen P-T-Bedingungen umgewandelt wurden. Die Frage der Herkunft der granitisierenden Substanzen ist umstritten. Manchmal wird das Eindringen von Schmelzen verantwortlich gemacht. Als *Migmatite* (griech. migma Mischung) werden grobgemengte Gesteine bezeichnet, die aus mobilen und immobilen Anteilen gebildet sind. Die in dem *Altbestand (Palaeosom)* vorhandenen Lagen oder Adern können entweder magmatisch zugeführt sein, „*Arterite*", oder aus dem Ursprungsgestein durch Teilschmelzen entstanden, mobilisiert, sein „*Venite*". Bei anderen Vorkommen hat man heiße wässerige Lösungen angenommen, bei wieder anderen Einwirkung von Gasen. Es erscheint durchaus möglich, daß alle Übergänge von relativ wasserarmen Schmelzen über wässerige Lösungen bis zu gasförmigen „Emanationen" vorkommen können.

Nach dem bisherigen Stand unserer Kenntnisse darf man annehmen, daß es mindestens drei Arten von Granit und granitähnlichen Gesteinen gibt. Erstens Granite, die aus basischen Schmelzen durch Differentiation entstanden sind, also sich verhalten, wie es in Teil VI bei der magmatischen Gesteinsbildung dargelegt wurde.

Zweitens kann man Granite annehmen, die aus granitähnlichen Gesteinen vollständig wieder aufgeschmolzen sind oder die aus Teilschmelzen stammen. Sedimente können solche Teilschmelzen liefern. Man kann sich folgendes — natürlich sehr vereinfachtes — Bild von diesen Vorgängen machen: In den untersten Stockwerken sollten wir Gesteine der Pyroxengranulitfacies finden, die Rückstände der granitisierenden Medien. Die nach oben folgende Amphibolitfacies ist granitisiert, und im obersten Stockwerk finden wir granitische Intrusionen.

Drittens wird die Auffassung vertreten, daß Sedimente durch Metasomatose in Granite oder granitähnliche Gesteine umgewandelt werden können.

Schließlich ist noch darauf hinzuweisen, daß die Deutung der Granitentstehung noch dadurch kompliziert wird, daß die Granite häufig auch Verdrängungserscheinungen metasomatischer Art, wie Myrmekitbildung, Chloritisierung, Sericitisierung, aufweisen können, die *postmagmatisch* sind. Sie gehören einer pegmatitisch hydrothermalen Nachphase an, die auch als „*Autometamorphose*" bezeichnet wird.

Eine eingehende Darstellung des Granitproblems, der wir hier weitgehend gefolgt sind, hat MEHNERT (1959) gegeben.

Auf die Frage, wieweit diese verschiedenen theoretischen Möglichkeiten nun auch in der Natur verwirklicht sind, kann hier nicht eingegangen werden. Bei der Diskussion sollte man die geologische Seite, vor allem die hier nicht zu behandelnde sachgemäße Feldarbeit, nicht außer Acht lassen. Andererseits bleibt eine Deutung der Untersuchung im Gelände, die im Gegensatz zu physikalisch-chemischen Gesetzmäßigkeiten steht, unbefriedigend. Treten solche Widersprüche auf, so ist entweder die Deutung der Beobachtungen nicht in Ordnung oder die Möglichkeiten physikalisch-chemischer Erklärung sind nicht erschöpft. Ein Beispiel haben wir bei den Salzlagerstätten kennengelernt, bei denen der einwandfrei ermittelte Salzmineralbestand auf Grund der van't Hoffschen Untersuchungen allein nicht plausibel erklärt werden konnte (s. S. 264). Erst die Berücksichtigung verschiedener Einflüsse, besonders der Metamorphose der Salze, führte in der Erkenntnis weiter. Man sollte aber auch hier nicht vergessen, daß diese Erkenntnisse erst möglich wurden, nachdem VAN'T HOFF in seinen klassischen Untersuchungen das physikalisch-chemische Fundament gelegt hatte.

5. Namensgebung von metamorphen Vorgängen und Gesteinen

a) Bezeichnung metamorpher Vorgänge

Im Gebiet der Metamorphose sind im Verlauf der mehr als hundertjährigen Forschung eine Fülle von Namen entstanden. Die Diskussion über die Entstehung metamorpher Gesteine ist öfters dadurch erschwert worden, daß die Namen verschieden verwendet wurden. 1960 wurden von DIETRICH und MEHNERT auf dem Internationalen Geologenkongreß „Vorschläge für die Nomenklatur von Migmatiten und verwandten Gesteinen" veröffentlicht, denen wir uns hier weitgehend anschließen. Besonders beachtenswert scheint mir ein Vorschlag, den WEGMANN bei der Eröffnung der Aussprache über die Nomenklatur gemacht hat, nämlich nicht nur zwischen deskriptiven und genetischen Ausdrücken zu unterscheiden, sondern bei den genetischen funktionale Ausdrücke zu gebrauchen, d. h. solche, die die möglichen Vorgänge darstellen, die in verschiedenen Theorien der Lehrgebäude auftreten können. Wir haben im vorstehenden und auch schon in der ersten Auflage versucht, die grundlegenden Bausteine für Theorien zu liefern, haben aber dabei nur wenige der vielen, meist aus griechischen Worten abgeleiteten Kunstausdrücke verwendet. Da diese für das Verständnis der Literatur gebraucht werden, sollen die wichtigsten hierunter in alphabetischer Reihenfolge aufgeführt werden.

Anatexis: Gesteinsaufschmelzung (Zusätze: intergranulare, partielle, differentielle, selektive, vollständige Aufschmelzung).

Contamination: Veränderung eines Magmas durch Assimilation von Einschlüssen oder Nebengestein.

Diatexis: Hochgradierte Anatexis.

Ectexis (Ektexis): Anatexis unter in situ-Bildung flüssiger Anteile.

Entexis: Bildung von Migmatiten unter Zufuhr mobiler Anteile.

Hybridisierung: 1. Mischung von Magmen. 2. Synonym mit Contamination.

Metablastesis: 1. Umkristallisation von Gesteinen unter bevorzugtem Wachstum bestimmter Minerale (besonders Feldspat). 2. Im wesentlichen isochemische Umkristallisation (ohne Absonderung einer mobilen Phase).

Metasom: Neugebildeter Anteil bei Metasomatose.

Metatekt: Im Hauptbildungsakt flüssiger Teil eines Migmatits.

Metatexis: Niedriggradierte (differentielle oder partielle) Anatexis.

Palingenese: 1. Neubildung eines Magmas durch Schmelzung älterer Gesteine (die nachweislich bereits an wesentlichen Teilen des petrogenetischen Cyclus teilgenommen haben). 2. Neubildung von Gesteinen mit dem Mineralbestand und Gefüge magmatischer Gesteine ohne Aussage über den Mechanismus der Neubildung.

Permeation: Durchdringung von festen Gesteinen durch geochemisch mobile Substanzen (Schmelzen, Lösungen, Gase).

Petroblastesis: Gesteinsbildung durch Kristallisation aus diffundierenden Ionenströmen.

Replacement (deutsch: Verdrängung): Atomarer Stoffaustausch oder praktisch gleichzeitige Auflösung von älteren Mineralen und Kristallisation zugeführter Substanzen.

Stereogen: Während des Hauptbildungsaktes im festen oder überwiegend festen (kristallisierten) Zustand befindlich.

b) Benennung metamorpher Gesteine

Wie wir im vorstehenden gezeigt haben, sind metamorphe Gesteine meist mechanisch verformt. Deswegen werden für sie seit altersher die Namen „*Gneiss*" und „*Schiefer*" in Verbindung mit charakteristischen Mineralen verwendet, z.B.: Hornblendegneiss, Chloritschiefer usw. Schreibweise und Definition von Gneiss wird verschieden gegeben. Im englischen Sprachgebiet wird „Gneiss" wie in der älteren deutschen Literatur geschrieben, im deutschen Sprachgebiet aber „Gneis".

In einem 1962 erschienenen Symposiumsbericht österreichischer Forscher werden nur Gesteine mit Paralleltextur, die über 20% Feldspat und über 10% Glimmer haben, als Gneisse bezeichnet. WENK ist 1963 dafür eingetreten, die alte Schreibweise Gneiss auch im Deutschen wieder zu verwenden und nur das Gefüge und nicht auch den Mineralbestand zur Kennzeichnung zu benutzen: Schiefer spalten in dünne Platten von mm bis 1 cm Dicke oder in Stengel dieser Durchmesser, Gneisse in dicke Platten und Quader von cm bis dm Dicke oder in dicke Prismen (Stengelgneisse).

Werden Tone von der Diagenese und anschließend von der Regionalmetamorphose beeinflußt, so werden aus plastischen Tonen mit zunehmender Verfestigung und Umkristallisation:

Schiefertone → *Tonschiefer* → *Phyllite* → *Glimmerschiefer.*

Kalksteine werden zu *Marmoren* und können wie die Gneisse und Schiefer nach charakteristischen Mineralen benannt werden, z.B. Tremolitmarmor. Ebenso wird bei *Quarziten* verfahren.

Fels wird ein metamorphes Gestein ohne Parallelgefüge genannt (z.B. Hornfels).

Nicht nur Sedimente werden bei der Metamorphose verändert, sondern auch magmatische Gesteine. Man unterscheidet *Paragesteine*, bei denen man sedimentären Ursprung nachweisen kann, und *Orthogesteine*, die aus magmatischem Ausgangsmaterial gebildet wurden. So spricht man von Paragneiss und Orthogneiss. Eine weitere Möglichkeit, das metamorphe Gestein nach seiner Herkunft zu bezeichnen, ist, daß man dem Ursprungsgestein die Vorsilbe „*Meta*" voranstellt, z. B. Meta-Grauwacke, Meta-Diorit usw.

Zwei Gesteinsnamen, die in der Facieslehre erwähnt, aber nicht näher erläutert wurden, sind:

Amphibolit: Gestein, das überwiegend aus gemeiner Hornblende und Plagioklas besteht.

Granulit: feinkörniges (0,1—1 mm) Gestein mit plattiger Absonderung, von granitischem Chemismus, das anstelle von Biotit stets Granate der Reihe Pyrop-Almandin-Spessartit (Pyralspite) neben Kalifeldspat und plattigem Quarz enthält.

Schließlich seien noch einige Namen aus den Nomenklaturvorschlägen 1960 angeführt, die dort als wichtig bezeichnet sind:

Agmatit: Migmatit mit Brekzientextur.

Anatexit: Gesteinsprodukt der Anatexis.

Chorismit: Grobgemengtes Gestein aus petrographisch unterscheidbaren Anteilen beliebiger (unbestimmter) Entstehung.

Dictyonit (Diktyonit): Migmatit mit netzartiger Flexurzonen-Textur.

Ectexit (Ektexit): Gesteinsprodukt der Ectexis (Ektexis).

Ectinit: Gesteinsprodukt der regionalen Kinetometamorphose (ohne wesentliche Metamorphose).

Embrechit: Migmatit mit Lagen-, Schlieren- und Augentextur, in dem das Gefüge des Altbestandes noch z.T. erhalten ist.

Metasomatit: Gesteinsprodukt der Metasomatose.

Metatexit: Gesteinsprodukt der Metatexis.

Nebulit: Migmatit mit Schlieren- und Wolkentextur.

Neosom: Jüngerer Teil eines Chorismits.

Ophthalmit: Chorismit mit Augen- oder Linsentextur.

Palaeosom: Älterer, ursprünglicher Teil eines Chorismits.

Phlebit: Metamorphit oder Migmatit mit Adertextur.

Stromatit: Chorismit mit Lagentextur.

X. Geochemische Ergänzungen

1. Begriff und Geschichte der Geochemie

Der Begriff „Geochemie". Mit dem Kapitel Granitbildung haben wir die Besprechung der Bildungs- und Umwandlungsvorgänge in der Erdkruste abgeschlossen, die von der magmatischen Mineralbildung über die Verwitterung, die Sedimentbildung und Metamorphose zur Neubildung von Magmen führen können. Wir haben dabei auch das Schicksal, das „geochemische" Verhalten, der wichtigeren Elemente behandelt.

Wir müssen nun zum Schluß noch auf diesen Begriff „Geochemie" etwas näher eingehen. Manchmal wird darunter nur die Ermittlung der Häufigkeit der Elemente in der Erdkruste oder auch in der Gesamterde und im Kosmos verstanden, aber diese rein analytische Tätigkeit ist nur eine Vorbedingung und Materialsammlung für die eigentliche wissenschaftliche Bearbeitung der Geochemie, für die Aufstellung der „geochemischen Verteilungsgesetze der Elemente" (V. M. GOLDSCHMIDT). Wir können die Geochemie gliedern in die der Erdkruste, die der Gesamterde und die des Kosmos, die Kosmochemie heißt. Die kosmische Häufigkeit ist bedingt durch die Entstehung der Elemente, und so werden die empirischen Häufigkeitswerte zu einer Grundlage für atomtheoretische Überlegungen, die über den Rahmen dieses Buches hinausgehen.

Die großen Stoffwanderungsprozesse und damit einen wesentlichen Teil der Geochemie in der Erdkruste haben wir bereits bei der Gesteinsbildung besprochen und wollen deshalb nur noch drei Probleme der Geochemie hier ergänzend erörtern. Das erste ist die quantitative Berechnung des Stoffumsatzes in der Erdkruste, das zweite die mutmaßliche Verteilung der Elemente, in der Gesamterde und im Kosmos, die aufs engste mit der Frage der Entstehung der Erde zusammenhängt. Drittens müssen wir berücksichtigen, daß die meisten Elemente aus Gemischen von Isotopen bestehen. Die Untersuchung der Verteilungsgesetze der Isotopen ist ein in kräftiger Entwicklung stehendes Gebiet der Geochemie. Bevor wir in die Erörterung dieser drei Gebiete eintreten, ist es nützlich, einige Daten über die Entwicklung der Geochemie zur Kenntnis zu nehmen, um so mehr, als heute manchmal der Eindruck herrscht, als handele es sich bei der Geochemie um eine eben erst entdeckte Wissenschaft.

Zur Geschichte der Geochemie. Das Wort Geochemie stammt von SCHÖNBEIN, der es zuerst 1838 gebrauchte, nachdem schon 1821 BERZELIUS von der Mineralogie als der Chemie der Erdkruste gesprochen hatte. 1848—1854 erschien das „Lehrbuch der physikalischen und chemischen Geologie" von GUSTAV BISCHOF, der wohl als einer der eigentlichen Begründer der Geochemie der Erdrinde anzusehen ist. In Frankreich hatte schon 1846 ELIE DE BEAUMONT die erste Zusammenstellung über die Häufigkeit der Elemente in der Erdrinde gegeben. Von 1879—1893 schrieb JUSTUS ROTH seine „allgemeine und chemische Geologie". 1904 erschien der „Treatise on metamorphism" des Amerikaners VAN HISE, der viel mehr als nur Metamorphose behandelt, nämlich ganz allgemein geochemische Fragen, insbesondere auch solche der Stoffbilanz der Erdrinde. Vier Jahre später kam das Standardwerk FRANK W. CLARKEs „Data on geochemistry" heraus, die 5. Auflage erschien 1924, die 6. Auflage ist im Erscheinen.

Auch die Beachtung seltener Elemente begann schon früh. W. H. HARTLEY und H. RAMAGE zeigten 1897, daß Ga und In in Mineralen und Gesteinen weit verbreitet sind. G. EBERHARD begann 1908 mit der Erforschung der Elemente der seltenen Erden mit Hilfe des Spektrographen, W. VERNADSKY wies auf demselben Wege 1910 In, Tl, Ga, Rb und Cs als weitverbreitet nach. 1917 untersuchte HARKINS die Abhängigkeit der Häufigkeit der Elemente in der Erdrinde und in Meteoriten von ihrer Stellung im periodischen System und fand die nach ihm benannte Regel, daß die Elemente mit ganzzahliger Ordnungszahl häufiger sind als die mit ungerader. 1924 erschien das Buch „Geochemie" von VERNADSKY in französischer Sprache, 1930 in deutscher Übersetzung der erweiterten russischen Ausgabe. Von 1922 an hat V. M. GOLDSCHMIDT mit seinen Mitarbeitern gezeigt, wie geochemische Fragen mit Hilfe der Kristallchemie zu lösen sind, und auch vor allem durch spektroskopische Untersuchungen die Häufigkeiten vieler seltener Elemente in den verschiedenen Gesteinen ermittelt.

Die Geschichte der Geochemie der Isotope begann 1902 mit der Aufklärung der Radioaktivität durch RUTHERFORD und SODDY. Die Untersuchungen über die radioaktiven — instabilen — Isotope brachten dem Anfang des 20. Jahrhunderts wichtige neue Erkenntnisse über den Wärmehaushalt der Erde und ermöglichten Altersbestimmungen von Mineralen.

Die Häufigkeit der stabilen Isotope wurde seit der Entdeckung des schweren Wasserstoffs, des Deuteriums, durch H. UREY 1932 untersucht. Die Benutzung der Sauerstoffisotope zur Temperaturbestimmung wurde 1947 ebenfalls von H. UREY begründet.

2. Berechnung der Stoffbilanz

GOLDSCHMIDTS Berechnung. GOLDSCHMIDT verdankt man auch eine Berechnung des Stoffumsatzes in der Erdrinde. Überschlagsrechnungen sind vorher und nachher mehrfach versucht worden, so z. B. auch von CLARKE. Der Grundgedanke aller dieser Berechnungen ist, daß bei der Verwitterung die Elemente in die Sedimente und ins Meerwasser abwandern, daß also die Menge eines Elementes in den „primären" magmatischen Gesteinen gleich sei der Menge des Elementes in den Sedimenten und im Meerwasser. Dabei ist es für die Bilanz gleichgültig, ob die magmatischen Gesteine wirklich magmatisch oder etwa durch metamorphe Vorgänge entstanden sind. GOLDSCHMIDT bezieht die Mengen nach dem Vorgang von SCHLOESING auf 1 cm² Erdoberfläche. Das hat den Vorteil, daß man mit nicht allzu großen Zahlen hantieren muß. Bezeichnet man die Menge der verwitterten Eruptivgesteine mit E, die der Sedimente mit S und die des Meerwassers mit M, immer in kg/cm², ferner die Prozentgehalte an einem Element oder Oxid x in den Eruptivgesteinen mit e_x, in den Sedimenten mit s_x und in dem Meerwasser mit m_x, so läßt sich die Grundgleichung der Stoffbilanz so formulieren:

Tabelle 66. *Menge der Sedimente, berechnet nach* V. M. GOLDSCHMIDT und v. ENGELHARDT

	kg/cm²	%	Näherungswerte	
			kg/cm²	%
Tonschiefer .	134,85	79,5	135	80
Sandsteine .	20,15	11,9	20	12
Kalke . . .	10,17	6,0	} 15	} 8
Dolomite . .	4,37	2,6		
	169,54	100,0	170	100

$$E \cdot e_x = M \cdot m_x + S \cdot s_x. \tag{1}$$

In dieser Gleichung sind nur M und m_x wirklich genau bekannt. Die Werte von e_x (s. Tabelle 42, S. 202) sind immerhin noch einigermaßen sicher, wenn auch nicht unumstritten. Die Werte für s_x sind noch unsicherer, wahrscheinliche Werte sind in den Tabellen 67—68 angeführt. Nimmt man nun je zwei Werte von e_x und s_x als gültig, so kann man aus den zwei Gleichungen die Unbekannten E und S berechnen. Mit den Elementen Na und K bekommt man Zahlen für E und S, die einigermaßen mit denen von GOLDSCHMIDT und CLARKE übereinstimmen, für Ca und Mg jedoch ganz unwahrscheinliche Werte. GOLDSCHMIDT ist — wohl aus diesem Grunde — anders vorgegangen. Er setzt in Gl. (1) den Na-Gehalt der tonig-sandigen Sedimente, d. h. der carbonatfreien Sedimente, mit 1% ein und benutzt als zweite Gleichung:

$$S = 0,97 E. \tag{2}$$

Er rechnet, daß einem Materialverlust der Eruptive an CaO, MgO, Na₂O von 8% eine Wasseraufnahme in den Sedimenten von etwa 5% gegenübersteht und der Gesamtverlust der sandig-tonigen Sedimente demnach 3% beträgt. So erhält er $E = 160$ kg/cm² und $S = 155$ kg/cm². Dann setzt GOLDSCHMIDT in den sandig-tonigen Sedimenten die Werte für CaO mit 0,6% und für MgO mit 2,6% fest und berechnet, wieviel CaO und MgO aus den 160 kg Eruptivgesteinen noch zur Carbonatbildung übrigbleiben. Er erhält 12,553 kg $CaCO_3$ und 1,999 kg $MgCO_3$ und berechnet daraus 10,170 kg $CaCO_3$ und 4,372 kg $CaMg[CO_3]_2$. Insgesamt stehen also 160 kg Eruptivgesteinen rund 170 kg Sedimente gegenüber.

    GOLDSCHMIDT faßte Tonschiefer und Sandsteine zusammen, in der Tabelle 66 sind sie nach einem Vorschlag von v. ENGELHARDT getrennt aufgeführt.

Bei der Unsicherheit der Werte für e_x und s_x können diese Rechnungen nur rohe Anhaltspunkte geben. Immerhin zeigen Versuchsrechnungen (CORRENS 1949), daß die Werte für E von 160 und S von 170 kg/cm² sich nur unwesentlich ändern, wenn die e_x-Werte für K und Na variiert werden.

Stoffbilanz für einige Elemente. Wenn wir E und S und e_x als richtig annehmen, können wir versuchen, Stoffbilanzen aus der Gl. (1) zu berechnen. Dabei wurden drei Gruppen von Elementen unterschieden. Tabelle 67 zeigt das Verhalten der leichtlöslichen und häufigen Kationen. Die aus der Formel berechneten Mengen dieser Elemente in den Sedimenten stimmen bei den Alkalien wenigstens in der

Tabelle 67. *Berechnete Verteilung einiger bei der Verwitterung leichtlöslicher Kationen der magmatischen Gesteine auf das Meerwasser und die Sedimente, verglichen mit beobachteten Werten*

Element	kg/cm²		Daraus berechnete Menge in den Sedimenten			% in Sedimenten	
	in d. magmat. Gesteinen	im Meerwasser	kg/cm²	Oxide	%	nach CLARKE	nach RONOV
Na. . . .	3,92	3,0	0,92	Na_2O	0,73	1,34	0,6
K	4,51	0,11	4,40	K_2O	3,12	3,06	2,54
Ca . . .	4,59	0,11	4,48	CaO	3,69	5,83	7,28
Mg . . .	2,22	0,36	1,86	MgO	1,82	2,85	2,55

Größenordnung mit den beobachteten Werten überein. Beim Magnesium ist die Abweichung größer und bei Calcium beträchtlich. Das rührt daher, daß dem Meerwasser Ca- und auch Mg-Ionen durch die Bildung von Carbonat entzogen werden, das dem Sediment einverleibt wird. Man kann dies Verhalten auch durch die Verweilzeit im Ozean (BARTH 1952) kennzeichnen, dem Verhältnis der Gesamtmenge des Elements im Meer zum jährlichen Zufluß, ausgedrückt in Jahren $\tau = \dfrac{\text{Gesamtmenge im Meer}}{\text{Zufluß pro Jahr}}$. BARTH gibt 1961 folgende Werte in Millionen Jahren: Na 120, K 10, Mg 23 und Ca 1,2.

In dieser und den folgenden beiden Tabellen sind die beobachteten Werte „nach CLARKE" und „nach RONOV" folgendermaßen berechnet worden. Aus den Durchschnittsanalysen von CLARKE für Tone, Sande und Kalke wurde nach dem in Tabelle 66 in der letzten Spalte angegebenen Werten die Gesamtanalyse berechnet: Werte nach CLARKE. Bei den Werten nach RONOV wurde seine Durchschnittsanalyse von marinen Tonen anstelle der Clarkeschen Tonwerte eingesetzt.

Tabelle 68 gibt die Werte schwerlöslicher Elemente, bei denen in Gl. (1) das Glied $M \cdot m_x$ vernachlässigt wurde. Bei Al ist die Übereinstimmung zwischen Rechnung und Beobachtung sehr gut, bei Fe_2O_3 und TiO_2 wohl innerhalb der Fehlergrenzen. Ob die Differenz beim SiO_2 auf zu hohen e_x- oder zu niedrigen s_x-Werten beruht oder auf einem falschen Verhältnis Ton:Sand:Kalk, ist ungeklärt.

Tabelle 68. *Berechneter Gehalt einiger bei der Verwitterung schwerlöslicher Elemente in den Sedimenten, verglichen mit beobachteten Werten*

	berechnet	CLARKE	RONOV
SiO_2 . .	61,43	56,98	56,52
Al_2O_3 .	13,8	14,0	13,9
Fe_2O_3 .	4,86	5,41	5,11
TiO_2 . .	0,73	0,66	0,76

Die Anionen der Tabelle 69 zeigen z. T. ein abweichendes Verhalten gegenüber den Kationen. Br, Cl und S sind im Meerwasser so stark angereichert, daß ihre Herkunft aus der Verwitterung der Eruptivgesteine unmöglich ist, für die Sedimente ergeben sich negative Werte. Beim Bor ist der beobachtete Gehalt im Sediment fast 50mal höher als berechnet. Diese vier Elemente stammen aus der Entgasung der magmatischen Gesteine (s. S. 204ff.). Beim Fluor und beim Jod scheint der Anteil der Gase nur untergeordnet zu sein, was beim Fluor wohl durch die autometamorphe (s. S. 298) Bindung von Fluor bedingt sein dürfte. Beim Jod könnte der höhere Betrag der Sedimente vielleicht auf der kürzeren Verweilzeit durch Aufnahme des Jods in Algen beruhen.

Tabelle 69. *Berechnete Verteilung einiger bei der Verwitterung leichtlöslicher Anionen der magmatischen Gesteine auf das Meerwasser und die Sedimente, verglichen mit beobachteten Werten*

Element	kg/cm²				Sedimente (%)		
	magmat. Gesteine	Meerwasser	Sedimente	Sediment beobachtet	berechnet	beobachtet	
F . .	0,1152	0,00036	0,1148	0,11	0,0675	0,065	Koritnig
J . .	$8 \cdot 10^{-5}$	$8 \cdot 10^{-6}$	$7,2 \cdot 10^{-5}$	$1,35 \cdot 10^{-4}$	$4,2 \cdot 10^{-5}$	$8 \cdot 10^{-5}$	V. M. Goldschmidt
Br .	$5 \cdot 10^{-4}$	$1,8 \cdot 10^{-2}$	—	$6,6 \cdot 10^{-4}$	—	$4 \cdot 10^{-4}$	} Behne*
Cl . .	0,0512	5,4	—	0,026	—	0,0154	}
S . .	0,05	2,5	—	0,34	—	0,2	Ricke
B . .	$1,6 \cdot 10^{-3}$	$1,3 \cdot 10^{-3}$	$3 \cdot 10^{-4}$	$1,4 \cdot 10^{-2}$	$1,7 \cdot 10^{-4}$	$8,5 \cdot 10^{-3}$	Harder

* Die Daten von Behne stammen von Proben an der Erdoberfläche. Berücksichtigung des Porenwassers ergibt bis zu 100mal höhere Werte.

3. Geochemie der Isotope

Die Geochemie der Isotope hat sich in dem letzten Jahrzehnt zu einer so ausgedehnten Wissenschaft entwickelt, daß hier nur einige Andeutungen ihrer Bedeutung gegeben werden können.

Wir unterscheiden bei den Isotopen zwischen stabilen und instabilen. Bei den instabilen können wir wieder zwei Gruppen nach ihrer Herkunft unterscheiden, nämlich solche, die auch heute noch durch die Höhenstrahlung entstehen und diejenigen, die in der Erdkruste und in Meteoriten von vornherein vorhanden sind, oder Spaltprodukte von Th und U sind.

Die instabilen Isotope. Die durch Höhenstrahlung neugebildeten instabilen Isotope haben eine kurze Halbwertszeit. Als Beispiel diene der aus stabilem Stickstoff N_7^{14} durch Neutronenbestrahlung entstandene instabile Kohlenstoff C_6^{14} („Radiokarbon") mit einer Halbwertszeit von 5700 Jahren, der benutzt wird, um kohlenstoffhaltiges Material aus geschichtlicher und vorgeschichtlicher Zeit zu datieren. Eine wesentlich kürzere Halbwertszeit hat das Tritium, H_1^3, mit 12,4 Jahren, dessen Verfolgung z.B. für den Wasserkreislauf der Atmosphäre wichtig geworden ist. An Meteoriten kann mit geeigneten Isotopen das Bestrahlungsalter bestimmt werden, d.h. die Zeit, die sie im Weltenraum verweilt haben.

Die langlebigen instabilen Isotope mit Halbwertszeiten $> 10^8$ Jahre, „radioaktive" Isotope im engeren Sinn, werden ebenfalls zur Altersbestimmung benutzt. Schon lange wird die Uran- und Thorium-„Uhr" verwendet. In den letzten Jahrzehnten wird immer mehr Gebrauch von zwei anderen Zerfallsreihen gemacht, von dem Zerfall des Rb^{87} unter β (Elektronen-Strahlung) zu Sr^{87} mit einer Halbwertszeit von $5 \cdot 10^{10}$ Jahren und der Umwandlung des K^{40} unter Einfang eines K-Elektrons und β-Strahlung mit einer Halbwertszeit von $1,2 \cdot 10^{10}$ Jahren in stabiles $Ar^{40} + Ca^{40}$.

Die Altersbestimmungen mit Isotopen sind nicht nur wichtig für das absolute Alter der geologischen Zeitskala, sie geben auch Hinweise auf das relative Alter einzelner Minerale im Gesteinsverband, z.B. von Glimmern und Feldspäten.

Die instabilen Isotope haben für die Erde noch eine weitere Bedeutung. Durch ihren Zerfall entsteht Wärme. Die drei häufigsten radioaktiven Isotope sind U, Th und K. 1 g U produziert im Gleichgewicht mit seinen Tochterprodukten

0,71 cal/Jahr, 1 g Th 0,20 cal/Jahr und 1 g K $27 \cdot 10^{-6}$ cal/Jahr. In der Tabelle 70 sind für einige häufige Gesteine mittlere Gehalte an diesen Elementen aufgeführt und die bei diesem Gehalt entstehende Wärme angegeben und zwar berechnet für ein Prisma von 3 km Länge und 1 cm² Querschnitt, was etwa einer Tonne Gestein entspricht. Die Tabelle zeigt, daß die Wärmeproduktion in den SiO_2-reichen Gesteinen, die wir in der Erdkruste finden, am höchsten ist, sie sinkt mit abnehmendem SiO_2-Gehalt ab und ist in den Peridotiten, die als Gesteine des oberen Mantels angenommen werden, nur sehr schwach. Will man den Temperaturanstieg in der Erde berechnen, so muß man Annahmen über die im Innern der Erde vorhandenen Gesteine machen. Deshalb sind die Angaben über diesen Temperaturanstieg etwas verschieden. Bei der in Abb. 363 dargestellten Temperaturverteilung wurden $3,3 \cdot 10^{-2}$ g/t U angenommen.

Tabelle 70. *Mittlerer Gehalt an U, Th und K in verschiedenen Gesteinen und deren Wärmeproduktion in einer Säule von 3 km $\times$ 1 cm² ($\sim$1 t Gestein).* (*Nach* WEDEPOHL)

| | g/t | | % | cal/cm² |
	U	Th	K	Jahr
Granit . . .	4,0	16	4,4	7,2
Tonschiefer .	3,7	12	3,0	5,7
Granodiorit	2,0	8,5	2,5	3,8
Basalt . .	0,6	1,6	0,75	0,95
Peridotit . .	0,01	$0,0_x$	0,004	0,0095

Die stabilen Isotope. Die stabilen Isotope sind in anderer Weise für die Vorgänge in der Erde von Bedeutung geworden. Wie der Name Isotop besagt, stehen die Isotope eines Elements auf demselben Platz im periodischen System wie dieses, z.B. haben die Isotope C^{12}, C^{13}, C^{14} die Ordnungszahl 6 des Kohlenstoffs, unterscheiden sich aber in der Massenzahl 12, 13, 14. Diese Unterschiede in der Masse und damit in der Schwingungsenergie der mit ihnen gebildeten Moleküle können zu einer Fraktionierung der Isotope z.B. durch Diffusion, Elektrolyse, durch chemische Reaktionen führen. Allerdings sind die Unterschiede sehr gering. Erst die neuere Entwicklung der Massenspektrometrie hat ermöglicht, die Fraktionierungseffekte zu erforschen. Wir wollen hier nur zwei Beispiele erwähnen. Ein viel untersuchtes Problem ist die Verteilung der *Sauerstoffisotope* in Mineralen. Sauerstoff hat drei stabile Isotope, von denen O^{16} mit durchschnittlich 99,76% das weitaus häufigste ist, O^{17} ist mit etwa 0,04 und O^{18} mit 0,2% in der Erdkruste vertreten. Man kann den geringen Anteil von O^{17} vernachlässigen und den Einbau von O^{18} allein betrachten. Dieser Einbau ist temperaturabhängig. H. UREY hat 1947 vorgeschlagen, ihn zur Temperaturmessung zu benutzen. Seitdem sind eine große Anzahl von Temperaturbestimmungen besonders an Calciumcarbonatteilen von fossilen Lebewesen ausgeführt worden. Zur Erläuterung betrachten wir ein einfaches Beispiel, das Gleichgewicht:

$$CO_2^{16} + H_2O^{18} \rightleftharpoons CO^{16}O^{18} + H_2O^{16}.$$

Aufgrund der unterschiedlichen Nullpunktsenergien sind die Geschwindigkeitskonstanten der durch die Pfeilrichtungen dargestellten Reaktionen verschieden und zwar wird die nach rechts gerichtete Reaktion etwas bevorzugt. Damit ergibt sich eine geringfügige Anreicherung des O^{18} im CO_2, bzw. eine Anreicherung des O^{16} im H_2O (bei 0°C beträgt der Fraktionierungsfaktor 1,045). Die Austauschgeschwindigkeiten nehmen in beiden Richtungen bei höheren Temperaturen stark zu und gleichzeitig verringert sich der Einfluß der Nullpunktsenergie auf die Gleichgewichtseinstellung, so daß der Fraktionierungsfaktor bei hohen Temperaturen gegen 1 strebt. Bei 25°C beträgt er noch 1,039.

Da die Menge des Wasser-Sauerstoffs in den Weltmeeren nahezu „unendlich" ist gegenüber der gelösten CO_2-Menge, wirkt sich die Austauschreaktion praktisch nur auf den O^{18}-Gehalt des CO_2 aus. Das im Wasser gelöste CO_2 ist als Ausgangssubstanz für die Kalkausscheidung anzusehen. Wir können den weiteren Verlauf des Einbaus von O^{18} in ein Carbonatgitter hier nicht weiter verfolgen, aber es leuchtet ein, daß man aus dem O^{18}/O^{16}-Verhältnis auf die Temperatur beim Einbau schließen kann. Dabei sind allerdings eine Reihe von Vorsichtsmaßnahmen zu beachten, unter anderem: es muß sich um Gleichgewichte handeln, der O^{18}-Gehalt des Meerwassers sollte bekannt sein, es darf kein Isotopenaustausch nach der Ablagerung (Diagenese!) stattgefunden haben. Man gibt das Verhältnis O^{18}/O^{16} meist auf einen Standard bezogen in $^{0}/_{00}$ an.

$$\delta\,O^{18} = \frac{O^{18}/O^{16}\ \text{Probe} - O^{18}/O^{16}\ \text{Standard}}{O^{18}/O^{16}\ \text{Standard}}.$$

Im Laufe der Jahre sind verschiedene Standarde verwendet worden, was beim Studium der Literatur zu beachten ist.

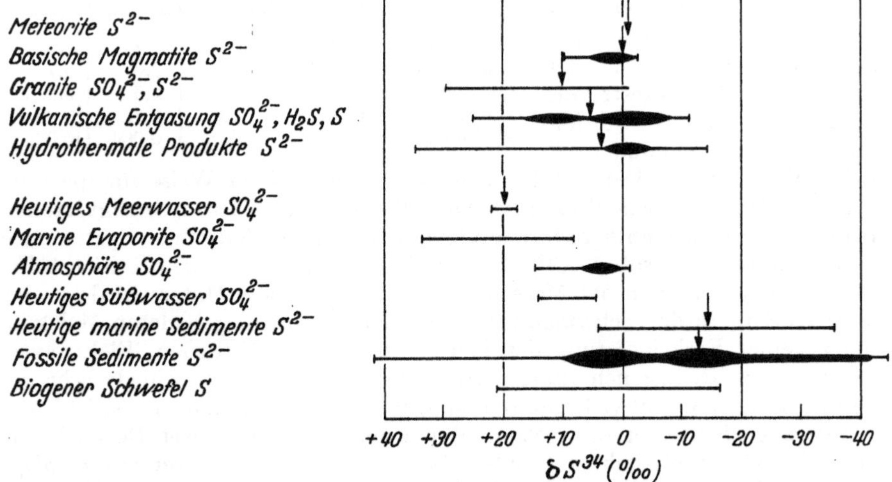

Abb. 387. Häufigkeit der Schwefelisotope (Pfeile bezeichnen die Mittelwerte). (Nach HOLSER u. KAPLAN, 1966)

Das zweite Beispiel betrifft die *Isotope des Schwefels*. Von seinen vier stabilen Isotopen sind S^{32} mit 95% und S^{34} mit 4,22% die häufigsten. S^{33} mit 0,76% und S^{38} mit 0,014% werden nicht berücksichtigt. Schwefel tritt in der Natur entweder als Element oder weit häufiger als Sulfid oder als Sulfat auf. Die anorganischen Trennvorgänge sind wie beim Sauerstoff stark abhängig von der Temperatur, der Fraktionierungsfaktor nimmt mit steigender Temperatur rasch ab. Ein wichtiger Trennvorgang findet bei niedriger Temperatur bei der bakteriellen Reduktion von Sulfat zu Schwefelwasserstoff statt. Das leichte Isotop S^{32} wird immer im Sulfid, das schwere S^{34} im Sulfat angereichert. Wie schon auf S. 253—254 ausgeführt, spielt diese bakterielle Reduktion eine große Rolle im sedimentären Kreislauf. Man versucht aus dem Isotopenverhältnis auf die Bildungsbedingungen von Sulfidlagerstätten zu schließen, ob sie hydrothermalen oder sedimentären Ursprungs sind. Abb. 387 gibt $\delta\,S^{34}$-Werte, die analog der beim Sauerstoff angegebenen Formel berechnet sind. Sie zeigt, daß der Spielraum bei sedimentären Sulfidlagerstätten sehr groß ist, weil der Einbau der Isotope in Sulfid und Sulfat auch von den Mengenverhältnissen abhängt; je mehr Sulfat bei der Reduktion verbraucht wird, und der Rest dadurch an S^{34} angereichert ist, um so mehr S^{34} muß in das Sulfid eingebaut werden. Deshalb können auch sedimentäre Sulfide gebildet werden, die reich an S^{34} sind. Nur Sulfide, die $\delta\,S^{34}$-Werte unterhalb $-15^0/_{00}$ haben, sind sicher sedimentär gebildet.

Ein weiteres interessantes Ergebnis brachte die Untersuchung der Schwefelisotopenverteilung in fossilen Sulfaten, die in salinaren Ablagerungen seit dem Praekambrium überliefert sind. Es zeigte sich, daß das Isotopenverhältnis sich im Laufe der Zeit geändert hat (NIELSEN, 1965).

4. Die Häufigkeit der Elemente in der Gesamterde und im Kosmos

Der Schichtenbau der Erde. Bei allen diesen Berechnungen ist die Voraussetzung gemacht, daß die Häufigkeit der einzelnen Elemente in der äußersten Erdkruste bekannt ist. Versuchen wir nun, die Mengenverhältnisse für die Gesamterde zu ermitteln, so stoßen wir auf große grundsätzliche Schwierigkeiten.

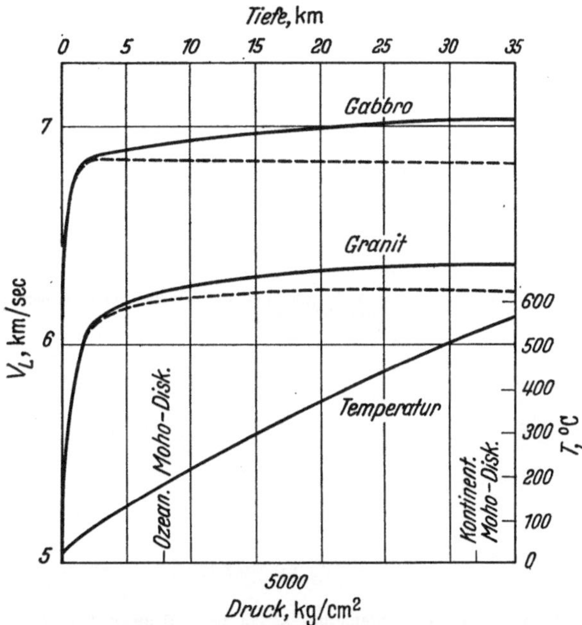

Abb. 388. Abhängigkeit der Fortpflanzungsgeschwindigkeit der longitudinalen Wellen V_L vom Druck allein (——) und von Druck und Temperatur (— — —) in Gabbro und Granit. Nach den Daten des (Handbook of Physical Constants, 1966)

Wir kennen ja nur die obersten Kilometer der Erdrinde durch Schächte und Bohrungen, die zur Zeit bis in etwa 5 km Tiefe reichen. Durch Faltung in den Gebirgen und nachfolgende Abtragung erhalten wir einen Einblick in noch tiefere Schichten bis etwa 5—10 km Tiefe.

Auf die Zusammensetzung der tieferen Schichten kann man aus den *Laufzeitkurven* der Erdbebenwellen einige Schlüsse ziehen. Die Fortpflanzungsgeschwindigkeit der Wellen ändert sich nämlich mit dem Gesteinscharakter. Sie hängt außerdem von der Tiefenlage des Gesteins, d.h. von Temperatur und Druck ab, wie Abb. 388 zeigt. Bei ihrer Konstruktion ist angenommen, daß Druck und Temperatur so voneinander abhängen, wie es die Kurve „Temperatur" zeigt.

Durch Auswertung der Laufzeitkurven von Erdbeben und Sprengungen hat sich ergeben, daß man in der Erde verschiedene Zonen unterscheiden kann. In der Abb. 389 sind die Geschwindigkeiten der longitudinalen Wellen L, die den Schallwellen entsprechen, und der transversalen Wellen T in Abhängigkeit von der Erdtiefe eingetragen. Zwei Geschwindigkeitsänderungen fallen sofort auf, die eine liegt in sehr geringer Tiefe. Sie wird die Mohorovičić Diskontinuität

20*

genannt. Von der Oberfläche bis zu ihr rechnet man die Erdkruste. Eine zweite deutliche Unstetigkeit tritt in etwa 2900 km Tiefe auf. Sie bildet die untere Grenze des Erdmantels: Der innerste Teil der Erde wird als Erdkern bezeichnet. Einige Angaben über Größe, Dichte und Masse dieser drei Erdzonen gibt Tabelle 71.

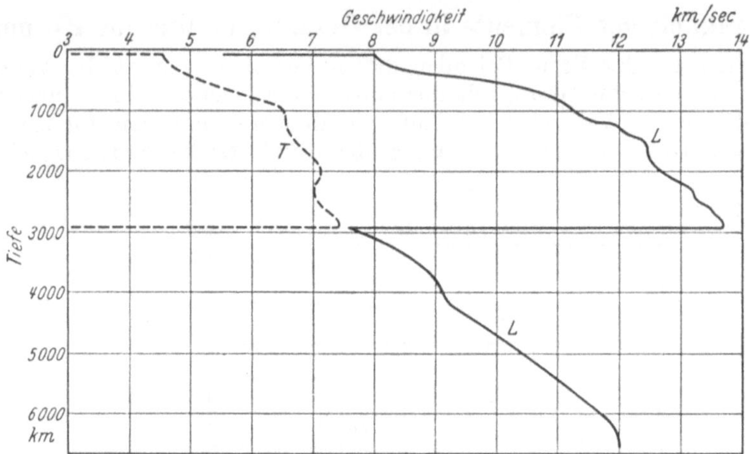

Abb. 389. Geschwindigkeit der transversalen (*T*) und longitudinalen (*L*) Wellen im Erdinnern. (Nach Gutenberg und Richter)

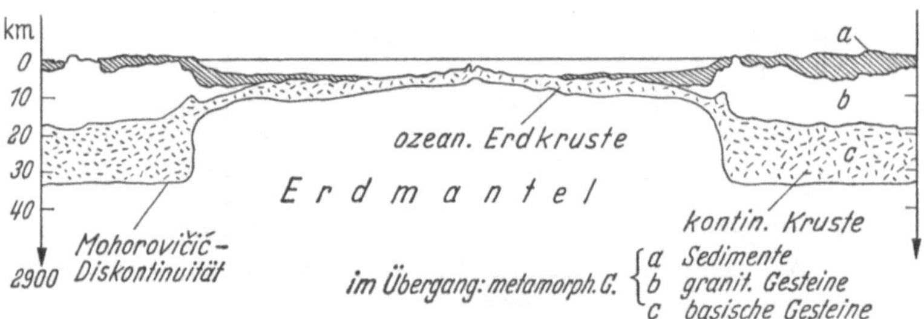

Abb. 390. Vereinfachtes überhöhtes Profil Nordamerika–Afrika nach Heezen, Tharp u. Ewing (1959) aus Wedepohl (1963)

Tabelle 71. *Daten über den Aufbau der Erde*

	Radius		Volumen		Mittlere Dichte	Masse	
	km	%	10^{27} cm³	%		10^{27} g	%
Kruste . . .	6$\rbrace$35$\}$ 17	0,5	0,008	0,75	2,8	0,024	0,4
Mantel . . .	2883	45	0,899	83,4	4,5	4,075	68,1
Kern	3471	54,5	0,175	15,85	10,7	1,876	31,5
Erde	6371	100	1,083	100	5,52	5,975	100,0

Betrachten wir zunächst die Erdkruste, das sind die Schichten, in denen die Fortpflanzungsgeschwindigkeit der longitudinalen Wellen kleiner als 8 km/sec ist. Wir sehen in Abb. 388, daß Granit niedrigere und Gabbro etwas höhere Geschwindigkeiten aufweist. Die oberste Kruste besteht aus Sedimenten und granitischen bzw. metamorphen Gesteinen, die tiefere Kruste aus Gesteinen von Gabbro-Zusammensetzung. Unter den Ozeanen ist die Kruste nur dünn, etwa 6 km, unter den Kontinenten erreicht sie etwa 35 km Dicke. Abb. 390 veran-

schaulicht diese Verhältnisse für den nordatlantischen Ozean. Unter der mittel-
atlantischen Schwelle wird aufsteigendes Mantelmaterial vermutet.

Während die mineralische Zusammensetzung der Erdkruste wenigstens zum
Teil aus direkten Beobachtungen erschlossen werden kann, sind wir für den
Mantel und den Kern der Erde für weitere Angaben als die in Tabelle 70 mitgeteilten auf indirekte Schlüsse angewiesen. Für den Kern wird heute allgemein
angenommen, daß er aus Nickeleisen besteht. Für den oberen Mantel bestehen

Tabelle 72. *Einteilung der Meteorite*
Die Zahl der Fälle 1492—1961 in ( ), die der Funde in [ ]. (Nach BR. MASON 1962; K. KEIL
1961 und F. HEIDE 1957).

Art	Gruppe	Klasse	Häufigste Minerale
Steinmeteorite (Silikate vor- herrschend)	Chondrite (592) (mit Sphaero- lithen)	Enstatit-Ch. [11]	Enstatit, Nickeleisen
		Olivin-Bronzit-Ch. ⎫	Olivin, Bronzit, Nickeleisen
		Olivin- Hypersthen-Ch. ⎬ [900]	Olivin, Hypersthen, Nickeleisen
		Olivin-Pigeonit-Ch. [12]	Olivin, Pigeonit
		Kohlige Ch. [17]	Serpentin
	Achondrite (55) (ohne Sphaero- lithe)	Aubrite [9]	Enstatit
		Diogenite [8]	Hypersthen
		Chassignite [1]	Olivin
		Ureilite [3]	Olivin, Pigeonit, Nickeleisen
		Angrite [1]	Augit
		Nakhlite [2]	Diopsid, Olivin
		Eukrite [39]	Pigeonit, Plagioklas
		Howardite [39]	Hypersthen, Plagio- klas
Steineisenmeteorite (Übergänge zu den Eisen- meteoriten)	Siderolite (9) (Silikate vor- herrschend)	Lodranite [1]	Bronzit, Olivin, Nickeleisen
		Mesosiderite [22]	Pyroxen, Plagioklas, Nickeleisen
	Lithosiderite (3) (Eisen vor- herrschend)	Pallasite [40]	Olivin, Nickeleisen
		Siderophyre [1]	Bronzit, Nickeleisen
Eisenmeteorite (39)		Hexaedrite [55]	Kamazit = α Fe mit ~5,5% Ni
		Oktaedrite [487]	Kamazit, Taenit
		Ataxite [36]	Taenit = γ Fe mit ~8—55% Ni

mehrere Hypothesen. Die eine nimmt Eclogit (S. 279) als Bestandteil des oberen
Mantels an, also ein Granat-Augitgestein, eine andere Peridotit (S. 197), ein
Gestein, das im wesentlichen aus Olivin besteht. Zur Stütze für diese Annahme
werden neben anderen Argumenten die häufigen Olivineinschlüsse (S. 280)
herangezogen. Eclogite haben eine chemische Zusammensetzung, die den Basalten
ähnlich ist. Ringwood nimmt im oberen Mantel *,,Pyrolit''* an, dessen chemische Zusammensetzung dem Verhältnis 1 Basalt : 3 Peridotit entspricht. Dann wären die
Olivinknollen ausgelaugte Mantelreste.

Diese Gliederung in einen Nickeleisenkern und darüber folgende Silikat-
schalen hat schon seit langem zu der Hypothese geführt, daß die Erde aus Meteoritenmaterial aufgebaut ist. Wir müssen deshalb einen Blick auf diesen Gegen-
stand werfen.

Die Meteorite. Seit CHLADNI 1794 hat sich die Ansicht durchgesetzt, daß
die Meteorite Reste von Himmelskörpern sind, die aus dem Weltenraum zu uns

gelangen. Wahrscheinlich entstammen sie dem Gürtel der kleinen Planeten, die zwischen Mars und Jupiter in zum Teil stark elliptischen Bahnen die Sonne umkreisen. Ob sie einem oder mehreren Planeten, die auseinandergebrochen sind, oder kleineren Asteroiden entstammen, ist strittig. Die Variabilität der Zusammensetzung ist groß, wie die Tabelle 72 zeigt. Zu ihr sei ergänzend bemerkt: Man unterscheidet „Fälle", d.h. Meteoriten, deren Fall beobachtet wurde (in runden Klammern), und „Funde", bei denen dies nicht der Fall war (in eckigen Klammern). Die häufigsten Steinmeteorite, die Chondrite, haben ihren Namen von den Kügelchen (von griech. chondros, kleine rundliche Masse, Korn), die in ihnen auftreten, erhalten. Diese bestehen aus sphärolithischen Aggregaten der Silikate, die den Meteoriten aufbauen. Ihr Durchmesser beträgt zwischen 0,1 bis wenige Millimeter. In den Achondriten fehlen sie. Ein Teil der Achondrite hat ähnliche chemische Zusammensetzung wie gabbroide Gesteine. Andere sind chemisch den Chondriten ähnlich und wie diese den Peridotiten.

Tabelle 73. *Vermutete Zusammensetzung A des Kerns, B des Mantels und C der Kruste der Erde. (A und B nach* B. MASON, *1966, C aus Tabelle 42, S.202)*

	A	B	C
O		43,7	47,25
Si		22,5	30,54
Al		1,6	7,83
Fe	86,3	9,88	3,54
Ca		1,67	2,87
K		0,11	2,82
Na		0,84	2,45
Mg		18,8	1,39
Ti		0,08	0,47
P		0,14	0,08
Mn		0,33	0,07
Ni	7,36		0,0044
Co	0,40		0,0012
S	5,94		0,031
	100,00	99,65	99,3466

Wieweit man nun Meteoritenmaterial und von welcher Art im Erdmantel annehmen darf, wieweit dieses Material im Laufe der Erdgeschichte verändert wurde, darauf kann hier nicht eingegangen werden. Es soll nur eine sehr vereinfachte Skizze der Entstehung der Erde in vier Phasen versucht werden, in engem Anschluß an BIRCH (1965).

1. Materie, die eine ähnliche Zusammensetzung wie Eisen- und Steinmeteorite hatte, trat vor etwa 5000 Millionen Jahren zu einem unsortierten Agglomerat zusammen.

2. Diese Masse wurde durch die Wärmeentwicklung der radioaktiven Elemente und der Gezeitenreibung erhitzt und erreichte in etwa 500 Millionen Jahren den Schmelzpunkt des Eisens in geringer Tiefe.

3. Das flüssige Eisen sank in die Tiefe und bildete den Erdkern. Dabei wurden etwa 600 cal/g Wärme frei. Ein leichtschmelzender Anteil der Silikate schmolz und stieg nach oben als Erdmantel. Er enthielt nun praktisch alle radioaktiven Elemente. Das geschah vor 4500—3500 Millionen Jahren.

4. Die Erdkruste begann vor etwa 3500 Millionen Jahren in einigen Gebieten sich zu bilden unter weiterer Anreicherung radioaktiver Elemente auf Kosten des Mantels. Dann begann das Spiel der Erosion, Sedimentbildung, Gebirgsbildung.

Versucht man, die chemische Zusammensetzung von Kern und Mantel abzuschätzen, so ist das Resultat weitgehend von mehr oder weniger unsicheren Annahmen beeinflußt. In der Tabelle 73 sind Zahlen aufgeführt, die B. MASON 1966 berechnet hat, und mit den in Tabelle 42, S. 202 mitgeteilten Werten für die Kruste verglichen. Bei allem Vorbehalt gegen die Abschätzung kann doch wohl gefolgert werden, daß von den häufigeren Elementen Si, Al, Ca, K, Na und Ti in der Kruste, jedoch Fe, Mg, P, Mn im Mantel angereichert sind. Da die Kruste nach Tabelle 71, S. 308 nur 0,4% der Masse der Erde ausmacht, geben die unsicheren Werte von Mantel + Kern die Zusammensetzung der Gesamterde.

Die Häufigkeit der Elemente im Kosmos. Etwas besser sind wir über die Häufigkeit der Elemente im Kosmos durch spektrographische Untersuchungen an Sternen orientiert. Diese Beobachtungen wurden in den beiden ersten Spalten der Tabelle 74 (Suess-Urey 1956 und Cameron 1959) durch Analysen von Meteoriten und auch durch Erdkrustendaten ergänzt. Die dritte Spalte gibt die spektralanalytisch ermittelten Werte für die Sonne, die 333400 Erdmassen und damit 99,8% der Masse des gesamten Sonnensystems enthält. Die Daten dieser Tabelle sind bezogen auf $Si = 10^6$. Sie sind von Bedeutung vor allem für die Theorien von der Entstehung der Elemente, auf die hier nicht eingegangen werden kann.

Tabelle 74. *Häufigkeiten der Elemente im Kosmos (bezogen auf $Si=10^6$ nach H. E. Suess und H. C. Urey, 1956, und A. G. W. Cameron, 1959) und auf der Sonne (Atomkonzentration bezogen auf $Si=10^6$ nach L. H. Aller, 1961). (Aus Roesler-Lange 1965)*

Element		Kosmos		Sonne Aller
		Suess-Urey	Cameron	
1	H	$4,00 \cdot 10^{10}$	$2,50 \cdot 10^{10}$	$3,16 \cdot 10^{10}$
2	He	$3,08 \cdot 10^9$	$3,80 \cdot 10^9$	—
3	Li	100	100	$2,8819 \cdot 10^{-1}$
4	Be	20	20	$7,239 \cdot 10^0$
5	B	24	24	$1,58 \cdot 10^3$
6	C	$3,5 \cdot 10^6$	$9,3 \cdot 10^6$	$1,658 \cdot 10^7$
7	N	$6,6 \cdot 10^6$	$2,4 \cdot 10^6$	$3,017 \cdot 10^6$
8	O	$2,15 \cdot 10^7$	$2,5 \cdot 10^7$	$2,881 \cdot 10^7$
9	F	1600	1600	—
10	Ne	$8,6 \cdot 10^6$	$8,0 \cdot 10^5$	—
11	Na	$4,38 \cdot 10^4$	$4,38 \cdot 10^4$	$3,512 \cdot 10^4$
12	Mg	$9,12 \cdot 10^5$	$9,12 \cdot 10^5$	$7,937 \cdot 10^5$
13	Al	$9,48 \cdot 10^4$	$9,48 \cdot 10^4$	$5,008 \cdot 10^4$
14	Si	$1,00 \cdot 10^6$	$1,00 \cdot 10^6$	$1,10^6$
15	P	$1,00 \cdot 10^4$	$1,00 \cdot 10^4$	$6,914 \cdot 10^3$
16	S	$3,75 \cdot 10^5$	$3,75 \cdot 10^5$	$6,304 \cdot 10^5$
17	Cl	8850	2610	—
18	Ar	$1,5 \cdot 10^5$	$1,5 \cdot 10^5$	—
19	K	3160	3160	$1,583 \cdot 10^3$
20	Ca	$4,90 \cdot 10^4$	$4,90 \cdot 10^4$	$4,465 \cdot 10^3$
21	Sc	28	28	$2,087 \cdot 10^1$
22	Ti	2440	1680	$1,512 \cdot 10^3$
23	V	220	220	$1,583 \cdot 10^2$
24	Cr	7800	7800	$7,239 \cdot 10^3$
25	Mn	6850	6850	$2,509 \cdot 10^3$
26	Fe	$6,00 \cdot 10^5$	$8,50 \cdot 10^4$	$1,173 \cdot 10^5$
27	Co	1800	1800	$1,379 \cdot 10^3$
28	Ni	$2,74 \cdot 10^4$	$2,74 \cdot 10^4$	$4,465 \cdot 10^4$
29	Cu	212	212	$3,463 \cdot 10^3$
30	Zn	486	202	$7,937 \cdot 10^2$
31	Ga	11,4	9,05	$7,239 \cdot 10^0$
32	Ge	50,5	25,3	$6,162 \cdot 10^1$
33	As	4,0	1,70	—
34	Se	67,6	18,8	—
35	Br	13,4	3,95	—
36	Kr	51,3	42,0	—
37	Rb	6,5	6,50	$9,543 \cdot 10^0$
38	Sr	18,9	61,0	$1,257 \cdot 10^1$
39	Y	8,9	8,9	$5,618 \cdot 10^0$
40	Zr	54,5	14,2	$5,365 \cdot 10^0$
41	Nb	1,00	0,81	$2,816 \cdot 10^0$
42	Mo	2,42	2,42	$2,509 \cdot 10^0$
43	Tc	—	—	—
44	Ru	1,49	0,87	$8,506 \cdot 10^{-1}$
45	Rh	0,214	0,15	$1,904 \cdot 10^{-1}$
46	Pd	0,675	0,675	$5,125 \cdot 10^{-1}$
47	Ag	0,26	0,26	$4,360 \cdot 10^{-2}$

Tabelle 74 (Fortsetzung)

Element		Kosmos		Sonne ALLER
		SUESS-UREY	CAMERON	
48	Cd	0,89	0,89	$9,113 \cdot 10^{-1}$
49	In	0,11	0,11	$4,566 \cdot 10^{-1}$
50	Sn	1,33	1,33	$1,095 \cdot 10^{0}$
51	Sb	0,246	0,227	$2,752 \cdot 10^{0}$
52	Te	4,67	2,91	—
53	J	0,80	0,60	—
54	Xe	4,0	3,35	—
55	Cs	0,456	0,456	—
56	Ba	3,66	3,66	$3,978 \cdot 10^{0}$
57	La	2,00	0,50	—
58	Ce	2,26	0,575	—
59	Pr	0,40	0,23	—
60	Nd	1,44	0,874	—
61	Pm	—	—	—
62	Sm	0,664	0,238	—
63	Eu	0,187	0,115	—
64	Gd	0,684	0,516	—
65	Tb	0,0956	0,090	—
66	Dy	0,556	0,665	—
67	Ho	0,118	0,18	—
68	Er	0,316	0,583	—
69	Tm	0,0318	0,090	—
70	Yb	0,220	0,393	$1,070 \cdot 10^{0}$
71	Lu	0,050	0,0358	—
72	Hf	0,438	0,113	—
73	Ta	0,065	0,015	—
74	W	0,49	0,105	—
75	Re	0,135	0,054	—
76	Os	1,00	0,64	—
77	Ir	0,821	0,494	—
78	Pt	1,625	1,28	—
79	Au	0,145	0,145	—
80	Hg	0,284	0,408	—
81	Tl	0,108	0,31	—
82	Pb	0,47	21,7	$6,756 \cdot 10^{-1}$
83	Bi	0,144	0,3	—
90	Th	—	0,027	—
92	U	—	0,0078	—

Dritter Teil

Anhang

A. Kristallo-
1. Übersicht über

System	Klasse	Symbol nach HERMANN-MAUGUIN	Symmetrie-						
			achsen ⊥ auf			ebenen in			Zen-trum
			(001)	(010)	(100)	(001)	(010)	(100)	
Triklin	triklin pedial	1	—	—	—	—	—	—	—
	triklin pinakoidal	$\bar{1}$	—	—	—	—	—	—	Z
Mono-klin	monoklin domatisch	m	—	—	—	—	m	—	—
	monoklin sphenoidisch	2	—	$2p$	—	—	—	—	—
	monoklin prismatisch	$2/m$	—	2	—	—	m	—	Z
Rhom-bisch	rhombisch pyramidal	$mm2$	$2p$	—	—	—	m	m	—
	rhombisch disphenoidisch	222	2	2	2	—	—	—	—
	rhombisch dipyramidal	$2/m\ 2/m$ $2/m$ (mmm)	2	2	2	m	m	m	Z

Anmerkungen zu Tabelle 1. In der Spalte „Symmetrieachsen und -ebenen" geben die Ziffern die Zähligkeit der Achse an. Der Buchstabe p rechts neben einer Ziffer bedeutet, daß die entsprechende Achse polar ist; ein Strich über der Ziffer gibt an, daß es sich um eine Inversionsachse handelt. Der Buchstabe m bedeutet wie im Hermann-Mauguinschen Symbol eine Symmetrieebene. — Sind von einem Symmetrieelement in der Klasse mehrere gleichwertige vorhanden, so steht ihre Anzahl — durch einen Punkt getrennt — links vom Symmetrieelement.

graphische Tabellen
die 32 Kristallklassen

	Formen					
{001}	{010}	{100}	{hk0}	{h0l}	{0kl}	{hkl}
1 o Pedion asymmetrisch	1 o Pedion asymmetrisch	1 o Pedion asymmetrisch	1 o Pedion asymmetrisch	1 o Pedion asymmetrisch	1 o Pedion asymmetrisch	1 o Pedion asymmetrisch
2 o Pinakoid asymmetrisch	2 o Pinakoid asymmetrisch	2 o Pinakoid asymmetrisch	2 o Pinakoid asymmetrisch	2 o Pinakoid asymmetrisch	2 o Pinakoid asymmetrisch	2 o Pinakoid asymmetrisch
1 o Pedion monosymmetrisch	2 o Pinakoid asymmetrisch	1 o Pedion monosymmetrisch	2 o Doma asymmetrisch	1 o Pedion monosymmetrisch	2 o Doma asymmetrisch	2 o Doma asymmetrisch
2 o Pinakoid asymmetrisch	1 o Pedion dimetrisch	2 o Pinakoid asymmetrisch	2 o Sphenoid asymmetrisch	2 o Pinakoid asymmetrisch	2 o Sphenoid asymmetrisch	2 o Sphenoid asymmetrisch
2 o Pinakoid monosymmetrisch	2 o Pinakoid dimetrisch	2 o Pinakoid monosymmetrisch	4 o Prisma asymmetrisch	2 o Pinakoid monosymmetrisch	4 o Prisma asymmetrisch	4 o Prisma asymmetrisch
1 o Pedion disymmetrisch	2 o Pinakoid monosymmetrisch	2 o Pinakoid monosymmetrisch	4 o Prisma asymmetrisch	2 o Doma monosymmetrisch	2 o Doma monosymmetrisch	4 o rhombische Pyramide asymmetrisch
2 o Pinakoid dimetrisch	2 o Pinakoid dimetrisch	2 o Pinakoid dimetrisch	4 o Prisma asymmetrisch	4 o Prisma asymmetrisch	4 o Prisma asymmetrisch	4 g rhombisches Disphenoid asymmetrisch
2 o Pinakoid disymmetrisch	2 o Pinakoid disymmetrisch	2 o Pinakoid disymmetrisch	4 o Prisma monosymmetrisch	4 o Prisma monosymmetrisch	4 o Prisma monosymmetrisch	8 g rhombische Dipyramide asymmetrisch

Bei den „Formen" ist im Feld links oben die Anzahl der zusammengehörenden Flächen angegeben; rechts oben steht *o* oder *g*, je nachdem, ob es sich um eine offene oder geschlossene Form handelt. Unter dem Namen für die Form ist ihre Flächensymmetrie in der speziellen Kristallklasse angegeben.

Bei den kubischen Kristallen gibt die kleine Skizze bei den {hhl}-Formen die Verteilung der Kanten um den Ausstichspunkt der Zone [111] an, wenn man den Kristall von rechts vorne, also von [110] aus, betrachtet.

| System | Klasse | Symbol nach HERMANN-MAUGUIN | Symmetrie- | | | | | | Zentrum |
| | | | achsen ⊥ auf | | | ebenen in | | | |
			(0001)	(10$\bar{1}$0)	(11$\bar{2}$0)	(0001)	(10$\bar{1}$0)	(11$\bar{2}$0)	
Tri-gonal	trigonal pyramidal	3	$3p$	—	—	—	—	—	—
	trigonal rhomboedrisch	$\bar{3}$	$\bar{3}$	—	—	—	—	—	Z
	ditrigonal pyramidal	$3m$	$3p$	—	—	—	—	$3 \cdot m$	—
	trigonal trapezoedrisch	32	3	—	$3 \cdot 2p$	—	—	—	—
	ditrigonal skalenoedrisch	$\bar{3}\,2/m$ ($\bar{3}m$)	$\bar{3}$	—	$3 \cdot 2$	—	—	$3 \cdot m$	Z
	trigonal dipyramidal	$\bar{6}$	$\bar{6}$	—	—	m	—	—	—
	ditrigonal dipyramidal	$\bar{6}m2$	$\bar{6}$	$3 \cdot 2p$	—	m	—	$3 \cdot m$	—

Formen						
{0001}	{10$\bar{1}$0}	{11$\bar{2}$0}	{$hk\bar{i}0$}	{$h0\bar{h}l$}	{$hh\overline{2h}l$}	{$hk\bar{i}l$}
1 o Pedion trimetrisch	3 o trigonales Prisma 1. Stellung asymmetrisch	3 o trigonales Prisma 2. Stellung asymmetrisch	3 o trigonales Prisma 3. Stellung asymmetrisch	3 o trigonale Pyramide 1. Stellung asymmetrisch	3 o trigonale Pyramide 2. Stellung asymmetrisch	3 o trigonale Pyramide 3. Stellung asymmetrisch
2 o Pinakoid trimetrisch	6 o hexagonales Prisma 1. Stellung asymmetrisch	6 o hexagonales Prisma 2. Stellung asymmetrisch	6 o hexagonales Prisma 3. Stellung asymmetrisch	6 g Rhomboeder 1. Stellung asymmetrisch	6 g Rhomboeder 2. Stellung asymmetrisch	6 g Rhomboeder 3. Stellung asymmetrisch
1 o Pedion trisymmetrisch	3 o trigonales Prisma 1. Stellung monosymmetrisch	6 o hexagonales Prisma 2. Stellung asymmetrisch	6 o ditrigonales Prisma asymmetrisch	3 o trigonale Pyramide 1. Stellung monosymmetrisch	6 o hexagonale Pyramide 2. Stellung asymmetrisch	6 o ditrigonale Pyramide asymmetrisch
2 o Pinakoid trimetrisch	6 o hexagonales Prisma 1. Stellung asymmetrisch	3 o trigonales Prisma 2. Stellung dimetrisch	6 o ditrigonales Prisma asymmetrisch	6 g Rhomboeder 1. Stellung asymmetrisch	6 g trigonale Dipyramide 2. Stellung asymmetrisch	6 g trigonales Trapezoeder asymmetrisch
2 o Pinakoid trisymmetrisch	6 o hexagonales Prisma 1. Stellung monosymmetrisch	6 o hexagonales Prisma 2. Stellung dimetrisch	12 o dihexagonales Prisma asymmetrisch	6 g Rhomboeder 1. Stellung monosymmetrisch	12 g hexagonale Dipyramide 2. Stellung asymmetrisch	12 g ditrigonales Skalenoeder asymmetrisch
2 o Pinakoid trimetrisch	3 o trigonales Prisma 1. Stellung monosymmetrisch	3 o trigonales Prisma 2. Stellung monosymmetrisch	3 o trigonales Prisma 3. Stellung monosymmetrisch	6 g trigonale Dipyramide 1. Stellung asymmetrisch	6 g trigonale Dipyramide 2. Stellung asymmetrisch	6 g trigonale Dipyramide 3. Stellung asymmetrisch
2 o Pinakoid trisymmetrisch	3 o trigonales Prisma 1. Stellung disymmetrisch	6 o hexagonales Prisma 2. Stellung monosymmetrisch	6 o ditrigonales Prisma monosymmetrisch	6 g trigonale Dipyramide 1. Stellung monosymmetrisch	12 g hexagonale Dipyramide 2. Stellung asymmetrisch	12 g ditrigonale Dipyramide asymmetrisch

System	Klasse	Symbol nach HERMANN-MAUGUIN	Symmetrie-						
			achsen ⊥ auf			ebenen in			Zen-trum
			(0001)	(10$\bar{1}$0)	(11$\bar{2}$0)	(0001)	(10$\bar{1}$0)	(11$\bar{2}$0)	
Hexa-gonal	hexagonal pyramidal	6	$6p$	—	—	—	—	—	—
	hexagonal dipyramidal	$6/m$	6	—	—	m	—	—	Z
	dihexagonal pyramidal	$6mm$	$6p$	—	—	—	$3 \cdot m$	$3 \cdot m$	—
	hexagonal trapezoedrisch	622	6	$3 \cdot 2$	$3 \cdot 2$	—	—	—	—
	dihexagonal dipyramidal	$6/m\ 2/m$ $2/m$ $(6/mmm)$	6	$3 \cdot 2$	$3 \cdot 2$	m	$3 \cdot m$	$3 \cdot m$	Z

	Formen					
$\{0001\}$	$\{10\bar{1}0\}$	$\{11\bar{2}0\}$	$\{hk\bar{i}0\}$	$\{h0\bar{h}l\}$	$\{hh\bar{2}hl\}$	$\{hk\bar{i}l\}$
1 o Pedion hexametrisch	6 o hexagonales Prisma 1. Stellung asymmetrisch	6 o hexagonales Prisma 2. Stellung asymmetrisch	6 o hexagonales Prisma 3. Stellung asymmetrisch	6 o hexagonale Pyramide 1. Stellung asymmetrisch	6 o hexagonale Pyramide 2. Stellung asymmetrisch	6 o hexagonale Pyramide 3. Stellung asymmetrisch
2 o Pinakoid hexametrisch	6 o hexagonales Prisma 1. Stellung monosymmetrisch	6 o hexagonales Prisma 2. Stellung monosymmetrisch	6 o hexagonales Prisma 3. Stellung monosymmetrisch	12 g hexagonale Dipyramide 1. Stellung asymmetrisch	12 g hexagonale Dipyramide 2. Stellung asymmetrisch	12 g hexagonale Dipyramide 3. Stellung asymmetrisch
1 o Pedion hexasymmetrisch	6 o hexagonales Prisma 1. Stellung monosymmetrisch	6 o hexagonales Prisma 2. Stellung monosymmetrisch	12 o dihexagonales Prisma asymmetrisch	6 o hexagonale Pyramide 1. Stellung monosymmetrisch	6 o hexagonale Pyramide 2. Stellung monosymmetrisch	12 o dihexagonale Pyramide asymmetrisch
2 o Pinakoid hexametrisch	6 o hexagonales Prisma 1. Stellung dimetrisch	6 o hexagonales Prisma 2. Stellung dimetrisch	12 o dihexagonales Prisma asymmetrisch	12 g hexagonale Dipyramide 1. Stellung asymmetrisch	12 g hexagonale Dipyramide 2. Stellung asymmetrisch	12 g hexagonales Trapezoeder asymmetrisch
2 o Pinakoid hexasymmetrisch	6 o hexagonales Prisma 1. Stellung disymmetrisch	6 o hexagonales Prisma 2. Stellung disymmetrisch	12 o dihexagonales Prisma monosymmetrisch	12 g hexagonale Dipyramide 1. Stellung monosymmetrisch	12 g hexagonale Dipyramide 2. Stellung monosymmetrisch	24 g dihexagonale Dipyramide asymmetrisch

| System | Klasse | Symbol nach HERMANN-MAUGUIN | Symmetrie- | | | | | | Zentrum |
| | | | achsen ⊥ auf | | | ebenen in | | | |
			(001)	(100)	(110)	(001)	(100)	(110)	
Tetra-gonal	tetragonal pyramidal	4	$4p$	—	—	—	—	—	—
	tetragonal dipyramidal	$4/m$	4	—	—	m	—	—	Z
	ditetragonal pyramidal	$4mm$	$4p$	—	—	—	$2 \cdot m$	$2 \cdot m$	—
	tetragonal trapezoedrisch	422	4	$2 \cdot 2$	$2 \cdot 2$	—	—	—	—
	ditetragonal dipyramidal	$4/m\ 2/m\ 2/m$ $(4/mmm)$	4	$2 \cdot 2$	$2 \cdot 2$	m	$2 \cdot m$	$2 \cdot m$	Z
	tetragonal disphenoidisch	$\bar{4}$	$\bar{4}$	—	—	—	—	—	—
	tetragonal skalenoedrisch	$\bar{4}2m$	$\bar{4}$	$2 \cdot 2$	—	—	—	$2 \cdot m$	—

Formen						
{001}	{100}	{110}	{*hk*0}	{*h*0*l*}	{*hhl*}	{*hkl*}
1 o Pedion tetra- metrisch	4 o tetra- gonales Prisma 2. Stellung asym- metrisch	4 o tetra- gonales Prisma 1. Stellung asym- metrisch	4 o tetra- gonales Prisma 3. Stellung asym- metrisch	4 o tetra- gonale Pyramide 2. Stellung asym- metrisch	4 o tetra- gonale Pyramide 1. Stellung asym- metrisch	4 o tetra- gonale Pyramide 3. Stellung asym- metrisch
2 o Pinakoid tetra- metrisch	4 o tetra- gonales Prisma 2. Stellung mono- sym- metrisch	4 o tetra- gonales Prisma 1. Stellung mono- sym- metrisch	4 o tetra- gonales Prisma 3. Stellung mono- sym- metrisch	8 g tetra- gonale Dipyramide 2. Stellung asym- metrisch	8 g tetra- gonale Dipyramide 1. Stellung asym- metrisch	8 g tetra- gonale Dipyramide 3. Stellung asym- metrisch
1 o Pedion tetra- sym- metrisch	4 o tetra- gonales Prisma 2. Stellung mono- sym- metrisch	4 o tetra- gonales Prisma 1. Stellung mono- sym- metrisch	8 o ditetra- gonales Prisma asym- metrisch	4 o tetra- gonale Pyramide 2. Stellung mono- sym- metrisch	4 o tetra- gonale Pyramide 1. Stellung mono- sym- metrisch	8 o ditetra- gonale Pyramide asym- metrisch
2 o Pinakoid tetra- metrisch	4 o tetra- gonales Prisma 2. Stellung dimetrisch	4 o tetra- gonales Prisma 1. Stellung dimetrisch	8 o ditetra- gonales Prisma asym- metrisch	8 g tetra- gonale Dipyramide 2. Stellung asym- metrisch	8 g tetra- gonale Dipyramide 1. Stellung asym- metrisch	8 g tetra- gonales Trapezo- eder asym- metrisch
2 o Pinakoid tetra- sym- metrisch	4 o tetra- gonales Prisma 2. Stellung disym- metrisch	4 o tetra- gonales Prisma 1. Stellung disym- metrisch	8 o ditetra- gonales Prisma mono- sym- metrisch	8 g tetra- gonale Dipyramide 2. Stellung mono- sym- metrisch	8 g tetra- gonale Dipyramide 1. Stellung mono- sym- metrisch	16 g ditetra- gonale Dipyramide asym- metrisch
2 o Pinakoid dimetrisch	4 o tetra- gonales Prisma 2. Stellung asym- metrisch	4 o tetra- gonales Prisma 1. Stellung asym- metrisch	4 o tetra- gonales Prisma 3. Stellung asym- metrisch	4 g tetra- gonales Disphenoid 2. Stellung asym- metrisch	4 g tetra- gonales Disphenoid 1. Stellung asym- metrisch	4 g tetra- gonales Disphenoid 3. Stellung asym- metrisch
2 o Pinakoid disym- metrisch	4 o tetra- gonales Prisma 2. Stellung dimetrisch	4 o tetra- gonales Prisma 1. Stellung mono- sym- metrisch	8 o ditetra- gonales Prisma asym- metrisch	8 g tetra- gonale Dipyramide 2. Stellung asym- metrisch	4 g tetra- gonales Disphenoid 1. Stellung mono- sym- metrisch	8 g tetra- gonales Skaleno- eder asym- metrisch

System	Klasse	Symbol nach HERMANN-MAUGUIN	Symmetrie-					
			achsen ⊥ auf			ebenen in		Zen-trum
			(100)	(111)	(110)	(100)	(110)	
Kubisch	kubisch tetraedrisch pentagon-dodekaedrisch	23	$3 \cdot 2$	$4 \cdot 3p$	—	—	—	—
	kubisch disdodekaedrisch	$2/m\ \bar{3}$ $(m3)$	$3 \cdot 2$	$4 \cdot \bar{3}$	—	$3 \cdot m$	—	Z
	kubisch hexakis-tetraedrisch	$\bar{4}3m$	$3 \cdot \bar{4}$	$4 \cdot 3p$	—	—	$6 \cdot m$	—
	kubisch pentagon-ikositetraedrisch	432	$3 \cdot 4$	$4 \cdot 3$	$6 \cdot 2$	—	—	—
	kubisch hexakis-oktaedrisch	$4/m\ \bar{3}\ 2/m$ $(m3m)$	$3 \cdot 4$	$4 \cdot \bar{3}$	$6 \cdot 2$	$3 \cdot m$	$6 \cdot m$	Z

| Formen | | | | | | |
{100}	{110}	{111}	{hk0}	{hhl}, h < l △	{hhl}, h > l △	{hkl}
6 g Würfel dimetrisch	12 g Rhomben- dodekaeder asym- metrisch	4 g Tetraeder trimetrisch	12 g Pentagon- dodekaeder asym- metrisch	12 g Tristetra- eder asym- metrisch	12 g Deltoid- dodekaeder asym- metrisch	12 g tetra- edrisches Pentagon- dodekaeder asym- metrisch
6 g Würfel disym- metrisch	12 g Rhomben- dodekaeder mono- sym- metrisch	8 g Oktaeder trimetrisch	12 g Pentagon- dodekaeder mono- sym- metrisch	24 g Deltoid- ikositetra- eder asym- metrisch	24 g Trisokta- eder asym- metrisch	24 g Dis- dodekaeder asym- metrisch
6 g Würfel disym- metrisch	12 g Rhomben- dodekaeder mono- sym- metrisch	4 g Tetraeder trisym- metrisch	24 g Tetrakis- hexaeder asym- metrisch	12 g Tristetra- eder mono- sym- metrisch	12 g Deltoid- dodekaeder mono- sym- metrisch	24 g Hexakis- tetraeder asym- metrisch
6 g Würfel tetra- metrisch	12 g Rhomben- dodekaeder dimetrisch	8 g Oktaeder trimetrisch	24 g Tetrakis- hexaeder asym- metrisch	24 g Deltoid- ikositetra- eder asym- metrisch	24 g Trisokta- eder asym- metrisch	24 g Pentagon- ikositetra- eder asym- metrisch
6 g Würfel tetrasym- metrisch	12 g Rhomben- dodekaeder disym- metrisch	8 g Oktaeder trisym- metrisch	24 g Tetrakis- hexaeder mono- sym- metrisch	24 g Deltoid- ikositetra- eder mono- sym- metrisch	24 g Trisokta- eder mono- sym- metrisch	48 g Hexakis- oktaeder asym- metrisch

2. Verschiedene Bezeichnungen für die 32 Kristallklassen

Bezeichnung nach der Form allgemeiner Lage[1]	Bezeichnung nach der Reduktion der Form allgemeiner Lage verglichen mit jener der höchstsymmetrischen Klasse desselben Systems[2]	HERMANN-MAUGUIN[3]	SCHOENFLIES
triklin pedial	trikline Hemiedrie	1	C_1
triklin pinakoidal	trikline Holoedrie	$\bar{1}$	C_i
monoklin sphenoidisch	monokline Hemimorphie	2	C_2
monoklin domatisch	monokline Hemiedrie	m	C_s
monoklin prismatisch	monokline Holoedrie	$2/m$	C_{2h}
rhombisch disphenoidisch	orthorhombische Enantiomorphie	222	$D_2(V)$
rhombisch pyramidal	orthorhombische Hemimorphie	$mm2$	C_{2v}
rhombisch dipyramidal	orthorhombische Holoedrie	mmm	$D_{2h}(V_h)$
tetragonal pyramidal	tetragonale Tetartoedrie 1. Art	4	C_4
tetragonal dipyramidal	tetragonale Paramorphie	$4/m$	C_{4h}
tetragonal trapezoedrisch	tetragonale Enantiomorphie	422	D_4
ditetragonal pyramidal	tetragonale Hemimorphie	$4mm$	C_{4v}
ditetragonal dipyramidal	tetragonale Holoedrie	$4/mmm$	D_{4h}
tetragonal disphenoidisch	tetragonale Tetartoedrie 2. Art	$\bar{4}$	S_4
tetragonal skalenoedrisch	tetragonale Hemiedrie 2. Art	$\bar{4}2m$	$D_{2d}(V_d)$
trigonal pyramidal	trig.-rhomboedr. Tetartoedrie	3	C_3
trigonal rhomboedrisch	trig.-rhomboedr. Paramorphie	$\bar{3}$	C_{3i}
trigonal trapezoedrisch	trig.-rhomboedr. Enantiomorphie	32	D_3
ditrigonal pyramidal	trig.-rhomboedr. Hemimorphie	$3m$	C_{3v}
ditrigonal skalenoedrisch	trig.-rhomboedr. Holoedrie	$\bar{3}m$	D_{3d}
trigonal dipyramidal[4]	hexagonale Tetartoedrie 2. Art	$\bar{6}$	C_{3h}
ditrigonal dipyramidal[4]	hexagonale Hemiedrie 2. Art	$\bar{6}m2$	D_{3h}
hexagonal pyramidal	hexagonale Tetartoedrie 1. Art	6	C_6
hexagonal dipyramidal	hexagonale Paramorphie	$6/m$	C_{6h}
hexagonal trapezoedrisch	hexagonale Enantiomorphie	622	D_6
dihexagonal pyramidal	hexagonale Hemimorphie	$6mm$	C_{6v}
dihexagonal dipyramidal	hexagonale Holoedrie	$6/mmm$	D_{6h}
kubisch tetraedrisch-pentagon-dodekaedrisch	kubische Tetartoedrie	23	T
kubisch disdodekaedrisch	kubische Paramorphie	$m3$	T_h
kubisch pentagonikositetraedrisch	kubische Enantiomorphie	432	O
kubisch hexakistetraedrisch	kubische Hemimorphie	$\bar{4}3m$	T_d
kubisch hexakisoktaedrisch	kubische Holoedrie	$m3m$	O_h

[1] Bezeichnung dieses Buches, in enger Anlehnung an GROTH.

[2] Es gibt mehrere Varianten dieser Nomenklatur; hier ist die aus Niggli: „Lehrbuch der Mineralogie und Kristallographie I." gegeben.

[3] In der abgekürzten Form.

[4] Wegen der Zuordnung dieser Klassen zu den trigonalen oder hexagonalen Kristallen vgl. S. 31.

3. Das rhomboedrische Achsenkreuz

Bei den trigonalen Kristallen ist neben der Beschreibung im hexagonalen Achsenkreuz auch die im rhomboedrischen Achsenkreuz möglich und manchmal zweckmäßig. Der Zusammenhang zwischen diesen beiden Achsenkreuzen ist in Abb. 391 dargestellt; es wurde dabei das rhomboedrische Achsenkreuz zum hexagonalen so gelegt, wie dies auch in der Röntgenkristallographie üblich ist.

Für das Achsenverhältnis $\dfrac{c}{a}$ (hex.) und den Rhomboederwinkel ϱ gelten folgende Zusammenhänge:

$$\sin\frac{\varrho}{2} = \frac{3}{2\sqrt{3 + \left(\dfrac{a}{c}\right)^2}}; \quad \frac{c}{a} = \sqrt{\frac{9}{4\sin^2\dfrac{\varrho}{2}} - 3}$$

Die rhomboedrischen Indizes (pqr) erhält man aus den Hexagonalen $(hk\cdot l)$ durch die Beziehungen:

$$p = \tfrac{1}{3}(2h + k + l),$$
$$q = \tfrac{1}{3}(k - h + l),$$
$$r = \tfrac{1}{3}(-2k - h + l).$$

Anderseits gilt:

$$h = p - q$$
$$k = q - r$$
$$l = p + q + r$$

Damit erhält man:

$(00.1)_{\text{hex.}} = (\tfrac{1}{3}\,\tfrac{1}{3}\,\tfrac{1}{3})_{\text{rh.}}$ oder $(111)_{\text{rh.}}$;
$(10.0)_{\text{hex.}} = (\tfrac{2}{3}\,\bar{\tfrac{1}{3}}\,\bar{\tfrac{1}{3}})_{\text{rh.}}$ oder $(2\bar{1}\bar{1})_{\text{rh.}}$;
$(100)_{\text{rh.}} = (10.1)_{\text{hex.}}$ usw.

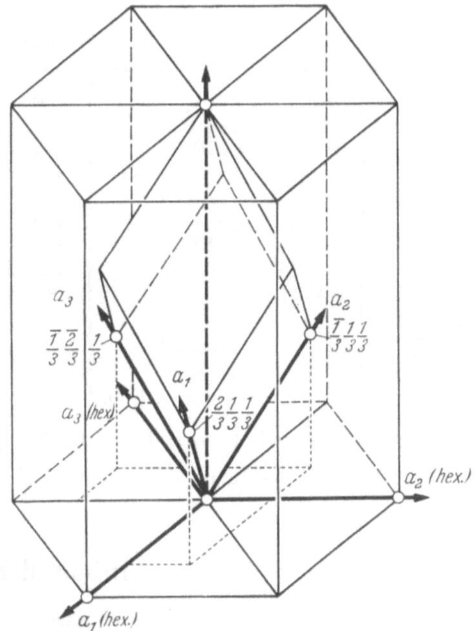

Abb. 391. Zusammenhang zwischen dem hexagonalen und dem rhomboedrischen Achsenkreuz. Die Einheitspunkte der rhomboedrischen Achsen haben für die Transformationsformeln des Textes die eingetragenen Koordinaten (bezogen auf die a_1-, a_2- und c-Achse des hexagonalen Achsenkreuzes)

4. Gegenüberstellung der NAUMANNschen Symbole und der Indizes nach MILLER und BRAVAIS (zum Verständnis der älteren kristallographischen Literatur)

Triklin		Monoklin		Rhombisch	
$0P$	$\{001\}$	$0P$	$\{001\}$	$0P$	$\{001\}$
P'	$\{111\}$	$+P$	$\{\bar{1}11\}$	P	$\{111\}$
$'P$	$\{1\bar{1}1\}$	$-P$	$\{111\}$	mP	$\{hhl\}$
$P,$	$\{\bar{1}\bar{1}1\}$	$+mP$ o	$\{\bar{h}hl\}$	$m\bar{P}n$	$\{hkl\}\ (h>k)$
$,P$	$\{\bar{1}11\}$	$-mP$	$\{hhl\}$	$m\breve{P}n$	$\{hkl\}\ (h<k)$
mP'	$\{hhl\}$	$+mPn$	$\{\bar{h}kl\}\ (h>k)$	∞P	$\{110\}$
$\infty P',$	$\{110\}$	$-mPn$	$\{hkl\}\ (h>k)$	$\infty\bar{P}n$	$\{hk0\}\ (h>k)$
∞',P	$\{1\bar{1}0\}$	$+mPn$	$\{\bar{h}kl\}\ (h<k)$	$\infty\breve{P}n$	$\{hk0\}\ (h<k)$
$m\bar{P}'n$	$\{hkl\}\ (h>k)$	$-mPn$	$\{hkl\}\ (h<k)$	$m\bar{P}\infty$	$\{0kl\}\ (k/l=m)$
$m\breve{P}'n$	$\{hkl\}\ (h<k)$	∞P	$\{110\}$	$m\breve{P}\infty$	$\{h0l\}\ (h/l=m)$
$m'\bar{P}'\infty$	$\{h0l\}$	∞Pn	$\{hk0\}\ (h<k)$	$\infty\bar{P}\infty$	$\{010\}$
$m,\breve{P}'\infty$	$\{0kl\}$	∞Pn	$\{hk0\}\ (h>k)$	$\infty\breve{P}\infty$	$\{100\}$
$\infty\bar{P}',n$	$\{hk0\}\ (h>k)$	$+mP\infty$	$\{\bar{h}0l\}$		
$\infty\breve{P}',n$	$\{hk0\}\ (h<k)$	$-mP\infty$	$\{h0l\}$		
$\infty\bar{P}\infty$	$\{100\}$	$mP\infty$	$\{0kl\}$		
$\infty\breve{P}\infty$	$\{010\}$	$\infty P\infty$	$\{100\}$		
		$\infty P\infty$	$\{010\}$		

Hexagonal	Indizes nach		Rhomboedrisch	Tetragonal		Kubisch		
	BRAVAIS	MILLER						
$0P$	$\{0001\}$	$\{111\}$	$0R$	$0P$	$\{001\}$	O	$\{111\}$	
	$\{10\bar{1}1\}$	$\{100\}$	R	P	$\{111\}$	mO	$\{hhl\}$	$(h>l)$
	$\{01\bar{1}2\}$	$\{110\}$	$\tfrac{1}{2}R$	mP	$\{hhl\}$	mOm	$\{hkk\}$	$(h>k)$
mP	$\{h0\bar{h}l\}$	$\{prr\}\ (p>\mathrm{r})$	mR	mPn	$\{hkl\}$	mOn	$\{hkl\}$	
$mP2$	$\{hh\overline{2h}l\}$			$P\infty$	$\{101\}$	∞O	$\{110\}$	
mPn	$\{hkil\}$	$\{pqr\}$	mRn	$mP\infty$	$\{h0l\}$	$\infty O\infty$	$\{100\}$	
∞P	$\{10\bar{1}0\}$	$\{2\bar{1}\bar{1}\}$	∞R	∞P	$\{110\}$			
$\infty P2$	$\{11\bar{2}0\}$	$\{10\bar{1}\}$	$\infty P2$	∞Pn	$\{hk0\}$			
∞Pn	$\{hki0\}$	$\{p\bar{q}\bar{r}\}$	∞Pn	$\infty P\infty$	$\{100\}$			
$\dfrac{mPn}{2}$	$\{hkil\}$	in den Hemiedrien						
$\dfrac{mPn}{4}$	$\{hkil\}$	in den Tetartoedrien						

Hemiedrien und Tetartoedrien werden im kubischen, tetragonalen und hexagonalen System durch $\dfrac{mPn}{2}$ und $\dfrac{mPn}{4}$ bzw. $\dfrac{mOn}{2}$ und $\dfrac{mOn}{4}$ bezeichnet.

5. Die Symbole der 230 Raumgruppen

Für die Raumgruppen sind zwei Bezeichnungsarten üblich. Die ältere von SCHOENFLIES numeriert die zu einer Kristallklasse gehörenden Raumgruppen, wobei diese Nummer rechts oben neben das Klassensymbol gesetzt wird. Die heute verbreitetere Bezeichnung nach HERMANN-MAUGUIN beruht auf derselben Grundlage wie die Bezeichnung der Kristallklassen (vgl. S. 24 u. 31). An erster Stelle steht immer das Symbol für die Translationsgruppe (vgl. S. 43); dabei werden folgende lateinische Buchstaben verwendet:

P primitiv,

A flächenzentriert auf der (100)-Fläche,

B flächenzentriert auf der (010)-Fläche,

C flächenzentriert auf der (001)-Fläche,

F allseitig flächenzentriert,

I innen-(raum-) zentriert,

R rhomboedrisch.

Nach dem Buchstaben für die Translationsgruppe kommt jener Teil des Symbols, der dem Symbol für die Kristallklasse entspricht. Allerdings kommen nun nicht nur die Symbole für die Symmetrieelemente der Kristallklassen zur Anwendung, sondern auch diejenigen, welche Symmetrieelemente räumlicher Muster kennzeichnen (vgl. S. 16). So ist z.B. $P\,4_3 2_1 2$ das Symbol für eine der Raumgruppen, die der Kristallklasse 422 (tetr. trapezoedrisch) entsprechen. Als zweites Beispiel sei die Raumgruppe der Rotgültigerze, die in Klasse $3m$ kristallisieren, angegeben: sie lautet $R3c$. Stehen Symmetrieachsen und Symmetrieebenen senkrecht aufeinander, so wird dies wie bei den Kristallklassen durch einen Bruchstrich symbolisiert: z.B. $P2_1/c$.

Wir folgen in Tabelle 3 in Anordnung und Nomenklatur den „International Tables for X-Ray Crystallography", einem Nachschlagewerk, das bei der intensiveren Beschäftigung mit Raumgruppen und Kristallstrukturen unbedingt zu Rate gezogen werden muß.

Anmerkungen zu den Hermann-Mauguinschen Symbolen

1. Die Symbole enthalten nicht immer alle Symmetrieelemente der Raumgruppe. In der „abgekürzten" Form, wie sie in der Tabelle gegeben wird, schreibt man z.B. für die rhombisch pyramidalen Kristalle nur die Symmetrieebenen, nicht aber die zweizähligen Achsen (die 2 oder 2_1 sein können) an. Davon abgesehen ist zu berücksichtigen, daß in ein und derselben Raumgruppe verschiedene Symmetrieelemente parallel zueinander laufen können; von denen gibt das Hermann-Mauguinsche Symbol (auch das „vollständige"!) nur eines an. So sind die Symbole für die Raumgruppen der beiden enantiomorphen Formen des Tiefquarzes $P3_121$ und $P3_221$ — es wird also angegeben, daß in Richtung der Nebenachsen des hexagonalen Achsenkreuzes gewöhnliche 2-zählige Achsen laufen. Die Angabe ist jedoch unvollständig; denn in denselben Richtungen verlaufen auch 2_1-Achsen!

2. Das Hermann-Mauguinsche Symbol ein und derselben Raumgruppe wechselt mit den möglichen Aufstellungen, und darin hat man mancherlei Freiheit, wie wir bei der Besprechung der Kristallklassen gezeigt haben. Das Symbol für die sehr verbreitete Raumgruppe Nr. 15 (C_{2h}^5) lautet z.B. je nach der Richtung, in welcher Translation der Gleitspiegelebene verläuft $P2_1/c$, $P2_1/a$ oder $P2_1/n$.

3. Bei den Raumgruppen der Kristallklassen tetr. skalenoedrisch, trig. trapezoedrisch, ditrig. pyramidal, trig. skalenoedrisch und ditrig. dipyramidal wechselt die Aufstellung innerhalb der Kristallklasse. Betrachten wir als charakteristisches Beispiel die Raumgruppen Nr. 114 (D_{2d}^4): $P\bar{4}2_1c$ und Nr. 115 (D_{2d}^5): $P\bar{4}m2$. Im ersten Fall sind (in Übereinstimmung mit S. 36) die horizontalen Symmetrieachsen Nebenachsen, im zweiten jedoch Zwischenachsen. Die beiden Raumgruppen sind also um 45° verschieden aufgestellt. Man macht das, um die kleinste Elementarzelle zu benützen. Wollte man Raumgruppe Nr. 115 in der „Regelaufstellung" beschreiben, so erhielte man eine doppelt so große, C-zentrierte Zelle mit dem Symbol: $C\bar{4}2m$.

4. In den Klassen 3, $\bar{3}$, 32, $3m$ und $\bar{3}2/m$ ist manchmal eine hexagonale, manchmal eine rhomboedrische Zelle kleinste Zelle — dementsprechend ist das Symbol für die Translationsgruppe P oder R. Als Beispiele mögen zwei Vertreter der trigonal-skalenoedrischen Kristallklasse dienen. Der Brucit, $Mg(OH)_2$, kristallisiert in Raumgruppe Nr. 164 (D_{3d}^3): $P\bar{3}m1$ — seine primitive Elementarzelle ist demnach hexagonal mit $a=b\neq c$ und $\gamma=120°$; der Calcit, $CaCO_3$, kristallisiert in Raumgruppe Nr. 167 (D_{3d}^6): $R\bar{3}mc$ — seine primitive Elementarzelle ist rhomboedrisch.

Nr.	Hermann-Mauguin	Schoenflies	Nr.	Hermann-Mauguin	Schoenflies	Nr.	Hermann-Mauguin	Schoenflies
1	$P1$	C_1^1	31	$Pmn2_1$	C_{2v}^7	66	$Cccm$	D_{2h}^{20}
2	$P\bar{1}$	C_i^1	32	$Pba2$	C_{2v}^8	67	$Cmma$	D_{2h}^{21}
3	$P2$	C_2^1	33	$Pna2_1$	C_{2v}^9	68	$Ccca$	D_{2h}^{22}
4	$P2_1$	C_2^2	34	$Pnn2$	C_{2v}^{10}	69	$Fmmm$	D_{2h}^{23}
5	$C2$	C_2^3	35	$Cmm2$	C_{2v}^{11}	70	$Fddd$	D_{2h}^{24}
6	Pm	C_s^1	36	$Cmc2_1$	C_{2v}^{12}	71	$Immm$	D_{2h}^{25}
7	Pc	C_s^2	37	$Ccc2$	C_{2v}^{13}	72	$Ibam$	D_{2h}^{26}
8	Cm	C_s^3	38	$Amm2$	C_{2v}^{14}	73	$Ibca$	D_{2h}^{27}
9	Cc	C_s^4	39	$Abm2$	C_{2v}^{15}	74	$Imma$	D_{2h}^{28}
10	$P\dfrac{2}{m}$	C_{2h}^1	40	$Ama2$	C_{2v}^{16}	75	$P4$	C_4^1
11	$P\dfrac{2_1}{m}$	C_{2h}^2	41	$Aba2$	C_{2v}^{17}	76	$P4_1$	C_4^2
12	$C\dfrac{2}{m}$	C_{2h}^3	42	$Fmm2$	C_{2v}^{18}	77	$P4_2$	C_4^3
13	$P\dfrac{2}{c}$	C_{2h}^4	43	$Fdd2$	C_{2v}^{19}	78	$P4_3$	C_4^4
14	$P\dfrac{2_1}{c}$	C_{2h}^5	44	$Imm2$	C_{2v}^{20}	79	$I4$	C_4^5
15	$C\dfrac{2}{c}$	C_{2h}^6	45	$Iba2$	C_{2v}^{21}	80	$I4_1$	C_4^6
16	$P222$	D_2^1	46	$Ima2$	C_{2v}^{22}	81	$P\bar{4}$	S_4^1
17	$P222_1$	D_2^2	47	$Pmmm$	D_{2h}^1	82	$I\bar{4}$	S_4^2
18	$P2_12_12$	D_2^3	48	$Pnnn$	D_{2h}^2	83	$P\dfrac{4}{m}$	C_{4h}^1
19	$P2_12_12_1$	D_2^4	49	$Pccm$	D_{2h}^3	84	$P\dfrac{4_2}{m}$	C_{4h}^2
20	$C222_1$	D_2^5	50	$Pban$	D_{2h}^4	85	$P\dfrac{4}{n}$	C_{4h}^3
21	$C222$	D_2^6	51	$Pmma$	D_{2h}^5	86	$P\dfrac{4_2}{n}$	C_{4h}^4
22	$F222$	D_2^7	52	$Pnna$	D_{2h}^6	87	$I\dfrac{4}{m}$	C_{4h}^5
23	$I222$	D_2^8	53	$Pmna$	D_{2h}^7	88	$I\dfrac{4_1}{a}$	C_{4h}^6
24	$I2_12_12_1$	D_2^9	54	$Pcca$	D_{2h}^8	89	$P422$	D_4^1
25	$Pmm2$	C_{2v}^1	55	$Pbam$	D_{2h}^9	90	$P42_12$	D_4^2
26	$Pmc2_1$	C_{2v}^2	56	$Pccn$	D_{2h}^{10}	91	$P4_122$	D_4^3
27	$Pcc2$	C_{2v}^3	57	$Pbcm$	D_{2h}^{11}	92	$P4_12_12$	D_4^4
28	$Pma2$	C_{2v}^4	58	$Pnnm$	D_{2h}^{12}	93	$P4_222$	D_4^5
29	$Pca2_1$	C_{2v}^5	59	$Pmmn$	D_{2h}^{13}	94	$P4_22_12$	D_4^6
30	$Pnc2$	C_{2v}^6	60	$Pbcn$	D_{2h}^{14}	95	$P4_322$	D_4^7
			61	$Pbca$	D_{2h}^{15}			
			62	$Pnma$	D_{2h}^{16}			
			63	$Cmcm$	D_{2h}^{17}			
			64	$Cmca$	D_{2h}^{18}			
			65	$Cmmm$	D_{2h}^{19}			

Nr.	HERMANN-MAUGUIN	SCHOENFLIES
96	$P4_3 2_1 2$	D_4^8
97	$I422$	D_4^9
98	$I4_1 22$	D_4^{10}
99	$P4mm$	C_{4v}^1
100	$P4bm$	C_{4v}^2
101	$P4_2 cm$	C_{4v}^3
102	$P4_2 nm$	C_{4v}^4
103	$P4cc$	C_{4v}^5
104	$P4nc$	C_{4v}^6
105	$P4_2 mc$	C_{4v}^7
106	$P4_2 bc$	C_{4v}^8
107	$I4mm$	C_{4v}^9
108	$I4cm$	C_{4v}^{10}
109	$I4_1 md$	C_{4v}^{11}
110	$I4_1 cd$	C_{4v}^{12}
111	$P\bar4 2m$	D_{2d}^1
112	$P\bar4 2c$	D_{2d}^2
113	$P\bar4 2_1 m$	D_{2d}^3
114	$P\bar4 2_1 c$	D_{2d}^4
115	$P\bar4 m2$	D_{2d}^5
116	$P\bar4 c2$	D_{2d}^6
117	$P\bar4 b2$	D_{2d}^7
118	$P\bar4 n2$	D_{2d}^8
119	$I\bar4 m2$	D_{2d}^9
120	$I\bar4 c2$	D_{2d}^{10}
121	$I\bar4 2m$	D_{2d}^{11}
122	$I\bar4 2d$	D_{2d}^{12}
123	$P \dfrac{4}{m} mm$	D_{4h}^1
124	$P \dfrac{4}{m} cc$	D_{4h}^2
125	$P \dfrac{4}{n} bm$	D_{4h}^3
126	$P \dfrac{4}{n} nc$	D_{4h}^4

Nr.	HERMANN-MAUGUIN	SCHOENFLIES
127	$P \dfrac{4}{m} bm$	D_{4h}^5
128	$P \dfrac{4}{m} nc$	D_{4h}^6
129	$P \dfrac{4}{n} mm$	D_{4h}^7
130	$P \dfrac{4}{n} cc$	D_{4h}^8
131	$P \dfrac{4_2}{m} mc$	D_{4h}^9
132	$P \dfrac{4_2}{m} cm$	D_{4h}^{10}
133	$P \dfrac{4_2}{n} bc$	D_{4h}^{11}
134	$P \dfrac{4_2}{n} nm$	D_{4h}^{12}
135	$P \dfrac{4_2}{m} bc$	D_{4h}^{13}
136	$P \dfrac{4_2}{m} nm$	D_{4h}^{14}
137	$P \dfrac{4_2}{n} mc$	D_{4h}^{15}
138	$P \dfrac{4_2}{n} cm$	D_{4h}^{16}
139	$I \dfrac{4}{m} mm$	D_{4h}^{17}
140	$I \dfrac{4}{m} cm$	D_{4h}^{18}
141	$I \dfrac{4_1}{a} md$	D_{4h}^{19}
142	$I \dfrac{4_1}{a} cd$	D_{4h}^{20}
143	$P3$	C_3^1
144	$P3_1$	C_3^2
145	$P3_2$	C_3^3
146	$R3$	C_3^4
147	$P\bar3$	C_{3i}^1
148	$R\bar3$	C_{3i}^2
149	$P312$	D_3^1
150	$P321$	D_3^2
151	$P3_1 12$	D_3^3

Nr.	HERMANN-MAUGUIN	SCHOENFLIES
152	$P3_1 21$	D_3^4
153	$P3_2 12$	D_3^5
154	$P3_2 21$	D_3^6
155	$R32$	D_3^7
156	$P3m1$	C_{3v}^1
157	$P31m$	C_{3v}^2
158	$P3c1$	C_{3v}^3
159	$P31c$	C_{3v}^4
160	$R3m$	C_{3v}^5
161	$R3c$	C_{3v}^6
162	$P\bar3 1m$	D_{3d}^1
163	$P\bar3 1c$	D_{3d}^2
164	$P\bar3 m1$	D_{3d}^3
165	$P\bar3 c1$	D_{3d}^4
166	$R\bar3 m$	D_{3d}^5
167	$R\bar3 c$	D_{3d}^6
168	$P6$	C_6^1
169	$P6_1$	C_6^2
170	$P6_5$	C_6^3
171	$P6_2$	C_6^4
172	$P6_4$	C_6^5
173	$P6_3$	C_6^6
174	$P\bar6$	C_{3h}^1
175	$P \dfrac{6}{m}$	C_{6h}^1
176	$P \dfrac{6_3}{m}$	C_{6h}^2
177	$P622$	D_6^1
178	$P6_1 22$	D_6^2
179	$P6_5 22$	D_6^3
180	$P6_2 22$	D_6^4
181	$P6_4 22$	D_6^5
182	$P6_3 22$	D_6^6

Nr.	Hermann-Mauguin	Schoenflies	Nr.	Hermann-Mauguin	Schoenflies	Nr.	Hermann-Mauguin	Schoenflies
183	$P6mm$	C_{6v}^1	197	$I23$	T^3	215	$P\bar{4}3m$	T_d^1
184	$P6cc$	C_{6v}^2	198	$P2_13$	T^4	216	$F\bar{4}3m$	T_d^2
185	$P6_3cm$	C_{6v}^3	199	$I2_13$	T^5	217	$I\bar{4}3m$	T_d^3
186	$P6_3mc$	C_{6v}^4	200	$Pm3$	T_h^1	218	$P\bar{4}3n$	T_d^4
187	$P\bar{6}m2$	D_{3h}^1	201	$Pn3$	T_h^2	219	$F\bar{4}3c$	T_d^5
188	$P\bar{6}c2$	D_{3h}^2	202	$Fm3$	T_h^3	220	$I\bar{4}3d$	T_d^6
189	$P\bar{6}2m$	D_{3h}^3	203	$Fd3$	T_h^4	221	$Pm3m$	O_h^1
190	$P\bar{6}2c$	D_{3h}^4	204	$Im3$	T_h^5	222	$Pn3n$	O_h^2
191	$P\dfrac{6}{m}mm$	D_{6h}^1	205	$Pa3$	T_h^6	223	$Pm3n$	O_h^3
192	$P\dfrac{6}{m}cc$	D_{6h}^2	206	$Ia3$	T_h^7	224	$Pn3m$	O_h^4
193	$P\dfrac{6_3}{m}cm$	D_{6h}^3	207	$P432$	O^1	225	$Fm3m$	O_h^5
194	$P\dfrac{6_3}{m}mc$	D_{6h}^4	208	$P4_232$	O^2	226	$Fm3c$	O_h^6
			209	$F432$	O^3	227	$Fd3m$	O_h^7
			210	$F4_132$	O^4	228	$Fd3c$	O_h^8
195	$P23$	T^1	211	$I432$	O^5	229	$Im3m$	O_h^9
196	$F23$	T^2	212	$P4_332$	O^6	230	$Ia3d$	O_h^{10}
			213	$P4_132$	O^7			
			214	$I4_132$	O^8			

6. Zusammenhänge zwischen Kristallsymmetrie und physikalischen Eigenschaften

(Optische Aktivität nach Lange)

Kristallklasse	Symmetriezentrum	Röntgen-(Laue-)Symmetrie	Optische Symmetrie, Thermische Ausdehnung, Wärme- und Elektrizitätsleitung	Optische Aktivität	Enantiomorphie, Bildung rechter und linker Kristalle	Piezoelektrizität	Pyroelektrizität
1	—	a	a	a	+	+	+
$\bar{1}$	+	a	a	—	—	—	—
2	—	b	b	b	+	+	+
m	—	b	b	c	—	+	+
2/m	+	b	b	—	—	—	—
mm2	—	c	c	d	—	+	+
222	—	c	c	e	+	+	—
mmm	+	c	c	—	—	—	—
4	—	d	d	f	+	+	+
$\bar{4}$	—	d	d	g	—	+	—
4/m	+	d	d	—	—	—	—
4mm	—	e	d	—	—	+	+
$\bar{4}2m$	—	e	d	d	—	+	—
422	—	e	d	e	+	+	—
4/mmm	+	e	d	—	—	—	—
3	—	f	d	e	+	+	+
$\bar{3}$	+	f	d	—	—	—	—
3m	—	g	d	—	—	+	+
32	—	g	d	e	+	+	—
$\bar{3}m$	+	g	d	—	—	—	—
6	—	h	d	e	+	+	+
$\bar{6}$	—	h	d	—	—	+	—
6/m	+	h	d	—	—	—	—
6mm	—	i	d	—	—	+	+
$\bar{6}m2$	—	i	d	—	—	+	—
622	—	i	d	e	+	+	—
6/mmm	+	i	d	—	—	—	—
23	—	k	e	h	+	+	—
m3	+	k	e	—	—	—	—
$\bar{4}3m$	—	l	e	—	—	+	—
432	—	l	e	h	+	—	—
m3m	+	l	e	—	—	—	—
Zahl der Klassen	11	32	32	15	11	20	10
Zahl der Gruppen	11	11	5	8			

Gleiche Buchstaben bedeuten gleichartige Eigenschaften.

7. Atom- und Ionenradien, geordnet

Periode \ Gruppe	I	II	IIIa	IVa	Va	VIa	VIIa	
1	*1* H^{1-} 1,26 bis 1,54 H 0,78							
2	*3* Li 1,57 Li^{1+} 0,78	*4* Be 1,13 Be (1,07) Be^{2+} 0,34						
3	*11* Na 1,92 Na^{1+} 0,98	*12* Mg 1,60 Mg (1,40) Mg^{2+} 0,78						
4	*19* K 2,36 K^{1+} 1,33	*20* Ca 1,97 Ca^{2+} 1,06	*21* Sc 1,65 Sc^{3+} 0,83	*22* Ti 1,45 Ti^{2+} 0,80 Ti^{3+} 0,69 Ti^{4+} 0,64	*23* V 1,36 V^{2+} 0,72 V^{3+} 0,65 V^{4+} 0,61 V^{5+} ~0,4	*24* Cr 1,28 Cr^{2+} ~0,83 Cr^{3+} 0,64 Cr^{6+} ~0,35	*25* Mn 1,31 Mn^{2+} 0,91 Mn^{3+} 0,70 Mn^{4+} 0,52	*26* Fe 1,27 Fe^{2+} 0,83 Fe^{3+} 0,67
5	*37* Rb 2,53 Rb^{1+} 1,49	*38* Sr 2,16 Sr^{2+} 1,27	*39* Y 1,81 Y^{3+} 1,06	*40* Zr 1,60 Zr^{4+} 0,87	*41* Nb 1,47 Nb^{4+} 0,69 Nb^{5+} 0,69	*42* Mo 1,40 Mo^{4+} 0,68	*43* Tc 1,36	*44* Ru 1,32 Ru^{4+} 0,65
6	*55* Cs 2,74 Cs^{1+} 1,65	*56* Ba 2,25 Ba^{2+} 1,43	*57* La 1,86 La^{3+} 1,22	*58* Ce 1,82 Ce^{3+} 1,18 Ce^{4+} 1,02	*59* Pr 1,82 Pr^{3+} 1,16 Pr^{4+} 1,00	*60* Nd 1,82 Nd^{3+} 1,15	*61* Pm	
6	*62* Sm 1,8 oder 2,0 Sm^{3+} 1,13	*63* Eu 2,04 Eu^{2+} 1,24 Eu^{3+} 1,13	*64* Gd 1,79 Gd^{3+} 1,11	*65* Tb 1,77 Tb^{3+} 1,09 Tb^{4+} 0,89	*66* Dy 1,77 Dy^{3+} 1,07	*67* Ho 1,75 oder 1,95 Ho^{3+} 1,05	*68* Er 1,75 Er^{3+} 1,04	
6	*69* Tu 1,74 Tu^{3+} 1,04	*70* Yb 1,93 Yb^{3+} 1,00	*71* Cp 1,74 Cp^{3+} 0,99	*72* Hf 1,59 Hf^{4+} 0,84	*73* Ta 1,46 Ta^{5+} 0,68	*74* W 1,41 W^{4+} 0,68	*75* Re 1,37	*76* Os 1,34 Os^{4+} 0,67
7	*87* Fr	*88* Ra^{2+} 1,52	*89* Ac 1,88 Ac^{3+} 1,11	*90* Th 1,80 Th^{4+} 1,10	*91* Pa 1,61 Pa^{4+} 1,06	*92* U 1,57 U^{4+} 1,05		

Ionenradien (meist nach V. M. GOLDSCHMIDT, einige nach PAULING = P) und Elementradien in metallischer
van der Waalsscher

nach dem periodischen System

VIIIa	Ia	IIa	III	IV	V	VI	VII	VIII
								2 He [1,22]
			5 B 0,95 B (0,89)	*6* C 0,86 C (0,77) C^{4+} <0,2	*7* N 0,8 N (0,70) N^{5+} ~0,15	*8* O^{2-} 1,32 O (0,66)	*9* F^{1-} 1,33 F (0,64)	*10* Ne [1,60]
			13 Al 1,43 Al (1,26) Al^{3+} 0,57	*14* Si 1,34 Si (1,17) Si^{4+} 0,39	*15* P 1,3 P (1,10) P^{5+} ~0,35	*16* S^{2-} 1,74 S (1,04) S^{6+} 0,34	*17* Cl^{1-} 1,81 Cl (0,99)	*18* Ar [1,92]
27 Co 1,26 *28* Ni 1,24 Co^{2+} 0,82 Ni^{2+} 0,78	*29* Cu 1,28 Cu (1,35) Cu^{1+} 0,96 P	*30* Zn 1,37 Zn (1,31) Zn^{2+} 0,83	*31* Ga 1,39 Ga (1,26) Ga^{3+} 0,62	*32* Ge 1,39 Ge (1,22) Ge^{4+} 0,44	*33* As 1,40 As (1,18) As^{5+} 0,47 P	*34* Se^{2-} 1,91 Se 1,6 Se (1,14) Se^{6+} ~0,35	*35* Br^{1-} 1,96 Br (1,11)	*36* Kr [1,98]
45 Rh 1,34 *46* Pd 1,37 Rh^{3+} 0,68	*47* Ag 1,44 Ag (1,53) Ag^{1+} 1,13	*48* Cd 1,52 Cd (1,48) Cd^{2+} 1,03	*49* In 1,57 In (1,44) In^{3+} 0,92	*50* Sn 1,58 Sn (1,40) Sn^{4+} 0,74	*51* Sb 1,61 Sb (1,36) Sb^{5+} 0,62 P	*52* Te^{2-} 2,11 Te 1,7 Te (1,32) Te^{6+} 0,63	*53* J^{1-} 2,20 J (1,28) J^{5+} 0,94	*54* X [2,18]
77 Ir 1,35 *78* Pt 1,83 Ir^{4+} 0,66	*79* Au 1,44 Au (1,50) Au^{1+} 1,37 P	*80* Hg 1,55 Hg (1,48) Hg^{2+} 1,12	*81* Tl 1,71 Tl (1,47) Tl^{1+} 1,49 Tl^{3+} 1,05	*82* Pb 1,75 Pb (1,46) Pb^{2+} 1,32 Pb^{4+} 0,84	*83* Bi 1,82 Bi (1,46)	*84* Po	*85* At	*86* Rn

Bindung nach LAVES. Valenzradien (Tetraederradien) nach PAULING und HUGGINS in ( ), Edelgasradien mit Bindung in [ ].

B. Übersicht über häufigere Minerale und ihre Eigenschaften

Bearbeitet von S. KORITNIG

Vorbemerkung

Die folgenden Tabellen geben eine Übersicht über 300 häufigere Minerale. Etwa 520 Mineralnamen sind in ihnen erwähnt, nur wenige Namen im Vergleich mit biologischen Artenverzeichnissen. Die Minerale sind nach den Tabellen von STRUNZ geordnet.

Eine natürliche Systematik auf genetischer Grundlage, wie in den biologischen Wissenschaften, kann es im Mineralreich nicht geben. Die Kapitel dieses Buches, die die Mineralentstehung behandeln, zeigen, wie verschiedenartig die Bildungsbedingungen für ein und dasselbe Mineral sein können. Diese Bildungsbedingungen sind in den Tabellen unter „Vorkommen" aufgeführt. Eine besondere Schwierigkeit der mineralogischen Systematik besteht darin, daß, wie im Teil „Kristallchemie" ausgeführt, die chemische Zusammensetzung der einzelnen Minerale sehr häufig schwankt. Zum Teil handelt es sich dabei um einfache Mischkristallbildung. Sie ist in den Tabellen in den meisten Fällen ausdrücklich angegeben. Zum Teil findet aber auch ein Einbau und Ersatz von Ionen statt, der nicht so einfach beschrieben werden kann. Diese Ersatzionen sind dort, wo sie einen wesentlichen Anteil ausmachen, aufgeführt. Der Anfänger sei darauf hingewiesen, daß aus diesen Gründen die chemischen Formeln nicht immer strenge Gültigkeit beanspruchen können.

Es wurde in den Tabellen angestrebt, alle für das betreffende Mineral kennzeichnenden Eigenschaften übersichtlich geordnet mitzuteilen. Trotzdem können sie kein voller Ersatz für ein Lehrbuch der speziellen Mineralogie sein, wie z. B. das von KLOCKMANN-RAMDOHR.

Abkürzungen

a	krist. a-Achse	nad.	nadelig
a_0	Identitätsperiode längs der a-Achse	orhomb.	orthorhombisch
Abs.	Absorption	ps.	pseudo
AE	optische Achsenebene	R	Reflexionsvermögen
An.-Eff.	Anisotropieeffekt (Beobachtung	$\bar{R}$	Mittleres Reflexionsverm.
	mit gekreuzten Polarisatoren bei	$R_{g, o, r}$	Reflexionsverm. im grünen,
	opaken Kristallen)		orangen, roten Licht
b	krist. b-Achse	R_α	Reflexionsverm. parall. zur
b_0	Identitätsperiode längs der b-Achse		Schwingungsrichtung von n_α
Birefl.	Bireflexion (Beobachtung mit	s.	schlecht
	einem Polarisator)	säul.	säulig
c	krist. c-Achse	strahl.	strahlig
c_0	Identitätsperiode längs der c-Achse	s. v.	sehr vollkommen
Drillg.	Drillinge	taf.	tafelig
Durchkr.Zw.	Durchkreuzungs-Zwillinge	tetr.	tetragonal
fas.	faserig	u. a.	und andere
gestr.	gestreckt	uv.	unvollkommen
hex.	hexagonal	v.	vollkommen
isom.	isometrisch	ver.	verschieden
$\varkappa$	Absorptionsindex	z. v.	ziemlich vollkommen
kub.	kubisch	Zw.	Zwillinge
Mtgl.	Metallglanz	Zw.Lam.	Zwillings-Lamellen
n.	nach	zykl.	zyklisch

Zeichen

a) zwischen zwei oder mehreren Mineralnamen bedeutet vollkommene Mischkristallbildung zwischen diesen;

b) zwischen Zahlenwerten, z. B. Brechungszahlen, einen kontinuierlichen Übergang

$\perp$ senkrecht

$\parallel$ parallel

— bis, b. Auslöschungswinkel minus

$\sim$ annähernd

(—) opt. Charakter negativ

(+) opt. Charakter positiv

Es bedeutet z. B.:

$n_\alpha/\perp$ (010) Auslöschung von n_α zur Senkrechten auf (010)

$n_\gamma/c\ 15°$ Auslöschung von n_γ zu $c = 15°$

$n_\alpha \sim \perp$ (001) n_α annähernd senkrecht auf (001)

$r > v$ Dispersion des Achsenwinkels; 2 V für rot größer als für blau

$a = b_0$ Morphologische Aufstellung anders als beim Gitter! Hier entspricht a dem b_0

$a = 2 a_0$ Achsenabschnitte der morphologischen Aufstellung und des Gitters verschieden! Hier entspricht a dem doppelten Wert von a_0

Nr.	Name und Formel	Kristall-Klasse Gitterkonstanten	Habitus, Tracht	Spaltbarkeit	Härte	Dichte	Farbe

I. Kl. Elemente

Nr.	Name und Formel	Kristall-Klasse Gitterkonstanten	Habitus, Tracht	Spaltbarkeit	Härte	Dichte	Farbe
1	*Platin* Pt	$m3m$ a_0 3,9237	(100) (111) (110)	—	4—$4^1/_2$	14—19 rein: 21,5	stahlgrau
2	*Kupfer* Cu	$m3m$ a_0 3,6153	(111) (100) (110) (210) (311) Zw. n. (111)	—	$2^1/_2$—3	8,5—9	kupferrot, meist dunkler ange-laufen
3	*Silber* Ag	$m3m$ a_0 4,0856	(100) (111) (110) (210), Zw. n. (111)	—	$2^1/_2$—3	9,6—12 rein: 10,5	silber-weiß, matt, an-gelaufen gelb bis schwarz
4	*Gold* Au	$m3m$ a_0 4,0783	(111) (100) (110) u. a., Zw. n. (111)	—	$2^1/_2$—3	15,5— 19,3 rein: 19,23	gold- bis messing-gelb
5	*Arsen* (Scherbenkobalt) As	$\bar{3}m$ a_0 3,768 c_0 10,574	isom., $(10\bar{1}1)$ $(01\bar{1}2)$ (0001) Zw. n. $(01\bar{1}2)$	(0001) v. $(01\bar{1}2)$ uv.	3—4	5,4—5,9	lichtgrau, schwarz anlaufend
6	*Wismut* Bi	$\bar{3}m$ a_0 4,55 c_0 11,85	isom., $(10\bar{1}1)$ (0001) $(02\bar{2}1)$, Zw. n. $(01\bar{1}2)$	(0001) v. $(02\bar{2}1)$ z.v.	2—$2^1/_2$	9,7—9,8	rötlich silber-weiß, oft bunt an-gelaufen
7	*Schwefel* α-S	mmm a_0 10,44 b_0 12,84$_5$ c_0 24,37	(111) (113) (011) (001), Zw. n. (101) u. a.	(001) (110) (111) s.	$1^1/_2$—2	2,0—2,1	gelb, wachsgelb bis braun
8	*β-Schwefel* β-S >95,6° C	$2/m$ a_0 10,92 b_0 10,98 c_0 11,04 β 96°44′	säul.—taf., (001) (110) (011)	(001) (110)	~2	1,98	wie α-Schwefel
9	*Graphit* (—2 H) α-C	$6/mmm$ a_0 2,46 c_0 6,708	taf. (0001), $(11\bar{2}0)$	(0001) v.	1	2,1—2,3 rein: 2,255	stahlgrau
10	*Diamant* β-C $\gtrsim$ 1200° C	$m3m$ a_0 3,5668	(111) Zw. n. (111)	(111) v.	10	3,52	farbl., in allen Farben

Strich	Brechungszahl und Glanz	Achsen-winkel 2 V und Doppel-brechung	Optische Orientierung	Pleochroismus Bireflexion	Vorkommen	Nr.
stahlgrau	n 2,06 Na $\varkappa$ 4,28 Na R_{Na} 70,1%	—	—	—	Magm., in bas. Gest. (Peridotite, Serpentin), Seifen. Wichtiges Pt-Erz	1
kupferrot	n 0,641 Na $\varkappa$ 4,09 Na R_g 61% R_r 89% Mtgl.	—	—	—	Durch Reduktion von Sulfiden in der Zementationszone	2
silber-weiß	n 0,181 Na $\varkappa$ 20,3 Na R_g 95,5% Mtgl.	—	—	—	Wie bei ged. Kupfer	3
goldgelb	n 0,368 Na $\varkappa$ 7,71 R_{Na} 85,1% Mtgl.	—	—	—	Hydroth., im Gefolge meist saurer Tiefengest., Ergußgest.; Seifen. Wichtigstes Au-Erz	4
schwarz	$\overline{R}_g$ 61,5% Mtgl. matt anlaufend	An.-Eff. sehr deutlich	—	Birefl. schwach ω hellweiß ε grauweiß	Hydroth. auf Erzgängen	5
bleigrau	n 1,78 $\varkappa$ 1,57 $\overline{R}_g$ 67,5%	An.-Eff. deutlich		Birefl. sehr schwach	Pegm.—pneumat. mit Zinnerz u. auf Co-Ni-Ag-Erzgängen	6
weiß	n_α 1,960 n_β 2,040 n_γ 2,248 Diamant-bis Fettgl.	69° 5′ 0,288	(+) AE (010) $n_\gamma \parallel c$ $r<v$	—	Vulk. Exhal., Redukt. von Sulfaten durch org. Substanz. Wichtiger Rohstoff	7
weiß	n 1,96	58° klein	(—) AE (010)	—	Selten, als vulk. Exhal. u. auf brennenden Kohlenhalden	8
grau	n 1,93—2,07 Mtgl.	An.-Eff. sehr stark	(—)	Birefl. sehr stark	Meist metam. aus kohliger Subst., kontaktmetam. Wichtiger Rohstoff	9
	n 2,4478 λ 441 n 2,4370 λ 480 n 2,4172 λ 589 n 2,4109 λ 643	—	—	—	Vulk. (Kimberlit), Seifen. Edelstein u. wicht. Werkstoff. *Carbonado* = grau-schwarzer, „koks-artiger" Diamant	10

Nr.	Name und Formel	Kristall-Klasse Gitter-konstanten	Habitus, Tracht	Spalt-barkeit	Härte	Dichte	Farbe
	II. Kl. Sulfide, Arsenide, Antimonide						
11	*Dyskrasit* (Antimonsilber) Ag_3Sb	$2mm$ a_0 2,99 b_0 5,23 c_0 4,82	säul.—taf., (110) (010) (001) (111) (112) (021), Zw. n. (110)	(011) v. (001) uv.	$3^1/_2$	9,4—10	silber-weiß, oft grau oder braun an-gelaufen
12	*Chalkosin* (Kupferglanz) Cu_2S < 103°C	$2mm$ a_0 11,92 b_0 27,33 c_0 13,44	taf. (001), (110) (010) (113) (023) Zw. n. (110) (112), ps. hex.	(110) s.	$2^1/_2$—3	5,7—5,8	dunkel-bleigrau
13	*Chalkosin*(-H) γ-Cu_2S > 103°C	$6/mmm$ a_0 3,90 c_0 6,69			$2^1/_2$—3	5,7—5,8	dunkel-bleigrau
14	*Digenit*[1] Cu_9S_5	kub. a_0 27,85	(111)	(111) z. v.	$2^1/_2$—3	5,7—5,8	dunkel-bleigrau, bläulich
15	*Buntkupferkies* (Bornit) Cu_5FeS_4	$\bar{4}2m$ ps. kub. a_0 10,94 c_0 21,88	(100) (111), Zw. n. (111) (kub. Indiz.)	(100) uv.	3	4,9—5,3	bunt an-laufend
16	*Akanthit* Ag_2S < 179°C	$2/m$ a_0 4,23 b_0 6,91 c_0 7,87 β 99°35′	isom., (100) (111) (110) (211) (kub. Indiz.)		2	7,3	dunkel-bleigrau, schwarz anlaufend
17	*Argentit* Ag_2S (179°C—586°C)	$m3m$ a_0 4,89	(100)				wie oben
18	*Pentlandit* (Ni, Fe)$_9$ S_8 meist Ni : Fe ∼1 : 0,9	$m3m$ a_0 10,04 —10,07		(111) z. v.	$3^1/_2$—4	4,6—5	hell-bräunlich
19	*Zinkblende* (Sphalerit) α-ZnS (bis 20% Fe)	$\bar{4}3m$ a_0 5,43	(110) (311) ($3\bar{1}1$) (100) (111) ($1\bar{1}1$) u. a., Zw. n. (111) (211)	(110) v.	$3^1/_2$—4	3,9—4,2 rein: 4,06	braun, gelb, rot, grün, schwarz
20	*Chalkopyrit* (Kupferkies) $CuFeS_2$	$\bar{4}2m$ a_0 5,25 c_0 10,32	(111) ($1\bar{1}1$) (201) (101) (001), Zw. n. (100) (111) selt. (101)	(111) s. (201) s.	$3^1/_2$—4	4,1—4,3	messing-gelb bis grünlich, oft bunt ange-laufen
21	*Stannin* (Zinnkies) Cu_2FeSnS_4	$\bar{4}2m$ a_0 5,47 c_0 10,74	Krist. selt., (111)	(110) s.	4	4,3—4,5	stahlgrau (grünlich)

[1] Sog. „kubischer Kupferglanz“

Strich	Brechungszahl und Glanz	Achsenwinkel 2 V und Doppelbrechung	Optische Orientierung	Pleochroismus Bireflexion	Vorkommen	Nr.
silberweiß	$\overline{R}_g$ 66% Mtgl.	An.-Eff. schwach		Birefl. sehr schwach	Hydroth. auf Ag-Sb-As-führenden Erzgängen	11
grau glänzend	$\overline{R}_g$ 22,5% Mtgl.			—	Hydroth. u. Zementationszone. Wichtiges Cu-Erz	12
grau glänzend				—	Wie bei Chalkosin	13
	R_g 24,5%	—	—	—	Wie bei Chalkosin	14
grau bis schwarz	$\overline{R}_g$ 18,5% Mtgl.	—	—	—	Hydroth.—pegmat. u. aus Kupferkies in der Zementationszone. Wichtiges Cu-Erz	15
grau glänzend	$\overline{R}_g$ 37% frisch Mtgl.	An.-Eff. deutlich		Birefl. sehr schwach	Hydroth., oft im Bleiglanz, Zementationszone. Wichtiges Ag-Erz. *Silberglanz* = Paramorphose von feinlamellarem monoklinen nach kubischem Ag_2S	16
		—	—	—	Hydroth., oft in Bleiglanz. Wichtiges Ag-Erz	17
schwarz	R_g 51% Mtgl.	—	—	—	Magmat. mit Magnetkies. Wichtigstes Ni-Erz	18
braun bis gelblichweiß	n 2,369 R_g 18,5% Halbmetall- bis Diamantgl.	—	—	—	Hydroth., metasom., magmat., pegmat., sedimentär. Wichtigstes Zn-Erz	19
grünlichschwarz	$\overline{R}_g$ 42% Mtgl.	An.-Eff. sehr schwach		Birefl. sehr schwach	Hydroth., magmat., pegmat., in Gängen, Tiefengest., selten sedimentär. Wichtiges Cu-Erz	20
schwarz	$\overline{R}_g$ 23% Mtgl.	An.-Eff. deutlich		Birefl. sehr schwach	Pegmat.—hydroth. Verbreitet in Bolivien	21

Nr.	Name und Formel	Kristall-Klasse Gitterkonstanten	Habitus, Tracht	Spaltbarkeit	Härte	Dichte	Farbe
	Fahlerze (Nr. 22—24)						
22	*Tennantit* $Cu_3AsS_{3,25}$ (Cu z.T. ersetzt durch Ag, Fe, Zn, Hg)	$\bar{4}3m$ a_0 10,21	wie Tetraedrit	—	3—4	4,4—5,4	dunkel-stahlgrau
23	*Tetraedrit* $Cu_3SbS_{3,25}$	$\bar{4}3m$ a_0 10,34	(111) (211) (110) (1$\bar{1}$1) u. a., Zw. n. [111]	—	3—4	4,4—5,4	licht-stahlgrau
24	*Germanit* $Cu_3(Ge, Fe)S_4$	$\bar{4}3m$ a_0 10,58	derb	—	3	4,29	violett-rosa bis violett
25	*Wurtzit* β-ZnS	$6mm$ a_0 3,85 c_0 6,29	säul. *c*— taf. (0001), (10$\bar{1}$1) (50$\bar{5}$2)	(10$\bar{1}$0) v. (0001) s.	$3^1/_2$—4	4,0	licht- bis dunkel-braun
26	*Greenockit* β-CdS	$6mm$ a_0 4,15 c_0 6,73	isom., (10$\bar{1}$0) ($h0\bar{h}l$) (000$\bar{1}$)	(10$\bar{1}$0)	3	4,82	gelb bis braungelb
27	*Enargit* Cu_3AsS_4	$2mm$ a_0 6,47 b_0 7,44 c_0 6,19	säul. *c*, (110) (001) (100) (010), Drillg. n. (320)	(110) v. (100) (010) z. v.	$3^1/_2$	4,4	stahlgrau bis eisen-schwarz, violett-braun-stichig
28	*Cubanit* (Chalmersit) $CuFe_2S_3$	mmm a_0 6,46 b_0 11,12 c_0 6,23	gestr. *c*, Zw. n. (110)	(001) u. (110) wechs. z. v.	$3^1/_2$—4	4,10	bronze-gelb
29	*Bleiglanz* (Galenit) PbS	$m3m$ a_0 5,94	(100) (111) (110) (221) (211) (331) u. a., Zw. n. (111)	(100) v. (111) s.	$2^1/_2$	7,2—7,6	bleigrau
30	*Zinnober* (Cinnabarit) HgS	32 a_0 4,146 c_0 9,497	$a:c$ 1,1453 isom.—taf., (0001) (10$\bar{1}$1) (20$\bar{2}$1) u. a., Zw. n. (0001)	(10$\bar{1}$0) v.	2—$2^1/_2$	8,1 synth.: 8,176	rot
31	*Magnetkies* (Pyrrhotin) FeS	$6/mmm$ a_0 3,45 c_0 5,65 auch mo-nokline Modif. vorhan-den (Fe_7S_8)	taf. (0001), Zw. n. (10$\bar{1}$2)	(0001) z. v.	4	4,6	bronze-farben

Strich	Brechungszahl und Glanz	Achsenwinkel 2 V und Doppelbrechung	Optische Orientierung	Pleochroismus Bireflexion	Vorkommen	Nr.
schwarz bis rotbraun	R_g 29,5% Mtgl.	—	—	—	Wie bei Tetraedrit	22
rötlichgrau bis dunkelrot	$n > 2{,}72$ Li R_g 27% Mtgl.	—	—	—	Hydroth., pegmat., sedimentär. Auf Gängen, als Imprägnation. Wichtiges Cu- u. Ag-Erz	23
dunkelgrau bis schwarz	R_g 22% Mtgl.	—	—	—	Hydroth. von Tsumeb, Südwestafrika. Wichtigstes Ge-Erz	24
lichtbraun	n_ω 2,356 Na n_ε 2,378 Na	0,022	(+)	—	Meist mit Zinkblende *(Schalenblende)*. Wichtiges Zn-Erz	25
gelb	n_ω 2,506 Na n_ε 2,529 Na	0,023	(+) für λ 523 mμ isotrop, für kurzwelligeres Licht (—)	schwach	Hydroth.—hydrisch. Oxydationszone v. Zn-Lagerst., meist auf Zinkblende	26
grauschwarz	für grün: R_α 24,28% R_β 26,16% R_γ 28,50% Mtgl.	An.-Eff. stark	—	Birefl. schwach	Hydroth., metasom. Wichtiges Cu-Erz	27
	$\overline{R}_g$ 41% Mtgl.	An.-Eff. sehr deutlich bis stark		Birefl. deutlich, $\|a,b$ lichtbraungrau, $\|c$ satter, dunkler	Meist Einlagerung in Kupferkies	28
grau bis schwarz	n 4,3 $\varkappa$ 0,4 R_g 43,4%	—	—	—	Hydroth., metasom., selten pneumat., sedimentär. Auf Gängen, als Imprägnation. Wichtigstes Pb-Erz	29
rot	n_ω 2,913 n_ε 3,272	0,359	(+)	—	Hydroth. auf Gängen, als Imprägnation. Wichtigstes Hg-Erz	30
grauschwarz	$\overline{R}_g$ 37% Mtgl. matt anlaufend	An.-Eff. stark		Birefl. deutlich	Magm., pegmat., hydroth., sediment.	31

Nr.	Name und Formel	Kristall-Klasse Gitter-konstanten	Habitus, Tracht	Spalt-barkeit	Härte	Dichte	Farbe
32	*Rotnickelkies* (Nickelin, Niccolit) NiAs	$6/mmm$ a_0 3,58 c_0 5,11	flache Pyramiden, Krist. selten	$(10\bar{1}0)$ (0001) uv.	$5^1/_2$	7,3—7,7	licht-kupfer-rot
33	*Millerit* (Haarkies) β-NiS	$3m$ a_0 9,62 c_0 3,16	nadel.—haar-förm. c, z.T. gedrillt	$(10\bar{1}1)$ $(01\bar{1}2)$ v.	$3^1/_2$	5,3	messing-gelb
34	*Covellin* (Kupferindig) CuS	$6/mmm$ a_0 3,80 c_0 16,36	taf. (0001), $(10\bar{1}0)$	(0001) s. v.	$1^1/_2$—2	4,68	blau-schwarz
35	*Antimonit* (Antimonglanz, Stibnit) Sb_2S_3	mmm a_0 11,22 b_0 11,30 c_0 3,84	säul. c, Zw. n. (130) selten	(010) s. v. (100) (110) uv.	2	4,6—4,7	bleigrau
36	*Wismutglanz* (Bismuthinit) Bi_2S_3	mmm a_0 11,15 b_0 11,29 c_0 3,98	strahlig c	(001) s. v.	2	6,8—7,2	bleigrau bis zinnweiß
37	*Pyrit* (Schwefelkies, Eisenkies) FeS_2	$2/m\bar{3}$ a_0 5,41— 5,42	allein u. in Komb. (100) (210) (111) u. a., Zw. n. (110)	(100) z. v. —uv.	6—$6^1/_2$	5—5,2	licht messing-farben
38	*Sperrylith* $PtAs_2$	$2/m\bar{3}$ a_0 5,94	(100) (111) (210)		6—7	10,6	zinnweiß
39	*Cobaltin* (Kobaltglanz) CoAsS	$2/m\bar{3}$ a_0 5,61	(210) (111) (100)	(100) uv.	$5^1/_2$	6,0—6,4	silber-weiß, rötlich bis grau
40	*Markasit* FeS_2	mmm a_0 3,39 b_0 4,45 c_0 5,42	tafel. (001), Zw. n. (110)	(110) uv.	6—$6^1/_2$	4,8—4,9	licht messing-gelb bis grünlich

Strich	Brechungszahl und Glanz	Achsen-winkel 2V und Doppel-brechung	Optische Orientierung	Pleochroismus Bireflexion	Vorkommen	Nr.
bräunlich-schwarz	für grün: R_ω 48,9% R_ε 42,8% Mtgl. matt anlaufend	An.-Eff. sehr stark		Birefl. stark, ω weißgelb bis rosa ε licht-braunrosa	Hydroth. auf Gängen mit Co-Ni-Erzen	32
grünlich-schwarz	$\overline{R}_g$ 53% seidenartiger Mtgl.	An.-Eff. sehr deutlich		Birefl. sehr schwach	Hydrotherm., Zementationszone	33
schwarz	n_ω 1,00 λ 635 n_ω 1,97 λ 505 $\varepsilon > \omega$ für grün: R_ω 18,5% R_ε 27%	An.-Eff. sehr deutlich	(+)	Birefl. sehr stark ω tiefblau ε blauweiß	Hydroth., auch d. Zerfall von Cu_2S-CuS-Mischkrist., Verwitterungsbildung, am Vesuv auch Sublimationsprodukt	34
dunkel-bleigrau	n_α 3,41 n_β 4,37 n_γ 5,12 $\left.\right\}$ für $\varkappa_\alpha$ 0,21 $\left.\right\}$ $\sim$Na $\varkappa_\beta$ 0,19 $\varkappa_\gamma$ 0,12 R_g ∥c 44% ∥b 30,5%	65—70° 1,71 An.-Eff. sehr deutlich	(—) AE (001) $n_\gamma \parallel b$	Birefl. stark ∥a mattgrau-weiß ∥b mattgrau ∥c reinweiß	Hydroth. auf Gängen, metasom. Wichtigstes Sb-Erz	35
grau mtgl.	für grün: R_α 41,46% R_β 48,45% R_γ 54,51% Mtgl.	An.-Eff. stark		Birefl. schwach ∥a weiß bis lichtgrau ∥b grauweiß ∥c hell gelb-lichweiß	Hydroth. auf Gängen u. in Granitpegmat. Exhal. auf Vulcano	36
grünlich-schwarz	R_g 54% Mtgl.	—	—	—	„Hans in allen Gassen". Enthält häufig Kupferkies u. Gold. Wichtiger S-Rohstoff	37
schwarz	R_g 56,5% st. Mtgl.	—	—	—	Magmat. i. bas. Tiefengest. (Duniten von Transvaal), auch pegmat., Pt-Erz der Ni-Magnetkieslagerst., z.B. Sudbury	38
grau bis schwarz	R_g 52% st. Mtgl.	—	—	—	Kontaktpneumat., hydrotherm. Wichtiges Co-Erz	39
grünlich bis schwarz, frisch: grau	$\overline{R}_g$ 52% Mtgl.	An.-Eff. sehr stark		Birefl. deutlich ∥a weiß nach rosabraun ∥b weiß nach creme ∥c zartgelb	Sedimentär, hydrotherm., *Speerkies* = Vierlinge. *Kammkies* = poly-synth. Zw. *Strahlkies* = strahligfa-serig. *Leberkies* = dicht	40

Nr.	Name und Formel	Kristall-Klasse Gitterkonstanten	Habitus, Tracht	Spaltbarkeit	Härte	Dichte	Farbe
41	*Safflorit* $CoAs_2$	mmm a_0 6,35 b_0 4,86 c_0 5,80	strahl., Zw. n. (101), Drillg. n. (011)	(100) uv.	$4^1/_2$— $5^1/_2$	6,9—7,3	zinnweiß, oft dunkelgrau anlaufend
42	*Rammelsbergit* $NiAs_2$	mmm a_0 3,54 b_0 4,79 c_0 5,79	Zw. n. (101)	(100) uv.	$4^1/_2$— $5^1/_2$	7,0—7,3	zinnweiß, oft dunkelgrau anlaufend
43	*Löllingit* $FeAs_2$	mmm a_0 2,86 b_0 5,26 c_0 5,93	nad. a, (011) (110)	(001) uv.	5	7,1—7,4	silberweiß, grau anlaufend
44	*Arsenkies* (Arsenopyrit) FeAsS	$2/m$ ps. orhomb. a_0 6,43 b_0 9,53 c_0 5,66 β 90° 0′	säul. a oder c u. isom., (210) Zw. n. (010) u. (100)	(110) uv.	$5^1/_2$—6	5,9—6,2	zinnweiß bis hellstahlgrau, oft angelaufen
45	*Molybdänglanz* (Molybdänit) MoS_2	$6/mmm$ a_0 3,16 c_0 12,32	taf. (0001)	(0001) s. v.	1—$1^1/_2$	4,7—4,8	bleigrau, bläulich
46	*Skutterudit* (Speiskobalt, Smaltin) $CoAs_3$	$2/m\bar{3}$ a_0 8,21— 8,29	meist (100) komb. m. (111) (110)	—	5,5	6,4—6,6	zinnweiß bis hellstahlgrau, dunkel anlaufend
47	*Chloanthit* (Weißnickelkies, Ni-Skutterudit) $NiAs_3$	$2/m\bar{3}$ a_0 8,28	wie Skutterudit	—	5,5	6,4—6,6	zinnweiß bis hellstahlgrau, dunkel anlaufend
48	*Proustit* (Lichtes Rotgültigerz) Ag_3AsS_3	$3m$ a_0 10,76 c_0 8,66	wie Pyrargyrit, nicht so flächenreich	(10$\bar{1}$1) z. v.	$2^1/_2$	5,57	scharlach bis zinnoberrot durchscheinend
49	*Pyrargyrit* (Dunkles Rotgültigerz) Ag_3SbS_3	$3m$ a_0 11,06 c_0 8,73	meist säul. c, (11$\bar{2}$0) (21$\bar{3}$1) (01$\bar{1}$2) (11$\bar{2}$4) (32$\bar{5}$1) (10$\bar{1}$1) u. a. Sehr flächenreich, Zw. n. (11$\bar{2}$0) (10$\bar{1}$4) u. a.	(10$\bar{1}$1) z. v. (10$\bar{1}$2) uv.	$2^1/_2$—3	5,85	dunkelrot, dunkelgraurot durchscheinend

Strich	Brechungszahl und Glanz	Achsenwinkel 2 V und Doppelbrechung	Optische Orientierung	Pleochroismus Bireflexion	Vorkommen	Nr.
grau-schwarz	$\overline{R}_g$ 58 % st. Mtgl.	An.-Eff. sehr stark		Birefl. sehr schwach	Hydrotherm., bes. auf Co-Ni-Ag-Erzgängen. Früher oft mit Speis-kobalt bzw. Weiß-nickelkies verwechselt	41
grau-schwarz	$\overline{R}_{gelb}$ ~60 % st. Mtgl.	An.-Eff. sehr stark		wie Safflorit	Wie bei Safflorit	42
grau-schwarz	$\overline{R}_g$ 57 % Mtgl.	An.-Eff. sehr stark		Birefl. sehr schwach ||a reinweiß ||b gelbweiß ||c gelbweiß	Pneumatolyt., hydro-therm., a. Gängen; in Serpentin, auch kon-taktmetasom. u. i. Pegmatiten	43
schwarz	$\overline{R}_g$ 49,0 % Mtgl.	An.-Eff. sehr stark		Birefl. schwach	Pneumatolyt.—hydroth. Oft Au-haltig. (Au-Erz von Boliden)	44
dunkel-grau	n ~4,7 für grün: R_ω 36 % R_ε 15,5 % st. Mtgl.	An.-Eff. sehr stark		Birefl. sehr stark ω reinweiß ε grauweiß	Pegmat.—pneumatol., kontaktmetasom. Bes. im Granitgefolge. Auch in den „Rücken" des Kupferschiefers. Wichtigstes Mo-Erz	45
grau-schwarz	R_g 60 % Mtgl.	—	—	—	Hydrotherm., auf Co-Ni-Ag-Lagerst., auch i. d. „Rücken" des Kupferschiefers. Wichtige Co-Ni-Erze	46
grau-schwarz	Mtgl.	—	—	—	Wie bei Skutterudit	47
scharlach-bis zin-noberrot	n_ω 3,0877 Na $n\varepsilon$ 2,7924 Na $\overline{R}_g$ 28 % blendenartiger Diamantgl.	0,295 An.-Eff. stark	(—)	ω blutrot ε zinnober-rot Birefl. sehr deutlich ω weiß ε grau	Hydroth. auf Gängen. Wichtiges Silbererz	48
kirschrot	n_ω 3,084 Li n_ε 2,881 Li $\overline{R}_g$ 32,5 %	0,203 An.-Eff. stark	(—)	Birefl. deutlich ω heller als ε	Wie bei Proustit	49

Nr.	Name und Formel	Kristall-Klasse Gitterkonstanten	Habitus, Tracht	Spalt-barkeit	Härte	Dichte	Farbe
	Spießglanze (Nr. 50—52)						
50	*Stephanit* $5\,Ag_2S \cdot Sb_2S_3$	$2\,mm$ a_0 7,72 b_0 12,34 c_0 8,50	säul.—taf. c (001) (010) (111) (021) Zw. n. (110), ps. hex.	(010) uv.	$2^1/_2$	6,2—6,4	bleigrau bis eisen- schwarz
51	*Bournonit* $2\,PbS \cdot Cu_2S \cdot Sb_2S_3$	$2\,mm$ a_0 8,16 b_0 8,75 c_0 7,81	taf. (001) ps. tetr. (110) (010) (011) (100) (101) (102) (112) Zykl. Zw. n. (110) *(Rädelerz)*	(010) z. v.	3	5,8	stahl- bis bleigrau u. eisen- schwarz
52	*Jamesonit* $4\,PbS \cdot FeS \cdot 3\,Sb_2S_3$	$2/m$ a_0 15,57 b_0 18,98 c_0 4,03 β 91°48′	nad.—fas. b, (001) (104) (1̄04) Zw. n. (100)	(001) v. (010) uv.	$2—2^1/_2$	5,7	bleigrau
53	*Realgar* (Rauschrot) As_4S_4	$2/m$ a_0 9,29 b_0 13,53 c_0 6,57 β 106°33′	säul. c, (110) (210) (001) (011)	(010) v.	$1^1/_2—2$	3,5—3,6	rot
54	*Auripigment* (Orpiment) As_2S_3	$2/m$ a_0 11,49 b_0 9,59 c_0 4,25 β 90°27′	taf. (010)	(010) s. v.	$1^1/_2—2$	3,49	zitronen- gelb
	III. Kl. Halogenide						
55	*Steinsalz* (Halit) NaCl	$m\,3\,m$ a_0 5,6404	(100)	(100) v. (110) uv.	2	2,1—2,2	farblos u. rot, gelb, grau, blau gefärbt
56	*Sylvin* KCl	$m\,3\,m$ a_0 6,29	(100)	(100) v.	2	1,9—2	farblos u. gefärbt
57	*Chlorargyrit* (Silberhornerz, Kerargyrit) AgCl	$m\,3\,m$ a_0 5,55	(100), meist derb in Pseu- domorphosen	—	$1^1/_2$	5,5—5,6	frisch farblos, braun bis schwarz anlaufend
58	*Salmiak* α-NH_4Cl	$\bar{4}\,3\,m$ a_0 3,87 unter 184°C CsCl-, darüber NaCl- Gitter	(110) (211)	(111) uv.	1—2	1,53	farblos, auch gelb u. braun

Strich	Brechungszahl und Glanz	Achsenwinkel 2 V und Doppelbrechung	Optische Orientierung	Pleochroismus Bireflexion	Vorkommen	Nr.
schwarz glänzend	$\overline{R}_g$ 29 % Mtgl.	An.-Eff. stark		Birefl. schwach $\parallel a$ weiß $\parallel b$ braunrosaweiß $\parallel c$ rosa	Hydrotherm. auf Ag-Erzgängen	50
grau	$\overline{R}_g$ 33,5 % frisch: lackartiger Mtgl., sonst matt	An.-Eff. schwach		Birefl. sehr schwach	Hydroth. auf Gängen. Wichtiges Pb- u. Cu-Erz	51
grau	$\overline{R}_g$ 39 % Mtgl.	An.-Eff. stark		Birefl. deutlich in grüngelblichweißen Tönen	Hydroth. auf Erzgängen. *Federerz* oder *Plumosit* = feinnadeliger verfilzter Jamesonit (z. T. auch Antimonit!)	52
orangegelb	n_α 2,46 n_β 2,59 n_γ 2,61 } Li	~40° $r \gg v$ 0,15	(—) $n_\beta \parallel b$ $n_{\alpha/c}$ 11°	n_α orangerot bis farblos $n_\beta = n_\gamma$ zinnoberrot bis hellgoldgelb	Hydrotherm., auch Verwitterungsprod. v. As-Erzen	53
gelb	n_α 2,4 n_β 2,81 n_γ 3,02 } Li	76° $r \gg v$ 0,6	(—) $n_\alpha \parallel b$ $n_{\beta/c}$ 1,5°—3°	gelb Absorpt. $n_\alpha > n_\beta, n_\gamma$	Wie bei Realgar	54
	n 1,5612 λ 431 n 1,5441 λ 589 n 1,5391 λ 686	—	—	—	Sedimentär u. Sublimationsprod. Wichtiger Rohstoff	55
	n 1,5046 λ 436 n 1,4930 λ 546 n 1,4886 λ 615	—	—	—	Sedimentär u. umgewandelt aus Carnallit. Wichtig als Düngemittel	56
weiß bis grau, glänzend	n 2,096 λ 486 n 2,062 λ 589 n 2,047 λ 656	—	—	—	Zersetzungsprod. sulfid. Silbererze. Zum Teil wichtiges Ag-Erz der Oxydationszone	57
	n 1,6613 λ 431 n 1,6422 λ 589 n 1,6326 λ 686	—	—	—	Sublimationsprod.	58

Nr.	Name und Formel	Kristall-Klasse Gitterkonstanten	Habitus, Tracht	Spaltbarkeit	Härte	Dichte	Farbe
59	*Fluorit* (Flußspat) CaF_2	$m3m$ a_0 5,46	(100) (111) (110) (310) (421)	(111) v.	4	3,1—3,2	farblos u. gefärbt
60	*Kryolith* α-$Na_3AlF_6 < 550°$ C	$2/m$ a_0 5,47 b_0 5,62 c_0 7,82 β 90° 11′	(110) (001), Zw. n. (110), (112), (001)	Ab-sond. n. (001) (110) ($\bar{1}$01)	$2^1/_2$—3	2,95	weiß u. gefärbt
61	*Carnallit* $KMgCl_3 \cdot 6H_2O$	mmm a_0 9,56 b_0 16,05 c_0 22,56	ps. hex. Krist. selt., (111) (011) (110) (010)	—	1—2	1,60	farblos u. rot (durch Fe_2O_3)
62	*Atakamit* $Cu_2(OH)_3Cl$	mmm a_0 6,02 b_0 9,15 c_0 6,85	säul. c, (110) (010) (011) Zw. n. (110)	(010) v.	3—$3^1/_2$	3,76	hell- bis dunkel-grün

IV. Kl. Oxide, Hydroxide

Nr.	Name und Formel	Kristall-Klasse Gitterkonstanten	Habitus, Tracht	Spaltbarkeit	Härte	Dichte	Farbe
63	*Eis* (I) H_2O	$6mm$ a_0 4,47 c_0 7,33	taf. (0001)— säul. c, (0001)(10$\bar{1}$0)	—	$1^1/_2$	0,9175	farblos, weiß bis hellblau
64	*Cuprit* (Rotkupfererz) Cu_2O	$m3m$ (morph.O) a_0 4,27	(111) (110) (100)	(111) z. v.	$3^1/_2$—4	5,8—6,2	rotbraun bis grau
65	*Zinkit* (Rotzinkerz) ZnO	$6mm$ a_0 3,25 c_0 5,19	(40$\bar{4}$5)(10$\bar{1}$1) Krist. selt.	(0001) v. (10$\bar{1}$0) z. v.	$4^1/_2$—5	5,4—5,7	blutrot
66	*Periklas* MgO	$m3m$ a_0 4,21	(111) (100)	(100) v.	$5^1/_2$—6	3,64—3,67	farblos
67	*Tenorit* CuO	$2/m$ a_0 4,66 b_0 3,42 c_0 5,12 β 99° 29′	taf. (100), ps. hex., Zw. n. (100) (011)	(111) (001) z. v.	3—4	6,45	schwarz
68	*Spinell* (Magnesiospinell) $MgAl_2O_4$ mit Fe-Gehalt	$m3m$ a_0 8,10	(111), selt. (110) (311) (100), Zw. n. (111)	—	8	3,5—4,1	farblos u. gefärbt
69	*Magnetit* Fe_3O_4	$m3m$ a_0 8,391	(111) (110), seltener (100) (211) (221), Zw. n. (111)	zuwei-len teilb. n. (111)	$5^1/_2$	5,2	schwarz
70	*Chromit* (Chromeisenerz) $FeCr_2O_4$	$m3m$ a_0 8,361	(111)	—	$5^1/_2$	4,5—4,8	schwarz

Strich	Brechungszahl und Glanz	Achsenwinkel 2 V und Doppelbrechung	Optische Orientierung	Pleochroismus Bireflexion	Vorkommen	Nr.
weiß	n 1,43385 (20°C)	—	—	—	Durchläufer. Besond. häufig hydroth., auch pneumatol.—hydrisch	59
	n_α 1,3385 n_β 1,3389 n_γ 1,3396	43° $r>v$ 0,001	(+) $n_\alpha \,\|\, b$ $n_{\gamma/c}$ —44°		Pegmat. Fast nur in Ivigtut, Grönland	60
weiß	n_α 1,466 n_β 1,475 n_γ 1,494	70° $r<v$ 0,028	(+) AE (010) $n_\alpha \,\|\, c$		Sedimentär. Wichtigstes Kalisalz	61
apfelgrün	n_α 1,831 n_β 1,861 n_γ 1,880 } Tl	75° $r \ll v$ 0,049	(—) AE (100) $n_\alpha \,\|\, b$	n_α blaßgrün n_β gelbgrün n_γ grasgrün	Oxydationszone von Cu-Lagerst., selten Sublimationsprod.	62
	n_ω 1,30907 Na n_ε 1,31052 Na	0,0014	(+)	—		63
braunrot	n 2,849 Li R_g 30% R_r 21,5%	—	—	—	Oxydationszone v. Cu-Lagerst.	64
orange-gelb	n_ω 2,013 n_ε 2,029 R_g 11%	0,016	(+)		Metam. i. Kalken. Fast nur in Franklin Furnace N.J. Bis 9% Mn enthaltend. Häufig als Hüttenprod.	65
	n 1,736	—	—	—	Metam. in Dolomit	66
grau	n_β 2,63 Li n_β 3,18 blau	groß stark	(?)	Birefl. schwach	Exhalationsprod. (Vesuv), selten durch Verwitterung	67
weiß bis bräunl. bis grüngrau	n 1,72—2,0	—	—	—	Kontaktmetam. Blau, rot u. grün, auch als Edelstein. *Pleonast* = Fe···-reicher Sp., *Hercynit* = Eisenspinell $FeAl_2O_4$	68
schwarz	n 2,42 R_g 21% Mtgl., matt	—	—	—	Magmat., metam. hydrotherm., selten sedimentär. Wichtiges Fe-Erz. *Titanomagnetit* = Ti-haltiger Magnetit, meist entmischt. *Maghemit* = magnet. kub. Fe_2O_3	69
braun	n 2,1 Li Mtgl.	—	—	—	Magmat. in Peridotiten. Einziges Cr-Erz	70

Nr.	Name und Formel	Kristall-Klasse Gitter-konstanten	Habitus, Tracht	Spalt-barkeit	Härte	Dichte	Farbe
71	*Hausmannit* $MnMn_2O_4$	$4/mmm$ a_0 5,76 c_0 9,44	(111), Zw. n. (101), oft zykl.	(001) v.	$5^1/_2$	4,7—4,8	schwarz
72	*Chrysoberyll* Al_2BeO_4	mmm a_0 5,48 b_0 4,43 c_0 9,41	taf. (100), (010) (011) (120) (111), Zw. n. (031) meist Drillg. ps. hex.	(010) z. v.	$8^1/_2$	~3,7	grünlich-gelb bis grün
73	*Valentinit* (Antimonblüte) Sb_2O_3	mmm a_0 4,93 b_0 12,48 c_0 5,43	fas., strahl. *c* oder *a*, taf. (010), (010) (110) (054) (101) (0.27.4) u. a.	(010) (110) v.	2—3	5,6—5,8	farblos
74	*Senarmontit* Sb_2O_3	$m3m$ a_0 11,14	(111)	(111) z. v.	2	5,2—5,3	farblos
75	*Korund* Al_2O_3	$3m$ a_0 4,77 c_0 13,04	säul. *c*, (11$\bar{2}$0)(22$\bar{4}$1) (0001)	Abs. (10$\bar{1}$1) (0001)	9	3,9—4,1	farblos u. gefärbt
76	*Haematit* (Eisenglanz, Roteisenerz) Fe_2O_3	$3m$ a_0 5,04 c_0 13,77	taf. (0001), isom., (22$\bar{4}$3) (10$\bar{1}$1), auch fas. *(roter Glaskopf)*	z.T. Abs. (0001) (10$\bar{1}$1)	$6^1/_2$	5,2—5,3	stahlgrau bis eisen-schwarz, bunt an-gelaufen oder rot
77	*Ilmenit* (Titaneisen) $FeTiO_3$	3 a_0 5,09 c_0 14,07	taf. (0001), (10$\bar{1}$1)	zuweil. Abs. n. (0001) (10$\bar{1}$1)	5—6	4,5—5,0	eisen-schwarz, braun-schwarz
78	*Perowskit* $CaTiO_3$	mmm^1 a_0 5,37 b_0 7,64 c_0 5,44 ps.kubisch a_0 15,26	ps. kub. (100) mit monokl. deform. Zw.Lam.	(100) z. v.	$5^1/_2$	4,0	schwarz bis rötlich-braun
79	*Quarz* SiO_2 < 573°C	32 a_0 4,9130 c_0 5,4045	säul. *c*, (10$\bar{1}$0) (10$\bar{1}$1)(01$\bar{1}$1) (30$\bar{3}$1)(51$\bar{6}$1) (11$\bar{2}$1) u. a. Zw. n. [0001] (11$\bar{2}$0)(11$\bar{2}$2)	(10$\bar{1}$1) s.	7	2,65	farblos, weiß u. verschie-den gefärbt

[1] synthet. $CaTiO_3$

Strich	Brechungszahl und Glanz	Achsenwinkel 2 V und Doppelbrechung	Optische Orientierung	Pleochroismus Bireflexion	Vorkommen	Nr.
braun	n_ω 2,46 $\}$ Li n_ε 2,15 fett. Mtgl.	0,31	(—)	Birefl. schwach ω heller als ε	Metam. in Karbonatgest., untergeord. hydroth .	71
weiß	n_α 1,747 n_β 1,748 n_γ 1,756	45°—71° $r > v$ 0,009	(+) AE (010) $n_\gamma \parallel c$	n_α rot n_β orange n_γ grün	In Pegmatiten und Glimmerschiefern. Edelstein gelb u. wenn grün (b. künstl. Licht rot) *Alexandrit* genannt	72
	n_α 2,18 n_β 2,35 n_γ 2,35 Diamantgl.	sehr klein $r > v$ 0,17	(—) AE für rot—gelb (001), für grün—blau (010), $n_\alpha \parallel a$	—	Verwitterungsprod. v. Antimonerzen	73
	n 2,087	—	—	—	Wie bei Valentinit	74
weiß	n_ω 1,769 n_ε 1,761	zuweilen anomal 0°—32° 0,008	(—)	Absorpt. $\omega > \varepsilon$	Magmat.—pegmat., metam., in Seifen. Als Edelstein: blau *Sapphir*, rot *Rubin*, kleinkörnig techn. als *Schmirgel* wichtig. Auch synth.	75
rot bis braunrot	n_ω 3,042 Li n_ε 2,7975 Li R_g 26 % Mtgl.	0,245 An.-Eff. deutlich	(—)	ω braunrot ε gelbrot Birefl. sehr schwach	Hydroth.—pneumat. u. exhalativ, metam., sedimentär. Selten magmat. Wichtiges Fe-Erz. *Martit* $=$ Haem. pseudom. n. Magnetit	76
schwarz- braun	$n \gg 2,72$ $\overline{R}_g$ 18 %	An.-Eff. deutlich		Birefl. sehr schwach	Magmat.—pegmat., metam., hydroth., in Seifen. Entmischung in Titanomagnetit. Wichtigstes Ti-Erz	77
grau, weiß	n 2,38	~90° $r > v$ 0,017	(+) AE (010) $n_{\gamma/c}$ 45°		In metam. Gest., alk. Basalten	78
—	n_ω 1,54425 Na n_ε 1,55336 Na Glasgl.	0,009	(+) zirkular- polarisierend	—	In magmat., metam. u. sedim. Gest. weit verbreitet. Große Kri- stalle meist pegmat.— hydroth. Halbedelstein u. wichtiger Rohstoff. *Bergkristall* wasserklar, *Amethyst* violett, *Citrin* gelb, *Rauchquarz* rauchgrau, *Morion* tiefbraunschwarz	79

Nr.	Name und Formel	Kristall-Klasse Gitterkonstanten	Habitus, Tracht	Spaltbarkeit	Härte	Dichte	Farbe
80	*Chalcedon* SiO_2	wie Quarz	fas. $\perp c$ (fas. $c =$ *Quarzin*)	—	6	2,59—2,61	farblos, verschieden gefärbt
81	*Tridymit* (Tief—) SiO_2	$2/m$ od. m ps. hex. a_0 18,54 b_0 5,01 c_0 25,79 β 117° 40′	ps. hex. taf. (0001), Zw. n. (10$\bar{1}$6) u. (30$\bar{3}$4)	(010) (110) s.	7	2,27	farblos, weiß
82	*Cristobalit* (Tief—) SiO_2	422 a_0 4,972 c_0 6,921	ps. kub. (111), Zw. n. (111)	—	$6^1/_2$	2,32	farblos
83	*Opal* $SiO_2 +$ aq.	amorph.	—	—	$5^1/_2$—$6^1/_2$	2,1—2,2	farblos, weiß, gefärbt
84	*Rutil* TiO_2	$4/mmm$ a_0 4,59 c_0 2,96	säul. c, (110) (100) (111), Zw. n. (101) (301)	(110) v. (100) z. v.	6—$6^1/_2$	4,2—4,3	braunrot bis eisenschwarz
85	*Zinnstein* (Cassiterit) SnO_2	$4/mmm$ a_0 4,73 c_0 3,18	isom. (110) (111) (100) seltener nad. c (110) (321) Zw. n. (101)	(100) uv.	6—7	6,8—7,1	braun bis schwarz
86	*Pyrolusit* β-$MnO_{2,00-1,89}$	$4/mmm$ a_0 4,39 c_0 2,87	säul. c—isom. (110) (111) (120) (321) (101) meist feinkörnig. Oft pseudomorph n. Manganit	(110) v.	6 z. T. bis 2 sinkend	rein: 5,06 meist 4,9—5,0	eisengrau bis schwarz
87	*Kryptomelan* $K_{\leq 2}Mn_8O_{16}$ („α-MnO_2")	$4/m$ u. $2/m$ a_0 9,84 c_0 2,86	dicht, glaskopfartig	muschelig	6—$6^1/_2$ feinkörnig bis 1 sinkend	4,1—4,9	schwarz bis bläulichschwarz

Strich	Brechungszahl und Glanz	Achsenwinkel 2V und Doppelbrechung	Optische Orientierung	Pleochroismus Bireflexion	Vorkommen	Nr.
	$n \parallel$ Faser $\sim 1{,}532$ $n \perp$ Faser $\sim 1{,}538$	0,006 ca.		—	Hydroth.—hydrisch. *Carneol* rot, *Chrysopras* grün, *Achat* gebändert, *Jaspis* = durch Fremd-beimengung trüb u. undurchsichtig	80
	n_α 1,469 n_β 1,469+ n_γ 1,473 Glasgl.	$\sim 35°$ 0,004	(+) AE (100) $n_\gamma \parallel c$	—	Pneumatol. exhalativ, in Poren saurer Eruptiv-gest., kontaktmetam. in Sandsteineinschlüs-sen in Basalten. In Meteoriten	81
	n_ω 1,487 n_ε 1,484	0,003	(—)	—	Ähnlich Tridymit, auch bei niedereren Temperaturen	82
	n 1,3—1,45	—	—	—	Hydroth.—hydrisch, sedimentär, biogen. Zersetzungsprod. v. Silikatgest. Auch Edel-stein *(Edelopal)*. *Hyalit* = farbloser, glasklarer Opal, *Chloropal* ist durch Nontronit gelb-grün gefärbter Opal	83
gelblich-braun	n_ω 2,616 Na n_ε 2,903 Na $\overline{R_g}$ 20,5 % metallart. Diamantgl.	0,287	(+)	ω gelb bis bräunl.-gelb ε braungelb bis gelb-grün, dun-kelblutrot	Pegm., hydroth., metam. u. in Seifen. Wichtiges Ti-Erz. *Sagenit* = nach beiden Zw.-Ges. vergitterter Rutil	84
gelblich bis weiß	n_ω 1,997 n_ε 2,093 $\overline{R_g}$ 11 % Diamantgl.	0,096	(+)		Pneumatol.—pegmat. im Gefolge saurer magm. Gesteine, meist Granite. Auch hydro-thermal auf Klüften. Wichtigstes Sn-Erz	85
schwarz	Mtgl.	—	—	—	Hydrisch, sedim. Oxydationszone. „*Psilomelan*" bis *Wad* z. T. Häufigstes oxyd. Mn-Min. Wichtiges Mn-Erz. Idiomorphe xx werden *Polianit* genannt	86
dunkel braun-schwarz		—			Oxydationszone, Verwitterungsprod. „*Psilomelan*" bis *Wad* z. T. Nach Pyrolusit das gewöhnlichste oxyd. Mn-Min. „*Hartmanganerz*" z. T.	87

Nr.	Name und Formel	Kristall-Klasse Gitter-konstanten	Habitus, Tracht	Spalt-barkeit	Härte	Dichte	Farbe
88	*Psilomelan* $(Ba, H_2O)_2Mn_5O_{10}$	$2/m$ a_0 9,56 b_0 2,88 c_0 13,85 β 92° 30′	dicht, glas-kopfartig	mu-schelig	6, fein-körnig bis 2 sin-kend	4,4—4,7	schwarz bis bläu-lich-schwarz
89	*Anatas* TiO_2	$4/mmm$ a_0 3,74 c_0 9,39	(101) (001) (107) (103) u. a.	(101) (001) v.	$5^1/_2$—6	3,8—3,9	gelb bis braun u. bis blau-schwarz
90	*Brookit* TiO_2	mmm a_0 9,18 b_0 5,45 c_0 5,15	taf. (010), gestr. c	(120) (001) uv.	$5^1/_2$—6	3,9—4,2	gelb- bis rotbraun
91	*Columbit* (Niobit) $(Fe, Mn)Nb_2O_6$	mmm a_0 14,27 b_0 5,74 c_0 5,60	taf. (010) oder säul. a	(010) z. v.	6	5,3	braun-schwarz
92	*Tantalit* $(Fe, Mn)\ Ta_2O_6\ Ta{\rightarrow}Nb$	mmm $a:b:c$ 0,401:1: 0,351	meist säul. c	(010) uv.	6	8,2	schwarz
93	*Euxenit* (Y, Er, Ce, U, Pb, Ca) $(Nb, Ta, Ti)_2(O, OH)_6$	mmm a_0 14,57 b_0 5,52 c_0 5,166	taf. (100) — säul. c	—	~6	4,6—5,4	pech-schwarz bis oliv-braun
94	*Samarskit* (Yttroniobit, Yttrocolumbit) $(Y, Er)_4[(Nb, Ta)_2O_7]_3$	mmm $a:b:c$ 0,5457:1: 0,5178	taf. (010)	mu-schelig	~6	5,5—6,2	tief-schwarz
95	*Uraninit* (Uranpecherz, Pechblende) UO_2	$m3m$ a_0 5,449	(100), (111)	(111)	4—6	10,3— 10,9	schwarz, bräunlich
96	*Hydrargillit* (Gibbsit) γ-$Al(OH)_3$	$2/m$ ps. hex. a_0 8,64 b_0 5,07 c_0 9,72 β 94° 34′	taf. (001) ps. hex.	(001) v.	$2^1/_2$—3	2,3—2,4	farblos, weiß, grünlich
97	*Brucit* $Mg(OH)_2$	$3m$ a_0 3,13 c_0 4,74	taf. (0001)	(0001) s. v.	$2^1/_2$	2,4	farblos, weiß, grünlich
98	*Diaspor* α-$AlOOH$	mmm a_0 4,41 b_0 9,40 c_0 2,84	taf. (010)	(010) s. v. (110) z. v.	$6^1/_2$—7	3,3—3,5	farblos u. versch. gefärbt

Strich	Brechungszahl und Glanz	Achsenwinkel 2 V und Doppelbrechung	Optische Orientierung	Pleochroismus Bireflexion	Vorkommen	Nr.
schwarz bis schwzl.-braun					Oxydationszone. Verwitterungsprod. Mit Pyrolusit u. Kryptomelan. „*Psilomelan*" bis *Wad* z. T. „*Hartmanganerz*" z. T.	88
weißlich	n_ω 2,5618 n_ε 2,4986 Diamantgl.	0,063	(—)	n_α gelb bis licht-braun n_γ orange-braun od. tiefblau	Hydroth. auf Klüften; Seifen	89
braungelb	n_α 2,583 n_β 2,586 } Na n_γ 2,741 metallart. Diamantgl.	2V λ 20,0° 660 16,5° 589 0° 555 12,5° 535 25,4° 480 0,158	(+) rot—gelb: AE (001) $r>v$ grün—blau: AE (100) $r<v$	gering, gelb bis braun $n_\gamma>n_\beta>n_\alpha$ oder $n_\beta>n_\gamma>n_\alpha$	Hydroth. auf Klüften krist. Schiefer. In Seifen. *Arkansit* wird Brookit mit isom. Habitus genannt	90
braun bis schwarz	n_β 2,45 Li	stark An.-Eff. sehr schwach	(—) (?)	Birefl. schwach	Pegmat. Wichtigstes Nb-Erz	91
braun bis schwarz	n_α 2,26 n_β 2,32 n_γ 2,43 Pech- bis Mtgl.	~74° $r<v$ 0,17	(+) AE (010) $n_\gamma \parallel c$	n_α blaßrot n_β blutrot n_γ tief blut-rot	Pegmat. Wichtigstes Ta-Erz	92
rötlich-braun	n ~2,1 halbmetall Gl.				In Granitpegmatiten	93
dunkel-rotbraun	n_β ~2,25 halbmetall. Gl.				In Granitpegmatiten	94
dunkel-grün bis braun-schwarz	matter Pechglanz	—	—	—	Pegmat. u. hydroth. Wichtiges Uran- u. Radiumerz	95
	$n_\alpha \sim n_\beta$ 1,567 n_γ 1,589	~0° $r>v$ oder $r<v$ 0,02	(+) AE (010) n_γ/c ~25° auch $n_\alpha \parallel b$	—	In Bauxiten, Talkschiefer, Serpentin. Auch Verwitterungsprod. von Korund	96
	n_ω 1,566 n_ε 1,581	0,015	(+)		Metam., hydroth. auf Klüften in Serpentinen, kontaktmetam. in Kalken, z. B. Predazzo	97
	n_α 1,702 n_β 1,722 n_γ 1,750	84° $r<v$ 0,048	(+) AE (010) $n_\gamma \parallel a$	gefärbt schwach	Metam. in krist. Schiefern, kontakt-metam. in Kalken u. Dolomiten. Umwandlungsprod. von Korund. Auch in Bauxiten	98

Nr.	Name und Formel	Kristall-Klasse Gitter-konstanten	Habitus, Tracht	Spalt-barkeit	Härte	Dichte	Farbe
99	*Goethit* (Nadeleisenerz) α-FeOOH	mmm a_0 4,65 b_0 10,02 c_0 3,04	nad. c	(010) v.	5—5$^1/_2$	4,3	schwarz-braun bis lichtgelb
100	*Manganit* γ-MnOOH	$2/m$ a_0 8,88 b_0 5,25 c_0 5,71 β 90°	säul. c, ps. orhomb. (110) (001) Zw. n. (011)	(010) v. (110) z. v.	4	4,3—4,4	braun-schwarz
101	*Boehmit* γ-AlOOH	mmm a_0 3,69 b_0 12,2 c_0 2,86	taf. (001), (1$\bar{1}$0)	(010) v.		3,01	farblos
102	*Lepidokrokit* (Rubinglimmer) γ-FeOOH	mmm a_0 3,88 b_0 12,54 c_0 3,07	taf. (010)	(010) s. v. (001) v. (100) z. v.	5	4,09	blutrot bis gelbrot
103	*Sassolin* B(OH)$_3$	I a_0 7,04 b_0 7,05 c_0 6,58 α 92° 35′ β 101° 10′ γ 119° 50′	taf. (001), ps. hex.	(001) v.	1	1,45	weiß, blaßgrau

V. Kl. Nitrate und Carbonate

Nr.	Name und Formel	Kristall-Klasse Gitter-konstanten	Habitus, Tracht	Spalt-barkeit	Härte	Dichte	Farbe
104	*Nitronatrit* (Natronsalpeter) NaNO$_3$	$3m$ a_0 5,07 c_0 16,81	morph. Ind.[1] isom. (10$\bar{1}$1), Zw. n. (01$\bar{1}$2)	(10$\bar{1}$1) v. 73° 37′	1$^1/_2$—2	2,27	farblos od. licht gefärbt
105	*Nitrokalit* KNO$_3$	mmm a_0 5,43 b_0 9,19 c_0 6,46	fas. c	(011) v. (010) (110) uv.	2	1,9—2,1	farblos, weiß, grau
106	*Magnesit* (Bitterspat) MgCO$_3$	$3m$ a_0 4,633 c_0 15,016	morph. Ind.[1] isom. (10$\bar{1}$1)	(10$\bar{1}$1) s. v. 72° 36′	4—4$^1/_2$	~3,0	farblos, weiß bis braun, grau
107	*Siderit* (Eisenspat) FeCO$_3$	$3m$ a_0 4,689 c_0 15,373	morph. Ind.[1] (10$\bar{1}$1), Zw. n. (01$\bar{1}$2)	(10$\bar{1}$1) v. 73°	4—4$^1/_2$	3,89	hell gelb-braun

---

[1] Bei den rhomboedr. Karbonaten (Nr. 104 106—111) ist immer die morphologische Indizierung, Spaltrhomboeder gleich (10$\bar{1}$1), angegeben. Nach den Gitterkonstanten wäre sie mit (10$\bar{1}$4) zu indizieren.

Strich	Brechungszahl und Glanz	Achsenwinkel 2V und Doppelbrechung	Optische Orientierung	Pleochroismus Bireflexion	Vorkommen	Nr.
braun bis braungelb	n_α 2,260 n_β 2,394 n_γ 2,400	0°—42° $r>v$ 0,140	(—) für rot: AE (100), für gelb—blau: AE (001)	n_α hellgelb n_β braungelb n_γ orange bis oliv- grün	Verwitterungsprod. Wichtiger Bestandteil sedim. Fe-Erze. Häufigst. Bestandteil von *Limonit* (Braun- eisen), *brauner Glaskopf*	99
dunkel-braun	n_α 2,25 n_β 2,25 n_γ 2,53 unvollk. Mtgl.	klein $r>v$ 0,28	(+) AE (010) n_γ/c 0°—4°	Abs. n_α, $n_\beta<n_\gamma$ Birefl. schwach	Auslaugungsprod. in Gängen in Eruptivgest.	100
	$n_\beta\sim$1,72—1,64	$\sim$0,02	(—) (?) AE (001) $n_\gamma\parallel b$	—	In Bauxiten	101
orange matt	n_α 1,94 n_β 2,20 Na n_γ 2,51 Diamantgl.	83° 0,57	(—) AE (100) $n_\gamma\parallel c$	n_α gelb n_β orangegelb n_γ braungelb bis oran- gerot	Verwitterungsprod., viel seltener als Nadeleisenerz. *Limonit* (Brauneisen), *brauner Glaskopf* z.T.	102
	n_α 1,340 n_β 1,456 n_γ 1,459 Glas- bis Perlmuttergl.	5°—7° 0,119	(—) AE $\sim$(010) $n_\alpha\sim\parallel c$	—	Absatz heißer Quellen, vulk. Sublimationsprod. Wichtiger B-Rohstoff	103
	n_ω 1,585 n_ε 1,337 $n_{\varepsilon'(10\bar11)}$ 1,467 Glasgl.	0,248	(—)	—	Mit Gips in den regenlosen Zonen Chiles. Wichtiges Düngemittel (*Chilesalpeter*)	104
	n_α 1,335 n_β 1,505 n_γ 1,506 Glasgl.	7° $r\ll v$ 0,171	(—) AE (100) $n_\alpha\parallel c$	—	Bodenausblühungen in Höhlen u. Wüsten (*Kalisalpeter*)	105
	n_ω 1,700 n_ε 1,509 $n_{\varepsilon'(10\bar11)}$ 1,599 Glasgl.	0,191	(—)	—	Metam. in Chlorit- u. Talkschiefern, meta- som. in Kalken und Dolomiten. In Salz- tonen. Wichtiger Rohstoff. *Breunnerit* = schwach Fe-haltiger Magnesit	106
	n_ω 1,873 n_ε 1,633 $n_{\varepsilon'(10\bar11)}$ 1,747 Glasgl.	0,240	(—)	Abs. $\varepsilon<\omega$	Metasom., pegm.—hydroth. (meist Mn-haltig), sedimentär. Wichtiges Fe-Erz	107

Nr.	Name und Formel	Kristall-Klasse Gitterkonstanten	Habitus, Tracht	Spalt-barkeit	Härte	Dichte	Farbe
108	*Smithsonit* (Zinkspat) $ZnCO_3$	$\bar{3}m$ a_0 4,653 c_0 15,025	morph. Ind.[1] $(10\bar{1}1)$, meist derb	$(10\bar{1}1)$ v. $72°\ 20'$	5	4,3—4,5	farblos, meist gefärbt
109	*Rhodochrosit* (Manganspat) $MnCO_3$	$\bar{3}m$ a_0 4,777 c_0 15,664	morph. Ind.[1] $(10\bar{1}1)$, traubig	$(10\bar{1}1)$ v. $\sim 73°$	4	3,3—3,6	blaß- bis dunkel-rot
110	*Kalkspat* (Calcit) $CaCO_3$	$\bar{3}m$ a_0 4,990 c_0 17,061	morph. Ind.[1] isom. $(10\bar{1}1)$, taf. (0001) u. gestr. n. c. Sehr formen-reich. Zw. n. (0001) $(01\bar{1}2)$	$(10\bar{1}1)$ s. v. $74°\ 55'$	3	2,72	farblos, weiß u. gefärbt
111	*Dolomit* $CaMg[CO_3]_2$	$\bar{3}$ a_0 4,808 c_0 16,010	morph. Ind.[1] isom. $(10\bar{1}1)$ Zw. n. (0001) $(10\bar{1}1)$	$(10\bar{1}1)$ v. $73°\ 45'$	$3^1/_2$—4	2,85—2,95	farblos, weiß u. gelbgrau
112	*Aragonit* $CaCO_3$	mmm a_0 4,95 b_0 7,96 c_0 5,73	säul.—fas. c, (110) (010) (011), Zw. n. (110) ps. hex.	(010) uv.	$3^1/_2$—4	2,95	farblos, weiß u. versch. gefärbt
113	*Strontianit* $SrCO_3$	mmm a_0 5,13 b_0 8,42 c_0 6,09	säul.—nad. c, (110) (011) (021), Zw. n. (110) ps. hex.	(110) z. v.	$3^1/_2$	3,7	farblos, weiß, gelblich
114	*Witherit* $BaCO_3$	mmm a_0 5,26 b_0 8,85 c_0 6,55	isom.—fas. c, (110) (021) (010), Zw. n. (110) ps. hex. (Bipyr.)	(010) z. v.	$3^1/_2$	$\sim 4,28$	farblos, weiß, grau, gelblich
115	*Cerussit* $PbCO_3$	mmm a_0 5,15 b_0 8,47 c_0 6,11	isom.—säul. a od. taf. (010), Zw. n. (110) ps. hex.	(110) (021) s.	3—$3^1/_2$	6,4—6,6	farblos, weiß, gelblich, schwarz
116	*Azurit* (Kupferlasur) $Cu_3[OH\,|\,CO_3]_2$	$2/m$ a_0 4,97 b_0 5,84 c_0 10,29 β $92°\ 24'$	säul. b—taf. (001), (110)	(100) z. v. (110) uv.	$3^1/_2$—4	3,7—3,9	lasurblau
117	*Malachit* $Cu_2[(OH)_2\,|\,CO_3]$	$2/m$ a_0 9,48 b_0 12,03 c_0 3,21 β $98°\pm^1/_2°$	säul.—fas. c, (110) (100) (010) (001), Zw. n. (100)	(001) v.	4	4,0	grün

[1] Vgl. Fußnote S. 357

Strich	Brechungszahl und Glanz	Achsen-winkel 2 V und Doppel-brechung	Optische Orientierung	Pleochroismus Bireflexion	Vorkommen	Nr.
	n_ω 1,849 n_ε 1,621 $n_{\varepsilon'(10\bar11)}$ 1,733 Glasgl.	0,228	(—)	—	Verwitterungsprod. Zn-haltiger Lager-stätten. Wichtiges Zn-Erz. *Galmei* z. T.	108
	n_ω 1,814 n_ε 1,596 $n_{\varepsilon'(10\bar11)}$ 1,70 Glasgl.	0,218	(—)	—	Hydroth. u. Um-bildungsprod. i. d. Oxydationszone	109
	n_ω 1,6584 Na n_ε 1,4864 Na $n_{\varepsilon'(10\bar11)}$ 1,566 Glasgl.	0,172	(—)	—	Sedim., metam., hydroth.—hydrisch, biogen. Wichtiger Rohstoff. *Doppelspat* = farbloser vollk. durchsichtiger K.	110
	n_ω 1,6799 Na n_ε 1,5013 Na $n_{\varepsilon'(10\bar11)}$ 1,588 Glasgl.	0,179	(—)	—	Metasom. aus Kalk, hydroth., selten sedimentär. Wichtiger Rohstoff. *Ankerit* = Mg→Fe (Fe > Mg)	111
	n_α 1,530 n_β 1,682 n_γ 1,686 Glasgl.	18° 11′ $r<v$ 0,156	(—) AE (100) $n_\alpha \parallel c$	—	Hydroth.—hydr., sedim. u. biogen	112
	n_α 1,516 n_β 1,664 n_γ 1,666 Glasgl.	7°—10° $r<v$ 0,150	(—) AE (010) $n_\alpha \parallel c$	—	Hydroth.—hydrisch auf Gängen u. in Kalken	113
	n_α 1,529 n_β 1,676 n_γ 1,677 Glasgl.	16° $r>v$ 0,148	(—) AE (010) $n_\alpha \parallel c$	—	Hydroth. auf Gängen u. metasom.	114
	n_α 1,804 n_β 2,076 n_γ 2,078 fettig. Diamantgl.	8° 34′ 0,274	(—) AE (010) $n_\alpha \parallel c$	—	Oxydationszone von Bleiglanzlagerst.	115
heller blau	n_α 1,730 n_β 1,758 n_γ 1,838 Glasgl.	68° $r>v$ 0,108	(+) AE ⊥ (010) n_γ/c—12$\frac{1}{2}$°	$\left.\begin{array}{l}n_\alpha\\n_\beta\end{array}\right\}$ reinblau n_γ dkl.-blau	Oxydationszone Cu-führender Lagerst.	116
lichtgrün	n_α 1,655 n_β 1,875 n_γ 1,909 Glasgl.	43° $r<v$ 0,254	(—) AE (010) n_α/c 23° $n_\alpha \sim \perp$ (001)	n_α fast farbl. n_β gelbgrün n_γ tiefgrün	Wie Azurit. Örtlich wichtiges Cu-Erz	117

Nr.	Name und Formel	Kristall-Klasse Gitter-konstanten	Habitus, Tracht	Spalt-barkeit	Härte	Dichte	Farbe
118	*Hydrozinkit* (Zinkblüte) $Zn_5[(OH)_3|CO_3]_2$	$2/m$ a_0 13,48 b_0 6,32 c_0 5,37 β 95° 30′	taf. (100) u. gestreckt n. *c*, meist dicht	(100) v.	2—2$^1/_2$	3,2—3,8	schnee-weiß bis blaßgelb
119	*Soda* (Natrit, Natron) $Na_2CO_3 \cdot 10\,H_2O$	$2/m$ a_0 12,76 b_0 9,01 c_0 13,47 β 122° 48′	taf. (010), (110) (011), Zw. n. (001)	(100) v. (010) uv.	1—1$^1/_2$	1,42—1,47	farblos, blaßgrau, gelblich bis weiß
120	*Hydromagnesit* $Mg_5[(OH)|(CO_3)_2]_2 \cdot 4\,H_2O$	monokl.-ps. orhomb. (222) a_0 18,58 b_0 9,06 c_0 8,42 β 90°	fas. *c*—taf. (100), gestreckt *c*, Zw. n. (100)	(010) v. (100) z. v.	3$^1/_2$	∼2,2	weiß

VI. Kl. Borate

Nr.	Name und Formel	Kristall-Klasse Gitter-konstanten	Habitus, Tracht	Spalt-barkeit	Härte	Dichte	Farbe
121	*Borax* (Tinkal) $Na_2[B_4O_5(OH)_4] \cdot 8\,H_2O$	$2/m$ a_0 11,84 b_0 10,63 c_0 12,32 β 106° 35′	kurzsäul., Zw. n. (100) selten	(100) v. (110) z. v.	2—2$^1/_2$	1,7—1,8	farblos, grau, gelblich
122	*Kernit* $Na_2[B_4O_6(OH)_2] \cdot 3\,H_2O$	$2/m$ a_0 15,68 b_0 9,09 c_0 7,02 β 108° 52′	isom.—säul.*c*, (100) (Ī01) (011) (001)	(001) (100) v. (Ī01) z. v.	2$^1/_2$	1,92	farblos, weiß
123	*Boracit* $Mg_3[Cl|B_7O_{13}] < 265°\,C$	$2\,m\,m$ a_0 8,54 b_0 8,54 c_0 12,07	fas. u. Pseu-domorph. nach β-B., zykl. Zw. n. (100) von 12 Indi-viduen	—	7	2,9—3	farblos, bläulich, grünlich
124	*Boracit* β-$Mg_3[Cl|B_7O_{13}] > 265°\,C$	$\bar{4}3\,m$ a_0 12,10	(100) (110) (111)	—	7	2,9—3,0	farblos, bläulich, grünlich

VII. Kl. Sulfate, Chromate, Molybdate, Wolframate

Nr.	Name und Formel	Kristall-Klasse Gitter-konstanten	Habitus, Tracht	Spalt-barkeit	Härte	Dichte	Farbe
125	*Glauberit* $CaNa_2[SO_4]_2$	$2/m$ a_0 10,01 b_0 8,21 c_0 8,43 β 112° 11′	taf. (001) od. säul. *c*, (100) (111)	(001) v.	2$^1/_2$—3	2,7—2,8	farblos, weiß u. hell gefärbt
126	*Anhydrit* $Ca[SO_4]$	$m\,m\,m$ a_0 6,22 b_0 6,97 c_0 6,96	isom. (100) (010) (001) od. säul. *b* (101) (010) (011)	(001) v. (010) z. v. (100) uv.	3—4	2,9—3	farblos, weiß u. hell gefärbt

Strich	Brechungszahl und Glanz	Achsenwinkel 2V und Doppelbrechung	Optische Orientierung	Pleochroismus Bireflexion	Vorkommen	Nr.
	n_α 1,65 n_β 1,736 n_γ 1,74 wechselnd	40° $r<v$ 0,09	(—) AE ⊥ (010) n_γ/c gering	—	Oxydationszone v. Zn-Lagerst.	118
	n_α 1,405 n_β 1,425 n_γ 1,440 Glasgl.	71° $r<v$ 0,035	(—) AE ⊥ (010) $n_\alpha \| b$ n_β/c 41°	—	Natronseen, Bodenausblühungen	119
	n_α 1,523 n_β 1,527 n_γ 1,545 Perlmuttergl.	~52° 0,022	(+)	—	Verwitterungsprod. v. Serpentin. Auch in Hohlräumen v. Kalkblöcken in den Tuffen d. Campagna	120
	n_α 1,447 n_β 1,469 n_γ 1,472 Glas- bis Fettgl.	39° 36′ $r>v$ 0,025	(—) AE ⊥ (010) $n_\alpha \| b$	—	Ausscheidung in Binnenseen	121
	n_α 1,454 n_β 1,472 n_γ 1,488	80° $r>v$ 0,034	(—) AE ⊥ (010) $n_\gamma \| b$ n_α/c 70$^1/_2$°	—	Kontaktmetasom. aus Borax (?). Kern Co. Wichtigster B-Rohstoff	122
	n_α 1,6622 n_β 1,6670 n_γ 1,6730 Glas- bis Diamantgl.	83° 0,011	(+) $n_\gamma \|$ Fasern	—	Salzlagerst., besond. im Gipshut; *Staßfurtit* = faseriger Boracit	123
	n 1,6714	—	—	—	Salzlagerstätten	124
	n_α 1,515 n_β 1,532 n_γ 1,536 Glas- bis Fettgl.	71° 10′ $r\gg v$ 0,021	(—) AE ⊥ (010) n_α/c 30° 46′	—	Salzlagerst.	125
	n_α 1,569 n_β 1,575 n_γ 1,613 Glasgl.	42° $r<v$ 0,044	(+) AE (010) $n_\gamma \| a$	—	Sedim., hydroth. u. Exhalationsprod.	126

Nr.	Name und Formel	Kristall-Klasse Gitterkonstanten	Habitus, Tracht	Spaltbarkeit	Härte	Dichte	Farbe
127	*Coelestin* $Sr[SO_4]$	mmm a_0 8,38 b_0 5,37 c_0 6,85	säul. *a*, taf. (001), (110) (011) (102)	(001) v. (210) z. v. (010) s.	3—3½	3,9—4	farblos, weiß, blau u. a. gefärbt
128	*Baryt* (Schwerspat) $Ba[SO_4]$	mmm a_0 8,87 b_0 5,45 c_0 7,14	taf. (001), (110) (102), säul. *a* (011) (110) (010) u. a.	(001) v. (210) z. v.	3—3½	4,48	farblos, weiß, gefärbt
129	*Anglesit* $Pb[SO_4]$	mmm a_0 8,47 b_0 5,39 c_0 6,94	isom. (011) (110), taf. (001)	(001) (210) z. v. 76° 16′	3	6,3	farblos, weiß u. gefärbt
130	*Brochantit* $Cu_4[(OH)_6 \mid SO_4]$	$2/m$ a_0 13,08 b_0 9,85 c_0 6,02 β 103° 22′	säul.—fas. *c*	(010) v.	3½—4	3,9	smaragd-grün
131	*Alunit* (Alaunstein) $KAl_3[(OH)_6 \mid (SO_4)_2]$	$3m$ a_0 6,97 c_0 17,38	(10$\bar{1}$1) ps. kub.	(0001) v.	3½—4	2,6—2,8	farblos, weiß, rötlich, gelblich
132	*Kieserit* $Mg[SO_4] \cdot H_2O$	$2/m$ a_0 6,89 b_0 7,61 c_0 7,63 β 116° 05′	pyramiden-förm., Kristalle selten	(11$\bar{1}$) (113) v. (111) (102) (012) z. v.	3½	2,57	farblos, weiß, gelblich
133	*Chalkanthit* (Kupfervitriol) $Cu[SO_4] \cdot 5H_2O$	I a_0 6,12 b_0 10,69 c_0 5,96 α 97° 35′ β 107° 10′ γ 77° 33′	dicktaf. ($\bar{1}$10) (110) ($\bar{1}$11) (100)	(1$\bar{1}$0) (110) uv.	2½	2,2—2,3	blau
134	*Melanterit* (Eisenvitriol) $Fe[SO_4] \cdot 7H_2O$	$2/m$ a_0 14,11 b_0 6,51 c_0 11,02 β 105° 15′	kurzsäul.— isom. (110) (001), Kristalle selten	(001) v. (110) z. v.	2	1,9	grün
135	*Epsomit* (Bittersalz, Reichardtit) $Mg[SO_4] \cdot 7H_2O$	222 a_0 11,96 b_0 12,05 c_0 6,88	fas.—säul. *c*, (110) (111)	(010) v. (011) uv.	2—2½	1,68	farblos, weiß
136	*Alunogen* $Al_2[SO_4]_3 \cdot 18H_2O$	I $a:b:c$ 0,8355:1: 0,6752 α 89° 58′ β 97° 26′ γ 91° 52′	taf. (010) od. fas. *c*	(010) v.	1½—2	1,65	weiß

Strich	Brechungszahl und Glanz	Achsenwinkel 2 V und Doppelbrechung	Optische Orientierung	Pleochroismus Bireflexion	Vorkommen	Nr.
	n_α 1,622 n_β 1,624 n_γ 1,631 Glasgl.	51° $r<v$ 0,009	(+) AE (010) $n_\gamma \parallel a$	—	Hydroth.—hydrisch. In Klüften u. Hohlräumen von Kalken u. Gipsen	127
	n_α 1,636 n_β 1,637 n_γ 1,648 Glasgl.	36° $r<v$ 0,012	(+) AE (010) $n_\gamma \parallel a$	—	Hydroth., sedim. Wichtiger Rohstoff	128
	n_α 1,877 n_β 1,882 n_γ 1,894 fettig. Diamantgl.	60°—75° $r \ll v$ 0,017	(+) AE (010) $n_\gamma \parallel a$	—	Oxydationszone v. Pb-Lagerst.	129
lichtgrün	n_α 1,730 n_β 1,778 n_γ 1,803 Glasgl.	72° $r<v$ 0,073	(—) AE (100) $n_\alpha \parallel b$	schwach in blaugrün Abs. $\parallel n_\gamma$ am größten	Oxydationszone v. Cu-Lagerst.	130
	n_ω 1,572 n_ε 1,592	0,020	(+)	—	Zersetzungsprod. K-haltiger Gest.	131
	n_α 1,523 n_β 1,535 n_γ 1,586 Glasgl.	56° 44′ $r>v$ 0,063	(+) AE (010) n_α/c—14°	—	Salzlagerst. (Kieseritregion)	132
weiß	n_α 1,514 n_β 1,5368 n_γ 1,543 Glasgl.	56° 2′ $r<v$ 0,029	(—) auf (1̄10) Austritt 1 Achse, auf (110) 1 Achse u. n_γ	—	Verwitterungsbildung	133
weiß	n_α 1,471 n_β 1,478 n_γ 1,486 Glasgl.	86° $r>v$ 0,015	(+) AE (010) n_α/c 29°	—	Verwitterungsbildung	134
	n_α 1,433 n_β 1,455 n_γ 1,461	51° 25′ $r<v$ 0,028	(—) AE (001) $n_\alpha \parallel b$	—	Bodenausblühungen, Verwitterungsbildung durch Sulfide. Umwandlungsprod. von Kieserit	135
	n_α 1,475 n_β 1,478 n_γ 1,485 wechselnd	klein—69° 0,010	(+) AE $\perp$ (010) n_γ/c 42°	—	Verwitterungsprod. Sulfid-haltig. Tongest., Solfataren	136

Nr.	Name und Formel	Kristall-Klasse Gitter-konstanten	Habitus, Tracht	Spalt-barkeit	Härte	Dichte	Farbe
137	*Kalialaun* KAl[SO$_4$]$_2$ · 12 H$_2$O	$2/m\bar{3}$ a_0 12,15	(111) (100), Zw. n. (111)	—	2—2$^1/_2$	1,76	farblos
138	*Astrakanit* (Blödit) Na$_2$Mg[SO$_4$]$_2$ · 4 H$_2$O	$2/m$ a_0 11,06 b_0 8,17 c_0 5,50	säul. c oder taf. (001)	—	3	2,23	farblos, grünlich, gelblich
139	*Polyhalit* K$_2$Ca$_2$Mg[SO$_4$]$_4$ · 2 H$_2$O	I ps. orhomb. a_0 6,96 b_0 6,97 c_0 8,97$_9$ α 104° 30′ β 101° 30′ γ 113° 54	gestr. c od. taf. (010), Zw.Lam. n. (010) u. (100)	(10$\bar{1}$) v. Quer-abs. ~‖ (01$\bar{0}$)	3—3$^1/_2$	2,77	rot, weiß, gelb, grau
140	*Mirabilit* (Glaubersalz) Na$_2$[SO$_4$] · 10 H$_2$O	$2/m$ a_0 11,48 b_0 10,35 c_0 12,82 β 107° 40′	fas.—säul.b, (001) (100)	(100) v.	1$^1/_2$	1,49	farblos
141	*Gips* Ca[SO$_4$] · 2 H$_2$O	$2/m$ a_0 5,68 b_0 15,18 c_0 6,29 β 113° 50′	taf. (010) od. säul. c, (010) (110) (111); Zw.n. (100) (101)	(010) s. v. ($\bar{1}$11) (100) z. v.	1$^1/_2$—2	2,3—2,4	farblos, weiß, gelblich
142	*Copiapit* (Fe$^{··}$,Mg)Fe$_4^{···}$[(OH)|(SO$_4$)$_3$]$_2$ · · 20 H$_2$O	I ps. orhomb. a_0 7,34 b_0 18,19 c_0 7,28 α 93° 50′ β 101° 30′ γ 99° 23′	taf. (001) ps. orhomb.	(001) v.	2$^1/_2$	2,1	gelb
143	*Kainit* KMg[Cl|SO$_4$] · 3 H$_2$O	$2/m$ a_0 19,76 b_0 16,26 c_0 9,57 β 94° 56′	taf. (001) mit (111) ($\bar{1}$11) (010)	(100) v. (110) z. v.	3	2,1	weiß, gelblich, rot
144	*Krokoit* (Rotbleierz) Pb[CrO$_4$]	$2/m$ a_0 7,11 b_0 7,41 c_0 6,81 β 102° 33′	nad.—säul.c, (110) (111) ($\bar{4}$01) ($\bar{3}$01) (120)	(110) z. v.	2$^1/_2$—3	5,9—6,0	orangerot
145	*Wolframit* (Mn, Fe)[WO$_4$]	$2/m$ a_0 4,79 b_0 5,74 c_0 4,99 β 90° 26′	taf. n. (100) od. säul.— nad. c, (100) (110) (210) (001) (102) (011) (111), Zw. n. (100) selt.n.(023)	(010) v.	5—5$^1/_2$	7,14— 7,54	dunkel-braun bis schwarz

Strich	Brechungszahl und Glanz	Achsenwinkel 2 V und Doppelbrechung	Optische Orientierung	Pleochroismus Bireflexion	Vorkommen	Nr.
	n 1,4562 Na	—	—	—	Ausblühungen auf Laven, Sulfid-haltigen Schiefern	137
	n_α 1,4826 n_β 1,4855 n_γ 1,4869 Glasgl.	69° 24′ $r \ll v$ 0,004	(—) AE (010) n_α/c 41°	—	In Salzlagerst., als Ausscheidung von Bitterseen u. in Salpeterwüsten	138
weiß	n_α 1,547 n_β 1,562 n_γ 1,567 Glas- bis Fettgl.	62° ± $r < v$ 0,020	(—) auf (010) $n_\alpha'/(010)$ 6°, auf (010) $n_\alpha'/(100)$ 13°, auf (001) $n_\alpha'/(010)$ 8°	—	Salzlagerst.	139
	n_α 1,394 n_β 1,396 n_γ 1,398	80° 26′ $r > v$ 0,004	(—) AE $\perp$ (010) n_γ/c 31° Li	—	Salzlagerst., Salzseen, Bodenausblühungen	140
	n_α 1,5205 n_β 1,5226 n_γ 1,5296 Glasgl.	58° 5′ $r > v$ 0,009	(+) AE (010) n_γ/c 52° 30′	—	Sedimentär, auch Ausscheidung in Tonen u. Mergeln durch Verwitterung von Sulfiden. Umwandlungsprod. von Anhydrit. *Alabaster* = feinkörn. reinweißer Gips	141
gelblichweiß	n_α 1,531 n_β 1,546 n_γ 1,597	60°—90° 0,066	(+)	n_α gelbgrün n_β blaßgelb n_γ schwefelgelb	Verwitterungsprod. Sulfid-haltiger Tonschiefer u. Mergel	142
	n_α 1,495 n_β 1,506 n_γ 1,520	85° $r > v$ 0,025	(—) AE (010) n_α/c —8°	—	Salzlagerst., sek. aus Carnallit. Wichtiges Kalisalz	143
orange	n_α 2,29 n_β 2,36 } Li n_γ 2,66 Diamantgl.	57° ± $r > v$ 0,37	(+) AE (010) n_γ/c —5$^1/_2$°	schwach in orange	Oxydationszone	144
gelbbraun bis tiefbraun	n_α 2,26 n_β 2,32 n_γ 2,42 blendeart. Mtgl.	~76° steigt mit Mn-Gehalt 0,16 An.-Eff. deutlich	(+) AE $\perp$ (010) n_γ/c 17°—21° (mit Mn-Geh. zunehmend)	Abs. $n_\alpha < n_\beta < n_\gamma$ Birefl. sehr schwach	Pegm.—pneum. im Granitgefolge. Wichtigstes W-Erz	145

Nr.	Name und Formel	Kristall-Klasse Gitterkonstanten	Habitus, Tracht	Spaltbarkeit	Härte	Dichte	Farbe
146	*Scheelit* $Ca[WO_4]$	$4/m$ a_0 5,25 c_0 11,40	isom. (112) (101) (213) (211), Zw. n. (110), (100)	(101) z. v. (112) s.	$4^1/_2$—5	5,9—6,1	grauweiß bis gelblich
147	*Wulfenit* (Gelbbleierz) $Pb[MoO_4]$	4 a_0 5,42 c_0 12,10	taf. (001)— isom. (101) od. (112)	(101) z. v.	3	6,7—6,9	honig-bis orange-gelb

VIII. Kl. Phosphate, Arsenate, Vanadate

Nr.	Name und Formel	Kristall-Klasse Gitterkonstanten	Habitus, Tracht	Spaltbarkeit	Härte	Dichte	Farbe
148	*Triphylin* $Li(Fe^{\cdot\cdot}, Mn^{\cdot\cdot})[PO_4]$	mmm a_0 6,01 b_0 10,36 c_0 4,68	säul. [100]	(001) v. (010) uv.	4—5	3,58 (Fe-Endgl.)	grünlich, bläulich, grau, blau-fleckig
149	*Xenotim* $Y[PO_4]$	$4/mmm$ a_0 6,89 c_0 6,04	säul. c— isom., (110) (100) (111) (201)	(110) v.	4—5	4,5—5,1	hell- bis rötlich-braun
150	*Monazit* $Ce[PO_4]$ Th-haltig	$2/m$ a_0 6,79 b_0 7,04 c_0 6,47 β 104° 24′	taf. n. (100)— säul. c, (100) (110) (101) (010), Zw. n. (100)	(001) v. (100) z. v.	5—$5^1/_2$	4,8—5,5	hellgelb bis dkl.-rotbraun
151	*Amblygonit* $LiAl[(F, OH) \mid PO_4]$	I a_0 5,19 b_0 7,12 c_0 5,04 α 112° 02′ β 97° 49′ γ 68° 07′	meist derb	(001) v. (100) z. v. (021) s.	6	2,9—3,1	grünlich, violett, weiß
152	*Lazulith* (Blauspat) $(Mg, Fe^{\cdot\cdot})Al_2[OH \mid PO_4]_2$	$2/m$ a_0 7,16 b_0 7,26 c_0 7,24 β 118° 55′	(111), meist derb	(110) s.	5—6	3,1	himmel-bis dkl.-blau
153	*Descloizit* $Pb(Zn, Cu)[OH \mid VO_4]$	222 a_0 6,06 b_0 9,41 c_0 7,58	säul. c od. b, auch taf. (100), (110) (111) (100) (021)	—	$3^1/_2$	5,5—6,2	braunrot bis schwarz
154	*Apatit* $Ca_5[(F, Cl, OH) \mid (PO_4)_3]$	$6/m$ F-Apatit: a_0 9,39 c_0 6,89 Cl-Apatit: a_0 9,54 c_0 6,86	säul. c— dicktaf. (0001), (10$\bar{1}$0) (10$\bar{1}$1)	(0001) (10$\bar{1}$0) wech-selnd z. v.	5	3,16— 3,22	farblos u. gefärbt
155	*Pyromorphit* (Grün-, Braunbleierz) $Pb_5[Cl(PO_4)_3]$	$6/m$ a_0 9,97 c_0 7,32	säul. c, (10$\bar{1}$0) (0001)	—	$3^1/_2$—4	6,7—7,0	grün, braun, farbl. u. anders gefärbt

Strich	Brechungszahl und Glanz	Achsenwinkel 2V und Doppelbrechung	Optische Orientierung	Pleochroismus Bireflexion	Vorkommen	Nr.
	n_ω 1,9185 n_ε 1,9345 fettig. Diamantgl.	0,016	(+)	—	Pegmat.—pneum. u. hydroth. Begleiter von Zinnerz. Wichtiges W-Erz	146
weiß bis hellgrau	n_ω 2,405 n_ε 2,283 Diamantgl.	0,122	(—)	Abs. $\varepsilon < \omega$	Oxydationszone von Bleierzlagerst.	147
—	n_α 1,694 n_β 1,695 n_γ 1,700 (für Fe:Mn = 7:3) Fettgl.	55° 0,006	(+) AE (001) $n_\alpha \parallel a$	—	In Granitpegmatiten	148
hellrötlichbraun	n_ω 1,721 n_ε 1,816 fettig. Glasgl.	0,095	(+)	—	Magmat. in Graniten u. Syeniten, in Pegmatiten u. hydroth.; in Seifen	149
hellgelb bis hellrotbraun	n_α 1,796 n_β 1,797 n_γ 1,841 fettig. Glas- bis Diamantgl.	6°—19° $r \lessgtr v$ 0,045	(+) AE $\perp$ (010) n_γ/c 2°—6°	gelb bis farbl. Abs. $n_\beta > n_\alpha = n_\gamma$	Pegmat., hydroth. auf Klüften; in Seifen. Wichtigstes Th-Erz (bis 19 % Th)!	150
	n_α 1,578—1,607 n_β 1,593—1,614 n_γ 1,598—1,630 Glasgl., auf (001) Perlmuttergl.	50°—100° (1—85 % (OH)) $r \gtreqless v$ 0,02	(—) ab ∼60 % (OH) (+)	—	Pegmatitisch. Wichtiger Li-Rohstoff	151
farblos	n_α 1,612 n_β 1,634 n_γ 1,643 Glasgl.	69° ± $r < v$ 0,031	(—) AE (010) n_α/c —9° bis —10°	n_α farblos n_β, n_γ blau	Hydrotherm. in Quarzgängen u. Quarzlinsen in krist. Schiefern	152
gelbbraun bis hellgrün	n_α 2,185 n_β 2,265 n_γ 2,35 Diamantgl.	∼89° $r \lll v$ 0,17	(—) ((+)) AE (010) $n_\alpha \parallel c$	n_α blaßgelb n_β grünl.-gelb n_γ goldgelb	Oxydationszone v. Pb-Zn-Lagerst. Wichtiges V-Erz. *Mottramit* = Cu > Zn	153
weiß	F-Apatit: n_ω 1,6335 n_ε 1,6316 fettig. Glasgl. Cl-Apatit: n_ω 1,6684 n_ε 1,6675	0,001	(—)	Abs. $\varepsilon > \omega$	Magmat., hydrotherm., sediment., biogen. Wichtiger P-Rohstoff, Düngemittel. *Phosphorit* = feinkristalliner, nieriger, sed. Apatit	154
weiß bis grau	n_ω 2,0596 Na n_ε 2,0488 Na fettig. Diamantgl.	0,011	(—)	schwach Abs. $\varepsilon < \omega$	Oxydationszone v. Pb-Lagerstätten	155

Nr.	Name und Formel	Kristall-Klasse Gitterkonstanten	Habitus, Tracht	Spaltbarkeit	Härte	Dichte	Farbe
156	*Mimetesit* $Pb_5[Cl\,|\,(AsO_4)_3]$	$6/m$ a_0 10,26 c_0 7,44	säul. c, $(10\bar{1}0),(0001)$; selt. dicktafel. (0001)	$(10\bar{1}1)$ uv.	$3^1/_2$—4	7,28	blaßgelb bis gelbbraun, orange, weiß, farblos
157	*Vanadinit* $Pb_5[Cl\,|\,(VO_4)_3]$	$6/m$ a_0 10,33 c_0 7,35	säul. c od. pyramidenf., $(10\bar{1}0)(0001)$ $(10\bar{1}1)(11\bar{2}1)$	—	3	6,8—7,1	gelb, braun, orange
158	*Skorodit* $Fe^{\cdots}[AsO_4]\cdot2H_2O$	mmm a_0 10,28 b_0 10,00 c_0 8,90	(111) (120) (010) (100) (001)	(120) uv.	$3^1/_2$—4	3,1—3,3	lauch- bis schwarzgrün
159	*Vivianit* $Fe_3^{\cdot\cdot}[PO_4]_2\cdot8H_2O$	$2/m$ a_0 10,08 b_0 13,43 c_0 4,70 β 104° 30'	säul. c, auch taf. (010), (110) (100) (010) (111), erdig	(010) v.	$2^1/_2$	2,68	frisch farbl. bis weiß, a.d.Luft bald blau werdend
160	*Erythrin* (Kobaltblüte) $Co_3[AsO_4]_2\cdot8H_2O$	$2/m$ a_0 10,20 b_0 13,37 c_0 4,74 β 105° 01'	nad. c—selten taf. (010), (110) (104) $(10\bar{1})$ (350)	(010) s. v.	$2^1/_2$	2,95	rosarot
161	*Annabergit* (Nickelblüte) $Ni_3[AsO_4]_2\cdot8H_2O$	$2/m$ a_0 10,14 b_0 13,31 c_0 4,71 β 104° 45'	fas. c od. taf. (010), (110) (104) $(10\bar{1})$ (350)	(010) v.	$2^1/_2$—3	3—3,1	apfelgrün
162	*Struvit* $(NH_4)Mg[PO_4]\cdot6H_2O$	$2mm$ a_0 6,98 b_0 6,10 c_0 11,20	isom., (101) (011) $(00\bar{1})$, Zw. n. (001)	(001) v. (010) z. v.	$1^1/_2$—2	1,72	gelb bis hellbraun, selt. farblos
163	*Wavellit* $Al_3[(OH)_3\,|\,(PO_4)_2]\cdot5H_2O$	mmm a_0 9,62 b_0 17,34 c_0 6,99	radialfas. c, (110) (111)	(110) (011) z. v.	$3^1/_2$—4	2,3—2,4	farblos, grau, gelblich, grünlich
164	*Türkis* (Kallait) $CuAl_6[(OH)_2\,|\,PO_4]_4\cdot4H_2O$	I a_0 7,48 b_0 9,95 c_0 7,69 α 111° 39' β 115° 23' γ 69° 26'	Kristalle selten, säulig		5—6	2,6—2,8	himmelblau bis blaugrün, apfelgrün
165	*Autunit* (Kalkuranglimmer) $Ca[UO_2\,|\,PO_4]_2\cdot12$—$10H_2O$	$4/mmm$ a_0 7,00 c_0 20,67	taf. (001), Zw. n. (110)	(001) v. (100) z. v.	2	3—3,2	grüngelb bis schwefelgelb

Strich	Brechungszahl und Glanz	Achsenwinkel 2 V und Doppelbrechung	Optische Orientierung	Pleochroismus Bireflexion	Vorkommen	Nr.
	n_ω 2,147 n_ε 2,128	0,019	(—)		Verwitterungsbildung bei Bleilagerstätten	156
weißl. bis rötlichgelb	n_ω 2,4163 Na n_ε 2,3503 Na Diamantgl.	0,066	(—)	ε zitronengelb ω braunrot bis orange Abs. $\varepsilon < \omega$	Oxydationszone	157
grünlich bis weiß	n_α 1,738—1,784 n_β 1,774—1,796 n_γ 1,797—1,814 Glasgl.	54°—70° $r \gg v$ 0,03— 0,06	(+) AE (100) $n_\alpha \parallel b$	n_α farblos n_γ blaugrün	Verwitterungsprod. auf Fe-As-Lagerst.	158
farblos, weiß, indigoblau werdend	frisch: n_α 1,580 n_β 1,598 n_γ 1,627 blau geworden: n_α 1,581 n_β 1,604 n_γ 1,636 Glasgl.	80°—90° $r < v$ 0,047	(+) AE $\perp$ (010) n_γ / c 28$^1/_2$°	n_α tiefblau n_β fast farblos n_γ blaßolivgrün	Hydroth.—hydrisch, auf Klüften. Verwitterungsprod. in Pegmat., Tonen u. Kohlen. *Blaueisenerde* = erdiger Vivianit	159
heller rosarot	n_α 1,629 n_β 1,663 n_γ 1,701 Diamantgl.	89° ± $r > v$ 0,072	(±) AE $\perp$ (010) n_γ / c 32°	n_α blaßrötlichbraun n_β blaßviolett n_γ rot $n_\gamma > n_\alpha > n_\beta$	Verwitterungsprod. v. Co-As-Erzen	160
blaßgrün	n_α 1,622 n_β 1,658 n_γ 1,687	84° $r > v$ 0,065	(—) AE $\perp$ (010) n_γ / c 35$^1/_2$°	schwach, in grünen Farbtönen	Verwitterungsprod. v. Ni-As-Erzen	161
	n_α 1,495 n_β 1,496 n_γ 1,504	37° $r < v$ 0,009	(+) AE (100) $n_\gamma \parallel b$	—	Moorerde (Düngergruben), Guano	162
	n_α 1,525 n_β 1,535 n_γ 1,545 wechselnd Glasgl.	72° $r > v$ 0,020	(+) AE (100) $n_\gamma \parallel c$	—	Hydroth.—hydrisch, auf Klüften von Tonschiefern	163
weiß	n_α 1,61 n_β 1,62 n_γ 1,65	40° $r \ll v$ 0,04	(+) Auslösch. auf (1$\bar1$0) zu c 12°	farbl. bis blaßblau	Auf Klüften tonerdereicher Gest., Schmuckstein	164
gelb	n_α 1,553 n_β 1,575 n_γ 1,577	33° $r \gg v$ 0,024	(—) AE (010) $n_\alpha \parallel c$	n_α farblos n_β, n_γ goldgelb	Hydroth.—hydr. sekundär in Graniten—Pegmatiten, U-Erzgängen	165

Nr.	Name und Formel	Kristall-Klasse Gitter-konstanten	Habitus, Tracht	Spalt-barkeit	Härte	Dichte	Farbe
166	*Carnotit* $K_2[(UO_2)_2|V_2O_8]\cdot 3H_2O$	$2/m$ a_0 10,47 b_0 8,41 c_0 6,91 β 103° 40′	taf. (001)	(001) v.	4 ?	4,5	gelb, grünl.-gelb

IX. Kl. Silikate
a) Nesosilikate (Inselsilikate)

Nr.	Name und Formel	Kristall-Klasse Gitter-konstanten	Habitus, Tracht	Spalt-barkeit	Härte	Dichte	Farbe
167	*Phenakit* $Be_2[SiO_4]$	$\bar{3}$ a_0 12,45 c_0 8,23	(10$\bar{1}$0)(1$\bar{3}$22) u. a. Fl. od. säul. c, (11$\bar{2}$0) (10$\bar{1}$0)(1$\bar{3}$22)	(11$\bar{2}$0) uv.	$7^1/_2$—8	3,0	farblos, blaß gefärbt
168	*Willemit* $Zn_2[SiO_4]$	$\bar{3}$ a_0 13,96 c_0 9,34	säul. c, (10$\bar{1}$0)(10$\bar{1}$1) (30$\bar{3}$4)	(0001) (11$\bar{2}$0) z. v. wech-selnd	$5^1/_2$	4,0—4,2	farblos u. ver-schied. gefärbt, oft grünlich

Olivingruppe (Nr. 169—171)

Nr.	Name und Formel	Kristall-Klasse Gitter-konstanten	Habitus, Tracht	Spalt-barkeit	Härte	Dichte	Farbe
169	*Forsterit* (Fo) $Mg_2[SiO_4]$ 0—10 Mol.-% Fa	mmm a_0 6,00 b_0 4,78 c_0 10,28	isom. (010) (110) (011) (001), Zw. n. (101) selten	(100) z. v. (001) uv.	$6^1/_2$—7	3,2	gelbgrün
170	*Olivin* (Peridot) $(Mg, Fe)_2[SiO_4]$ 10—30% Mol.-% Fa	mmm a_0 6,01 b_0 4,78 c_0 10,30	wie Forsterit, Zw. n. (101) selten	(100) z. v. (001) uv.	$6^1/_2$—7	3,4	gelbgrün
171	*Fayalit* (Fa) $Fe_2[SiO_4]$	mmm a_0 6,17 b_0 4,81 c_0 10,61	Zw. n. (101) selten	(100) z. v. (001) uv.	$6^1/_2$—7	4,34	gelbgrün bis schwarz
172	*Monticellit* $CaMg[SiO_4]$	mmm a_0 6,38 b_0 4,83 c_0 11,10	isom.	(010) s.	5—$5^1/_2$	3,2	farblos, weiß, gelblich

Granate (Nr. 173—178)

Nr.	Name und Formel	Kristall-Klasse Gitter-konstanten	Habitus, Tracht	Spalt-barkeit	Härte	Dichte	Farbe
173	*Pyrop* $Mg_3Al_2[SiO_4]_3$	$m3m$ a_0 11,53	allein oder komb. (110) (211), seltener dazu (321) (431) (332) (210)	(110) s.	$6^1/_2$—$7^1/_2$	~3,5	blutrot
174	*Almandin* (gemeiner Granat) $Fe_3^{\cdot\cdot}Al_2[SiO_4]_3$	$m3m$ a_0 11,52	wie Pyrop, besonders (211)	(110) s.	$6^1/_2$—$7^1/_2$	~4,2	rot, blau-stichig braun
175	*Spessartin* $Mn_3Al_2[SiO_4]_3$	$m3m$ a_0 11,61	wie Pyrop	(110) s.	$6^1/_2$—$7^1/_2$	~4,2	gelb bis rotbraun

Strich	Brechungszahl und Glanz	Achsenwinkel 2V und Doppelbrechung	Optische Orientierung	Pleochroismus Bireflexion	Vorkommen	Nr.
	n_α 1,750 n_β 1,925 n_γ 1,950	46° $r<v$ 0,200	(—) AE (100) $n_\alpha \parallel c$	n_α graugelb n_β, n_γ zitronengelb	In Sandsteinen in Colorado. Wichtiges U- u. V-Erz, Ra-haltig	166
	n_ω 1,654 n_ε 1,670	0,016	(+)	—	Hydroth.—pneumatol.	167
	n_ω 1,691 n_ε 1,719	0,028	(+)	—	Hydroth.—hydrisch, kontaktmetam., Zn-Lagerst.	168
weiß	n_α 1,635 n_β 1,651 n_γ 1,670	86° $r<v$ 0,035	(+) AE (100) $n_\gamma \parallel b$	—	Kontaktmetam.	169
weiß	n_α 1,647—1,686 n_β 1,666—1,707 n_γ 1,685—1,726	bei 11 Mol.-% Fa 90° 0,39	von Fa >11% ab (—) AE (100) $n_\gamma \parallel b$	—	Magmat. (bas. Eruptivgest.), metam. (Eklogit), in Meteoriten u. Schlacken. Als Edelstein = *Chrysolith*. *Hortonolith* = mit 50—70 Mol.-% Fa	170
weiß	n_α 1,835 n_β 1,877 n_γ 1,886 Glasgl.	133° (47°) $r<v$ 0,051	(—) AE (100) $n_\gamma \parallel b$	—	Kontaktmetam. in eisenreichen Sedim. u. Schlacken	171
	n_α 1,6505 n_β 1,6616 } Na n_γ 1,6679	75° 0,017	(—) AE (001) $n_\gamma \parallel a$	—	Kontaktmetam. in Auswürflingen der Somma	172
	$n \sim 1,70$	—	—	—	In Serpentinen (= primär peridotit. Gest.), Seifen. Als Edelstein die „*Böhmischen Granate*"	173
	$n \sim 1,76$—1,83	—	—	—	Metam. in Gneisen, Glimmerschiefern	174
	$n \sim 1,80$	—	—	—	Magmat. (Granit), pegmat., metam.	175

Nr.	Name und Formel	Kristall-Klasse Gitterkonstanten	Habitus, Tracht	Spaltbarkeit	Härte	Dichte	Farbe
176	*Grossular* $Ca_3Al_2[SiO_4]_3$	$m3m$ a_0 11,85	wie Pyrop	(110) s.	$6^1/_2$— $7^1/_2$	~3,5	weiß, hellgrün, gelblich bis orange
177	*Andradit* $Ca_3Fe_2^{\cdots}[SiO_4]_3$	$m3m$ a_0 12,04	(110) mit (211)	(110) s.	$6^1/_2$— $7^1/_2$	~3,7	braun, grün, farblos, schwarz
178	*Melanit* $Ca_3Fe_2^{\cdots}[SiO_4]_3$ mit Na, Ti für Ca, Fe$^{\cdots}$ u. Ti für Si (bis 25% TiO_2)	$m3m$ a_0 12,05 —12,16	(110) mit (211)	(110) s.	$6^1/_2$— $7^1/_2$	~3,7	braunschwarz
179	*Zirkon* $Zr[SiO_4]$	$4/mmm$ a_0 6,59 c_0 5,94	säul. c, (100) (101) od. (110) (101) kombiniert m. (211) Zw. n. (112), u. a.	(100) uv.	$7^1/_2$	3,9—4,8	braun bis braunrot u. anders gefärbt, auch farblos
180	*Euklas* $Al[BeSiO_4OH]$	$2/m$ a_0 4,63 b_0 14,27 c_0 4,76 β 100° 16′	säul. c, sehr flächenreich	(010) s. v.	$7^1/_2$	3,0—3,1	farblos bis lichtgrün
181	*Sillimanit* $Al^{[6]}Al^{[4]}[O\,|\,SiO_4]$*	mmm a_0 7,44 b_0 7,60 c_0 5,75	fas. c, (110) 88°	(010) v.	6—7	3,2	gelbl.-grau, graugrün, bräunlich
182	*Andalusit* $Al^{[6]}Al^{[5]}[O\,|\,SiO_4]$	mmm a_0 7,78 b_0 7,92 c_0 5,57	säul. c, (110) (001)	(110) z. v. 89° 12′	$7^1/_2$	3,1—3,2	grau bis rötlich-grau
183	*Disthen* (Kyanit, Cyanit) $Al^{[6]}Al^{[6]}[O\,|\,SiO_4]$	I a_0 7,10 b_0 7,74 c_0 5,57 α 90° 05$^1/_2$′ β 101° 02′ γ 105° 44$^1/_2$′	säul. c, (100) (010) (001), Zw. n. (100)	(100) v. (010) z. v.	∥c 4—4$^1/_2$ ∥b 6—7	3,6—3,7	farblos, weiß, blau oder grünlich fleckig gefärbt
184	*Mullit* $Al_4^{[6]}Al^{[4]}[O_3(O_{0,5}OH,F)\,|\, Si_3AlO_{16}]$	orhomb. a_0 7,50 b_0 7,65 c_0 5,75	fas. c	(010) z. v. bis uv.	?	3,03	weiß, blaß-violett
185	*Topas* $Al_2[F_2\,|\,SiO_4]$	mmm a_0 4,65 b_0 8,80 c_0 8,40	säul. c—isom., (110) (120) (011) (021) (112) (001)	(001) v.	8	3,5—3,6	farblos u. blaß gefärbt

* Enthält [AlSiO$_5$]-Tetraederketten und könnte daher auch zu den Inosilikaten gestellt werden.

Strich	Brechungszahl und Glanz	Achsenwinkel 2V und Doppelbrechung	Optische Orientierung	Pleochroismus Bireflexion	Vorkommen	Nr.
	$n \sim 1{,}74$	—	—	—	Kontaktmetam. *Hessonit* = hyazinthroter Grossular	176
	$n \sim 1{,}89$	—	—	—	Kontaktmetam. u. in krist. Schiefern (Serpentin, Chloritschiefer)	177
	n 1,86—2,0	—	—	—	Magmat., primär. Gemengteil v. Eruptivgest., selten	178
	n_ω 1,960 Na n_ε 2,01 Na	0,05	(+)	—	Magmat., metam., in Seifen. Als Edelstein „*Hyacinth*" (braunrot). Durch Erhitzen auch blau	179
	n_α 1,652 n_β 1,655 n_γ 1,671 Glasgl.	$\sim 50°$ $r > v$ 0,019	(+) AE (010) n_γ/c 41°	—	Pegmat.—hydroth.	180
	n_α 1,657—1,661 n_β 1,658—1,670 n_γ 1,677—1,684	25°—30° $r > v$ 0,02	(+) AE (010) $n_\gamma \parallel c$	—	Metam., besond. in krist. Schiefern	181
	n_α 1,6290—1,640 n_β 1,6328—1,644 n_γ 1,6390—1,647	83°—85° $r < v$ 0,01	(—) AE (010) $n_\alpha \parallel c$	n_α blaßrosa n_β, n_γ farblos	Metam. in krist. Schiefern, auch pegmatitisch. *Chiastolith* = nad. Andalusit mit dunkel pigmentiertem Kern in Tonschiefern	182
	n_α 1,713 n_β 1,722 n_γ 1,729 wechselnd Glasgl.	82° 30′ $r > v$ 0,016	(—) AE $\sim \perp$ (100) $n_\alpha \sim \perp$ (100), auf (100) $n_{\gamma'}/c$ 27°—32° auf (010) $n_{\gamma'}/c$ 5°—8° auf (001) $n_{\alpha'}/a$ 0°—$2^1/_2$°	bei blau gefärbten: n_α farblos n_β violettbl. n_γ dkl.-blau	Metam., besonders in krist. Schiefern	183
	n_α 1,639 n_β 1,641 n_γ 1,653	45°—50° $r > v$ 0,014	(+) AE (010) $n_\gamma \parallel c$	—	Kontaktmetam. Wichtiger Bestandteil im Porzellan	184
	n_α 1,607—1,629 n_β 1,610—1,630 n_γ 1,617—1,638 Glasgl.	65°—48° $r > v$ 0,008—0,01	(+) AE (010) $n_\gamma \parallel c$	—	Pneumatolyt.—pegmat. Besonders in Graniten (Greisen) u. deren Umgebung. Seifen. Als Edelstein gelb, blau und rot	185

Nr.	Name und Formel	Kristall-Klasse / Gitterkonstanten	Habitus, Tracht	Spaltbarkeit	Härte	Dichte	Farbe
186	*Staurolith* $Fe_2Al_9[O_6(O,OH)_2 (SiO_4)_4]$	mmm a_0 7,82 b_0 16,52 c_0 5,63	säul. c, (110) (001), Zw. n. (032) (232)	(010) z. v.	7—$7^1/_2$	3,7—3,8	rötlich bis schwarz-braun
187	*Chloritoid* (Ottrelith) $(Fe, Mg)_2Al_4$ $[(OH) \mid O_2(SiO_4)_2]$	$2/m$ a_0 9,45 b_0 5,48 c_0 18,16 β 101° 30′	taf. (001) ps. hex.	(001) v. (110) uv.	$6^1/_2$	3,3—3,6	schwärz-lichgrün bis schwarz
188	*Chondrodit* $Mg_5[(OH,F)_2 \mid (SiO_4)_2]$	$2/m$ a_0 7,89 b_0 4,74 c_0 10,29 β 109° 02′	taf. (010), polysynth. Zw. n. (100)	(100) z. v.	6—$6^1/_2$	3,1—3,2	gelblich bis bräunlich
189	*Klinohumit* $Mg_9[(OH,F)_2 \mid (SiO_4)_4]$	$2/m$ a_0 13,71 b_0 4,75 c_0 10,29 β 100° 50′	Zw.Lam. n. (100)	(100) z. v.	6—$6^1/_2$	$\sim$3,2	braun, gelb, weiß
190	*Braunit* $\overset{..}{Mn}_4 \overset{..}{Mn}_3 [O_8 \mid SiO_4]$	$\bar{4}2m$ a_0 9,52 c_0 18,68	isom. (111) (001) (421), Zw. n. (101)	(111) s. v.	6—$6^1/_2$	4,7—4,9	schwarz
191	*Titanit* $CaTi[O \mid SiO_4]$	$2/m$ a_0 6,56 b_0 8,72 c_0 7,44 β 119° 43′	taf.—keilf., (111) (100) (001) (102) (110)	(110) uv.	5—$5^1/_2$	3,4—3,6	gelb bis grünlich-braun, rotbraun
192	*Datolith* $CaB^{[4]}[OH \mid SiO_4]$	$2/m$ a_0 9,66 b_0 7,64 c_0 4,83 β 90° 09′	kurzsäul. c od. a od. dicktaf. (100), (100) (110) (011) (102) (111)	—	5—$5^1/_2$	2,9—3,0	farblos, weiß, grünlich, gelblich, selten anders gefärbt
193	*Gadolinit* $Y_2FeBe_2[O \mid SiO_4]_2$ neben Y auch andere Selt. Erden	$2/m$ a_0 9,89 b_0 7,55 c_0 4,66 β 90° 33$^1/_2$′	oft säul. c	(001)	$6^1/_2$	4—4,7	pech- bis raben-schwarz
194	*Dumortierit* $(Al,Fe)_7[O_3 \mid BO_3 \mid (SiO_4)_3]$	mmm a_0 11,79 b_0 20,21 c_0 4,70	(110) 56°	(100) z. v.	7	3,3—3,4	tiefblau, blaugrau bis rot

Strich	Brechungszahl und Glanz	Achsenwinkel 2V und Doppelbrechung	Optische Orientierung	Pleochroismus Bireflexion	Vorkommen	Nr.
farblos	n_α 1,736—1,747 n_β 1,741—1,754 n_γ 1,746—1,762 Glasgl.	79°—88° $r>v$ 0,010— 0,015	(+) AE (100) $n_\gamma \parallel c$	n_α farblos n_β blaßgelb n_γ gelb	Metam., in krist. Schiefern; Seifen	186
grünlich- weiß	n_α 1,714—1,725 n_β 1,717—1,728 n_γ 1,730—1,737	36°—68° $r>v$ 0,007— 0,016	(+) AE (010) $n_\gamma/\perp$ (001) 3°—30°	n_α olivgrün n_β indigo- blau n_γ grünlich- gelb bis farblos	Metam. (Epizone)	187
	n_α 1,601—1,635 n_β 1,606—1,645 n_γ 1,622—1,663	72°—90° $r\gtreqqless v$ 0,02— 0,03	(±) AE $\perp$ (010) n_α/c 22°—30°	n_α gelb n_β blaßgelb n_γ farblos	Kontaktmetam., besonders in Dolomiten u. Kalken	188
	n_α 1,625—1,652 n_β 1,638—1,663 n_γ 1,653— ~1,67 steigt mit zunehmendem (FeO + MnO)- Gehalt	74°—90° $r>v$ 0,02— 0,03	(+) AE $\perp$ (010) n_α/c 7°—15°	ohne bis n_α blaßgelb bis bräunlich n_β, n_γ sehr blaßgelb bis farblos	Kontaktmetam. Häufigste Humitart am Vesuv. *Titanklino- humit* = Ti-haltig. In Talkschiefern u. Serpentinen	189
schwarz	fett. Mtgl.	An.-Eff. sehr schwach		Birefl. sehr schwach	Regional—kontakt- metam. Metasom. in Karbonatgest., untergeord. hydroth.	190
weiß bis hellgrau	n_α 1,91—1,88 n_β 1,92—1,89 n_γ 2,04—2,01	23°—34° $r\gg v$ 0,13	(+) AE (010) n_γ/c 51° $n_\gamma \sim \perp$ (102)	schwach, Abs. $n_\gamma > n_\beta > n_\alpha$	Hydroth. auf Klüften, magmat. (Syenite) u. metam. Keilförmige $\times\times$ auf Klüften werden *Sphen* genannt	191
	n_α 1,626 n_β 1,654 n_γ 1,670	74° $r>v$ 0,044	(—) AE (010) n_γ/c —1° bis —4°	—	Pneum.—hydroth.— kontaktpneumat. auf granitischen Gängen u. in Klüften basischer Eruptivgest.	192
grünlich- grau	n_α 1,801 n_β 1,812 n_γ 1,824 isotropisiert $n\sim$1,78	~85° $r\ll v$ 0,023	(+) AE (010) n_γ/c 6°—14°	n_α olivgrün n_β, n_γ gras- grün	Pegmat.—hydroth. auch in alpinen Klüften	193
	n_α 1,659—1,678 n_β 1,684—1,691 n_γ 1,686—1,692	20°—40° $r\lesseqqgtr v$ 0,015— 0,027	(—) AE (010) $n_\alpha \parallel c$	n_α stark kobaltblau n_β, n_γ farb- los bis blaß- blau	Pegmat.—pneumatol.	194

Nr.	Name und Formel	Kristall-Klasse Gitter-konstanten	Habitus, Tracht	Spalt-barkeit	Härte	Dichte	Farbe
b) Sorosilikate (Gruppensilikate)							
195	*Thortveitit* $Sc_2[Si_2O_7]$ $Sc \rightarrow Y$	$2/m$ a_0 6,57 b_0 8,60 c_0 4,75 β 103°08′	säul. c (110), Zw. n. (110)	(110) v.	$6^1/_2$	$\sim$3,6	dkl.-grau-grün bis schwarz
196	*Melilith* $(Ca,Na)_2(Al,Mg)[(Si,Al)_2O_7]$ (Mischkristall von *Gehlenit* $Ca_2Al[SiAlO_7]$ und *Åkerma-nit* $Ca_2Mg[Si_2O_7]$.)	$\bar{4}2m$ a_0 7,74 c_0 5,02	taf.—kurz-säul. c, (001) (100) (110) (102)	(001) (110) uv.	5—$5^1/_2$	2,9—3,0	farblos, gelb, braun, grau
197	*Lawsonit* $CaAl_2[(OH)_2 \mid Si_2O_7] \cdot H_2O$	222 a_0 8,90 b_0 5,76 c_0 13,33	säul. b oder taf. (010), Zw. n. (101)	(010) v. (100) z. v.	6	3,1	farblos bis bläulich
198	*Ilvait* (Lievrit) $CaFe_2^{\cdot\cdot} Fe^{\cdot\cdot\cdot} [OH \mid O \mid Si_2O_7]$	mmm a_0 8,84 b_0 5,87 c_0 13,10	säul. c, (110) (120) (010) (111) (101)	(010) z. v.	$5^1/_2$—6	4,1	schwarz
199	*Hemimorphit* (Kieselzinkerz) $Zn_4[(OH)_2 \mid Si_2O_7] \cdot H_2O$	$2mm$ a_0 10,72 b_0 8,40 c_0 5,12	taf. (010), (010) (110) (001) (301) (12$\bar{1}$), Zw. n. (001)	(110) v. (101) z. v.	5	3,3—3,5	farblos u. blaß gefärbt
200	*Klinozoisit* $Ca_2Al_3[O \mid OH \mid SiO_4 \mid Si_2O_7]$	$2/m$ a_0 8,94 b_0 5,61 c_0 10,23 β 115°	säul. b, (100) (101) (001) ($\bar{1}$11) (110) (011), Zw. n. (100)	(001) v.	$6^1/_2$	3,35—3,38	graugrün
201	*Epidot* $Ca_2(Al,Fe^{\cdot\cdot\cdot})Al_2$ $[O \mid OH \mid SiO_4 \mid Si_2O_7]$	$2/m$ a_0 8,98 b_0 5,64 c_0 10,22 β 115°24′	wie Klinozoisit	(001) v. (100) z. v.	6—7	3,3—3,5	dkl.-grün bis gelb-grün, selten rot
202	*Allanit* (Orthit) $(Ca,Ce)_2(Fe^{\cdot\cdot},Fe^{\cdot\cdot\cdot})Al_2$ $[O \mid OH \mid SiO_4 \mid Si_2O_7]$	$2/m$ a_0 8,98 b_0 5,75 c_0 10,23 β 115°00′	taf. (100)—säul. b, Zw. n. (100)	(001) (100) s. —	$5^1/_2$	3—4,2	pech-schwarz
203	*Zoisit* $Ca_2Al_3[O \mid OH \mid SiO_4 \mid Si_2O_7]$	mmm a_0 16,24 b_0 5,58 c_0 10,10	säul. b, (110) (010) (021)	(010) v.	$6^1/_2$	3,2—3,38	grüngrau bis grün

Strich	Brechungszahl und Glanz	Achsenwinkel 2V und Doppelbrechung	Optische Orientierung	Pleochroismus Bireflexion	Vorkommen	Nr.
	n_α 1,756 n_β 1,793 n_γ 1,809	66° 0,053	(—) AE (010) n_α/c 5°	n_α dkl.-grün n_β, n_γ gelb	In Granitpegmatiten	195
	n_ω 1,63—1,66 n_ε 1,64—1,67 z. T. anom. Inter- ferenzfarb. (tiefblau), Glasgl.	0,001— 0,013	(+) (—)		Magmat. in sehr bas., Ca-reichen Ergußgest.	196
	n_α 1,665 n_β 1,674 n_γ 1,684 Glasgl.	84° $r \gg v$ 0,019	(+) AE (100) $n_\gamma \parallel b$	in dicken Platten: n_α blau n_β gelblich n_γ farblos	Metam., besond. in Gabbros, Diabasen u. Glaukophanschiefern. Auch auf Klüften	197
grünlich, schwarz- grau	n_α ~1,88$_7$ n_β ~1,89 n_γ ~1,91 Glasgl.	~32° $r < v$ 0,02	(—) AE (100) $n_\gamma \parallel c$	n_α braun bis braungelb n_β braun bis opak n_γ dkl.-grün bis opak	Kontaktpneumat.	198
	n_α 1,614 n_β 1,617 n_γ 1,636 Glasgl.	46° $r > v$ 0,022	(+) AE (100) $n_\gamma \parallel c$	—	Metasomat. a. Zn- Lagerst. Zusammen mit Zinkspat. Wicht. Zn-Erz. (*Galmei* z. T.)	199
	n_α 1,724 n_β 1,729 n_γ 1,734	85° $r < v$ 0,010	(+) AE (010) n_α/c —2° bis —12°	Abs. $n_\beta > n_\gamma > n_\alpha$	Metam., kontaktmetam.	200
grau	n_α 1,734 n_β 1,763 n_γ 1,780	73°—68° $r \lessgtr v$ 0,046	(—) AE (010) n_α/c 0°—5°	n_α farblos bis blaßgrün n_β blaßgrün n_γ gelbgrün	Wie bei Klinozoisit, auch hydrotherm. *Piemontit* = Mn-haltiger Epidot	201
	n_α ~1,72 n_β ~1,74 n_γ ~1,76 wechselnd, z. T. je nach Iso- tropisierung bis $n = 1,52$ sinkend, Glasgl.	groß $r > v$ ~0,04	(—) AE (010) n_α/c 22°—40°	n_α grün- braun n_β dkl.- braun n_γ rotbraun	Pegmat., magm. (Granit), auch in Gneisen	202
	n_α 1,702 n_β 1,703 n_γ 1,706 wechselnd Glasgl.	30°—60° 0,004	(+) AE (010) selt. (001) $n_\gamma \parallel a$	—	Metam., kontaktmet. Bestandteil des „*Saussurit*" = umge- wandelter Plagioklas. Rosenroter Zoisit = *Thulit*	203

Nr.	Name und Formel	Kristall-Klasse Gitterkonstanten	Habitus, Tracht	Spaltbarkeit	Härte	Dichte	Farbe
204	*Pumpellyit* $Ca_2(Mg,Fe,Mn,Al)(Al,Fe,Ti)_2$ $[(OH,H_2O)_2\ SiO_4\ Si_2O_7]$(?)	$2/m$ a_0 8,81 b_0 5,94 c_0 19,14 β 97,6°	tafel. (001) od. fas., Zwill. n. (001)	(001) v. (100) uv.	6	3,18—3,23	blaugrün, grün, bräunlich
205	*Vesuvian* $Ca_{10}(Mg,Fe)_2Al_4[(OH)_4$ | $(SiO_4)_5$ | $(Si_2O_7)_2]$	$4/mmm$ a_0 15,66 c_0 11,85	isom.— säul. c, (100) (110) (100)	(100) s.	$6^1/_2$	3,27—3,45	braun bis grün in versch. Tönen, selt. blau, rosa

c) Cyclosilikate (Ringsilikate)

Nr.	Name und Formel	Kristall-Klasse Gitterkonstanten	Habitus, Tracht	Spaltbarkeit	Härte	Dichte	Farbe
206	*Benitoit* $BaTi[Si_3O_9]$	$\bar{6}m2$ a_0 6,61 c_0 9,73	$(01\bar{1}1)(10\bar{1}1)$ $(10\bar{1}0)(0001)$	—	$6^1/_2$	3,7	blaß- bis sapphirblau
207	*Axinit* $Ca_2(Mn,Fe)Al_2$ $[OH \mid BO_3 \mid Si_4O_{12}]$	I a_0 7,15 b_0 9,16 c_0 8,96 α 88° 04′ β 81° 36′ γ 77° 42′	flach, $(1\bar{1}0)$ (010) $(1\bar{1}1)$ $(0\bar{1}1)$ $(1\bar{2}1)$ $(1\bar{2}0)$ (Aufst. nach Miller)	(100) z. v.	$6^1/_2$—7	3,3	nelkenbraun, violett, rauchgrau u. anders gefärbt
208	*Beryll* $Al_2Be_3[Si_6O_{18}]$	$6/mmm$ a_0 9,23 c_0 9,19	säul. c, $(10\bar{1}0)$ $(0001)(10\bar{1}1)$ $(11\bar{2}1)$ u. a., Zw. n. $(11\bar{2}2)$ selten	(0001) uv.	$7^1/_2$—8	2,63—2,80	farblos u. gefärbt
209	*Cordierit* $Mg_2Al_3[AlSi_5O_{18}]$ Mg→Fe	mmm a_0 17,13 b_0 9,80 c_0 9,35	säul. c, (110) (100) (130) (001), Zw. n. (110) (130) ps. hex.	(010) uv.	7—$7^1/_2$	2,6	grau bis violett bis tiefblau
210	*Turmalin* $XY_3Z_6[(OH,F)_4 \mid (BO_3)_3 \mid Si_6O_{18}]$ wobei für X = Na, Ca, Y = Li, Al, Mg, Fe'', Mn u. Z = Al, Mg tritt	$3m$ a_0 16,03[1] c_0 7,15[1]	$a:c = 1:0,448$ säul.—nad. c, $(10\bar{1}0)(11\bar{2}0)$ $(10\bar{1}1)(02\bar{2}1)$ $(32\bar{5}1)$ u. a.	—	7	3—3,25	farblos u. alle Farben bis schwarz, oft zonar od. Ende versch. gefärbt
211	*Dioptas* $Cu_6[Si_6O_{18}] \cdot 6H_2O$	$\bar{3}$ a_0 14,61 c_0 7,80	säul. c, $(11\bar{2}0)$ $(02\bar{2}1)$ u. a., z. B. $(1.15.1\bar{6}.7)$, Zw. n. $(10\bar{1}1)$ selten	$(10\bar{1}1)$ v.	5	3,3	smaragdgrün

[1] Für Schörl.

Strich	Brechungszahl und Glanz	Achsenwinkel 2 V und Doppelbrechung	Optische Orientierung	Pleochroismus Bireflexion	Vorkommen	Nr.
	n_α 1,678—1,703 n_β 1,681—1,716 n_γ 1,688—1,721	26°—85° $r \gtrless v$ 0,01—0,02	(+) AE ∥ od. ⊥ (010) n_α/a 4°—32°	α farblos bis blaßgelblichbraun β blaugrün bis bräunlichgelb γ farblos bis blaßgelblichbraun	Hydrothermal—niedergradig metamorph	204
	n_ω 1,705—1,736 n_ε 1,701—1,732 Glasgl.	anom. 17°—33° stark. anom. Disp. 0,001—0,008	(—) (+) z. T. anom. zweiachsig	Abs. $\omega \lessgtr \varepsilon$	Kontaktmetam. u. auf Klüften. Sehr selten magmat.	205
	n_ω 1,757 n_ε 1,804	0,047	(+)	ω farblos ε blau	Mit Natrolith in Glaukophanschiefer, San Benito, Calif.	206
	n_α 1,679 n_β 1,685 n_γ 1,689 wechselnd Glasgl.	63°—76° blaue Var. auch 83°—90° $r < v$ 0,010	(—) AE $\sim \perp$ (1Ī1) $n_\alpha \sim \perp$ (1Ī1) $n_{\gamma'}$ auf (111) zu (1Ī0) 40° zu (0Ī1) 25°	in gelb. u. violett. Farben, Abs. $n_\beta > n_\alpha > n_\gamma$	Kontaktpneum. in Kalksilikathornfelsen, hydrotherm. auf Klüften	207
	n_ω 1,57—1,602 n_ε 1,56—1,595 Glasgl.	0,004—0,008	(—)	Smaragd in dick. Sch. ω blaugrün bis farblos ε blau	Pegmat.—hydroth. Edler Beryll als Schmuckstein. *Smaragd* grün. *Aquamarin* blaßblau	208
	n_α 1,538 n_β 1,543 n_γ 1,545 fettig. Glasgl.	40°—80° selt. —90° $r < v$ 0,007	(—) AE (100) $n_\alpha \parallel c$	sehr stark, schon mit freiem Auge sichtbar n_α gelb, grün, braun n_β violett n_γ blau	Metam., magmat. Häufiges Kontaktprod.	209
	n_ω 1,639—1,692 n_ε 1,620—1,657 Glasgl.	0,019—0,035	(—)	Abs. $\omega \gtrdot \varepsilon$ Schörl: ω dkl.-grün, braunschwarz ε hellbraun, violettst.	Pneumatolyt. (Granite, Pegmatite), metam., in Seifen. Auch als Edelstein. *Schörl* (schwarz) Fe-reich, *Dravit* (braun) Mg-reich, *Rubellit* (rot) Mn-haltig	210
grün	n_ω ~1,644—1,658 n_ε ~1,697—1,709 $n_{\varepsilon'}$ ~1,66—1,69 Glasgl.	0,05	(+)	schwach	Hydroth.—hydrisch. In Klüften und Gängen v. Cu-Lagerst.	211

Nr.	Name und Formel	Kristall-Klasse Gitter-konstanten	Habitus, Tracht	Spalt-barkeit	Härte	Dichte	Farbe
212	*Chrysokoll* $CuSiO_3 \cdot nH_2O$	amorph?	Krusten	—	2—4	2—2,2	smaragd-grün bis blau
213	*Milarit* $KCa_2AlBe_2[Si_{12}O_{30}] \cdot {}^1/_2\,H_2O$	$6/mmm$ a_0 10,45 c_0 13,88	$(10\bar{1}1)(10\bar{1}0)$ (0001)	—	6	2,6	farblos bis licht-gelbgrün

d) Inosilikate (Ketten- bzw. Bändersilikate)
Pyroxene (Nr. 214—225)
Klinopyroxene (Nr. 214—222)

Nr.	Name und Formel	Kristall-Klasse Gitter-konstanten	Habitus, Tracht	Spalt-barkeit	Härte	Dichte	Farbe
214	*Klinoenstatit* $Mg_2[Si_2O_6]$ (rein)	$2/m$ a_0 9,62 b_0 8,83 c_0 5,19 β 108° $21^1/_2'$	säul. *c*	(110) z. v. 88°	6	3,19	farblos bis gelblich
215	*Pigeonit* $(Mg, Fe, Ca)_2[Si_2O_6]$	$2/m$ a_0 9,71 b_0 8,96 c_0 5,25 β 108° 33′	säul. *c*	(110) z. v.	6	3,30—3,46	grünlich bis schwarz
216	*Diopsid* $CaMg[Si_2O_6]$ (rein)	$2/m$ a_0 9,73 b_0 8,91 c_0 5,25 β 105°50′	säul. *c*, (100) (010) (001) (111) u. a.	(110) z. v. 87°	$5^1/_2$—6 [001] ∼7	3,27	grün, lichtgrün, grau, farblos
217	*Hedenbergit* $CaFe[Si_2O_6]$ (rein)	$2/m$ a_0 9,85 b_0 9,02 c_0 5,26 β 104° 20′	oft taf. (010)	(110) z. v. 87°	$5^1/_2$—6	3,55	schwarz bis schwarz-grün
218	*gem. u. basalt. Augite* etwa: $Ca_{0,81}Mg_{0,75}Fe^{\cdot\cdot}_{0,12}Na_{0,06}$ $(Al, Fe^{\cdot\cdot\cdot}, Ti)_{0,25}[Si_{1,81-1,51}$ $Al_{0,19-0,49}O_6]$	$2/m$ $a_0 \simeq$ 9,8 $b_0 \simeq$ 9,0 $c_0 \simeq$ 5,25 $\beta \simeq$ 105°	kurzsäul. *c*, (110) (100) (010) $(\bar{1}11)$ u. a., Zw. n. (100) auch (101), (001) u. (122)	(110) z. v. 87°	$5^1/_2$—6	3,3—3,5	lauchgrün bis grün-schwarz, braun
219	*Spodumen* $LiAl[Si_2O_6]$	$2/m$ a_0 9,52 b_0 8,32 c_0 5,25 β 110° 28′	säul. *c*, (100) (110) (130) (021) (221), Zw. n. (100)	(110) z. v. 87°	6—7	3,1—3,2	aschgrau, gelblich, grünlich u. anders gefärbt
220	*Jadeit* $NaAl[Si_2O_6]$ (rein)	$2/m$ a_0 9,50 b_0 8,61 c_0 5,24 β 107° 26′	fas. *c*	(110) 87°	$6^1/_2$	3,3—3,5	weiß bis grünlich

Strich	Brechungszahl und Glanz	Achsenwinkel 2 V und Doppelbrechung	Optische Orientierung	Pleochroismus Bireflexion	Vorkommen	Nr.
grünlich-weiß	$n \sim 1{,}46$—$1{,}635(\,?)$	—	—	—	Oxydationszone	212
	n_ω 1,532 n_ε 1,529	bei Zimmer-temp. 2-achsig klein, (orhomb.) 0,003	(—)	—	Pegmatitisch	213
	n_α 1,651 n_β 1,654 n_γ 1,660	$53^1/_2°$ $r<v$ 0,009	(+) AE $\perp$ (010) n_γ/c 22°	—	Magmat., rein selten, in Steinmeteoriten u. einigen Ergußgesteinen, Fe-haltig in Diabasen	214
	n_α 1,69—1,71 n_β 1,70—1,71 n_γ 1,71—1,74	0°—50° $r>v$ 0,023—0,029	(+) AE $\perp$, $\parallel$ (010) n_γ/c 44°	—	Magmat. In Diabasen, Basalten, Gabbros	215
	n_α 1,664 n_β 1,6715 n_γ 1,694	$\sim$59° $r>v$ 0,030	(+) AE (010) n_γ/c 39°	—	Magmat., metam., kontaktmetam. (Hornfelse), auch hydroth. auf Klüften. Ähnlich, aber Al- u. Fe-haltig sind *Fassait* (in Kontakten) u. *Omphacit* (in Eklogiten)	216
lichtgrün	n_α 1,739 n_β 1,745 n_γ 1,757	60° $r>v$ 0,018	(+) AE (010) n_γ/c 48°	n_α blaßgrün n_β gelbgrün n_γ dkl.-grün	Metam., in Kontakt-gest., auf Magnetit-lagerst.	217
graugrün	n_α 1,69—1,74 n_β 1,70—1,77 n_γ 1,71—1,78	25°—85° $r>v$ 0,02—0,04	(+) AE (010) n_γ/c 35°—54°	n_α hellgrün, gelblich n_β bräunlich, gelb n_γ hellgrün	Magmat. (besond. i. basischen Gest.), metam., kontaktmetam. auch auf Klüften. *Diallag* = Augite mit einer guten Teilbarkeit nach (100)	218
	n_α 1,65—1,668 n_β 1,66—1,674 n_γ 1,676—1,681	54°—68° $r<v$ 0,014—0,027	(+) AE (010) n_γ/c 23°—27°	schwach, n_α, n_β gefärbt n_γ farblos	Pegmatit. Wichtiger Li-Rohstoff, als Edelstein rosarot (*Kunzit*), gelb od. grün (*Hiddenit*)	219
	$n_\alpha \sim 1{,}64$ $n_\beta \sim 1{,}65$ $n_\gamma \sim 1{,}67$	70°—72° $r<v$ $\sim$0,03	(+) AE (010) n_γ/c 33°—35°	sehr schwach n_α hellgrün n_β farblos n_γ hellgelb	Metam., in Gängen, Adern zusammen mit bas. Gest. Als Halbedelstein „*Jade*"	220

Nr.	Name und Formel	Kristall-Klasse Gitter-konstanten	Habitus, Tracht	Spalt-barkeit	Härte	Dichte	Farbe
221	*Aegirin* (Akmit) $NaFe^{...}[Si_2O_6]$ (rein)	$2/m$ a_0 9,66 b_0 8,79 c_0 5,26 β 107° 20′	säul.—nad. c, (110) (661) (221) (310)	(110) z. v. 87°	6—6½	3,5—3,7	grün bis schwarz, braun bis schwarz
222	*Aegirinaugit* Formel ähnlich wie Nr. 218, nur wesentlich Fe- und Na-reicher	$2/m$	säul. c	(110) z. v. 87°	5½—6	3,4—3,55	lauchgrün bis grün-schwarz

Orthopyroxene (Nr. 223—225)

Nr.	Name und Formel	Kristall-Klasse Gitter-konstanten	Habitus, Tracht	Spalt-barkeit	Härte	Dichte	Farbe
223	*Enstatit* $Mg_2[Si_2O_6]$ 0—12 Mol.-% Fe-Sil.	mmm a_0 18,22 b_0 8,81 c_0 5,21	kurzsäul. c, (210) (100) (101) (403)	(210)[1] uv. 88°	5—6	~3,1	grau, gelblich-grün bis dkl.-grün
224	*Bronzit* (Mg, Fe) $[Si_2O_6]$ 12—30 Mol.-% Fe-Sil.	mmm a_0 18,20 b_0 8,86 c_0 5,20	taf. (100)	(210)[1] uv. 88°	5—6	~3,3	braun-grün, z. T. bronze-artig schillernd auf (100)
225	*Hypersthen* (Mg, Fe) $[Si_2O_6]$ 30—50 Mol.-% Fe-Sil.	mmm a_0 18,24 b_0 8,88 c_0 5,21	taf. (100) od. (010) gestreckt c, (100) (010) (210) (211) (111)	(210)[1] uv. 88°	5—6	~3,5 bis 3,8	schwarz-braun, schwarz-grün, z. T. kupfer-rot schillernd auf (100)

Amphibole (Nr. 226—232)
Ca-Amphibole (Nr. 226—228)

Nr.	Name und Formel	Kristall-Klasse Gitter-konstanten	Habitus, Tracht	Spalt-barkeit	Härte	Dichte	Farbe
226	*Tremolit* $Ca_2Mg_5[(OH,F)_2Si_8O_{22}]$ *Aktinolith* (Strahlstein) $Mg \rightarrow Fe^{..}$	$2/m$ $a_0 \cong$ 9,85 $b_0 \cong$ 18,1 $c_0 \cong$ 5,3 β 104° 50′	fas.—lang-säul. c, (110) (100), Zw. n. (100)	(110) v. 124° 11′ (010) s.	5—6	2,9—3,4	farblos, weiß, grau, dkl.-grün
227	*Grüne (gemeine) Hornblende* $(Na, K)_{0,25-1}Ca_{1,5-2}Mg_{1,5-4}$ $Fe^{..}_{1-2}(Al, Fe^{...})$ $[(OH)_2Si_{7-6}Al_{1-2}O_{22}]$	$2/m$ a_0 9,96(?) b_0 18,42 c_0 5,37 β 105° 45′	kurzsäul. c, (110) (010), Zw. n. (100)	(110) v. 124°	5—6	3,0—3,45	grün, blaugrün bis schwarz

[1] Nach morph. Achsenverhältnis (110).

Strich	Brechungszahl und Glanz	Achsenwinkel 2V und Doppelbrechung	Optische Orientierung	Pleochroismus Bireflexion	Vorkommen	Nr.
gelbl.-grau bis dkl.-grün	n_α 1,76—1,78 n_β 1,80—1,82 n_γ 1,81—1,83	60°—70° $r<v$ 0,04—0,06	(—) AE (010) $n_\alpha/c \sim 5°$	stark, n_α grasgrün (braun) n_β hellgrün (hellbraun) n_γ bräunl.-gelb (grüngelb)	Magmat., in Natrongest. u. ihren Pegmatiten. Als *Akmit* werden die in braunen Farbtönen durchsichtigen Aegirine bezeichnet	221
graugrün	$n_\alpha \sim$ 1,70—1,75 $n_\beta \sim$ 1,71—1,78 $n_\gamma \sim$ 1,73—1,80	70°—90° $\sim$0,030—0,050	(±) AE (010) n_α/c 0°—20°	n_α grün, braungrün n_β hellgrün, gelbgrün n_γ grünlichgelb, braungrün	Magmat., in Natrongest. u. ihren Pegmatiten	222
	n_α 1,650 n_β 1,653 n_γ 1,659 (reines Endglied)	$\sim$55° $r<v$ 0,009	(+) AE (100) $n_\gamma \| c$	—	Magmat., in Tiefen- u. Ergußgest., pegmat. i. Apatitgängen. Auch in Meteoriten	223
	n_α 1,671—1,689 n_β 1,676—1,699 n_γ 1,681—1,702	90°—63° 0,01—0,013	(—) AE (100), selten (010) $n_\gamma \| c$	—	Magmat. in Tiefengest. (Norite, Gabbros, Bronzitfelse) u. in Meteoriten; Ergußgest.	224
	n_α 1,689—1,711 n_β 1,699—1,725 n_γ 1,702—1,727	63°—45° 0,013—0,016	(—) AE (100) $n_\gamma \| c$	—	Magmat., besond. in Gabbros, metam. in Hornfelsen. *Ferrohypersthen* (50—70 Mol.-% Fe-Sil.), *Eulit* (70—88 Mol.-% Fe-Sil.), *Orthoferrosilit* (88—100 Mol.-% Fe-Sil.)	225
	n_α 1,599—1,688 n_β 1,613—1,697 n_γ 1,624—1,705 Glasgl.	65°—88° $r<v$ 0,027—0,017	(—) AE (010) n_γ/c 10°—20°	α blaßgelbgrün β blaßgrün γ blaugrün	Metam., in Marmoren u. Hornfelsen, Hornblende-, Chlorit- u. Talkschiefern. *Hbl.-Asbest* z.T., *Amianth* z.T. Aktinolith, *Nephrit* z.T. dichter Akt.	226
graugrün, dkl.-grün	n_α 1,61—1,705 n_β 1,62—1,714 n_γ 1,63—1,730 Glasgl.	60°—88° $r \gtrless v$ $\sim$0,022	(—) AE (010) n_γ/c 13°—34°	n_α hell grüngelb n_β grün bis bräunl.-grün n_γ oliv- bis blaugrün	Magmat. i. sauren—mittelsauren Tiefengest., metam. in krist. Schiefern u. Kontaktmin. *Uralit* = faserige, gem. Hbl. pseudom. n. Augit	227

Nr.	Name und Formel	Kristall-Klasse Gitter-konstanten	Habitus, Tracht	Spalt-barkeit	Härte	Dichte	Farbe
228	*Basalt. Hornblende* (Oxy-Hbl.) $Ca_2(Na,K)_{0,5-1,0}(Mg,Fe'')_{3-4}$ $(Fe'''Al)_{2-1}$ $[(O,OH,F)_2Si_6Al_2O_{22}]$	$2/m$ a_0 9,96(?) b_0 18,42 c_0 5,37 β 105° 45′	kurzsäul. c, (110) (010) ($\bar{1}$01) (011) (211), Zw. n. (100)	(110) v. 124°	5—6	3,2—3,3	bräunl.-schwarz
	Alkali-Amphibole (Nr. 229—231)						
229	*Glaukophan* $Na_2Mg_{1,5-3}Fe''_{1-1,5}Fe'''_{0-0,25}$ $Al_{1,75-2}[(OH)_2Si_{7,75-8}$ $Al_{0-0,25}O_{22}]$	$2/m$ a_0 9,74(?) b_0 18,02 c_0 5,38 β 104° 10′(?)	säul.—fas. c	(110) v. 124°	5—6	3—3,15	blaugrau bis schwarz-blau
230	*Riebeckit* $(Na,K)_{2-3}Ca_{0-0,5}Mg_{0-1}$ $Fe''_{1,5-4}Fe'''_{0-3}[(OH,O)_2$ $Si_{7,5-8}Al_{0,5-0}O_{22}]$	$2/m$ a_0 9,90(?) b_0 18,14 c_0 5,32 β 103° 30′(?)	säul.—fas. c	(110) v. 124°	5—6	~3,4	blau-schwarz
231	*Arfvedsonit* $Na_{2,5}Ca_{0,5}(Fe'',Mg,Fe''',Al)_5$ $[(OH,F)_2Si_{7,5}Al_{0,5}O_{22}]$	$2/m$ a_0 9,89(?) b_0 18,35 c_0 5,34 β 104° $15^1/_2$′(?)	Kristalle selten	(110) v. 124°	5—6	~3,45	blau-schwarz
232	*Anthophyllit* $(Mg,Fe)_7[(OH)_2Si_8O_{22}]$	mmm a_0 18,56 b_0 18,08 c_0 5,28	fas.—säul. c	(210) v. 125° 37′	$5^1/_2$	2,9—3,2	nelken-braun bis gelblich-grau
233	*Wollastonit* (—1T) $Ca_3[Si_3O_9]$ < 1126°C	trikl., ps.-monoklin a_0 7,94 b_0 7,32 c_0 7,07 α 90° β 95° 16′ γ 103° 25′	taf. (100) od. (001) gestreckt b, (100) (001) (101) (540) ($\bar{1}$11) (320), Zw. n. (100)	(100) v. (001) v.	$4^1/_2$—5	2,8—2,9	weiß oder blaß gefärbt
234	*Pektolith* $Ca_2NaH[Si_3O_9]$	I a_0 7,99 b_0 7,04 c_0 7,02 α 90° 31′ β 95° 11′ γ 102° 28′	fas. b, Zw. n. (100)	(100) (001) v.	$4^1/_2$—5	2,74—2,88	weiß, farblos

Strich	Brechungszahl und Glanz	Achsenwinkel 2V und Doppelbrechung	Optische Orientierung	Pleochroismus Bireflexion	Vorkommen	Nr.
graugelb	n_α 1,667—1,690 n_β 1,672—1,730 n_γ 1,680—1,72 Glasgl.	50°—80° $r>v$ 0,018— 0,070	(—) AE (010) n_γ/c 0°—18°	n_α blaß- braun n_β braun n_γ dkl.- braun	Magmat. in Ergußgest., lamproph. Ganggest., Alkalisyeniten. *Barkevikit* ähnl. basalt. Hbl.	228
blaugrau	n_α 1,606—1,661 n_β 1,622—1,667 n_γ 1,627—1,670	50°—0° $r \gg v$ ~0,008— 0,022	(—) AE (010) n_γ/c 4°—14°	n_α farblos bis blaugrün, grüngelb n_β violett bis lavendel- blau n_γ azur- bis braun- blau	Metam. in krist. Schiefern (Glimmer- schiefer, Eklogite); *Crossit* (mit AE ⊥ (010)) ist noch eisenreicher	229
dkl.-blau bis grau	n_α ~1,654—1,701 n_β ~1,662—1,711 n_γ ~1,668—1,717	40°—90° 0,006— 0,016	(∓) AE (010), auch ⊥ (010) n_α/c —1° bis —8° z.T. bis —20°	n_α dkl.-blau, graugrün n_β braun bis violett n_γ dkl.-grau, violett, grünl.- gelb	Magmat. in Alkalitiefengest.	230
dkl.- blaugrau	n_α 1,674—1,700 n_β 1,679—1,709 n_γ 1,686—1,710	0°—50°(?) ~0,005— 0,015	(—) AE (010) n_α/c 0° bis —28°	n_α tiefblau- grün n_β braun, violett, dkl.-blau n_γ dkl.-blau, grau od. grünl.- braun	Magmat. in Alkali- tiefengest., besond. Eläolithsyeniten	231
	n_α 1,596—1,64 n_β 1,605—1,66 n_γ 1,615—1,67	~90° $r>v$ 0,013— 0,02	(∓) AE (010) $n_\gamma \parallel c$	n_α, n_β farb- los bis blaßgelb n_γ nelken- braun	Metam., in krist. Schiefern, besond. mit Serpentin	232
	n_α 1,619 n_β 1,632 n_γ 1,634 Glasgl.	35°—40° $r>v$ 0,015	(—) AE (010) n_α/c 32°	—	Kontaktmetam., besonders in Kalken	233
	n_α 1,595—1,610 n_β 1,606—1,642 n_γ 1,633—1,643 Glasgl.	60° $r>v$ 0,035	(+) AE ⊥ (010) n_α/a gering	—	In basischen Eruptivgest. u. deren Klüften	234

Nr.	Name und Formel	Kristall-Klasse Gitterkonstanten	Habitus, Tracht	Spalt-barkeit	Härte	Dichte	Farbe
235	*Rhodonit* $CaMn_4[Si_5O_{15}]$	I a_0 7,79 b_0 12,47 c_0 6,75 α 85° 10' β 94° 04' γ 111° 29'	taf. (010) od. säul. *b*,	(001) (100) v.	$5^1/_2$— $6^1/_2$	3,4— 3,68	lichtrot, schwarz verwittert

e) Phyllosilikate (Schichtsilikate)

Nr.	Name und Formel	Kristall-Klasse Gitterkonstanten	Habitus, Tracht	Spalt-barkeit	Härte	Dichte	Farbe
236	*Apophyllit* $KCa_4[F \mid (Si_4O_{10})_2] \cdot 8H_2O$	$4/mmm$ a_0 9,00 c_0 15,84	isom., (100) (111)	(001) s. v. (110) uv.	$4^1/_2$—5	2,3—2,4	farblos, weiß, rötlich, grünlich
237	*Pyrophyllit* $Al_2[(OH)_2 \mid Si_4O_{10}]$	$2/m$ a_0 5,15 b_0 8,92 c_0 18,59 β 99° 55'	taf. (001)	(001) v.	$1^1/_2$	2,8	silbrig-weiß, gelblich, apfelgrün
238	*Talk* $Mg_3[(OH)_2 \mid Si_4O_{10}]$	$2/m$ a_0 5,27 b_0 9,12 c_0 18,85 β 100° 00'	taf. (001), ps. hex.	(001) v.	1	2,7—2,8	farblos, weiß bis apfelgrün, grau, gelblich u. and. gefärbt

Muskovit-Reihe (dioktaedrisch) (Nr. 239—243)

Nr.	Name und Formel	Kristall-Klasse Gitterkonstanten	Habitus, Tracht	Spalt-barkeit	Härte	Dichte	Farbe
239	*Paragonit* $NaAl_2[(OH,F)_2 \mid AlSi_3O_{10}]$	$2/m$ a_0 5,15 b_0 8,88 c_0 19,28 $\beta \sim 94°$	taf. (001)	(001) v.	$2^1/_2$—3	2,8—2,9	weiß bis apfelgrün
240	*Muskovit* $KAl_2[(OH,F)_2 \mid AlSi_3O_{10}]$	$2/m$ a_0 5,19 b_0 9,04 c_0 20,08 β 95° 30'	taf. (001) ps. hex., seltener (110) (010) (Ī11) u. a., Zw. n. (010) mit (001) od. (00Ī) als Verw.-Ebene	(001) s. v.	2—$2^1/_2$	2,78— 2,88	farblos, gelblich, grünlich, bräunlich
241	*Glaukonit* $(K, Ca, Na)_{<1}(Al, Fe'', Fe''',$ $Mg)_2[(OH)_2Si_{3,65}Al_{0,35}O_{10}]$	$2/m$ (?) a_0 5,25 b_0 9,09 c_0 20,07 β 95°00'	schuppig, Körnchen	(001)	—	2,2—2,8	grün

Strich	Brechungszahl und Glanz	Achsenwinkel 2 V und Doppelbrechung	Optische Orientierung	Pleochroismus Bireflexion	Vorkommen	Nr.
weiß	n_α 1,721—1,733 n_β 1,726—1,740 n_γ 1,730—1,744	$\sim$76° $r < v$ 0,012	(+) Auslösch. auf (1$\bar{1}$0) $n_{\gamma'}/c$ 14°—20°, auf (110) $n_{\gamma'}/c$ 17°—30°, auf (001) $n_{\gamma'}$ / Spur (110) 39$^1/_2$° u. z. Spur (1$\bar{1}$0) 54$^1/_2$°	—	Metam. in Schiefern, kontaktmetasom., hydroth. Mn-Erz	235
	n_ω 1,535—1,543 n_ε 1,537—1,543	oft anomal 2achsig 0,002	(±) z. T. (001) in Sekt. geteilt, die 2achsig (+)	—	Hydrotherm. in Blasenräumen basalt. Gest., auf Erzgängen	236
	n_α 1,552 n_β 1,588 n_γ 1,600	53°—60° $r > v$ 0,048	(—) AE $\perp$ (010) $n_\gamma \parallel b$	—	Hydrotherm. in Quarzgängen u. Quarzlinsen in krist. Schiefern. *Agalmatolith* (Bildstein) = dicht. P.	237
	n_α 1,539—1,550 n_β 1,589—1,594 n_γ 1,589—1,600	0°—30° $r > v$ $\sim$0,05	(—) AE $\perp$ (010) $n_\alpha \sim \perp$ (001)	—	Metam., metasom., hydroth., Umwandlungsprod. v. Olivin, Enstatit u. ähnl. Mg-Silikaten	238
	n_α 1,564—1,580 n_β $\sim$1,594—1,609 n_γ 1,600—1,609	0°—40° $r > v$ $\sim$0,028—0,038	(—) AE $\perp$ (010) $n_\alpha \sim \perp$ (001)	—	Metam. in krist. Schiefern	239
	n_α 1,552—1,574 n_β 1,582—1,610 n_γ 1,588—1,616	30°—45° $r > v$ 0,036—0,049	(—) AE $\perp$ (010) $n_\gamma \parallel b$ n_α/c $^1/_2$°—2°	—	Magmat., pegmat., metam. Techn. wichtig, besond. f. Elektroind. *Sericit* = feinschupp. Musk., *Fuchsit* = Cr-haltig. *Illit* (dioktaedr.) = eines der häufigsten Tonminerale. Enthält weniger K u. mehr Si als Musk. Gibt auch trioktaedr. Illite	240
	n_α 1,590—1,615 n_β 1,609—1,643 n_γ 1,610—1,645	0°—40° $r < v$ 0,014—0,030	(—) AE (010) $n_\alpha \sim \perp$ (001)	n_α blaßgelb bis grünl.-gelb n_β, n_γ grün bis gelbgrün	Sedimentär, marin	241

Nr.	Name und Formel	Kristall-Klasse Gitter-konstanten	Habitus, Tracht	Spalt-barkeit	Härte	Dichte	Farbe
242	*Seladonit* (1 M) $K(Mg,Fe^{..})(Al,Fe^{...})$ $[(OH)_2Si_4O_{10}]$	$2/m$ a_0 5,21 b_0 9,02 c_0 10,27 β 100° 06′	schuppig, radial-strahlig	(001) v.	1—2	2,8	blaugrün
243	*Margarit* (Perlglimmer) $CaAl_2[(OH)_2 \mid Al_2Si_2O_{10}]$	$2/m$ a_0 5,13 b_0 8,92 c_0 19,50 β 100°48′	taf. (001), ps. hex.	(001) s. v.	$3^1/_2$— $4^1/_2$	3,0—3,1	weiß, rötlich-weiß, perlgrau
244	*Prehnit* $Ca_2Al[(OH)_2AlSi_3O_{10}]$	$2mm$ a_0 4,63 b_0 5,49 c_0 18,48	$a:b:c$ 0,842:1: 1,127 taf. (001) od. säul. *c*, (110) (010) (031) (111), Zw. n. (100)	(001) z. v.	6—$6^1/_2$	2,8— 2,95	farblos, weiß, gelblich-grün
	Biotit-Reihe (trioktaedrisch) (Nr. 245—248)						
245	*Phlogopit* $KMg_3[(F,OH)_2 \mid AlSi_3O_{10}]$ $Mg \rightarrow Fe^{..}$	$2/m$ a_0 5,33 b_0 9,23 c_0 20,52 β 100° 12′	wie Muskovit	(001) s. v.	2—$2^1/_2$	2,75— 2,97	rotbraun, gelblich, grünlich, farblos
246	*Biotit* $K(Mg,Fe,Mn)_3$ $[(OH,F)_2AlSi_3O_{10}]$	$2/m$ a_0 5,31 b_0 9,23 c_0 20,36 β 99°18′	wie Muskovit und (112) (1̄01) (132) (221), Zw. wie Muskovit	(001) s. v.	$2^1/_2$—3	2,8—3,4	dkl.-braun u. dkl.-grün
247	*Lepidolith* $K(Li,Al)_{2,5-3}$ $[(OH,F)_2Si_{3-3,5}Al_{1-0,5}O_{10}]$	$2/m$ a_0 5,21 b_0 8,97 c_0 20,16 β 100° 48′	wie Muskovit, oft schuppig	(001) s. v.	$2^1/_2$—4	2,8—2,9	rosenrot, weiß, grau, grünlich
248	*Zinnwaldit* $K(Li_{1-1,5}Fe^{..}_{1-0,5}Al)$ $[(F_{1,5-1}OH_{0,5-1})Si_{3-3,5}Al_{1-0,5}O_{10}]$	$2/m$ a_0 5,27 b_0 9,09 c_0 20,14 β 100° 00′	ähnlich Muskovit	(001) s. v.	$2^1/_2$—4	2,9—3,1	silber-grau, blaß violett, bräunlich bis fast schwarz
249	*Stilpnomelan* $(K,Na,Ca)_{0-0,7}$ $(Fe^{...},Fe^{..},Mg,Al,Mn)_{2,95-4,1}$ $[(OH)_2Si_4O_{10}$ $(O,OH,H_2O)_{1,8-4,25}]$	monokl. ps. hex. a_0 5,40 b_0 9,42 c_0^1 12,14 β 97°(?)	blättrig—strahlig	(001) v. (010) —d.	3—4	2,6—3,0	schwarz bis grünl.-schwarz, olivgrün bis braun durchs.
	Montmorillonit-Reihe (Nr. 250—252)						
250	*Beidellit* $\{Al_{2,17}[(OH)_2Al_{0,83}Si_{3,17}]^{0,32-}\}$ $\{Na_{0,32}(H_2O)_4\}$	monokl. $a_0 \sim 5,23$ $b_0 \sim 9,06$ c_0 15,8— 9,2	taf. (001)		< 2		weiß, rötlich, grün

---

[1] $d_{(001)}$.

Strich	Brechungszahl und Glanz	Achsenwinkel 2 V und Doppelbrechung	Optische Orientierung	Pleochroismus Bireflexion	Vorkommen	Nr.
	n_α $\sim$1,61 n_β } $\sim$1,634— n_γ } 1,644	10°—24° 0,030	(—) AE (010) $n_\alpha \sim \perp$ (001)	n_α gelbgrün n_β, n_γ blaugrün	Hydrotherm.—hydrisch (?), Verwitterungsprod. „*Grünerde*" z. T.	242
	n_α 1,632 n_β 1,645 n_γ 1,647	0°—67° $r > v$ (?) 0,015	(—) AE $\perp$ (010) n_α/$\perp$ (001) 6°—8°	—	Metam. mit Korund u. in Chloritschiefern	243
	n_α 1,615—1,635 n_β 1,624—1,642 n_γ 1,645—1,665 Glasgl.	66°—69° $r \gg v$ auch 0°—30° $r < v$ 0,03	(+) AE (010) selt. (100)	—	Hydroth.—hydrisch. In basischen Eruptivgest. u. krist. Schiefern, häufig in Blasenräumen u. auf Klüften	244
	n_α 1,530—1,590 n_β 1,557—1,637 n_γ 1,558—1,637	0°—35° $r < v$ 0,028— 0,049	(—) AE $\parallel$ (010) n_α/c 2°—4°	Abs. $n_\gamma > n_\beta > n_\alpha$	Pneumat. in Kontaktzonen von Kalken und Dolomiten	245
	n_α 1,565—1,625 n_β 1,605—1,696 n_γ 1,605—1,696	0°—10° auch bis 70° $r \gtrless v$ 0,04	(—) AE (010) selten $\perp$ (010) n_α/c 0°—9°	n_α hellgelb od. hellgrün n_β, n_γ dkl.-braun od. dkl.-grün	Magmat., metam., auch pegmat. Als *Meroxen* werden Biotite mit d. AE $\parallel$ (010) und als *Anomit* die seltenen mit d. AE $\perp$ (010) bezeichnet	246
	n_α 1,525—1,548 n_β 1,551—1,585 n_γ 1,554—1,587	0°—58° $r > v$ 0,018— 0,038	(—) AE $\parallel$ (010) od. $\perp$ (010) n_α/c 0°—7°	n_α farblos n_β, n_γ nelkenbraun, violett	Pneumat., in Graniten u. Pegmatiten. Li-Rohstoff	247
	n_α 1,535—1,558 n_β 1,570—1,589 n_γ 1,572—1,590	0°—35° $r > v$ 0,35	(—) AE (010) n_α/c $\sim$0°—2°	n_α gelbl. bis rötl. n_β, n_γ braungrau bis braun	Pneumat., i. Zinnsteinführenden Graniten, Greisen	248
	n_α 1,543—1,634 n_β 1,576—1,745 n_γ 1,576—1,745	0° 0,300— 0,110	(—) AE $\parallel$ (010) n_α/c $\sim$7°	n_α hellgelb bis gelb n_β { dkl.- n_γ { grün bis oliv-braun	Metam. in krist. Schiefern	249
	n_α $\sim$1,49 n_β } n_γ } 1,52—1,56	klein—16° $\sim$0,025	(—) AE (010) $n_\alpha \sim \perp$ (001)	—	Wie Montmorillonit	250

Nr.	Name und Formel	Kristall-Klasse Gitterkonstanten	Habitus, Tracht	Spaltbarkeit	Härte	Dichte	Farbe
251	*Montmorillonit* $(Al_{1,67}Mg_{0,33})[(OH)_2 Si_4O_{10}]^{0,33-}$ $Na_{0,33}(H_2O)_4$	monokl. a_0 5,17 b_0 8,94 c_0 15,2— 9,6 $\beta \sim 90°$	taf. (001)	(001) v.	1—2	$\sim$2,5 berechn. 2,1	weiß, bräunl., grünlich
252	*Nontronit* $Fe_2^{\cdots}[(OH)_2Al_{0,33}Si_{3,67} O_{10}]^{0,33-}$ $Na_{0,33}(H_2O)_4$	monokl. $a_0 \sim$5,24 $b_0 \sim$9,08 c_0 15,8— 9,2 $\beta \sim 90°$	taf. (001) u. fas.	(001) v. (110) s.	1—2	2,3—2,5	olivgrün bis gelb-grün u. gelb-orange
253	*Saponit* (Seifenstein) $Mg_3[(OH)_2Al_{0,33}Si_{3,67}O_{10}]^{0,33-}$ $Na_{0,33}(H_2O)_4$	m $d_{(001)}$ 14,8	fas. (auch taf. ?)		$1^1/_2$	$\sim$2,3	weiß, gelblich, grünlich
254	*Vermiculit* $Mg_{2,36}Fe_{0,48}^{\cdots}Al_{0,16}$ $[(OH)_2Al_{1,28}Si_{2,72}O_{10}]^{0,64-}$ $Mg_{0,32}(H_2O)_4$	m ps. hex. a_0 5,33 b_0 9,18 c_0 28,90 β 97°	taf. (001)	(001) v.	1,5	2,4	braun, bronze-farben, gelb, grün, farblos

Chlorite (Nr. 255—259)

Nr.	Name und Formel	Kristall-Klasse Gitterkonstanten	Habitus, Tracht	Spaltbarkeit	Härte	Dichte	Farbe
255	*Pennin* $(Mg,Al)_3[(OH)_2Al_{0,5-0,9} Si_{3,5-3,1}O_{10}]$ $Mg_3(OH)_6$	$2/m*$ a_0 5,2— 5,3 b_0 9,2— 9,3 c_0 28,6 β 96° 50′	taf. (001), (I01) (132)	(001) v.	$2—2^1/_2$	2,6— 2,84	bläul.-grün
256	*Klinochlor* $(Mg,Al)_3[(OH)_2AlSi_3O_{10}]$ $Mg_3(OH)_6$	$2/m*$, ähnlich Pennin	taf. (001), (112) (I11) (010)	(001) v.	$2—2^1/_2$	2,55— 2,78	bläul.- bis schwärz-lichgrün
257	*Rhipidolith* (Prochlorit) $(Mg,Fe,Al)_3$ $[(OH)_2Al_{1,2-1,5}Si_{2,8-2,5}O_{10}]$ $Mg_3(OH)_6$	$2/m*$ a_0 5,36 b_0 9,28 c_0 2,84 β 97° 09′	häufig wurmförmig	(001) v.	1—2	2,78— 2,95	lauch- bis braun-grün, schwärz-lichgrün
258	*Chamosit* $(Fe^{\cdot\cdot},Fe^{\cdots})_3[(OH)_2AlSi_3O_{10}]$ $(Fe^{\cdot\cdot},Mg)_3(O,OH)_6$	$2/m$ (?) a_0 5,40 b_0 9,36 c_0 14,03 β 90°	dicht, oolith.	?	$2^1/_2$—3	3,2	schwarz-grün
259	*Thuringit* $(Fe^{\cdot\cdot},Fe^{\cdots},Al)_3[(OH)_2 Al_{1,2-2}Si_{2,8-2}O_{10}]$ $(Mg,Fe^{\cdot\cdot},Fe^{\cdots})_3(O,OH)_6$	$2/m$ a_0 5,39 b_0 9,33 c_0 14,10 β 97° 20′	taf. (001)	(001) v.	1—2	3,2	oliv- bis dkl.-grün

* Auch trikline (1 T, 2 T, 3 T) Modifikationen bekannt.

Strich	Brechungszahl und Glanz	Achsenwinkel 2V und Doppelbrechung	Optische Orientierung	Pleochroismus Bireflexion	Vorkommen	Nr.
	$n_\alpha \sim 1{,}488$ $n_\beta\ \ 1{,}513$ $n_\gamma\ \ 1{,}513$	$7°$—$27°$ $0{,}025$	$(-)$ AE (010) $n_\alpha \sim \perp (001)$	—	In Walkerden, Bentoniten, Tonen u. Böden; Umwandlungsprod. v. vulk. Gläsern	251
	$n_\alpha\ \ 1{,}56$—$1{,}62$ $n_\beta\ \ 1{,}58$—$1{,}65$ $n_\gamma\ \ 1{,}58$—$1{,}66$	$\sim 20°$—$66°$ $0{,}02$—$0{,}04$	$(-)$ $(+)$ AE (010) $n_\alpha \perp (001)$ $n_\gamma \parallel$ Fasern	n_α blaßgelb	Hydroth. Umwandlungsprod., auch in Böden	252
	$n_\alpha\ \ 1{,}48$—$1{,}53$ $n_\beta\ \ 1{,}50$—$1{,}58$ $n_\gamma\ \ 1{,}51$—$1{,}59$	mittel $0{,}01$—$0{,}036$	$(-)$		Hydrotherm.—hydrisch in Basalten	253
	$n_\alpha\ \ 1{,}525$—$1{,}564$ $n_\beta\ \ 1{,}545$—$1{,}583$ $n_\gamma\ \ 1{,}545$—$1{,}583$	$0°$—$8°$ $0{,}02$—$0{,}03$	$(-)$ AE (010) $n_\alpha \sim \perp (001)$	n_α farblos n_β, n_γ blaßbraun, braungrün	Umwandlungsprod. von Glimmern, insbesond. Biotiten	254
grüngrau	$n_\alpha \sim 1{,}560$ $n_\beta\ \ 1{,}58$—$1{,}60$ $n_\gamma \sim 1{,}571$ Oft anom. Interferenzfarben, lavendel- bis entenblau	klein—$0°$ $r<v$ $0°$—klein $r>v$ $\sim 0{,}004$	$(-)$ $(+)$ AE (010) $n_\gamma \perp (001)$	n_α farblos bis blaugrün n_β grün n_γ blaßgelbgrün bis grün	Hydroth. auf Klüften, metam. in Chloritschiefern	255
grüngrau	$n_\alpha \sim 1{,}57$ $n_\beta\ \ 1{,}57$—$1{,}59$ $n_\gamma \sim 1{,}596$	$0°$—$90°$ $r<v$ $0{,}004$—$0{,}01$	$(+)$ $n_\gamma / \perp (001)$ $0°$—$2^1/_2°$	n_α farblos bis blaugrün n_β grün n_γ blaßgelbgrün bis grün	Wie Pennin. *Leuchtenbergit* = Fe-armer, *Grochauit* = Fe-reicher Klinochlor	256
grüngrau	$n_\alpha \sim 1{,}59$ $\left.\begin{array}{c}n_\beta\\n_\gamma\end{array}\right\}\ 1{,}60$—$1{,}65$	$0°$—$30°$ $r<v$ $0{,}004$	$(+)$ AE (010) $n_\gamma / \perp (001)$ $0°$—$2°$	n_α, n_β grün bis gelbgrün n_γ farblos bis grünlichgelb	Metam. In Chloritschiefern. Umwandlungsprod. d. Augite in Diabasen	257
lichtgraugrün	$n_\beta \sim 1{,}64$—$1{,}66$ anom. Interferenzfarben (lavendelblau)	$0°$—sehr klein $0{,}005$	$(-)$ AE (?) $n_\alpha \sim \perp (001)$	n_α gelbl. bis farblos n_β, n_γ blaßgrün	Wie Thuringit. *Delessit* ähnlich Chamosit, Mg-haltig	258
graugrün	$n_\alpha\ \ 1{,}669$ $n_\beta\ \ 1{,}682$ $n_\gamma\ \ 1{,}683$	klein—mittel $0{,}014$	$(-)$	n_α fast farblos n_β, n_γ dkl.-grün	Metam. aus sedim. Eisenerzen	259

Nr.	Name und Formel	Kristall-Klasse Gitter-konstanten	Habitus, Tracht	Spalt-barkeit	Härte	Dichte	Farbe
260	*Kaolinit* $Al_4[(OH)_8 \mid Si_4O_{10}]$	I a_0 5,14 b_0 8,93 c_0 7,37 α 91°48' β 104°30' γ 90°	taf. (001), (110) (010) ps. hex.	(001) v.	2—2$^1/_2$	2,6	weiß, gelblich, grünlich, bläulich
261	*Antigorit* (Blätterserpentin) $Mg_6[(OH)_8 \mid Si_4O_{10}]$	2/m a_0 43,3 b_0 9,23 c_0 7,27 β 91°36'	taf. (001)	(001) v.	3—4	2,5—2,6	hell- bis dkl.-grün, gelb bis rötl.-braun, grünl. bis schwarz
262	*Chrysotil* (Faserserpentin, Serpentin-asbest) $Mg_6[(OH)_8 \mid Si_4O_{10}]$	2/m a_0 5,34 b_0 9,25 c_0 14,65 β 93°16'	fas. a_0 (fas. b_0 = *Parachrysotil*)	(110) uv. ~130°	2—3	2,36—2,50	ölgrün bis goldgelb
263	*Amesit* $Mg_{3,2}Al_{2,0}Fe_{0,8}^{..}$ $[(OH)_8 \mid Al_2Si_2O_{10}]$	6mm a_0 5,31 c_0 14,04	taf. (001)	(001) v.	1—2	2,8	blaßblaugrün
264	*Cronstedtit* $Fe_2^{...}Fe_4^{..}[(OH)_8 \mid Si_2Fe_2^{...}O_{10}]$	m a_0 5,49 b_0 9,51 c_0 7,32 β 104°31'	gestreckt—fas. c, auch taf. (001), (hkl) ps. hex.	(001) v.	3$^1/_2$	3,45	tiefschwarz bis tiefgrün
265	*Halloysit* (Endellit) { $Al_4[(OH)_8Si_4O_{10}]$ / $(H_2O)_4$ }	m a_0 5,15 b_0 8,9 c_0 10,1—9,5 β 100°12'	taf. (001)	—	1—2	2,0—2,2 berechn. 2,12	weiß, bläulich, grünlich, grau
266	*Metahalloysit* $Al_4[(OH)_8 \mid Si_4O_{10}]$	m a_0 5,15 b_0 8,9 c_0 7,9—7,5 β 100°12'	taf. (001)	—	1—2	berechn. 2,61	weiß, bräunlich
267	*Palygorskit* (Attapulgit) $(Mg,Al)_2[OH \mid Si_4O_{10}] \cdot$ $2\,H_2O + 2H_2O$	2/m oder orhomb. a_0 5,2 b_0 2·9,0 c_0 13,4 β 90°—93°	faserig				weiß, grau, gelblich

Strich	Brechungszahl und Glanz	Achsenwinkel 2 V und Doppelbrechung	Optische Orientierung	Pleochroismus Bireflexion	Vorkommen	Nr.
	n_α 1,553—1,563 n_β 1,559—1,569 n_γ 1,560—1,570	20°—50° $r>v$ 0,007	(—) AE ⊥ (010) $n_\alpha/$ ⊥ (001) $1°—3^1/_2°$	—	Hydroth.—hydrisch, auch Verwitterungs-neubildung in Böden. Porzellanerde. Von gleicher chemischer Zusammensetzung, aber mit 2M-Struktur = *Dickit*, mit 6M-Str. = *Nakrit* und in Richtung der *b*-Achse mit unge-ordneten Schichten = *Fireclay-Mineral*	260
	n_α 1,560 n_β 1,570 n_γ 1,571	37°—60° $r>v$ 0,011	(—) AE ⊥ (010) $n_\alpha\sim$ ⊥ (001)	kaum merkl. n_α blaß grünlich-gelb n_β, n_γ blaß-grün	Hydroth.—hydrisch, metam. Umwandlungs-prod. von Mg-reichen Silikaten. *Jenkinsit* = Fe-haltiger Antigorit	261
	n_α 1,53—1,549 n_β ~1,54 n_γ 1,545—1,556	30°—35° auch größer $r>v$ 0,013	(+) AE (010) $n_\gamma \parallel c$	n_α, n_β grün-lichgelb bis farblos n_γ grün od. gelb	In Adern u. Klüften von Serpentin. Wichtiger techn. Rohstoff	262
	$\left.\begin{array}{l}n_\alpha\\n_\beta\end{array}\right\}$ ~1,58—1,61 $n_\gamma\sim$1,612	klein 0,018	(+) AE (010) $n_\gamma\sim$ ⊥ (001)	—	Mit Diaspor von Chester, Mass. *Korundophilit* = Mg-reicherer, Al-ärmerer Amesit	263
dkl.-grün	n_β 1,80 Glasgl.	~0° stark	(—) AE (010) (?) n_α ⊥ (001)	n_α dkl.-rot bis braun od. sma-ragdgrün n_β, n_γ tief-dkl.-olivgrün	Hydrotherm. auf Erzgängen	264
	n 1,490 theoret., meist durch Beimengung bis ~1,55	—	—	—	Hydrisch, wie Kaolinit, auch als dessen Beimengung, in Tonen u. Böden	265
	$n\sim$1,55	—	—	—	Wie Endellit	266
	n_α 1,511 $n_\beta\sim n_\gamma$ n_γ 1,532—1,540	klein 0,02—0,03	(—) AE (?)		Sedimentär, *Bergkork*, *Bergleder* z. T.	267

Nr.	Name und Formel	Kristall-Klasse Gitter-konstanten	Habitus, Tracht	Spalt-barkeit	Härte	Dichte	Farbe

f) Tektosilikate (Gerüstsilikate)

Nr.	Name und Formel	Kristall-Klasse Gitter-konstanten	Habitus, Tracht	Spalt-barkeit	Härte	Dichte	Farbe
268	*Nephelin* $(Na, K)[AlSiO_4]$ Na:K meist $\sim 3:1$	6 a_0 10,01 c_0 8,41	kurzsäul. c, $(10\bar{1}0)$ (0001), seltener $(10\bar{1}1)$ $(11\bar{2}1)$ $(11\bar{2}0)$	$(10\bar{1}0)$ (0001) uv.	$5^1/_2$—6	2,6— 2,65 rein: 2,619	farblos, weiß, grau u. anders gefärbt
269	*Analcim* $Na[AlSi_2O_6] \cdot H_2O$	$m\,3\,m$ a_0 13,71	(211) (100), Zw. n. (001)	—	$5^1/_2$	2,2—2,3	weiß, grau, gelblich, fleisch-rot
270	*Leucit*, Tief- $K[AlSi_2O_6] < 605°C$	$4/m$ ps. kub. a_0 13,04 c_0 13,85	(211) selten (110), Zw.Lam. (110) (kub. Indiz.)	—	$5^1/_2$	2,5	weiß bis grau

Feldspäte (Nr. 271—280)
Alkalifeldspäte (Nr. 271—275)

Nr.	Name und Formel	Kristall-Klasse Gitter-konstanten	Habitus, Tracht	Spalt-barkeit	Härte	Dichte	Farbe
271	*Sanidin* (Hochtemp.-Modif.) $K[AlSi_3O_8]$ K→Na	$2/m$ a_0 8,564 b_0 13,030 c_0 7,175 β 115° 59,6′	taf. (010); (001) (110) $(\bar{1}01)$, Zw. n. (100)	(001) v. (010) z. v. (110) s.	6	2,57— 2,58	farbl., gelblich, grau
272	*Anorthoklas* $(K, Na)[AlSi_3O_8]$ Mischkristalle von Or 70 Ab 30—Or 20 Ab 80 [1]	trikl. [2]	säul. c, (110) $(20\bar{1})$, Zw.-Vergitterung n. Albit- u. Perikl.-Ges.	(001) v. (010) z. v. (110) $(1\bar{1}0)$ s.	6	2,56— 2,62	farbl., grau
273	*Orthoklas* (Intermed. Zust.) $K[AlSi_3O_8]$ K→Na	$2/m$ a_0 8,5616 b_0 12,996 c_0 7,193 β 116°0,9′	dicktaf. (010) od. säul. a; (010) (001) (110) (130) $(20\bar{1})$ $(10\bar{1})$ u. a.	(001) v. (010) z. v. (110) s.	6	2,53— 2,56	weiß, gelblich, rötlich bis rot, grünl. bis grün
274	*Mikroklin* (Tieftemp.-Modif.) $K[AlSi_3O_8]$ K→Na	$\bar{1}$ a_0 8,574 b_0 12,981 c_0 7,222 α 90°41′ β 115°59′ γ 87°30′	wie Orthoklas, Zwillings-vergitterung n. d. Albit- u. Periklin Ges.	(001) v. (010) z. v. (110) $(1\bar{1}0)$ s.	6	2,54— 2,57	wie Ortho-klas

[1] Meist mit höheren An-Gehalten als Orthoklas, aber selten mehr als 20—25 Mol.-% An.
[2] Strukturell nicht definierte Phase (Paramorphosen n. Hochtemperatur-Mod.).

Strich	Brechungszahl und Glanz	Achsenwinkel 2V und Doppelbrechung	Optische Orientierung	Pleochroismus Bireflexion	Vorkommen	Nr.
	n_ω 1,536—1,549 n_ε 1,532—1,544 rein: n_ω 1,537 n_ε 1,533 Glasgl.—Fettgl.	0,003— 0,005	(—)	—	Magmat.—pegm. in Natrongest. *Eläolith* ist der Neph. d. Tiefengest. m. Entmischung v. *Kalsilit*	268
	n 1,479—1,489 Glasgl.	—	—	—	Hydroth.—hydrisch. In Blasenräumen von Ergußgest. u. auch auf Erzgängen	269
	n_α 1,508 n_β ? n_γ 1,509 Glasgl.	sehr klein 0,001	(+)	—	Magmat. in Kali-Ergußgest.	270
—	n_α 1,5203 n_β 1,5248 n_γ 1,5250	~10°— 20° $r>v$ 0,005	(—) AE (010), Hoch-S. ⊥ (010) Sanidin n_α/a 0°—9°	—	Magmat. in jungvulkanischen Gesteinen. *Kalimonalbit* wird die monokl. Hochtemp.-Modifik. mit K>Na genannt	271
—	n_α 1,5234 n_β 1,5294 n_γ 1,5305	43° 38′ 0,007	(—) AE ~ ⊥ (010), auf (010) n_α/c 8°—10°	—	Magmat., besond. in foyait. Ergußgest.	272
—	n_α 1,5168 n_β 1,5202 n_γ 1,5227	66° 58′ $r>v$ 0,006	(—) AE ⊥ (010) auch ∥ (010) n_α/a 5°	—	Magmat., pegmat., hydrotherm., auch auf Klüften (*Adular*), metam., diagen.	273
—	n_α 1,5186 n_β 1,5223 n_γ 1,5250	80° $r>v$ 0,006	(—) AE ~ ⊥ (010), auf (010) n_α/a 5°, auf (001) 15°—20°	—	Wie Orthoklas. Grüner Mikr. = *Amazonenstein*, auch als Schmuckstein verwendet. Mit Albit-Spindeln als Entm.-Körper = *Perthit* mit Or-Spindeln = *Antiperthit*	274

Nr.	Name und Formel	Kristall-Klasse Gitterkonstanten	Habitus, Tracht	Spaltbarkeit	Härte	Dichte	Farbe
	Plagioklase (Nr. 275—280)*						
275	*Albit* (Ab) $Na[AlSi_3O_8]$ 0—10 Mol.-% An	I a_0 8,144 b_0 12,787 c_0 7,160 α 94,26° β 116,58° γ 87,67°	taf. (010) leistf. c— säul. b, (010) (001) (110) (1$\bar{1}$0) (100) (10$\bar{1}$) (20$\bar{1}$) (0$\bar{2}$1) (021),	(001) v. (010) z. v. (110) (1$\bar{1}$0) uv.	6—6$^1/_2$	2,605	farbl., weiß, grau, grünlich
276	*Oligoklas* 10—30 Mol.-% An		wie Albit	wie Albit	6—6$^1/_2$	2,65	wie Albit
277	*Andesin* 30—50 Mol.-% An	An 31 a_0 8,171 b_0 12,846 c_0 7,129 α 93,75° β 116,44° γ 89,25°	wie Albit	wie Albit	6—6$^1/_2$	2,69	wie Albit
278	*Labradorit* 50—70 Mol.-% An	An 51 a_0 8,180 b_0 12,859 c_0 7,112 α 93,52° β 116,27° γ 89,89°	wie Albit	wie Albit	6—6$^1/_2$	2,70	wie Albit
279	*Bytownit* 70—90 Mol.-% An		wie Albit	wie Albit	6—6$^1/_2$	2,75	wie Albit
280	*Anorthit* (An) $Ca[Al_2Si_2O_8]$ 90—100 Mol.-% An	I $\sim$An 100 a_0 8,1768 b_0 12,8768 c_0 7,0845 $\times$2 α 93,17° β 115,85° γ 91,22°	ähnl. Albit	wie Albit	6—6$^1/_2$	2,77	wie Albit
281	*Cancrinit* $(Na_2, Ca)_4$ $[CO_3 \mid (H_2O)_{0-3} \mid (AlSiO_4)_6]$ $CO_3 \rightarrow SO_4$	6 a_0 12,63 —12,78 c_0 5,11 —5,19	säul.—nad. c, (10$\bar{1}$0) (0001) (10$\bar{1}$1), Zw.Lam. selten	(10$\bar{1}$0) v.	5—6	2,4—2,5	farblos, gelblich, rosa, lichtblau

<hr>

* Alle Werte für die Gitterkonstanten und opt. Eigenschaften gelten für die Tieftemperatur-

Strich	Brechungszahl und Glanz	Achsen-winkel 2 V und Doppel-brechung	Optische Orientierung	Pleochroismus Bireflexion	Vorkommen	Nr.
—	n_α 1,5286 n_β 1,5326 n_γ 1,5388	77,2° $r<v$ 0,0102	(+) AE $\sim \perp c$ ↓ (+) An 18 (—)	—	Magmat., pegmat., hydroth., metam., auch auf Klüften. *Periklin* nennt man nach der b-Achse gestreckte Kristalle auf Klüften. *Analbit* (trikl.) ist die bei tiefen Temp. instab. Modif. *Monalbit* ist die monokl. Hochtemp.-Modif.	275
—	An 21,6 n_α 1,5390 n_β 1,5431 n_γ 1,5467	86,5° ↓ $r>v$ $r<v$	↓ (—) An 38 (+)	—	Magmat., metam. *Peristerit* werden Plagioklase im Bereich zwischen etwa An 5—An 17 genannt, die in eine Kompon. mit An 2 und eine mit An 25—28 entmischt sind	276
—	An 44,2 n_α 1,5516 n_β 1,5547 n_γ 1,5590	↓ 82° 0,0074		—	Magmat., metam.	277
—	An 59,2 n_α 1,5582 n_β 1,5615 n_γ 1,5662	79,5° 0,008	(+) ↓ An 75 (—)	—	Magmat., metam. Im Bereich zwischen etw. An 30—70 zeigen Plagioklase eine Vorst. d. Entmischung (in An 25—30 + An 70—75), die *Labradorzustand* genannt wird	278
—	An 80 n_α 1,5671 n_β 1,5729 n_γ 1,5778	85,0° 0,0107		—	Magmat. i. basischen Gest.	279
—	An 100 (synth.) n_α 1,5750 n_β 1,5834 n_γ 1,5883	75,2° $r>v$ 0,0133	(—) AE $\sim \parallel c$	—	Magmat., in sehr basi-schen Eruptivgest., metam. in vulk. Auswürflingen u. krist. Schiefern	280
	n_ω 1,515—1,524 n_ε 1,491—1,502	0,025— 0,012	(—)	—	Magmat., in Nephelinsyeniten	281

Modifikation (für die Hochtemperatur-Modifikation s. Nebentabelle 2, S. 402).

Nr.	Name und Formel	Kristall-Klasse Gitterkonstanten	Habitus, Tracht	Spaltbarkeit	Härte	Dichte	Farbe
Sodalith-Gruppe (Nr. 282—285)							
282	*Sodalith* $Na_8[Cl_2 \mid (AlSiO_4)_6]$	$\bar{4}3m$ a_0 8,83—8,91	(110), weniger häufig (100) (211) (210) (111), Zw. n. (111)	(110) z. v.	5—6	2,3	farblos, weiß, grau, blau, selten grün, rot
283	*Nosean* $Na_8[SO_4 \mid (AlSiO_4)_6]$	$\bar{4}3m$ a_0 8,98—9,15	wie Sodalith	(110) z. v.	5—6	2,3—2,4	wie Sodalith
284	*Hauyn* $(Na, Ca)_{8-4}$ $[(SO_4)_{2-1} \mid (AlSiO_4)_6]$	$\bar{4}3m$ a_0 9,12	wie Sodalith	(110) z. v.	5—6	2,5	wie Sodalith
285	*Lasurit* (Lapis lazuli) $(Na, Ca)_8$ $[(SO_4, S, Cl)_2 \mid (AlSiO_4)_6]$	$\bar{4}3m$ a_0 9,08	Kristalle selten, (110)	—	5—5$^1/_2$	2,38—2,45	dkl.-blau, auch grünlich
Skapolithe (Nr. 286—289)							
286	*Marialith* (Ma) 0—20% Me $Na_8[(Cl_2, SO_4, CO_3)$ $(AlSi_3O_8)_6]$	$4/m$ a_0 12,075 c_0 7,516	$a = a_0 \sqrt{2}$ c/a 0,4425, säul. c, (110) (100) (111) (101), seltener (311) (210)	(100) v. (110) z. v.	5—6$^1/_2$	2,50	farblos, weiß, grau, grünlich, auch rot u. blau
287	*Dipyr* 20—50% Me		wie Ma	(100) v. (110) z. v.	5—6$^1/_2$		wie Ma
288	*Mizzonit* 50—80% Me		wie Ma	(100) v. (110) z. v.	5—6$^1/_2$		wie Ma
289	*Mejonit* (Me) 80—100% Me $Ca_8[(Cl_2, SO_4, CO_3)_{2(?)}$ $(Al_2Si_2O_8)_6]$	$4/m$ a_0 12,13 c_0 7,69	wie Ma c/a 0,4393	(100) v. (110) z. v.	5—6$^1/_2$	2,78	wie Ma
Zeolithe (Nr. 290—299)							
290	*Natrolith* $Na_2[Al_2Si_3O_{10}] \cdot 2H_2O$	$2mm$ a_0 18,35 b_0 18,70 c_0 6,61	nad. c, ps. tetr., (110) (111)	(110) z. v. 88°45′	5—5$^1/_2$	2,2—2,4	farblos, weiß, grau, gelblich, rötlich
291	*Mesolith* $Na_2Ca_2[Al_2Si_3O_{10}]_3 \cdot 8H_2O$	2 a_0 3·18,9 b_0 6,55 c_0 18,48 β 90°00′	nad.—fas. b, ps. orhomb.	(101), (10$\bar{1}$) v.	5—5$^1/_2$	2,2—2,4	wie Natrolith

Strich	Brechungszahl und Glanz	Achsenwinkel 2 V und Doppelbrechung	Optische Orientierung	Pleochroismus Bireflexion	Vorkommen	Nr.
heller blau	$n \sim 1{,}483$—$1{,}487$	—	—	—	Magmat., in Natrongesteinen	282
	$n \sim 1{,}495$	—	—	—	Magmat., in Nephelin- u. Leucit-führenden Ergußgest.	283
	$n \sim 1{,}502$	—	—	—	Wie Nosean	284
	$n \sim 1{,}50$	—	—	—	Metam., Kontaktmin. in Kalken, Schmuckstein	285
	n_ω 1,539 n_ε 1,537	0,002	(—)	—	Pneumat. in Tuffen, hydrothermal. Regionalmetam.	286
			(—)	—	Metam. in Schiefern u. Kontakten	287
			(—)	—	Metam. in Kontaktgest., pegmat., in Eruptivgest. Oft als Umwandlungs- prod. der Feldspäte (*Saussurit* z. T.). Häufigster Skap., auch als Edelstein	288
	n_ω 1,596 n_ε 1,557 Glasgl.	0,039	(—)	—	Kontaktmetam. in Kalkeinschlüssen d. Vesuv	289
	n_α 1,480 n_β 1,482 n_γ 1,493	60°—63° $r<v$ 0,013	(+) AE (010) $n_\gamma \parallel c$	—	Hydrotherm. in Hohl- räumen u. Klüften von Phonolithen, Basalten, auch Syeniten	290
	$n_\alpha \sim 1{,}504$ $n_\beta \sim 1{,}505$ $n_\gamma \sim 1{,}505$	80° $r \gg v$ $\sim 0{,}001$	(+) AE (010) n_α/c 8° $n_\beta \parallel b$	—	Wie Natrolith	291

Nr.	Name und Formel	Kristall-Klasse Gitter-konstanten	Habitus, Tracht	Spalt-barkeit	Härte	Dichte	Farbe
292	*Thomsonit* $NaCa_2[Al_2(Al, Si)Si_2O_{10}]_2 \cdot$ $5H_2O$	mmm ps. tetr. a_0 13,07 b_0 13,09 c_0 13,25	säul.—fas. c, (110) (011), Zw. n. (110)	(010) v. (100) z. v.	5—$5^1/_2$	2,3—2,4	weiß, grau, gelb, rot
293	*Skolezit* $Ca[Al_2Si_3O_{10}] \cdot 3H_2O$	$m(?)$ a_0 18,48 b_0 18,94 c_0 6,54 β 90°45′	ps. orhomb., Zw. n. (100)	(110) z. v. 36°	5—$5^1/_2$	2,2—2,4	wie Natrolith
294	*Laumontit* $Ca[AlSi_2O_6]_2 \cdot 4H_2O$	2 oder m a_0 14,90 b_0 13,17 c_0 7,55 β 111°30′	säul. c, (110) Zw. n. (100)	(010) (110) v. 93°46′	3—$3^1/_2$	2,25—2,35	weiß, farblos, gelblich, rötlich
295	*Heulandit** $Ca[Al_2Si_7O_{18}] \cdot 6H_2O$	$2/m$ a_0 17,71 b_0 17,84 c_0 7,46 β 116°20′	taf. (010), gestr. c; Zw.Lam. n. (001)	(010) v.	$3^1/_2$—4	2,2	farblos, weiß, grau, bräunlich, ziegelrot
296	*Stilbit* (Desmin) $Ca[Al_2Si_7O_{18}] \cdot 7H_2O$	$2/m$ a_0 13,63 b_0 18,17 c_0 11,31 β 129°10′	taf. (010) gestr. a; (110) (010) (001), fast immer Durchkr.- Zw. n. (001)	(010) v.	$3^1/_2$—4	2,1—2,2	farblos, weiß, grau, bräunlich, selten rot
297	*Phillipsit* $KCa[Al_3Si_5O_{16}] \cdot 6H_2O$	$2/m$ a_0 10,02 b_0 14,28 c_0 8,64 β 125°40′	taf. (010) gestr. a od. nad. c, (110) (010) (001) fast immer Zw. n. (001) u. (021), z. T. ps. kub.	(010), (100) z. v.	$4^1/_2$	2,2	farblos, weiß, gelblich, grau
298	*Harmotom* $Ba[Al_2Si_6O_{16}] \cdot 6H_2O$	$2/m$ a_0 9,82 b_0 14,13 c_0 8,68 β 124°50′	Durchkr.- Zw. n. (001) u. (021)	(010) z. v.	$4^1/_2$	2,44—2,5	weiß u. licht gefärbt
299	*Chabasit* $(Ca, Na_2) [Al_2Si_4O_{12}] \cdot 6H_2O$	$\bar{3}m$ a_0 13,78 c_0 14,97	isom. ps. kub., $(10\bar{1}1)$ $(01\bar{1}2)$ $(02\bar{2}1)$, Zw. n. (0001)	$(10\bar{1}1)$ uv.	$4^1/_2$	2,1	farblos, weiß, rötl.- braun

X. Kl. Organische Verbindungen

Nr.	Name und Formel	Kristall-Klasse Gitter-konstanten	Habitus, Tracht	Spalt-barkeit	Härte	Dichte	Farbe
300	*Whewellit* $Ca[C_2O_4] \cdot H_2O$	$2/m$ a_0 6,29 b_0 14,59 c_0 9,97$_5$ β 107°18′	kurzsäul. c, Zw. n. $(\bar{1}01)$	$(\bar{1}01)$ v. (010) uv.	$2^1/_2$—3	2,23	farblos bis glasig

---

* Im älteren Schrifttum z.T. als „*Stilbit*" bezeichnet.

Strich	Brechungszahl und Glanz	Achsenwinkel 2V und Doppelbrechung	Optische Orientierung	Pleochroismus Bireflexion	Vorkommen	Nr.
	n_α 1,511—1,530 n_β 1,513—1,532 n_γ 1,518—1,545 Glasgl.	47°—75° $r>v$ 0,006— 0,015	(+) AE (001) $n_\gamma \parallel b$	—	Hydroth. in Blasenräumen basalt. u. phonolith. Ergußgest.	292
	n_α 1,507—1,513 n_β 1,516—1,520 n_γ 1,517—1,521	36°—56° $r \ll v$ 0,007	(—) AE $\perp$ (010) n_α/c 15°—18°	—	Wie Natrolith, auch in alpinen Klüften	293
	n_α 1,505—1,513 n_β 1,515—1,524 n_γ 1,517—1,525	26°—47° $r \ll v$ 0,01	(—) AE (010) n_γ/c 8°—33°	—	Hydroth. in Klüften u. Blasenräumen, bes. in bas. Eruptivgest., krist. Schiefern u. Erzgängen	294
	n_α 1,498—1,496 n_β 1,499—1,497 n_γ 1,505—1,501 Glasgl., auf (010) st. Perlmuttergl.	0°—55° $r>v$ 0,005	(+) AE $\perp$ (010) $n_\beta/c \sim 6°$	—	Hydrotherm., bes. in Hohlräumen v. Basalt u. ähnl. Gest., Klüften in metam. Gest. u. auf Erzgängen	295
	n_α 1,494—1,500 n_β 1,498—1,504 n_γ 1,500—1,508 Glasgl.	33° $r<v$ 0,01	(—) AE (010) n_α/a 5°	—	Hydrotherm. in Blasenräumen v. Basalten, Granitdrusen, auf Klüften krist. Schiefer u. auf Erzgängen	296
	$n_\alpha \sim 1,48$—(?) $n_\beta = 1,48$—1,57 $n_\gamma \sim 1,503$—(?)	60°—80° $r<v$ 0,003— 0,01	(+) AE $\perp$ (010) n_γ/c 10°—30°	—	Hydrotherm. in Hohlräumen von Basalten. Auch im Tiefseeton	297
	n_α 1,503 n_β 1,505 n_γ 1,508	43° 0,005	(+) AE $\perp$ (010) n_β/c 28°—32°	—	Hydrotherm. in Erzgängen u. in Hohlräumen von Eruptivgest.	298
	$\left.\begin{array}{c} n_\omega \\ n_\varepsilon \end{array}\right\} \sim 1,48$	anomal: 0°—32° $\sim$0,002	(—) ((+))	—	Hydrotherm. in Hohlräumen von Basalten, Phonolithen, Graniten u. Porphyriten	299
—	n_α 1,491 n_β 1,555 n_γ 1,650 Perlmuttergl., Glasgl.	83° 55′ $r<v$ 0,06	(+) AE $\perp$ (010) n_γ/c 30°	—	Sedimentär in Verbindung m. Kohlen, diagenetisch; auch mit Erzen	300

Nebentabelle 1 (zu Nr. 271—275). *Alkalifeldspäte*

	Chem. Zus. Mol.-%	n_α	n_β	n_γ	Opt. Ch.	2 V	$n_{\alpha'}$ für P(001)	$n_{\alpha'}$ für M(010)	$n_{\gamma'}$ für P(001)	$n_{\gamma'}$ für M(010)	Auslöschung $n_{\alpha'}$ auf P(001) zur Spur von (010)	M(010) zur Spur von (001)
Sanidin	77,8 Or 22,2 Ab	1,5202	1,5247	1,5249	(—)	24,0°	1,5202	1,5202	1,5249	1,5226	0°	5°—8°
Anorthoklas	42,1 Or 52,3 Ab 5,6 An	1,5264	1,5309	1,5317	(—)	47°45′	1,5267	1,5264	1,5317	1,5309	1°	6,3°
Orthoklas	90,5 Or 7,1 Ab 2,4 An	1,5188	1,5230	1,5236	(—)	43,6°	1,5188	1,5188	1,5236	1,5213	0°	5,3°
Orthoklas-Mikroperthit	68,1 Or 30,2 Ab 1,7 An	1,5217	1,5259	1,5279	(—)	69,1°	1,5217	1,5217	1,5279	1,5256	0°	9,5°
Mikroklin-Mikroperthit	85,2 Or 13,4 Ab 1,4 An	1,5195	1,5232	1,5255	(—)	76,2°	1,5200	1,5217	1,5255	1,5247	15°—20°	7,5°
Albit	100 Ab	Siehe Nebentabelle 2										

Nebentabelle 2 (zu Nr. 275—280). *Plagioklase*

	Mol.-% An	n_α	n_β	n_γ	Opt. Ch.	2 V	$n_{\alpha'}$ für P(001) M(010)	Auslöschung $n_{\alpha'}$ auf P(001) zur Spur von M(010)	M(010) zur Spur von P(001)	n_D von Plagioklas-Glas
Albit . . .	0,2	*1,5273*	*1,5344*	*1,5357*	*(—)*	*46,9°*	*1,5275*	*+3,6°*	*+22,5°*	} 1,487
		1,5286	1,5326	1,5388	(+)	77,2°	1,5285	+3,0°	+20,0°	
Oligoklas	21,6	*1,5386*	*1,5440*	*1,5459*	*(—)*	*62,1°*	*1,5390*	*+2,0°*	*+3,5°*	} 1,506
		1,5390	1,5431	1,5467	(—)	86,5°	1,5399	+1,0°	+4,5°	
	29,8	*1,5437*	*1,5483*	*1,5510*	*(—)*	*75,6°*	*1,5445*	*+1,5°*	*0,0°*	} 1,512
		1,5439	1,5479	1,5514	(—)	86,4°	1,5445	0,0°	−2,2°	
Andesin . .	44,2	*1,5522*	—	*1,5595*	*(+)*	*∼88°*	*1,5515*	*−1,5°*	*−10,5°*	} 1,525
		1,5516	1,5547	1,5590	(+)	82°	1,5515	−3,5°	−13,0°	
Labradorit	51,8	*1,5547*	*1,5576*	*1,5621*	*(+)*	*76,8°*	*1,5558*	*−6,0°*	*−18,6°*	} 1,531
		1,5547	1,5575	1,5621	(+)	76,4°	1,5558	−6,5°	−17,5°	
	59,2	*1,5582*	*1,5611*	*1,5662*	*(+)*	*73,9°*	*1,5589*	*−12,5°*	*−27,2°*	} 1,537
		1,5582	1,5617	1,5662	(+)	79,5°	1,5589	−10,0°	−23,5°	
Bytownit .	80,0	*1,5671*	*1,5716*	*1,5765*	*(+)*	*87,5°*	*1,5695*	*−27,5°*	*−35,0°*	} 1,556
		1,5671	1,5729	1,5778	(—)	85,0°	1,5695	−22,5°	−34,0°	
Anorthit .	100	*1,5750*	*1,5834*	*1,5883*	*(—)*	*75,2°*	*1,5793*	*−37,0°*	*−39,0°*	} 1,5755
		1,5756	1,5835	1,5885	(—)	(83°)	1,5793	−43,0°	−39,5°	

Kursiv gedruckte Zahlen gelten für die Hochtemperaturmodifikation.

Nebentabelle 3 (zu Nr. 226—231). *Amphibole nach* ROSENBUSCH, ADAMSON, KORITNIG, LEINZ

	n_γ/c auf (010)	$n_{\gamma'}/c$ auf (110)	$n_{\alpha'}$ für (110)	Opt. Ch.	2 V	n_α	n_β	n_γ
Tremolit	16°39′	15,0°	1,6100	(—)	81°31′	1,5996	1,6131	1,6224
Aktinolith	14°59′	13,2°	1,6296	(—)	81°38′	1,6173	1,6330	1,6412
grüne Hornblende	13°	12,5°	1,666	(—)	75°	1,656	1,669	1,678
gem. Hornblende .	18°	20,1°	1,666	(—)	63°	1,660	1,675	1,683
Karinthin[1]	21,5°	19°	1,643	(—)	85°	1,636	1,647	1,659
basalt. Hornblende	4°	3,1°	1,697	(—)	84°	1,684	1,701	1,720
Riebeckit	7°	5°	1,685	(+)	85°	1,677	1,688	1,699
Eckermannit[2] . .	25°	29°	1,642	(—)	74°	1,636	1,644	1,649

[1] Eine Hornblende der Eklogite, die ihrem Chemismus nach zwischen gem. und basalt. Hornblende steht.

[2] Eine Alkalihornblende eines südschwedischen Alkaligesteins (Lakarpit).

Verzeichnis der Mineralnamen

Alle Zahlen bedeuten Nummern der Mineral-Übersicht.
Eingeklammerte Zahlen: Mineral nur erwähnt (meist Spalte „Vorkommen").

C. Petrologische Tabellen

1. Magmatische Gesteine (nach TRÖGER 1935)

a) Tiefengesteine ohne Feldspatvertreter

1. *Alkaligranit* (Arab. Wüste, Ägypten)

	Vol.-% gem.
Quarz	38
Orthoklas	22
Mikroklin	±
Anorthoklas	21
Riebeckit (Alkalihornblende)	19
Aegirin (Na-Fe-Augit)	±
Zirkon, Monazit, Xenotim	Spur

2. *Aplitgranit* (Fürstenstein, nw. Görlitz) = heller saurer Granit

	Vol.-% gem.
Orthoklas $\{$ Mikroperthit $\}$ Mikroklin $\{$ $Or_{62}Ab_{34}An_{04}$ $\}$	42
Quarz	33
Plagioklas An_{12}	22
Biotit, Apatit, Erz, Zirkon, Fluorit, Muskovit	3

Tiefengesteine ohne Feldspatvertreter

	1	2	3	4	5	6	7	8	9
	Alkali-granit	Aplit-granit	Grano-diorit	Quarz-diorit	Orthoklas-syenit	Natron-syenit	Syenit	Diorit	Gabbro
SiO_2	75,22	75,70	63,85	64,07	62,03	60,00	58,70	56,06	48,61
TiO_2	0,13	0,09	0,58	0,45	0,53	0,42	0,95	0,60	0,17
Al_2O_3	9,93	13,17	15,84	15,82	16,39	16,88	17,09	17,61	17,83
Fe_2O_3	2,31	0,43	1,91	3,40	0,72	1,83	3,17	1,65	2,08
FeO	2,19	0,74	2,75	1,44	0,86	3,02	2,29	7,59	5,23
MnO	0,17	n. b.	0,07	Sp.	n. b.	0,12	n. b.	0,16	n. b.
MgO	0,09	0,15	2,07	3,39	1,60	1,40	2,41	3,38	8,23
CaO	1,08	0,92	4,76	4,43	3,60	3,16	4,71	7,26	13,72
Na_2O	4,78	3,59	3,29	4,06	1,08	9,31	4,38	3,47	2,63
K_2O	4,06	4,77	3,08	2,27	12,38	0,94	4,35	1,67	0,32
H_2O^+	0,31	0,68	1,65	0,42	0,61	1,53	0,89	0,95	0,99
H_2O^-	.	.	0,28	0,10	0,24	0,43	0,23	.	.
P_2O_5	n. b.	Sp.	0,13	0,18	0,13	0,14	0,23	n. b.	0,08
CO_2	.	.	.	.	.	0,59	0,00	.	0,00
BaO	.	.	0,06	.	.	0,06	.	.	.
SrO	.	.	Sp.	.	.	0,02	.	.	.
Li_2O	.	.	Sp.	.	.	.	.	.	.
ZrO_2	.	.	.	.	.	0,03	.	.	.
NiO	.	.	.	0,05	.	.	.	.	.
FeS_2	.	.	0,04	.	.	.	.	.	.
S	.	.	.	.	.	Sp.	.	.	0,05
SO_3	.	.	.	.	.	.	.	.	0,00
Summe	100,27	100,24	100,36	100,08	100,17	99,88[1]	99,40	100,40	99,94
si	418	460	241	227	237	207	196	158	105
ti	0,5	0,4	1,6	1,2	1,6	1,1	2,4	1,3	0,3
p	n. b.	Sp.	0,2	0,3	0,3	0,2	0,3	n. b.	0,1
al	32	47	35	33	$36\frac{1}{2}$	34	$33\frac{1}{2}$	$29\frac{1}{2}$	$22\frac{1}{2}$
fm	$21\frac{1}{2}$	7	26	31	$14\frac{1}{2}$	21	26	36	$39\frac{1}{2}$
c	$6\frac{1}{2}$	6	$19\frac{1}{2}$	17	$14\frac{1}{2}$	12	17	22	32
alk	40	40	$19\frac{1}{2}$	19	$34\frac{1}{2}$	33	$23\frac{1}{2}$	$12\frac{1}{2}$	6
k	0,36	0,47	0,38	0,27	0,88	0,06	0,40	0,24	0,08
mg	0,04	0,19	0,45	0,58	0,65	0,35	0,46	0,40	0,68

[1] Mit Sp. Li_2O.

3. *Granodiorit* (Hecla-Schacht, nö. Sacramento, Cal.)

	Gew.-% ber.
Quarz	21
Orthoklas $Or_{85}Ab_{15}$	18
Plagioklas $Ab_{67}An_{30}Or_{03}$	40
Hornblende	17
Biotit	$\pm$
Erz, Titanit, Apatit	4

4. *Quarzdiorit* (Electric Peak, Yellowstone-Park)

	Gew.-% ber.
Plagioklas $Ab_{65}An_{29}Or_{06}$	47
Quarz	22
Biotit	17
Hornblende + Augit	8
Orthoklas $Or_{67}Ab_{30}An_{03}$	5
Erz, Apatit	1

5. *Orthoklas-Syenit* (Copper-Berg, Süd-Alaska)

	Gew.-% ber.
Orthoklas $Or_{88}Ab_{10}An_{02}$	84
Albit	$\pm$
Diopsid	14
Titanit, Apatit	2

6. *Natronsyenit* (Coalinga, Fresno-Co., Cal.)

	Gew.-% ber.
Albit mit Andesinkern $(Ab_{88}An_{05}Or_{07})$	83
Barkevikit (Alkalihornblende)	15
Biotit, Aegirin (Na-Fe-Augit)	$\pm$
Erz, Apatit, Zirkon	2
sek.: Analcim, Calcit, Zeolithe	

7. *Syenit* (Plauenscher Grund, Dresden)

	Gew.-% ber.
Quarz	5
Natronorthoklas ⎫	⎧ 51
Orthoklasperthit ⎬ $Or_{53}Ab_{43}An_{04}$ ⎨ $\pm$
Mikroklin ⎭	⎩ $\pm$
Plagioklas $Ab_{75}An_{25}$	20
Hornblende	19
Biotit, Diopsid	$\pm$
Titanit, Erz, Apatit	5

8. *Diorit* (Lavia, Westfinnland)

	Gew.-% ber.
Plagioklas zonar An_{41}-An_{31}	53
Hornblende	22
Biotit	9
Quarz	7
Mikroklin	6
Erz, Apatit	3

9. *Gabbro* (Zobten, Schlesien)

	Gew.-%. ber.
Plagioklas $Ab_{35}An_{64}Or_{01}$	52
Diallag (Pyroxen)	35
Hypersthen	10
Olivin	$\pm$
Erz, Apatit	3

b) Ergußgesteine ohne Feldspatvertreter

10. *Quarzkeratophyr* (Alsenberg, Fichtelgebirge)

	Gew.-% ber.
Quarz	19
Albit $Ab_{86}An_{00}Or_{14}$	66
Hornblende $\pm$ Biotit (chloritisiert)	13
Erz, Apatit	2

11. *Pantellerit* (Costa Zeneti, Pantelleria)

	Gew.-% ber.
Quarz	20
Anorthoklas $Or_{43}Ab_{57}$ (z. T. Einspr.)	63
Aegirindiopsid (Na-Fe-haltiger Augit) ⎫ z. T.	14
Cossyrit $\pm$ Aenigmatit (Alkalihornblenden) ⎬ Einspr.	3
Apatit, Zirkon	$\pm$

12. *Quarzporphyr* (Thal, s. Eisenach)

	Gew.-% ber.
Quarz	34
Orthoklas $Or_{70}Ab_{28}An_{02}$ ⎫ z. T.	47
Plagioklas $Ab_{80}An_{15}Or_{05}$ ⎬ Einspr.	15
Biotit (zersetzt) ⎫	
Hämatit, Erz, Apatit ⎭	4

13. *Rhyolith* (Sugarloaf-Hill, Arizona)

	Gew.-% ber.
Quarz ⎫ wenige	⎧ 30
Natronsanidin ⎬ $Or_{47}Ab_{53}$ Einspr.	
Albit ⎭ Ein Teil der Grundmasse als Glas	⎨ 64
Plagioklaseinspr. $Ab_{80}An_{20}$	4
Biotiteinsprengling	1
Apatit, Erz	1

14. *Plagiophyr* (Pap-Craig, Südschottland)

Gew.-% ber.

Plagioklas $\begin{cases} \text{-Einspr. An}_{30} \\ \text{-Grundm. An}_{20} \end{cases}$	50
Orthoklas $Or_{60}Ab_{40}$	23
Quarz	17
Chlorit (nach Augit ?),	10
Erz, Apatit	

16. *Quarzporphyrit* (Grass-Valley, nö. Sacramento, Cal.)

Gew.-% ber.

Quarz (z. T. Einspr.)	17
Orthoklas $Or_{67}Ab_{30}An_{03}$	19
Plagioklas $Ab_{60}An_{34}Or_{06}$ (z. T. Einspr.)	45
Hornblende $\Big\}$ -Einspr. Augit	16
Erz, Apatit	3
sek.: Epidot, Chlorit, Sericit	

18. *Keratophyr* (Rübeland, Harz)

Gew.-% ber.

Mikroperthit $Or_{70}Ab_{30}$	19
Albit $Ab_{90}An_{00}Or_{10}$	63
Aegirinaugit (Na-Fe-haltiger Augit) und Zersetzungsprodukt	15
Erz, Apatit	3

20. *Orthophyr* (Friedland, Schlesien)

Gew.-% ber.

= anchimetamorpher Trachyt

Orthoklas $Or_{67}Ab_{30}An_{03}$	62
Plagioklas $Ab_{77}An_{15}Or_{08}$	22
Augit (zersetzt) $\Big\}$ Quarz, Erz, Apatit	16
Glasbasis	±

22. *Porphyrit* (Ilmenau, Thüringen)

Gew.-% ber.

Orthoklas $Or_{67}Ab_{30}An_{03}$	15
Plagioklas $Ab_{56}An_{39}Or_{05}$ (z. T. Einspr.)	58
Enstatit-Einspr.	16
Augit ± Biotit	5
Erz, Quarz, Apatit	6
Glasbasis	±

24. *Diabas* (Wenern-See, Schweden)

Gew.-% ber.

Plagioklas $Ab_{38}An_{55}Or_{07}$	48
Augit	41
Erz, Apatit	6
Orthoklas + Quarz	5
sek.: Uralit (aus Augit entstehende Hornblende), Chlorit	

15. *Rhyodazit* (Marysville, Victoria)

Gew.-% ber.

Plagioklas zonar An_{50}—An_{15} z. T. Einspr.	34
Quarz (z. T. Einspr.)	29
Orthoklas (z. T. Einspr.)	18
Biotit (z. T. Einspr.)	16
Apatit, Erz	3
Granat	±

17. *Dazit* (Kis-Sebes, Siebenbürgen)

Vol.-% gem.

Quarz (davon 5 Einspr.)	30
Orthoklas	9
Plagioklas $Ab_{60}An_{34}Or_{06}$ (davon 30 Einspr. An_{35})	46
Biotit $\Big\}$ -Einspr. Hornblende	5
Erz, Apatit	2
Chloritpseudom. (nach Diopsid ?)	8

19. *Natrontrachyt* (Angorony, NW-Madagaskar)

Gew.-% ber.

Anorthoklas $Or_{37}Ab_{60}An_{03}$ (z. T. Einspr.)	89
Aegirinaugit (Na-Fe-Augit) (z. T. Einspr.) Laneit (Alkalihornblende) Aegirin (Na-Fe-Augit) $\Bigg\}$	8
Quarz	±
Erz, Titanit, Apatit	3

21. *Trachyt* (Siebengebirge, Rheinland)

Gew.-% ber.

Sanidin $Or_{60}Ab_{36}An_{04}$ (z. T. Einspr.)	75
Plagioklas $Ab_{74}An_{19}Or_{07}$ (z. T. Einspr.)	11
Diopsid	10
Biotit	±
Titanit, Apatit, Erz	4
Glasbasis, (entspr. Quarz + Sanidin + Oligoklas)	±

23. *Andesit* (Hoyada, Catamarca, Argentinien)

Gew.-% gesch.

Plagioklas -Einspr. zonar An_{70}—An_{35} -Grundm. An_{35}	46
Hornblende (z. T. Einspr.)	31
Pyroxen, Biotit	±
Erz, Apatit	3
Glasbasis, (entspr. Andesin + Sanidin + Quarz)	20

25. *Basalt* (Mauna Iki, Kilauea)

Gew.-% ber.

Plagioklas $Ab_{44}An_{52}Or_{04}$	44
Augit	49
Olivin	±
Erz, Apatit	7
Glasbasis	±

Erguβgesteine ohne

	10	11	12	13	14	15	16	17	18
	Quarz-keratophyr	Pantellerit	Quarz-porphyr	Rhyolith	Plagio-phyr	Rhyo-dazit	Quarz-porphyrit	Dazit	Kerato-phyr
SiO_2	67,90	69,79	76,03	74,02	64,54	67,17	63,39	66,76	61,67
TiO_2	0,24	0,89	n. b.	0,02	1,09	0,87	0,44	1,02	0,34
Al_2O_3	14,36	11,91	11,76	13,20	15,83	14,86	16,58	14,41	17,47
Fe_2O_3	4,36	5,35	1,99	0,75	1,75	0,43	1,41	2,74	1,37
FeO	1,44	1,43	n. b.	0,29	2,80	3,87	3,08	2,23	3,92
MnO	0,32	0,20	n. b.	Sp.	0,26	0,07	Sp.	n. b.	Sp.
MgO	0,22	0,25	0,27	0,06	1,01	1,61	2,15	2,01	2,13
CaO	1,34	0,25	0,45	0,56	2,13	2,84	4,76	3,64	0,18
Na_2O	6,89	5,66	3,36	4,18	5,25	2,48	3,47	3,02	8,52
K_2O	1,85	4,59	5,61	4,82	2,95	3,77	2,79	2,51	3,38
H_2O^+	1,52	0,17	0,63	1,86	1,39	0,90	1,87	0,62	0,45
H_2O^-	.	0,04	.	.	0,42	0,12	0,22	0,77	.
P_2O_5	n. b	0,13	n. b.	n. b.	0,00	0,53	0,14	0,39	0,06
CO_2	.	.	.	.	0,27	0,20	.	.	0,05
BaO	.	.	.	.	0,06	.	0,11	.	.
ZrO_2	.	.	.	.	0,00	.	.	.	.
FeS_2	Sp.	.	.	.	0,15	.	.	.	.
FeS	.	.	.	.	0,00	.	.	.	.
Cl	.	.	.	Sp.	0,00	.	.	.	.
S	.	.	.	.	.	0,02	.	.	.
SO_3	.	.	.	.	.	.	.	.	.
SO_2	.	.	.	.	.	.	.	.	.
Summe	100,44	100,66	100,10	99,76	99,91[1]	99,74	100,41	100,12	99,54
si	297	325	470	450	268	298	236	280	217
ti	0,8	3,1	n. b.	0,1	3,4	2,9	1,2	3,2	0,9
p	n. b.	0,3	n. b.	n. b.	0,0(?)	1,0	0,2	0,7	0,1
al	37	32½	43	47½	39	39	36	35½	36
fm	22	27	11½	5½	22½	26½	25½	29	26½
c	6½	1½	3	3½	9½	13½	19	16	½
alk	34½	39	42½	43½	29	21	19½	19	37
k	0,15	0,35	0,53	0,43	0,27	0,50	0,35	0,35	0,21
mg	0,07	0,06	0,22	0,10	0,28	0,40	0,47	0,44	0,43

26. *Sideromelan* (nach HOPPE, 1941) (Portella di Palagonia, Sizilien)

fast reines Glas
5% Plagioklas- und Olivineinsprenglinge
Lichtbrechung $n = 1,586 \pm 0,01$

27. *Palagonit* (nach HOPPE, 1941) (Portella di Palagonia, Sizilien)

fast reines Glas
fast völlig frei von Zeolithen
Lichtbrechung $n = 1,49 \pm 0,02$

c) Tiefengesteine mit Feldspatvertretern oder fast nur dunklen Gemengteilen

28. *Foyait* (Monchique, Portugal)

	Gew.-% ber.
Orthoklasmikroperthit $Or_{36}Ab_{56}An_{08}$	67
Nephelin ± Hauyn	24
Aegirinaugit (Na-Fe-haltiger Augit)	7
Titanit, Zirkon, Erz, Kies, Apatit }	2
Lepidomelan (s. eisenreicher Biotit)	±

29. *Leucitsyenit* (Auswürfling Somma, Vesuv)

	Vol.-% ber.
Sanidin	44
Leucit (einsprenglingsartig)	37
Sodalith	12
Hornblende	3
Augit, Biotit	±
Melanit (Ti-halt. Ca-Fe-Granat), Erz Apatit, Titanit }	4

---

[1] Mit 0,01 Cr_2O_3, 0,00 Li_2O.

Feldspatvertreter

	19	20	21	22	23	24	25	26	27
	Natron-trachyt	Ortho-phyr	Trachyt	Porphyrit	Andesit	Diabas	Basalt	Sidero-melan	Palagonit
SiO_2	62,91	63,24	61,25	54,94	57,35	50,20	50,32	51,90	33,00
TiO_2	0,94	Sp.	0,05	1,11	0,64	1,21	3,10	1,60	2,30
Al_2O_3	18,25	16,83	17,70	18,38	17,54	16,08	12,83	14,70	8,30
Fe_2O_3	2,08	4,86	2,95	3,15	3,33	9,30	1,74	1,60	15,20
FeO	1,47	0,07	1,40	3,02	3,87	3,87	9,93	8,60	.
MnO	n. b.	Sp.	n. b.	n. b.	Sp.	0,54	0,10	Sp.	0,10
MgO	0,20	0,57	0,07	3,59	4,29	6,82	7,39	8,70	5,00
CaO	0,87	0,72	3,10	6,29	6,91	7,85	11,06	10,40	7,00
Na_2O	6,87	4,02	3,40	3,97	4,01	2,34	2,38	2,60	0,70
K_2O	5,85	7,37	8,08	2,31	2,54	1,24	0,41	0,40	0,30
H_2O^+	0,47	1,13	1,35	2,39	0,79	0,67	0,33	0,20	9,30
H_2O^-	.	.	.	.	.	.	0,05	0,16	18,30
P_2O_5	0,19	0,16	1,10	0,27	0,08	n. b.	0,30	.	.
CO_2	.	0,00	.	0,69	.	.	.	.	.
BaO	.	.	.	.	.	.	.	.	.
ZrO_2	.	.	.	.	.	.	.	.	.
FeS_2	.	.	.	.	.	.	.	.	.
FeS	.	.	.	.	.	.	.	.	.
Cl	.	.	.	.	.	.	0,04	.	.
S	.	.	.	.	0,03	.	.	.	.
SO_3	.	0,43	.	.	.	.	.	.	.
SO_2	.	.	.	0,12	.	.	.	.	.
Summe	100,10	99,40	100,45	100,23	101,38	100,12	99,98	100,86	99,50
si	250	265	239	166	162	120	118	118	101,8
ti	2,8	n. b.	0,2	2,5	1,3	2,2	5,4	2,7	5.3
p	0,3	0,3	1,8(?)	0,3	0,1	n. b.	0,3	—	—
al	42½	41½	40½	32½	29	22½	17½	19,7	15
fm	12½	19	13½	31	34½	50	48½	48,6	59
c	3½	3½	13	20½	21	20	28	25,4	23,3
alk	41½	36	33	16	15½	7½	6	6,3	2,7
k	0,36	0,55	0,61	0,27	0,30	0,26	0,10	0,09	0,22
mg	0,10	0,18	0,04	0,52	0,53	0,49	0,53	0,60	0,39

30. *Essexit* (Essex-Co., Massachusetts)

Gew.-% ber.

Hornblende	⎫
Biotit	} 39
Diopsid + Aegirinaugit (Na-Fe-halt. Augit)	⎭
Plagioklas $Ab_{50}An_{50}$	30
Mikroperthit + Natronmikroklin $Or_{40}Ab_{60}$	12
Nephelin ± Analcim	10
Titanit, Apatit, Erz	9

31. *Sommait* (Somma, Vesuv)

Vol.-% ber.

Sanidin	31
Augit	28
Plagioklas zonar An_{70}—An_{60}	25
Leucit	9
Olivin ± Biotit	4
Apatit, Erz	3

32. *Ijolith* (Iivaara, N-Finnland)

Gew.-% ber.

Nephelin	52
Aegirinaugit (Na-Fe-haltiger Augit)	39
Apatit	5
Titanit, Calcit, Iivaarit (wie Melanit ein Ti-haltiger Ca-Fe-Granat)	4

33. *Missourit* (Shonkin-Bach, Montana)

Gew.-% ber.

Diopsid (aegirin- und Ti-haltig)	50
Leucit	16
Olivin	15
Analcim + Zeolithe	8
Biotit	6
Erz, Apatit	5

34. *Jacupirangit* (Jacupiranga, S. Paulo, Brasil.)

	Gew.-% ber.
Titanaugit + grüner Augit	80
Titanomagnetit	19
Nephelin, Apatit	1
Perowskit	±

35. *Hornblendit* (Maracas, Bahia, Brasil.)

	Gew.-% gem.
Hornblende	91
Olivin	4
Magnetit	5

36. *Dunit* (Bowen-Berg, Neuseeland)

	Gew.-% ber.
Olivin $Fo_{90}Fa_{10}$	97
Magnetit, Chromit	
Picotit (Cr-halt. Spinell), Kies	} 3
sek.: Carbonate, Antigorit	

Tiefengesteine mit Feldspatvertretern oder fast nur dunklen Gemengteilen

	28	29	30	31	32	33	34	35	36
	Foyait	Leucit-syenit	Essexit	Sommait	Ijolith	Missourit	Jacupi-rangit	Horn-blendit	Dunit
SiO_2	55,22	54,62	46,99	51,65	43,70	46,06	38,38	44,78	38,82
TiO_2	0,59	Sp.	2,92	1,58	0,89	0,73	4,32	0,74	0,00
Al_2O_3	22,59	22,85	17,94	17,50	19,77	10,01	6,15	9,38	2,24
Fe_2O_3	1,14	1,51	2,56	0,93	3,35	3,17	11,70	4,51	3,04
FeO	1,17	1,08	7,56	6,23	3,47	5,61	8,14	7,70	4,90
MnO	0,13	n. b.	Sp.	n. b.	Sp.	Sp.	0,16	1,90	0,28
MgO	0,28	0,36	3,22	4,24	3,94	14,74	11,47	16,85	44,28
CaO	2,12	3,00	7,85	9,72	10,30	10,55	18,60	10,85	0,00
Na_2O	8,76	5,25	6,35	2,38	9,78	1,31	0,78	2,24	0,20
K_2O	5,59	11,19	2,62	4,90	2,87	5,14	0,13	0,20	n. b.
H_2O^+	1,77	0,36	0,65	1,38	0,89	1,44	0,54	0,25	5,68
H_2O^-	0,39	.	.	.	.	.	0,18	0,08	.
P_2O_5	0,00	0,10	0,94	0,41	1,34	0,21	0,17	0,00	n. b.
CO_2	.	.	.	.	.	.	0,00	0,00	0,60
BaO	.	.	0,00	.	.	0,32	.	0,00	.
SrO	.	.	.	.	.	0,20	.	.	.
Cr_2O_3	.	.	.	.	.	.	.	0,24	0,28
ZrO_2	.	.	.	.	.	.	.	0,00	.
Cl	0,43	.	.	.	.	0,03	.	.	.
S	.	.	.	.	.	.	.	0,29	.
SO_3	0,09	.	.	.	.	0,05	.	.	.
Summe	100,27	100,32	99,60	100,92	100,30	99,57	100,72	100,17[1]	100,32
si	185	173	118	134	96	90	67	80	52
ti	1,5	Sp.	5,5	3,1	1,5	1,1	5,7	1,0	0,0
p	0,0	0,1	1,0	0,5	1,2	0,2	0,1	0,0	n. b.
al	44½	43	26½	27	25½	11½	6	10	1½
fm	8	8	33	32	25	57	57½	65½	98
c	7½	10	21	27	24½	22½	35	20½	0
alk	40	39	19½	14	25	9	1½	4	½
k	0,30	0,58	0,22	0,58	0,16	0,72	0,10	0,05	0,0(?)
mg	0,18	0,21	0,37	0,51	0,52	0,76	0,52	0,71	0,91

[1] Einschließlich 0,16 CuO, 0,00 NiO, 0,00 Li_2O.

d) Ergußgesteine mit Feldspatvertretern oder fast nur dunklen Gemengteilen

37. *Phonolith* (Bilin, Tschechoslowak.)

Gew.-% ber.

Natronsanidin $Or_{47}Ab_{53}$ (z. T. Einspr.)	66
Nephelin	18
Aegirindiopsid (Na-Fe-halt. Diopsid)	8
Sodalith + Hauyn	7
Titanit, Apatit	1

38. *Leucitphonolith* (Braccianer See, nw. Rom)

Vol.-% gem.

Natronsanidin $Or_{60}Ab_{40}$	71
Leucit (davon 10 Einspr.)	14
Nephelin-Fülle + Hauyn	6
Aegirinaugit (Na-Fe-halt. Augit) (davon 2 Einspr.)	6
Erz, Apatit	3

39. *Nephelintephrit* (Frenzelberg, Lausitz)

Gew.-% ber.

Plagioklas An_{60}—An_{45} zonar ($Ab_{45}An_{50}Or_{05}$)	42
Titanaugit (z. T. Einspr.)	30
basalt. Hornblende-Einspr. (resorbiert)	±
Nephelin ± Hauyn	15
Erz	6
Natronsanidinfülle	4
Apatit	3

40. *Leucittephrit* (Vesuv, Italien)

Vol.-% gem.

Plagioklas An_{70}	35
Leucit	27
Pyroxen (z. T. Einspr.)	27
Olivin-Einspr.	5
Nephelin, Sodalith	3
Erz, Apatit	3

Ergußgesteine mit Feldspatvertretern oder fast nur dunklen Gemengteilen

	37	38	39	40	41	42	43
	Phonolith	Leucit-phonolith	Nephelin-tephrit	Leucit-tephrit	Nephelinit	Olivin-Leucitit	Pikrit
SiO_2	56,56	55,87	46,26	48,74	40,99	42,20	40,02
TiO_2	0,23	0,79	1,69	1,04	2,41	2,44	0,59
Al_2O_3	21,31	20,85	18,98	16,38	16,50	12,13	8,32
Fe_2O_3	1,03	2,34	7,39	1,64	10,62	7,27	1,51
FeO	1,79	1,10	3,27	5,30	n. b.	4,62	11,14
MnO	0,11	n. b.	n. b.	0,14	0,35	n. b.	0,85
MgO	0,15	0,48	3,09	7,07	3,29	9,24	27,63
CaO	1,24	3,07	10,59	12,19	12,63	14,32	4,04
Na_2O	9,47	4,81	5,51	2,01	5,95	2,75	0,65
K_2O	5,25	10,49	1,99	4,95	2,36	3,69	0,32
H_2O^+	0,25	0,34	0,96	0,55	2,63	0,66	4,30
H_2O^-	1,70	.	.	0,16	.	.	0,70
P_2O_5	0,06	0,11	0,49	0,18	0,89	0,80	n. b.
CO_2	0,24	0,00	.	.	.	.	.
BaO	.	0,09	.	.	.	.	.
ZrO_2	.	0,07	.	.	.	.	.
Cr_2O_3	.	.	.	.	.	.	Sp.
Cl	0,35	.	.	0,07	0,36	.	.
S	0,26	.	.	.	.	0,04	.
SO_3	.	0,14	.	.	0,64	.	.
FeS_2	.	.	.	.	.	.	0,51
Summe	100,00	100,55	100,22	100,42	99,62	100,16	100,58
si	195	184	110	110	94	83	64
ti	0,6	2,0	3,0	1,8	4,1	3,6	0,7
p	0,1	0,2	0,6	0,2	0,9	0,7	n. b.
al	$43\frac{1}{2}$	$40\frac{1}{2}$	$26\frac{1}{2}$	22	22	14	$7\frac{1}{2}$
fm	9	11	$30\frac{1}{2}$	37	$30\frac{1}{2}$	46	84
c	$4\frac{1}{2}$	11	27	$29\frac{1}{2}$	31	30	7
alk	43	$37\frac{1}{2}$	16	$11\frac{1}{2}$	$16\frac{1}{2}$	10	$1\frac{1}{2}$
k	0,27	0,59	0,19	0,62	0,21	0,47	0,23
mg	0,09	0,21	0,36	0,65	0,37	0,60	0,79

41. *Nephelinit* (Hochstradener Kogel, Steiermark)

	Gew.-% ber.
Titanaugit (selten Einspr.)	44
Nephelin	23
Hauyn	14
Erz $\pm$ Olivin	7
Apatit	2
Glasbasis (entspr. Plagioklas + Sanidin + Nephelin)	10

42. *Olivinleucitit* (Killerkopf, Südeifel)

	Vol.-% gem.
Titanaugit (davon 16 Einspr.)	53
Leucit	24
Nephelin $\pm$ Sodalith	8
Olivin (davon 6 Einspr.)	7
Erz, Biotit, Apatit	8

43. *Pikrit* (Wommelshausen, Hessen)

	Gew.-% ber.
Olivin (serpentinisiert)	51
Augit (chloritisiert)	37
Hornblende, Biotit	$\pm$
Plagioklas $Ab_{12}An_{88}$	8
Erz, Apatit, Kies, Picotit (Cr-halt. Spinell)	4

e) Einige Lamprophyre

44. *Minette* (Weißenburg, Elsaß)

	Vol.-% gem.
Orthoklas	36
Plagioklas wenige Einspr. An_{60} / vorw. Grundm. An_{30}	25
Biotit	12
Diopsid (davon 15 Einspr.)	20
Olivin-Einspr. (serpentinis.) / Erz, Apatit, Titanit	7

45. *Kersantit* (Brest, Bretagne)

	Vol.-% gem.
Plagioklas $Ab_{70}An_{25}Or_{05}$	53
Biotit (beginnende Chloritisierung)	24
Pyroxen (vollständig chloritisiert)	8
Quarz (primär als Zwickel und in Mandeln)	9
Calcit (primär als Zwickel und in Mandeln)	4
Erz, Apatit	2

46. *Camptospessartit* (Golenz, Lausitz)

	Vol.-% gem.
Plagioklas zonar An_{45}—An_{27} ($Ab_{58}An_{42}$)	40
Titanaugit	24
basalt. Hornblende	19
Olivin-Einspr.	9
Erz, Apatit	8

47. *Tinguait* (Serra do Tinguá, Brasil.)

	Gew.-% ber.
Sanidin, Mikroklin Perthit, Anorthoklas } $Or_{65}Ab_{35}$	46
Nephelin	32
Aegirin (Na-Fe-Augit) $\pm$ Biotit	21
Apatit	1

48. *Leucittinguait* (Magnet-Cove, Arkansas)

	Gew.-% ber.
Natronsanidin	30
Pseudoleucit	25
Nephelin	17
Aegirindiopsid (Na-Fe-halt. Diopsid)	15
Sodalith	10
Erz, Apatit	3
Biotit, Melanit (Ti-halt. Ca-Fe-Granat)	$\pm$

49. *Teschenit mit Analcim* (Paskau, westl Teschen, Tschechoslow.)

	Gew.-% ber.
Titanaugit mit aegirinhaltigem Saum } / Barkevikit (Alkalihornblende) $\pm$ Biotit	43
Plagioklas zonar An_{60}—An_{45}	27
Analcim	16
Erz	10
Apatit, Kies	4

50. *Leucitmonchiquit* (Neschwitz, Tschechoslow.)

	Vol.-% gem.
Titanaugit (-Einspr.)	31
Leucit (-Einspr.)	7
Erz (-Einspr.)	5
Plagioklas An$_{50}$ (-Einspr.)	2
Glasbasis mit Mikrolithen von	55
Titanaugit,	
basalt. Hornblende,	
Plagioklas,	
Erz, Apatit	

51. *Kimberlit* (Kimberley, Südafrika)

	Gew.-% ber.
Olivin Fo$_{89}$Fa$_{11}$ (z. T. Einspr.)	60
Calcit (aus Melilith)	14
Phlogopit (z. T. Einspr.)	13
Pyrop (-Einspr.) } Diopsid (-Einspr.) }	6
Apatit, Erz, Perowskit	7

Lamprophyre

	44	45	46	47	48	49	50	51
	Ohne			Mit				Ohne Feldspäte
	Feldspatvertreter							
	Minette	Kersantit	Camptospessartit	Tinguait	Leucittinguait	Teschenit mit Analcim	Leucitmonchiquit	Kimberlit
SiO$_2$	52,70	51,34	42,58	53,10	52,91	41,42	45,53	30,66
TiO$_2$	1,71	1,40	3,49	n. b.	0,00	3,14	1,50	1,63
Al$_2$O$_3$	15,07	14,03	14,68	19,07	19,49	15,07	18,37	2,86
Fe$_2$O$_3$	8,41	0,92	5,96	5,57	4,78	6,40	4,85	3,08
FeO	n. b.	5,60	11,29	0,00	2,05	7,93	3,43	5,98
MnO	n. b.	n. b.	0,13	n. b.	0,44	0,20	0,72	0,16
MgO	7,23	10,02	6,32	0,17	0,29	4,82	4,11	31,24
CaO	5,33	6,40	10,10	1,33	2,47	10,16	8,15	10,92
Na$_2$O	3,12	2,41	3,39	9,41	7,13	4,00	3,93	0,17
K$_2$O	4,81	2,60	0,64	6,84	7,88	1,98	4,16	1,23
H$_2$O$^+$	2,38	2,75	1,55	3,98	1,19	2,73	2,62	3,01
H$_2$O$^-$	.	0,65	.	.	.	0,27	1,68	0,93
P$_2$O$_5$	Sp.	0,47	0,22	n. b.	Sp.	1,57	0,86	1,64
CO$_2$	n. b.	1,70	.	0,10	.	.	1,54	6,00
BaO	.	.	.	.	.	.	.	0,14
SrO	.	.	.	.	0,09	.	.	0,08
selt. Erden	.	.	.	.	0,48	.	.	.
NiO	.	.	.	.	.	.	.	0,13
V$_2$O$_3$	.	.	.	.	.	.	.	0,02
Cr$_2$O$_3$	.	.	.	.	.	.	.	0,10
F	.	.	.	.	.	0,10	.	0,04
Cl	.	.	.	.	0,53	0,05	.	0,04
S	.	.	.	.	0,52	0,37	.	0,04
Summe	100,76	100,29	100,35	99,57	100,25[1]	100,21	101,45	100,10[1]
si	139	130	91	174	165	95	116	45
ti	3,4	2,7	5,6	n. b.	0,0	5,4	2,9	1,8
p	n. b.	0,5	0,2	n. b.	Sp.	1,5	0,9	1,0
al	23½	21	18½	37	35½	20½	27	2½
fm	45½	51½	50½	14½	19	43	34	79
c	15	17½	23	4½	8½	25	22	17
alk	16	10	8	44	37	11½	17	1½
k	0,51	0,41	0,11	0,32	0,42	0,25	0,42	0,83
mg	0,63	0,74	0,40	0,06	0,07	0,38	0,47	0,86

[1] Mit Sp. Li$_2$O.

2. Sedimentgesteine

a) Sandsteine und Grauwacken

1. Mineralbestand

Feinkörniger Unterdevonsandstein, Schalker Schichten, Rammelsberg, unter Tage (nach Görz, 1962)

	Vol.-% beob.
	1
Quarz	80,7
Glimmer	16,7
Carbonat	2,5
Erz	0,1
	100,0

Kulmgrauwacke, Harz (nach Mattiat, 1960)

	Vol.-% beob.		
	grobkörnig	mittelkörnig	feinkörnig
	2	3	4
Quarz	25,7	31,6	26,2
Feldspat	10,4	23,1	20,4
Chlorit	7,5	9,6	26,1
Glimmer	1,0	2,6	2,1
Calcit	4,4	0,0	0,0
Gesteine	50,0	31	23
Rest	1,0	2,1	2,2
	100,0	100,0	100,0

Mittlerer Buntsandstein, Hauptgervillienlager, Salzdetfurth (nach Okrajek, 1965)

	Gew.-% beob.
	5
Quarz	71,3
Oligoklas	9,7
Alkalifeldspat	13,8
Muskovit	2,5
Chlorit	2,3
Rest	0,4
	100,0

Tertiärsandstein, Bohrung Neusiedl (nach Bolter, 1960 unveröff.)

	Gew.-% beob.
	6
Quarz	82,9
Na-Feldspat	1,4
K-Feldspat	2,0
Ca-Feldspat	0,2
Biotit	0,7
Muskovit	0,8
Illit	3,8
Vermiculit	4,9
Chamosit	2,3
Siderit	0,2
Apatit	0,1
Pyrit	0,1
TiO_2 + Zirkon	0,6
	100,0

2. Chemische Analysen

	Unterdevon	Kulmgrauwacken			Buntsandstein	Tertiärsandstein
		grob	mittel	fein		
	1	2	3	4	5	6
SiO_2	87,01	77,2	69,7	65,2	87,6	90,32
TiO_2	0,48	0,4	0,9	0,9	0,1	0,50
Al_2O_3	6,80	9,6	14,4	16,6	6,3	3,27
Fe_2O_3	0,55	0,9	2,6	3,3	0,4	1,28
FeO	0,44	1,5	1,0	1,6	0,06	1,08
MnO	0,14	0,1	0,1	0,1	0,02	—
MgO	0,47	1,5	1,5	1,6	0,5	1,41
CaO	0,30	1,9	1,4	0,6	0,7	0,12
Na_2O	0,05	2,7	3,5	3,3	1,6	0,17
K_2O	1,77	1,1	1,8	2,5	2,0	0,80
H_2O^+	0,90	2,3	2,8	3,2	0,6	1,10
H_2O^-	0,30	0,1	0,3	0,7	—	—
P_2O_5	0,09	0,2	0,2	0,3	0,1	0,04
CO_2	0,70	1,3	0,2	—	C: 0,03	0,1
	100,00	100,8	100,4	99,9	100,01	100,19

Alle Analysen aus: Beiträge zur Mineralogie etc.

b) Tone und Tonschiefer

1. Mineralbestand

Feuerfeste Tone der obermiocänen Süßwasser-molasse (nach KÖSTER u. NORDMEIER, 1961), Rohrhof, Oberpfalz

	Gew.-% ber.	
	1	2
Quarz	17,3	4,6
Kaolinit	60,6	88,5
Muskovit	18,3	4,5
Hämatit	2,4	1,7
Rutil	1,4	0,7
	100,0	100,0

Buntsandstein-Ton, Hauptgervillienlager, Tiefbohrung Hämelwald Z 1 (nach OKRA-JEK, 1965)

	Gew.-% beob.	Gew.-% ber.
	4a	4b
Quarz	23,7	30,1
Oligoklas	11,6	9,2
Alkalifeldspat	7,8	6,2
Muskovit	36,2	36,7
Chlorit	17,3	14,9
Hämatit	0,7	0,7
Dolomit	1,0	1,0
Anhydrit	0,5	0,5
Anatas, Rutil	0,7	0,2
Apatit	0,4	0,4
C	0,1	0,1
	100,0	100,0

Hagenowi-Ton, Lias α Göttingen (nach KHARKWAL, 1959)

	Vol.-% beob.
	3
Quarz	17,0
Muskovit-Illit	30,5
Feldspat	0,3
Wechsellager Illit-Montmor.	17,1
Chlorit	7,6
Kaolinit	6,4
Aggregate (Quarz + Illit)	18,6
Hämatit?	1,7
Carbonat	0,7
	99,9

Kalkhaltiger Tonschiefer, Mitteldevon (Eifel), Königsee b. Goslar (nach KNOKE, 1966)

	Gew.-% beob.
	5
Quarz	28,0
Plagioklas An_{10-15}	5,3
K-Feldspat	1,8
Chlorit	27,2
Muskovit-Illit	25,4
Calcit	12,3
	100,0

Kalkhaltiger Tonschiefer, Oberdevon (Wocklum-Dasberg) Junkernberg b. Goslar (nach KNOKE, 1966)

	Gew.-% beob.
	6
Quarz	22,1
Plagioklas An_{10-15}	0,8
K-Feldspat	—
Chlorit	21,3
Muskovit-Illit	34,6
Calcit	21,2
	100,0

2. Chemische Analysen

	1	2	3	4	5	6
SiO_2	51,89	45,75	53,63	58,2	51,79	43,15
TiO_2	1,31	0,64	1,92	0,81	0,70	0,58
Al_2O_3	30,76	35,08	20,11	20,3	15,55	14,58
Fe_2O_3	2,13	1,67	3,16	5,5	0,80	2,11
FeO	—	—	1,46	0,18	4,70	7,49
MnO	—	—	0,0	0,04	0,13	0,71
CaO	—	0,14	2,72	1,2	6,53	9,29
MgO	0,47	0,21	4,82	3,8	4,46	4,10
Na_2O	0,12	0,06	0,25	1,7	0,83	0,14
K_2O	1,97	0,51	3,57	4,9	3,34	3,81
P_2O_5			0,24	0,2	0,17	0,16
H_2O^+			7,10	3,3	3,80	4,09
CO_2			0,21	0,5	5,40	9,3
SO_3			0,75 FeS_2	0,3		
C				0,1	1,50	0,24
Glühverlust	11,40	16,76				
	100,05	100,82	99,94	101,03	99,70	99,75

Analysen 1 und 2 aus: Berichte der Dtsch. Keram. Ges., die übrigen aus: Beiträge zur Mineralogie etc.

c) Kalke, Mergel, Kieselkalke, Dolomite

1. Mineralbestand

Kalklinse im Mitteldevon (Eifel), Königsee b. Goslar (nach KNOKE, 1966)

	Gew.-% beob.
	1
Calcit	89,6
Quarz	4,5
Plagioklas An_{10-15}	0,4
K-Feldspat	+
Chlorit	1,5
Muskovit-Illit	4,0
	100,0

Kalklinse im Oberdevon (Wocklum-Dasberg), Junkernberg b. Goslar (nach KNOKE, 1966)

	Gew.-% beob.
	2
Calcit	72,4
Quarz	12,3
Plagioklas An_{10-15}	4,5
Kalifeldspat	+
Chlorit	5,8
Muskovit-Illit	5,0
	100,0

Unterer Muschelkalk, Plesse b. Göttingen (nach FÜCHTBAUER, 1950)

	Gew.-% beob.
	3
Calcit	92,0
Quarz	1,15
Na-Feldspat	0,4
K-Feldspat	0,45
Illit	6,0
	100,0

Tonmergel d. Ob. Muschelkalks (mo) Hain-, berg b. Göttingen (nach FÜCHTBAUER, 1950)

	Gew.-% beob
	4
Calcit	26,6
Quarz	6,2
Na-Feldspat	3,5
K-Feldspat	1,5
Illit	62,7
FeOOH	0,4
	100,9

Kieselkalk, Kulm, Wallau (nach HOSS, 1957)

	Gew.-% ber.
	5
Calcit	64,5
Quarz	28,4
$MnCO_3$	0,5
Albit	1,7
Illit	4,0
Rest	0,9
	100,0

Flammenmergel (Oberalb Wrisbergholzen) (nach KNOKE, 1967)

	Gew.-% beob.	Gew.-% ber.
	6	
Calcit	38	38,9
Kieselsubstanz	52	38,3
Muskovit-Illit	5	9,5
Montmorillonit	5	6,8
Chlorit	+	2,2
Glaukonit	+	1,5
Plagioklas	+	0,7
Kalifeldspat	+	0,4
Schwerminerale	+	0,5
Limonit	+	1,1
Org. Substanz	+	0,1
	100,0	100,0

Zechsteindolomit (Werra), Bad Lauterberg (nach SMYKATZ-KLOSS, 1966)

	Gew.-% beob.
	7
Dolomit	89,8
Calcit	5,1
Quarz	1,0
Illit	1,0
Chlorit	0,2
Montmorillonit	0,1
Limonit	0,1
Feldspat	0,2
Flußspat	1,5
	99,0

Zechstein-Hauptdolomit, Bohrung Herste (nach SMYKATZ-KLOSS, 1966)

	Gew.-% beob.
	8
Dolomit	53,60
Calcit	6,11
Anhydrit	37,40
Gips	0,25
Steinsalz	1,45
Quarz	0,3
Muskovit	0,27
Pyrit	0,17
Feldspat	0,04
Flußspat	0,03
	99,62

„Steinmergel" des mittleren Keupers, Elkers-
hausen b. Göttingen (nach ECHLE, 1960)

	Vol.-% beob.
	9
Dolomit	62
Quarz	26
Plagioklas	2
K-Feldspat	$+$
Illit	3
Corrensit	6
Chlorit	1
	100

2. Chemische Analysen

	Devonkalk		Muschel-kalk	Ton-mergel	Kieselkalke		Dolomite		„Stein-mergel"
	1	2	3	4	5	6	7	8	9
SiO_2	6,90	18,19	4,41	37,64	30,9	47,27			27,7
TiO_2	0,07	0,17	0,02	0,09	0,08	0,26			0,1
Al_2O_3	1,47	3,81	1,75	15,10	1,80	5,44			2,7
Fe_2O_3	0,36	0,50	0,38	4,36	0,60	1,60			0,6
FeO	0,80	1,44	0,28	0,95	—	0,17			0,2
MnO	0,36	0,22	0,02	0,04	0,33	0,03			0,2
CaO	47,41	38,86	50,26	14,34	35,70	21,20	30,18	35,86	18,6
MgO	1,84	2,08	0,97	3,13	Sp.	1,37	19,50	12,20	18,1
Na_2O	0,07	0,58	0,09	0,4	0,2	0,18			0,2
K_2O	0,40	0,58	0,45	3,16	0,4	1,25			0,3
P_2O_5	0,03	0,07	0,15	0,04	0,14	0,06			0,05
CO_2	39,30	31,80	40,3	11,75	28,0	16,94	45,83	27,11	29,3
Cl	—	—	0,03	0,13				NaCl 1,45	—
SO_4	—	—	Sp.	Sp.				22,14	—
H_2O^-	—	—	0,36	4,15	0,1	2,10			
H_2O^+	0,41	0,91	—	—	0,5	1,30			
C	0,32	1,08	—	—	0,6	0,24	4,1[1]	0,85[1]	2,4
Glüh-verlust	—	—	0,5	5,0	—	—			
	99,74	100,29	99,97	100,28	99,35	99,41	99,61	99,66	100,45

Alle Analysen aus: Beiträge zur Mineralogie etc.

[1] Säureunlösl. Rückstand

d) Kieselgesteine, Tuffite, Eisenerze

1. Mineralbestand

Kulmlydite, Harz (nach HOSS, 1957)

	Gew.-% ber.	Gew.-% ber.	Gew.-% ber.
	1	2	3
Albit	1,1	2,8	5,0
Chlorit	3,5	1,5	2,7
Illit	8,2	10,6	22,0
Quarz	84,5	82,2	66,9
Rest	2,7	2,9	3,4
	100	100	100

Kieselgestein im Flammenmergel (Oberalb),
Hohe Schanze b. Freden (nach KNOKE,
1967)

	Gew.-% beob.	Gew.-% ber.
	4	
Calcit	$+$	0,1
Kieselsubstanz	86	81,4
Muskovit-Illit	8	8,1
Montmorillonit	3	3,3
Chlorit	1	1,4
Glaukonit	2	1,4
Plagioklas	$+$	1,1
Schwermineral	$+$	0,4
Limonit	$+$	2,7
Org. Substanz	$+$	0,1
	100	100

Tuffite (Adinole) im Kulm (nach Hoss, 1957); 5 *Eifa* (rhein. Schiefergebirge), 6 Lerbach (Harz)

	Gew.-% ber. 5	Gew.-% ber. 6
Albit	58,0	48,5
Quarz	31,5	36,0
Chlorit	n.n.	6,5
Biotit	2,5	n.n.
Illit	4,0	3,0
Calcit	2,0	n.n.
Dolomit	n.n.	5,0
Rest	2,0	1,0
	100	100

Chamositeisenerz, Lias, Echte (nach HARDER, 1951)

	Gew.-% ber. 7
Calcit	16,12
Siderit	3,53
Pyrit	0,41
Chamosit	72,11
Apatit	3,82
Gips	3,16
„Humus" $(C \times 1,7)$	0,58
	99,73

Hämatiteisenerz, Lias, Markoldendorf (nach HARDER, 1951)

	Gew.-% ber. 8
Calcit	32,09
Siderit	1,25
Pyrit	0,60
Eisensilikat	~4,00
Hämatit	~54,00
Apatit	5,53
Gips	2,27
„Humus" $(C \times 1,7)$	0,56
	100,00

2. Chemische Analysen

	Kulmlydite			Kiesel, Flammen-mergel	Tuffite		Lias, Eisenerze	
	1	2	3	4	5	6	7	8
SiO_2	90,60	89,6	80,8	86,38	73,7	71,8	21,78	13,36
TiO_2	0,05	0,10	0,16	0,23	0,10	0,10	0,53	0,45
Al_2O_3	4,0	4,8	9,7	4,25	13,0	11,4	10,67	7,89
Fe_2O_3	1,8	1,6	2,9	2,87	1,79	0,5	6,2	29,62
FeO	n. b.	n. b.	n. b.	0,13	n. b.	1,3	22,7	2,69
MnO	0,6	0,10	0,16	0,08	0,15	0,48	0,08	0,33
CaO	0,4	0,2	0,1	0,24	0,86	1,5	12,25	21,90
MgO	1,0	0,4	0,8	0,62	0,36	2,2	3,61	0,93
Na_2O	0,1	0,3	0,5	0,17	6,8	5,5	0,079	0,014
K_2O	0,6	0,8	1,8	1,05	0,5	0,6	0,089	0,50
P_2O_5	0,06	0,04	0,05	0,07	0,03	0,07	1,62	2,35
CO_2	n. b.	n. b.	n. b.	0,07	0,7	2,3	8,45	14,59
H_2O^+	1,3	2,3	2,8	1,11	0,7	2,0	8,36	1,48
H_2O^-	0,1	0,1	0,4	2,11	0,02	0,02	1,01	1,85
C	0,06	0,13	0,05	0,14	0,5	Sp.	0,50	0,33
SO_3							1,47	1,05
$S^=$							0,22	0,32
V_2O_3							0,23	0,28
B_2O_5							0,05	
CO							0,002	
NiO							0,06	
	100,67	100,47	100,22	99,52	99,21	99,77	99,96	99,93

Alle Analysen aus: Beiträge zur Mineralogie etc.

3. Metamorphe Gesteine

a) Gesteine der Diagenese und Regionalmetamorphose

1. Mineralbestand

Diagenese, Oberkreide (Campan), Kalk b. Hannover (nach SCHÖNER, 1959)

Gew.-% beob.

	1
Calcit	81,2
Quarz	3,1
Illit	8,5
Montmorillonit	5,0
Heulandit	1,7
Rest	0,5
	100,0

Grünschieferfacies, Grünschiefer, Furulund, Sulitelma, Norwegen (nach ESKOLA, 1939)

Gew.-% ber.

	2
Quarz	1,1
Albit	39,9
Chlorit	29,4
Epidot	23,0
Aktinolitische Hornblende	3,5
Calcit u. a.	2,6
	99,5

Grünschieferfacies,, Prasinit", Sp. „Ovardit" (Grünschiefer), Grand Paradise (nach MICHEL, 1953)

Gew.-% beob.

	3
Quarz	5,5
Albit (An_0)	35
Chlorit	25
Epidot ⎫	
Klinozoisit ⎬	18
Zoisit ⎭	
Aktinolit	9
Rest	7,5
	100,0

Glaukophan-Lawsonitfacies, Metabasalt (nach COLEMAN u. LEE, 1963), Ward Creek, nördl. Californien

Gew.-% beob.

	4
Glaukophan	56,3
Lawsonit	34,0
Pumpellyit	1,2
Muskovit	0,3
Titanit	5,2
Chlorit	0,5
$CaCO_3$	2,5
	100,0

Glaukophan-Lawsonitfacies, Meta-Schiefer, (nach COLEMAN u. LEE 1963) Ward Creek, nördl. Californien

Gew.-% beob.

	5
Crossit-Rieberkit	48,4
Muskovit	23,9
Quarz	26,6
Titanit	1,1
	100

Glaukophan-Lawsonitfacies, Metahornstein, (nach COLEMAN u. LEE 1963) Ward Creek, nördl. Californien

Gew.-% beob.

	6
Crossit-Rieberkit	3,0
Stilpnomelan	17,6
Orthoamphibol.	14,6
Granat	5,8
Quarz	57,9
Pyrit	1,3
	100

Albit-Epidot-Amphibolitfacies, Epidotamphibolit, Carlotta, Sulitelma, Norwegen (nach ESKOLA, 1939)

Gew.-% beob.

	7
Albit (An_9)	42,8
Hornblende	42,2
Klinozoisit	12,3
Chlorit	2,9
Rutil u. a.	0,5
	100,7

Amphibolitfacies, Amphibolit, Kisko, Finnland (nach ESKOLA, 1939)

Gew.-% beob.

	8
Plagioklas	26,5
Hornblende	71,5
Quarz	2,0
	100,0

Amphibolitfacies, Staurolith-Granat-Plagioklas-Gneiss, Spessart (nach MATTHES, 1954)

	Vol.-% beob. 9
Quarz	30,0
Plagioklas (An$_{20-32}$)	26,4
Muskovit	13,2
Biotit	21,3
Staurolith	9,1
Almandingranat	1,3
Nebengemengt.	2,1
	103,4

Amphibolitfacies, Sillimanitführ. Biotitschiefer, Iron County, Michigan (nach JAMES, 1955)

	Gew.-% beob. 11
Quarz	35,9
Biotit	40,7
Muskovit	7,6
Plagioklas (An$_{15}$)	9,4
Granat	3,0
Staurolith	0,3
Sillimanit	3,1
	100,0

Granulitfacies, Paragneiss, Colton N.Y. (nach ENGEL u. ENGEL, 1958 u. 1960)

	Vol.-% beob. 13
Quarz	22,58
K-Feldspat	3,08
Plagioklas (An$_{64}$)	46,83
Biotit	15,66
Granat	9,70
Chlorit	0,76
Erz (haupts. Magnetit)	0,08
Zirkon	Sp.
Apatit	Sp.
Sericit	0,51
Rest	0,80
	100,00

Amphibolitfacies, verschieferte Zone in Feldspatschiefer, Dutches County, N.Y. (nach BARTH, 1936)

	Gew.-% ber. 10
Quarz	2,5
Plagioklas (An$_{50}$)	30,7
Biotit[1]	48,2
Almandin-Granat	14,6
Disthen	3,3
Apatit	0,3
	99,6

[1] $FeO/MgO = 1,26$.

Granulitfacies, Norit-Granulit, Härkäselkä, Lappland (nach ESKOLA, 1939)

	Gew.-% beob. 12
Quarz	2,5
K-Feldspat	7,1
Plagioklas	49,5
Hypersthen	25,3
Diopsid	9,6
Eisenerz u. a.	4,9
	98,9

Eclogitfacies, Eclogit, Glenelq, Scotland (nach YODER u. TILLEY, 1962)

	Gew.-% ber. 14
Pyroxen[1]	53,6
Granat[2]	30,2
Quarz	8,1
Hornblende, Rutil u. a.	8,1

[1] Diopsid	49	[2] Almandin	51,2
Hedenbergit	13	Pyrop	21,9
Tschermaks Mol.	8	Spessartit	1,4
Jadeit + Acmit	30	Grossular	22,7
		Andradit	2,8

Eclogitfacies, Disthen-Eclogit, Silberbach, Fichtelgebirge (nach YODER u. TILLEY, 1962)

	Gew.-% ber. 15
Omphacit[1]	58,5
Disthen	18
Granat[2]	18
Quarz	4
Pyrrhotin	0,9
Rest	0,6

[1] Diopsid	70	[2] Almandin	33,9
Hedenbergit	4	Pyrop	43,9
Tschermaks Mol.	6	Spessartit	1,2
Jadeit + Acmit	20	Grossular	20,6
		Andradit	0,4

b) Metasomatisch veränderte Gesteine

Sericitisierter Granodiorit (nach Lindgren, 1928)

Gew.-% ber. 16

Quarz	25,00
Sericit	61,46
$CaCO_3$	7,23
$MgCO_3$	2,70
$FeCO_3$	0,58
Rutil	0,25
Pyrit	2,87
Apatit	0,46
	100,55

Fluorit-Skarn, Huddersfield Twp., Quebec (nach Shaw, 1963)

Gew.-% beob. 17

Calcit	45—50
Fluorit	25
Apatit	10
Pyroxen + Glimmer	7
Scapolith	4
Quarz, Sphen, Pyrit, Uranothorit	Sp.

2. Chemische Analysen der Gesteine der Diagenese, Regionalmetamorphose und Metasomatose

	Diagenese	Grünschieferfacies		Glaukophan-Lawsonitfacies		
				Metabasalt	Metaschiefer	Metahornstein
	1	2	3	4	5	6
SiO_2	11,8	49,22	47,50	46,5	69,3	85,8
TiO_2	0,15	0,18	2,25	1,2	0,41	0,06
Al_2O_3	3,4	18,56	18,79	13,8	12,0	1,1
Fe_2O_3	0,9	2,22	4,65	1,3	1,1	3,3
FeO	n. b.	5,35	6,30	7,6	3,9	3,5
MnO	0,01	0,12	0,10	0,20	0,06	0,65
CaO	45,6	7,17	7,68	12,1	0,67	0,22
MgO	0,3	8,15	5,92	7,4	4,2	0,16
Na_2O	0,07	4,65	3,76	3,1	2,2	0,05
K_2O	0,6	0,10	0,30	0,18	3,3	0,05
P_2O_5	0,01	n. b.	0,46	0,16	0,14	0,22
CO_2	35,7	0,43	1,50	2,6	< 0,05	< 0,05
H_2O^+	1,3	3,15	1,12	3,6	2,1	0,82
H_2O^-	—	—	—	0,16	0,09	0,18
S^{--}	0,07	0,02	—	FeS_2 0,09	< 0,05	4,2
	99,91	99,32	100,33	99,99	99,57	100,36

	7	8	9	10	11
	Albit-Epidot-Amphibolit	Amphibolit	Staurolith-Granat-Plagioklasgneiss	Verschieferte Zone im Feldspatschiefer	Sillimanitführ. Biotitschiefer
SiO_2	52,45	49,73	58,71	45,10	55,90
TiO_2	0,38	0,56	0,83	1,42	0,85
Al_2O_3	17,23	16,05	20,78	22,18	19,31
Fe_2O_3	4,36	2,44	4,24	0,99	0,95
FeO	4,96	7,96	3,46	10,97	7,83
MnO	0,08	0,20	0,18	0,74	0,04
CaO	8,55	10,22	1,15	4,10	1,17
MgO	6,71	7,84	2,56	5,79	4,01
Na_2O	4,94	2,99	1,65	2,15	1,73
K_2O	0,39	0,61	4,05	4,28	4,91
P_2O_5	Sp.	0,12	0,24	0,11	0,18
CO_2	—	—	0,0	—	0,0
F	—	—			
S	0,04			n. b.	
H_2O^+	0,69	1,03	1,70	1,29	2,77
H_2O^-				0,08	0,19
	100,78	99,75	99,55	99,20	99,84

	12	13	14	15	16
	Norit-granulit	Para-gneiss	Eclogit	Disthen-eclogit	Seric. Grano-diorit
SiO_2	52,03	61,27	50,05	50,24	56,25
TiO_2	2,27	0,78	1,55	0,26	0,25
Al_2O_3	16,39	17,94	13,37	19,98	17,65
Fe_2O_3	0,82	0,67	3,71	1,44	0,76
FeO	9,13	6,81	10,39	3,12	2,64
MnO	0,17	0,05	0,25	0,10	0,0
CaO	8,78	3,29	11,00	12,95	4,46
MgO	7,04	3,01	6,49	9,84	1,69
Na_2O	2,14	3,51	2,38	1,93	0,30
K_2O	1,21	1,93	0,36	0,09	6,01
P_2O_5	0,06	0,56	0,12	0,02	0,21
CO_2	—	—	0,14	—	4,82
F	—	0,04	—	—	
S	0,04	—	0,08	0,35	2,87 FeS_2
H_2O^+			0,39	0,31	2,36
H_2O^-	0,35	n. b.	0,06	0,0	0,30
Cr_2O_3	0,10		0	n. b.	
BaO	0,03		0	n. b.	0,03
	100,51	99,86	100,34	100,63	99,35
			0,03 für O=S	0,15 für O=S	
			100,31	100,48	

Analysen 1: Beiträge z. Min. etc. 2, 7, 8, 12: BARTH, CORRENS, ESKOLA. 3: Science de la Terre (Nancy). 4, 5, 6, 14, 15: Journ. of Petrology. 9: Abh. Hess. Landesamt Bodenforsch. 10, 11, 13: Bull. Geol. Soc. Am. 16: LINDGREN, Mineral Deposits. 17: Canad. Mineralogist.

c) Kontaktmetamorphe Gesteine (nach V. M. Goldschmidt, 1911; s. a. S. 276/277)

1. Mineralbestand

18. *Pyroxen-Hornfels, Klasse 1* Gew.-% ber.

Kalifeldspat	34,87
Albit	10,24
Anorthit	0,40
Andalusit	6,94
Cordierit	13,81
Quarz	20,97
Biotit	1,00
Kaliglimmer	5,00
Rutil	1,32
Apatit	1,43
Magnetkies	1,32
Graphit	1,58
Wasser	0,66
	99,54

19. *Pyroxen-Hornfels, Klasse 3* Gew.-% ber.

Kalifeldspat	13
Albit	9
Anorthit	7
Cordierit (mit sekundär aufgenommenem Wasser)	21
Quarz	22
Biotit	25
Eisenerze (?)	1
Apatit	1
Graphit	0,5
	99,5

20. *Pyroxen-Hornfels, Klasse 4* Gew.-% ber.

Kalifeldspat	5,0
Albit	11,3
Anorthit	9,4
Hypersthen	1,5
Cordierit	20,5
Quarz	21,0
Biotit	31,0
Apatit	0,2
	99,9

21. *Pyroxen-Hornfels, Klasse 5* Gew.-% ber.

Kalifeldspat	10,0
Albit	11,9
Anorthit	24,9
Hypersthen	15,0
Quarz	13,7
Biotit	24,4
Apatit	0,2
	100,1

22. *Pyroxen-Hornfels, Klasse 7*

	Gew.-% ber.
Kalifeldspat	29,9
Albit	23,2
Anorthit	4,3
Pyroxen	32,0
Biotit	4,0·
Quarz	2,4
Titanit	1,2
Apatit	2,1
Calcit	0,8
Wasser	0,1
	100,0

23. *Hornblende-Hornfels,* Skrukkelien, Norwegen

	Gew.-% ber.
Plagioklas (An_{40})	51
Amphibol	13
Biotit	21
Quarz	13
Magnetit	1
	99

2. *Chemische Analysen, Hornfelse*

	18	19	20	21	22	23
	Klasse 1	Klasse 3	Klasse 4	Klasse 5	Klasse 7	Hornbl.-Hornf.
SiO_2	62,80	58,83	58,28	56,59	57,24	55,54
TiO_2	1,36	0,59	0,21	0,29	0,65	0,57
Al_2O_3	19,74	17,54	17,98	18,15	12,30	19,43
Fe_2O_3	0,0	0,00	2,42	4,23	1,77	2,35
FeO	1,98	8,42	6,52	5,21	2,95	5,06
MnO	0,02	0,09	0,17	0,21	0,09	0,06
MgO	1,34	3,40	4,88	5,01	4,80	5,65
CaO	0,87	2,24	2,01	5,14	10,31	6,15
Na_2O	1,22	1,35	1,39	1,41	2,78	3,06
K_2O	6,56	4,35	4,29	3,64	5,41	1,92
P_2O_5	0,60	0,46	0,07	0,10	0,90	n. b.
S	0,52	—				
H_2O^+	0,86	1,96	} 2,19	} 0,64	0,18	} 0,5
H_2O^-	0,27	0,13			0,06	
C	1,58	0,50	—		—	—
CO_2			—		0,35	—
Summe	99,72	99,86	100,41	100,62	99,79	100,29
$O=S$	0,23					
	99,49					

D. Literatur

Bücher zur Geschichte der Mineralogie und Petrologie

FISCHER, W.: Gesteins- und Lagerstättenbildung im Wandel der wissenschaftlichen Anschauung. Stuttgart 1961.

GROTH, P.: Entwicklungsgeschichte der mineralogischen Wissenschaften. Berlin 1926. (Ohne Petrologie.)

TERTSCH, H.: Das Geheimnis der Kristallwelt. Wien 1947. (Populär.)

ZITTEL, K. A.: Geschichte der Geologie und Palaeontologie. München-Leipzig 1899. (Für Petrologie.)

Handbücher und Tabellenwerke

DANA's System of mineralogy, 7. Aufl., neu geschrieben von C. PALACHE, H. BERMAN u. C. FRONDEL, Bd. 1—3. New York-London 1944—1962. (Wird fortgesetzt.) — D'ANS — LAX: Taschenbuch für Chemiker und Physiker. 3. Aufl. (herausgeg. von E. LAX u. Cl. SYNOWIETZ). Bd. I: Makroskopische physikalisch-chemische Eigenschaften. Berlin 1967. — DEER, W. A., R. A. HOWIE and J. ZUSSMAN: Rock-forming minerals. Vol. 1—5. London: Longmans 1962. DOELTER, C., u. H. LEITMEIER: Handbuch der Mineralchemie. Dresden u. Leipzig 1912—1931.

GMELINS Handbuch der anorganischen Chemie, 8. Aufl. Frankfurt/Main.

HINTZE, C.: Handbuch der Mineralogie. Leipzig-Berlin 1897—1933. 1. Ergänzungsbd. (v. G. LINCK), Berlin-Leipzig 1938; 2. Ergänzungsbd. (v. K. F. CHUDOBA), Berlin 1960.

LANDOLDT-BÖRNSTEIN: Zahlenwerte und Funktionen (6. Aufl. der „Physikalisch-chemischen Tabellen"). Berlin (im Erscheinen).

TRÖGER, W. E.: Optische Bestimmung der gesteinsbildenden Minerale. Herausgeg. v. O. BRAITSCH. Stuttgart: Schweizerbart 1967.

Neuere Lehrbücher, die etwa das gleiche Gebiet behandeln

BERRY, L. G., and B. MASON: Mineralogy. San Francisco 1959.

ESKOLA, P.: Kristalle und Gesteine. Wien 1946.

HURLBUT jr., C. S.: Dana's manual of mineralogy, 17. Aufl. New York 1959.

RAMDOHR, P., u. H. STRUNZ: Klockmanns Lehrbuch der Mineralogie, 15. Aufl. Stuttgart 1967.

Zum 1. Teil

Allgemein

AZAROFF, L. V.: Introduction to solids. New York-Toronto-London 1960.

FISCHER, E.: Einführung in die mathematischen Hilfsmittel der Kristallographie. (Lehrbriefe der Bergakademie Freiberg.) Leipzig 1966.

LIEBISCH, TH.: Grundriß der physikalischen Kristallographie. München-Berlin 1921.

JAGODZINSKI, H.: Kristallographie. In: Handbuch der Physik, Bd. VII/1. Berlin-Göttingen-Heidelberg: Springer 1955. (S. 1—103.). — JONG, W. F. DE: Kompendium der Kristallkunde. Wien 1959.

KLEBER, W.: Einführung in die Kristallographie, 8. Aufl. Berlin 1965.

MACHATSCHKI, F.: Grundlagen der allgemeinen Mineralogie und Kristallchemie. Wien 1946.

NIGGLI, P.: Lehrbuch der Mineralogie und Kristallchemie, 3. Aufl., Bd. 1. Berlin 1941; Bd. 2, Berlin 1942.

WINKLER, H. G. F.: Struktur und Eigenschaften der Kristalle, 2. Aufl. Berlin-Göttingen-Heidelberg: Springer 1955.

Zu I. (S. 1—47)

BELOV, N. V.: A Class-room method for the derivation of the 230 space groups. (Übersetzt aus dem Russischen.) Leeds 1966. — BUERGER, M. J.: Elementary crystallography. New-York-London 1956. — BURCKHARDT, J. J.: Die Bewegungsgruppen der Kristallographie, 2. Aufl. Basel-Stuttgart 1966.

FRIEDEL, G.: Leçons de Cristallographie. Paris 1921.

GOLDSCHMIDT, V.: Atlas der Kristallformen. Heidelberg 1913—1926. (9 Bände mit Figuren und Tabellen.) — GROTH, P.: Chemische Kristallographie, 5 Bände. Leipzig 1906—

1919. — Elemente der physikalischen und chemischen Krystallographie. München-Berlin 1921.
PHILLIPS, F. C.: An introduction to crystallography, 3. Aufl. London 1963.
RAAZ, F., u. H. TERTSCH: Einführung in die geometrische und physikalische Kristallographie, 3. Aufl. Wien 1958.
SCHOENFLIES, A.: Krystallsysteme und Krystallstruktur. Leipzig 1891. — SPEISER, A.: Die Theorie der Gruppen von endlicher Ordnung, 4. Aufl. Basel 1956.
TERPSTRA, P., and L. W. CODD: Crystallometry. London 1961. — TERTSCH, H.: Die stereographische Projektion in der Kristallkunde. Wiesbaden 1954. — TUTTON, A. E. H.: Crystallography and practical crystal measurement. London 1922.

Zu II. (S. 47—90)

AMINOFF, G., u. B. BROMÉ: Strukturtheoretische Studien über Zwillinge. Z. Krist. 80, 355 (1931)
BARTH, T.: Polymorphic phenomena and crystal structure. Am. J. Sc. 27, 277 (1934). — BRAGG, W. L.: The crystalline state, vol. I, A general survey. 3. verb. Druck. London 1949. — BRAGG, W. L., and G. F. CLARINGBULL: The crystalline state, vol. IV, Crystal structures of minerals. London 1965. — BRILL, R., H. G. GRIMM, C. HERMANN u. C. PETERS: Anwendung der röntgenographischen Fourieranalyse auf Fragen der chemischen Bindung. Ann. Phys. (5) 34, 393 (1939). — BUERGER, M. J.: The lineage structure of crystals. Z. Krist. 89, 193 (1934). — Polymorphism and phase transformations. Fortschr. Mineral. 39, 9 (1961).
DONNAY, J. D. H. (Herausgeber): Crystal data. Amer. Cryst. Ass. Monogr. Nr. 5. 2. Aufl. Washington 1963.
EVANS, R. C.: An introduction to crystal chemistry, 2. Aufl. Cambridge 1964.
GOLDSCHMIDT, V. M.: Geochemische Verteilungsgesetze der Elemente. I.—VIII. Akad. Wiss. Oslo, Math.-naturw. Kl. 1923—1927.
HASSEL, O.: Kristallchemie. Dresden 1934. — HAUFFE, K.: Reaktionen in und an festen Stoffen, 2. Aufl. Berlin 1966. — HEDVALL, J. A.: Einführung in die Festkörperchemie. Braunschweig 1952. — HUME-ROTHERY, W., and G. V. RAYNOR: The structure of metals and alloys, 4. Aufl. London 1962.
JENSEN, H., G. MEYER-GOSSER u. H. ROHDE: Zur physikalischen Deutung der kristallographischen Ionenradien. Z. Physik. 110, 277 (1938).
LAVES, F.: Kristallographie der Legierungen. Naturwissenschaften 27, 65 (1939). — LIEBAU, F.: Die Systematik der Silikate. Naturwissenschaften 49, 481 (1962).
MACHATSCHKI, F.: Kristallchemie nichtmetallischer anorganischer Stoffe. Naturwissenschaften 26, 67, 86 (1938); 27, 670, 685 (1939). — MÜGGE, O.: Über die Lage des rhombischen Schnittes im Anorthit und die Benutzung derartiger irrationaler Zusammensetzungsflächen von Kristallzwillingen als geologisches Thermometer. Nachr. Ges. Wiss. Göttingen, Math.-physik. Kl. 1930, 219.
NEWKIRK, J. B., and J. H. WERNICK: Direct observation of imperfections in crystals. New York-London 1962.
PAULING, L.: The nature of the chemical bond, 3. Aufl. Ithaca 1960.
READ, W. T.: Dislocations in crystals. New York 1953.
SCHOTTKY, W., C. WAGNER, F. LAVES et al.: Übergänge zwischen Ordnung und Unordnung in festen und flüssigen Phasen. Z. Elektrochem. 45, 1 (1939). — SEEGER, A.: Theorie der Gitterfehlstellen. In: Handbuch der Physik, Bd. VII/1. Berlin-Göttingen-Heidelberg: Springer 1955. (S. 383—665.) — SMEKAL, A.: Strukturempfindliche Eigenschaften der Kristalle. In: Handbuch der Physik, Bd. XXIV/2. Berlin 1933. — Strukturberichte, Bd. 1—7. Leipzig 1931—1943. Anschließend Structure reports, Bd. 8—21. Oosthoek. (Referate aller Kristallstrukturbestimmungen; wird fortgesetzt.) — STRUNZ, H.: Mineralogische Tabellen, 4. Aufl. Leipzig 1966.
WASASTJERNA, I. A.: On the radii of ions. Soc. Sci. Fennica. Commentationes Phys.-Math. 38 (1923). — WELLS, A. F.: Structural inorganic chemistry. 3. Aufl. Oxford 1962. — WYCKOFF, R. W. G.: Crystal structures, 5 Bände. New York-London 1948—1960. (Von einer Neuauflage sind Bd. 1—3 erschienen; wird fortgesetzt.)
ZEMANN, J.: Kristallchemie. Sammlung Göschen, Bd. 1220/1220a. Berlin 1966.

Zu III allgemein

BORN, M., and K. HUANG: Dynamic theory of crystal lattices. Oxford 1954.
KITTEL, CH.: Introduction to solid state physics. New York-London 1954. — KLEBER, W.: Angewandte Gitterphysik, 3. Aufl. Berlin 1960.
WOOSTER, W. A.: A text-book of crystal physics. Cambridge 1938. — Experimental crystal physics. Oxford 1957.

Zu III $_{1-3}$. (S. 90—107)

BECKER, R.: Thermische Inhomogenitäten. Z. Physik 26, 919 (1925). — BERGMANN, L.: Schwingende Kristalle und ihre Anwendung in der Hochfrequenz- und Ultraschalltechnik,

2. Aufl. Stuttgart 1953. — Bhagavantam, S.: Crystal symmetry and physical properties. London-New York 1966.

Cottrell, A. H.: Dislocations and plastic flow in crystals. Oxford 1953.

Engelhardt, W. v.: Schleiffestigkeit und Grenzflächenenergie fester Stoffe. Naturwissenschaften 33, 195 (1934). — Engelhardt, W. v., u. S. Haussühl: Festigkeit und Härte von Kristallen. Fortschr. Mineral. 42, 5 (1965). — Exner, F.: Härte an Krystallflächen. Wien 1873.

Fisher, I. C.: Dislocations and mechanical properties of crystals. New York-London 1957.

Grailich, J., u. F. Pekárek: Das Sklerometer, ein Apparat zur genaueren Messung der Härte der Kristalle. Sitzber. Akad. Wiss. Wien, Math.-naturw. Kl. 13, 410 (1854).

Leibfried, G.: Gittertheorie der mechanischen und thermischen Eigenschaften der Kristalle. In: Handbuch der Physik, Bd. VII/1. Berlin-Göttingen-Heidelberg: Springer 1955. (S. 104—324.)

Nye, J. F.: Physical properties of crystals. Oxford 1957.

Orowan, E.: Zur Kristallplastizität. I und II. Z. Physik. 89, 605 u. 614 (1934).

Rosiwal, A.: Neuere Ergebnisse der Härtebestimmung von Mineralien und Gesteinen. — Ein absolutes Maß für die Härte spröder Körper. Verh. geol. Reichsanstalt Wien 1916, 117.

Schmid, E., u. W. Boas: Kristallplastizität. Berlin 1935. — Stranski, I. N.: Über die Reißfestigkeit abgelöster Steinsalzkristalle. Ber. dtsch. chem. Ges. 75, 1667 (1942).

Taylor, G. J.: A theory of the plasticity of crystals. Z. Krist. 89, 375 (1934). — Tertsch, H.: Die Festigkeitserscheinungen der Kristalle. Wien 1949.

Voigt, W.: Lehrbuch der Kristallphysik (mit Ausschluß der Kristalloptik). Leipzig-Berlin 1910.

Zu III₄. (S. 107—133)

Ambronn, H., u. A. Frey: Das Polarisationsmikroskop. Leipzig 1926. (Für Formdoppelbrechung.)

Buchwald, E.: Einführung in die Kristalloptik. Sammlung Göschen, Bd. 619/619a. 5. Aufl. Berlin 1963. — Burri, C.: Das Polarisationsmikroskop. Basel 1950.

Cameron, E.: Ore microscopy. New York-London 1961. — Correns, C. W., u. G. Nagelschmidt: Über Faserbau und optische Eigenschaften von Chalzedon. Z. Krist. 85, 199 (1933).

Freund, H. (Herausgeber): Handbuch der Mikroskopie in der Technik. Bd. I, Teil 1: Allgemeines Instrumentarium der Durchlichtmikroskopie. Frankfurt/Main 1957. Bd. I, Teil 2: Allgemeines Instrumentarium der Auflichtmikroskopie. Frankfurt/Main 1960.

Hartshorne, N. H., and A. Stuart: Practical optical crystallography. London 1964.

Johnsen, A.: Form und Brillanz der Brillanten. Sitzber. Akad. Wiss. Berlin, Math.-physik. Kl. 23, 322 (1926).

Pockels, F.: Lehrbuch der Kristalloptik. Leipzig 1906. — Pohl, R.: Optik und Atomphysik, 12. Aufl. Berlin-Heidelberg-New York: Springer 1967. — Pribram, K.: Verfärbung und Lumineszenz. Wien 1953.

Raaz, F., u. H. Tertsch: Siehe unter I. — Ramachandran, G. N., and S. Ramaseshan: Crystal optics. In: Handbuch der Physik, Bd. XXV/1. Berlin-Göttingen-Heidelberg: Springer 1961. (S. 1—217). — Reinhard, M.: Universal-Drehtischmethoden. Basel 1931. — Rinne, F., u. M. Berek: Anleitung zur optischen Untersuchung mit dem Polarisationsmikroskop, 2. Aufl. (bearb. v. M. Berek). Stuttgart 1953. — Rosenbusch, H., u. A. Wülfing: Mikroskopische Physiographie der petrographisch wichtigen Mineralien, Bd. I, 1. Hälfte. Stuttgart 1921.

Schneiderhöhn, H.: Erzmikroskopisches Praktikum. Stuttgart 1952. — Schumann, H.: Über den Anwendungsbereich der konoskopischen Methodik. Fortschr. Mineral. 25, 217 (1941).

Zu III₅. (S. 133—149)

Bacon, G. E.: Neutron diffraction, 2. Aufl. Oxford 1962. — Bijvoet, M. J., N. H. Kolkmeijer, and C. H. MacGillavry: X-ray analysis of crystals. London 1951. — Bouman, J.: Theoretical principles of structural research by X-rays. In: Handbuch der Physik, Bd. XXXII. Berlin 1957. (S. 97—237.) — Buerger, M. J.: X-ray crystallography. New York-London 1942. — Crystal-structure analysis. New York-London 1960.

Guinier, A., et G. von Eller: Les méthodes expérimentales des déterminations de structures cristallines par rayons X. In: Handbuch der Physik, Bd. XXXII. Berlin 1957. (S. 1—96.)

International Tables for X-Ray Crystallography. Bd. 1—3. Birmingham 1952—1962.

James, R. W.: The crystalline state, vol. II. The optical principles of the diffraction of X-rays, 2. Aufl. London 1963.

Laue, M. von: Röntgenstrahlinterferenzen, 2. Aufl. Leipzig 1948. — Lipson, H., and W. Cochran: The crystalline state, vol. III. The determination of crystal structures, 3. Aufl. London 1966.

RAETHER, H.: Elektroneninterferenzen. In: Handbuch der Physik, Bd. XXXII. Berlin 1957. (S. 443—551.)
WILSON, A. J. C.: X-ray optics, 2. Aufl. London 1962. — WOOSTER, W. A.: Diffuse X-ray reflections from crystals. Oxford 1962.

Zu IV. (S. 149—165)

BECKE, F.: Ätzversuche am Fluorit. Tschermak's mineral. u. petrog. Mitt. 11, 349 (1890). — BUCKLEY, H. E.: Crystal growth. New York-London 1951. — BUEREN, H. G. VAN: Imperfections in crystals. Amsterdam 1960.
Crystal growth. Discussions of the Faraday society, Nr. 5. London 1949.
DEKEYSER, W., et S. AMELINCKX: Les dislocations et la croissance des cristaux. Paris 1955. — DOREMUS, R. H., B. W. ROBERTS, and D. TURNBULL: Growth and perfection of crystals. London 1958.
EAKLE, A. S.: Beiträge zur kristallographischen Kenntnis der überjodsauren und jodsauren Salze. Z. Krist. 26, 558 (1896).
GROSS, R.: Zur Theorie des Wachstum- und Lösungsvorganges kristalliner Materie. Abhandl. math.-naturw. Kl. sächs. Akad. Wiss. 35, 137 (1918). — GROSS, R., u. H. MÖLLER: Kristallauslese auf Grund der Wachstumsgeschwindigkeit. Z. Physik 19, 375 (1923).
HAHN, O.: Die verschiedenen Arten der Abscheidung kleiner Substanzmengen in kristallisierenden Salzen und ihre photographische Sichtbarmachung. Z. Krist. 87, 387 (1934). — HONIGMANN, B.: Gleichgewichts- und Wachstumsformen von Kristallen. Darmstadt 1958.
KALB, G.: Die Bedeutung der Vizinalerscheinungen für die Bestimmung der Symmetrie und Formenentwicklung der Kristallarten. Z. Krist. 39, 220 (1903). — KNACKE, O., u. I. STRANSKI: Die Theorie des Kristallwachstums. Ergeb. exakt. Naturw. 26, 383—427 (1952).
MIERS, H. A.: Untersuchung über die Variation der an Krystallen beobachteten Winkel, speziell von Kalium- und Ammoniumalaun. Z. Krist. 39, 220 (1904).
NACKEN, R.: Über das Wachsen von Kristallpolyedern in ihrem Schmelzfluß. Neues Jahrb. Mineral. Geol. Paläont. 1915/II, 133.
SHOCKLEY, W.: Imperfections in nearly perfect crystals. New York-London 1962. — SMAKULA, A.: Einkristalle. Berlin-Göttingen-Heidelberg: Springer 1962. — SPANGENBERG, K.: Wachstum und Auflösung der Kristalle. Handwörterbuch der Naturwiss., 2. Aufl. Jena 1934.
TOLANSKI, S.: Surface microtopography. New York 1960. — TYNDALL, J.: Die Wärme. Braunschweig 1894.
VOLMER, M.: Kinetik der Phasenbildung. Dresden-Leipzig 1939.

Zum 2. Teil

BARTH, T.: Theoretical petrology, 2. ed. New York: John Wiley & Sons 1962. — BARTH, T., C. W. CORRENS u. P. ESKOLA: Die Entstehung der Gesteine. Berlin 1939. — BRINKMANN, R. (Herausgeb.): Lehrbuch der Allgemeinen Geologie Bd. I, 1964, Bd. III, 1967. Stuttgart: Ferdinand Enke.
HOWELL, J. V. (ed.): Glossary of geology and related sciences, 2. ed.: Amer. Geol. Inst. 1960.
JUNG, J.: Précis de Pétrographie, II. ed. Paris: Masson & Cie. 1963.
MASON, B.: Principles of geochemistry, III. ed. New York: John Wiley & Sons 1966.
NIGGLI, P.: Lehrbuch der Mineralogie, 1. Aufl. Leipzig 1920. — Gesteine und Minerallagerstätten. Basel 1948.
ROSENBUSCH, H., u. A. OSANN: Elemente der Gesteinslehre. Stuttgart 1923.
TURNER, FR. J., and J. VERHOOGEN: Igneous and metamorphic petrology, 2. ed. New York, Toronto, London, Paris: McGraw-Hill Book Co. 1960.
WEDEPOHL, K. H.: Geochemie. Samml. Göschen. Berlin: W. de Gruyter & Co. 1967.

Zu V. (S. 165—185)

BOVENKERK, H. P., F. P. BUNDY, H. T. HALL, H. M. STRONG, and R. H. WENTORF jr.: Preparation of diamond. Nature 184, 194—198 (1959). — BOWEN, N. L., and O. F. TUTTLE: The system $NaAlSi_3O_8$—$KAlSi_3O_8$—H_2O. J. Geol. 58, 489—511 (1950). — BOYD, F. R., and J. L. ENGLAND: The quartz-coesite transition. J. Geophys. Research 65, 749—756 (1960).
EITEL, W.: Silicate science. New York and London: Academic Press (erscheint ab 1964).
FINDLAY, A.: Die Phasenregel und ihre Anwendung. Weinheim 1953.
KERN, R., et A. WEISBROD: Thermodynamique de base pour minéralogistes, pétrographes et géologues. Paris: Masson & Cie. 1964.
ROY, R., and O. F. TUTTLE: Investigations under hydrothermal conditions. In: Physics and chemistry of the earth, V. I, p. 138—180. London, Oxford, New York, Paris: Pergamon Press 1956.

TUTTLE, O. F., and N. L. BOWEN: Origin of granite in the light of experimental studies in the system $NaAlSi_3O_8$—$KAlSi_3O_8$—SiO_2—H_2O. Geol. Soc. Am. Mem. 74, (1958).

VOGEL, R.: Die heterogenen Gleichgewichte. In: Handbuch der Metallphysik, 2. Aufl. Bd. II, Leipzig 1959.

WINKLER, H. G. F.: Kristallgröße und Abkühlung. Heidelberger Beitr. Mineral. u. Petrog. 1, 86 (1947).

YODER, H. S., D. B. STEWART, and J. R. SMITH: Ternary feldspars. Ann. Rep. Geophys. Lab. Carnegie Inst. 1956/57, p. 206—214.

Zu VI. (S. 186—222)

BACKHUIS ROOZEBOOM, H. W.: Heterogene Gleichgewichte. Braunschweig 1901—1918. — BOWEN, N. L.: The evolution of igneous rocks. Princeton 1928. — BURRI, C.: Petrochemische Berechnungsmethoden auf äquivalenter Grundlage. Basel 1959.

DALY, R. A.: Igneous rocks and the dephts of the earth. New York 1933. — DRESCHER-KADEN, F. K.: Die Feldspat-Quarz-Reaktionsgefüge der Granite und Gneise und ihre genetische Bedeutung. Berlin-Göttingen-Heidelberg: Springer 1948.

GOLDSCHMIDT, V. M.: Geochemische Verteilungsgesetze IX. Akad. Oslo, math.-nat. Kl. 1938. — GORANSON, R. W.: Silicate-water systems: Phase equilibria in the $NaAlSi_3O_8$—H_2O and $KAlSi_3O_8$—H_2O systems at high temperatures and pressures. Amer. J. Sci. A 35, 71 (1938).

HOLMES, A.: Petrographic methods and calculations. London 1921.

JASMUND, K.: Löslichkeit von KCl in der Gasphase von überkritisch erhitztem Wasser. Heidelberger Beitr. Mineral. u. Petrog. 3, 380—405 (1952). — JOHANNSON, A.: A descriptive petrography of the igneous rocks, vol. 1—4. Chicago: Chicago University Press 1939, 2. ed., vol. 1.

KENNEDY, G. C.: Some aspects of the role of water in rock melts. Geol. Soc. Am. Spec. Papers No. 62, 489—504 (1955). — KRAUSKOPF, K.: Übersicht über moderne Ansichten zur physikalischen Chemie erzbildender Lösungen. Naturwissenschaften 48, 441—445 (1961).

LIESEGANG, R. E.: Geologische Diffusionen. Dresden u. Leipzig 1913. — Die Achate. Dresden u. Leipzig 1915. — LINDGREN, W.: Mineral deposits, 4. ed. New York 1933.

MAUCHER, W.: Leitfaden für den Geologieunterricht, 2. Aufl. Freiberg i. Sa. 1914. — MOREY, G. W.: The solubility of solids in gases. Econ. Geol. 52, 225—251 (1957).

NACKEN, R.: Über die hydrothermale Entstehung der Achatmandeln im Gestein. Naturwissenschaften 293, (1917). — NIGGLI, P.: Gesteins- und Mineralprovinzen, Bd. I. Berlin 1923. — Die quantitative mineralogische Klassifikation der Eruptivgesteine. Schweiz. mineral. petrog. Mitt. 11, 296 (1931). — Zur mineralogischen Klassifikation der Eruptivgesteine. Schweiz. mineral. petrog. Mitt. 15, 295 (1935). — Das Magma und seine Produkte, Teil 1. Leipzig 1937.

RITTMANN, A.: Vulkane und ihre Tätigkeit, II. Aufl. Stuttgart: Ferdinand Enke 1960.

SCHNEIDERHÖHN, H.: Lehrbuch der Erzlagerstättenkunde, Bd. I, Jena 1941. — Erzlagerstätten, III. Aufl. Stuttgart 1955.

TRÖGER, E.: Spezielle Petrographie der Eruptivgesteine. Berlin 1935. Nachtrag 1938.

WINKLER, H. G. F.: Viel Basalt und wenig Gabbro — wenig Rhyolith und viel Granit. Beitr. Mineral. u. Petrog. 8, 222—231 (1962).

YODER, H. S., and C. E. TILLEY: Origin of basalt magmas. J. Petr. 3, 342—532 (1962).

Zu VII. (S. 222—231)

BLANCK, E. (Herausgeb.): Handbuch der Bodenlehre, Bd. I—VII. Berlin: Springer 1929—1931 u. I. Erg.-Bd. 1939.

CORRENS, C. W.: Experiments on the decomposition of silicates and discussion of chemical weathering. In: Clays and clay minerals V. X, p. 443—459. London, Oxford, New York, Paris: Pergamon Press. 1963. — CORRENS, C. W., u. W. STEINBORN: Experimente zur Messung und Erklärung der sogenannten Kristallisationskraft. Z. Krist. A 101, 117 (1939).

SCHEFFER, FR.: Lehrbuch der Bodenkunde, 6. Aufl. Stuttgart: Ferdinand Enke 1966. — SHERMAN, G. D.: The genesis and morphology of the alumina rich laterite clays. In: Problems of clay and laterite genesis. Am. Inst. Min. a. Met. Ing. New York 1952.

Zu VIII. (S. 231—266)

BORCHERT, H.: Ozeane Salzlagerstätten. Berlin: Gebrüder Bornträger 1959. — BRAITSCH, O.: Entstehung und Stoffbestand der Salzlagerstätten. Berlin-Göttingen-Heidelberg: Springer 1962. — BROWN, G. (ed.): The x-ray identification and crystal structures of clay minerals. Min. Soc. London 1961.

CHAVE, K. E.: Aspects of biogeochemistry of magnesium I. Calcareous marine organisms. J. Geol. 62, 266—283 (1954). — CHILINGAR, G. V., H. J. BISSELL, and R. W. FAIRBRIDGE (ed.): Carbonate rocks. Physical and chemical aspects. Amsterdam, London, New York: Elsevier Publ. Co. 1967. — CONWAY, E. J.: Mean geochemical data in relation to oceanic evolution. Proc. Roy. Irish Acad. B 48, 119—159 (1942). — CORRENS, C. W.: Die Sedimente des äquatorialen Atlantischen Ozeans. Wiss. Ergebn. dtsch. Atl. Exped., Bd. III/1 (1935); III 2 (1937). — Tonminerale. Fortschr. Geol. Rheinld. u. Westf. 10, 307—318 (1963).

D'ANS, J.: Die Lösungsgleichgewichte der Systeme der Salze ozeanischer Salzablagerungen. Berlin 1933.

ENGELHARDT, W. v., H. FÜCHTBAUER u. G. MÜLLER: Sedimentpetrologie. I. G. MÜLLER: Methoden der Sedimentuntersuchung. Stuttgart 1964.

GARRELS, R. M., and C. L. CHRIST: Solutions, minerals and equilibria. New York: Harper & Row 1965. — GRIM, R. E.: Clay mineralogy. New York, Toronto, London, Paris: McGraw-Hill Book Co. 1953.

HEM, J. D.: Chemistry of iron in natural water. U.S. Geol. Survey Water-Supply Papers No. 1459-B (1964).

IRELAND, H. A. (ed.): Silica in sediments. Soc. Ec. Pal. Min. Spec. Publ. 7, Tulsa 1959.

LOTZE, F.: Steinsalz und Kalisalze, II. Aufl., Bd. I. Berlin 1957.

MILLOT, G.: Géologie des argiles. Paris: Masson & Cie. 1964. — MILNER, H. B.: Sedimentary petrography, 4. ed. London 1962.

PENCK, A.: Morphologie der Erdoberfläche. Stuttgart: Engelhorn 1894. — PETTIJOHN, F. J.: Sedimentary petrography II. ed. HARPER and BROTH. New York 1957. — POSNJAK, E.: The system $CaSO_4$—H_2O. Amer. J. Sci. 5, 35, 247 (1938). — PRAY, L. C., and R. C. MURRAY (ed.): Dolomitization and limestone diagenesis. A Symposium. Soc. Ec. Pal. Min. Spec. Publ. 12, Tulsa 1965. — PURDY, E. G.: Recent calcium carbonate facies of the Great Bahama Bank. 2. Sedimentary facies. J. Geol. 71, 472—497 (1963).

RICHARDS, FR. A.: In J. P. RILEY and G. SKIRROW, Chemical ozeanography, vol. I, chap. 13. London, New York: Academic Press 1965. — RUCHIN, L. B.: Grundzüge der Lithologie. Berlin: Akad.-Verlag 1958.

STUTZER: Lagerstätten der Nichterze IV. Phosphat-Nitrat (W. WETZEL). Berlin 1932.

TWENHOFEL, W. H.: Principles of sedimentation, II. ed. New York, Toronto, London, Paris: MacGraw-Hill Book Co. 1950.

USDOWSKI, H.-E.: Die Genese von Dolomit in Sedimenten. Berlin-Heidelberg-New York: Springer 1967.

VAN'T HOFF, J. H.: Zur Bildung der ozeanischen Salzablagerungen. Braunschweig Bd. I 1905, Bd. II 1909.

WATTENBERG, H.: Das chemische Beobachtungsmaterial und seine Gewinnung. Kalziumkarbonat- und Kohlensäuregehalt des Meerwassers. Wiss. Ergebn. dtsch. Atl. Exped., Bd. VIII/1 (1933).

Zu IX. (S. 267—300)

BECKE, FR.: Mineralbestand und Struktur der kristallinischen Schiefer. Denkschr. Akad. Wiss. Wien 75 (1913). — BLISS-KNOPF, E., and E. INGERSON: Structural petrology. Geol. Soc. Am. Mem. No. 6 (1938).

CORRENS, C. W.: Über Verkieselung von Sedimentgesteinen. Neues Jahrb. Mineral., Geol. Beil.-Bd. 52, 170 (1925). — Diagenese. In: BRINKMANN, Lehrbuch der Allgemeinen Geologie Bd. III. Stuttgart: Ferdinand Enke 1967.

DANIELSSON, A.: Das Calcit-Wollastonitgleichgewicht. Geochim. et Cosmochim. Acta 1, 55—69 (1950). — DIETRICH, R. V., and K. R. MEHNERT: Proposal for the nomenclature of migmatite and associated rocks. Rep. Intern. Geol. Congr. Norden 26, 56—68 (1960).

ENGELHARDT, W. v.: Der Porenraum der Sedimente. Berlin-Göttingen-Heidelberg: Springer 1960. — ESKOLA, P.: Om sambandet mellan kemisk och mineralogisk sammansättning hos Orijärvitraktens metamorfa bergarter. Bull. comm. géol. Finlande No 44 (1915).

FYFE, W. S., and FR. J. TURNER: Reappraisal of the metamorphic facies concept. Contr. Mineral. and Petrol. 12, 354—364 (1966).

GILLULY, J.: Geology and ore deposits of the Stockton and Fairfield Quadrangles, Utah. U.S. Geol. Survey Profess. Papers No. 173 (1932). — GOLDSCHMIDT, V. M.: Die Kontaktmetamorphose im Kristianiagebiet. Skr. Akad. Wiss. Oslo, math.-nat. Kl. Nr. 1 (1911). — GREENWOOD, H. J.: Metamorphic reactions involving two volatile components. Carnegie Inst. Year Book 61, 82—85 (1962). — GRIGGS, D., and J. HANDIN (ed.): Rock deformation. Geol. Soc. Am. Mem. No. 79 (1960). — GRUBENMANN, U., u. P. NIGGLI: Die Gesteinsmetamorphose, 3. Aufl., Bd. I. Berlin 1924.

HARKER, A.: Metamorphism, a study of the transformation of rock masses, III. ed. London 1952. — HARKER, R. T., and O. F. TUTTLE: Experimental data on the P_{CO_2}—T Curve for the reaction: Calcite + quartz $\rightleftharpoons$ wollastonite + carbon dioxide. Am. J. Sci. 254, 239—256 (1956).

JAGITSCH, R.: Geologische Diffusionen in kristallisierten Phasen 2. Arkiv Mineral. Geol. 1, Nr. 3 (1949).

KARL, FR.: Anwendung der Gefügekunde in der Petrotektonik. I. Clausthal-Zellerfeld: Ellen Pilger 1964.

LAFITTE, P.: Introduction à l'étude des roches métamorphiques et des gites métallofères. Paris: Masson & Cie. 1957.

MACDONALD, G. J. F.: Dependence of the surface heat flow on the radioactivity of the earth. J. Geophys. Research 69, 2933—2946 (1964). — MEHNERT, K. R.: Der gegenwärtige Stand des Granitproblems. Fortschr. Mineral. 37, 117—206 (1959). — MÜGGE, O.: Bewegungen von Porphyroblasten in Phylliten und ihre Messung. Nachr. Ges. Wiss. Göttingen, math.-phys. Kl. IV, 164 (1930).

PILLER, H.: Über die Verwitterungsbildungen des Brockengranits. Heidelberger Beitr. Mineral. u. Petrog. 2, 498—522 (1951).

RAMBERG, H.: The origin of metamorphic and metasomatic rocks. Chicago: Chicago University Press 1952.

SANDER, BR.: Einführung in die Gefügekunde der geologischen Körper, Bd. I 1948, Bd. II 1950. Wien: Springer.

WEGMANN, C. E.: Zur Deutung der Migmatite. Geol. Rundschau 26, 305 (1935). — Remarques sur le métamorphisme régional. Geol. Rundschau 36, 40 (1948). — WENK, E.: Zur Definition von Schiefer und Gneis. Neues Jahrb. Mineral. Monatsh. 97—107 (1963). — WINKLER, H. G. F.: Die Genese der metamorphen Gesteine. Berlin-Heidelberg-New York: Springer 1965.

ZWART, H. J.: On the determination of polymetamorphic mineral associations, and its application to the Borost area (Central Pyrenees). Geol. Rundschau 52, 38—65 (1962).

Zu X. (S. 300—312)

BIRCH, FR.: Speculations of the earth's thermal history. Bull. Geol. Soc. Am. 76, 133—154 (1965).

CLARK jr., S. (ed.): Handbook of physical constants. Geol. Soc. Am. Mem. No. 97 (1966). — CLARKE, F. W.: Data of geochemistry (V. ed.). U.S. Survey Bull. 770 (1924). — CLARKE, F. W., and H. ST. WASHINGTON: The composition of the earth's crust. U.S. Geol. Survey Profess. Papers No. 127 (1924). — CORRENS, C. W., Die geochemische Bilanz. Naturwissenschaften 35, 7 (1948).

ENGELHARDT, W. V.: Die Geochemie des Barium. Chem. Erde 10, 187—246 (1936).

FLEISCHER, M. (ed.): Data of geochemistry (sixth ed.). U.S. Geol. Survey Profess. Papers 440 seit 1962.

GOLDSCHMIDT, V. M.: Geochemistry. Oxford: Clarendon Press 1954. — GUTENBERG, B., and W. RICHTER: On seismic waves. Gerlands Beitr. Geophys. 45 (1935).

HEIDE, FR.: Kleine Meteoritenkunde, II. Aufl. Berlin-Göttingen-Heidelberg: Springer 1957. — HISE, CH. R. VAN: A Treatise on metamorphism. U.S. Geol. Survey Monogr. 47 (1904). — HOLSER, W. T., and I. R. KAPLAN: Isotope geochemistry of sedimentary sulfates. Chem. Geol. 1, 93—135 (1966).

KEIL, K.: On the phase composition of meteorites. J. Geophys. Research 67, 4055 (1962).

MASON, B.: Meteorites. New York: John Wiley & Sons 1962. — Composition of the earth. Nature 211, 616—618 (1966).

NIELSEN, H.: Schwefelisotope im marinen Kreislauf und das δ^{34}S der früheren Meere. Geol. Rundschau 55, 160—172 (1965).

RANKAMA, K.: Isotope geology. London: Pergamon Press 1954. — Progress of isotope geology. New York and London: Interscience Publ. 1963. — RANKAMA, K., and TH. G. SAHAMA: Geochemistry. Chicago: Chicago University Press 1950. — RÖSLER, H. J., u. H. LANGE: Geochemische Tabellen. Leipzig 1965. — RONOV, A. B., and Z. V. KHLEBNIKOWA: Chemical composition of the main genetic clay types. Geochemistry 1957, 527—552.

WEDEPOHL, K. H.: Beispiele von Stofftransport in und auf der Erdkruste. Naturwissenschaften 50, 71—76 (1963).

Namenverzeichnis

Sachverzeichnis

Kursiv gedruckte Seitenzahlen beziehen sich auf die Tabellen im Anhang („Übersicht über häufigere Minerale . . ." und „Petrologische Tabellen"). Die in diesen Tabellen wiederkehrenden Begriffe, wie z. B. Raumgruppe, Härte, Vorkommen, sowie die in den Petrologischen Tabellen häufig auftretenden Minerale sind im Sachverzeichnis nicht aufgeführt. Umlaute gelten als normale Vokale, in besonderen Fällen sind sie ausgeschrieben

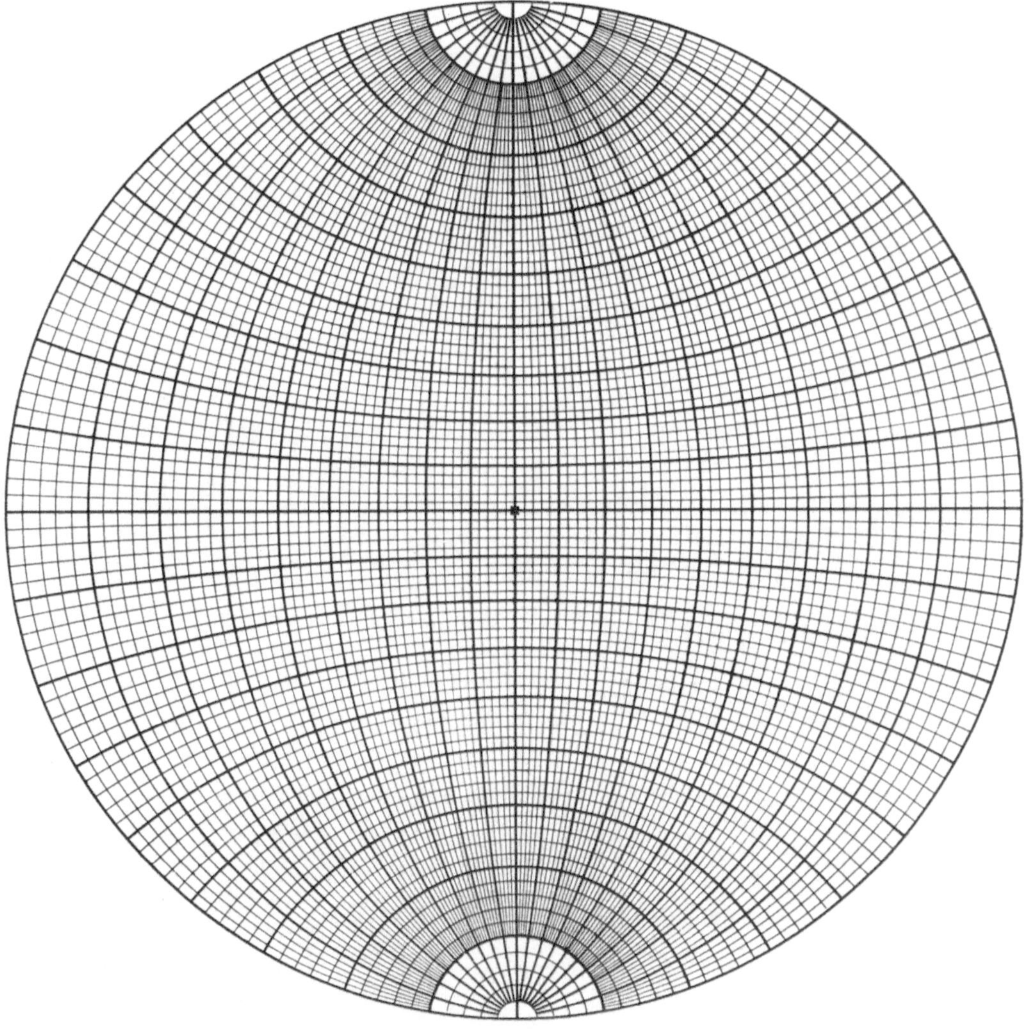

WULFFsches Netz.

Correns, Einführung in die Mineralogie, 2. Aufl.   Springer-Verlag, Berlin · Heidelberg · New York